TRAITÉ

ÉLÉMENTAIRE

DE PHYSIQUE

EXPÉRIMENTALE ET APPLIQUÉE

ET DE

MÉTÉOROLOGIE

SUIVI D'UN RECUEIL DE 103 PROBLÈMES AVEC SOLUTIONS

Illustré de 773 belles gravures sur bois intercalées dans le texte

ET D'UNE PLANCHE COLORIÉE

A l'usage des Établissements d'instruction, des aspirants aux grades des Facultés
et des candidats aux diverses Écoles du Gouvernement

PAR A. GANOT

PROFESSEUR DE MATHÉMATIQUES ET DE PHYSIQUE

TREIZIÈME ÉDITION

AUGMENTÉE DE 58 GRAVURES NOUVELLES
DONT PLUSIEURS EXPÉRIENCES DE TYNDALL, LE LARYNGOSCOPE DU
D' KRYSHABER, LES MICROSCOPES MONOCULAIRE ET BINOCULAIRE DE NACHET, LA
MACHINE ÉLECTRIQUE DE HOLTZ, CELLE DE BERTSCH, LE POISSON VOLANT DE FRANKLIN,
L'EXPÉRIENCE DE L. DANIEL SUR L'ACTION MÉCANIQUE DES COURANTS, LA
PILE THERMO-ÉLECTRIQUE D'ED. BECQUEREL, LA MACHINE MAGNÉTO-
ÉLECTRIQUE DE WILD, LA MACHINE DYNAMO-MAGNÉTIQUE DE LADD,
L'EXPÉRIENCE DE HITTORF SUR LA NON-CONDUCTIBILITÉ DU VIDE,
LE MÉTÉOROGRAPHE DU P. SECCHI, ETC.

Plus 45 Figures refaites et modifiées

PARIS

CHEZ L'AUTEUR-ÉDITEUR

54, RUE MONSIEUR-LE-PRINCE

1868

TRAITÉ

ÉLÉMENTAIRE

DE PHYSIQUE

AVIS

Les paragraphes et les chapitres marqués d'un astérisque (*) ne sont pas compris dans le programme d'enseignement des lycées, mais ils le sont dans les programmes des Facultés de médecine et des Facultés des sciences.

Quant aux paragraphes imprimés en petit caractère, les uns, contenant des formules et des problèmes, seront omis par les lecteurs peu familiarisés avec le calcul algébrique; les autres, ne faisant pas partie des programmes, et comprenant la *capillarité*, la *vision*, la *polarisation*, etc., s'adressent aux lecteurs qu veulent acquérir des connaissances générales sur toutes les branches de la physique.

Les nombres placés au-dessous des dessins, à droite des numéros d'ordre, indiquent, en centimètres, la hauteur des appareils, ou leur longueur dans le sens horizontal, suivant que ces nombres sont précédés des lettres *h* ou *l*.

OUVRAGE DU MÊME AUTEUR

COURS DE PHYSIQUE

PUREMENT EXPÉRIMENTALE ET SANS MATHÉMATIQUES

A l'usage des gens du monde, des candidats au baccalauréat ès lettres, des écoles normales primaires, des institutrices, des pensions de demoiselles, etc.

Ouvrage de luxe, orné de 368 magnifiques gravures.

TROISIÈME ÉDITION

Augmentée de 35 figures et refondue dans plusieurs de ses parties.

Cette édition a été complétée conformément au nouveau programme du baccalauréat ès lettres, et plusieurs vignettes ont été refaites pour approprier davantage le livre à l'enseignement dans les classes élémentaires.

PRIX, BROCHÉ : 5 FR. 50

Même prix par la poste, en adressant *franco* à M. GANOT, 54, rue Monsieur-le-Prince, un mandat sur la poste de 5 fr. 50.

PARIS. — J. CLAYE, IMPRIMEUR, RUE SAINT-BENOIT, 7.

TRAITÉ

ÉLÉMENTAIRE

DE PHYSIQUE

LIVRE I

DE LA MATIÈRE, DES FORCES ET DU MOUVEMENT.

CHAPITRE PREMIER.

NOTIONS GÉNÉRALES.

1. Objet de la physique. — La *physique* a pour objet l'étude des phénomènes que présentent les corps, en tant que ceux-ci n'éprouvent pas de changements dans leur composition.

La *chimie*, au contraire, traite particulièrement des phénomènes qui modifient plus ou moins profondément la nature des corps.

2. Matière. — On nomme *matière* ou *substance* tout ce qui tombe immédiatement sous nos sens.

On connaissait jusqu'ici soixante-deux substances élémentaires ou *simples*, c'est-à-dire dont l'analyse chimique n'extrait qu'une seule espèce de matière. Ce nombre a été récemment augmenté de trois corps nouveaux découverts à l'aide d'une nouvelle méthode d'analyse qui est due à MM. Bunsen et Kirchhoff, et qui sera décrite quand nous traiterons du spectre solaire. Il est possible que plus tard le nombre des substances simples augmente ou diminue, car on peut en découvrir de nouvelles, comme il peut arriver qu'on parvienne à en décomposer plusieurs.

3. Corps, atomes, molécules. — Toute quantité de matière limitée est un *corps*. Les propriétés des corps font voir qu'ils ne sont point formés d'une matière continue, mais d'éléments pour ainsi dire infiniment petits, qui ne peuvent être divisés physiquement, et sont simplement juxtaposés sans se toucher, étant maintenus à distance par des attractions et des répulsions réciproques qu'on désigne sous le nom de *forces moléculaires*.

1

Ces éléments des corps se nomment *atomes*. Un groupe d'atomes forme une *molécule*. Les corps ne sont que des agrégats de molécules.

4. Masse. — En physique, on entend par *masse* d'un corps, la quantité de matière qu'il contient. En mécanique, cette définition est insuffisante, comme nous le verrons ci-après (35).

5. États des corps. — On distingue trois états des corps :

1° L'*état solide*, qui s'observe, aux températures ordinaires, dans les bois, les pierres, les métaux. Cet état est caractérisé par une adhérence telle entre les molécules, qu'on ne peut les séparer que par un effort plus ou moins considérable. C'est en vertu de cette adhérence que les corps solides possèdent une dureté plus ou moins grande, et conservent par eux-mêmes la forme que la nature ou l'art leur a donnée.

2° L'*état liquide*, que présentent l'eau, l'alcool, les huiles. Le caractère distinctif des liquides est une adhérence si faible entre leurs molécules, qu'elles peuvent glisser les unes sur les autres avec une extrême facilité ; d'où il résulte que ces corps ne présentent aucune dureté, et n'affectent aucune forme particulière, mais prennent toujours celle des vases qui les contiennent.

3° L'*état gazeux*, qu'on observe dans l'air et dans un grand nombre d'autres corps qu'on nomme *gaz* ou *fluides aériformes*. Dans les gaz, la mobilité des molécules est encore plus grande que dans les liquides, mais leur caractère distinctif est surtout une tendance à prendre sans cesse un volume plus grand, propriété qu'on désigne sous le nom d'*expansibilité*, et qui sera constatée bientôt par l'expérience (128).

Les liquides et les gaz se désignent sous le nom général de *fluides*.

La plupart des corps simples et beaucoup de corps composés peuvent successivement se présenter à l'état solide, liquide ou gazeux, suivant les variations de température. L'eau nous en offre un exemple bien connu.

C'est du rapport entre les attractions et les répulsions moléculaires que dépendent les trois états des corps.

6. Phénomènes physiques. — Tout changement survenu dans l'état d'un corps, sans altération de sa composition, est un *phénomène physique*. Un corps qui tombe, un son qui se produit, de l'eau qui se congèle, sont des phénomènes.

7. Lois et théories physiques. — On nomme *loi physique*, la relation constante qui existe entre un phénomène et sa cause. Par exemple, on démontre qu'un volume donné de gaz devient deux, trois fois moindre, lorsqu'il supporte une pression deux, trois fois plus grande : c'est là une loi physique qu'on exprime en disant que *les volumes des gaz sont en raison inverse des pressions.*

Une *théorie physique* est l'ensemble des lois qui se rapportent à une même classe de phénomènes. C'est ainsi qu'on dit : la *théorie de la lumière,* la *théorie de l'électricité.* Cependant cette dénomination s'applique aussi, dans un sens plus restreint, à l'explication de certains phénomènes particuliers. Par exemple, lorsqu'on dit : la *théorie de la rosée,* la *théorie du mirage.*

8. Agents physiques, éther. — Comme cause des phénomènes que présentent les corps, on admet l'existence d'*agents physiques* ou de *forces naturelles* qui régissent la matière.

Ces agents sont : l'*attraction,* la *chaleur,* la *lumière,* le *magnétisme* et l'*électricité.*

Les agents physiques ne se manifestant à nous que par leurs effets, leur nature nous est complétement inconnue. Sont-ce des propriétés inhérentes à la matière, ou bien des matières subtiles, impalpables, répandues dans tout l'univers, et dont les effets sont le résultat de mouvements particuliers imprimés à leur masse? Cette dernière hypothèse est généralement admise ; mais alors ces matières sont-elles distinctes les unes des autres, ou doivent-elles être rapportées à une source unique? Cette dernière opinion tend à prévaloir, à mesure que les sciences physiques reculent leurs limites.

En effet, les physiciens sont de plus en plus d'accord pour n'admettre qu'une substance unique, qui remplit l'univers, et qu'ils désignent sous le nom d'*éther,* comme cause, par son mouvement vibratoire, des phénomènes que nous offrent la chaleur, la lumière, le magnétisme et l'électricité ; en sorte que la différence qui caractérise ces phénomènes ne serait due qu'à la nature et à l'amplitude des vibrations de l'éther. Enfin, entre l'éther et les dernières molécules des corps la dépendance est telle, que non-seulement les ondulations de l'éther se communiquent à ces molécules, mais que réciproquement celles-ci transmettent leur mouvement à l'éther, et, par son intermédiaire, aux molécules les plus éloignées. D'où il suit que, dans la théorie de l'éther, les molécules de la matière sont, en même temps, des récipients et des sources de mouvement ondulatoire et que tous les phénomènes physiques doivent être rapportés à une cause mécanique.

A ce sujet, de remarquables et curieux ouvrages ont été publiés depuis quelques années : en Angleterre, *Corrélation des forces physiques,* par Grove ; *la Chaleur considérée comme un mode de mouvement,* par J. Tyndall ; *la Radiation,* par le même ; à Rome, *Unité des forces physiques,* par le P. Secchi. Les trois premiers ont été traduits avec un grand talent par le savant abbé Moigno.

Dans l'ancienne théorie, où la chaleur, la lumière, le magnétisme et l'électricité étaient attribués à des fluides spéciaux, ces fluides n'ayant pas un poids appréciable aux balances les plus sensibles, on leur donnait le nom de *fluides impondérables;* de là la distinction de *matière pondérable,* ou matière proprement dite, et de *matière impondérable,* ou *agents physiques;* mais ces expressions ne sont plus en rapport avec les idées nouvelles.

CHAPITRE II.

PROPRIÉTÉS GÉNÉRALES DES CORPS.

9. Diverses sortes de propriétés. — On entend par *propriétés* des corps, leurs diverses manières de se présenter à nos sens. On en distingue de *générales* et de *particulières.* Les premières sont celles qui conviennent à tous les corps, sous quelque état qu'on les considère. Celles qu'il importe de connaître dès à présent sont : l'*impénétrabilité,* l'*étendue,* la *divisibilité,* la *porosité,* la *compressibilité,* l'*élasticité,* la *mobilité* et l'*inertie.*

Les propriétés particulières sont celles qu'on n'observe que dans certains corps ou dans certains états des corps; telles sont : la *solidité,* la *fluidité,* la *ténacité,* la *ductilité,* la *malléabilité,* la *dureté,* la *transparence,* la *coloration,* etc.

Il ne sera question, pour le moment, que des propriétés générales énoncées ci-dessus; en observant, toutefois, que l'*impénétrabilité* et l'*étendue* sont moins des propriétés générales de la matière que des attributs essentiels qui suffiraient pour la définir. Remarquons encore que la divisibilité, la porosité, la compressibilité et l'élasticité ne s'appliquent qu'aux corps considérés comme des amas de molécules, et non aux atomes.

10. Impénétrabilité. — L'*impénétrabilité* est la propriété en vertu de laquelle deux éléments matériels ne peuvent occuper simultanément le même lieu de l'espace.

Cette propriété ne se rencontre réellement que dans les atomes. Dans un grand nombre de phénomènes, les corps paraissent se pénétrer. Par exemple, pour plusieurs alliages, le volume est moindre que la somme des volumes des métaux alliés. Lorsqu'on mélange de l'eau avec de l'acide sulfurique ou avec de l'alcool, on remarque une contraction dans le volume total. Mais toutes ces pénétrations ne sont qu'apparentes; elles résultent uniquement de ce que, les parties matérielles dont les corps sont formés ne se touchant pas, il existe entre elles des intervalles qui peuvent être occupés par d'autres matières, ainsi qu'on le verra à l'article *Porosité* (15).

11. Étendue. — L'*étendue* est la propriété qu'a tout corps d'occuper une portion limitée de l'espace.

Un grand nombre d'instruments ont été construits pour mesurer l'étendue. Nous ferons connaître ici le vernier et la vis micrométrique.

12. Vernier. —. Le *vernier* tire son nom de celui de son inventeur, mathématicien français mort en 1637. Cet instrument fait partie de plusieurs appareils de physique, comme les baromètres, les cathétomètres. Il est formé de deux règles : la plus grande,

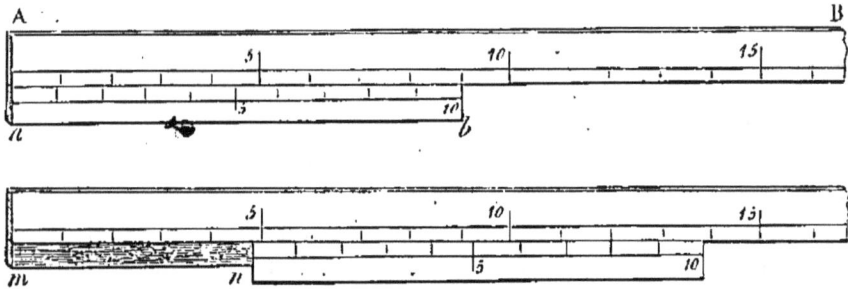

Fig. 1.

AB (fig. 1), est fixe et divisée en parties égales ; la plus petite, *ab*, est mobile ; c'est elle qui est proprement le vernier. Pour la graduer, on lui donne une longueur égale à 9 des divisions de la grande règle, puis on la divise en 10 parties égales. Il en résulte que chaque division de la règle *ab* est d'un dixième plus petite que celles de la règle AB.

Pour mesurer avec le vernier la longueur d'un objet *mn*, on place celui-ci, comme on le voit dans la figure, le long de la grande règle, et l'on trouve ainsi que cet objet a, par exemple, une longueur égale à 4 unités plus une fraction. C'est cette fraction que le vernier va servir à évaluer. Pour cela, on le fait glisser sur la règle fixe jusqu'à ce qu'il vienne se placer à l'extrémité de l'objet *mn*, puis on cherche où se fait la coïncidence entre les divisions des deux règles. Dans la figure, elle a lieu à la huitième division du vernier, à partir du point *n*. Cela indique que la fraction à mesurer est égale à 8 dixièmes. En effet, les divisions du vernier étant plus petites d'un dixième que celles de la règle, on voit qu'à partir du point de coïncidence, en allant de droite à gauche, elles sont successivement en retard, sur celles de la règle, de 1, de 2, de 3... dixièmes. De l'extrémité *n* du vernier à la quatrième division de la règle, il y a donc 8 dixièmes ; d'où *mn* égale 4 des divisions de AB, plus 8 dixièmes. Par conséquent, si les divisions de la grande règle sont des millimètres, on aura la longueur de *mn* à un dixième de millimètre près. Pour l'obtenir à un vingtième, à un trentième de millimètre, il faudrait diviser AB en millimètres, en porter 19 ou 29 sur le vernier; puis diviser celui-ci en 20 ou en 30 parties égales. Mais pour distinguer alors où se ferait la coïncidence, il faudrait faire usage d'une loupe. Dans la mesure des arcs, on fait aussi usage du vernier pour évaluer en minutes et en secondes les fractions de degré.

13. **Vis micrométrique.** — On nomme *vis micrométrique,* toute vis qu'on emploie pour mesurer avec précision de petites longueurs ou de petites épaisseurs. Lorsqu'une vis est bien exécutée, son *pas,* c'est-à-dire l'intervalle entre deux filets consécutifs, doit être partout le même; d'où il résulte que si la vis tourne dans un écrou fixe, elle avance, à chaque tour, d'une longueur égale à celle du pas, et que pour une fraction de tour, $\frac{1}{10}$ par exemple, elle n'avance que de $\frac{1}{10}$ du pas. Par conséquent, si le pas est d'un millimètre, et si, à l'extrémité de la vis, est un cercle gradué en 360 degrés, et tournant avec elle, en ne faisant marcher ce cercle que d'une division, on fera avancer la vis de $\frac{1}{360}$ de millimètre. On a donc là un moyen de mesurer avec une grande précision des allongements ou des épaisseurs très-faibles.

14. **Divisibilité.** — La *divisibilité* est la propriété que possède tout corps de pouvoir être séparé en parties distinctes.

On peut citer de nombreux exemples de l'extrême divisibilité de la matière. Par exemple, 5 centigrammes de musc suffisent pour répandre, pendant plusieurs années, des particules odorantes dans un appartement dont l'air est fréquemment renouvelé.

Le sang est composé de globules rouges flottant dans un liquide nommé *sérum.* Chez l'homme, ces globules, qui sont sphériques, ont un diamètre de $\frac{1}{150}$ de millimètre, et la goutte de sang qui peut être suspendue à la pointe d'une aiguille en contient près d'un million.

Enfin, il existe des animaux trop petits pour être aperçus à l'œil nu, et dont l'existence nous serait inconnue sans le secours du microscope. Or, ces animaux se meuvent, se nourrissent; ils ont donc des organes. Par conséquent, quelle ne doit pas être l'extrême ténuité des parties dont ceux-ci sont composés!

La divisibilité des corps étant poussée assez loin pour que leurs particules échappent au toucher et à la vue, même avec l'aide des microscopes les plus grossissants, on ne peut constater par l'expérience si la divisibilité de la matière a une limite ou si elle est indéfinie. Cependant, d'après la stabilité des propriétés chimiques particulières à chaque corps, et d'après l'invariabilité des rapports qui existent entre les poids des éléments qui se combinent, on admet qu'il y a une limite à la divisibilité. C'est pour cela qu'on regarde les corps comme formés d'éléments matériels qui ne sont pas susceptibles d'être divisés; et qu'on appelle *atomes*, c'est-à-dire insécables (3).

15. **Porosité**. — La contraction de volume que subissent tous les corps par la compression et par le refroidissement, prouve que leurs molécules ne se touchent pas, mais qu'il existe entre elles des interstices auxquels on a donné le nom de *pores*. Cette propriété générale de la matière de posséder des pores constitue la *porosité*.

On distingue deux espèces de pores : les *pores physiques* ou *intermoléculaires*, interstices assez petits pour que les forces moléculaires attractives ou répulsives conservent leur action, et les *pores sensibles*, véritables trous ou lacunes au delà desquelles les forces moléculaires n'ont plus d'action. C'est aux pores physiques que sont dues les contractions et les dilatations qui proviennent des variations de température. Ce sont les pores sensibles qui, dans les êtres organisés, sont le siége des phénomènes d'exhalation et d'absorption.

Les pores sensibles sont apparents dans les éponges, le bois, la pierre ponce. Les pores physiques ne le sont dans aucun cas. Cependant, tous les corps diminuant de volume par le refroidissement et par la compression, on en conclut que tous ont des pores physiques.

Pour montrer expérimentalement les pores sensibles, on prend un long tube de verre A (fig. 2), terminé à sa partie supérieure par un godet de cuivre *m*, et à sa partie inférieure par un pied de même métal qui peut se visser sur la *platine* P d'une machine à faire le vide. Le fond du godet *m* est formé d'un cuir épais de buffle *o*. On y verse du mercure de manière à recouvrir entièrement le cuir, puis on fait le vide dans le tube. Aussitôt, par l'effet de la pression atmosphérique qui pèse

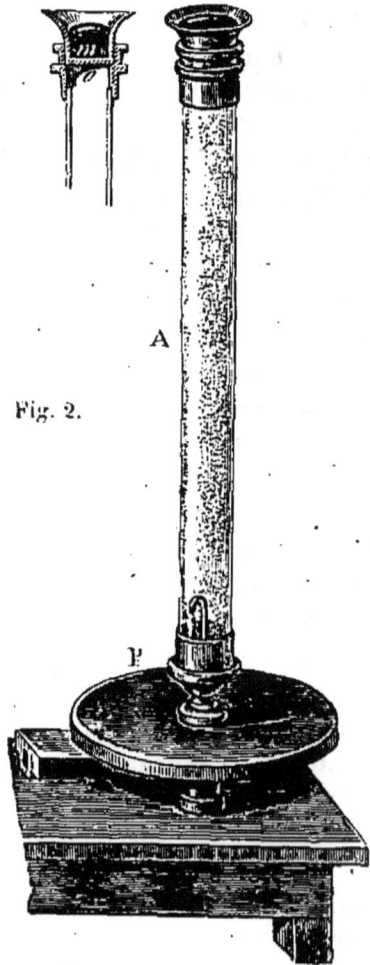

sur le mercure, ce liquide passe à travers les pores du cuir et tombe dans le tube sous forme d'une pluie fine. On fait passer de la même manière de l'eau à travers les pores du bois, lorsqu'on substitue au cuir ci-dessus un disque de bois coupé perpendiculairement aux fibres.

Si l'on plonge dans l'eau un morceau de craie, on en voit sortir une série de petites bulles d'air. Cet air occupait évidemment les pores de la craie, d'où il est chassé par l'eau qui y pénètre. En effet, si l'on pèse la pierre avant et après son immersion, on observe que son poids est augmenté. On peut même mesurer ainsi le volume total des pores d'après le poids de l'eau absorbée.

Quant à la porosité des métaux, elle a été démontrée par l'expérience suivante, due aux académiciens de Florence, en 1661. Cherchant à constater si l'eau pouvait diminuer de volume par l'effet d'une forte pression, ils prirent une petite sphère d'argent creuse, la remplirent d'eau, et après avoir fermé hermétiquement la sphère en en soudant l'orifice, ils la frappèrent à coups de marteau pour en réduire le volume. Or, à chaque coup, l'eau suintait à travers la paroi, et apparaissait à l'extérieur comme un dépôt de rosée, ce qui démontrait la porosité du métal. Plusieurs physiciens ont répété cette expérience sur d'autres métaux, et sont arrivés au même résultat.

16. Volume apparent et volume réel. — Eu égard à la porosité, il y a lieu de distinguer, dans tout corps, le *volume apparent,* c'est-à-dire la portion de l'espace qu'occupe le corps, et le *volume réel,* qui serait celui qu'occuperait la matière propre du corps, si les pores pouvaient être anéantis ; en d'autres termes, le volume réel est le volume apparent diminué du volume des pores. Le volume réel d'un corps est invariable ; mais le volume apparent diminue ou augmente avec le volume des pores.

17. Applications. — La porosité est utilisée dans les filtres de papier, de feutre, de pierre, de charbon, dont on fait un fréquent usage dans l'économie domestique. Les pores de ces substances sont assez grands pour laisser passer les liquides, mais ils sont trop petits pour laisser passer les substances que ceux-ci tiennent en suspension. Dans les carrières, on pratique, dans les blocs de pierre, des rainures où l'on introduit des coins de bois bien secs ; ceux-ci étant ensuite humectés, l'eau pénètre dans leurs pores, le bois se gonfle et détache des blocs considérables. Les cordes sèches, si on les mouille, augmentent en diamètre et diminuent en longueur ; de là un moyen puissant qu'on a utilisé pour soulever d'énormes fardeaux.

18. Compressibilité.—La *compressibilité* est la propriété qu'ont les corps de pouvoir se réduire à un moindre volume par l'effet de là pression. Cette propriété est la conséquence de la porosité, dont elle est elle-même une preuve.

La compressibilité est très-variable d'un corps à un autre. Les corps les plus compressibles sont les gaz, qui peuvent être réduits, sous des pressions suffisantes, à un volume 10, 20 et même 100 fois plus petit que celui qu'ils occupent dans les conditions ordinaires. Toutefois, pour la plupart des gaz, on rencontre une limite de pression. au delà de laquelle l'état gazeux ne persiste plus, mais est remplacé par l'état liquide.

La compressibilité des solides est bien moindre que celle des gaz, et se présente à des degrés très-différents. Les étoffes, le papier, le liége, le bois, sont les substances les plus compressibles. Les métaux le sont aussi, comme l'indiquent les empreintes que prennent les médailles sous le choc du balancier. Il est à remarquer que la compressibilité des solides a aussi une limite au delà de laquelle les corps, cédant à la pression, se désagrégent tout à coup et se réduisent souvent en poudre impalpable.

Quant aux liquides, leur compressibilité est tellement faible, qu'ils ont été longtemps regardés comme tout à fait incompressibles; mais elle se constate par l'expérience, ainsi qu'il sera démontré en hydrostatique (79).

19. **Élasticité.** — L'*élasticité* est la propriété qu'ont les corps de reprendre leur forme ou leur volume primitif, lorsque la force qui altérait cette forme ou ce volume cesse d'agir. L'élasticité peut être développée dans les corps par pression, par traction, par flexion ou par torsion. Il ne sera question ici, comme propriété générale, que de l'élasticité de pression; les autres espèces d'élasticités, ne pouvant se produire que dans les solides, seront placées au nombre des propriétés particulières à ces corps (70).

Les gaz sont parfaitement élastiques, c'est-à-dire qu'ils reprennent exactement le même volume aussitôt que la pression redevient la même. Il en est encore ainsi des liquides, à quelque pression qu'ils aient été soumis. Aucun corps solide n'est doué d'une élasticité aussi parfaite que les gaz et les liquides, surtout lorsque les pressions ont été longtemps prolongées. Cependant l'élasticité est très-apparente dans le caoutchouc, l'ivoire, le verre; elle est à peine sensible dans les graisses, les argiles, le plomb.

Dans les solides, il y a une limite d'élasticité au delà de laquelle ils sont brisés, ou du moins ne reprennent plus exactement leur forme ou leur volume primitif. Dans les entorses, par exemple, la limite d'élasticité des ligaments a été dépassée. Une semblable limite ne se rencontre pas dans les gaz et les liquides, qui reviennent toujours à leur volume primitif.

1.

L'élasticité est le résultat d'un rapprochement moléculaire, et, par suite, d'un changement de forme qui, dans les corps solides, se constate par l'expérience suivante. Sur un plan de marbre poli et recouvert d'une légère couche d'huile, on laisse tomber une petite bille d'ivoire ou de marbre. Elle rebondit à une hauteur un peu moindre que celle de la chute, après avoir produit, au point où elle a frappé, une empreinte circulaire d'autant plus étendue que la bille est tombée d'une plus grande hauteur. Au moment du choc, la bille a donc été aplatie sur le plan, et c'est par la réaction des molécules ainsi comprimées qu'elle se relève.

20. **Mobilité, mouvement, repos.** — La *mobilité* est la propriété qu'ont les corps de pouvoir passer d'un lieu à un autre.

On nomme *mouvement*, l'état d'un corps qui change de lieu; *repos*, sa permanence dans le même lieu. Le repos et le mouvement sont absolus ou relatifs.

Le *repos absolu* serait la privation complète de mouvement. Dans tout l'univers, on ne connaît aucun corps dans cet état.

Le *mouvement absolu* d'un corps serait son déplacement par rapport à un autre corps à l'état de repos absolu.

Le *repos relatif,* ou apparent, est l'état d'un corps qui paraît fixe par rapport aux corps environnants, mais qui, en réalité, participe avec eux à un mouvement commun. Par exemple, un corps qui reste à la même place dans un bateau en mouvement, est en repos par rapport au bateau, mais il est réellement en mouvement par rapport aux rives; ce n'est donc là qu'un repos relatif.

Le *mouvement relatif* d'un corps n'est que son mouvement apparent, c'est-à-dire celui qu'on mesure par rapport à d'autres corps qu'on suppose fixes, tandis qu'eux-mêmes se déplacent. Tel est le mouvement d'un bateau par rapport aux rives d'un fleuve; car celles-ci participent avec lui au double mouvement de rotation et de translation de la terre dans l'espace.

On n'observe, dans la nature, que des états de repos et de mouvement relatifs.

21. **Inertie.** — L'inertie est une propriété purement négative; c'est l'inaptitude de la matière à passer d'elle-même de l'état de repos à l'état de mouvement, ou à modifier le mouvement dont elle est animée.

Si les corps tombent lorsqu'on les abandonne à eux-mêmes, cela provient d'une force attractive qui les dirige vers le centre de la terre, et non de leur spontanéité; si la vitesse d'une bille sur un billard se ralentit graduellement, cela résulte de la résistance de l'air que la bille déplace et du frottement sur le tapis. Il ne faudrait donc pas en conclure que cette bille a une tendance au repos plutôt qu'au mouvement, comme le disaient certains philosophes de l'antiquité, qui comparaient la matière à une personne paresseuse. Toutes les fois qu'il n'y a pas de résistance, le mouvement se continue sans altération, ainsi que les astres nous en offrent un exemple dans leur révolution autour du soleil.

22. Applications. — Un grand nombre de phénomènes s'expliquent par l'inertie de la matière. Par exemple, lorsque, pour franchir un fossé, nous prenons notre élan, c'est afin qu'au moment du saut, le mouvement dont nous sommes animés ajoute son effet à l'effort musculaire que nous faisons pour sauter.

Une personne qui descend d'une voiture en marche participe au mouvement de cette voiture, et si elle n'imprime à son corps un mouvement en sens contraire à l'instant où elle touche le sol, elle est renversée dans la direction que suit la voiture.

C'est l'inertie qui rend si terribles les accidents de chemins de fer. En effet, que la locomotive vienne brusquement à s'arrêter, tout le convoi continue sa marche, en vertu de la vitesse acquise, et les wagons vont se briser les uns contre les autres.

- Enfin, les marteaux, les pilons, les bocards, sont des applications de l'inertie. Il en est de même de ces énormes roues de fonte qu'on nomme *volants,* et qui servent à régulariser le mouvement des machines à vapeur.

CHAPITRE III.

NOTIONS SUR LES FORCES ET LES MOUVEMENTS.

23. Forces. — On nomme *force,* toute cause capable de produire le mouvement ou de le modifier.

L'action des muscles chez les animaux, la pesanteur, les attractions et les répulsions magnétiques ou électriques, la tension des vapeurs, sont des forces.

En général, on donne le nom de *puissances* aux forces qui tendent à produire un certain effet, et celui de *résistances* aux forces qui s'opposent à cet effet. Les premières, tendant à accélérer à chaque instant le mouvement, sont dites *accélératrices ;* les dernières sont *retardatrices.*

Les forces peuvent n'agir sur les corps que pendant un temps très-court, comme il arrive dans les chocs, dans l'explosion de la poudre, ou bien pendant toute la durée du mouvement. On exprime le premier effet en disant qu'elles sont *instantanées,* le second en

disant qu'elles sont *continues;* mais il importe d'observer qu'on
entend par là non pas deux espèces de forces, mais seulement deux
modes d'action des forces.

24. Équilibre. — Lorsque plusieurs forces sont appliquées à un
même corps, il peut arriver que, ces forces se neutralisant mutuellement, l'état de repos ou de mouvement du corps ne soit pas modifié. On a donné à cet état particulier des corps le nom d'*équilibre.*
Il ne faut pas confondre l'état d'équilibre avec celui de repos : dans
le premier état, un corps est soumis à l'action de plusieurs forces
qui s'entre-détruisent; dans le second, il n'est sollicité par aucune
force.

25. Caractères, unité et représentation des forces. — Toute
force est caractérisée : 1° par son *point d'application,* c'est-à-dire
le point où elle agit immédiatement; 2° par sa *direction,* c'est-à-
dire la ligne droite qu'elle tend à faire parcourir à son point d'application; 3° par son *intensité,* c'est-à-dire sa valeur par rapport à une
autre force prise pour unité.

La force qu'on choisit pour unité est tout à fait arbitraire; mais,
quel que soit l'effet de traction ou de pression produit par une force,
un certain poids pouvant toujours produire le même effet, on compare, en général, les forces à des poids, et l'on prend pour unité de
force le kilogramme. Une force est égale à 20 kilogrammes, par
exemple, si elle peut être remplacée par l'action d'un poids de 20
kilogrammes. Une force qui conserve toujours la même intensité est
constante; celle dont l'intensité augmente ou diminue est *variable.*

D'après les caractères qui déterminent une force, celle-ci est
complétement connue lorsque son point d'application, sa direction
et son intensité sont donnés. Pour représenter ces divers éléments
d'une force, on fait passer par son point d'application, et dans le sens
de sa direction, une ligne droite indéfinie ; puis, sur cette ligne, à
partir du point d'application, et dans le sens de la force, on porte
une unité de longueur arbitraire, le centimètre par exemple, autant
de fois que la force donnée contient elle-même l'unité de force. On
a ainsi une ligne droite qui détermine complétement la force. Enfin,
pour distinguer les forces les unes des autres, on les désigne par les
lettres P, Q, R..., qu'on place sur leurs directions respectives.

Pour l'intelligence de plusieurs phénomènes physiques, il est
nécessaire de rappeler ici les principes suivants, qui sont démon-
trés dans les cours de mécanique.

26. Résultantes et composantes. — Lorsque plusieurs forces
S, P, Q, appliquées à un même point matériel A (fig. 3), se font
équilibre, l'une quelconque d'entre elles, S par exemple, résiste
seule à l'action de toutes les autres. La force S, si elle était dirigée

en sens contraire, suivant le prolongement AR de SA, produirait donc, à elle seule, le même effet que le système des forces P et Q.

Toute force qui peut ainsi produire le même effet que plusieurs forces combinées, se nomme leur *résultante,* et les autres forces, par rapport à la résultante, sont ses *composantes.*

Lorsqu'un corps, sollicité par plusieurs forces, entre en mouve-

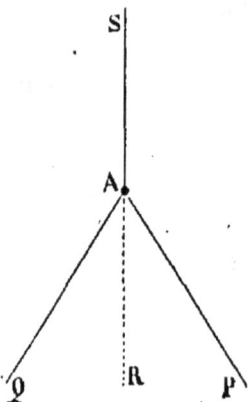 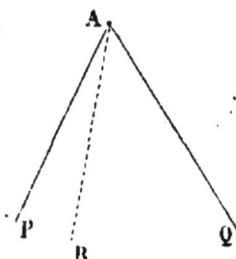

Fig. 3.   Fig. 4.

ment, on démontre que c'est toujours suivant la direction de la résultante de toutes ces forces qu'il se meut. Par exemple, si un point matériel A (fig. 4) est sollicité en même temps par deux forces P et Q, comme il ne peut se mouvoir simultanément suivant les droites AP et AQ, il prend une direction intermédiaire AR, qui est précisément celle de la résultante des deux forces P et Q.

Tous les problèmes sur la *composition* et la *décomposition* des forces s'appuient sur les théorèmes suivants, pour la démonstration desquels nous renvoyons aux traités spéciaux de mécanique.

27. Composition et décomposition des forces parallèles. — 1° *Lorsque deux forces parallèles sont appliquées à un même point, elles ont une résultante égale à leur somme, si elles sont de même direction, et à leur différence, si elles sont de direction contraire.* Par exemple, si deux hommes tirent un fardeau suivant des directions parallèles, avec les efforts respectifs 20 et 15, l'effort résultant est 35, ou 5, suivant qu'ils tirent dans le même sens ou en sens contraire. De même, lorsque plusieurs chevaux sont attelés à une voiture, celle-ci avance comme si elle était sollicitée par une force unique égale à la somme des forces de tous les chevaux.

2° *Lorsque deux forces parallèles et de même direction sont appliquées aux extrémités d'une droite AB (fig. 5), leur résultante R, qui est égale à leur somme, leur est parallèle, et partage la droite AB en deux parties inversement proportionnelles aux forces* P *et* Q. En d'autres termes, C étant le point d'application de la résultante, si la force P est deux, trois fois plus grande que la force Q, la distance AC est deux, trois fois plus petite que CB. D'où il suit que, lorsque les forces P et Q sont égales, la direction de leur résultante partage la ligne AB en deux parties égales.

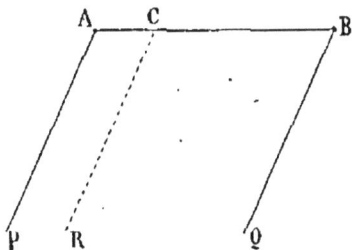

Réciproquement, une force unique R, appliquée en C, peut être remplacée par le système de deux forces P et Q dont elle est la somme, si celles-ci lui sont parallèles, et si, les points A, B, C, étant en ligne droite, ces nouvelles forces sont en raison inverse des longueurs AC et CB.

Fig. 5.

Pour obtenir la résultante de plusieurs forces parallèles et dirigées dans le même sens, on cherche d'abord, comme ci-dessus, la résultante de deux de ces forces, puis celle de la résultante trouvée et d'une troisième force, et ainsi de suite, jusqu'à la dernière; ce qui produit, pour résultante finale, une force égale à la somme des forces données, et de même direction.

28. **Composition et décomposition des forces concourantes.** — On appelle *forces concourantes,* celles dont les directions se rencontrent en un même point où l'on peut les supposer toutes appliquées. Par exemple, lorsque plusieurs . hommes, pour sonner une cloche, tirent des cordeaux fixés à un même nœud sur la corde de cette cloche, les forces de ces hommes sont concourantes.

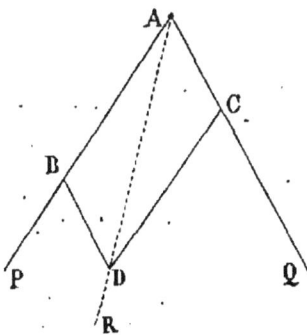

Soient d'abord deux forces concourantes P et Q (fig. 6), et A leur point d'application. Si l'on prend sur leurs directions deux longueurs AB et AC proportionnelles à leurs intensités (25), et si, des points B et C, on tire des droites respectivement parallèles aux directions des forces, on obtient un parallélogramme ABDC qu'on nomme *parallélogramme des forces,* et qui fait connaître facilement la résultante des forces P et Q, au moyen du théorème suivant, connu lui-même sous le nom de *théorème du parallélogramme des forces.*

Fig. 6.

29. **Parallélogramme des forces.** — *La résultante de deux forces concourantes est représentée, en grandeur et en direction, par la diagonale du parallélogramme construit sur ces forces.* C'est-à-dire que, dans la figure ci-dessus, la résultante R

des forces P et Q est non-seulement dirigée suivant la diagonale AD, mais contient l'unité de force autant de fois que cette diagonale contient elle-même l'unité linéaire qui a été portée sur AB et AC pour représenter les forces P et Q.

Réciproquement, une force unique peut être décomposée en deux autres appliquées au même point que la première et dirigées suivant des droites données. Il suffit, pour cela, de construire sur ces droites un parallélogramme dont la force donnée soit la diagonale; les longueurs des côtés représenteront les composantes cherchées.

Dans le cas d'un nombre quelconque de forces appliquées à un même point, dans diverses directions, la résultante s'obtient en appliquant successivement le théorème précédent d'abord à deux de ces forces, puis à la résultante obtenue et à une troisième force, et ainsi de suite jusqu'à la dernière.

Les effets de la composition et de la décomposition des forces se présentent constamment à notre observation. Par exemple, lorsqu'un bateau, mû par l'action des rames, traverse une rivière, il n'avance pas dans la direction suivant laquelle les rames le poussent; il ne suit pas non plus celle du courant, mais il va exactement dans la direction qui correspond à la résultante des deux impulsions auxquelles il est soumis.

NOTIONS SUR LES MOUVEMENTS.

30. Différents genres de mouvement. — On a déjà vu (20) que le *mouvement* est l'état d'un corps qui passe d'un lieu à un autre. Un mouvement est dit *rectiligne* ou *curviligne,* quand le chemin parcouru par le mobile est une ligne droite ou une ligne courbe, et chacun de ces mouvements peut être lui-même *uniforme* ou *varié.*

31. Mouvement uniforme. — Le *mouvement uniforme,* le plus simple de tous, est celui dans lequel un mobile parcourt des espaces égaux dans des temps égaux.

Toute force instantanée produit un mouvement rectiligne et uniforme, lorsque le mobile n'est soumis à aucune autre force et ne rencontre aucune résistance. En effet, la force n'agissant que pendant un temps très-court, le mobile, une fois abandonné à lui-même, conserve, en vertu de son inertie, la direction et la vitesse que la force lui a imprimées. Toutefois les forces continues peuvent aussi donner naissance à des mouvements uniformes. Il en est ainsi lorsqu'il se présente des résistances qui, se renouvelant sans cesse, détruisent l'accroissement de vitesse que ces forces tendent à communiquer au mobile. Par exemple, un convoi qui, sur un chemin de fer, est sollicité par une force continue, n'en prend pas moins un mouvement uniforme; en effet, les pertes de force dues à la résistance de l'air et au frottement croissant avec la vitesse, il vient un moment où l'équilibre s'établit entre la force motrice et les résistances.

32. Vitesse et loi du mouvement uniforme. — Dans le mouvement uniforme, on nomme *vitesse* le chemin parcouru dans l'unité de temps. Cette unité, tout à fait arbitraire, est généralement la seconde. Il découle de la définition du mouvement uniforme que la vitesse est constante. Dans des temps deux, trois, quatre fois plus grands, les chemins parcourus sont donc doubles, triples, quadruples. Cette loi s'exprime en disant que *les espaces parcourus sont proportionnels aux temps.*

Cette loi peut se représenter par une formule très-simple. Pour cela, soient v la vitesse, t le temps, et e l'espace parcouru. Puisque v représente l'espace parcouru dans l'unité de temps, l'espace parcouru dans 2, 3... unités de temps, sera $2v$, $3v$...; et, enfin, dans le temps t, il sera t fois v; on a donc $e = vt$. On tire de cette formule, $v = \frac{e}{t}$; d'où l'on peut dire que, dans le mouvement uniforme, *la vitesse est le rapport du chemin parcouru au temps employé à le parcourir.*

33. Mouvement varié. — Le *mouvement varié* est celui dans lequel un mobile parcourt en temps égaux des espaces inégaux. Ce mouvement peut varier d'une infinité de manières; le seul qu'il importe de considérer ici est le mouvement uniformément varié.

On nomme *mouvement uniformément varié,* celui dans lequel la vitesse croît ou décroît de quantités égales en temps égaux. Dans le premier cas, le mouvement est *uniformément accéléré :* tel est le mouvement d'un corps qui tombe, abstraction faite de la résistance de l'air. Dans le second, il est *uniformément retardé :* tel est le mouvement d'une pierre lancée verticalement de bas en haut.

Le mouvement uniformément varié a toujours pour cause une force continue constante, se comportant comme puissance ou comme résistance, suivant que le mouvement est accéléré ou retardé.

34. Vitesse et lois du mouvement uniformément accéléré. — Dans le mouvement uniformément accéléré, les espaces parcourus en temps égaux n'étant pas égaux, la vitesse n'est plus le chemin parcouru dans l'unité de temps, comme dans le mouvement uniforme. Ici on entend par *vitesse,* en un instant donné, l'espace qui, à partir de cet instant, serait uniformément parcouru par le mobile, dans chaque seconde, si la force accélératrice cessait tout à coup, c'est-à-dire si le mouvement devenait uniforme. Par exemple, si l'on dit d'un mobile qu'il a une vitesse de 60 mètres après 10 secondes d'un mouvement uniformément accéléré, on exprime que, si la force accélératrice qui a agi jusqu'alors cessait après 10 secondes, le mobile, en vertu de son inertie, continuerait à se mouvoir en parcourant uniformément 60 mètres par seconde.

Or, tout mouvement uniformément accéléré, quel que soit son accroissement de vitesse, est soumis aux deux lois suivantes :

1° *Les vitesses croissent proportionnellement aux temps.* C'est-à-dire qu'après un temps double, triple, quadruple, la vitesse acquise est deux, trois, quatre fois plus grande. Cette loi est la conséquence de la définition du mouvement uniformément varié (33).

2° *Les espaces parcourus sont proportionnels aux carrés des temps employés à les parcourir.* C'est-à-dire que, si l'on représente par 1 le chemin parcouru en une seconde, les chemins parcourus en 2, 3, 4, 5... secondes, seront représentés par 4, 9, 16, 25..., carrés des premiers nombres.

35. Proportionnalité des forces aux accélérations; quantité de mouvement. — On démontre, en mécanique rationnelle, que, lorsque plusieurs forces constantes F, F' F''....., agissent successivement sur un même corps, elles lui impriment, en temps égaux, des accélérations de vitesse G, G', G''....., proportionnelles à ces forces, c'est-à-dire qu'on a $\dfrac{F}{F'} = \dfrac{G}{G'}$, $\dfrac{F}{F''} = \dfrac{G}{G''}$.....

Ce principe permet donc de mesurer les forces par les accélérations de vitesse qu'elles communiquent aux mobiles, les forces étant estimées en kilogrammes et les vitesses en mètres; de plus, comme des égalités ci-dessus on tire $\dfrac{F}{G} = \dfrac{F'}{G'} = \dfrac{F''}{G''}\cdots$, on voit que, pour un même corps, le rapport entre la force qui le sollicite et l'accélération de vitesse qu'elle lui communique est constant, quelle que soit la force.

C'est ce rapport constant que les mécaniciens ont adopté pour mesurer la *masse* des corps (4), et ils disent que *deux corps sont de même masse, quand, sollicités par des forces égales, ils prennent, dans le même temps, des accélérations de vitesse égales.*

En représentant par M et m les masses de deux corps, par F et f les forces qui agissent sur eux, par V et v les vitesses qu'elles leur communiquent dans le même temps, on a donc $\dfrac{F}{V} = M$, et $\dfrac{f}{v} = m$; ou F = MV, et $f = mv$. Divisant ces deux dernières égalités membre à membre, on a $\dfrac{F}{f} = \dfrac{MV}{mv}$.

Le produit MV de la masse d'un corps par la vitesse dont il est animé, a reçu le nom de *quantité de mouvement* de ce corps. On peut donc énoncer la dernière égalité ci-dessus en disant que *deux forces quelconques sont entre elles comme les quantités de mouvement qu'elles impriment à deux masses différentes.* Par conséquent, si l'on prend pour unité de force celle qui imprimerait à l'unité de masse l'unité de vitesse dans l'unité de temps, on voit que les forces peuvent se mesurer par les quantités de mouvement qui leur correspondent.

Les forces étant proportionnelles aux quantités de mouvement, il en résulte que pour une même force le produit MV est constant; c'est-à-dire que la masse devenant deux, trois fois plus grande, la vitesse est deux, trois fois plus petite. Ce résultat se déduit de la dernière égalité ci-dessus, en y faisant F = f, ce qui donne MV = mv, ou $\dfrac{M}{m} = \dfrac{v}{V}$; c'est-à-dire que *les vitesses imprimées par une même force à deux masses inégales sont en raison inverse de ces masses.*

Si V = v, on a $\dfrac{F}{f} = \dfrac{M}{m}$; c'est-à-dire que *deux forces sont entre elles comme les masses auxquelles elles impriment des vitesses égales.*

LIVRE II

CHAPITRE PREMIER.

EFFETS GÉNÉRAUX DE LA PESANTEUR.

36. **Attraction universelle, ses lois.** — L'*attraction universelle* est une force en vertu de laquelle tous les corps de l'univers tendent sans cesse les uns vers les autres.

Cette force agit sur tous les corps, qu'ils soient en repos où en mouvement. Elle est toujours réciproque entre eux, et s'exerce à toutes les distances, ainsi qu'à travers toutes les substances.

L'attraction universelle prend le nom de *gravitation,* lorsqu'elle s'exerce entre les astres ; celui de *pesanteur,* quand on considère l'attraction que la terre exerce sur les corps pour les faire tomber ; tandis qu'on donne le nom d'*attraction moléculaire* à la force qui lie entre elles les molécules des corps. On va voir ci-après quelles sont les lois de la gravitation et de la pesanteur, mais on ignore celles de l'attraction moléculaire.

L'attraction universelle est un fait parfaitement constaté, mais on en ignore complétement la cause. Les philosophes de l'antiquité, Démocrite, Épicure, avaient adopté l'hypothèse d'une tendance de la matière vers des centres communs sur la terre et sur les astres. Képler admit une attraction réciproque entre le soleil, la terre et les autres planètes. Bacon, Galilée, Hooke, ont également reconnu une attraction universelle ; mais c'est Newton qui, le premier, a déduit des lois de Képler sur le mouvement des planètes, que la gravitation est une loi générale de la nature, et que *tous les corps s'attirent entre eux en raison composée des masses et en raison inverse du carré des distances.*

Depuis Newton, l'attraction de la matière par la matière a été démontrée expérimentalement par Cavendish, célèbre chimiste et physicien anglais, mort au commencement de ce siècle. Ce savant, au moyen d'un appareil qu'on nomme *balance de Cavendish,* et qui n'est autre chose qu'une balance de torsion (74), est parvenu à rendre sensible l'attraction exercée par une grosse boule de plomb sur une petite sphère de cuivre.

37. Pesanteur. — La pesanteur est la force en vertu de laquelle les corps abandonnés à eux-mêmes *tombent*, c'est-à-dire se dirigent vers le centre de la terre. Cette force, qui n'est qu'un cas particulier de l'attraction universelle, est due à l'attraction réciproque qui s'exerce entre la masse de la terre et celle des corps.

Ainsi que la gravitation universelle, la pesanteur agit en raison inverse du carré de la distance et proportionnellement à la masse. Elle s'exerce sur tous les corps, dans quelques conditions qu'ils se trouvent ; et si quelques-uns, comme les nuages, la fumée, semblent s'y soustraire en s'élevant dans l'atmosphère, on verra bientôt (168) qu'il faut en rapporter la cause à la pesanteur même.

38. Direction de la pesanteur verticale, horizontale. — Lorsque les molécules d'une sphère matérielle agissent par attraction, en raison inverse du carré de la distance, sur une molécule située hors de cette sphère, on démontre, en mécanique rationnelle, que la résultante de toutes ces attractions est la même que si toutes les molécules de la sphère étaient condensées à son centre. Il résulte de ce principe qu'en chaque point de la surface du globe, l'attraction de la terre est dirigée vers son centre. Toutefois l'aplatissement de la terre aux pôles, la non-homogénéité de ses parties, les inégalités de sa surface, sont autant de causes qui peuvent changer la direction de la pesanteur, mais d'une quantité peu sensible.

On nomme *verticale*, la direction de la pesanteur, c'est-à-dire la ligne droite que suivent les corps en tombant. Sur tous les points du globe, les verticales convergeant sensiblement vers le centre, leur direction change d'un lieu à un autre ; mais, pour des points peu distants les uns des autres, tels que les molécules d'un même corps ou de corps voisins, on regarde les verticales comme rigoureusement parallèles ; en effet, le rayon moyen de la terre, c'est-à-dire celui qui correspond à la latitude de 45°, étant de 6 367 400 m., les angles de ces verticales entre elles sont inappréciables. Toutefois, pour deux points éloignés l'un de l'autre, l'angle n'est pas négligeable. Il est d'environ 2° 12' entre les verticales de Paris et de Dunkerque, et de 7° 28' entre celles de Paris et de Barcelone. Quant à la détermination de l'angle ainsi formé par les verticales de deux lieux différents, elle se fait en observant, de chacun de ces lieux, une même étoile, et mesurant l'angle que le rayon visuel fait avec la verticale. La différence des angles trouvés est l'angle des deux verticales entre elles.

On entend par *ligne horizontale, plan horizontal,* une ligne, un plan perpendiculaires à la verticale.

39. Fil à plomb. — La verticale en un lieu quelconque se détermine par le *fil à plomb*. On nomme ainsi un fil auquel est suspendue une petite balle de plomb (fig. 7). Ce fil, étant fixé par son extrémité supérieure et abandonné à lui-même, prend naturelle-

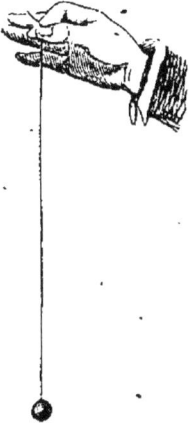

ment la direction de la verticale; car on verra bientôt qu'un corps qui n'a qu'un point d'appui, ne peut être en équilibre qu'autant que son centre de gravité et le point d'appui sont situés sur une même verticale (43).

Le fil à plomb ne peut indiquer si la direction de la pesanteur en un lieu est constante. En effet, si l'on observait que le fil à plomb, d'abord parallèle au mur d'un édifice, par exemple, a cessé de l'être, on ne saurait dire si c'est la pesanteur qui a changé de direction, ou si c'est le mur qui s'est incliné. Mais, en traitant des propriétés des liquides, nous verrons que leur surface ne peut demeurer horizon-

Fig. 7.

tale, ou *être de niveau,* qu'autant qu'elle est perpendiculaire à la direction de la pesanteur (86). Par conséquent, si celle-ci changeait, il en serait de même du niveau des mers. La stabilité de ce niveau est donc une preuve que la direction de la pesanteur est constante.

Toutefois, près d'une grande masse de matière, comme une montagne, le fil à plomb est dévié : La Condamine et Bouguer ont constaté que la montagne le Chimboraço imprime au fil à plomb une déviation de 7″,5.

CHAPITRE II.

DENSITÉ, POIDS, CENTRE DE GRAVITÉ, BALANCES.

40. Densité absolue et densité relative. — La *densité* d'un corps est sa masse sous l'unité de volume (4). On ne peut dire quelle est la *densité absolue,* c'est-à-dire la quantité réelle de matière qu'un corps renferme; on ne peut déterminer que sa *densité relative,* c'est-à-dire la quantité de matière qu'il contient, à volume égal, par rapport à un autre corps pris pour terme de comparaison. Ce corps, pour les solides et les liquides, est l'eau distillée, prise à 4 degrés au-dessus de zéro; pour les gaz, c'est l'air. Par conséquent, quand on dit que la densité du zinc est 7, cela signifie que, sous le même volume, ce métal contient 7 fois plus de matière que l'eau.

En représentant par V le volume d'un corps, par M sa masse absolue, et par D la quantité de matière sous l'unité de volume, c'est-à-dire sa densité absolue, il est évident que la quantité totale de matière contenue dans le volume V est V fois D; d'où M = VD. De cette égalité on tire $D = \frac{M}{V}$; d'où l'on peut dire encore que *la densité absolue d'un corps est le rapport de sa masse à son volume.*

41. Poids. — On distingue, dans tout corps, le *poids absolu,* le *poids relatif* et le *poids spécifique.*

Le *poids absolu* d'un corps est la pression qu'il exerce sur l'obstacle qui l'empêche de tomber. Cette pression n'est autre chose que la résultante des actions de la pesanteur sur chacune des molécules du corps; d'où il résulte qu'elle est d'autant plus grande que le corps contient plus de matière; ce qu'on exprime en disant que *le poids d'un corps est proportionnel à sa masse.*

Le *poids relatif* d'un corps est celui qui se détermine au moyen de la balance; c'est le rapport du poids absolu du corps à un autre poids déterminé qu'on a choisi pour unité. Dans le système métrique, cette unité est le gramme. Ainsi, quand on trouve qu'un corps pèse 58 grammes, 58 est son poids relatif. En adoptant une autre unité, le poids relatif changerait, mais le poids absolu serait le même.

Enfin, le *poids spécifique* d'un corps est le rapport de son poids, sous un certain volume, à celui d'un égal volume d'eau distillée et à 4 degrés au-dessus de zéro. Par exemple, si l'on dit que le poids spécifique du zinc est 7, cela exprime qu'à volume égal le zinc pèse 7 fois plus que l'eau distillée, prise à 4 degrés.

Le poids des corps, à volume égal, étant proportionnel à leur masse, il en résulte que, si un corps contient deux, trois fois plus de matière que l'eau, il doit être deux, trois fois plus pesant; par conséquent, le rapport entre les poids, ou le poids spécifique, doit être le même que le rapport entre les masses, ou la densité relative. C'est pourquoi les expressions *densité relative* et *poids spécifique* sont souvent regardées comme équivalentes. Toutefois, si la pesanteur était détruite, il n'y aurait plus ni poids absolu ni poids relatif, tandis qu'il y aurait toujours lieu de considérer les densités. Celles-ci ne pourraient se déterminer alors par la balance; mais on a vu (35) que le rapport des masses est le même que le rapport des forces qui imprimeraient à ces masses une même vitesse dans le même temps, ce qui permettrait encore de déterminer les densités.

On a vu également (35) que la masse d'un corps est égale au rapport constant de la force qui le sollicite à l'accélération de vitesse qu'elle lui imprime; si donc on représente par P le poids absolu d'un corps, c'est-à-dire la force qui tend à le faire tomber, par g l'accélération de vitesse que la pesanteur lui imprime, accélération qui peut être prise pour intensité de cette force, enfin par M la masse du corps, on a

$$\frac{P}{g} = M, \quad \text{d'où} \quad P = Mg.$$

Cette formule fait voir que le poids d'un corps est proportionnel à sa masse et à l'intensité de la pesanteur. En y remplaçant M par sa valeur VD (40), on a P=VDg. Avec un autre corps dont le poids, la densité et le volume seraient P', V' et D', on aurait de même P' = V'D'g. Pour D = D', on a $\frac{P}{P'} = \frac{V}{V'}$ [1]; et pour P = P', on a VD = V'D', d'où $\frac{V}{V'} = \frac{D'}{D}$ [2]. De l'égalité [1], on conclut qu'*à densité égale, les poids sont proportionnels aux volumes;* et de l'égalité [2], qu'*à poids égal, les volumes sont en raison inverse des densités.*

On verra bientôt les procédés à l'aide desquels on détermine les poids spécifiques des solides et des liquides par rapport à l'eau. Quant aux gaz, leurs poids spécifiques se prennent par rapport à l'air.

42. Centre de gravité, sa détermination expérimentale. — Le

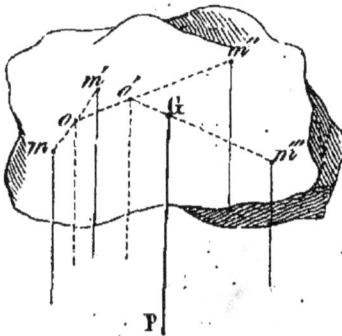 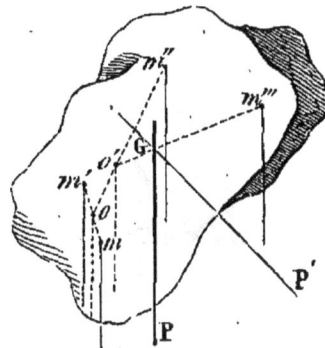

Fig. 8.   Fig. 9.

centre de gravité d'un corps est le point par lequel passe constamment la résultante des actions de la pesanteur sur les molécules de ce corps, dans toutes les positions qu'il peut prendre.

Tout corps a un centre de gravité unique. En effet, soit une masse quelconque (fig. 8), et *m, m', m'', m'''*....., ses molécules. Toutes celles-ci étant sollicitées par la pesanteur suivant des directions verticales, il en résulte un système de forces parallèles dont on obtient la résultante en cherchant d'abord celles des forces qui sollicitent deux molécules quelconques *m* et *m'* (27), puis la résultante de la force ainsi obtenue et de celle qui sollicite une troisième molécule *m''*, et ainsi de suite jusqu'à la résultante finale P, appliquée en G et représentant le poids du corps. Or, si l'on donne au corps une autre position, comme le montre la figure 9, les molécules *m, m', m''*..., étant encore sollicitées par les mêmes forces que lorsque le corps était dans la position représentée dans la figure 8, la résultante des forces qui sollicitent *m* et *m'* continue à passer en *o*, puis la résultante suivante en *o'*, et ainsi de suite jusqu'à la résultante P, qui passe encore en G, où elle coupe la direction GP' qu'avait la même résultante, par rapport au corps, dans la première position. La même chose ayant lieu dans toutes les positions qu'on donne au corps, le point G, par lequel passe constamment la direction du poids, est le centre de gravité.

. La recherche du centre de gravité d'un corps quelconque est du domaine de la géométrie; mais, dans plusieurs cas, on peut le déterminer immédiatement. Par exemple, dans une ligne droite homogène, le centre de gravité se trouve au milieu de la droite; dans un cercle, il est au centre : il en est de même pour une sphère. Dans les cylindres, il est au milieu de l'axe. En statique, on fait voir que,

 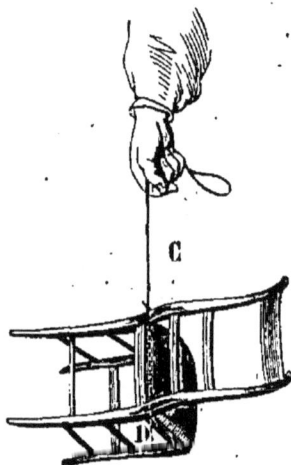

Fig. 10.   Fig. 11.

dans un triangle, le centre de gravité se trouve sur la ligne qui joint un des sommets au milieu du côté opposé, et aux deux tiers de cette ligne à partir du sommet. Dans les pyramides, il est placé sur la droite qui joint le sommet au centre de gravité de la base, et aux trois quarts de cette droite à partir du sommet; il en est de même dans les cônes.

On peut, dans plusieurs cas, déterminer le centre de gravité par l'expérience. Pour cela, on suspend le corps à un cordeau, successivement dans deux positions différentes, comme le montrent les figures 10 et 11; puis on cherche le point où le cordeau CD, dans la seconde position, va couper la direction AB, qu'avait le cordeau dans la première : ce point est le centre de gravité cherché. En effet, dans chaque position, l'équilibre ne pouvant s'établir qu'autant que le centre de gravité vient se placer au-dessous du point d'attache du cordeau et sur sa direction (43), il en résulte que le centre de gravité doit être placé à la fois sur les deux directions du cordeau, et, par conséquent, à leur point de rencontre.

Dans les corps dont la forme et l'homogénéité sont invariables, la position du centre de gravité est constante; dans le cas contraire, la position de ce point change. C'est ce qui arrive chez les animaux, où la position du centre de gravité varie avec les attitudes.

43. Équilibre des corps pesants. — L'action de la pesanteur sur un corps se réduisant à une force unique, verticale, dirigée de haut en bas, et appliquée au centre de gravité, il suffit, pour qu'il y ait équilibre, que cette force soit détruite par la résistance d'un point fixe par lequel elle passe. Par suite, si le corps repose sur un seul point d'appui, le centre de gravité doit se trouver sur la verticale menée par ce point; si le corps est soutenu par un axe horizontal, la verticale passant par le centre de gravité doit rencontrer cet axe; enfin, si le corps est supporté par plusieurs points d'appui, il suffit que la verticale menée par le centre de gravité passe dans l'intérieur de la *base,* c'est-à-dire du polygone qu'on obtient en joignant entre eux les points d'appui.

Dans les tours de Pise et de Bologne, qui sont tellement inclinées à l'horizon, qu'elles semblent menacer les passants de leur chute, l'équilibre persiste, parce que la verticale menée par le centre de gravité passe dans l'intérieur de la base.

Un homme est d'autant plus ferme sur ses pieds, que ceux-ci présentent une base plus grande; car il peut alors donner à ses mouvements plus d'amplitude, sans que la verticale menée par son centre de gravité se trouve en dehors de cette base. S'il se pose sur un pied, la stabilité diminue; elle diminue encore s'il s'élève sur la pointe du pied. Dans cette position, un très-faible balancement suffit pour que le centre de gravité ne soit plus au-dessus de la base, et pour rompre l'équilibre.

44. Divers états d'équilibre. — Selon la position du centre de gravité par rapport au point d'appui, il se présente trois états d'équilibre : l'état d'*équilibre stable,* celui d'*équilibre instable,* et celui d'*équilibre indifférent.*

L'*équilibre stable* est l'état d'un corps qui, dévié de sa position d'équilibre, y revient de lui-même aussitôt qu'aucun obstacle ne s'y oppose. Cet état se présente toutes les fois qu'un corps est dans une position telle, que son centre de gravité est plus bas que dans toute autre position voisine. Si le corps est alors déplacé, son centre de gravité ne peut être que relevé, et comme la pesanteur tend sans cesse à l'abaisser, elle le ramène, après une suite d'oscillations, à sa position première, et l'équilibre se rétablit. Tel est le cas d'un balancier d'horloge, ou celui d'un œuf sur un plan horizontal, lorsque son grand axe est sensiblement parallèle à ce plan.

Comme exemple d'équilibre stable, on construit de petites figures d'ivoire (fig. 12); qu'on fait tenir sur un pied en les chargeant de deux boules de plomb placées assez bas pour que, dans toutes les positions, le centre de gravité g des boules et des petites figures se trouve au-dessous du point d'appui.

L'*équilibre instable* est l'état d'un corps qui, dévié de sa position d'équilibre, ne tend qu'à s'en écarter davantage. Cet état se présente toutes les fois qu'un corps est dans une position telle, que son centre de gravité est plus haut que dans toute autre position voisine; car, par un déplacement quelconque, le centre de gravité étant abaissé, la pesanteur ne tend qu'à l'abaisser davantage. Tel est le cas d'un œuf reposant sur un plan horizontal de manière que son grand axe soit vertical. C'est aussi celui d'un bâton qu'on fait tenir en équilibre debout sur un doigt.

Enfin, on nomme *équilibre indifférent,* celui qui persiste dans toutes les positions que peut prendre un corps. Ce genre d'équilibre se rencontre lorsque, dans les diverses positions du corps, son centre de gravité n'est ni relevé ni abaissé, ainsi qu'il arrive pour une

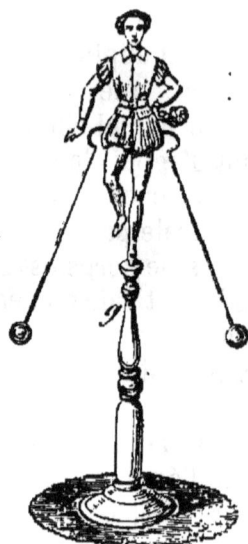

Fig. 12 ($h = 21$).

roue de voiture soutenue par son essieu, ou pour une sphère reposant sur un plan horizontal.

La figure 13 représente trois cônes, A, B, C, placés respective-

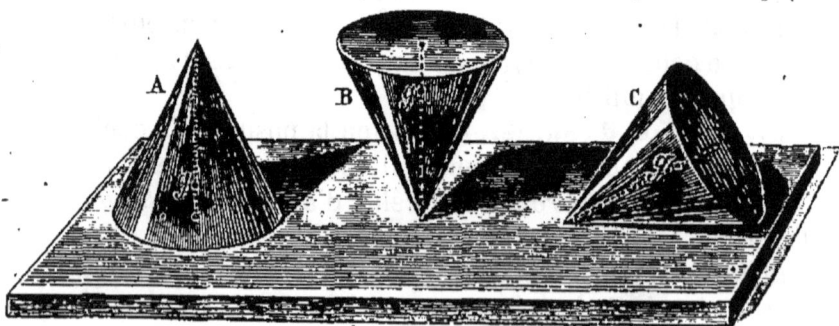

Fig. 13.

ment dans les positions d'équilibre stable, instable et indifférent; la lettre g désigne la position du centre de gravité.

45. Levier. — Avant de faire connaître la théorie des balances, nous rappellerons ici une autre théorie qui appartient au cours de mécanique, celle du levier, sans laquelle ce qui a rapport aux balances ne peut être bien compris.

On nomme *levier,* toute barre AB (fig. 14), droite ou courbe, s'appuyant sur un point fixe *c*, autour duquel elle est sollicitée à tourner en sens contraire par deux forces parallèles ou concourantes. L'une de ces forces, celle qui agit comme moteur, est la *puissance*, l'autre est la *résistance*. D'après la position du point d'appui par rapport aux points d'application de la puissance et de la résistance, on distingue trois genres de leviers : 1° le *levier du premier genre*, quand le point d'appui est placé entre la puissance et la résistance ; 2° le *levier du second genre*, lorsque la résistance est entre le point d'appui et la puissance ; 3° le *levier du troisième genre*, quand la puissance se trouve entre le point d'appui et la résistance.

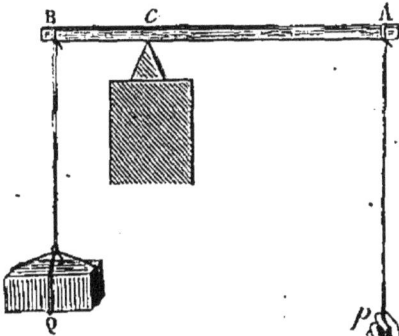

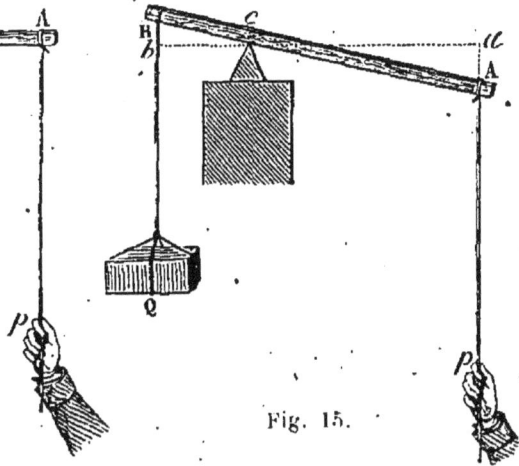

Fig. 14.   Fig. 15.

Dans les trois genres de leviers, les distances respectives de la puissance et de la résistance au point d'appui se nomment *bras de levier*. Si le levier est droit et perpendiculaire aux directions de ces deux forces, comme dans la figure 14, les deux portions Ac et Bc du levier sont elles-mêmes les bras de levier ; mais si le levier est incliné par rapport à la direction des forces (fig. 15), les bras de levier sont les perpendiculaires *ca* et *cb* abaissées du point fixe sur ces directions.

Or, on démontre en mécanique qu'une force qui tend à faire tourner un levier autour de son point d'appui, produit d'autant plus d'effet que sa direction passe plus loin de ce point d'appui, ou, ce qui est la même chose, qu'*elle agit sur un plus grand bras de levier*. Il découle de là que, lorsque la puissance et la résistance ont même intensité et agissent sur des bras de levier égaux, elles produisent le même effet, mais en sens contraire, et dès lors se font équilibre ; mais si elles agissent sur des bras de levier inégaux, si, par exemple, le bras de levier de la puissance est deux, trois fois plus grand que celui de la résistance, il découle du principe ci-dessus que les effets ne seront égaux qu'à la condition que la puissance soit deux, trois fois plus petite que la résistance, ce qu'on exprime en disant que, *pour que deux forces se fassent équilibre à*

Fig. 16.

l'aide d'un levier, leurs intensités doivent être en raison inverse des bras de levier auxquels elles sont appliquées.

C'est-à-dire que, dans la figure 15, on a $\dfrac{P}{Q} = \dfrac{bc}{ac}$; d'où $P \times ac = Q \times bc$. Or, en mécanique, le produit $P \times ac$ d'une force par la perpendiculaire abaissée du centre de rotation c sur sa direction, se nomme *moment* de cette force par rapport à ce point. On peut donc énoncer l'égalité ci-dessus, en disant que, lorsque deux forces se font équilibre à l'aide d'un levier, *les moments de la puissance et de la résistance par rapport au point d'appui sont égaux.*

Ces notions données, nous passons à la théorie des balances.

46. Balances. — On nomme *balances*, des appareils qui servent à déterminer le poids relatif des corps. On en construit de plusieurs sortes.

La balance ordinaire (fig. 46) consiste en un levier du premier genre *mn*, nommé *fléau*, dont le point d'appui est au milieu ; aux deux extrémités du fléau sont suspendus des *bassins* ou *plateaux* P, Q, de même poids, destinés à recevoir, l'un les objets à peser, l'autre des poids cotés. Le fléau est traversé, en son milieu, par un prisme d'acier *ok* (fig. 18), qu'on nomme *couteau;* pour diminuer le frottement, l'arête vive de celui-ci, qui est l'*axe de suspension*

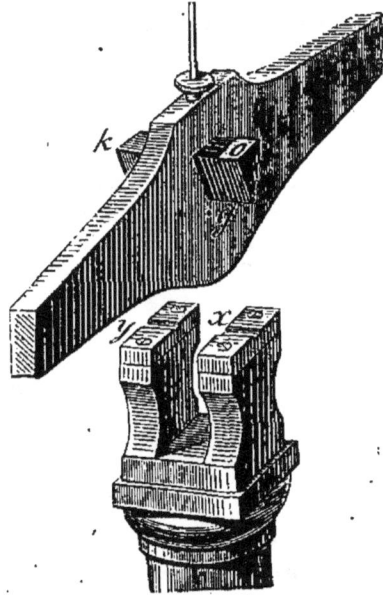

Fig. 17.   Fig. 18.

du fléau, repose à ses deux bouts sur deux pièces polies *x*, *y*, d'agate ou d'acier, qui constituent la *chape*. Aux extrémités du fléau sont en outre adaptés deux prismes plus petits, dont l'arête vive est en haut. C'est sur cette arête que reposent, à l'aide de crochets, les deux plateaux P et Q (fig. 17). Enfin, à la partie supérieure du fléau est fixée une longue aiguille qui oscille devant un petit arc gradué *a*, fixe et porté par une colonne de laiton sur laquelle reposent la chape et le fléau. Quand ce dernier est bien horizontal, la pointe de l'aiguille correspond au milieu de l'arc. La colonne est portée par un pied à trois vis calantes, à l'aide desquelles on lui donne la position verticale.

Ces détails connus, il reste à chercher les conditions auxquelles doit satisfaire une balance : 1° pour être *précise*, c'est-à-dire pour donner des pesées exactes ; 2° pour être *sensible*, ou pour osciller sous l'influence d'une très-petite différence de poids dans les deux plateaux.

47. Conditions de précision. — 1° *Les deux bras du fléau doi-*

vent être rigoureusement égaux en longueur et en poids ; sinon, d'après la théorie du levier, il faudrait, dans les bassins, des poids inégaux pour se faire équilibre. Pour reconnaître si les bras du fléau sont égaux, on place des poids dans les deux plateaux, de manière que le fléau prenne une position horizontale. Transposant ensuite les poids respectivement d'un bassin dans l'autre, le fléau restera horizontal si les bras sont égaux, car, dans ce cas, les poids le sont aussi ; sinon il inclinera du côté du bras le plus long.

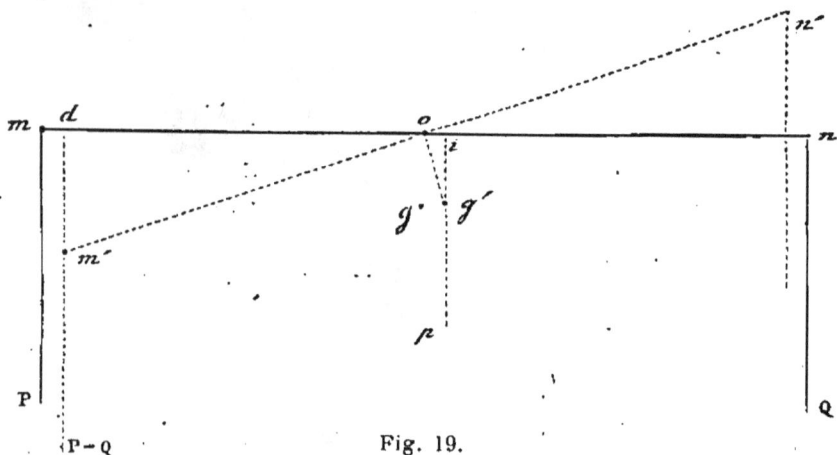

Fig. 19.

2° *Le centre de gravité du fléau, quand celui-ci est horizontal, doit se trouver sur la verticale qui passe par l'arête de suspension du couteau.* En effet, on a vu (43), pour un corps qui n'est soutenu que par un point ou par une droite, que l'équilibre n'est possible qu'autant que le centre de gravité est situé sur la verticale menée par ce point ou par cette droite.

3° *Le centre de gravité du fléau doit être au-dessous de l'arête du couteau.* Cette condition est nécessaire pour que l'équilibre du fléau soit stable ; car, si son centre de gravité était au-dessus de l'arête de suspension, il ne pourrait prendre qu'un état d'équilibre instable (44), ce qu'on exprime en disant que la balance est *folle ;* et si le centre de gravité coïncidait avec l'arête du couteau, l'effet de la pesanteur sur le fléau se trouvant détruit dans toutes les positions qu'on lui donne, il ne pourrait osciller.

Lorsque les trois conditions ci-dessus sont satisfaites, les bassins étant vides, la balance prend d'elle-même la position d'équilibre horizontale. Il en est encore ainsi quand on place dans les plateaux des poids égaux ; car ceux-ci représentant des forces égales appliquées à deux bras de levier égaux, il y a nécessairement équilibre (45).

Si les poids sont inégaux, le fléau abandonne la position horizontale pour incliner vers le plus grand poids; mais il est à remarquer qu'il y a toujours une inclinaison du fléau pour laquelle le poids de celui-ci fait équilibre à la différence des poids qui sont dans les plateaux. En effet, P et Q étant ces deux poids, et P plus grand que Q, soient p le poids du fléau, mn sa direction horizontale, g la position qu'occupe alors son centre de gravité, et g' celle qu'occupe ce point quand le fléau est incliné suivant $m'n'$ (fig. 19). Ce dernier est alors sollicité en sens contraires par les deux poids P — Q et p, dont les moments par rapport au centre d'oscillation o sont respectivement $(P — Q) \times od$ et $p \times oi$. Or, tandis que les facteurs P — Q et p sont des quantités constantes, les facteurs od et oi varient avec l'inclinaison, od décroissant de om à zéro, et oi croissant de zéro à og'; donc il y aura toujours un angle d'inclinaison mom', pour lequel les deux moments seront égaux, ce qui donne l'équilibre (45).

48. Conditions de sensibilité. — Une balance est d'autant plus sensible, toutes choses égales d'ailleurs :

1º *Que le bras du fléau est plus long;*

2º *Que le poids du fléau est moindre;*

3º *Que le centre de gravité du fléau est plus rapproché de l'axe de suspension.*

En effet, on a vu ci-dessus (47) que la force qui fait incliner le fléau est l'excès de poids P — Q appliqué au bras de levier od; mais celui-ci, qui est la projection de om' sur om, est d'autant plus grand que le bras du fléau est plus long; donc l'action de P — Q croît avec la longueur du fléau. De plus, la résistance qui s'oppose à l'inclinaison de ce dernier étant son poids p appliqué au bras de levier oi, et oi étant la projection de $og' = og$, plus les quantités p et og seront petites, plus la résistance à l'inclinaison le sera elle-même; d'où découlent la deuxième et la troisième condition ci-dessus.

4º *Les trois points de suspension des plateaux et du fléau doivent être en ligne droite.* Car alors deux poids égaux P et Q étant appliqués aux extrémités m et n du fléau (fig. 19), dans toutes les positions qu'il peut prendre, la résultante 2P de ces poids passe toujours par le point fixe o, où elle se trouve détruite. Il résulte de là que *la sensibilité de la balance est indépendante de la grandeur des poids* P et Q, abstraction faite toutefois du frottement du couteau sur la chape, frottement qui est d'autant plus grand que la balance est plus chargée.

Si les points de suspension m et n ne sont point en ligne droite avec le point o, la droite qui les joint passe au-dessous ou au-dessus de ce point. Dans le premier cas (fig 20), dès que le fléau incline, la résultante 2P, appliquée en k, milieu de mn, s'ajoute au poids du fléau pour s'opposer à l'inclinaison. La balance perd donc de sa sensibilité, ce qu'on exprime en disant qu'elle est *paresseuse ;* au contraire, si la droite mn passe au-dessus du point o, le moment de la résultante 2P (45) étant opposé au moment $p \times oi$ (fig. 19), c'est-à-dire ces deux moments tendant à faire tourner en sens con-

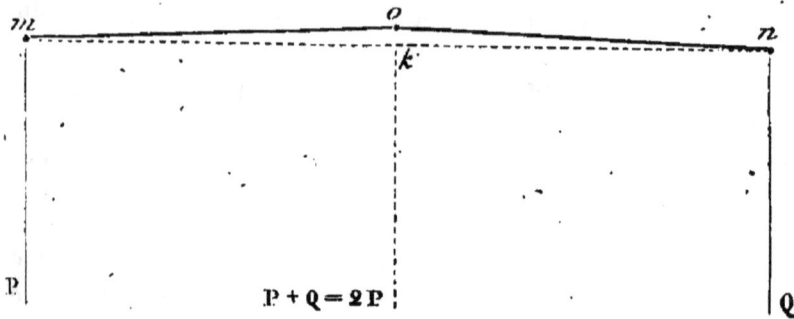

Fig. 20.

traires, la sensibilité de la balance augmente; mais celle-ci tend à devenir folle, et le devient lorsque le moment de la résultante 2P par rapport au point o l'emporte sur le moment $p \times oi$.

5° *Dans la limite de charge de la balance, le fléau doit être inflexible ;* car, s'il fléchit, non-seulement son centre de gravité s'abaisse, mais encore les points de suspension des plateaux.

6° Enfin, *le frottement, aux points d'appui du couteau et aux points de suspension des plateaux, doit être le plus petit possible.* C'est pour obtenir ce résultat que dans les balances de précision (50) on fait usage de chapes bien polies d'agate ou d'acier trempé.

49. Expression algébrique des conditions de sensibilité de la balance. — On peut exprimer par une formule simple les trois premières conditions de sensibilité données dans le paragraphe précédent. Pour cela, soient α l'angle dom' (fig. 19), qui représente l'inclinaison du fléau, et p' la différence P—Q des poids placés dans les plateaux. On a déjà vu (48) que le fléau étant en équilibre dans la position inclinée, on a $p' \times od = p \times oi$ [1]. Or, le triangle rectangle dom' donne $od = om'$ cos α, et dans le triangle oiy', semblable à dom', comme ayant les côtés homologues perpendiculaires, on a de même $oi = og'$ sin α. Portant ces valeurs dans l'égalité [1], et remplaçant om' et oy' par leurs égales om et og, il vient

$$\frac{p'}{p} = \frac{og}{om} \text{ tang } \alpha, \quad \text{d'où} \quad \text{tang } \alpha = \frac{p' \times om}{p \times og} \text{ [2]}.$$

Or, l'angle α étant assez petit pour qu'on puisse remplacer la tangente α par l'arc α, qui mesure l'inclinaison et, par suite, la sensibilité de la balance, on voit par l'égalité [2] que cette sensibilité est directement proportionnelle à om, et inversement proportionnelle à p et à og, ce qui comprend les trois premières conditions exprimées au paragraphe 48.

*50. **Balance de précision.** — La balance représentée dans la figure 16 est celle employée dans le commerce, auquel elle offre une précision suffisante ; mais en physique, en chimie surtout, pour les analyses, on doit faire usage de balances plus précises.

La figure 21 montre une balance de précision construite par.

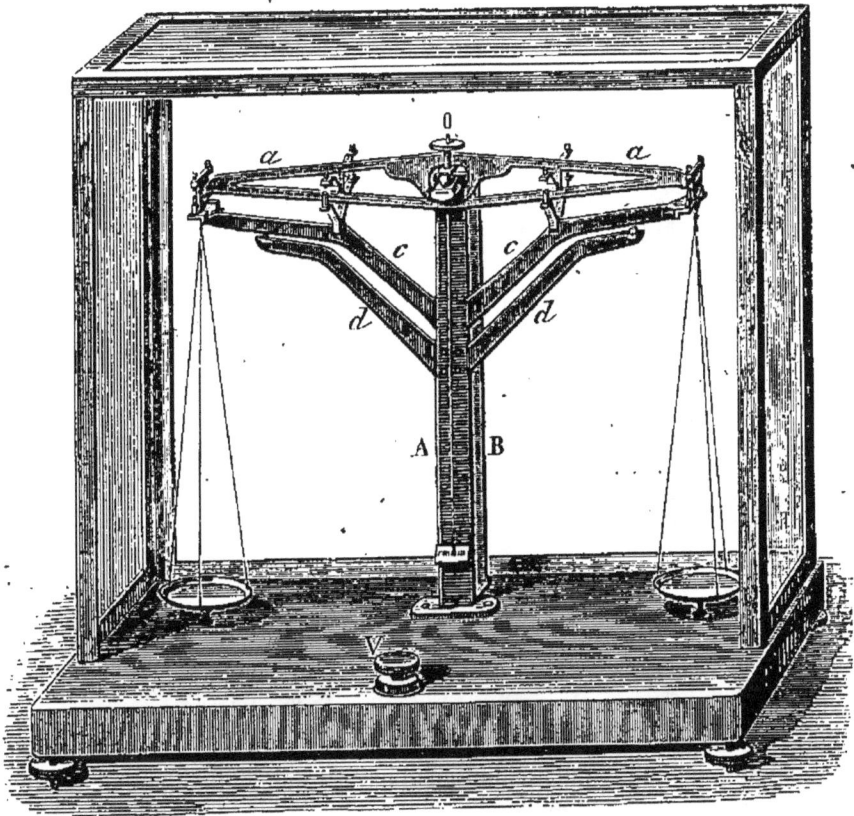

Fig. 21.

M. Deleuil, et sensible à un demi-milligramme. Afin de la garantir des agitations de l'air, on la recouvre d'une cage de verre qui la préserve de la poussière et de l'humidité. La face antérieure s'ouvre à volonté pour. opérer les pesées ; cette face n'est pas représentée dans le dessin, afin de ne pas en masquer les détails.

Deux montants de fonte A et B supportent à leur sommet un plateau d'agate sur lequel repose, à l'aide d'un prisme d'acier, le fléau *aa*. A chaque extrémité de celui-ci est fixé un prisme d'acier, l'arête en dessus, destiné à supporter une chape d'agate à laquelle est attaché un des plateaux. Si ces prismes restaient en contact avec les plans d'agate, leurs arêtes s'émousseraient, et la balance perdrait de sa sensibilité. C'est pour éviter cet inconvénient qu'on adapte aux balances de précision un accessoire important, la *four-*

chette, pièce mobile, destinée à soulever les plateaux et le fléau, toutes les fois que la balance ne fonctionne pas.

Les deux bras *d, d,* portés par le montant A, sont fixes et ne servent qu'à guider la fourchette pendant son mouvement. Celle-ci consiste en une pièce de fonte *cc,* aussi longue que le fléau : elle s'élève et s'abaisse à frottement doux le long du montant A, à l'aide d'une tige masquée par ce dernier dans le dessin ; mais nous décri-

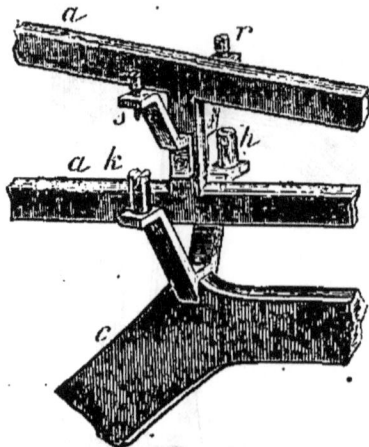

Fig. 22 bis.

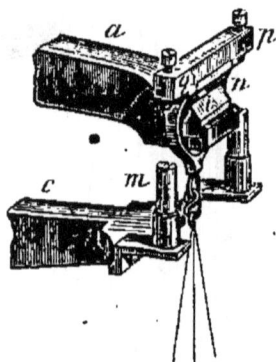

Fig. 22.

vons ci-après le mécanisme qui fait monter et descendre la fourchette (fig. 23).

Pour faire comprendre mieux le jeu de la fourchette, nous avons représenté sur une plus grande échelle, dans la figure 22, le système qui sert à soulever les plateaux, et dans la figure 22 *bis,* celui qui sert à soulever le fléau.

A l'extrémité du fléau *a* (fig. 22) est un prisme d'acier *i,* et au-dessus de celui-ci une pièce *pq,* qui porte un des plateaux ; dans la face inférieure de cette pièce est encastré un plan d'agate qui s'appuie sur le prisme quand la balance fonctionne. Au-dessous du fléau *a* est le bout de la fourchette *c,* qui porte deux tiges cylindriques *m, n,* disposées avec précision au-dessous de deux pièces coniques liées à la chape *pq.* Par suite, lorsque la fourchette monte, les tiges *m* et *n,* entaillées de cavités convenablement disposées, reçoivent les deux cônes fixés à la pièce *pq,* soulèvent celle-ci et avec elle le plateau, qui se trouve ainsi porté tout entier par la fourchette. En même temps, le même effet se produit identiquement à l'autre extrémité du fléau. Un mécanisme analogue sert à soulever le fléau pour empêcher son couteau de reposer sur la chape. Pour cela, à la partie moyenne de chacun des bras du fléau *aa* sont adaptées deux pièces coniques *r, s* (fig. 22 *bis*), et, exactement au-dessous, sont fixées à la fourchette *c* deux tiges *k*, *h*, portant des cavités destinées à recevoir les cônes *r* et *s*. Par cette disposition, la fourchette ayant déjà soulevé les plateaux, comme on l'a vu ci-dessus, et continuant à monter, les tiges *k* et *h* rencontrent les cônes *s*, *r*, et les soulèvent. Le même effet se produisant simultanément en quatre points du fléau, celui-ci est soulevé, et les trois prismes restent sans charge tant que la fourchette est soulevée.

Sur le fléau est un bouton à vis O (fig. 24); son usage est de régler la sensibilité de la balance. En effet, comme il est partie adhé-

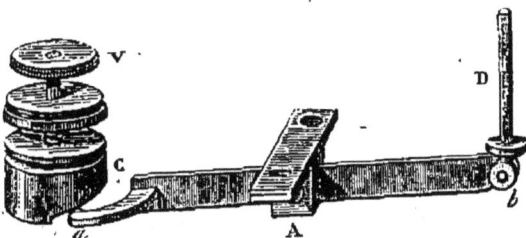

Fig. 23.

rente du fléau, lorsqu'on remonte ce bouton, le centre de gravité de tout le système est relevé, et la sensibilité augmente (48,3°); l'inverse se produit, quand on abaisse le bouton. Si on le relève trop, la balance devient folle.

La figure 23 représente le mécanisme à l'aide duquel on fait marcher la fourchette. Il se compose d'un levier *ab* placé au-dessous de la tablette qui porte la balance. Ce levier, mobile autour d'un axe horizontal A, est articulé d'un bout à une tige D reliée à la fourchette et la faisant marcher; de l'autre, il porte un appendice *a* sur lequel presse une pièce cylindrique C entaillée en hélice à sa base. On fait tourner cette pièce à l'aide d'un bouton V représenté en avant de la balance dans la figure 24. Lorsque, en tournant, le bord incliné de la pièce C presse sur le levier *ab* et l'abaisse d'un bout, à l'autre bout la tige D est soulevée et avec elle la fourchette. En tournant en sens contraire, la tige D s'abaisse et la fourchette descend.

54. Méthode des doubles pesées. — On doit à Borda, physicien français, mort à Paris, en 1799, un procédé qui permet d'obtenir des pesées exactes avec une balance dont les bras sont inégaux. Pour cela, on place le corps dont on veut connaître le poids dans un des plateaux, et on lui fait équilibre, dans l'autre, avec de la grenaille de plomb ou du sable; puis on enlève du premier plateau le corps à peser, et on le remplace par des grammes et des subdivisions de gramme jusqu'à ce que l'équilibre s'établisse de nouveau. Le poids obtenu ainsi est exactement celui du corps; car, dans cette double pesée, le corps et les grammes agissent tour à tour sur le même bras du fléau pour faire équilibre à la même résistance.

On peut aussi déterminer le poids d'un corps avec précision par la méthode suivante, qui consiste à peser deux fois le corps, en le plaçant successivement dans chacun des plateaux, ce qui revient encore à une double pesée; puis à déduire par le calcul le poids cherché des deux résultats obtenus.

En effet, ayant posé le corps à peser dans l'un des plateaux, et dans l'autre des grammes jusqu'à ce qu'il y ait équilibre, soient x le poids cherché, p le nombre des grammes qui lui font équilibre, et a et b les longueurs des bras de levier correspondant respectivement aux poids x et p. D'après le principe d'équilibre du levier donné plus haut (45), on a $\frac{x}{p} = \frac{b}{a}$, ou $ax = bp$ [1]. De même, si l'on représente par p' le nombre des grammes qui font équilibre au corps après l'avoir changé de plateau, on a $bx = ap'$ [2]. Multipliant membre à membre les égalités [1] et [2], et supprimant le facteur commun ab, on a :

$$x^2 = pp', \quad \text{d'où} \quad x = \sqrt{pp'}.$$

Ce qui fait voir que *le poids cherché est moyen proportionnel entre les deux poids p et p'.*

Les deux bras d'une balance n'étant jamais parfaitement égaux, on doit toujours, dans les pesées de précision, faire usage de l'une des deux méthodes ci-dessus. Toutefois cela ne suffit pas pour obtenir rigoureusement le poids d'un corps. En effet, on verra bientôt (168) que tout corps pesé dans l'air perd une partie de son poids égale au poids de l'air qu'il déplace; d'où il résulte que tout poids obtenu par la balance n'est qu'un poids apparent, moindre que le poids réel. On verra plus tard (169) comment on peut, par le calcul, déduire le poids réel du poids apparent.

CHAPITRE III.

LOIS DE LA CHUTE DES CORPS, INTENSITÉ DE LA PESANTEUR, PENDULE.

52. Lois de la chute des corps. — En négligeant la résistance de l'air, c'est-à-dire en supposant que les corps tombent dans le vide, leur chute est soumise aux trois lois suivantes :

1re LOI. — *Tous les corps, dans le vide, tombent également vite.* Cette loi se démontre par l'expérience, au moyen d'un tube de verre de 2 mètres de longueur environ, fermé à l'une de ses extrémités et terminé, à l'autre, par un robinet de cuivre. On y introduit des corps de densités différentes, par exemple, du plomb, du liège, du papier, une barbe de plume; puis on fait le vide avec la machine pneumatique. Retournant ensuite le tube brusquement, on voit tous les corps qu'on y a introduits tomber également vite (fig. 24). Mais si, après avoir fait rentrer un peu d'air, on renverse de nouveau le tube, on remarque un faible retard pour les corps les plus légers. Enfin, ce retard devient très-apparent lorsqu'on a laissé rentrer tout à fait l'air. Donc si, dans les conditions ordinaires, les corps tombent inégalement vite, cela provient uniquement de la résistance de l'air, et non de ce que la pesanteur s'exerce avec plus d'intensité sur certaines substances que sur d'autres. Un corps qui a deux fois plus de masse qu'un autre est bien, en réalité, attiré vers la terre par une force double ; mais cette force double devant mettre en mouvement une quantité de matière double, on a vu (35) qu'elle ne peut lui donner que le même degré de vitesse que reçoit l'autre corps d'une force deux fois plus petite.

La résistance que l'air oppose à la chute des corps est surtout sensible pour les liquides. Dans l'air, ils se divisent et tombent en gouttelettes ; dans le vide, ils tombent, comme ferait une masse solide, sans se diviser. Ce phénomène se démontre avec le *marteau d'eau.* On nomme ainsi un tube de verre un peu gros, de 30 à 40 centimètres de long, rempli d'eau à moitié et fermé à la lampe après qu'on en a chassé l'air par l'ébullition. Lorsqu'on retourne ce tube brusquement, l'eau, en tombant, vient frapper l'extrémité inférieure en rendant un son sec, comme le ferait le choc de deux corps solides.

2e LOI. — *Les espaces parcourus par un corps qui, partant de l'état de repos, tombe dans le vide, sont proportionnels aux carrés des temps pendant lesquels ils ont été parcourus.* En d'autres termes, dans des temps représentés par 1, 2, 3, 4,..... les espaces parcourus le sont respectivement par 1, 4, 9, 16....

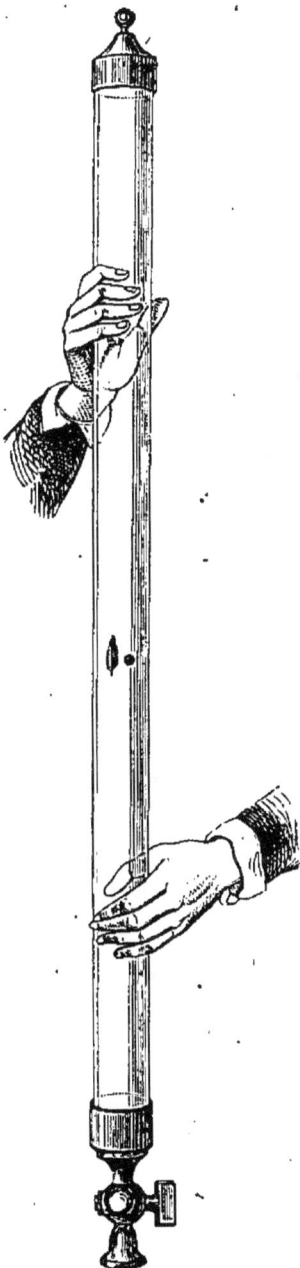

Fig. 24 (h = 2 m).

3e LOI. *La vitesse acquise par un corps qui tombe dans le vide est proportionnelle au temps pendant lequel il est tombé.*

C'est-à-dire qu'au bout d'un temps deux, trois, quatre fois plus grand, la vitesse acquise est elle-même deux, trois, quatre fois plus grande...

On va voir ci-après comment la loi des espaces et celle des temps se vérifient par l'expérience (54).

Conséquence. — Puisque, d'après la deuxième loi, l'espace parcouru dans la première seconde étant 1, les espaces parcourus dans 2, 3, 4, 5... secondes sont 4, 9, 16, 25..., il en résulte que l'espace parcouru dans la deuxième seconde est 4 moins 1, ou 3; dans la troisième seconde, il est 9 moins 4, ou 5; dans la quatrième, 16 moins 9 ou 7, et ainsi de suite; c'est-à-dire que *les espaces parcourus successivement dans la première, la deuxième, la troisième, la quatrième... seconde, sont entre eux comme la suite naturelle des nombres impairs* 1, 3, 5, 7.....

Les lois de la chute des corps ne sont vraies que dans le vide et pour des hauteurs de chute peu considérables. Dans l'air, elles sont modifiées par la résistance que rencontrent les corps; de plus, on verra bientôt qu'à des hauteurs inégales dans l'atmosphère, l'intensité de pesanteur n'est pas rigoureusement la même (57).

C'est Galilée qui, à la fin du XVIe siècle, découvrit les lois de la pesanteur, et les fit connaître dans ses cours, à l'université de Pise, où il professait les mathématiques.

53. Plan incliné. — Plusieurs appareils ont été imaginés pour démontrer les lois de la chute des corps; ce sont le *plan incliné*, la *machine d'Atwood* et l'*appareil à indications continues* de M. Morin.

On appelle *plan incliné*, tout plan qui fait avec un plan horizontal un angle moindre qu'un droit. Plus cet angle est aigu, plus est faible la vitesse d'un corps qui descend le long d'un plan incliné. En effet, représentons par AB (fig. 25) la section d'un plan incliné, par AC celle d'un plan horizontal, et par BC une perpendiculaire abaissée d'un point B du plan incliné sur le plan horizontal. Un corps quelconque M s'appuyant sur le plan incliné, son poids P pourra être décomposé en deux forces Q et F, l'une perpendiculaire, l'autre parallèle au plan incliné. La première sera détruite par la résistance du plan,

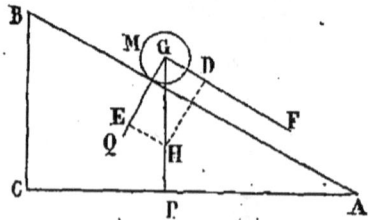

Fig. 25.

et la force F agira seule sur la masse M pour la faire descendre. Pour calculer la valeur de F, on porte sur GP une longueur GH qui représente le poids P, et l'on achève le parallélogramme DGEH [29]; la force F est alors représentée par DG. Or les triangles DGH et ABC sont semblables, comme ayant les angles égaux, ce qui donne $\dfrac{DG}{GH} = \dfrac{BC}{AB}$, ou $\dfrac{F}{P} = \dfrac{BC}{AB}$.

De cette dernière égalité on conclut que la force F est d'autant plus petite, par rapport à P, que la *hauteur* BC du plan incliné est plus petite par rapport à sa *longueur* AB. On peut donc rendre la force F aussi petite qu'on le veut, et ralentir le mouvement du mobile M de manière à pouvoir compter, sur le plan incliné, les chemins parcourus en une, deux, trois... secondes; et cela sans que les lois du mouvement soient changées, puisque la force F est continue et constante. C'est en opérant ainsi que Galilée a fait voir que les espaces parcourus croissent comme les carrés des temps.

54. Machine d'Atwood. — Les lois de la chute des corps se démontrent encore au moyen de la *machine d'Atwood,* ainsi nommée du nom de son inventeur, professeur de chimie à Cambridge, à la fin du siècle dernier. Cette machine se compose d'une colonne de bois (fig. 26) de $2^m,30$ environ de hauteur. A son sommet est une cage de verre sous laquelle est placée une poulie de cuivre R; sur celle-ci s'enroule un fil de soie assez fin pour que son poids puisse être négligé, et soutenant, à ses deux bouts, deux poids égaux K, K'. L'axe de la poulie, au lieu de reposer sur deux coussinets fixes, s'appuie sur les jantes croisées de quatre roues mobiles. Par cette disposition, l'axe de la poulie transmettant son mouvement aux quatre roues, au lieu d'un frottement de glissement, il se produit un frottement de roulement qui est beaucoup plus doux. Sur le devant de la colonne est fixé un mouvement d'horlogerie H, que règle un pendule à secondes P, au moyen d'un échappement à ancre (fig. 39, page 52). Ce dernier est représenté sur le cadran, au-dessus de la roue de rencontre qui en occupe le centre. Cet échappement oscille avec le pendule, et, en inclinant tantôt à droite, tantôt à gauche, il laisse passer, à chaque oscillation, une dent de la roue de rencontre. L'axe de celle-ci porte, à l'extrémité antérieure, une aiguille qui marque les secondes, et à l'extrémité postérieure, derrière le cadran, un excentrique *e* (fig. 27), qui tourne avec l'aiguille dans le sens de la flèche. Cet excentrique, en appuyant sur le levier *ba,* fait basculer un plateau *n* sur lequel se place le corps dont on veut observer la chute. Pour cela, à l'axe horizontal qui porte le plateau *n* est fixé un taquet *i,* qui s'appuie sur le bout supérieur du levier *ab.* Tant que ce levier n'est pas chassé par l'excentrique, le taquet est maintenu horizontalement et avec lui le plateau *n*; mais à l'instant où l'extrémité *a* du levier, en inclinant à droite, abandonne le taquet, le plateau *n* bascule, et le poids qu'il soutenait tombe. Le système est réglé de façon que la chute commence au moment précis où l'aiguille du cadran H arrive au zéro de la graduation.

Enfin, parallèlement à la colonne est une échelle de bois divisée en centimètres, et destinée à mesurer les espaces parcourus par le corps qui tombe. Sur cette échelle sont deux *curseurs,* c'est-à-dire deux pièces mobiles qui, à l'aide de vis de pression, peuvent se placer à telle hauteur qu'on veut. Ces curseurs sont représentés

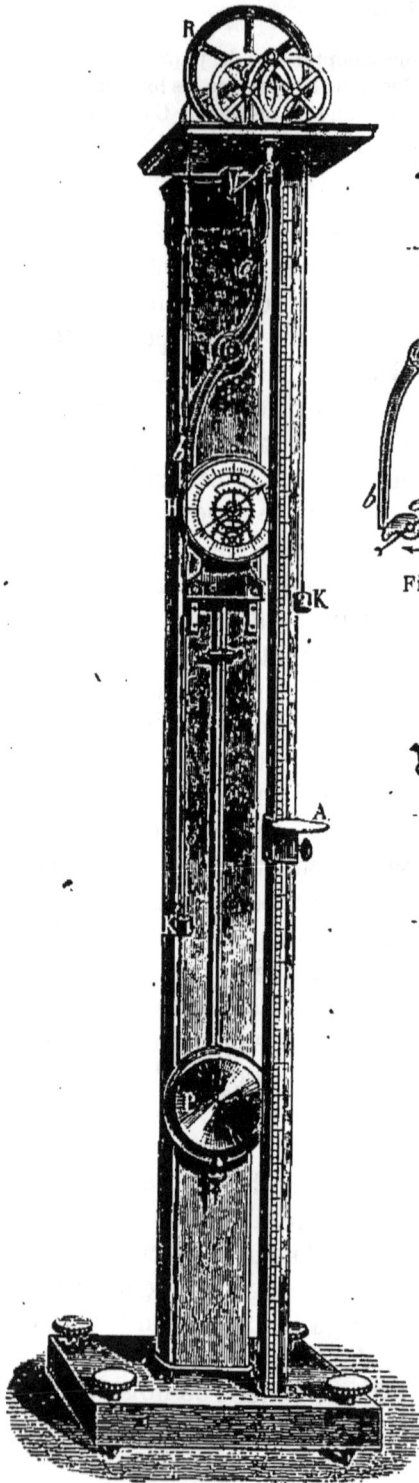

Fig. 26.

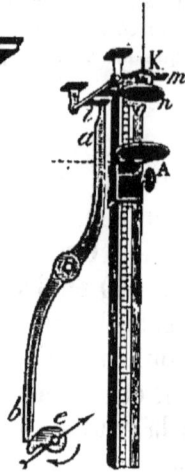

Fig. 27.

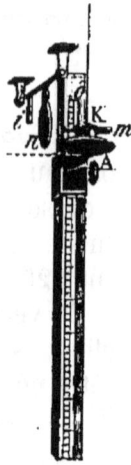

Fig. 28.

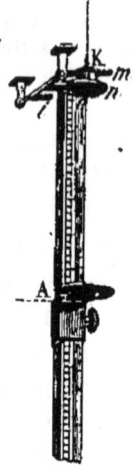

Fig. 29.

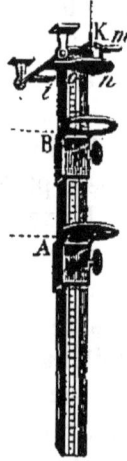

Fig. 30.

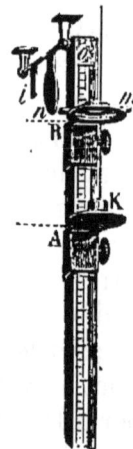

Fig. 31.

Fig. 32.

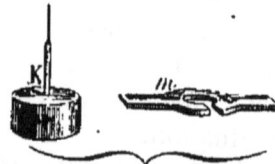

Fig. 33.

dans différentes positions, sur la droite de la machine, dans les figures 27 à 32. L'un d'eux A (fig. 27 à 29) porte un disque plein, qui sert à arrêter, à un moment donné de sa chute, le corps qui tombe; l'autre B (fig. 30 à 32) porte un anneau, qui se laisse traverser par le corps qui tombe, mais arrête au passage un poids additionnel m qu'on place sur ce corps, et qui consiste en une lame de laiton plus longue que le diamètre intérieur de l'anneau. La figure 33 représente sur une plus grande échelle le poids additionnel m et le corps K sur lequel il se place. Dans la figure 26, les poids K, K′ se font équilibre, et ce n'est qu'en vertu de l'excès de poids m posé sur le premier, que l'équilibre est rompu et que la chute du poids K est déterminée.

La machine d'Atwood donne le moyen de ralentir la vitesse de chute, et de faire succéder, à volonté, un mouvement uniforme à un mouvement accéléré.

Pour apprécier comment cette machine peut ralentir le mouvement, supposons que la petite plaque de laiton m tombe d'abord seule, et représentons par g sa vitesse au bout d'une seconde; d'où sa quantité de mouvement sera mg (35). Si maintenant on place la plaque m sur le poids K, elle ne pourra plus tomber qu'en communiquant une partie de sa vitesse aux deux poids K et K′, puisque ceux-ci se faisant équilibre, la pesanteur est pour eux sans effet. Par conséquent, c'est la même force qui faisait tomber le poids m, quand il était seul, qui maintenant va mouvoir ce poids et les deux poids K et K′. La quantité de mouvement sera donc la même (35). Or, si l'on représente par x la vitesse au bout d'une seconde, la quantité de mouvement sera $(m+2K)\,x$; en l'égalant à celle que prend le poids m lorsqu'il tombe seul, on a $(m+2K)\,x = gm$; d'où $x = \dfrac{gm}{m+2K}$. Si l'on suppose, par exemple, que les poids K et K′ soient chacun 16, le poids m étant 1, on trouve $x = \dfrac{g}{33}$; c'est-à-dire que la vitesse sera 33 fois plus petite que si le corps tombait librement dans l'atmosphère, ce qui est suffisant pour permettre de suivre le corps dans sa chute, et pour rendre la résistance de l'air négligeable.

Les diverses pièces de la machine étant connues, passons à l'expérience, et proposons-nous d'abord de démontrer que *les espaces parcourus croissent comme les carrés des temps*. Pour cela, le pendule P étant arrêté et l'aiguille du cadran hors du zéro, on place le poids additionnel m sur le poids K, et l'on pose celui-ci ainsi chargé sur le plateau n (fig. 27), maintenu horizontalement par le levier ab, et correspondant au zéro de l'échelle. Ne faisant alors usage que du curseur plein A, on le place par tâtonnement à une distance telle du zéro de l'échelle, que les deux poids K et m mettent une seconde à tomber de n en A, lorsqu'on met le pendule en mouvement et que l'excentrique fait basculer le plateau (fig. 28). Admettons qu'on ait ainsi trouvé que la hauteur de chute, en une seconde, soit 7. Recommençant alors l'expérience de la même manière, mais en abaissant le curseur à une distance quatre fois plus grande, c'est-à-dire à la vingt-huitième division de l'échelle (fig. 29), on observe que cet espace est parcouru juste en 2 secondes par les deux poids K et *m*. On trouve de même qu'une hauteur neuf fois plus grande, ou de 63 divisions, est parcourue en 3 secondes, et ainsi de suite : la loi des carrés est donc vérifiée.

Il reste à vérifier que *les vitesses croissent proportionnellement aux temps.* Pour cela, il faut se rappeler que, dans le mouvement accéléré, on entend par vitesse, en un moment donné, celle du mouvement uniforme qui succède au mouvement accéléré (34). Par conséquent, pour constater suivant quelle loi varie la vitesse d'un corps qui tombe, il suffit de mesurer la vitesse du mouvement uniforme qui succède au mouvement accéléré, successivement après une, deux, trois... secondes de chute.

La substitution du mouvement uniforme au mouvement accéléré s'obtient au moyen du curseur annulaire B. Pour cela, on commence par placer celui-ci à une distance telle (fig. 30), que les deux poids K et *m*, réunis, mettent à tomber jusqu'en B une seconde, comme dans la première expérience; puis le poids additionnel *m* étant alors arrêté par le curseur B (fig. 31), et le poids K continuant seul à descendre, on place le curseur plein en A, au-dessous de B, à l'intervalle convenable pour que le poids K mette une seconde à descendre d'un curseur à l'autre. Or, de *o* en B, le mouvement est uniformément accéléré, tandis que de B en A il est uniforme, car le petit poids *m* étant arrêté par le curseur annulaire, la pesanteur n'agit plus de B en A, et le mouvement ne se continue qu'en vertu de l'inertie. Le nombre de divisions de l'échelle parcourues en une seconde par le poids K, d'un curseur à l'autre, représente donc la vitesse acquise par les deux poids K et *m* au bout d'une seconde de chute (34).

Recommençant alors l'expérience, on descend le curseur annulaire B à une distance quatre fois plus grande que la première fois (fig. 32), en sorte que les deux poids K et *m* mettent deux secondes à tomber de *o* en B, d'après la seconde loi (52); puis on fixe le curseur plein A à une distance du curseur B double de celle qui les séparait tout à l'heure. Or, les deux poids K et *m* mettant maintenant 2 secondes à parcourir la distance *o*B, d'un mouvement uniformément accéléré, on observe que le poids K descend, seul, en une seconde, de B à A. Donc, puisque la distance BA est maintenant double de ce qu'elle était d'abord, la vitesse acquise au bout de 2 secondes est double de celle acquise après 1 seconde. On constate de même qu'après 3, 4, 5 secondes de chute, cette vitesse est 3, 4, 5 fois plus grande; donc la troisième loi est vérifiée.

55. Appareil à indications continues de M. Morin. — Le principe de cet appareil, dont l'idée première est due au général Poncelet, est que le corps tombant trace lui-même, sur un cylindre tournant, le chemin parcouru. La figure 34 en montre une vue d'ensemble, et la figure 35 en donne les détails. L'appareil se compose d'un bâti de bois de 2 mètres de hauteur, qui sert à maintenir verticalement un cylindre de bois M; très-léger et pouvant tourner librement autour de son axe. Ce cylindre est recouvert d'un papier divisé en carrés égaux par des lignes horizontales et verticales équidistantes. Ces dernières servent à mesurer le chemin parcouru par le corps qui tombe le long du cylindre, tandis que les lignes horizontales sont destinées à partager en parties égales la durée de la chute.

Le corps qui tombe est une masse de fonte P, portant un crayon *i* pressé contre le papier par un petit ressort. Dans sa chute, cette masse est guidée par deux fils de fer bien tendus qui passent dans des oreilles sur les deux côtés. A sa partie supérieure, la même masse porte un mentonnet qui s'appuie sur l'extrémité d'un levier coudé AC. Par suite, en tirant sur un cordeau K attaché au levier, celui-ci est dévié, et, le mentonnet n'étant plus soutenu, la masse P tombe. Si le cylindre M était fixe, le crayon tracerait sur le papier une ligne droite qui serait une génératrice du cylindre ; mais si ce dernier tourne d'un mouvement uniforme, le crayon trace une courbe *mn,* qui sert à constater la loi de la chute.

Quant à la rotation du cylindre, elle s'obtient à l'aide d'un poids Q suspendu à une corde qui s'enroule sur un treuil G. L'axe de celui-ci porte à un bout une roue dentée *c* qui mène deux vis sans fin *a* et *b,* dont la première fait tourner le cylindre et l'autre deux *ailettes xx'*. A l'autre bout du treuil est une roue à rochet *o* dans les dents de laquelle s'engage l'extrémité d'un levier B, qui empêche le treuil et tout le système de tourner. Mais en tirant sur un cordeau H attaché au levier, le rochet devient libre, le poids Q descend et tout le système se met à tourner. Le mouvement est d'abord accéléré, mais l'air présentant aux ailettes une résistance d'autant plus grande que la rotation est plus rapide, cette résistance finit par égaler l'accélération que tend à imprimer la pesanteur. A partir de ce moment, le mouvement devient uniforme, ce qui arrive quand le poids Q a parcouru environ les trois quarts de sa course. C'est alors que, tirant sur le cordeau K, on fait tomber la masse P, et que le crayon trace la courbe *mn*.

Or, en suivant, à l'aide de cette courbe, le double mouvement du crayon sur les petits carrés qui divisent le papier, on remarque, pour les déplacements 1, 2, 3..., dans le sens horizontal, les déplacements 4, 4, 9..., dans le sens vertical. Ce qui fait voir que les chemins parcourus dans le sens de la chute sont entre eux comme

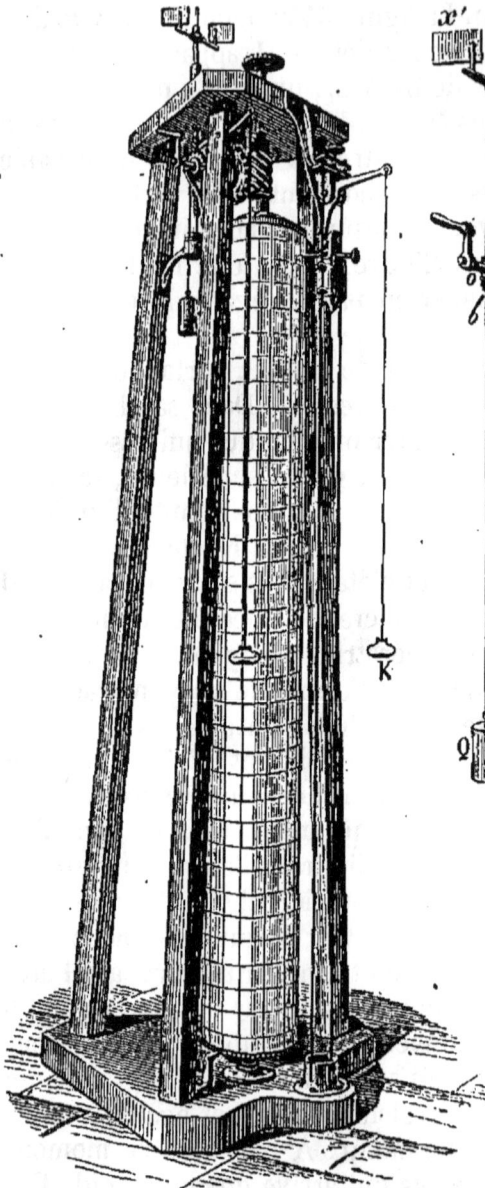

Fig. 35.

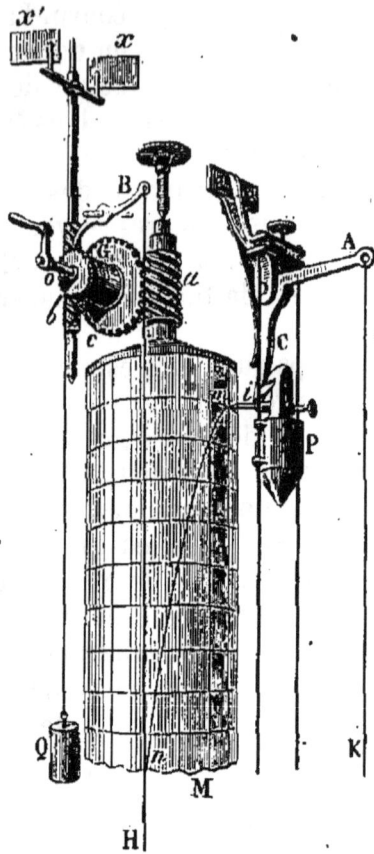

Fig. 34.

les carrés des temps dans le sens de la rotation, et ce qui vérifie la seconde loi de la chute des corps (52).

De la relation qui existe entre les deux dimensions de la courbe *mn*, on conclut que cette courbe est une *parabole*.

56. Formules relatives à la chute des corps. — La troisième loi de la chute des corps (52) peut se représenter par la formule $v = gt$; et la seconde par la formule $e = \frac{1}{2}gt^2$. En effet, soient g la vitesse acquise, au bout d'une seconde, par un corps qui tombe dans le vide, et v sa vitesse après t secondes; les vitesses étant proportionnelles aux temps, on a $\frac{v}{g} = \frac{t}{1}$, d'où $v = gt$ [1].

Pour obtenir la formule $e = \frac{1}{2}gt^2$, observons qu'un corps qui tombe pendant t secondes, d'un mouvement uniformément accéléré, avec une vitesse initiale nulle et une vitesse finale $v = gt$, parcourt nécessairement le même espace que s'il tombait pendant le même temps, d'un mouvement uniforme, avec une vitesse moyenne entre les vitesses 0 et gt, c'est-à-dire avec la vitesse $\frac{1}{2}gt$, puisqu'on sait que la moyenne entre deux quantités n'est autre chose que leur demi-somme. Or, dans ce dernier cas, le mouvement étant uniforme, l'espace parcouru est égal au produit de la vitesse par le temps (32); en représentant par e cet espace, on a donc $e = \frac{1}{2}gt \times t$, ou $e = \frac{1}{2}gt^2$ [2].

Si dans la formule [2], on fait $t = 1$, il vient $e = \frac{1}{2}g$; d'où $g = 2e$. C'est-à-dire que *la vitesse acquise au bout de l'unité de temps est double de l'espace parcouru dans le même temps.*

Dans l'égalité [1], la vitesse v est exprimée en fonction du temps; mais on peut aussi l'exprimer en fonction de l'espace parcouru, en éliminant t entre les égalités [1] et [2]. Pour cela, on tire de la première $t = \frac{v}{g}$, d'où $t^2 = \frac{v^2}{g^2}$. Portant cette valeur de t^2 dans l'égalité [2], on a $e = \frac{1}{2}g \times \frac{v^2}{g^2}$, ou $e = \frac{v^2}{2g}$, en supprimant le facteur commun g. Multipliant par $2g$ les deux membres de cette égalité, il vient $v^2 = 2ge$; si l'on extrait la racine, on a enfin $v = \sqrt{2ge}$ [3].

De cette dernière formule, on conclut que *lorsqu'un corps tombe dans le vide, la vitesse acquise en un instant donné est proportionnelle à la racine carrée de la hauteur de chute.*

Les équations $v = gt$ et $e = \frac{1}{2}gt^2$ ayant été obtenues en regardant la pesanteur comme une force accélératrice constante, et, par conséquent, dans le cas où le mouvement est uniformément accéléré, on peut les considérer comme les formules générales de ce genre de mouvement. Seulement, g étant l'accélération de vitesse imprimée en chaque seconde par la force accélératrice, la valeur de cette quantité g varie avec l'intensité de la force.

57. Causes qui modifient l'intensité de la pesanteur. — Trois causes font varier l'intensité de la pesanteur : la distance au centre de la terre, l'aplatissement de celle-ci aux pôles, et la force centrifuge.

4° L'attraction terrestre s'exerçant comme si toute la masse du globe était condensée à son centre, et cette attraction agissant en raison inverse du carré de la distance (37 et 38), il en résulte que l'intensité de la pesanteur croît ou décroît, quand les corps s'ap-

prochent ou s'écartent de la terre. Toutefois cette variation n'est
pas apparente dans les phénomènes qui s'observent à la surface de
notre globe, parce que son rayon moyen étant de 6 367 400 mètres,
l'intensité de la pesanteur reste sensiblement la même lorsqu'un
corps s'élève ou s'abaisse de quelques centaines de mètres. Mais,
pour des hauteurs plus considérables, la pesanteur ne peut plus
être regardée comme constante. Il importe donc d'observer que les
lois de la chute des corps énoncées au paragraphe 52 ne doivent
être admises que pour les corps qui tombent d'une faible hauteur.

Si un corps tombait d'une grande hauteur vers la terre, jusqu'à
la surface de celle-ci, la pesanteur agirait toujours sur le corps en
raison inverse du carré de la distance au centre ; mais si c'est à partir de la surface de la terre qu'on suppose qu'un corps tombe, le
calcul fait voir que la loi n'est plus la même, et que si la terre était
parfaitement homogène, l'intensité de la pesanteur serait alors *directement proportionnelle* à la distance au centre, ce qui résulte
de la portion de la masse terrestre que le corps laisse au-dessus de
lui en tombant. Toutefois ce résultat de la théorie ne se vérifie pas
par l'expérience dans les puits très-profonds qui servent à l'exploi-
tation des mines, ce qu'on explique parce que la densité des couches superficielles du globe est beaucoup moindre que celle des
couches situées à une plus grande profondeur.

2° L'intensité de la pesanteur varie encore avec la latitude, à
cause de l'aplatissement de la terre à ses deux pôles ; car, vers ces
points, les corps sont plus rapprochés du centre du sphéroïde terrestre, et par conséquent plus attirés.

3° La troisième cause qui modifie l'intensité de la pesanteur est
la *force centrifuge*. On nomme ainsi une force à laquelle donne
naissance le mouvement circulaire, et en vertu de laquelle les masses animées de ce mouvement tendent à s'éloigner de l'axe de rotation. On démontre, en mécanique, que la force centrifuge est proportionnelle au carré de la vitesse de rotation ; d'où il résulte que,
sous un même méridien, cette force croît à mesure qu'on approche
de l'équateur, où elle atteint son maximum, puisque c'est là qu'a
lieu la plus grande vitesse. Au pôle, la force centrifuge est nulle.

Sous l'équateur, la force centrifuge est directement opposée à
la pesanteur et égale $\frac{1}{289}$ de son intensité. Or 289 étant le carré de
17, on déduit de là que si le mouvement de rotation de la terre
était 17 fois plus rapide, la force centrifuge, qui est proportionnelle
au carré de la vitesse, serait, sous l'équateur, 289 fois plus intense
qu'elle ne l'est, c'est-à-dire égale à la pesanteur, et les corps ne
pèseraient pas ; pour un mouvement de rotation plus rapide, ils seraient lancés dans l'espace par l'effet de la force centrifuge.

Quand on avance de l'équateur vers les pôles, la pesanteur est de moins en moins affaiblie par l'effet de la force centrifuge : d'abord, parce que cette dernière force décroît dans le même sens ; ensuite, parce que, sous l'équateur, elle est directement opposée à la pesanteur, tandis qu'en avançant vers les pôles, sa direction devient de plus en plus inclinée par rapport à celle de la pesanteur. C'est ce que montre la figure 36, dans laquelle PP' représente l'axe de rotation de la terre, et EE' l'équateur terrestre. En un point quelconque E de ce cercle, la force centrifuge est dirigée suivant CE, et agit tout entière pour diminuer l'intensité de la pesanteur ; mais en un point a, plus rapproché du pôle, la force centrifuge étant représentée par une droite ab perpendiculaire à l'axe PP',

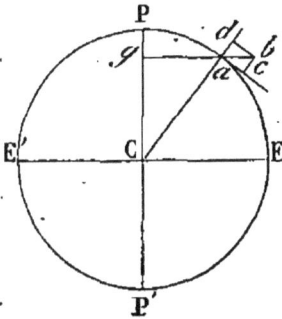

Fig. 36.

tandis que la pesanteur agit suivant aC, on voit que la pesanteur n'est plus directement opposée à la force centrifuge, mais seulement à sa composante ad, qui est d'autant plus petite par rapport à ab, que le point a est plus près du pôle.

58. Mesure de l'intensité de la pesanteur. — D'après ce qui précède, la pesanteur pouvant être considérée, dans un même lieu et pour des hauteurs de chute peu considérables, comme une force accélératrice constante, on prend pour mesure de son intensité la vitesse qu'elle imprime, en une seconde, aux corps qui tombent dans le vide (35), sans avoir égard à la masse, puisque, dans le vide, tous les corps tombent également vite (52).

Cette vitesse se représente par la lettre g. Elle croît de l'équateur au pôle : à Paris, d'après Borda et Cassini, elle est de 9^m,8088, tandis qu'à l'équateur, elle n'est que de 9^m,7800. On verra bientôt comment elle se détermine, en chaque lieu, à l'aide du pendule (63).

Les variations d'intensité que subit la pesanteur avec la latitude ou l'altitude modifient le poids absolu des corps (41), mais ne changent rien à leur poids relatif, c'est-à-dire à celui que donne la balance. En effet, l'action de la pesanteur s'exerçant également sur toutes les substances, il s'ensuit que l'augmentation ou la diminution de poids qui résulte des variations de cette force est la même, en chaque lieu, pour les corps à peser et pour les poids métriques ou autres dont on fait usage. En un mot, le nombre de grammes qui représente le poids d'un corps à Paris, le représente aussi au pôle ou à l'équateur. Ce qui varie, c'est le poids du gramme, qui croît ou décroît proportionnellement à l'intensité de la pesanteur.

59. Pendule. — On distingue deux sortes de pendules : le *pen-*

dule simple et le *pendule composé*. Le *pendule simple*, ou *pendule idéal*, est celui qui serait formé d'un point matériel pesant, suspendu, par un fil inextensible, sans masse et sans poids, à un point fixe autour duquel il pourrait librement *osciller*, c'est-à-dire prendre un mouvement de va-et-vient plus ou moins rapide. Ce pendule ne peut se réaliser ; il est purement théorique, et ne sert qu'à déterminer, par le calcul, les lois des oscillations du pendule.

On nomme *pendule composé*, tout corps qui peut osciller autour d'un point ou d'un axe fixe. Quand le pendule oscille autour d'un point, celui-ci prend le nom de *centre de suspension;* si le mouvement a lieu autour d'une droite horizontale, cette droite est appelée *axe de suspension*. Le pendule composé est le seul qu'on puisse construire. Sa forme peut varier à l'infini; mais, en général, il consiste en une masse métallique, lenticulaire ou sphérique, suspendue à une tige mobile autour d'un axe horizontal : tels sont les balanciers d'horloge; tel est le pendule P représenté dans la figure 26.

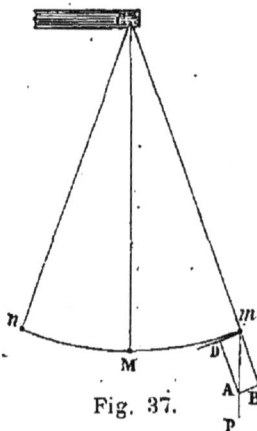

Fig. 37.

Les pendules composés sont suspendus, soit à l'aide d'un couteau analogue à celui des balances (fig. 18), soit à l'aide d'une lame d'acier, mince et flexible, qui se courbe légèrement à chaque oscillation (fig. 39).

Pour nous rendre compte du mouvement oscillatoire du pendule, considérons d'abord un pendule simple *c*M, dont M soit le point matériel, et *c* le centre de suspension (fig. 37). Lorsque le point M se trouve au-dessous du point *c*, sur la verticale passant par ce point, l'action de la pesanteur est détruite; mais si le point M est transporté en *m,* son poids P se décompose en deux forces : l'une dirigée suivant le prolongement *m*B du fil, l'autre suivant la tangente *m*D à l'arc *m*M*n*. La composante *m*B est détruite par la résistance du point *c*, tandis que la composante *m*D sollicite le point matériel à descendre de *m* en M. Arrivé en ce dernier point, le pendule ne s'arrête pas; car, en vertu de son inertie, il est entraîné dans la direction M*n*.

Or, si l'on répète, en un point quelconque de l'arc M*n*, la même construction qu'en *m*, on reconnaît que la pesanteur qui, de *m* en M, a agi comme force accélératrice, agit, de M en *n*, comme force retardatrice. Elle enlève donc successivement au mobile la vitesse acquise pendant la descente; cette force doit donc diminuer la vitesse exactement de la même quantité dont elle l'a augmentée de *m* en M, en sorte qu'elle l'aura entièrement détruite lorsque le pendule se sera élevé en *n*, au-dessus de la position M, à la même hauteur que le point *m*. Le pendule revenant alors de *n* vers M, la même série de phénomènes se reproduit, et le pendule tend ainsi à osciller éternellement, en décrivant des arcs égaux des deux côtés du point M. Mais, dans les expériences, il n'en est jamais ainsi, deux causes contribuant sans cesse à ralentir le mouvement et même à le détruire : la première est la résistance du milieu dans lequel le pendule se meut; la seconde est le frottement qui se produit sur l'axe de suspension.

60. Lois des oscillations du pendule. — On nomme *oscillation*, le passage du pendule d'une position extrême *m* à l'autre position extrême *n*. L'arc *mn* est l'*amplitude* d'oscillation. Enfin, la *longueur* du pendule simple est la distance du point de suspension *c* au point matériel M.

On démontre, en mécanique rationnelle, que les oscillations du pendule simple, dans le vide, sont soumises aux quatre lois suivantes :

1° *Pour un même pendule, les petites oscillations sont isochrones.* C'est-à-dire qu'elles se font très-sensiblement en temps égaux, tant que leurs amplitudes ne dépassent pas une certaine limite de 2 à 3 degrés. L'isochronisme des petites oscillations du pendule persiste dans l'air comme dans le vide. En effet, le calcul fait voir que la résistance de l'air, augmentant la durée de la demi-oscillation descendante, diminue d'une quantité égale celle de la demi-oscillation ascendante, en réduisant son amplitude. Mais, si l'air ne trouble pas l'isochronisme des petites oscillations par sa résistance, il en augmente la durée par la perte de poids que subit le pendule dans l'air (168); car, par cette perte de poids, la force qui sollicite le pendule à osciller est moindre.

C'est Galilée qui, le premier, constata l'isochronisme des petites oscillations du pendule. On rapporte qu'il fit cette découverte, jeune encore, en observant les mouvements d'une lampe suspendue à la voûte de la cathédrale de Pise.

2° *Pour des pendules de même longueur, la durée des oscillations est la même, quelle que soit la substance dont le pendule est formé.* C'est-à-dire que des pendules simples dont le point matériel est de liége, de plomb, d'or, exécutent le même nombre d'oscillations dans le même temps, s'ils sont d'égale longueur.

3° *Pour des pendules inégaux, la durée des oscillations est proportionnelle à la racine carrée de la longueur.* C'est-à-dire que la longueur d'un pendule devenant 4, 9, 16... fois plus grande, la durée des oscillations l'est seulement 2, 3, 4... fois davantage:

4° *En différents lieux de la terre, la durée des oscillations, pour des pendules de même longueur, est en raison inverse de la racine carrée de l'intensité de la pesanteur.*

Ces lois découlent de la formule $t = \pi \sqrt{\dfrac{l}{g}}$, à laquelle on est conduit en appliquant le calcul au mouvement du pendule simple. Dans cette formule, t représente la durée d'une oscillation; l, la longueur du pendule; g, l'intensité de la pesanteur, c'est-à-dire la vitesse acquise, au bout d'une seconde, par un corps qui tombe dans le vide (58). Quant à π, c'est une quantité constante qui représente le rapport de la circonférence au diamètre, et qui égale 3,141592.

Les deux premières lois du pendule se déduisent immédiatement de la formule $t = \pi \sqrt{\dfrac{l}{g}}$; car cette formule ne contenant ni l'amplitude de l'oscillation, ni la densité de la substance dont le pendule est formé, la valeur de t est indépendante de ces deux quantités.

Pour en déduire la troisième loi, considérons un second pendule dont la longueur soit l' et la durée des oscillations t'. D'après la formule ci-dessus, on a $t' = \pi \sqrt{\dfrac{l'}{g}}$. Or, ces deux formules peuvent s'écrire sous la forme

$$t = \pi \frac{\sqrt{l}}{\sqrt{g}}, \quad \text{et} \quad t' = \pi \frac{\sqrt{l'}}{\sqrt{g}}.$$

En les divisant membre à membre, et supprimant les facteurs communs π et $\sqrt{g}$, il vient $\dfrac{t}{t'} = \dfrac{\sqrt{l}}{\sqrt{l'}}$, formule qui est l'expression de la troisième loi ci-dessus.

De même, pour la quatrième loi, soient g, g' les intensités de la pesanteur en deux lieux différents, et t, t' les durées des oscillations d'un même pendule en ces deux lieux, on a

$$t = \pi \frac{\sqrt{l}}{\sqrt{g}}, \quad \text{et} \quad t' = \pi \frac{\sqrt{l}}{\sqrt{g'}}.$$

Divisant encore membre à membre, on trouve $\dfrac{t}{t'} = \dfrac{\sqrt{g'}}{\sqrt{g}}$, formule qui est bien l'expression de la quatrième loi.

En élevant au carré les deux membres de cette dernière égalité, on a $\dfrac{g'}{g} = \dfrac{t^2}{t'^2}$; c'est-à-dire que la quatrième loi peut encore s'énoncer en disant que, *pour un même pendule, dans deux lieux différents, l'intensité de la pesanteur est en raison inverse du carré de la durée des oscillations.*

61. Longueur du pendule composé. — Les lois et la formule ci-dessus s'appliquent aussi au pendule composé; mais alors il faut définir ce qu'on entend par *longueur* de ce pendule. Pour cela, observons que tout pendule composé étant formé d'une tige pesante terminée par une masse plus ou moins considérable, les divers points matériels de ce système tendent, d'après la troisième loi du pendule, à décrire leurs oscillations dans des temps d'autant plus longs qu'ils sont plus éloignés du point de suspension. Or, tous ces points étant invariablement liés entre eux, leurs oscillations se font nécessairement dans le même temps. Il résulte de là que le mouvement des points les plus rapprochés de l'axe de suspension se trouve retardé, tandis que celui des points les plus éloignés est accéléré. Entre ces deux positions extrèmes, il y a donc des points qui ne sont ni accélérés ni retardés, et qui oscillent comme s'ils n'étaient pas liés au reste du système. Ces points étant équidistants de l'axe de suspension, leur ensemble constitue un *axe d'oscillation* parallèle au premier. C'est la distance de l'axe de suspension à l'axe d'oscillation qu'on nomme *longueur du pendule composé*. C'est-à-dire que *la longueur d'un pendule composé est celle du pendule simple qui ferait ses oscillations dans le même temps*.

L'axe d'oscillation jouit de la propriété d'être réciproque de l'axe de suspension : c'est-à-dire qu'en suspendant le pendule par son axe d'oscillation, la durée des oscillations reste la même, ce qui montre que la longueur n'a pas changé. Cette propriété, démontrée pour la première fois par Huyghens, physicien hollandais, donne le moyen de trouver expérimentalement la longueur du pendule composé. Pour cela, on retourne le pendule et on le suspend au moyen d'un axe mobile, qu'on place, après quelques tâtonnements, en un point tel, que le nombre des oscillations, dans le même temps, soit le même qu'avant le retournement. Ce résultat obtenu, la longueur cherchée est la distance du deuxième axe de suspension au premier. Si l'on substitue alors la valeur obtenue ainsi à la place de l, dans la formule du pendule simple, celle-ci devient applicable au pendule composé, et les lois des oscillations sont les mêmes que pour le pendule simple.

La longueur du pendule qui *bat la seconde*, c'est-à-dire qui fait ses oscillations en une seconde, varie avec l'intensité de la pesanteur; elle est :

Sous l'équateur	0m,991033
A Paris	0m,993866
Au pôle	0m,996671

62. Vérification des lois du pendule. — On ne peut vérifier les lois du pendule simple qu'au moyen du pendule composé, en ayant soin de construire celui-ci de manière qu'il atteigne, autant que possible, les conditions du premier. Pour cela, on suspend à l'extrémité d'un fil fin, une petite sphère d'une substance très-dense, par exemple, de plomb ou de platine. Le pendule ainsi formé oscille sensiblement comme le pendule simple dont la longueur serait égale à la distance du centre de la petite sphère au point de suspension.

Pour vérifier la loi de l'isochronisme des petites oscillations, on fait osciller le pendule ainsi construit, et l'on compte le nombre d'oscillations qu'il exécute, en temps égaux, lorsque l'amplitude est successivement de 3, 2 ou 1 degré. On observe ainsi que le nombre d'oscillations est constant, et par suite leur durée.

Pour démontrer la seconde loi, on prend plusieurs pendules B, C, D (fig. 38), construits de la même manière que le précédent, ayant tous des longueurs égales, et terminés par des sphères de même diamètre, mais de substances différences, par exemple, de plomb, de cuivre, d'ivoire. Or, on observe qu'en négligeant la résistance de l'air, tous ces pendules font, dans le même temps, le même nombre d'oscillations; d'où l'on conclut que la pesanteur agit sur toutes les substances avec la même intensité, ce qu'on a déjà constaté (52).

On vérifie la troisième loi en faisant osciller des pendules dont les longueurs sont respectivement 1, 4, 9,... et l'on trouve que les nombres d'oscillations correspondants sont comme $1, \frac{1}{2}, \frac{1}{3},...$ ce qui montre que leur durée est successivement 1, 2, 3,...

Fig. 38 (h = 1ᵐ,55).

La quatrième loi ne peut se vérifier qu'en se déplaçant à la surface de la terre, pour se rapprocher ou s'écarter de l'équateur.

63. Usages du pendule. — Le pendule sert à constater, ainsi qu'on vient de le voir ci-dessus, que la pesanteur sollicite tous les corps avec la même intensité. Il a servi encore à déterminer l'intensité de la pesanteur sur les différents points de notre globe, la masse des montagnes et la densité de la terre. L'isochronisme de ses oscillations l'a fait appliquer comme régulateur aux horloges. Enfin, M. Foucault l'a fait servir à la démonstration expérimentale du mouvement de rotation diurne de la terre.

Pour mesurer l'intensité de la pesanteur (58) à l'aide du pendule, on résout l'équation $t = \pi \sqrt{\dfrac{l}{g}}$ (60), par rapport à g. En élevant les deux membres au carré.

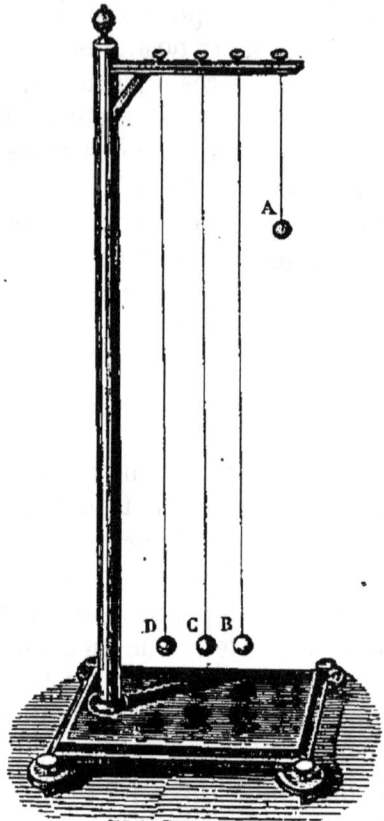

on trouve $t^2 = \pi^2 \dfrac{l}{g}$. Multipliant par g et divisant ensuite par t^2, il vient $g = \dfrac{\pi^2 l}{t^2}$.

D'où l'on voit que, pour connaître g, il faut commencer par mesurer la longueur l d'un pendule composé (61), puis mesurer la durée t de ses oscillations; ce qui s'obtient en cherchant combien il fait d'oscillations dans un nombre de secondes connu, et en divisant ce dernier nombre par le nombre d'oscillations.

C'est en opérant ainsi qu'on a déterminé la valeur de g en différents points du globe, et que Borda et Cassini ont trouvé qu'elle est, à Paris, de 9m,8088. Mais en tenant compte de ce que la perte de poids d'un corps dans l'air est plus grande quand le corps est en mouvement que lorsqu'il est en repos, et en faisant subir au mouvement du pendule la correction que cette inégale perte de poids nécessite, M. Bessel, astronome de Kœnigsberg, a trouvé que la vraie valeur de g, à Paris, est de 9m,8096.

Une fois la valeur de g connue en chaque lieu, on en déduit, par le calcul, la distance au centre de la terre, et, par suite, la forme de celle-ci.

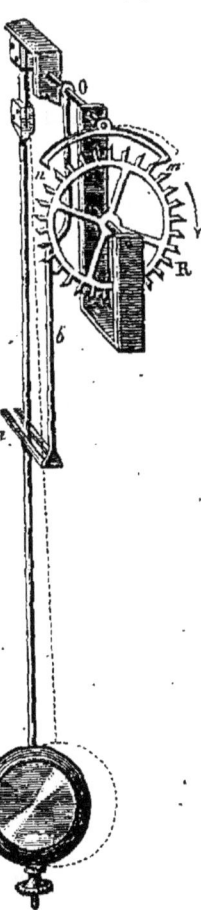

C'est Huyghens qui, le premier, appliqua le pendule comme régulateur aux horloges, en 1657, et le ressort spiral aux montres, en 1665. La figure 39 montre le mécanisme à l'aide duquel le pendule sert à régler la marche des horloges et des pendules d'appartement. Sa tige s'engage dans une fourchette *a* destinée à transmettre le mouvement à une seconde tige *b,* laquelle oscille autour d'un axe horizontal *o.* A cet axe est fixée une pièce *mn* qu'on nomme *échappement à ancre,* à cause de sa forme, et qui se termine à ses extrémités par deux palettes alternativement en prise avec les dents d'une roue R, qui est dite la *roue de rencontre.* Cette roue, sollicitée par le moteur qui fait marcher l'horloge, tend à prendre un mouvement de rotation continu dans le sens marqué par la flèche. Or, si le pendule est au repos, la roue est arrêtée par la palette *m,* et avec elle tout le mouvement d'horlogerie. Au contraire, si le pendule oscille et prend la position indiquée en ligne ponctuée, la dent qui butait contre la palette échappe, et la roue tourne, mais d'une demi-dent seulement, parce que l'arc *mn* inclinant en sens contraire, la palette *n* vient à son tour arrêter une dent. Puis, à l'oscillation suivante, cette dent échappe, et c'est la palette *m* qui arrête alors la dent qui vient après celle qu'elle arrêtait d'abord, et ainsi de suite; en sorte qu'à chaque oscillation double du pendule, la roue de ren-

Fig. 39.

contre avance d'une dent. Or, les oscillations du pendule étant iso-chrones, la roue de rencontre et le mécanisme de l'horloge, qui en est solidaire, marchent et s'arrêtent à des intervalles égaux, et, par conséquent, indiquent des divisions égales du temps.

64. Problèmes sur la pesanteur. — I. Un corps tombant librement dans le vide, quelle sera sa vitesse, à Paris, après 45 secondes de chute?

Cette question se résout à l'aide de la formule $v = gt$ (56), en faisant $g = 9^m,8088$ (58), et $t = 45^s$; ce qui donne

$$v = 9^m,8088 \times 45 = 441^m,396.$$

A une autre latitude que celle de Paris, la valeur de g n'étant plus $9^m,8088$, la vitesse acquise par le corps qui tombe serait plus grande ou plus petite que $441^m,396.$

II. Pendant combien de temps doit tomber un corps, dans le vide, pour acquérir, à Paris, une vitesse de 600 mètres, qui est celle d'un boulet de canon?

De la formule $v = gt$, on tire $t = \dfrac{v}{g}$, d'où, remplaçant g et v par leurs valeurs,

$$\text{on a } t = \frac{600}{9,8088} = 61^s,16.$$

III. Quel est le temps nécessaire à un corps pour tomber, dans le vide, d'une hauteur de 1000 mètres?

De la formule $e = \dfrac{1}{2} gt^2$ (56), on tire $t = \sqrt{\dfrac{2e}{g}} = \sqrt{\dfrac{2000}{9,8088}} = 14^s,28.$

IV. De quelle hauteur devrait tomber un corps, dans le vide, pour acquérir une vitesse de 300 mètres?

La formule $v^2 = 2ge$ (56) donne $e = \dfrac{v^2}{2g}$, d'où $e = \dfrac{90000}{2.9,8088} = 4587^m,7.$

V. Sur un plan incliné dont la longueur AB (fig. 25) égale 1000 mètres, et la hauteur BC 5 mètres, quel est l'effort nécessaire pour traîner un poids de 2500 kilogrammes, abstraction faite du frottement?

En représentant par P le poids, et par F la force cherchée, on a vu (53) qu'on a l'égalité $\dfrac{F}{P} = \dfrac{BC}{AB}$, d'où $F = \dfrac{P \times BC}{AB} = \dfrac{2500 \times 5}{1000} = 12^k,500.$

VI. Un projectile étant lancé verticalement, de bas en haut, dans le vide, avec une vitesse initiale de $245^m,22$, on demande après quel temps le mobile s'arrêtera pour retomber, et à quelle hauteur il s'élèvera.

Soient a la vitesse initiale imprimée au mobile et t la durée de l'ascension; la pesanteur, agissant pendant ce temps comme force retardatrice, diminue la vitesse a d'une quantité égale à g en une seconde, et d'une quantité gt au bout de t secondes; on a donc, au moment où le corps s'arrête, $gt = a$, d'où $t = \dfrac{a}{g} = \dfrac{245,22}{9,8088} = 25^s.$

Pour calculer la hauteur à laquelle s'élève le mobile, observons que pendant son ascension, la pesanteur lui enlevant graduellement la vitesse qu'elle lui communiquerait, en temps égal, s'il tombait, il faut que le corps mette à s'élever à sa plus grande hauteur e précisément le temps qu'il mettrait à en descendre. Donc la hauteur d'ascension peut se calculer par la formule $e = \dfrac{1}{2} gt^2$ (56), qui donne

$$e = 4,9044 \times 625 = 3065^m,25.$$

* CHAPITRE IV.

FORCES MOLÉCULAIRES.

65. Nature des forces moléculaires. — Les phénomènes que présentent les corps font voir que leurs molécules sont constamment sollicitées par deux forces contraires, dont l'une tend à les rapprocher et l'autre à les écarter. La première, qui porte le nom d'*attraction moléculaire*, ne varie, pour un même corps, qu'avec la distance ; la seconde, due à la chaleur, varie avec l'intensité de cet agent et avec la distance. C'est du rapport mutuel de ces forces et de l'orientation qu'elles impriment aux molécules, que résulte l'état solide, liquide ou gazeux (5).

L'attraction moléculaire ne s'exerce qu'à des distances infiniment petites. Son effet est nul à toute distance sensible, ce qui la distingue de la pesanteur et de la gravitation universelle, qui agissent à toutes les distances. On ignore suivant quelles lois elle s'exerce.

Selon la manière de la considérer, l'attraction moléculaire se désigne sous les noms de *cohésion*, d'*affinité* ou d'*adhésion*.

66. Cohésion. — La *cohésion* est la force qui lie entre elles les molécules similaires, c'est-à-dire de même nature, deux molécules d'eau, par exemple, ou deux molécules de fer. Cette force est nulle dans les gaz, faible dans les liquides, et très-grande dans les solides; son intensité décroît lorsque la température s'élève, tandis qu'alors la force répulsive due à la chaleur augmente. C'est pourquoi, lorsqu'on chauffe les corps solides, ils finissent par se liquéfier et même par passer à l'état de fluide aériforme.

La cohésion varie non-seulement avec la nature des corps, mais encore avec l'arrangement de leurs molécules, comme il arrive dans la cuisson des argiles, dans la trempe de l'acier. C'est aux modifications de la cohésion qu'il faut rapporter plusieurs propriétés des corps, telles que la ténacité, la ductilité, la dureté.

Dans les liquides pris en grande masse, la pesanteur l'emporte sur la cohésion. C'est ce qui fait que les liquides, obéissant sans cesse à la première force, n'affectent aucune forme particulière et prennent toujours celle des vases qui les contiennent. Mais, sous une petite masse, c'est la cohésion qui l'emporte, et les liquides affectent alors la forme sphéroïdale. C'est ce qui a lieu pour les gouttes de rosée suspendues aux feuilles des plantes; le même phénomène s'observe lorsqu'on répand, sur une surface plane horizontale, un liquide qui ne la mouille pas, comme du mercure sur du bois. L'expérience peut même se faire avec de l'eau, si d'avance on a projeté sur la surface une poussière légère, du noir de fumée, par exemple.

67. Affinité. — L'*affinité* est l'attraction qui s'exerce entre des substances hétérogènes : dans l'eau, par exemple, qui est formée de deux atomes d'hydrogène pour un d'oxygène, c'est l'affinité qui unit ces deux corps ; mais c'est la cohésion qui lie deux molécules d'eau. C'est-à-dire que dans les corps composés, la cohésion et l'affinité agissent simultanément, tandis que dans les corps simples il n'y a lieu de considérer que la cohésion.

C'est à l'affinité qu'il faut rapporter tous les phénomènes de combinaison et de décomposition chimiques.

Toute cause qui tend à affaiblir la cohésion augmente l'affinité. Cette dernière force est, en effet, favorisée par l'état de division; elle l'est aussi par l'état liquide ou gazeux. Elle se développe surtout par l'*état naissant*, c'est-à-dire par l'état où se trouve un corps lorsque, se dégageant d'une combinaison, il est isolé et libre d'obéir aux plus faibles affinités. Enfin, l'affinité présente des effets très-variables suivant l'élévation de température. Dans certains cas, en écartant les molécules et en diminuant la cohésion, la chaleur favorise les combinaisons. Entre le soufre et l'oxygène, par exemple, l'affinité est sans effet à la température ordinaire, tandis qu'à une température élevée, ces corps se combinent en donnant naissance à un composé très-stable, l'acide sulfureux. Dans d'autres cas, au contraire, la chaleur détruit les combinaisons en communiquant à leurs éléments une inégale expansibilité. C'est ainsi que beaucoup d'oxydes métalliques sont décomposés par l'action de la chaleur.

68. Adhésion. — On nomme *adhésion*, l'attraction moléculaire qui se manifeste entre les corps en contact. Deux glaces, par exemple, étant superposées, finissent par adhérer tellement, qu'on ne peut plus les séparer sans les rompre. Cette force agit non-seulement entre les solides, mais entre les solides et les liquides, entre les solides et les gaz.

L'adhésion entre les solides n'est point un effet de la pression atmosphérique, car elle s'observe dans le vide. Elle croit avec le degré de poli des surfaces et avec la durée de leur contact; en effet, la résistance à la séparation est d'autant plus grande, que le contact a été plus longtemps prolongé. Enfin, l'adhésion entre les corps solides est indépendante de leur épaisseur, ce qui indique que l'attraction moléculaire ne s'exerce qu'à de très-petites distances.

Plongés dans l'eau, dans l'alcool et dans la plupart des liquides, les corps solides en sortent recouverts d'une couche liquide; c'est l'adhésion qui la soutient.

Il se produit entre les solides et les gaz la même adhésion qu'entre les solides et les liquides. En effet, si l'on plonge une lame de verre ou de métal dans l'eau, on voit des bulles d'air apparaître à sa surface. Comme, dans ce cas, l'eau ne pénètre pas dans les pores de la lame, ces bulles ne sauraient provenir de l'air qui en serait expulsé. Elles sont donc uniquement dues à une couche d'air qui recouvrait la lame et la *mouillait* à la manière d'un liquide.

Nous ferons connaître bientôt sous les noms de *capillarité,* d'*endosmose*, d'*absorption* et d'*imbibition*, une série de phénomènes qui ont aussi pour cause l'attraction moléculaire.

---

* CHAPITRE V.

PROPRIÉTÉS PARTICULIÈRES AUX SOLIDES.

69. Diverses propriétés particulières. — Après avoir fait connaître les principales propriétés communes aux solides, aux liquides et aux gaz, nous traiterons ici des propriétés particulières aux solides. Ces propriétés sont : l'*élasticité de traction*, l'*élasticité de torsion*, l'*élasticité de flexion*, la *ténacité*, la *ductilité* et la *dureté*.

70. Élasticité de traction. — Nous avons déjà traité de l'élasticité comme propriété générale (19); mais il s'agissait seulement de l'élasticité développée par la pression. Or, dans les solides, l'élasticité peut encore se manifester par traction, par torsion et par flexion.

Pour étudier les lois de l'élasticité de traction, Savart a fait usage de l'appareil représenté dans la figure 40. Cet appareil se compose d'un support de bois auquel on suspend les tiges ou les fils sur lesquels on veut expérimenter. On fixe, à leur extrémité inférieure, un plateau destiné à recevoir des poids, et l'on marque, sur leur longueur, deux points de repère A et B, dont on mesure exactement la distance à l'aide d'un cathétomètre [1], avant que le plateau soit chargé.

Tant que la limite d'élasticité n'a pas été dépassée, la traction des tiges et des fils est soumise aux trois lois suivantes :

1° *Les tiges et les fils ont une élasticité parfaite, c'est-à-dire qu'ils reprennent exactement leur longueur primitive aussitôt que la traction cesse.*

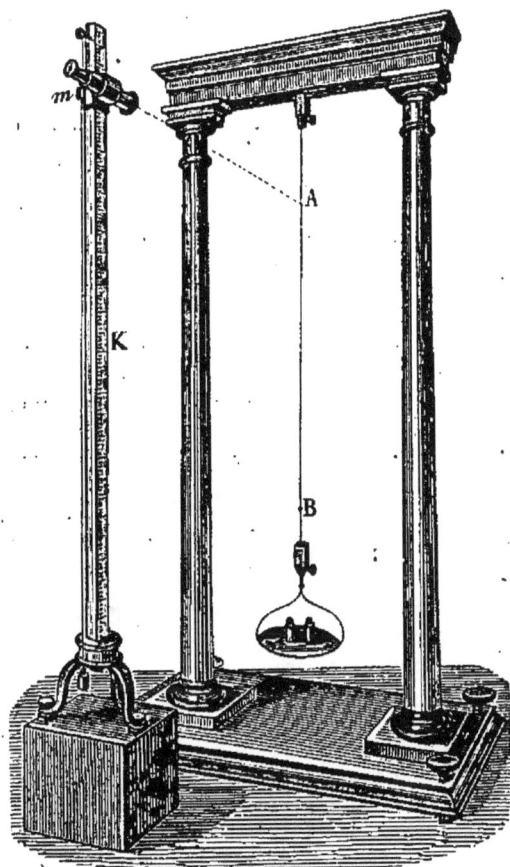

Fig. 40.

2° *Pour une même substance et un même diamètre, l'allongement est proportionnel à la force de traction et à la longueur.*

3° *Pour des tiges ou des fils de même longueur, de même matière, mais d'inégale grosseur, les allongements sont en raison inverse des carrés des diamètres.*

Le calcul et l'expérience démontrent que, lorsque les corps s'allongent par traction, leur volume augmente.

Wertheim, qui a fait de nombreuses expériences sur l'élasticité des métaux, a constaté, entre — 15 et 200 degrés, que l'élasticité décroît d'une manière continue à mesure que la température s'élève; le fer et l'acier font exception, leur élasticité augmentant jusqu'à 100 degrés et diminuant ensuite. Le même physicien a trouvé qu'en général *toutes les causes qui augmentent la densité augmentent en même temps l'élasticité, et réciproquement.*

71. Élasticité de torsion. — Les lois de la torsion des fils ont été déterminées par Coulomb, physicien français, mort en 1806. Dans ses recherches, ce savant faisait usage d'un appareil qu'on nomme *balance de torsion*, lequel se compose d'un fil métallique fin, pincé à sa partie supérieure, et tendu par un poids auquel est fixée une aiguille horizontale. Au-dessous est un cercle gradué, dont le centre se trouve sur le prolongement du fil lorsque celui-ci est vertical. Si l'on écarte l'aiguille de sa position d'équilibre, d'un certain angle, qui est l'*angle de torsion*, la force nécessaire pour obtenir cet angle est elle-même la *force de torsion*. Après cette déviation, les molécules qui étaient disposées en ligne droite, suivant la longueur du fil, le sont suivant une hélice enroulée autour de ce fil. Si la limite d'élasticité n'a pas été

1. On nomme *cathétomètre* une règle de cuivre K, divisée en millimètres, et pouvant prendre une position verticale au moyen d'un pied à vis calantes et d'un fil à plomb. Une lunette, exactement d'équerre avec la règle, peut glisser dans le sens de sa longueur, et porte un vernier qui donne les cinquantièmes de millimètre. C'est en fixant successivement cette lunette sur les points A et B, comme on le voit dans la figure, qu'on obtient, sur l'échelle graduée, la distance de ces deux points. Plaçant ensuite des poids dans le bassin, et mesurant de nouveau l'intervalle des deux points A et B, on détermine l'allongement.

dépassée, les molécules tendent à reprendre leur position primitive, et y reviennent, en effet, aussitôt que la force de torsion n'agit plus; mais elles ne s'y arrêtent pas. En vertu de leur vitesse acquise, elles dépassent cette position en donnant naissance à une torsion en sens contraire. L'équilibre se trouvant rompu de nouveau, le fil revient sur lui-même, et l'aiguille ne s'arrête au zéro du cadran qu'après un certain nombre d'oscillations des deux côtés de ce point.

Au moyen de l'appareil qui vient d'être décrit, Coulomb a constaté que, lorsque l'amplitude des oscillations ne dépasse pas un petit nombre de degrés, ces oscillations sont soumises aux quatre lois suivantes :

1° *Elles sont très-sensiblement isochrones.*

2° *Pour un même fil, l'angle de torsion est proportionnel à la force de torsion.*

3° *Pour une même force de torsion et des fils de même diamètre, l'angle de torsion est proportionnel à la longueur des fils.*

4° *Pour une même force et une même longueur de fil, l'angle de torsion est inversement proportionnel à la quatrième puissance des diamètres.*

72. Élasticité de flexion. — Tous les solides, taillés en lames minces et fixés par une de leurs extrémités, peuvent, après avoir été plus ou moins courbés, revenir à leur première forme lorsqu'ils sont abandonnés à eux-mêmes. Cette propriété est très-sensible dans l'acier trempé, le bois, le papier.

L'élasticité de flexion trouve de nombreuses applications dans les arcs, les arbalètes, les ressorts de montre, les ressorts de voiture, les pesons qui servent de balances, et les dynamomètres destinés à mesurer la force des moteurs. L'élasticité du crin, de la laine, de la plume, est utilisée dans les matelas et les coussins en usage dans l'économie domestique.

Quelle que soit l'espèce d'élasticité que l'on considère, nous avons déjà observé (19) qu'il y a toujours une limite à l'élasticité, c'est-à-dire un déplacement moléculaire au delà duquel les corps sont brisés, ou du moins ne reprennent plus leur forme première. Plusieurs causes peuvent faire varier cette limite. On constate, en effet, que l'élasticité de plusieurs métaux est augmentée par l'*écrouissage*, c'est-à-dire par le rapprochement des molécules, à froid, au moyen de la filière, du laminoir ou du marteau. Quelques substances, comme l'acier, la fonte, le verre, deviennent aussi plus élastiques et en même temps plus dures par la *trempe* (75).

L'élasticité est au contraire diminuée par le *recuit*, opération qui consiste à porter les corps à une température moins élevée que pour la trempe et à les refroidir ensuite lentement. C'est par le recuit que l'on gradue à volonté l'élasticité des ressorts. Le verre chauffé éprouvant une véritable trempe lorsqu'il se refroidit trop rapidement, c'est pour diminuer la fragilité des objets de verre récemment fabriqués qu'on les recuit sur un foyer dont on les éloigne ensuite lentement.

73. Ténacité. — La *ténacité* est la résistance qu'opposent les corps à la traction. Pour évaluer cette force, on façonne les corps en tiges cylindriques ou prismatiques, et on les soumet, dans le sens de leur longueur, à une traction mesurée en kilogrammes et suffisante pour déterminer la rupture.

La charge qui produit la rupture est directement proportionnelle à la section transversale des fils ou des prismes, et indépendante de leur longueur. D'après de nombreuses expériences sur les métaux, la force nécessaire à la rupture est à peu près triple de celle qui correspond à la limite d'élasticité.

La ténacité diminue avec la durée de la traction. On constate, en effet, que les tiges métalliques et autres cèdent, après un certain temps, à des charges moindres que celles qui seraient nécessaires pour produire immédiatement la rupture; dans tous les cas, la résistance à la traction est moindre que la résistance à la pression.

La ténacité ne varie pas seulement d'une substance à une autre; mais, à égalité de matière, elle varie encore avec la forme des corps. Pour des sections équivalentes, le prisme est moins résistant que le cylindre. Pour une quantité de matière donnée, le cylindre creux est plus résistant que le cylindre plein, et le *maximum* de ténacité a lieu lorsque le rayon extérieur est au rayon intérieur dans le rapport de 11 à 5

Pour un même corps, la forme a la même influence sur la résistance à l'écrasement que sur la résistance à la traction. En effet, un cylindre creux, à masse et à hauteur égales, est plus résistant qu'un cylindre plein; d'où il résulte que les os des animaux, les plumes des oiseaux, les tiges des graminées et d'un grand nombre de plantes, opposent plus de résistance que s'ils étaient pleins, la masse restant la même.

Enfin, la ténacité, de même que l'élasticité, varie pour un même corps avec le sens que l'on considère. Dans les bois, par exemple, la ténacité et l'élasticité sont plus grandes dans le sens des fibres que dans le sens transversal. Cette différence s'observe, en général, dans tous les corps dont la contexture n'est pas la même suivant toutes les directions.

Charges en kilogrammes, par millimètre carré, qui déterminent la rupture.

Plomb coulé.	2,21	Fer étiré.	63,80
— étiré	2,36	— recuit	50,25
Étain coulé	4,16	Acier fondu étiré	83,80
— étiré.	3,..	Antimoine coulé.	0,67
Or étiré	28,..	Bismuth coulé.	0,97
— recuit.	11,..		
Argent étiré	29,..	*Bois dans le sens des fibres.*	
— recuit	16,40		
Zinc étiré.	15,77	Buis	14
— recuit	14,40	Frêne.	12
Cuivre étiré	41,..	Sapin.	9
— recuit.	31,60	Hêtre.	8
Platine étiré.	35,..	Chêne	7
— recuit	26,75	Acajou.	5

Dans le tableau ci-dessus, les corps sont supposés à la température ordinaire; mais à une température plus élevée, la ténacité décroît rapidement. M. Séguin aîné, qui a fait récemment des recherches à ce sujet, sur le fer et le cuivre rouge, a trouvé les ténacités suivantes, en kilogrammes, par millimètre carré :

	FER.	CUIVRE ROUGE.
A 10 degrés.	60 kilog.	21 kilog.
370 —	54 —	7,7
500 —	35 —	»

74. Ductilité. — On nomme *ductilité* la propriété que possèdent un grand nombre de corps de changer de forme par l'effet de pressions ou de tractions plus ou moins considérables.

Pour certains corps, comme l'argile, la cire, de faibles efforts sont suffisants pour produire une déformation; pour d'autres, comme le verre, les résines, il faut en outre l'action de la chaleur; pour les métaux, il faut des efforts puissants, comme la percussion, la filière, le laminoir.

La ductilité prend le nom de *malléabilité* lorsqu'elle se produit sous le marteau. Le métal le plus malléable est le plomb, le plus ductile au laminoir est l'or; à la filière, c'est le platine.

La grande ductilité du platine a permis à Wollaston d'obtenir des fils de ce métal qui n'avaient que $\frac{1}{1300}$ de millimètre de diamètre. Pour arriver à ce résultat, ce savant recouvrait d'argent un fil de platine de $\frac{1}{4}$ de millimètre de diamètre, de manière à obtenir un cylindre de 5 millimètres de grosseur, dont l'axe seul était de platine. En tirant ce cylindre à la filière jusqu'à ce qu'il fût aussi fin que possible, les deux métaux s'allongeaient également. Faisant alors bouillir le fil dans l'acide azotique, l'argent était dissous, et le fil de platine restait seul. 1000 mètres de ce fil ne pesaient que 5 centigrammes.

75. **Dureté**. — La *dureté* est la résistance qu'offrent les corps à être rayés ou usés par d'autres corps.

Cette propriété n'est que relative, car un corps dur par rapport à une substance est mou par rapport à une autre. On distingue la dureté relative de deux corps en cherchant celui qui raye l'autre sans en être rayé. On a constaté ainsi que le plus dur de tous les corps est le diamant, car il les raye tous et n'est rayé par aucun. Après lui viennent le saphir, le rubis, le cristal de roche, les silex, les grès, etc. Les métaux à l'état de pureté sont assez mous.

Les alliages sont plus durs que leurs métaux. C'est pour augmenter la dureté de l'or et de l'argent, dans la bijouterie et dans la fabrication des monnaies, qu'on les allie avec le cuivre.

La dureté d'un corps n'est pas en rapport avec sa résistance à la pression. Le verre, le diamant, sont beaucoup plus durs que le bois, mais ils résistent beaucoup moins au choc du marteau.

La dureté des corps est utilisée dans les poudres à polir, telles que l'émeri, la ponce, le tripoli. Le diamant, étant le plus dur de tous les corps, ne peut s'user qu'à l'aide de l'*égrisée*, qui n'est elle-même que du diamant pulvérisé.

76. **Trempe**. — La *trempe* est le refroidissement brusque d'un corps après qu'il a été porté à une température élevée. Dans cette opération, l'acier et la fonte acquièrent une grande dureté, et c'est surtout dans ce but que la trempe est utilisée. Tous les instruments tranchants sont d'acier trempé. Mais il est des corps sur lesquels la trempe produit un effet tout opposé. L'alliage des *tamtams*, qui est composé d'une partie d'étain sur 4 de cuivre, devient ductile et malléable lorsqu'il est refroidi brusquement; au contraire, il es dur et fragile comme le verre lorsqu'il est refroidi avec lenteur.

LIVRE III

CHAPITRE PREMIER.

HYDROSTATIQUE.

77. Objet de l'hydrostatique. — L'*hydrostatique* est la science qui a pour objet l'étude des conditions d'équilibre des liquides et celle des pressions qu'ils transmettent, soit dans leur masse, soit sur les parois des vases qui les contiennent.

La science qui traite du mouvement des liquides se nomme *hydrodynamique*, et l'application des principes de cette dernière science à l'art de conduire et d'élever les eaux se désigne spécialement sous le nom d'*hydraulique*. Nous ne traiterons ici que de l'hydrostatique.

78. Caractères généraux des liquides. — On a déjà vu (5) que les liquides sont des corps dont les molécules, par suite d'une très-faible cohésion, cèdent au plus léger effort qui tend à les déplacer ; d'où il résulte que ces corps n'affectent aucune forme stable, et qu'obéissant sans cesse à l'action de la pesanteur, ils prennent immédiatement la forme des vases dans lesquels on les verse. Leur fluidité n'est cependant pas parfaite ; il existe toujours entre leurs molécules une adhérence qui produit une viscosité plus ou moins grande. Cette viscosité varie, du reste, d'un liquide à un autre ; à peu près nulle dans certains liquides, comme l'éther, l'alcool, elle est très-apparente dans l'acide sulfurique, dans les huiles grasses et dans les liqueurs fortement sucrées ou gommées.

Le fluidité des liquides se retrouve, mais à un plus haut degré, dans les gaz ; ce qui distingue ces deux espèces de corps, c'est que les liquides ne sont doués que d'une compressibilité et d'une élasticité à peine sensibles, tandis que les fluides aériformes sont éminemment compressibles et expansibles.

La fluidité des liquides est démontrée par la facilité avec laquelle ces corps s'écoulent et prennent toutes sortes de formes ; quant à leur faible compressibilité, elle se constate par l'expérience suivante.

79. Compressibilité des liquides. — D'après l'expérience des académiciens de Florence rapportée précédemment (15), on a regardé longtemps les liquides comme complétement incompressibles. Depuis, des recherches sur le même sujet ont été faites successivement, en Angleterre, par Canton, en 1761, et par Perkins, en 1819; à Copenhague, par Œrsted, en 1823; par Colladon et Sturm, à Genève, en 1827; par M. Regnault, en 1847; et depuis par M. Grassi. Or, il a été constaté, dans ces diverses expériences, que les liquides sont tous plus ou moins compressibles.

Les appareils destinés à mesurer la compressibilité des liquides ont reçu le nom de *piézomètres*. Nous allons décrire ici celui d'Œrsted avec les modifications qui y ont été faites par MM. Despretz et Saigey. Cet appareil se compose d'un cylindre de cristal à parois épaisses, d'un diamètre de 8 à 9 centimètres (fig. 41). Ce cylindre, qui est complétement rempli d'eau, est fermé, à sa base, par un pied de cuivre, dans lequel il est solidement mastiqué; à sa partie supérieure, il s'ajuste dans une garniture cylindrique de cuivre, fermée par un plateau qui se dévisse à volonté. Ce plateau porte un entonnoir R, destiné

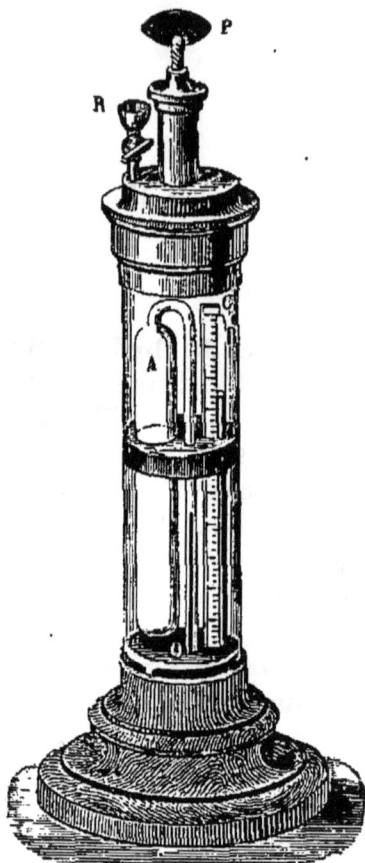

Fig. 41 (h = 64).

à introduire l'eau dans le cylindre, et un petit corps de pompe, dans lequel est un piston fermant hermétiquement et qu'on fait marcher au moyen d'une vis de pression P.

Dans l'intérieur de l'appareil est un réservoir de verre A, rempli du liquide à comprimer. Ce réservoir se termine, à sa partie supérieure, par un tube capillaire qui se recourbe et vient plonger dans un bain de mercure O. Ce tube a été divisé d'avance en n parties d'égale capacité, et l'on a déterminé le nombre N de ces parties contenues dans le réservoir A. Pour cela, soient p le poids de mercure à zéro contenu dans les n divisions du tube capillaire, et P le poids du même liquide contenu dans le réservoir A à la même température; on a l'égalité $\frac{N}{n} = \frac{P}{p}$, d'où $N = \frac{Pn}{p}$.

Enfin, dans l'intérieur du cylindre, est un *manomètre à air*

4

comprimé. On nomme ainsi un tube de verre B, plein d'air; le bout supérieur est fermé, et le bout inférieur, qui est ouvert, plonge dans le bain de mercure O. Lorsqu'on n'exerce aucune pression sur l'eau qui remplit l'appareil, le tube B est complétement plein d'air; mais lorsqu'au moyen de la vis P et du piston, on comprime l'eau, la pression se transmet au mercure, qui s'élève dans le tube B en comprimant l'air qu'il contient. Une échelle graduée C, placée le long de ce tube, indique la réduction de volume de l'air, et c'est d'après cette réduction de volume qu'on apprécie la pression exercée sur le liquide contenu dans le cylindre, ainsi qu'il sera démontré en traitant du manomètre (159).

Pour expérimenter avec le piézomètre, on commence par remplir le réservoir A du liquide à comprimer; puis, par l'entonnoir R, on remplit d'eau le cylindre. Tournant alors la vis P de manière à faire descendre le piston, celui-ci exerce une pression sur l'eau et le mercure qui sont dans l'appareil, et, par l'effet de cette pression, non-seulement le mercure s'élève dans le tube B, mais aussi dans le tube capillaire soudé au réservoir A, ainsi que le montre le dessin. Cette ascension du mercure dans le tube capillaire indique que le liquide renfermé dans le réservoir a diminué de volume, et donne la mesure de sa contraction; car si l'on représente par n' le nombre de divisions dont le mercure s'est élevé dans le tube capillaire, et par F la pression en atmosphères (157) marquée par le manomètre, $\dfrac{n'}{N+n}$ est évidemment la contraction pour l'unité de volume, et $\dfrac{n'}{(N+n)\,F}$ la contraction pour l'unité de volume et l'unité de pression, c'est-à-dire le *coefficient de compressibilité*. Toutefois ce n'est là que la compressibilité *apparente*. En effet, OErsted, dans ses expériences, avait supposé que la capacité du réservoir A demeurait invariable, ses parois étant également comprimées intérieurement et extérieurement par le liquide (80). Mais l'analyse mathématique prouve que ce volume diminue par l'effet des pressions extérieure et intérieure. C'est en tenant compte de ce changement de capacité que les expériences de Colladon et Sturm ont été faites. Ces savants ont ainsi trouvé, pour une pression égale au poids de l'atmosphère, et à la température de zéro, les coefficients de compressibilité absolue suivants :

Mercure	5 millionièmes.
Eau distillée non privée d'air	49 —
Eau distillée privée d'air.	51 —
Éther sulfurique.	133 —

Ils ont de plus observé, pour l'eau et le mercure, que, dans de certaines limites, le décroissement de volume est proportionnel à la pression.

Quelle que soit la compression à laquelle on ait soumis un liquide, l'expérience fait voir qu'aussitôt que l'excès de pression cesse, le liquide revient exactement à son volume primitif; d'où l'on conclut que *les liquides sont parfaitement élastiques*.

80. **Principe d'égalité de pression, ou principe de Pascal.** — En regardant les liquides comme parfaitement élastiques, doués d'une fluidité parfaite, et en les supposant soustraits à l'action de la pesanteur, on a été conduit au principe suivant, connu sous le nom de *principe d'égalité de pression,* et aussi sous celui de *principe de Pascal,* parce qu'il a été posé pour la première fois par le célèbre écrivain et géomètre Blaise Pascal.

Une pression exercée sur un liquide se transmet en tous sens, avec la même intensité, sur toute surface égale à celle qui reçoit la pression.

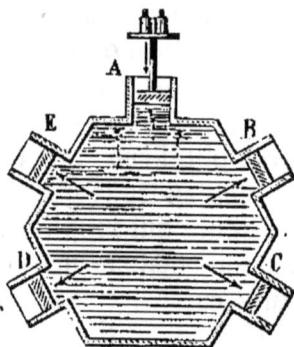

Fig. 42.

Pour interpréter cet énoncé, concevons un vase de forme quelconque, rempli d'eau ou de tout autre liquide que nous supposerons sans poids, et soient, sur les parois de ce vase, diverses tubulures cylindriques A, B, C,... fermées par des pistons mobiles (fig. 42). Si, sur le piston supérieur A, on exerce, de dehors en dedans, une pression quelconque, de 20 kilogrammes, par exemple, instantanément cette pression se transmet sur la face interne des pistons B, C,... qui, tous, sont poussés de dedans en dehors par une pression 20, si leur surface égale celle du premier piston; mais pour des surfaces deux, trois fois plus grandes, la pression transmise est 40 ou 60 kilogrammes, c'est-à-dire que non-seulement la pression se transmet également dans tous les sens, mais est *proportionnelle à la surface qui la reçoit.* Telle est la double signification qu'il faut attacher au principe ci-dessus, qui sert de base à toute l'hydrostatique.

Le principe d'égalité de pression doit être admis comme une conséquence de la constitution des liquides. Toutefois on peut, par l'expérience suivante, démontrer que la pression se transmet, en effet, dans tous les sens. Un tube dans lequel glisse un piston (fig. 43) est terminé par une sphère creuse sur laquelle sont placés de petits ajutages cylindriques perpendiculaires à ses parois. La sphère et le cylindre étant remplis d'eau, on pousse le piston, et le liquide jaillit par tous les orifices, et non pas seulement par celui qui est opposé au piston.

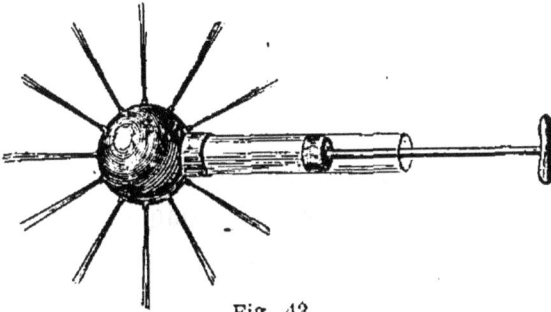

Fig. 43.

Quant à la proportionnalité des pressions aux surfaces, on ne peut en donner une démonstration expérimentale rigoureuse, à cause de l'influence du poids des liquides et du frottement des pistons. Ce-

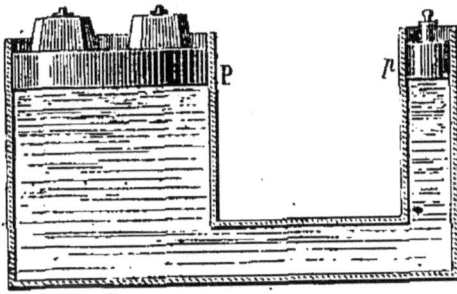

Fig. 44.

pendant on arrive à une vérification approchée par l'expérience représentée dans la figure 44. Deux cylindres d'inégal diamètre, réunis par une tubulure, sont remplis d'eau, et sur la surface du liquide reposent deux pistons P et p, qui ferment hermétiquement les cylindres, mais qui peuvent glisser dans ceux-ci à frottement très-doux. Enfin supposons que la surface du grand piston égale, par exemple, trente fois celle du petit. Cela posé, si l'on place sur celui-ci un poids quelconque, soit 2 kilogrammes, aussitôt la pression résultante se transmet à l'eau et au grand piston, et comme cette pression est de 2 kilogrammes *sur chaque portion de surface égale à celle du petit piston,* il en résulte que le grand doit supporter de bas en haut une poussée de 30 fois 2, ou de 60 kilogrammes. En effet, si l'on charge le grand piston de ce poids, on remarque que l'équilibre persiste; mais pour une charge sensiblement plus grande ou plus petite, l'équilibre est rompu. En représentant par S et s les surfaces du grand et du petit piston, on peut donc poser

$$\frac{P}{p} = \frac{S}{s}, \quad \text{d'où} \quad P = \frac{pS}{s}.$$

Dans tout ce qui suit sur les pressions transmises par les liquides aux parois des vases qui les contiennent, il importe d'observer que ces pressions devront toujours être supposées *perpendiculaires à ces parois*. En effet, toute pression oblique peut être décomposée en deux autres (29), l'une perpendiculaire à la paroi, et l'autre dirigée dans son plan ; or, cette dernière étant sans effet sur la paroi, c'est seulement la pression perpendiculaire qu'on a à considérer.

Enfin, observons que tout ce qu'on vient de dire du principe de Pascal ne s'applique pas seulement aux parois des vases, mais aux molécules liquides en un point quelconque de la masse.

PRESSIONS DÉVELOPPÉES DANS LES LIQUIDES PAR LA PESANTEUR.

81. Pression verticale de haut en bas, ses lois. — Un liquide quelconque étant en repos dans un vase, si on le suppose partagé en tranches horizontales d'égale épaisseur, il est évident que chacune supporte le poids des tranches qui sont au-dessus d'elle. L'action de la pesanteur fait donc naître, dans la masse du liquide, des pressions intérieures variables d'un point à un autre. Ces pressions sont soumises aux lois générales suivantes :

1° *La pression, sur chaque tranche, est proportionnelle à la profondeur.*

2° *Pour une même profondeur, dans des liquides différents, la pression est proportionnelle à la densité du liquide.*

3° *La pression est la même sur tous les points d'une même tranche horizontale.*

Les deux premières lois peuvent être admises comme évidentes; la troisième est une conséquence de la première.

82. Pression verticale de bas en haut. — La pression que les tranches supérieures d'un liquide exercent sur les tranches inférieures fait naître dans celles-ci, de bas en haut, une réaction égale et contraire, qui est une conséquence du principe de la transmission de pression en tous sens. Cette pression de bas en haut se désigne sous le nom de *poussée des liquides*. Elle est très-sensible lorsqu'on plonge la main dans un liquide, surtout s'il a une grande densité, comme le mercure.

Pour la constater par l'expérience, on se sert d'un tube de verre A ouvert à ses deux extrémités (fig. 45). Après avoir appliqué contre l'extrémité inférieure un disque de verre O, qui sert d'obturateur, et qu'on soutient d'abord à l'aide d'un fil C, qui y est fixé, on plonge le tout dans l'eau, puis on abandonne le fil à lui-même. L'obturateur reste alors appliqué contre le tube, ce qui indique déjà qu'il supporte, de bas en haut, une pression supérieure à son poids. Enfin, si l'on verse lentement de l'eau dans le tube, le disque supporte le poids de ce liquide, et il ne tombe qu'au moment où le niveau de l'eau, à l'intérieur, est le même qu'à l'extérieur ; ce qui démontre que la pression de bas en haut, qui s'exerçait sur le disque, est égale au poids d'une colonne d'eau ayant pour base la section intérieure du tube A, et pour hauteur la distance verticale du disque à la surface supérieure du liquide dans lequel plonge le tube. On conclut de là que *la poussée des liquides, en un point quelconque de leur masse, est soumise aux trois mêmes lois que la pression verticale de haut en bas* (81).

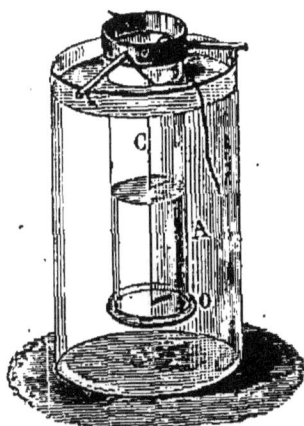

Fig. 45 ($h = 20$).

83. La pression est indépendante de la forme des vases. — La pression exercée par un liquide, en vertu de son poids, sur un point quelconque de sa masse ou sur les parois du vase qui le contient, dépend, comme on l'a vu ci-dessus (81), de la profondeur et de la densité du liquide, mais *elle est indépendante de la forme du vase et de la quantité de liquide.*

Ce principe, qui est une conséquence du principe d'égalité de pression, peut se démontrer expérimentalement à l'aide de plusieurs appareils ; nous en décrirons ici deux, également en usage dans les cours de physique : celui de de Haldat (fig. 46), et celui qu'avait donné Pascal, représenté dans la figure 47 tel qu'il a été modifié par Masson.

L'appareil de de Haldat se compose d'un tube coudé ABC, terminé, en A, par un robinet de cuivre sur lequel on peut visser successivement deux vases M et P, de même hauteur, mais de forme et de capacité différentes, le premier étant conique, et le second à peu près cylindrique. Pour faire l'expérience, on commence par verser du mercure dans le tube ABC, de manière que son niveau n'atteigne pas tout à fait le robinet A. On visse alors sur le tube le vase M, qu'on remplit d'eau ; celle-ci, par son poids, refoule le mercure et l'élève dans le tube C, où l'on repère son niveau au moyen d'une virole a, qui peut glisser le long du tube. On marque de même le niveau de l'eau dans le vase M à l'aide d'une tige mobile o placée au-dessus. Cela fait, on vide le vase M au moyen du robinet, on le dévisse et on le remplace par le vase P. Versant enfin de l'eau dans celui-ci, on voit le mercure, qui avait repris son premier

niveau dans les deux branches du tube ABC, s'élever de nouveau
dans le tube C, et au moment où, dans le vase P, l'eau atteint la
même hauteur qu'elle avait dans le vase M, ce qu'on reconnaît au
moyen de la tige o, le mercure reprend dans le tube C le même

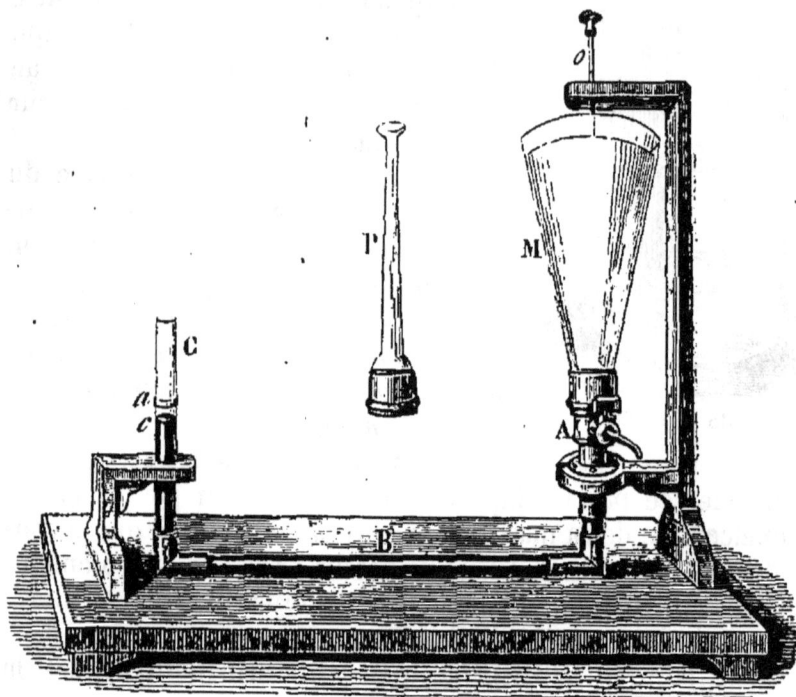

Fig. 46 (h = 72).

niveau que dans le premier cas, ce qu'indique la virole a. On côn-
clut de là que, dans les deux cas, la pression transmise au mercure
dans la direction ABC est la même. Cette pression est donc indépendante de la forme du vase, et par conséquent de la quantité de
liquide. Quant au fond du vase, il est évidemment le même dans
les deux cas, c'est-à-dire la surface du mercure dans l'intérieur
du tube A.

Dans l'appareil de Masson (fig. 47) la pression de l'eau contenue
dans le vase M ne s'exerce plus sur une colonne de mercure, comme
dans celui de de Haldat, mais sur un petit disque ou obturateur a,
qui ferme une tubulure c sur laquelle est vissé le vase M. Ce disque
n'est pas fixé à la tubulure, mais seulement soutenu par un fil attaché à l'extrémité du fléau d'une balance. A l'autre extrémité est un
bassin dans lequel on met des poids jusqu'à ce qu'ils fassent équilibre à la pression exercée par l'eau sur l'obturateur. Vidant alors
le vase M, on le dévisse et l'on met à sa place le tube étroit P. Or,
si l'on remplit celui-ci d'eau à la même hauteur que l'était le grand

vase, ce qu'on reconnaît au moyen du repère *o*, on observe que, pour soutenir l'obturateur, il faut juste mettre dans le plateau le même poids qu'auparavant, ce qui conduit à la même conclusion que l'expérience de de Haldat. Même résultat si, au lieu du tube vertical P, on visse sur la tubulure *o* le tube oblique Q.

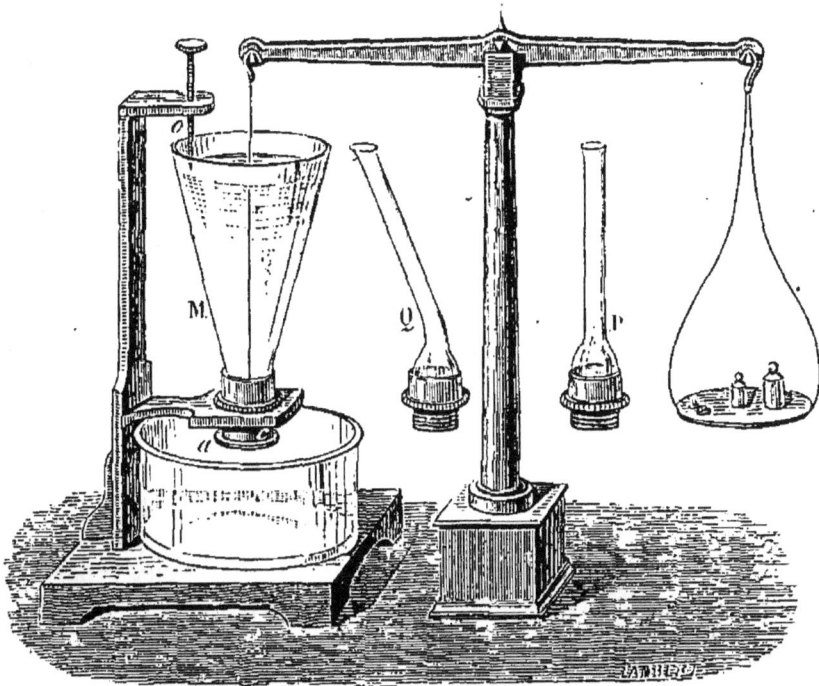

Fig. 47.

Il résulte des deux expériences qui précèdent qu'avec une très petite quantité de liquide on peut produire des pressions considérables. Pour cela, il suffit de fixer, à la paroi d'un vase fermé et plein d'eau, un tube d'un petit diamètre et d'une grande hauteur. Ce tube étant rempli d'eau, la pression transmise sur la paroi du vase est égale au poids d'une colonne d'eau qui aurait pour base cette paroi et une hauteur égale à celle du tube. On peut donc la rendre aussi grande qu'on voudra. Pascal est parvenu ainsi, avec un simple filet d'eau de 10 mètres de hauteur, à faire éclater un tonneau solidement construit.

D'après le principe qui vient d'être démontré, on peut facilement calculer les pressions qui se produisent au fond des mers. En effet, il sera démontré bientôt que la pression de l'atmosphère équivaut à celle d'une colonne d'eau de 10 mètres. Or, les navigateurs ont souvent observé que la sonde n'atteignait pas le fond des mers à une profondeur de 4 000 mètres. C'est donc une pression de plus dē 400 fois celle de l'atmosphère qui s'exerce au fond de certaines mers.

84. **Pression sur les parois latérales.** — Les pressions que fait naître la pesanteur dans la masse des liquides se transmettant en tous sens, d'après le principe de Pascal, il en résulte, en chaque point des parois latérales, des pressions soumises aux lois données précédemment (81), et agissant toujours perpendiculairement à ces parois, quelle que soit leur forme; car on a déjà vu (80) que toute pression oblique à une paroi se décompose en deux, l'une perpendiculaire à la paroi et produisant seule une pression, l'autre parallèle et ne produisant aucun effet. C'est la résultante des premières pressions qui représente la pression totale sur la paroi; mais ces pressions croissant proportionnellement à la profondeur et aussi proportionnellement à l'étendue de la paroi, leur résultante ne peut se trouver que par le calcul, qui fait voir que la pression totale, sur une portion de paroi déterminée, *est égale au poids d'une colonne liquide qui aurait pour base cette portion de paroi et pour hauteur la distance verticale de son centre de gravité à la surface libre du liquide.*

Quant au point d'application de cette pression totale, point qu'on désigne sous le nom de *centre de pression,* il est toujours un peu au-dessous du centre de gravité de la paroi. En effet, si les pressions exercées sur les différents points de la paroi étaient égales entre elles, il est évident que le point d'application de leur résultante, c'est-à-dire le centre de pression, coïnciderait avec le centre de gravité de cette paroi; mais comme ces pressions croissent avec la profondeur, le centre de pression se trouve nécessairement abaissé au-dessous du centre de gravité. La position de ce point se détermine par le calcul, qui conduit aux résultats suivants. 1° Sur une paroi rectangulaire, dont le bord supérieur est à fleur d'eau, le centre de pression est situé, du haut en bas, aux deux tiers de la ligne qui joint les milieux des côtés horizontaux. 2° Sur une paroi triangulaire dont la base est horizontale et à fleur d'eau, le centre de pression est au milieu de la ligne qui joint le sommet du triangle avec le milieu de cette base. 3° Si, la paroi étant encore triangulaire, le sommet est à fleur d'eau et la base horizontale, le centre de pression se trouve sur la ligne qui joint le milieu de cette base au sommet, et aux trois quarts à partir de ce point.

85. **Tourniquet hydraulique.** — Lorsqu'un liquide est en équilibre dans un vase, il se produit sur les parois opposées, suivant chaque tranche horizontale, des pressions égales et contraires deux à deux, qui se détruisent, en sorte que rien n'indique alors l'existence de ces pressions; mais on les constate au moyen du *tourni-*

quet hydraulique. Cet appareil se compose d'un vase de verre M (fig. 48), qui repose sur un pivot, de manière à pouvoir tourner librement autour d'un axe vertical. Ce vase porte, à sa partie inférieure, perpendiculairement à son axe, un tube de cuivre C, coudé horizontalement et en sens contraire à ses deux extrémités. L'appareil étant rempli d'eau, il en résulte, sur les parois du tube C, des pressions intérieures qui se détruiraient comme égales et contraires deux à deux, si le tube était complétement fermé. Mais celui-ci étant ouvert à ses deux extrémités, le liquide s'écoule, et dès lors la pression ne s'exerce plus aux orifices ouverts, mais seulement sur la portion de paroi opposée A, ainsi qu'il est représenté sur la droite du dessin. La pression qui s'exerce en A n'étant plus équilibrée par la pression opposée, imprime au tube et à tout l'appareil un mouvement de rotation dans le sens de la flèche, mouvement qui est d'autant plus rapide, que la hauteur du liquide, dans le vase, est plus grande, et que la section des orifices de sortie présente plus de surface.

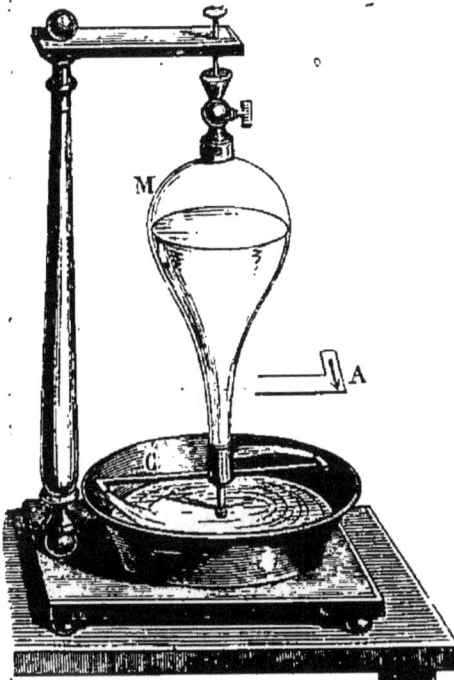

Fig. 48 (h = 62).

Les pressions latérales ont reçu une importante application dans les moteurs hydrauliques connus sous le nom de *roues à réaction*.

86. Paradoxe hydrostatique. — On a vu ci-dessus (83) que la pression sur le fond d'un vase plein de liquide ne dépend, ni de la forme du vase, ni de la quantité de liquide, mais seulement de la hauteur de celui-ci au-dessus du fond. Or, on ne doit pas confondre la pression ainsi exercée sur le fond avec celle que le vase lui-même exerce sur le corps qui lui sert de support. Cette dernière est toujours égale au poids total du vase et du liquide qu'il contient, tandis que la première peut être plus grande que ce poids, plus petite ou égale, suivant la forme du vase.

Par exemple, soient trois vases A, B, C (fig. 49, 50 et 51), de même fond, mais de formes différentes, remplis d'eau jusqu'à la même hauteur. La pression sur le fond des vases est la même dans les trois cas, mais celle transmise par les vases au support qui les soutient, est variable. En effet, si dans le vase B on décompose les pressions normales aux parois en pressions horizontales et en pressions verticales, les premières se détruisent deux à deux ; tandis que les pressions verticales s'ajoutant à celles qui s'exercent sur le fond, c'est la somme de toutes ces pressions qui s'exerce sur le support ; celui-ci est donc plus pressé qu'il ne le serait par le vase A, quoique la pression sur le fond soit la même dans les deux cas. Au contraire, dans le vase C, les pressions verticales étant dirigées en sens contraire des pressions sur le fond, c'est seulement la diffé-

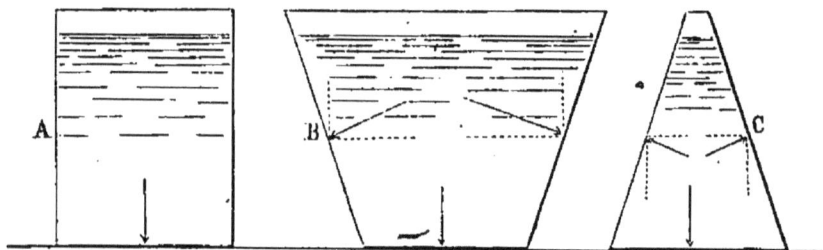

Fig. 49.   Fig. 50.   Fig. 51.

rence de ces pressions qui se transmet au support du vase ; d'où ce support est moins pressé qu'il ne le serait dans le cas du vase A.

Cette contradiction apparente entre la pression exercée sur le fond d'un vase par le liquide qu'il contient, et celle exercée sur le support qui soutient le vase, se désigne sous le nom de *paradoxe hydrostatique*.

CONDITIONS D'ÉQUILIBRE DES LIQUIDES.

87. Équilibre d'un liquide dans un seul vase. — Pour qu'un liquide demeure en équilibre dans un vase de forme quelconque, il doit satisfaire aux deux conditions suivantes :

1° *Sa surface, en chaque point, doit être perpendiculaire à la direction de la résultante des forces qui sollicitent les molécules du liquide.*

2° *Une molécule quelconque, prise dans la masse, doit éprouver, en tous sens, des pressions égales et contraires.*

Pour démontrer que la première condition est nécessaire, supposons que mp représentant la direction de la résultante des forces qui sollicitent une molécule quelconque m de la surface (fig. 52), cette surface soit inclinée par rapport à la force mp. Celle-ci pourra alors se décomposer en deux forces mq et mf (28), l'une perpendiculaire à la surface du liquide, l'autre à la direction *mp*. Or, la première sera détruite par la résistance du liquide, tandis que la seconde entraînera la molécule dans la direction *mf,* ce qui démontre que l'équilibre est impossible.

Si la force qui sollicite le liquide est la pesanteur, la direction *mp* est verticale, et alors, pour qu'il y ait équilibre, la surface libre du liquide doit être plane et horizontale (38), du moins si le liquide est contenu dans un vase ou un bassin d'une petite étendue, puis-

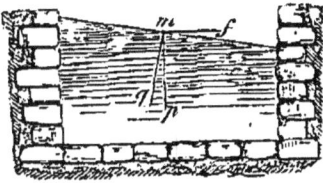

Fig. 52.

qu'en chaque point la direction de la pesanteur est alors la même. Mais il n'en est plus ainsi pour une surface liquide d'une grande étendue, comme celle des mers. En effet, cette surface devant être, en chaque lieu, perpendiculaire à la direction de la pesanteur, et celle-ci changeant d'un lieu à l'autre, en se dirigeant toujours sensiblement vers le centre de la terre, il en résulte que la surface des mers change de direction en même temps que la pesanteur, et prend une forme sensiblement sphérique.

Pour prouver expérimentalement que le fil à plomb, en chaque lieu, est perpendiculaire à la surface des liquides en équilibre, tenant le fil à plomb à la main, comme dans la figure 7, on en fait plonger la boule dans un vase rempli d'eau, et l'on aperçoit alors, dans l'eau, une image du fil exactement en ligne droite avec lui, ce qui n'aurait pas lieu s'il était oblique à la surface du liquide.

Quant à la deuxième condition d'équilibre, elle est évidente d'elle-même; car, si, dans deux directions opposées, les pressions qui s'exercent sur une molécule quelconque n'étaient pas égales et contraires, la molécule serait entraînée dans le sens de la plus grande pression, et il n'y aurait pas équilibre. Cette seconde condition est, du reste, une conséquence du principe d'égalité de pression et de la réaction que toute pression fait naître dans la masse des liquides, et l'on pourrait l'énoncer en disant que *dans un liquide en équilibre, les pressions verticales sont égales sur tous les points d'une même tranche horizontale.* En effet, cette tranche est, d'après ce qu'on a vu ci-dessus, parallèle à la surface libre du liquide, et, par suite, toutes ses molécules, étant à la même profondeur, supportent des pressions égales (84).

88. Équilibre d'un même liquide dans plusieurs vases communiquants. — Lorsque plusieurs vases de forme quelconque et contenant le même liquide communiquent entre eux, il n'y a équilibre qu'autant que le liquide, dans chaque vase, satisfait aux deux conditions précédentes (87), et, de plus, que *les diverses surfaces li-*

bres du liquide, dans tous les vases, sont situées dans un même plan horizontal.

Soient, en effet, différents vases A, B, C, D, communiquant entre eux (fig. 53); si l'on conçoit, dans le tube de communication *mn*, une tranche liquide verticale, cette tranche ne pourra demeurer én équilibre qu'autant que les pressions qu'elle supporte de *m* vers *n* et de *n* vers *m* sont égales et contraires. Mais on a vu (84) que ces pressions sont respectivement équivalentes au poids d'une colonne d'eau qui aurait pour base la tranche que nous considérons, et pour hauteur la distance verticale de son centre de gravité à la surface libre

Fig. 53 (h = 38).

du liquide. Si l'on conçoit donc un plan horizontal *mn* mené par le centre de gravité de cette tranche, on voit que l'équilibre ne peut exister qu'autant que la hauteur du liquide, au-dessus de ce plan, est la même dans chaque vase; ce qui démontre le principe énoncé ci-dessus.

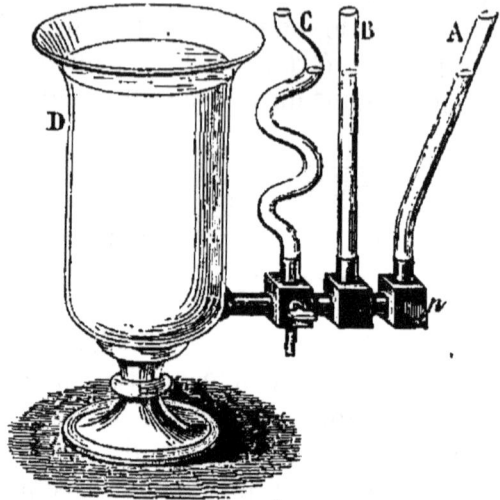

89. Équilibre des liquides superposés. — Lorsque plusieurs liquides hétérogènes sont superposés dans un même vase, il faut, pour qu'il y ait équilibre, que chacun d'eux satisfasse aux conditions nécessaires dans le cas d'un seul liquide (87); mais, de plus, *pour que l'équilibre soit stable, les liquides doivent être superposés par ordre de densités décroissantes de bas en haut.*

Cette dernière condition se démontre expérimentalement au moyen de la *fiole des quatre éléments.* On nomme ainsi un flacon long et étroit, contenant du mercure, de l'eau saturée de carbonate de potasse, de l'alcool coloré en rouge, et de l'huile de naphte. Lorsqu'on agite le flacon, les quatre liquides se mélangent; mais aussitôt qu'on le maintient au repos, le mercure, qui est le plus dense, se précipite au fond; puis, au-dessus du mercure, se déposent successivement l'eau, l'alcool et l'huile de naphte. Tel est, en effet, l'ordre des densités décroissantes de ces corps. C'est afin que l'eau ne se mêle pas à l'alcool qu'on la sature de carbonate de potasse, ce sel n'étant pas soluble dans l'alcool.

Il faut rapporter la séparation des liquides, dans l'expérience

5

précédente, à la même cause qui fait que les solides plongés dans un liquide plus dense qu'eux viennent flotter à la surface (98).

C'est en vertu du principe d'hydrostatique ci-dessus que l'eau douce, à l'embouchure des fleuves, surnage assez longtemps au-dessus de l'eau salée de la mer. C'est par la même cause que la crème, qui est moins dense que le lait, s'en sépare peu à peu pour se rendre à la surface.

90. Équilibre de deux liquides hétérogènes dans deux vases communiquants. — Lorsque deux liquides de densités différentes, et sans action chimique l'un sur l'autre, sont contenus dans deux vases communiquants, aux conditions déjà connues d'équilibre (88), il faut ajouter celle-ci, que *les hauteurs des colonnes liquides qui se font équilibre doivent être en raison inverse des densités des deux liquides.*

Pour démontrer ce principe par l'expérience, on prend deux tubes de verre *m*, *n*, réunis par un tube à petit diamètre, et fixés sur une planchette verticale (fig. 54) ; on y verse du mercure, puis, dans une des branches AB, on verse de l'eau. La colonne

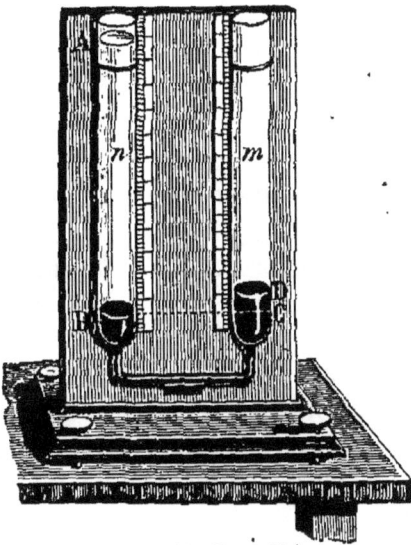

Fig. 54 (h = 72).

d'eau AB exerçant en B une pression sur le mercure, le niveau de celui-ci baisse dans la branche AB et s'élève dans l'autre d'une quantité CD ; en sorte que, l'équilibre étant établi, si l'on conçoit en B un plan horizontal BC, la colonne d'eau AB fait équilibre à la colonne de mercure DC. Mesurant alors les hauteurs DC et AB au moyen de deux échelles fixées parallèlement aux deux tubes, on trouve que la première est 13 fois et demie plus petite que AB. Or, on verra bientôt que la densité du mercure est 13 fois et demie plus grande que celle de l'eau ; donc les hauteurs sont bien en raison inverse des densités. On conçoit, en effet, que les pressions sur une même tranche horizontale BC devant être les mêmes, ce résultat ne peut se réaliser qu'autant qu'on gagne en hauteur ce qu'on perd en densité.

On peut déduire le principe précédent d'un calcul fort simple. Pour cela soient d et d' les densités de l'eau et du mercure, h et h' les hauteurs de ces liquides qui se font équilibre, et g l'intensité de la gravité. La pression en B étant proportionnelle à la densité du liquide qui est au-dessus, à sa hauteur et à l'intensité de la gravité, cette pression a pour mesure le produit dhy. Par la même raison, la pression qui s'exerce en C a pour mesure $d'h'g$. Mais lorsqu'il y a équilibre, ces pressions sont égales; on a donc $dhg = d'h'g$, ou $dh = d'h'$, en supprimant le facteur commun g. Or, cette dernière égalité n'est autre chose que l'expression du principe qu'il s'agissait de démontrer, car les deux produits dh et $d'h'$ devant toujours rester égaux entre eux, il s'ensuit que plus d' sera grand par rapport à d, plus h' sera petit par rapport à h.

Ce principe d'hydrostatique peut servir à déterminer la densité d'un liquide. En effet, supposons que l'une des branches du tube précédent contenant de l'eau, et l'autre de l'huile, les hauteurs respectives des colonnes liquides qui se font équilibre soient 38 centimètres pour l'huile et 35 pour l'eau. La densité de l'eau étant prise pour unité, si l'on représente par x celle de l'huile, on a

$$38 \times x = 35 \times 1; \quad \text{d'où} \quad x = \frac{35}{38} = 0,921.$$

APPLICATIONS DES PRINCIPES D'HYDROSTATIQUE.

94. Presse hydraulique. — Le principe d'égalité de pression (80) a reçu une importante application dans la *presse hydraulique,* dont le principe est dû à Pascal, mais qui a été construite, pour la première fois, à Londres, en 1796, par Bramah.

Cet appareil, à l'aide duquel on peut produire des pressions considérables, est tout de fonte. La figure 55 en donne une vue d'ensemble, et la figure 57 une coupe verticale. Dans un corps de pompe B, à grand diamètre et à parois très-résistantes, peut monter et descendre à frottement doux un cylindre C faisant l'office de piston. A celui-ci est fixé un plateau K qui monte et descend avec lui entre quatre colonnes. Celles-ci supportent un plateau MN qui est fixe, et c'est entre ce plateau et le plateau K que sont placés les objets qu'on veut mettre en presse.

Quant à l'ascension du piston C (fig. 57), elle s'obtient à l'aide d'une *pompe d'injection* A, qui aspire l'eau d'un réservoir P, et la refoule dans le cylindre B. On fait marcher le piston a de cette pompe à l'aide d'un levier O. Lorsque le piston s'élève, la soupape S s'ouvre, et l'eau s'introduit dans le corps de pompe A; puis quand il redescend, cette soupape se ferme, et une seconde soupape m, qui était fermée pendant l'ascension du piston, est soulevée actuellement par la pression de bas en haut qu'elle reçoit, et l'eau est refoulée par le tube d jusque dans le corps de pompe B. Or, c'est alors qu'on gagne d'autant plus en pression, que la section du piston C est plus grande par rapport à celle du piston a.

Il est une pièce qui mérite d'être décrite : c'est le *cuir embouti.* On nomme ainsi un cuir épais, imbibé d'huile et imperméable à l'eau, lequel sert à fermer hermétiquement le corps de pompe B. Ce cuir, qui est recourbé sous la forme d'un U renversé (fig. 56), s'enroule circulairement dans une cavité pratiquée au haut de la paroi du corps de pompe. Plus l'eau est comprimée dans celui-ci,

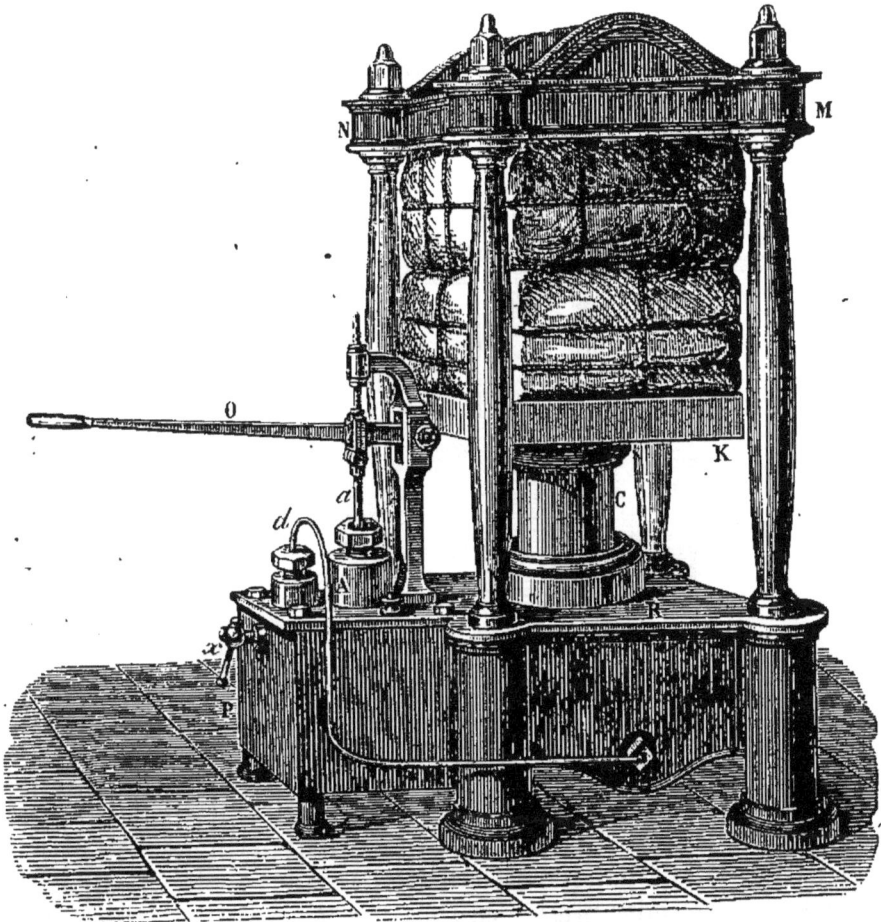

·Fig. 55.

plus le cuir s'applique fortement, d'un côté sur la paroi du corps

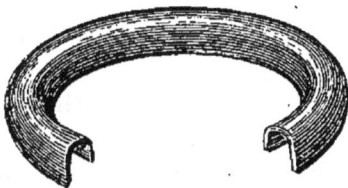

Fig. 55.

de pompe, de l'autre sur le piston C, de manière à s'opposer à toute fuite.

La pression qu'on peut obtenir au moyen de la presse hydraulique dépend du rapport de la section du piston C à celle du piston a. Si la première est 50 ou 100 fois plus grande que la seconde, la pression supportée de bas en haut par le grand piston sera 50 ou 100 fois celle exercée par le petit. De plus, on gagne encore par le levier O. Si, par exemple, le bras de levier de la puissance égale 5 fois celui de la résistance, on gagne 5 fois en force (45). Si donc on exerce sur le levier un effort de 30^k, l'effet

transmis par le piston *a* sera de 450^k, et celui que transmettra le
piston C, en supposant sa section égale à 100 fois celle du petit,
sera de 15000^k.

Il est à observer que, plus le diamètre du piston C sera grand
par rapport à celui du piston *a*, plus la course du premier sera lente

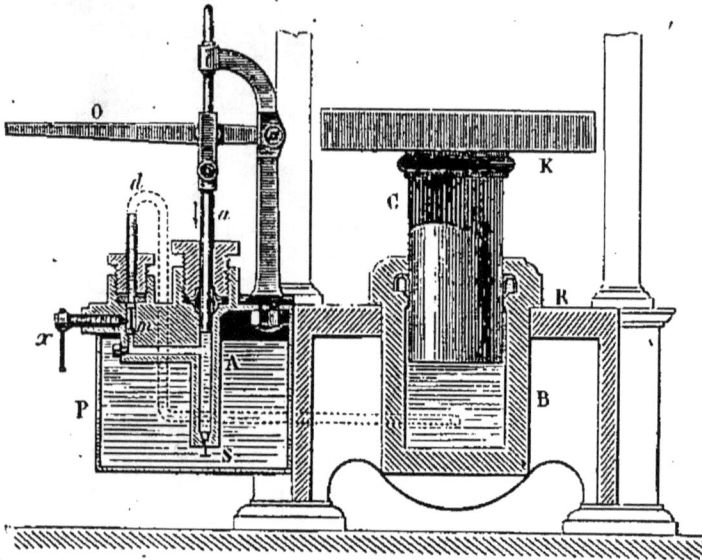

Fig. 57.

par rapport à celle du second, c'est-à-dire que *ce qu'on gagne en
force on le perd en vitesse.* C'est là, en effet, un principe général
de mécanique qui se retrouve dans toutes les machines.

La presse hydraulique est utilisée dans tous les travaux qui né-
cessitent de grandes pressions. On l'emploie pour fouler les draps,
pour extraire le suc des betteraves, l'huile des graines oléagineu-
ses. Elle sert aussi à éprouver les canons, les chaudières à vapeur
et les chaînes destinées à la marine.

92. Niveau d'eau. — Le *niveau d'eau* est une application des
conditions d'équilibre dans les vases communiquants (88). Il se compose d'un tube de fer-blanc ou de laiton, coudé à ses deux extrémités; à celles-ci sont adaptés deux tubes de verre D et E (fig. 58).
Pour se servir de cet appareil, on le dispose horizontalement sur
un pied à trois branches, et l'on y verse de l'eau jusqu'à ce que le
liquide s'élève dans les deux tubes de verre. L'équilibre étant établi, le niveau de l'eau dans ces tubes est le même, c'est-à-dire que
les surfaces du liquide en D et en E sont dans un même plan horizontal.

Cet instrument sert à prendre des nivellements, c'est-à-dire à
déterminer de combien un point est plus élevé qu'un autre. Par

exemple, si l'on veut trouver de combien un point B du sol est au-dessus d'un autre point A, on place en ce dernier point une *mire*. On nomme ainsi une règle de bois formée de deux tiges à coulisse et terminée par une plaque de fer-blanc M, qu'on appelle le *voyant*,

Fig. 58 (*l* = 90).

et qui porte à son centre un point de repère. Cette mire étant dis-posée verticalement en A, un observateur, placé près du niveau, dirige, par les surfaces D et E, un rayon visuel vers la mire, et fait signe à un aide, qui la tient, de l'allonger ou de la raccourcir jus-

Fig. 59.

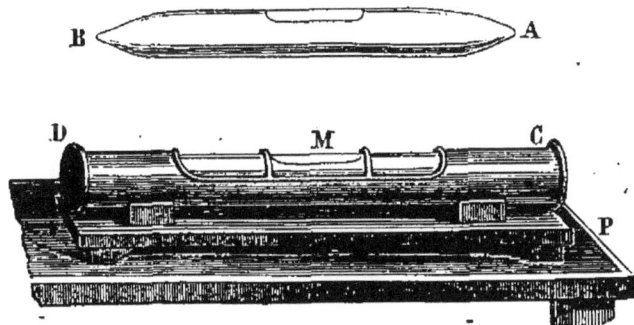

Fig. 60 (*l* = 18).

qu'à ce que le point de repère se trouve sur le prolongement de la ligne DE. Mesurant alors la hauteur AM, et en soustrayant la hau-teur du niveau au-dessus du sol, on connaît de combien le point B est élevé au-dessus du point A.

Le niveau déterminé de la sorte est le *niveau apparent,* c'est-à-dire celui qui correspond à des points contenus dans un plan tan-gent à la surface du globe supposé parfaitement sphérique. Le *ni-veau vrai* est celui qui correspond à des points également distants du centre de la terre. Ce n'est que pour de faibles distances que le niveau apparent peut être pris pour le niveau vrai.

93. Niveau à bulle d'air. — Le *niveau à bulle d'air* est plus sensible et plus précis que le niveau d'eau. Il consiste simplement en un tube de verre AB (fig. 59) très-légèrement courbé, qu'on remplit d'eau, en y conservant seulement une petite bulle d'air qui tend toujours à occuper la partie la plus élevée (89). Ce tube, étant soudé à la lampe à ses deux extrémités, est renfermé dans un étui de cuivre CD ouvert en dessus (fig. 60). Celui-ci est fixé sur un plateau de même métal, lequel est dressé avec soin, de manière que lorsqu'il repose sur un plan horizontal P, la bulle d'air M s'arrête exactement entre deux points de repère marqués sur l'étui.

Pour prendre des nivellements avec cet appareil, on le fixe à une lunette dont il sert à indiquer les directions horizontales.

94. Cours d'eau, puits artésiens. — Les mers, les sources, les rivières, sont autant de vases communiquants dans lesquels les eaux tendent sans cesse à prendre un niveau vrai (92).

Il en est de même des *puits artésiens,* ainsi nommés parce que c'est dans l'ancienne province d'Artois qu'ils ont d'abord été pratiqués. On y en rencontre dont l'origine paraît remonter à la fin du xiie siècle. A une époque beaucoup plus reculée, des puits de ce genre ont été creusés en Chine et en Égypte.

Ces puits sont des trous très-étroits, forés à la sonde, et d'une profondeur très-variable. Les eaux sont généralement jaillissantes. Pour en comprendre la théorie, il faut remarquer que les terrains qui composent l'écorce du globe sont, les uns perméables aux eaux, comme les sables, les graviers; les autres imperméables, comme les argiles. Cela posé, soit un bassin géographique H plus ou moins étendu, au-dessous duquel se rencontrent deux couches imperméables AB, CD (fig. 61), comprenant entre elles une couche perméable KK. Supposons, enfin, cette dernière en communication avec des terrains plus élevés, à travers lesquels s'infiltre l'eau des pluies. Celle-ci, suivant la pente naturelle du terrain à travers la couche perméable, se rend au-dessous du bassin géographique que nous avons supposé, sans pouvoir communiquer avec lui, en étant séparée par la couche imperméable AB. Mais si, à partir du sol, on pratique un trou qui traverse cette couche, les eaux, tendant toujours à se mettre de niveau, s'élèvent dans ce trou à une hauteur d'autant plus grande, qu'elles communiquent avec un terrain plus élevé.

Les eaux qui alimentent les puits artésiens viennent souvent de vingt à trente lieues. Quant à la profondeur, elle varie avec les localités. Le puits foré de Grenelle, près de Paris, a 548 mètres de profondeur. L'eau qui s'en dégage est, en toute saison, à 27 degrés. D'après la loi de l'accroissement de la température des couches ter- restres, quand on s'abaisse au-dessous du niveau du sol (427), il suffirait que la profondeur de ce puits eût 150 mètres de plus pour que ses eaux sortissent, toute l'année, à 32 degrés, c'est-à-dire à la température des bains.

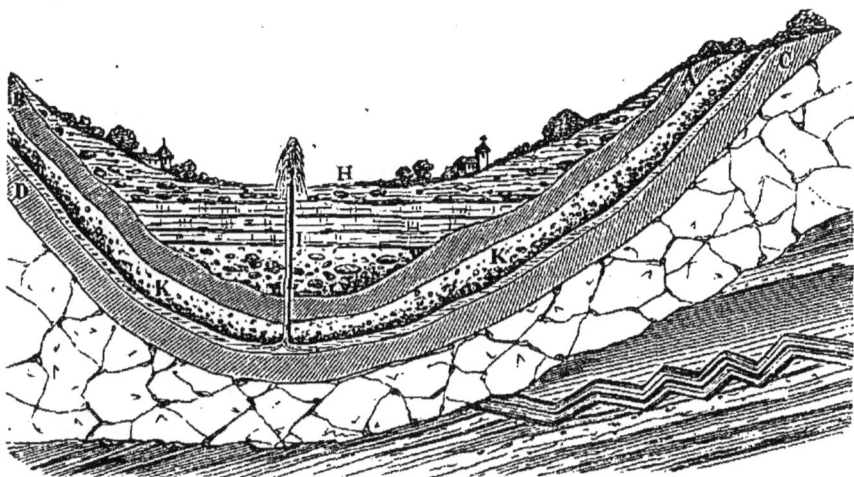

Fig. 61.

Le puits artésien de Passy, terminé en 1861, a 587^m,5 de pro- fondeur. La température de l'eau est de 28 degrés.

CORPS PLONGÉS DANS LES LIQUIDES.

95. Pressions supportées par un corps plongé dans un liquide. — Lorsqu'un corps solide est entièrement plongé dans un liquide, sa surface supporte, en chaque point, des pressions qui lui sont res- pectivement perpendiculaires et qui croissent avec la profondeur. Si l'on conçoit toutes ces pressions décomposées en pressions horizon- tales et en pressions verticales, les premières, pour chaque tranche horizontale, sont égales et contraires deux à deux, et par consé- quent se font équilibre. Quant aux pressions verticales, il est facile de voir qu'elles sont inégales et qu'elles tendent à mouvoir de bas en haut le corps immergé.

Soit, en effet, un cube plongé au milieu d'une masse d'eau (fig. 62), et supposons, pour plus de simplicité, ses parois latérales disposées verticalement. Ces parois supportent des pressions égales, puisqu'elles présentent la même surface et sont à la même profon- deur (84). Pour deux faces opposées, il est d'ailleurs évident que les pressions sont de directions contraires ; donc elles se font équilibre. Si nous considérons actuellement les pressions qui s'exercent sur les faces horizontales A et B, nous voyons que la première est pressée de haut en bas par le poids d'une colonne d'eau qui aurait pour base la face même et pour hauteur AD (84); de même, la face inférieure est poussée de bas en haut par le poids d'une colonne d'eau qui aurait pour base cette face et pour hauteur BD (82). Le cube tend donc à être soulevé par la différence de ces deux pressions, laquelle est évidemment égale au poids d'une colonne d'eau qui aurait même base et même hauteur que le cube; par conséquent, *cette pression équivaut au poids même du volume d'eau déplacé par le corps immergé.*

On peut encore reconnaître, par le raisonnement suivant, que tout corps immergé dans un liquide supporte, de bas en haut, une poussée égale au poids du liquide qu'il déplace. En effet, dans une masse liquide en équilibre, considérons une portion de liquide d'une forme quelconque, sphérique, ovoïde ou irrégulière,

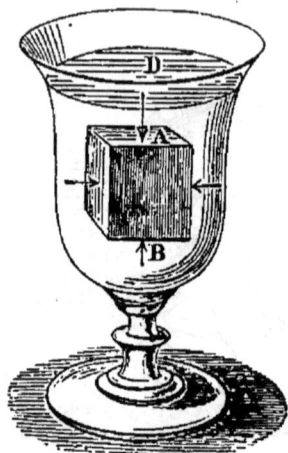

Fig. 62.

et supposons-la solidifiée, sans accroissement ni diminution de volume. Il est évident que la partie ainsi solidifiée supportera, de la part de la masse liquide, les mêmes pressions qu'auparavant, et que, par conséquent, elle sera encore en équilibre; ce qui ne peut avoir lieu que parce qu'elle supporte, de bas en haut, une poussée égale à son poids. Or, si à la place de la partie solidifiée on imagine un corps d'une autre substance, mais exactement de même volume et de même forme, ce corps supportera nécessairement les mêmes pressions que supportait le liquide solidifié, et dès lors il sera soumis, lui aussi, à une poussée égale au poids du liquide déplacé.

96. Principe d'Archimède. — D'après ce qui précède, tout corps plongé dans un liquide est soumis à l'action de deux forces opposées : la pesanteur, qui tend à l'abaisser, et la poussée du liquide, qui tend à le soulever avec un effort égal au poids même du liquide que déplace le corps. Le poids de celui-ci est donc détruit en totalité ou en partie par cette poussée; d'où l'on conclut qu'*un corps plongé dans un liquide perd une partie de son poids égale au poids du liquide déplacé.*

Ce principe, qui sert de base à la théorie des corps plongés et des corps flottants, est connu sous le nom de *principe d'Archimède,* parce qu'il fut découvert par ce célèbre géomètre, mort à Syracuse, 212 ans avant l'ère chrétienne.

Le principe d'Archimède se démontre par l'expérience au moyen de la *balance hydrostatique,* laquelle est une balance ordinaire dont chaque plateau est muni d'un crochet, et dont le fléau peut s'élever et s'abaisser à volonté, à l'aide d'une crémaillère qu'on fait marcher par un petit pignon C (fig. 63). Un encliquetage D re-

Fig. 63 (h = 60).

tient la crémaillère lorsqu'on l'a soulevée. Le fléau étant remonté, on suspend, au-dessous de l'un des plateaux, un cylindre creux A, de cuivre, et, au-dessous de celui-ci, un cylindre plein B, dont le volume est exactement le même que la capacité du premier ; puis, dans l'autre plateau, on place des poids jusqu'à ce que l'équilibre s'établisse. Si alors on remplit d'eau le cylindre A, l'équilibre est rompu ; mais si l'on abaisse en même temps le fléau de manière que le cylindre B plonge en entier dans l'eau d'un vase placé au-dessous, on voit l'équilibre se rétablir. Le cylindre B perd donc, par son immersion, une partie de son poids égale au poids de l'eau versée dans le cylindre A. Or, le principe d'Archimède se trouve ainsi démontré, puisque la capacité de ce dernier cylindre est précisé-. ment égale au volume du cylindre B.

97. Détermination du volume d'un corps. — Le principe d'Archimède donne le moyen d'obtenir avec précision le volume d'un corps de la forme la plus irrégulière, lorsqu'il n'est pas soluble dans l'eau. Pour cela, on le suspend par un fil délié à la balance hydrostatique, et on le pèse d'abord dans l'air, puis dans l'eau distillée et à 4 degrés. La perte de poids que l'on constate alors est le poids de l'eau déplacée. Du poids de cette eau on déduit son volume, et, par suite, celui du corps immergé, qui est évidemment le même. Soit, par exemple, 155 grammes la perte de poids. Cela indique que l'eau déplacée pèse 155 grammes; mais on sait que le gramme est le poids d'un centimètre cube d'eau distillée et à 4 degrés; donc le volume de l'eau déplacée, et par conséquent celui du corps plongé, est de 155 centimètres cubes.

Si l'eau n'était pas à 4 degrés, il y aurait à faire une correction qui dépend des formules sur les dilatations (295).

98. Équilibre des corps immergés et des corps flottants; métacentre. — D'après les considérations théoriques qui nous ont conduits au principe d'Archimède (95 et 96), si un corps plongé dans un liquide a la même densité que lui, la poussée qui tend à soulever ce corps est précisément égale à son poids. Le corps reste donc en suspension dans le sein du liquide.

Si le corps est plus dense que le liquide, il tombe, car son poids l'emporte sur la poussée de bas en haut.

Enfin, si le corps immergé est moins dense que le liquide, c'est la poussée de celui-ci qui prédomine. Le corps prend donc un mouvement ascensionnel, et s'élève hors du liquide jusqu'à ce qu'il n'en déplace qu'un volume d'un poids égal au sien. On dit alors que le corps *flotte*. La cire, le bois et tous les corps plus légers que l'eau, flottent à sa surface.

Pour qu'un corps plongé dans un liquide, ou flottant à la surface, demeure en équilibre, il faut deux conditions :

1° *Le corps doit déplacer un poids de liquide égal au sien.*

2° *Son centre de gravité et le centre de pression du liquide déplacé doivent être sur une même verticale.*

En effet, ces deux conditions étant satisfaites, le poids du corps, appliqué à son centre de gravité, et la poussée de bas en haut, appliquée au centre de pression, sont deux forces non-seulement égales, mais directement opposées; donc elles se font équilibre. On va voir dans quel cas cet équilibre est stable ou instable.

1° Lorsque le centre de gravité est au-dessous du centre de pression (fig. 64), l'équilibre est toujours stable, car si le corps est légèrement écarté de sa position d'équilibre (fig. 65), les forces appliquées en c et en g tendent évidemment à l'y ramener.

2° Si le centre de gravité est au-dessus du centre de pression, l'équilibre tend à être instable, car le corps étant déplacé de sa po-

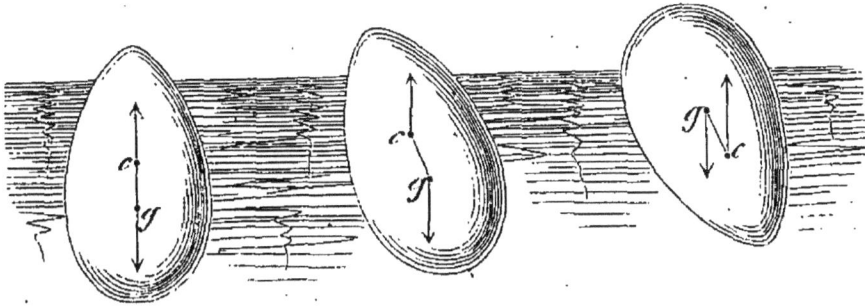

Fig. 64.   Fig. 65.   Fig. 66.

sition d'équilibre (fig. 66), les forces appliquées en g et en c tendent à l'en écarter davantage.

Toutefois, dans ce cas, il peut y avoir équilibre stable. Par exemple, soit ABC (fig. 67) la section d'un navire par un plan passant par la verticale xy, sur laquelle sont situés le centre de gravité g du navire et le centre de pression c du liquide déplacé. Lorsque le navire s'incline dans la position A'B'C', la ligne xy s'incline en $x'y'$, et le centre de gravité, qui ne change pas par rapport au navire, passe de g en g', tandis que la forme du liquide déplacé n'étant plus la même, le centre de pression change par rapport au navire, et prend, par exemple, la position c'. Cela posé, soit menée par le point c'

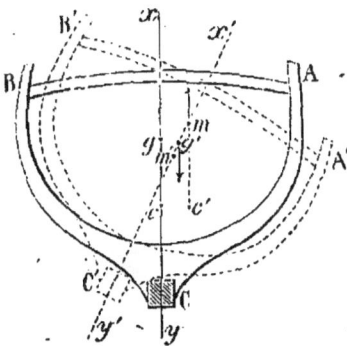

Fig. 67.

une verticale qui coupe la droite $x'y'$ en m, point où l'on peut supposer appliquée la poussée du liquide. Si le point m est situé au-dessus du point g', il est évident que les forces appliquées en m et en g auront pour effet de ramener le navire à sa première position ABC, et que par suite l'équilibre est stable. Si, au contraire, le point m est au-dessous du centre de gravité, en m', les deux forces appliquées en m' et en g' ont pour effet de faire chavirer le navire, et l'équilibre est instable. On donne le nom de *métacentre* au point m où la verticale $c'm$ coupe la droite $x'y'$. On peut donc résumer ce qui précède, en disant, des corps flottants, qu'*ils sont en équilibre stable, quand le métacentre est plus haut que le centre de gravité du corps flottant ; et en équilibre instable, lorsque le métacentre est plus bas.*

La détermination du métacentre et du centre de gravité est d'une grande importance dans l'arrimage des navires, car c'est de leur position relative que dépend la stabilité.

D'après le principe d'Archimède, les corps flottent d'autant plus facilement à la surface des liquides, que ceux-ci sont relativement plus denses. Qu'on mette, par exemple, un œuf dans de l'eau ordinaire, il va au fond, parce qu'à volume égal il pèse davantage ; mais qu'on le plonge dans de l'eau saturée de sel, il surnage. Un morceau de chêne flotte sur l'eau, mais il est submergé dans l'huile. Une masse de fer surnage dans un bain de mercure ; dans l'eau, elle va immédiatement au fond. Quant au volume de la partie immergée, dans les corps flottants, *il est en raison inverse de la densité du liquide, et en raison directe de celle du corps flottant.*

99. Ludion. — Les effets divers de suspension, d'immersion et de flottaison dans un liquide sont reproduits avec le petit appareil qu'on nomme *ludion*. Il se compose d'une éprouvette de verre remplie d'eau en partie, et surmontée d'un tube de cuivre dans lequel est un piston qu'on fait marcher avec la main, et qui ferme hermétiquement (fig. 68). Dans le liquide est une petite figure d'émail,

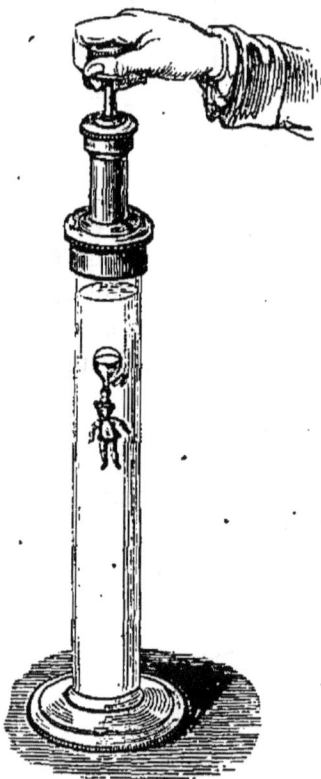

Fig. 68.

soutenue par une boule de verre creuse *a*, qui contient de l'air et de l'eau, et flotte à la surface. Cette boule est percée, à sa partie inférieure, d'une petite ouverture par laquelle l'eau peut pénétrer ou sortir, selon que l'air intérieur de la boule est plus ou moins comprimé. La quantité d'eau préalablement introduite dans la boule est telle, que l'appareil n'a besoin que d'un très-petit excès de poids pour s'immerger tout à fait. Si l'on exerce donc avec la main une légère pression sur le piston comme le montre la figure, l'air qui est au-dessous se trouve comprimé, et transmet sa pression à l'eau du vase et à l'air qui est dans la boule. Il en résulte qu'une certaine quantité d'eau pénètre dans celle-ci, et que le corps flottant, rendu plus lourd, s'immerge. Si l'on cesse alors la pression, l'air de la boule se détend, chasse l'excès d'eau qui y a pénétré, et le corps immergé, devenu plus léger, flotte de nouveau.

100. Vessie natatoire des poissons. — Chez les poissons, un grand nombre d'espèces portent dans l'abdomen, au-dessous de l'épine dorsale, une vessie pleine d'air qu'on nomme *vessie natatoire*. Le poisson, en la comprimant ou en la dilatant par un effort musculaire, fait varier son volume, et produit des effets analogues à ceux qu'on vient d'observer dans le ludion ; c'est-à-dire qu'il s'abaisse ou s'élève à volonté au sein des eaux.

101. Natation. — Le corps humain, à volume égal, est généralement plus léger que l'eau douce : aussi peut-il flotter naturellement sur ce liquide, et mieux encore sur l'eau salée de la mer, qui est plus dense. La difficulté de la natation est donc moins de se maintenir à la surface de l'eau que de pouvoir tenir la tête hors du liquide, afin de respirer librement. Or, chez l'homme, la tête ayant un grand poids par rapport aux membres inférieurs, tend à plonger ; c'est ce qui fait que la natation est pour l'homme un art qu'il doit cultiver. Chez les quadrupèdes, au contraire, la tête pesant moins que la partie postérieure du corps, peut sans effort demeurer hors de l'eau ; aussi ces animaux nagent-ils naturellement.

POIDS SPÉCIFIQUES, ARÉOMÈTRES A VOLUME CONSTANT.

102. Détermination des poids spécifiques. — On a déjà vu (44.) que le poids spécifique d'un corps, soit solide, soit liquide, est le rapport, à volume égal, du poids de ce corps à celui de l'eau distillée et à la température de 4 degrés. D'après cette définition, pour calculer le poids spécifique d'un corps, il suffit de déterminer son poids et celui d'un égal volume d'eau à 4 degrés, puis de diviser le premier poids par le second : le quotient qu'on obtient est le poids spécifique cherché, celui de l'eau étant pris pour unité.

Trois méthodes sont employées pour déterminer les poids spécifiques des solides et des liquides : la *méthode de la balance hydrostatique,* celle des *aréomètres* et celle du *flacon.* Toutes les trois reviennent, ainsi qu'il vient d'être dit, à chercher d'abord le poids du corps, puis celui d'un égal volume d'eau. Nous allons successivement appliquer ces diverses méthodes à la recherche des poids spécifiques des solides et des liquides.

103. Poids spécifiques des solides. — 1° *Méthode de la balance hydrostatique.* — Pour obtenir le poids spécifique d'un solide non soluble dans l'eau, au moyen de la balance hydrostatique (fig. 63), on pèse d'abord ce corps dans l'air, puis le suspendant au crochet de la balance, on le pèse dans l'eau. La perte de poids que l'on constate alors est, d'après le principe d'Archimède, le poids d'un volume d'eau égal à celui du corps ; il ne reste donc plus qu'à diviser le poids du corps dans l'air par la perte de poids qu'il éprouve dans l'eau. Le quotient est le poids spécifique cherché (102).

Si P représente le poids du corps dans l'air, P′ son poids dans l'eau, et D son poids spécifique, le poids de l'eau déplacée étant P—P′, on a $D = \dfrac{P}{P-P'}$.

2° *Méthode de l'aréomètre de Nicholson.* — *L'aréomètre de Nicholson* est un appareil flotteur qui sert à déterminer les poids spécifiques des solides. Il se compose d'un cylindre creux de fer-blanc (fig. 69), auquel est suspendu un cône C rempli de plomb. Celui-ci a pour objet de lester l'appareil de manière que son centre de gravité se trouve au-dessous du centre de pression, condition nécessaire pour que l'équilibre soit stable (98). A la partie supérieure, l'appareil se termine par une tige et un plateau A ; ce dernier est destiné à recevoir des poids et le corps dont on cherche le poids spécifique. Enfin, sur la tige, en *o,* est marqué un trait qu'on nomme *point d'affleurement,* et qui sert à indiquer quand l'appareil plonge de la même quantité.

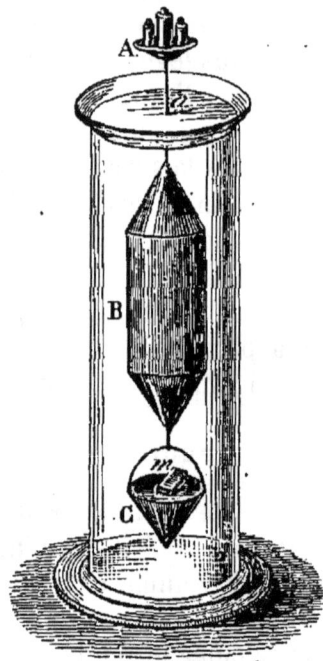

Fig. 69 (h = 40).

Pour expérimenter avec cet instrument, on cherche d'abord le poids qu'il faut mettre dans le plateau A pour que l'aréomètre plonge dans l'eau jusqu'à son point d'affleurement ; car, à vide, il s'élève en partie hors de l'eau. Supposons que ce poids soit, par exemple, 125 grammes, et admettons qu'il s'agisse de trouver le poids spécifique du soufre. On en prend un morceau d'un poids moindre que 125 grammes, on le place dans le plateau A, puis on ajoute des grammes jusqu'à ce que l'aréomètre affleure de nouveau. S'il a fallu ajouter, par exemple, 55 grammes, il est évident que le poids du soufre est la différence entre 125 et 55, c'est-à-dire 70 grammes. Ayant ainsi déterminé le poids du soufre dans l'air, il ne reste plus qu'à trouver le poids d'un égal volume d'eau. Pour cela, on enlève l'aréomètre, et l'on porte le morceau de soufre du plateau A sur le plateau inférieur C, en *m,* ainsi que le montre la figure. Le poids total de l'instrument n'est pas changé, et cependant, en le plongeant de nouveau, on remarque qu'il n'affleure plus, ce qui provient de ce que le soufre, étant immergé, perd actuellement de son poids une partie égale au poids de l'eau qu'il déplace. Si l'on ajoute alors, dans le plateau supérieur, des poids jusqu'à ce que l'affleurement se rétablisse, 34^{gr},4 par exemple, ce nombre représente le poids du volume d'eau déplacé, c'est-à-dire du volume d'eau égal à celui du soufre. Il ne reste donc plus qu'à diviser 70 grammes, poids du soufre dans l'air, par 34^{gr},4; ce qui donne, pour le poids spécifique du soufre, 2,03.

Si la substance dont on cherche le poids spécifique est plus légère que l'eau, elle tend à surnager et ne peut demeurer sur le plateau inférieur C. On adapte alors à celui-ci un petit grillage mobile de fil de fer, qui s'oppose à l'ascension du corps, et le reste de l'expérience se fait comme ci-dessus.

3° *Méthode du flacon.* — Cette méthode, due à Klaproth, est surtout employée pour les corps en poudre. On y fait usage d'un petit flacon à large goulot, fermé par un bouchon de verre usé à l'émeri. Ce bouchon est foré d'un trou qui se prolonge par une tubulure capillaire terminée elle-même par un tube à grand diamètre (fig. 70). Sur cette tubulure est un point de repère *a,* et à chaque pesée on a soin de remplir d'eau le flacon exactement jusqu'à ce point, ce qui s'obtient en plongeant en entier le flacon dans l'eau et en le bouchant pendant qu'il est ainsi immergé. Le flacon et la tubulure se trouvant alors complétement remplis, on enlève l'excès d'eau jusqu'au point *a,* au moyen d'un petit rouleau de papier joseph. Alors,

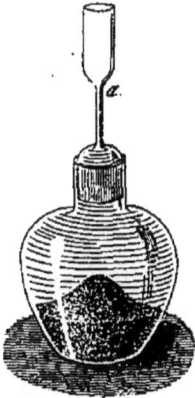

Fig. 70.

après avoir pesé la poudre dont on cherche le poids spécifique, on la place dans un des plateaux d'une balance, et, à côté, le petit flacon exactement rempli d'eau, fermé et essuyé avec soin. Puis on établit la tare en plaçant de la grenaille de plomb dans l'autre plateau. Cela fait, on retire le flacon, on le débouche et l'on y verse la poudre. Remettant le bouchon de la même manière qu'il a été dit ci-dessus, on pose de nouveau le flacon dans le plateau où il était d'abord. L'équilibre n'a plus lieu, car la poudre a chassé une certaine quantité d'eau. Ajoutant des poids du côté du flacon jusqu'à ce que la balance reprenne sa position horizontale, le nombre de grammes ajoutés représente le poids d'un volume d'eau égal à celui de la poudre. Il ne reste donc plus qu'à faire le même calcul que dans les deux méthodes précédentes.

Dans cette expérience, il importe d'expulser une petite quantité d'air qui est adhérente aux molécules des corps en poudre, et qui leur fait déplacer un volume d'eau trop considérable. A cet effet, après avoir versé la poudre dans l'eau du flacon, on place celui-ci sous la cloche de la machine pneumatique et l'on fait le vide; l'air se dégage alors en vertu de sa force élastique. On obtiendrait le même résultat en faisant bouillir l'eau dans laquelle est la poudre.

104. Corps solubles dans l'eau. — Si, dans les trois méthodes que nous venons de décrire, il arrivait que le corps dont on cherche le poids spécifique fût soluble dans l'eau, on prendrait le poids spécifique de ce corps par rapport à un liquide dans lequel il ne serait pas soluble, l'alcool par exemple. Puis, cherchant, par un des procédés que nous allons décrire, le poids spécifique de l'alcool par rapport à l'eau, on obtiendrait le poids spécifique de la substance donnée en multipliant son poids spécifique par rapport à l'alcool, par celui de ce liquide par rapport à l'eau.

En effet, soient, à volume égal, P le poids de la substance, P' celui de l'alcool, P'' celui de l'eau. $\frac{P}{P'}$ sera le poids spécifique de la substance par rapport à l'alcool, et $\frac{P'}{P''}$ celui de l'alcool par rapport à l'eau. Or le produit de ces deux fractions, en omettant le facteur commun P', est $\frac{P}{P''}$ qui représente, en effet, le poids spécifique de la substance par rapport à l'eau.

Poids spécifiques des solides à zéro, comparativement à celui de l'eau distillée et à 4 degrés, pris pour unité.

Platine écroui.	23,000	Cristal de roche pur	2,653
— fondu	21,16.	Verre de Saint-Gobain.	2,488
Or forgé.	19,362	Porcelaine de Chine.	2,385
— fondu	19,258	— de Sèvres.	2,146
Plomb fondu	11,352	Soufre natif.	2,033
Argent fondu.	10,474	Ivoire	1,917
Bismuth fondu	9,822.	Albâtre	1,85.
Cuivre rouge passé à la filière.	8,878	Anthracite.	1,800
— — fondu.	8,788	Houille compacte.	1,329
Laiton.	8,393	Succin.	1,078
Acier non écroui.	7,816	Sodium	0,772
Fer en barre	7,788	Glace fondante.	0,930
— fondu.	7,207	Potassium.	0,865
Étain fondu.	7,291	Hêtre	0,852
Fonte	7,053	Frêne	0,845
Zinc fondu	6,861	If.	0,807
Antimoine fondu	6,712	Orme	0,800
Diamants (les plus lourds).	3,531	Pommier.	0,733
— (les plus légers).	3,501	Sapin jaune.	0,657
Flint-glass.	3,329	Peuplier blanc d'Espagne	0,529
Marbre statuaire	2,837	— commun.	0,389
Aluminium	2,68.	Liége	0,240

105. Poids spécifiques des liquides. — 1° *Méthode de la balance* *hydrostatique.* — Au crochet de l'un des plateaux de la balance on suspend un corps sur lequel le liquide dont on cherche le poids spécifique n'ait pas d'action chimique : par exemple, une boule de platine. Pesant successivement cette boule dans l'air, dans l'eau distillée prise à 4 degrés, puis dans le liquide donné, on note la perte de poids que cette masse éprouve dans l'eau et dans le second liquide, et l'on obtient ainsi deux nombres qui représentent, à volume égal, le poids de l'eau et celui du liquide donné ; par conséquent, il n'y a plus qu'à diviser le second poids par le premier.

Soient P le poids de la boule de platine dans l'air, P' son poids dans l'eau, P'' son poids dans le second liquide, et D le poids spécifique de celui-ci ; le poids de l'eau déplacée par la boule de platine est P−P', et celui du second liquide P−P'', d'où

$$D = \frac{P-P''}{P-P'}.$$

2° *Méthode de l'aréomètre de Fahrenheit.* — L'aréomètre de Fahrenheit (fig. 71) est un flotteur destiné à prendre les poids spécifiques des liquides. Sa forme est analogue à celle de l'aréomètre de Nicholson ; mais il n'a pas de plateau à la partie inférieure, et il est de verre afin de pouvoir être placé dans toute espèce de liquide. Sa tige porte aussi un point d'affleurement destiné à obtenir un volume immergé constant. Enfin, il est lesté à la partie inférieure par une petite boule remplie de mercure.

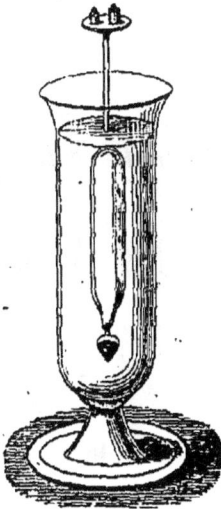

Avant d'expérimenter avec cet aréomètre, on en détermine le poids avec précision ; puis, le faisant flotter dans une éprouvette remplie d'eau, on ajoute des poids dans la capsule supérieure jusqu'à ce que le point d'affleurement atteigne le niveau de l'eau. En cet état, d'après

Fig. 71 (h = 25).

la première condition d'équilibre des corps flottants (98), le poids de l'aréomètre, ajouté au poids qui est dans la capsule, représente le poids d'un volume d'eau égal à celui de la partie immergée de l'instrument. Déterminant, de la même manière, le poids d'un égal volume du liquide dont on cherche le poids spécifique, il ne reste plus qu'à diviser le dernier poids par le premier.

L'aréomètre de Fahrenheit et celui de Nicholson n'offrent pas la même précision que la balance hydrostatique pour la détermination des poids spécifiques.

3° *Méthode du flacon.* — Cette méthode consiste à prendre un petit flacon de verre semblable à celui qui sert pour les poids spécifiques des solides (fig. 70), à le peser vide de tout liquide, puis à le peser successivement plein d'eau et plein du liquide dont on cherche le poids spécifique. Si l'on retranche alors le poids du verre de celui obtenu dans chacune des deux dernières pesées, on a, sous le même volume, le poids de l'eau et celui du liquide, et l'on en déduit le poids spécifique cherché.

106. Températures à observer dans la recherche des poids spécifiques. — Comme le volume des corps augmente avec la température, et comme cette augmentation varie d'un corps à l'autre, il s'ensuit que le poids spécifique d'une substance quelconque n'est pas rigoureusement le même à des températures différentes. C'est pourquoi on a dû choisir une température constante pour la détermination des poids spécifiques. On est convenu, en conséquence, que l'eau serait à 4 degrés, parce que c'est la température à laquelle correspond son maximum de densité. Quant aux autres corps, solides ou liquides, on les suppose à zéro. Ces conditions ne sont pas généralement satisfaites lorsqu'on détermine un poids spécifique. Dans l'étude de la chaleur, on verra les corrections à faire pour revenir à ces températures (295).

Poids spécifiques des liquides à zéro, comparativement à celui de l'eau distillée et à 4 degrés, pris pour unité.

Mercure.	13,596	Eau distillée, à 4 degrés	1,0000
Acide sulfurique	1,841	— — à zéro.	0,9998
— chlorhydrique	1,24.	Huile d'olive.	0,915.
— azotique	1,217	Essence de térébenthine	0,870.
Lait.	1,030	Huile de naphte.	0,847.
Eau de mer.	1,026	Alcool absolu	0,815.
Vin de Bordeaux.	0,994	Éther sulfurique.	0,736.

107. Usage des tables des poids spécifiques. — Les tables des poids spécifiques présentent de nombreuses applications. En minéralogie, elles fournissent un caractère distinctif pour reconnaître les espèces minérales d'après leur densité. Elles servent encore à trouver le poids d'un corps dont le volume est connu, ou réciproquement, à calculer le volume lorsque le poids est donné.

En effet, le gramme et le kilogramme étant respectivement le poids d'un centimètre et d'un décimètre cubes d'eau distillée et prise à 4 degrés, il en résulte qu'à cette température, un volume d'eau, mesuré en centimètres cubes, pèse autant de grammes qu'il contient de centimètres, et que, si le volume est mesuré en décimètres cubes, l'eau pèse autant de kilogrammes qu'il y a de décimètres. On a donc, pour l'eau, la formule P = V, à la condition de compter le poids en grammes ou en kilogrammes, suivant que le volume l'est en centimètres ou en décimètres cubes. Cela posé, le poids spécifique d'un corps n'étant autre chose qu'un nombre qui marque combien ce corps pèse par rapport à l'eau, il s'ensuit qu'un corps qui a un poids spécifique deux, trois fois plus grand que celui de l'eau, pèse aussi, à volume égal, deux, trois fois davantage. Par conséquent, si l'on représente le poids spécifique par D, la formule $P = V$ se change, pour tout autre corps que l'eau, en $P = VD$. C'est-à-dire que *le poids relatif d'un corps est égal au produit de son volume par son poids spécifique.*

De la formule $P = VD$ on déduit $V = \dfrac{P}{D}$; formule qui fait connaître le volume en centimètres ou en décimètres cubes, suivant que le poids est exprimé en grammes ou en kilogrammes.

Comme application de la formule $P = VD$, proposons-nous de calculer le diamètre intérieur d'un tube de verre. A cet effet, on introduit dans ce tube une colonne de mercure dont on mesure avec précision la longueur et le poids à zéro. Cette colonne de mercure pouvant être regardée comme sensiblement cylindrique, on a, d'après la mesure des cylindres, en géométrie, $V = \pi r^2 l$; r étant le rayon du cylindre, l sa hauteur, et π le rapport de la circonférence au diamètre. Remplaçant V par sa valeur dans l'égalité $P = VD$, il vient $P = \pi r^2 l\, D$; d'où $r = \sqrt{\dfrac{P}{\pi l D}}$.

On calculerait d'une manière analogue le diamètre d'un fil métallique très-fin,

La formule $P = VD$, dont on vient de faire usage, sert à trouver le poids relatif d'un corps, tandis que les formules $P = VDg$ et $P = Mg$, données précédemment (41). représentent le poids absolu.

Pour que la formule $P = VD$ soit applicable aux gaz, D doit représenter la densité du gaz par rapport à l'eau, et non par rapport à l'air.

ARÉOMÈTRES A VOLUME VARIABLE.

108. Différentes espèces d'aréomètres. — Les aréomètres de Nicholson et de Fahrenheit, décrits ci-dessus, sont dits *à volume constant et à poids variable,* parce qu'on les fait toujours plonger de la même quantité, en y ajoutant des poids qui varient avec les solides ou les liquides sur lesquels on expérimente. Or, on construit aussi des aréomètres *à volume variable et à poids constant* ; c'est-à-dire qu'ils n'ont pas de point d'affleurement fixe et conservent toujours le même poids. Ces instruments, nommés *pèse-sels, pèse-acides, pèse-liqueurs,* ne sont point destinés à mesurer les poids spécifiques des liquides, mais à faire connaître si les dissolutions salines, les acides, les alcools, sont plus ou moins concentrés.

109. Aréomètre de Baumé. — Baumé, pharmacien à Paris, mort en 1804, a construit un aréomètre à poids constant, dont l'usage est très-répandu. C'est un flotteur de verre, formé d'une tige AB (fig. 72), à laquelle est soudée une boule remplie d'air, et à celle-ci une boule plus petite, pleine de mercure, qui sert de lest.

Il y a deux modes de graduer cet instrument, suivant qu'il doit plonger dans les liquides plus denses que l'eau ou moins denses. Dans le premier cas, on en règle le poids de manière que, dans l'eau distillée et à 4 degrés, il plonge à peu près jusqu'à l'extrémité supérieure de sa tige, en un point A, où l'on marque 0. Pour achever la graduation, on fait une dissolution de 85 parties d'eau, en poids, et 15 de sel marin. Cette dissolution étant plus dense que l'eau pure, l'appareil n'y plonge que jusqu'à un point B, où l'on marque 15. Partageant enfin l'intervalle des points A et B en 15 parties égales, et continuant les divisions jusqu'au bas de la tige, l'instrument est gradué. Les divisions sont marquées sur une petite bande de papier placée dans l'intérieur de la tige.

. L'aréomètre ainsi construit ne peut être employé que pour les liquides plus denses que l'eau, tels que les acides et les dissolutions salines : c'est en même temps un pèse-acides et un pèse-sels. Pour les liquides moins denses que l'eau, le zéro devant se trouver au bas de la tige, la graduation est changée. Baumé a pris pour zéro le point d'affleurement dans une dissolution de 90 d'eau, en poids, avec 10 de sel marin, et pour 10, le point d'affleurement dans l'eau distillée. Divisant ensuite l'intervalle de ces deux points en dix parties

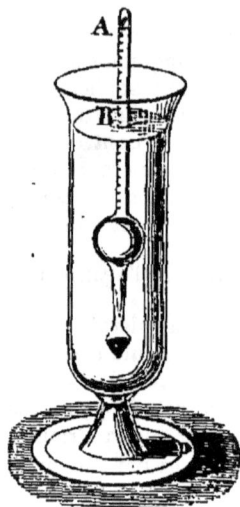

Fig. 72 (h = 26).

égales que l'on continue jusqu'au sommet de la tige, l'appareil est terminé : c'est le pèse-liqueurs.

Les deux aréomètres que nous venons de décrire, dus tous les deux à Baumé, sont gradués d'une manière tout à fait arbitraire, et n'indiquent ni les densités des liquides, ni les quantités de sel dissoutes. Cependant ils sont avantageusement employés pour reconnaître quand une dissolution saline ou acide a été portée à un point de concentration déterminé. En un mot, ils offrent des points de repère à l'aide desquels on reproduit rapidement des mélanges ou des dissolutions dans des proportions données, non pas avec précision, mais avec une approximation suffisante dans un grand nombre de cas. Par exemple, dans la fabrication des sirops ordinaires, on a constaté que le pèse-sels de Baumé doit marquer 35, à froid, dans un sirop bien confectionné. C'est donc là, pour le fabricant, un instrument facile à consulter pour le degré de concentration de son sirop. De même, dans l'eau de mer, à la température de 22 degrés, le pèse-sels de Baumé marque 3, ce qui donne une indication pour les bains salés ordonnés dans certaines affections. Les proportions de sel marin que prescrivent les médecins sont, en général, beaucoup plus faibles que celles que donne l'aréomètre; c'est-à-dire que les bains salés artificiels n'ont pas le degré de salure de l'eau de mer, ce qui ôte à ces bains de leur efficacité.

110. Alcoomètre centésimal de Gay-Lussac. — L'alcoomètre de Gay-Lussac est un instrument destiné à mesurer la *force* des liquides spiritueux, à 15 degrés, c'est-à-dire *le nombre de centièmes d'alcool pur, en volume, que contiennent ces liquides à cette température.*

La forme de l'alcoomètre est entièrement celle de l'aréomètre de Baumé (fig. 72); mais sa graduation, qui est faite à 15 degrés, est différente. L'échelle placée sur la tige est divisée en 100 parties ou degrés, dont chacun représente un centième d'alcool en volume; la division 0 correspond à l'eau pure, et la division 100 à l'alcool absolu. Plongé dans un liquide spiritueux à 15 degrés, l'alcoomètre en fait connaître immédiatement la force. Par exemple, si dans une eau-de-vie à 15 degrés l'alcoomètre s'enfonce jusqu'à la division 48, cela indique que cette eau-de-vie contient 48 centièmes de son volume d'alcool pur et le reste d'eau; car on sait que les liquides connus dans le commerce sous les noms d'*eaux-de-vie* et d'*esprits* sont des mélanges d'eau et d'alcool.

L'échelle de l'alcoomètre se gradue en plongeant successivement cet instrument dans des mélanges d'alcool et d'eau dans des proportions déterminées. Mais pour que la graduation soit exacte, il faut tenir compte de la contraction de volume que subissent l'alcool et l'eau quand on les mélange (10). Pour cela, on prend une éprouvette à pied, graduée en 100 parties égales, et y ayant versé de l'alcool absolu jusqu'à la division 95, on achève de la remplir jusqu'à 100 avec de l'eau distillée. Ayant ainsi un mélange qui contient en volume 95 pour 100 d'alcool absolu, on y plonge l'instrument, et au point d'affleurement on marque 95. On vide alors l'éprouvette, on y verse 90 d'alcool, et l'on achève encore de remplir jusqu'à 100 avec de l'eau distillée, ce qui donne un mélange contenant 90 pour 100 d'alcool absolu; et ainsi de suite de 5 en 5, en ayant soin de plonger chaque fois l'instrument dans les différents mélanges, et de marquer successivement sur la tige 90, 85, 80..... Divisant enfin les intervalles de 5 en 5, en cinq parties égales, l'instrument est gradué.

Il importe d'observer que, la graduation de l'alcoomètre étant faite à 15 degrés, ce n'est qu'à cette température que ses indications sont précises. En effet, à des températures plus hautes ou plus basses que 15 degrés, les liquides se dilatant ou se contractant, l'alcoomètre s'enfonce plus ou moins, c'est-à-dire que la chaleur altère à la fois le volume du liquide spiritueux et les indications de l'alcoomètre; de là deux causes d'erreur qui sont de même sens, et qui, réunies, peuvent s'élever à plus de 12 pour 100 de la valeur du liquide, de zéro à 30 degrés. Pour corriger ces deux erreurs, Gay-

Lussac a construit des tables qui contiennent, dans une colonne verticale, les températures de zéro à 30 degrés, et, dans une colonne horizontale, les degrés de l'alcoomètre de zéro à 100. Puis, de même que dans la table de multiplication ordinaire, au point de rencontre de la verticale abaissée de la case qui contient les degrés alcoométriques avec l'horizontale qui part de la case où sont les degrés du thermomètre, se trouve le nombre qui indique la richesse réelle du liquide spiritueux. Par exemple, un semblable liquide étant à la température de 22 degrés, et l'alcoomètre y marquant 36, on trouve dans la table que la richesse réelle de ce liquide, ramené à 15 degrés, est 33 ; c'est-à-dire qu'il contient les 33 centièmes de son volume d'alcool, et, par suite, 67 centièmes d'eau.

L'alcoomètre de Gay-Lussac, plongé dans du vin, n'en donnerait pas la richesse alcoolique, à cause des substances étrangères qu'il renferme ; mais si, par une distillation préalable, on sépare de ces substances l'alcool contenu dans le vin, l'alcoomètre devient applicable. En traitant de la distillation, nous dirons comment on parvient ainsi, à l'aide d'un petit alambic construit par M. Salleron, à déterminer la proportion d'alcool contenu dans un vin donné.

111. Pèse-sels gradués sur le principe de l'alcoomètre centésimal. — On construit aussi des pèse-sels gradués sur le principe de l'alcoomètre centésimal ; c'est-à-dire qu'ils font connaître la quantité, en poids, de tel ou tel sel contenu dans une dissolution. Le zéro de tous ces instruments correspond à l'eau pure, et leur graduation se forme en faisant dissoudre 5, 10, 15, 20.... grammes du sel donné dans 95, 90, 85, 80... grammes d'eau, jusqu'à saturation de la dissolution. Plongeant ensuite l'instrument successivement dans ces dissolutions, on marque 5, 10, 15, 20... aux différents points d'affleurement, et l'on divise chaque intervalle en 5 parties égales.

Ces instruments offrent cet inconvénient, qu'il faut un pèse-sels spécial pour chaque espèce de sel. Celui qui aurait été gradué pour l'azotate de potasse, par exemple, ne donnerait que des indications complètement fausses dans une dissolution de carbonate de potasse ou de tout autre sel.

On a construit sur le même principe des *pèse-lait,* des *pèse-vin,* destinés à mesurer la quantité d'eau que la fraude peut avoir introduite dans ces liquides ; mais ces instruments ne présentent pas une utilité réelle, parce que les densités du lait et du vin étant très-variables, même lorsque ces liquides sont parfaitement naturels, on pourrait attribuer à la fraude ce qui serait dû uniquement à la mauvaise qualité naturelle du lait ou du vin. Plusieurs médecins font aussi usage de *pèse-urine,* fondés sur le même principe.

112. Densimètres. — Les *densimètres* sont des aréomètres gradués de manière à faire connaître la densité relative d'un liquide d'après le degré dont ils s'y enfoncent. Nous décrirons celui de Gay-Lussac et celui de M. Rousseau.

1° *Densimètre ou volumètre de Gay-Lussac.* — Le densimètre de Gay-Lussac est entièrement semblable à l'aréomètre de Baumé : il n'en diffère que par a graduation, qui varie selon que l'appareil est destiné aux liquides plus denses ou moins denses que l'eau. Dans le premier cas, on le leste de manière que dans l'eau pure il plonge jusqu'en un point A (fig. 73) situé à l'extrémité supérieure de la tige. Choisissant ensuite un liquide dont la densité soit connue et plus grande que celle de l'eau, dans le rapport de 4 à 3, par exemple, on y plonge l'appareil, qui n'entre plus qu'à un certain point B de la tige. Or, si l'on représente par V et v les volumes immergés respectivement dans l'eau et dans le second liquide, ces volumes étant en raison inverse des densités de ces liquides (98), on a

$$\frac{V}{v} = \frac{4}{3}; \quad \text{d'où} \quad v = \frac{3}{4}V.$$

Si donc on représente par 100 le volume V, le volume v le sera par 75. En conséquence, on inscrit respectivement aux points A et B les nombres 100 et 75; le volume AB étant, d'après la valeur de v, le quart de V, on partage l'espace AB en 25 parties égales, et chacune de ces parties est $\frac{1}{25}$ de AB, ou $\frac{1}{100}$ de V, c'est-à-dire du volume immergé dans l'eau pure. Enfin, on continue les divisions jusqu'à le partie inférieure de la tige, celle-ci devant être exactement de même diamètre dans toute sa longueur.

Cela posé, pour connaître la densité d'un liquide, de l'acide sulfurique par exemple, il suffit d'y plonger le densimètre, et s'il affleure à la 54ᵉ division, cela indique que le volume du liquide déplacé est représenté par 54, celui du volume d'eau V l'étant par 100. Or, tout corps flottant déplaçant un poids de liquide égal au sien (98), il s'ensuit que le volume d'eau V, ou 100, et le volume d'acide sulfurique 54, ont le même poids, celui de l'instrument; mais à poids égal, les volumes de deux corps sont évidemment en raison inverse de leurs densités. Par conséquent, si l'on représente par x la densité de l'acide sulfurique, celle de l'eau étant 1, on a l'égalité

$$\frac{x}{1} = \frac{100}{54}, \quad \text{d'où} \quad x = \frac{100}{54} = 1,85.$$

Fig. 73.

Si le densimètre est destiné à des liquides moins denses que l'eau, il faut le lester de manière que le point 100, correspondant à l'eau distillée, se trouve à la partie inférieure de la tige. On fixe ensuite à l'extrémité supérieure de celle-ci un poids qui soit le quart de celui de l'instrument. Or, le poids de l'instrument, lorsqu'il était seul, ayant été représenté par 100, son poids total actuel est 125. On inscrit donc ce dernier nombre en regard du nouveau point d'affleurement, puis on divise l'intervalle des points 100 et 125 en 25 parties égales que l'on continue jusqu'au sommet de la tige.

2° *Densimètre de M. Rousseau.* — Le densimètre de Gay-Lussac nécessite une quantité de liquide suffisante pour remplir une éprouvette d'une capacité assez considérable. Or, dans certains cas, en physiologie par exemple, lorsqu'on expérimente sur des liquides animaux, il peut arriver qu'on ne puisse disposer que de quelques grammes de matière. Dans ce cas, le densimètre de M. Rousseau donne facilement la densité. Cet instrument a la forme de l'aréomètre de Baumé; mais le sommet de la tige porte une petite capsule A (fig. 74), destinée à recevoir le liquide

dont on cherche la densité. Sur la paroi de cette capsule est un trait indiquant une capacité AC d'un centimètre cube.

Cela posé, pour graduer l'instrument, on le leste de manière que, dans l'eau distillée et à 4 degrés, son point d'affleurement se trouve en B, à la naissance de la tige; ce point est le zéro de la graduation. On remplit ensuite, d'eau distillée et à 4 degrés, la capacité d'un centimètre cube graduée sur la capsule, ou, ce qui est la même chose, on y met un poids d'un gramme; puis au nouveau point d'affleurement, on marque 20. On divise alors l'intervalle de 0 à 20 en 20 parties égales, et l'on continue les divisions jusqu'au sommet de la tige. Celle-ci étant exactement de même diamètre dans toute sa longueur, chaque division correspond à $\frac{1}{20}$ de gramme, ou $0^{gr},05$.

D'après cette graduation, si l'on veut obtenir la densité d'un liquide, de la bile par exemple, on en remplit la capacité AC marquée sur la capsule, et si l'instrument affleure à 20 divisions et demie, on en conclut que le poids de la bile qui est dans la capsule égale $0^{gr},05 \times 20,5$, ou $1^{gr},025$, c'est-à-dire qu'à volume égal, le poids de l'eau étant 1, celui de la bile est 1,025. Ce dernier nombre représente donc la densité de la bile par rapport à l'eau; car, sous le même volume, les poids sont dans le même rapport que les densités.

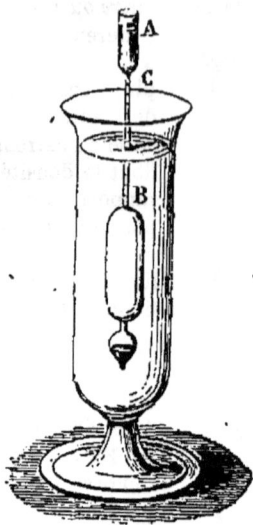

Fig. 74 (h = 30).

* CHAPITRE II.

CAPILLARITÉ, ENDOSMOSE, ABSORPTION ET IMBIBITION.

113. Phénomènes capillaires. — Il se produit, au contact des solides et des liquides, une série de phénomènes auxquels on a donné le nom de *phénomènes capillaires*, parce qu'ils s'observent surtout dans les tubes d'un diamètre assez petit pour être comparable à celui d'un cheveu. La partie de la physique qui a pour objet l'étude des phénomènes capillaires se désigne sous le nom de *capillarité*. Toutefois cette expression s'applique aussi à la force même qui produit ces phénomènes.

Les effets de la capillarité sont très-variés; mais, dans tous les cas, ils sont dus à l'attraction mutuelle des molécules liquides entre elles, et à celle qui s'exerce entre ces molécules et les corps solides. Tels sont les phénomènes suivants :

Lorsqu'on plonge un corps dans un liquide qui soit de nature à le mouiller, le liquide, comme s'il n'était plus soumis aux lois de l'hydrostatique, est soulevé autour du corps solide, et sa surface, cessant d'être horizontale, prend une forme concave (fig. 75).

Si, au contraire, le corps plongé n'est pas mouillé par le liquide, ce qui a lieu pour le verre en contact avec le mercure, le liquide, au lieu de s'élever, se déprime, et sa surface prend une forme convexe autour du corps plongé, comme le montre la figure 76. La surface du liquide affecte la même concavité ou convexité sur les bords du vase qui le contient, suivant qu'il en mouille ou n'en mouille pas les parois.

Ces phénomènes deviennent plus apparents, lorsque', au lieu d'une masse pleine, on plonge dans le liquide des tubes de verre creux d'un petit diamètre. Selon que ces tubes sont ou ne sont pas mouillés par le liquide, il se produit une ascension ou une dépression d'autant plus grandes, que le diamètre est plus petit (fig. 77 et 78).

Lorsque les tubes sont mouillés par le liquide, la surface de celui-ci prend la forme d'un segment hémisphérique concave qu'on nomme *ménisque concave* (fig. 77); lorsque les tubes ne sont pas mouillés, on a un *ménisque convexe* (fig. 78).

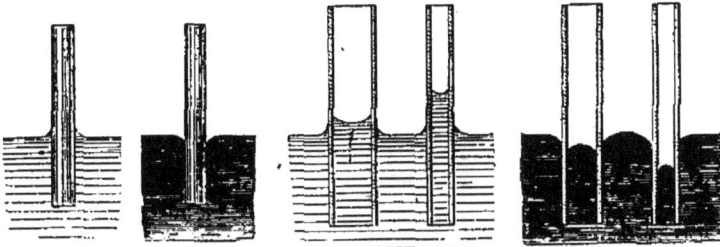

Fig. 75. Fig. 76. Fig. 77. Fig. 78.

114. Lois de l'ascension des liquides dans les tubes capillaires. — Lorsque les parois des tubes sont d'avance mouillées par un liquide, Gay-Lussac a vérifié par l'expérience les deux lois suivantes :

1º *L'ascension varie avec la nature du liquide et avec la température, mais elle est indépendante de la substance des tubes et de l'épaisseur de leurs parois.*.

2º *Pour un même liquide, l'ascension est en raison inverse du diamètre du tube, tant que ce diamètre ne dépasse pas 2 millimètres.*

Cette seconde loi est connue sous le nom de *loi de Jurin*, du nom de celui qui, le premier, l'a fait connaître.

Toutes ces lois se vérifient dans le vide comme dans l'air; mais Wolf a fait voir que, lorsque la température augmente, l'ascension de l'eau dans les tubes diminue, et peut même devenir nulle ou se changer en dépression.

115. Lois de la dépression dans les tubes capillaires. — Pour les liquides qui ne mouillent pas les tubes, comme le mercure dans le verre, la dépression est encore en raison inverse du diamètre des tubes; mais, pour des tubes de même diamètre, cette dépression varie avec la nature des tubes. Par exemple, tandis que, dans un tube de fer de 1 millimètre de diamètre, la dépression est de $1^{mm},226$, dans un tube de platine de même diamètre elle n'est que de $0^{mm},635$. La dépression dépend encore de la hauteur du ménisque convexe du mercure, hauteur qui varie beaucoup, à diamètre égal, avec la pureté du mercure, et suivant que le ménisque s'est formé pendant le mouvement ascendant ou descendant de la colonne mercurielle dans le tube. Il est plus haut dans le premier cas que dans le second.

116. Lois de l'ascension et de la dépression entre deux lames parallèles ou inclinées. — Des phénomènes analogues à ceux que présentent les tubes capillaires se produisent entre deux corps de forme quelconque plongés dans un liquide, lorsqu'ils sont suffisamment rapprochés. Par exemple, si l'on plonge dans l'eau deux lames de verre parallèles, assez peu distantes pour que les deux courbures formées à leur contact par le liquide viennent à se joindre, on observe : 1º *que l'eau s'élève régulièrement entre les deux lames, en raison inverse de l'intervalle qui les sépare*; 2º *que la hauteur de l'ascension, pour un intervalle donné, est la moitié de celle qui aurait lieu dans un tube dont le diamètre serait égal à cet intervalle.*

Si les lames parallèles plongent dans le mercure, il y a dépression, mais suivant les mêmes lois.

Deux lames de verre AB et AC étant inclinées entre elles, comme le montre la figure 79, si on les plonge dans un liquide qui les mouille, de manière que leur ligne de contact soit verticale, le liquide s'élève au sommet de l'angle des deux lames, et sa surface, du point le plus haut au point le plus bas, affecte la forme de la courbe connue en géométrie sous le nom d'*hyperbole équilatère*.

Lorsque la ligne de contact des deux lames est horizontale, comme cela aurait

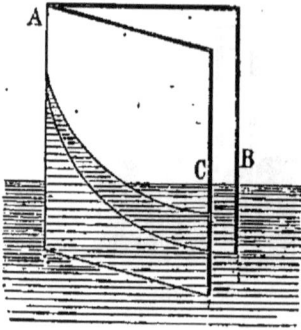 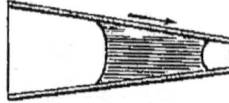 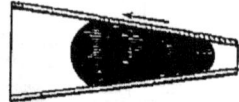

Fig. 79.   Fig. 80.   Fig. 81.

lieu dans les lames représentées dans les figures 80 et 81, si on les prolongeait, et lorsqu'en même temps l'angle qu'elles forment est très-petit, une goutte d'eau placée entre elles s'arrondit à ses deux extrémités en ménisque concave (fig. 80), et se précipite vers le sommet de l'angle des deux lames. Si, au contraire, le liquide ne mouille pas les lames, comme cela a lieu pour le mercure, la goutte s'arrondit en se terminant en ménisque convexe (fig. 81), et elle s'éloigne du sommet de l'angle.

117. Attractions et répulsions qui résultent de la capillarité. — C'est à la capillarité que sont dues les attractions et les répulsions qu'on observe entre les corps qui flottent à la surface des liquides, attractions et répulsions qui sont soumises aux lois suivantes :

Lorsque deux corps flottants sont mouillés tous les deux par le liquide, par exemple deux balles de liége dans l'eau, il se produit une forte attraction, aussitôt que les deux balles sont assez rapprochées pour qu'il n'existe plus entre elles de surface plane.

Si les corps ne sont mouillés ni l'un ni l'autre, comme deux balles de cire sur l'eau, on observe encore une vive attraction aussitôt que celles-ci sont placées dans la même condition que ci-dessus.

Enfin, si des deux corps flottants, l'un est mouillé par le liquide et que l'autre ne le soit pas, comme une balle de liége et une balle de cire dans l'eau, on voit les deux balles se repousser au moment où elles sont suffisamment rapprochées pour que les deux courbures contraires du liquide se trouvent en contact.

Tous les phénomènes capillaires qui viennent d'être décrits dépendent de la courbure concave ou convexe que prend la surface du liquide au contact des corps, il nous reste à faire connaître la cause qui détermine la forme de cette courbure.

118. Cause de la courbure des surfaces liquides au contact des solides. — La forme de la surface d'un liquide au contact d'un corps solide provient du rapport qui existe entre l'attraction du solide sur le liquide, et l'attraction du liquide sur lui-même.

En effet, soit une molécule liquide m (fig. 82) en contact avec un corps solide. Cette molécule est soumise à trois forces : la pesanteur, qui la sollicite suivant la verticale mP ; l'attraction du liquide, qui agit dans une direction mF ; et l'attraction

de la lame, qui s'exerce dans la direction *mn*. Or, selon les intensités respectives
de ces forces, leur résultante peut prendre les trois positions suivantes :

1º Cette résultante est dirigée suivant la verticale *m*R (fig. 82); alors la surface en *m* est plane et horizontale, car, d'après les conditions d'équilibre des liquides (87), leur surface doit être perpendiculaire à la force qui sollicite leurs
molécules.

2º La force *n* augmentant, ou F diminuant, la résultante R est dirigée dans

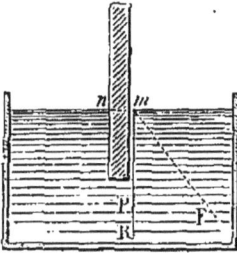 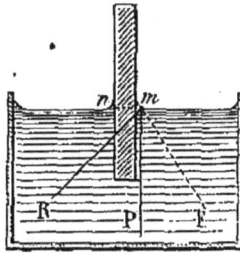 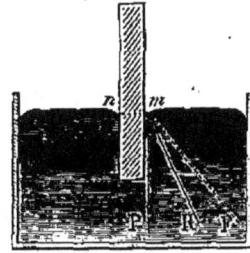

Fig. 82.   Fig. 83.   Fig. 84.

l'angle *nm*P (fig. 83); dans ce cas, la surface prend une direction inclinée perpendiculaire à *m*R, et elle est concave.

3º La force F augmentant, ou *n* diminuant, la résultante R prend la direction
*m*R (fig. 84) dans l'angle P*m*F, et la surface, se disposant perpendiculairement à
cette direction, devient convexe.

Le calcul montre que, dans le premier cas, l'attraction du liquide sur lui-même
est double de celle du solide sur le liquide; dans le second cas, l'attraction du
liquide est plus petite que le double de celle du solide; dans le troisième, elle est
plus grande.

**119. Influence de la courbure du liquide sur les phénomènes
capillaires.** — C'est de la forme concave ou convexe du ménisque que dépend
l'ascension ou la dépression d'un liquide dans un tube capillaire. En effet, si l'on

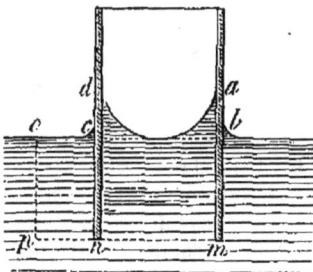 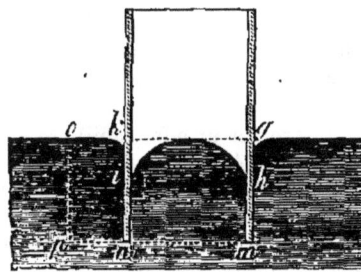

Fig. 85.   Fig. 86.

considère un ménisque concave *abcd* (fig. 85), les molécules liquides de ce ménisque
étant soutenues en équilibre par les forces qui les sollicitent (118), elles n'exercent aucune pression sur les couches inférieures; de plus, elles agissent, en vertu
de l'attraction moléculaire, sur les couches inférieures les plus voisines, d'où il
résulte que, sur une couche quelconque *mn*, considérée dans l'intérieur du tube,
la pression est moindre que s'il n'y avait point de ménisque. Par conséquent, d'après
les conditions d'équilibre des liquides (81 et 87), le liquide doit s'élever dans le
tube jusqu'à ce que la pression intérieure sur la couche *mn* soit égale à la pression *op*, qui s'exerce extérieurement sur un point quelconque *p* de la même couche.

Dans le cas où le ménisque est convexe (fig. 86), l'équilibre existe encore, en vertu des forces moléculaires qui sollicitent le liquide ; mais les molécules qui occuperaient l'espace *ghik*, s'il n'y avait pas d'action capillaire, étant supprimées, n'agissent plus par attraction sur les molécules inférieures. Il résulte de là que la pression, sur une tranche quelconque *mn*, est plus grande, dans l'intérieur du tube, que si l'espace *ghik* était rempli, car les forces moléculaires dont il s'agit, sont beaucoup plus intenses que la pesanteur. Le liquide doit donc s'abaisser dans le tube jusqu'à ce que la pression intérieure sur la tranche *mn* soit la même qu'en un point quelconque *p* de cette tranche.

La théorie de la capillarité, une des plus difficiles de la physique, ne peut être traitée d'une manière complète que par l'analyse mathématique ; aussi a-t-elle été étudiée surtout par les mathématiciens, et particulièrement, en France, par Clairaut, Laplace et Poisson. Telle que nous venons de la faire connaître, cette théorie rend compte de l'ascension et de la dépression des liquides non-seulement dans les tubes, mais encore entre les lames parallèles ou inclinées (116). Elle explique également les attractions et les répulsions qu'on observe entre les corps flottants (117).

120. Faits divers dépendants de la capillarité. — Au nombre des phénomènes qui ont pour cause la capillarité, nous citerons les suivants :

Lorsqu'un tube capillaire est plongé dans un liquide qui le mouille, si on l'en retire avec précaution, on observe que la colonne liquide qui reste suspendue dans le tube est plus grande que l'ascension qui avait lieu lorsque ce tube plongeait. Ceci résulte de ce que le tube entraîne avec lui une goutte liquide qui adhère à sa partie inférieure et y forme un ménisque convexe dont l'action concourt avec celle du ménisque concave supérieur pour soutenir une colonne plus grande (119).

C'est par la même raison qu'un tube capillaire plongé dans un liquide n'y donne lieu à aucun écoulement, quoique plus court que la colonne liquide qui tend à s'élever dans ce tube. Cela provient de ce qu'à l'instant où le liquide atteint le haut du tube, sa surface supérieure, de concave qu'elle était, devient convexe, et, par conséquent, la pression devenant plus grande que si sa surface était plane, le mouvement ascensionnel s'arrête.

On voit souvent des insectes se maintenir à la surface de l'eau sans y enfoncer. C'est là un phénomène capillaire qui résulte de ce que leurs pattes étant recouvertes d'une matière onctueuse qui les empêche de se mouiller, il se produit autour d'elles une dépression qui soutient ces insectes malgré leur poids, de même que l'eau est soutenue dans les tubes. C'est par une dépression semblable qu'une aiguille fine à coudre, posée doucement sur l'eau, reste à la surface quand elle est enduite d'une matière grasse, parce qu'alors elle n'est pas mouillée ; mais si elle a été lavée dans l'alcool ou la potasse, elle va au fond.

C'est encore par un effet capillaire que l'huile s'élève dans les mèches des lampes, et qu'il y a pénétration des liquides dans les bois, dans les éponges, et, en général, dans tous les corps qui possèdent des pores sensibles (15). Enfin, sous les noms d'endosmose, d'absorption et d'imbibition, nous allons faire connaître de nouveaux phénomènes qui ont une grande analogie avec la capillarité et souvent se confondent avec elle.

* ENDOSMOSE, ABSORPTION ET IMBIBITION.

121. Endosmose et exosmose. — On a donné les noms d'*endosmose* et d'*exosmose* à des courants de direction contraire qui s'établissent entre deux liquides de nature différente, lorsqu'ils sont séparés par une cloison mince et très-poreuse, organique ou inorganique. Ces expressions, qui signifient *courant entrant* et *courant sortant*, ont été adoptées par Dutrochet, qui, en 1826, fit connaître d'une manière complète ces phénomènes, jusqu'alors fort peu étudiés. Ces courants se constatent au moyen de l'*endosmomètre*. On nomme ainsi une poche membraneuse surmontée d'un tube de verre un peu long, autour duquel elle adhère hermétique.- ment au moyen d'une ligature (fig. 87). Cette poche étant remplie d'une dissolution fortement gommée, ou d'un autre liquide plus dense que l'eau, comme le lait, l'albumine, une dissolution de sucre, on la plonge dans un vase rempli d'eau. Bientôt on remarque que le niveau s'élève peu à peu dans le tube, à une hauteur qui peut atteindre plusieurs décimètres, et qu'il s'abaisse dans le vase où plonge l'endosmomètre; d'où il faut conclure qu'une partie de l'eau pure a passé à travers la membrane pour aller se mélanger au liquide intérieur. On constate, de plus, qu'au bout d'un certain temps, l'eau dans laquelle plonge l'endosmomètre contient de la gomme. Il s'est donc produit un courant dans les deux sens. On dit alors qu'il y a endosmose pour le liquide dont le volume augmente. Si l'on met l'eau pure dans la poche membraneuse, et si l'on plonge celle-ci dans l'eau gommée, l'endosmose se produit encore de l'eau pure vers l'eau gommée, c'est-à-dire que c'est à l'extérieur que le niveau s'élève.

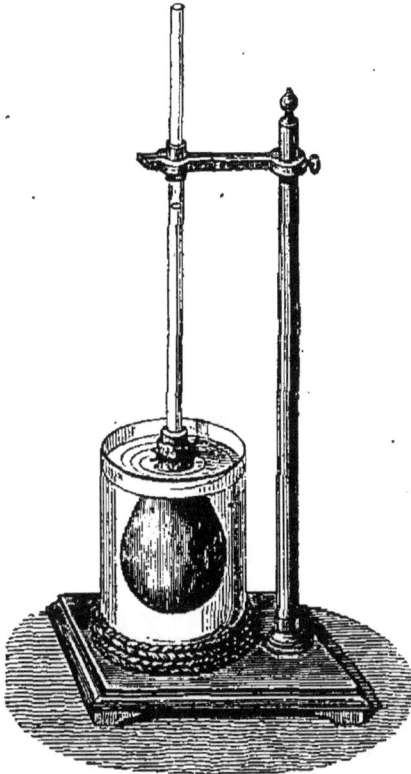

Fig. 87.

La hauteur d'ascension dans l'endosmomètre varie avec les différents liquides. De toutes les substances végétales, le sucre dissous est celle qui, à densité égale, présente le plus grand pouvoir d'endosmose: de toutes les substances animales, c'est l'albumine. La gélatine, au contraire, ne possède qu'une force d'endosmose très-faible. C'est, en général, vers le liquide le plus dense que se dirige le courant d'endosmose. Toutefois l'alcool et l'éther font exception, ces liquides se comportant, par rapport à l'eau, comme des liquides plus denses. Avec les acides, suivant qu'ils sont plus ou moins étendus, il y a endosmose de l'eau vers l'acide ou de l'acide vers l'eau.

Dutrochet a constaté que, pour que les phénomènes d'endosmose se produisent, il faut: 1º que les liquides soient hétérogènes et susceptibles de se mélanger, comme l'eau et l'alcool, par exemple, tandis qu'avec l'eau et l'huile il n'y a rien; 2º que les deux liquides soient de densité différente; 3º que la cloison qui sépare les liquides soit perméable au moins à l'un d'eux.

Toutes les substances végétales et animales sont perméables; quant aux substances inorganiques, comme les ardoises, les grès, la porcelaine dégourdie, la terre de pipe peu cuite, elles sont d'autant moins perméables qu'elles contiennent plus de silice. La terre de pipe, qui est plus alumineuse que la porcelaine, est plus perméable: c'est ce qui fait qu'elle happe à la langue.

A travers les lames minces inorganiques, le courant est faible, mais peut se continuer indéfiniment. Les membranes organiques, au contraire, se désorganisent promptement, et l'endosmose cesse.

On a proposé plusieurs théories de l'endosmose. Les uns l'ont attribuée à un courant électrique qui se dirigerait dans le même sens que l'endosmose. D'autres ont admis que la cause du phénomène était une action capillaire jointe à l'affinité des deux liquides. On a admis encore que l'endosmose était due à une inégale viscosité des liquides. Enfin, on a attribué ce phénomène à la plus ou moins grande perméabilité des membranes pour tel ou tel liquide. De toutes ces hypothèses, aucune n'explique l'endosmose d'une manière satisfaisante. Quoi qu'il en soit, le phénomène paraît se rattacher intimement aux mêmes causes que la capillarité; cependant on observe que l'élévation de température, qui active l'endosmose, affaiblit la capillarité.

122. Endosmose des gaz. — Les gaz présentent de véritables phénomènes d'endosmose. Si deux gaz de nature différente sont séparés par une membrane sèche, il y a simplement mélange, c'est-à-dire courants égaux des deux côtés; mais si la membrane est humide, il y a endosmose, c'est-à-dire courants inégaux. Pour faire l'expérience, on renferme une vessie pleine d'acide carbonique dans une seconde vessie plus grande et contenant de l'oxygène. Cette dernière se remplit d'acide carbonique, ce qui montre qu'il y a endosmose de l'acide carbonique vers l'oxygène. De même, si l'on souffle une bulle de savon et qu'on la place sous une cloche pleine d'acide carbonique, on la voit se gonfler.

123. Absorption et imbibition. — Les mots *absorption* et *imbibition*, en physique, sont à peu près synonymes : tous les deux indiquent également une pénétration d'une substance étrangère dans un corps poreux. Toutefois l'absorption se dit indistinctement en parlant des substances liquides ou gazeuses, tandis que l'imbibition s'entend spécialement des liquides.

En physiologie, on distingue l'absorption de l'imbibition. Dans le premier phénomène, il y a pénétration d'une substance étrangère dans les tissus d'un être vivant, tandis que l'imbibition ne se dit que d'une pénétration dans les corps poreux privés de vie, soit organiques, soit inorganiques. En un mot, dans l'absorption, les forces vitales sont mises en jeu; elles ne le sont pas dans l'imbibition.

124. Absorption des gaz. — La propriété d'absorber les gaz, dans le sens physique, appartient à tous les corps doués de pores sensibles (15), mais à des degrés très-variables. Cette propriété se rencontre surtout dans le charbon de chêne. Éteint sous une cloche remplie d'un gaz donné, ce corps absorbe, à la pression ordinaire, 90 fois son volume de gaz ammoniac, 35 fois son volume de gaz acide carbonique, et 9 fois son volume d'oxygène. Mouillé, le charbon absorbe deux fois moins, ce qui prouve qu'il doit sa propriété absorbante à sa porosité, et, par conséquent, à une action capillaire. Le pouvoir absorbant du charbon de sapin est deux fois moindre que celui du charbon de chêne. Le charbon de liége, qui est extrêmement poreux, n'absorbe pas; il en est de même du charbon naturel très-compacte qu'on nomme graphite. On conclut de là que la porosité étant une condition essentielle de l'absorption des gaz, les pores, cependant, doivent être compris dans certaines limites.

125. Phénomènes d'absorption dans les plantes. — Dans le règne végétal, l'absorption se fait par toutes les parties des plantes, mais surtout par les spongioles ou chevelus qui terminent les racines, et par les feuilles. C'est par ces organes que sont absorbés, à l'état d'eau, d'acide carbonique et d'ammoniaque, l'oxygène, l'hydrogène, le carbone et l'azote nécessaires à la nutrition des végétaux.

Les liquides et les sels qu'ils tiennent en dissolution sont d'abord absorbés par les radicelles, par un double phénomène d'endosmose et de capillarité; puis, la séve, élaborée par le végétal, augmentant de densité vers les parties supérieures, c'est encore un phénomène d'endosmose qui lui donne une direction ascendante. Enfin, l'ascension de la séve est, en outre, favorisée par le vide qui tend à se produire dans les parties élevées de la plante par l'effet de l'exhalation par les feuilles. Quant à l'action capillaire, elle ne peut élever les liquides que dans les cellules inférieures, et ne peut produire de courant.

Le docteur Boucherie, de Bordeaux, a fait une heureuse application de la propriété absorbante des végétaux à l'introduction, dans le tissu des bois, de sels dont les uns leur donnent des couleurs plus ou moins vives, et dont les autres augmentent leur souplesse et leur ténacité, ou les rendent moins combustibles.

126. Phénomènes d'absorption chez les animaux. — Chez les animaux inférieurs, dont les tissus ne sont formés que de cellules, tout se passe, comme dans les végétaux, par imbibition et par endosmose. L'imbibition par laquelle quelques-uns de ces animaux se nourrissent est une véritable endosmose.

Chez les animaux supérieurs il y a absorption. Par exemple, la garance, prise intérieurement par ces animaux, pénètre leurs os et les colore en rouge. De même, si un liquide est en contact avec une surface cutanée, dénudée de son épiderme, ou avec une membrane muqueuse, ces surfaces étant très-vasculàires, le liquide passe dans les vaisseaux par un effet d'endosmose, ce qui constitue l'absorption.

Plus une substance est liquide, plus elle est facilement absorbée. Toutefois, pour qu'il y ait absorption des liquides, il est nécessaire qu'ils mouillent les membranes. En effet, les graisses, qui ne les mouillent pas, ne sont pas absorbées; mais M. Cl. Bernard a reconnu qu'elles le sont facilement, étant émulsionnées par le suc pancréatique. Récemment, le docteur Loze a observé qu'en émulsionnant de la même manière l'huile de foie de morue, ce médicament, très en vogue depuis quelques années, acquiert plus d'énergie, ce qui provient de ce qu'il est plus complétement absorbé.

L'absorption est favorisée, ainsi que l'endosmose, par la chaleur; elle l'est encore par la déplétion. Après une transpiration abondante ou une saignée, elle augmente.

LIVRE IV

CHAPITRE PREMIER.

PROPRIÉTÉS DES GAZ, ATMOSPHÈRE, BAROMÈTRES.

127. Caractères physiques des gaz. —Les *gaz,* ou *fluides aériformes,* sont des corps dont les molécules possèdent une mobilité parfaite, et sont dans un état constant de répulsion qu'on désigne sous les noms d'*expansibilité,* de *tension* ou de *force élastique,* d'où les gaz prennent eux-mêmes le nom de *fluides élastiques.*

On divise les fluides élastiques en deux classes : les *gaz permanents,* ou *gaz* proprement dits, et les *gaz non permanents,* ou *vapeurs.* Les premiers persistent à l'état aériforme, à quelque pression et à quelque abaissement de température qu'on les soumette ; ce sont l'oxygène, l'hydrogène, l'azote, le bioxyde d'azote, l'oxyde de carbone et le gaz des marais. Les gaz non permanents, au contraire, passent plus ou moins facilement à l'état liquide, soit par un excès de pression, soit par le refroidissement. Toutefois cette distinction n'est pas rigoureuse ; car un grand nombre de gaz qu'on regardait comme permanents ont été liquéfiés par M. Faraday ou par d'autres physiciens, et l'on doit admettre que ceux qui jusqu'ici n'ont pu être liquéfiés, le seraient si on les soumettait à une pression et à un froid suffisants. C'est pourquoi l'on donne, en général, le nom de *gaz* à des corps qui, dans les conditions habituelles de température et de pression, ne se présentent qu'à l'état aériforme ; tandis qu'on entend par *vapeur* l'état aériforme que prennent, sous l'influence de la chaleur, des corps qui, comme l'eau, l'alcool, l'éther, sont liquides aux pressions et aux températures ordinaires.

Les gaz connus aujourd'hui en chimie sont au nombre de trentequatre, dont quatre sont simples : ce sont l'oxygène, l'hydrogène, l'azote et le chlore ; sept seulement se rencontrent libres dans la nature, savoir : l'oxygène, l'azote, l'acide carbonique, le protocar-

bure et le bicarbure d'hydrogène, l'ammoniaque et l'acide sulfureux. Les autres ne s'obtiennent que par des réactions chimiques.

128. Force expansive des gaz. — La force expansive des gaz,
c'est-à-dire leur tendance à prendre toujours un volume plus grand,
se démontre par l'expérience suivante. On place, sous le récipient
de la machine pneumatique, une vessie à robinet qui contient une
petite quantité d'air, et qu'on a
eu soin de mouiller pour la rendre
plus flexible. Il y a d'abord équilibre entre la force élastique de
l'air qui est sous le récipient et
celle de l'air renfermé dans la vessie; mais aussitôt que l'on commence à faire le vide, la pression
qui s'exerce sur la vessie s'affaiblit, et celle-ci se gonfle de plus
en plus, comme si l'on soufflait
dedans (fig. 88); ce qui démontre
la force élastique du gaz qu'elle
contient. Lorsqu'on fait ensuite
rentrer l'air extérieur au moyen
d'un robinet destiné à cet usage,
on voit la vessie, comprimée de
nouveau par le gaz rentrant, reprendre son volume primitif. On

Fig. 88.

constate de la même manière la force expansive de tous les gaz.

En vertu de sa force expansive, il semble qu'un gaz quelconque,
contenu dans un vase ouvert, devrait s'en échapper instantanément.
C'est, en effet, ce qui arriverait si le vase se trouvait dans le vide ;
mais, dans les circonstances ordinaires, la pression de l'air extérieur s'oppose à la sortie du gaz. Toutefois, hâtons-nous de dire
que ceci n'est exact qu'autant que le fluide élastique contenu dans
le vase est lui-même de l'air. En effet, l'expérience démontre qu'on
ne peut faire équilibre à la force expansive d'un gaz que par la
pression qu'exerce une masse gazeuse de même nature que lui. Par
exemple, la pression de l'air ne peut faire équilibre à la force expansive de l'hydrogène ou de l'acide carbonique. Ces gaz ne s'é-
chappent pas alors instantanément, comme ils le feraient dans le
vide, mais les fluides intérieur et extérieur se mélangent rapidement.

Il sera démontré plus tard que la force élastique des gaz est toujours égale et contraire à la pression qu'ils supportent, et qu'elle
croît avec la température.

129. Poids des gaz. — Par leur extrême fluidité, par leur expansibilité surtout, les gaz semblent échapper aux lois de la pesanteur ; mais ces fluides si subtils obéissent à cette force, de même que les solides et les liquides. Pour le constater, on suspend au fléau d'une balance très-sensible un ballon de verre de 3 à 4 litres, dont le col est garni d'un robinet fermant hermétiquement (fig. 89). On pèse d'abord ce ballon plein d'air ; puis, après y avoir fait le vide au moyen de la machine pneumatique, on le pèse de nouveau et l'on trouve que la seconde pesée est de plusieurs grammes plus faible que la première, ce qui fait connaître le poids de l'air retiré du ballon.

En jaugeant d'avance le volume du ballon en litres, on trouve, par ce procédé, qu'un litre d'air pur, à la température de zéro et sous la pression atmosphérique $0^m,76$ (139), pèse $1^g,293$, ou approximativement $1^g,3$. Un litre d'hydrogène, qui est le plus léger des gaz, pèse $0^g,09$, c'est-à-dire environ 14 fois et demie moins que l'air ; un litre de gaz iodhydrique, qui est le plus dense des gaz, pèse $5^g,776$.

130. Densité de l'air par rapport à l'eau. — Un litre d'air pesant $1^g,293$, et un litre d'eau 1000^g, si l'on divise le premier poids

Fig. 89.

par le second, on a pour quotient la densité de l'air par rapport à l'eau (102), quotient qui est 0,001293. Ce nombre étant 773 fois plus petit que l'unité, qui, comme on sait, est la densité de l'eau, on en conclut que l'eau, à volume égal, pèse 773 fois plus que l'air, celui-ci étant à la température de zéro et à la pression atmosphérique $0^m,76$, et l'eau à la température de 4 degrés.

Le nombre 0,001293, qui représente la densité ou le poids spécifique de l'air par rapport à l'eau, trouve son application dans de nombreux problèmes ; il est facile à retenir, puisqu'il se déduit du nombre $1^g,293$, en reculant la virgule de trois rangs vers la gauche.

131. Pressions exercées par les gaz. — Les gaz exercent sur les molécules de leur masse et sur les parois des vases qui les contiennent des pressions qu'on peut considérer sous deux points de vue : 1° en faisant abstraction de la pesanteur ; 2° en tenant compte de l'action de cette force. Si dans une masse gazeuse, en équilibre dans un vase, on fait abstraction de son poids pour n'avoir égard qu'à sa force expansive, les pressions dues à cette force se transmettent avec la même intensité sur tous les points des parois et de

la masse fluide; car la force répulsive qui s'exerce entre les molécules est la même dans tous les points et agit également dans toutes les directions, ce qui est une conséquence de l'élasticité et de
la fluidité parfaite des gaz. Mais si l'on a égard à l'action de la pesanteur, cette force fait naître des pressions soumises entièrement
aux mêmes lois que les liquides (81) : c'est-à-dire qu'elles croissent proportionnellement à la densité du gaz et à la profondeur ;
qu'elles sont constantes sur une même tranche horizontale, et indé-
pendantes de la forme qu'affecte la masse gazeuse. Quant à la force
élastique du gaz, comme elle est, en chaque point, égale et contraire à la pression qu'il supporte, elle croit, par suite, avec la profondeur. Pour une petite masse gazeuse, les pressions qui résultent
de son poids sont très-faibles et peuvent être négligées ; mais pour
les grandes masses de gaz, comme l'atmosphère, les pressions dues
à la pesanteur peuvent être considérables, et il importe d'en tenir
compte.

132. **Principe de Pascal et principe d'Archimède applicables
aux gaz.** — En résumant ce qui précède, on trouve une grande
analogie entre les gaz et les liquides. Comme dans ces derniers, les
molécules des gaz possèdent une extrême mobilité, ce qui fait que
ces corps, de même que les liquides, n'affectent aucune forme propre, et prennent instantanément, en vertu de leur force expansive,
celle du vase qui les contient; mais ils occupent toujours toute sa
capacité et non pas seulement la partie inférieure, comme tendent
à le faire les liquides.

De l'analogie de constitution entre les gaz et les liquides, il résulte encore que les gaz, eux aussi, transmettent les pressions en
tous sens, avec la même intensité, sur les parois des vases et sur
les corps plongés dans leur masse; c'est-à-dire qu'*ils sont soumis
au principe de Pascal* (80). Enfin, par un raisonnement identique
avec celui qui a déjà été fait pour les liquides (95), on reconnaît
que *le principe d'Archimède est aussi applicable aux gaz,* ce
qui du reste sera bientôt démontré expérimentalement à l'aide du
baroscope (168).

A côté de ces analogies entre les gaz et les liquides se présentent des différences bien tranchées : 1° tandis que les liquides sont
à peine compressibles, les gaz, au contraire, sont doués d'une compressibilité considérable, soumise à une loi régulière qui sera démontrée ci-après (153); 2° les gaz sont caractérisés par une force
expansive à laquelle on ne connaît pas de limite, propriété que ne
présentent pas les liquides; 3° enfin, les gaz sont tous remarquables par une densité très-faible, tandis que les liquides forment une
classe de corps à densité beaucoup plus grande.

133. Transvasement des gaz. — De même que les liquides, les gaz peuvent être transvasés d'un vase dans un autre. L'expérience réussit très-bien avec l'acide carbonique, qui est beaucoup plus dense que l'air. On commence par remplir une cloche de ce gaz, en le recueillant sur une cuve à eau ; puis, prenant une seconde cloche de même capacité et pleine d'air, on renverse la première cloche au-dessus, comme le montre la figure 90, et on les tient quelque temps immobiles. En vertu de son excès de densité, l'acide carbonique descend lentement de la cloche m dans la cloche n, dont il chasse l'air ; en sorte que bientôt la cloche n est pleine d'acide carbonique et la cloche m l'est d'air. On le constate en s'appuyant sur la propriété de l'acide carbonique d'éteindre les corps en combustion. En effet, avant l'expérience, une bougie allumée brûle dans la cloche n et s'éteint dans l'autre, tandis qu'après l'expérience c'est le contraire qui a lieu.

Fig. 90.

134. Atmosphère, sa composition. — On donne le nom d'*atmosphère* à la couche d'air qui enveloppe notre globe et est emportée avec lui dans l'espace.

L'air était regardé par les anciens comme un des quatre éléments qu'ils admettaient. La chimie moderne a fait voir qu'il est un mélange d'azote et d'oxygène, dans le rapport, en volume, de 20,80 d'oxygène à 79,20 d'azote. En poids, sa composition est de 23,01 d'oxygène pour 76,99 d'azote.

On trouve aussi, dans l'atmosphère, de la vapeur d'eau, en quantité variable suivant la température, les saisons, les climats et la direction des vents. Enfin, l'air contient de 3 à 6 dix-millièmes de gaz acide carbonique en volume.

L'acide carbonique de l'air provient de la respiration des animaux, des combustions et de la décomposition des substances organiques. Malgré cette production permanente d'acide carbonique à la surface du globe, la composition de l'atmosphère ne paraît pas se modifier ; ce qui provient de ce que, dans l'acte de la végétation, les parties vertes des végétaux décomposent l'acide carbonique sous l'influence de la lumière solaire, s'assimilent son carbone, et

7

restituent ainsi à l'atmosphère l'oxygène qui lui est constamment enlevé par la respiration des animaux et par les combustions.

135.-Pression et hauteur de l'atmosphère.—L'air étant pesant, il en résulte que, si l'on conçoit l'atmosphère partagée en tranches horizontales, les couches supérieures pressent, par leur poids, les couches inférieures, et les compriment. Cette pression décroissant évidemment avec le nombre des tranches, l'air est d'autant moins comprimé, et par suite plus raréfié, qu'on s'élève davantage dans l'atmosphère.

En vertu de la force expansive de l'air, il semble que les molécules de l'atmosphère devraient se répandre indéfiniment dans les espaces planétaires. Mais, par l'effet même de la dilatation, la force expansive de l'air décroît de plus en plus ; elle est en outre affaiblie par la basse température des hautes régions de l'atmosphère : en sorte qu'il vient un moment où l'équilibre s'établit entre la force expansive des molécules de l'air et l'action de la pesanteur qui les sollicite vers le centre de la terre, d'où l'on conclut que l'atmosphère doit être limitée.

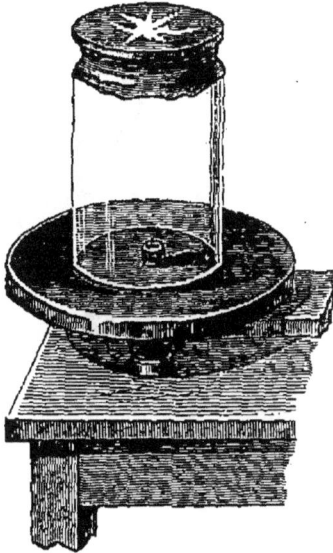

Fig. 91.

D'après le poids de l'atmosphère, son décroissement de densité et l'observation des phénomènes crépusculaires, on évalue sa hauteur de 50 à 60 kilomètres. Au delà est un air extrêmement raréfié, et à 100 kilomètres environ on admet un vide absolu.

D'après des observations récentes faites dans la zone intertropicale, et particulièrement à Rio-Janeiro, sur les arcs crépusculaires et sur la limite de la polarisation atmosphérique, M. Liais trouve que la hauteur de l'atmosphère est de 320 à 340 kilomètres, hauteur qui diffère considérablement de celle admise jusqu'ici. L'observation des hauteurs auxquelles apparaissent les *bolides,* corps errants qui s'enflamment en pénétrant dans l'atmosphère, conduit aussi pour cette dernière à une hauteur voisine de celle assignée par M. Liais.

Puisqu'on a reconnu ci-dessus (129) qu'un litre d'air pèse $1^{gr},293$, on conçoit que l'ensemble de l'atmosphère doit exercer, à la surface du globe, une pression considérable. On démontre l'existence de cette pression par les expériences suivantes.

136. Crève-vessie, hémisphères de Magdebourg. — Le *crève-*

vessie consiste en un manchon de verre fermé hermétiquement, à sa partie supérieure, par une membrane de baudruche. L'autre extrémité, dont les bords sont bien dressés et graissés de suif, s'applique sur le récipient de la machine pneumatique (fig. 94). Aus-

Fig. 92.

Fig. 93.

sitôt qu'on commence à faire le vide dans ce manchon, la membrane se déprime sous la pression atmosphérique qu'elle supporte ; et bientôt elle crève avec une vive détonation causée par la rentrée subite de l'air.

Les *hémisphères de Magdebourg,* dus à Otto de Guéricke, et ainsi nommés de la ville où ils furent inventés, consistent en deux hémisphères creux, de cuivre, de 10 à 12 centimètres de diamètre (fig. 92). Leurs bords sont garnis d'une rondelle annulaire de cuir, enduite de suif avec soin, afin de tenir le vide lorsque ces bords sont en contact. L'un des hémisphères porte un robinet qui peut se visser sur la platine de la machine pneumatique, et l'autre un anneau qui sert de poignée pour le saisir et le tirer. Tant que les deux hémisphères, étant en contact, comprennent entre eux de l'air, on les sépare sans difficulté, car il y a équilibre entre la force expansive de l'air intérieur et la pression extérieure de l'atmosphère ; mais une fois que le vide est fait, on ne peut plus les séparer sans un puissant effort, dans quelque position qu'on tienne

l'appareil (fig. 93); ce qui démontre que la pression atmosphérique
s'exerce en tous sens.

MESURE DE LA PRESSION ATMOSPHÉRIQUE; BAROMÈTRES.

137. **Expérience de Torricelli.** — Les deux expériences précédentes démontrent l'existence de la pression atmosphérique, mais
n'en font pas connaître la va-
leur. La suivante, faite, pour
la première fois, en 1643, par
Torricelli, disciple de Galilée,
donne la mesure exacte du
poids de l'atmosphère.

On prend un tube de verre
long de 80 centimètres au
moins, d'un diamètre intérieur
de 6 à 7 millimètres, et fermé
à l'une de ses extrémités.
Ayant posé ce tube dans une
position verticale CD (fig. 94),
on le remplit entièrement de
mercure; puis, fermant l'ouverture C avec le pouce, l'on
retourne le tube et l'on plonge
l'extrémité ouverte dans une
cuvette pleine de mercure.
Retirant alors le doigt, la colonne mercurielle s'abaisse
aussitôt de plusieurs centimètres, et conserve une hauteur AB qui, au niveau des
mers, est, en moyenne, de
76 centimètres.

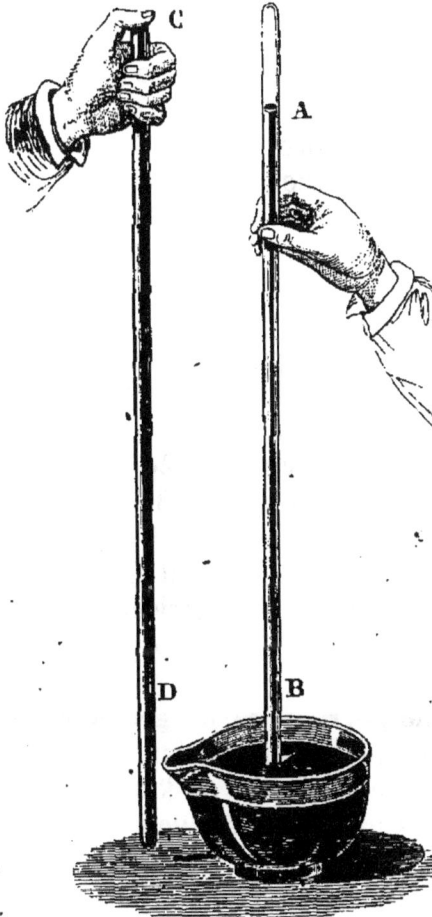

Pour se rendre compte comment cette colonne de mercure

Fig. 94.

reste ainsi en suspension dans le tube, on sait, le tube et la cuvette
représentant deux vases communiquants, que l'équilibre ne s'établit
qu'autant que la pression est la même sur tous les points d'une
même tranche horizontale (87). Or, sur la surface libre du mercure
dans la cuvette, c'est la pression atmosphérique qui s'exerce; tandis qu'au même niveau, à l'intérieur du tube, c'est la pression due
à la colonne du mercure qui y reste en suspension, et c'est bien

uniquement cette pression, puisque le vide s'est formé en A au-dessus du mercure. Donc, puisqu'il y a équilibre, les pressions intérieure et extérieure sont égales ; d'où l'on conclut que la pression atmosphérique équivaut, à surface égale, à celle exercée par une colonne de mercure de 76 centimètres de hauteur. Mais si le poids de l'atmosphère augmente ou diminue, on prévoit tout de suite qu'il doit en être de même de la colonne de mercure AB.

138. Expériences de Pascal. — Pascal, voulant constater que la force qui soutient le mercure dans le tube de Torricelli est bien la pression de l'atmosphère, eut recours aux deux expériences suivantes. 1° Prévoyant que la colonne de mercure devait baisser dans le tube à mesure qu'on s'élève dans l'atmosphère, parce qu'alors la pression diminue, il pria Périer, son beau-frère, habitant l'Auvergne, de répéter sur le Puy-de-Dôme l'expérience de Torricelli. Or, la colonne de mercure diminua d'environ 8 centimètres, ce qui démontre que c'est bien le poids de l'atmosphère qui soutient le mercure dans le tube, puisque, quand ce poids diminue, il en est de même de la colonne de mercure. 2° Pascal répéta l'expérience de Torricelli, à Rouen, en 1646, avec un autre liquide que le mercure. Il prit un tube de 15 mètres de long, fermé à un bout ; il le remplit de vin rouge et le dressa verticalement dans un réservoir plein du même liquide ; alors il observa que le liquide s'arrêtait, dans le tube, à une hauteur d'environ 10m,40, c'est-à-dire 13,6 fois plus grande que celle du mercure ; or, le vin rouge étant 13,6 fois moins dense que ce liquide, le poids de la colonne de vin était égal à celui de la colonne de mercure dans l'expérience de Torricelli (137) ; c'était donc bien la même force, la pression de l'atmosphère, qui soutenait successivement les deux liquides.

139. Valeur de la pression atmosphérique en kilogrammes. — D'après la hauteur à laquelle le mercure demeure en équilibre dans le tube de Torricelli, on peut facilement évaluer en kilogrammes la pression de l'atmosphère sur une surface donnée. Pour cela, admettons que la section intérieure du tube soit exactement d'un centimètre carré : la colonne de mercure qui est dans le tube, ayant alors la forme d'un cylindre d'un centimètre carré de base et de 76 centimètres de hauteur, son volume sera de 76 centimètres cubes, puisqu'on sait qu'un cylindre a pour mesure le produit de sa base par sa hauteur. Or, 1 centimètre cube d'eau pesant 1 gramme, 1 centimètre cube de mercure doit peser 13gr,6, puisque ce liquide est 13,6 fois plus dense que l'eau : d'où l'on conclut que le poids de la colonne de mercure, dans le tube que nous considérons, équivaut à 13gr,6 multipliés par 76, c'est-à-dire 1033 grammes, ou, ce qui est la même chose, à 1 kilogramme et 33 grammes. Sur un décimètre carré, qui contient 100 centimètres carrés, la pression atmosphérique est donc de $103^{kil},300^{gr}$, et sur un mètre carré, qui renferme 100 décimètres carrés, elle équivaut à 10,330 kilogrammes.

La surface totale du corps humain, chez un sujet de taille et de grosseur ordinaires, étant d'un mètre carré et demi, la pression moyenne que supporte un homme, à la surface de la terre, est de 15,500 kilogrammes. Il semble qu'une pression aussi considérable devrait nous écraser ; mais notre corps y résiste par la réaction des fluides élastiques qu'il renferme. Nos membres n'en éprouvent même aucune gêne dans leurs mouvements, parce que, la pression atmosphérique s'exerçant dans toutes les directions, nous supportons en tous sens des pressions égales et contraires qui se font équilibre et sont plus propres à nous soutenir qu'à nous gêner. En effet, les jours où la pression atmosphérique est plus faible, nous éprouvons un malaise qui nous fait dire que *le temps est lourd* ; c'est le contraire qu'il faudrait dire.

140. Différentes espèces de baromètres. — On nomme *baromètres*, des instruments propres à mesurer la pression atmosphérique. Dans les baromètres ordinaires, cette pression est mesurée par la hauteur d'une colonne de mercure dans un tube de verre, comme dans l'expérience de Torricelli : tels sont les baromètres que nous allons décrire, et qui se divisent en *baromètre à cuvette, baromètre à siphon* et *baromètre à cadran*. Mais on construit aussi des baromètres sans mercure. Nous en ferons bientôt connaître un de ce genre (162).

141. Baromètre à cuvette. — Le *baromètre à cuvette* se compose d'un tube de verre fermé à son sommet, ayant 85 centimètres environ de longueur, rempli de mercure, et plongeant dans une cuvette pleine de ce métal. Tel est l'appareil déjà décrit sous le nom de *tube de Torricelli* (fig. 94). Dans le but de rendre le baromètre plus portatif et les variations de niveau dans la cuvette moins sensibles, lorsque le mercure s'élève ou s'abaisse dans le tube, on a varié beaucoup la forme de la cuvette. La figure 95 représente un baromètre de ce genre qui peut se transporter facilement.

La cuvette est à deux compartiments inégaux *m* et *n,* dont le plus grand est mastiqué au tube et ne communique avec l'atmosphère que par une petite ouverture recouverte d'une rondelle de peau *a,* qu'on voit représentée sur la paroi supérieure de là cuvette, près du tube. Au-dessous du premier compartiment est le plus petit *n,* complétement rempli de mercure, le premier ne l'étant qu'en partie. Ces deux compartiments sont réunis par une partie étranglée dans laquelle s'engage le bout inférieur du tube barométrique A. Ce dernier ne ferme pas la tubulure qui réunit les deux compartiments; mais il laisse, entre les parois de celle-ci et les siennes, un intervalle assez petit pour que la capillarité ne permette pas au mercure du petit compartiment de s'échapper lorsqu'on incline ou qu'on retourne le baromètre : par conséquent, dans toutes les positions, la pointe effilée du tube plonge dans le mercure, et dès lors l'air ne peut y pénétrer.

Tout l'appareil est fixé sur une planchette d'acajou, qui porte, à la partie supérieure, une échelle graduée en millimètres. Cette graduation part du niveau du mercure dans la cuvette; mais on n'en trace que la partie supérieure, la partie inférieure étant inutile dans les conditions ordinaires de pression atmosphérique. Enfin, un curseur i, qui peut glisser le long du tube, est soulevé par l'expérimentateur jusqu'à ce qu'il affleure par son bord supérieur avec le ménisque convexe du mercure (113) : on lit alors, sur l'échelle, la hauteur correspondante de la colonne mercurielle.

Ce baromètre, ainsi que tous ceux du même genre, offre peu de précision, par la raison que le zéro de l'échelle ne correspond pas invariablement au niveau du mercure dans la cuvette. En effet, la pression de l'atmosphère n'étant pas constante, ce niveau varie toutes les fois que cette pression augmente ou diminue; car alors une certaine quantité de mercure passe de la cuvette dans le tube, ou de celui-ci dans la cuvette; d'où il résulte que, dans la plupart des cas, le zéro de l'échelle est au-dessus ou au-dessous du niveau du mercure, et que, par suite, la hauteur observée est trop petite ou trop grande. On atténue cette cause d'erreur en faisant usage d'une cuvette qui, tout en

Fig. 95 (h = 1ᵐ).

contenant peu de mercure, présente une grande surface (fig. 96); principalement si le mercure ne s'étale pas sur tout le fond nn de la cuvette, mais seulement sur la partie centrale. En effet, si la pression diminue, du mercure passant du tube dans la cuvette, le liquide ne fait alors que s'étaler davantage, par exemple de m en n, mais conserve sensiblement le même niveau : il en est encore de même lorsqu'une petite quantité de mercure passe de la cuvette dans le tube. Toutefois ce n'est réellement qu'avec les baromètres qui vont être décrits ci-après qu'on obtient des mesures précises.

Quel que soit le baromètre dont on fasse usage, observons dès à présent que la *hauteur* est toujours la *distance verticale* du niveau du mercure dans la cuvette au niveau dans le tube. C'est pourquoi le baromètre doit toujours être parfaitement vertical ; sinon, le tube étant incliné, la

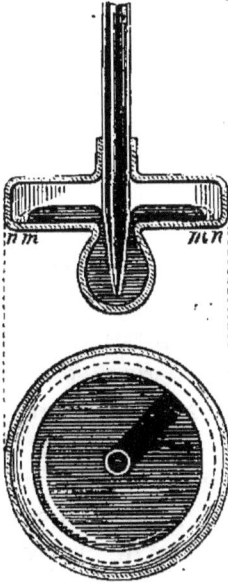

Fig. 96.

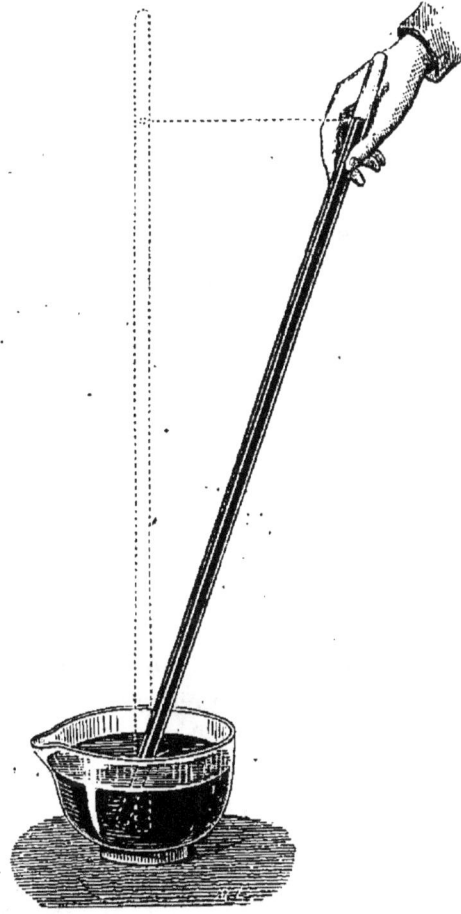

Fig. 97.

colonne de mercure s'allonge (fig. 97), et le nombre qu'on lit sur l'échelle est trop grand.

Comme la pression que le mercure exerce par son poids, à la base du tube, est indépendante de la forme de celui-ci et de son diamètre (83), pourvu qu'il ne soit pas capillaire, la hauteur du baromètre est elle-même indépendante du diamètre du tube et de sa forme droite ou courbe ; mais cette hauteur est en raison inverse de la densité du liquide. Avec le mercure, la hauteur moyenne, au niveau des mers, est de $0^m,76$; dans un baromètre à eau, elle serait de $10^m,33$.

142. Baromètre de Fortin. — Le *baromètre de Fortin*, ainsi appelé du nom de son inventeur, est un baromètre à cuvette; mais celle-ci diffère de la cuvette du baromètre déjà décrit (141). Le fond en est de peau de chamois, et peut s'élever ou s'abaisser au moyen d'une vis de pression placée au-dessous, ce qui offre deux avantages : celui de pouvoir obtenir un niveau constant dans la cuvette, et celui de rendre l'instrument plus portatif. En effet, pour le transporter en voyage, il suffit de soulever la peau de chamois jusqu'à ce que, le mercure remontant avec elle, le tube et la cuvette soient complétement remplis; le baromètre peut alors être incliné et même retourné sans qu'on ait à craindre qu'il n'y entre de l'air ou que le choc du mercure ne vienne briser le tube.

La figure 99 représente l'ensemble de ce baromètre, dont le tube est renfermé dans un étui de cuivre destiné à le protéger. Cet étui, fendu vers sa partie supérieure, y présente deux fenêtres longitudinales, opposées l'une à l'autre, afin de laisser voir le niveau B du mercure. Sur l'étui est une échelle graduée en millimètres. Un curseur A, qu'on fait marcher à la main, donne, au moyen d'un vernier, la hauteur du baromètre à $\frac{1}{10}$ de millimètre près. A la partie inférieure de l'étui est fixée la cuvette b contenant le mercure O.

La figure 98 montre, sur une plus grande échelle, les détails de la cuvette. Celle-ci est formée d'un cylindre de verre b de 4 centimètres de diamètre environ sur 3 de hauteur. Ce cylindre est fermé, à sa partie supérieure, par un disque de buis fixé en dessous du couvercle de cuivre M. Au centre du disque et du couvercle passe le tube barométrique E, lequel se termine par une pointe effilée qui va plonger dans le mercure de la cuvette. Celle-ci et le tube sont reliés ensemble au moyen d'une peau de chamois ce que deux fortes ligatures fixent, l'une, en c, à un étranglement pratiqué sur le tube; l'autre, en e, à une tubulure de cuivre fixée au centre du couvercle. Cette fermeture suffit pour empêcher la sortie du mercure lorsqu'on renverse le baromètre, mais elle ne s'oppose pas à l'action de la pression atmosphérique, laquelle se transmet très-bien, à travers les pores de la peau de chamois, sur le mercure de la cuvette.

A sa partie inférieure, le cylindre de verre b est mastiqué sur un cylindre de buis zz, et c'est sur le pourtour de celui-ci, en ii, qu'est fortement fixée, à l'aide d'une ligature, la peau de chamois mn qui forme le fond de la cuvette. A son centre, cette peau vient s'attacher à un bouton de buis x, lequel repose sur l'extrémité d'une vis C. Lorsqu'on tourne celle-ci dans un sens ou dans l'autre, le bouton monte ou descend, et avec lui la peau mn. Or, le mercure s'élevant ou s'abaissant en même temps, lorsqu'on veut

7.

faire une observation, on tourne la vis jusqu'à ce que la surface
du liquide atteigne une pointe d'ivoire *a* fixée au couvercle M, et
visible à travers le verre. Comme la surface du mercure fait miroir,

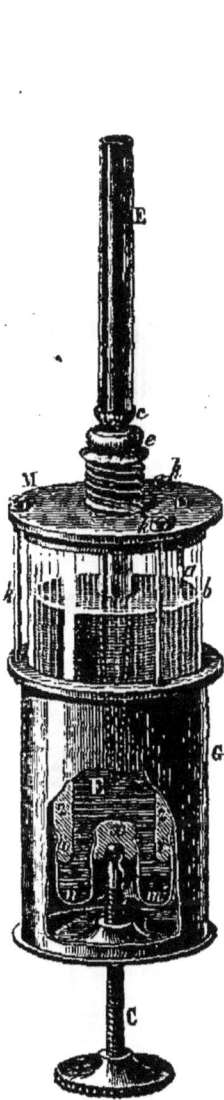

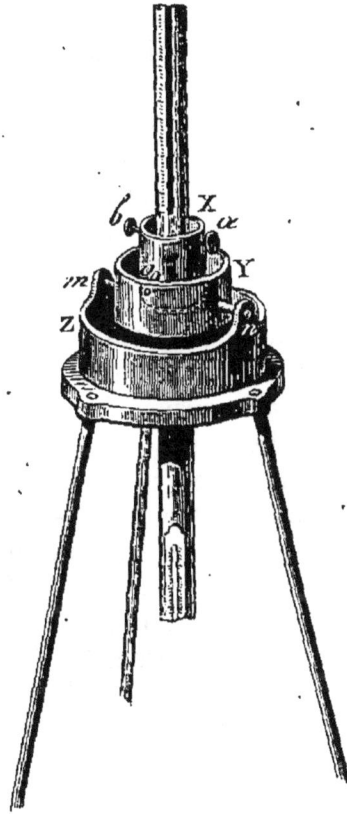

.Fig. 98.   Fig. 99.   Fig. 100.

on y voit l'image renversée de la pointe *a*, et c'est lorsque celle-ci
et son image sont tangentes, comme le montre le dessin, qu'on a
atteint le niveau convenable; car c'est à partir de la pointe *a* qu'est
comptée la graduation de l'échelle barométrique. Enfin, un étui de
cuivre G enveloppe toute la partie inférieure de la cuvette. Trois
boulons à vis *k, k, k,* le relient au couvercle M.

On a vu (141) combien il importe que le tube barométrique

soit, pendant les observations, parfaitement vertical. C'est pour
obtenir ce résultat qu'on a appliqué au baromètre de Fortin la suspension suivante, connue sous le nom de *suspen-
sion de Cardan*, du nom de son inventeur.

L'étui métallique qui renferme le tube barométrique est fixé par deux vis de pression *a* et
b (fig. 100) à un manchon de cuivre X. Celui-ci
porte deux tourillons *o*, dont un seul est visible
dans la figure, lesquels tournent librement dans
deux trous pratiqués dans un anneau Y. Enfin,
ce dernier porte lui-même, dans une direction
perpendiculaire à celle des tourillons *oo*, deux
tourillons semblables, *m* et *n*, portés par un support Z. Par cette double suspension, le baromètre
peut osciller librement dans deux directions rectangulaires autour des axes *oo* et *mn*. Or, comme
on a soin que le point de croisement de ces deux
axes corresponde au tube barométrique même,
il en résulte que le centre de gravité du système
mobile, lequel centre doit toujours être plus bas
que les axes de suspension, vient se placer de lui-
même au-dessous de leur point de croisement,
et le baromètre est alors parfaitement vertical.

143. Baromètre fixe. — Pour les observations qui se font au laboratoire, et qui demandent une grande précision, M. Regnault, dans
ses importants travaux sur les gaz et les vapeurs,
a fait usage d'un baromètre fixe, dont il mesurait la hauteur avec le cathétomètre (56, note).
Pour cela, la cuvette étant une caisse rectangulaire de fonte, on adapte à sa paroi une tige
portant un écrou *e* (fig. 101). Dans celui-ci passe
une vis terminée en pointe à ses deux extrémités, et dont la longueur a été déterminée une
fois pour toutes à l'aide du cathétomètre. Cela
posé, pour mesurer la hauteur barométrique, on

Fig. 101.

commence par tourner la vis dans un sens ou dans l'autre, jusqu'à ce que sa pointe affleure avec la surface du mercure dans la
cuvette ; ce qui a lieu, comme dans le baromètre de Fortin, lorsque la pointe et son image sont en contact. Si l'on mesure alors,
au moyen du cathétomètre, la distance verticale de la pointe *a* de
la vis au niveau *b* du mercure dans le tube, et qu'on ajoute à cette
distance la longueur de la vis, on a la hauteur barométrique avec

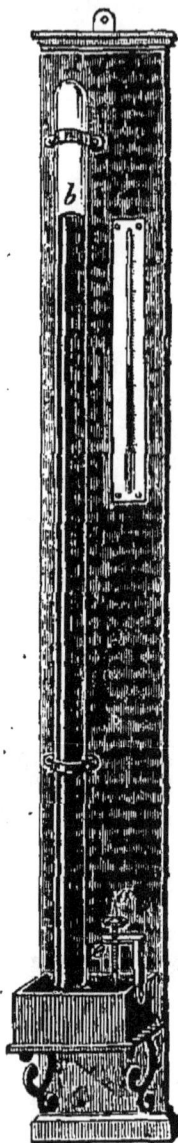

une grande précision. Ce baromètre présente en outre l'avantage qu'on peut donner au tube un diamètre intérieur de deux et demi à trois centimètres, diamètre pour lequel la dépression capillaire n'est plus sensible. Enfin, ce baromètre est d'une construction très-simple, et ne présente aucune cause d'erreur quant à la position de son échelle, puisque celle-ci est transportée sur le cathéto-mètre; malheureusement il exige, dans ce dernier, un instrument d'un prix élevé.

144. Baromètre à siphon de Gay-Lussac. — Le *baromètre à siphon* consiste en un tube de verre recourbé en deux branches inégales ; la plus grande, qui est fermée à son sommet, est remplie de mercure de même que dans le baromètre à cuvette ; la plus pe-tite, qui est ouverte, tient lieu de cuvette. La différence de niveau dans les deux branches est la hauteur du baromètre.

La figure 102 représente le baromètre à siphon tel qu'il a été modifié par Gay-Lussac. Ce physicien, afin de rendre l'instrument plus facile à transporter en voyage, sans que l'air puisse y péné-trer, a réuni les deux branches par un tube capillaire (fig. 103). Lorsqu'on retourne l'instrument, ce tube, en vertu de la capilla-rité, reste toujours plein, et l'air ne peut pénétrer dans la grande branche (fig. 104). Cependant, par un choc trop brusque, la colonne de mercure qui est dans le tube capillaire peut se diviser et laisser passer de l'air. Pour obvier à cet inconvénient, Bunten a adopté la modification suivante (fig. 105). Le tube capillaire, au lieu d'ê-tre soudé à la grande branche, l'est à un tube B, d'un fort dia-mètre, dans lequel pénètre cette branche en forme de pointe effi-lée. Par cette disposition, s'il passe des bulles d'air dans le tube capillaire, elles ne peuvent s'engager dans la pointe effilée du tube, et viennent se loger à la partie la plus élevée du renflement, comme le montre la figure ; là elles ne nuisent en rien à l'instru-ment, puisque le vide existe toujours au sommet.

Dans le baromètre de Gay-Lussac, la courte branche est fer-mée à son extrémité supérieure, et ne présente qu'une petite ou-verture *i*, par laquelle s'exerce la pression atmosphérique.

Quant à la mesure de la hauteur, on la prend au moyen de deux échelles ayant leur zéro commun en O (fig. 102), vers le milieu de la grande branche, et graduées en sens contraire, l'une de O vers E, l'autre de O vers B, sur deux règles de cuivre paral-lèles au tube barométrique. Deux curseurs à vernier *m* et *n* peu-vent glisser sur les échelles, de manière à y indiquer les nombres de millimètres et de dixièmes de millimètre contenus de O à A et de O à B. Faisant la somme des deux nombres ainsi obtenus, on a la hauteur totale AB.

La figure 102 représente le baromètre de Gay-Lussac fixé sur une planchette d'acajou, ce qui le rend plus propre à la démonstration. Mais, pour voyager, on l'enferme dans un étui de cuivre entièrement semblable à celui du baromètre de Fortin (fig. 99), moins la cuvette.

145. Conditions auxquelles doit satisfaire un baromètre. — Dans la construction d'un baromètre, on doit faire choix du mercure, de préférence à tout autre liquide, parce que, étant le plus dense des liquides, c'est celui qui prend

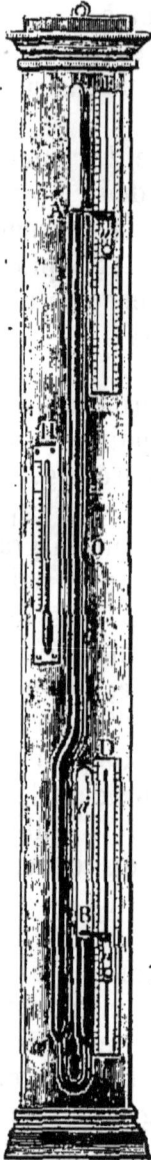

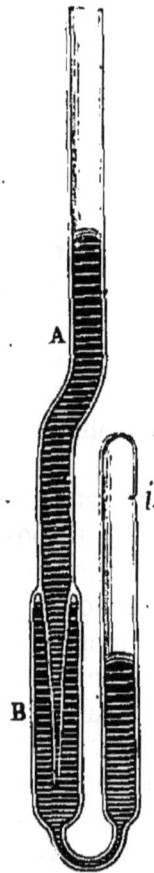

Fig. 102.　　Fig. 103.　　Fig. 104.　　Fig. 105.

la moindre hauteur; mais il mérite encore cette préférence à cause de sa faible volatilité et parce qu'il ne mouille pas le verre. Il importe que le mercure soit parfaitement pur et exempt d'oxyde : autrement il adhère au verre et le ternit. De plus, s'il est impur, sa densité.

est changée, et la hauteur du baromètre est trop grande ou trop petite.

Dans tout baromètre, il faut que l'espace vide qui se trouve au sommet du tube (fig. 101 et 102), et qu'on nomme *chambre barométrique*, ou *vide de Torricelli*, soit complétement purgé d'air et de vapeur d'eau, sinon ces fluides, en vertu de leur force élastique, déprimeraient la colonne de mercure. Pour obtenir ce résultat, il

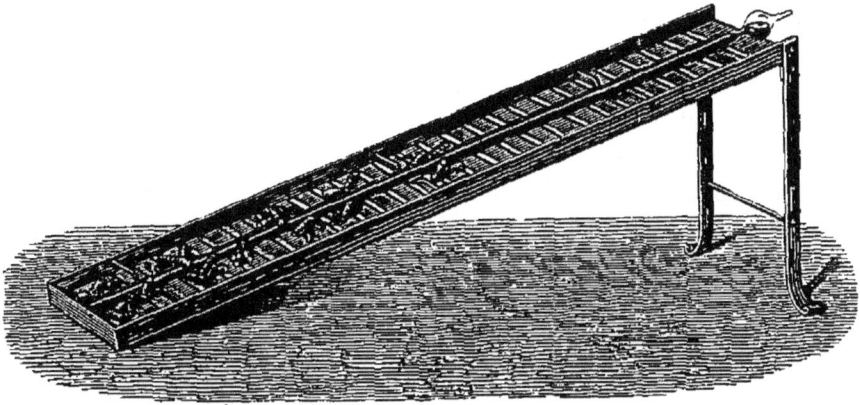

Fig. 106.

est nécessaire de faire bouillir le mercure dans le tube même, ce qui se pratique de la manière suivante. On soude à l'extrémité ouverte du tube une ampoule de verre, puis on emplit le tube, jusqu'au col de l'ampoule, de mercure parfaitement pur. Posant ensuite le tube ainsi rempli sur une grille de tôle inclinée (fig. 106), on l'entoure de charbons incandescents, de manière à le porter à une température voisine de celle de l'ébullition du mercure. On ajoute alors de nouveaux charbons vers la partie inférieure de la grille, afin de faire naître l'ébullition, et quand elle a été prolongée quatre à cinq minutes, on porte les charbons un peu plus haut; et ainsi de suite, jusqu'à ce qu'on ait fait bouillir le mercure successivement dans toute la longueur du tube. Pendant l'ébullition, les vapeurs mercurielles qui se dégagent occasionnent des soubresauts dans le tube, et tendent à rejeter le mercure au dehors; c'est à recevoir le mercure ainsi projeté qu'est destinée l'ampoule.

Lorsqu'on a fait bouillir le mercure dans le tube, les bulles d'air et l'humidité qui adhéraient au verre ont disparu, et le tube présente l'éclat métallique d'un miroir bien étamé. C'est le signe que le tube est bien purgé. On le reconnaît encore lorsqu'en l'inclinant doucement, il rend un son sec et métallique produit par le mercure qui vient frapper le sommet du tube. S'il y a de l'air ou de l'humidité dans l'instrument, le son est amorti.

Une fois le tube rempli comme il vient d'être dit, on enlève l'ampoule en donnant un trait de lime sur le col, on achève de remplir complétement avec du mercure sec et bouilli, puis, fermant le tube avec le doigt, comme dans l'expérience de Torricelli (fig. 94), on le renverse dans sa cuvette.

Le tube à siphon de Gay-Lussac se remplit de la même manière, et c'est après le remplissage qu'on le courbe dans sa partie capillaire, en le chauffant sur des charbons ou à la lampe.

146. Correction relative à la capillarité. — Dans les baromètres à cuvette, il y a toujours, dans la hauteur du mercure, une certaine dépression due à la capillarité (113), à moins que le diamètre intérieur du tube ne soit au moins de deux et demi à trois centimètres. Pour faire la correction que nécessite cette dépression, il ne suffit pas de connaître le diamètre. En effet, on a déjà vu (115) que cette dépression dépend en outre de la *flèche* du ménisque, c'est-à-dire de la hauteur *od* (fig. 107) de la surface convexe du mercure au-dessus de

Fig. 107.

la section horizontale *ab* qui sert de base au ménisque. Or, pour un même tube, la longueur de la flèche n'est pas constante; elle varie selon que le ménisque s'est formé pendant un mouvement ascendant ou descendant dans le tube. Pour déterminer cette longueur, on fait affleurer le bord supérieur du curseur avec la base du ménisque, puis on le remonte jusqu'à ce qu'il affleure avec le sommet. En lisant alors sur l'échelle le déplacement du curseur, on a la hauteur de la flèche. Celle-ci connue, ainsi que le diamètre intérieur du tube, on trouve la dépression dans la table suivante, calculée par M. Delcros, table dont nous ne donnons qu'une partie.

DIAMÈTRE intérieur en millimètres.	HAUTEUR DE LA FLÈCHE DU MÉNISQUE.											
	mill. 0,2	0,3	0,4	0,5	0,6	0,7	0,8	0,9	1,0	1,2	1,4	1,6
4	0,60	0,89	1,16	1,41	1,65	1,86	2,05	2,21	2,35	»	»	»
6	0,24	0,36	0,48	0,59	0,70	0,80	0,99	0,99	1,07	1,21	1,32	»
8	0,12	0,18	0,24	0,30	0,35	0,40	0,46	0,50	0,55	0,64	0,71	0,77
10	0,07	0,10	0,13	0,16	0,19	0,22	0,25	0,28	0,31	0,35	0,40	0,44
12	0,04	0,06	0,07	0,09	0,11	0,13	0,14	0,16	0,18	0,21	0,23	0,25
14	0,02	0,03	0,04	0,06	0,07	0,08	0,09	0,10	0,11	0,12	0,14	0,15

La première colonne verticale à gauche contient les diamètres intérieurs des tubes; la première ligne horizontale, les hauteurs des flèches; et les autres colonnes, les dépressions. Pour tous ces nombres l'unité est le millimètre.

On se sert de cette table comme de la table de multiplication ordinaire. Par exemple, si le diamètre intérieur du tube barométrique est 10 millimètres, et la flèche 0^{mm},6, on trouve, au point de croisement des rangées horizontale et verticale commençant par 10 et par 0,6, le nombre 0^{mm},19 pour la dépression cherchée.

Quant au diamètre intérieur des tubes, on le détermine en les pesant successivement vides et pleins de mercure. La différence des poids donne alors le poids du cylindre de mercure contenu dans chaque tube. Or, la hauteur de ce cylindre étant facile à mesurer avec précision, le diamètre se calcule ensuite par la formule P = VD, genre de problème dont on a vu précédemment un exemple (107).

Dans le baromètre de Gay-Lussac, pour éviter la correction relative à la capillarité, on a soin que les deux branches A et B (fig. 102) soient de même diamètre, car alors les dépressions tendent à être égales au haut et au bas de la colonne mercurielle, et, par suite, à se compenser. Mais on n'obtient ainsi qu'une correction approchée. En effet, d'après ce qu'on a vu ci-dessus, les flèches des deux ménisques ne sont jamais rigoureusement égales, car lorsque le mouvement du mercure est ascendant dans l'une des branches, il est descendant dans l'autre.

147. Correction relative à la température. — Dans toutes les observations faites avec les baromètres, soit à cuvette, soit à siphon, il faut avoir égard à la température. En effet, le mercure se dilatant ou se contractant par les variations de température, sa densité change, et, par suite, sa hauteur, puisque cette hauteur est en raison inverse de la densité du liquide renfermé dans le tube (144); en sorte que, pour des pressions atmosphériques différentes, on pourrait avoir des hauteurs égales dans le baromètre. Il importe donc, à chaque observation, de ramener toujours la hauteur à ce qu'elle serait à une température déterminée et invariable. Celle-ci étant tout à fait arbitraire, on a choisi la température de la glace fondante. On verra, dans l'étude de la chaleur, comment se fait cette correction par le calcul. C'est pour connaître la température du mercure dans le baromètre qu'on place un thermomètre près du tube, ainsi que le représentent les figures 99, 101 et 102.

On peut aussi, par un calcul très-simple, ramener à zéro la hauteur du baromètre, au moyen de tables de correction qui ont été construites pour cet usage. Ces tables se trouvent dans les Annuaires du Bureau des Longitudes.

148. Variations de la hauteur barométrique. — Lorsqu'on observe le baromètre pendant plusieurs jours, on remarque que sa hauteur varie, en chaque lieu, non-seulement d'un jour à l'autre, mais encore dans une même journée.

L'amplitude des variations, c'est-à-dire la différence moyenne entre la plus grande et la plus petite hauteur, n'est pas partout la même. Elle croît de l'équateur vers les pôles. Les plus grandes variations, sauf les cas extraordinaires, sont de 6 millimètres sous l'équateur, de 30 sous le tropique du Cancer, de 40 en France, à la latitude moyenne, et de 60, à 25 degrés du pôle. Enfin, les plus fortes variations ont lieu en hiver.

On nomme *hauteur moyenne diurne* le nombre qu'on obtient en faisant la somme de vingt-quatre observations successives du baromètre, prises d'heure en heure, et en divisant cette somme par 24. Ramond a constaté qu'à notre latitude, la hauteur du baromètre, à midi, est sensiblement la moyenne du jour.

La *hauteur moyenne mensuelle* s'obtient en additionnant les hauteurs moyennes diurnes pendant un mois, et en divisant par 30.

Enfin, la *hauteur moyenne de l'année* se détermine en ajoutant les hauteurs moyennes de chaque jour pendant un an, et en divisant la somme par 365.

Sous l'équateur, la moyenne annuelle, au niveau des mers, est $0^m,758$. Elle augmente à partir de l'équateur, et atteint, entre les latitudes de 30 à 40 degrés, un maximum de $0^m,763$. Elle décroît dans les latitudes plus élevées, et, à Paris, elle n'est plus que de $0^m,7568$.

La moyenne générale, au niveau des mers, est de $0^m,764$.

La moyenne mensuelle est plus forte en hiver qu'en été; ce qui est une conséquence du refroidissement de l'atmosphère.

On distingue, dans le baromètre, deux sortes de variations : 1° les *variations accidentelles,* qui n'offrent aucune régularité dans leur marche, et qui dépendent des saisons, de la direction des vents et de la position géographique : ce sont celles qu'on observe surtout dans nos climats; 2° les *variations diurnes,* qui se produisent périodiquement à certaines heures de la journée.

A l'équateur et dans les régions intertropicales, on ne remarque pas de variations accidentelles; mais les variations diurnes s'y produisent avec une telle régularité, qu'un baromètre y pourrait, en quelque sorte, servir d'horloge. Depuis midi, le baromètre baisse jusque vers quatre heures. A cette heure, il atteint un minimum, puis il remonte et atteint un maximum vers dix heures du soir. Enfin, il baisse de nouveau, atteint un second minimum vers quatre heures du matin, et un second maximum vers dix heures.

Dans les zones tempérées, il y a aussi des variations diurnes ; mais elles sont plus difficiles à constater qu'à l'équateur, parce qu'elles se confondent avec les variations accidentelles.

Les heures des maxima et des minima des variations diurnes paraissent être les mêmes dans tous les climats, quelle que soit la latitude ; seulement elles varient un peu avec les saisons.

149. Causes des variations barométriques.—On remarque que la marche du baromètre est, en général, en sens contraire de celle du thermomètre ; c'est-à-dire que, la température s'élevant, le baromètre baisse, et *vice versá,* ce qui indique que les variations barométriques, dans un lieu déterminé, résultent des dilatations ou des contractions de l'air en ce lieu, et, par conséquent, de ses changements de densité. Si la température de l'air était constante et uniforme dans toute l'étendue de l'atmosphère, il ne se produirait, dans le sein de celle-ci, aucun courant, et la pression atmosphérique, à hauteur égale, serait invariable et partout la même. Mais lorsqu'une certaine région de l'atmosphère s'échauffe plus que les régions voisines, l'air dilaté s'élève en vertu de sa légèreté spécifique, et s'écoule par les hautes régions de l'atmosphère ; d'où il résulte que la pression décroît et que le baromètre baisse, tandis que la pression augmente et que le baromètre monte là où s'est portée la masse d'air déplacée. Aussi arrive-t-il, ordinairement, qu'une baisse extraordinaire, sur un point du globe, est compensée par une hausse semblable sur un autre point.

Toutefois les changements de température n'influent pas seuls sur la hauteur du baromètre. En traitant de la Météorologie, nous verrons qu'au nombre des causes des variations barométriques doivent aussi être comptées la direction et l'intensité du vent.

Deluc admettait que les vapeurs, qui sont moins denses que l'air, tendent, par leur présence, à diminuer le poids de l'atmosphère, et il expliquait ainsi la coïncidence de la pluie avec l'abaissement du baromètre ; mais cette explication ne peut être admise, d'après ce fait que, dans la zone torride, la pluie ou le beau temps ne modifient pas la hauteur barométrique.

Quant aux variations diurnes, elles paraissent résulter des dilatations et des contractions qui se produisent périodiquement dans l'atmosphère par l'effet de l'action calorifique du soleil pendant la rotation de la terre.

150. Relation entre les variations barométriques et l'état du ciel. — On remarque, dans nos climats, que le baromètre se tient communément, par le beau temps, au-dessus de 0,758 ; au-dessous de ce point, dans les temps de pluie, de neige, de vent ou d'orage ; et enfin, que, sur un certain nombre de jours où le baromètre marque 0^m,758, il y a, en moyenne, autant de jours de beau temps que de jours de pluie. C'est d'après cette coïncidence entre la hauteur du baromètre et l'état du ciel, qu'on a marqué les indications suivantes sur le baromètre, en comptant de 9 en 9 millimètres au-dessus et au-dessous de 0^m,758.

Hauteur.	État de l'atmosphère.
785 millimètres	Très-sec.
776 —	Beau fixe.
767 —	Beau temps.
758 —	Variable.
749 —	Pluie ou vent.
740 —	Grande pluie.
731 —	Tempête.

En consultant le baromètre comme instrument propre à annoncer les changements de *temps,* il ne faut pas perdre de vue qu'il n'est réellement destiné qu'à mesurer le poids de l'air, et qu'il ne monte ou ne descend qu'autant que ce poids augmente ou diminue. Or, de ce que les changements de temps coïncident le plus souvent avec les variations de pression, cela ne veut pas dire qu'ils y soient invariablement liés. Cette coïncidence tient à des conditions météorologiques particulières à notre climat, et elle n'est pas sans offrir d'exceptions. Si l'abaissement du baromètre précède ordinairement la pluie dans nos contrées, cela tient à la position de l'Europe. En effet, les vents du sud-ouest, qui sont les plus chauds, et par conséquent les moins lourds, font baisser le baromètre ; mais en même temps, comme ils se sont chargés de vapeur d'eau en traversant l'Océan, ils nous apportent la pluie. Les vents du nord et du nord-est, au contraire, étant froids et plus denses, font monter le baromètre ; mais comme ils ne nous arrivent qu'après avoir traversé de vastes continents, ils sont desséchés et accompagnés en général d'un ciel pur et serein.

Lorsque le baromètre monte ou descend lentement, c'est-à-dire pendant deux ou trois jours, vers le beau temps ou vers la pluie, il résulte d'un grand nombre d'observations que les indications fournies par cet instrument sont alors extrêmement probables. Quant aux variations brusques, dans l'un ou l'autre sens, elles présagent le mauvais temps ou le vent.

Si l'on a égard aux remarques précédentes, en même temps qu'à la direction des vents et à la température de l'air, on peut tirer du baromètre d'utiles indications, particulièrement pour l'agriculture et la navigation.

Depuis quelques années, le télégraphe électrique est venu prêter un secours précieux aux observations barométriques. Les renseignements qu'il fournit mettant les météorologistes à même d'embrasser simultanément la température, la pression atmosphérique et la direction des vents, sur une étendue considérable de pays, ils peuvent suivre sur la surface du globe les grands mouvements de l'atmosphère, et prévoir, plusieurs heures et même plusieurs jours d'avance, les tempêtes qui menacent telle ou telle contrée.

Fig. 108.　　　Fig. 109.

De là sont déduits les *pronostics du temps* à l'usage des navigateurs, qu'on a d'abord publiés en Angleterre, et qu'on publie aujourd'hui en France; mais ces pronostics sont à courte échéance. Quant à ceux que prédisent quelques météorologistes pour un avenir éloigné, rien, jusqu'ici, n'autorise à y avoir confiance.

* 151. **Baromètre à cadran.** — Le *baromètre à cadran*, dû à Hooke, est un baromètre à siphon qui est surtout destiné à indiquer le beau et le mauvais temps. Il est ainsi nommé parce qu'il est muni d'un cadran sur lequel se meut une longue aiguille (fig. 108), qui est mise en mouvement par le mercure même de l'instrument, au moyen d'un mécanisme représenté dans la figure 109. A l'axe de l'aiguille est fixée une poulie O, sur laquelle s'enroule un fil qui porte à l'une de ses extrémités un poids P, et à l'autre un flotteur un peu plus pesant que ce poids, et soutenu par le mercure de la petite branche du tube barométrique. Si la pression atmosphérique vient à augmenter, le niveau baisse dans la petite branche, le flotteur descend, et entraîne la poulie et l'aiguille de gauche à droite. Le mouvement contraire a lieu quand la pression diminue, parce que le mercure s'élève dans la petite branche et remonte en même temps le flotteur. Il résulte de là que l'aiguille s'arrête aux mots *variable, pluie, beau temps, beau fixe*, etc., lorsque le baromètre prend les hauteurs correspondantes, pourvu, toutefois,

que l'instrument soit bien réglé ; or, ceux qu'on trouve dans le commerce satisfont rarement à cette condition.

152. Mesure des hauteurs par le baromètre. — La pression de l'atmosphère décroissant à mesure qu'on atteint des lieux plus élevés, il en résulte que le baromètre baisse d'autant plus, qu'il est porté à une plus grande hauteur, ce qui permet d'utiliser cet instrument pour mesurer la hauteur des montagnes.

Si la densité de l'air restait la même dans toutes les couches de l'atmosphère, on déduirait, par un calcul très-simple, la hauteur dont on s'est élevé de la quantité dont le baromètre se serait abaissé. En effet, la densité de l'air étant 10 466 fois plus petite que celle du mercure, si le baromètre s'abaissait, par exemple, de 1 millimètre, cela indiquerait que la colonne d'air qui fait équilibre au mercure a diminué 10 466 fois plus, c'est-à-dire de 1 millimètre multiplié par 10 466, ou de $10^m,466$. Telle serait donc la hauteur dont on se serait élevé. Si la dépression du mercure était de 2, 3... millimètres, on en conclurait de même que l'ascension aurait été de deux fois, trois fois.., $10^m,466$. Mais comme la densité de l'air décroît lorsqu'on s'élève dans l'atmosphère, le calcul ci-dessus ne peut s'appliquer qu'à de petites hauteurs.

Pour mesurer la hauteur des montagnes à l'aide du baromètre, Laplace a donné la formule

$$D = 18393 \, (1 + 0,002837 \; cos \; 2 \, \varphi) \left[1 + \frac{2 \, (T + t)}{1000} \right] \, log \; \frac{H}{h},$$

dans laquelle D désignant la distance verticale entre les deux lieux dont on cherche la différence de niveau, H représente la hauteur du baromètre à la station inférieure, et h la hauteur à la station supérieure ; T et t sont les températures de l'air correspondantes à chaque observation ; φ est la latitude.

Pour la latitude de 45°, $cos \; 2 \, \varphi = 0$, et la formule devient

$$D = 18393 \left[1 + \frac{2 \, (T + t)}{1000} \right] \, log \; \frac{H}{h}.$$

Pour les hauteurs moindres que 1000 mètres, M. Babinet a proposé récemment la formule

$$D = 16000^m \left(\frac{H - h}{H + h} \right) \left[1 + \frac{2 \, (T + t)}{1000} \right],$$

qui dispense de l'usage des logarithmes.

Oltmanns a construit des tables à l'aide desquelles on calcule très-simplement la différence de niveau entre deux stations, lorsqu'on connaît les hauteurs H et h du baromètre à la station inférieure et à la station supérieure, ainsi que les températures T et t aux mêmes stations. On trouve ces tables et la manière de s'en servir dans les Annuaires du Bureau des Longitudes.

Si la hauteur à mesurer n'est pas très-grande, on peut opérer seul ; mais si elle est un peu considérable et exige un temps d'ascension un peu long, pendant lequel la pression atmosphérique peut varier, il faut être deux, et avoir deux baromètres bien d'accord. L'un des observateurs reste au pied de la montagne, l'autre se transporte au sommet; puis, à une heure donnée, ils observent simultanément le baromètre; en sorte que la différence des colonnes est bien due tout entière à la différence des niveaux.

CHAPITRE II.

MESURE DE LA FORCE ÉLASTIQUE DES GAZ.

153. Loi de Mariotte. — Mariotte, physicien français, mort en 1684, posa, le premier, la loi suivante sur la compressibilité des gaz : *La température restant la même, le volume d'une masse donnée de gaz est en raison inverse de la pression qu'elle supporte.*

Cette loi se vérifie, pour l'air, au moyen de l'appareil suivant, connu sous le nom de *tube de Mariotte.* Sur une planchette de bois, maintenue verticalement, est fixé un tube de verre recourbé en siphon, dont les deux branches sont inégales (fig. 110). Le long de la petite branche, qui est fermée, est une échelle indiquant des capacités égales, tandis que l'échelle placée le long de la grande branche indique les hauteurs en centimètres. Les zéros des deux échelles sont sur une même ligne horizontale.

Pour faire l'expérience, on verse d'abord du mercure dans l'appareil par le sommet de la grande branche, de manière que le niveau du liquide corresponde au zéro dans les deux branches (fig. 110), ce qu'on obtient après quelques tâtonnements. L'air renfermé dans la courte branche est alors soumis à la pression atmosphérique qui s'exerce, dans la grande, sur la surface du mercure, sinon le niveau ne serait pas le même. On verse enfin du mercure dans le grand tube jusqu'à ce que la pression qui en résulte réduise de moitié le volume d'air renfermé dans la petite branche, c'est-à-dire jusqu'à ce que ce volume, qui était 10 d'abord, ne soit plus que 5, ainsi que le montre la figure 111. Mesurant alors la différence de niveau CA du mercure dans les deux tubes, on trouve qu'elle est précisément égale à la hauteur du baromètre au moment où l'on expérimente. La pression de la colonne CA équivaut donc à une atmosphère. En y ajoutant la pression atmosphérique qui s'exerce en A, au sommet de la colonne, on voit qu'au moment où le volume d'air s'est réduit de moitié, la pression est double de ce qu'elle était d'abord : ce qui démontre la loi.

Si la grande branche est assez longue pour qu'on puisse y ver-

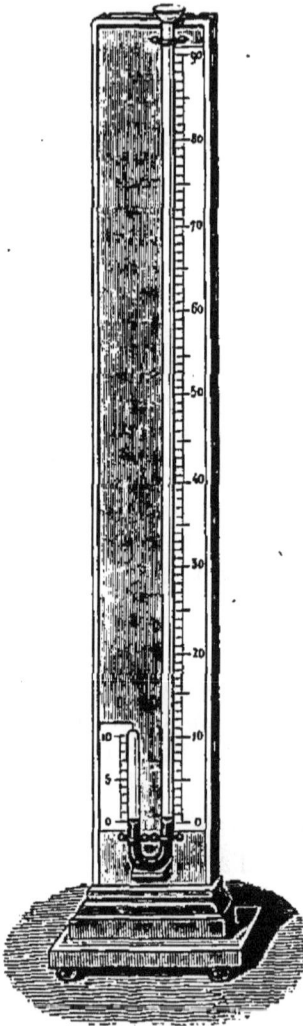
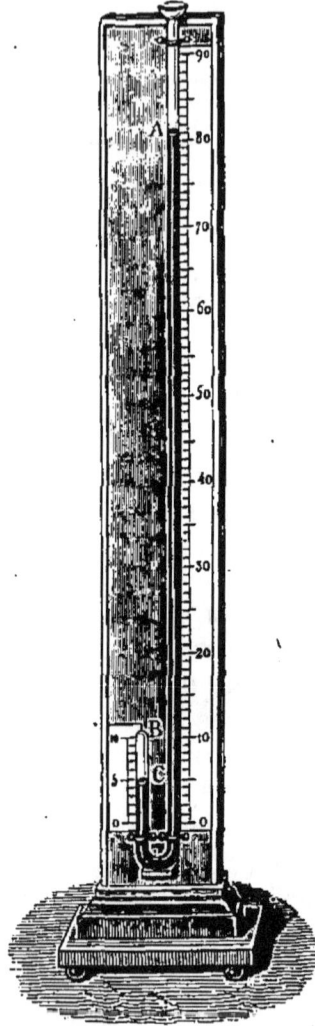

Fig. 110 (h = 1ᵐ).   Fig. 111.

ser du mercure jusqu'à ce que le volume d'air de la courte branche se réduise au tiers de ce qu'il était d'abord, on trouve que la différence de niveau, dans les deux tubes, est égale à deux fois la hauteur du baromètre ; c'est-à-dire qu'elle équivaut à deux pressions atmosphériques, qui, s'ajoutant à celle qui s'exerce directement sur la surface du mercure dans le grand tube, donnent une pression de 3 atmosphères. C'est donc sous une pression triple que le volume d'air est devenu trois fois moindre. La loi de Mariotte a été vérifiée ainsi, pour l'air, jusqu'à 27 atmosphères, par Dulong et Arago, au moyen d'un appareil décrit ci-après (fig. 114).

La loi de Mariotte se vérifie aussi pour des pressions moindres qu'une atmosphère. A cet effet, on remplit de mercure, jusqu'aux deux tiers environ, un tube de verre gradué, le reste contenant de l'air; puis on le retourne et on le plonge dans une éprouvette profonde, pleine de mercure (fig. 112). Enfonçant ensuite le tube jusqu'à ce que le niveau du mercure soit le même à l'intérieur et à l'extérieur, on lit sur le tube quel est le volume d'air qu'il contient. Cela posé, on soulève le tube, comme le représente la figure 113, jusqu'à ce que, par la diminution de pression, le volume d'air AC soit double de AB (fig. 112). Or, on trouve alors que le mercure s'élève dans le tube, et que la hauteur CD qu'il atteint est la moitié de celle du mercure dans le baromètre au moment de l'expérience. L'air, dont le volume a doublé, n'est donc plus qu'à une demi-pression atmosphérique; car c'est la force élastique de cet air qui, jointe au poids de la colonne CD, fait équilibre à la pression atmosphérique extérieure. Le volume est donc bien encore en raison inverse de la pression.

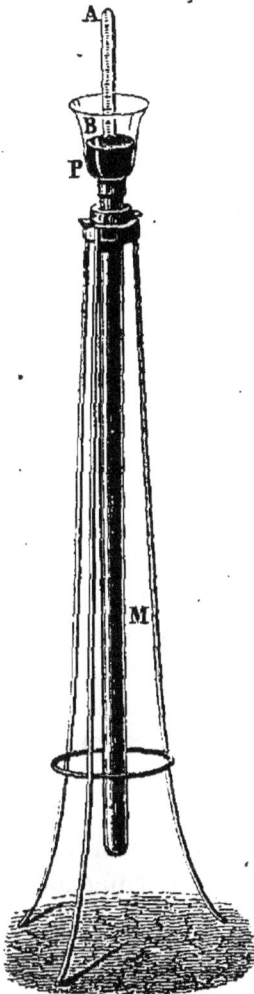

Fig. 112.

Fig. 113.

154. La loi de Mariotte n'est qu'approchée. — On avait admis, jusqu'à ces dernières années, la loi de Mariotte d'une manière absolue pour tous les gaz et à toutes les pressions. Despretz fit voir, le premier, que l'acide carbonique, l'hydrogène sulfuré, l'ammoniaque et le cyanogène sont plus compressibles que l'air, et que l'hydrogène, se comportant d'abord comme l'air jusqu'à une pression de 15 atmosphères, est ensuite moins compressible. Les expériences de Despretz ayant fait voir que tous les gaz ne sont pas également compressibles, on en conclut que la loi de Mariotte n'était pas générale.

Cette loi venait ainsi d'être trouvée en défaut, quand Dulong et Arago entreprirent sur la force élastique de la vapeur d'eau des recherches dans lesquelles ils devaient faire usage d'un manomètre à air comprimé (159) pour mesurer la tension. Or, voulant à ce sujet s'assurer de l'exactitude de leur manomètre, ils le graduèrent, non pas d'après la loi de Mariotte, mais en soumettant directement l'air renfermé dans le manomètre à des pressions de plus en plus grandes. Pour cela, ils disposèrent leur appareil comme le montre la figure 114. Un réservoir P, tout de fonte, porte latéralement deux tubulures Q, R, de même matière. Dans la première est scellé le tube manométrique A, de près de deux mètres de long ; ce tube est rempli d'air sec, et entouré d'un manchon de verre dans lequel tombe un courant d'eau froide pour maintenir la température constante, malgré l'élévation de température que tend à prendre l'air qui est dans le tube en se comprimant. Sur la seconde tubulure est fixée une série de treize tubes de cristal B, B′, B″,..., chacun de deux mètres de longueur, et reliés entre eux au moyen de garnitures de fer.

Ces tubes étaient appliqués le long de forts madriers de sapin, et pour qu'ils n'exerçassent pas de pression les uns sur les autres, à chaque garniture, comme on le voit en C, étaient attachés deux cordeaux s'enroulant sur des poulies, lesquelles étaient portées par les madriers mêmes qui soutenaient tous les tubes. A ces cordeaux étaient suspendus de petits seaux, p, p, chargés de grenaille de plomb, et faisant équilibre, deux par deux, à un tube et à sa garniture. Enfin, sur le réservoir P était adaptée une pompe aspirante et foulante, qui aspirait de l'eau d'un vase S et la refoulait dans le réservoir P. Or, celui-ci ayant été d'avance rempli de mercure jusqu'aux deux tiers environ, lorsqu'on faisait marcher la pompe, la pression transmise par l'eau au mercure refoulait ce dernier dans les tubulures Q et R ; en sorte qu'il s'élevait en même temps dans les tubes B, B′, B″,... et dans le manomètre A, absolument comme dans l'expérience du tube de Mariotte, dont les tubes B, B′, B″,... figuraient la grande branche, et le tube manométrique la petite. A mesure que le volume d'air se réduisait ainsi dans le tube A, la hauteur du mercure dans les tubes B, B′, B″,... faisait connaître la pression correspondante.

Cette hauteur se mesurait au moyen de règles divisées en millimètres et munies de verniers, qu'on portait le long des tubes, en les appliquant sur des points de repère tracés sur les garnitures de jonction.

Dulong et Arago ayant expérimenté jusqu'à 27 atmosphères, observèrent que le volume de l'air diminuait toujours un peu plus dans le tube A que ne l'indiquait la loi de Mariotte ; mais les différences étant très-petites, ils les attribuèrent à des erreurs d'obser-

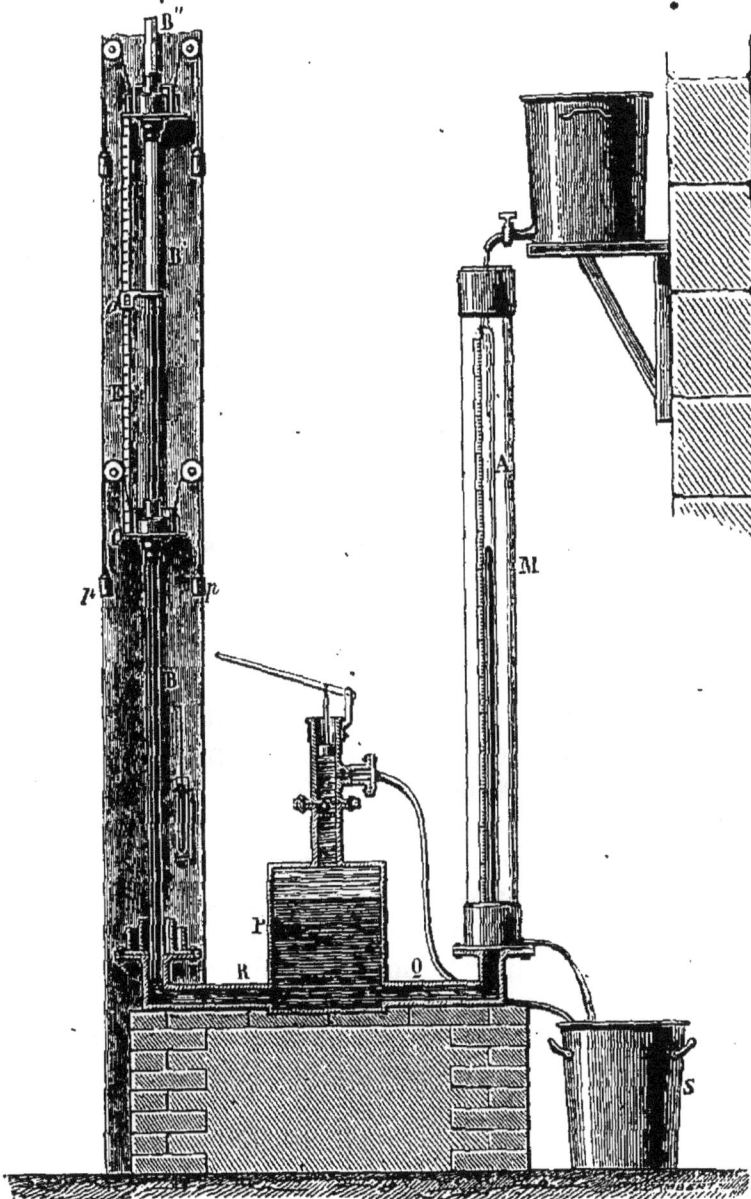

Fig. 114.

vation, et admirent que cette loi était rigoureuse pour l'air, du moins jusqu'à 27 atmosphères, limite de leurs expériences.

Enfin, M. Regnault, en 1847, publia des expériences sur la compressibilité des gaz faites avec un appareil qui avait beaucoup de rapport avec celui de Dulong et Arago, mais dans lequel on avait tenu compte de toutes les causes d'erreur et fait les observations avec une précision extrême. Or, ayant expérimenté sur l'air, l'azote, l'acide carbonique et l'hydrogène, M. Regnault constata d'abord que l'air ne suit pas rigoureusement la loi de Mariotte, mais se comprime plus qu'elle ne l'indique, et que, de plus, sa compressibilité augmente avec la pression; c'est-à-dire que les résultats obtenus par l'observation et ceux déduits de la loi de Mariotte diffèrent d'autant plus, que la pression est plus forte.

M. Regnault a trouvé que l'azote se comporte comme l'air; seulement il est moins compressible. Quant à l'acide carbonique, ce gaz s'éloigne beaucoup de la loi de Mariotte, lorsque les pressions sont un peu considérables. Enfin, l'hydrogène s'en écarte aussi ; mais sa compressibilité, au lieu d'augmenter avec la pression, diminue.

M. Regnault a encore observé sur l'acide carbonique que ce gaz s'éloigne d'autant moins de la loi de Mariotte, que la température est plus élevée, et l'on admet, en général, qu'il en est ainsi pour les autres gaz. En effet, l'expérience montre que les gaz s'écartent d'autant plus de cette loi, qu'ils sont plus près de leur point de liquéfaction, et qu'au contraire, en s'éloignant de ce point, la compressibilité tend de plus en plus à devenir proportionnelle à la pression. Du reste, ajoutons que, pour tous les gaz qui n'ont pu être liquéfiés, les écarts entre la loi de Mariotte et l'observation sont extrêmement faibles et tout à fait négligeables dans les expériences de physique et de chimie, lorsqu'on n'y considère que des pressions peu considérables, comme c'est le cas ordinaire.

155. Conséquences de la loi de Mariotte. — Dans l'expérience du tube de Mariotte, la masse d'air renfermée dans le tube restant la même, sa densité devient nécessairement d'autant plus grande, que son volume est réduit davantage ; d'où l'on déduit, comme conséquence de la loi de Mariotte, le principe suivant, qui n'en est qu'un autre énoncé : *Pour une même température, la densité d'un gaz est proportionnelle à la pression qu'il supporte.* Par exemple, sous la pression ordinaire de l'atmosphère, la densité de l'air étant 773 fois moindre que celle de l'eau (130), sous une pression de 773 atmosphères, l'air aurait la même densité que l'eau, si, à une telle pression, il était encore gazeux ; ce qu'on ignore.

On peut encore énoncer la loi de Mariotte, en disant que, pour une masse de gaz donnée, prise à la même température, *le produit du volume par la pression est constant.*

En effet, soient V le volume à la pression P, et V' le volume à la pression P'; d'après la loi de Mariotte, on a $\dfrac{V}{V'} = \dfrac{P'}{P}$, d'où $VP = V'P'$.

156. Problèmes sur la loi de Mariotte. — I. Un vase à parois compres-·
sibles contient 4^{lit},3 d'air, la pression étant 0^m,74; quel serait le volume d'air à
la pression 0^m,76, la température restant la même?

Le volume d'air étant 4^{lit},3 à la pression 0^m,74, il serait, d'après la loi de Mariotte, 74 fois plus grand à la pression 0^m,01, ou 4^{lit},3 × 74 ; et, d'après la même
loi, il sera 76 fois plus petit à la pression 0^m,76, c'est-à-dire

$$\frac{4,3 \times 74}{76} = 4^{lit},186.$$

II. On a 20 litres de gaz sous la pression d'une atmosphère : à quelle pression
en atmosphères, doit être soumis ce volume pour se réduire à 8 litres?

Pour réduire le volume de 20 litres à un seul, il faudrait, d'après la loi de
Mariotte, une pression 20 fois plus grande, ou 20 atmosphères ; pour l'amener
ensuite d'un seul litre à 8, il faut une pression 8 fois plus petite, c'est-à-dire,
$\frac{20}{8} = 2$ atmosphères $\frac{1}{2}$.

III. Un litre d'air pèse 1^{gr},293 à zéro et sous la pression 76^c de mercure ; quel
serait le poids, à volume égal, de V litres d'air à la pression H?

Un litre d'air, pesant 1^{gr},293 à la pression 76^c, pèse $\frac{1^{gr},293}{76}$ à la pression 1^c,
et $\frac{1^{gr},293 \times H}{76}$ à la pression H ; donc le poids P de V litres, à zéro et à la pression H, est $P = \frac{1^{gr},293 \times H \times V}{76}$.

IV. La densité d'un gaz est d à la pression barométrique H ; quelle sera sa
densité d' à la pression 0^m,76?

Les densités des gaz, comme leurs poids, étant directement proportionnelles
aux pressions, on a $\frac{d'}{d} = \frac{0^m,76}{H}$, d'où $d' = \frac{d \times 0,76}{H}$.

157. Manomètres. — On donne le nom de *manomètres* à des
instruments destinés à mesurer la tension des gaz et des vapeurs.
On distingue le *manomètre à air libre*, le *manomètre à air comprimé* et le *manomètre métallique*.

Dans ces différents genres de manomètres, l'unité de mesure
qu'on a choisie est la pression atmosphérique, lorsque le baromètre
est à 0^m,76. On a vu (139) que cette pression, sur un centimètre
carré, équivaut au poids de 1^{kil},033^{gr}; par conséquent, si l'on dit
d'un gaz qu'il a une tension de 2, de 3 atmosphères, cela signifie
que sa tension ferait équilibre au poids d'une colonne de mercure
de deux fois, trois fois 76 centimètres de hauteur; ou, en d'autres
termes, qu'il exerce, sur chaque centimètre carré des parois qui le
contiennent, une pression égale à deux fois ou trois fois le poids
de 1^{kil},033^{gr}.

158. Manomètre à air libre. — Le *manomètre à air libre*
consiste en un tube de cristal BD (fig. 145) recourbé et soudé à la
partie inférieure d'un réservoir A, de même matière. A la partie
supérieure de celui-ci est soudé un second tube C, qui se rend au
récipient fermé qui contient le gaz ou la vapeur dont on veut me-

-surer la tension. Le réservoir A est rempli de mercure, et le tout
est fixé sur une longue planchette de bois qu'on établit verticalement.

Pour graduer le manomètre, on laisse l'orifice C communiquer

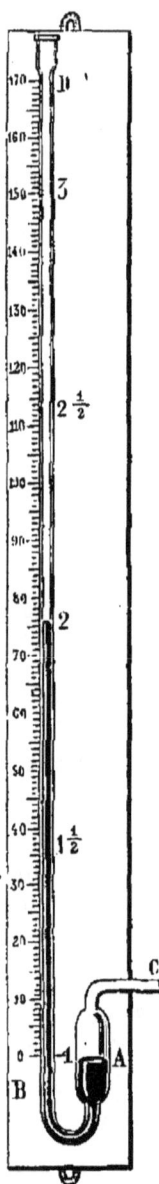

avec l'atmosphère, et, au niveau où le mercure
s'arrête alors dans le tube de cristal, on marque
le chiffre 1, c'est-à-dire une atmosphère ; puis,
à partir de ce point, de 76 en 76 centimètres,
on marque les chiffres 2, 3, 4, 5, 6, qui indiquent le même nombre d'atmosphères, puisqu'une colonne de mercure de 76 centimètres
représente une pression atmosphérique. On partage enfin les intervalles de 1 à 2, de 2 à 3,...
en 10 parties égales, qui donnent les dixièmes
d'atmosphère.

Le tube C étant ensuite mis en communica-

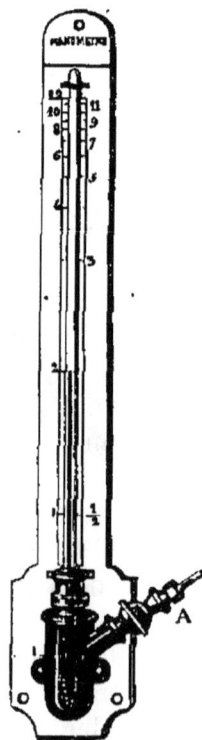

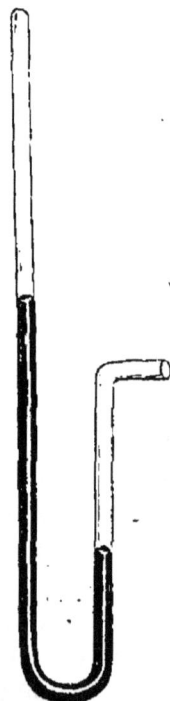

Fig. 115.   Fig. 116.   Fig 117.

tion, par exemple, avec une chaudière à vapeur, le mercure s'élève,
dans le tube BD, à une hauteur qui mesure la tension de la vapeur.
Dans le dessin, le manomètre marque 2 atmosphères, qui sont

représentées par 1 fois la hauteur 76 centimètres, plus la pression atmosphérique qui s'exerce au sommet de la colonne par l'orifice D.

Le manomètre à air libre n'est en usage que pour des pressions qui ne dépassent pas 5 à 6 atmosphères. Au delà, il faudrait donner au tube BD une longueur qui le rendrait fort embarrassant ; on fait alors usage du manomètre suivant.

159. **Manomètre à air comprimé.** — On vient de voir qu'avec le manomètre à air libre, la pression se mesure par la hauteur de la colonne de mercure à laquelle elle fait équilibre. Dans le *manomètre à air comprimé,* la pression se mesure par la réduction de volume qu'elle imprime à une masse donnée d'air. Pour cela, le tube manométrique, qui n'a ici que 60 à 80 centimètres de longueur, est fermé à sa partie supérieure et rempli d'air. A la partie inférieure, il est encore en communication avec un réservoir plein de mercure ; mais, à cause des grandes pressions que l'instrument peut avoir à mesurer, ce réservoir, au lieu d'être de verre, est ordinairement de fer. Une tubulure latérale A (fig. 116) met le manomètre en communication avec le récipient dans lequel est le gaz ou la vapeur dont on doit déterminer la tension. Enfin, à la partie supérieure du réservoir est un orifice dans lequel est solidement mastiqué le tube manométrique, lequel plonge jusqu'au fond du réservoir, comme il est représenté en lignes ponctuées.

Quant à la graduation de ce manomètre, on peut l'obtenir par l'expérience ou par le calcul. On le gradue expérimentalement en comparant sa marche à celle d'un manomètre à air libre. Pour cela, ayant réglé la quantité d'air dans le tube, de manière qu'à la pression d'une atmosphère, le niveau du mercure y soit le même que dans la cuvette, on fait communiquer l'instrument en même temps que le manomètre à air libre auquel on veut le comparer, avec un récipient dans lequel on comprime lentement de l'air au moyen d'une pompe foulante. Le mercure s'élevant alors dans les deux instruments, à mesure que le manomètre à air libre marque successivement 1, 2, 3... atmosphères, on inscrit les mêmes nombres, au niveau du mercure, sur une échelle placée le long du tube manométrique. L'instrument se trouve ainsi gradué avec exactitude, que le tube en soit ou non de même diamètre dans toute sa longueur.

On peut aussi graduer le manomètre à air comprimé par le calcul suivant, qui suppose que le tube est partout de même diamètre. Soit d'abord le cas où le diamètre intérieur de la cuvette est assez grand pour qu'on puisse admettre que le niveau y reste sensiblement constant, lorsque le mercure s'élève dans le tube. Le manomètre étant mis en communication avec un récipient qui contient un gaz comprimé, soient F la tension en centimètres dans ce vase, h la hauteur du tube manométrique à partir du niveau du mercure dans la cuvette, et x la hauteur à laquelle s'élève le mercure par l'effet de la pression F.

La pression extérieure étant d'abord d'une atmosphère, ou 76 centimètres, le volume d'air dans le tube manométrique peut être représenté par h; mais la pression extérieure devenant F, le volume d'air se réduit à $h - x$; il est donc alors plus comprimé, et acquiert une tension f qu'on calcule d'après la loi de Mariotte, en posant

$$\frac{f}{76} = \frac{h}{h - x}, \quad \text{d'où} \quad f = \frac{76\,h}{h - x}.$$

Or, F faisant équilibre à la colonne de mercure x et à l'élasticité f de l'air comprimé, on a $F = \frac{76\,h}{h - x} + x$ [1]; d'où l'on tire les deux valeurs

$$x' = \frac{(F + h) + \sqrt{(F + h)^2 - 4h\,(F - 76)}}{2}, \quad [2]$$

$$x'' = \frac{(F + h) - \sqrt{(F + h)^2 - 4h\,(F - 76)}}{2}. \quad [3]$$

La seconde est la seule qui satisfasse à la question, car en y faisant $F = 76$, il vient $x'' = 0$, ce qui est exact; tandis qu'en donnant la même valeur à F dans l'équation [2], on trouve $x' = h + 76$, valeur impossible, puisque x est nécessairement $< h$. En posant successivement $F = 2.76$, $F = 3.76...$, dans l'équation [3], on obtient les hauteurs auxquelles on doit inscrire, sur l'échelle, les nombres 2, 3, 4,.... atmosphères, à partir du niveau dans la cuvette.

Si actuellement on veut tenir compte de la dépression du mercure dans la cuvette, soient x' cette dépression, R le rayon intérieur de la cuvette, r celui du tube manométrique, et x l'ascension du mercure dans ce dernier, l'ascension et la dépression du mercure étant en raison inverse des sections du tube et de la cuvette, ou, ce qui est la même chose, en raison inverse des carrés des rayons de ces mêmes sections, on a

$$\frac{x'}{x} = \frac{r^2}{R^2}, \quad \text{d'où} \quad x' = \frac{r^2 x}{R^2}.$$

Cela posé, la différence de niveau dans le tube et dans la cuvette étant actuellement $x + x'$, la tension F fait équilibre à une colonne de mercure $x + x'$, plus à la force élastique de l'air comprimé dans le tube, laquelle est encore $\frac{76\,h}{h - x}$. On a donc $F = x + x' + \frac{76\,h}{h - x}$. En remplaçant x' par sa valeur et réduisant,

$$F = \frac{(R^2 + r^2)\,x}{R^2} + \frac{76\,h}{h - x}. \quad [4]$$

Dans le cas où le manomètre consisterait simplement en un tube recourbé, fermé à son extrémité supérieure et contenant du mercure (fig. 117), on aurait $R = r$, et alors la formule [4] devient

$$F = 2x + \frac{76\,h}{h - x}. \quad [5]$$

160. Manomètre barométrique de M. Regnault. — Pour mesurer les tensions moindres que la pression atmosphérique, M. Regnault a adopté un manomètre qui n'est qu'une modification de son baromètre fixe déjà décrit (143). A côté du tube barométrique est un second tube a d'égal diamètre, plongeant dans la même cu-

vette (fig. 118). Ce tube, ouvert à ses deux bouts, est en communication à sa partie supérieure avec une tubulure à trois branches
m, laquelle communique d'une part avec une machine pneumati-

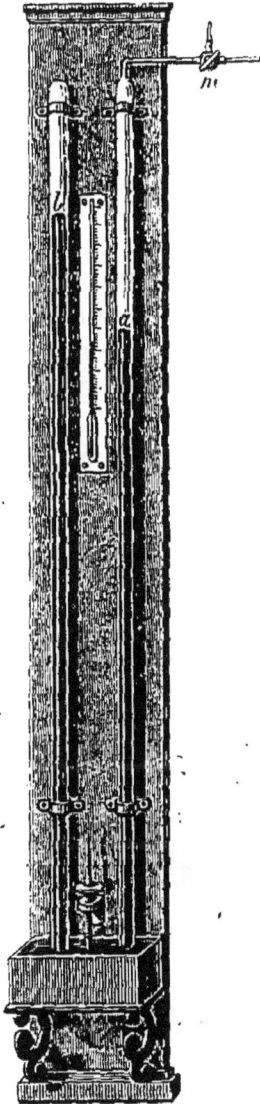

que, de l'autre avec l'appareil où l'on veut
faire le vide. Plus la raréfaction est poussée
loin dans celui-ci, plus le mercure s'élève
dans le tube *a;* en sorte que c'est la différence de niveau dans les tubes *b* et *a* qui
fait connaître la tension. Il n'y a donc qu'à
mesurer la hauteur *ab* à l'aide du cathétomètre, pour avoir avec précision la force
élastique du gaz ou de la vapeur dans l'appareil où l'on fait le vide. Cet appareil se
désigne aussi sous le nom de *baromètre
différentiel*.

161. Manomètre de Bourdon. — Cet
instrument, qui est entièrement métal-

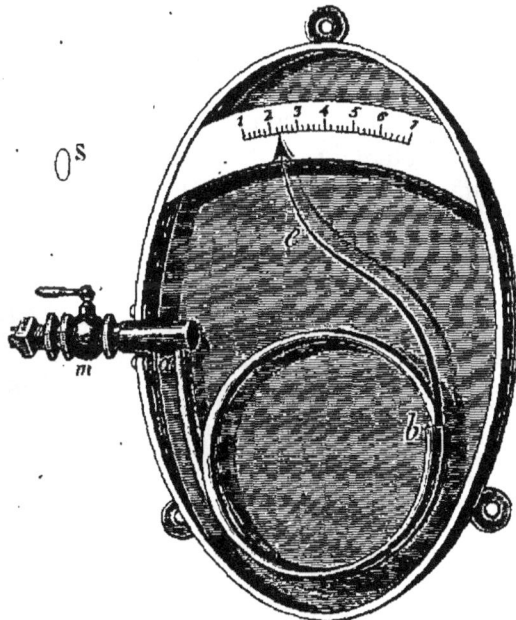

Fig. 118.

Fig. 119 (h = 26).

lique et sans mercure, est construit d'après le principe suivant,
fondé sur la déformation qu'éprouvent les tubes par la pression.
Lorsqu'un tube à parois flexibles et légèrement aplaties sur elles-
mêmes est enroulé en spirale, dans le sens de son plus petit diamètre, *toute pression intérieure sur les parois a pour effet de*

dérouler le tube ; et, au contraire, toute pression extérieure a
pour effet de l'enrouler davantage.

D'après ce principe, le baromètre de Bourdon se compose d'un
tube de laiton recourbé, long de 0ᵐ,70, dont les parois sont minces
et flexibles (fig. 149). Sa section, qui est représentée en S sur la
gauche de la figure, est une ellipse dont le grand axe est de 11 millimètres et le petit de 4. L'extrémité *a*, qui est ouverte, est fixée à
une tubulure à robinet *m*, destinée à mettre l'appareil en communication avec une chaudière à vapeur. L'extrémité *b* est fermée
et libre, ainsi que tout le reste du tube.

Le robinet *m* étant ouvert, la pression qui se produit, en vertu
de la tension de la vapeur, sur l'intérieur des parois du tube, le
fait se dérouler. L'extrémité *b* est alors entraînée de gauche à
droite, et avec elle une longue aiguille *e*, qui indique sur un cadran la tension de la vapeur en atmosphères. Ce cadran se gradue
d'avance comparativement à un manomètre à air libre, en faisant
marcher l'appareil avec de l'air comprimé.

162. Baromètre métallique de Bourdon. — Cet appareil se
compose d'un tube semblable
à celui du manomètre ci-dessus,
mais moins long, hermétiquement fermé, et fixé seulement
en son milieu (fig. 120), en
sorte que, le vide y ayant été
fait d'avance, toutes les fois que
la pression atmosphérique diminue, ce tube se déroule en vertu
du principe énoncé plus haut
(161). Le mouvement se communique ensuite à une aiguille
qui indique la pression sur un
cadran. Quant à la transmission
de mouvement, elle a lieu au
moyen de deux petits fils métalliques *b* et *a*, qui lient les extrémités du tube à un levier fixé

Fig. 120 (h = 10).

à l'axe de l'aiguille. Si, au contraire, la pression augmente, le tube
se ferme sur lui-même, et c'est un petit ressort en spirale *c* qui
ramène alors l'aiguille de gauche à droite au-dessus du cadran. Ce
baromètre est d'un très-petit volume et très-sensible.

163. Lois des mélanges des gaz. — On a vu, dans les mélanges
des liquides, que ceux-ci tendent à se séparer, et ne peuvent ensuite demeurer en équilibre que lorsqu'ils sont superposés par

ordre de densités croissantes de haut en bas (89), la surface de séparation des différents liquides étant horizontale. Les gaz, en vertu de leur force expansive, présentent, lorsqu'on les mélange, d'autres conditions d'équilibre, qui sont les deux suivantes :

1° *Le mélange, qui s'opère toujours rapidement, est homogène et persistant, en sorte que toutes les parties du volume total contiennent la même proportion de chacun des gaz mélangés, quelle que soit leur densité.*

2° *La température étant constante, la force élastique du mélange est toujours égale à la somme des forces élastiques des gaz mélangés, rapportés chacun au volume total, d'après la loi de Mariotte.*

Cette seconde loi peut encore s'énoncer en disant que, *dans un mélange de plusieurs gaz, la pression exercée par chacun d'eux est la même que s'il était seul.*

La première loi est une conséquence de l'extrême porosité des gaz et de leur force expansive. Elle a été démontrée,

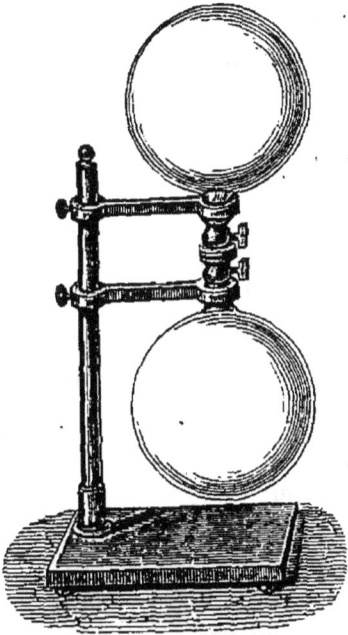

Fig. 121.

pour la première fois, par le chimiste français Berthollet, au moyen de l'appareil représenté dans la figure 121, lequel se compose de deux ballons de verre munis chacun d'un robinet et vissés l'un sur l'autre. Le ballon supérieur était rempli d'hydrogène, dont la densité est 0,0692, et l'autre de gaz acide carbonique, dont la densité est 1,529, c'est-à-dire 22 fois plus grande. L'appareil fut placé dans les caves de l'Observatoire, pour le préserver de toute agitation et des variations de température. Les robinets ayant été ouverts, l'acide carbonique, malgré son excès de poids, passa en partie dans le ballon supérieur, et, au bout de peu de temps, on constata que les deux ballons contenaient des proportions égales d'hydrogène et d'acide carbonique. Soumis à la même expérience, tous les gaz qui n'ont pas entre eux d'action chimique donnent le même résultat, et l'on remarque que le mélange s'opère d'autant plus rapidement, que la différence des densités est plus grande.

La deuxième loi est une conséquence de la loi de Mariotte. Pour la vérifier, soient v, v', v'', les volumes de trois gaz sans action chimique les uns sur les autres, f, f', f'', leurs tensions respectives, et V le volume du vase dans lequel on les mélange. Le premier gaz, passant du volume v au volume V, acquiert une élasticité x telle, que, d'après la loi de Mariotte, on a $\frac{x}{f} = \frac{v}{V}$, d'où $x = \frac{fv}{V}$. De même, la pression du second gaz devient $\frac{f'v'}{V}$, et celle du troisième $\frac{f''v''}{V}$. En représentant par F la somme de ces trois forces élastiques, on a

$$F = \frac{fv + f'v' + f''v''}{V} ; \quad [1]$$

telle doit donc être aussi la force élastique du mélange. En effet, supposons que le vase dans lequel on a fait passer les trois gaz soit une cloche graduée pleine de mercure, assez grande pour qu'ils ne la remplissent pas tout à fait ; en représentant par h la hauteur du mercure qui reste encore dans la cloche après qu'on y a fait passer les gaz, et par H la hauteur barométrique au moment de l'expérience, H — h sera la pression supportée par le mélange dans la cloche. Or, la température restant constante, on observe toujours que la valeur de H — h est la même que celle de F obtenue par la formule [1] ci-dessus ; ce qui vérifie la loi.

Dans le cas où $f = f' = f''$, et où $V = v + v' + v''$, on a

$$F = \frac{f(v + v' + v'')}{v + v' + v''} = f.$$

C'est-à-dire que la pression du mélange est la même que celle des gaz avant d'être mélangés ; c'est ce qui avait lieu dans l'expérience de Berthollet.

La seconde loi du mélange des gaz est connue sous le nom de *loi de Dalton*, physicien anglais, qui, le premier, l'a fait connaître.

Les mélanges gazeux sont soumis à la loi de Mariotte de même que les gaz simples ; c'est ce qui a été déjà constaté pour l'air (153), qui est un mélange d'azote et d'oxygène.

164. Lois des mélanges des gaz et des liquides. — L'eau et plusieurs liquides sont doués de la propriété de se laisser pénétrer par les gaz. Mais, dans les mêmes conditions de température et de pression, un même liquide n'absorbe pas des quantités égales de gaz différents. Par exemple, à la température moyenne de 10 degrés et à la pression 0m,76, l'eau dissout 25 millièmes de son volume d'azote, 46 millièmes du même volume d'oxygène, un volume égal au sien d'acide carbonique, et 450 fois son volume de gaz ammoniac. Le mercure paraît se refuser entièrement à la pénétration des gaz.

L'expérience démontre que les mélanges des gaz et des liquides sont soumis aux trois lois suivantes :

1° *Pour un même gaz, un même liquide et une même température, le poids de gaz absorbé est proportionnel à la pression,* ce qui revient à dire qu'à toutes les pressions, le volume dissous est le même ; ou encore que la densité du gaz absorbé est dans un rapport constant avec celle du gaz extérieur non absorbé.

2° *La quantité de gaz absorbée est d'autant plus grande, que la température est plus basse,* c'est-à-dire que la force élastique du gaz est moindre.

3° *La quantité de gaz qu'un liquide peut dissoudre est in-*

*dépendante de la nature et de la quantité des autres gaz qu'il
tient déjà en dissolution.*

En effet, si, au lieu d'un seul fluide élastique, l'atmosphère supérieure au liquide en contient plusieurs, on trouve que chacun de
ces gaz, quel qu'en soit le nombre, se dissout dans la même proportion que s'il était seul, en tenant compte toutefois de la pression
qui lui est propre. Par exemple, l'oxygène ne formant sensiblement
que $\frac{1}{5}$ de l'air, l'eau, dans les conditions ordinaires, absorbe précisément la même quantité d'oxygène que si l'atmosphère était tout
entière formée de ce gaz, sous une pression égale à $\frac{1}{5}$ de celle de
l'atmosphère.

D'après la première loi, lorsque la pression diminue, la quantité
de gaz dissoute doit décroître. C'est ce qu'on vérifie en plaçant une
dissolution gazeuse sous la cloche de la machine pneumatique et en
faisant le vide; on voit le gaz obéir à sa force expansive et se dégager en bulles. On obtient le même effet par l'élévation de température, car la force élastique du gaz dissous augmente; ou encore,
lorsque la dissolution gazeuse est placée dans une atmosphère indéfinie qui ne contient pas les gaz en dissolution. En effet, ceux-ci
se dégagent alors comme ils le feraient dans le vide, la pression
exercée par des gaz autres que ceux déjà dissous étant sans effet.

165. Coefficient d'absorption. — On nomme *coefficient d'absorption* ou *de solubilité* d'un gaz par rapport à un liquide, *le rapport du volume de gaz qui se dissout au volume du liquide,* le
gaz et le liquide étant à la température de zéro, et le volume du
gaz absorbé étant ramené à la pression qu'il exerce sur le liquide.

Le coefficient d'absorption varie avec les gaz et les liquides,
mais pour un même gaz et un même liquide, si la température est
constante, il est invariable, quelle que soit la pression. Toutefois, si
le volume du gaz absorbé est constant, il n'en est pas de même de
son poids, qui est toujours proportionnel au coefficient d'absorption du gaz, à sa densité et à la pression.

166. **Problème sur les mélanges des gaz et des liquides.** — Comme
application de la première loi des mélanges des gaz et des liquides, soit proposé
de calculer quelle est la composition, en volume, de l'air en dissolution dans l'eau,
à la température moyenne de 10 degrés, le coefficient d'absorption de l'oxygène à
cette température étant 0,046, et celui de l'azote 0,025. Pour cela, soit H la pression atmosphérique, l'air contenant, sur 100 parties en volume, 21 parties d'oxygène et 79 d'azote, la pression de l'oxygène, considéré seul, est $\frac{21H}{100}$, et celle de
l'azote $\frac{79H}{100}$. Les volumes de ces deux gaz contenus dans l'eau sont donc entre
eux comme les produits $\frac{21H}{100} \times 0,046$ et $\frac{79H}{100} \times 0,025$; ou, en effectuant les calculs et simplifiant, comme les nombres 966 et 1975. Or, la somme de ces deux

nombres étant 2941, si l'on représente par x le volume d'oxygène contenu dans 100 parties d'air dissous, on a $\frac{x}{100} = \frac{966}{2941}$, d'où $x = 32,84$. L'air dissous dans l'eau est donc beaucoup plus riche en oxygène que l'air atmosphérique, puisqu'il en contient près de 33 pour 100.

167. Équilibre des fluides dont les diverses parties n'ont pas la même densité. — L'équilibre ne peut exister dans une masse fluide, soit liquide, soit gazeuse, qu'autant que la pression étant la même sur tous les points de chaque tranche horizontale (84), il en est de même de la densité; autrement, les parties les moins denses s'élèvent dans la masse fluide, à la manière des corps flottants (98), et les plus denses s'abaissent. Par conséquent, pour qu'une masse fluide demeure en équilibre, il faut : 1° que *la densité soit la même pour tous les points d'une couche horizontale ;* 2° pour que l'équilibre soit stable, *les couches fluides doivent être disposées par ordre de densités croissantes de haut en bas* (89).

Or, les gaz et les liquides étant très-dilatables par l'action de la chaleur, leur densité décroît quand la température augmente ; par conséquent, la deuxième condition ci-dessus ne peut être satisfaite, pour les liquides du moins, qu'autant que les couches inférieures sont plus froides que les couches supérieures. Mais pour les gaz, qui sont très-compressibles, il n'est pas nécessaire que les couches supérieures soient plus chaudes que les couches inférieures ; car ces dernières, étant plus comprimées, tendent à être plus denses. Il suffit donc que la densité augmente plus par l'effet de la pression dans les couches inférieures qu'elle ne décroît par l'élévation de la température : c'est ce qui a lieu, en général, dans l'atmosphère.

Les courants qui naissent dans une masse fluide par l'effet des différences de densité dues aux différences de température d'une couche à l'autre, ont reçu leur application dans le tirage des cheminées et dans les appareils de chauffage par circulation d'eau chaude. Nous donnerons ces applications après avoir fait connaître la dilatation des liquides et des gaz.

CHAPITRE III.

PRESSIONS SUPPORTÉES PAR LES CORPS PLONGÉS DANS L'AIR, AÉROSTATS.

168. Principe d'Archimède appliqué aux gaz. — On a déjà vu (132) que les mêmes raisonnements qui ont conduit au principe d'Archimède pour les liquides sont, mot à mot, applicables aux gaz ; d'où l'on conclut que *tout corps plongé dans l'atmosphère y perd une partie de son poids égale au poids de l'air qu'il déplace.*

Cette perte de poids dans l'air se démontre au moyen du *baro-scope.* On nomme ainsi un appareil qui consiste en un fléau de balance portant à l'une de ses extrémités une petite masse de plomb *b,* et à l'autre une sphère de cuivre creuse *a,* dont le volume est environ d'un demi-décimètre cube (fig. 122). Dans l'air les deux corps se font équilibre ; mais si l'on place l'appareil sous le récipient de la machine pneumatique, et si l'on fait le vide, on voit le fléau incliner vers la grosse sphère, ainsi que le montre la figure ci-contre, ce qui indique qu'en réalité elle pèse

Fig. 122 (h = 20).

plus que la petite masse de plomb ; car actuellement elles ne supportent l'une et l'autre aucune pression, et n'obéissent qu'à la pesanteur. Donc, dans l'air, la sphère perdait une certaine partie de son poids. Si l'on veut vérifier, à l'aide du même appareil, que cette perte est bien égale au poids de l'air déplacé, on mesure le volume de la sphère, que nous supposerons égal à un demi-litre. Le poids d'un pareil volume d'air étant $0^{gr},65$ (129), on attache à la petite masse de plomb un poids égal : l'équilibre, qui avait lieu auparavant dans l'air, est alors rompu ; mais dans le vide il se rétablit.

Le principe d'Archimède étant vrai pour les corps plongés dans l'air, on peut leur appliquer tout ce qui a été dit des corps plongés dans les liquides (98) ; c'est-à-dire que lorsqu'un corps est plus pesant que l'air, il tombe, en vertu de l'excès de son poids sur la poussée du fluide. S'il est de même densité que l'air, son poids et la poussée de bas en haut se font équilibre, et le corps flotte dans l'atmosphère. Enfin, si le corps est moins dense que l'air, c'est la poussée qui l'emporte, et le corps s'élève dans l'atmosphère jusqu'à ce qu'il rencontre des couches d'air de même densité que lui. La force d'ascension est alors égale à l'excès de la poussée sur le poids du corps. Telle est la cause qui fait que, la fumée, les vapeurs, les nuages, les aérostats, s'élèvent dans l'atmosphère.

169. **Correction des pesées faites dans l'air.** — On vient de voir que les corps perdent dans l'air une partie de leur poids égale au poids de l'air qu'ils déplacent; par suite, lorsqu'on pèse un corps dans une balance, ce n'est pas son poids réel, c'est-à-dire dans le vide, qu'on obtient, mais seulement son poids apparent; à moins toutefois que le volume du corps ne soit précisément le même que celui des poids gradués qui lui font équilibre, car alors il y a perte égale des deux côtés.

Pour déduire du poids apparent d'un corps son poids réel, soient p son poids réel en kilogrammes, et d sa densité; $\frac{p}{d}$ sera le volume du corps en litres, d'après la formule connue $P = VD$ (107); et le poids d'un litre d'air étant $0^k,001293$, celui de l'air déplacé par le corps est $0^k,001293 \times \frac{p}{d}$. Donc son poids apparent est

$$p - 0^k,001293 \times \frac{p}{d} = p \left(1 - \frac{0^k,001293}{d} \right).$$

En représentant par P les poids gradués qui font équilibre au corps, par D la densité de leur substance, on trouvera de même que leur poids apparent est $P \left(1 - \frac{0^k,001293}{D} \right)$. Mais ces deux poids apparents sont égaux; donc on a

$$p \left(1 - \frac{0^k,001293}{d} \right) = P \left(1 - \frac{0^k,001293}{D} \right),$$

équation qui donne la valeur de p.

Dans la solution de ce problème, on a supposé la pesée faite à zéro et à la pression $0^m,76$. Pour résoudre la question dans toute sa généralité, on doit tenir compte non-seulement des variations de température et de pression, mais même de la vapeur d'eau contenue dans l'atmosphère, car elle modifie le poids de l'air déplacé. Cette rigueur dans les pesées n'est pas indispensable quand on pèse des corps très-lourds, comme des métaux, mais elle le devient quand on pèse des gaz ou des vapeurs; aussi cette question sera-t-elle reprise quand on aura vu la dilatation des gaz (295).

AÉROSTATS.

170. **Invention des aérostats.** — Les *aérostats,* ou *ballons,* sont des globes d'étoffe légère et imperméable, qui, remplis d'air chaud ou de gaz hydrogène, s'élèvent dans l'atmosphère en vertu de leur légèreté relative.

L'invention des aérostats est due aux frères Étienne et Joseph Montgolfier, fabricants de papier dans la petite ville d'Annonay, où le premier essai eut lieu le 5 juin 1783. Ce premier ballon était un globe de toile doublé de papier, ayant 36 mètres de circonférence et pesant 250 kilogrammes. Ouvert à la partie inférieure, il fut gonflé d'air chaud, en brûlant au-dessous du papier, de la laine, de la paille mouillée.

« A cette nouvelle, écrivait l'académicien Lalande, nous dîmes tous : Cela doit être ; comment n'y a-t-on pas pensé ? » On y avait bien pensé ; mais il y a loin de la conception d'une idée à sa réalisation. Black, professeur de physique à Édimbourg, avait annoncé dans ses cours, en 1767, qu'une vessie remplie d'hydrogène s'élèverait naturellement dans l'atmosphère, mais il ne fit jamais l'expérience, la regardant comme purement amusante. Enfin, Cavallo, en 1782, avait communiqué à la Société royale de Londres des expériences qu'il avait faites, et qui consistaient à remplir d'hydrogène des bulles de savon qui s'élevaient d'elles-mêmes dans l'atmosphère, le gaz qui les remplissait étant plus léger que l'air.

. Quoi qu'il en soit, les frères Montgolfier ne connaissaient pas l'expérience de Cavallo, ni celle de Black, lorsqu'ils firent leur découverte. Comme ils employèrent exclusivement l'air chaud pour remplir leur ballon, on a donné le nom de *montgolfières* aux ballons à air chaud, pour les distinguer des aérostats à hydrogène, les seuls usités aujourd'hui.

Charles, professeur de physique à Paris, mort en 1823, substitua le gaz hydrogène à l'air chaud. Le 27 août 1783, un ballon ainsi gonflé fut lancé au Champ de Mars. « Jamais, écrit Mercier, leçon de physique ne fut donnée devant un auditoire plus nombreux et plus attentif. »

Le 21 novembre de la même année, Pilâtre de Rozier entreprit, en compagnie du chevalier d'Arlandes, le premier voyage aérien avec un ballon libre à air chaud. L'ascension eut lieu dans le jardin de la Muette, près du bois de Boulogne. Les aéronautes entretenaient au-dessous du ballon un feu de paille mouillée pour maintenir la dilatation de l'air intérieur : le feu pouvait donc se communiquer à chaque instant à l'enveloppe.

Dix jours après, dans le jardin des Tuileries, Charles et Robert répétaient la même expérience avec un ballon à gaz hydrogène.

Le 7 janvier 1785, Blanchard, en compagnie du Dr Jeffries, fit, le premier, la traversée de Douvres à Calais. Les deux aéronautes n'atteignirent les côtes de France qu'à grand'peine, et après avoir jeté à la mer jusqu'à leurs vêtements pour rendre le ballon plus léger.

Depuis, un nombre considérable d'ascensions ont été exécutées. Celle que fit Gay-Lussac, en 1804, fut la plus remarquable par les faits dont elle a enrichi la science, et par la hauteur qu'atteignit le célèbre physicien, hauteur qui fut de 7046 mètres au-dessus du niveau des mers. Depuis, M. Green s'est élevé plus haut encore. A·

cette hauteur, le baromètre était descendu à 32 centimètres, et le thermomètre centigrade, qui marquait 31 degrés à la surface du sol, était alors à 9°,5 au-dessous de zéro. Une ascension récente a donné, pour la même hauteur, une température encore plus basse.

Dans ces hautes régions, la sécheresse était telle le jour de l'ascension de Gay-Lussac, en juillet, que les substances hygrométriques, telles que le papier, le parchemin, se desséchaient et se tordaient, comme si on les eût présentées au feu. La respiration et la circulation du sang s'accélèrent à cause de la grande raréfaction de l'air : Gay-Lussac a constaté que son pouls faisait alors 120 pulsations, au lieu de 66, qui était son état normal. A cette grande hauteur, le ciel prend une teinte bleue très-foncée, tirant sur le noir, et un silence absolu et solennel entoure l'aéronaute.

Parti de la cour du Conservatoire des arts et métiers, Gay-Lussac descendit auprès de Rouen, au bout de six heures, ayant fait environ trente lieues.

Une ascension remarquable est celle que firent à Londres, en 1862, M. Coxwell, aéronaute, et M. Glaisher, savant météorologiste de l'observatoire de Greenwich.

A la hauteur de 9 200 mètres, la raréfaction de l'air devint telle, et le froid si intense, que M. Glaisher surtout tomba en faiblesse, ne pouvant soutenir ni ses bras ni sa tête, ne distinguant plus ses instruments et ayant perdu l'usage de la parole. M. Coxwell, qui avait conservé plus de force, put encore observer le baromètre et le thermomètre, et si, dans un pareil moment, ses observations ont pu être rigoureuses, le ballon avait atteint la hauteur de 10 460 mètres, et le thermomètre était descendu à — 27 degrés. Voici les températures observées par les deux aéronautes :

	m			m	
A	3 000	0°	A	8 000	— 19°
	4 800	— 8		8 850	— 21
	6 400	— 13		10 460	— 27

171. Construction, remplissage et ascension des aérostats. — L'enveloppe des aérostats est formée de longs fuseaux de taffetas cousus ensemble et enduits d'un vernis au caoutchouc qui rend le tissu imperméable. Au sommet du ballon est une soupape que maintient fermée un ressort, et que l'aéronaute peut ouvrir à volonté, à l'aide d'une corde. Une légère nacelle d'osier, dans laquelle peuvent se placer plusieurs personnes, pend au-dessous du ballon, soutenue par un filet de corde qui enveloppe celui-ci en entier (fig. 123 et 124).

Un ballon de dimension ordinaire, pouvant enlever facilement

trois personnes, a environ 15 mètres de hauteur, 11 mètres de diamètre, et son volume, quand il est gonflé complétement, est de près
de 700 mètres cubes. L'enveloppe pèse 100 kilogrammes, et les
accessoires, tels que filet, nacelle, 50 kilogrammes.

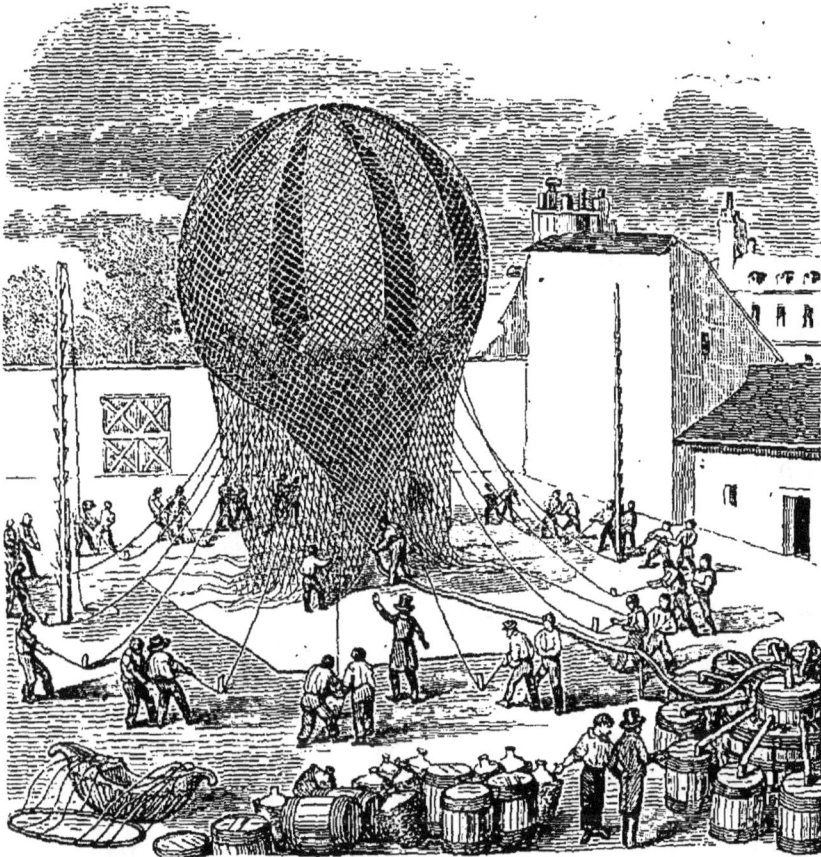

Fig. 123 (h = 15ᵐ).

Le ballon l'*Aigle*, construit récemment par M. Eugène Godard,
a un volume de 14 000 mètres cubes. Son poids, y compris tous
ses accessoires, est de 1 296 kilogrammes.

On gonfle les ballons, soit avec l'hydrogène pur, soit avec l'hydrogène carboné qui sert à l'éclairage. Bien que ce dernier gaz soit
plus dense que le premier, on l'emploie généralement aujourd'hui,
parce qu'on l'obtient plus facilement et à meilleur compte que l'hydrogène pur. Il suffit, en effet, de le faire arriver de l'usine à gaz
la plus voisine jusqu'à l'aérostat, au moyen d'un conduit de toile
gommée.

La figure 123 représente un ballon gonflé d'hydrogène pur. Sur
la droite du dessin est une suite de tonneaux dans lesquels sont des

copeaux de fer, de l'eau et de l'acide sulfurique, substances nécessaires pour la préparation de l'hydrogène. De chaque tonneau le

gaz se rend sous un tonneau
central, défoncé à la partie
inférieure et plongeant dans
une cuve remplie d'eau. Le
gaz, après s'être lavé dans
cette eau, se rend dans l'aérostat par un long tube de toile,
fixé par un bout au tonneau
central, et par l'autre à l'aérostat.

Pour faciliter l'introduction du gaz dans le ballon,
on dresse deux mâts; à leur
sommet sont des poulies sur
lesquelles s'enroule une
corde qui passe dans un anneau fixé à la couronne de
la soupape. Par ce moyen,
l'aérostat étant d'abord soulevé d'un mètre environ au-
dessus du sol, on fait arriver
le gaz; puis, à mesure que
le ballon se remplit, on le
soulève un peu plus haut, en
ayant soin de l'aider à se dé-
ployer, et cela jusqu'à ce
qu'il n'ait plus besoin de
tutelle. Mais il faut alors
s'opposer à sa force d'ascension. Pour cela, des hommes
le retiennent au moyen de
cordes fixées au filet. Il ne
reste plus qu'à enlever le
tube qui a servi à conduire
le gaz, et à attacher la nacelle au filet. Ces divers pré-

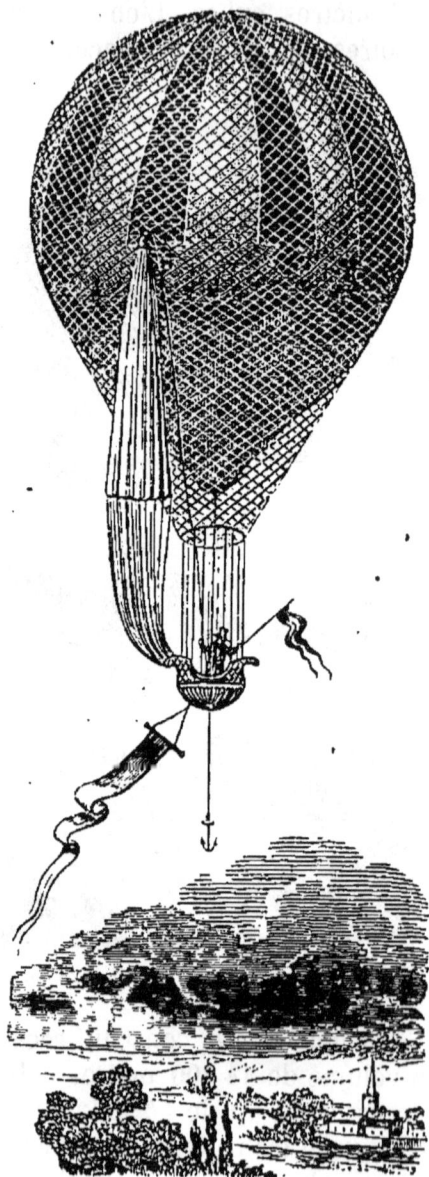

Fig. 124.

paratifs exigent au moins deux heures. L'aéronaute se place enfin
dans la nacelle; au cri de *lâchez tout!* on lâche les cordes, et le
ballon s'élève avec une vitesse d'autant plus grande, qu'il est plus
léger par rapport à l'air déplacé (fig. 124).

Il importe de ne pas gonfler un ballon complétement; car la

pression atmosphérique diminuant à mesure qu'il s'élève, le gaz intérieur se dilate en vertu de sa force expansive, et tend à le faire crever.

Il suffit que la force d'ascension, c'est-à-dire l'excès du poids de l'air déplacé sur le poids total de l'appareil, soit de 4 à 5 kilogrammes. Il est à remarquer que cette force reste constante tout le temps que le ballon n'est pas complétement gonflé par la dilatation du gaz intérieur. En effet, si la pression atmosphérique est devenue, par exemple, deux fois plus petite, le gaz de l'aérostat, d'après la loi de Mariotte, a doublé de volume. Il en résulte que le volume d'air déplacé est lui-même devenu deux fois plus grand; d'ailleurs sa densité est deux fois moindre; donc son poids, et, par suite, la poussée de bas en haut n'ont pas changé. Mais une fois que le ballon est complétement gonflé, s'il continue à s'élever, la force d'ascension décroît; car, le volume d'air déplacé restant le même, sa densité diminue. Il vient donc un moment où la poussée est égale au poids du ballon. Par conséquent, celui-ci ne fait alors que suivre une direction horizontale, emporté par les courants d'air qui règnent dans l'atmosphère.

Ce n'est que d'après les indications du baromètre que l'aéronaute sait s'il monte ou s'il descend. Dans le premier cas, la colonne de mercure s'abaisse; elle s'élève dans le second. C'est à l'aide du même instrument qu'il évalue la hauteur à laquelle il se trouve. Une longue banderole fixée à la nacelle (fig. 124) indique aussi, par la position qu'elle prend au-dessous ou au-dessus de celle-ci, si l'on monte ou si l'on descend.

Lorsque l'aéronaute veut opérer sa descente, il tire la corde qui ouvre la soupape placée à la partie supérieure du ballon; l'hydrogène se mélange alors avec l'air extérieur, et le ballon baisse. Au contraire, pour ralentir la descente, lorsqu'elle est trop rapide, ou pour remonter, si elle s'effectue dans un endroit périlleux, l'aéronaute vide des sacs de toile pleins de sable, dont il a soin de se munir en quantité suffisante. Ainsi allégé, le ballon s'élève de nouveau pour descendre ensuite dans un lieu plus propice. On facilite encore la descente en suspendant par une longue corde une ancre à la nacelle. Une fois que cette ancre est fixée à un obstacle, on s'abaisse lentement en tirant sur la corde.

Les aérostats n'ont pas eu jusqu'ici d'applications importantes. A la bataille de Fleurus, en 1794, on fit usage d'un ballon captif, c'est-à-dire retenu par une corde, dans lequel était un observateur qui faisait connaître par des signaux les mouvements de l'ennemi. Plusieurs ascensions ont aussi été entreprises dans le but de faire des observations météorologiques dans les hautes régions de l'at-

mosphère. Mais les aérostats ne pourront être d'une véritable utilité que le jour où l'on pourra les diriger. Les tentatives faites jusqu'ici dans ce but ont complétement échoué. On n'a aujourd'hui
d'autre ressource que de s'élever dans l'atmosphère jusqu'à ce
qu'on rencontre un courant d'air qui porte plus ou moins dans la
direction qu'on veut suivre.

172. **Parachute.** — Le *parachute* a pour objet de permettre à

Fig. 125.

l'aéronaute d'abandonner son ballon, en lui donnant le moyen de
ralentir la vitesse de la chute. Cet appareil est formé d'une vaste
toile circulaire (fig. 125) d'environ 5 mètres de diamètre, qui, par
l'effet de la résistance de l'air, s'étend en forme d'un vaste para-
pluie, et ne tombe que lentement. Sur le contour sont fixées des
cordes qui soutiennent une nacelle où se place l'aéronaute. Au centre
du parachute est une ouverture par laquelle s'échappe l'air comprimé par l'effet de la descente; autrement il se produit des oscillations qui se communiquent à la nacelle et peuvent être dangereuses.

Dans la figure 124, on voit, sur le côté du ballon, un parachute plié et attaché au filet au moyen d'une corde passant sur une poulie pour venir se fixer à la nacelle. Il suffit de lâcher cette corde pour que le parachute abandonne l'aérostat.

C'est J. Garnerin qui, le premier, descendit en parachute; mais c'est Blanchard qui paraît en être l'inventeur.

173. Calcul du poids que peut enlever un ballon. — Pour calculer le poids que peut enlever un ballon dont les dimensions sont données, supposons-le parfaitement sphérique, et rappelons que les formules qui donnent le volume et la surface de la sphère en fonction du rayon sont $V = \dfrac{4\pi R^3}{3}$, et $S = 4\pi R^2$, π étant le rapport de la circonférence au diamètre et égal à 3,1416. Cela posé, le rayon R étant mesuré en décimètres, soient, en kilogrammes, p le poids du mètre carré du taffetas dont le ballon est formé, P le poids de la nacelle et de ses accessoires, a le poids d'un litre d'air à zéro et à la pression 0,76, et a' le poids d'un litre d'hydrogène dans les mêmes conditions. Le poids total de l'enveloppe, en kilogrammes, est donc représenté par $\dfrac{4\pi R^2 p}{100}$; celui de l'hydrogène par $\dfrac{4\pi R^3 a'}{3}$; et celui de l'air déplacé, par $\dfrac{4\pi R^3 a}{3}$: c'est la poussée. En représentant par X le poids que le ballon peut porter, on a donc

$$X = \frac{4\pi R^3 a}{3} - \frac{4\pi R^3 a'}{3} - \frac{4\pi R^2 p}{100} - P,$$

où

$$X = \frac{4\pi R^3}{3}(a - a') - \frac{4\pi R^2 p}{100} - P.$$

Toutefois, comme on l'a vu ci-dessus, afin que le ballon s'élève, on doit prendre pour X une valeur plus petite de 5 kilogrammes environ que celle obtenue par cette équation. Il y a aussi, en général, des corrections de température et de pression à faire aux poids de l'air et de l'hydrogène; et enfin, dans la pratique, on doit tenir compte de ce que le ballon n'est jamais complètement gonflé au départ, ce qui revient à lui donner un volume moindre que celui calculé par la formule $\dfrac{4\pi R^3}{3}$.

CHAPITRE IV.

APPAREILS FONDÉS SUR LES PROPRIÉTÉS DE L'AIR.

174. Machine pneumatique. — La *machine pneumatique* est un appareil qui sert à faire le vide dans un espace déterminé, ou, plus rigoureusement, à raréfier l'air, car elle ne peut donner le vide absolu.

Cette machine a été inventée par Otto de Guéricke, bourgmestre de Magdebourg, en 1650, peu d'années après l'invention du baromètre. Ce physicien ne donna à sa machine qu'un seul corps de pompe. C'est Hawksbee, physicien anglais, qui, le premier, adopta deux corps de pompe, et rendit ainsi la manœuvre de la machine plus prompte et moins pénible, car les pressions exercées par l'atmosphère sur les deux pistons se faisant équilibre, on n'a à vaincre

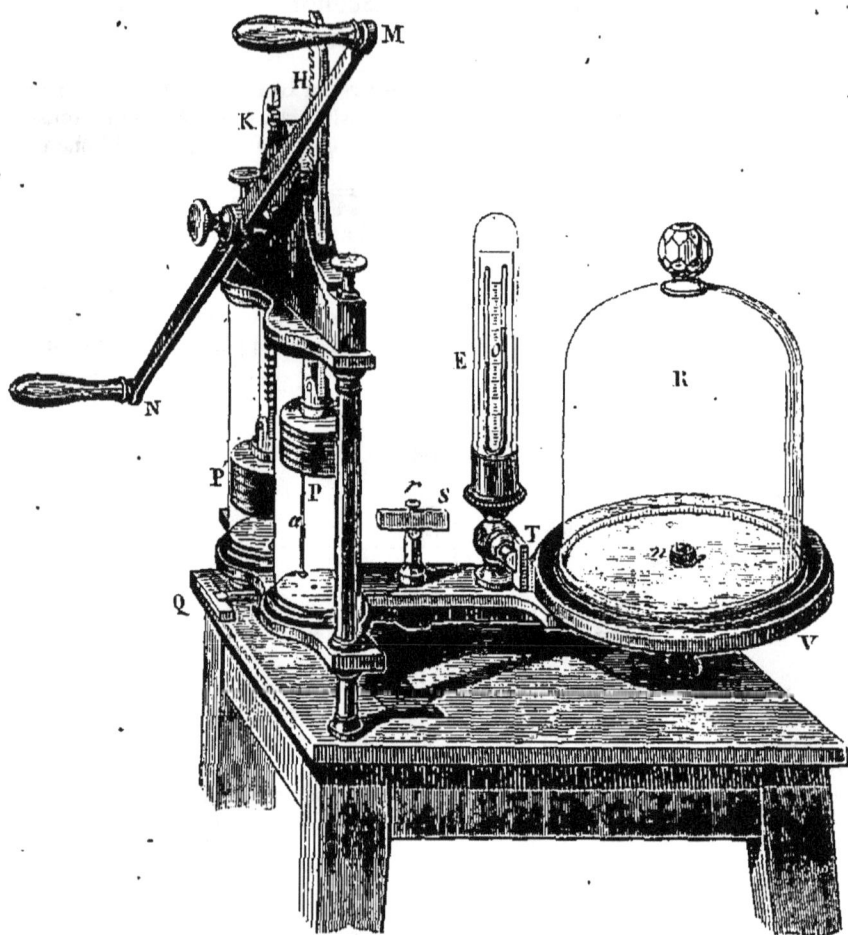

Fig. 126 (h = 70).

que la différence des pressions exercées en dessous des pistons par la tension de l'air qui se trouve dans les corps de pompe.

La figure 126 donne une vue perspective d'une machine pneumatique à deux corps de pompe. Sortie des ateliers de M. Hempel, constructeur à Paris, cette machine diffère, par la disposition des robinets et du double épuisement, de celle que nous avons décrite dans nos précédentes éditions, et le système en est préférable. Les figures 127 à 133 en donnent des coupes et projections suivant différents plans; dans toutes, les mêmes pièces sont désignées par les mêmes lettres.

La machine se compose d'une épaisse plate-forme de laiton VGL
(fig. 127), fixée horizontalement sur une table. A une de ses extrémités sont solidement mastiqués deux cylindres de cristal, dans lesquels sont deux pistons de cuir P, P'; ces cylindres sont les *corps
de pompe.* A l'autre extrémité, la plate-forme se termine par une

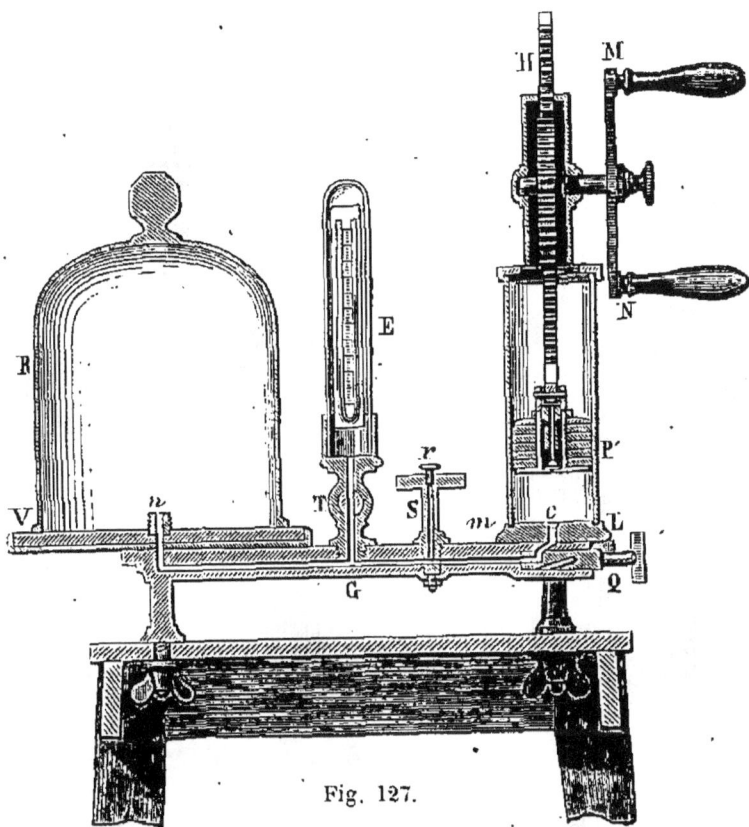

Fig. 127.

platine V, sur laquelle est mastiquée une glace de verre dépolie et
bien dressée. C'est sur celle-ci que se place le *récipient* R, dans
lequel il s'agit de faire le vide. Au centre de la platine est une tubulure *n,* à pas de vis, sur laquelle on adapte à volonté des ballons
de verre à robinet, ou tous autres vases dans lesquels on veut faire
le vide. La communication entre le récipient et les corps de pompe
est établie par un conduit *nc* pratiqué dans la plate-forme, comme
le montre la figure 127, qui est une *coupe longitudinale de la machine.* En arrivant aux corps de pompe, le conduit se bifurque pour
atteindre leurs bases en *c* et en *d* (fig. 130).

La figure 128, qui représente une coupe verticale de la machine
suivant l'axe des deux cylindres, fait voir le mécanisme à l'aide duquel on imprime un mouvement alternatif aux pistons. A ceux-ci

sont fixées des crémaillères K et H, dans lesquelles engrène un pignon X. En faisant tourner ce pignon alternativement en sens contraire, au moyen d'une manivelle MN, une crémaillère monte et l'autre descend, et avec elles les pistons.

La figure 129 donne, sur une plus grande échelle, la coupe verticale de l'un des pistons. Il se compose de deux disques de laiton

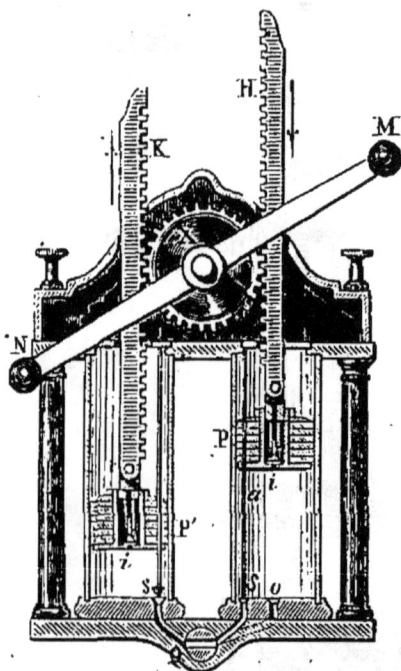

Fig. 128.

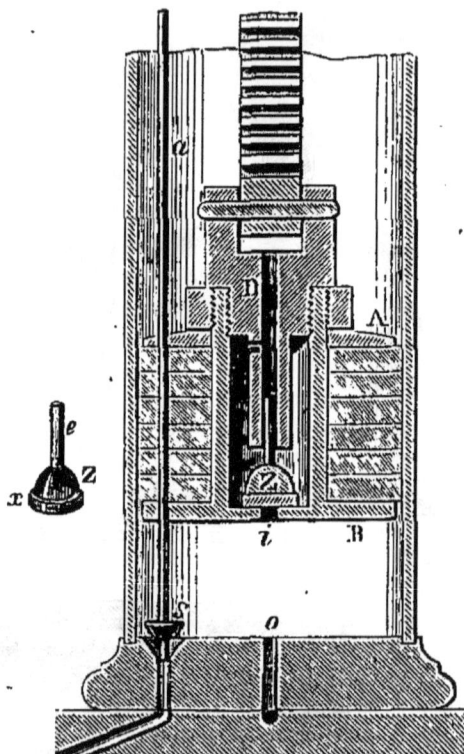

Fig. 129.

A et B, entre lesquels sont des rondelles de cuir fortement comprimées par les deux disques au moyen d'une vis de pression. Ces rondelles, d'un diamètre un peu plus grand que celui des disques, sont imbibées d'huile de pied de bœuf et glissent à frottement doux contre les parois du corps de pompe, qu'elles ferment hermétiquement. Au centre du disque A est vissée une pièce D, sur laquelle se fixe par un boulon la crémaillère qui fait mouvoir le piston. La pièce D est percée, dans toute sa hauteur, d'un conduit destiné à laisser passer l'air de la partie inférieure du corps de pompe au-dessus du piston, et de là dans l'atmosphère, les corps de pompe n'étant pas fermés à leur partie supérieure. Enfin, au centre du disque B est un trou *i* fermé par une soupape à clapet Z (187), qui ouvre de bas en haut. A cette soupape, représentée plus en grand à gauche de la figure 129, est fixée une tige *e* qui s'engage librement dans le conduit de la pièce D. Cette disposition a pour but d'empêcher la soupape de chavirer lorsqu'elle est soulevée. A la partie inférieure de la soupape est un disque de liége *x* qui s'applique sur l'orifice *i* et le ferme.

Outre la soupape à clapet Z placée dans le piston, une soupape conique *s* sert à fermer, à la base du corps de pompe, l'orifice *c* du conduit *cn* qui se rend au récipient (fig. 127). Cette soupape est fixée à l'extrémité inférieure d'une tige de fer *a* (fig. 129), qui traverse tout le piston, et se prolonge jusqu'au sommet du corps de pompe. La tige *a* pouvant glisser à frottement dur dans les rondelles de cuir du piston, il en résulte que, lorsque celui-ci descend, il entraîne avec lui la tige de fer et fait fermer la soupape *s* ; s'il monte, la tige et la soupape sont soulevées, mais d'une très-petite hauteur, parce que cette tige a une longueur telle, qu'elle vient buter tout de suite contre le plateau supérieur du corps de pompe. Alors elle ne fait plus que glisser dans le piston, qui s'élève seul.

Pour compléter la description de la machine pneumatique, il nous reste à faire connaître l'usage de trois robinets T, S, Q, placés sur cette machine (fig. 126 et 127). Le robinet T sert à faire communiquer par le conduit *cn*, comme on le voit dans la figure 127, le récipient R avec une éprouvette E, que nous décrirons ci-après (175). Quant au robinet S, encore par le même conduit *cn*, il établit ou interrompt la communication entre le récipient et les corps de pompe. Lorsque ceux-ci fonctionnent, le robinet S doit être ouvert (fig. 127 et 130), et alors l'air est aspiré du récipient ; mais une fois que le vide est fait dans ce dernier, comme l'air tend toujours à rentrer par les corps de pompe, on tourne le robinet S d'un quart de tour (fig. 132), et l'air ne peut plus pénétrer dans le récipient qu'en s'infiltrant entre ses bords et la platine. C'est pourquoi ces bords doivent être dressés avec soin pour obtenir le contact le plus parfait ; mais cela serait insuffisant, il faut encore, avant de les appliquer sur la platine, les enduire de suif. Le récipient, ainsi disposé, *tient le vide* des mois entiers.

Le robinet S est percé, suivant son axe, d'un conduit dont on ferme hermétiquement l'orifice à l'aide d'un bouchon métallique *r*. Le vide étant fait dans le récipient, lorsqu'on veut y faire rentrer l'air, il suffit d'enlever le bouchon *r*.

Quant au troisième robinet Q, placé entre les deux corps de pompe, il est destiné à ce qu'on appelle le *double épuisement,* que nous décrivons ci-après (176).

Les différentes parties de la machine une fois connues, il est facile de se rendre compte comment elle fonctionne. En effet, soit d'abord le piston P' (fig. 128) au bas de sa course; à l'instant où l'on commence à faire marcher la manivelle, ce piston se soulève, entraînant avec lui la tige a et la soupape s, tandis que la soupape Z·reste fermée par son·propre·poids et par celui de l'atmosphère. Si la soupape s restait fermée pendant l'ascension du piston, le vide se ferait au-dessous de celui-ci; mais la communication entre le corps de pompe et le récipient étant établie par la soupape s, une partie de l'air du récipient passe dans le corps de pompe et le remplit·lorsque le·piston est arrivé au haut de sa course. Si actuellement celui-ci s'abaisse, le jeu des soupapes est changé : la soupape s se fermant par la descente de sa tige, l'air qui est sous le piston ne peut retourner dans le récipient, mais se trouvant comprimé de plus en plus, à mesure que le piston descend, il acquiert bientôt une tension plus grande que la pression qui s'exerce sur la soupape Z. Celle-ci s'ouvre alors, et l'air qui est sous le piston s'échappe dans l'atmosphère par le conduit D. A un second coup de piston, la même série de phénomènes se renouvelle, et ainsi de suite dans les deux corps de pompe, jusqu'à ce qu'on atteigne une limite où, quoiqu'il reste encore de l'air dans le récipient, la soupape du piston refuse de s'ouvrir, même quand il arrive au bas de sa course. En effet, quelque bien exécutée que soit une machine pneumatique, on ne peut éviter, au-dessous des soupapes et sur le contour du disque inférieur du piston, un *espace nuisible* où se loge une petite quantité d'air. Par suite, lorsque la raréfaction est poussée assez loin, il arrive un moment où, lors même que le piston vient s'appliquer sur la base du corps de pompe, l'air qui reste enfermé dans l'espace nuisible n'acquiert pas une tension suffisante pour soulever la soupape, et, à partir de cet instant, la machine ne fonctionne plus; mais nous décrirons ci-après (176), sous la dénomination de *double épuisement,* une disposition ingénieuse de robinet qui permet de pousser le vide plus loin, sans pouvoir toutefois donner le vide absolu.

Du reste, ce n'est pas seulement pratiquement, c'est aussi théoriquement que la machine pneumatique ne peut faire le vide absolu. En effet, le volume de chaque corps de pompe, diminué de celui du piston, étant, par exemple, de 1 litre, et celui du récipient de 20 litres, lorsque le piston est arrivé au haut de sa course, le volume d'air, qui était 20, est 20 plus 1 ou 21; on extrait donc, à chaque coup de piston, seulement $\frac{1}{21}$ de la masse de l'air qui se trouve dans le récipient, et par conséquent on ne peut jamais enlever tout l'air qu'il contient.

175. Éprouvette, ou baromètre tronqué. — Lorsqu'on a pompé un certain temps, on mesure la force élastique de l'air qui reste

dans le récipient par la différence de niveau que prend le mercure
dans les deux branches d'un tube de verre recourbé en siphon, l'une
d'elles étant fermée et l'autre ouverte, comme dans le baromètre.
Ce petit instrument, qu'on nomme *éprouvette* ou *baromètre tronqué*, parce que c'est un véritable baromètre à siphon qui a moins
de 76 centimètres de hauteur, est fixé sur une échelle divisée en
millimètres, et placé sous une cloche de cristal E (fig. 126), qui
communique avec le récipient par le robinet T. Enfin, la branche
fermée et la partie courbe du tube sont d'avance remplies de mercure.

Avant qu'on commence à aspirer l'air qui est sous le récipient,
sa force élastique fait équilibre au poids de la colonne de mercure
qui est dans la branche fermée, et celle-ci reste pleine ; mais, à mesure que l'air est raréfié par le jeu des pistons, la force élastique
diminue, et bientôt elle ne peut plus faire équilibre au poids de la
colonne de mercure. Celle-ci baisse alors, et le mercure tend à se
mettre de niveau dans les deux branches. Si l'on arrivait à faire le
vide absolu, le niveau s'établirait exactement ; car il n'y aurait de
pression ni d'un côté ni de l'autre. Mais, avec les meilleures machines, le niveau reste toujours plus élevé d'un demi-millimètre au
moins dans la branche fermée, ce qui indique que le vide n'est pas
parfait, puisqu'il reste encore une quantité d'air dont la tension fait
équilibre à une colonne de mercure d'un demi-millimètre. On dit
alors qu'on a fait le vide à un demi-millimètre.

* 176. Robinet à double épuisement. — On nomme ainsi le robinet Q, placé entre les deux corps de pompe (fig. 126, 127 et 130
à 133), parce qu'il permet de pousser la raréfaction de l'air à un
très-haut degré. Ce robinet est placé à la bifurcation du canal qui
conduit l'air du récipient aux deux corps de pompe ; il est percé,
dans sa masse, de plusieurs conduits qu'on utilise successivement
en le tournant dans deux positions rectangulaires.

Dans la figure 130, qui donne une coupe horizontale du robinet,
il établit, par un conduit central et par deux conduits latéraux, la
communication entre le récipient et les corps de pompe de *n* en *c*
et en *d*, et la machine fonctionne alors comme il a été dit ci-dessus.
Lorsqu'elle ne fonctionne plus, c'est-à-dire lorsque les soupapes Z
refusent de s'ouvrir, on tourne le robinet Q de 90 degrés (fig. 132).
A partir de ce moment, les communications sont changées, comme
le montrent, en coupes horizontales, les figures 130 et 132, et, en
coupes verticales, les figures 131 et 133. De nouveaux conduits du
robinet correspondent maintenant à ceux de la plate-forme, et le
corps de pompe de droite communique *seul* avec le récipient par
le conduit *nmc* (fig. 132), tandis que le corps de pompe de gauche

se trouve mis en communication, par un conduit qui traverse obliquement le robinet, avec une ouverture centrale *o* pratiquée à la base du corps de pompe de droite, et toujours ouverte.

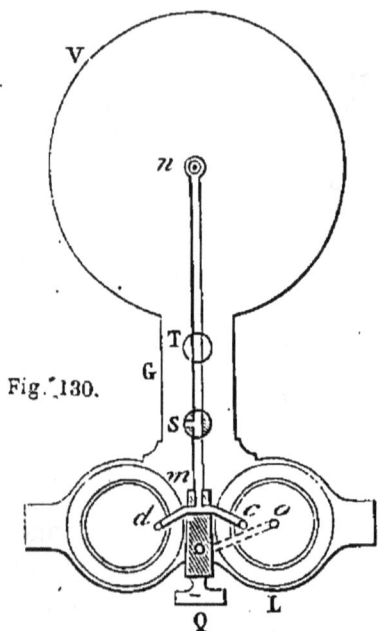

Fig. 130.

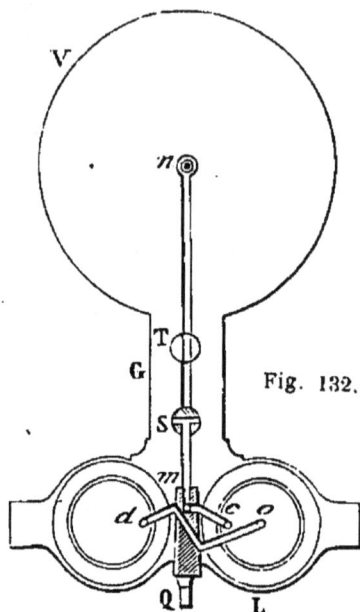

Fig. 132.

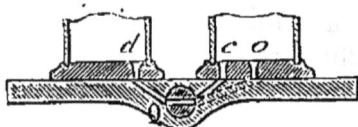

Fig. 131.

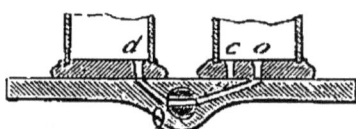

Fig. 133.

Cela posé, le piston de droite, se soulevant, aspire l'air du récipient; mais, lorsqu'il descend, l'air qui vient d'être aspiré est refoulé dans le corps de pompe de gauche par les orifices *o* et *d*, ce dernier étant alors ouvert, puisque la soupape conique qui lui correspond est soulevée. Lorsque ensuite le piston de droite remonte, celui de gauche s'abaisse; mais l'air qui est au-dessous ne retourne pas dans le corps de pompe de droite, parce que l'orifice *d* est maintenant fermé par la soupape conique. Le piston de droite continuant ainsi à aspirer l'air du récipient et à le refouler dans le corps de pompe de gauche, l'air s'accumule dans celui-ci, et finit par y prendre la tension suffisante pour soulever la soupape Z du piston, ce qui était impossible avant que le robinet Q fût tourné. Ce n'est qu'en faisant ainsi usage du robinet à double épuisement qu'on arrive à faire le vide à un demi-millimètre.

177. Usages de la machine pneumatique, fontaine dans le

vide. — On a déjà fait connaître un grand nombre d'expériences faites à l'aide de la machine pneumatique. Telles sont celles de la pluie de mercure (15), de la chute des corps dans le vide (52), de la vessie dans le vide (128), du crève-vessie (136), des hémisphères de Magdebourg (136) et du baroscope (168).

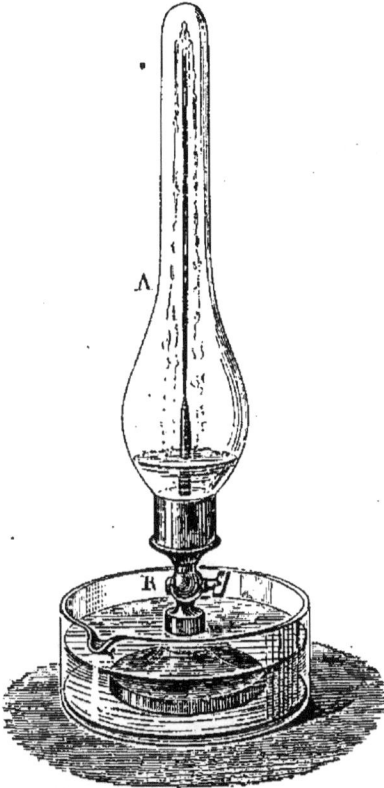

Fig. 134.

Fig. 135.

La machine pneumatique sert encore à démontrer que l'air, par l'oxygène qu'il contient, est nécessaire à l'entretien de la combustion et de la vie. En effet, si l'on place sous le récipient un corps enflammé, une bougie par exemple, on voit la flamme pâlir à mesure qu'on fait le vide, puis s'éteindre. Les mammifères et les oiseaux périssent presque instantanément dans le vide. Les poissons et les reptiles supportent beaucoup plus longtemps la privation de l'air. Les insectes vivent plusieurs jours dans le vide.

Dans le vide, les substances fermentescibles se conservent sans altération pendant un temps très-long, n'étant pas en contact avec l'oxygène, qui est nécessaire à la fermentation. Des aliments renfermés dans des boîtes hermétiquement closes, d'où l'on a chassé l'air, se conservent plusieurs années.

La *fontaine dans le vide* consiste en un globe de verre A (fig. 134), très-allongé et muni à sa base d'une garniture à robinet, avec une tubulure qui s'élève à l'intérieur. Ayant vissé ce globe sur la machine pneumatique, et fait le vide, on ferme le robinet, puis on porte l'appareil dans un vase R contenant de l'eau. Ouvrant alors le robinet, la pression atmosphérique qui s'exerce sur l'eau du vase la fait jaillir par la tubulure dans l'intérieur du globe, comme le montre le dessin.

Enfin, la figure 135 représente une expérience qui montre l'effet de la pression atmosphérique sur le corps humain. Un manchon de verre, ouvert à ses deux extrémités, étant posé sur la platine de la machine, on place la paume de la main sur ses bords, et une autre personne fait le vide. Alors, la pression atmosphérique ne se faisant plus équilibre sur les deux faces de la main, celle-ci est fortement pressée sur les bords du manchon, et ce n'est qu'avec effort qu'on peut l'en retirer. De plus, l'élasticité des fluides que contiennent les organes n'étant plus contre-balancée par le poids de l'atmosphère, la paume de la main se gonfle, et le sang tend à sortir par les pores.

178. Problèmes sur la machine pneumatique. — I. Calculer la tension de l'air sous le récipient de la machine pneumatique après n coups de piston.

Soient V le volume du récipient, v celui du corps de pompe, déduction faite de l'espace occupé par le piston, et H la pression atmosphérique extérieure. La machine n'ayant pas encore fonctionné, et le piston étant au bas de sa course, on a sous le récipient un volume d'air V à la pression H. Or, lorsque le piston est arrivé au haut de sa course, ce volume devient V + v, et la tension H prend une valeur H′ qu'on détermine en posant, d'après la loi de Mariotte,

$$\frac{H'}{H} = \frac{V}{V+v}, \quad \text{d'où} \quad H' = H \frac{V}{V+v}.$$

Lorsque le piston s'abaisse, le volume d'air v est expulsé, et l'on a encore sous le récipient le même volume d'air V, mais à la tension H′. Puis à la deuxième ascension du piston, le volume d'air devient de nouveau V + v à une tension H″ telle, que, comme ci-dessus,

$$H'' = H' \frac{V}{V+v} = H \left(\frac{V}{V+v} \right)^2.$$

A la troisième ascension du piston, on trouve de même que la pression sous le récipient est $H \left(\frac{V}{V+v} \right)^3$, et ainsi de suite; d'où l'on conclut qu'après le $n^{ième}$ coup de piston, elle est enfin

$$H \left(\frac{V}{V+v} \right)^n \quad [1].$$

L'expression $\frac{V}{V+v}$ est nécessairement une fraction, et l'on sait que les puissances d'une fraction sont d'autant plus petites, que le degré en est plus élevé. Par suite, d'après la formule [1], plus n sera grand, plus la force élastique sous le récipient sera petite; mais ce n'est que lorsque n sera infini, que la fraction $\left(\dfrac{V}{V+v}\right)^n$ sera nulle. D'où l'on conclut que théoriquement, comme pratiquement, il est impossible de faire le vide absolu avec la machine pneumatique.

II. Calculer le poids de l'air qui reste sous le récipient après n coups de piston.

Cette question est facile à résoudre en s'appuyant sur la formule [1] ci-dessus. En effet, soient P le poids de l'air sous le récipient avant que la machine ait fonctionné, et p ce poids après n coups de piston. Les poids étant proportionnels aux pressions, on a

$$\frac{p}{P} = \frac{H\left(\dfrac{V}{V+v}\right)^n}{H}, \quad \text{ou} \quad \frac{p}{P} = \left(\frac{V}{V+v}\right)^n, \quad \text{d'où} \quad p = P\left(\frac{V}{V+v}\right)^n.$$

Quant à P, on sait déjà (156, prob. III) que sa valeur est donnée par la formule

$$P = \frac{1^{gr},293 \times H \times V}{76}.$$

$$\text{Donc } p = \frac{1^{gr},293 \times H \times V}{76}\left(\frac{V}{V+v}\right)^n \text{ [2]}.$$

Dans la solution de cette question, on a supposé que la température était constamment zéro. Si elle variait, on verra, en traitant de la dilatation des gaz, la modification à apporter à la formule [2].

*179. Machine pneumatique à double effet de M. Bianchi. —

M. Bianchi, constructeur à Paris, a adopté depuis quelques années un système de machine pneumatique qui présente plusieurs avantages. Cette machine, qui est toute de fonte, n'a qu'un seul cylindre, oscillant sur un axe horizontal fixé à sa base, comme le montre la figure 136. Sur un bâti de fonte est monté un arbre horizontal, avec un volant très-lourd V, qu'on fait tourner à l'aide d'une manivelle M. A ce même arbre est fixée une manivelle m qui s'articule à la tête de la tige du piston. Par suite, à chaque révolution complète du volant, le cylindre fait deux oscillations sur son axe.

La machine est à double effet, c'est-à-dire que le piston PP (fig. 137) fait le vide en montant et en descendant. Pour cela, il porte une soupape b, ouvrant de bas en haut, comme dans la machine ordinaire; mais en outre la tige AA est creuse, et dans son intérieur est un tube X, de cuivre rouge, destiné à donner issue à l'air qui sort par la soupape b. Au haut du cylindre est une seconde soupape a, ouvrant aussi de bas en haut. Enfin, une tige de fer D traverse à frottement doux le piston, et se termine à ses extrémités par deux soupapes coniques s et s'. Celles-ci servent à l'aspiration par le tube BC qui se rend au récipient où l'on fait le vide, tandis que les soupapes a et b servent à l'expulsion de l'air.

Ces détails connus, supposons que le piston descende. La soupape s' est alors fermée, et la soupape s étant ouverte, l'air du récipient se rend au-dessus du piston, tandis qu'en dessous l'air comprimé par celui-ci soulève la soupape b et se dégage par le

tube X, qui communique avec l'atmosphère. Quand le piston remonte, l'aspiration se fait par *s'*, et la soupape *s* étant fermée, l'air
comprimé se dégage par la soupape *a*.

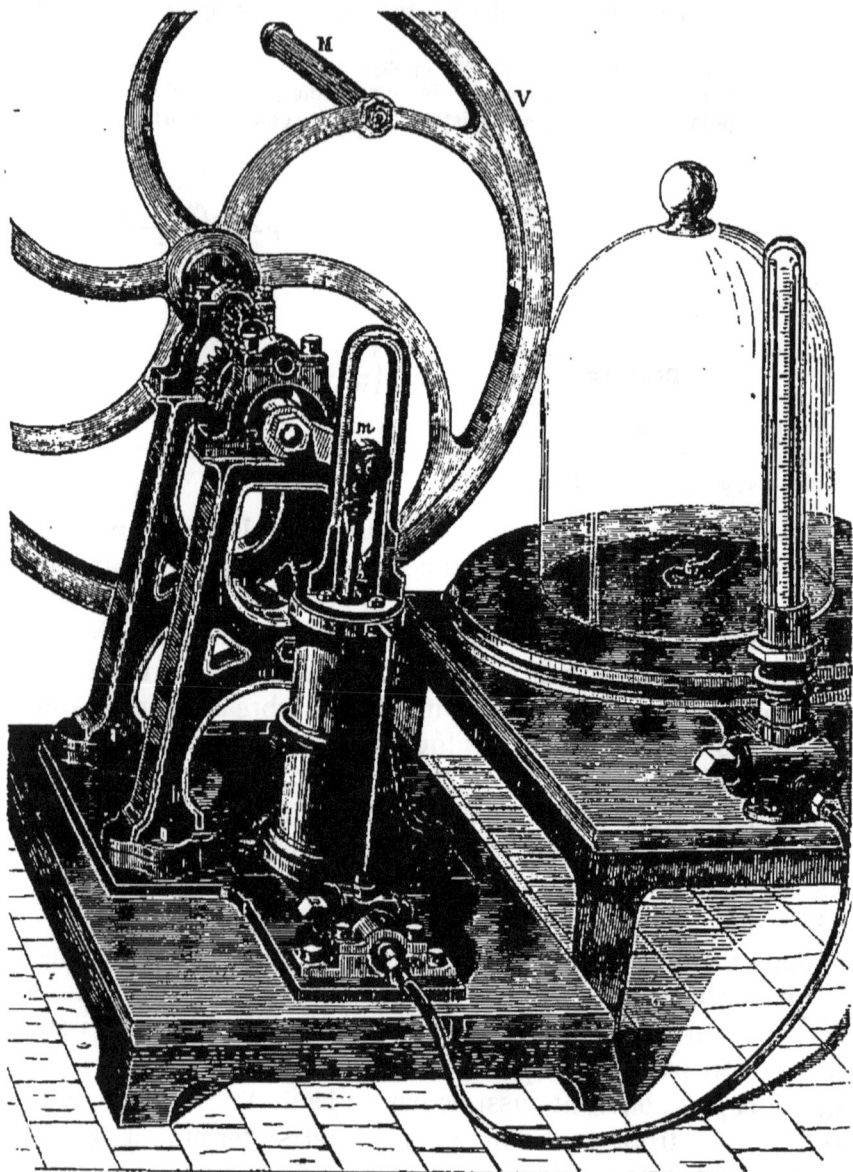

Fig. 136.

La machine possède un robinet à double épuisement R, semblable à celui déjà décrit (176). Elle est en outre munie d'un système de graissage très-ingénieux. Pour cela, un godet E (fig. 437),
fixé à la tige, est rempli d'huile qui tombe dans l'espace annulaire.

compris entre la tige AA et le tube X ; de là elle se rend dans un petit tube *oo* pratiqué dans la masse du piston, et, refoulée par la pression atmosphérique, elle se distribue d'une manière permanente sur le pourtour du piston. La machine contient encore plusieurs détails de construction importants, qu'il nous est impossible

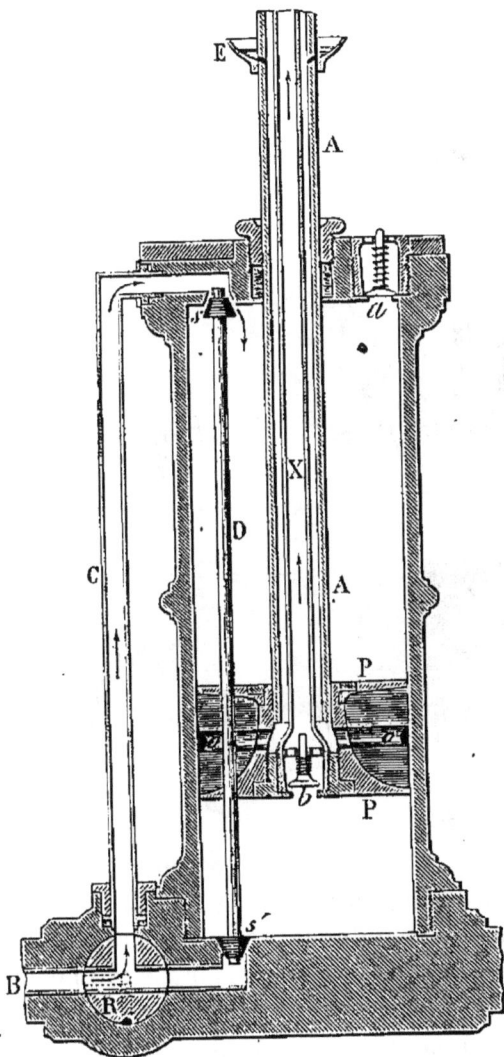

Fig. 137.

de décrire ici. Il suffira d'observer qu'étant toute de fonte, elle peut recevoir des dimensions beaucoup plus grandes que la machine ordinaire à deux pistons, et faire le vide en bien moins de temps, dans des appareils beaucoup plus grands.

180. Machine de compression. — Cette machine, représentée dans la figure 138, sert à comprimer de l'air ou tout autre gaz dans un récipient. Elle a beaucoup de rapport avec la machine pneumatique, dont elle ne diffère que par le jeu des soupapes. Comme elle, en effet, elle se compose de deux corps de pompe et d'un récipient. Mais celui-ci, tendant à être soulevé par la force élastique du gaz qu'on y comprime, est fortement fixé à la platine. Pour cela, il est formé d'un cylindre de verre ouvert aux deux extrémités, dont les bords sont bien dressés. D'une part, il s'appuie sur la platine, et, de l'autre, il est fermé par une seconde platine percée de quatre trous, dans lesquels passent quatre boulons de fer vissés sur la platine inférieure. Au moyen de ces boulons et d'écrous, on serre les deux platines sur le cylindre. Enfin, pour prévenir les accidents qui pourraient avoir lieu si le cylindre était brisé par la tension du gaz comprimé, on l'entoure d'un grillage de fil de fer. La tension de l'air dans le récipient se mesure au moyen d'un petit manomètre à air comprimé, *m,* placé sur le conduit qui unit le corps de pompe au récipient.

Quant au jeu des soupapes, il est représenté dans la figure 139, qui donne une coupe de l'un des corps de pompe et du récipient. Tandis que dans la machine pneumatique elles ouvrent de bas en

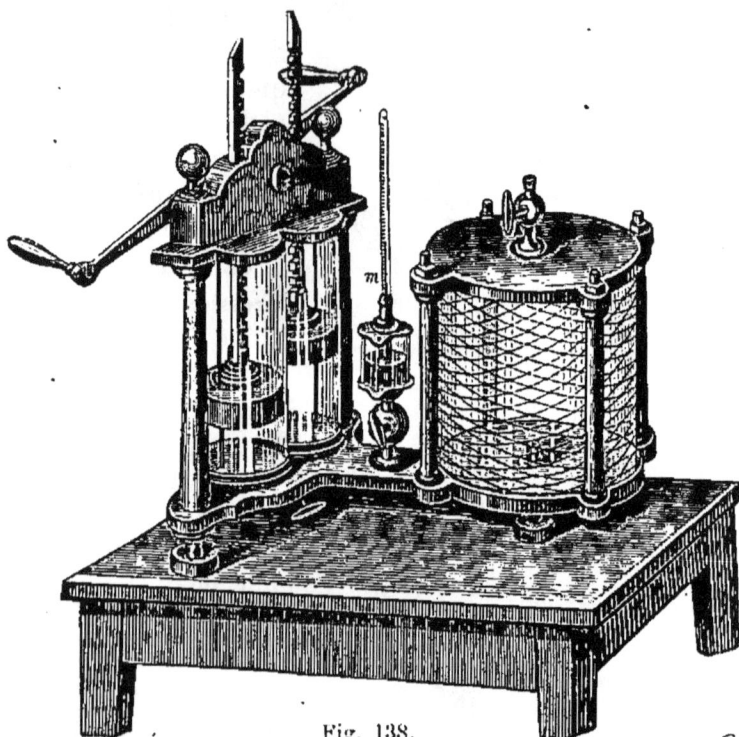

Fig. 138.

haut, ici elles ouvrent de haut en bas. Ces soupapes, dont l'une est représentée en *a,* à la base du piston, et l'autre en *o,* à la base du corps de pompe, sont coniques et maintenues fermées par de petits ressorts à boudin. Lorsque le piston P monte, l'air se raréfie en dessous, la soupape *o* reste fermée par le ressort à boudin, et la soupape *a* s'ouvre par l'effet de la pression atmosphérique, ce qui permet à l'air extérieur d'entrer dans le corps de pompe. Lorsque le piston descend, l'air qui est au-dessous se comprime, la soupape *a* se ferme, tandis que la soupape *o* s'ouvre et donne passage à l'air refoulé, qui se rend dans le récipient R. A chaque coup de piston, la même masse d'air, celle que contient le corps de pompe, pénètre ainsi dans le récipient, d'où il résulte que le nombre des coups de piston croissant en progression arithmétique, il en est de même de la masse de l'air, et, par suite, de la force élastique sous le récipient. Toutefois il y a une limite à la tension que peut pren-

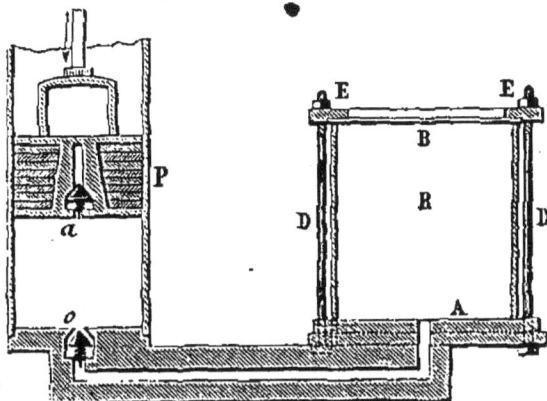

Fig. 139.

dre le gaz comprimé. En effet, ne pouvant éviter un espace nuisible entre les soupapes et la base du piston, il vient un moment où l'air qui est dans les corps de pompe n'acquiert plus, même lorsque le piston est au bas de sa course, une force élastique supérieure à celle qui a lieu dans le récipient, et dès lors il ne passe plus d'air dans celui-ci, la soupape *o* cessant de s'ouvrir.

La machine de compression a peu d'applications. Sous la forme suivante, elle est au contraire d'un fréquent usage.

181. Pompe de compression. — La *pompe de compression,* qui est une véritable pompe aspirante et foulante, se compose simplement d'un corps de pompe A d'un petit diamètre (fig. 140), dans lequel on fait mouvoir avec la main, au moyen d'une poignée, un piston plein, c'est-à-dire sans soupape. Le corps de pompe est muni, à sa base, de deux tu-

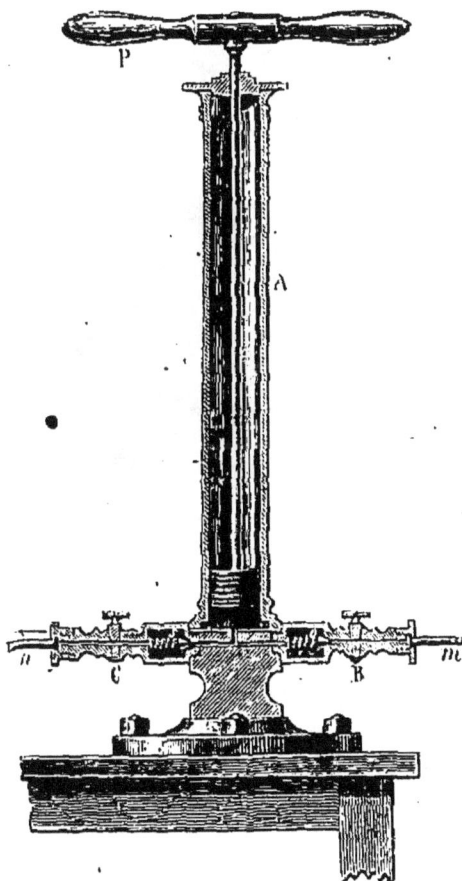

Fig. 140.

bulures horizontales à robinet; dans ces tubulures sont deux soupapes *o* et *s*, ouvrant en sens contraire, et servant, la première à l'aspiration, la seconde au refoulement. De petits ressorts à boudin appuient sur les soupapes pour les maintenir fermées. Le jeu en est du reste entièrement le même que dans la machine de compression.

Dans la pompe de compression, comme dans la machine précédente, la limite de compression dépend du rapport qui existe entre les deux volumes d'air sous le piston, quand il est au haut et au bas de sa course. Si le second volume est, par exemple, $\frac{1}{60}$ du premier, on ne pourra comprimer l'air que jusqu'à 60 atmosphères; car, au delà, la tension dans le récipient serait plus grande que dans le corps de pompe, et alors la soupape *s* ne pourrait s'ouvrir pour donner passage à une nouvelle quantité d'air.

Fig. 142.

La pompe de compression est surtout utilisée pour faire dissoudre l'acide carbonique ou tout autre gaz dans l'eau. Elle se visse alors sur le vase même qui contient le liquide (fig. 141), et la soupape de compression est placée à la base du corps de pompe (fig. 142). Le

Fig. 141.

tube D étant mis en communication avec le réservoir qui contient le gaz qu'on veut faire absorber, la pompe aspire ce gaz et le refoule dans le vase K, où il se dissout en quantité d'autant plus grande qu'il est plus comprimé (164, 1°). C'est à l'aide d'appareils analogues que sont fabriquées les eaux gazeuses artificielles.

Il est à remarquer que la pompe représentée dans la figure 140 peut aussi servir à faire le vide. Il suffit, pour cela, de faire communiquer la tubulure *m* avec le récipient duquel on veut aspirer l'air, et la tubulure *n* avec l'atmosphère. L'appareil prend alors le nom de *pompe à main*.

* 182. Fontaine de Héron. — La *fontaine de Héron* tire son nom de celui de son inventeur, qui vivait à Alexandrie 120 ans

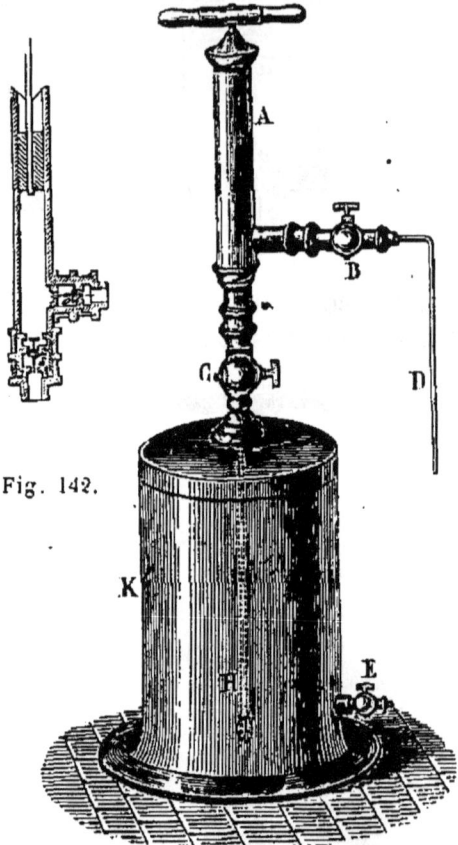

avant l'ère chrétienne. Elle se compose d'une cuvette de cuivre D (fig. 143) et de deux ballons de verre M et N, de 2 à 3 décimètres de diamètre. La cuvette est en communication avec la partie infé-

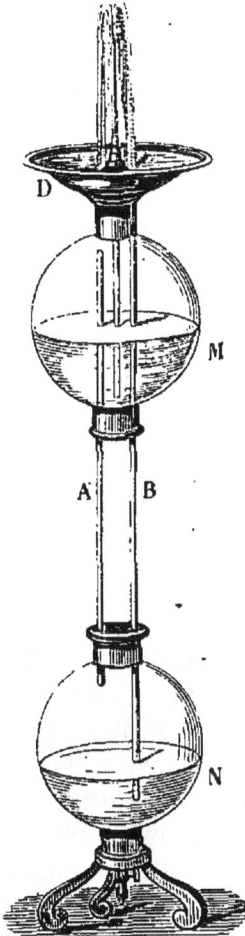

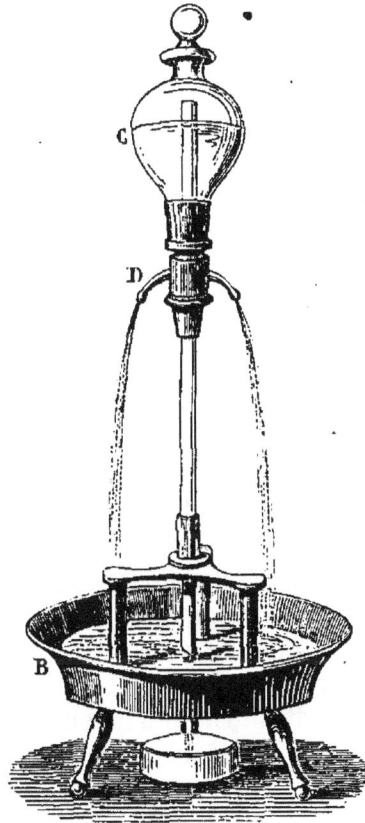

Fig. 143 (h = 1ᵐ,17)   Fig. 144 (h = 65).

rieure du ballon N par un long tube de cuivre B. Un second tube A fait communiquer entre eux les deux ballons. Enfin un troisième tube plus petit traverse la cuvette et se rend à la partie inférieure du ballon M. Ce troisième tube se retire pour remplir d'eau en partie ce même ballon. Puis, replaçant le tube, on verse de l'eau dans la cuvette. Le liquide descend, par le tube B, dans le ballon inférieur et en chasse l'air, qui est refoulé dans le ballon supérieur, où l'air comprimé réagit sur l'eau et la fait jaillir, comme le montre la figure. Sans la résistance de l'air et le frottement, le liquide s'élèverait, au-dessus du niveau M, à une hauteur égale à la différence de niveau dans les deux ballons.

Le principe de la fontaine de Héron a trouvé une application dans les lampes hydrostatiques de Girard.

Les appareils que nous venons de décrire sont fondés sur la force élastique de l'air; les suivants le sont, en outre, sur la pression atmosphérique.

*183. Fontaine intermittente. — La *fontaine intermittente* est formée d'un globe de verre C (fig. 144) hermétiquement fermé par un bouchon à l'émeri, et portant deux ou trois tubulures capillaires D par lesquelles se fait l'écoulement. Un tube de cristal, ouvert à ses extrémités, pénètre par l'une dans le globe C, et par l'autre vient se terminer près d'un orifice central pratiqué dans une cuvette de cuivre B qui porte tout l'appareil.

Le globe C étant rempli d'eau aux deux tiers environ, le liquide s'écoule d'abord par les orifices D, comme le montre la figure, la pression intérieure, en D, étant égale à celle de l'atmosphère qui se transmet par la partie inférieure du tube de cristal, plus au poids de la colonne d'eau CD, tandis qu'extérieurement, au même point, la pression est seulement celle de l'atmosphère. Ces conditions persistent tant que l'orifice inférieur du tube est ouvert, c'est-à-dire tant que la tension de l'air, à l'intérieur, est égale à la pression de l'atmosphère; puisque l'air entre à mesure que l'eau s'écoule; mais, l'appareil étant réglé de manière que l'orifice pratiqué au fond de la cuvette B laisse écouler moins d'eau que n'en donnent les tubulures D, le niveau s'élève peu à peu dans la cuvette, et le tube finit par plonger entièrement dans le liquide. L'air extérieur ne pouvant plus alors pénétrer dans le globe C, l'air s'y raréfie à mesure que l'écoulement continue, et il vient un moment où la pression due à la colonne d'eau CD et à la tension de l'air renfermé dans l'appareil est égale à la pression extérieure qui s'exerce en D. Par conséquent, l'écoulement s'arrête. Or, la cuvette continuant à se vider, le bout inférieur du tube se trouve bientôt dégagé. L'air entre alors, l'écoulement recommence, et ainsi de suite tant qu'il reste de l'eau dans le globe C.

*184. Siphon. — Le *siphon* est un tube recourbé, à branches inégales, qui sert à transvaser les liquides par-dessus les bords des vases; c'est la branche la plus courte qui plonge dans le liquide à transvaser (fig. 145).

Pour faire usage de cet instrument, on commence par l'*amorcer*, c'est-à-dire par le remplir de liquide. Pour cela, on le retourne, et on l'emplit directement; puis, fermant momentanément ses deux orifices, on le remet en place comme le montre la figure; ou bien, plongeant la petite branche dans le liquide, on aspire avec la bouche, par l'orifice B, l'air qui est dans l'appareil. Le vide se faisant alors dans celui-ci, le liquide du vase C est refoulé dans le tube par l'effet de la pression atmosphérique et le remplit.

Lorsque le liquide à transvaser n'est pas de nature à être introduit dans la bouche, on fait usage d'un siphon auquel est soudé un second tube M (fig. 146) parallèle à la grande branche. C'est alors par l'orifice O de ce tube additionnel qu'on aspire l'air, en ayant soin de fermer en même temps l'orifice P, et de ne pas laisser le liquide s'élever, dans le tube additionnel, jusqu'à la bouche. Par quelque procédé que le siphon ait été rempli, l'écoulement se continue de la petite branche vers la grande, tant que la première plonge dans le liquide.

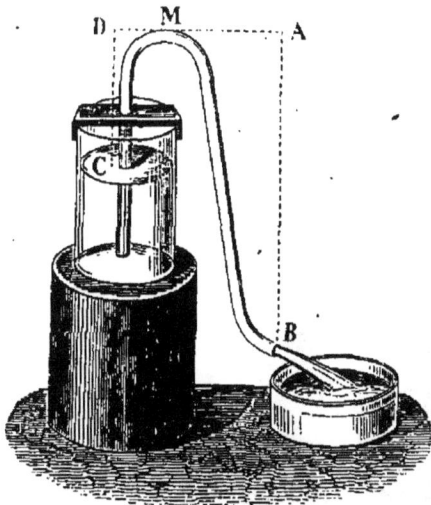

Fig. 145 (h = 40).

Pour concevoir comment cet écoulement a lieu, il faut remarquer que la force qui presse le liquide en C (fig. 145) et le sollicite à s'écouler dans la direction CMB, égale la pression atmosphérique, moins le poids d'une colonne d'eau dont la hauteur est DC. De même, en B, la force qui sollicite le liquide dans la direction BMC est le poids de l'atmosphère, moins celui d'une colonne d'eau ayant pour hauteur AB. Or, cette dernière colonne étant plus grande que DC, il en résulte que la force effective qui agit en B est plus petite que celle qui agit en C. L'écoulement a donc lieu en vertu de la différence de ces deux forces. Par suite, la vitesse d'écoulement est d'autant plus grande, que la différence de niveau entre l'orifice B et la surface du liquide dans le vase C est plus grande.

On conclut de la théorie du siphon qu'il ne fonctionnerait pas dans le vide, ou encore si la hauteur CD était plus grande que la colonne liquide qui fait équilibre à la pression atmosphérique.

*185. Siphon à écoulement constant.—D'après ce qui précède, pour que l'écoulement soit constant dans le siphon, il faut que la différence entre les hauteurs du liquide, dans les deux branches, soit toujours la même. On obtient ce résultat en disposant l'appareil comme le montre la figure 147. Le siphon est maintenu en équilibre par un flotteur a et par un poids p, de manière qu'à mesure que le niveau baisse dans le vase H, le siphon descende avec lui; la différence entre les hauteurs ab et bc demeure donc invariable.

*486. **Siphon intermittent, ou vase de Tantale.** — Le *siphon intermittent*, ainsi que son nom l'indique, est celui dans lequel

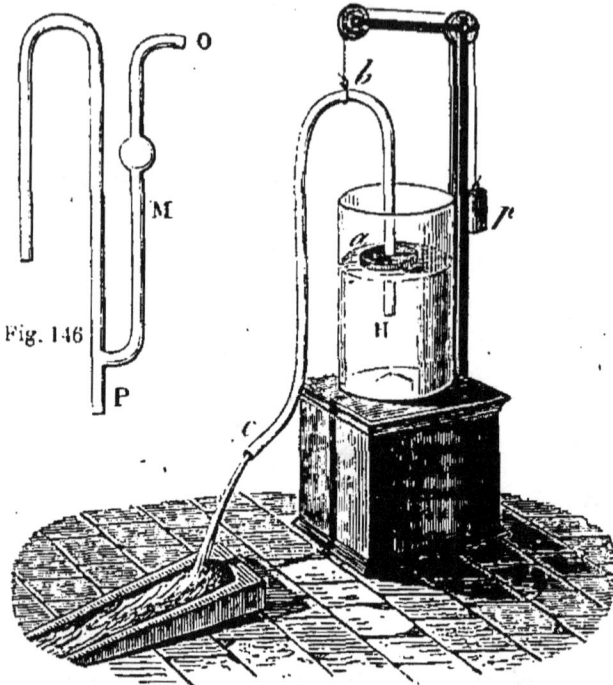

Fig. 146

Fig. 147 (h = 55).

l'écoulement n'est pas continu. Ce siphon est disposé dans un vase de manière que la branche la plus courte s'ouvre près du fond, tandis que la plus grande le traverse et s'ouvre en dehors(fig. 148).

Le vase étant alimenté par une source d'eau constante, le niveau s'y élève peu à peu, et en même temps dans la petite branche, jusqu'au sommet du siphon. Celui-ci s'amorce alors par l'effet de la pression du liquide, et l'écoulement s'opère comme le montre la figure ci-contre. Or, comme on a soin que l'écoulement du siphon soit plus rapide que celui du tube qui alimente le vase, le niveau baisse dans celui-ci, et la petite branche

Fig. 148.

cesse bientôt de plonger; le siphon se vide alors, et l'écoulement est interrompu. Mais le vase continuant à être alimenté par la source constante, le niveau s'élève de nouveau, et la même série de phénomènes se renouvelle périodiquement.

La théorie du siphon intermittent donne l'explication des fontaines intermittentes naturelles qu'on observe dans plusieurs contrées. Il est de ces fontaines qui donnent de l'eau pendant plusieurs jours ou plusieurs mois, puis s'arrêtent pendant un intervalle plus ou moins long et recommencent ensuite à couler; d'autres s'arrêtent et reprennent leur écoulement plusieurs fois dans une heure.

On explique ces phénomènes en admettant des cavités souterraines qui se remplissent plus ou moins lentement d'eau par des sources, et qui se vident ensuite par des fissures disposées dans le sol de façon à faire siphon intermittent.

187. Différentes espèces de pompes. — Les pompes sont des machines qui servent à élever l'eau par aspiration, par pression ou

Fig. 149.   Fig. 150.

par les deux effets combinés ; de là leur division en *pompe aspirante, pompe foulante* et *pompe aspirante et foulante.* Avant Galilée, on attribuait l'ascension de l'eau dans les pompes aspirantes à l'*horreur de la nature pour le vide;* on va voir que ce phénomène est un effet de la pression atmosphérique.

Les différentes pièces qui entrent dans la composition d'une pompe sont : le *corps de pompe,* le *piston,* les *soupapes* et les *tuyaux d'aspiration* et *d'ascension.* Le corps de pompe est un cylindre creux et fixe, de métal ou de bois, dans lequel est le piston. Celui-ci est un cylindre de métal ou de bois garni d'étoupes, glissant à frottement doux dans toute la longueur du corps de pompe. Les soupapes sont des disques de métal ou de cuir, servant à fermer alternativement les orifices qui font communiquer le corps de pompe avec les tuyaux d'aspiration et d'ascension. Enfin, ceux-ci sont des tuyaux dans lesquels l'eau est d'abord élevée jusqu'au corps de pompe, puis refoulée au-dessus.

On construit plusieurs sortes de soupapes : les plus fréquemment employées sont la *soupape à clapet* (fig. 149), et la *soupape conique* (fig. 150). La première est un disque métallique fixé à charnière sur le bord de l'orifice qu'il doit fermer. Pour que la fermeture soit plus complète, la face inférieure du disque est garnie d'un cuir épais. Souvent même ce cuir, ayant un plus grand diamètre que le disque, est simplement cloué par son bord sur le côté du trou qu'il est destiné à fermer; sa flexibilité tient lieu de charnière.

Quant à la soupape conique, elle consiste en un cône métallique s'engageant dans une ouverture de même forme. Au-dessous de celle-ci est une bride de fer, dans laquelle passe un boulon à tête fixé à la soupape. Cette disposition a pour objet de limiter le jeu de la soupape, quand elle est soulevée par l'eau, et de l'empêcher de chavirer.

188. Pompe aspirante. — Représentée en coupe dans la figure 151, cette pompe se compose : 1° d'un corps de pompe cylindrique, portant à sa partie supérieure une tubulure latérale par laquelle l'eau s'écoule, et percé à sa base d'un trou recouvert d'une soupape à clapet S, ouvrant de bas en haut ; 2° d'un tube d'aspiration A, fixé d'un bout au corps de pompe, et plongeant de l'autre dans le liquide qu'on veut élever; 3° d'un piston P, qui porte une tige à laquelle on imprime un mouvement de va-et-vient à l'aide d'une brimbale B. A son centre, le piston est percé d'un trou que recouvre et que ferme une soupape à clapet O, ouvrant de bas en haut.

Lorsque le piston, d'abord au bas de sa course, s'élève, le vide tend à se faire au-dessous, et la soupape O reste fermée par la pression atmosphérique, tandis que l'air du tuyau A, en vertu de son élasticité, soulève la soupape S, et passe en partie dans le corps de pompe. L'air étant ainsi raréfié, l'eau monte dans le tuyau jusqu'à ce que la pression de la colonne liquide soulevée, ajoutée à la tension de l'air qui reste dans le tuyau, fasse équilibre à la pression atmosphérique qui s'exerce sur l'eau à l'extérieur.

Lorsque le piston descend, la soupape S se ferme par son propre poids, et s'oppose au retour de l'air du corps de pompe dans le tube d'aspiration. L'air comprimé par le piston fait alors ouvrir la soupape O, et se dégage dans l'atmosphère par le trou réservé dans le piston. A un deuxième coup de celui-ci, la même série de phénomènes se reproduit, et, après quelques coups, l'eau pénètre enfin dans le corps de pompe. A partir de ce moment, l'effet produit est modifié : pendant la descente du piston, la soupape S se ferme, l'eau comprimée soulève la soupape O et pénètre au-dessus du piston, qui la soulève ensuite, lorsqu'il remonte, jusqu'à la tubulure latérale, par laquelle l'eau se déverse. Alors il n'y a plus d'air ni dans le corps de pompe, ni dans le tube d'aspiration ; et l'eau, poussée par la pression atmosphérique, suit le piston dans sa course ; à la condition, toutefois, qu'il ne s'élève pas à plus de 10^m,30 au-dessus du niveau de l'eau dans le réservoir où plonge le tuyau d'aspiration A. En effet, on a vu (144) que le poids d'une colonne d'eau de 10^m,30 fait équilibre à la pression atmosphérique.

Pour connaître la hauteur qu'on peut donner au tube d'aspiration A, il faut observer que, dans la pratique, le piston ne s'applique jamais exactement sur la base du corps de pompe, et que lorsqu'il

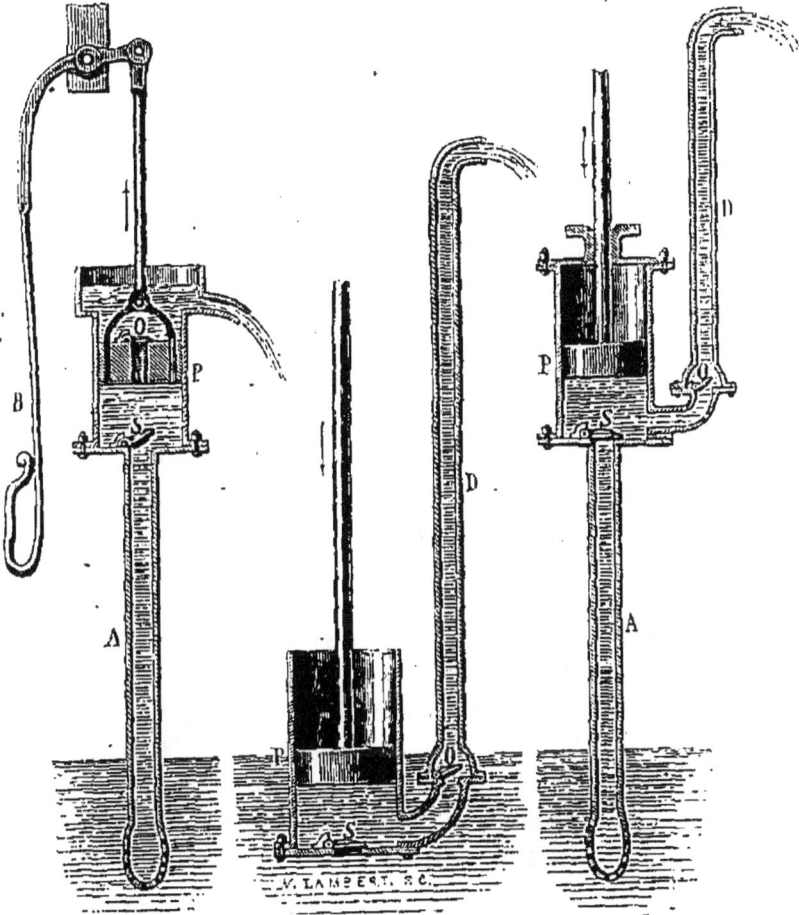

Fig. 151.   Fig. 152.   Fig. 153.

est au plus bas de sa course, il existe encore au-dessous de lui un *espace nuisible* rempli d'air à la pression atmosphérique. Soit cet espace nuisible égal à $\frac{1}{30}$ du volume du corps de pompe : l'air qui est dans l'espace nuisible se dilate à mesure que le piston remonte, et lorsque celui-ci est arrivé au haut de sa course, la tension de l'air qui reste dans le corps de pompe est $\frac{1}{30}$ de la pression atmosphérique, d'après la loi de Mariotte. L'air du tuyau d'aspiration ne peut donc être raréfié au delà de cette limite, et, par conséquent, dans ce tube, l'eau ne peut s'élever, dans le cas que nous considérons, qu'à une hauteur égale aux $\frac{29}{30}$ de $10^m,3$, c'est-à-dire à $9^m,9$. Cette hauteur est encore trop grande, puisque l'eau doit s'élever d'une certaine quantité au-dessus de la soupape S. Aussi, en général, le tube d'aspiration n'a-t-il pas plus de 8 mètres.

Dans la pompe aspirante, l'eau est donc élevée d'abord dans le tuyau d'aspiration par l'effet de la pression atmosphérique, et la hauteur ainsi obtenue ne saurait dépasser 8 à 9 mètres. Mais une fois que l'eau a passé au-dessus du piston, c'est la force ascensionnelle de celui-ci qui l'élève, et la hauteur qu'elle peut alors atteindre ne dépend que de la force qui fait mouvoir le piston.

189. Pompe foulante. — La pompe foulante n'utilise pas la pression atmosphérique, et n'agit, comme son nom l'indique, que par pression. Représentée en coupe dans la figure 152, elle diffère de la précédente en ce que son piston est plein, et qu'elle n'a pas de tuyau d'aspiration, le corps de pompe étant plongé dans l'eau même qu'on veut élever ; enfin, sur le côté du corps de pompe est adapté un tuyau D, qui est le tuyau d'ascension. A la partie inférieure de ce tuyau est une soupape O, ouvrant de bas en haut, et à la base du corps de pompe est une soupape semblable S.

Lorsque le piston monte, la soupape S s'ouvre, soulevée par la poussée du liquide, et le corps de pompe se remplit. Puis, lorsque le piston descend, la soupape S étant fermée par son propre poids et par la pression qu'elle supporte, l'eau, refoulée par le piston, fait ouvrir la soupape O, et s'élève dans le tuyau D, à une hauteur qui n'a d'autres limites que la pression exercée par le piston, et que la résistance de l'appareil.

190. Pompe aspirante et foulante. — La pompe aspirante et foulante élève l'eau à la fois par aspiration et par pression. Représentée en coupe dans la figure 153, son piston est plein, et à la base du corps de pompe est une soupape ouvrant de bas en haut et fermant un tube d'aspiration A. Sur le côté du corps de pompe est un tube d'ascension D avec sa soupape. Quand la pompe fonctionne, l'eau aspirée par le tuyau A, toutes les fois que le piston monte, est ensuite refoulée, lorsqu'il descend, dans le tuyau D. Quant aux limites d'aspiration et d'ascension, elles restent les mêmes que dans les deux pompes qui viennent d'être décrites.

Dans la pompe aspirante et foulante, représentée dans la figure 153, l'écoulement est évidemment intermittent, n'ayant lieu que lorsque le piston s'abaisse, et s'arrêtant quand il remonte. On corrige ce défaut au moyen du *réservoir d'air,* comme on va le voir dans la pompe à incendie.

191. Pompe à incendie. — La pompe à incendie est une pompe foulante dans laquelle la régularité du jet s'obtient non-seulement à l'aide d'un réservoir d'air décrit ci-après, mais encore au moyen de deux pompes foulantes agissant alternativement.

(fig. 154). Les deux pompes *m, n,* mues par un même balancier
PQ auquel sont appliqués huit hommes, plongent dans une caisse
MN, qu'on nomme *bâche,* et qu'on maintient pleine d'eau tout le
temps que l'appareil fonctionne. D'après la disposition des sou-

Fig. 154.

papes, on voit que lorsqu'une des pompes aspire l'eau de la
bâche, l'autre la refoule dans un compartiment R qu'on nomme
le *réservoir d'air;* de là, par un orifice Z, l'eau passe dans un long
tuyau de cuir qu'on dirige sur le lieu incendié.

Sans l'addition du réservoir d'air, l'eau cessant d'être refoulée
toutes les fois que les pistons arrivent au haut et au bas de leur
course, l'écoulement de l'eau serait intermittent. Or cet inconvénient disparaît avec le réservoir d'air. En effet, la vitesse de l'eau
à son entrée dans ce réservoir étant plus grande qu'à sa sortie, son
niveau s'élève au-dessus de l'orifice Z, en comprimant l'air qui remplit le réservoir. Par suite, toutes les fois que les pistons s'arrêtent,
l'air ainsi comprimé, réagissant sur le liquide, le force à s'écouler
pendant l'instant très-court de l'arrêt des pistons; d'où l'on voit
que l'effet du réservoir d'air, dans les pompes foulantes, est de
rendre l'écoulement constant.

192. Charge que supporte le piston. — Dans la pompe aspirante (fig. 151), une fois que l'eau remplit le tuyau d'aspiration et le corps de pompe jusqu'à l'orifice d'écoulement, *l'effort nécessaire pour soulever le piston égale le poids d'une colonne d'eau qui aurait pour base le piston et pour hauteur la distance verticale de l'orifice d'écoulement au niveau de l'eau dans le réservoir où l'on puise, c'est-à-dire la hauteur à laquelle l'eau est élevée.* En effet, soient H la pression atmosphérique, h la hauteur de l'eau au-dessus du piston, et h' la hauteur de la colonne d'eau qui remplit le tube d'aspiration A et la partie inférieure du corps de pompe. La pression au-dessus du piston est évidemment $H + h$, et celle au-dessous $H - h'$, puisque le poids de la colonne h' tend à faire équilibre à la pression atmosphérique. Or, la pression $H - h'$ tendant à soulever le piston, la résistance effective est égale à l'excès de $H + h$ sur $H - h'$, c'est-à-dire à $h + h'$, ce qu'il fallait démontrer.

Dans la pompe aspirante et foulante (fig. 153), il est facile de voir que la pression que supporte le piston est aussi égale au poids d'une colonne d'eau qui aurait pour base la section du piston, et pour hauteur celle à laquelle l'eau est élevée.

*193. Flacon de Mariotte, son usage. — *Le flacon de Mariotte* est un appareil qui offre plusieurs effets remarquables de pression atmosphérique, et au moyen duquel on obtient un écoulement constant. C'est un flacon un peu grand dont le goulot est fermé d'un bouchon (fig. 155). Dans celui-ci passe un tube de verre ouvert à ses deux bouts. Sur le côté du flacon sont trois tubulures a, b, c, chacune à orifice étroit, et fermées par un petit tampon de bois.

Le flacon et le tube étant entièrement remplis d'eau, considérons ce qui se passe lorsqu'on ouvre successivement une des tubulures a, b, c, en supposant, comme le montre la figure, que l'extrémité inférieure du tube g s'arrête entre les tubulures b et c.

1° Si l'on ouvre d'abord la tubulure b, il y a écoulement, le niveau baisse dans le tube g, et aussitôt que ce niveau y est le même qu'en b, l'écoulement s'arrête. Ces phénomènes s'expli-

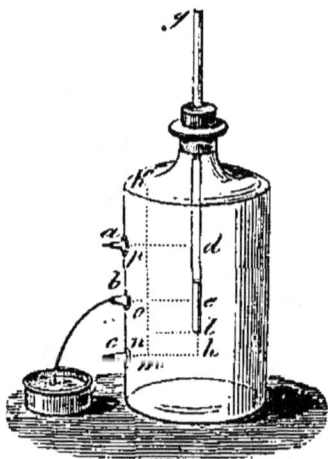

Fig. 155 ($h = 44$).

quent par l'excès de pression qui avait d'abord lieu en b, de dedans en dehors, excès de pression qui disparaît lorsque le niveau est le même dans le tube g qu'en b. En effet, avant que l'écoulement commençât, la pression sur tous les points de la tranche horizontale be n'était pas la même. En e, elle se composait de la pression atmosphérique, plus le poids de la colonne d'eau ge, tandis qu'en b la pression est seulement égale à celle de l'atmosphère. Mais une fois que le niveau est le même en e et en b, il y a équilibre, parce que dans le flacon et dans le tube la pression est alors la même sur tous les points de la tranche horizontale be (81, 3°). En effet, la pression qui s'exerce, dans ce cas, en b et en e, étant égale à celle de l'atmosphère, il est facile de démontrer que c'est la même pression qui s'exerce en un point quelconque o de la tranche be. Pour cela, représentons par H la pression de l'atmosphère; cette force agissant directement en b et en e, se transmet en tous sens dans l'intérieur du flacon, d'après le principe de Pascal (80), et la paroi k supporte de bas en haut une pression égale à $H - ko$; car le poids de la colonne d'eau ko détruit en partie la pression qui tend à se transmettre en k. Or, d'après le principe de mécanique que *la réaction est toujours égale et contraire à l'action*, la pression $H - ko$ est renvoyée de haut en bas par la paroi k sur la tranche be; en sorte que la molécule o supporte, en réalité, deux pressions, l'une égale au poids de la colonne d'eau *ko*, l'autre à la pression H — *ko*, résultant de la réaction de la paroi *k*. La pression réelle que supporte la molécule *o* est donc *ko* + H — *ko*, ou H, ce qu'il fallait démontrer.

2° Si l'on ferme la tubulure *b* et qu'on ouvre la tubulure *a*, il n'y a pas écoulement ; au contraire, l'air entre dans le flacon par l'orifice *a*, et l'eau remonte dans le tube *g* jusqu'à la tranche *ad* ; à ce moment l'équilibre est rétabli. En effet, il est facile de reconnaître, par un raisonnement semblable au précédent, que la pression est alors la même sur tous les points de la tranche horizontale *ad*.

3° Les orifices *a* et *b* étant fermés, on ouvre l'orifice *c*. Dans ce cas, il y a écoulement avec une vitesse constante, tant que le niveau de l'eau, dans le flacon, n'est pas descendu au-dessous de l'orifice *l* du tube ; l'air entre alors bulle à bulle par cet orifice et gagne la partie supérieure du flacon, où il prend la place de l'eau qui s'écoule.

Pour démontrer que l'écoulement est constant par l'orifice *c*, il faut faire voir que la pression qui s'exerce sur la tranche horizontale *ch* est invariablement égale à la pression de l'atmosphère augmentée de celle de la colonne d'eau *hl*. Supposons, en effet, que, dans le flacon, le niveau de l'eau se soit abaissé jusqu'à la tranche *ad*. L'air qui a pénétré dans le flacon supporte alors une pression égale à H — *pn*. En vertu de son élasticité, l'air renvoie cette pression à la couche *ch*. Or, celle-ci supporte en outre le poids de la colonne d'eau *pm* ; donc la pression transmise en *m* est en réalité *pm* + H — *pn*, ou H + *mn*, c'est-à-dire H + *hl*. On démontrerait de la même manière que cette pression est encore la même lorsque le niveau s'est abaissé en *be*, et ainsi de suite tant que le niveau est plus haut que l'orifice *l* ; la pression sur la tranche *ch* est donc constante, et, par conséquent, la vitesse d'écoulement. Mais une fois que le niveau est descendu au-dessous du point *l*, cette pression décroît, et, par suite, la vitesse.

D'après ce qui précède, le flacon de Mariotte donne le moyen d'obtenir un écoulement constant ; pour cela, on le remplit d'eau et l'on tient ouverte la tubulure placée au-dessous de l'orifice *l* du tube. La vitesse d'écoulement est alors constante et proportionnelle à la racine carrée de la hauteur *lh*.

LIVRE V

CHAPITRE PREMIER.

PRODUCTION, PROPAGATION ET RÉFLEXION DU SON.

194. Objet de l'acoustique. — L'*acoustique* a pour objet l'étude des sons et celle des vibrations des corps élastiques.

La musique considère les sons par rapport aux sentiments et aux passions qu'ils peuvent exciter en nous ; l'acoustique ne traite que des propriétés des sons, abstraction faite des sensations que nous en éprouvons.

195. Son et bruit. — Le *son* est une sensation excitée dans l'organe de l'ouïe par le mouvement vibratoire des corps, lorsque ce mouvement peut se transmettre à l'oreille à l'aide d'un milieu élastique.

Tous les sons ne sont point identiques : ils présentent des différences assez sensibles pour qu'on puisse les distinguer entre eux, les comparer et déterminer leurs rapports.

On distingue, en général, le son d'avec le *bruit*. Le son proprement dit, ou *son musical,* est celui qui produit une sensation continue et dont on peut apprécier la valeur musicale ; tandis que le bruit est un son d'une durée trop courte pour être bien apprécié, comme le bruit du canon ; ou bien c'est un mélange confus de plusieurs sons discordants, comme le roulement du tonnerre, le bruit des vagues. Toutefois la différence entre le son et le bruit n'est pas nettement tranchée ; il est, dit-on, des oreilles assez bien organisées pour déterminer la valeur musicale du bruit produit par une voiture roulant sur le pavé.

196. Cause du son. — Le son est toujours le résultat d'oscillations rapides imprimées aux molécules des corps élastiques, lorsque, par le choc ou le frottement, l'état d'équilibre de ces molécules a été troublé. Elles tendent alors à reprendre leur position première ; mais elles n'y reviennent qu'en exécutant, en deçà et au delà de cette position ; des mouvements vibratoires ou de *va-et-vient* extrêmement rapides, dont l'amplitude décroît très-vite.

On nomme *corps sonore,* celui qui rend un son, et on nomme *oscillation* ou *vibration simple,* le mouvement qui ne comprend qu'une *allée* ou qu'un *retour* des molécules vibrantes ; une *vibration double* ou *complète* comprend l'*allée* et le *retour.* Les vibrations sont faciles à constater par les expériences suivantes. Qu'on projette une poussière légère sur un corps qui rend un son, cette poussière prend un mouvement rapide , et rend ainsi visibles les vibrations du corps ; de

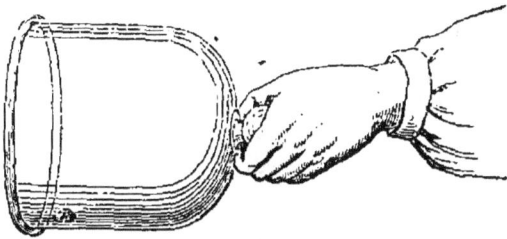

Fig. 156.

même, si l'on pince une corde tendue un peu longue, ses vibrations sont apparentes à l'œil. Ou encore on prend une cloche de verre qu'on tient horizontalement d'une main par le bouton (fig. 156), et de l'autre on donne sur la cloche un coup sec avec le doigt pour la faire vibrer. Or, si l'on a placé au dedans un fragment de métal ou de tout autre corps dur, le petit corps est soulevé rapidement par les vibrations successives des parois, sur lesquelles il fait entendre des chocs répétés ; mais si l'on pose la main sur la cloche, ce qui arrête les vibrations, les chocs cessent aussitôt.

197. Le son ne se propage pas dans le vide. — Les vibrations des corps élastiques ne peuvent faire naître en nous la sensation du son que par l'intermédiaire d'un milieu pondérable, interposé entre l'oreille et le corps sonore, et vibrant avec lui. Ce milieu est ordinairement l'air ; mais les gaz, les vapeurs, les liquides, les solides, transmettent aussi le son.

Pour démontrer que la présence d'un milieu pondérable est nécessaire à la propagation du son, on fait l'expérience suivante. Sous la cloche d'une machine pneumatique on place un timbre métallique que frappe, d'une manière continue, un petit marteau mû par un mouvement d'horlogerie (fig. 157). Tant que la cloche est pleine d'air à la pression ordinaire, on entend distinctement résonner le timbre sous les coups du petit marteau ; mais à mesure qu'on raréfie l'air, le son perd de son intensité, et il cesse d'être perceptible lorsque le vide est fait. Donc le son ne se propage pas dans le vide.

Pour que l'expérience réussisse bien, il faut disposer la sonnerie sur de la ouate ; car les pièces métalliques dont cette sonnerie est formée peuvent transmettre leurs vibrations à la platine de la machine pneumatique, et celle-ci à l'air.

On peut faire la même expérience d'une manière plus simple, à l'aide d'un ballon de verre à robinet, contenant une petite sonnette suspendue à un fil. Si l'on agite le ballon lorsqu'il est plein d'air, on entend distinctement la sonnette; mais après qu'on a raréfié l'air qu'il renferme, au moyen de la machine pneumatique, on n'entend plus rien.

198. Le son se propage dans tous les corps élastiques. — Si, dans les deux expériences ci-dessus, après avoir fait le vide, on laisse entrer, dans le récipient ou dans le ballon, un gaz quelconque ou une vapeur, on entend très-bien le son du timbre ou de la sonnette, ce qui démontre que le son se propage dans les gaz et dans les vapeurs comme dans l'air.

Le son se propage également dans les liquides. En effet, lorsque deux corps se heurtent sous l'eau, on entend distinctement le choc. Un plongeur qui est au fond de l'eau peut distinguer ce qui se dit sur le rivage.

Quant aux solides, leur conductibilité est telle, qu'un bruit extrêmement léger, comme celui du frottement d'une barbe de plume à l'extrémité d'une pièce de bois, est perçu à l'autre extrémité. Le sol conduit si bien le son, que, la nuit, en appliquant l'oreille contre terre, on peut entendre, à de grandes distances, des pas de chevaux ou tout autre bruit.

Fig. 157.

199. Mode de propagation du son dans l'air. — Pour simplifier la théorie de la propagation du son, considérons d'abord le cas où il se propagerait dans un tube cylindrique indéfini. Soit donc un tube MN (fig. 158), rempli d'air à une pression et à une température constantes, et, dans ce tube, un piston P oscillant avec une grande vitesse de A en a, et réciproquement. Ce piston, lorsqu'il passe de A en a, comprime l'air que contient le tube. Or, en raison de la grande compressibilité de ce fluide, la condensation ne s'opère pas dans toute la longueur du tube, mais seulement sur une certaine longueur aH, qu'on nomme l'*onde condensée*.

Toutes les parties de l'onde condensée ne le sont pas également, et leur vitesse n'est pas la même; car le piston, dans son mouve-

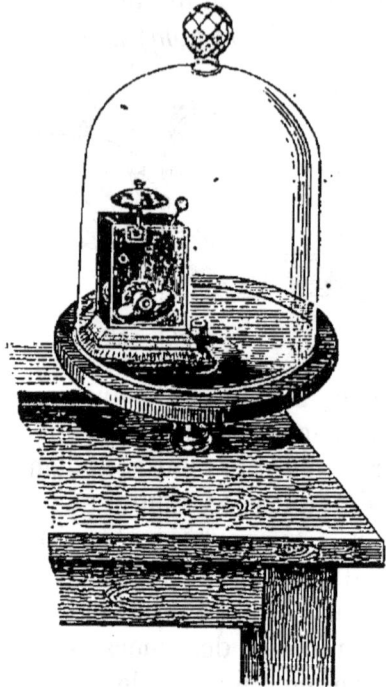

ment de va-et-vient, est animé de vitesses variables. Sa vitesse, d'abord nulle en A, croît progressivement jusqu'au milieu de sa course, puis décroît jusqu'en a, où elle est nulle de nouveau. De là résultent, dans l'onde aH, des densités et des vitesses de l'air variables avec la vitesse du piston. En a, où celui-ci est au repos, la vitesse de l'air est nulle, et ce fluide a repris sa densité primitive. En H, où finit l'onde, la vitesse et la densité sont les mêmes qu'en a; mais, dans les points intermédiaires, ces quantités croissent depuis le point a jusqu'à la section moyenne de l'onde, pour décroître ensuite jusqu'en H.

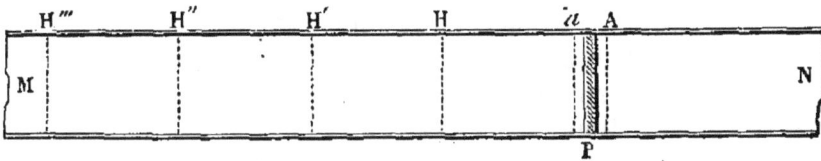

Fig. 158.

En concevant le tuyau MN divisé en longueurs égales à aH, et chacune de ces longueurs partagée en tranches parallèles au piston, on démontre, par le calcul, qu'au moment où la première tranche de l'onde aH arrive au repos, la première tranche de la partie HH' commence à participer au mouvement; puis, lorsque la seconde tranche de l'onde aH passe à l'état de repos, le mouvement se communique à la deuxième tranche de HH', et ainsi de suite, de tranche en tranche, dans les parties H'H'', H''H'''... L'onde condensée avance donc dans le tube, chacune de ses parties passant successivement par les mêmes degrés de vitesse et de condensation.

Le piston revenant ensuite sur lui-même dans la direction aA, il se produit derrière lui un vide dans lequel se dilate la couche d'air en contact avec sa face postérieure. Puis la couche suivante, se dilatant à son tour, ramène la première à son état primitif de condensation, et ainsi de suite, de tranche en tranche; en sorte que, lorsque le piston est revenu en A, il s'est produit une onde dilatée de même longueur que l'onde condensée, et la suivant immédiatement dans le tube cylindrique, où elles se propagent ensemble, les tranches correspondantes des deux ondes possédant des vitesses égales et contraires.

L'ensemble de l'onde condensée et de l'onde raréfiée forme une onde sonore; c'est-à-dire qu'une onde sonore comprend la partie de la colonne d'air modifiée pendant une allée et un retour du piston; la longueur de l'onde sonore est l'épaisseur de l'onde condensée et de l'onde dilatée réunies, c'est-à-dire l'espace que le son parcourt pendant la durée d'une vibration complète du corps qui le produit. Cette longueur est d'autant moindre, que les vibrations sont plus rapides.

On passe facilement de la théorie du mouvement des ondes sonores dans un cylindre, à celle de leur mouvement dans un milieu indéfini dans tous les sens; il suffit, pour cela, d'appliquer dans toutes les directions, à chaque molécule des corps vibrants, ce qui vient d'être dit d'un piston mobile dans un tuyau. Il se produit, en effet, autour de chaque centre d'ébranlement, une suite d'ondes sphériques alternativement condensées et raréfiées. Ces ondes étant comprises entre deux surfaces sphériques concentriques dont les rayons croissent graduellement, tandis que la longueur d'ondulation reste la même, leur masse augmente à mesure qu'elles s'éloignent du centre d'ébranlement; il en résulte que la vitesse de vibration imprimée aux molécules s'affaiblit graduellement et que l'intensité du son diminue.

Ce sont ces ondes sphériques alternativement condensées et raréfiées qui, en se propageant dans l'espace, y transmettent le son. Si plusieurs points sont ébranlés en même temps, il se produit, autour de chacun, un système d'ondes semblable au précédent. Or, toutes ces ondes se transmettent les unes à travers les autres, sans modifier ni leur longueur ni leur vitesse. Tantôt les ondes condensées ou dilatées se superposent sur des ondes de même nature, de manière à produire un effet égal à leur somme; tantôt elles se rencontrent et produisent un effet égal à leur différence. Il suffit d'ébranler en plusieurs points la surface d'une eau tranquille pour rendre sensible à l'œil la *coexistence des ondes*.

200. Causes qui font varier l'intensité du son. — Plusieurs causes modifient la force ou l'*intensité* du son, savoir : la distance du corps sonore, l'amplitude des vibrations, la densité de l'air dans le lieu où le son se produit, la direction des courants d'air, et enfin le voisinage d'autres corps sonores.

1° *L'intensité du son est en raison inverse du carré de la distance du corps sonore à l'organe auditif.* Cette loi, à laquelle on est conduit par la théorie, peut aussi se démontrer expérimentalement. Concevons, en effet, plusieurs sons exactement d'égale intensité, produits, par exemple, par des timbres identiques frappés par des marteaux de même poids, tombant de hauteurs égales. Si l'on place quatre de ces timbres à une distance de 20 mètres de l'oreille, et un seul à une distance de 10 mètres, on observe que ce dernier, frappé seul, rend un son de même intensité que les quatre premiers timbres frappés simultanément; ce qui fait voir que, pour une distance double, l'intensité est quatre fois moindre.

2° *L'intensité du son augmente avec l'amplitude des vibra-*

tions du corps sonore. La liaison qui existe entre l'intensité du son et l'amplitude des vibrations se constate facilement à l'aide des cordes vibrantes ; en effet, si les cordes sont un peu longues, les oscillations sont sensibles à l'œil, et l'on vérifie que, l'amplitude des oscillations décroissant, le son s'affaiblit.

3° *L'intensité du son dépend de la densité de l'air dans le lieu où il se produit.* Lorsqu'on place sous le récipient de la machine pneumatique une sonnerie mue par un mouvement d'horlogerie, on entend l'intensité du son décroître à mesure qu'on raréfie l'air.

Dans l'hydrogène, qui est environ 14 fois moins dense que l'air, les sons ont une intensité beaucoup plus faible, quoique la pression soit la même. Dans l'acide carbonique, au contraire, dont la densité, par rapport à l'air, est de 1,529, les sons deviennent plus intenses. Sur les hautes montagnes, où l'air est très-raréfié, il faut parler avec effort pour se faire entendre, et l'explosion d'une arme à feu n'y produit qu'un son faible.

4° *L'intensité du son est modifiée par l'agitation de l'air et la direction des vents.* On constate que, par un temps calme, le son se propage toujours mieux que lorsqu'il fait du vent, et qu'en ce dernier cas le son est plus intense, à distance égale, dans la direction du vent que dans la direction contraire.

5° *Le son est renforcé par le voisinage d'un corps sonore.* Une corde d'instrument, tendue à l'air libre, ne rend qu'un son faible lorsqu'on la fait vibrer loin de tout corps sonore ; qu'elle soit tendue au-dessus d'une caisse sonore, comme dans la guitare, le violon ou la basse, elle rend un son plein et intense : ce qui est dû à ce que la caisse et l'air qu'elle contient vibrent à l'unisson avec la corde. De là, l'emploi des caisses sonores pour les instruments à cordes.

201. Influence des tuyaux sur l'intensité du son. — La loi énoncée ci-dessus, que l'intensité du son est en raison inverse du carré de la distance, n'est pas applicable aux sons transmis par des tuyaux, surtout si ceux-ci sont cylindriques et droits. Les ondes sonores ne se propageant plus alors sous la forme de sphères concentriques croissantes, le son peut être porté à une distance considérable sans altération bien sensible. Biot a constaté que, dans un tuyau de conduite des eaux de Paris, long de 951 mètres, la voix perd si peu de son intensité, que, d'une extrémité à l'autre de ce tube, on peut entretenir une conversation à voix basse. Toutefois l'affaiblissement du son devient sensible dans les tubes d'un grand diamètre, ou dont les parois présentent des anfractuosités. C'est ce qu'on observe dans les souterrains et dans les longues galeries.

Cette propriété qu'ont les tubes de porter au loin les sons a été utilisée d'abord en Angleterre. Des *speaking tubes* (tubes parlants) y ont été appliqués à transmettre les ordres dans les hôtels et dans les grands établissements. Ce sont des tubes de caoutchouc, d'un petit diamètre, passant d'une pièce à l'autre au travers des murs. Si l'on parle d'une voix peu élevée à l'une des extrémités, on est entendu très-distinctement à l'autre.

D'après les expériences déjà citées de Biot, il est évident qu'on pourrait ainsi, à l'aide de tubes acoustiques, correspondre de vive voix d'une ville à l'autre. Le son parcourant en moyenne 337 mètres par seconde, une distance de 80 kilomètres serait parcourue en quatre minutes.

202. Vitesse du son dans les gaz. — La propagation des ondes sonores étant successive, le son ne peut se transmettre d'un lieu à un autre que dans un intervalle de temps plus ou moins long. C'est ce que démontrent un grand nombre de phénomènes. Par exemple, le bruit de la foudre ne se fait entendre qu'un certain temps après qu'on a vu l'éclair, bien que le bruit et l'éclair se produisent simultanément dans la nue.

De nombreuses tentatives ont été faites pour déterminer la vitesse du son dans l'air, c'est-à-dire l'espace qu'il parcourt en une seconde. La dernière fut faite dans l'été de 1822, pendant la nuit, par les membres du Bureau des longitudes. On avait choisi pour stations deux hauteurs situées, l'une à Villejuif, l'autre à Montlhéry, près de Paris. A chaque station, on tirait, de dix en dix minutes, un coup de canon. Les observateurs de Villejuif entendirent très-distinctement les douze coups tirés à Montlhéry; mais ceux de cette station n'entendirent que sept coups, sur douze tirés à Villejuif, la direction du vent étant contraire.

A chaque station, les observateurs notaient, au moyen de chronomètres, le temps qui s'écoulait entre l'apparition de la lumière, au moment de l'explosion, et l'audition du son. Ce temps pouvait être pris pour celui qu'employait le son pour se propager d'une station à l'autre, car l'intervalle des deux stations n'était que de 18 612^m,52, et l'on verra, en optique, que, pour parcourir cette distance, il faut à la lumière un temps inappréciable. On constata ainsi que la durée moyenne de la propagation du son d'une station à l'autre était de 54^s,6. Divisant par ce nombre l'intervalle des deux stations, on trouve que la vitesse du son, par seconde, est de 340^m,89, à la température de 16 degrés, qui était celle de l'air pendant l'expérience.

La vitesse du son dans l'air décroît avec la température : à 10 degrés, elle n'est que de 337 mètres : à zéro, de 333 mètres. Mais, pour une même température, elle est indépendante de la densité de l'air, et, par conséquent, de la pression. A température égale, elle est la même pour tous les sons, forts ou faibles, graves ou aigus. En effet, Biot constata, dans les expériences ci-dessus mentionnées sur la conductibilité des tuyaux, que lorsqu'on jouait de la flûte à l'extrémité d'un tuyau de fonte de 951 mètres de longueur, les sons gardaient leur rhythme à l'autre extrémité; ce qui indique que les différents sons se propagent avec des vitesses égales. Cependant ceci ne doit pas être admis d'une manière générale pour les sons qui ont une origine dissemblable, comme le bruit du canon, par exemple, et le son d'un instrument ou de la voix humaine. C'est du moins ce que tend à prouver l'observation suivante, faite par le capitaine Parry, pendant son expédition dans les mers du Nord. Ayant un jour fait faire l'exercice du canon, et les artilleurs ne faisant feu qu'au commandement donné par l'officier, plusieurs personnes, placées à une assez grande distance des pièces, entendirent le bruit du canon avant d'avoir entendu le commandement de faire feu; ce qui indiquerait que les sons produits avec violence se propagent plus vite.

La vitesse du son varie d'un gaz à un autre, quoique la température soit la même. A l'aide des formules sur les tuyaux sonores (239), Dulong a trouvé qu'à la température de zéro, la vitesse du son, dans les gaz suivants, est :

Acide carbonique.	261 mètres.
Oxygène.	317
Air	333
Oxyde de carbone	337
Hydrogène.	1269

203. Formules pour calculer la vitesse du son dans les gaz. — Newton, le premier, a donné, pour calculer la vitesse du son dans les gaz, à la température de zéro, la formule $v = \sqrt{\dfrac{e}{d}}$, dans laquelle v représente la vitesse du son, c'est-à-dire l'espace qu'il parcourt en une seconde, e l'élasticité du gaz à zéro, et d sa densité aussi à zéro.

On conclut de cette formule que la vitesse de propagation du son dans un gaz *est directement proportionnelle à la racine carrée de l'élasticité du gaz, et inversement proportionnelle à la racine carrée de sa densité*. On voit, en même temps, que cette vitesse reste constante, quelle que soit la pression, car, l'élasticité augmentant, la densité augmente dans le même rapport, d'après la loi de Mariotte.

En représentant par g l'intensité de la pesanteur, par h la hauteur du baromètre ramenée à zéro, et par δ la densité du mercure aussi à zéro, il est évident que, pour un gaz soumis à la pression atmosphérique, l'élasticité e croissant comme chacune de ces quantités, on peut poser $e = gh\delta$. La formule de Newton devient donc, pour la température de zéro, $v = \sqrt{\dfrac{gh\delta}{d}}$.

Or, la température d'un gaz augmentant de 0 à t degrés, son volume croît, et sa densité varie en raison inverse du volume; par conséquent, si l'on représente par 1 le volume du gaz à zéro, et par α l'accroissement que prend l'unité de volume en s'échauffant de 1 degré, le volume à t degrés sera $1 + \alpha t$ (CHALEUR, chap. IV).

Par suite, la densité, qui est d à zéro, sera $\dfrac{d}{1+\alpha t}$ à t degrés. La formule de Newton, pour une température t, doit donc s'écrire

$$v' = \sqrt{\frac{gh\delta}{d}(1+\alpha t)}, \quad \text{ou} \quad v' = \sqrt{\frac{gh\delta}{d}} \cdot \sqrt{1+\alpha t} = v\sqrt{1+\alpha t};$$

v' étant la vitesse à t degrés, et v la vitesse à zéro.

Les valeurs de v obtenues par cette formule ont toujours été plus petites que celles fournies par l'expérience. Laplace a donné, pour cause de cette différence, la chaleur qui se développe, par l'effet de la pression, dans les ondes condensées. En s'appuyant sur les idées de Laplace, Poisson et Biot ont trouvé que la formule

de Newton doit être ramenée à la forme $\quad v = \sqrt{\dfrac{gh\delta}{d}(1+\alpha t)\dfrac{c}{c'}};$

c étant la chaleur spécifique, à pression constante, du gaz dans lequel le son se propage (CHALEUR, chap. VII), et c' sa chaleur spécifique à volume constant. Ainsi modifiée, cette formule donne des valeurs de v d'accord avec l'expérience.

204. Vitesse du son dans les liquides et les solides. — La vitesse du son dans les liquides est beaucoup plus grande que dans l'air. Colladon et Sturm ont trouvé, par des expériences faites, en 1827, sur le lac de Genève, que la vitesse du son dans l'eau est de 1435 mètres à la température de 8°,1. C'est plus que le quadruple de celle qui a lieu dans l'air.

Dans les solides, la vitesse du son est encore plus grande. En expérimentant sur des tuyaux de fonte destinés à la conduite des eaux, Biot a trouvé directement que, dans la fonte, le son se propage 10,5 fois plus vite que dans l'air. La vitesse du son dans les autres solides a été déterminée théoriquement par Chladni, Savart, Masson et Wertheim, en s'appuyant, soit sur le nombre des vibrations longitudinales ou transversales des corps, soit sur leur coefficient d'élasticité. Chladni a trouvé, à l'aide des vibrations longitudinales, que, dans les différentes espèces de bois, la vitesse est de 10 à 16 fois plus grande que dans l'air. Dans les métaux, elle est plus variable, et égale de 4 à 16 fois celle qui a lieu dans l'air.

205. Réflexion du son. — Tant que les ondes sonores ne sont point gênées dans leur développement, elles se propagent sous forme de sphères concentriques; mais lorsqu'elles rencontrent un obstacle, elles suivent la loi générale des corps élastiques, c'est-à-dire qu'elles reviennent sur elles-mêmes, en formant de nouvelles ondes concentriques qui semblent émaner d'un second centre situé de l'autre côté de l'obstacle, ce qu'on exprime en disant que les ondes sont *réfléchies*.

La figure 159 représente une suite d'ondes incidentes, réfléchies sur un obstacle PQ. Si l'on considère, par exemple, l'onde inci-

dente MCDN, émise du centre A, l'onde réfléchie correspondante
est représentée par l'arc CKD, dont le point *a* est le *centre virtuel*.

La ligne droite AC, suivant laquelle se propage le son du point
A au point C, est un *rayon sonore ;* et si l'on mène par le point C
une perpendiculaire CH à la surface réfléchissante, l'angle ACH
que fait le rayon sonore avec cette perpendiculaire se nomme *angle*

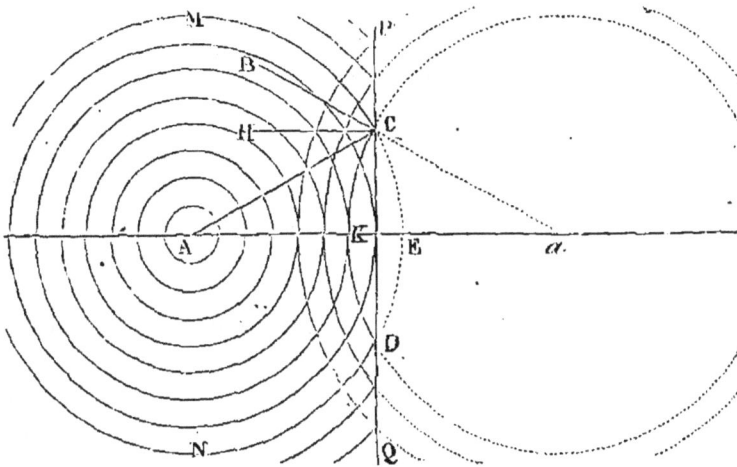

Fig. 159.

d'incidence ; enfin, l'angle BCH, que fait le rayon sonore réfléchi
BC avec la même perpendiculaire, est l'*angle de réflexion.*

Cela posé, la réflexion du son est soumise aux deux lois suivantes, qui sont les mêmes pour la chaleur et la lumière :

1° *L'angle de réflexion est égal à l'angle d'incidence.*

2° *Le rayon sonore incident et le rayon réfléchi sont dans un
même plan perpendiculaire à la surface réfléchissante.*

D'après ces lois, l'onde qui, dans la figure, se propage suivant AC, prend, après la réflexion, la direction CB ; en sorte qu'un
observateur placé en B entend, outre le son parti du point A, un
deuxième son qui lui semble émis dans la direction CB.

206. Échos et résonnance. —On nomme *écho*, la répétition d'un
son dans l'air par l'effet de sa réflexion sur quelque obstacle.

Pour un son très-bref, comme un choc, il peut y avoir écho,
lorsque la surface réfléchissante est distante seulement de 17 mètres. C'est la limite qu'on admet ordinairement pour tous les sons;
mais pour les sons articulés, il faut au moins une distance double,
c'est-à-dire 34 mètres. En effet, il est facile de constater qu'on ne
peut prononcer ou entendre bien distinctement plus de cinq syl-
labes par seconde. Or, la vitesse du son étant de 340 mètres par
seconde, il s'ensuit que, dans un cinquième de seconde, le son

parcourt 68 mètres. Par conséquent, si l'obstacle réfléchissant est
à une distance de 34 mètres, le son, tant pour aller jusqu'à l'obstacle que pour revenir, aura 68 mètres à parcourir. Le temps
écoulé entre le son articulé et le son réfléchi sera donc d'un cinquième de seconde ; dès lors les deux sons ne se confondront pas,
et le son réfléchi sera entendu distinctement. D'après ce qui précède, si l'on parle à voix haute devant un réflecteur distant de 34
mètres, on ne peut distinguer que la dernière syllabe réfléchie ;
l'écho est donc *monosyllabique*. Si le réflecteur est distant de deux
fois, trois fois 34 mètres, l'écho sera *dissyllabique, trissyllabique*,
et ainsi de suite.

Lorsque la distance de la surface réfléchissante est moindre que
34 mètres, le son direct et le son réfléchi tendent à se confondre.
On ne peut donc les entendre séparément ; mais le son se trouve
renforcé, ce qu'on exprime en disant qu'il y a *résonnance*. C'est ce
qu'on observe dans les grands appartements. Les salles nues sont
très-retentissantes ; au contraire, les tentures, les draperies, qui
réfléchissent mal le son, rendent les appartements *sourds*.

On nomme *échos multiples,* ceux qui répètent plusieurs fois le
même son : c'est ce qui arrive lorsque deux obstacles placés l'un
vis-à-vis de l'autre, deux murs parallèles par exemple, se renvoient
successivement le son. Il existe des échos qui répètent ainsi jusqu'à
vingt ou trente fois le même son. On cite particulièrement celui du
château de Simonetta, en Italie.

Les lois de la réflexion du son étant les mêmes que celles de la
réflexion de la lumière et de la chaleur, les surfaces courbes donnent naissance à des *foyers acoustiques* analogues aux foyers lumineux et calorifiques qui se produisent devant les réflecteurs concaves. Par exemple, si l'on parle sous une arche de pont de pierre,
la face tournée contre l'une des piles, la voix peut se reproduire
auprès de l'autre pile avec assez d'intensité pour qu'on entretienne
ainsi une conversation à voix basse, sans que des personnes placées
dans l'espace intermédiaire puissent l'entendre.

Il existe, au rez-de-chaussée du Conservatoire des arts et métiers de Paris, une salle carrée, à voûte elliptique, qui présente ce
phénomène d'une manière remarquable, lorsqu'on se place aux
deux foyers de l'ellipse.

Du reste, il est à remarquer que le son ne se réfléchit pas seulement à la surface des corps solides, comme les murs d'un édifice,
les bois, les rochers ; il se réfléchit aussi sur les nuages, à la rencontre d'une couche d'air de densité différente de celle qu'il vient
de traverser, enfin sur les vésicules mêmes des brouillards. On
observe, en effet, que, si l'air est brumeux, les sons subissent une

foule de réflexions partielles, et s'éteignent rapidement. C'est la nuit, lorsque l'air est pur, calme et d'une densité uniforme, que les sons peuvent être entendus de plus loin.

* **207. Réfraction du son.** — On verra plus tard qu'on entend par *réfraction*, un changement de direction qu'éprouvent la lumière et la chaleur en passant d'un milieu dans un autre. Or, M. Sondhauss, en Allemagne, a constaté récemment que les ondes sonores se réfractent comme la chaleur et la lumière.

A cet effet, il a construit des lentilles gazeuses, en remplissant d'acide carbonique des enveloppes membraneuses de forme sphérique ou lenticulaire. Avec des enveloppes de papier ou de baudruche, la réfraction du son n'est pas sensible ; mais avec une enveloppe de *collodion,* l'expérience réussit très-bien.

M. Sondhauss coupe, sur un très-grand ballon de collodion, deux segments égaux, et les fixe sur les deux faces d'un anneau de tôle ayant 34 centimètres de diamètre, de manière à former une lentille biconvexe, creuse, dont l'épaisseur, au centre, est d'environ 12 centimètres. Puis, remplissant d'acide carbonique la lentille ainsi formée, il place une montre ordinaire sur la direction de l'axe, et cherche ensuite, de l'autre côté de la lentille, le point où le bruit de la montre est entendu avec plus d'intensité. On observe ainsi que, tant que l'oreille est éloignée de l'axe, le son est à peine perceptible ; mais que, lorsqu'elle est sur l'axe, à une distance convenable de la lentille, le son est entendu très-distinctement : les ondes sonores, à leur sortie de la lentille, viennent donc concourir vers l'axe, ce qui montre qu'elles ont changé de direction, et, par conséquent, qu'elles sont réfractées.

208. Porte-voix, cornet acoustique. — Le *porte-voix* et le *cornet acoustique* sont deux instruments fondés à la fois sur la réflexion du son et sur la conductibilité des tuyaux cylindriques (201),

Fig. 160.

Le porte-voix, ainsi que l'indique son nom, est destiné à transmettre la voix à de grandes distances. C'est un tube de fer-blanc ou de laiton (fig. 160), légèrement conique et très-évasé à l'une de ses ouvertures, qu'on nomme *pavillon.* Cet instrument, qui s'embouche par l'autre extrémité, porte la voix d'autant plus loin, que ses dimensions sont plus grandes. On explique, en général, les effets du porte-voix par une suite de réflexions successives des ondes sonores sur les parois du tube, réflexions en vertu desquelles les ondes tendent à se propager de plus en plus suivant une direction parallèle à l'axe de l'instrument. On a objecté à cette théorie que les sons émis à travers le porte-voix ne sont pas renforcés seulement dans la direction de son axe, mais dans toutes; et encore que le pavillon serait inutile pour obtenir le parallélisme des rayons sonores, tandis qu'au contraire il exerce une influence considérable sur l'intensité des sons transmis. Quelques physiciens attribuent les effets du porte-voix à un renforcement produit par la colonne d'air qui est dans le tube, laquelle vibre à l'unisson, à mesure qu'on parle à son extrémité. Quant à l'effet du pavillon, on n'en a point donné jusqu'ici d'explication satisfaisante.

Le cornet acoustique sert aux personnes qui ont l'*oreille dure*. C'est un tube conique de métal, dont l'une des extrémités, terminée en pavillon, est destinée à recevoir le son, tandis que l'autre extrémité est introduite dans l'oreille. Le pavillon sert ici d'embouchure, c'est-à-dire qu'il reçoit les sons venant de la bouche de la personne qui parle. Ces sons se transmettent par une suite de réflexions dans l'intérieur du cornet, en sorte que des ondes qui eussent pris un grand développement se trouvent concentrées dans l'appareil auditif, et y produisent un effet beaucoup plus sensible que ne l'eussent fait des ondes divergentes.

CHAPITRE II.

MESURE DU NOMBRE DES VIBRATIONS.

209. Sirène. — On a imaginé plusieurs appareils pour mesurer le nombre de vibrations correspondant à un son donné, savoir : la *sirène*, la *roue dentée de Savart*, le *cylindre tournant de Duhamel*, le *phonautographe de Scott*. Nous décrirons ici les trois premiers.

La *sirène* est un petit appareil qui sert à mesurer le nombre des vibrations d'un corps sonore en un temps donné. Cagniard-Latour, qui en est l'inventeur, a donné le nom de sirène à cet instrument, parce qu'on peut lui faire rendre des sons sous l'eau.

La sirène est toute de cuivre. La figure 164 la représente montée sur la caisse d'une soufflerie qui est décrite ci-après (fig. 164), et dont la fonction est d'envoyer un courant d'air continu dans la sirène. Les figures 162 et 163 montrent les détails intérieurs de celle-ci. La partie inférieure consiste en une caisse cylindrique O, recouverte d'un plateau fixe B. Sur ce plateau s'appuie une tige verticale T, à laquelle est fixé un disque A, qui peut tourner librement avec la tige ; des trous circulaires équidistants sont pratiqués dans le plateau B, et dans le disque A se trouve un nombre égal de trous de même grandeur et à la même distance du centre que ceux du plateau. Ces trous ne sont point perpendiculaires aux plans du plateau et du disque ; mais, inclinés tous de la même quantité.

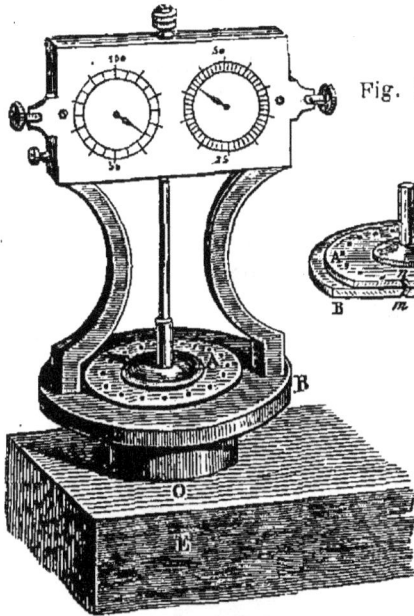

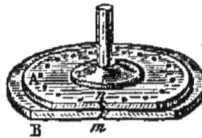

Fig. 163.

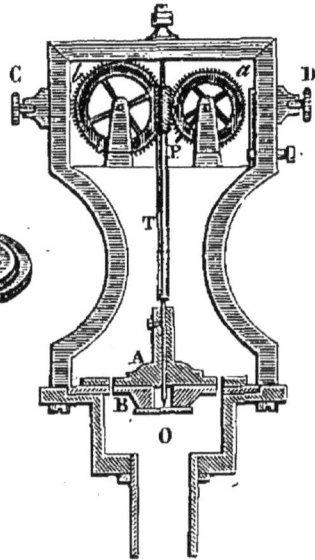

Fig. 161 (h = 17).

Fig. 162.

dans le plateau, ils le sont en sens contraire dans le disque, de manière que, lorsque les trous du plateau et ceux du disque sont en regard, ils sont disposés comme le représente la figure 163, qui donne une coupe des deux disques A et B suivant les deux trous antérieurs, au moment où ils se correspondent. Il résulte de cette disposition que, lorsqu'un courant d'air rapide arrive de la soufflerie dans la caisse cylindrique et dans le trou *m*, il frappe obliquement les parois du trou *n*, et imprime au disque A un mouvement de rotation dans le sens A*n*.

Pour simplifier l'explication du jeu de la sirène, supposons d'abord que, le disque mobile A portant 18 trous, le plateau fixe B ne soit percé que d'un seul, et considérons le cas où celui-ci coïncide avec un des trous supérieurs. Le vent de la soufflerie venant à frapper obliquement la paroi de ce dernier, le disque mobile se met à tourner, et le plein qui se trouve entre deux trous consécutifs vient fermer le trou du plateau inférieur. Mais le disque continuant à tourner, en vertu de sa vitesse acquise, deux trous se trouvent de nouveau en regard, d'où résulte une nouvelle impulsion, et ainsi de suite. De la sorte, pendant une révolution complète du disque, l'orifice inférieur est 48 fois ouvert et 48 fois fermé. Il en résulte une suite d'écoulements et d'arrêts qui font entrer l'air en vibration, et finissent ainsi par produire un son, quand les impulsions successives sont assez rapides. Si l'on suppose actuellement que le plateau fixe B ait 48 trous, comme le disque tournant, chaque trou produira simultanément le même effet qu'un seul; le son sera donc 48 fois plus intense, mais le nombre des vibrations n'en sera pas augmenté. Dans les deux cas, il est de 48 vibrations doubles par seconde.

Pour connaître le nombre de vibrations correspondant au son que rend l'appareil pendant son mouvement de rotation, il reste à savoir combien le disque A fait de révolutions par seconde. Pour cela, la tige T porte une vis sans fin, qui transmet le mouvement à une roue *a* garnie de 100 dents. Cette roue, qui avance d'une dent pour chaque révolution du disque, porte un taquet P, qui, à chaque tour, fait marcher d'une dent une seconde roue *b* qu'on voit à gauche dans la figure 162. Les axes de ces roues font tourner deux aiguilles qui se meuvent sur des cadrans représentés dans la figure 164. Ces aiguilles indiquent, l'une le nombre des tours du disque A, l'autre les centaines de tours. Deux boutons D et C servent à engrener ou à désengrener à volonté la petite roue *a* avec la vis sans fin.

Comme le son s'élève à mesure que la vitesse du disque A s'accroît, il suffit de forcer le vent de la soufflerie pour parvenir à faire rendre à l'appareil un son déterminé. On entretient alors le même courant d'air pendant un certain temps, 20 secondes par exemple; puis on lit sur les cadrans le nombre de tours qu'a faits le disque. En multipliant ce nombre par 48 et divisant le produit par le nombre de secondes 20, le quotient indique le nombre de vibrations doubles par seconde.

La sirène, à vitesse égale, donne le même son sous l'eau que dans l'air; il en est de même dans tous les gaz : ce qui fait voir qu'un son déterminé ne dépend que du nombre des vibrations, et non de la nature du corps sonore.

240. Soufflerie. — La *soufflerie* sert à faire *parler* les tuyaux. Elle se compose d'un fort soufflet S, qui est placé entre les quatre pieds d'une table, et marche au moyen d'une pédale P (fig. 164). L'air refoulé par le soufflet se rend dans un réservoir de cuir R, très-flexible, qui se gonfle à mesure que l'air y arrive. Comprimé par deux plaques de plomb qui chargent le réservoir, l'air passe par un tuyau A dans un coffre *mn*, qui est placé sur la table et qu'on nomme *sommier*; de là il se distribue aux différents tuyaux placés dessus.

Pour cela, les trous dans lesquels s'engagent les pieds des tuyaux sont fermés par des soupapes *s* (fig. 165) qui s'opposent au passage

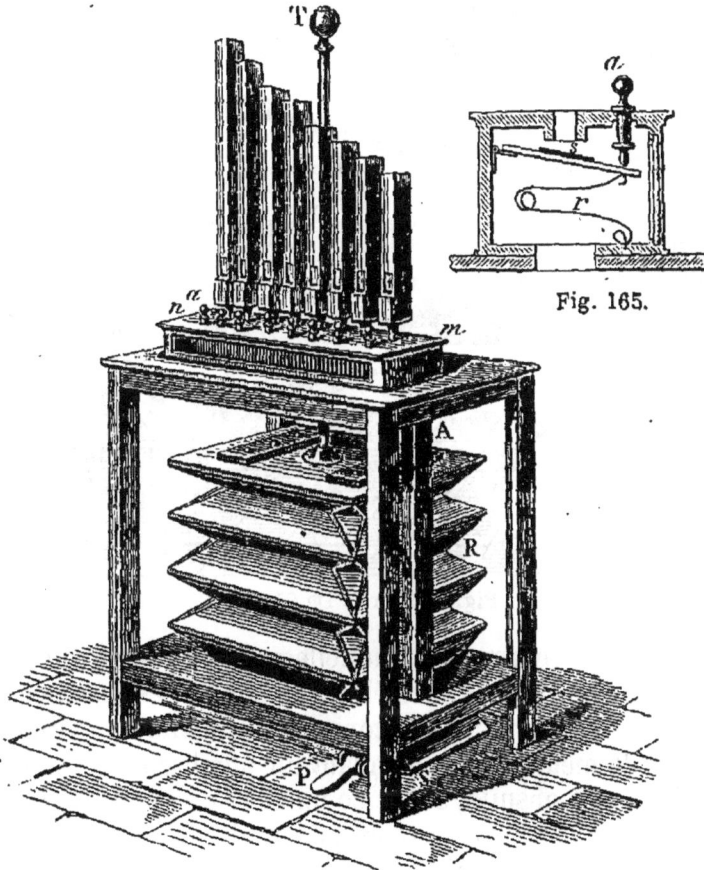

Fig. 165.

Fig. 164. (h = 1^m).

de l'air; mais devant chaque tuyau est une touche *a*, qui, lorsqu'on appuie dessus avec la main, fait ouvrir la soupape et laisse passer l'air. Au-dessous de la soupape est un ressort de fil de fer *r*, qui soulève la soupape aussitôt qu'on cesse d'appuyer sur la touche.

* 211. Roue dentée de Savart. — La *roue dentée de Savart*, ainsi nommée du nom de son inventeur, est un appareil destiné à faire connaître le nombre absolu de vibrations qui correspond à un son déterminé. Il est formé d'un banc de chêne solidement établi et ouvert dans toute sa longueur. Dans l'ouverture sont montées deux roues A et B (fig. 166) : la première sert à imprimer une grande vitesse à la plus petite, et cette dernière, qui est garnie de dents, est destinée à faire vibrer une carte E fixée sur le banc. Cette carte, étant choquée au passage de chaque dent, fait, par révolution de la petite roue, autant de vibrations complètes qu'il y a de dents. Enfin, sur le côté de l'appareil est un compteur H, qui reçoit son mouvement de l'axe de la roue dentée, et qui indique le nombre de tours et, par suite, le nombre de vibrations dans un temps donné.

Si l'on imprime d'abord à la roue dentée un mouvement lent, on entend distinctement les chocs successifs des dents contre la

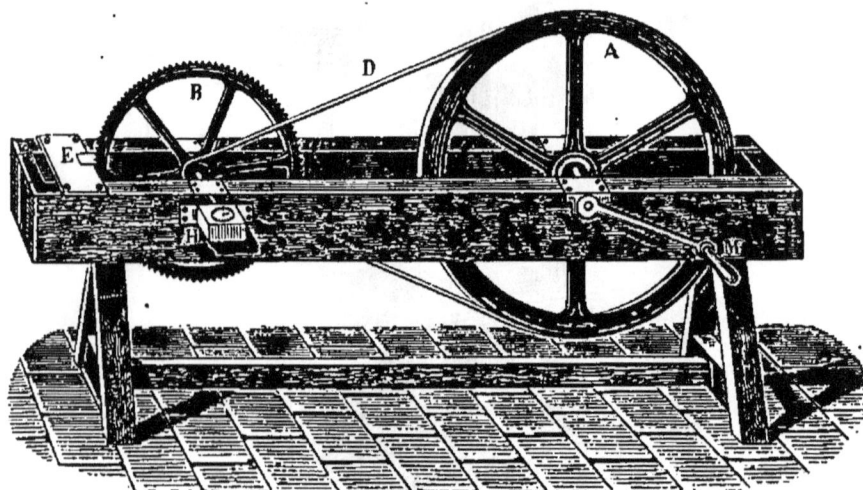

Fig. 166 (h = 1^m,05).

carte ; mais si l'on augmente graduellement la vitesse, on obtient un son continu de plus en plus élevé. Lorsqu'on est ainsi parvenu à reproduire le son dont on veut connaître le nombre de vibrations, on entretient la même vitesse pendant un nombre de secondes déterminé ; en lisant ensuite, sur le compteur, le nombre de tours de la roue dentée B, il ne reste plus qu'à multiplier ce nombre par celui des dents, pour obtenir le nombre total des vibrations. Divisant enfin ce produit par le nombre de secondes correspondant, le quotient donne le nombre de vibrations par seconde.

* 242. **Méthode graphique de M. Duhamel.** — En faisant usage de la sirène ou de la roue de Savart, il est difficile de déterminer avec précision le nombre de vibrations correspondant à un son donné, puisqu'il faut les mettre à l'unisson de celui-ci, ce qui demande une oreille exercée. La méthode graphique de M. Duhamel, plus simple et plus précise, ne présente pas cette difficulté. Elle consiste à fixer sur le corps sonore un style léger qui en trace les vibrations sur une surface convenablement préparée.

L'appareil de M. Duhamel se compose d'un cylindre A, de bois ou de métal, fixé sur un axe vertical O (fig. 167). On fait tourner celui-ci à l'aide d'une manivelle, et, tout en tournant dans un sens ou dans l'autre, il prend un mouvement de haut en bas ou de bas en haut, au moyen d'un pas de vis tracé sur l'axe même et passant

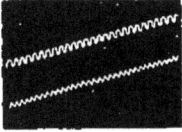

Fig. 168

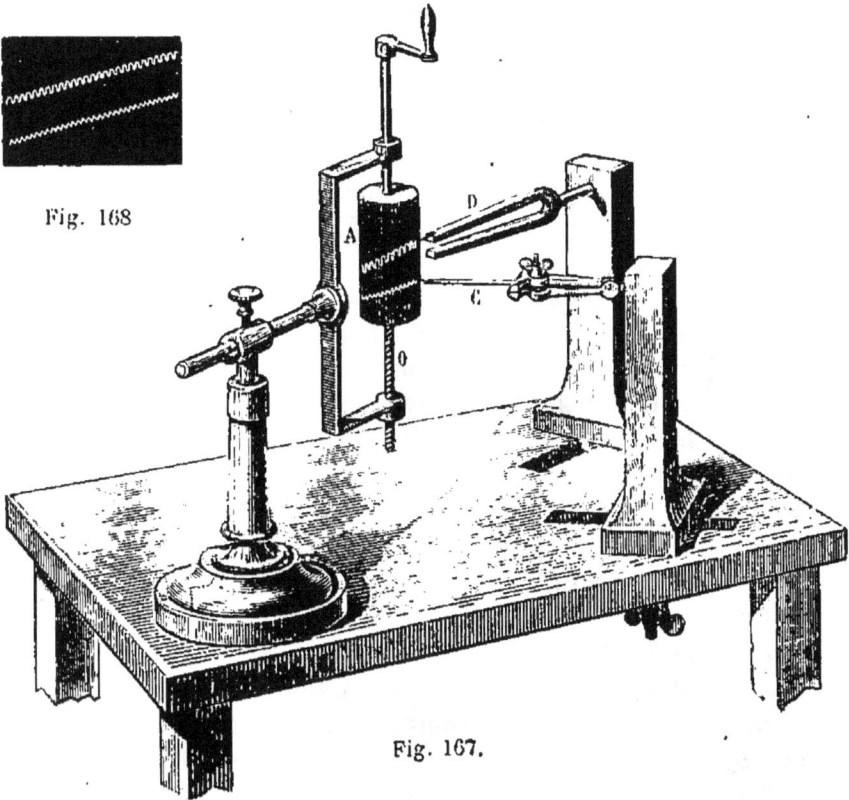

Fig. 167.

dans un écrou. Autour du cylindre est enroulée une feuille de papier sur laquelle est déposée une couche légère et non adhérente de noir de fumée. C'est sur cette couche que s'inscrivent les vibrations. Pour cela, le corps sonore étant, par exemple, une lame élastique C fortement encastrée à l'une de ses extrémités, on fixe à son autre extrémité un style léger qui rase la surface du cylindre pendant sa rotation. Si celui-ci tourne sans que la lame vibre, le style trace en blanc sur le fond noir un trait hélicoïdal régulier; mais si la lame vibre, le trait est ondulé, et autant d'ondulations, autant de vibrations de la lame. Il ne reste plus qu'à déterminer le temps pendant lequel se sont effectuées ces vibrations.

On peut y arriver de plusieurs manières : la plus simple est de comparer la courbe tracée par la lame vibrante à celle tracée par un diapason (222) qui donne par seconde un nombre de vibrations connu, 500 par exemple. Une des branches du diapason étant, elle aussi, munie d'un style léger, on met celui-ci en contact avec le noir de fumée, puis on fait vibrer simultanément la lame et le diapason; les deux styles tracent alors deux hélices ondulées, mais inégalement. Or, en déroulant la feuille de papier qui est sur le cylindre (fig. 168), et en comparant les nombres d'oscillations qui se correspondent sur les deux courbes, il est facile d'en déduire combien la lame fait de vibrations en une seconde. Par exemple, supposons qu'à 150 vibrations du diapason en correspondent 165 de la lame; chaque vibration du diapason étant, par hypothèse, de $\frac{1}{500}$ de seconde, 150 vibrations correspondent à $\frac{150}{500}$ de seconde; c'est donc en $\frac{150}{500}$ de seconde que la lame a fait 165 vibrations. Par suite, en $\frac{1}{500}$ de seconde, elle en fait $\frac{165}{150}$, et en une seconde $\frac{165 \times 500}{150}$, ou 550.

213. Limite des sons perceptibles. — Avant les travaux de Savart, les physiciens admettaient que l'ouïe cessait de percevoir le son lorsque le nombre des vibrations doubles, par seconde, était au-dessous de 16 pour les sons graves, et au-dessus de 9 000 pour les sons aigus. Mais ce savant a fait voir que ces limites étaient beaucoup trop resserrées, et que la faculté de percevoir plus ou moins facilement des sons très-graves ou très-aigus dépend plutôt de l'intensité que de la hauteur; en sorte que, quand les sons extrêmes ne sont pas entendus, cela tient à ce que ces sons n'ont pas été produits avec une intensité assez forte pour impressionner l'organe de l'ouïe.

En augmentant le diamètre de sa roue dentée, et, par suite, l'amplitude et l'intensité des vibrations, Savart a reculé la limite des sons aigus jusqu'à 24 000 vibrations doubles par seconde.

Pour les sons graves, il a substitué à sa roue dentée une barre de fer de 65 centimètres de longueur, tournant entre deux lames de bois minces, distantes de la barre de 2 millimètres seulement. A chaque passage, il se produit un son sec, dû au déplacement de l'air. Le mouvement s'accélérant, le son devient continu, extrêmement plein et assourdissant. Savart a trouvé, à l'aide de cet appareil, que lorsqu'il se produit de 7 à 8 vibrations doubles par seconde, l'oreille perçoit encore un son bien déterminé, mais très-grave.

Despretz, qui a fait des recherches sur le même sujet, a trouvé 16 vibrations doubles pour limite des sons graves, et 36 850 pour limite des sons aigus.

CHAPITRE III.

THÉORIE PHYSIQUE DE LA MUSIQUE.

214. Qualités du son musical. — Le *son musical* est le résultat de vibrations continues, rapides et isochrones, qui produisent sur l'organe de l'ouïe une sensation prolongée. On peut toujours le comparer à d'autres sons et en prendre l'unisson, ce qui ne peut se faire pour le bruit (195).

Un son étant déterminé par le nombre de vibrations qui lui correspond, on peut le représenter par ce nombre. C'est en effet ce dont on est convenu pour comparer entre eux les sons; mais, le plus souvent, au lieu de représenter les sons par leur nombre absolu de vibrations, on les représente par leur nombre relatif. Par exemple, trois sons correspondant aux nombres de vibrations 72, 144, 288, on représente le premier par 1, le second par 2 et le troisième par 4.

L'oreille distingue dans le son musical trois qualités particulières : la *hauteur*, l'*intensité* et le *timbre*.

Hauteur. — La *hauteur* est l'impression qui résulte, pour l'organe de l'ouïe, du plus ou moins grand nombre de vibrations dans un temps donné. On nomme *sons graves*, ceux qui sont produits par un petit nombre de vibrations, et *sons aigus*; ceux qui sont le résultat d'un grand nombre de vibrations. Il n'y aurait donc de sons absolument graves ou aigus que ceux qui se trouveraient aux extrémités de l'échelle des sons perceptibles. Tous les sons intermédiaires ne sont graves ou aigus que d'une manière relative. Toutefois on dit un *son grave* ou un *son aigu,* comme on dit une *basse température* ou une *température élevée,* en comparant le son à ceux qu'on entend le plus ordinairement.

Le rapport de gravité ou d'acuïté de deux sons se nomme *ton,* c'est-à-dire que ce mot exprime le degré de hauteur d'un son : au point de vue musical, il exprime le degré de hauteur de la gamme dans laquelle on joue.

Intensité. — On a déjà vu (200) que l'*intensité,* ou la force du son, dépend de l'amplitude des oscillations et non de leur nombre. Un même son peut conserver le même degré de gravité ou d'acuïté, et prendre une intensité plus ou moins grande, lorsqu'on fait varier l'amplitude des oscillations qui le produisent. C'est ce qui arrive pour une corde tendue, suivant qu'on l'écarte plus ou moins de sa position d'équilibre.

Timbre. — Le *timbre* est ce qui fait que, deux instruments différents rendant chacun un son de même hauteur et de même intensité, ces deux sons peuvent être parfaitement distingués l'un de l'autre. Le son du hautbois, par exemple, est très-distinct de celui de la flûte; le son du cor, de celui du basson. De même la voix humaine présente un timbre bien différent, suivant les individus, l'âge ou le sexe.

La cause du timbre n'est pas bien connue. Cette qualité paraît dépendre non-seulement de la matière des instruments, mais aussi de leur forme et du mode d'ébranlement : on change complétement le son d'une trompette de laiton écroui si on la recuit dans un four. On observe aussi que la trompette droite a le son plus éclatant que la trompette courbe.

245. Unisson. — Deux sons produits par un même nombre de vibrations par seconde sont dits *à l'unisson :* ils sont alors de *même hauteur*, c'est-à-dire également graves ou aigus. Par exemple, la roue de Savart et la sirène sont à l'unisson quand leurs compteurs indiquent un même nombre de vibrations dans le même temps.

On peut toujours prendre l'unisson d'un son musical, mais on ne peut prendre celui d'un bruit. C'est en mettant la sirène à l'unisson d'un corps sonore que l'on constate le nombre des vibrations de celui-ci.

246. Battements. — Lorsque deux sons, qui ne sont pas à l'unisson, se produisent simultanément, on entend, à des intervalles égaux, un renforcement du son, qu'on nomme *battement*. Par exemple, que les nombres des vibrations, pour ces deux sons, soient 30 et 31 ; après 30 vibrations du premier, ou 31 du second, il y aura coïncidence, et, par conséquent, battement. Si les battements sont assez rapprochés pour produire un son continu, ce son sera évidemment plus grave que ceux dont il dérive, puisqu'il provient d'une seule vibration, quand les autres proviennent de 30 et 31.

247. Accords, intervalles. — On nomme *accord*, la coexistence de plusieurs sons produisant sur l'oreille une sensation agréable. Si, au contraire, cet organe est péniblement affecté, on dit qu'il y a *dissonance*.

L'*intervalle* entre deux sons est le rapport $\dfrac{n'}{n}$ des deux nombres de vibrations qui leur correspondent, n' étant toujours plus grand que n; c'est-à-dire qu'on est convenu de prendre pour premier terme du rapport le son le plus aigu. Comme la fraction $\dfrac{n'}{n}$ ne change pas de valeur lorsqu'on multiplie ou divise ses deux termes par un même nombre, on voit que l'intervalle de deux sons ne dépend pas du nombre absolu de vibrations, mais seulement du nombre relatif.

L'oreille n'est agréablement affectée qu'autant que les deux termes du rapport $\dfrac{n'}{n}$ sont de petits nombres, et l'on dit alors qu'il y a *consonnance*. Les intervalles les plus agréables à l'oreille sont les suivants :

$$\frac{n'}{n} = 1, \text{ c'est l'unisson.}$$

$$\frac{n'}{n} = \frac{2}{1} \ldots \text{ l'octave.}$$

$$\frac{n'}{n} = \frac{5}{3} \ldots \text{ la sixte.}$$

$$\frac{n'}{n} = \frac{3}{2} \ldots \text{ la quinte.}$$

$$\frac{n'}{n} = \frac{4}{3} \ldots \text{ la quarte.}$$

$$\frac{n'}{n} = \frac{5}{4} \ldots \text{ la tierce majeure.}$$

$$\frac{n'}{n} = \frac{6}{5} \ldots \text{ la tierce mineure.}$$

Ces rapports se rencontrent fréquemment, et il importe de les retenir. Toutes les fois que les nombres de vibrations de deux sons sont entre eux comme 2 est à 1, ou comme 3 est à 2, ou comme 4 est à 3..., on dit, du plus aigu, qu'il donne l'octave, la quinte ou la quarte de l'autre son ; et réciproquement, si l'on dit de deux sons qu'ils forment une quarte, une tierce majeure..., cela signifie que leurs nombres de vibrations sont entre eux comme 4 est à 3, ou comme 5 est à 4, et ainsi de suite.

218. Harmoniques. — On nomme *sons harmoniques,* ou simplement *harmoniques,* des sons dont les nombres de vibrations sont entre eux comme la suite naturelle des nombres entiers 1, 2, 3, 4, 5, 6.... La superposition de deux de ces sons donne un accord d'autant plus consonnant, qu'on les prend plus bas dans la série. En effet, le deuxième harmonique est l'octave du premier ; le troisième qui revient à $\frac{3}{2} \times 2$, en est la double quinte ; le quatrième, qui peut s'écrire 2×2, en est la double octave ; le cinquième, qui équivaut à $\frac{5}{4} \times 4$, en est la quadruple tierce. De plus, les deux premiers harmoniques donnent l'octave ; le second et le troisième, la quinte ; le troisième et le quatrième, la quarte ; le quatrième et le cinquième, la tierce. C'est-à-dire que les harmoniques ne donnent que des accords, d'où leur vient le nom sous lequel on les désigne. Toutefois ceci n'est exact que pour les premiers sons de la série, car plus on s'élève, plus l'accord tend à se changer en dissonance.

Nous aurons occasion de revenir sur les harmoniques en étudiant les lois des vibrations des cordes et des tuyaux sonores (229 et 235). Actuellement, sachant comment on compare entre eux les sons à l'aide des nombres de vibrations qui leur correspondent, on va en voir l'application aux notes de la gamme.

219. Échelle musicale, gamme. — On nomme *échelle musicale,* une série de sons séparés les uns des autres par des intervalles qui paraissent avoir leur origine dans la nature de notre organisation.

Dans cette série, les sons se reproduisant dans le même ordre, par périodes de sept, chaque période se désigne sous le nom de *gamme*, et les sept sons ou *notes* de chaque gamme, par les noms *ut, ré, mi, fa, sol, la, si.*

En comparant entre eux, soit à l'aide de la sirène (209), soit à l'aide de la roue de Savart ou de la méthode graphique de Duhamel (211 et 212), les nombres de vibrations des sept notes de la gamme, et en représentant le son le plus grave, l'*ut* fondamental, par 1, on trouve que les nombres relatifs de vibrations correspondant à ces notes sont représentés par les fractions ci-après :

	Notes	ut	ré	mi	fa	sol	la	si
[A]	Nombres relatifs de vibrations	1	$\frac{9}{8}$	$\frac{5}{4}$	$\frac{4}{3}$	$\frac{3}{2}$	$\frac{5}{3}$	$\frac{15}{8}$

Là ne s'arrête pas l'échelle musicale ; cette gamme est suivie d'une série de gammes semblables, chacune commençant par l'*ut* qui termine la précédente, et une note quelconque, dans chaque gamme, ayant pour correspondant un nombre de vibrations double de celui de la note de même nom dans la gamme qui précède ; c'est-à-dire que dans chaque gamme les notes sont toutes des multiples, par les puissances croissantes de 2, des notes du même nom dans la gamme fondamentale.

220. Intervalles des notes de la gamme, dièses et bémols. — Les fractions qui occupent la seconde ligne du tableau [A] ci-dessus ne représentent pas seulement les nombres de vibrations relatifs par rapport à l'*ut* fondamental, mais les intervalles successifs des six dernières notes par rapport à la première. Or, si l'on cherche les intervalles entre les notes consécutives, on obtient le tableau ci-dessous :

	Notes	ut	ré	mi	fa	sol	la	si	ut
[B]	Nombres relatifs de vibrations	1	$\frac{9}{8}$	$\frac{5}{4}$	$\frac{4}{3}$	$\frac{3}{2}$	$\frac{5}{3}$	$\frac{15}{8}$	2
	Intervalles		$\frac{9}{8}$	$\frac{10}{9}$	$\frac{16}{15}$	$\frac{9}{8}$	$\frac{10}{9}$	$\frac{9}{8}$	$\frac{16}{15}$

On voit que les intervalles différents entre les sept notes de la gamme se réduisent à trois, qui sont $\frac{9}{8}$, $\frac{10}{9}$ et $\frac{16}{15}$. Le premier, qui est le plus grand, s'appelle *ton majeur ;* le second, *ton mineur,* et le troisième, qui est le plus petit, se nomme *semi-ton majeur.* De là, toutes les fois que l'intervalle entre deux sons est $\frac{9}{8}$ ou $\frac{10}{9}$, on dit qu'il y a entre eux un *ton ;* et si l'intervalle est $\frac{16}{15}$, qu'il y a un *demi-ton.* On peut donc dire que les intervalles successifs de la gamme *ut, ré, mi, fa, sol, la, si, ut,* comprennent deux tons, un demi-ton, trois tons et un demi-ton.

L'intervalle entre le ton majeur et le ton mineur est $\frac{80}{81}$. C'est le plus petit intervalle que l'on considère ; il faut une oreille exercée pour l'apprécier. On le désigne sous le nom de *comma.*

Les intervalles de chaque note par rapport à l'*ut* fondamental se désignent sous les noms suivants :

$$
\text{L'intervalle de } ut \text{ à}
\begin{cases}
r\acute{e} = \frac{9}{8} & \text{s'appelle une } seconde. \\
mi = \frac{5}{4} & \ldots\ldots \text{ une } tierce. \\
fa = \frac{4}{3} & \ldots\ldots \text{ une } quarte. \\
sol = \frac{3}{2} & \ldots\ldots \text{ une } quinte. \\
la = \frac{5}{3} & \ldots\ldots \text{ une } sixte. \\
si = \frac{15}{8} & \ldots\ldots \text{ une } septième. \\
ut = 2 & \ldots\ldots \text{ une } octave.
\end{cases}
$$

On a déjà vu que plusieurs de ces intervalles donnent des accords consonnants (217); la *seconde* et la *septième,* exprimées par des rapports compliqués, donnent des dissonances.

La gamme dont les rapports de vibrations viennent d'être indiqués se nomme *gamme diatonique;* on appelle *gamme chromatique,* une gamme qui procède par demi-tons, et se compose de 13 sons.

Les musiciens ont été conduits à intercaler entre les notes de la gamme des notes intermédiaires qu'on désigne sous les noms de *dièses* et de *bémols. Diéser* une note, c'est augmenter le nombre de ses vibrations dans le rapport de 24 à 25; la *bémoliser,* c'est diminuer ce même nombre dans le rapport de 25 à 24. En musique, le dièse est représenté par le signe ♯, et le bémol par le signe ♭.

221. Accords parfaits. — On donne le nom d'*accord parfait* à trois sons simultanés tels, que le premier et le second forment une tierce majeure, le second et le troisième une tierce mineure, le premier et le troisième une quinte; c'est-à-dire trois sons tels, que les nombres de vibrations qui leur correspondent soient entre eux comme les nombres 4, 5, 6. Cette condition est remplie par les trois notes *ut, mi, sol,* dont les nombres de vibrations sont entre eux comme 1, $\frac{5}{4}$ et $\frac{3}{2}$, ou comme 4, 5 et 6. De tous les accords, c'est le plus agréable à l'oreille; c'est l'*accord parfait majeur.* Les trois sons 10, 12, 15, dont les intervalles sont $\frac{6}{5}$, $\frac{5}{4}$ et $\frac{3}{2}$, et qui ne diffèrent des précédents que par l'ordre des deux premiers, donnent l'*accord parfait mineur.*

222. Diapason. — Le *diapason* est un petit instrument à l'aide duquel on reproduit à volonté une note invariable; ce qui le rend propre à régler les instruments de musique. Il consiste en une verge d'acier recourbée sur elle-même en forme de pincette (fig. 169). On le fait vibrer, soit en passant un archet sur ses bords, soit en écartant brusquement ses deux branches au moyen d'un cylindre de fer qu'on passe de force entre elles, comme le montre la figure. Les deux lames, ainsi écartées de leur position d'équilibre, y reviennent en vibrant, et produisent un son constant pour chaque diapason. On renforce le son de cet appareil en le fixant sur une caisse de bois blanc ouverte à l'une de ses extrémités.

Le nombre de vibrations du diapason variant avec la longueur et l'épaisseur de ses deux branches, on le règle à l'aide de la sirène, ou mieux par le procédé graphique de Duhamel. Le nombre des vibrations simples du diapason a d'abord été de 856 par seconde; mais comme, pour régler le ton de leurs instruments, les musiciens ne faisaient point usage de cet appareil, il est arrivé que le ton allait toujours en s'élevant sur tous les grands théâtres d'Europe, et qu'en outre il n'était pas le même à Paris, à Vienne, à Berlin, à Milan, etc. Les constructeurs portèrent alors le nombre des vibrations du diapason à 880; enfin, en 1859, une commission choisie à cet effet adopta un *diapason normal,* obligatoire pour tous les établissements musicaux de France. Ce diapason, dont un étalon est déposé au Conservatoire de musique de Paris, donne 870 vibrations simples par seconde.

Fig. 169.

On verra ci-après quelle est la note correspondante à ce nombre.

223. Notation des gammes, nombre absolu de vibrations. — Le nombre absolu de vibrations qui correspond à l'*ut* fondamental de la gamme étant tout à fait arbitraire, on peut admettre un nombre indéterminé de gammes. Or, comme point de départ pour toutes les autres, on a choisi celle dont l'*ut* correspond au son le plus grave de la basse, et l'on est convenu, en physique, de distinguer les notes de cette gamme en leur donnant l'indice $_1$; tandis qu'on donne aux notes des gammes plus élevées les indices $_2, _3\cdots$, et aux notes des gammes plus graves, les indices $_{-1}, _{-2}\cdots$, c'est-à-dire qu'on écrit $ut_1, ré_1, ut_{-1}, ré_{-1}\cdots$ Par exemple, fa_2 est à l'octave aiguë de fa_1, et fa_{-2} à l'octave grave.

Cela posé, on n'a considéré jusqu'ici que les nombres de vibrations relatifs, mais de ceux-ci il est facile de déduire les nombres absolus. En effet, on est convenu que le nombre 870 de vibrations simples, ou 435 de vibrations doubles, adopté ci-dessus pour le diapason (222), représente la_3. Par conséquent, les nombres de vibrations relatifs de *ut* et *la* étant 1 et $\frac{5}{3}$, si l'on représente par n

le nombre de vibrations de ut_3, on doit avoir $n \times \frac{5}{3} = 435$; d'où $n = 261$ vibrations doubles. ut_3 une fois connu, on aura les autres notes $ré_3$, mi_3, fa_3...., en multipliant 261 par $\frac{9}{8}$, par $\frac{5}{4}$, par $\frac{4}{3}$ ... (219, A). Quant à ut_2, il égale $\frac{ut_3}{2} = 130\frac{1}{2}$, et $ut_1 = \frac{ut_2}{2} = 65\frac{1}{4}$.

La valeur de ut_1 était anciennement 64; son accroissement résulte du plus grand nombre de vibrations attribué au diapason.

224. Longueur des ondes. — Lorsqu'on connaît le nombre de vibrations que fait un corps sonore par seconde, il est facile d'en déduire la longueur des ondes. On sait, en effet, qu'à 10 degrés, le son parcourt 337 mètres par seconde; par conséquent, si un corps ne faisait qu'une vibration double par seconde, la longueur d'onde serait de 337 mètres; s'il en faisait deux, la longueur d'onde serait la moitié de 337 mètres; s'il en faisait trois, le tiers; et ainsi de suite. C'est-à-dire que *la longueur d'onde est le quotient de la vitesse du son divisée par le nombre de vibrations complètes;* et cela, quelle que soit la hauteur du son, puisque la vitesse est la même pour les sons graves ou aigus (202).

Si donc on représente la vitesse du son par v, la longueur d'onde par l, le nombre de vibrations par seconde par n, on aura $v = ln$; formule d'où l'on tire $n = \frac{v}{l}$: ce qui fait voir que le nombre des vibrations est en raison inverse de la longueur d'onde.

CHAPITRE IV.

VIBRATIONS DES CORDES.

225. Vibrations transversales des cordes. — On nomme *cordes,* en acoustique, des corps filiformes, de métal ou de boyau, élastiques par tension.

On distingue, dans les cordes, deux sortes de vibrations, les unes *transversales,* ou dans une direction perpendiculaire aux cordes; les autres *longitudinales,* ou dans le sens de leur longueur. On excite les premières avec un archet, comme sur le violon, ou en pinçant les cordes, comme on le fait sur la harpe et la guitare. Quant aux vibrations longitudinales, on les fait naître en frottant les cordes dans le sens de leur longueur, avec un morceau d'étoffe saupoudré de colophane.

226. Sonomètre. — Le *sonomètre* est un appareil qui sert à étudier les vibrations transversales des cordes. On l'appelle aussi *mo-*

nocorde, parce que souvent il ne porte qu'une seule corde. Cet appareil se compose d'une caisse de bois mince, destinée à renforcer le son ; sur cette caisse sont deux chevalets fixes A et B (fig. 170), distants l'un de l'autre d'un mètre. D'un chevalet à l'autre est une échelle divisée en millimètres, et à droite et à gauche de cette échelle

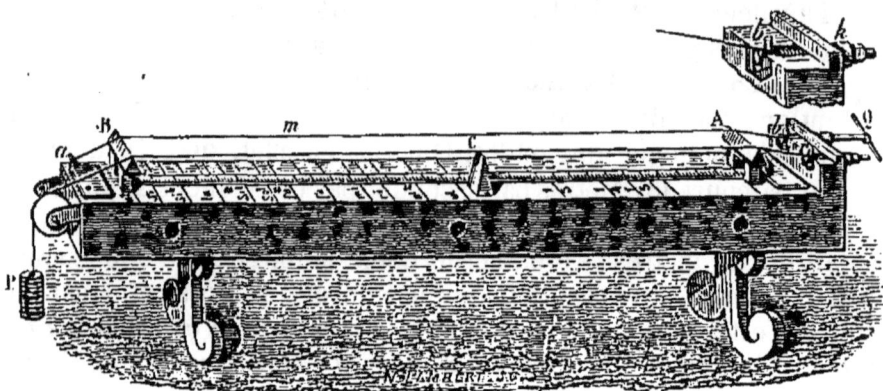

Fig. 170.

sont tracées sur la caisse deux séries de divisions, marquant, l'une la gamme vraie ou diatonique (220), l'autre la gamme *tempérée*, c'est-à-dire une gamme dans laquelle l'octave est partagée en douze intervalles rigoureusement égaux, qu'on nomme *demi-tons moyens*. Sur les chevalets passent deux cordes : l'une, *m*, s'enroule d'un bout sur un boulon de fer *a*, qui est fixe ; et de l'autre bout sur un boulon *b*, qui est lié à une vis horizontale, qu'on recule plus ou moins en faisant tourner un écrou *k* dans lequel passe la vis, de manière à tendre la corde à volonté. La deuxième corde, fixée de la même manière à son extrémité *r*, passe à son autre extrémité sur une poulie. Là elle est tendue par des poids P, de plomb, qu'on augmente jusqu'à ce que la corde ait pris la tension voulue. Enfin, un chevalet mobile C peut se déplacer sous la corde pour en faire varier la longueur.

La première corde *m* est à son fixe ; c'est-à-dire qu'on la tend jusqu'à lui faire rendre un son donné, auquel on compare ensuite les sons rendus par l'autre corde, à mesure qu'on la tend ou qu'on la raccourcit davantage. Ou bien les deux cordes passent chacune sur une poulie, et alors elles sont tendues par des poids égaux ou dans un rapport donné.

227. Lois des vibrations transversales des cordes. — Le calcul et l'expérience font voir que les vibrations transversales des cordes sont soumises aux lois suivantes :

1° *La tension d'une corde étant constante, le nombre des vibrations, dans le même temps, est en raison inverse de la longueur.*

2° *Toutes choses égales d'ailleurs, le nombre des vibrations est en raison inverse du rayon de la corde.*

3° *Le nombre des vibrations d'une même corde est directe-- ment proportionnel à la racine carrée du poids qui la tend.*

4° *Toutes choses égales d'ailleurs, le nombre des vibrations d'une corde est inversement proportionnel à la racine carrée de sa densité.*

En musique, ces lois trouvent leur application dans les instruments à cordes, dans lesquels on fait varier la longueur, le diamètre, la tension et la nature des cordes, de manière à leur faire rendre telle ou telle note.

Ces lois sont comprises dans la formule $n = \dfrac{1}{rl}\sqrt{\dfrac{P}{\pi d}}$, dans laquelle n représente le nombre de vibrations simples par seconde, l la *longueur* de la corde, c'est-à-dire la partie vibrante comprise entre les deux chevalets A et B (fig. 170), r le rayon de la section de la corde, P le poids qui la tend, et enfin d la densité de la corde, c'est-à-dire la masse sous l'unité de volume (40); quant à π, c'est le rapport de la circonférence au diamètre, lequel, comme on sait, est constant et égal à 3,141592.....

Dans cette formule P est compté en kilogrammes, r et l en décimètres.

Remarque sur la formule des vibrations des cordes. — On donne à la formule sur les vibrations transversales des cordes, tantôt la forme $n = \dfrac{1}{rl}\sqrt{\dfrac{P}{\pi d}}$ [1] ci-dessus, tantôt la forme $n = \dfrac{1}{rl}\sqrt{\dfrac{gP}{\pi d}}$ [2]. Cette différence provient de ce que, dans la formule [2], d représente le poids spécifique de la corde, c'est-à-dire sa densité relative (41), tandis que, dans la formule [1], la même lettre représente la densité absolue. En effet, Lagrange a donné la formule des vibrations transversales des cordes sous la forme $n = \sqrt{\dfrac{gP}{lp}}$ [3], dans laquelle n, P et l ayant la même signification que ci-dessus, g représente l'intensité de la pesanteur (58), et p le poids de la partie vibrante de la corde. Or, d'après la formule connue P = VD (107), on a $p = \pi r^2 l d$, d étant le poids spécifique de la corde, et $\pi r^2 l$, son volume, puisqu'elle n'est autre chose qu'un cylindre de rayon r et de hauteur l; portant cette valeur de p dans la formule de Lagrange, on trouve

$$n = \sqrt{\frac{gP}{\pi r^2 l^2 d}} = \frac{1}{rl}\sqrt{\frac{gP}{\pi d}}.$$

Au contraire, si l'on représente par d la densité absolue de la corde, on aura, d'après la formule P = VDg (41), $p = \pi r^2 l g d$, et portant encore cette valeur dans la formule de Lagrange, il vient $n = \dfrac{1}{rl}\sqrt{\dfrac{P}{\pi d}}$, formule qui est celle que nous avons donnée ci-dessus.

Tant que l'on ne considérera que des nombres relatifs de vibrations, il sera plus simple de faire usage de la formule [1]; mais si l'on veut calculer le nombre absolu de vibrations que fait la corde par seconde, on devra avoir recours à la formule [2], en ayant soin de compter g en décimètres.

228. Vérification expérimentale des lois des vibrations transversales des cordes. — *Loi des longueurs.* — Pour vérifier cette loi, rappelons que les nombres relatifs de vibrations des notes de la gamme sont

ut	*ré*	*mi*	*fa*	*sol*	*la*	*si*	*ut*
1	$\frac{9}{8}$	$\frac{5}{4}$	$\frac{4}{3}$	$\frac{3}{2}$	$\frac{5}{3}$	$\frac{15}{8}$	2.

Cela posé, si l'on fait vibrer la corde du sonomètre d'abord dans son entier, puis ensuite en lui donnant, à l'aide du chevalet mobile, les longueurs $\frac{8}{9}$, $\frac{4}{5}$, $\frac{3}{4}$, $\frac{2}{3}$, $\frac{3}{5}$, $\frac{8}{15}$ et $\frac{1}{2}$, inverses des nombres ci-desssus, on obtient successivement toutes les notes de la gamme, ce qui prouve la première loi.

Loi des rayons. — On vérifie cette loi en tendant également sur le sonomètre deux cordes de même substance, dont les diamètres soient, par exemple, 3 et 2. Or, en les faisant vibrer, la deuxième donne la quinte de la première; ce qui fait voir qu'elle fait 3 vibrations pendant que la première en fait 2.

Loi des tensions. — Ayant placé sur le sonomètre deux cordes identiques, on les tend par des poids qui soient entre eux comme 4 et 9. Or, la deuxième donne encore la quinte de la première; d'où l'on conclut que leurs nombres de vibrations sont entre eux comme 2 et 3; c'est-à-dire comme les racines carrées des tensions. Si les deux poids étaient entre eux comme 16 et 25, on obtiendrait la tierce majeure, ou $\frac{5}{4}$.

Loi des densités. — On fixe sur le sonomètre deux cordes de même rayon, mais de densités différentes. Leur ayant donné la même tension, on promène sous la plus dense le chevalet mobile jusqu'à ce qu'elle soit à l'unisson avec l'autre corde. d, d' étant alors les densités des deux cordes, et l, l' les longueurs qui vibrent à l'unisson, on trouve $\frac{l}{l'} = \frac{\sqrt{d}}{\sqrt{d'}}$. Or, comme, d'après la première loi, on sait que $\frac{l}{l'} = \frac{n'}{n}$, on a $\frac{n'}{n} = \frac{\sqrt{d}}{\sqrt{d'}}$, égalité qui vérifie la loi.

229. Nœuds et lignes nodales, sons harmoniques des cordes. — Lorsqu'un corps vibre, non-seulement il vibre dans son ensemble, mais il se divise généralement en un certain nombre de parties aliquotes dont chacune est animée de vibrations qui lui sont propres.

Entre ces diverses parties, il existe des points et des lignes sensiblement fixes. Ce sont ces points et ces lignes qu'on désigne sous les noms de *nœuds* et de *lignes nodales.* Les parties vibrantes comprises entre deux nœuds ou deux lignes nodales se nomment *concamérations.* Le milieu d'une concamération, là où les vibrations atteignent leur maximum d'amplitude, est un *ventre*.

Les cordes vibrantes présentent des exemples curieux de nœuds et de ventres, quand on ne fait vibrer qu'une partie aliquote de leur longueur, c'est-à-dire un tiers, un quart, un cinquième. Pour cela, on fixe la corde à ses deux bouts, et l'on fait glisser dessous un petit chevalet, en l'arrêtant successivement au tiers, au quart,

Fig. 171.

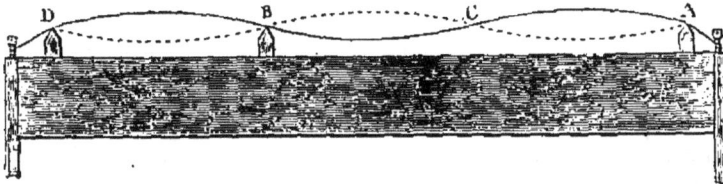

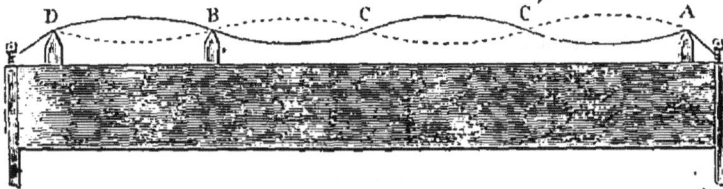

Fig. 172.

au cinquième de la corde. Le chevalet étant au tiers, comme le représente la figure 171, on fait vibrer la portion BD avec un archet; l'autre portion AB se subdivise alors en deux parties AC et CB, qui vibrent séparément, le point C demeurant fixe. Cela se constate en plaçant de petits chevrons de papier, l'un en C, un autre entre B et C, un troisième entre C et A. Celui qui est en C n'éprouve qu'un léger ébranlement, tandis que les deux autres sont projetés au loin. Il y a donc un nœud dans le premier point, et des ventres dans les deux autres. Si le chevalet B est au quart de la corde, il se produit, entre A et B, deux nœuds et trois ventres (fig. 172); s'il est au cinquième, il se forme, entre les mêmes points, trois nœuds et quatre ventres, et ainsi de suite.

Lorsqu'une corde un peu longue vibre dans son entier, une oreille exercée distingue très-bien, outre le son fondamental, les *harmoniques* 2, 3, 4, 5; c'est-à-dire l'octave aiguë du son fondamental, la quinte de l'octave, la double octave et la tierce majeure (217).

Le même phénomène se produit dans tous les corps vibrants, ainsi qu'on le verra bientôt dans les tuyaux sonores (235).

230. Problèmes sur les vibrations transversales des cordes. —
1. Une corde métallique fait 500 vibrations par seconde, sous la tension de 25 kilogrammes : combien en ferait-elle sous une tension de 49 kilogrammes?

Toutes choses égales d'ailleurs, les nombres de vibrations étant directement proportionnels aux racines carrées des poids qui tendent la corde (3e *loi*, 227], on a, en représentant par n le nombre de vibrations cherché,

$$\frac{n}{500} = \frac{\sqrt{49}}{\sqrt{25}}, \quad \text{d'où} \quad n = \frac{500 \times 7}{5} = 700.$$

II. Une corde tendue par un poids de 15 kilogrammes rend un certain son : quelle devrait être la force de tension pour que la corde rendît la tierce majeure du son primitif? — On sait que la tierce majeure est représentée par $\frac{5}{4}$ quand le son primitif l'est par 1.

Les nombres de vibrations des deux sons étant entre eux comme 1 est à $\frac{5}{4}$, ou, ce qui est la même chose, comme 4 est à 5, si l'on représente par P le poids cherché, on a $\frac{4}{5} = \frac{\sqrt{15}}{\sqrt{P}}$, ou $\frac{16}{25} = \frac{15}{P}$; d'où $P = \frac{25 \times 15}{16} = 23^k,437^{gr},5.$

III. Une corde de platine de $0^{mill},8$ de diamètre et une corde de fer de $1^{mill},3$ étant tendues par des poids égaux, quelles doivent être leurs longueurs relatives pour qu'elles rendent deux sons à l'unisson? — On sait que le poids spécifique du platine est 23, et celui du fer 7,78.

Représentons par R, L, D, le rayon, la longueur et la densité de la corde de platine; par r, l, d, les mêmes quantités pour la corde de fer; et par P le poids qui les tend.

Les nombres de vibrations étant égaux, on a, d'après la formule $n = \frac{1}{rl}\sqrt{\frac{P}{\pi d}}$,

$$\frac{1}{RL}\sqrt{\frac{P}{\pi D}} = \frac{1}{rl}\sqrt{\frac{P}{\pi d}},$$

ou, en supprimant les facteurs communs,

$$\frac{1}{RL} \cdot \frac{1}{\sqrt{D}} = \frac{1}{rl} \cdot \frac{1}{\sqrt{d}}, \quad \text{d'où} \quad \frac{L}{l} = \frac{r}{R}\sqrt{\frac{d}{D}}.$$

Si l'on prend $l = 1$, il vient $L = \frac{r}{R}\sqrt{\frac{d}{D}} = \frac{6,5}{4} \cdot \sqrt{\frac{7,78}{23}} = 0,915.$

Les deux longueurs relatives sont donc 1 et 0,945.

IV. Calculer, à l'aide du sonomètre, le nombre de vibrations correspondant à un son donné.

Supposant que la corde du sonomètre rende un son moindre que le la_3 du diapason (222), on la raccourcit, au moyen du chevalet mobile, jusqu'à ce qu'elle rende cette note, c'est-à-dire jusqu'à ce qu'elle fasse 870 vibrations simples par seconde. On mesure la longueur l de la partie vibrante; puis, avançant ou reculant le chevalet, on cherche la longueur que doit avoir la corde pour être à l'unisson du son donné. l' étant cette longueur, et n le nombre de vibrations correspondant, c'est-à-dire le nombre cherché, on a, d'après la loi des longueurs,

$$\frac{n}{870} = \frac{l}{l'}, \quad \text{d'où} \quad n = \frac{870 l}{l'}.$$

* 231. **Vibrations longitudinales des cordes.** — On a déjà vu que, pour déterminer dans une corde tendue des vibrations longitudinales, on la frotte dans le sens de sa longueur avec un morceau de drap saupoudré de colophane (225).

On trouve par le calcul que les lois des vibrations longitudinales des cordes sont données par la formule $n = \frac{1}{rl}\sqrt{\frac{gQ}{\pi d}}$, n, r, l, g et d ayant la même signification que dans la formule des vibrations transversales, et Q étant le *coefficient d'élasticite* de la corde. On nomme ainsi *le poids qui serait nécessaire pour donner à la corde une tension telle, qu'elle s'allongeât d'une quantité égale à elle-même;* allongement qui ne peut jamais se réaliser, la rupture ayant lieu bien auparavant.

De la formule ci-dessus on déduit quatre lois identiques avec celles déjà données pour les vibrations transversales.

CHAPITRE V.

VIBRATION DE L'AIR DANS LES TUYAUX SONORES.

232. Tuyaux sonores. — On nomme *tuyaux sonores,* des tubes creux dans lesquels on produit des sons en faisant vibrer la colonne d'air qui y est renfermée. Dans les divers appareils décrits jusqu'ici, le son résulte des vibrations de corps solides; l'air n'en est que le véhicule. Dans les instruments à vent, lorsque les tuyaux ont leurs parois suffisamment résistantes, c'est la colonne d'air renfermée dans les tuyaux qui seule est le corps sonore. On constate, en effet, que la matière des tuyaux est sans influence sur le son; il est le même, à dimensions égales, que les tuyaux soient de bois, de cristal ou de métal. Le timbre seul est modifié.

Si l'on ne faisait que souffler dans les tuyaux, il n'y aurait pas de son, mais seulement un mouvement progressif continu de l'air. Pour qu'un son se produise, il faut, par un moyen quelconque, exciter dans l'air une succession rapide de condensations et de raréfactions, qui se propagent ensuite à toute la colonne d'air contenue dans le tuyau. De là, la nécessité de donner à l'*embouchure,* c'est-à-dire à l'extrémité du tuyau par laquelle arrive l'air, une forme convenable pour que celui-ci ne puisse entrer que par intermittences, et non d'une manière continue. D'après la disposition adoptée pour mettre ainsi l'air en vibration, les tuyaux sonores se divisent en *tuyaux à bouche* et en *tuyaux à anche.*

233. Tuyaux à bouche. — Dans les tuyaux à bouche toutes les parties de l'embouchure sont fixes. Ces tuyaux sont de bois ou de métal, prismatiques ou cylindriques, et toujours d'une grande. longueur par rapport à leur diamètre. La figure 173 représente un tuyau à bouche, et la figure 174 en montre une coupe longitudinale, qui permet de voir les détails intérieurs. Dans ce tuyau, la partie inférieure P, par laquelle arrive l'air, se nomme le *pied;* il sert à fixer le tuyau sur une soufflerie (fig. 178). A sa sortie du pied, l'air passe dans une fente étroite *i,* qu'on appelle la *lumière.* En regard de celle-ci est pratiquée, dans la paroi opposée, une ouverture transversale qui est la *bouche;* son bord *a,* taillé en biseau, est la *lèvre supérieure,* et le bord *b,* la *lèvre inférieure.*

Cela posé, le courant d'air qui passe par la lumière se brise contre le biseau de la lèvre supérieure, s'y comprime, et, par un effet d'élasticité, réagit sur le courant qui continue d'arriver et l'ar-

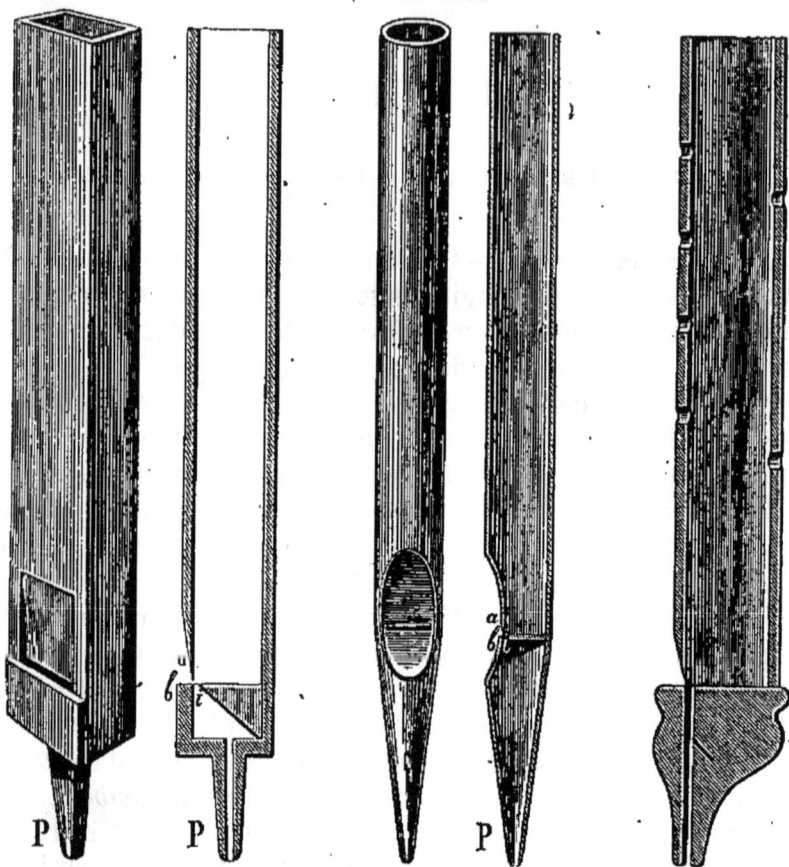

Fig. 173. Fig. 174. Fig. 175. Fig. 176. Fig. 177.

rête; mais cet arrêt n'a lieu que pendant un intervalle de temps très-court, parce que, l'air s'échappant par la bouche, le courant qui vient du pied reprend aussitôt, et ainsi de suite pendant tout le temps qu'on fait arriver l'air. De là résultent des pulsations qui se transmettent à l'air dans l'intérieur du tuyau, et y font naître une suite de demi-ondes sonores alternativement condensées et raréfiées (499). Ces ondes sont d'autant plus rapides, que la vitesse du courant est plus grande, et que la lèvre supérieure est plus rapprochée de la lumière. Pour que le son soit pur, il y a un certain rapport à établir entre les dimensions des lèvres, l'ouverture de la bouche et la grandeur de la lumière. Enfin, le tuyau doit avoir une grande longueur par rapport à son diamètre.

Dans la flûte traversière, l'embouchure consiste en une simple ouverture latérale et circulaire. C'est par la disposition qu'on donne aux lèvres que le courant d'air vient se briser contre les bords de cette ouverture. Il en est de même dans la flûte de Pan et pour une clef forée avec laquelle on siffle.

La figure 175 représente l'embouchure d'un tuyau cylindrique fort en usage dans les jeux d'orgue, et la figure 176 en montre une coupe longitudinale. Les mêmes lettres indiquent les mêmes pièces que dans la figure 174. La figure 177 représente l'embouchure du sifflet et du flageolet, laquelle a beaucoup de rapport avec les précédentes.

234. Tuyaux à anche. — Dans ces tuyaux, la colonne d'air est ébranlée à l'aide de lames élastiques qu'on nomme *anches*, et qui se divisent en *anches battantes* et en *anches libres*.

Anche battante. — Cette anche se compose d'une pièce de bois ou de métal *a* (fig. 179), qu'on nomme la *rigole*, et qui est creusée en forme de cuiller dans le sens de sa longueur. Elle est fixée à une espèce de bouchon K percé d'un trou, qui fait communiquer la cavité de la rigole avec un long tuyau T. La rigole est recouverte d'une lame de laiton *l*, qu'on nomme la *languette*. Celle-ci, dans sa position ordinaire, est légèrement écartée des bords de la rigole, mais, étant très-flexible, elle peut s'en rapprocher facilement et la fermer. Enfin un fil de fer *br*, qu'on désigne sous le nom de *rasette*, s'applique, par sa partie inférieure, qui est recourbée, sur la languette, et règle son écartement de la rigole. En enfonçant plus ou moins la rasette, on raccourcit ou l'on allonge la partie vibrante de la languette, ce qui permet d'augmenter ou de diminuer le nombre de ses vibrations.

L'anche est adaptée au haut d'un tuyau rectangulaire KN, qui est le *porte-vent* (fig. 178). Ce tuyau est fermé de toutes parts, excepté à son pied, qu'on fixe sur le sommier d'une soufflerie. Dans les cours de physique, pour laisser voir les vibrations de la languette, les parois du porte-vent, dans la partie qui correspond à l'anche, sont de verre; c'est cette disposition qui est représentée dans la figure 178.

Lorsqu'on fait arriver l'air dans le porte-vent, il passe d'abord entre la languette et la rigole pour s'échapper par le tuyau T; mais la vitesse du courant s'accélérant, la languette vient frapper les bords de la rigole, et la fermant complétement, le courant ne passe plus. Or, en vertu de son élasticité, la languette revient sur elle-même; puis elle est entraînée de nouveau aussitôt que le courant passe, et ainsi de suite, en sorte que, l'air ne passant que par intermittences du porte-vent dans le tuyau T, il se produit dans celui-ci la même série de pulsations que dans les tuyaux à bouche; d'où résulte un son d'autant plus élevé que le courant d'air est plus rapide.

Anche libre. — Grenié, en 1810, a inventé une espèce d'anche

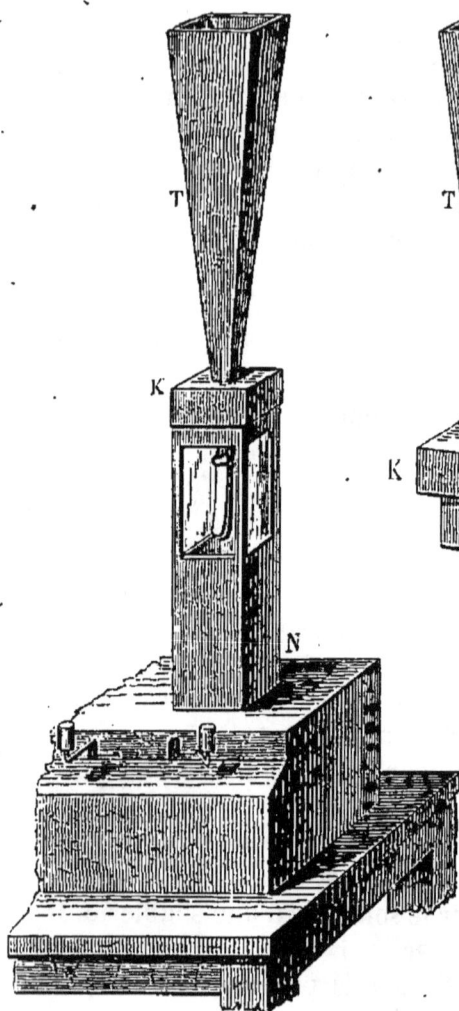

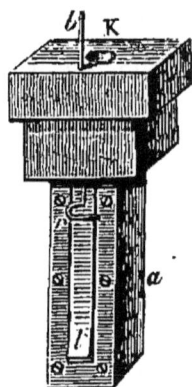

Fig. 178.   Fig. 179.   Fig. 180.

qu'on nomme *anche libre,* parce que la languette, au lieu de battre sur les bords de la rigole, comme dans l'anche décrite ci-dessus, entre dans la rigole en rasant ses bords de manière à osciller en dedans et en dehors. La figure 180 représente une anche de cette sorte. Ici la rigole consiste en une petite caisse de bois *a,* dont la paroi antérieure est une plaque de laiton. Au milieu de celle-ci est une ouverture longitudinale dans l'intérieur de laquelle est la languette *l,* qui peut s'infléchir librement en avant et en arrière pour livrer passage au courant d'air, qu'elle arrête chaque fois qu'elle rase les bords de la fente. Une rasette *r* sert encore à régler la longueur de la partie vibrante de la languette. L'anche étant placée dans le tuyau KN, lorsqu'un courant d'air arrive dans celui-ci, la languette se trouve comprimée, se courbe de dehors en dedans, et livre passage à l'air qui s'échappe par le tuyau T. Mais la languette, revenant sur elle-même, en vertu de son élasticité, forme une suite d'oscillations qui font que la rigole est successivement ouverte et fermée, et que le courant d'air passe et s'arrête par intermittences; de là résultent des ondes sonores, qui produisent un son dont la hauteur croît avec la vitesse du courant.

235. Sons harmoniques rendus par un même tuyau. — Daniel Bernoulli, célèbre géomètre de Groningue, mort en 1782, a le premier reconnu qu'un même tuyau sonore peut successivement rendre des sons de plus en plus élevés lorsqu'on force le courant d'air qui le fait *parler*. Pour cette expérience, on fait usage d'un long tube de verre fixé à l'une des embouchures décrites ci-dessus (233), mais munie d'un robinet qui sert à régler le courant d'air (fig. 183). Ce tuyau étant fixé sur une soufflerie, en ménageant le vent, on lui fait d'abord rendre le son fondamental, c'est-à-dire le son le plus grave. Puis, forçant le vent, en ouvrant davantage le robinet du tuyau et en appuyant avec la main sur la tige T de la soufflerie (fig. 164), on obtient des sons de plus en plus élevés dans l'ordre suivant:

1° Si le tuyau est ouvert à son extrémité opposée à l'embouchure, et si l'on représente par 1 le son fondamental, les sons qui viennent après lui sont successivement 2, 3, 4, 5, 6, 7,... c'est-à-dire successivement tous les harmoniques du son fondamental.

2° Si le tuyau est fermé à l'extrémité opposée à l'embouchure, il ne rend que les sons 1, 3, 5, 7, 9,... c'est-à-dire seulement les harmoniques de rang impair.

Dans les deux cas, quelque tentative que l'on fasse, on ne peut tirer d'un même tuyau toutes les notes de l'échelle musicale, mais seulement des harmoniques du son fondamental.

236. Nœuds et ventres de vibration dans les tuyaux sonores. — Les rapports des sons successifs rendus par un même tuyau sonore indiquent que la colonne d'air contenue dans le tuyau se subdivise en parties aliquotes de plus en plus courtes, vibrant à l'unisson. En effet, la théorie et l'expérience font voir qu'il existe dans la colonne d'air, de distance en distance, des tranches fixes qui sont des *nœuds*; et qu'entre deux nœuds consécutifs il se rencontre toujours une section où l'air atteint un maximum de vibration: c'est un *ventre*. Le caractère des nœuds, c'est que l'air n'y vibre pas, mais subit des variations continuelles de densité et de pression; tandis que le caractère des ventres, c'est que l'air y vibre constamment sans changer de densité ni de pression.

Plusieurs expériences servent à constater l'existence des nœuds et des ventres de vibration dans les tuyaux sonores.

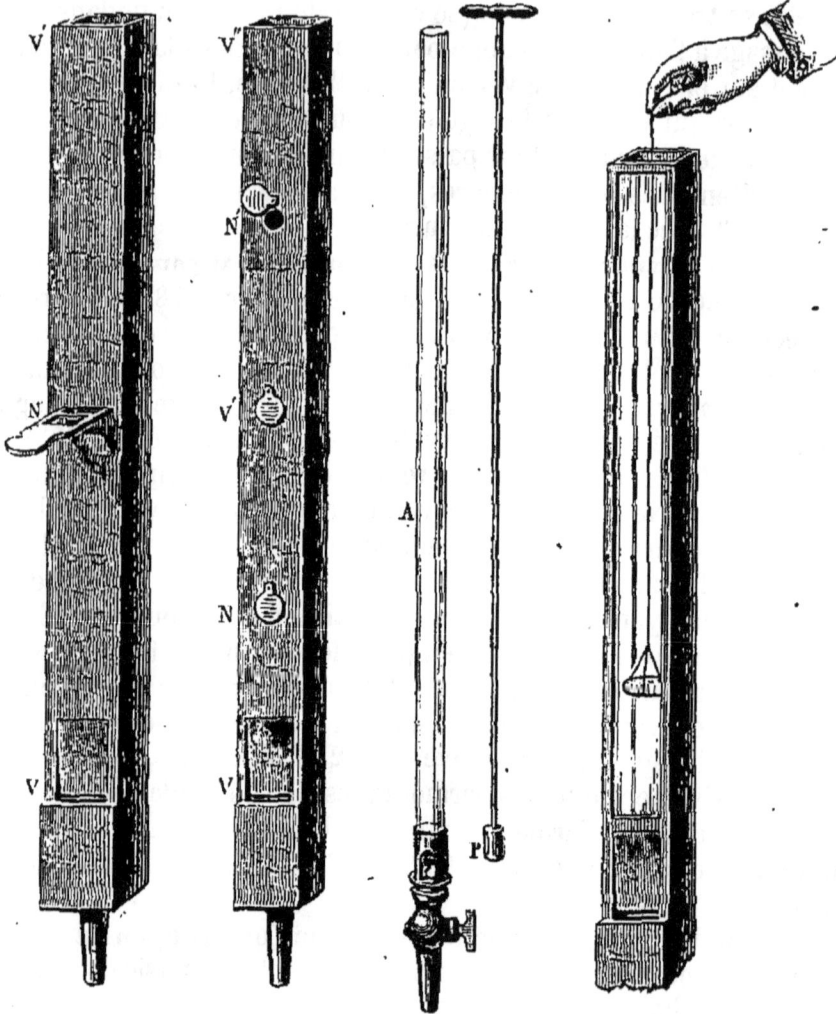

Fig. 181.　　　Fig. 182.　　　Fig. 183.　　　Fig. 184.

1° On colle une membrane de baudruche sur un anneau de carton supporté par trois fils comme un plateau de balance, puis, ayant répandu du sable sur la baudruche, on descend le tout lentement dans un tuyau pendant qu'il parle (fig. 184). Or, de distance en distance, on observe que les grains de sable ne reçoivent aucun mouvement de la baudruche et restent immobiles : c'est là que sont les nœuds; tandis que, dans les positions intermédiaires, les grains de sable sont projetés plus ou moins vivement par les vibrations que la membrane reçoit de l'air.

2° On constate encore l'existence des nœuds et des ventres, en perçant, dans les parois d'un tuyau sonore, des trous qu'on peut ouvrir ou fermer à volonté à l'aide d'obturateurs mobiles autour d'un axe (fig. 182). La densité de l'air, comme on l'a dit ci-dessus, étant constante et la même qu'à l'extérieur dans les parties correspondantes aux ventres, lorsqu'on ouvre un trou en regard de ceux-ci, le son n'éprouve aucune modification. Au contraire, en regard des nœuds, où la densité de l'air est variable, dès qu'un trou est ouvert, le son est complétement changé ; ce qui résulte de ce que la tranche d'air intérieure, se trouvant à la pression atmosphérique, prend une densité constante, et que, par suite, là où était un nœud, se forme un ventre.

3° Si l'on enfonce lentement dans le tuyau A (fig. 183) un piston P fixé à une longue tige, le son monte d'abord ; mais, à mesure que le piston descend, on rencontre une ou plusieurs positions où le tuyau rend exactement le même son qu'avant l'introduction du piston. Or, la couche d'air en contact avec celui-ci étant alors nécessairement immobile, il fallait qu'elle le fût avant, puisqu'on entend le même son. Donc toutes les positions du piston où se reproduit le son primitif sont des nœuds. Mais si l'on arrête le piston entre deux nœuds, le son est changé, ce qui prouve que la tranche d'air qui est maintenant immobile ne l'était pas d'abord.

4° Enfin, nous citerons encore l'expérience suivante qui est nouvelle, et que nous avons vue pour la première fois chez M. Kœnig, constructeur d'appareils d'acoustique, à Paris. Sur une des parois d'un tuyau rectangulaire est une caisse P, dans laquelle arrive du gaz d'éclairage par un tuyau de caoutchouc S (fig. 185). De cette caisse partent trois tubes de caoutchouc a, a, a, qui conduisent le gaz à autant de petites chambres pratiquées dans la paroi antérieure du tuyau. Une d'elles est représentée en M, sur la gauche du dessin. C'est une cavité cylindrique, fermée postérieurement par une membrane de baudruche r, et antérieurement par un disque de bois percé de deux trous, l'un par lequel arrive le gaz, et l'autre auquel est adapté un bec m par lequel le gaz se dégage.

Les trois becs étant allumés, si l'on fait rendre d'abord au tuyau le son fondamental, les deux becs A et C brûlent avec calme, tandis que le bec B s'éteint. Or, on va voir ci-après (fig. 189) qu'en B il y a un nœud, c'est-à-dire une tranche subissant constamment des variations de pression et de densité ; ce sont celles-ci qui, faisant vibrer la membrane r, sont cause que le bec s'éteint.

Maintenant, si l'on recommence l'expérience en soufflant tout d'un coup avec force pour obtenir le son 2, ce n'est plus le bec B qui s'éteint, mais les deux becs A et C. En effet, la colonne se divise comme le montre la figure 190 ci-après; c'est-à-dire qu'en B est un ventre, et en A et C des nœuds.

Dans toutes ces expériences, on constate que, dans un même tuyau, ouvert ou fermé, quel que soit le nombre des nœuds, ils sont toujours également distants entre eux, et que le milieu entre deux nœuds est toujours un ventre.

237. Disposition des nœuds et des ventres. — *Tuyaux fermés.* — Dans ces tuyaux, auxquels les organistes donnent le nom de *bourdons,* le fond opposé à l'embouchure est toujours un nœud, puisque la couche d'air en contact avec lui est nécessairement immobile et ne subit que des variations de densité. A la bouche, au contraire, où l'air conserve une densité constante, celle de l'atmosphère, et où le mouvement vibratoire est maximum, se trouve toujours un ventre. Dans tout tuyau fermé, il y a donc au moins un nœud et un ventre (fig. 186); c'est alors que le tuyau rend le son fondamental, et la distance VN du ventre au nœud égale une demi-onde condensée ou

Fig. 185.

raréfiée, ou, ce qui est la même chose, égale le quart de la longueur totale de l'ondulation complète (199).

A partir de là, si l'on force le vent, la bouche restant toujours un ventre et le fond un nœud, la colonne d'air se subdivise en trois parties égales (fig. 187), et il se produit un nœud et un ventre intermédiaires. Or, la distance VN entre un nœud et un ventre consécutifs étant toujours le quart de la longueur d'ondulation, celle-ci est devenue trois fois plus petite, et par suite le nombre des vibrations trois fois plus grand, puisqu'on a vu que le nombre des vibrations est en raison inverse de la longueur d'onde (224). Par suite, si l'on représente par 1 le son fondamental, on a actuellement le le son 3. Le son qui vient après correspond à deux nœuds et deux ventres intermédiaires (fig. 188). La distance VN étant cinq fois moindre, on a le son 5, et ainsi de suite : ce qui montre comment les tuyaux fermés rendent successivement les sons 1, 3, 5, 7,...(235).

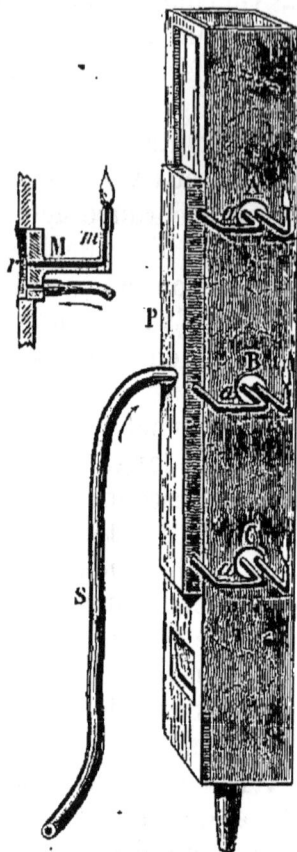

Tuyaux ouverts aux deux bouts. — Dans ces tuyaux, les tranches d'air à la bouche et à l'extrémité opposée conservant nécessairement une densité constante, celle de l'atmosphère, il y a toujours un ventre à chaque extrémité et au moins un nœud entre les

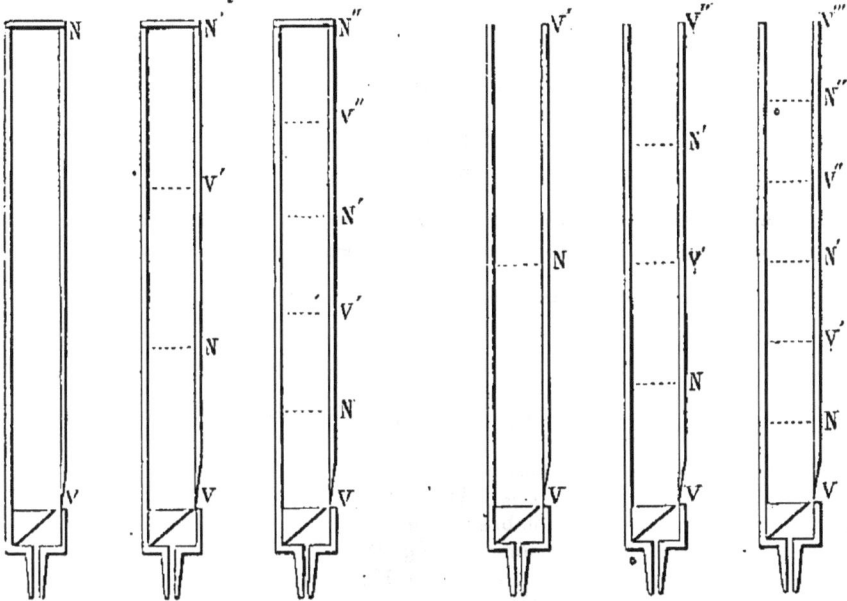

Fig. 186.   Fig. 187.   Fig. 188.   Fig. 189.   Fig. 190.   Fig. 191.

deux (fig. 189). On a alors le son fondamental, et la longueur d'onde complète, qui est toujours quatre fois la distance d'un nœud à un ventre, est double de la longueur du tuyau.

Si l'on force le vent, il se produit deux nœuds et un ventre intermédiaires (fig. 190), et la longueur d'onde étant deux fois moindre, on a le son 2. Puis la colonne d'air se subdivisant en trois nœuds et deux ventres intermédiaires (fig. 191), la longueur d'onde est trois fois moindre, d'où résulte le son 3, et ainsi de suite. D'où l'on voit comment les tuyaux ouverts rendent successivement tous les sons, 1, 2, 3, 4, 5....

238. Origine des nœuds et des ventres de vibration. — Dans les tuyaux fermés, les nœuds et les ventres de vibration ont pour cause la réflexion des ondes sonores sur le fond. Les ondes réfléchies croisent alors les ondes directes sans les altérer; mais ou les ondes qui se rencontrent sont de même sens, et alors elles se superposent pour donner un maximum de vibration, c'est-à-dire un ventre; ou bien elles sont de sens contraire, et c'est alors que, se faisant équilibre, elles donnent naissance à un nœud.

Dans les tuyaux ouverts, c'est contre la masse d'air indéfinie située à l'extérieur que les ondes sonores se réfléchissent.

Quant aux variations de densité et de pression qui se produisent aux nœuds, elles résultent des condensations et des raréfactions successives des ondes, en vertu desquelles les tranches d'air s'approchent et s'éloignent alternativement des nœuds. Si les ondes marchent les unes vers les autres, comme le montrent les flèches dans la figure 192, il y a condensation; au contraire, lorsque les ondes s'éloignent (fig. 193), il y a dilatation; mais, dans les deux

Fig. 192.

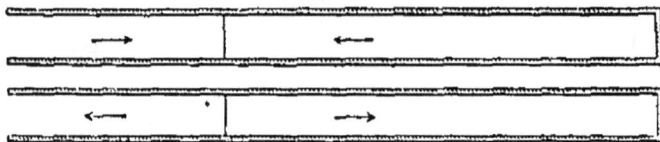

Fig. 193.

cas, les vitesses étant égales et de signes contraires, la tranche de séparation, ou le nœud, est toujours immobile.

239. Formules des tuyaux sonores. — De ce qui précède il découle que la colonne d'air, dans les tuyaux fermés, est toujours partagée par des nœuds et des ventres de vibration en un nombre impair de parties égales entre elles et égales au quart de la longueur d'onde complète (fig. 186, 187 et 188); et dans les tuyaux ouverts, en un nombre pair (fig. 189, 190 et 191). Si donc on représente la longueur du tuyau par L, par l la longueur de l'onde complète, et par p un nombre entier quelconque, en sorte que $2p$ soit un nombre pair, et $2p + 1$ un nombre impair, on a, pour les tuyaux fermés, $L = (2p + 1) \dfrac{l}{4}$ [1]; et pour les tuyaux ouverts,

$$L = 2p \times \frac{l}{4}, \quad \text{ou} \quad L = p \times \frac{l}{2} \; [2].$$

En remplaçant dans les formules [1] et [2] l par sa valeur $\dfrac{v}{n}$ tirée de l'équation $v = ln$ (224), v étant la vitesse du son dans l'air, et n le nombre de vibrations par seconde, il vient

$$L = (2p + 1) \frac{v}{4n}, \quad \text{et} \quad L = p \frac{v}{2n}.$$

D'où l'on tire, pour les tuyaux fermés, $n = \dfrac{(2p + 1) v}{4 L}$ [3], et pour les tuyaux ouverts $n = \dfrac{pv}{2 L}$ [4].

Or, si, dans la formule [3], on donne à p successivement les valeurs 0, 1, 2, 3,... on obtient $n = \dfrac{v}{4L}$, $3.\dfrac{v}{4L}$, $5.\dfrac{v}{4L}$, $7.\dfrac{v}{4L}$.....; c'est-à-dire que les tuyaux fermés rendent le son fondamental $\dfrac{v}{4L}$, et tous ses harmoniques de rang impair; ce qui est conforme à l'expérience (235).

Si, dans la formule [4], on donne à p les valeurs 1, 2, 3, 4, 5..., il vient $n = \dfrac{v}{2L}$, $2.\dfrac{v}{2L}$, $3.\dfrac{v}{2L}$, $4.\dfrac{v}{2L}$, $5.\dfrac{v}{2L}$.....; c'est-à-dire que les tuyaux ouverts rendent le son fondamental $\dfrac{v}{2L}$ et tous ses harmoniques, pairs ou impairs.

240. Loi des longueurs. — Les formules [3] et [4] ci-dessus montrent que, dans les tuyaux ouverts, aussi bien que dans les tuyaux fermés, *le nombre des vibrations est en raison inverse de la longueur des tuyaux.* Cette loi, qui est connue sous le nom de *loi des longueurs*, se vérifie expérimentalement en faisant vibrer deux tuyaux de même espèce, l'un double de l'autre : on trouve que le plus court donne l'octave aiguë du plus long.

Enfin, si l'on compare le son fondamental d'un tuyau fermé à celui d'un tuyau ouvert de même longueur, les formules [3] et [4] ci-dessus font voir que le nombre des vibrations du tuyau ouvert est double, et par suite que *le son fondamental d'un tuyau ouvert est à l'octave aiguë de celui du tuyau fermé de même longueur;* ce qu'on peut encore exprimer, d'après la loi des longueurs, en disant que *le son fondamental rendu par un tuyau fermé est le même que celui rendu par un tuyau ouvert de longueur double.* On vérifie cette dernière loi au moyen d'un tuyau ouvert aux deux bouts, muni en son milieu d'un diaphragme à coulisse, percé d'une ouverture carrée égale à la section du tuyau (fig. 181). Quand le diaphragme est enfoncé, le tuyau est ouvert dans toute sa longueur; mais il est fermé en son milieu, lorsque le diaphragme est dans la position représentée par le dessin. Dans ce cas, on a le son fondamental d'un tuyau fermé de longueur VN. Puis, lorsque le diaphragme est rentré, on a le son fondamental d'un tuyau ouvert de longueur double VV'. Or, dans les deux cas, le son est le même.

241. Lois de Bernoulli. — En résumant tout ce qui précède sur les tuyaux sonores, on conclut les lois suivantes, connues sous le nom de *lois de Bernoulli,* parce que c'est lui qui, le premier, les a posées.

Lois des tuyaux fermés. — 1° Un tuyau fermé d'un bout et muni d'une embouchure à bouche ou à anche à l'autre bout, étant fixé sur la table d'une soufflerie, *rend des sons de plus en plus élevés à mesure qu'on force le vent; et si l'on représente par 1 le son le plus grave, ou le son fondamental, on trouve que le tuyau rend successivement les sons* 1, 3, 5, 7, 9,... *représentés par la série des nombres impairs.*

2° *Pour les tuyaux inégaux, les sons de même ordre correspondent à des nombres de vibrations qui sont en raison inverse des longueurs des tuyaux.*

3° *Les vibrations de l'air, dans les tuyaux, sont longitudinales, et la colonne d'air vibrante est partagée en parties égales par des nœuds et des ventres, le fond des tuyaux étant toujours un nœud et l'embouchure un ventre.*

4° *Les nœuds, ou les surfaces de séparation des parties vi-*

brantes, sont immobiles et n'éprouvent que des changements de densité, tandis que les ventres, ou les milieux des parties vibrantes, conservent la même densité, mais vibrent constamment.

5° *Dans le cas d'un seul nœud, le tuyau rend le son fondamental, et la longueur de l'onde complète égale quatre fois celle du tuyau.*

Lois des tuyaux ouverts. — Les lois des tuyaux ouverts aux deux bouts ne diffèrent des lois précédentes qu'en ce que *les sons rendus par un même tuyau sont successivement représentés par la suite naturelle des nombres* 1, 2, 3, 4, 5, 6,... et qu'en ce que *les extrémités des tuyaux sont toujours des ventres.*

De plus, *le son fondamental d'un tuyau ouvert par les deux bouts est toujours l'octave aiguë du même son dans un tuyau de même longueur ouvert par un seul. Enfin, la longueur d'onde égale deux fois celle du tuyau.*

242. Les lois de Bernoulli ne sont qu'approchées. — Les lois de Bernoulli ne se vérifient pas rigoureusement par l'expérience. Que les tuyaux soient à bouche ou à anche, on obtient des sons plus graves que ne l'indique la théorie. De plus, la distance du premier nœud à l'embouchure est toujours moindre que la distance théorique; au contraire, dans les tuyaux fermés, la distance du fond au premier ventre est plus grande que celle donnée par les lois de Bernoulli.

243. Problèmes sur les tuyaux sonores. — I. Un tuyau ouvert donnant pour troisième harmonique $ré_3$, quelle est la longueur de ce tuyau en mètres, la température de l'air étant de 10 degrés?

On sait que la_3 correspond à 435 vibrations doubles par seconde (223); et que le rapport de ut à la est 1 à $\frac{5}{3}$; on a donc $ut_3 \times \frac{5}{3} = 435$, d'où $ut_3 = 261$. ut_3 une fois connu, on en déduit $ré_3$ en multipliant 261 par $\frac{9}{8}$, qui représente le nombre relatif de vibrations de $ré$ par rapport à ut (219); donc

$$ré_3 = 261 \times \frac{9}{8} = 293\frac{5}{8}.$$

Cela posé, on sait que dans les tuyaux ouverts on a la relation $n = p \cdot \frac{v}{2L}$ (239), n étant le nombre des ondes sonores complètes par seconde; v la vitesse du son dans l'air, laquelle à 10 degrés est de 337 mètres; L la longueur du tuyau de la bouche à l'extrémité, et p un nombre entier quelconque.

Faisant $p = 4$ pour avoir le son 4, ou le troisième harmonique, il vient

$$n = \frac{4v}{2L}, \quad \text{d'où} \quad L = \frac{2v}{n} = \frac{2.337}{293 + \frac{5}{8}} = 2^m,295.$$

II. On demande le rang dans l'échelle musicale de l'harmonique 5, lorsqu'il est rendu, à la température de 10 degrés, par un tuyau fermé de $3^m,23$ de longueur.

La formule des tuyaux fermés étant $L = (2p + 1)\frac{v}{4n}$ (239), en y faisant $p = 2$

pour avoir le son de troisième rang, c'est-à-dire l'harmonique 5, il vient

$$L = \frac{5\,v}{4n}, \quad \text{d'où} \quad n = \frac{5\,v}{4L} = \frac{5.337^m}{4.3^m,23} = 130,4.$$

Or, on a vu que ut_2 correspond à 130,5 vibrations complètes (223), donc l'harmonique 5 du tuyau donné est ut_2.

III. Un tuyau ouvert donne un son de 100 vibrations par seconde, lorsqu'on y souffle de l'air à 10 degrés : quelle devrait être la température de l'air introduit, pour que le son rendu fût la quinte majeure du premier ?

On sait que le son fondamental étant 1, la quinte majeure est $\frac{3}{2}$ (217), c'est-à-dire que les deux sons qui donnent la quinte sont entre eux comme 2 est à 3. Par conséquent, le son donné étant 100, le son cherché est 150.

Cela posé, la formule des tuyaux ouverts étant $L = p \cdot \frac{v}{2n}$ (239), si l'on y fait $p = 1$, on trouve, pour le son fondamental, $L = \frac{v}{2n}$; d'où l'on déduit, pour le premier son, $L = \frac{v'}{200}$, et pour le second, $L = \frac{v''}{300}$, v' étant la vitesse du son à 10 degrés, et v'' sa vitesse à t^o. De ces deux égalités on tire $\frac{v'}{200} = \frac{v''}{300}$. Or, on sait (203) que $v' = v\sqrt{1 + 10\alpha}$, et $v'' = v\sqrt{1 + \alpha t}$. On a donc

$$\frac{v\sqrt{1 + 10\alpha}}{200} = \frac{v\sqrt{1 + \alpha t}}{300}, \quad \text{ou} \quad \frac{1}{2}\sqrt{1 + 10\alpha} = \frac{1}{3}\sqrt{1 + \alpha t};$$

en élevant au carré et réduisant, on a enfin

$$9(1 + 10\alpha) = 4(1 + \alpha t), \quad \text{ou} \quad 5 + 90\alpha = 4\alpha t;$$

résolvant cette dernière équation par rapport à t, et remplaçant α par sa valeur 0,00367 (290), on trouve $t = 363^o$.

IV. Un tuyau ouvert et un bourdon (tuyau fermé) ont une longueur commune de 2 mètres; on demande : 1° quel est le rapport musical qui existe entre les seconds harmoniques de ces tuyaux; 2° quel est le nombre absolu de vibrations qui caractérise l'un ou l'autre de ces tuyaux. — La température est de 20 degrés, le coefficient de dilatation de l'air 0,00367, et la vitesse du son dans l'air à zéro 333 mètres.

1° On sait que le son fondamental étant 1, le tuyau ouvert rend les harmoniques 2, 3, 4, 5, 6, ... et le tuyau fermé les harmoniques 3, 5, 7,... (235). Les seconds harmoniques que l'on compare sont donc 3 et 5; mais comme, dans les tuyaux ouverts, un harmonique quelconque est à l'octave aiguë de l'harmonique de même rang dans les tuyaux fermés de même longueur (241), les nombres relatifs de vibrations des deux sons que l'on compare ne sont pas 3 et 5, mais 6 et 5; leur rapport est donc $\frac{6}{5}$, c'est-à-dire la tierce mineure (217).

2° Pour calculer le nombre absolu de vibrations qui caractérise un de ces deux sons, celui rendu par le tuyau ouvert, par exemple, prenons la formule $n = p \cdot \frac{v'}{2L}$, qui est celle des tuyaux ouverts, et dans laquelle v' représente la vitesse du son dans l'air à t degrés.

En y faisant $p = 3$, pour avoir le second harmonique, et $v' = v\sqrt{1 + \alpha t}$ (203), il vient $n = \frac{3v\sqrt{1 + \alpha t}}{2L}$; ou remplaçant v, t, L par les valeurs données dans l'énoncé, $n = \frac{3.333\sqrt{1 + 0,00367 \times 20}}{4} = 258,7.$

Si l'on voulait calculer le nombre absolu de vibrations du deuxième son, on prendrait la formule $n' = \dfrac{(2p+1)\,v'}{4\,L}$; y faisant $p = 2$ pour avoir le deuxième harmonique, on trouve

$$n' = \frac{5v\sqrt{1+at}}{4\,L} = \frac{5.333\sqrt{1+0,00367 \times 20}}{8} = 215,6.$$

Si l'on prend le rapport des deux nombres 258,7 et 215,6, on vérifie qu'il est $\dfrac{6}{5}$.

* CHAPITRE VI.

VIBRATIONS DES VERGES, DES LAMES, DES PLAQUES ET DES MEMBRANES.

244. Vibrations des verges et des lames. — Les verges et les lames minces, de bois, de verre, de métal, et surtout d'acier trempé, vibrent en vertu de leur élasticité, et présentent, comme les cordes, deux sortes de vibrations, les unes transversales, les autres longitudinales. On fait naître les premières en fixant les verges et les lames par un bout, et en passant un archet sur la partie libre. On produit les vibrations longitudinales dans une verge en la fixant en l'un de ses points, et en la frottant, dans le sens de sa longueur, avec un morceau de drap mouillé ou saupoudré de colophane. Toutefois, dans ce dernier cas, on n'obtient un son qu'autant que le point de la verge qu'on a fixé en marque la moitié, le tiers, le quart, en un mot, une partie aliquote.

On démontre, par le calcul, que *le nombre des vibrations transversales des verges et des lames de même nature est en raison directe de leur épaisseur et en raison inverse du carré de leur longueur*. La largeur des lames n'a pas d'influence sur le nombre des vibrations qu'elles peuvent rendre; elle fait seulement varier la force nécessaire pour les ébranler.

Dans les verges élastiques de même nature, *le nombre des vibrations longitudinales est en raison inverse de leur longueur, quels que soient leur diamètre et la forme de leur section transversale.*

245. Vibrations des plaques. — Lorsqu'on veut mettre une plaque en vibration, on la fixe par son centre (fig. 194), et on l'ébranle sur ses bords au moyen d'un archet; ou bien on la fixe par quelque point de sa surface, et on l'ébranle à son centre, percé, pour cela, d'une ouverture dans laquelle on détermine un frottement à l'aide de crins enduits de colophane (fig. 195).

Les plaques qu'on fait vibrer présentent des lignes nodales (235) qui varient par leur nombre et leur position, selon la forme des plaques, leur élasticité, le mode d'ébranlement et le nombre des vibrations. On rend les lignes nodales apparentes en recouvrant les plaques d'une légère couche de sable avant de les faire vibrer. Aussitôt que les vibrations commencent, le sable abandonne les parties vibrantes, et vient se déposer sur les lignes nodales (fig. 194 et 195).

On détermine la position des lignes nodales, pour ainsi dire à volonté, en touchant les parties où l'on désire qu'elles se produisent. Le nombre de ces lignes est généralement d'autant plus considérable, que le nombre des vibrations est plus grand, c'est-à-dire que le son rendu par les plaques est plus aigu. Les lignes nodales présentent toujours une grande symétrie de forme, et pour une même plaque ébranlée dans les mêmes conditions, elles se reproduisent identiquement. C'est Chladni qui, le premier, a fait connaître le phénomène des lignes nodales dans les plaques.

Les vibrations des plaques sont soumises aux lois suivantes : *Pour des plaques de même nature, de même forme, donnant les mêmes figures, le nombre des vibrations est en raison directe des épaisseurs des plaques, et en raison inverse de leurs surfaces.*

Fig. 194.   Fig. 195.

246. **Vibrations des membranes.** — La flexibilité des membranes ne leur permet pas de vibrer, si elles ne sont tendues comme la peau d'un tambour. Elles rendent alors un son d'autant plus aigu, qu'elles sont de plus petite dimen-

Fig. 196.

sion et plus fortement tendues. Pour obtenir des membranes vibrantes, Savart collait, sur des cadres de bois, de la baudruche très-flexible.

Les membranes peuvent vibrer par percussion, comme dans le tambour, ou par influence. En effet, Savart a observé qu'une membrane peut vibrer sous l'influence des vibrations de l'air, quel que soit le nombre de ces vibrations, pourvu qu'elles soient assez intenses. La figure 196 représente une membrane vibrant sous l'influence des vibrations qu'imprime à l'air un timbre sonore. Du sable fin répandu sur la membrane montre la formation des nœuds et des ventres, de même que sur les plaques.

LIVRE VI

CHAPITRE PREMIER.

NOTIONS PRÉLIMINAIRES; THERMOMÈTRES.

247. Chaleur, hypothèses sur sa nature. — On donne le nom de *chaleur* à la cause qui, suivant son plus ou moins d'énergie, fait naître en nous l'impression du chaud ou du froid; mais cette cause a des effets plus variés et plus puissants : c'est elle qui fait fondre la glace, bouillir l'eau, rougir le fer.

De nombreuses hypothèses ont été émises sur la cause de la chaleur; deux surtout ont été soutenues par les physiciens : le système de l'*émission,* et celui des *ondulations.*

Dans le premier système, la chaleur a pour cause un fluide matériel, incoercible, impondérable, dont les molécules sont dans un état constant de répulsion, et sont incessamment projetées, dans toutes les directions et à toutes les distances, d'un corps à l'autre. Ce fluide, qu'on a nommé *calorique,* existerait dans toutes les substances, accumulé autour des molécules et s'opposant à leur contact immédiat.

Dans le système des ondulations, on admet que les phénomènes de la chaleur ont pour cause un mouvement moléculaire, une oscillation des atomes, lequel mouvement se communique non-seulement d'atome à atome dans un même corps, mais d'un corps à l'autre, par l'intermédiaire d'un fluide éminemment subtil et élastique, dans lequel la propagation s'opère par ondulations, à la manière des ondes sonores dans l'air (199). Ce fluide, qu'on nomme *éther,* est répandu dans tout l'univers, entourant les derniers atomes des corps et remplissant non-seulement les espaces intermoléculaires, mais les espaces interplanétaires. En sorte que dans la théorie des ondulations, qu'on désigne aussi sous les noms de *théorie dynamique, théorie mécanique* de la chaleur, tous les phénomènes calorifiques sont ramenés à une cause unique, le mouvement; les corps les plus chauds étant ceux dont les molécules vibrent avec la plus grande vitesse, et les corps qui s'échauffent ou se refroidissent ne faisant que gagner ou perdre du mouvement.

Par sa simplicité et par la grande autorité de Newton, qui l'avait admise, la théorie de l'émission a longtemps prévalu et bravé les objections de physiciens célèbres, en tête desquels on doit placer Huyghens. C'est Thomas Young, en Angleterre, en 1807, et Fresnel, en France, en 1822, qui établirent la théorie des ondulations sur des bases solides, pour la lumière d'abord; mais aujourd'hui cette théorie est appliquée à la chaleur par la plupart des physiciens.

Pour ne rien conserver de la théorie de l'émission, nous cesserons de faire usage du mot *calorique* et lui substituerons celui de *chaleur,* quoique cette expression ait l'inconvénient de s'appliquer à la fois à la cause et à l'effet, et qu'elle présente l'agent de la chaleur sous un sens trop restreint, celui de la sensation qu'il fait naître en nous. C'est pourquoi plusieurs savants ont adopté le mot *thermicité* pour désigner la cause de la chaleur.

248. Effets généraux de la chaleur. — L'effet général du mouvement vibratoire qui constitue la chaleur est de donner naissance, entre les molécules des corps, à une force répulsive luttant sans cesse contre l'attraction moléculaire; il en résulte que, sous l'influence de cet agent, les corps tendent d'abord à *se dilater,* c'est-à-dire à prendre un volume plus grand; puis ensuite à *changer d'état,* c'est-à-dire à passer de l'état solide à l'état liquide, ou de l'état liquide à celui de fluide aériforme.

Quelques physiciens admettent que les molécules des corps tournent les unes autour des autres, et que leur vitesse de rotation augmentant avec la chaleur, c'est à l'accroissement de force centrifuge qui en résulte qu'est dû l'écartement des molécules qui produit la dilatation. Quoi qu'il en soit de cette opinion, les forces de dilatation et de contraction par l'augmentation ou la diminution de la chaleur sont énormes, et il faudrait une force mécanique ordinaire presque incroyable pour augmenter ou réduire le volume des corps dans la même proportion.

Tous les corps se dilatent par l'effet de la chaleur. Les plus dilatables sont les gaz, après eux les liquides, et ensuite les solides. Dans ces derniers, on distingue la *dilatation linéaire,* c'est-à-dire suivant une seule dimension, et la *dilatation cubique,* c'est-à-dire en volume. Toutefois ces dilatations n'ont jamais lieu l'une sans l'autre. Dans les liquides et dans les gaz, il n'y a lieu de considérer que des dilatations en volume.

Pour démontrer la dilatation linéaire des métaux, on fait usage de l'appareil représenté dans la figure 197. Une tige métallique A est maintenue fixe à l'une de ses extrémités par une vis de pression B, tandis qu'à l'autre elle est libre et en contact avec le plus petit bras d'un levier K, mobile sur un cadran. Au-dessous de la

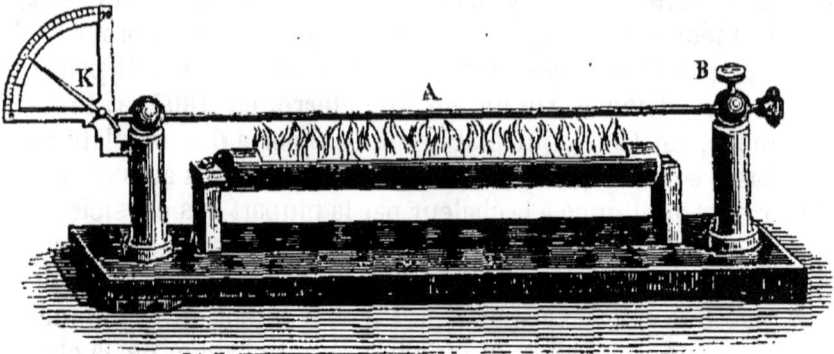

Fig. 197 ($l = 50$).

tige est un réservoir cylindrique dans lequel on brûle de l'alcool. Le levier K est d'abord au zéro du cadran; mais à mesure que la tige A s'échauffe, on le voit monter, ce qui rend sensible l'allongement de la tige.

La dilatation cubique des solides se démontre au moyen de l'*anneau de s'Gravesande*. On nomme ainsi un petit anneau métallique *m* (fig. 198) dans lequel passe librement, à la température ordinaire, une boule de cuivre rouge *a*, ayant à très-peu près le même diamètre que lui. Mais lorsque cette boule a été chauffée à la flamme d'une lampe à alcool, elle ne peut plus passer à travers l'anneau, ce qui démontre l'accroissement de volume.

Pour constater la dilatation des liquides, on soude à un petit ballon de verre un tube

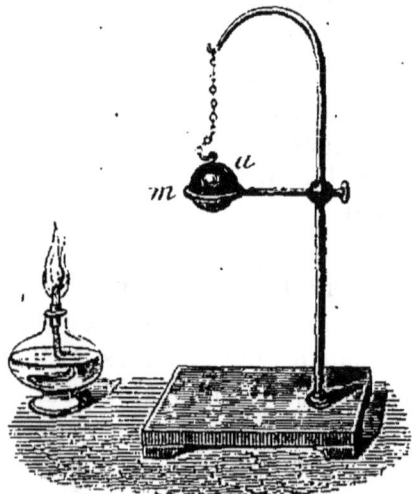

Fig. 198.

capillaire (fig. 199). Le ballon et une partie du tube étant remplis d'un liquide coloré, aussitôt qu'on l'échauffe, ce liquide s'élève dans le tube, de *a* en *b* par exemple, et la dilatation observée ainsi est toujours beaucoup plus grande que dans les solides.

Le même appareil peut servir à montrer la dilatation des gaz. Pour cela, on remplit le ballon d'air ou de tout autre gaz, et l'on introduit, dans le tube, un index de mercure de 1 à 2 centimètres de longueur (fig. 200). Lorsqu'on échauffe le ballon, seulement en approchant la main, l'index est refoulé vers l'extrémité du tube, et finit par en être expulsé ; d'où l'on conclut que, même pour un faible accroissement de chaleur, les gaz sont très-dilatables.

Dans ces diverses expériences, dès que les corps se refroidissent, ils se contractent, et lorsque la chaleur est revenue au même degré, ils reprennent exactement leur volume primitif.

MESURE DES TEMPÉRATURES.

249. Température. — La *température* d'un corps est l'état actuel de la chaleur sensible dans ce corps, sans augmentation ni diminution. Si la quantité de chaleur sensible augmente ou diminue, on dit que la température s'élève ou s'abaisse. Dans la

Fig. 199.   Fig. 200.

théorie dynamique de la chaleur, la température est l'état particulier de vibration des molécules.

250. Thermomètres. — On appelle *thermomètres,* des instruments qui servent à mesurer les températures.

L'imperfection de nos sens ne nous permettant pas de mesurer la température des corps d'après les sensations plus ou moins vives de chaleur ou de froid qu'ils excitent en nous, on a dû recourir aux effets physiques que la chaleur produit sur les corps. Ces effets sont de plusieurs sortes. On a adopté les dilatations et les contractions comme étant les plus simples à observer.

Les solides étant très-peu dilatables, les corps dont on utilise la dilatation dans les thermomètres sont généralement les liquides. Cependant, les physiciens font aussi usage de la dilatation des gaz dans un instrument connu sous le nom de *thermomètre à air,* que nous décrirons après avoir fait connaître la dilatation des gaz (300). Pour le moment, il ne sera question que des thermomètres à liquides. Ceux de ces corps exclusivement employés sont le mercure et l'alcool : le premier parce qu'il est de tous les liquides celui qui se dilate le plus régulièrement, parce qu'il n'entre en ébullition qu'à une température très-élevée, et enfin parce qu'il se met plus promptement que les autres liquides en équilibre de température avec les

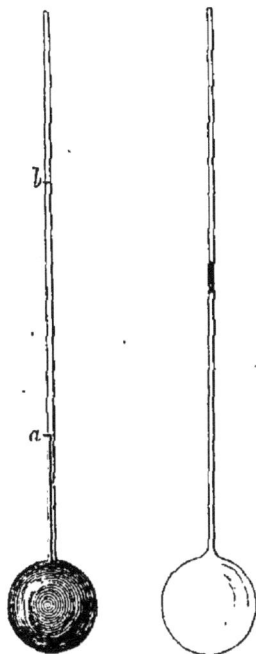

corps ambiants, le mercure étant bien meilleur conducteur de la chaleur que les autres liquides. Quant au thermomètre à alcool, son usage est fondé sur ce que ce liquide ne se congèle pas par les plus grands froids connus.

L'invention des thermomètres date de la fin du XVIᵉ siècle. Elle est attribuée, par les uns, à Galilée, par les autres, à Drebbel, médecin hollandais, ou à Sanctorius, médecin vénitien.

Le thermomètre à mercure est celui dont l'usage est le plus répandu. Il se compose d'un tube capillaire, de verre ou de cristal, soudé à un réservoir cylindrique ou sphérique de même matière. Le réservoir et une partie du tube sont remplis de mercure, et une échelle, graduée sur le tube même, ou sur une règle qui lui est parallèle, fait connaître la dilatation du liquide (fig. 205 et 206, page 236).

Outre la soudure de la tige au réservoir, laquelle se fait au moyen de la lampe d'émailleur, la construction d'un thermomètre comprend trois opérations: la division du tube en parties d'égale capacité, l'introduction du mercure dans le réservoir, et la graduation.

254. Division du tube en parties d'égale capacité. — Les indications du thermomètre n'étant exactes qu'autant que les divisions de l'échelle placée sur le tube correspondent à des dilatations égales du mercure qui est dans le réservoir, il importe que l'échelle soit graduée de manière à indiquer des capacités égales dans l'intérieur du tube. Si celui-ci était parfaitement cylindrique et d'un diamètre constant, il suffirait, pour obtenir des capacités égales, de diviser la longueur du tube en parties égales. Mais le diamètre des tubes de verre étant, en général, plus fort à une extrémité qu'à l'autre, il en résulte que des capacités égales du tube sont représentées, sur l'échelle, par des longueurs inégales. Ce sont ces dernières qu'il s'agit de déterminer.

Pour cela, avant que le tube soit soudé au réservoir, on y introduit une colonne de mercure de 2 à 3 centimètres, qu'on a soin de maintenir à la même température, et qu'on promène dans le tube de manière qu'à chaque déplacement la colonne avance juste d'une quantité égale à sa longueur; c'est-à-dire qu'une des extrémités de la colonne vient successivement prendre la place de l'autre. Une règle divisée en millimètres, sur laquelle, à chaque déplacement, est appliqué le tube, permet d'évaluer, à un dixième de millimètre près, la longueur occupée par la colonne de mercure. S'il arrive que cette longueur demeure invariable, c'est un signe que la capacité du tube est partout la même; mais si elle varie, et va, par exemple, en décroissant, cela montre que le diamètre intérieur du tube augmente. Si l'on observe ainsi que la colonne de mercure

éprouve des variations de longueur de plusieurs millimètres, on
rejette le tube, et l'on en cherche un plus régulier. Mais si ces variations sont peu sensibles, on colle le long du tube une bande
de papier, et l'on marque un trait, au
crayon, en regard des points occupés successivement par les extrémités de la colonne.

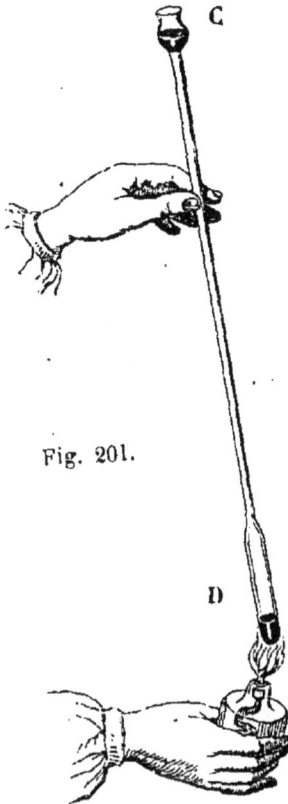

Les divisions ainsi formées indiquent
nécessairement des capacités égales, puisqu'elles correspondent à un même volume
de mercure. Or, les intervalles de ces divisions étant assez rapprochés pour qu'on
puisse regarder le diamètre du tube comme
constant dans chacune d'elles, on passe à
des divisions plus petites, en partageant les
premières en un certain nombre de parties
égales; ce qui s'obtient au moyen de la
vis micrométrique (13).

On verra bientôt comment, à l'aide de
ces divisions, on obtient une graduation
exacte de l'échelle.

252. Remplissage du thermomètre. —
Pour introduire le mercure dans le thermomètre, on soude, à l'extrémité supérieure de la tige, un entonnoir C (fig. 201),
qu'on remplit de mercure; puis, inclinant
un peu le tube, on dilate l'air qui est dans
le réservoir, en chauffant celui-ci avec une lampe à alcool, ou en
le plaçant sur une grille inclinée, comme pour le baromètre
(fig. 106), et en l'entourant de charbons incandescents. L'air
dilaté sort en partie par l'entonnoir C. Si on laisse alors refroidir le
tube et qu'on le tienne dans une position verticale, l'air qui reste
se contracte, et la pression atmosphérique force le mercure à passer
dans le réservoir D, quelque capillaire que soit le tube. Mais le
mercure cesse bientôt de pénétrer dans le réservoir, ce qui arrive
lorsque l'air qui s'y trouve encore a pris, par la diminution de volume, une tension capable de faire équilibre au poids de l'atmosphère et à celui de la colonne de mercure qui est dans le tube.
Chauffant alors de nouveau et laissant refroidir, il entre une nouvelle quantité de mercure, et ainsi de suite jusqu'à ce qu'il ne reste
plus, dans le réservoir D, qu'un très-petit volume d'air. Pour le
chasser, on chauffe alors jusqu'à ce que le mercure qui est dans le
réservoir entre en ébullition. Les vapeurs de mercure, en se déga-

Fig. 201.

geant, entraînent avec elles l'air et l'humidité qui se trouvaient encore dans le tube et dans le réservoir.

Lorsque l'instrument est ainsi rempli de mercure sec et pur, on enlève l'entonnoir C, puis on ferme le tube en en soudant l'extrémité à la lampe. Mais on a soin de chauffer auparavant le réservoir D, de manière à chasser la moitié ou les deux tiers du mercure qui est dans le tube; sinon, ce liquide ne pourrait se dilater sans briser le thermomètre. La quantité de mercure à expulser du tube est d'autant plus grande, que l'instrument est destiné à mesurer des températures plus élevées. On a soin, en outre, au moment où l'on ferme le tube, de chauffer le réservoir D de manière que le liquide dilaté monte au sommet du tube. De la sorte, il ne reste pas d'air dans le thermomètre, ce qui est nécessaire; sinon, l'air comprimé, lorsque le mercure s'élève, pourrait faire éclater le tube.

253. Graduation du thermomètre, points fixes de son échelle. — Après avoir rempli le thermomètre comme il vient d'être dit, il reste à le graduer, c'est-à-dire à tracer sur la tige une échelle qui permette d'apprécier les variations de température. Pour cela, il a fallu se donner, sur cette tige, deux points fixes qui représentassent des températures faciles à reproduire et toujours identiques.

Or, l'expérience a fait connaître que la température de fusion de la glace est invariable, quelle que soit la source de chaleur, et que l'eau distillée, sous la même pression et dans un vase de même matière, entre constamment en ébullition à la même température. En conséquence, on a pris pour premier point fixe, c'est-à-dire pour le zéro de l'échelle, la température de la glace fondante, et pour second point fixe, qu'on représente par 100, la température d'ébullition de l'eau distillée, dans un vase de métal, la pression atmosphérique étant $0^m,76$.

La graduation du thermomètre comprend donc trois opérations: la détermination du zéro, celle du point 100, et le tracé de l'échelle.

254. Détermination du zéro. — Pour trouver le zéro, on remplit de glace pilée ou de neige un vase dont le fond est percé d'un trou pour laisser écouler l'eau qui provient de la fusion de la glace (fig. 202). On plonge le réservoir du thermomètre et une partie de la tige dans cette glace, pendant un quart d'heure environ. La colonne de mercure s'abaisse d'abord rapidement, puis elle reste stationnaire. Alors, au point qui correspond au niveau du mercure, on marque un trait au crayon sur une petite bande de papier préalablement collée sur la tige : c'est la place du zéro.

255. Détermination du point 100. — Le second point fixe se détermine au moyen de l'appareil représenté dans les figures 203 et 204 : l'une en donne une coupe verticale, l'autre en montre l'ensemble pendant qu'il fonctionne. Dans toutes les deux, les mêmes lettres désignent les mêmes pièces. Tout l'appareil est de cuivre rouge. Une tubulure centrale A, ouverte à ses deux bouts, est fixée sur un vase cylindrique M, contenant de l'eau ; une seconde tubulure B, concentrique avec la première, et l'entourant en entier, est fixée sur le même vase M. Cette seconde enveloppe, fermée à ses deux extrémités, est munie de trois tubulures a, E, D ; dans la première est un bouchon au centre duquel passe la tige t du thermomètre dont on cherche le point 100 ; à la seconde est adapté un tube de verre m, contenant du mercure, et destiné à servir de manomètre pour mesurer la tension de la vapeur dans l'appareil ; enfin, la troisième tubulure D sert de dégagement à la vapeur et à l'eau qui résulte de la condensation.

Cela posé, l'appareil étant placé sur un fourneau et chauffé jusqu'à l'ébullition, la vapeur produite dans le vase M s'élève dans le tube A et se rend entre les deux enveloppes, comme le montrent les flèches, jusqu'à la tubulure D, d'où elle se dégage dans l'atmosphère. Le thermomètre t se trouvant ainsi entouré par la vapeur, le mercure qu'il contient se dilate, et lorsqu'il est devenu stationnaire, on marque au point a, où il s'arrête, un trait qui est le point 100 cherché. La deuxième enveloppe B a été ajoutée à l'appareil par M. Regnault, pour éviter le refroidissement de la tubulure centrale par son contact avec l'air.

La détermination du point 100 de l'échelle thermométrique semble exiger que la hauteur du baromètre soit 0m,76 pendant l'expérience ; car on verra bientôt que, lorsque cette hauteur est plus grande ou plus petite que 0m,76, non-seulement la température d'ébullition se trouve portée au-dessus ou au-dessous de 100 degrés, mais que la température de la vapeur est elle-même augmentée ou diminuée d'une quantité égale. Toutefois on peut obtenir exactement le point 100, quelle que soit la pression atmosphérique, en faisant la correction suivante. L'expérience a fait voir que, lorsque dans le baromètre le mercure s'élève ou s'abaisse de 27 millimètres, la température d'ébullition monte ou descend d'un degré ; c'est-à-dire de $\frac{1}{27}$ de degré par millimètre. Par conséquent, si la hauteur du baromètre est, par exemple, 766 millimètres au

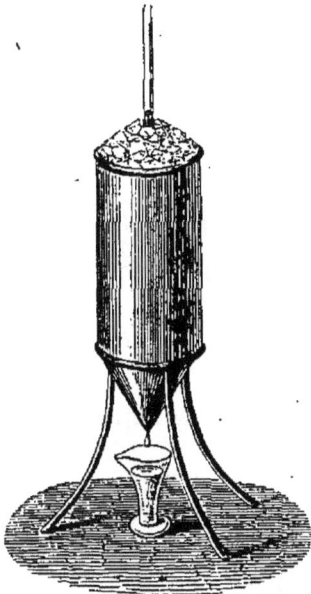

Fig. 202.

moment où l'on prend le point 100, l'excès de pression au-dessus de 760 étant de 6 millimètres, le nombre de degrés correspondant au sommet de la colonne mercurielle dans le thermomètre n'est pas 100, mais $100 + \frac{1}{27} \times 6 = 100 + \frac{2}{9}$.

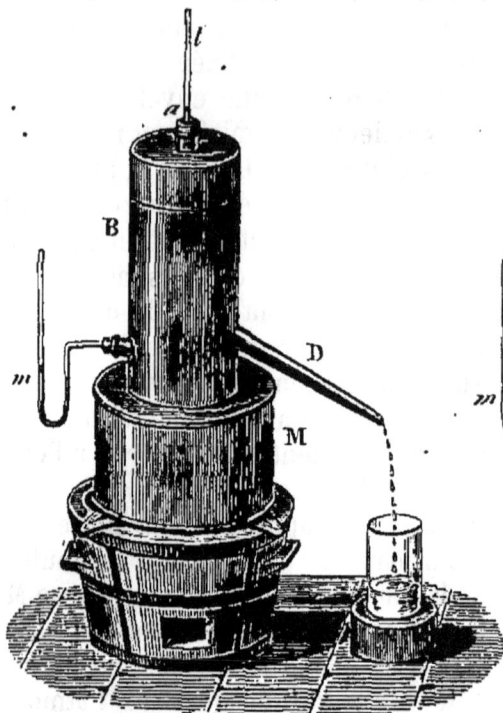

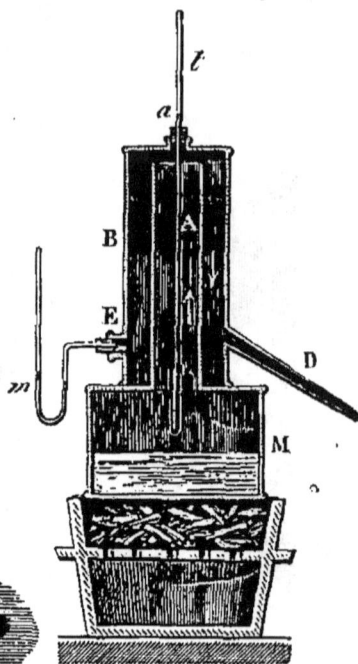

Fig. 203.   Fig. 204.

Gay-Lussac ayant observé que l'eau entre en ébullition à une température un peu plus haute dans un vase de verre que dans un vase de métal, et, de plus, la température d'ébullition étant élevée par les sels que l'eau tient en dissolution, on a admis jusqu'à ces derniers temps que, pour déterminer le point 100 des thermomètres, il fallait faire usage d'un vase de métal et d'eau distillée. Mais ces deux dernières conditions sont inutiles à observer depuis la découverte de M. Rudberg, physicien suédois. Ce savant a reconnu, en effet, que la nature du vase et les sels en dissolution influent bien sur la température d'ébullition de l'eau, mais *non sur celle de la vapeur qui se produit*. C'est-à-dire que l'eau étant à plus de 100 degrés, par l'une des causes ci-dessus, la vapeur qui s'en dégage est néanmoins à 100 degrés, si la pression est 0m,76.

Dès lors, pour prendre le second point fixe du thermomètre, il n'est pas nécessaire de faire usage d'eau distillée, ni d'un vase de métal. Il suffit, la pression étant 0m,76, ou la correction se faisant comme ci-dessus, que le thermomètre plonge tout entier dans la vapeur et non dans l'eau chaude.

Du reste, même en faisant usage d'eau distillée, le réservoir du°
thermomètre ne doit pas plonger dans l'eau bouillante ; car il n'y
a que la surface de celle-ci qui soit réelle-
ment à 100 degrés, la température croissant
de tranche en tranche vers le fond, à cause
de l'excès de pression.

256. Construction de l'échelle. — Les
deux points fixes obtenus, on partage l'intervalle qui les sépare en 100 parties d'égale
capacité, qu'on nomme *degrés*, et l'on continue ces divisions au-dessus du point 100
et au-dessous du zéro, en les inscrivant sur
une planchette de bois, ou sur une plaque
de métal à laquelle le thermomètre est fixé
(fig. 205).

Si le tube du thermomètre avait partout
le même diamètre, il suffirait, pour tracer
les degrés, de partager l'intervalle entre
zéro et 100 en cent parties égales ; mais cette
condition n'étant jamais rigoureusement satisfaite, c'est ici qu'il faut faire usage des
divisions en parties d'égale capacité qui ont
d'abord été tracées sur le tube (254). Pour
cela, on compte le nombre de ces divisions
comprises entre les deux points fixes, et,
divisant ce nombre par 100, on a le nombre
de divisions qui équivaut à un degré ; on en
déduit ensuite, à partir du zéro, la position
de chaque degré.

Dans les thermomètres de précision, l'é-
chelle est graduée sur le verre même de la
tige (fig. 206). Elle ne peut ainsi se déplacer, et sa longueur reste sensiblement constante, le verre étant très-peu dilatable.
Dans ce cas, pour obtenir sur le verre des
traits permanents, on recouvre, à chaud, la tige thermométrique
d'une légère couche de vernis, puis, avec une pointe d'acier, on
marque sur le vernis les traits de l'échelle, ainsi que les chiffres
correspondants ; on expose enfin la tige, pendant dix minutes environ, à des vapeurs d'acide fluorhydrique, qui jouit de la propriété
d'attaquer le verre, et qui grave les traits en creux partout où le
vernis a été enlevé.

Les degrés se désignent par un zéro placé à droite du nombre

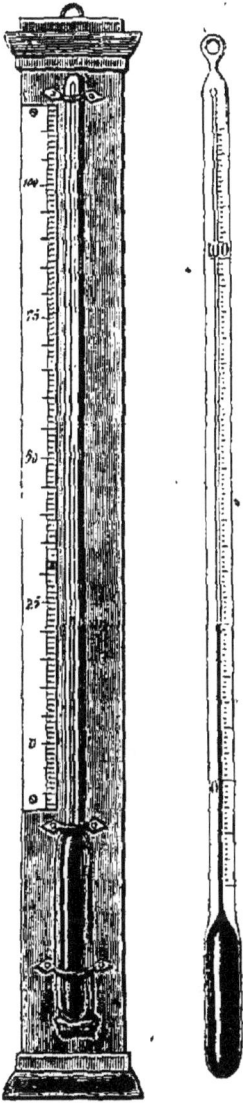

Fig. 205.　　Fig. 206.

qui marque la température, et un peu au-dessus. Enfin, pour distinguer les températures au-dessous de zéro de celles qui sont au-dessus, on les fait précéder du signe — (*moins*); 15 degrés au-dessous de zéro s'indiquent donc — 15°.

257. Différentes échelles thermométriques. — On distingue, dans la graduation des thermomètres, trois échelles : l'*échelle centigrade*, l'*échelle de Réaumur* et l'*échelle de Fahrenheit*.

L'échelle centigrade est celle dont nous avons indiqué ci-dessus la construction, et dont on fait généralement usage en France. Elle est due à Celsius, physicien suédois, mort en 1744.

Dans la seconde échelle, adoptée en 1731 par Réaumur, physicien français, les deux points fixes correspondent encore à la température de la glace fondante et à celle de l'eau bouillante; mais leur intervalle est partagé en 80 degrés. C'est-à-dire que 80 degrés Réaumur équivalent à 100 degrés centigrades; 1 degré R. égale donc $\frac{100}{80}$ ou $\frac{5}{4}$ de degré c.; et réciproquement, 1 degré c. égale $\frac{80}{100}$ ou $\frac{4}{5}$ de degré R. Par conséquent, pour convertir un nombre de degrés R. en degrés c., 20 degrés par exemple, il faut multiplier ce nombre par $\frac{5}{4}$; car un degré R. égalant $\frac{5}{4}$ de degré c., 20 degrés R. valent en degrés c. 20 fois $\frac{5}{4}$ ou 25. On verra de même que, pour convertir les degrés c. en degrés R., il faut les multiplier par $\frac{4}{5}$.

Fahrenheit, à Dantzick, adopta, en 1714, une échelle thermométrique dont l'usage s'est répandu depuis en Hollande, en Angleterre et dans l'Amérique du Nord. Le point fixe supérieur de cette échelle correspond encore à la température de l'eau bouillante; mais le zéro correspond au degré de froid qu'on obtient en mélangeant des poids égaux de sel ammoniac pilé et de neige, et l'intervalle des deux points fixes est divisé en 212 degrés. Le thermomètre de Fahrenheit, placé dans la glace fondante, marque 32 degrés; par conséquent, 100 degrés centigrades équivalent, en degrés F., à 212 moins 32, ou 180; 1 degré c. vaut donc $\frac{180}{100}$ ou $\frac{9}{5}$ de degré F., et, réciproquement, 1 degré F. égale $\frac{100}{180}$ ou $\frac{5}{9}$ de degré c.

Cela posé, soit à convertir en degrés c. un certain nombre de degrés F., 95 par exemple. On doit d'abord retrancher 32 du nombre donné, afin de compter les deux sortes de degrés d'un même point de la tige. Le reste est ici 63; or, 1 degré F. valant $\frac{5}{9}$ de degré c., 63 degrés F. égalent $\frac{5}{9} \times 63$ ou 35 degrés c.

En représentant par t_f la température donnée en degrés Fahrenheit, et par t_c la température correspondante en degrés centigrades, on a la formule

$$t_c = (t_f - 32)\frac{5}{9} \quad [1],$$

qui indique les calculs à effectuer pour opérer la conversion; et comme de cette égalité on tire

$$t_f = t_c \times \frac{9}{5} + 32 \ [2],$$

on a une deuxième formule qui sert à convertir les degrés centigrades en degrés Fahrenheit.

Ces formules sont générales et s'appliquent à toutes les températures au-dessus ou au-dessous des zéros des échelles à comparer; seulement il faut tenir compte des signes de t_f et de t_c. Par exemple, soit proposé de trouver quelle est la température en degrés centigrades lorsque le thermomètre Fahrenheit marque 5°; on a, par la formule [1] : $t_c = (5 - 32)\frac{5}{9} = -\frac{27 \times 5}{9} = -15.$

De même, le thermomètre centigrade marquant — 15, la formule [2] donne

$$t_f = -15 \times \frac{9}{5} + 32 = -27 + 32 = 5°.$$

S'il s'agissait de convertir des degrés Fahrenheit en degrés Réaumur, on trouverait facilement que l'équation [1] ci-dessus prend la forme

$$t_r = (t_f - 32)\frac{4}{9} \ [3].$$

258. Déplacement du zéro. — Les thermomètres construits même avec le plus grand soin sont soumis à une cause d'erreur dont il importe de tenir compte : c'est qu'avec le temps, le zéro tend à se relever, le déplacement allant quelquefois jusqu'à deux degrés. C'est-à-dire que, le thermomètre étant plongé dans la glace fondante, le mercure ne descend plus au zéro de l'échelle.

On a donné de ce phénomène diverses explications. On l'a attribué d'abord à une diminution du volume du réservoir, laquelle résulterait de la pression extérieure, le vide étant fait dans le thermomètre; mais on a observé que dans les thermomètres qui contiennent de l'air, ou qui sont ouverts à l'extrémité de la tige, le zéro se déplace comme dans ceux qui sont vides. Aujourd'hui, on explique le déplacement du zéro par un travail moléculaire que subit le verre du réservoir lorsque, porté à la température d'ébullition du mercure, il se refroidit rapidement. D'où résulte une espèce de trempe qui augmente le volume du réservoir, et c'est parce que celui-ci revient ensuite peu à peu à son volume primitif, que le zéro se trouve relevé. Ce travail est du reste extrêmement lent, car, d'après les expériences de Despretz, le zéro remonte pendant plusieurs années.

Outre le déplacement lent dont on vient de parler, on observe des variations brusques dans la position du zéro, toutes les fois que le thermomètre a été porté à une température élevée. En effet, si on le plonge alors dans la glace fondante, le mercure ne descend plus au zéro, et il n'y revient qu'au bout d'un certain temps.

Il importe donc, lorsqu'il s'agit de mesurer une température avec précision, de vérifier d'abord la position du zéro dans le thermomètre dont on veut faire usage.

259. Limites de l'emploi du thermomètre à mercure. — Le mercure entre en ébullition à 350 degrés et se congèle à — 40. Ce sont donc là deux limites qu'on ne peut dépasser dans l'emploi du thermomètre à mercure. Mais l'expérience ayant appris que la dilatation du mercure n'est *régulière*, c'est-à-dire proportionnelle à l'intensité de la chaleur, que de — 36 à 100 degrés, et qu'au delà, son coefficient de dilatation va toujours croissant depuis 100 jusqu'à 350 degrés, il s'ensuit que le thermomètre à mercure ne donne réellement des indications précises que de — 36 à 100 degrés; pour les températures plus élevées, ses indications ne sont qu'approchées, l'erreur pouvant s'élever à plusieurs degrés.

Du reste, il arrive souvent que deux thermomètres à mercure, d'accord à zéro et à 100 degrés, ne le sont plus entre ces deux points, quoique placés dans les mêmes conditions. Cela résulte de ce que tous les verres, n'ayant pas la même composition chimique, ne sont pas également dilatables. Par suite, la dilatation qu'on observe dans le thermomètre étant *apparente* (286), c'est-à-dire l'excès de la dilatation absolue du mercure sur celle du verre, toutes les fois que deux thermomètres ne sont pas formés d'un verre identique, il y a là une cause d'erreur, qui fait qu'ils ne marchent pas ensemble; ce qu'on exprime en disant qu'ils ne sont pas *comparables*.

Ces différentes remarques et celles faites dans le paragraphe précédent montrent combien la détermination des températures présente de chances d'erreur, et les soins qu'elle exige.

260. Conditions de sensibilité. — On peut considérer la sensibilité d'un thermomètre sous deux points de vue. En effet, un thermomètre est *sensible :* 1° lorsqu'il accuse de très-petites variations de température; 2° quand il se met promptement en équilibre de température avec les corps ambiants.

On obtient le premier genre de sensibilité en donnant au thermomètre une tige très-capillaire soudée à un réservoir un peu gros. La marche du mercure dans la tige est alors limitée à un petit nombre de degrés, par exemple de 10 à 20, ou de 20 à 30; et chaque degré occupe une grande longueur sur la tige, ce qui donne le moyen d'évaluer des fractions de degré très-petites. Sous le nom de *thermomètre métastatique*, M. Walferdin a construit un thermomètre qui permet d'apprécier les millièmes de degré.

Le second genre de sensibilité se réalise en donnant au thermomètre un très-petit réservoir, car moins celui-ci a de masse, plus il prend rapidement la température du milieu dans lequel il est.

261. Thermomètre à alcool. — Le *thermomètre à alcool* ne diffère du thermomètre à mercure que parce qu'il est rempli d'alcool coloré en rouge avec de l'orseille. Son remplissage, par suite de la température peu élevée, 78 degrés, à laquelle l'alcool entre en ébullition, est plus simple que celui du thermomètre à mercure. Après avoir chauffé légèrement le réservoir à la lampe pour faire sortir un peu d'air, on plonge l'extrémité ouverte de la tige dans l'alcool coloré en rouge; par le refroidissement, l'air qui reste dans le réservoir se contracte, et la pression atmosphérique y fait monter une petite quantité d'alcool (fig. 207). Chauffant alors jusqu'à l'ébullition, les vapeurs d'alcool qui se dégagent entraînent tout l'air qui se trouve dans le réservoir et dans la tige. Il suffit donc, après quelques instants d'ébullition, de retourner brusquement le thermomètre et d'en

Fig. 207.

plonger de nouveau l'extrémité dans l'alcool. Les vapeurs se condensant, le vide se fait à l'intérieur, et par l'effet de la pression de l'atmosphère le réservoir et la tige se remplissent complétement. Toutefois, l'alcool qui pénètre dans le réservoir s'échauffant, l'air qui y était en dissolution se dégage, et une petite bulle gazeuse apparaît. Pour l'expulser, on fixe le tube à l'extrémité d'une petite corde, et on lui imprime un mouvement de rotation rapide, la boule à l'extérieur. Par l'effet de la force centrifuge, l'alcool, qui a plus de masse, est refoulé vers la boule et en chasse la bulle d'air. On chauffe enfin doucement jusqu'à faire sortir la moitié ou les deux tiers du liquide contenu dans la tige, puis on en soude l'extrémité à la lampe, mais en ayant soin d'y laisser de l'air. Celui-ci est destiné, par sa force élastique, à retarder le point d'ébullition de l'alcool, et à s'opposer, lorsqu'on incline le tube, à ce que la colonne liquide se divise en plusieurs parties.

Il reste à graduer le thermomètre; or, la dilatation des liquides étant d'autant moins régulière qu'ils sont plus voisins de leur point d'ébullition, l'alcool, qui bout à 78 degrés, se dilate très-irrégulièrement entre zéro et 100 degrés. En sorte que si, après avoir pris les deux points fixes comme pour le thermomètre à mercure, on divisait leur intervalle en 100 degrés, on aurait un thermomètre qui ne serait d'accord avec le thermomètre à mercure qu'à zéro et à 100 degrés; entre ces deux points, il serait en retard de plusieurs degrés, et l'on trouve même qu'il ne marque que 44 degrés, lorsque le thermomètre à mercure en marque 50.

C'est pourquoi la graduation du thermomètre à alcool doit se faire comparativement à celle d'un thermomètre à mercure étalon, en les chauffant ensemble graduellement dans un bain, et en marquant successivement, sur le thermomètre à alcool, les températures indiquées par le thermomètre à mercure. Ainsi gradué, le thermomètre à alcool est *comparable* au thermomètre à mercure, c'est-à-dire qu'il donne les mêmes températures, lorsqu'il est placé dans les mêmes conditions. Le thermomètre à alcool est surtout employé pour mesurer les très-basses températures, parce que ce liquide ne se congèle pas par les plus grands froids connus. Toutefois, à de très-basses températures, l'alcool absolu se séparant en partie de l'eau, le liquide devient sirupeux; de plus, les différents alcools n'étant pas identiques, on a vu des thermomètres à alcool, exposés à un refroidissement égal, différer de plusieurs degrés. Pour obvier à ce double inconvénient, on a proposé de remplacer l'alcool par le sulfure de carbone, liquide qui ne contient point d'eau et conserve la même fluidité aux plus basses températures; mais M. Isidore Pierre a fait voir que les liquides qu'on doit préférer sont l'éther ordinaire et le chlorure d'éthyle.

262. Thermomètre différentiel de Leslie. — Leslie, physicien écossais, mort en 1832, a construit un thermomètre à air destiné à faire connaître la différence de température de deux points voisins; de là le nom de *thermomètre différentiel*. Cet instrument se compose de deux boules de verre égales, remplies d'air, et réunies par un tube recourbé, d'un petit diamètre, fixé sur une planchette (fig. 208). Avant que l'appareil soit fermé, on y introduit un liquide coloré, en quantité suffisante pour

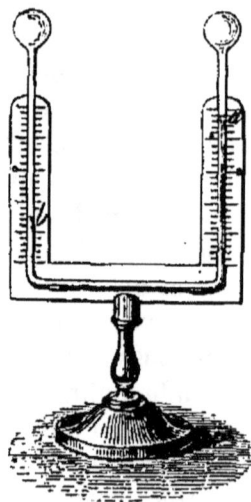

Fig. 208 (h = 43).

remplir la branche horizontale du tube et la moitié environ des branches verticales. Il importe de choisir un liquide qui ne donne pas de vapeur aux températures ordinaires; c'est pourquoi on fait usage d'acide sulfurique coloré en rouge. L'appareil étant ensuite fermé, on fait passer de l'air d'une boule dans l'autre, en les chauffant inégalement, jusqu'à ce qu'après quelques tàtonnements, les deux boules étant revenues à la même température, le niveau soit le même dans les branches verticales. On marque alors un zéro à chaque extrémité de la colonne liquide. Pour achever la graduation, on porte l'une des boules à une température qui surpasse de 10 degrés celle de l'autre. L'air de la première se dilate et refoule la colonne liquide *ba* qui s'élève dans l'autre branche. Lorsque cette colonne est devenue stationnaire, on marque 10, de chaque côté, au point où s'arrête le niveau du liquide; puis on partage les intervalles de zéro à 10 en dix parties égales, et l'on continue les divisions au-dessus et au-dessous du zéro, le long de chaque branche.

263. Thermoscope de Rumford. — Dans le même temps que

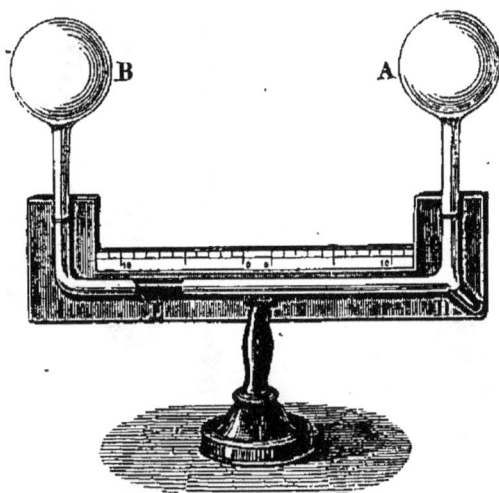

Fig. 209 (h = 40).

Leslie inventait le thermomètre différentiel, le comte de Rumford, Américain, mort à Auteuil, près Paris, en 1814, adoptait un thermomètre analogue, qui a reçu le nom de *thermoscope de Rumford*. Cet instrument diffère peu du précédent; seulement, les boules en sont plus grosses, la branche horizontale est plus grande, et c'est le long de cette branche qu'est la graduation. L'index E (fig. 209) n'a que deux centimètres de longueur environ, et l'on marque encore un zéro à chaque extrémité, lorsque, les deux boules étant à la même température, l'index occupe le milieu de la branche horizontale. Le reste de la graduation se fait ensuite entièrement comme pour le thermomètre de Leslie. Quant à l'appendice D, il est destiné à régler l'appareil; lorsqu'il y a trop d'air dans l'une des boules, on fait passer l'index dans l'appendice, ce qui permet à l'air de se rendre dans l'autre boule. Il suffit ensuite d'incliner le thermomètre pour faire sortir l'index et lui faire prendre la position qu'il doit occuper; ce qu'on n'obtient toutefois qu'après quelques essais.

264. Thermomètre métallique de Bréguet. — Abraham Bréguet, horloger à Paris, mort en 1823, a imaginé un thermomètre fondé sur l'inégale dilatabilité des métaux, et remarquable par son extrême sensibilité. Cet instrument est formé de trois lames superposées, de platine, d'or et d'argent. Soudées ensemble dans toute leur longueur, elles sont ensuite passées au laminoir de manière à ne former qu'un ruban métallique très-mince. On con-
tourne ce ruban en hélice,
comme le montre la figure
210; puis, ayant fixé l'extrémité supérieure à un sup-
port, on suspend à l'autre
extrémité une aiguille légère
de cuivre, libre de se mouvoir sur un cadran horizontal
sur lequel est graduée une
échelle centigrade.

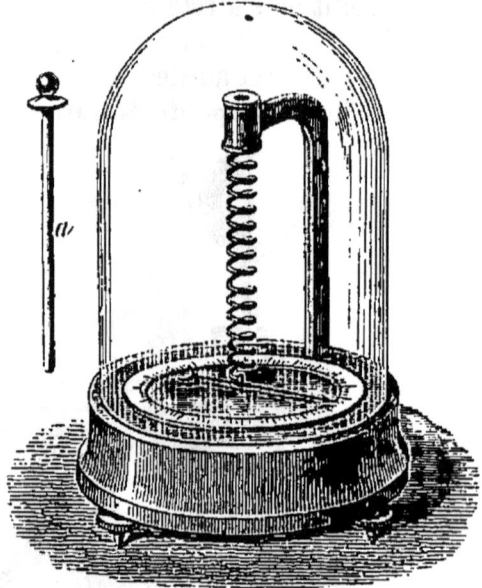

Fig. 210 (h = 9)

L'argent, qui est le plus
dilatable des trois métaux,
forme la face intérieure de
l'hélice; le platine, qui est
le moins dilatable, est à
l'extérieur, et l'or est entre
les deux. Lorsque la tempé-
rature s'élève, l'argent se dilatant plus que le platine et l'or, l'hélice se déroule de gauche à droite par rapport à la figure ci-dessus. L'effet contraire a lieu quand la température baisse. L'or est placé entre les deux autres métaux, parce qu'il a une dilatation intermédiaire entre celles de l'argent et du platine. En n'employant que ces deux derniers métaux, leur différence de dilatation pourrait occasionner une rupture. Le thermomètre de Bréguet se gradue comparativement à un thermomètre étalon à mercure.

Une tige métallique a, représentée sur la gauche de la figure, se met dans l'axe de l'hélice, pour la soutenir et l'empêcher de se déformer lorsqu'on déplace l'instrument.

* 265. Thermomètre à maxima et à minima de Rutherford. — Dans les observations météorologiques, il est nécessaire de connaître la plus haute température du jour et la plus basse température de la nuit. Les thermomètres ordinaires ne pourraient conduire à la connaissance de ces températures que par une observation continue, ce qui serait tout à fait impraticable. Aussi a-t-on imaginé, à cet effet, un assez grand nombre d'instruments. Le plus

simple est celui de Rutherford. Sur une glace rectangulaire
(fig. 211) sont fixés deux thermomètres dont les tiges sont recourbées horizontalement. Le premier, A, est à mercure ; le second, B,
est à alcool. Dans le thermomètre à mercure est un petit cylindre de
fer A, qui peut glisser librement dans le tube. Ce petit cylindre,
qui sert d'index, étant mis en contact avec l'extrémité de la colonne de mercure, et l'instrument étant disposé horizontalement,

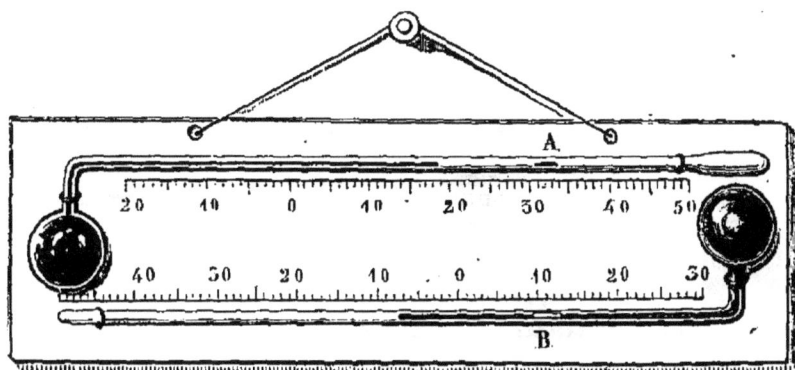

Fig. 211 ($l = 39$).

lorsque la température s'élève, le mercure se dilate et pousse devant lui l'index. Celui-ci s'arrête aussitôt que le mercure cesse de
se dilater, mais il demeure au même point de la tige lorsque le mercure se contracte, car il n'y a pas d'adhérence entre ce liquide et le
fer. Le point où s'arrête l'index marque donc la plus haute température qui s'est produite : sur le dessin ci-dessus, l'index marque
près de 31 degrés.

Le thermomètre inférieur est à minima ; le liquide qu'il contient
est de l'alcool dans lequel plonge entièrement un petit cylindre
d'émail B destiné à servir d'index. Si la température baisse tandis
que le cylindre est à l'extrémité de la colonne liquide, celle-ci, en
se contractant, l'entraîne avec elle par un effet d'adhésion, et l'index
avance ainsi jusqu'au point où a lieu le maximum de contraction
du liquide. Lorsque la température s'élève, l'alcool se dilate, passe
entre la paroi du tube et l'index, sans que celui-ci se déplace. Par
conséquent, l'extrémité de l'index opposée au réservoir indique la
plus basse température à laquelle a été porté l'instrument : — 9° $\frac{1}{2}$
dans le dessin ci-dessus.

* 266. Thermomètre à maxima de Negretti et Zambra. — Le
thermomètre à maxima de Rutherford présente l'inconvénient de
n'être pas portatif, car si on le meut trop brusquement, le petit index
de fer s'engage dans le mercure, et alors, quand ce liquide se dilate,
il ne chasse plus devant lui l'index, mais passe dans l'intervalle qui

existe entre celui-ci et le verre. L'index reste alors immobile, et le thermomètre ne fonctionne plus.

Pour obvier à cet inconvénient, MM. Negretti et Zambra ont modifié cet instrument. Ayant introduit dans le tube du thermomètre un petit index de verre *ad* (fig. 242), ils chauffent à la lampe et courbent le tube, là même où est l'index, de manière que celui-ci soit fixe, mais cependant n'obstrue pas le tube et ne s'oppose pas à la dilatation du mercure qui est dans le réservoir.

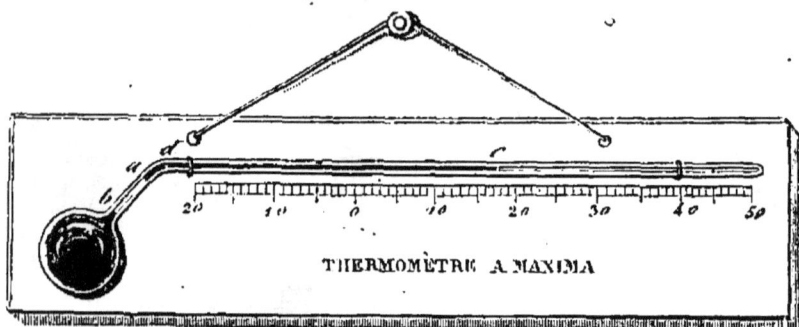

THERMOMÈTRE A MAXIMA

Fig. 212.

Le thermomètre étant placé horizontalement, lorsque la température s'élève, le mercure du réservoir se dilate et passe entre l'index et les parois du tube, et avance, par exemple, jusqu'en *c*; mais lorsqu'il y a ensuite abaissement de température et contraction du mercure, la résistance que celui-ci éprouve pour repasser entre l'index et le tube l'emportant sur la cohésion des molécules de mercure entre elles, la colonne *dc* reste en place, et le vide se fait de *b* en *a*. On a donc en *c* la température maxima à laquelle l'instrument a été porté. Pour ramener ensuite le mercure au-dessous de l'index, il n'y a qu'à tenir un instant le tube dans une position verticale, le mercure passe en vertu de son poids.

Quant à l'erreur qui peut résulter du refroidissement de la colonne de mercure *cd*, au moment où on consulte le thermomètre, elle peut être négligée, car en appliquant les formules qui seront données plus loin sur les dilatations, on verra que, pour un refroidissement de 25 degrés, cette erreur ne peut dépasser 1 dixième de degré.

* 267. Thermomètre à maxima de M. Walferdin. — Le thermomètre à maxima de M. Walferdin est un thermomètre à déversement. Cet instrument a la forme d'un thermomètre à mercure ordinaire. Seulement, à la partie supérieure, il est terminé par un petit réservoir ou *panse*, où pénètre la tige, qui se termine en pointe effilée et ouverte (fig. 213). Dans cette panse est du mercure destiné à *amorcer* l'instrument, c'est-à-dire à remplir la tige complétement à

chaque observation. Pour cela, on chauffe le réservoir inférieur
jusqu'à ce que le mercure, se dilatant, commence à sortir par la
pointe effilée qui termine la tige. Retournant alors l'instrument,
le mercure qui est dans la panse descend vers la pointe,
et celle-ci se trouve y plonger en entier. On laisse ensuite le thermomètre se refroidir lentement, en ayant
soin de le tenir toujours renversé. Par le refroidissement, le mercure du réservoir se contracte, une certaine
quantité passe, par un effet de cohésion, de la panse
dans la tige, et celle-ci se trouve complétement remplie.

Lorsqu'on doit faire usage de cet instrument, on
commence par l'amorcer à une température inférieure à
celle qu'il s'agit d'observer, puis on le place dans le lieu
dont on veut connaître le maximum de température. Si
le thermomètre vient d'abord à se refroidir, il n'y a
aucun inconvénient, puisqu'il n'entre ni ne sort de
mercure. Mais si la température s'élève, le mercure se
dilate, une partie se déverse dans la panse sans pouvoir
rentrer dans le thermomètre, parce qu'alors celui-ci est
dans la position représentée dans la figure ci-contre.
Pour déterminer ensuite la plus haute température à laquelle l'instrument a été porté, il suffit de le comparer
à un thermomètre étalon, en les chauffant tous les deux
graduellement dans un bain, jusqu'à ce que le mercure,
dans le thermomètre à déversement, remonte au sommet
de la tige et soit près de sortir. Consultant alors le thermomètre étalon, la température qu'il indique est très-
approximativement la plus haute à laquelle a été porté
le thermomètre à maxima.

M. Walferdin a aussi construit un thermomètre à
minima; il est encore à déversement, mais à deux liquides
et d'un usage moins facile que le précédent. Ces thermomètres sont surtout utilisés pour prendre les plus hautes
ou les plus basses températures du fond des lacs, des
mers ou des puits. Toutefois il faut alors les renfermer dans un tube
de verre qu'on soude ensuite à la lampe, afin de les soustraire à
la pression extérieure qui diminuerait le volume du réservoir et en
ferait sortir un excès de mercure.

Fig. 213
(h = 26).

* 268. Pyromètre de Wedgwood. — On appelle *pyromètres,*
des instruments destinés à mesurer les hautes températures pour
lesquelles le thermomètre à mercure ne saurait être employé, parce
que ce liquide serait vaporisé et le verre fondu.

Wedgwood, fabricant de poterie en Angleterre, adopta un pyromètre fondé sur le retrait qu'éprouve l'argile par l'action de la chaleur. Cet instrument est formé d'une plaque de cuivre sur laquelle sont fixées trois barres de même métal (fig. 214). La longueur de chacune est d'un demi-pied anglais. Les deux premières, distantes d'abord de six lignes anglaises, convergent d'une ligne d'une extrémité à l'autre. La seconde et la troisième, dont l'écartement fait suite à celui des deux premières, convergent aussi d'une ligne. En sorte que la longueur totale de la *jauge* est d'un pied, et la convergence, d'un bout à l'autre, de deux lignes.

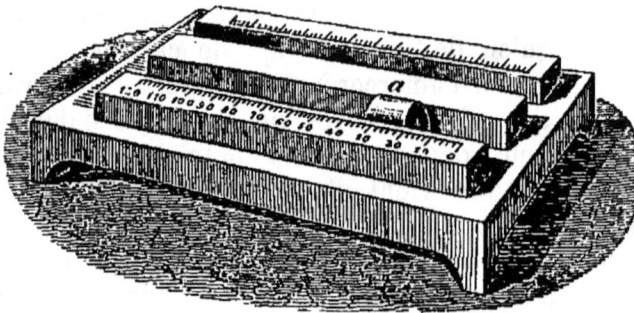

Fig. 214 ($l = 21$).

Chaque pouce de la jauge est divisé en 20 degrés, ce qui donne 240 degrés sur la longueur totale. Pour faire usage de cet instrument, on a de petits cylindres d'argile séchés dans une étuve à 100 degrés, et d'un diamètre tel, qu'à la température ordinaire ils entrent dans la jauge juste au zéro de l'échelle. Portés à une température élevée, dans un four, ces cylindres éprouvent un retrait qui provient d'un commencement de vitrification; refroidis et mis dans la jauge, à cause du retrait, ils entrent au delà du zéro, et le point où ils s'arrêtent indique, en degrés du pyromètre, la température du four dans lequel ils ont été placés. Dans la figure ci-dessus, le cylindre *a* marque 32 degrés.

Wedgwood a évalué expérimentalement que le zéro de son pyromètre correspond à 580 degrés centigrades, et que chaque degré de cet instrument en vaut 72. C'est-à-dire que, pour convertir en degrés centigrades une température donnée en degrés du pyromètre, il faut multiplier ceux-ci par 72 et ajouter 580 au produit. Mais, outre que ces évaluations ne sont pas précises, comme les cylindres ne peuvent être tous d'une argile identique, leur retrait n'est pas le même et leurs indications ne sont pas comparables. Aussi le pyromètre de Wedgwood est-il sans usage.

269. Pyromètre de Brongniart. — Brongniart avait fait construire, pour les fours de la fabrique de Sèvres, un pyromètre qui a du rapport avec l'appareil représenté dans la figure 197. Il consiste en une barre d'acier ou d'argent placée dans une rainure pratiquée sur une plaque de porcelaine. D'un bout, la barre bute contre l'extrémité de la rainure ; de l'autre, elle est en contact avec une tige de porcelaine, qui sort à l'extérieur du four où est placé l'appareil. Enfin, cette dernière tige s'appuie sur le petit bras d'un levier coudé dont le grand bras se meut sur un arc de cercle gradué ; à mesure que la barre métallique placée dans le four s'allonge par l'élévation de température, elle pousse la tige de porcelaine, et celle-ci fait marcher le levier coudé. Ce pyromètre, qui était abandonné à Sèvres même du vivant de son auteur, ne peut servir à déterminer avec précision les températures.

*270. Thermométrographe. — Les thermomètres à maxima et à minima ne font connaître, à chaque observation, que les températures extrêmes, sans laisser de traces des températures intermédiaires. Le thermomètre à hélice de Bréguet (fig. 240) a été modifié par M. Bréguet neveu, de manière à indiquer les températures d'heure en heure. Pour cela, l'aiguille porte un petit stylet rempli d'encre, et au-dessous est une plaque mobile sur laquelle sont tracés 24 arcs égaux et équidistants, portant la même graduation centigrade que le cadran du thermomètre. A chaque heure un mouvement d'horlogerie fait avancer la plaque d'une quantité égale à l'intervalle de deux arcs, et, en même temps, frappe un petit coup sur le stylet de l'aiguille, qui marque un point noir sur l'arc. Le numéro de l'arc indique l'heure, et la position du point noir donne la température correspondante.

271. Thermomètre électrique. — Les différents thermomètres décrits jusqu'ici sont fondés sur la dilatation des corps ; mais la chaleur donne aussi naissance à des phénomènes électriques à l'aide desquels on peut déterminer les températures. Nous allons décrire, sous le nom de *thermo-multiplicateur,* un instrument de ce genre extrêmement sensible. Toutefois, comme sa théorie repose sur des phénomènes magnétiques et sur des phénomènes électriques qui ne sont pas encore connus du lecteur, il nous faut donner ici quelques notions sur le magnétisme et l'électricité, mais très-succinctes, ces matières devant être traitées plus loin avec les développements qu'elles comportent.

NOTIONS SUR LES AIMANTS ET SUR LES PILES THERMO-ÉLECTRIQUES.

272. Aimant et aiguille aimantée. — On nomme *aimant,* un oxyde de fer qui, à distance, a la propriété d'attirer le fer et quelques autres substances. Cette propriété pouvant, par friction contre un aimant, se communiquer à l'acier trempé, on appelle *aiguille aimantée,* un petit barreau d'acier trempé auquel on a communiqué la vertu magnétique, et qui, en son milieu, au moyen d'une chape, repose sur un pivot, ou est suspendu à un fil de cocon (fig. 245 et 246).

Ainsi libre de s'orienter vers tel ou tel point de l'horizon, l'ai-

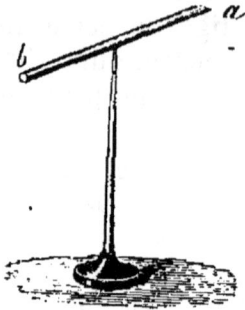

Fig. 215.

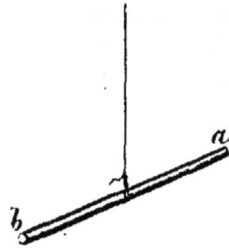

Fig. 216.

guille aimantée subit, de la part du globe terrestre, une action directrice, en vertu de laquelle elle se place toujours d'elle-même sensiblement dans la direction du nord au sud, et y revient toutes les fois qu'on l'en écarte. L'extrémité qui se tourne vers le nord est toujours la même, on la nomme *pôle austral ;* celle qui regarde le sud est le *pôle boréal.* Dans l'étude du magnétisme, nous dirons d'où viennent ces dénominations, qui paraissent en opposition avec l'orientation des pôles.

273. Piles et courants thermo-électriques. — On verra plus tard que l'*électricité* est un agent puissant, qui se développe dans les corps par le frottement, par les actions chimiques et aussi par l'influence de la chaleur. Les appareils qui dégagent de l'électricité par les actions chimiques sont connus sous le nom de *piles électro-chimiques,* et ceux qui en produisent par l'effet de la chaleur, sous le nom de *piles thermo-électriques.*

On ignore ce que c'est que l'électricité, mais en général on admet l'hypothèse qu'elle consiste en un fluide spécial, qui existe dans tous les corps; mis en liberté par une des trois causes énoncées plus haut, ce fluide se propage probablement sous la forme d'ondes, de *flux,* avec une vitesse qui, dans certains corps qu'on appelle *bons conducteurs,* s'élève à environ 160 000 kilomètres par seconde. Dans les corps *mauvais conducteurs,* la propagation est beaucoup plus lente et même nulle. Les meilleurs conducteurs sont les métaux.

On nomme *courant,* le flux électrique qui se propage dans un corps conducteur. Lorsqu'on réunit les deux extrémités d'une pile par un fil métallique, le courant se propage dans ce fil, et l'on nomme *pôle positif* de la pile l'extrémité d'où l'on admet que part le courant; l'autre extrémité est le *pôle négatif*.

Les courants engendrés par l'action de la chaleur se désignent sous le nom de *courants thermo-électriques*. Leur intensité est faible comparativement à celle des courants électro-chimiques. Pour qu'un courant thermo-électrique se produise, il faut un cir-

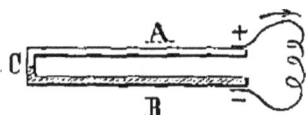

Fig 217.

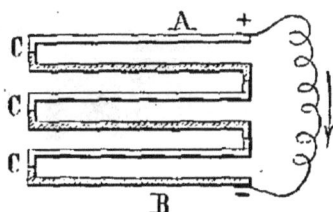

Fig. 218.

cuit métallique composé de métaux différents, dont les points de contact soient, de deux en deux, à des températures inégales. C'est l'inégale propagation de la chaleur dans les différents métaux qui donne naissance à un courant. Les métaux qui fournissent ainsi le plus grand dégagement d'électricité sont le bismuth et l'antimoine.

La pile thermo-électrique la plus simple se compose d'un barreau de bismuth B soudé en C à un barreau d'antimoine A (fig. 217). Les deux extrémités libres étant réunies par un fil de cuivre, on a un circuit complet dans lequel il ne se propage aucun courant tant que les diverses parties en sont à la même température; mais si l'on chauffe tant soit peu la soudure C, un courant prend aussitôt naissance, allant, dans le fil, de l'antimoine vers le bismuth; c'est-à-dire qu'à l'antimoine correspond le pôle positif, et au bismuth le pôle négatif. Si, au lieu d'échauffer la soudure C, on la refroidit, il y a encore courant, mais de sens contraire. Dans les deux cas, le courant est d'autant plus intense, que l'échauffement ou le refroidissement est plus considérable.

Le système d'un barreau de bismuth et d'un barreau d'antimoine soudés ensemble forme un *couple* thermo-électrique. Un seul couple ne fournit qu'un courant très-faible; mais si l'on soude entre eux plusieurs couples à la suite les uns des autres, de manière que toutes les soudures de rang impair correspondent à une même extrémité, et les soudures de rang pair à l'autre, on a, sous un petit volume, une pile d'autant plus intense, que les couples sont plus nombreux (fig. 218). On réduit encore le volume de la pile en disposant parallèlement, les unes à côté des autres (fig. 219), plusieurs séries de couples semblables à celle de la

figure 218; le dernier bismuth de la première série se soude latéralement au premier antimoine de la deuxième, et ainsi de suite,
au nombre de cinq ou six séries, de manière à former un ensemble de 25 ou 30 couples, dont les barreaux ont environ 30 millimètres de longueur. La pile ainsi disposée est maintenue dans une
monture de cuivre P supportée sur un pied à charnière, ce qui

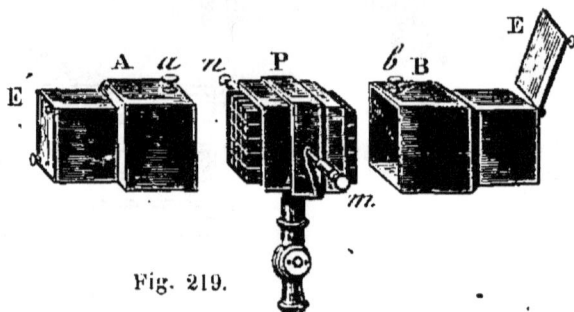

Fig. 219.

permet de lui donner différentes inclinaisons. Les couples sont
isolés les uns des autres et de la monture par des bandes de papier
verni. Enfin, sur les côtés de l'appareil sont fixées deux petites
bornes m, n, qui communiquent, l'une avec le premier antimoine,
l'autre avec le dernier bismuth, et qui sont les deux pôles de la
pile.

Pour protéger les deux faces de la pile, deux étuis rectangulaires A et B se fixent par des vis de pression a et b sur la pièce P.
Deux écrans E et E', qu'on élève et qu'on abaisse à volonté, permettent de ne laisser arriver les rayons de chaleur que sur une des
faces de la pile.

274. Action directrice des courants sur les aimants. — Lorsqu'un courant parcourt un fil métallique mn placé près d'une
aiguille aimantée ab (fig. 220), l'expérience fait voir que le courant agit à distance sur l'aiguille pour lui imprimer les déviations
suivantes :

Si le courant passe au-dessus de l'aiguille, du sud au nord
(fig. 220), ou au-dessous, du nord au sud (fig. 224), dans les deux
cas, le pôle austral de l'aiguille, c'est-à-dire celui qui regarde le
nord, *est dévié vers l'ouest.*

Si le courant se dirige en sens contraire, c'est-à-dire du nord
au sud dans le premier cas, et du sud au nord dans le second, le
pôle austral *est dévié vers l'est.*

Dans tous les cas, le courant tend toujours à placer l'aiguille
perpendiculairement à la direction du fil qu'il parcourt; mais cette
perpendicularité n'est jamais atteinte, à cause de l'influence magnétique de la terre qui agit pour maintenir l'aiguille dans sa position

première. Toutefois, si l'on combine deux aiguilles d'égale force, l'une au-dessus, l'autre au-dessous du courant, et les pôles contraires en regard, l'action de la terre se trouvant équilibrée, le système des deux aiguilles se met rigoureusement en croix avec le

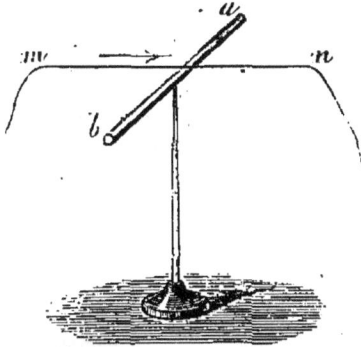

Fig. 220.

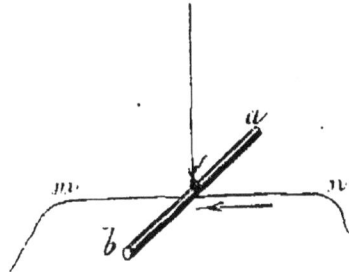

Fig. 221.

courant. Ce système constitue ce qu'on appelle une *aiguille astatique.*

275. Galvanomètre. — On vient de voir qu'un courant qui passe au-dessus de l'aiguille aimantée, du sud au nord, fait dévier le pôle austral vers l'ouest (fig. 220), et qu'un courant qui passe au-dessous, du nord au sud, produit la même déviation (fig. 221); par suite, si le même fil qui va au-dessus de l'aiguille, du sud au nord, revient au-dessous, du nord au sud (fig. 222), les deux effets

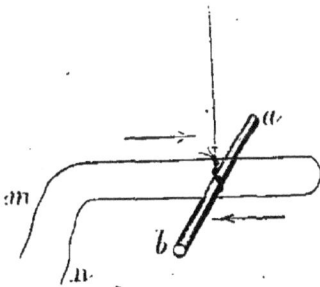

Fig. 222.

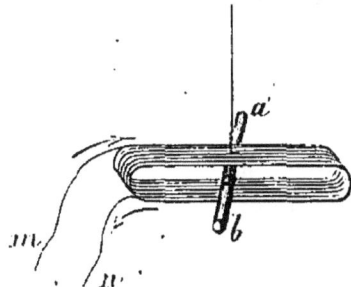

Fig. 223.

s'ajoutent et la déviation est plus grande. Par la même raison, si l'on continue d'enrouler le fil autour de l'aiguille, dans le sens de sa longueur, un grand nombre de fois (fig. 223), 200 fois par exemple, on multiplie considérablement l'action du courant, et on a un instrument à l'aide duquel les courants les plus faibles font dévier l'aiguille, c'est le *multiplicateur* ou *galvanomètre*. Il est nécessaire que le fil qui s'enroule autour de l'aiguille soit recouvert de soie qui en isole les circuits; sinon, tous les fils se touchant, il n'y aurait qu'un circuit unique, et l'effet ne serait plus *multiplié*. Pour préserver l'appareil des agitations de l'air, on le recouvre d'un globe de verre en dehors duquel sont deux petites bornes de cuivre, auxquelles aboutissent les deux bouts du fil galvanométrique (fig. 224). Au-dessus du circuit, on fixe un cadran divisé en 360 degrés et destiné à mesurer les déviations de l'aiguille; enfin, celle-ci est astatique et suspendue à un fil de coton, un de ses barreaux dans le circuit, l'autre au-dessus.

276. Thermo-multiplicateur. — Le *thermo-multiplicateur* est un appareil thermométrique extrêmement sensible qui, comme le montre la figure 224, consiste dans la réunion du galvanomètre avec la pile thermo-électrique. Des deux bornes m et n de la pile

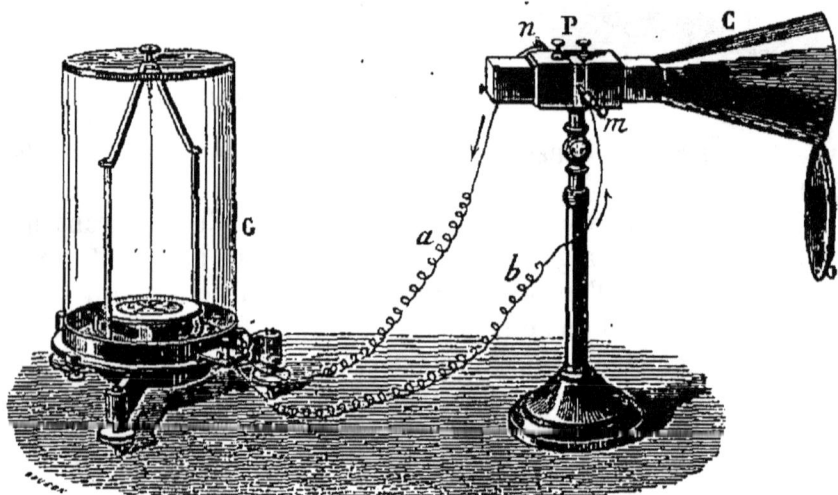

Fig. 224.

partent deux fils de cuivre, qui se rendent à deux autres bornes fixées en dehors de la cage du galvanomètre, lesquelles sont en contact, la première avec un des bouts du circuit galvanométrique, la seconde avec l'autre. Il en résulte, dès qu'une des faces de la pile est plus chauffée que l'autre, qu'un courant thermo-électrique prend naissance dans la pile, et se rend au galvanomètre par un des fils conducteurs pour revenir par l'autre. Avant de faire passer le courant dans le circuit galvanométrique, on a soin d'orienter l'appareil de manière que les fils du circuit soient parallèles à la direction de l'aiguille aimantée. C'est ensuite la déviation du pôle austral de l'aiguille à l'ouest ou à l'est qui fait connaître la direction du courant, et s'il y a eu échauffement ou refroidissement (273).

Quant à la quantité de chaleur reçue ou perdue par la pile, on la mesure par le nombre de degrés dont l'aiguille s'est écartée, dans un sens ou dans l'autre, de sa position première. En effet, l'expérience a appris que, jusqu'à 20 degrés du galvanomètre, les déviations de l'aiguille sont proportionnelles à la quantité de chaleur qui tombe sur la pile. Pour des déviations plus grandes, nous dirons, en traitant spécialement du galvanomètre, comment on construit des tables de graduation qui font connaitre l'intensité de la chaleur correspondante aux différents angles d'écart de l'aiguille.

Afin d'arrêter les rayons calorifiques autres que ceux qu'on veut étudier, on place sur la face antérieure de la pile, c'est-à-dire sur celle qui est exposée à la source de chaleur ou de froid, un cône de cuivre C noirci à l'intérieur. Un écran circulaire, qu'on abaisse ou qu'on élève à volonté, sert à laisser passer ou à intercepter la chaleur.

Pour faciliter l'étude du rayonnement de la chaleur (383), et celle du pouvoir diathermane des corps (403), Melloni, physicien italien, mort en 1849, a ajouté à l'instrument que nous venons de décrire plusieurs pièces accessoires, et l'a disposé comme le montrent les figures 298 et 310 ci-après. C'est sous cette forme que l'appareil prend le nom de *thermo-multiplicateur de Melloni*.

Enfin, remarquons, en terminant, que le thermo-multiplicateur est un véritable thermomètre différentiel (262); c'est-à-dire qu'il ne donne point la température d'un lieu déterminé du milieu dans lequel il est placé, mais la différence entre la température de ce lieu et celle d'un lieu voisin.

CHAPITRE II.

DILATATION DES SOLIDES.

277. Dilatation linéaire et dilatation cubique, coefficients de dilatation. — On a déjà vu (248) qu'on distingue, dans les corps solides, deux sortes de dilatations : la *dilatation linéaire*, c'est-à-dire suivant une seule dimension, et la *dilatation cubique*, c'est-à-dire en volume.

On nomme *coefficient de dilatation linéaire*, l'allongement que prend l'unité de longueur d'un corps, lorsque sa température s'élève de zéro à 1 degré, et *coefficient de dilatation cubique*, l'accroissement que prend, dans le même cas, l'unité de volume.

Ces coefficients varient d'un corps à l'autre; mais, pour un même corps, il existe entre eux cette relation simple, que *le coefficient de dilatation cubique est triple du coefficient de dilatation linéaire*. On peut donc, en multipliant ou en divisant par 3, trouver l'un de ces coefficients lorsque l'autre est connu.

Pour démontrer que le coefficient de dilatation cubique est triple du coefficient de dilatation linéaire, soit un cube dont le côté égale 1 à zéro. Si l'on représente par k l'allongement que prend ce côté en passant de zéro à 1 degré, sa longueur à 1 degré sera $1 + k$, et le volume du cube, qui était 1 à zéro, sera actuellement $(1 + k)^3$, c'est-à-dire $1 + 3k + 3k^2 + k^3$. Or, l'allongement k étant toujours une fraction très-petite (page 258, tableau), son carré k^2 et son cube k^3 sont des fractions assez petites pour ne pas influer sur la dernière décimale des nombres qui représentent les coefficients de dilatation cubique. On peut donc négliger les termes en k^2 et en k^3, et le volume à 1 degré devient très-approximativement $1 + 3k$. L'accroissement de l'unité de volume est donc $3k$, c'est-à-dire triple du coefficient de dilatation linéaire.

On démontrerait de même que le coefficient de dilatation superficielle est double du coefficient de dilatation linéaire.

278. Mesure des coefficients de dilatation linéaire, méthode de Lavoisier et Laplace. — De nombreux expérimentateurs se sont

Fig. 225.

occupés de mesurer les coefficients de dilatation linéaire, et ont imaginé divers appareils à cet usage. Nous décrirons d'abord celui dont se servirent Lavoisier et Laplace en 1782.

L'appareil de ces deux physiciens, représenté en perspective dans la figure 225 et en coupe dans la figure 226, se compose d'une cuve de cuivre placée sur un fourneau entre quatre bâtis de pierre. Entre les deux bâtis qui occupent la droite du dessin est un axe horizontal traversé par une règle de verre v, et à l'extrémité du même axe est fixé un bras m tournant avec lui, et destiné à diriger une lunette L mobile sur deux tourillons. Aux deux autres bâtis sont fixées des traverses de fer qui maintiennent fixe une seconde règle de verre r. Enfin, dans la cuve est un bain d'eau ou d'huile, dans lequel on place la barre ac dont on cherche le coefficient de dilatation.

Cette barre est en contact d'un bout avec la règle de verre r, de l'autre avec la règle v; d'où il résulte qu'elle ne peut s'allonger que dans le sens ac, puisque la règle r est invariablement liée au bâti.

De plus, pour qu'elle ne soit pas gênée dans sa dilatation, la barre repose sur deux rouleaux de verre. Enfin, dans la lunette est un fil micrométrique horizontal qui, lorsqu'elle tourne d'un certain angle, parcourt un nombre de divisions correspondant sur une échelle verticale AB placée à 200 mètres de distance.

Cela posé, on mettait d'abord de la glace dans la cuve, et la barre étant à la température de zéro, on observait à quelle division correspondait le fil de la lunette sur l'échelle AB ; puis on retirait la glace et l'on remplissait la cuve d'eau ou d'huile, ce dernier liquide pouvant être porté à une température plus élevée, et on chauffait. La barre se dilatait alors, et lorsque la température était devenue stationnaire, d'un côté on notait la température du bain à l'aide de

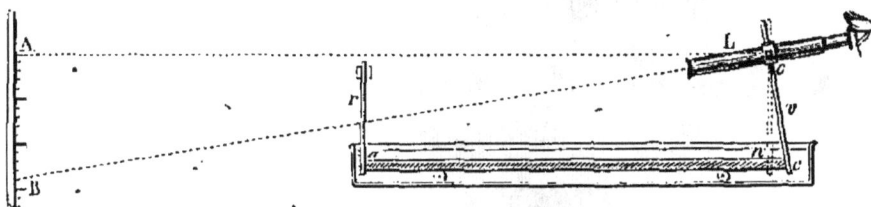

Fig. 226.

thermomètres qui y étaient plongés, et de l'autre à quelle division de l'échelle correspondait le fil micrométrique de la lunette.

De ces données, on déduit ensuite l'allongement de la barre. En effet, celle-ci s'étant allongée d'une quantité nc, la règle v est repoussée, et entraînant avec elle le bras m et la lunette, l'axe optique de celle-ci est incliné dans la direction oB. Or, les deux triangles onc et oAB sont semblables comme ayant les côtés perpendiculaires chacun à chacun, ce qui donne $\dfrac{nc}{AB} = \dfrac{on}{oA}$. De même, si l'on représente par nc' un autre allongement, et par AB' la déviation correspondante, on a $\dfrac{nc'}{AB'} = \dfrac{on}{oA}$. D'où l'on voit que le rapport de l'allongement de la barre à la déviation de la lunette est constant, puisqu'il est toujours égal à $\dfrac{on}{oA}$. Or, par une expérience préliminaire faite avec une seconde barre plus longue que la première d'une quantité connue, on avait constaté que ce rapport était $\dfrac{1}{744}$. On avait donc $\dfrac{nc}{AB} = \dfrac{1}{744}$, d'où $nc = \dfrac{AB}{744}$; c'est-à-dire que l'allongement total de la barre s'obtenait en divisant par 744 la distance parcourue sur l'échelle par le fil micrométrique de la lunette. Une fois cet allongement connu, en le divisant par la longueur de la barre à zéro et par la température du bain, on avait la dilatation pour une seule unité de longueur et pour un seul degré, c'est-à-dire le coefficient de dilatation linéaire.

* 279. Méthode de Roy et Ramsden. — Le major Roy, en 1787, fit usage de l'appareil représenté dans la figure 227 pour mesurer

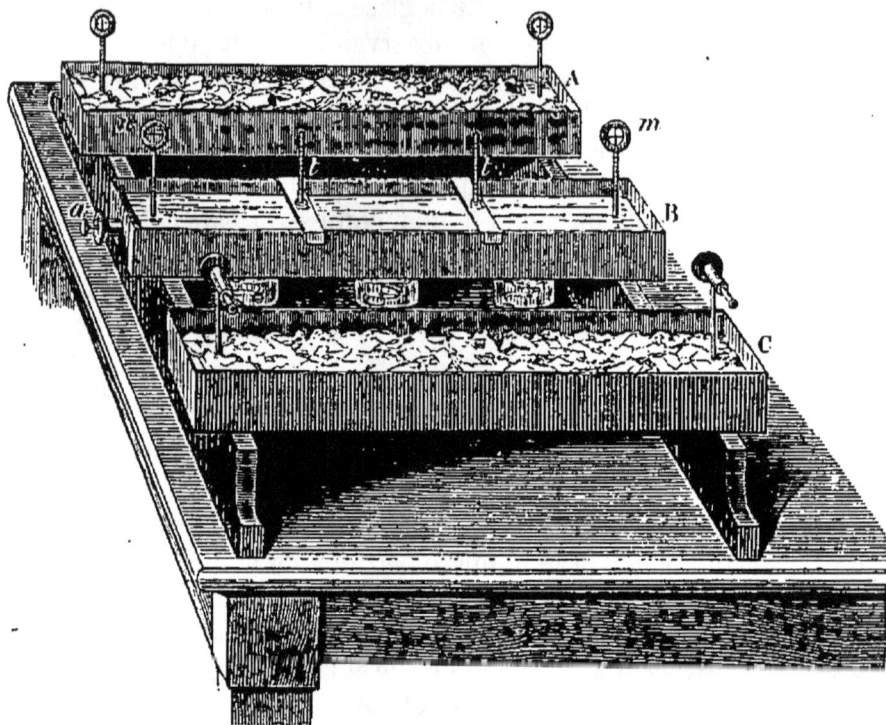

Fig. 227.

les coefficients de dilatation linéaire. Cet appareil, construit par Ramsden, se compose de trois cuves métalliques parallèles, de deux mètres de longueur environ. Dans celle du milieu est, en forme de barre prismatique, le corps dont on cherche le coefficient de dilatation ; dans les deux autres sont des barres de fonte exactement de même longueur que la première. Ces trois barres sont munies à leurs extrémités de tiges verticales. Dans les cuves A et B, ces tiges portent de petits disques percés de trous circulaires sur lesquels sont tendus en croix des fils micrométriques, comme des réticules de lunette (530) ; mais, dans la cuve C, les tiges portent des tubes renfermant un objectif et un oculaire de microscope, munis aussi de réticules.

Toutes les cuves étant remplies de glace, et les trois barres étant à zéro, les points de croisement des fils sur les disques et dans les tubes sont exactement en ligne droite à chaque extrémité. On retire alors la glace de la cuve centrale seule, et l'on y verse de l'eau

qu'on porte à 100 degrés, au moyen de lampes à alcool placées au-
dessous de la cuve. La barre qui y est contenue se dilate alors;
mais comme on a soin de la mettre en contact avec le bout d'une
vis a fixée à la paroi, tout l'allongement se produit dans le sens nm,
et le réticule n restant en ligne, le réticule m seul est dévié vers B
d'une quantité précisément égale à l'allongement. Or, la vis a est
liée à la barre, et, en la tournant lentement de droite à gauche, on
ramène la barre dans le sens mn, et le réticule m finit par se re-
trouver en ligne. A cet instant, la vis a marché d'une longueur précisément égale à l'allongement de la barre, et comme la longueur
dont on a avancé la vis se déduit avec une grande précision du
nombre de tours qu'elle a faits et de son *pas*, on a ainsi la dilatation
totale de la barre, d'où l'on déduit ensuite son coefficient de dilatation en divisant par la température du bain et par la longueur de
la barre à zéro.

*Coefficients de dilatation linéaire, entre zéro et 100 degrés, des corps les plus
employés dans les arts.*

Verre blanc	0,000008613	Cuivre rouge	0,000017182
Platine	0,000008842	Bronze	0,000018167
Acier non trempé	0,000010788	Cuivre jaune (laiton)	0,000018782
Fonte	0,000011250	Argent de coupelle	0,000019097
Fer doux forgé	0,000012204	Étain	0,000021730
Acier trempé	0,000012395	Plomb	0,000028575
Or de départ	0,000014660	Zinc	0,000029417

Quant à la détermination des coefficients de dilatation cubique,
d'après la relation qu'on a vue exister entre eux et les coefficients
de dilatation linéaire (277), ils se déduisent immédiatement des
nombres ci-dessus en les multipliant par 3. Cependant, en traitant
ci-après du *thermomètre à poids*, nous ferons connaître une méthode suivie par Dulong et Petit pour déterminer directement les
coefficients de dilatation cubique (292).

280. **Les coefficients de dilatation augmentent avec la température.** — L'expérience montre que les coefficients de dilatation
linéaire des métaux sont sensiblement constants entre zéro et 100
degrés, c'est-à-dire que, pour un même nombre de degrés, on
peut admettre sans erreur sensible que la longueur augmente constamment de la même fraction de ce qu'elle était à zéro. Mais, d'a-
près les recherches de Dulong et Petit, le coefficient devient plus
grand entre 100 et 200 degrés, et croît encore entre 200 et 300
degrés, et ainsi de suite jusqu'au point de fusion. L'acier trempé
fait exception : son coefficient décroît lorsque la température dépasse une certaine limite.

281. **Formules relatives aux dilatations des solides.** — Soient l la
longueur d'une barre à zéro, l' sa longueur à la température t, et k son coefficient

de dilatation linéaire. La relation qui existe entre ces diverses quantités s'exprime par les formules suivantes.

L'allongement correspondant à 1 degré étant k, celui qui correspond à t degrés est t fois k ou kt, pour une seule unité de longueur; d'où il est l fois kt, ou ktl pour l unités. La longueur de la barre, qui était l à zéro, est donc $l + ktl$ à t degrés; d'où

$$l' = l + ktl \quad [1].$$

En mettant l en facteur commun dans le second membre, on tire de cette formule

$$l' = l\,(1 + kt) \quad [2].$$

La formule [2] sert à trouver la longueur l' à $t°$, lorsqu'on connaît la longueur l à zéro. En divisant les deux membres par $(1 + kt)$, on en déduit

$$l = \frac{l'}{1 + kt} \quad [3].$$

Cette dernière formule sert à trouver la longueur à zéro, lorsqu'on connaît la longueur l' à t.

Enfin, si dans l'égalité [1] on transpose l dans le premier membre, et si l'on divise des deux côtés par tl, on trouve

$$k = \frac{l' - l}{tl} \quad [4],$$

équation qui sert à calculer le coefficient de dilatation k quand l', l et t sont connus.

Si, au lieu de considérer les dilatations linéaires, on considère les dilatations cubiques, on trouve des formules analogues à celles qui précèdent. Pour cela, soient V le volume d'un corps à zéro, V′ son volume à t degrés, et D son coefficient de dilatation cubique, lequel, comme on sait (277), est triple de k; on trouve, par le même raisonnement que ci-dessus,

$$V' = V\,(1 + Dt) \quad [5], \quad \text{et} \quad V = \frac{V'}{1 + Dt} \quad [6],$$

formules qui servent à passer du volume à zéro au volume à t degrés, et réciproquement. En remplaçant D par $3k$, on peut aussi les écrire sous la forme

$$V' = V\,(1 + 3kt), \quad \text{et} \quad V = \frac{V'}{1 + 3kt}.$$

Les binômes $1 + kt$ et $1 + Dt$ se désignent sous les noms, l'un de *binôme de dilatation linéaire*, et l'autre de *binôme de dilatation cubique*. Les formules [2] et [5] font voir que les longueurs et les volumes à t degrés sont directement proportionnels aux binômes de dilatation.

282. Problèmes sur les dilatations. — I. Une barre de fer a 2ᵐ,6 de long à zéro, quelle sera sa longueur à 80 degrés, le coefficient de dilatation du fer étant 0,0000122?

Ce problème se résout par la formule [2] ci-dessus, en y faisant

$$l = 2^m,6, \quad t = 80, \quad k = 0,0000122.$$

Ce qui donne

$$l' = 2^m,6\,(1 + 0,0000122 \times 80) = 2^m,6 \times 1,000976 = 2^m,6025.$$

C'est-à-dire que la longueur cherchée est 2ᵐ,6025; ce qui fait 2 millimètres et demi d'allongement.

II. A 90 degrés, une barre de cuivre a 3ᵐ,4 de long, quelle sera sa longueur à zéro, le coefficient de dilatation du cuivre étant 0,000017 2?

Il faut ici faire usage de la formule [3] du paragraphe précédent, en y faisant $l' = 3^m,4$, $t = 90$, $k = 0,000017\,2$; d'où l'on déduit

$$l = \frac{3,4}{1 + 0,000017\,2 \times 90} = \frac{3,4}{1,001548} = 3^m,395.$$

III. Une barre métallique a une longueur l' à t degrés, quelle sera sa longueur L à t' degrés, son coefficient de dilatation étant k?

Ce problème se résout en cherchant la longueur de la barre à zéro, laquelle est $\dfrac{l'}{1 + kt}$, d'après la formule [3] (281); puis de la longueur à zéro on passe à la longueur à t' au moyen de la formule [2], c'est-à-dire en multipliant par $1 + kt'$, ce qui donne enfin pour la longueur cherchée

$$L = \frac{l'(1 + kt')}{1 + kt}.$$

IV. A la température de t degrés on mesure une longueur donnée avec une règle métallique divisée en millimètres, et l'on trouve que cette longueur contient n divisions de la règle. Celle-ci ayant été divisée à la température de zéro, on demande la correction à faire pour tenir compte de sa dilatation de zéro à t degrés.

Pour cela, remarquons que c'est seulement à zéro que les divisions de la règle valent 1 millimètre; à t degrés, chacune d'elles vaut $1 + kt$, k étant le coefficient de dilatation de la règle. Donc les n divisions obtenues représentent, non pas n millimètres, mais $n(1 + kt)$. Tel est donc le nombre réel de millimètres correspondant à la longueur qu'on a mesurée.

V. La densité d'un corps étant d à zéro, calculer sa densité d' à t degrés.

Si l'on représente par 1 le volume du corps à zéro, et par D son coefficient de dilatation cubique, le volume à t degrés sera $1 + Dt$; et comme la densité d'un corps est évidemment en raison inverse du volume que prend le corps en se dilatant, on a la proportion inverse

$$\frac{d'}{d} = \frac{1}{1 + Dt}, \quad \text{d'où} \quad d' = \frac{d}{1 + Dt}.$$

D'où l'on conclut que, lorsqu'un corps s'échauffe de zéro à t degrés, *sa densité et par suite son poids, à volume égal, varient en raison inverse du binôme de dilatation* $1 + Dt$.

VI. Le volume d'un ballon de verre est V' à t degrés; quel sera son volume V à zéro?

Pour résoudre cette question, on admet qu'un ballon de verre se dilate, pour une variation de température déterminée, de la même quantité que se dilaterait une masse de verre pleine et de même volume. Si l'on représente alors par δ le coefficient de dilatation cubique du verre, et par V le volume du ballon à zéro, on aura, d'après la formule [5] (281),

$$V' = V + \delta Vt = V(1 + \delta t),$$
$$\text{d'où} \quad V = \frac{V'}{1 + \delta t}.$$

283. Applications de la dilatation des solides. — La dilatation des solides offre de nombreuses applications dans les arts. Les grilles des fourneaux, par exemple, ne doivent pas être encastrées trop juste à leurs extrémités, mais libres au moins à l'une, sinon elles arrachent les pierres du foyer en se dilatant. Sur les chemins de fer, si les rails se touchaient, la force de dilatation les courberait de distance en distance, ou briserait leurs coussinets. Lorsqu'on chauffe ou refroidit trop brusquement un vase de verre, il éclate; cela est dû à ce que, le verre étant mauvais conducteur de la chaleur, les parois s'échauffent inégalement, et, par suite, se dilatent de même, ce qui amène la rupture.

284. Pendule compensateur. — L'inégale dilatation des divers métaux a reçu une importante application dans le *pendule compensateur*. On nomme ainsi un pendule dans lequel l'allongement de la tige, lorsque la température s'élève, est compensé de manière que la distance entre le centre de suspension et le centre d'oscillation demeure constante (64); ce qui est nécessaire, d'après les lois du pendule (60, 3°), pour que l'isochronisme persiste et pour que le pendule puisse servir de régulateur aux horloges (63). De nombreux systèmes ont été proposés pour compenser les pendules. Celui que représente la figure 228, dû à Leroy, est généralement adopté.

Dans ce système, la lentille L, au lieu d'être soutenue par une seule tige, l'est par une suite de châssis dont les verges verticales sont alternativement d'acier et de laiton. Dans le dessin ci-contre, les tiges d'acier sont représentées plus colorées : elles sont au nombre de six, y compris une lame d'acier *b*, qui porte tout le pendule et se courbe à chaque oscillation; les autres, au nombre de quatre, sont de cuivre jaune. La tige *i*, qui porte la lentille L, est fixée, à sa partie supérieure, à une traverse horizontale; mais; à sa partie inférieure, elle est libre, passant dans deux trous cylindriques pratiqués dans les traverses horizontales inférieures.

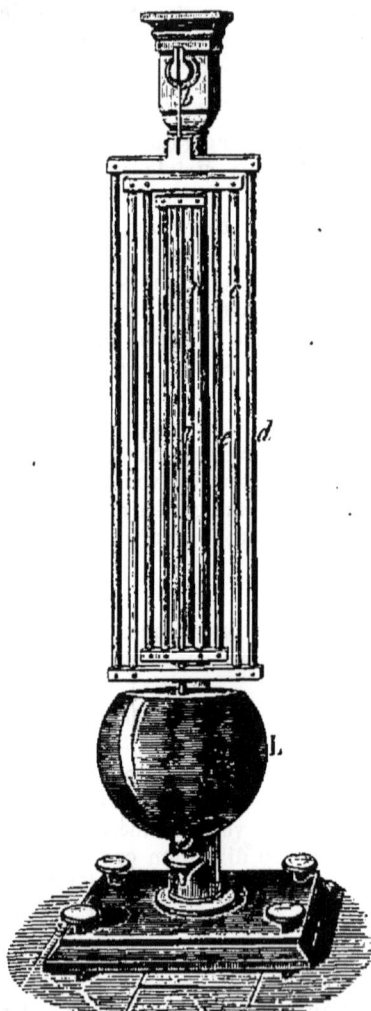

Fig. 228.

De la manière dont les tiges verticales sont liées entre elles par des traverses horizontales, il est facile de voir que l'allongement des tiges d'acier ne peut s'effectuer que de haut en bas, et, au contraire, celui des tiges de cuivre, de bas en haut. Par conséquent, pour que la longueur du pendule reste constante, il faut que l'allongement des tiges de cuivre relève constamment la lentille juste de la même quantité dont l'allongement des tiges d'acier tend à l'abaisser. On va voir que ce résultat s'obtient *en donnant aux*

*tiges d'acier et de laiton des longueurs totales en raison inverse
des coefficients de dilatation de ces métaux.*

Pour arriver à cette condition de compensation, remarquons que toutes les
tiges d'acier ne concourent pas à l'abaissement de la lentille, mais seulement la
lame b et les tiges d, e, i. Pour celles-ci, en effet, les allongements s'ajoutent;
tandis que les deux tiges d'acier, sur la gauche de la figure, étant liées respectivement aux tiges d et e, leurs allongements n'augmentent pas l'abaissement de la lentille. La même remarque s'appliquant aux tiges de laiton, on n'a à considérer que
les deux tiges c et n.

Cela posé, représentant par a, a', a'', a''' les longueurs des tiges d'acier, b, d,
e, i, et par c et c' celles des tiges de laiton c, n, posons $a + a' + a'' + a''' = l$, et
$c + c' = l'$. En appelant L la longueur du pendule, c'est-à-dire la distance du point
de suspension au centre d'oscillation (61), on a $L = l - l'$ [1].

Or, si l'on représente par K et K' les coefficients de dilatation linéaire de
l'acier et du cuivre jaune, les allongements des deux métaux, à t degrés, sont respectivement lKt et $l'K't$. Pour que la longueur de L soit constante, il faut donc
qu'on ait $lKt = l'K't$, ou $lK = l'K'$ [2].

De cette dernière égalité on tire le principe énoncé ci-dessus, que, *dans le pendule compensateur, les longueurs de l'acier et du cuivre sont en raison inverse des
coefficients de dilatation de ces métaux.* De plus, cette égalité ne contenant pas t, on
en conclut que *la compensation a lieu à toutes les températures.*

Les pendules des horloges étant ordinairement astreints à battre la seconde,
L est connue et égale à $0^m,993866$ (61). Les équations [1] et [2] ci-dessus font donc
connaître l et l'. En les résolvant, on trouve $l = \dfrac{L}{1 - \dfrac{K}{K'}}$, et $l' = \dfrac{L}{\dfrac{K'}{K} - 1}$. C'est

pour satisfaire à ces valeurs, en même temps qu'à celle de L, qu'on est forcé, pour
le pendule à seconde, de faire usage de plusieurs châssis d'acier et de laiton.

285. Lames compensatrices. — On arrive encore à compenser
l'allongement de la tige des pendules au moyen de *lames compen-*

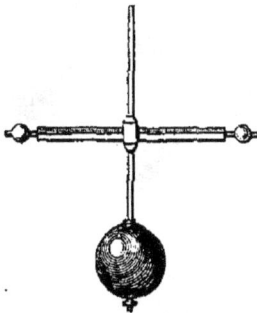 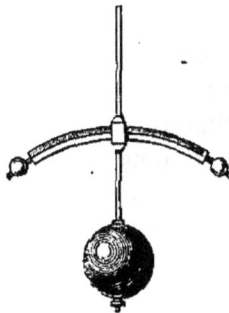 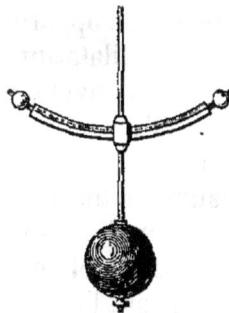

        Fig. 229.   Fig. 230.   Fig. 231.

satrices. On nomme ainsi deux lames de cuivre et de fer soudées
ensemble et fixées à la tige du pendule, comme le montre la figure 229. La lame de cuivre, qui est plus dilatable, est au-dessous
de la lame de fer. Cela posé, lorsque la température baisse, la tige
du pendule se raccourcit et la lentille se relève; mais alors les lames
compensatrices se recourbent, comme le montre la figure 230, ce
qui est dû à ce que le cuivre se contracte plus que le fer. De la

sorte, deux boules métalliques placées à l'extrémité des lames s'abaissent et, si elles ont une masse convenable, il s'établit une compensation entre les points qui se rapprochent du centre de suspension et ceux qui s'en écartent, ce qui fait que le centre d'oscillation n'est pas déplacé. Si la température s'élève, la lentille descend, mais les boules remontent (fig. 231), et il y a encore compensation.

CHAPITRE III.

DILATATION DES LIQUIDES.

286. Dilatation apparente et dilatation absolue. — Dans les liquides, il n'y a lieu de considérer que des dilatations cubiques.

qu'on divise en *dilatation absolue* et en *dilatation apparente*. La *dilatation apparente* est l'accroissement de volume que prend un liquide renfermé dans une enveloppe qui se dilate moins que lui. Telle est, dans les thermomètres, la dilatation du mercure et de l'alcool. La *dilatation absolue* est l'augmentation réelle que prend le volume d'un liquide, abstraction faite de toute dilatation de l'enveloppe.

La dilatation apparente est plus petite que la dilatation absolue de toute celle de l'enveloppe. On rend sensible l'influence de la dilatation de l'enveloppe en plongeant dans l'eau chaude un thermomètre à gros réservoir, rempli, jusqu'à la moitié

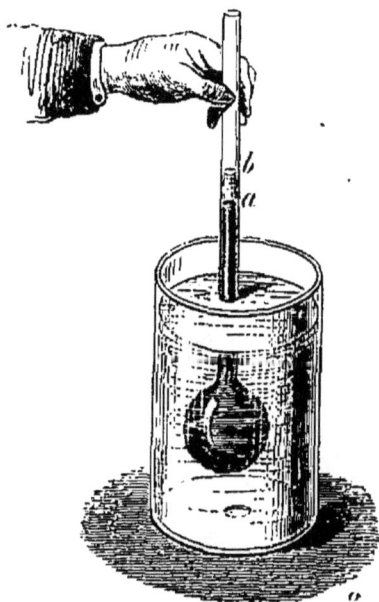

Fig. 232.

de sa tige, d'alcool coloré (fig. 232). Au moment où le réservoir entre dans l'eau, l'alcool baisse dans le tube de *b* en *a*, ce qui provient évidemment de la dilatation des parois de l'enveloppe; mais si le réservoir continue à plonger, l'alcool s'échauffe et monte d'une quantité égale à sa dilatation absolue, diminuée de celle de l'enveloppe.

De même que pour les solides, on nomme *coefficient de dilatation* d'un liquide, l'accroissement que prend l'unité de volume lorsque la température s'élève de zéro à 1 degré; mais on distingue alors le *coefficient de dilatation apparente* et le *coefficient de dilatation absolue*. Plusieurs procédés ont été employés pour déterminer ces deux coefficients de dilatation. Nous ne donnerons que ceux dont ont fait usage Dulong et Petit.

287. Coefficient de dilatation absolue du mercure. — Pour déterminer le coefficient de dilatation absolue du mercure, il fallait éviter l'influence de la dilatation de l'enveloppe; c'est à quoi sont arrivés Dulong et Petit en s'appuyant sur ce principe d'hydrostatique que, dans deux vases communiquants, les

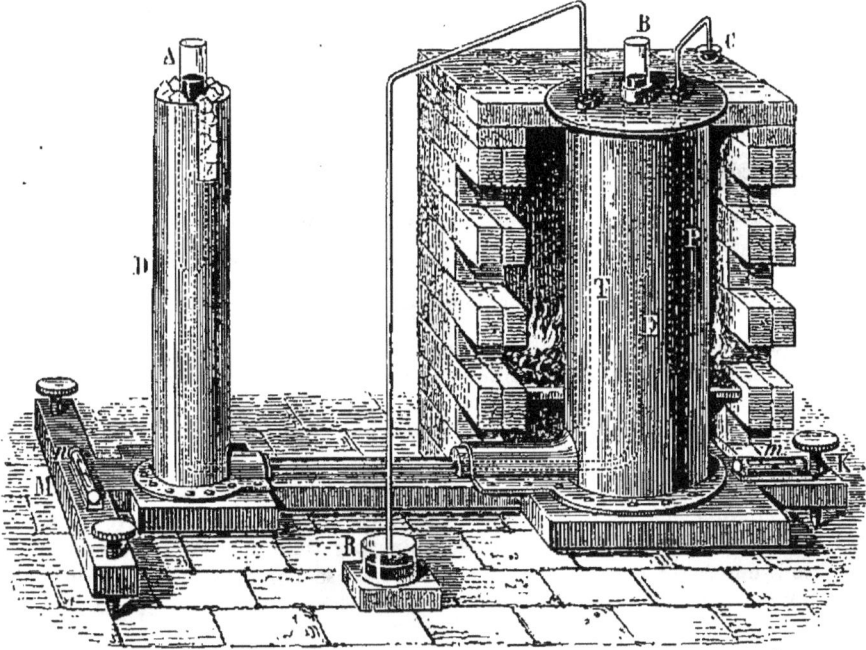

Fig. 233.

hauteurs de deux liquides qui se font équilibre sont en raison inverse de leurs densités (90), principe qui est indépendant du diamètre des vases, et, par conséquent, de leur dilatation.

L'appareil des deux physiciens se composait de deux tubes de verre A et B (fig. 233) réunis par un tube capillaire, et maintenus verticalement sur un support de fer KM, auquel on donnait une direction horizontale à l'aide de vis calantes et de deux niveaux à bulle d'air m et n. Les deux tubes étaient enveloppés chacun d'un manchon métallique dont le plus petit, D, était rempli de glace pilée, et l'autre, E, d'huile qu'on chauffait graduellement au moyen d'un petit fourneau que la figure ci-dessus représente ouvert pour laisser voir le manchon. Enfin, les deux tubes A et B étaient remplis de mercure qui se mettait de niveau quand les tubes étaient à la même température, mais qui s'élevait dans le tube B à mesure qu'on chauffait.

Cela posé, soient à la température de zéro, dans le tube A, h la hauteur du mercure au-dessus de l'axe du tube horizontal, et d sa densité; et soient h' et d' les mêmes quantités pour le tube B à la température t. D'après le principe d'hydrostatique rappelé ci-dessus, on a $h'd' = hd$. Or, $d' = \dfrac{d}{1 + Dt}$ (282, prob. v), D étant le coefficient de dilatation absolue du mercure; remplaçant d' par sa valeur dans l'égalité ci-dessus, on trouve $\dfrac{h'd}{1 + Dt} = hd$, d'où l'on déduit $D = \dfrac{h' - h}{ht}$.

Cette dernière formule fait trouver le coefficient de dilatation absolue du mercure, lorsqu'on a mesuré les hauteurs h et h' de ce liquide dans les deux tubes, ainsi que la température t du bain où plonge le tube B. Dans l'expérience de Dulong et Petit, cette température était mesurée par un thermomètre à poids P (289), dont le mercure se déversait dans une capsule C, et par un thermomètre à -air T. Celui-ci consiste en un long réservoir T rempli d'air sec, et terminé par un long tube capillaire qui va plonger dans une cuvette R pleine de mercure. A mesure que la température du bain d'huile s'élève, l'air se dilate dans ce thermomètre et s'échappe par le tube. Puis, quand on cesse de chauffer, l'air se contractant, le mercure de la cuvette est refoulé dans le réservoir, et si l'on refroidit celui-ci jusqu'à zéro dans de la glace, le poids du mercure qui y pénètre fait connaître le volume d'air sorti; d'où l'on déduit ensuite la température à laquelle a été porté le thermomètre, à l'aide de la formule $V' = V (1 + \alpha t)$ (297). Quant aux hauteurs h et h', elles se mesuraient au moyen d'un cathétomètre.

Par ce procédé, Dulong et Petit ont trouvé que le coefficient de dilatation absolue du mercure entre zéro et 100 degrés est $\frac{1}{5550}$. Mais ils ont observé que ce coefficient croît avec la température. Entre 100 et 200 degrés, le coefficient moyen est $\frac{1}{5425}$; entre 200 et 300 degrés, il égale $\frac{1}{5300}$. Le même phénomène se remarque pour les autres liquides; ce qui fait voir que ces corps ne se dilatent pas régulièrement. On a constaté que leur dilatation est d'autant plus irrégulière, qu'ils sont plus près de leur température de congélation ou d'ébullition. Quant au mercure, Dulong et Petit ont constaté que, de — 36 à 100 degrés, sa dilatation est très-sensiblement régulière.

288. Coefficient de dilatation apparente du mercure. — Le coefficient de dilatation apparente d'un liquide varie avec la nature de l'enveloppe. Celui du mercure, dans le verre, a été déterminé par Dulong et Petit, au moyen de l'appareil représenté dans la figure 234. Il se compose d'un réservoir cylindrique de verre auquel est soudé un tube capillaire recourbé à angle droit et ouvert à son extrémité.

Pour faire l'expérience, on pèse l'instrument vide, puis rempli de mercure à zéro; la différence des deux pesées donne le poids P du mercure contenu dans l'appareil. Le portant ensuite à une température connue t le mercure se dilate, et il en sort une certaine quantité qu'on recueille dans une petite capsule et qu'on pèse. Si l'on représente par p le poids du mercure qui est sorti, celui du mercure resté dans l'appareil l'est par $P - p$.

Lorsque l'instrument revient à zéro, le mercure se refroidissant, il se produit dans le réservoir un vide qui représente la contraction que subit le mercure $P - p$ lorsqu'il se refroidit de t à zéro; ou, ce qui est évidemment la même chose, sa dilatation de zéro à t; c'est-à-dire que le poids p représente la dilatation pour t degrés du poids $P - p$. Or, si le poids $P - p$, pris à zéro, se dilate, dans le verre, d'une quantité p jusqu'à t degrés, une seule unité de poids se dilate, dans les mêmes conditions, de $\frac{p}{P - p}$ pour t degrés, et de $\frac{p}{(P - p)\,t}$ pour un seul degré; donc $\frac{p}{(P - p)\,t}$ représente le coefficient de dilatation apparente du mercure dans le verre. Donc, en représentant par D' ce coefficient, on a $D' = \frac{p}{(P - p)\,t}$.

Dulong et Petit ont ainsi trouvé que le coefficient de dilatation apparente du mercure, dans le verre, est $\frac{1}{6480}$.

289. Thermomètre à poids. — L'appareil représenté dans la figure 234 a reçu le nom de *thermomètre à poids*, parce que du poids du mercure sorti on peut déduire la température à laquelle l'instrument a été porté. En effet, l'expérience ci-dessus ayant conduit à la formule $\dfrac{p}{(P-p)\,t} = \dfrac{1}{6480}$, on trouve, en faisant disparaître les dénominateurs,

$$p \times 6480 = (P - v)\,t, \quad \text{d'où} \quad t = \frac{p \times 6480}{(P - p)},$$

formule d'où l'on déduit t, lorsque P et p sont connus.

Fig. 234 ($t = 20$).

290. Coefficient de dilatation du verre. — La dilatation absolue d'un liquide étant égale à sa dilatation apparente, augmentée de la dilatation de l'enveloppe, on a obtenu le coefficient de dilatation cubique du verre en prenant la différence entre le coefficient de la dilatation absolue du mercure et celui de sa dilatation apparente, c'est-à-dire que le coefficient de dilatation cubique du verre égale $\dfrac{1}{5550} - \dfrac{1}{6480} = \dfrac{1}{38671} = 0{,}00002585$.

M. Regnault a constaté que le coefficient de dilatation varie avec les différentes espèces de verres, et, en outre, suivant la forme des enveloppes. Pour le verre ordinaire des tubes de chimie, ce savant a trouvé que le coefficient est 0,0000254.

291. Coefficients de dilatation des divers liquides. — Le coefficient de dilatation apparente de tous les liquides peut se déterminer par le procédé du thermomètre à poids (288). Si l'on veut ensuite déterminer le coefficient de dilatation absolue, on augmente le coefficient de dilatation apparente du coefficient du verre, ce qui découle de la relation qui existe entre les trois coefficients (290).

Dilatations apparentes de quelques liquides, de zéro à 100 degrés, d'après Dalton.

Mercure,	0,01543	Essence de térébenthine	0.07.
Eau distillée	0,0466.	Éther sulfurique	0,07.
Eau saturée de sel marin	0,05…	Huiles fixes	0,08.
Acide sulfurique	0,06…	Alcool	0,116
Acide chlorhydrique	0,06…	Acide azotique	0,11.

Ces nombres représentent la dilatation totale de zéro à 100 degrés, il faudrait les diviser par 100 pour obtenir la dilatation pour un seul degré, ou le coefficient de dilatation; mais les résultats ainsi obtenus ne représenteraient pas le coefficient de dilatation moyen des liquides, parce que, ces corps se dilatant très-irrégulièrement, leur coefficient va toujours croissant à partir de zéro; il y a exception pour le mercure, dont la dilatation, comme on l'a vu ci-dessus, est régulière de — 36 à 100 degrés.

*292. Application du thermomètre à poids à la mesure des dilatations cubiques. — Dulong et Petit ont appliqué la méthode du thermomètre à poids à la recherche des coefficients de dilatation cubique. Pour cela, ils prenaient un tube de verre un peu gros et y introduisaient, en forme de prisme allongé, la substance dont ils cherchaient le coefficient de dilatation, après en avoir déterminé le poids et la densité, et par suite le volume. Puis ils étiraient l'extrémité du tube à la lampe et la recourbaient de manière à lui donner la forme d'un thermomètre à poids (fig. 235). Ils remplissaient ensuite de mercure l'espace resté vide dans le tube, et déterminaient le poids P de ce liquide qui y était contenu à zéro.

Cela posé, expérimentant absolument comme avec le thermomètre à poids, on portait l'appareil à une température connue t ; le mercure et le corps contenus dans le tube se dilatant alors plus que le verre, il sortait un poids p de mercure qu'on pesait, et il ne restait plus qu'à exprimer, par une équation facile à trouver, que le volume du mercure sorti égalait la dilatation du corps, plus celle du mercure,

Fig. 235.

moins celle du verre. Or, comme les dilatations du mercure et du verre étaient connues, on en déduisait celle du corps contenu dans le tube.

293. Correction de la hauteur barométrique. — On a déjà indiqué, à l'article *Baromètre* (147), que, pour que les indications de cet instrument soient comparables entre elles, en différents lieux et à différentes saisons, il importe de ramener toujours la colonne de mercure à une température constante, qui est celle de la glace fondante. Cette correction se fait par le calcul suivant.

La hauteur du baromètre étant H à t degrés, soit h sa hauteur à zéro. Si l'on représente par d la densité du mercure à zéro, et par d' sa densité à t degrés, on sait (141) que les hauteurs H et h sont en raison inverse des densités d et d', c'est-à-dire qu'on a $\frac{h}{H} = \frac{d'}{d}$ [1]. Mais si l'on représente par 1 le volume du mercure à zéro, son volume à t degrés le sera par $1 + Dt$, D étant le coefficient de dilatation absolue du mercure. Or, on a vu (282, prob. v) que le rapport des volumes 1 et $1 + Dt$ est égal au rapport inverse des densités d et d', c'est-à-dire qu'on a $\frac{d'}{d} = \frac{1}{1 + Dt}$ [2]. Cela posé, des égalités [1] et [2] on tire $\frac{h}{H} = \frac{1}{1 + Dt}$, d'où $h = \frac{H}{1 + Dt}$. En remplaçant D par sa valeur $\frac{1}{5550}$, on a

$$h = \frac{H}{1 + \frac{t}{5550}} = \frac{H \times 5550}{5550 + t}.$$

Dans ce calcul, on doit prendre le coefficient de dilatation absolue du mercure, et non le coefficient de dilatation apparente, parce que la valeur de H est la même que si le verre ne se dilatait pas, la hauteur du baromètre étant indépendante du diamètre du tube (83), et, par conséquent, de sa dilatation.

Comme application de la formule ci-dessus, soit proposé, la température étant de 25 degrés et la hauteur du baromètre de 0m,75, de calculer la hauteur à zéro.

On a $h = \dfrac{0^m,75 \times 5550}{5550 + 25} = \dfrac{4162,5}{5575} = 0^m,746.$

Dans la formule ci-dessus, on a négligé la dilatation de l'échelle du baromètre. Or, on a vu (prob. iv, 282) que, pour faire cette correction, il faut multiplier le nombre n de divisions observé sur l'échelle par le binôme de dilatation $(1 + kt)$. Donc la vraie hauteur du baromètre ramenée à zéro est

$$h = \frac{H (1 + kt)}{1 + D'}, \quad \text{ou} \quad h = \frac{H \times 5550 (1 + kt)}{5550 + t}.$$

k étant le coefficient de dilatation de l'échelle.

294. Maximum de densité de l'eau. — L'eau offre ce phénomène remarquable que, lorsque sa température s'abaisse, elle ne se contracte que jusqu'à 4 degrés; au-dessous de ce point, quoique le refroidissement continue, non-seulement la contraction cesse, mais le liquide se dilate jusqu'au point de congélation, qui a lieu à zéro; en sorte qu'à 4 degrés l'eau éprouve un maximum de contraction.

Pour le vérifier expérimentalement, on fait usage de l'appareil suivant, dû à Hope, physicien écossais. Une éprouvette à pied est percée latéralement de deux trous, l'un à la partie supérieure, l'autre à la partie inférieure, dans lesquels sont fixés deux thermomètres (fig. 236). De plus, un manchon métallique plein de glace entoure la partie moyenne de l'éprouvette. Or, celle-ci ayant été remplie d'eau à la température de 10 ou 12 degrés, on remarque que, le thermomètre supérieur restant à peu près stationnaire, le thermomètre inférieur s'abaisse rapidement jusqu'à 4 degrés; puis, devenant stationnaire à son tour, c'est maintenant le thermomètre supérieur qui descend, non-seulement à 4 degrés, mais jusqu'à zéro, l'autre étant toujours à 4. On conclut de là que, tant que l'eau se refroidit jusqu'à 4 degrés, elle va en augmentant de densité, puisqu'elle se rend à la partie inférieure de l'éprouvette; mais qu'en se refroidissant davantage, elle se dilate, puisqu'elle s'élève alors vers la partie supérieure. C'est donc bien à 4 degrés qu'elle atteint son maximum de densité.

Plus tard, Hallström pesa successivement, dans de l'eau à différentes températures, une boule de verre lestée avec du sable, et, en tenant compte de la dilatation du verre, il trouva que c'était dans de l'eau à 4°,1 que la boule perdait davantage de son poids; d'où, suivant lui, c'était à cette température qu'avait lieu le maximum de contraction de l'eau.

Mais Despretz, par une autre méthode, s'est assuré que c'est exactement à 4 degrés que se produit ce phénomène. Ce savant a fait usage d'un thermomètre à eau, c'est-à-dire contenant de l'eau

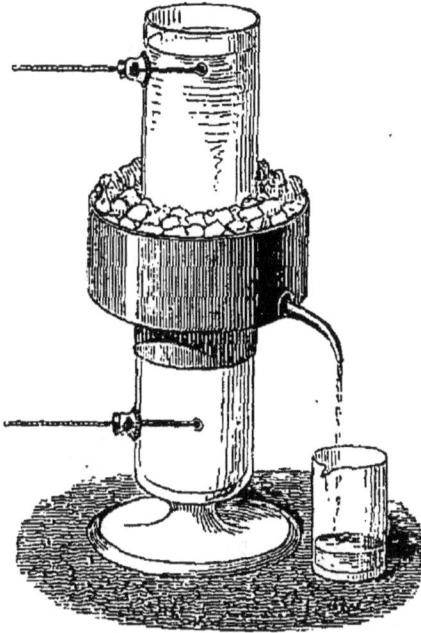

Fig. 236.

au lieu de mercure. En le refroidissant graduellement dans un bain dont la température était donnée par un thermomètre à mercure, et en tenant compte de la contraction de l'enveloppe, il a trouvé que c'est à 4 degrés qu'a lieu, dans le thermomètre à eau, le maximum de contraction, et, par suite, le maximum de densité de l'eau.

Despretz a construit une table des densités de l'eau depuis — 9 jusqu'à 100, celle de l'eau à 4 degrés étant prise pour unité. Nous extrayons de cette table les nombres ci-après, qui suffisent dans les limites de température où l'on expérimente dans les laboratoires.

Densités de l'eau de 0 à 30 degrés, la densité à 4 degrés étant prise pour unité.

TEMPÉRATURES.	DENSITÉS.	TEMPÉRATURES.	DENSITÉS.	TEMPÉRATURES.	DENSITÉS.
0	0,999873	11	0,999640	22	0,997784
1	0,999927	12	0,999527	23	0,997566
2	0,999966	13	0,999414	24	0,997297
3	0,999999	14	0,999285	25	0,997078
4	1.......	15	0,999125	26	0,996800
5	0,999999	16	0,998978	27	0,996562
6	0,999969	17	0,998794	28	0,996274
7	0,999929	18	0,998612	29	0,995986
8	0,999878	19	0,998422	30	0,995688
9	0,999812	20	0,998213	50	0,988093
10	0,999731	21	0,998004	100	0,958634

Cette table fait voir que la densité de l'eau décroît très-irrégulièrement, de 4 à 100 degrés, et que, par suite, il en est de même, en sens inverse, de son coefficient de dilatation. C'est pourquoi il n'y aurait aucune rigueur dans les calculs à faire usage du coefficient de dilatation moyen de l'eau entre 0 et 100 degrés; et Δ étant ce coefficient, on ne peut davantage faire entrer dans les calculs le binôme $1 + \Delta t$. Mais la densité de l'eau à t degrés étant donnée par la table ci-dessus, on pourra toujours faire usage directement de la formule $P = VD$, pour calculer soit le poids à t degrés d'une masse d'eau dont le volume est connu; soit le volume, si c'est le poids qui est donné.

Par exemple, si l'on veut calculer le poids P d'un volume d'eau V à t degrés, on cherchera dans la table ci-dessus la densité d' de l'eau à t degrés, et le poids, qui serait V à 4 degrés, sera Vd' à t degrés. On a donc $P = Vd'$, V étant exprimé en décimètres cubes, et P en kilogrammes.

*295. Corrections des poids spécifiques des solides et des liquides. — Dans les différentes méthodes qui ont été données pour la détermination des poids spécifiques (103 et 105), on a supposé les corps solides ou liquides à la température de zéro, et l'eau à celle de 4 degrés. Or, en général, ces conditions n'étant pas satisfaites, on a plusieurs corrections à effectuer. Pour cela, considérons le cas où l'on fait usage de la balance hydrostatique, et admettons en outre qu'on fasse la correction de pesée dans l'air (169).

Soient p le poids réel du corps donné, K son coefficient de dilatation cubique, d son poids spécifique à zéro, c'est-à-dire l'inconnue que l'on cherche, et t la température.

$\frac{p}{d}$ étant le volume du corps à zéro, son volume à t degrés est $\frac{p}{d}(1 + Kt)$. En représentant par a le poids d'un litre d'air à la température t, et à la pression barométrique au moment de l'expérience, la perte de poids dans l'air est donc $\frac{p}{d}(1 + Kt) a$, et le poids apparent du corps est

$$p - \frac{p}{d}(1 + Kt) a = p\left[1 - \frac{(1 + Kt) a}{d}\right].$$

Or, P étant le poids réel des poids échantillonnés qui font équilibre au corps, D leur poids spécifique, K' leur coefficient de dilatation cubique, on a de même, pour leur poids apparent, $P\left[1 - \frac{(1 + K't) a}{D}\right]$. Donc la première pesée, celle dans l'air, fournit l'égalité

$$p\left[1 - \frac{(1 + Kt) a}{d}\right] = P\left[1 - \frac{(1 + K't) a}{D}\right] \cdot [1].$$

Passons actuellement à la deuxième pesée, celle dans l'eau. On vient de voir que le volume du corps dont on cherche le poids spécifique est, à t degrés, $\frac{p}{d}(1 + Kt)$. Si l'on cherche dans la table de Despretz la densité d' de l'eau à t degrés, le produit $\frac{p}{d}(1 + Kt) d'$ représente le poids de l'eau déplacée par le corps. Or, si l'on appelle P' les poids gradués qui font équilibre au corps pesé dans l'eau, c'est-à-dire au poids apparent de ce corps moins le poids de l'eau déplacée, la différence P — P' des poids employés dans les deux pesées est précisément le poids de l'eau déplacée. On a donc, la correction de pesée dans l'air faite,

$$\frac{p}{d}(1 + Kt) d' = (P - P')\left[1 - \frac{(1 + K't) a}{D}\right] \quad [2].$$

Divisant membre à membre l'équation [1] par l'équation [2], afin d'éliminer p, qui est inconnu, et supprimant le facteur commun $\left[1 - \frac{(1 + K't) a}{D}\right]$, il vient

$$\frac{d - (1 + Kt) a}{(1 + Kt) d'} = \frac{P}{P - P'};$$

d'où l'on tire $\quad d = (1 + Kt)\left[a + \frac{Pd'}{P - P'}\right].$

Quant à a, nous verrons que, pour le déterminer rigoureusement, il faut tenir compte non-seulement de la température et de la pression, mais de la vapeur d'eau contenue dans l'air (360, prob. II).

Si, au lieu de faire usage de la balance hydrostatique, on employait la méthode du flacon, ou celle des aréomètres, la marche à suivre pour les corrections serait la même.

CHAPITRE IV.

DILATATION ET DENSITÉ DES GAZ.

296. **Méthode de Gay-Lussac pour la dilatation des gaz ; sa loi.** — Les gaz sont les corps les plus dilatables, et en même temps ceux dont la dilatation présente le plus de régularité. De plus, en prenant pour coefficient de dilatation des gaz, de même que pour

les solides et les liquides, l'accroissement de l'unité de volume de
zéro à 1 degré, on trouve que les coefficients de dilatation des
divers gaz ne diffèrent entre eux que de quantités extrêmement
petites. On a même longtemps admis que tous les gaz se dilataient
également pour une même variation de température.

C'est Gay-Lussac qui, le premier, posa la loi que *tous les gaz,
simples ou composés, ont le même coefficient de dilatation.*
Dalton, de son côté, arrivait à la même loi.

La figure 237 représente l'appareil dont Gay-Lussac fit usage

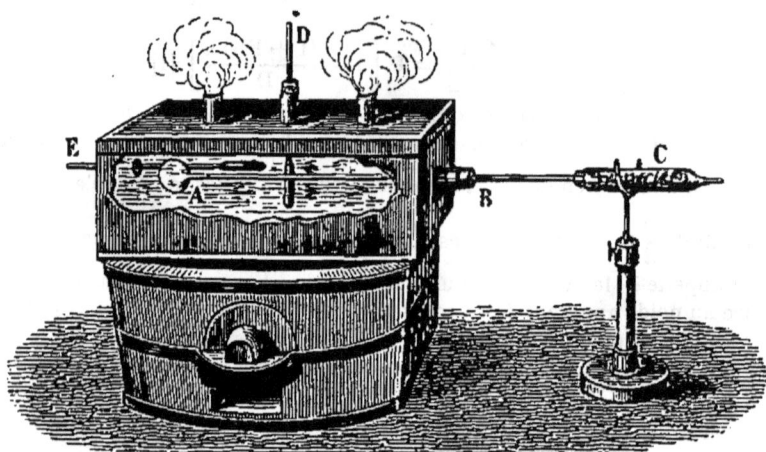

Fig. 237.

dans ses expériences. C'est un tube thermométrique AB, dont la
tige est partagée en parties d'égale capacité (254). En pesant successivement le mercure contenu dans la boule A, et celui contenu
dans la tige, on déterminait le nombre de divisions de celle-ci contenues dans la boule. Pour remplir d'air sec la tige et la boule, Gay-
Lussac les remplissait d'abord de mercure qu'il faisait bouillir pour
chasser l'humidité. Il fixait ensuite l'extrémité de la tige, au moyen
d'un bouchon, à un tube plus gros C, rempli de chlorure de calcium,
substance très-avide d'eau. Tenant le système des tubes AB et C
dans une direction verticale, le tube C en bas, on introduisait dans
celui-ci et dans la tige un fil fin de platine. En l'agitant légèrement,
ce fil entraînait des gouttelettes de mercure; celles-ci étaient remplacées par des bulles d'air qui rentraient par le tube C après s'être
desséchées au contact du chlorure de calcium. La boule A et la tige
une fois remplies d'air sec, on retirait le fil de platine, en ayant
soin de conserver dans la tige AB une petite colonne de mercure
destinée à servir d'index, comme on va le voir ci-après.

On plaçait alors le tube, comme le montre la figure, dans une
caisse de fer-blanc, en faisant passer la tige dans un bouchon

adapté à une tubulure latérale, et en conservant le tube à chlorure
de calcium pour empêcher la rentrée de l'humidité. La caisse étant
d'abord remplie de glace pilée, l'air contenu dans l'appareil se con-
tractait, et l'index de mercure avançait de B vers A. Notant la division de la tige où s'arrêtait l'index lorsqu'il devenait stationnaire,
on avait le volume d'air à zéro contenu dans l'appareil. Quant à la
pression du gaz, elle était celle marquée par le baromètre au moment de l'expérience. Enfin, retirant la glace et la remplaçant par
de l'eau, on plaçait la caisse sur un fourneau et l'on chauffait graduellement; des thermomètres D, E, plongés dans le bain, en donnaient la température. L'air contenu dans l'appareil s'échauffant
alors lentement, l'index avançait de A vers B, et l'on avait soin,
pour que tout l'air fût bien à la température du bain, d'enfoncer
de plus en plus le tube dans la caisse, à mesure que l'index tendait
à sortir de celle-ci. Lorsqu'on arrêtait le feu, en fermant les portes
du fourneau, l'index restait stationnaire quelques instants. On notait alors la division correspondante de la tige, et l'on avait ainsi
le volume qu'avait pris l'air à la température donnée par les thermomètres, et à la pression marquée par le baromètre dans le même
moment. En admettant que la hauteur du baromètre est restée la
même pendant toute l'expérience, et en négligeant la dilatation du
verre, on a le coefficient de dilatation de l'air par le calcul suivant :

Soient V le volume de l'air contenu dans l'appareil à zéro, et V′ ce que devient
ce volume à la température t du bain; V′ — V représente évidemment l'accroissement total du volume d'air V lorsqu'il s'échauffe de zéro à t degrés. L'accroissement de volume pour un seul degré et pour une seule unité de volume est donc
V′ — V divisé par t et par V, c'est-à-dire $\dfrac{V' - V}{V \times t}$. En représentant par α le coefficient de dilatation de l'air, on a donc $\alpha = \dfrac{V' - V}{Vt}$.

Si la pression atmosphérique a changé pendant l'expérience, et si l'on tient
compte de la dilatation du verre, il y a à faire les corrections indiquées précédemment (156 et 282, probl. VI).

Par le procédé ci-dessus, Gay-Lussac avait trouvé, pour coefficient de dilatation de l'air, le nombre 0,00375. De plus, comme
il a été dit ci-dessus, ses expériences l'avaient conduit à admettre que ce nombre représentait le coefficient de dilatation de tous
les gaz. Mais cette loi, remarquable par sa simplicité, n'est pas
absolue comme le croyait Gay-Lussac; toutefois elle est assez approchée pour qu'on puisse l'admettre dans beaucoup de cas, surtout pour des variations de température peu considérables.

Ce sont MM. Rudberg, Regnault et Magnus qui ont successivement constaté que le nombre de Gay-Lussac est trop grand, et que
la vraie valeur du coefficient de dilatation de l'air est 0,003665, ou

plus simplement 0,00367. Dans l'expérience de Gay-Lussac il y avait deux causes d'erreur : 1° le gaz n'était pas complétement desséché ; 2° l'index de mercure qui se déplaçait dans le tube ne le fermant pas hermétiquement, l'air extérieur pénétrait dans l'appareil. Nous donnons ci-après (298 et 299) deux méthodes employées par M. Regnault pour déterminer les coefficients de dilatation des gaz, dans lesquelles ces causes d'erreur sont évitées.

297. Formules et problèmes sur la dilatation des gaz. — I. Le volume d'un gaz à zéro est V ; quel sera son volume à t degrés, le coefficient de dilatation étant α et la pression étant constante ?

Soit V' le volume cherché ; si l'on répète ici le même raisonnement que pour la dilatation linéaire (281), on trouve sans peine

$$V' = V + \alpha V t, \quad \text{ou} \quad V' = V (1 + \alpha t) \;[1].$$

II. Le volume d'un gaz est V' à t degrés ; quel sera son volume V à zéro, la pression restant constante, et le coefficient de dilatation étant α ?

Cette question se résout au moyen de la formule [1] ci-dessus, de laquelle on tire, en divisant les deux membres par $1 + \alpha t$,

$$V = \frac{V'}{1 + \alpha t} \;[2].$$

III. Connaissant le volume V' d'un gaz à t degrés, calculer son volume V'' à t' degrés, la pression étant la même.

Il faut d'abord réduire le volume à zéro par la formule [2], ce qui donne

$$\frac{V'}{1 + \alpha t}.$$

Puis on ramène ce dernier volume de zéro à t' degrés au moyen de la formule [1], et l'on a enfin

$$V'' = \frac{V' (1 + \alpha t')}{1 + \alpha t} \;[3].$$

IV. Le volume d'un gaz, à t degrés et à la pression H, est V' ; quel sera le volume V de la même masse de gaz à zéro et à la pression 0^m,76 ?

Il y a à faire ici deux corrections, l'une relative à la température, l'autre à la pression. Il est indifférent de commencer par l'une ou par l'autre. Si l'on fait d'abord la correction de température, le volume à zéro sera, d'après la formule [2], $\frac{V'}{1 + \alpha t}$, mais encore à la pression H. On le ramène de cette pression à la pression 0^m,76, en posant, d'après la loi de Mariotte (153),

$$V \times 0,76 = \frac{V'}{1 + \alpha t} \times H,$$

$$\text{d'où} \quad V = \frac{V'H}{(1 + \alpha t) \, 0,76} \;[4].$$

Comme application numérique, soit à résoudre la question suivante. Étant donnés 8 litres d'air à 25 degrés et à la pression 0^m,74, quel sera le volume à zéro et à la pression 0^m,76 ?

Si l'on fait d'abord la correction de pression, on a $\frac{x}{8} = \frac{74}{76}$;

$$\text{d'où} \quad x = \frac{74 \times 8}{76} = 7^{lit},789.$$

Le volume ainsi obtenu est à la pression 0^m,76, mais encore à 25 degrés ; il reste à le ramener à zéro. Pour cela, on fait usage de la formule [2] ci-dessus, ce qui donne, pour le volume cherché,

$$V = \frac{7,789}{1 + 0,00367 \times 25} = \frac{7,789}{1,0917} = 7^{lit},135.$$

On pourrait aussi directement faire usage de la formule [4], en remplaçant H, V', α et *t* par leurs valeurs.

V. La densité ou le poids spécifique d'un gaz étant *d* à zéro, on demande sa densité à *t* degrés.

Soit *d'* la densité du gaz à *t* degrés ; si l'on représente par 1 un certain volume de ce gaz à zéro, le volume à *t* degrés sera $1 + αt$. Or, les densités étant, à masse égale, en raison inverse des volumes (41), on a

$$\frac{d'}{d} = \frac{1}{1 + αt}, \quad \text{d'où} \quad d' = \frac{d}{1 + αt} \; [1], \quad \text{et} \quad d = d' (1 + αt) \; [2].$$

La formule [1] fait voir que la densité à *t* degrés est en raison inverse du binôme de dilatation $1 + αt$. Quant à la formule [2], elle sert à calculer la densité à zéro, quand on connaît la densité à *t* degrés.

VI. Un certain volume de gaz à *t* degrés pèse P', quel sera le poids du même volume de ce gaz à zéro?

Soient P le poids cherché, α le coefficient de dilatation du gaz, *d'* sa densité à *t* degrés, et *d* sa densité à zéro. Les poids étant proportionnels aux densités, on a l'égalité $\frac{P'}{P} = \frac{d'}{d}$. Or, on a vu ci-dessus (prob. v) que $\frac{d'}{d} = \frac{1}{1 + αt}$; donc

$$\frac{P'}{P} = \frac{1}{1 + α}, \quad \text{d'où} \quad P = P' (1 + αt).$$

De cette dernière égalité on tire aussi $P' = \frac{P}{1 + αt}$, formule qui fait trouver le poids à *t* degrés quand on connaît le poids à zéro, et qui montre que le poids P' est en raison inverse du binôme de dilatation $1 + αt$.

VII. Calculer le poids P d'azote qui serait contenu, à 32°, dans un ballon de verre dont le volume, à zéro, est 12^{lit},3, le coefficient de dilatation de l'azote étant 0,003668, le coefficient de dilatation linéaire du verre 0,00000861, et le poids spécifique de l'azote 0,9714 ; on suppose la pression atmosphérique égale à 0^m,76.

Soient *k* le coefficient de dilatation linéaire du verre et V le volume du ballon à zéro, son volume à *t* degrés sera $V (1 + 3kt)$ (277 et 281). Pour trouver le poids d'azote contenu dans ce ballon, observons qu'un litre d'air à zéro et à la pression 0^m,76 pesant 1^gr,3, un litre d'azote, à la même température et à la même pression, pèse $1^{gr},3 \times 0,9714$, puisque le nombre 0,9714 est le poids spécifique de l'azote par rapport à l'air ; par conséquent, à *t* degrés, un litre d'azote pèse $\frac{1^{gr},3 \times 0,9714}{1 + αt}$ (prob. vi), α étant le coefficient de dilatation de l'azote. Donc, enfin, le poids demandé est $\frac{1^{gr},3 \times 0,9714}{1 + αt} \times V (1 + 3kt)$. Substituant à la place de V, *k*, *t* et α leurs valeurs, on trouve $P = 13^{gr},911$.

298. Méthode de M. Regnault pour la dilatation des gaz. —

M. Regnault a successivement fait usage de plusieurs procédés pour déterminer le coefficient de dilatation des gaz : la force élastique du gaz et son volume étaient variables, ou la force élastique était constante et le volume variable, comme dans le procédé de Gay-Lussac, ou enfin le volume était constant et la pression variable. Nous allons décrire deux des procédés employés par M. Regnault, l'un à volume et à pression variables, l'autre à volume constant et à pression variable.

Dans la première méthode, la même dont s'était servi M. Rudberg, mais perfectionnée par M. Regnault, l'appareil se compose d'un réservoir de verre B (fig. 238) dont on a mesuré la capacité en le pesant plein de mercure, et dont on a d'avance déterminé le

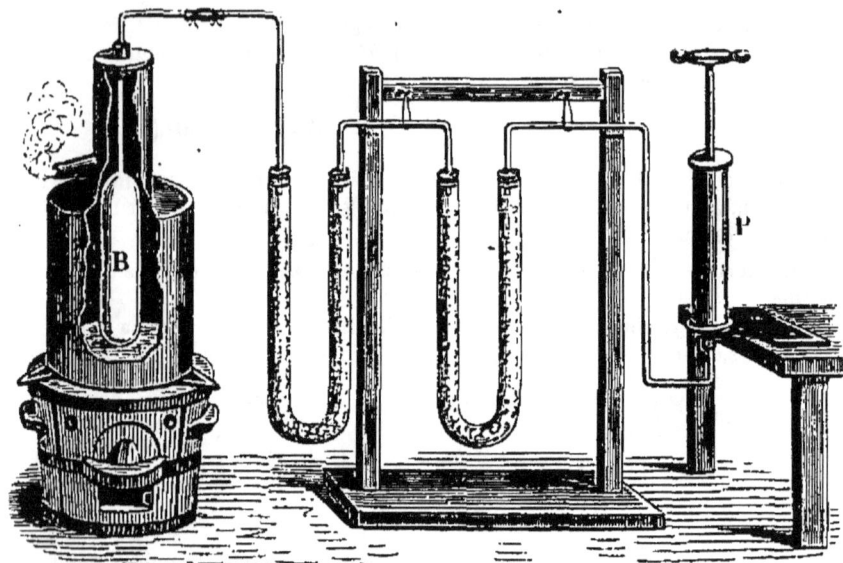

Fig. 238.

coefficient de dilatation cubique (290). Un tube de verre à petit diamètre est soudé au réservoir B. Pour remplir ce réservoir d'air parfaitement sec, on le dispose, comme le montre la figure, dans un vase semblable à celui qui sert à prendre le point 100 des thermomètres; puis, au moyen d'un tuyau de caoutchouc, on raccorde le tube capillaire à une suite de tubes en U remplis de fragments de pierre ponce imbibés d'acide sulfurique concentré. Ces tubes vont aboutir à une petite pompe à main P (180), au moyen de laquelle on fait le vide dans ces tubes et dans le réservoir, pendant que celui-ci est enveloppé de vapeur d'eau à la température de l'eau bouillante. On laisse ensuite rentrer l'air lentement, puis on fait le vide de nouveau, et ainsi de suite une trentaine de fois. De la sorte, on arrive à dessécher complètement le réservoir et à le remplir d'air parfaitement sec, car l'air qui rentre, chaque fois qu'on a fait le vide, est desséché à son passage dans les tubes en U.

Cela fait, on laisse, pendant environ une demi-heure, l'air du réservoir prendre la température de la vapeur, puis on enlève les tubes desséchants, et on soude à la lampe l'extrémité du tube capillaire, en ayant soin de noter en même temps la hauteur H du baromètre. Le réservoir B étant refroidi, on le place dans l'appareil que représente la figure 239. On l'entoure alors complétement de glace pour amener à zéro l'air qu'il contient, et l'on plonge l'extrémité du tube capillaire dans une cuvette C remplie de mercure. Lorsque

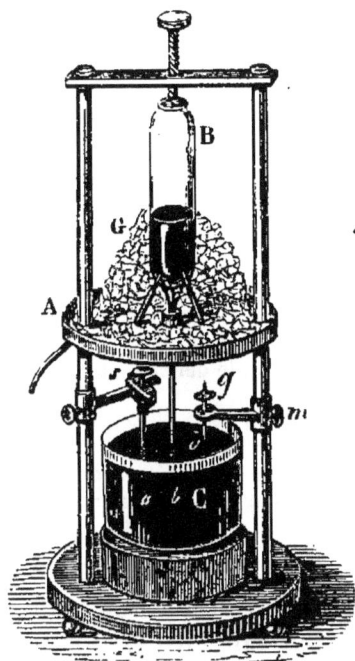

le réservoir B est à zéro, on casse avec une petite pince la pointe b; l'air intérieur s'étant condensé, le mercure de la cuvette pénètre dans le réservoir par l'effet de la pression atmosphérique, et s'élève à une hauteur oG telle, qu'ajoutée à la force élastique de l'air qui reste dans l'appareil, elle fasse équilibre à la pression atmosphérique. Pour éviter que de l'air, passant entre le mercure et la paroi extérieure du tube, ne soit entraîné avec le mercure et ne pénètre dans le réservoir, M. Regnault verse sur le mercure de la cuvette une légère couche d'acide sulfurique, et de plus il engage la pointe effilée b dans de petits disques de laiton percés à leur centre. Ces disques, étant attaqués par le mercure, en sont mouillés, et ferment ainsi le passage à l'air.

Fig. 239.

Pour mesurer la hauteur de la colonne de mercure Go, que nous représenterons par h, on abaisse, au moyen d'une vis de pression m, une petite tige go, jusqu'à ce que la pointe o affleure à la surface du mercure dans la cuvette, puis on mesure, au cathétomètre, la différence de hauteur entre la pointe g et le niveau du mercure en G. Ajoutant à cette différence la longueur de la tige go, qui est connue, on a la hauteur h. Enfin, on ferme la pointe effilée b au moyen d'une petite cuiller a, qui d'avance a été remplie de cire molle, et qu'on peut à volonté déplacer et faire avancer vers la pointe b jusqu'à ce que celle-ci s'engage dans la cire et se bouche. A ce moment, on note la pression indiquée par le baromètre; en la représentant par H', la pression, dans le réservoir B, l'est par H'—h.

Ces mesures prises, on retire le réservoir de la glace, on l'essuie et on le pèse pour obtenir le poids et par suite le volume du mercure qui s'y est introduit; ce volume connu, on en déduit celui de l'air à zéro, et le calcul suivant donne alors le coefficient de dilatation de l'air.

Soient, à zéro, P le poids du mercure qui passe dans le réservoir et dans le tube quand on casse la pointe b, P' le poids de mercure qu'ils contiennent, à zéro, lorsqu'ils sont pleins, D la densité du mercure, δ le coefficient de dilatation cubique du verre dont le réservoir est formé, et α le coefficient de dilatation de l'air; soient, en outre, H' la hauteur du baromètre au moment où l'on bouche avec de la cire la pointe b du tube capillaire, H la hauteur du baromètre quand on ferme l'appareil à la lampe, et t la température du réservoir B au même instant. Le volume de ce réservoir et du tube à zéro est $\dfrac{\text{P}'}{\text{D}}$, et ce volume à t degrés est $\dfrac{\text{P}'}{\text{D}} (1 + \delta t)$ (282, prob. vi).

Tel était donc aussi le volume d'air à t degrés et à la pression H quand on a fermé l'appareil; ramené à la pression 76, ce volume est enfin $\dfrac{\text{P}' (1 + \delta t)\, \text{H}}{\text{D} \cdot 76}$ [1]. D'un autre côté, le volume d'air dans le réservoir refroidi à zéro est $\dfrac{\text{P}' - \text{P}}{\text{D}}$ à la pression H' $-\,h$. A la pression 76 et à t degrés, ce volume devient

$$\frac{(\text{P}' - \text{P})\,(1 + \alpha t)\,(\text{H}' - h)}{\text{D} \cdot 76} \quad [2].$$

Mais les volumes représentés par les formules [1] et [2] ne sont autre chose que le volume de l'air contenu dans le réservoir et dans le tube à t degrés et à la pression 76; ils sont donc égaux. Par conséquent, en supprimant le dénominateur commun, on a l'équation

$$\text{P}' (1 + \delta t)\, \text{H} = (\text{P}' - \text{P})\,(1 + \alpha t)\,(\text{H}' - h) \quad [3],$$

d'où l'on déduit la valeur de α.

299. Autre méthode de M. Regnault pour la dilatation des gaz. — Dans cette méthode, le volume du gaz n'éprouve de variation que celle qui résulte de la dilatation du verre, mais sa pression varie avec la température. Le gaz est contenu dans un ballon de verre A de près d'un litre de capacité (fig. 240). Au col du ballon est soudé un tube à petit diamètre b, qui va s'engager dans une tubulure métallique à trois branches o. Dans la seconde branche est mastiqué un tube de verre d, sur lequel est appliqué un tuyau de caoutchouc qui met le ballon en communication avec des tubes desséchants et avec une pompe à main P; à la troisième branche est adapté un tube de verre c, qui va se souder à un manomètre à air libre BC. Celui-ci est formé de deux tubes de verre, l'un C ouvert à son sommet, l'autre B en communication par les tubes b et c avec le ballon. Tous les deux sont mastiqués, à leur extrémité inférieure, dans une double tubulure de fer, munie d'un robinet à trois voies E. Les tubes B et C ayant été desséchés d'avance avec soin, on les remplit de mercure bouilli. En tournant convenablement le robinet E, on peut à volonté fermer le tube B seul, ou faire communiquer entre eux les deux tubes B et C, ou enfin faire écouler dans un vase K le mercure du manomètre. En a, sur le tube B, est marqué un trait de repère dont on va voir l'usage.

Le ballon A est placé dans une petite chaudière de laiton D, qu'on peut élever ou abaisser plus ou moins par une vis de pression T, et faire glisser latéralement sur deux supports horizontaux pour raccorder le tube b avec le manomètre.

L'appareil ainsi disposé, il s'agit de remplir le ballon A d'air sec. Pour cela, ayant tourné le robinet E de manière à fermer la branche B du manomètre, on porte le ballon à la température de l'eau bouillante en faisant bouillir de l'eau placée dans la chaudière. Celle-ci est alors fermée par un couvercle au sommet duquel est une tubulure à travers laquelle les vapeurs se dégagent. On achève ensuite

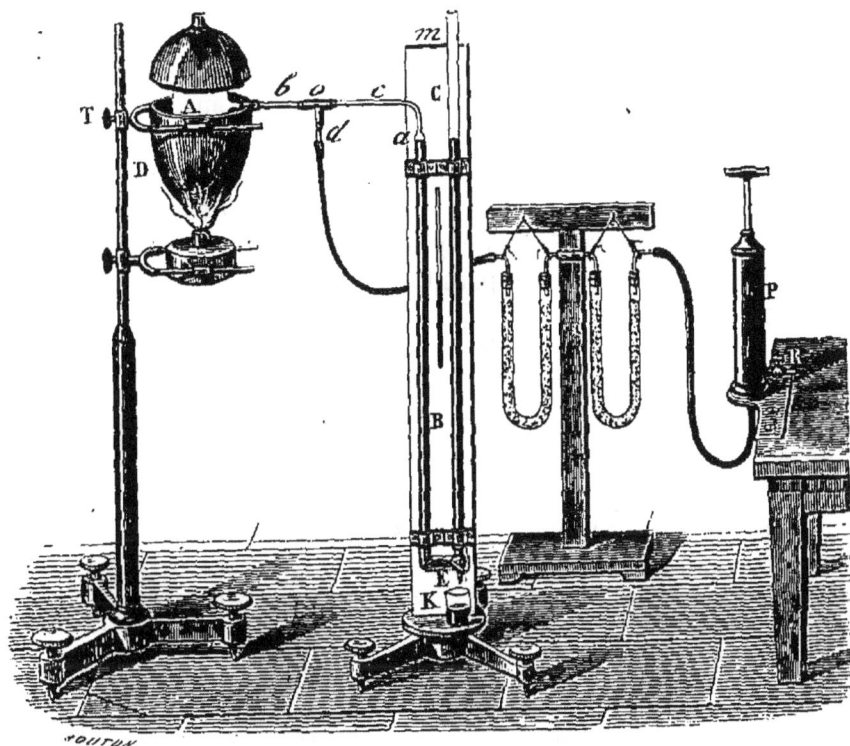

Fig. 240.

l'opération entièrement comme dans l'expérience précédente (298), c'est-à-dire qu'on fait le vide un grand nombre de fois à l'aide de la pompe à main P, et qu'on laisse rentrer l'air par le robinet R et par les tubes desséchants.

Une fois le ballon rempli d'air sec, on retire l'eau de la chaudière, on la laisse refroidir, et on la remplit de glace pilée. Le ballon se refroidissant jusqu'à zéro, le gaz se contracte et une nouvelle quatité d'air sec entre par les tubes desséchants. L'air du ballon étant alors à zéro, et l'air contenu dans les tubes b et c à la température ambiante t, donnée par un thermomètre fixé sur l'appareil, on enlève le tube de caoutchouc, et l'on ferme à la lampe le tube d. Observant la pression H marquée alors par le baromètre, cette pression est celle de l'air qu'on vient de renfermer dans l'appareil.

Cette première partie de l'expérience terminée, on retire la glace de la chaudière, et l'on y remet de l'eau distillée qu'on porte encore à l'ébullition, en ayant soin de tourner le robinet E de façon que les tubes manométriques B et C communiquent alors entre eux. La force élastique de l'air dans l'appareil augmentant avec la température, le niveau du mercure tend à baisser dans le tube B et à monter dans le tube C; mais si, dans celui-ci, on verse graduellement du mercure, l'excès de pression qui en résulte fait équilibre à l'accroissement de la force élastique de l'air, et le niveau se maintient constant, dans la branche B, au point de repère a. Lorsque le gaz cesse de se dilater, on mesure la hauteur am du mercure qu'on a versé dans le tube C. En la représentant par h, et par H' la hauteur barométrique au même moment, la masse d'air qui était d'abord à la pression H, est maintenant à la pression H' + h. Quant à la température T, à laquelle est le ballon, elle n'est pas donnée directement par l'appareil, mais elle est celle de l'eau bouillante dans la chaudière. Or, on verra bientôt qu'au moyen des tables des forces élastiques de la vapeur d'eau (323), on déduit de la pression qu'elle supporte la température de l'ébullition de l'eau. Par conséquent, la hauteur H' du baromètre à la fin de l'expérience fait connaître la valeur de T. Ayant trouvé les forces élastiques du gaz, à volume égal, à zéro et à T degrés, on obtient son coefficient de dilatation par le calcul suivant.

Le ballon ainsi que les tubes b et c ayant été jaugés d'avance en les pesant pleins de mercure, soient V la capacité du ballon à zéro, v celle des tubes b et c à la température ambiante t pendant la première partie de l'expérience, δ le coefficient de dilatation du verre, et α celui de l'air. Le volume d'air v ramené à zéro devient $\frac{v}{1+\alpha t}$, en négligeant la dilatation du verre, ce qui n'altère pas le résultat, v étant très-petit. Le volume total de l'air, dans la première partie de l'expérience, est donc, à zéro et à la pression H, $V + \frac{v}{1+\alpha t}$.

A la fin de la seconde partie de l'expérience, l'air du ballon étant à T degrés, son volume est $V(1 + \delta T)$ à cause de la dilatation du verre, et ramené à zéro ce volume est $\frac{V(1+\delta T)}{1+\alpha T}$. Quant au volume v, en supposant que la température ambiante a changé et est maintenant t', il est, à zéro, $\frac{v}{1+\alpha t'}$. Le volume total de l'air, à zéro et à la pression H' + h, est donc, dans le second cas,

$$\frac{V(1+\delta T)}{1+\alpha T} + \frac{v}{1+\alpha t'}.$$

Or, on a vu (155) que pour une même masse de gaz, à température égale, le produit du volume par la pression est constant. On a donc

$$\left\{ V\frac{(1+\delta T)}{1+\alpha T} + \frac{v}{1+\alpha t'} \right\}(H'+h) = \left(V + \frac{v}{1+\alpha t} \right)H.$$

Cette équation a été résolue par la méthode des *approximations successives*. C'est-à-dire que, substituant d'abord à α, dans les deux fractions $\frac{v}{1+\alpha t}$ et $\frac{v}{1+\alpha t'}$, la valeur approchée, déjà connue, du coefficient de dilatation de l'air, et résolvant par rapport au binôme $1 + \alpha T$, on en déduisait une seconde valeur de α plus approchée que la première; puis portant de même cette valeur dans les fractions ci-dessus, on tirait de l'équation une troisième valeur de α plus approchée que la deuxième, et ainsi de suite, jusqu'à ce que la valeur de α devînt constante.

M. Regnault a encore fait usage, comme nous l'avons déjà dit, de la méthode *à pression constante et à volume variable,* et il a trouvé que la dilatation des gaz à volume variable est plus grande qu'à volume constant. M. Regnault a constaté en outre qu'à une même température la dilatation des gaz, sauf celle de l'hydrogène, est d'autant plus grande, que la pression est plus forte, ce qui fait voir que la loi qu'avait donnée Davy, que *le coefficient de dilatation des gaz est le même à toutes les pressions,* n'est pas exacte. Enfin, M. Regnault a observé que les coefficients de dilatation des gaz diffèrent d'autant moins entre eux que la pression est plus faible; d'où il suit que la loi de Gay-Lussac approche d'autant plus d'être vraie que les gaz sont plus raréfiés.

Voici les coefficients obtenus par M. Regnault, entre zéro et 100 degrés, pour des pressions comprises entre $0^m,30$ et $0^m,50$, pour une variation de température de 1 degré, et sous une pression constante :

Hydrogène.	0,003661
Oxyde de carbone.	0,003669
Air	0,003670
Acide carbonique	0,003710
Protoxyde d'azote	0,003719
Cyanogène. . . . . .:.	0,003877
Acide sulfureux	0,003903

* 300. Thermomètre à air. — Le *thermomètre à air,* ainsi que son nom l'indique, est fondé sur la dilatation de l'air. Le plus simple serait le tube capillaire à boule dont s'est servi Gay-Lussac pour mesurer le coefficient de dilatation des gaz (fig. 237). En effet, de même que, la température étant connue, on a déduit du déplacement de l'index dans le tube le coefficient de dilatation de l'air; réciproquement, une fois celui-ci connu, il est facile de calculer la température correspondante à chaque déplacement de l'index. Mais la marche de cet index entraînerait toujours la même cause d'erreur qui a fait trouver à Gay-Lussac un coefficient de dilatation trop grand, et l'on obtiendrait des températures trop élevées. C'est pourquoi on prend de préférence pour thermomètre à air un tube semblable à celui qui a servi à mesurer le coefficient de dilatation des gaz dans l'appareil de M. Regnault (fig. 238 et 239). Opérant avec ce tube comme dans l'expérience du paragraphe 298, on détermine les quantités P, P', H, H' et h, qui entrent dans l'équation [3], et comme α et δ sont connus, on déduit de cette équation la température t à laquelle le tube a été porté.

Mais l'emploi de ce thermomètre exige beaucoup de temps et de soins. Aussi le thermomètre à mercure, à tige ou à poids, lui est-il généralement préféré. Cependant on ne doit pas perdre de vue que les thermomètres à air présentent sur les thermomètres à mercure deux avantages importants. 1° Ils sont beaucoup plus sensibles, l'air étant vingt fois plus dilatable que le mercure. 2° Tandis que deux thermomètres à mercure sont rarement concordants, sauf de — 36 à 100 degrés (259), deux thermomètres à air sont toujours comparables entre eux; ce qui découle encore de la grande dilatation des gaz, devant laquelle disparaît la faible différence de dilatation des diverses espèces de verres dont les thermomètres sont construits.

D'après les recherches de M. Regnault, le thermomètre à air et le thermomètre à mercure sont sensiblement d'accord jusqu'à 240 degrés, quand le verre du thermomètre à mercure est du verre vert ordinaire; s'il est de cristal, la discordance est plus grande, et quand le thermomètre à air marque 350 degrés, le thermomètre à mercure marque 360°,5.

304. Poids spécifiques des gaz par rapport à l'air. — *Le poids spécifique* ou *la densité d'un gaz par rapport à l'air* est le rapport du poids d'un certain volume de ce gaz à celui d'un même volume d'air, le gaz et l'air étant tous les deux à zéro et à la pression $0^m,76$.

D'après cette définition, pour trouver la densité d'un gaz, il faut chercher le poids d'un certain volume de ce gaz à zéro et à la pression $0^m,76$, puis celui d'un même volume d'air à la même température et à la même pression, et diviser le premier poids par le second. A cet effet, on fait usage d'un ballon de verre de 8 à 10 litres de capacité, dont le col porte un robinet qui peut se visser sur la machine pneumatique (fig. 89, page 107). On pèse ce ballon successivement vide, plein d'air et plein du gaz dont on cherche la densité, l'air et le gaz étant desséchés par le procédé décrit plus haut, et au moyen de l'appareil représenté dans la figure 238. En soustrayant du poids obtenu dans les deux dernières pesées celui du ballon, on a le poids de l'air et le poids du gaz sous le même volume. Dans le cas où, durant ces différentes pesées, la température aurait été constamment zéro, et la pression $0^m,76$, il n'y aurait qu'à diviser le poids du gaz par le poids de l'air, et le quotient serait la densité cherchée. Mais le procédé que nous venons de faire connaître nécessite, en général, de nombreuses corrections pour ramener les poids des deux gaz à zéro et à la pression $0^m,76$, ainsi que pour réduire à zéro le volume du ballon.

Pour faire ces corrections, on doit d'abord avoir soin d'opérer sur des gaz secs, ce qu'on obtient en les faisant passer sur des matières desséchantes avant de les introduire dans le ballon. L'air doit en outre passer sur de la potasse caustique, pour perdre l'acide carbonique qu'il contient. De plus, comme les meilleures machines pneumatiques ne font jamais le vide parfait, afin de ne pas tenir compte, dans les pesées, du gaz qui reste dans le ballon, on fera le vide à chaque fois jusqu'à ce que l'éprouvette marque la même tension e.

Cela posé, on fait le vide dans le ballon, puis on y laisse rentrer de l'air sec; et ainsi de suite plusieurs fois jusqu'à ce que le ballon soit parfaitement desséché. Faisant alors le vide une dernière fois jusqu'à ce que l'éprouvette marque la tension e, on pèse et l'on a le poids p' du ballon vide. On laisse alors rentrer l'air lentement à travers des tubes contenant, les uns du chlorure de calcium, les autres de la potasse; on pèse de nouveau et on trouve que le poids du ballon plein est P'. En appelant H' la hauteur barométrique et t' la température au moment de la pesée, P' — p' est donc le poids de l'air contenu dans le ballon à la température t' et à la pression H' — e.

Pour ramener ce poids à la pression 760 et à la température de zéro, soient α' le coefficient de dilatation de l'air et δ le coefficient de dilatation cubique du verre. D'après la loi de Mariotte, le poids, qui est $P' - p'$ à la pression $H' - e$, sera, à la pression 760, $(P' - p') \dfrac{760}{H' - e}$, la température étant toujours t'. Or, si celle-ci devient zéro, la capacité du ballon diminue dans le rapport $1 + \delta t'$ à 1, tandis que le poids du gaz augmente dans le rapport de 1 à $1 + \alpha' t'$, ainsi que cela découle des problèmes VI (282) et V (297). Donc le poids de l'air contenu dans le ballon à zéro et à la pression 760 est

$$(P' - p') \frac{760}{H' - e} \cdot \frac{1 + \alpha' t'}{1 + \delta t'} \quad [1].$$

Soient de même α le coefficient de dilatation du gaz dont on cherche la densité, P le poids du ballon plein de ce gaz, à la température t et à la pression barométrique H, et enfin p' le poids du ballon vide quand on en a retiré le gaz jusqu'à la tension e; le poids du gaz contenu dans le ballon, à la pression 760 et à la température de zéro, sera représenté par

$$(P - p) \frac{760}{H - e} \cdot \frac{1 + \alpha t}{1 + \delta t} \quad [2].$$

Divisant la formule [2] par la formule [1], on a donc, pour la densité cherchée,

$$D = \frac{(P - p)}{(P' - p')} \frac{(H' - e)}{(H - e)} \frac{(1 + \alpha t)}{(1 + \alpha' t')} \frac{(1 + \delta t')}{(1 + \delta t)},$$

formule qui est indépendante du volume du ballon.

Si la température et la pression ne varient pas pendant l'expérience, on a $H = H'$, et par suite $D = \dfrac{(P - p)\,(1 + \alpha t)}{(P' - p')\,(1 + \alpha' t)}$; et si enfin on suppose $\alpha = \alpha'$, il vient

$$D = \frac{P - p}{P' - p'}.$$

302. Méthode de M. Regnault pour trouver la densité des gaz.

— Dans la méthode qu'on vient de décrire, il y a à effectuer de nombreuses corrections; M. Regnault les fait disparaître en partie par le procédé suivant. On prend deux ballons à robinet, identiquement de même verre et approximativement de volumes extérieurs égaux; puis on ferme le plus grand par une tubulure à robinet, et le plus petit par une tubulure simplement à crochet. Pour achever ensuite de rendre les volumes des deux ballons identiques, on les remplit d'eau et on les suspend aux plateaux d'une balance, en ayant soin d'établir l'équilibre au moyen d'une tare. Les faisant plonger dans une cuve remplie d'eau, l'équilibre est rompu, et le nombre de grammes p qu'il faut ajouter pour le rétablir représente, en centimètres cubes, la différence des volumes des ballons (97). Construisant alors un tube de verre fermé dont le volume extérieur soit de p centimètres, on le suspend au crochet du plus petit ballon. Après s'être ainsi procuré un système rigoureusement de même volume que le ballon dont on doit faire usage, on expérimente sur celui-ci comme il a été dit plus haut (301), en le pesant successivement vide, plein d'air et plein du gaz dont on cherche la densité. Mais on a soin, dans chaque pesée, de lui faire

équilibre avec le deuxième ballon, comme le montre la figure 241.
De plus, les deux ballons sont renfermés dans une cage vitrée dont
on dessèche l'air avec de la chaux vive. Par cette disposition, les
pertes de poids dans l'air étant égales des deux côtés, il est évident
qu'on n'a à faire aucune correction pour les pesées dans l'air.

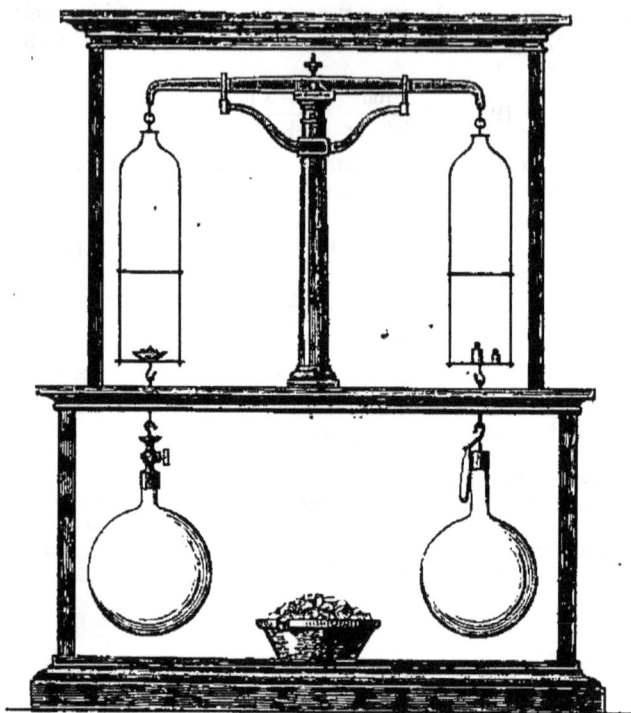

Fig. 241.

De plus, afin d'éviter les corrections de dilatation du verre et
des gaz sur lesquels on expérimente, on a soin de remplir le ballon
successivement d'air et de gaz à la température de zéro. Pour cela,
le ballon est placé dans un vase plein de glace, comme le montre
la figure 242. Là, on visse sur le robinet du ballon un second robinet A, à trois voies, lequel donne le moyen de faire communiquer à volonté le ballon avec une machine pneumatique par un
tube de caoutchouc D, ou avec des tubes M, N, dans lesquels le
gaz est amené par un tube C. Les tubes M, N contiennent différentes substances destinées, les unes à dessécher le gaz, les autres
à le purifier, c'est-à-dire à retenir les gaz qui pourraient être mélangés avec lui.

Cela fait, le robinet A étant tourné de manière qu'il n'y ait communication qu'avec la machine pneumatique, on fait le vide dans le
ballon; puis, à l'aide du même robinet, la communication étant
interrompue avec la machine, mais établie avec les tubes M, N, le

gaz arrive et remplit le ballon. Toutefois, comme on ne peut faire
le vide absolu dans celui-ci, et qu'il y reste toujours un peu d'air,
on recommence à faire le vide et à laisser rentrer le gaz, et cela
plusieurs fois jusqu'à ce qu'on juge que tout l'air est expulsé.
Faisant enfin le vide une dernière fois, un baromètre différentiel

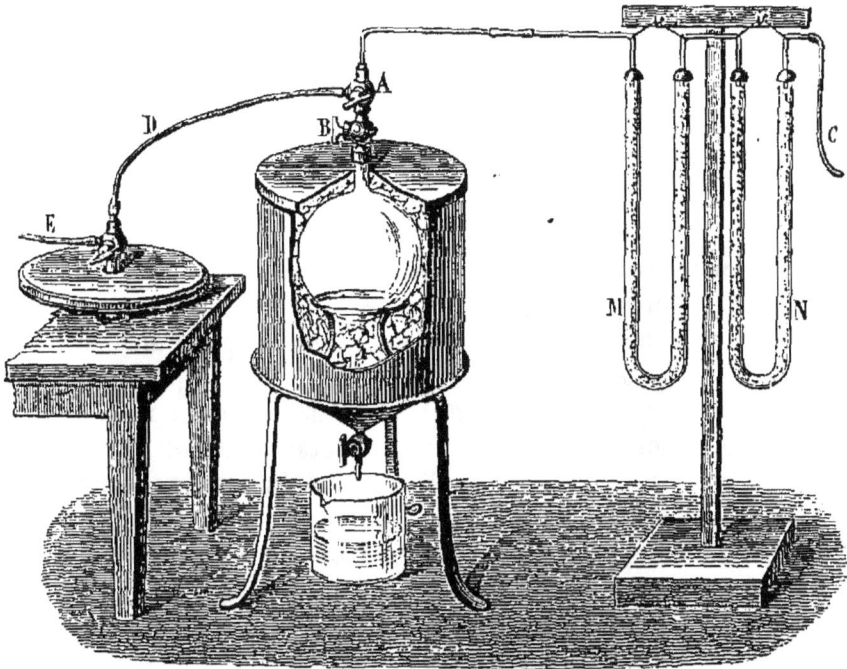

Fig. 242.

(fig. 118, page 140), qui communique avec l'appareil par le tube E,
fait connaître la force élastique e du gaz raréfié qui reste encore
dans le ballon. Fermant alors le robinet B et dévissant le robinet A,
on retire le ballon de la glace, on l'essuie avec soin, et on le pèse
vide dans la balance décrite ci-dessus (fig. 241).

Ayant obtenu dans cette première pesée un poids p, on place de nouveau le
ballon dans la glace, on remet en place le robinet A, et on fait arriver le gaz, en
ayant soin de laisser les robinets ouverts assez longtemps pour qu'il prenne dans le
ballon la pression extérieure H, marquée par le baromètre. Si l'on ferme alors le
robinet B, qu'on enlève A, qu'on retire le ballon de la glace avec les mêmes précautions que la première fois, et qu'on pèse de nouveau, on trouve un poids P ; en
sorte que la différence P — p des deux pesées est le poids du gaz contenu dans le
ballon à zéro et à la pression H — e. Nous disons à la pression H — e et non à la
pression H, parce que, dans la première pesée, le ballon contenait déjà le même
gaz à la pression e, ainsi qu'on a vu ci-dessus.

Pour déterminer le poids x du même volume de gaz à la pression 760, les poids
étant proportionnels aux pressions, on a

$$\frac{x}{P - p} = \frac{760}{H - e}, \quad \text{d'où} \quad x = \frac{760\,(P - p)}{H - e}.$$

Enfin, recommençant identiquement les mêmes pesées avec l'air, c'est-à-dire pesant d'abord le ballon vide, puis plein d'air sec à zéro, et représentant par p' le poids du ballon quand on y a fait le vide jusqu'à la pression e', par P' son poids après qu'on a laissé rentrer l'air, et par H' la hauteur du baromètre à l'instant où l'on ferme le ballon, on trouve que le poids de l'air qui y est contenu à zéro et à la pression 760, est donné par la formule

$$x' = \frac{760\,(P' - p')}{H' - e'}.$$

Si l'on divise le poids du gaz par le poids de l'air, on obtient pour le poids spécifique cherché $\quad D = \dfrac{x}{x'} = \dfrac{(P - p)\,(H' - e')}{(P' - p')\,(H - e)}$.

Si la hauteur du baromètre n'a pas varié pendant l'expérience, et si dans les deux cas on a fait le vide au même degré, c'est-à-dire si $e = e'$, on a

$$D = \frac{P - p}{P' - p'}.$$

303. Densité des gaz qui attaquent le cuivre. — Pour les gaz qui attaquent le cuivre, comme le chlore par exemple, on ne peut .se servir d'un ballon à robinet. On fait alors usage d'un flacon à l'émeri, dont on détermine d'avance la capacité en le pesant plein d'eau, et dans lequel on fait arriver le gaz par un tube recourbé qui plonge jusqu'au fond du flacon, celui-ci étant droit ou renversé, selon que le gaz est plus dense que l'air, ou moins dense. Lorsqu'on juge que tout l'air est expulsé, on retire le tube et l'on ferme le flacon. Pesant alors ce dernier plein de chlore, soit P le poids qu'on obtient; soit de même p le poids du flacon plein d'air. La différence $P - p$ est évidemment l'excès du poids du chlore sur celui de l'air à volume égal. Or, la capacité du flacon étant connue, on en déduit le poids de l'air qu'il contient, et ce poids, ajouté à la différence $P - p$, sera le poids du chlore. Il ne reste donc plus qu'à diviser ce poids par celui de l'air, en ayant soin toutefois de faire les corrections de température et de pression nécessaires pour ramener les deux poids au même volume, à la température de zéro et à la pression 760.

Densités des gaz à zéro et à la pression $0^m,760$, celle de l'air étant prise pour unité.

Air.	1,0000	Acide sulfhydrique.	1,1912
Hydrogène	0,0693	Acide chlorhydrique	1,2472
Hydrogène protocarboné.	0,559.	Protoxyde d'azote.	1,5269
Gaz ammoniac	0,5967	Acide carbonique.	1,5290
Oxyde de carbone	0,9569	Cyanogène	1,8064
Azote	0,9714	Acide sulfureux.	2,2474
Bioxyde d'azote.	1,0388	Chlore.	3,4216
Oxygène.	1,1056	Acide iodhydrique	4,443.

304. Poids spécifiques des gaz par rapport à l'eau. — On a déjà vu (130) que le poids spécifique de l'air par rapport à l'eau est le quotient du poids d'un litre d'air à zéro par le poids d'un litre d'eau à 4 degrés, c'est-à-dire $\dfrac{1^{gr},293}{1000} = 0{,}001293$. Quant aux poids spécifiques des autres gaz par rapport à l'eau, on les détermine en multipliant les densités obtenues ci-dessus par le nombre 0,001293. En effet, si l'on représente par a le poids d'un litre d'air à zéro et à la pression 760 millimètres, et par a' le poids d'un litre de gaz quelconque, d'hydrogène par exemple, dans les mêmes conditions de température et de pression, le poids spécifique de l'air par rapport à l'eau est $\dfrac{a}{1000}$, et celui de l'hydrogène par rapport à l'air $\dfrac{a'}{a}$, c'est-à-dire le nombre 0,0693 contenu dans le tableau ci-dessus. Or, le produit des fractions $\dfrac{a}{1000}$ et $\dfrac{a'}{a}$ est $\dfrac{a'}{1000}$, qui est bien le poids spécifique de l'hydrogène par rapport à l'eau.

L'emploi, dans les calculs, du poids spécifique des gaz par rapport à l'eau offre l'avantage de donner immédiatement en kilogrammes le poids du litre du gaz que l'on considère. Par exemple, dans le calcul ci-dessus, si l'on multiplie le nombre 0,0693, qui représente le poids spécifique de l'hydrogène par rapport à l'air, par le nombre 0,001293, qui est le poids spécifique de l'air par rapport à l'eau, le produit $0^{kil},0000896$, ou $0^{gr},0896$, est le poids d'un litre d'hydrogène à zéro et à la pression 760 millimètres.

CHAPITRE V.

CHANGEMENTS D'ÉTAT, VAPEURS.

305. Fusion, ses lois. — Des divers phénomènes que présentent les corps sous l'influence de la chaleur, il n'a été question jusqu'ici que de leur dilatation. Or, en ne considérant d'abord que les solides, il est facile de reconnaître que cette dilatation a une limite. En effet, l'expérience fait voir qu'un corps s'échauffant graduellement, il arrive un moment où l'attraction entre les molécules est vaincue par la chaleur, et alors un nouveau phénomène se produit : il y a *fusion,* c'est-à-dire passage de l'état solide à l'état liquide par l'action de la chaleur.

Toutefois, un grand nombre de substances, comme le papier, le bois, la laine, certains sels, ne fondent pas sous l'action d'une température élevée, mais sont décomposées. De tous les corps simples, un seul n'a pu être fondu jusqu'ici par l'action des sources de chaleur les plus intenses : c'est le carbone. Cependant, en le soumettant à l'action d'un courant électrique très-puissant, Despretz est parvenu à ramollir ce corps jusqu'à le rendre flexible, ce qui indique un état voisin de la fusion.

L'expérience fait voir que la fusion des corps est constamment soumise aux deux lois suivantes :

1° *Tout corps entre en fusion à une température déterminée, invariable pour chaque substance, si la pression est constante.*

2° *Quelle que soit l'intensité de la source de chaleur, du moment que la fusion commence, la température cesse de s'élever et reste égale à celle du point de fusion, jusqu'à ce que celle-ci soit complète.*

Températures de fusion de diverses substances.

Mercure.	— 39°	Soufre.	+ 111°
Glace.	0	Étain.	228
Chlorure de calcium hydraté.	+ 29	Bismuth	264
Suif.	33	Plomb	326
Phosphore.	44	Zinc.	360
Sperma ceti.	49	Antimoine.	432
Acide margarique.	57	Bronze	900
Potassium.	58	Argent.	1000
Stéarine.	60	Fonte blanche	1100
Cire jaune.	61	Fonte grise.	1200
Cire blanche.	69	Or.	1250
Acide stéarique.	70	Acier.	1350
Sodium	90	Fer doux.	1500
Alliage de Darcet (1 de plomb, 1 d'étain, 4 de bismuth).	94	Platine.	1910 à 2000

M. Hopkins, en Angleterre, a récemment constaté par l'expérience que la température de fusion s'élève d'une manière sensible à mesure que la pression augmente. Les corps sur lesquels il a expérimenté sont le soufre, la cire, la stéarine et le sperma ceti. M. W. Thomson a observé le contraire pour la glace; c'est-à-dire que son point de fusion s'abaisse lorsque la pression croît. D'où l'on voit que la température de fusion, pour un même corps, n'est pas fixe, comme on l'avait admis jusqu'ici, mais *varie avec la pression.*

306. **Chaleur latente.** — On vient de voir (305, 2°) que, lorsqu'un corps passe de l'état solide à l'état liquide, sa température reste constante et égale à celle du point de fusion pendant toute la durée du phénomène, et cela quelle que soit l'intensité de la source de chaleur. On conclut de là que la chaleur communiquée au corps qui fond se partage en deux parties : l'une qui développe dans le corps l'espèce de mouvement moléculaire qui élève la température; l'autre qui force les atomes à prendre de nouvelles positions néces-

saires à la fluidité. Cette seconde partie, qui se résout en travail intérieur, est donc perdue en tant que *chaleur sensible ;* c'est pourquoi on lui donne le nom de *chaleur de fusion,* ou celui de *chaleur latente.*

L'expérience suivante est propre à donner une idée exacte de ce qu'il faut entendre par chaleur latente. Si l'on mélange d'abord 1 kilogramme d'eau à zéro avec le même poids d'eau à 79 degrés, on a immédiatement 2 kilogrammes d'eau à 39 degrés ½, c'est-à-dire à une température moyenne entre celle des deux liquides mélangés ; ce qu'il était facile de prévoir, puisque tous les deux étaient de même nature et en quantité égale. Mais si l'on mélange 1 kilogramme de glace pilée avec un égal poids d'eau à 79 degrés, la glace se fond aussitôt, et on obtient 2 kilogrammes d'eau à zéro. On voit par là que, sans changer de température, et uniquement pour se fondre, 1 kilogramme de glace absorbe la quantité de chaleur nécessaire pour élever de zéro à 79 degrés 1 kilogramme d'eau. Cette quantité de chaleur représente donc la chaleur de fusion de la glace, ou la chaleur latente de l'eau.

Chaque liquide a une chaleur latente propre; on verra bientôt comment on la détermine par l'expérience (374).

307. Dissolution. — Un corps se *dissout* lorsqu'il se liquéfie par effet de l'affinité qui s'exerce entre ses molécules et celles d'un liquide. La gomme arabique, le sucre, la plupart des sels, se dissolvent dans l'eau.

Pendant la dissolution, de même que pendant la fusion, il y a absorption d'une quantité plus ou moins considérable de chaleur latente. C'est pourquoi la dissolution d'un sel détermine, en général, un abaissement de température. Cependant, il arrive pour certaines dissolutions que la température ne s'abaisse pas, et même qu'elle s'élève. On s'en rend compte en observant qu'il se produit ici deux effets simultanés et contraires. Le premier est le passage de l'état solide à l'état liquide, effet qui entraîne un abaissement de température; le second est la combinaison du corps dissous avec le liquide. Or, toute combinaison chimique se fait avec dégagement de chaleur. Par conséquent, suivant que c'est l'un des deux effets qui prédomine, ou suivant qu'ils sont égaux, il y a production de froid ou de chaleur, ou bien la température reste constante.

308. Solidification, ses lois. — La *solidification,* ou *congélation,* est le passage de l'état liquide à l'état solide. Ce phénomène est toujours soumis aux deux lois suivantes, qui sont les réciproques de celles de la fusion, et qui se constatent par l'expérience :

1° *La solidification se produit, pour chaque corps, à une température fixe, qui est précisément celle de la fusion.*

2° *Du moment que la solidification commence, jusqu'à ce qu'elle soit complète, la température du liquide reste constante.*

La seconde loi résulte de ce que la chaleur latente absorbée pendant la fusion redevient libre au moment de la solidification; quant à la première, on va voir ci-après que plusieurs causes peuvent la modifier (342).

Plusieurs liquides, comme l'alcool, l'éther, ne se solidifient point par les plus grands froids auxquels on ait pu les soumettre. Cependant, par un froid produit à l'aide d'un mélange de protoxyde d'azote liquéfié, d'acide carbonique solide et d'éther, Despretz est parvenu à donner à l'alcool une consistance telle, que le vase qui le contenait a pu être renversé sans que le liquide s'écoulât.

309. Cristallisation. — Généralement, les corps qui passent lentement de l'état liquide à l'état solide affectent des formes géométriques déterminées qu'on nomme *cristaux,* telles que celles de tétraèdres, de cubes, de prismes, de rhomboèdres. Si c'est un corps en fusion, comme le soufre, le bismuth, qui se solidifie, on dit que la cristallisation se fait par *voie sèche;* mais si c'est un corps tenu en dissolution dans un liquide, on dit que la cristallisation se fait par *voie humide.* C'est en laissant évaporer lentement les liquides qui tiennent des sels en dissolution que ceux-ci cristallisent. La neige, la glace naissante, les sels, nous offrent des exemples de cristallisation.

310. Formation de la glace. — L'eau distillée se solidifie à zéro, et prend alors le nom de *glace;* mais la congélation ne se produit que lentement, parce que la partie qui se solidifie cède sa chaleur latente au reste de la masse liquide.

La glace offre ce phénomène remarquable, qu'elle est moins dense que l'eau. On a déjà vu, en effet, que, par le refroidissement, l'eau ne se contracte que jusqu'à 4 degrés (294); à partir de ce point jusqu'à zéro, elle se dilate. Or, cet accroissement de volume persiste et augmente encore au moment de la congélation; et l'on trouve que le volume de la glace à zéro est 1,075 fois celui de l'eau à 4 degrés. Par le fait de cette dilatation, la densité de la glace n'est que 0,930 de celle de l'eau; c'est pourquoi elle flotte à la surface de ce liquide.

L'accroissement de volume que prend la glace en se formant est accompagné d'une force expansive considérable qui fait éclater les vases qui la contiennent. Les pierres gélives, qui se délitent après la gelée, ne doivent cet effet qu'à l'eau qui a pénétré dans leurs pores et s'y est congelée.

Williams, en Angleterre, pour démontrer la force expansive de la glace, plaça dans une atmosphère de plusieurs degrés au-dessous de zéro une bombe remplie d'eau, après en avoir fermé solidement la lumière au moyen d'un tampon de bois. Au moment de la congélation, ce tampon fut lancé avec force à une grande distance, et un bourrelet de glace s'accumula sur les bords de l'orifice.

L'eau n'est pas la seule substance qui éprouve une augmentation de volume en se solidifiant, et qui, par conséquent, soit plus dense à l'état liquide qu'à l'état solide. La fonte de fer, le bismuth, l'antimoine, présentent le même phénomène. Au contraire, beaucoup de substances, comme le mercure, le phosphore, le soufre, la stéarine, la cire, se contractent au moment de la solidification.

311. Regélation de la glace. — La *regélation* de la glace est le phénomène que présentent deux morceaux de glace de se souder l'un à l'autre, dès qu'on les met en contact, même lorsqu'ils flottent dans de l'eau assez chaude pour qu'on ne puisse y tenir la main. C'est M. Faraday qui, le premier, en 1850, signala la regélation de la glace. Depuis, ce phénomène a été étudié par M. Thomson, M. Forbes, M. Tyndall, et différentes hypothèses ont été proposées pour l'expliquer.

M. Tyndall observe qu'un morceau de glace étant en fusion, les molécules de sa surface sont libres d'un côté et en dehors de l'action coercitive des molécules voisines; mais lorsqu'on met en contact deux surfaces fondantes, ces surfaces se trouvant transportées virtuellement au centre de la glace, leurs molécules, qui perdent la liberté de passer à l'état liquide, se mettent en équilibre de mouvement avec les molécules environnantes, et de là résulte la regélation.

La facilité et la promptitude avec lesquelles deux fragments de glace se soudent ensemble permettent de mouler une masse donnée de glace sous telle forme que l'on veut au moyen d'une pression plus ou moins forte. Par exemple, si on la comprime entre deux moules hémisphériques, il y a d'abord rupture en fragments plus petits, qui se soudent aussitôt les uns aux autres; forçant la pression, il y a de nouveau fracture en parties encore plus petites, puis regélation; et ainsi de suite, jusqu'à ce qu'on arrive, si la pression est suffisante, à une boule de glace compacte et translucide.

M. Tyndall a fait une heureuse application du moulage de la glace par pression à la théorie des glaciers dans les Alpes.

312. Causes qui retardent la congélation des liquides, surfusion. — Suivant la nature des liquides, plusieurs causes peuvent abaisser leur point de congélation, savoir : les substances dissoutes, l'absence de l'air en dissolution, une complète immobilité, une vive agitation, et un excès de pression.

On a donné le nom de *surfusion* à ce phénomène de l'abaissement du point de solidification des liquides par une des causes ci-dessus. C'est dans l'eau qu'on l'a d'abord observé, et qu'il se présente d'une manière plus remarquable; mais on le rencontre aussi dans d'autres liquides.

L'influence des sels en dissolution se manifeste dans l'eau de mer, qui ne se congèle qu'à — 2°, 5. De même, si l'on fait bouillir une dissolution saturée de sulfate de soude dans un tube de verre effilé, afin d'en chasser l'air, puis, qu'on ferme le tube à la lampe pour empêcher la rentrée de l'air, la dissolution se refroidissant, le sel ne cristallise pas, quoiqu'il y ait saturation. Mais si l'on brise la pointe du tube, l'air rentre, et aussitôt le sel cristallise.

Dans cette dernière expérience, il y a, à la fois, influence de la substance dissoute et de la privation d'air. Or, il suffit que l'eau soit purgée d'air et complétement immobile, pour que son point de congélation soit abaissé de plusieurs degrés. En effet, Gay-Lussac ayant mis une éprouvette remplie d'eau distillée dans un mélange réfrigérant, et ayant placé le tout sous le récipient de la machine pneumatique, afin que l'air se dégageât, il vit l'eau descendre jusqu'à — 12 degrés et même au delà sans se solidifier. Mais si alors on imprime à sa masse un léger ébranlement, une partie du liquide se congèle aussitôt, et l'on observe ce phénomène remarquable, que la masse restée liquide remonte subitement à zéro. Cette élévation de température est due à la chaleur latente qui devient libre par la formation de la glace.

Le soufre, qui fond et se congèle à 144 degrés, reste liquide jusqu'à la température ordinaire, lorsque son refroidissement s'opère lentement et en repos. De même, le phosphore, qui se solidifie à 44 degrés, peut ne se solidifier qu'à 22 degrés dans de l'eau parfaitement tranquille.

Une agitation rapide peut aussi s'opposer à la congélation des liquides. Il en est encore de même de toute action qui, gênant les molécules dans leur mouvement, ne leur permet pas de se grouper dans les conditions nécessaires à l'état solide. C'est ainsi que Despretz a pu refroidir, dans des tubes très-capillaires, de l'eau jusqu'à — 20 degrés sans qu'elle se congelât. Cette expérience peut servir à expliquer comment les plantes, dans de certaines limites, résistent à la gelée, les vaisseaux qui contiennent la séve étant très-capillaires.

Enfin, M. Mousson, en Allemagne, a trouvé qu'une forte compression peut non-seulement retarder la congélation de l'eau, mais l'empêcher d'être complète.

343. **Mélanges réfrigérants**. — L'absorption de la chaleur à l'état latent, par les corps qui passent de l'état solide à l'état liquide (306),

a été utilisée pour produire des froids artificiels plus ou moins intenses. Ce résultat s'obtient en mélangeant des substances qui ont de l'affinité les unes pour les autres, et dont une au moins est solide : par exemple, de l'eau et un sel, de la glace et un sel, un acide et un sel. L'affinité chimique accélérant alors la fusion, la portion qui se fond enlève au reste du mélange une grande quantité de chaleur qui devient latente; d'où résulte un abaissement de température quelquefois très-considérable.

Le tableau suivant indique les proportions et la nature des substances à employer pour obtenir un abaissement de température déterminé.

SUBSTANCES.	PARTIES en poids.	REFROIDISSEMENT.
Sulfate de soude	8	$+10^{\circ}$ à -17°
Acide chlorhydrique	5	
Glace pilée ou neige.	2	$+10^{\circ}$ à -19°
Sel marin.	1	
Sulfate de soude	3	$+10^{\circ}$ à -19°
Acide azotique étendu	2	
Sulfate de soude	6	
Azotate d'ammoniaque.	5	$+10^{\circ}$ à -26°
Acide azotique étendu	4	
Phosphate de soude.	9	$+10^{\circ}$ à -29°
Acide azotique étendu	4	
Chlorure de calcium en poudre	4	$+10^{\circ}$ à -51°
Glace pilée ou neige.	3	

Les mélanges réfrigérants sont fréquemment utilisés en chimie, en physique, dans l'industrie et dans l'économie domestique. On fabrique depuis quelques années, sous le nom de *glacière des familles,* un petit appareil pour obtenir de la glace en toutes saisons, au moyen d'une dissolution de sulfate de soude dans l'acide chlorhydrique : 6 kilogrammes de ce sel et 5 d'acide suffisent pour donner 5 à 6 kilogrammes de glace en une heure. L'appareil consiste en un cylindre métallique divisé en quatre compartiments concentriques. Au centre est l'eau à congeler ; dans le compartiment suivant se place le mélange réfrigérant; le troisième contient encore de l'eau ; et enfin, dans le compartiment extérieur, est un corps peu conducteur, tel que du coton, destiné à s'opposer au passage de la chaleur qui vient de l'extérieur. Le meilleur moyen d'utiliser un mélange réfrigérant est de ne le former que successivement.

Nous décrirons plus loin un appareil avec lequel, sans mélanges réfrigérants, on fabrique abondamment de la glace (444).

VAPEURS; MESURE DE LEUR TENSION.

314. Vapeurs. — On a déjà vu (127) qu'on nomme *vapeurs,* des fluides aériformes en lesquels se transforment, par l'action de la chaleur, un grand nombre de liquides, tels que l'éther, l'alcool, l'eau, le mercure. On appelle liquides *volatils* ceux qui possèdent ainsi la propriété de pouvoir passer à l'état aériforme, et liquides *fixes* ceux qui ne donnent de vapeurs à aucune température : telles sont les huiles grasses. Il est des corps solides, comme la glace, l'arsenic, le camphre et les matières odorantes, qui donnent immédiatement des vapeurs sans passer par l'état liquide.

Plusieurs liquides, comme l'éther, l'alcool, donnent des vapeurs à toutes les températures ; l'eau se vaporise encore à plusieurs degrés au-dessous de zéro ; le mercure à la température ordinaire. Pour le constater, on ferme un flacon dans lequel on a versé un peu de mercure avec un bouchon dont la face inférieure est recouverte d'une feuille d'or. Au bout de quelque temps, la feuille d'or est blanchie par les vapeurs mercurielles. L'acide sulfurique ne se vaporise pas à la température ordinaire, même dans le vide. En effet, si l'on place sous le récipient de la machine pneumatique deux capsules contenant l'une de l'acide sulfurique, l'autre de l'eau de baryte, et qu'on fasse le vide, tant que la température est inférieure à 30 degrés, l'eau ne se trouble pas, ce qui indique qu'il ne se produit pas de vapeur acide ; autrement, celle-ci se dissolvant aussitôt, il y aurait formation de sulfate de baryte, et comme ce sel est éminemment insoluble, le liquide se troublerait.

Les vapeurs sont transparentes comme les gaz, et généralement incolores ; il n'y a qu'un petit nombre de liquides colorés dont les vapeurs soient elles-mêmes colorées.

345. Vaporisation. — Le passage d'un corps de l'état liquide à l'état de vapeur se désigne sous le nom général de *vaporisation ;* mais on entend spécialement par *évaporation,* toute production lente de vapeur à la surface d'un liquide, et par *ébullition,* une production rapide de vapeur dans sa masse même. On verra bientôt (327) que, sous la pression ordinaire de l'atmosphère, l'ébullition ne se produit, comme la fusion, qu'à une température déterminée. Il n'en est pas de même de l'évaporation, qui s'opère, pour un même liquide, à des températures très-diverses ; cependant, au delà d'un certain refroidissement, toute vaporisation paraît cesser. Le mercure, par exemple, ne donne plus de vapeur au-dessous de —10 degrés ; l'acide sulfurique, comme on a vu ci-dessus, au-dessous de 30.

316. Force élastique des vapeurs. — Comme les gaz, les vapeurs ont une force élastique, en vertu de laquelle elles exercent sur les parois des vases qui les contiennent des pressions plus ou moins considérables. Pour démontrer la tension des vapeurs, et en même temps pour les rendre sensibles à l'œil, on emplit de mercure, à moitié, un tube de verre recourbé en siphon (fig. 243); puis, ayant fait passer une goutte d'éther dans la courte branche qui est fermée, on plonge le tube dans un bain d'eau à 45 degrés environ. Alors, le mercure s'abaissant lentement dans la petite branche, l'espace *ab* se remplit d'un gaz ayant tout à fait l'apparence de l'air, et dont la force élastique fait évidemment équilibre à la colonne de mercure *cd,* ainsi qu'à la pression atmosphérique qui s'exerce en *d.* Or, ce gaz n'est autre chose que de la vapeur d'éther. Si l'on refroidit l'eau du vase, ou si l'on retire le tube du bain, ce qui produit le même effet, on voit disparaître rapidement la vapeur qui remplit l'espace *ab,* et la goutte d'éther se reformer. Si, au contraire, on chauffe davantage l'eau du bain, le niveau du mercure descend au-dessous du point *b,* ce qui indique un accroissement de tension.

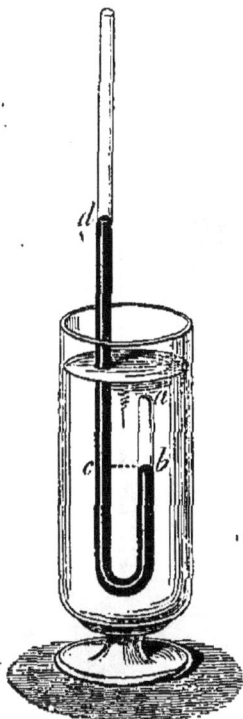

Fig. 243.

317. Formation des vapeurs dans le vide. — Dans l'expérience précédente, le passage à l'état de vapeur ne s'opère que lentement. Il en est encore de même lorsqu'un liquide volatil est exposé librement à l'air. Dans les deux cas, la pression atmosphérique est un obstacle à la vaporisation; mais il n'en est plus ainsi lorsque les liquides sont placés dans le vide. La force élastique des vapeurs ne rencontrant alors aucune résistance, leur formation est instantanée. Pour le démontrer, on fait plonger plusieurs tubes barométriques dans une même cuvette (fig. 244). Ces tubes étant remplis de mercure, on en conserve un; le tube A par exemple, pour servir de baromètre, puis on introduit quelques gouttes d'eau, d'alcool et d'éther, respectivement dans les tubes B, C, D. On remarque qu'à l'instant même où, dans chacun de ces tubes, le liquide pénètre dans le vide barométrique, le niveau du mercure s'abaisse, comme le montre la figure. Or, ce n'est pas le poids du liquide introduit qui déprime le mercure, car ce poids n'est qu'une fraction très-petite de celui du mercure déplacé. Il y a donc eu, pour chaque liquide, une production instantanée de vapeur, dont la force élastique a refoulé la colonne mercurielle.

L'expérience ci-dessus montre, en outre, que la dépression du mercure n'est pas la même dans les trois tubes ; elle est plus grande dans le tube à alcool que dans celui où est l'eau, et plus grande dans le tube à éther que dans les deux autres. Nous pouvons donc, dès à présent, poser les deux lois suivantes sur la formation des vapeurs :

1° *Dans le vide, les liquides se vaporisent instantanément.*

2° *A température égale, les vapeurs de liquides différents ne possèdent pas la même tension.*

Par exemple, à 20 degrés, la tension de la vapeur d'éther est à peu près 25 fois plus grande que celle de la vapeur d'eau.

318. Vapeurs à l'état de saturation, maximum de tension. — Lorsque dans le tube d'un baromètre on introduit un liquide volatil, tel que l'éther, si la quantité en est très-petite, elle se vaporise instantanément d'une manière complète, et la colonne de mercure n'atteint pas la plus grande

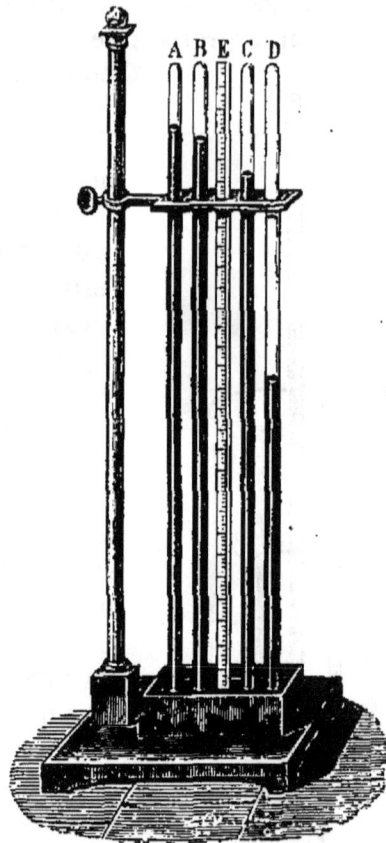

Fig. 244 (h = 88).

dépression qu'elle est susceptible d'éprouver ; car, si l'on introduit de nouveau une très-petite quantité d'éther, on voit la dépression augmenter. Or, en continuant ainsi, il vient un moment où l'éther qui pénètre dans le tube cesse de se vaporiser et reste à l'état liquide. Il y a donc, pour une température déterminée, une limite à la quantité de vapeur qui peut se former dans un espace donné. C'est ce qu'on exprime en disant que cet espace est alors *saturé*.

Remarquons, en outre, que du moment que la vaporisation de l'éther cesse, la dépression du mercure s'arrête. Il y a donc aussi une limite à la tension de la vapeur, limite qui, ainsi qu'il sera démontré bientôt (324), varie avec la température, mais qui, pour une température donnée, *est indépendante de la pression.*

Pour faire voir que, dans un espace fermé, saturé de vapeur et contenant du liquide *en excès,* la température restant constante, il y a un *maximum de tension* que la vapeur ne peut dépasser, quelle que soit la pression, on fait usage d'un tube barométrique, plongeant dans une cuvette profonde (fig. 245). Ayant fait passer dans ce tube, d'abord rempli de mercure, une quantité d'éther suffisante pour que, après que la chambre barométrique s'est saturée, il reste encore du liquide en excès, on note la hauteur du mercure dans le tube au moyen d'une échelle graduée sur le tube même. Or, soit qu'on plonge alors le tube davantage, ce qui tend à comprimer la vapeur, soit qu'on le soulève, ce qui tend à la dilater, la hauteur de la colonne mercurielle reste constante. La tension de la vapeur reste donc la même dans les deux cas, puisque la dépression n'augmente ni ne diminue. On conclut de là que, lorsque la vapeur contenue dans un espace saturé est comprimée, une partie retourne à l'état liquide ; et que si, au contraire, la pression diminue, une portion du liquide resté en excès se vaporise, et l'espace occupé par la vapeur se sature de nouveau ; mais, dans l'un et l'autre cas, la tension et la densité de la vapeur restent constantes.

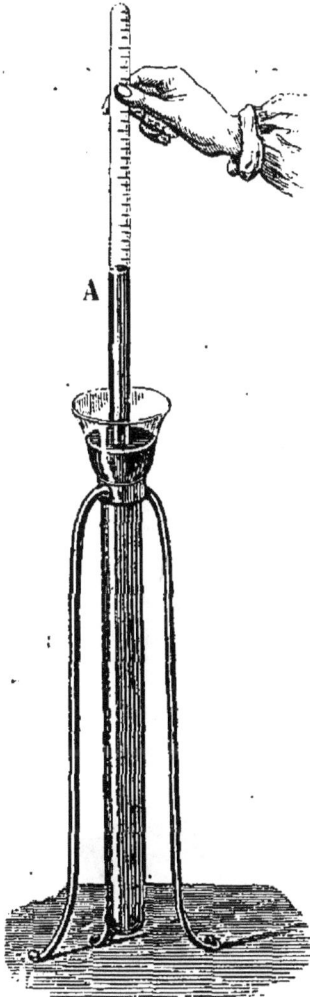

Fig. 245.

349. Vapeurs non saturées. — D'après ce qui précède, les vapeurs se présentent sous deux états bien distincts, suivant qu'elles sont ou non saturées. Dans le premier état, celui de saturation, celui où elles sont en contact avec leur liquide, elles diffèrent complétement des gaz, puisque, pour une température donnée, elles ne peuvent être ni comprimées ni dilatées, leur force élastique et leur densité restant constantes.

Au second état, au contraire, les vapeurs non saturées, non en contact avec leur liquide, sont tout à fait comparables aux gaz, dont elles possèdent toutes les propriétés. En effet, si l'on répète l'expérience ci-dessus (fig. 245), en n'introduisant dans le tube qu'une très-petite quantité d'éther, de manière que la vapeur qui se forme n'atteigne pas l'état de saturation, et si l'on soulève alors légèrement le tube, on voit le niveau du mercure monter, ce qui indique que la force élastique de la vapeur a diminué. De même, en enfonçant le tube davantage, le niveau du mercure s'abaisse. La vapeur se comporte donc ici entièrement comme un gaz, sa tension diminuant quand le volume augmente, et réciproquement ; et comme, dans les deux cas, on observe que le volume que prend la vapeur est en raison inverse de la pression, on en conclut que *les vapeurs non saturées sont soumises à la loi de Mariotte.*

Enfin, en chauffant une vapeur non saturée, on remarque que son accroissement de volume est de même ordre que celui des gaz, et que le nombre 0,00367, qui représente le coefficient de dilatation de l'air, peut être pris sensiblement pour celui des vapeurs.

En résumant ce qui précède, on voit donc que les vapeurs non saturées sont tout à fait comparables aux gaz, et qu'on peut leur appliquer toutes les formules relatives à la compressibilité et à la dilatabilité de ces derniers (155 et 297). Mais il ne faut pas oublier qu'il y a toujours une limite de pression ou de refroidissement pour laquelle les vapeurs non saturées passent à l'état de saturation, et qu'elles ont alors un maximum de tension et de densité qui ne peut être dépassé qu'autant que les vapeurs étant en contact avec leur liquide, leur température s'élève.

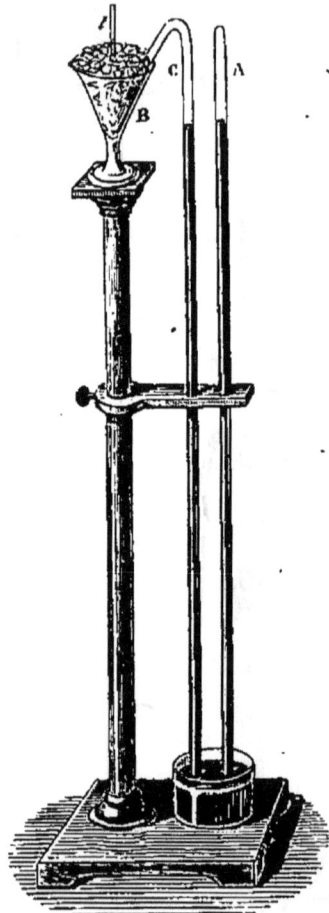

Fig. 246.

320. Tension de la vapeur d'eau au-dessous de zéro. — Pour mesurer la force élastique de la vapeur d'eau au-dessous de zéro, Gay-Lussac s'est servi de deux tubes barométriques remplis de mercure et plongeant dans une même cuvette (fig. 246). L'un d'eux, qui est droit et parfaitement purgé d'air et d'humidité, sert à mesurer la pression atmosphérique ; l'autre est recourbé de manière qu'une partie de la chambre barométrique plonge dans un mélange réfrigérant (313). Cela posé, si l'on fait passer un peu d'eau dans le tube recourbé, on remarque que le niveau du mercure dans ce tube est plus bas que dans le tube A d'une quantité qui varie avec la température du mélange réfrigérant.

17.

A 0° la dépression est, en millimètres	4,60
— 10	1,96
— 20	0,84
— 30	0,30

Ces dépressions, qui sont nécessairement dues à la tension de la vapeur dans la chambre barométrique BC, montrent qu'à des températures très-basses, il y a encore de la vapeur d'eau dans l'air.

Dans l'expérience ci-dessus, il est vrai que la partie B et la partie C de la chambre barométrique où est la vapeur ne participent pas toutes les deux à la température du mélange réfrigérant; mais on verra bientôt (325) que lorsque deux vases qui communiquent entre eux sont à des températures inégales, la tension de la vapeur est la même dans tous les deux, et correspond toujours à la plus basse des deux températures.

324. **Tension de la vapeur d'eau entre zéro et 100 degrés.** — 1° *Procédé de Dalton.* — Dalton a mesuré la force élastique de la vapeur, de zéro à 100 degrés, au moyen de l'appareil ci-contre. Deux tubes barométriques A et B (fig. 247) plongent dans une marmite de fonte pleine de mercure et placée sur un fourneau. Le baromètre B est complétement purgé d'air et d'humidité, et dans le baromètre A on fait passer une petite quantité d'eau. Ces deux baromètres sont maintenus dans un manchon de

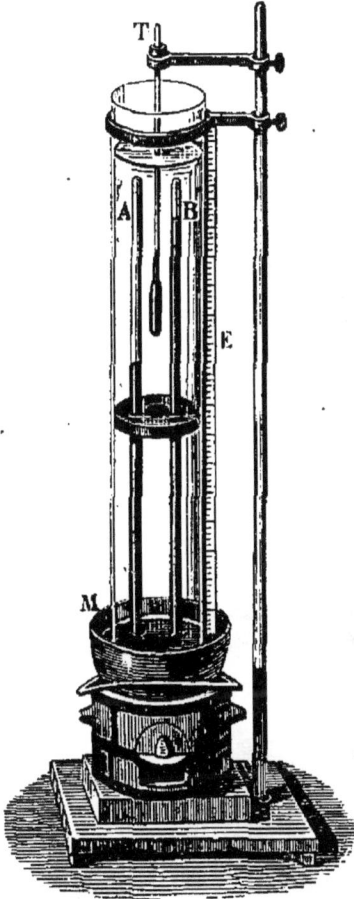

Fig. 247 (h = 1m,07).

verre rempli d'eau, et au centre de ce manchon plonge un thermomètre T, qui donne la température du liquide. En chauffant graduellement la marmite, et, par suite, l'eau du manchon, celle qui est dans le tube A se vaporise, et, à mesure que la tension de la vapeur augmente, le mercure s'abaisse. On note alors, de degré en degré, sur une échelle E, la dépression qui a lieu dans le tube A, au-dessous du niveau B, en ayant soin, à chaque observation, de ramener à zéro la hauteur du mercure dans le tube B (293). Les différences de niveau observées font connaître les tensions. C'est en opérant ainsi que Dalton, le premier, a construit une table des forces élastiques de la vapeur d'eau de zéro jusqu'à 100 degrés.

2° *Procédé de M. Regnault.* — L'appareil de Dalton offre peu de précision, car le liquide du manchon ne peut être entretenu

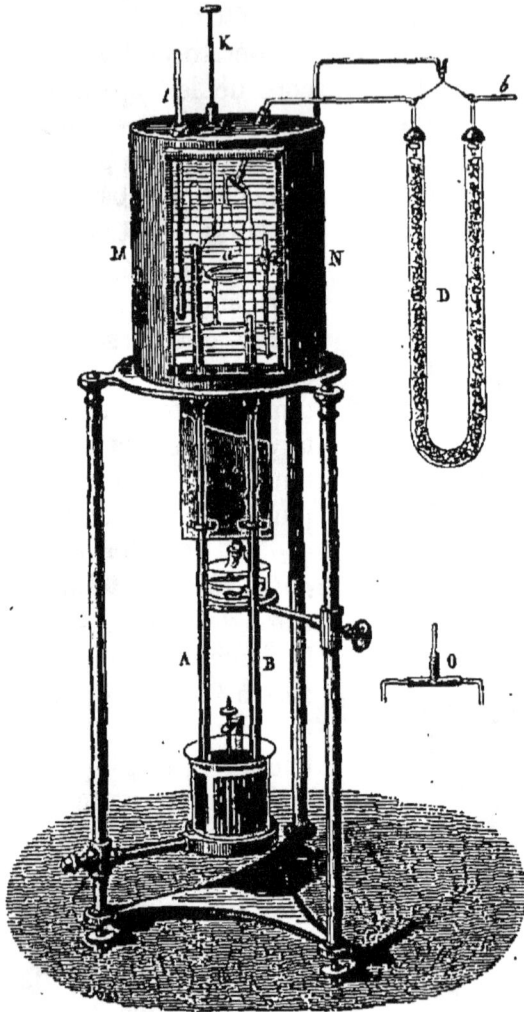

Fig. 248.

exactement à la même température dans toute sa hauteur, et dès lors on n'a pas la température précise de la vapeur. M. Regnault a modifié cet appareil en remplaçant le manchon par une caisse de tôle MN (fig. 248) dont le fond porte deux tubulures, dans lesquelles les extrémités supérieures des deux tubes A et B s'engagent, maintenues par des feuilles de caoutchouc. Le tube à vapeur B est relié à un ballon *a,* d'un demi-litre de capacité environ, à l'aide d'une tubulure de cuivre à trois branches représentée en O sur la droite du dessin. La troisième branche de cette tubulure est mastiquée à un tube de verre qui aboutit à un tube D rempli de ponce sulfurique, communiquant lui-même avec la machine pneumatique par un dernier tube *b*.

Pour expérimenter avec cet appareil, on introduit dans le ballon *a* une petite quantité d'eau, dont on fait distiller une portion dans le tube B en chauffant légèrement le ballon. Faisant alors le vide avec la machine pneumatique, l'eau distille d'une manière continue du ballon et du tube barométrique vers le tube D, qui condense les vapeurs. Lorsque, après avoir ainsi vaporisé plusieurs grammes d'eau, on juge que tout l'air contenu dans l'appareil a été entraîné, on soude à la lampe le tube capillaire qui relie le tube B à la pièce aux trois tubulures. Le tube B étant alors fermé et contenant encore un peu d'eau, on expérimente avec les deux tubes A et B comme avec l'appareil de Dalton.

Pour cela, on remplit la caisse MN d'eau, qu'on chauffe doucement avec une lampe à alcool placée au-dessous et séparée des tubes par une planchette de bois. A l'aide d'un agitateur K, on mélange constamment les différentes couches du liquide, afin d'obtenir une température uniforme pour toutes les parties du bain dans lequel sont placés les deux tubes barométriques. Une glace de verre, encastrée dans les parois de la caisse, permet d'observer, à l'aide d'un cathétomètre, la hauteur du mercure dans les tubes; et c'est de la différence de ces hauteurs, ramenées à zéro, qu'on déduit la tension de la vapeur. Au moyen de cet appareil, M. Regnault a mesuré avec précision la force élastique de la vapeur d'eau de zéro à 50 degrés.

322. Tension de la vapeur d'eau au-dessus de 100 degrés, par Dulong et Arago. — Deux procédés ont été mis en usage pour mesurer la force élastique de la vapeur d'eau à des températures supérieures à 100 degrés, l'un par Dulong et Arago, en 1830, l'autre par M. Regnault, en 1844.

La figure 249 représente une coupe verticale de l'appareil dont se servirent Dulong et Arago pour mesurer la force élastique de la vapeur d'eau au-dessus de 100 degrés. Cet appareil consistait en une chaudière de cuivre rouge *k*, de 80 litres de capacité et à parois très-épaisses. Deux canons de fusil *a*, dont un seul est visible dans le dessin, plongeaient dans l'eau de la chaudière, aux parois de laquelle ils étaient solidement scellés. Ces canons de fusil, fermés à leur partie inférieure, étaient remplis de mercure dans lequel étaient placés des thermomètres *t*, qui faisaient connaître la température de l'eau et de la vapeur dans la chaudière. La tension de la vapeur se mesurait au moyen d'un manomètre à air comprimé *m*, le même que nous avons décrit en parlant de la loi de Mariotte (fig. 114, page 134). Ce manomètre avait été gradué expérimentalement d'avance et adapté à une cuvette de fonte *d*, remplie de mercure. Pour connaître la hauteur du mercure dans la cuvette, celle-ci était en communication, à son sommet et à sa base, avec un tube de cristal *n*, dans lequel le niveau était toujours le même que dans

Fig. 249.

la cuvette. Enfin, un tube de cuivre *i* faisait communiquer la partie supérieure de la cuvette *d* avec un tube vertical *c*, partant directement de la chaudière et donnant issue à la vapeur. Le tube *i* et la partie supérieure de la cuvette *d* étaient remplis d'eau qu'on maintenait constamment à une basse température, en faisant circuler autour du tube un courant d'eau froide, qui s'écoulait d'un réservoir représenté sur la droite du dessin.

La vapeur qui se dégageait du tube *c* exerçant sa pression sur l'eau du tube *i*, cette pression se transmettait à l'eau et au mercure de la cuvette *d*, et le mercure montait dans le manomètre. En prenant, de degré en degré, les températures marquées par les thermomètres, et observant en même temps le manomètre, Dulong et Arago ont ainsi mesuré directement, jusqu'à 24 atmosphères, la tension de la vapeur d'eau correspondante à une température donnée. Par le calcul ils l'ont ensuite évaluée jusqu'à 50.

323. Tension de la vapeur d'eau au-dessus et au-dessous de 100 degrés par M. Regnault. — On doit à M. Regnault un procédé qui permet de mesurer la tension de la vapeur soit au-dessous, soit au-dessus de 100 degrés. Ce procédé consiste à faire bouillir de l'eau dans un vase, sous une pression connue, et à mesurer la température à laquelle se produit l'ébullition. En s'appuyant alors sur ce principe, qu'au moment de l'ébullition la force élastique de la

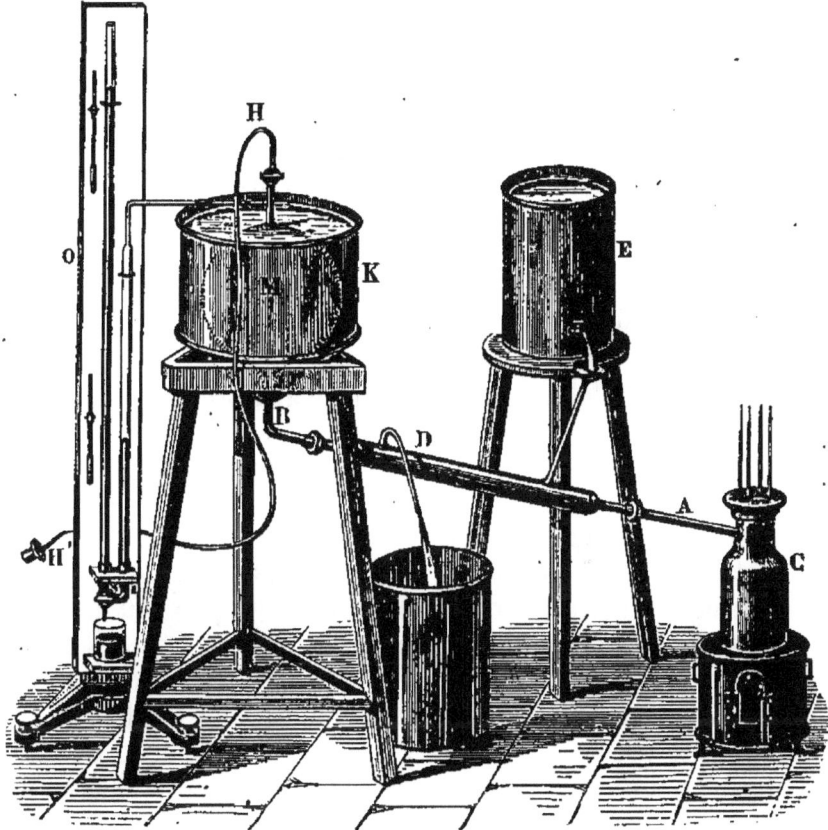

Fig. 250.

vapeur qui se dégage est précisément égale à la pression que supporte le liquide (334), on connaît la tension de la vapeur et la température correspondante, ce qui résout la question.

L'appareil se compose d'un vase de cuivre C (fig. 250), hermétiquement fermé et rempli d'eau jusqu'au tiers environ. Quatre thermomètres traversent le couvercle : deux plongent dans les premières couches du liquide, et les deux autres dans les couches inférieures. Du réservoir C part un tube AB qui va s'adapter au goulot d'un ballon de verre M, de 24 litres de capacité et rempli d'air. Le tube AB est entouré d'un manchon D, dans lequel circule un courant d'eau froide qui s'écoule d'un réservoir E. De la partie supérieure du ballon M partent deux tubes : l'un communique avec un manomètre à air libre O, voisin de l'appareil; l'autre tube HH', qui est de plomb, communique avec une machine pneumatique, ou avec une pompe foulante, suivant qu'on veut raréfier l'air qui est dans le ballon ou le comprimer. Enfin, le réservoir K, dans lequel est le ballon, est rempli d'eau à la température ambiante.

Supposons qu'il s'agisse d'abord de mesurer la tension de la vapeur d'eau au-dessous de 100 degrés. On fixe l'extrémité H' du tuyau de plomb sur la platine d'une machine pneumatique, et au moyen de celle-ci on raréfie l'air dans le ballon M et, par suite, dans le vase C. Chauffant alors doucement ce vase, l'eau qu'il renferme entre en ébullition à une température d'autant plus basse au-dessous de 100 degrés, que l'air a été plus raréfié, c'est-à-dire que la pression qui s'exerce sur le liquide est plus faible. D'ailleurs, les vapeurs se condensant dans le tube AB, qui est refroidi d'une manière constante, la pression indiquée primitivement par le manomètre n'augmente pas, et, par suite, la tension de la vapeur, pendant l'ébullition, reste égale à la pression qui s'exerce sur le liquide.

C'est alors que, consultant d'un côté le manomètre et de l'autre les thermomètres, on détermine la tension de la vapeur à une température connue. Laissant ensuite rentrer un peu d'air dans les tubes et dans le vase C, afin d'augmenter la pression, on fait une nouvelle observation, et l'on continue ainsi jusqu'à 100 degrés.

S'il s'agit de mesurer la force élastique de la vapeur au-dessus de 100 degrés, on fait communiquer l'orifice H' avec une pompe foulante, au moyen de laquelle on soumet l'air du ballon et du vase C à des pressions successives supérieures à celle de l'atmosphère. L'ébullition se trouve alors retardée (334), et il suffit d'observer simultanément le manomètre et les thermomètres pour connaître la tension de la vapeur à une température supérieure à 100 degrés.

Les deux tables ci-après font connaître la tension de la vapeur d'eau, d'après M. Regnault, de — 10 degrés à 100, puis de 100 à 230 degrés. La première table a été trouvée au moyen de l'appareil qui vient d'être décrit.

La seconde a été calculée à l'aide de la formule d'interpolation

$$\log F = a + ba^t + c6^t,$$

dans laquelle F représente la force élastique de la vapeur, t sa température, et a, b, c, a, 6, des constantes qu'on calcule en commençant par déterminer cinq forces élastiques, c'est-à-dire cinq valeurs de F correspondantes à des températures connues, ce qui donne lieu à autant d'équations que d'inconnues.

Tensions de la vapeur d'eau de — 10 degrés à 100, d'après M. Regnault.

TEMPÉRATURES	TENSIONS en millimètres de mercure à zéro.	TEMPÉRATURES	TENSIONS en millimètres de mercure à zéro.	TEMPÉRATURES	TENSIONS en millimètres de mercure à zéro.	TEMPÉRATURES	TENSIONS en millimètres de mercure à zéro.
— 10°	2,093	20°	17,391	50°	91,982	80°	354,643
— 5	3,131	25	23,550	55	117,478	85	433,041
0	4,600	30	31,548	60	148,791	90	525,450
+ 5	6,534	35	41,827	65	186,945	95	663,778
10	9,165	40	54,906	70	233,093	100	760,000
15	12,699	45	71,391	75	288,517		

Tensions, en atmosphères, de 100 degrés à 230,9, d'après M. Regnault.

TEMPÉRATURES.	NOMBRE d'atmosphères.	TEMPÉRATURES.	NOMBRE d'atmosphères.	TEMPÉRATURES.	NOMBRE d'atmosphères.	TEMPÉRATURES.	NOMBRE d'atmosphères.
100,0	1	170,8	8	198,8	15	217,9	22
120,6	2	175,8	9	201,9	16	220,3	23
133,9	3	180,3	10	204,9	17	222,5	24
144,0	4	184,5	11	207,7	18	224,7	25
152,2	5	188,4	12	210,4	19	226,8	26
159,2	6	192,1	13	213,6	20	228,9	27
165,3	7	195,5	14	215,5	21	230,9	28

Ces tables montrent que la force élastique de la vapeur d'eau croît suivant une loi beaucoup plus rapide que la température; mais cette loi n'est pas connue. L'expérience a appris, en outre, que les substances en dissolution, comme les sels, les acides, diminuent, à température égale, la force élastique de la vapeur d'eau, et la diminuent d'autant plus, que la dissolution est plus concentrée.

324. Tension des vapeurs de divers liquides. — La vapeur d'eau, à cause de ses nombreuses applications, a d'abord été seule le sujet des recherches des physiciens; mais M. Regnault, par les mêmes procédés qui lui ont servi à mesurer la force élastique de la vapeur d'eau, a aussi déterminé celles des vapeurs d'un certain nombre de liquides. Le tableau ci-après, qui donne quelques-uns des résultats obtenus par ce savant, fait voir combien, à température égale, les vapeurs des divers liquides diffèrent de tension.

LIQUIDES.	TEMPÉRA-TURES.	TENSIONS en millimètres.	LIQUIDES.	TEMPÉRA-TURES.	TENSIONS en millimètres.
Mercure . .	0	0,02	Éther. . . .	— 20	9
	50	0,11		0	182
	100	0,74		60	1728
				100	4920
Alcool . . .	0	13			
	50	220	Acide sul-fureux . .	— 20	479
	100	1685		0	1165
				60	8124
Sulfure de carbone. .	— 20	43			
	0	132	Ammoniaque	— 30	441
	60	1164		— 20	4273
	100	3329		0	7709

325. Tension dans deux vases communiquants inégalement chauds. — Lorsque deux vases fermés, contenant un même liquide

Fig. 251.

à des températures inégales, sont mis en communication, la tension commune de vapeur qui s'établit dans ces deux vases n'est pas, comme on pourrait le croire, la tension moyenne entre celles qui existent déjà dans chacun d'eux. Par exemple, soient deux ballons, l'un, A (fig. 254), contenant de l'eau maintenue à zéro dans de la glace fondante ; l'autre, B, contenant de l'eau à 100 degrés. Tant que ces deux ballons ne communiquent pas, la tension, dans le premier, est, en millimètres, 4,6, et dans le second, 760, d'après les tables ci-dessus. Mais aussitôt que la communication est établie en ouvrant le robinet C, la vapeur du ballon B, en vertu de son excès de tension, se précipite dans le ballon A ; or, comme elle s'y condense immédiatement, puisque celui-ci est maintenu à zéro, il en résulte que la vapeur ne peut acquérir, dans le ballon B, une tension supérieure à celle du ballon A ; il y a donc simplement distillation de B vers A sans accroissement de tension.

On peut donc poser ce principe général, que, *lorsque deux vases, contenant le même liquide en excès et à des températures inégales, communiquent entre eux, la tension de la vapeur est la même dans ces deux vases, et égale à la tension qui correspond à la plus basse des deux températures.* On verra bientôt l'application faite par Watt, de ce principe, au condenseur des machines à vapeur.

326. Évaporation, causes qui l'accélèrent. — On a déjà vu (345) qu'on entend par *évaporation,* une production lente de vapeur à la surface d'un liquide. C'est par suite d'une semblable évaporation que les étoffes mouillées sèchent à l'air, ou qu'un vase ouvert, rempli d'eau, se vide complétement au bout d'un certain temps. C'est à l'évaporation qui se produit à la surface des mers, des lacs, des rivières et du sol, que sont dues les vapeurs qui s'élèvent dans l'atmosphère, s'y condensent en nuages et se résolvent en pluie.

Quatre causes influent sur la rapidité de l'évaporation d'un liquide : 1° la température ; 2° la quantité de vapeur du même liquide répandue déjà dans l'atmosphère ambiante ; 3° le renouvellement de cette atmosphère ; 4° l'étendue de la surface d'évaporation.

L'accroissement de température accélère l'évaporation par l'excès de force élastique qu'il détermine dans les vapeurs.

Pour comprendre l'influence de la seconde cause, remarquons que l'évaporation d'un liquide serait nulle dans un espace saturé de la vapeur du même liquide, et qu'elle atteindrait son maximum dans un air complétement purgé de cette vapeur. Il résulte de là qu'entre ces deux cas extrêmes, la rapidité de l'évaporation varie, selon que l'atmosphère ambiante est déjà plus ou moins chargée des mêmes vapeurs.

Quant au renouvellement de cette atmosphère, son effet s'explique de la même manière ; car si l'air ou le gaz qui enveloppe le liquide n'est pas renouvelé, il est promptement saturé, et toute évaporation cesse.

L'influence de la quatrième cause est évidente.

327. Ébullition, ses lois. — On nomme *ébullition,* une production rapide de vapeur, en bulles plus ou moins grosses, dans la masse même d'un liquide.

Lorsqu'on chauffe un liquide, de l'eau par exemple, par la partie inférieure, les premières bulles qui apparaissent ne sont autre chose que de l'air en dissolution dans l'eau, qui se dégage. Puis, de petites bulles de vapeur s'élèvent bientôt de tous les points échauffés des parois; mais, traversant les couches supérieures, dont la température est plus basse, elles s'y condensent avant d'atteindre la surface. C'est la formation et la condensation successives de ces premières bulles de vapeur qui occasionnent le bruissement qui précède ordinairement l'ébullition. Enfin de grosses bulles s'élèvent et crèvent à la surface, ce qui constitue le phénomène de l'ébullition (fig. 252).

Tous les liquides susceptibles d'entrer en ébullition présentent les trois lois suivantes, qui se constatent par l'expérience :

1° *La température d'ébullition augmente avec la pression.*

2° *Pour une pression donnée, l'ébullition ne commence qu'à une température*

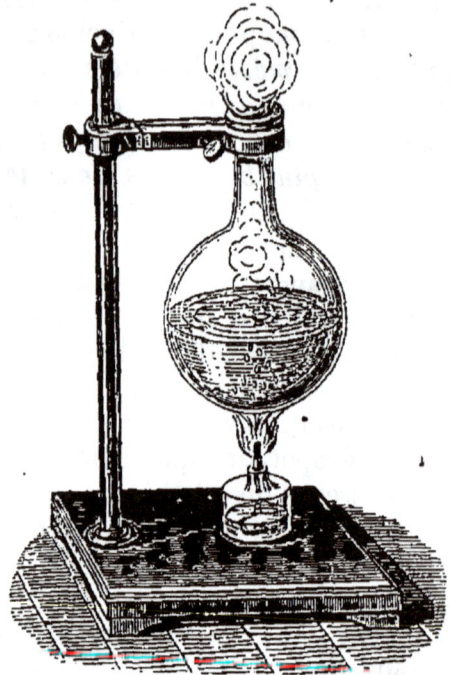

Fig. 252.

déterminée, qui varie d'un liquide à un autre, mais qui, à pression égale, est toujours la même pour un même liquide.

3° *Quelle que soit l'intensité de la source de chaleur, du moment que l'ébullition commence, la température reste stationnaire.*

Températures d'ébullition à la pression 0^m,760.

Acide sulfureux	—10°	Eau distillée	100°
Éther chlorhydrique	+11	Essence de térébenthine	157
Acide sulfurique anhydre	25	Phosphore	290
Éther sulfurique pur	35,5	Acide sulfurique concentré	325
Sulfure de carbone	48	Mercure (au thermomètre à air)	350
Chloroforme	63,5	Soufre	400
Alcool	79	Cadmium (Sainte-Claire Deville	
Benzine	80	et Troost)	860
Acide azotique monohydraté	86	Zinc (id.)	1040

Plusieurs causes peuvent faire varier la température d'ébullition d'un liquide, savoir : les substances en dissolution, la nature des vases, l'absence d'air ou d'autre gaz en dissolution dans le liquide, et la pression. Nous allons successivement faire connaître les effets de ces différentes causes, particulièrement sur l'eau.

328. Influence des substances en dissolution sur la température d'ébullition. — Une substance dissoute dans un liquide, lorsqu'elle n'est point volatile, ou qu'elle l'est moins que le liquide, retarde l'ébullition d'autant plus, qu'il y a une plus grande quantité de cette substance en dissolution. L'eau, qui bout à 100 degrés lorsqu'elle est pure, ne bout qu'aux températures suivantes lorsqu'elle est saturée de différents sels.

L'eau saturée de sel marin bout à. . . . . 109°
— — d'azotate de potasse 116
— — de carbonate de potasse. 135
— — de chlorure de calcium 179

Les dissolutions acides présentent des résultats analogues; mais les substances purement en suspension, comme les matières terreuses, la sciure de bois, n'élèvent pas la température d'ébullition.

Il importe de rappeler ici les expériences de M. Rudberg, déjà citées page 235, dans lesquelles ce savant a constaté que lorsque la température de l'ébullition de l'eau est au-dessus de 100 degrés par l'effet des substances qu'elle tient en dissolution, la température de la vapeur qui se dégage est cependant toujours à 100 degrés, comme avec l'eau pure, si la pression est 0m,760.

329. Influence de la nature des vases sur la température d'ébullition. — Gay-Lussac a observé que, dans un vase de verre, l'eau bout à une température plus élevée que dans un vase de métal, phénomène qu'il a attribué à l'affinité du verre pour l'eau. En prenant pour 100 degrés la température d'ébullition de l'eau distillée, dans un vase de cuivre, à la pression 0m,760, il a trouvé qu'à pression égale, ce liquide, dans un ballon de verre, n'entre en ébullition qu'à 101 degrés; et quand le vase de verre a été bien nettoyé avec de l'acide sulfurique concentré ou de la potasse, la température de l'eau peut s'élever jusqu'à 105 et même 106 degrés. Toutefois un simple fragment de métal placé au fond du ballon suffit pour ramener la température de l'ébullition à 100 degrés, et en même temps pour faire disparaître les soubresauts violents qui accompagnent l'ébullition des dissolutions salines ou acides dans les vases de verre.

De même que pour les substances en dissolution, la température de la vapeur n'est pas influencée par celle que prend l'eau dans les vases de verre. A la pression 0m,760, elle est encore de 100 degrés, ainsi que dans les vases de cuivre.

330. Influence de la privation de l'air sur la température d'é-

bullition. — On a vu, lorsque l'eau est purgée d'air, que son point de congélation peut être retardé de plusieurs degrés (312). Or, la privation d'air dans l'eau change aussi sa température d'ébullition. Deluc remarqua, le premier, que de l'eau privée d'air par l'ébullition et renfermée dans un matras à long col pouvait être portée à 112 degrés sans entrer en ébullition. M. Donny, en 1846, a étudié

Fig. 253.

le même phénomène au moyen d'un tube de verre AB (fig. 253) recourbé à une extrémité, et terminé à l'autre par une grosse boule de même matière et par une plus petite qui se prolonge en pointe effilée. Avant de fermer celle-ci, on introduit de l'eau dans le tube, par le même procédé que pour le thermomètre à alcool (264), puis on fait bouillir un certain temps pour chasser tout l'air du tube et des boules. Soudant alors la pointe effilée à la lampe, il reste de l'eau dans la branche recourbée, et seulement de la vapeur à une très-faible tension dans le tube AB et dans les boules. Or, si l'on plonge maintenant la partie AC remplie d'eau dans un bain concentré de chlorure de calcium, et si l'on chauffe graduellement, le bain arrive à 130 degrés sans qu'il se manifeste aucune ébullition dans le tube. Ce n'est qu'à 138 degrés environ que l'ébullition se manifeste tout à coup, et l'eau est projetée dans les boules, qui sont brisées si elles ne sont pas suffisamment résistantes.

Pour produire le même phénomène, M. Galy-Cazalat a recouvert d'une couche d'huile de l'eau purgée d'air par l'ébullition, et l'a portée à 123 degrés sans que le liquide commençât à bouillir; mais bientôt il se fit une violente explosion de vapeur, laquelle projeta en partie l'eau hors du vase qui la contenait.

334. **Influence de la pression sur la température d'ébullition.** — D'après les tables des forces élastiques données précédemment (page 304), on reconnaît qu'à 100 degrés, température à laquelle l'eau distillée entre en ébullition sous la pression $0^m,760$, la vapeur de ce liquide a une tension précisément égale à cette pression. Ce principe est général et peut s'énoncer ainsi : *Tout liquide entre en ébullition au moment où la tension de sa vapeur égale la pression qu'il supporte.* On conçoit dès lors que, cette pression augmentant ou diminuant, la tension de la vapeur, et par conséquent la température nécessaire à l'ébullition, doivent croître ou décroître.

Pour démontrer que la température d'ébullition s'abaisse lorsque la pression est plus faible, on place sous le récipient de la machine pneumatique une capsule contenant de l'eau à 30 degrés environ, puis on fait le vide. On voit aussitôt le liquide entrer en ébullition avec une grande rapidité, bien qu'en vase clos; ce qui résulte de ce que la vapeur est aspirée par la machine à mesure qu'elle se produit.

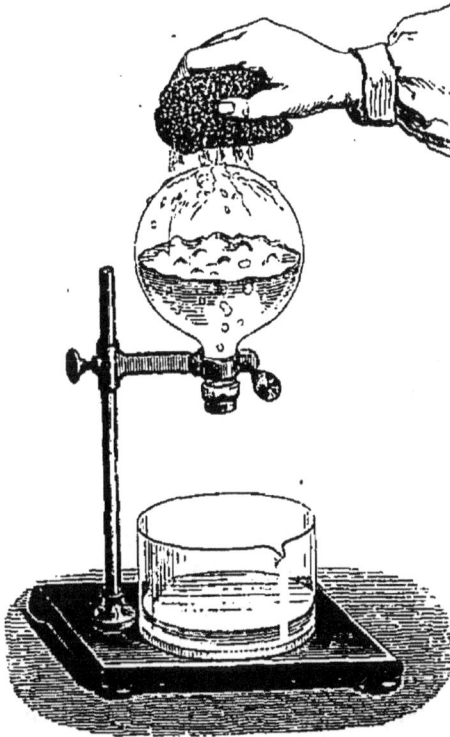

Fig. 254.

On peut faire la même expérience sans avoir recours à la machine pneumatique. Pour cela, on prend un ballon de verre dans lequel on fait bouillir de l'eau pendant quelques instants. Quand on juge que les vapeurs qui se dégagent ont entraîné tout l'air du ballon, on bouche celui-ci hermétiquement, et on le retourne comme le montre la figure 254. Si l'on en refroidit alors la partie supérieure avec une éponge imbibée d'eau froide, les vapeurs se condensent, le vide se fait, et une vive ébullition se produit.

C'est par l'effet de la diminution de la pression atmosphérique que, sur les hautes montagnes, l'eau bout au-dessous de 100 degrés. Sur le Mont-Blanc par exemple, ce liquide entre en ébullition à 84 degrés.

Si, au contraire, la pression augmente, l'ébullition est retardée. Elle n'a lieu pour l'eau, par exemple, qu'à $120°,6$, quand la pression est de deux atmosphères.

332. Bouillant de Franklin. — On démontre encore l'influence de la pression sur la température d'ébullition au moyen du *bouillant de Franklin*. C'est un petit appareil de verre qui se compose d'une boule a et d'un tube b réunis par un tube d'un petit diamètre (fig. 255). Le tube b étant effilé à son extrémité supérieure, avant qu'il soit fermé, on y introduit de l'eau ; puis, faisant passer le liquide dans la boule a, on le fait bouillir en chauffant celle-ci avec une lampe à alcool. Lorsqu'on juge que les vapeurs dues à l'ébullition ont entraîné, en se dégageant, tout l'air qui était dans l'appareil, on ferme l'extrémité du tube b en la fondant à la lampe. Le vide étant alors fait dans l'appareil, ou du moins celui-ci ne contenant plus d'air, l'eau ne supporte d'autre pression que la tension de sa vapeur, tension qui, à la température ordinaire, est très-faible. Il résulte de là que, prenant la boule *a* dans la main, la chaleur seule de celle-ci donne à la vapeur une tension qui refoule l'eau dans le tube *b*, et y détermine une forte ébullition.

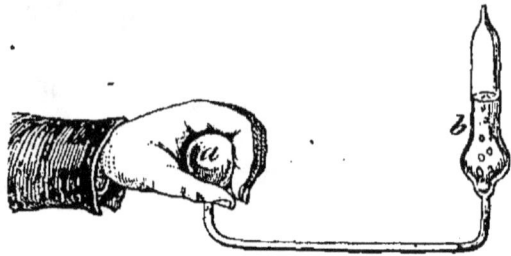

Fig. 255.

333. Mesure de la hauteur des montagnes par la température d'ébullition. — La dépendance qui existe entre la température d'ébullition et la pression donne le moyen, au lieu de mesurer la hauteur des montagnes par le baromètre, de la mesurer par le thermomètre. En effet, si l'on observe, par exemple, que sur le sommet d'une montagne l'eau bout à 95 degrés, tandis qu'à sa base elle bout à 98 degrés, et qu'on cherche dans les tables des forces élastiques les tensions correspondantes, on trouve en millimètres des nombres qui représentent la force élastique de la vapeur au moment où elle se dégage, au sommet et au pied de la montagne, et par suite la pression atmosphérique supportée par l'eau en ébullition aux deux stations. Connaissant ainsi la hauteur du baromètre au sommet de la montagne et à sa base, on applique sans difficulté les formules déjà données pour mesurer la hauteur des montagnes à l'aide du baromètre (152).

Dans cette méthode, on ne fait usage que de thermomètres très-sensibles, gradués seulement de 80 à 100 degrés environ, de manière que, chaque degré occupant une grande étendue sur l'échelle, on puisse apprécier les dixièmes et même les vingtièmes de degré. C'est sur ce principe qu'est construit le *thermomètre hypsométrique* de M. Regnault, dont la tige est graduée seulement de 85 à 100 degrés, chaque degré étant lui-même divisé en 10 parties égales. Pour l'usage de ce thermomètre, M. Regnault a construit des tables qui donnent la tension de la vapeur d'eau pour chaque dixième de degré de 85 à 104.

334. Production de la vapeur en vase clos. — Jusqu'ici nous avons supposé que les vapeurs se produisaient dans un espace indéfini où elles pouvaient se répandre librement. Ce n'est qu'à cette condition qu'il peut y avoir ébullition ; en vase clos, les vapeurs qui se produisent ne trouvant aucune issue, leur tension et leur densité croissent de plus en plus avec la température, mais le dé-

gagement rapide qui constitue l'ébullition est impossible. Par conséquent, tandis que, dans un vase ouvert, la température d'un liquide ne peut dépasser celle de son ébullition, dans un vase clos,
au contraire, elle peut s'élever beaucoup au delà. L'état liquide a
néanmoins alors une limite, car, d'après des expériences dues à
Cagniard-Latour, si l'on introduit de l'eau, de l'alcool ou de l'éther
dans de forts tubes de verre, et qu'on les ferme à la lampe après
en avoir expulsé l'air par l'ébullition, on observe qu'en soumettant
ces tubes à une source de chaleur suffisante, il vient un moment où tout à coup le liquide disparaît en se transformant en vapeurs dont le volume diffère peu de celui du liquide. Cagniard-Latour a trouvé ainsi que l'éther sulfurique se réduit totalement en vapeur à 200 degrés, dans un espace moindre que le double de son volume à l'état liquide, et que la tension est alors de 38 atmosphères.

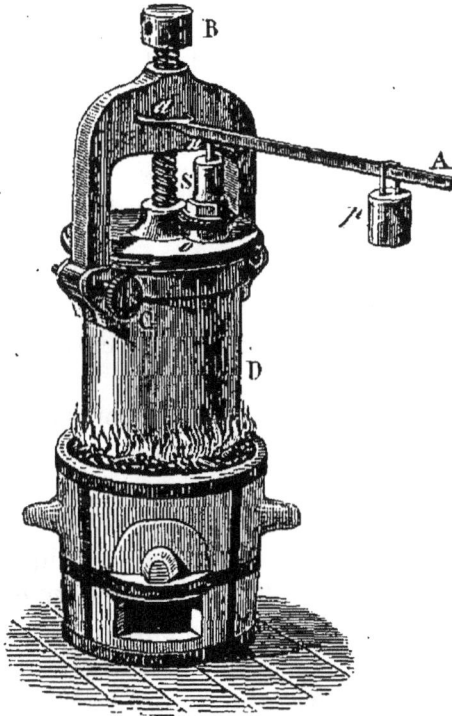

Fig. 256 (h = 50).

335. **Marmite de Papin.** — Papin, médecin français, mort en 1710, paraît être le premier physicien qui ait étudié les effets de la production de la vapeur en vase clos. L'appareil qui porte son nom est un vase cylindrique de bronze D (fig. 256), muni d'un couvercle qui peut se fixer très-
solidement au moyen d'une vis de pression B, qui le maintient
comprimé contre la marmite, malgré la force élastique de la valeur qui tend à le soulever. Afin de fermer hermétiquement l'appareil, on a soin, avant de serrer le couvercle, d'interposer des
feuilles de plomb entre ses bords et ceux de la marmite. A la base
d'une cavité cylindrique qui traverse le cylindre S et la tubulure
o, le couvercle est percé d'un petit trou recouvert d'un disque
sur lequel s'appuie une tige n. Cette tige, qui traverse le cylindre
et la tubulure, se trouve pressée contre le disque obturateur par
un levier A, mobile à son extrémité a. Enfin, un poids p, qui se
déplace le long du levier A a, permet d'exercer sur la tige n une
pression d'autant plus grande, que ce poids est plus loin de l'ex-

trémité *a*, d'après une propriété connue des leviers (45). La charge du disque pouvant ainsi varier, on la règle de manière que, lorsque la vapeur, dans l'intérieur de la marmite, a atteint une tension déterminée, 6 atmosphères par exemple, le disque soit soulevé et donne issue à la vapeur. On peut ainsi éviter la rupture de l'appareil; c'est pourquoi le mécanisme que nous venons de décrire est nommé *soupape de sûreté*.

La marmite de Papin étant remplie d'eau aux deux tiers environ et fermée, on la chauffe sur un fourneau. Le liquide peut ainsi être porté à une température beaucoup au-dessus de 100 degrés, et la tension de la vapeur peut atteindre 5 à 6 atmosphères, suivant la charge qu'on a donnée à la soupape de sûreté.

Si l'on ouvre alors la soupape, un jet de vapeur s'échappe avec sifflement et s'élève à une grande hauteur. L'eau du vase, qui jusque-là n'avait pas bouilli, entre actuellement en ébullition, et sa température s'abaisse jusqu'à 100 degrés.

La marmite de Papin peut être utilisée pour augmenter l'action dissolvante des liquides, en donnant le moyen de les porter à une température supérieure à celle de leur point d'ébullition; c'est pourquoi on lui donne aussi le nom de *digesteur*.

336. Chaleur latente des vapeurs. — D'après la troisième loi de l'ébullition (327), la température des liquides demeurant stationnaire pendant toute la durée du phénomène, il faut en conclure que dans la vaporisation, ainsi que dans la fusion, il y a disparition d'une quantité considérable de chaleur sensible, dont l'unique effet est de faire passer les corps de l'état liquide à l'état aériforme; car cette quantité de chaleur n'agit pas sur le thermomètre, puisque la vapeur qui se dégage est toujours à la même température que son liquide, ou à une température peu inférieure. Cette chaleur disparue, qu'on désigne sous les noms de *chaleur latente*, *chaleur d'élasticité*, *chaleur de vaporisation*, est transformée, d'une part, en travail intérieur pour imprimer aux atomes des positions nouvelles, de l'autre, en travail extérieur, qui communique aux vapeurs leur force expansive au moment du passage de l'état liquide à l'état gazeux.

Quelle que soit la température à laquelle une vapeur se produit, il y a toujours absorption de chaleur latente. Qu'on verse sur la main un liquide volatil, de l'éther par exemple, on ressent un froid très-vif, qui provient de la chaleur d'élasticité absorbée par le liquide qui se vaporise[1]. La chaleur latente ainsi absorbée par

---

[1] Watt avait posé cette loi, que, *pour échauffer à partir de zéro et vaporiser un poids donné d'eau, la quantité totale de chaleur est toujours la même, quelle que soit la température à laquelle la vapeur se produit, et par suite la tension*

les vapeurs peut devenir une source de froid très-intense, capable
de solidifier le mercure (337) et même les gaz, ainsi qu'il sera démontré par l'expérience, en parlant de l'appareil de Thilorier (343).

On verra bientôt (373) comment se détermine la quantité de
chaleur latente absorbée par les différents liquides pendant la vaporisation.

337. **Froid dû à l'évaporation, cryophore, congélation du mer-**

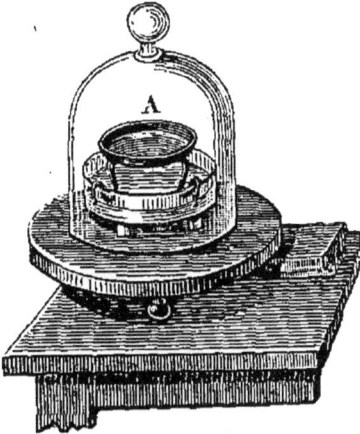

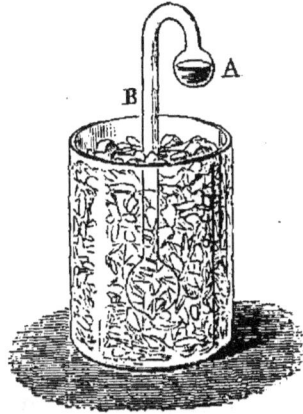

Fig. 257.   Fig. 258.

cure. — On vient de voir que, lorsqu'un liquide se vaporise, une
quantité considérable de chaleur est absorbée, à l'état latent, par
la vapeur qui se dégage (336). Il résulte de là que, si un liquide
qui s'évapore ne reçoit pas une quantité de chaleur équivalente à
celle qui est absorbée par la vapeur, sa température s'abaisse, et le
refroidissement est d'autant plus grand, que l'évaporation est plus
rapide.

Leslie est parvenu à congeler l'eau par le seul effet d'une vaporisation rapide. Pour cela, on place sous le récipient de la machine pneumatique un vase de verre contenant de l'acide sulfurique concentré, et au-dessus une petite capsule A de métal, ou
mieux de liége (fig. 257), contenant quelques grammes d'eau. En

maximum; loi qui suppose que la chaleur latente diminue à mesure que la vaporisation s'opère à une température plus élevée. En effet, si l'on prend pour chaleur de vaporisation de l'eau le nombre 540 (373), l'eau qui se vaporise à 100 degrés
a absorbé depuis zéro jusqu'à son changement d'état 100 + 540 ou 640 unités de
chaleur. Par conséquent, si l'eau qui se vaporise à 150 degrés, par exemple, absorbe encore, d'après la loi de Watt, une quantité totale de chaleur égale à 640,
sa chaleur de vaporisation ne serait plus que 640 − 150, ou 490. Southern, au
contraire, en 1803, donna cette autre loi, que *la chaleur latente absorbée au moment de la vaporisation est constante, quelle que soit la température à laquelle la
vapeur se produit, et par suite la pression.* Mais, d'après les travaux de M. Regnault,
ces deux lois ne sont exactes ni l'une ni l'autre; la quantité totale de chaleur croissant avec la température, tandis que la chaleur latente décroît.

faisant le vide, l'eau entre en ébullition (334), et les vapeurs étant absorbées par l'acide sulfurique à mesure qu'elles se dégagent, il se produit une vaporisation rapide qui amène bientôt la congélation de l'eau qui est dans la capsule.

On arrive au même résultat avec le *cryophore,* dû à Wollaston. C'est un tube de verre recourbé, terminé à ses extrémités par deux boules (fig. 258). Après y avoir introduit un peu d'eau et en avoir expulsé l'air par le même procédé que pour le tube de Donny (330), on fait passer l'eau dans la boule A, et l'on plonge l'autre dans un mélange réfrigérant. Les vapeurs qui sont dans le tube et dans la boule inférieure étant condensées par le froid, l'eau de la boule A entre en ébullition (334) et en fournit de nouvelles. Or, cette production rapide de vapeur ne se faisant qu'avec absorption d'une grande quantité de chaleur qui passe à l'état latent, l'eau de la boule A se refroidit rapidement et se prend bientôt en une masse de glace.

Si l'on opère avec des liquides plus volatils que l'eau, particulièrement avec l'acide sulfureux qui bout à — 10 degrés, on produit un froid assez intense pour congeler le mercure. On fait cette expérience en enveloppant de coton une boule de verre pleine de mercure; puis, après l'avoir arrosée d'acide sulfureux, on la place sous la cloche de la machine pneumatique, et l'on fait le vide; bientôt le mercure est solidifié.

Thilorier, en dirigeant un jet d'acide carbonique liquide sur le réservoir d'un thermomètre à alcool, a vu celui-ci descendre jusqu'à 100 degrés au-dessous de zéro, sans que l'alcool se congelât; mais on a déjà vu (308) qu'avec un mélange de protoxyde d'azote liquéfié, d'acide carbonique solide et d'éther, Despretz a obtenu un froid assez intense pour amener l'alcool à l'état sirupeux épais.

Le froid produit par l'évaporation est utilisé, dans les pays chauds, pour rafraîchir l'eau au moyen d'*alcarazas*. On nomme ainsi des vases de terre assez poreux pour que l'eau filtre lentement à travers et vienne s'évaporer à la surface, surtout si on les place dans un courant d'air.

LIQUÉFACTION DES VAPEURS ET DES GAZ.

338. Liquéfaction des vapeurs. — La *liquéfaction* ou *condensation des vapeurs* est leur passage de l'état aériforme à l'état liquide. Trois causes peuvent opérer la condensation : le refroidissement, la compression et l'affinité chimique. Les deux premières causes exigent que les vapeurs soient à l'état de saturation (348); mais la dernière produit la liquéfaction des vapeurs même les plus raréfiées. C'est ainsi qu'un grand nombre de sels absorbent, en la condensant, la vapeur d'eau de l'atmosphère, en quelque faible proportion qu'elle s'y trouve.

Lorsque les vapeurs se condensent, leur chaleur latente redevient libre, c'est-à-dire sensible au thermomètre. On le constate en faisant arriver un courant de vapeur à 100 degrés dans un vase d'eau à la température ordinaire. Le liquide s'échauffe rapidement et arrive bientôt à 100 degrés. On admet que la quantité de chaleur ainsi restituée par les vapeurs qui se condensent, est précisément égale à celle qu'elles ont absorbée en se formant; ce qui est évident,

339. Distillation, alambics. — La *distillation* est une opération qui a pour objet de séparer un liquide volatil des substances fixes qu'il tient en dissolution, ou bien deux liquides inégalement volatils. Cette opération est fondée sur la transformation des liquides en vapeurs par l'action de la chaleur, et sur la condensation des mêmes vapeurs par le refroidissement.

Les appareils employés pour la distillation se nomment *alambics*. Leur forme peut varier de plusieurs manières, mais ils se composent toujours de trois pièces principales : 1° la *cucurbite* A (fig. 259), vase de cuivre rouge étamé, qui contient le liquide à distiller, et dont la partie inférieure est maçonnée dans un fourneau; 2° le *chapiteau* B, qui se pose sur la cucurbite et donne issue à la vapeur par un col latéral C ; 3° le *serpentin* S, consistant en un long tuyau d'étain ou de cuivre enroulé en hélice, et placé dans une cuve remplie d'eau froide : l'objet du serpentin est de condenser la vapeur en la refroidissant.

S'agit-il de distiller, par exemple, de l'eau de puits ou de rivière pour la débarrasser des sels qu'elle tient en dissolution, et qui sont surtout du sulfate de chaux, du carbonate de chaux et des chlorures, on en remplit la cucurbite aux deux tiers environ, et l'on chauffe; l'eau entre en ébullition, et les vapeurs qui se dégagent vont se condenser dans le serpentin, d'où l'eau distillée provenant de la condensation se rend dans le récipient D, tandis que les matières fixes restent dans la cucurbite.

Les vapeurs qui se condensent échauffant rapidement l'eau de la cuve (338), il importe de renouveler cette eau constamment, sinon la condensation n'aurait plus lieu. A cet effet, un entonnoir, alimenté d'une manière continue par un courant d'eau froide, conduit celle-ci à la partie inférieure de la cuve, tandis que l'eau chaude, qui est moins dense, se porte toujours à la partie supérieure, et se déverse par un tube adapté au haut de la cuve.

La distillation ne doit pas être poussée trop loin, dans la crainte que, l'eau renfermant des matières organiques, celles-ci ne soient décomposées sur les parois chaudes de la cucurbite et ne donnent naissance à des produits volatils.

Fig. 259 (h = 1m,45).

L'eau distillée est parfaitement limpide et ne laisse aucun résidu après son évaporation; mais elle renferme toujours un peu d'acide carbonique, car ce gaz, existant dans toutes les eaux naturelles, ne s'en sépare qu'incomplétement par la distillation. On peut éviter la présence de ce gaz en mettant dans la cucurbite une certaine quantité de chaux qui se combine avec lui et le retient.

C'est par la distillation, à l'aide d'alambics analogues à celui décrit ci-dessus, qu'on extrait des vins l'alcool qu'ils contiennent.

340. Alambic de Salleron pour l'essai des vins. — On doit à M. Salleron, pour déterminer la richesse alcoolique des vins et autres spiritueux, un petit appareil distillatoire, qui est une modification d'un appareil de même genre donné autrefois par Gay-Lussac.

Cet appareil se compose d'un ballon de verre supporté par trois pieds, et chauffé à l'aide d'une lampe à alcool (fig. 260). Un tube met ce ballon en communication avec un serpentin placé dans un vase de cuivre plein d'eau froide, au-dessous duquel est une éprouvette qui reçoit le produit de la distillation. Sur l'éprouvette sont

tracées trois divisions : l'une, *a,* est destinée à marquer le volume
de vin qu'on doit distiller ; les deux autres, marquées $\frac{1}{2}$ et $\frac{1}{3}$, servent à évaluer le volume du liquide résultant de la distillation.

On commence par remplir l'éprouvette jusqu'en *a* du vin à essayer ; puis, ayant versé le contenu dans le ballon, on met celui-ci en communication avec le serpentin. Chauffant alors avec la

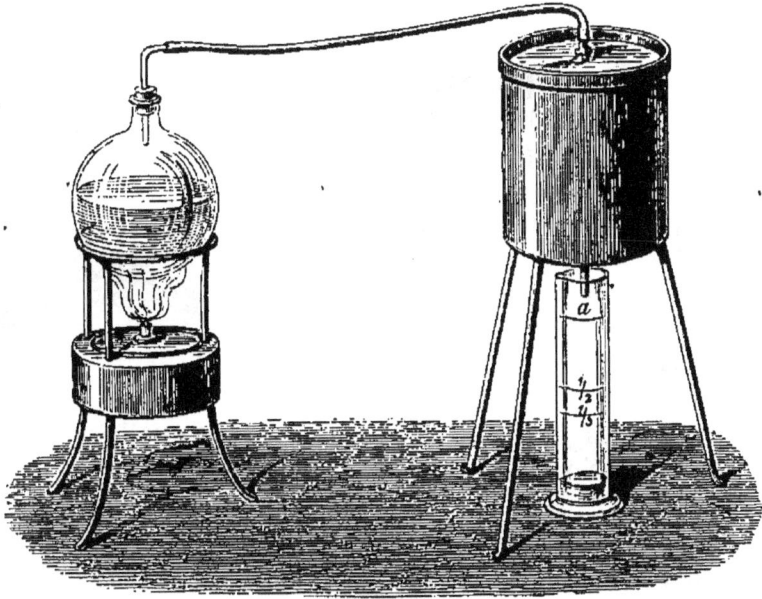

Fig. 260.

lampe, le vin entre en ébullition, et la distillation s'opère. On la prolonge, pour les vins ordinaires, jusqu'à ce que le liquide distillé s'élève dans l'éprouvette à la division $\frac{1}{3}$, et à la division $\frac{1}{2}$ pour les vins très-alcooliques ; car on peut admettre que tout l'alcool du vin est alors passé dans l'éprouvette. Enfin, on achève de remplir l'éprouvette d'eau distillée jusqu'en *a,* ce qui donne un liquide de même volume que celui du vin sur lequel on a expérimenté et également riche en alcool, mais débarrassé de toute substance étrangère. Il ne reste donc qu'à mesurer le degré de ce liquide avec l'alcoomètre de Gay-Lussac (110). A cet effet, l'appareil de M. Salleron est accompagné d'un alcoomètre de ce genre, d'un thermomètre et d'une table de correction.

On construit aussi des *thermomètres alcoométriques* destinés à faire connaître la richesse des vins en alcool d'après leur température d'ébullition. Au sommet de la tige du thermomètre est le nombre 100, qui marque la température d'ébullition de l'eau, et les degrés inscrits au-dessous marquent les centièmes d'alcool pur contenu dans le liquide soumis à l'expérience.

341. Absorption, tubes de sûreté. — On nomme *absorption*, en chimie, un accident qui se produit dans les appareils qui servent à la préparation des gaz, et qui consiste, lorsque ceux-ci sont recueillis sur l'eau ou sur le mercure, en ce que ces liquides pénètrent dans les appareils et font manquer l'opération.

Cet accident a toujours pour cause l'excès de la pression atmosphérique sur la tension du gaz contenu dans l'appareil. Soit, en effet, un gaz, de l'acide sulfureux par exemple, se dégageant d'un matras *m* (fig. 261), et se rendant dans une éprouvette A remplie d'eau. Tant que le gaz se dégage activement, sa tension l'emporte sur la pression atmosphérique et sur le poids de la colonne d'eau *on*; l'eau de l'éprouvette ne peut donc s'élever dans le tube, et l'absorption est impossible. Mais si la tension du gaz décroît, soit

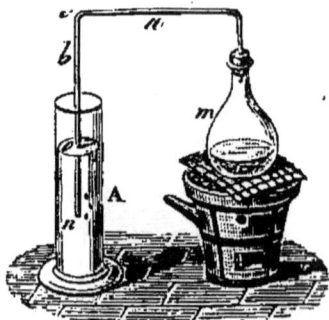

Fig. 261.

parce que le dégagement se ralentit, soit parce que le matras s'est refroidi, la pression extérieure l'emporte, et lorsque l'excès de cette pression sur la pression intérieure surpasse le poids de la colonne d'eau *co*, l'eau pénètre dans le matras, et l'opération est manquée. On prévient cet accident au moyen des *tubes de sûreté*.

On nomme ainsi des tubes destinés à prévenir l'absorption, en laissant rentrer l'air dans les appareils, à mesure que la tension intérieure décroît. Le tube de sûreté le plus simple consiste en un tube Co (fig. 262), traversant le bouchon qui ferme le matras M dans lequel le gaz se produit, et plongeant de quelques centimètres dans le liquide contenu dans ce matras. Quand la tension du gaz diminue dans le vase M, la pression atmosphérique qui s'exerce sur l'eau de la cuve E, la fait monter à une certaine hauteur dans le tube DA; mais cette pression s'exerçant aussi dans le tube Co, tend à déprimer d'autant le liquide qui est dans ce tube, en admettant que ce liquide ait sensiblement la même densité que l'eau de la cuve E. Or, comme la distance *or* est moindre que la hauteur DH, l'air rentre par l'orifice *o*, avant que l'eau de la cuve s'élève jusqu'en A, et il n'y a pas absorption.

Le tube Co sert aussi à prévenir les explosions. Lorsque la production du gaz est trop rapide, et que le tube AD ne peut suffire au dégagement, le liquide contenu dans le matras M est refoulé à l'extérieur et s'échappe par le tube C, qui devient lui-même une issue pour le gaz aussitôt que le niveau s'est abaissé au-dessous de l'orifice *o*.

La figure 263 représente une autre espèce de tube de sûreté, connu sous le nom de *tube en* S. Ce tube possède une boule *a*, contenant une certaine quantité de liquide, ainsi que la branche *id*. Lorsque la tension du gaz, dans la cornue M, surpasse la pression atmosphérique, le niveau dans la branche *id* s'élève plus haut que dans la boule *a*; si le gaz a une tension d'une atmosphère, le ni-

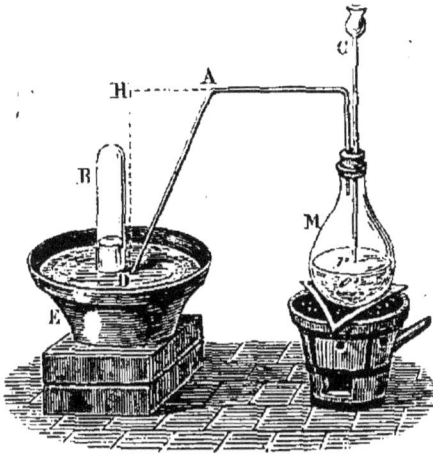

Fig. 262.

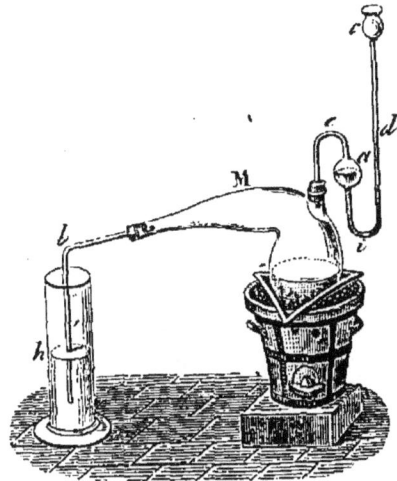

Fig. 263.

veau est le même dans le tube et dans la boule. Enfin, si la tension du gaz est moindre que la pression atmosphérique, le niveau baisse dans la branche *id*, et comme on a soin que la hauteur *ia* soit moindre que *bh*, aussitôt que l'air entré par la boule *c* est arrivé dans la partie courbe *i*, il soulève la colonne *ia* et pénètre dans la cornue avant que l'eau de l'éprouvette se soit élevée jusqu'en *b*; dès lors la tension intérieure égale la pression extérieure, et l'absorption ne peut avoir lieu.

342. Liquéfaction des gaz. — Les gaz, n'étant autre chose que des vapeurs très-dilatées, sont, comme elles, susceptibles d'être liquéfiés. Mais étant très-loin de leur point de liquéfaction, on ne peut les y ramener que par une pression ou un refroidissement plus ou moins considérable. Pour quelques-uns, la compression seule ou le refroidissement suffit; pour la plupart, ces deux procédés de liquéfaction doivent être employés simultanément. Peu de gaz ont résisté à ces deux actions combinées, et l'on doit admettre que ceux qui, comme l'oxygène, l'hydrogène, l'azote, le bioxyde d'azote et l'oxyde de carbone, n'ont pu être liquéfiés, le seraient si l'on pouvait les soumettre à une pression et à un refroidissement suffisants.

Davy et Faraday ont liquéfié un grand nombre de gaz regardés jusqu'alors comme permanents. Leur procédé consiste à renfermer dans un tube de verre recourbé en siphon (fig. 264) des substances qui, par leur réaction chimique, donnent naissance au gaz qu'il s'agit de comprimer; de sorte que ces substances étant contenues dans l'une des branches du siphon, le gaz, à mesure qu'il se dégage, vient se comprimer lui-même et se liquéfier dans l'autre branche, qu'on plonge dans un mélange réfrigérant. Les deux physiciens ont ainsi liquéfié le chlore, l'acide sulfhydrique, l'ammoniaque et l'acide carbonique.

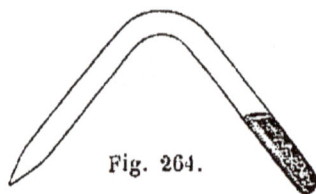

Fig. 264.

343. Liquéfaction et solidification de l'acide carbonique. — L'acide carbonique ne pouvant être amené à l'état liquide que par une pression considérable, sa liquéfaction ne doit s'opérer que dans des appareils spéciaux, présentant la plus grande solidité. Le premier appareil de ce genre a été construit par Thilorier. La figure 265 représente un appareil à liquéfier l'acide carbonique, construit par M. Deleuil; il est une modification de celui de Thilorier, mais une modification importante pour la solidité.

Ce nouvel appareil se compose de deux réservoirs cylindriques P et Q entièrement semblables, mobiles l'un et l'autre, dans un plan vertical, autour de deux pivots soutenus par de forts châssis de fonte VV. Ces réservoirs, qui sont de fonte et d'une capacité de 6 litres environ, ont une épaisseur de 3 centimètres; mais, dans le sens de leur longueur, ils portent quatre nervures ayant 1 centimètre de saillie sur le reste de la paroi et une largeur de 8 centimètres. Pour donner à l'appareil toute la résistance nécessaire, des bandes de fer doux m, partant du haut des réservoirs, s'emboîtent dans le creux formé par deux nervures consécutives, s'enroulent sur le fond inférieur qui est hémisphérique, puis reviennent sur l'autre face se terminer à l'extrémité d'où elles sont parties. Enfin, ces bandes sont fortement maintenues par quatre cercles n, o, p, q, aussi de fer doux. Avant de mettre ces cercles en place, on les porte à la température rouge, de manière qu'en se refroidissant, ils exercent par leur contraction une pression considérable sur les bandes longitudinales et sur les parois des cylindres.

Sur la tête de chaque réservoir est un robinet M, formé de plusieurs pièces. Une clef a sert à le serrer fortement dans un écrou taraudé dans la masse de fonte. Dans le robinet est un conduit vertical qui se bifurque en x vers b et vers d, et met ainsi l'intérieur du cylindre en communication avec deux orifices pratiqués en b et en d, dont on n'ouvre jamais qu'un seul à la fois. Une vis z, qui se serre à l'aide d'une clef *c*, est destinée à fermer le conduit intérieur avant sa bifurcation en *x*. Pour cela, elle comprime une boule de plomb qui ferme hermétiquement l'orifice du conduit. C'est de la même manière que sont fermés les orifices *d* et *b* à l'aide d'écrous de pression.

Fig. 266.

Fig. 265 (h = 85).

Les deux réservoirs étant identiques, on prend pour générateur de l'acide carbonique celui qu'on veut ; l'autre sert de récipient pour sa liquéfaction. Supposons que ce soit le réservoir P qu'on ait choisi pour générateur ; le robinet M étant enlevé, on introduit dans le cylindre 1800 grammes de bicarbonate de soude, 3 litres d'eau chauffée à 39°, et 1 kilogramme d'acide sulfurique. Afin que ce dernier ne décompose pas tout de suite le bicarbonate de soude, on le verse dans un long tube de cuivre rouge R (fig. 266), et on place ce tube, qui reste ouvert à l'extrémité supérieure, dans le cylindre P. Cela fait, on remet le robinet M, qu'on serre fortement, puis, l'ayant fermé, on incline doucement le cylindre, en le faisant osciller sur ses deux pivots, de manière qu'une petite quantité d'acide sulfurique se déverse du vase R et tombe sur le bicarbonate. On incline ainsi successivement l'appareil, mais à plusieurs reprises, jusqu'à ce que tout l'acide soit déversé.

On estime à sept minutes le temps nécessaire pour que la réaction chimique soit terminée. L'acide carbonique qui s'est produit dans le générateur est alors en partie liquéfié et mélangé à l'eau qui a servi à sa préparation. Mais si l'on fait communiquer le récipient Q au générateur par un tube de cuivre r, à petit diamètre, et si l'on desserre la vis z, l'acide carbonique distille dans le récipient, où il se liquéfie de nouveau par sa propre pression. Thilorier a estimé que la pression qui a lieu alors dans le récipient est de 50 atmosphères, la température étant de 15 degrés. En recommençant cinq ou six fois la même opération, on condense dans le récipient jusqu'à deux litres d'acide carbonique liquide.

Pour obtenir le même acide à l'état solide, le robinet du récipient Q porte, à sa partie inférieure, une tubulure qui plonge dans l'acide liquide. Par suite, lorsqu'on ouvre un orifice g placé sur le côté du robinet, par l'effet de la pression qu'il supporte, l'acide carbonique li-

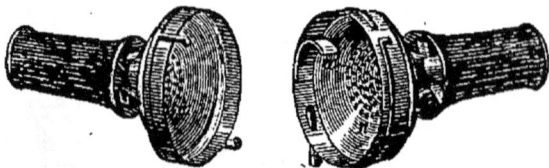

Fig. 267.

quide jaillit avec force, en repassant à l'état aériforme. Mais une partie du liquide seulement se gazéifie, car la chaleur latente absorbée pendant ce changement d'état est si considérable (337), que l'autre partie du liquide, cédant sa chaleur de liquéfaction, se solidifie en flocons blancs, cristallisés sous une forme filamenteuse. On recueille ces flocons dans une boîte sphérique de laiton mince, dont chaque hémisphère est muni d'une tubulure garnie de feutre épais, laquelle sert de poignée (fig. 267). L'acide carbonique liquide arrive par un tube qui pénètre à l'intérieur tangentiellement à la paroi. A la sortie de ce tube, le jet vient frapper sur une petite lame a, qui le divise et accélère la vaporisation. La portion qui se gazéifie se dégage par de petits trous m, n, et par les tubulures qui servent de poignées, tandis que celle qui se solidifie s'agglomère dans l'intérieur de la boîte. Un thermomètre placé dans le jet s'abaisse jusqu'à — 93 degrés.

L'acide carbonique solide ne se vaporise que très-lentement. On peut constater alors, au moyen d'un thermomètre à alcool, que sa température est d'environ — 78 degrés. Cependant, placé sur la main, il n'y produit pas une sensation de froid aussi vive qu'on pourrait le penser, ce qui provient de ce qu'il n'y a pas contact parfait; mais si on le mélange avec de l'éther, le froid est tellement intense, qu'un flocon d'acide carbonique solide placé sur les chairs désorganise les tissus, comme le ferait une vive brûlure. Un pareil mélange solidifie en quelques secondes quatre fois son poids de mercure. En y plongeant un tube plein d'acide carbonique liquide, M. Faraday a pu solidifier ce dernier en une masse compacte présentant l'apparence d'un morceau de glace bien transparente.

Par un refroidissement de — 90°, obtenu au moyen de la vaporisation du gaz ammoniac liquéfié, Drion et Lenoir ont liquéfié l'acide carbonique à la pression d'une atmosphère.

344. Liquéfaction du protoxyde d'azote. — Dans l'appareil qui vient d'être décrit, c'est le gaz acide carbonique qui se comprime lui-même en se produisant en quantité suffisamment abondante. Or, tous les gaz ne s'obtiennent pas dans des conditions convenables pour pouvoir se liquéfier ainsi par leur propre pression. Il faut alors avoir recours à une pression artificielle : c'est de la sorte que M. Natterer a liquéfié plusieurs gaz en les comprimant dans un canon de fusil à l'aide d'une pompe foulante.

M. Bianchi a modifié l'appareil de M. Natterer et lui a donné la forme représentée en perspective dans la figure 268, et en coupe, sur une plus grande échelle, dans la figure 269. Cet appareil se compose d'un réservoir A, de fer forgé, d'une capacité de 7 à 8 décilitres, et pouvant résister à des pressions de plus de 600 atmosphères. A la partie inférieure de ce réservoir est vissée une petite pompe foulante. La tige t de son piston reçoit son mouvement de va-et-vient d'une bielle E, mise en mouvement au moyen d'une manivelle M. Comme la compression du gaz et le frottement du piston donnent lieu à un grand dégagement de chaleur, on entoure le réservoir A d'une cuvette B, dans laquelle est de la glace ; de plus, l'eau provenant de la fusion de la glace se rend par une tubulure m dans un manchon de cuivre C, qui enveloppe la pompe foulante, et de là s'écoule par une seconde tubulure n et un robinet o. Enfin, tout le système est monté sur un châssis de fonte PQ.

Le gaz qu'on veut liquéfier est recueilli d'avance dans des poches imperméables R, d'où il se rend dans un vase V plein de chlorure de calcium, ou de toute autre matière desséchante ; puis, de là, à la pompe foulante, par un tube de caoutchouc H. Lorsqu'on a fait marcher l'appareil un certain temps, on dévisse le réservoir de dessus la pompe, et cela sans que le gaz liquéfié puisse s'échapper, le réservoir A se trouvant hermétiquement fermé, à sa partie inférieure, par une soupape S (fig. 269). Pour recueillir le liquide contenu dans le réservoir, on retourne celui-ci et l'on desserre un bouchon à vis r, qui donne issue au liquide par une tubulure x.

La liquéfaction la plus remarquable obtenue à l'aide de cet appareil est celle du protoxyde d'azote. Une fois liquéfié, ce gaz, quoique en vase ouvert, ne se vaporise que lentement et se maintient à une température fixe de 88 degrés au-dessous de zéro. Le mercure qu'on y projette en petite quantité se congèle aussitôt. Il en

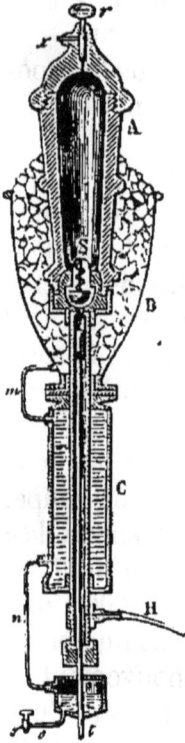

Fig. 269.

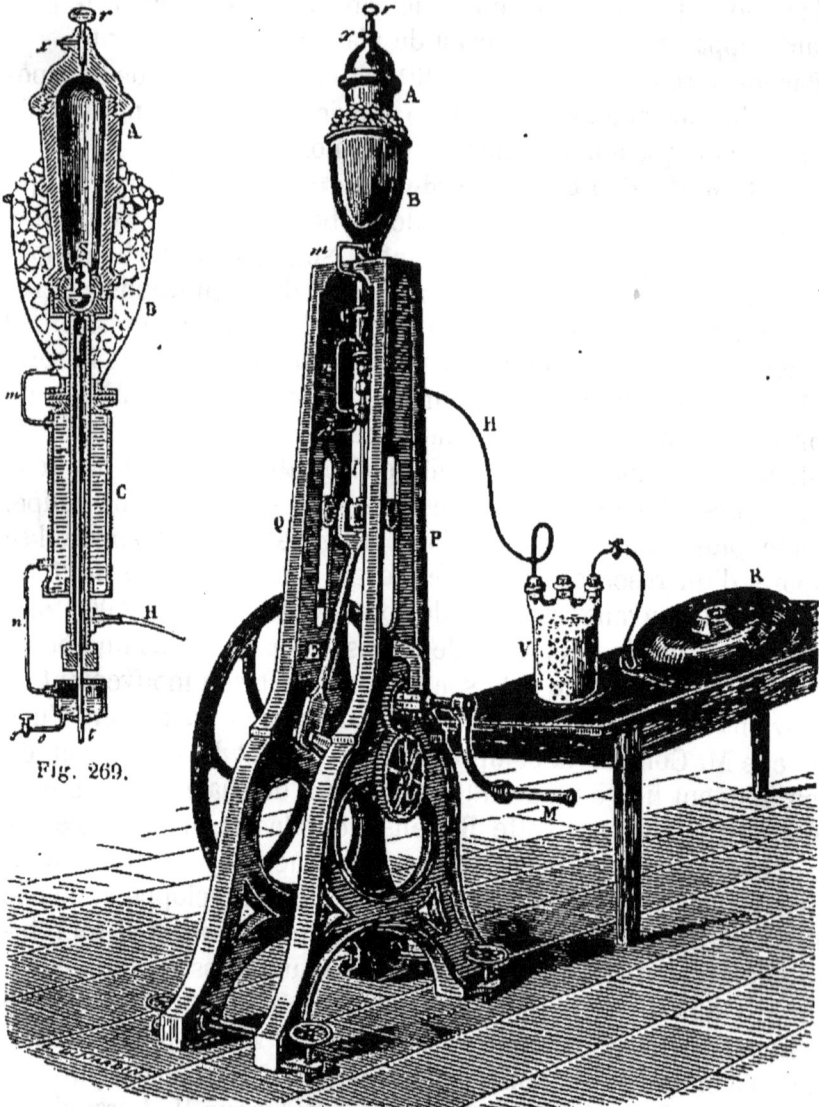

Fig. 268.

est de même de l'eau; mais il faut la verser goutte à goutte, sinon la chaleur latente de ce liquide étant béaucoup plus grande que celle du mercure (372), la chaleur cédée par l'eau, au moment de sa congélation, peut être assez considérable pour faire détoner le protoxyde d'azote.

Le protoxyde d'azote, étant facilement décomposé par la chaleur, a, comme on sait en chimie, la propriété d'entretenir la combustion presque aussi vivement que l'oxygène. Or, il conserve encore cette propriété à l'état liquide, malgré sa basse température. En effet, si l'on y projette un petit morceau de charbon incandescent, celui-ci brûle aussitôt avec un vif éclat.

MÉLANGES DES GAZ ET DES VAPEURS.

345. Loi des mélanges des gaz et des vapeurs. — Tout mélange d'un gaz et d'une vapeur présente les deux lois suivantes :

1° *La tension et, par suite, la quantité de la vapeur qui sature un espace donné sont les mêmes, à température égale, quand cet espace contient un gaz que lorsqu'il est vide.*

2° *La force élastique du mélange égale la somme des forces élastiques du gaz et de la vapeur mélangés, le gaz étant rapporté à son volume primitif.*

Ces lois, connues sous le nom de *lois de Dalton,* qui le premier les a fait connaître, se démontrent au moyen de l'appareil suivant, dû à Gay-Lussac. Il se compose d'un tube de verre A (fig. 270), mastiqué par ses deux extrémités à deux robinets de fer *b* et *d*. Le robinet inférieur est muni d'une tubulure qui met en communication le tube A avec un second tube B d'un plus petit diamètre. Une échelle placée entre ces deux tubes est destinée à mesurer la hauteur des colonnes de mercure contenues dans chacun.

Le tube A étant rempli de mercure sec, et les robinets *b* et *d* étant fermés, on visse d'abord sur le robinet *b,* à la place de l'entonnoir C, un ballon de verre M fermé lui-même par un robinet, et rempli d'air desséché, ou de tout autre gaz. Puis, ouvrant les trois robinets, on laisse écouler du tube A une partie du mercure, qui est remplacée par l'air sec du ballon. On ferme alors les robinets, et comme l'air qui est dans l'espace A s'est dilaté en sortant du ballon, il est à une pression moindre que la pression atmosphérique ; on l'y ramène en versant du mercure dans le tube B, jusqu'à ce que le niveau soit le même dans les deux tubes. Enfin, on enlève le ballon et son robinet, et l'on met à la place un entonnoir C muni lui-même d'un robinet *a,* qui diffère des robinets ordinaires. En effet, il n'est pas percé de part en part, mais porte seulement une petite cavité, ainsi qu'on le voit en *n* sur la gauche de la figure. Ayant versé dans l'entonnoir C le liquide qu'on veut faire vaporiser, ayant noté le niveau *k* du mercure et ouvert le robinet *b,* on tourne le robinet *a* de manière que sa cavité se remplisse de liquide ; puis on le retourne, afin que le liquide pénètre dans l'espace

A et s'y vaporise. On continue à faire tomber ainsi le liquide goutte à goutte, jusqu'à ce que l'air qui est dans le tube soit saturé de vapeur ; ce qu'on reconnaît quand le niveau k du mercure cesse de s'abaisser (348).

Comme la tension de la vapeur qui s'est produite dans l'espace A s'est ajoutée à celle de l'air qui y était déjà, le volume du gaz a augmenté ; mais on le ramène facilement au volume primitif en versant de nouveau du mercure dans le tube B. Lorsque le mercure est ainsi remonté dans le gros tube au niveau k qu'il avait d'abord, on observe dans les tubes B et A une différence de niveau Bo, qui représente évidemment la tension de la vapeur qui s'est produite ; car l'air ayant repris son premier volume, sa tension n'a pas changé. Or, si l'on fait passer dans le vide d'un tube barométrique quelques gouttes du même liquide introduit dans l'espace A, on observe une dépression précisément égale à Bo ; ce qui démontre bien qu'à température égale, la tension d'une vapeur à l'état de saturation est la même dans les gaz que dans le vide : d'où l'on conclut qu'à *température égale, la densité et, par suite, la quantité de vapeur, à volume égal, sont aussi les mêmes.*

Quant à la seconde loi, elle se trouve démontrée par l'expérience

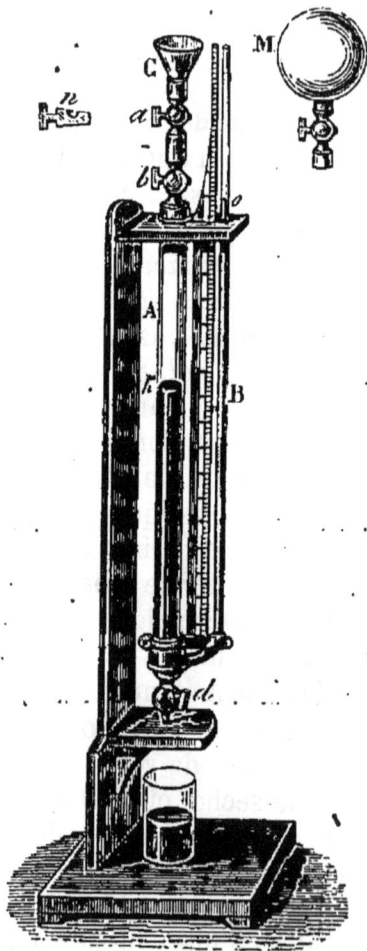

Fig. 270 (h = 1^m,18).

ci-dessus, puisque, lorsque le mercure a repris son niveau k, le mélange supporte la pression atmosphérique qui s'exerce au sommet du tube B, plus le poids de la colonne de mercure Bo. Or, ces deux pressions représentent précisément, l'une la tension de l'air sec, et l'autre la tension de la vapeur. Du reste, la seconde loi peut être regardée comme une conséquence de la première.

L'appareil que nous venons de décrire ne permet d'expérimenter qu'à la température ordinaire ; mais M. Regnault, au moyen d'un appareil qui peut être porté à différentes températures, a comparé successivement, dans l'air et dans le vide, les tensions des vapeurs d'eau, d'éther, de sulfure de carbone et de benzine, et il a constamment observé que la tension dans l'air est plus faible que dans le vide. Toutefois les différences sont tellement petites, qu'elles n'infirment pas la loi de Dalton et de Gay-Lussac; aussi M. Regnault pense-t-il qu'on doit continuer à admettre cette loi comme rigoureuse théoriquement, attribuant les petites différences qu'il a constatées à l'affinité hygroscopique des parois des tubes.

346. Problèmes sur les mélanges des gaz et des vapeurs. — I. Étant donné un volume d'air sec V, à la pression H, on demande quel sera son volume V' quand il sera saturé, la température et la pression restant les mêmes.

Si l'on représente par F la force élastique de la vapeur qui sature l'air, celui-ci, dans le mélange, est seulement soumis à la pression H — F (345, 2°). Or, d'après la loi de Mariotte, les volumes V et V' étant en raison inverse des pressions qu'ils supportent, on a
$$\frac{V'}{V} = \frac{H}{H-F}, \quad \text{d'où} \quad V' = \frac{VH}{H-F}.$$

II. Étant donné un volume d'air saturé V, à la pression H et à la température t, quel sera son volume V', aussi saturé, à la pression H' et à la température t'?

Si l'on représente par f la tension maximum de la vapeur à t degrés, et par f' aussi sa tension maximum à t' degrés, l'air seul, dans chacun des mélanges V et V', sera soumis respectivement aux pressions H — f et H' — f'. En supposant d'abord la température constante, on aura donc, d'après la loi de Mariotte,
$$V' = \frac{V(H-f)}{H'-f'} \text{ à } t \text{ degrés, d'où } V' = \frac{V(H-f)}{(H'-f')(1+at)} \text{ à zéro; donc, à } t' \text{ degrés,}$$
$$V' = \frac{V(H-f)(1+at')}{(H'-f')(1+at)}.$$

III. On demande le poids P d'un volume d'air V, saturé de vapeur d'eau, à la température t et à la pression H, la densité de la vapeur étant $\frac{5}{8}$.

Pour résoudre cette question, observons que le volume V d'air saturé est en réalité un mélange de V litres d'air sec à t degrés, à la pression H moins celle de la vapeur, et de V litres de vapeur saturée à t.

Or, si l'on représente par F la tension de la vapeur, la pression de l'air considéré seul sera H — F, et le problème est ainsi ramené à chercher : 1° le poids de V litres d'air sec à t degrés et à la pression H — F; 2° le poids de V litres de vapeur saturée à t degrés et à la pression F.

Pour résoudre la première partie du problème, on sait qu'un litre d'air sec à zéro et à la pression 76 pèse 1gr,293, et qu'à t degrés et à la pression H — F il pèse $\dfrac{1^{gr},293\,(H-F)}{(1+at)\,76}$ (297, prob. vi); donc V litres d'air sec pèsent
$$\frac{1^{gr},293\,V\,(H-F)}{(1+at)\,76} \quad [1].$$

Enfin, pour obtenir le poids de la vapeur, il faut d'abord chercher le poids d'un même volume d'air sec, à la même température et à la même pression, puis le multiplier par la densité de la vapeur (297, prob. vii). Or, V litres d'air sec, à t degrés et à la pression F, pesant $\dfrac{1^{gr},293\,V\times F}{(1+at)\,76}$, V litres de vapeur, dont la densité est $\frac{5}{8}$, pèsent
$$\frac{1^{gr},293\,V\times F\times 5}{(1+at)\,76\times 8} \quad [2].$$

Donc, enfin, le poids cherché P égalant la somme des poids [1] et [2], on a

$$P = \frac{1^{gr},293 \; V \; (H-F)}{(1+\alpha t) \; 76} + \frac{1^{gr},293 \; V \times F \times 5}{(1+\alpha t) \; 76 \times 8} = \frac{1^{gr},293 \; V}{(1+\alpha t) \; 76} \left(H - \frac{3}{8} F \right).$$

ÉTAT SPHÉROÏDAL.

347. Expériences de M. Boutigny. — Les liquides versés sur des surfaces métalliques incandescentes présentent des phénomènes remarquables, observés pour la première fois par Leidenfrost, il y a près d'un siècle, e tétudiés ensuite par quelques physiciens ; mais c'est particulièrement M. Boutigny qui depuis quelques années a fait connaître les expériences curieuses dont nous allons exposer les principales.

Ayant chauffé jusqu'au rouge une capsule d'argent ou de platine, à parois épaisses, si l'on y verse quelques grammes d'eau au moyen d'une pipette, on remarque que le liquide ne s'étale pas dans la capsule et ne la mouille pas, comme il le ferait à la température ordinaire, mais qu'il prend la forme d'un globule aplati, ce que M. Boutigny exprime en disant que le liquide passe à l'*état sphéroïdal*. A cet état, l'eau est animée d'un mouvement giratoire rapide sur le fond de la capsule, et non-seulement elle n'entre pas en ébullition, mais elle se vaporise 50 fois plus lentement que s'il y avait ébullition. Enfin, si la capsule se refroidit, il vient un moment où elle n'est plus assez chaude pour maintenir l'eau à l'état sphéroïdal. Ses parois sont alors mouillées par le liquide, et une ébullition violente se manifeste tout à coup.

Tous les liquides peuvent prendre l'état sphéroïdal, et la température nécessaire pour que le phénomène se produise est d'autant plus élevée, que le point d'ébullition du liquide l'est lui-même davantage. Pour l'eau, la capsule doit être chauffée au moins à 200 degrés ; pour l'alcool, à 134.

M. Boutigny a observé que la température des liquides à l'état sphéroïdal est constamment inférieure à celle de leur ébullition. L'eau, par exemple, reste à 95°,5 ; l'alcool, à 75°,5 ; l'éther, à 34° ; l'acide sulfureux, à — 10°,5. Mais la température de la vapeur qui se dégage est égale à celle de la capsule, d'où l'on doit conclure que cette vapeur ne se produit pas dans la masse du liquide.

Cette propriété des liquides à l'état sphéroïdal, de se maintenir à une température inférieure à celle de leur point d'ébullition, a conduit M. Boutigny à une expérience remarquable, celle de la congélation de l'eau dans une capsule incandescente. Ce physicien chauffe au rouge blanc une capsule de platine et y verse quelques grammes d'acide sulfureux anhydre. Ce liquide, qui ne bout qu'à — 10 degrés, se comporte dans la capsule comme on l'a vu ci-dessus, c'est-à-dire que sa température s'abaisse au-dessous de — 10 degrés. Si alors on ajoute à l'acide sulfureux une petite quantité d'eau, celle-ci, refroidie par l'acide, se congèle instantanément, et la capsule étant encore rouge, on en retire, non sans étonnement, un morceau de glace.

A l'état sphéroïdal, il n'y a point contact entre le liquide et le corps chaud. M. Boutigny s'en est assuré en faisant rougir une plaque d'argent disposée bien horizontalement, et en versant dessus un gramme d'eau colorée en noir. Ce liquide passe à l'état sphéroïdal ; or, si l'on place la flamme d'une bougie à une certaine distance sur le prolongement de la plaque, on distingue nettement et d'une manière continue cette flamme entre le sphéroïde d'eau et la plaque. On conclut de là que le liquide se maintient à une petite distance de celle-ci, ou qu'il fait des vibrations assez rapides pour que l'œil ne puisse les distinguer.

Pour expliquer les phénomènes que présentent les liquides à l'état sphéroïdal, on admet que le globule liquide est soutenu à distance du vase par la tension de la vapeur qui se produit à sa surface, en sorte que le liquide, n'étant pas chauffé par contact, mais seulement par rayonnement, ne se vaporise que lentement, surtout si l'on observe que l'eau étant diathermane pour les rayons émis par une source intense (406), la plus grande partie de la chaleur rayonnante la traverse sans l'échauffer. M. Boutigny pense que la cause qui empêche le liquide de mouiller le métal est une force répulsive qui se produit entre le corps chaud et le liquide, répulsion qui serait d'autant plus intense, que la température est plus élevée. Cette hypothèse s'accorde avec l'expérience suivante de M. Perkins, en Angleterre. Un robinet ayant été posé sur un générateur de vapeur, au-dessous du niveau de l'eau, le liquide ne s'écoulait pas par le robinet lorsque les parois du générateur étaient portées à une très-haute température, quoique la pression intérieure fût considérable; mais, à une température moins élevée, le liquide jaillissait avec force.

* DENSITÉS DES VAPEURS.

348. Méthode de Gay-Lussac. — La *densité d'une vapeur* est le rapport entre le poids d'un certain volume de cette vapeur et celui d'un même volume d'air, à température et à tension égales.

Deux méthodes ont été suivies pour déterminer les densités des vapeurs : la première, due à Gay-Lussac, est applicable aux liquides qui entrent en ébullition au-dessous de 100 degrés ou peu au-dessus; la seconde, due à M. Dumas, permet d'opérer à des températures qui peuvent aller jusqu'à 360 degrés environ.

La figure 271 représente l'appareil de Gay-Lussac. Il se compose d'une marmite de fonte remplie de mercure dans lequel plonge un manchon de verre M. Celui-ci est plein d'eau ou d'huile, dont la température est indiquée par un thermomètre T. Dans l'intérieur du manchon est une cloche graduée C, qui est d'abord remplie de mercure.

Pour expérimenter avec cet appareil, on introduit le liquide à vaporiser dans une petite ampoule de verre comme celle qui est représentée en A, à gauche de la figure; fermant ensuite cette ampoule à la lampe, on la pèse, et en retranchant du poids obtenu celui de l'ampoule quand elle était vide, on a le poids du liquide introduit. On fait alors passer l'ampoule dans la cloche C, et l'on chauffe graduellement jusqu'à ce que l'eau du manchon atteigne une température supérieure de quelques degrés à celle à laquelle le liquide de l'ampoule entre en ébullition. Celle-ci éclate par la vaporisation du liquide qu'elle contient, et la tension de la vapeur déprime le mercure qui est dans la cloche, comme on le voit dans la figure. Il importe que l'ampoule soit assez petite pour que tout le liquide qu'on y a introduit soit réduit en vapeur. C'est ce qui a lieu lorsque, le bain ayant atteint la température d'ébullition du liquide de l'ampoule, le niveau du mercure est cependant un peu plus haut à l'intérieur de la cloche qu'à l'extérieur. Cela montre, en effet, qu'il ne reste pas sous la cloche de liquide non vaporisé, car alors le niveau intérieur serait le même qu'à l'extérieur (331). On est donc certain que le poids du liquide qui était dans l'ampoule représente exactement le poids de la vapeur qui

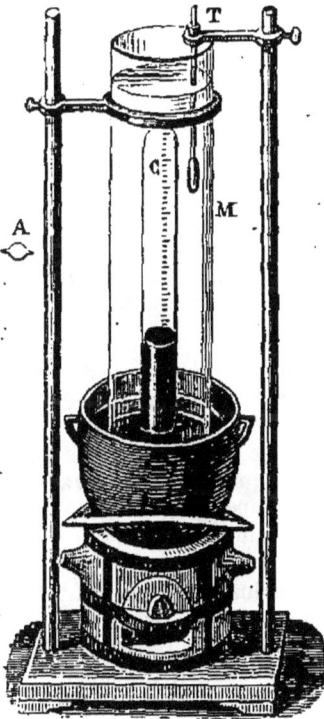

Fig. 271 (h = 51).

s'est formée dans la cloche C. Quant au volume de cette vapeur, il est connu au moyen de l'échelle graduée qui est sur la cloche. Sa température est donnée par le thermomètre T, et la pression égale la hauteur du baromètre, moins celle du mercure qui reste dans la cloche. Il n'y a donc plus qu'à calculer le poids d'un volume d'air égal à celui de la vapeur, dans les mêmes conditions de température et de pression ; puis enfin à diviser le poids de la vapeur par celui de l'air : le quotient est la densité ou le poids spécifique cherché.

Voici, du reste, la marche à suivre pour établir ces calculs. Représentons par p le poids de la vapeur en grammes, par v son volume en litres, par t sa température, par H la hauteur du baromètre, et par h la hauteur du mercure dans la cloche, d'où il résulte que la pression de la vapeur est H — h.

Il s'agit d'obtenir le poids p' d'un volume d'air v à la température t et sous la pression H — h. Or, à zéro et sous la pression 0ᵐ,76, un litre d'air pesant 1ᵍʳ,293, le poids du volume v, à la même pression et à zéro, est 1ᵍʳ,293 × v. Pour calculer le poids du même volume d'air à t degrés, soit α le coefficient de dilatation de l'air, le volume sera augmenté de zéro à t degrés dans le rapport de t à $1 + \alpha t$; au contraire, le poids, à volume égal, décroît dans le rapport de $1 + \alpha t$ à 1. Donc le poids du volume d'air v, à t degrés et à la pression 0ᵐ,76, est

$$\frac{1^{\text{gr}},293 \times v}{1 + \alpha t} \quad (297, \text{ prob. vi}).$$

Enfin, le poids d'un même volume d'air étant proportionnel à la pression, on passe de la pression 0ᵐ,76 à la pression H — h, en multipliant la quantité $\dfrac{1^{\text{gr}},293 \times v}{1 + \alpha t}$ par $\dfrac{H - h}{0,76}$, ce qui donne $\dfrac{1^{\text{gr}},293 \times v\,(H - h)}{(1 + \alpha t) \times 0^{\text{m}},76}$ pour le poids p' d'un volume d'air v à la pression H — h et à t degrés. Par conséquent, on a, pour la densité cherchée,

$$D = \frac{p}{p'} = \frac{p\,(1 + \alpha t)\,0^{\text{m}},76}{1^{\text{gr}},293\,v\,(H - h)}.$$

349. Méthode de M. Dumas. — Le procédé que nous venons de décrire n'est pas applicable aux liquides dont le point d'ébullition surpasse 150 ou 160 degrés. En effet, pour porter à cette température l'huile dont on remplit alors le manchon, il faut chauffer le mercure qui est dans la marmite à un degré beaucoup plus élevé, auquel il se dégage des vapeurs mercurielles qu'il est dangereux de respirer. De plus, dans la cloche graduée, la tension de la vapeur de mercure tend à s'ajouter à celle de la vapeur sur laquelle on expérimente, ce qui serait une cause d'erreur.

Le procédé suivant, dû à M. Dumas, permet d'opérer jusqu'à la température à laquelle le verre serait déformé, c'est-à-dire environ 400 degrés. L'appareil se compose d'un ballon de verre B à col effilé (fig. 272), d'un demi-litre de capacité environ. Après avoir bien desséché ce ballon intérieurement et extérieurement, on le pèse pendant qu'il ne contient que de l'air, ce qui donne le poids du verre. On introduit ensuite, par la pointe effilée, le liquide qu'on veut vaporiser, puis on plonge le ballon dans un bain d'eau saturée de sel, ou dans un bain d'huile de pied de bœuf ou d'alliage de Darcet, suivant la température d'ébullition du liquide qui est dans le ballon.

Afin de maintenir celui-ci dans le bain, on fixe, sur l'une des anses de la marmite qui le contient, une tige de fer, le long de laquelle peut glisser un support de même métal. Ce support porte deux anneaux entre lesquels est placé le ballon, ainsi que le montre la figure. Sur l'autre anse, une tige semblable à la première porte un thermomètre à poids D.

Ayant plongé le ballon et le thermomètre dans le bain, on chauffe un peu au delà de la température d'ébullition du liquide qui est dans le ballon. La vapeur, en se dégageant par la pointe effilée, chasse l'air qui est dans l'appareil. Au moment où cesse le jet de vapeur, ce qui a lieu lorsque tout le liquide est vaporisé, on ferme à la lampe, avec un chalumeau, la pointe effilée du ballon, en ayant soin de noter aussitôt la température du bain et la hauteur du baromètre. Enfin, lorsque le ballon est refroidi et essuyé avec soin, on le pèse de nouveau, et le poids P' qu'on obtient représente celui de la vapeur qu'il contient, plus le poids du verre, moins celui de l'air déplacé (168). Pour avoir le poids de la vapeur, il faut donc de P' retrancher le poids du verre, et ajouter à la différence le poids de l'air déplacé, ce qui sera facile après qu'on aura déterminé le volume du ballon.

Pour cela, on plonge la pointe effilée dans le mercure, et l'on en brise l'extrémité avec une petite pince. Comme la vapeur s'est condensée, le vide s'est fait dans le ballon, d'où il résulte que le mercure s'y précipite par l'effet de la pression atmosphérique, et le remplit complétement si tout l'air en a été expulsé. C'est en versant ensuite, dans une cloche graduée, le mercure qui est entré dans le ballon, qu'on détermine le volume de ce dernier à la température ordinaire. Par le calcul on en déduit facilement le volume du ballon, à la température du bain (282, prob. vi), et, par suite, celui de la vapeur à la même température. Étant ainsi arrivé par ce procédé, comme par celui de Gay-Lussac, à connaître le poids d'un certain volume de vapeur, à une température et à une pression déterminées, le reste du calcul se fait comme ci-

Fig. 272.

dessus. S'il restait de l'air dans le ballon, celui-ci ne se remplirait pas complétement de mercure, mais le volume du mercure introduit représenterait encore le volume de la vapeur.

Densités de quelques vapeurs par rapport à l'air.

Air.	1,0000	Vapeur d'essence de térében-		
Vapeur d'eau.	0,6235	thine.	5,0130
— d'alcool	1,6138	— de mercure.	6,976.
— d'éther sulfurique. . .	2,5860	— d'iode	8,716.
— de sulfure de carbone.	2,6447		

350. **Rapport entre un volume de liquide et celui de sa vapeur.**
— La densité d'une vapeur étant connue, on en déduit facilement le volume qu'un poids connu de cette vapeur doit occuper, à l'état de saturation, à une température donnée. Soit proposé, par exemple, de calculer le volume d'un gramme de vapeur d'eau à 100 degrés et à la pression 0m,76.

La densité de la vapeur d'eau, à 100 degrés, étant, par rapport à celle de l'air, 0,6235, on aura le poids d'un litre de vapeur d'eau à 100 degrés et à la pression 0m,76, en cherchant le poids d'un litre d'air à la même température et à la même pression, et en le multipliant par 0m,6235. Or, on a vu (297, prob. vi) qu'en représentant par P' le poids d'un litre d'air à t degrés, par P le poids du même volume à zéro, et par α le coefficient de dilatation de l'air, on a $P' = \dfrac{P}{1 + \alpha t}$. Par conséquent, le poids d'un litre d'air sec, à 100 degrés, est

$$\frac{1^{gr},293}{1 + 0,00367 \times 100} = \frac{1^{gr},293}{1,367} = 0^{gr},946.$$

Par suite, un litre de vapeur saturée, à 100 degrés et à la pression 0m,76, pèse

$$0^{gr},946 \times 0,6235 = 0^{gr},5898.$$

Pour avoir, à la même température et à la même pression, le volume V occupé par 1 gramme de vapeur, il n'y a qu'à diviser 1 gr. par 0gr,5898; d'où

$$V = 1^{lit},695 = 1695 \text{ centimètres cubes.}$$

En se transformant en vapeur à 100 degrés et à la pression 0m,76, l'eau prend donc un volume près de 1700 fois plus grand qu'à l'état liquide.

CHAPITRE VI.

HYGROMÉTRIE.

351. Objet de l'hygrométrie. — L'*hygrométrie* a pour objet de déterminer la quantité de vapeur d'eau contenue dans un volume d'air déterminé. Cette quantité est très-variable; mais l'air n'est jamais saturé de vapeur d'eau, du moins dans nos climats. Il n'est non plus jamais complétement sec; car si l'on y expose des substances· *hygrométriques,* c'est-à-dire ayant une grande affinité pour l'eau, comme le chlorure de calcium, l'acide sulfurique, en tout temps ces substances absorbent de la vapeur d'eau.

352. État hygrométrique. — L'air n'étant point, en général, saturé, on nomme *état hygrométrique* ou *fraction de saturation* de l'air, le rapport de la quantité actuelle de vapeur d'eau qu'il renferme à la quantité qu'il contiendrait s'il était saturé, la température étant la même dans les deux cas. Le degré d'humidité de l'air ne dépend pas de la quantité absolue de vapeur d'eau contenue dans l'atmosphère, mais de la plus ou moins grande distance à laquelle l'air se trouve de l'état de saturation. L'air, lorsqu'il est froid, peut être très-humide avec peu de vapeur, et très-sec, au contraire, avec une plus grande quantité, lorsqu'il est chaud. Par exemple, l'air contient, en général, plus d'eau l'été que l'hiver, et cependant il est moins humide, parce que, la température étant plus élevée, la vapeur est plus loin de son point de saturation. De même, lorsqu'on chauffe un appartement, on ne diminue point la quantité de vapeur qui est dans l'air, mais on diminue l'humidité de celui-ci, parce qu'on recule son point de saturation. L'air peut même devenir alors assez sec pour nuire à l'économie animale; c'est pour cela qu'il est bon de placer sur les poêles des vases contenant de l'eau.

La loi de Mariotte s'appliquant aux vapeurs non saturées de même qu'aux gaz (319), il en résulte qu'à égalité de température et de volume, le poids de la vapeur, dans un espace non saturé, croît comme la pression, et, par conséquent, comme la tension de cette même vapeur. On peut donc au rapport des quantités de vapeur substituer celui des forces élastiques correspondantes, et dire que *l'état hygrométrique de l'air est le rapport entre la force élastique de la vapeur d'eau qu'il contient et la force élastique de la vapeur qu'il contiendrait à la même température s'il était saturé.* .

C'est-à-dire qu'en représentant par f la tension de la vapeur qui est dans l'air, par F celle de la vapeur saturée à la même température, et par E l'état hygrométrique, on a $E = \dfrac{f}{F}$, d'où $f = F \times E$.

Comme conséquence de la seconde définition ci-dessus, il importe de remarquer que, la température ayant varié, l'air peut contenir la même quantité de vapeur, et cependant ne pas avoir le même état hygrométrique. Par exemple, lorsque la température s'élève, la force élastique de la vapeur que contiendrait l'air, à l'état de saturation, croît plus rapidement que la force élastique de la vapeur qui se trouve actuellement dans l'air, et alors le rapport de ces forces, c'est-à-dire l'état hygrométrique, devient plus petit.

On verra bientôt (360) comment de l'état hygrométrique on déduit le poids de la vapeur contenue dans un volume donné d'air.

353. **Différentes espèces d'hygromètres.** — On nomme *hygromètres,* des instruments qui servent à déterminer l'état hygrométrique de l'air. On en a imaginé un fort grand nombre, qu'on peut rapporter à quatre sortes principales : les *hygromètres chimiques,* les *hygromètres à absorption,* les *hygromètres à condensation,* et les *psychromètres.*

La méthode du psychromètre consiste à observer simultanément deux thermomètres, l'un sec et l'autre dont le réservoir est constamment mouillé. De la différence de température qu'ils indiquent on déduit par le calcul l'état hygrométrique de l'air. Nous ne décrirons pas cet instrument, la formule que son inventeur, M. August, de Berlin, a donnée pour l'appliquer, n'étant pas générale et devant être modifiée suivant les circonstances dans lesquelles se trouve l'appareil.

354. **Hygromètre chimique.** — Le procédé de l'hygromètre chimique consiste à faire passer un volume connu d'air sur une substance avide d'eau, sur du chlorure de calcium par exemple. Ayant pesé la substance avant le passage de l'air et la pesant après, on trouve un excès de poids, qui est celui de la vapeur qui était contenue dans l'air. Pour faire passer à volonté un volume d'air plus ou moins considérable, on dispose l'expérience comme le montre la figure 273. Deux réservoirs de laiton A et B, identiques

de construction et de capacité, servent successivement d'aspira-
teurs. A cet effet, ils sont fixés à un même axe autour duquel on
les fait alternativement basculer. De plus, ils communiquent entre
eux par une tubulure centrale; tandis que par deux tubulures pratiquées dans l'axe ils sont toujours en communication, le réservoir
inférieur avec l'atmosphère, et le supérieur, par l'intermédiaire

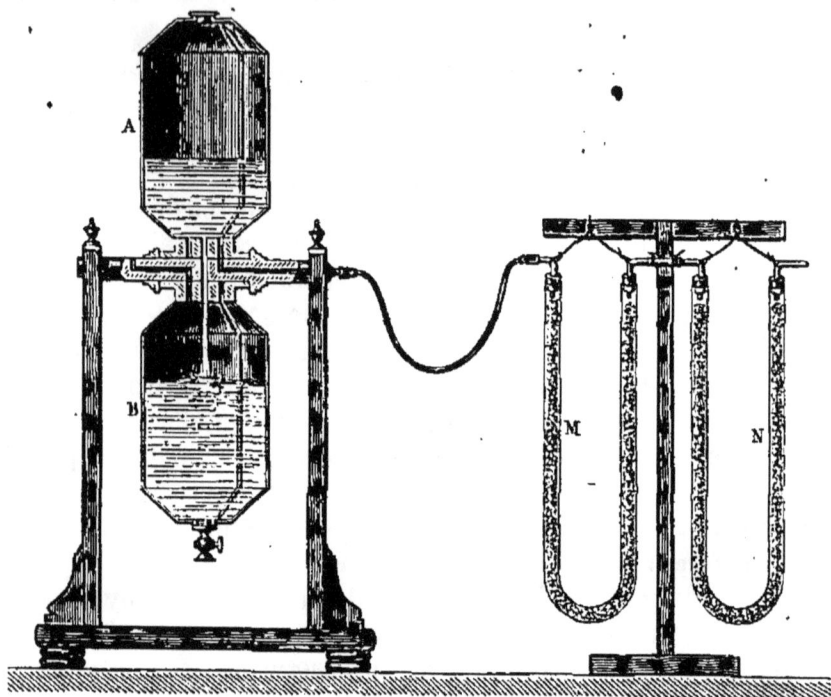

Fig. 273.

d'un tube de caoutchouc, avec une série de tubes M, N, remplis
de chlorure de calcium ou de pierre ponce sulfurique. Le premier
de ces tubes, N, est destiné à absorber la vapeur d'eau contenue
dans l'air aspiré; le second, M, arrête la vapeur qui tend à passer
des réservoirs dans le tube N.

Le réservoir inférieur étant plein d'eau et l'autre plein d'air,
on fait basculer l'appareil, de manière que le liquide s'écoule lentement de A en B. Le vide se faisant alors en A, l'air rentre par
les tubes N, M, dans le premier desquels toute la vapeur est absorbée. Quand toute l'eau s'est écoulée en B, on fait basculer de nouveau l'appareil; le même écoulement recommence et le même volume d'air est aspiré à travers le tube N. En sorte que, si la capacité de chaque réservoir est, par exemple, de 10 litres, et qu'on
ait fait basculer cinq fois l'appareil, 50 litres d'air ont traversé le
tube N et s'y sont desséchés. Si donc, avant l'expérience, on a

pesé le tube avec les matières qui sont dedans, et si on le pèse après, l'augmentation de poids donne la quantité de vapeur d'eau contenue dans 50 litres d'air au moment de l'expérience. De ce poids on déduit ensuite, par le calcul, l'état hygrométrique de l'air. Ce procédé est le plus précis, mais il n'offre pas le degré de simplicité nécessaire dans les observations météorologiques.

355. Hygromètres à absorption. — Les hygromètres à absorption sont fondés sur la propriété qu'ont les substances organiques de s'allonger par l'humidité et de se raccourcir par la sécheresse. On a imaginé plusieurs hygromètres à absorption. Le plus en usage est *l'hygromètre à cheveu,* ou *hygromètre de Saussure,* du nom du physicien auquel il est dû. Cet instrument se compose d'un cadre de cuivre (fig. 274), sur lequel est tendu un cheveu *c,* dégraissé préalablement dans de l'eau contenant un centième de son poids de sous-carbonate de soude. On peut aussi dégraisser le cheveu en le plongeant dans de l'éther sulfurique pendant vingt-quatre heures, ainsi que l'a fait M. Regnault. Si le cheveu n'était pas dégraissé, il n'absorberait que peu de vapeur, et son allongement serait très-faible, tandis que, débarrassé de toute matière grasse, il s'allonge rapidement en passant de la sécheresse à l'humidité.

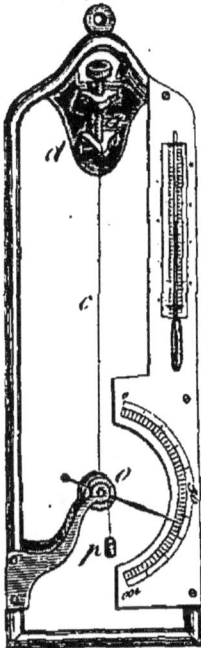

Fig. 274 (h = 27).

Le cheveu *c* est maintenu, à son bout supérieur, par une pince *a* serrée par une vis de pression *d.* Cette pince s'élève ou s'abaisse, pour tendre le cheveu, au moyen d'une vis *b* dont l'écrou, placé au-dessus de *a,* est fixe. Si le cheveu était noué, il en résulterait une torsion qui rendrait l'allongement irrégulier. A sa partie inférieure, il s'enroule sur une poulie à deux gorges *o,* à laquelle il est fixé. Sur la deuxième gorge s'enroule, en sens contraire du cheveu, un fil de soie qui supporte un petit poids *p.* Enfin, l'axe de la poulie porte une aiguille qui se meut sur un cadran gradué. Quand le cheveu se raccourcit, la traction qu'il exerce relève l'aiguille; lorsqu'il s'allonge, c'est le poids *p* qui la fait descendre.

Pour graduer le cadran, on marque zéro au point où, à la température ordinaire, l'aiguille s'arrête dans de l'air complétement desséché, et 100 au point où elle s'arrête dans de l'air saturé de vapeur d'eau; puis on partage l'intervalle de ces deux points en 100 parties égales, qui sont les degrés de l'hygromètre.

Le zéro, ou le point d'extrême sécheresse, se détermine en plaçant l'hygromètre sous une cloche de verre dont on dessèche l'air en y renfermant des substances très-avides d'eau, comme du chlorure de calcium ou du carbonate de potasse calciné. L'air de la cloche perd son humidité, et, par suite, le cheveu se raccourcit et fait tourner la poulie et son aiguille, mais très-lentement. Au bout de quinze à vingt jours seulement, l'aiguille devient stationnaire, ce qui indique que l'air de la cloche est complétement desséché. On marque alors zéro sur le cadran, au point correspondant à l'aiguille.

On obtient la position du point d'extrême humidité en retirant les matières desséchantes de la cloche, et en mouillant ses parois avec de l'eau distillée. Celle-ci, en se vaporisant, sature bientôt l'air de la cloche, et le cheveu s'allonge rapidement. Le petit poids, dont le fil s'enroule sur la poulie en sens contraire du cheveu, fait alors tourner l'aiguille à l'opposé du zéro. En moins de deux heures, elle redevient ainsi stationnaire, et l'on marque alors 100 au point où elle s'arrête.

D'après Saussure, un cheveu tendu par un poids de 3 décigrammes s'allonge, de zéro à 100, de $\frac{1}{46}$ de sa longueur, qui est d'environ 20 centimètres. Les cheveux blonds sont ceux dont l'allongement est le plus régulier.

On néglige la dilatation qu'éprouve le cheveu par les variations de température, parce qu'on a reconnu que, pour une différence de 33 degrés dans la température de l'air, l'allongement du cheveu ne fait varier l'aiguille que des $\frac{3}{4}$ d'un degré de l'hygromètre. Abstraction faite de cette faible dilatation, on observe que, quelle que soit la température, l'aiguille de l'hygromètre revient toujours exactement au zéro dans l'air parfaitement sec, et à 100 dans l'air saturé. La fixité de ce dernier point montre que, dans l'air saturé, le cheveu absorbe toujours la même quantité d'eau, quelles que soient la température et la densité de la vapeur.

Les hygromètres à cheveu offrent plusieurs inconvénients. Construits avec des cheveux d'espèces différentes, leurs indications peuvent varier de plusieurs degrés, quoique d'accord aux deux points extrêmes. De plus, un même hygromètre ne reste pas comparable à lui-même, parce que le cheveu s'allonge par la tension prolongée du poids qu'il supporte. C'est pourquoi le meilleur système de graduation est un cadran entier, à zéro arbitraire, sur lequel on détermine de temps en temps la position des points d'extrême sécheresse et d'extrême humidité. En satisfaisant à ces conditions, l'hygromètre à cheveu présente encore l'inconvénient de ne pas donner immédiatement l'état hygrométrique de l'air.

Nous allons faire connaitre une table que Gay-Lussac a construite pour déduire l'état hygrométrique de l'air des indications de l'hygromètre à cheveu.

356. **Table de correction par Gay-Lussac.** — L'expérience démontre que les indications de l'hygromètre à cheveu ne sont point proportionnelles à l'état hygrométrique de l'air. Par exemple, lorsque l'aiguille marque 50 degrés, nombre qui correspond au milieu du cadran, l'air est loin d'être à moitié saturé. Il a donc fallu trouver expérimentalement l'état hygrométrique correspondant à chaque degré de l'instrument. Gay-Lussac a résolu ce problème en se fondant sur ce principe, que les vapeurs fournies par une dissolution saline ou acide ont une tension maximum d'autant plus faible, pour une même température, que la quantité de sel ou d'acide dissous est plus considérable (323).

Ce savant plaçait l'hygromètre à cheveu sous une cloche dans laquelle était un mélange d'eau et d'acide sulfurique, et il notait le degré de l'hygromètre lorsque l'air de la cloche était saturé. Pour obtenir ensuite la tension de la vapeur sous la cloche, il faisait passer dans le vide d'un baromètre quelques gouttes de la même dissolution acide qui était sous la cloche. La dépression du mercure dans le baromètre lui donnait alors la tension de la vapeur dans la cloche, puisqu'à l'état de saturation et à température égale, la force élastique d'une vapeur est la même dans le vide que dans l'air (345, 1°). Cherchant enfin, dans les tables des forces élastiques (page 304), la tension de la vapeur saturée, à la température de l'air sous la cloche, il avait les deux termes du rapport qui représentait l'état hygrométrique de l'air correspondant au degré marqué par l'hygromètre (352). C'est en répétant ce mode d'expérience, avec des dissolutions acides plus ou moins concentrées, et à la température de 10 degrés, que Gay-Lussac a trouvé dix termes de la table suivante; les autres termes ont ensuite été déterminés par Biot, à l'aide de formules d'interpolation.

La table ci-après fait voir que ce n'est qu'à 72 degrés que l'air est à moitié saturé. Comme c'est à ce point que correspond le plus souvent l'aiguille de l'hygromètre à la surface du sol, on en conclut que l'air contient, en moyenne, la moitié de la vapeur qu'il contiendrait s'il était saturé. Dans nos climats, l'hygromètre ne descend jamais jusqu'à 100 degrés, même après les pluies les plus abondantes. Pendant les plus grandes sécheresses, il monte rarement au delà de 30 degrés. Lorsqu'on s'élève dans l'atmosphère, il marche, en général, vers zéro.

États hygrométriques correspondants aux degrés de l'hygromètre à cheveu à la température de 10 degrés.

DEGRÉS DE L'HYGROMÈTRE.	ÉTATS HYGROMÉTRIQUES.	DEGRÉS DE L'HYGROMÈTRE.	ÉTATS HYGROMÉTRIQUES.
0	0,000	55	0,318
5	0,022	60	0,363
10	0,046	65	0,414
15	0,070	70	0,472
20	0,094	72	0,500
25	0,120	75	0,538
30	0,148	80	0,612
35	0,177	85	0,696
40	0,208	90	0,791
45	0,241	95	0,891
50	0,278	100	1,000

Selon Gay-Lussac, sa table de graduation était applicable à tous les hygromètres à cheveu, mais M. Regnault a reconnu que les indications de ces instruments varient avec l'origine des cheveux, leur couleur, leur finesse, le mode de dégraissage; en sorte que, pour obtenir des indications précises, il faut une table particulière pour chaque hygromètre : ce qui fait voir combien ces instruments sont incomplets, et tout ce que leur usage offre d'incertitude et de difficulté.

*357. Hygromètre à condensation de Daniell. — Les hygromètres à condensation ont pour but de faire connaître, par le refroidissement de l'air, à quelle température la vapeur qu'il contient serait suffisante pour le saturer : tels sont l'hygromètre de Daniell et celui de M. Regnault.

L'*hygromètre de Daniell* se compose de deux boules de verre réunies par un tube deux fois recourbé (fig. 275). La boule A est aux deux tiers remplie d'éther, dans lequel plonge un petit thermomètre renfermé dans le tube. Les deux boules et le tube sont complétement purgés d'air, ce qui s'obtient en faisant bouillir l'éther qui est dans la boule A, tandis que la boule B est encore ouverte, et en fermant celle-ci à la lampe lorsqu'on juge que les vapeurs d'éther ont entraîné tout l'air, de sorte que le tube et la boule B ne contiennent que de la vapeur d'éther.

La boule B étant enveloppée de mousseline, on verse dessus, goutte à goutte, de l'éther. Ce liquide, en se vaporisant, refroidit la boule (336) et condense les vapeurs qu'elle contient. La tension intérieure étant alors diminuée, l'éther de la boule A donne aussitôt de nouvelles vapeurs qui viennent se condenser de même dans l'autre boule, et ainsi de suite. Or, à mesure que le liquide distille ainsi de la boule inférieure à la boule supérieure, l'éther qui est dans la première se refroidit, et il vient un moment où l'air qui est en contact avec la boule A, et qui se refroidit avec elle, atteint la température à laquelle la vapeur d'eau qu'il contient est suffisante pour le saturer. Cette vapeur se condense alors, et l'on voit se déposer sur la boule A une couche de rosée sous la forme d'un anneau qui entoure la surface du liquide; c'est là, en effet, que se produit surtout le refroidissement dû à l'évaporation. Le thermomètre intérieur indique, à cet instant, la température du *point de rosée,* c'est-à-dire la température de saturation de l'air ambiant.

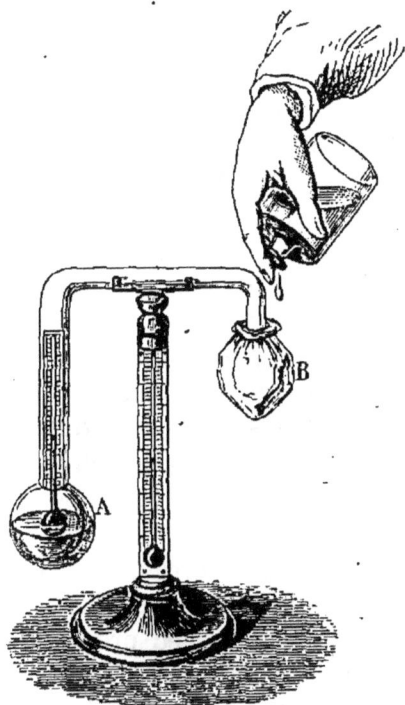

Fig. 275 (h = 18).

Pour obtenir ce point avec plus d'approximation, on observe la température au moment où la vapeur précipitée disparaît par le réchauffement, et l'on prend la moyenne entre cette température et celle de la précipitation. Il est bon que, pendant cette expérience, l'hygromètre soit placé dans un courant d'air, sur une fenêtre ouverte, par exemple, afin que l'évaporation de l'éther sur la mousseline soit plus rapide. Enfin, pour rendre plus visible le dépôt de rosée, on construit ordinairement la boule A en verre noir. Quant à la température de l'air, elle est donnée par un thermomètre placé sur le pied même de l'appareil.

L'hygromètre de Daniell ayant ainsi fait connaître la température à laquelle l'air serait saturé, il s'agit d'en déduire l'état hygrométrique. Pour cela, observons que, dans un espace libre qui contient un mélange d'air et de vapeur à la pression atmosphérique, lorsque la température baisse, la force élastique de la vapeur reste constante jusqu'au point de saturation. En effet, la force élastique du mélange égale la somme des forces élastiques de chaque fluide (345, 2°); or, pendant que l'air se refroidit, sa tension reste invariable, augmentant autant par la diminution de volume qu'elle décroît par l'abaissement de température. La tension de la vapeur doit donc aussi demeurer invariable, puisque la force élastique du mélange reste nécessairement égale à la pression de l'atmosphère, après le refroidissement comme avant. Par conséquent, *lorsque l'air se refroidit, la tension de la vapeur qu'il contient reste constante jusqu'au point de saturation, et, à ce point, cette tension est la même qu'avant le refroidissement.*

D'après ce principe, si l'on cherche, dans les tables des forces élastiques, la tension f correspondante à la température du point de rosée, cette tension sera précisément celle que possède la vapeur d'eau qui est dans l'air au moment de l'expérience. Si donc on cherche, dans les mêmes tables, la tension F de la vapeur saturée, à la température de l'air, le quotient de la tension f divisée par la tension F représentera l'état hygrométrique de l'air (352). Par exemple, la température de l'air étant 15 degrés, supposons que le thermomètre de la boule A marque 5 degrés au moment où se fait le dépôt de rosée. En cherchant, dans les tables des forces élastiques, les tensions correspondantes à 5 degrés et à 15 degrés, on trouve f égale à 6^{mm},534, et F égale à 12^{mm},699 : ce qui donne 0,544 pour le rapport de f à F, ou pour l'état hygrométrique.

L'hygromètre de Daniell offre plusieurs causes d'erreur : 1° l'évaporation dans la boule A ne refroidissant le liquide qu'à la surface, le thermomètre qui y plonge ne peut donner avec précision la température du point de rosée; 2° l'observateur, se tenant auprès de l'appareil, modifie l'état hygrométrique de l'air ambiant, ainsi que sa température.

* **358. Hygromètre de M. Regnault.** — M. Regnault a construit un hygromètre à condensation qui ne présente pas les causes d'erreur qu'on rencontre dans celui de Daniell. Cet instrument se compose de deux dés d'argent, à parois minces et polies, de 45 millimètres de hauteur et 20 de diamètre (fig. 276). Dans ces dés s'ajustent deux tubes de verre D et E. Chacun d'eux contient un thermomètre très-sensible fixé à l'aide d'un bouchon. Le bouchon du tube D est traversé par un tube A ouvert à ses deux bouts et plongeant jusqu'au fond du dé. Enfin, le tube D est mis en communication par le pied même du support et par un tuyau de plomb avec un aspirateur G rempli d'eau. Le tube E ne communique pas avec l'aspirateur; il contient seulement un thermomètre destiné à faire connaître la température de l'air au moment de l'expérience.

Pour faire fonctionner l'hygromètre de M. Regnault, on verse de l'éther dans le tube D, jusqu'à moitié environ, puis on ouvre le robinet de l'aspirateur. L'eau qui remplit celui-ci s'écoule, et l'air se raréfie dans le tube D. Par l'effet de la pression atmosphérique, de l'air rentre alors par le tube A ; mais comme cet air ne peut pénétrer dans le tube D et dans l'aspirateur qu'en passant au travers de l'éther, il vaporise une partie de ce liquide, et le refroidit ainsi d'autant plus vite, que l'écoulement est plus rapide. Il vient un mo-

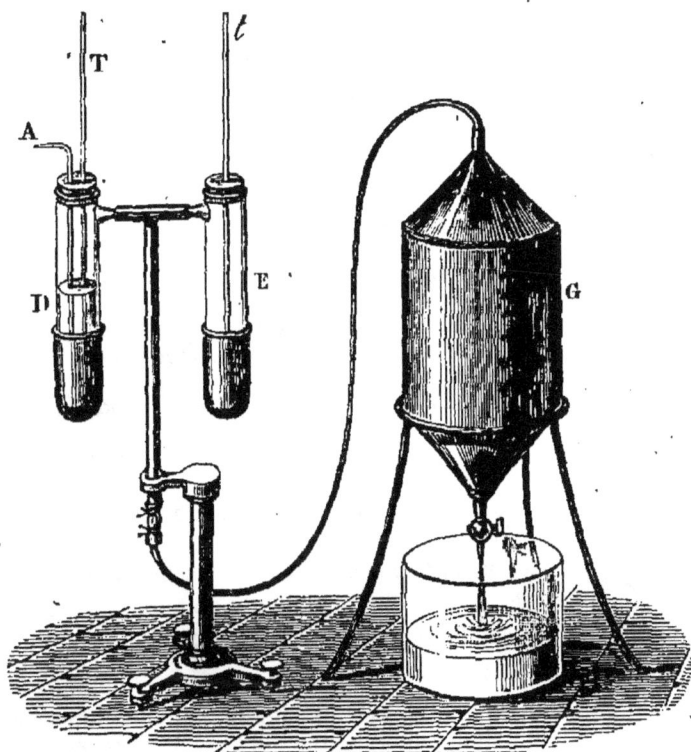

Fig. 276 (h = 40).

ment où le refroidissement détermine sur le dé un dépôt de rosée, de même que dans l'hygromètre de Daniell ; le thermomètre T donnant alors la température correspondante, on a les éléments nécessaires pour calculer l'état hygrométrique.

Dans cet instrument, toute la masse d'éther est à la même température, à cause de l'agitation que lui imprime le courant d'air ; de plus, les observations se font à distance au moyen d'une lunette ; de cette manière, toute cause d'erreur est écartée.

359. **Hygroscopes.** — On nomme *hygroscopes* des appareils qui indiquent bien s'il y a plus ou moins de vapeur d'eau dans l'air, mais qui n'en font pas connaître la quantité. On en construit de plusieurs sortes : les plus employés sont ceux auxquels on donne la forme de petits personnages dont la tête se couvre ou se découvre d'un capuchon, selon que l'air est plus ou moins humide. Ces in-

struments sont fondés sur la propriété qu'ont les cordes et les boyaux tordus de se détordre par l'action de l'humidité, et de se tordre davantage par la sécheresse. Leurs indications sont dues à un petit bout de boyau tordu, fixé par l'une de ses extrémités, tandis que l'autre s'attache à la pièce mobile. Ces hygroscopes sont paresseux, c'est-à-dire que, ne marchant que très-lentement, leurs indications sont toujours en retard sur les variations hygrométriques de l'air; de plus, ils sont fort peu sensibles.

360. Problèmes sur l'hygrométrie. — I. Calculer le poids de la vapeur d'eau contenue dans un volume d'air V, à la température t, l'hygromètre à cheveu marquant m degrés, et la densité de la vapeur étant $\frac{5}{8}$.

Au moyen de la table de Gay-Lussac (356), on trouve l'état hygrométrique E correspondant à m degrés de l'hygromètre, et dans les tables des forces élastiques (page 304), on trouve la tension F de la vapeur saturée à t degrés; d'où l'égalité $f = F \times E$ (352) fait connaître la force élastique f de la vapeur dont on cherche le poids.

Cela posé, un litre d'air à zéro et à la pression 76 pesant 1gr,293, son poids à t degrés et à la pression f est $\frac{1^{gr},293 \times f}{(1+\alpha t)\,76}$ (297, prob. VI). Par suite, 1 litre de vapeur, dont la densité est $\frac{5}{8}$, pèse, à la même température et à la même pression, $\frac{1^{gr},293 \times f \times 5}{(1+\alpha t)\,76 \times 8}$. Donc, enfin, le poids de la vapeur contenue dans V litres d'air à t degrés, l'état hygrométrique étant E, est $\frac{1^{gr},293 \times V \times f \times 5}{(1+\alpha t)\,76 \times 8}$, valeur qui est indépendante de la pression atmosphérique.

II. Calculer le poids P d'un volume d'air humide V, dont l'état hygrométrique est E, la température t et la pression H, la densité de la vapeur par rapport à l'air étant $\frac{5}{8}$.

Pour résoudre ce problème, il faut observer que le volume donné d'air n'est autre chose, d'après la deuxième loi des mélanges des gaz et des vapeurs, qu'un mélange de V litres d'air sec à t degrés et à la pression H diminuée de celle de la vapeur, et de V litres de vapeur à t degrés et à la tension donnée par l'état hygrométrique; c'est donc séparément le poids de l'air et celui de la vapeur qu'il s'agit de trouver.

Or, la formule connue $f = F \times E$ (352) sert à calculer la tension f de la vapeur qui est dans l'air, puisque E est donné et que F se trouve dans les tables des forces élastiques. La tension f une fois connue, si l'on appelle f' la tension de l'air, on a $f + f' = H$, d'où $f' = H - f = H - FE$.

La question est donc ramenée à calculer le poids de V litres d'air sec à t degrés et à la pression H — FE, puis celui de V litres de vapeur aussi à t degrés, mais à la pression FE.

Or, on sait que V litres d'air sec à t degrés et à la pression H — FE pèsent $\frac{1^{gr},293\,V\,(H-FE)}{(1+\alpha t)\,76}$ (297, prob. VI), et l'on a vu dans le problème précédent que V litres de vapeur, à t degrés et à la pression FE, pèsent $\frac{1^{gr},293\,V \times FE \times 5}{(1+\alpha t)\,76 \times 8}$; donc, enfin, faisant la somme des deux poids obtenus et réduisant, on a

$$P = \frac{1^{gr},293\ V\left(H - \dfrac{3}{8}\,FE\right)}{(1 + \alpha t)\ 76}\quad [A].$$

Si l'air était saturé, on aurait $E = 1$, et alors cette formule se changerait en celle déjà trouvée pour les mélanges des gaz et des vapeurs saturées (346, prob. III).

Si $V = 1$ litre, P représente le poids d'un litre d'air à la température t, à la pression H, et à l'état hygrométrique E ; c'est-à-dire la quantité a qui entre dans les formules données précédemment pour la correction des poids spécifiques des solides et des liquides (295).

La formule [A] contenant, outre le poids P, plusieurs quantités variables. V, E, H, t, on peut, en prenant successivement chacune de ces quantités pour inconnue, se proposer autant de problèmes dont on obtiendrait la solution en résolvant l'équation [A] par rapport à V, à E, à H ou à t. On va en voir un exemple dans la question suivante.

III. Calculer, à t degrés et à la pression H, le volume d'un poids d'air P dont l'état hygrométrique est E, la densité de la vapeur étant $\dfrac{5}{8}$, et sa tension maximum F à t degrés étant connue par les tables des forces élastiques.

Résolvant par rapport à V l'équation [A] du problème précédent, on trouve

$$V = \frac{P\,(1 + \alpha t)\ 76}{1^{gr},293\left(H - \dfrac{3}{8}\,FE\right)}\quad [B].$$

On peut aussi résoudre ce problème directement. Pour cela, le poids P étant un mélange d'air sec à t degrés et à la pression $H - FE$, et de vapeur à t degrés et à la pression FE, soient x le poids de l'air et y le poids de la vapeur ; d'après l'énoncé, on a $x + y = P$ [1]. Mais la densité de la vapeur étant les $\dfrac{5}{8}$ de celle de l'air, y doit égaler les $\dfrac{5}{8}$ de x à pression égale. Or, le volume d'air cherché pesant x à la pression $H - FE$, son poids à la pression FE, qui est celle de la vapeur,

n'est plus que $\dfrac{x \times FE}{H - FE}$;   donc, $y = \dfrac{x \times FE \times \dfrac{5}{8}}{H - FE}$.

Portant cette valeur dans l'équation [1], il vient

$$x + \frac{x \times FE \times \dfrac{5}{8}}{H - FE} = P, \quad \text{d'où} \quad x = \frac{P\,(H - FE)}{H - \dfrac{3}{8}\,FE}.$$

Le poids de l'air une fois connu, on aura son volume en litres en cherchant combien de fois ce poids contient celui d'un litre d'air à t degrés et à la pression $H - FE$. Or, 1 litre d'air à zéro et à la pression 76 pesant $1^{gr},293$, son poids à t degrés et à la pression $H - FE$ est $\dfrac{1^{gr},293\ (H - FE)}{(1 + \alpha t)\ 76}$. Donc

$$V = \frac{P\,(H - FE)}{H - \dfrac{3}{8}\,FE} : \frac{1^{gr},293\ (H - FE)}{(1 + \alpha t)\ 76} = \frac{P\,(1 + \alpha t)\ 76}{1^{gr},293\left(H - \dfrac{3}{8}\,FE\right)},$$

formule qui est la même que la formule [B] obtenue ci-dessus.

CHAPITRE VII.

CALORIMÉTRIE, ÉQUIVALENT MÉCANIQUE DE LA CHALEUR.

361. Objet de la calorimétrie, calorie. — L'objet de la *calorimétrie* est de mesurer la quantité de chaleur que les corps cèdent ou absorbent lorsque leur température s'abaisse ou s'élève d'un nombre de degrés connu, ou lorsqu'ils changent d'état.

On ne peut mesurer la quantité absolue de chaleur perdue ou gagnée par un corps, mais seulement la quantité relative, c'est-à-dire le rapport entre la quantité absolue perdue ou gagnée par le corps et celle que perd ou absorbe un autre corps pour produire le même effet. Le corps qu'on a choisi pour terme de comparaison est l'eau, et l'on est convenu de prendre pour *unité de chaleur*, ou *calorie*, la quantité de chaleur nécessaire pour élever de zéro à 1 degré la température d'un kilogramme d'eau.

362. Chaleurs spécifiques. — On appelle *chaleur spécifique*, ou *capacité calorifique* d'un corps, la quantité de chaleur qu'il absorbe lorsque sa température

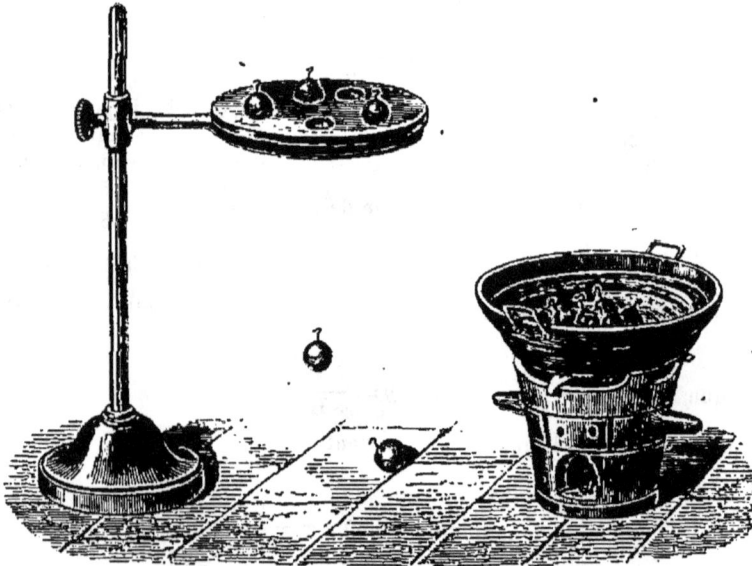

Fig. 277.

s'élève de zéro à 1 degré, comparativement à celle qu'absorbe, dans le même cas, un égal poids d'eau. C'est-à-dire que, de même qu'on a choisi pour unité des densités, la densité de l'eau, on prend pour unité des chaleurs spécifiques, la chaleur spécifique du même liquide ; d'où il résulte que les nombres qui représentent les chaleurs spécifiques, ainsi que ceux qui représentent les densités, ne sont autre chose que des rapports.

On constate facilement que tous les corps n'ont pas la même chaleur spécifique. Si l'on mélange, par exemple, un kilogramme de mercure à 100 degrés avec un kilogramme d'eau à zéro, on observe que la température du mélange est seulement de 3 degrés environ. C'est-à-dire que, le mercure s'étant refroidi de 97 degrés, la quantité de chaleur qu'il a perdue n'échauffe que de 3 degrés le même poids d'eau. L'eau absorbe donc, à poids égal, environ 32 fois plus de chaleur que le mercure, pour une même élévation de température.

On démontre encore que les diverses substances, sous le même poids et à la même température, contiennent des quantités de chaleur différentes, au moyen de l'expérience suivante, due à M. Tyndall. On coule dans un moule un gâteau de cire jaune de 15 à 20 centimètres de diamètre et de 12 millimètres d'épaisseur environ, et lorsqu'il est refroidi, on le place sur un support annulaire (fig. 277). On chauffe alors dans un bain d'huile à 180 degrés, de petites balles de fer, de cuivre rouge, d'étain, de plomb, de bismuth, etc., toutes de même poids ; et lorsqu'elles ont pris la température du bain, on les retire et on les pose sur le gâteau de cire. Toutes fondent celui-ci, mais avec des vitesses inégales. Le fer s'y implante vivement, et passe au travers ; puis, après lui, le cuivre. L'étain troue le gâteau, mais sans le traverser ; enfin, le plomb et le bismuth n'en atteignent pas même la demi-épaisseur. D'où l'on conclut que, quoique de même poids et à la même température, la balle de fer contient plus de chaleur que la balle de cuivre, celle-ci plus que la balle d'étain, et ainsi de suite ; en d'autres termes, que ces métaux ont des capacités calorifiques de plus en plus faibles.

. Trois méthodes ont été employées pour la détermination des chaleurs spécifiques : la méthode de la fusion de la glace, celle des mélanges, et celle du refroidissement. Dans cette dernière, on calcule la chaleur spécifique d'un corps d'après le temps qu'il met à se refroidir d'un nombre de degrés connu. Nous n'exposerons que les deux premières méthodes ; mais, auparavant, il importe de faire connaître comment on mesure la quantité de chaleur absorbée par un corps dont la masse et la chaleur spécifique sont données, lorsque sa température s'élève d'un certain nombre de degrés.

363. Mesure de la chaleur sensible absorbée par les corps. — Soient m le poids d'un corps en kilogrammes, c sa chaleur spécifique et t sa température. La quantité de chaleur nécessaire pour élever de zéro à 1 degré un kilogramme d'eau ayant été prise pour unité, il faut m de ces unités pour élever de zéro à 1 degré un poids d'eau de m kilogrammes ; et pour élever ce dernier poids de zéro à t degrés, il faut t fois plus, c'est-à-dire mt. Or, puisque telle est la quantité de chaleur nécessaire pour porter de zéro à t degrés m kilogrammes d'eau, dont la chaleur spécifique est 1, il est évident que, pour un corps de même poids, dont la chaleur spécifique est c, il faut c fois mt, ou mtc. D'où l'on conclut que, lorsqu'un corps s'échauffe de zéro à t degrés, *la quantité de chaleur qu'il absorbe peut se représenter par le produit obtenu en multipliant son poids par le nombre de degrés dont il s'échauffe et par sa chaleur spécifique.* Ce principe est la base des formules qui vont servir à la détermination des chaleurs spécifiques.

Si le corps s'échauffe ou se refroidit de t à t' degrés, la chaleur absorbée ou perdue sera de même représentée par la formule

$$m(t'-t)c, \quad \text{ou} \quad m(t-t')c.$$

Nous recommandons ces formules à l'attention des élèves ; c'est avec elles qu'on résout tous les problèmes sur les chaleurs spécifiques.

364. Méthode des mélanges. — Pour calculer, par la méthode des mélanges, due à Black, la chaleur spécifique d'un corps solide, on le pèse et on le porte à une température connue, qu'on détermine en le maintenant un certain temps dans un courant de vapeur à 100 degrés ; puis on le plonge dans une masse d'eau froide dont le poids et la température sont également connus. De la quantité de chaleur que le corps cède à l'eau on déduit alors sa chaleur spécifique.

L'appareil dont on fait usage pour cette expérience est un *calorimètre à eau.* Il se compose d'un vase cylindrique de laiton ou d'argent, à parois minces et polies, soutenu par des fils de soie (fig. 278), afin d'éviter la déperdition de la chaleur par conductibilité. Ce vase est rempli d'eau dans laquelle plonge un thermomètre très-sensible ; une baguette de verre a sert à agiter le liquide pendant qu'il s'échauffe.

Cela posé, représentons par M le poids du corps, par T sa température au moment où on le plonge dans le liquide, et par c sa chaleur spécifique.

De même, soient m le poids de l'eau froide et t sa température.

Enfin, soient m' le poids du vase qui contient l'eau, c' sa chaleur spécifique et t sa température, laquelle est évidemment celle de l'eau.

Dès que le corps chaud est plongé dans l'eau, la température de celle-ci s'élève, et si l'on représente par θ la plus haute température qu'elle atteint, on voit que le corps s'est refroidi d'un nombre de degrés représenté par (T — θ), et qu'il a, par conséquent, perdu une quantité de chaleur qui a pour mesure Mc (T — θ). L'eau et le vase, au contraire, se sont échauffés d'un nombre de degrés égal à (θ — t), et ont absorbé respectivement des quantités de chaleur égale à m (θ — t) et à m'c' (θ — t), puisque la chaleur spécifique de l'eau est l'unité. Or, la quantité de chaleur cédée par le corps chaud

Fig. 278.

est évidemment égale à la somme des quantités de chaleur absorbées par l'eau et par le vase ; on a donc l'équation

$$Mc\ (T — θ) = m\ (θ — t) + m'c'\ (θ — t)\ [1],$$

de laquelle il est facile de tirer la valeur de c, lorsque la chaleur spécifique c' du vase est connue ; si elle ne l'était pas, on devrait commencer par la déterminer en plongeant dans l'eau un corps chaud de même matière que le vase, et ayant, par conséquent, la même chaleur spécifique. L'équation précédente prend alors la forme

$$Mc'\ (T — θ) = m\ (θ — t) + m'c'\ (θ — t)\ [2],$$

et en la résolvant par rapport à c', qui est maintenant la seule inconnue, on trouve

$$c' = \frac{m\ (θ — t)}{M\ (T — θ) — m'\ (θ — t)}.$$

La chaleur spécifique du vase étant connue, pour résoudre l'équation [1] trouvée plus haut, on met dans le second membre (θ — t) en facteur commun ; il vient alors Mc (T — θ) = (m + m'c') (θ — t) [3]. Divisant les deux membres par M (T — θ),

on a
$$c = \frac{(m + m'c')\ (θ — t)}{M\ (T — θ)}\ [4].$$

On écrit souvent la valeur de c sous cette forme : $c = \frac{(m + μ)\ (θ — t)}{M\ (T — θ)}$ [5], en posant m'c' = μ ; c'est-à-dire que μ est le poids d'eau qui absorberait la même quantité de chaleur que le vase, ce qu'on exprime en disant que le vase est *réduit* en eau.

Enfin, pour donner à la méthode des mélanges toute la précision qu'elle comporte, on doit aussi tenir compte de la chaleur absorbée par le verre et le mercure du thermomètre.

Afin d'avoir égard aux pertes de chaleur dues au rayonnement dans le procédé que nous venons de décrire, on fait d'abord une expérience avec le corps même dont on cherche la chaleur spécifique, dans le seul but de connaître approximativement le nombre de degrés dont la température de l'eau et du vase doit s'élever au-dessus de la température ambiante. Ce nombre étant, par exemple, 10 degrés, on refroidit l'eau et le vase de moitié, c'est-à-dire de 5 degrés au-dessous de la température de l'air ambiant ; puis on procède à l'expérience définitive. La température de l'eau s'élevant encore sensiblement de 10 degrés, il en résulte que le vase, dont la température était d'abord de 5 degrés au-dessous de celle de l'enceinte, est, à la fin de l'expérience, de 5 degrés au-dessus. Il y a donc compensation entre la perte et le gain de chaleur qui proviennent du rayonnement pendant l'expérience.

365. Appareil de M. Regnault pour la méthode des mélanges.

— La figure 279 représente l'appareil qu'a adopté M. Regnault pour la recherche des chaleurs spécifiques par la méthode des mélanges.

La pièce principale de cet appareil est une étuve AA, représentée en coupe

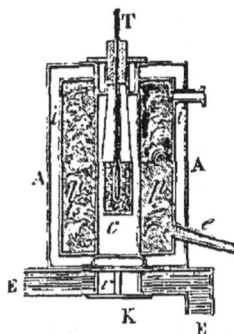

Fig. 280.

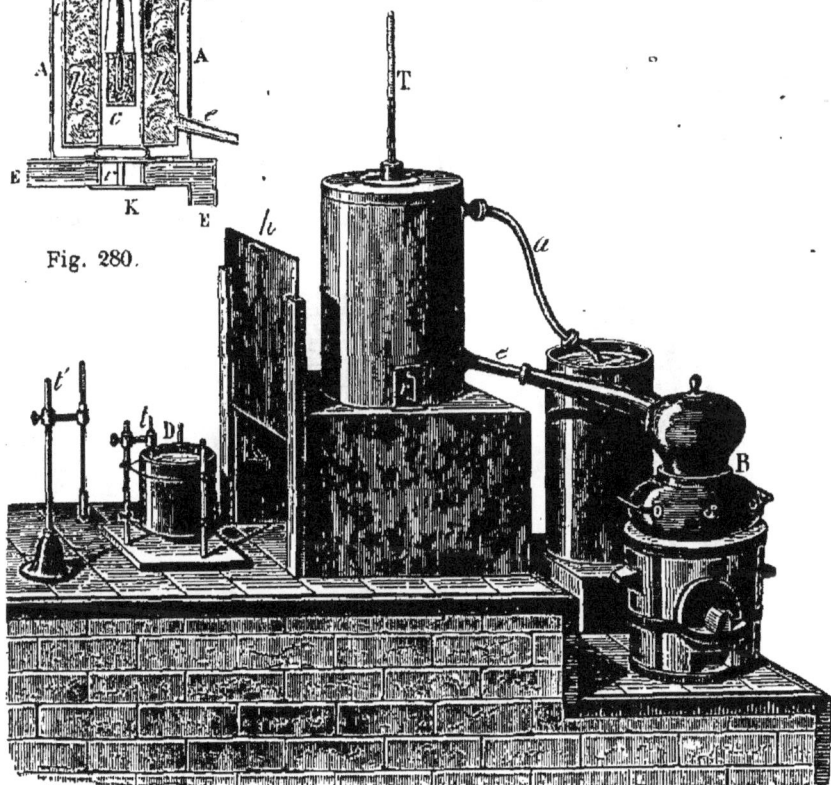

Fig. 279.

dans la figure 280. Elle se compose de trois compartiments cylindriques : dans le compartiment central est suspendu, par des fils de soie, un petit panier c de fil de laiton ; c'est dans ce panier qu'est placée, en fragments, la substance sur laquelle on veut expérimenter. Un thermomètre T, fixé au centre même de ces fragments, en donne la température. Dans le second compartiment pp circule un courant de vapeur qui arrive, par un tube e, d'un générateur B, et se rend ensuite, par un tube a, dans un serpentin où la vapeur se condense. Le troisième compartiment ii est rempli d'air destiné à s'opposer à la déperdition de la chaleur. Au-dessous de l'étuve est une chambre K, entourée d'une double paroi EE, formant un réservoir qu'on maintient rempli d'eau froide, afin de s'opposer à la transmission de la chaleur provenant de l'étuve et du générateur. Enfin, le compartiment central de l'étuve est fermé par un registre r qu'on ouvre à volonté, et qui permet alors de faire passer le panier c de l'étuve dans la chambre K.

A gauche de l'étuve, on voit un petit vase de laiton D (fig. 279), à parois très-minces, lequel est suspendu, par des fils de soie, sur un petit chariot qu'on fait avancer ou reculer à volonté dans la chambre K. Ce vase, qui est destiné à servir de calorimètre, est rempli d'eau, et dans cette eau plonge un thermomètre t qui en donne la température. Enfin un thermomètre t', placé près des appareils, donne la température de l'air ambiant.

L'appareil ainsi disposé, lorsque le thermomètre T indique que la substance placée dans le panier c a pris une température stationnaire, ce qui a lieu au bout de deux heures et demie à trois heures, on soulève l'écran h, et l'on fait avancer le vase D juste au-dessous du compartiment central de l'étuve. Tirant alors le registre r, on laisse tomber rapidement, dans l'eau du vase D, le panier c et les matières qu'il contient, sauf le thermomètre T, qui reste fixé au bouchon qui le soutient. Retirant aussitôt le chariot et le vase D, on agite l'eau de celui-ci jusqu'à ce que le thermomètre t devienne stationnaire. La température qu'il indique alors est celle représentée par θ dans la formule du paragraphe précédent. Cette température connue, le reste du calcul s'opère comme ci-dessus. Toutefois on tient compte de la chaleur cédée au calorimètre par le panier de laiton. M. Regnault a tenu compte, en outre, de celle qui est absorbée par le milieu ambiant.

366. Méthode de la fusion de la glace. — La méthode que nous allons

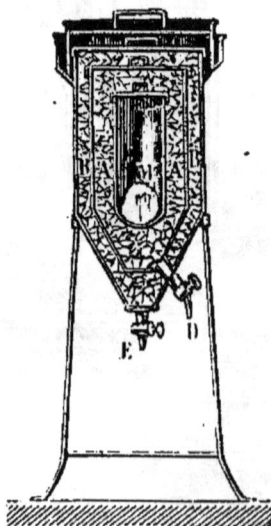

Fig. 281 ($h = 80$). Fig. 282.

décrire est fondée sur la chaleur latente absorbée par la glace qui se fond, quantité de chaleur qui, ainsi qu'on le verra bientôt (372), est de 79 unités pour 1 kilogramme de glace. L'appareil employé dans cette méthode est dû à Lavoisier et à Laplace, et se désigne sous le nom de *calorimètre de glace*. La figure 281 le représente vu extérieurement, et la figure 282 en montre une coupe. Cet appareil est formé de trois enveloppes concentriques de fer-blanc. Dans celle du centre se trouve le corps M dont on cherche la chaleur spécifique; les deux autres compartiments sont remplis de glace pilée. La glace du compartiment A est destinée à être fondue par le corps chaud, et celle du compartiment B n'a pour but que d'arrêter la chaleur qui rayonne de l'enceinte sur l'appareil. Deux robinets D et E servent à l'écoulement de l'eau provenant de la fusion de la glace,

Pour trouver la chaleur spécifique d'un corps solide au moyen de ce calorimètre, on détermine d'abord le poids m de ce corps en kilogrammes, puis on le
porte à une température connue t, en le maintenant quelque temps dans un bain
chaud d'eau ou d'huile, ou dans un courant de vapeur; on le porte ensuite rapidement dans l'enveloppe centrale, on remet aussitôt les couvercles, et on les recouvre
de glace, comme le montre la figure. On recueille alors l'eau qui s'écoule par le
robinet D, et lorsque l'écoulement est arrêté, on en détermine le poids P en kilogrammes, poids qui représente évidemment celui de la glace fondue. Or, puisque
1 kilogramme de glace, en se fondant, absorbe 79 unités de chaleur, P kilogrammes
ont absorbé P fois 79 unités. D'un autre côté, cette quantité de chaleur est nécessairement égale à celle qui a été cédée par le corps M pendant qu'il s'est refroidi
de t degrés à zéro, c'est-à-dire à mtc (363); car on admet comme évident qu'en
se refroidissant de t degrés à zéro, un corps cède précisément la quantité de chaleur
qu'il avait absorbée pour s'échauffer de zéro à t degrés. On a donc l'égalité

$$mtc = 79\,P\,; \quad \text{d'où} \quad c = \frac{79\,P}{mt}.$$

La méthode du calorimètre de glace offre plusieurs causes d'erreur. La principale est qu'une partie de l'eau provenant de la fusion reste adhérente à la glace
qui n'a pas été fondue; le poids P ne
peut donc être évalué exactement. De
plus, l'air extérieur qui pénètre dans le
calorimètre par les robinets augmente
a quantité de glace fondue. On remédie en partie à ces inconvénients en
faisant usage, comme Black, du *puits
de glace*. On nomme ainsi un trou qu'on
pratique dans un morceau de glace
compacte, au moyen d'un fer chaud, et
dans lequel on place le corps dont on
cherche la chaleur spécifique, après
l'avoir chauffé à une température connue (fig. 283). Ayant d'avance dressé les
bords du trou avec un fer chaud, on

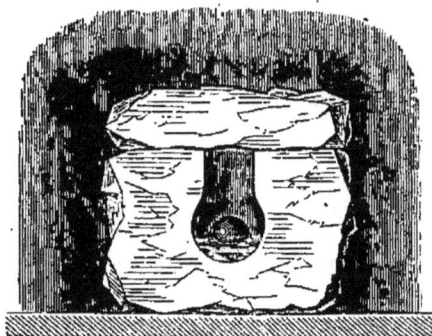

Fig. 283.

le recouvre d'un morceau de glace aussi dressé avec soin, de manière qu'il ferme
exactement. Lorsqu'on juge que le corps est refroidi jusqu'à zéro, on le retire ainsi
que l'eau de fusion, et le poids de celle-ci étant déterminé, il ne reste plus qu'à le
substituer dans la formule ci-dessus.

367. Chaleurs spécifiques des liquides.

— Les chaleurs spécifiques
des liquides se déterminent également par la méthode du refroidissement, par celle
des mélanges ou par celle du calorimètre de Lavoisier et de Laplace. Seulement,
dans cette dernière méthode, ils doivent être renfermés dans un petit vase de fer-
blanc ou dans des tubes de verre qui se placent dans le compartiment M (fig. 282).

En comparant entre eux les nombres du tableau ci-après, on voit que l'eau et
l'essence de térébenthine ont une chaleur spécifique beaucoup plus grande que
celles des autres substances, et surtout des métaux. Cette propriété est générale
pour les liquides. C'est parce que l'eau a une très-grande chaleur spécifique qu'elle
met beaucoup de temps à s'échauffer et à se refroidir, et qu'elle absorbe alors ou
cède beaucoup plus de chaleur que toute autre substance, à masses et à températures
égales. Cette double propriété est utilisée dans la trempe de l'acier et dans le
chauffage à circulation d'eau chaude (341).

368. Chaleurs spécifiques moyennes des solides et des liquides
entre zéro et 100 degrés.

— M. Regnault a calculé, par la méthode des
mélanges et par celle du refroidissement, les chaleurs spécifiques d'un grand

nombre de corps. Nous donnons ici les nombres qu'il a obtenus par la première méthode, pour les corps employés le plus fréquemment dans les arts.

SUBSTANCES.	CHALEURS SPÉCIFIQUES.	SUBSTANCES.	CHALEURS SPÉCIFIQUES.
Eau	1,0080.	Cobalt.	0,10694
Essence de térébenthine.	0,42590	Zinc	0,09555
Noir animal calciné. . .	0,26085	Cuivre.	0,09515
Charbon de bois calciné.	0,24111	Laiton	0,09391
Soufre.	0,20259	Argent.	0,05701
Graphite.	0,20187	Étain.	0,05623
Verre des thermomètres.	0,19768	Iode	0,05412
Phosphore.	0,18870	Antimoine.	0,05077
Diamant.	0,14687	Mercure.	0,03332
Fonte blanche.	0,12983	Or	0,03244
Acier doux	0,1175.	Platine laminé.	0,03243
Fer.	0,11379	Plomb.	0,03140
Nickel.	0,10863	Bismuth	0,03084

Les nombres compris dans cette table représentent les chaleurs spécifiques moyennes entre zéro et 100 degrés ; il résulte, en effet, des travaux de Dulong et Petit sur la chaleur, que les chaleurs spécifiques augmentent avec la température ; celles des métaux, par exemple, sont plus grandes entre 100 et 200 degrés qu'entre zéro et 100 degrés, et plus grandes encore de 200 à 300 degrés. C'est-à-dire que, pour élever la température d'un corps de 200 à 300 degrés, il faut plus de chaleur que pour l'élever de 100 à 200 degrés, et, dans ce dernier cas, plus que pour l'élever de zéro à 100 degrés.

En un mot, l'augmentation des chaleurs spécifiques avec la température est d'autant plus sensible, que les corps sont plus près de leur point de fusion. Au contraire, toute action qui augmente la densité d'un corps et son agrégation moléculaire diminue sa chaleur spécifique.

Quant aux liquides, leurs chaleurs spécifiques augmentent avec la température encore beaucoup plus rapidement que celles des solides. L'eau cependant fait exception, sa chaleur spécifique augmentant beaucoup moins que celles des autres liquides.

Enfin, une même substance possède, à l'état liquide, une plus grande chaleur spécifique qu'à l'état solide ; par exemple, la chaleur spécifique de la glace est la moitié de celle de l'eau. A l'état gazeux, la chaleur spécifique est plus petite qu'à l'état liquide.

* **369. Loi de Dulong et Petit sur les chaleurs spécifiques des atomes.** — En 1819, Dulong et Petit firent connaître cette loi remarquable, que le produit de la chaleur spécifique des corps simples par leur poids atomique est le même pour tous les corps et égal à 37 ; loi qui peut s'énoncer en disant que, *pour les corps simples, les chaleurs spécifiques sont en raison inverse des poids atomiques.*

M. Regnault, après avoir déterminé avec beaucoup de soin les chaleurs spécifiques d'un grand nombre de corps, a trouvé que le produit du poids atomique par la chaleur spécifique n'est pas rigoureusement constant, comme l'avaient annoncé Dulong et Petit, mais que ce produit varie entre 38 et 42, variation qui peut résulter de ce que les chaleurs spécifiques ne sont pas déterminées à des distances égales du point de fusion des corps.

M. Regnault a été conduit, en outre, aux deux lois suivantes sur les chaleurs spécifiques des corps composés et des alliages.

1° *Dans les corps composés ayant même formule atomique, la chaleur spécifique est en raison inverse du poids atomique.*

2° *Pour des températures un peu éloignées du point de fusion, la chaleur spécifique des alliages est exactement la moyenne des chaleurs spécifiques des métaux composants.*

* 370. Chaleurs spécifiques des gaz. — On rapporte la chaleur spécifique des gaz à celle de l'eau ou à celle de l'air : dans le premier cas, elle représente la quantité de chaleur nécessaire pour élever de 1 degré un poids donné de gaz, comparativement à celle qui serait nécessaire au même poids d'eau ; dans le second, la quantité de chaleur nécessaire pour élever de 1 degré un volume donné de gaz, comparativement à celle qu'il faudrait pour le même volume d'air.

Dans cette dernière manière de considérer les chaleurs spécifiques des gaz, on peut, en outre, supposer ceux-ci à *pression constante* et à volume variable ; ou bien à *volume constant,* sous une pression variable.

Les chaleurs spécifiques des gaz par rapport à l'eau ont été déterminées, en 1812, par Delaroche et Bérard. Pour cela, on mesurait la quantité de chaleur cédée à un poids connu d'eau par un poids aussi connu de gaz qui circulait dans un serpentin placé dans le liquide. On en déduisait ensuite la chaleur spécifique du gaz à l'aide d'un calcul analogue à celui qui a été donné pour la méthode des mélanges.

Les mêmes physiciens ont déterminé les chaleurs spécifiques des gaz, à pression constante, par rapport à l'air, en comparant entre elles les quantités de chaleur cédées à un même poids d'eau par des volumes égaux de gaz et d'air, à la même température et à la pression atmosphérique pendant toute l'expérience. Depuis les travaux de Delaroche et Bérard, MM. de La Rive et Marcet, en 1835, ont appliqué la méthode du refroidissement à la même détermination.

Enfin, les chaleurs spécifiques des gaz, à volume constant, toujours par rapport à l'air, ont été calculées par Dulong, en s'appuyant sur la formule qui fait connaître la vitesse de propagation du son dans les différents gaz (203).

D'après les calculs de Laplace et de Poisson, et les expériences de Clément et Désormes, de Delaroche et Bérard, de Gay-Lussac et de Dulong, on avait admis jusqu'ici que la chaleur spécifique des gaz à pression constante est toujours plus grande qu'à volume constant. Mais, dans un travail récent et par une méthode entièrement nouvelle, M. Regnault a trouvé que la différence entre ces deux espèces de chaleurs spécifiques est nulle ou extrêmement petite.

Delaroche et Bérard ont donné sur les chaleurs spécifiques des gaz la première loi suivante, et Dulong la seconde :

1° *A volume égal, tous les gaz simples ont des chaleurs spécifiques égales.*

2° *Lorsque deux gaz simples se combinent sans condensation, le gaz résultant possède, à volume égal, la même chaleur spécifique que les gaz simples composants.*

Les expériences de M. Regnault ont fait voir que la première loi n'est rigoureuse que pour les gaz soumis à la loi de Mariotte, c'est-à-dire éloignés de leur point de liquéfaction. Les mêmes expériences n'ont pas confirmé la seconde loi.

Chaleurs spécifiques des gaz simples par rapport à l'eau.

GAZ.	A VOLUME ÉGAL.	A POIDS ÉGAL.
Oxygène.	0,24049	0,21751
Hydrogène	0,23590	0,40900
Azote	0,23680	0,24380
Chlore.	0,29645	0,12099

374. Mesure de la chaleur latente de fusion.

— Sachant (306) que, lorsque les corps passent de l'état solide à l'état liquide, il y a absorption d'une quantité de chaleur latente plus ou moins considérable, on appelle *chaleur de fusion d'un corps solide, le nombre de calories* (361) *qu'absorbe 1 kilogramme de ce corps pour passer, sans élévation de température, de l'état solide à l'état liquide.* La chaleur de fusion des corps se détermine par la méthode des mélanges en s'appuyant sur ce principe, qui paraît évident, que, lorsqu'un corps à l'état liquide se solidifie, il dégage une quantité de chaleur rigoureusement égale à celle qu'il avait absorbée pendant la fusion.

Soit proposé, par exemple, de déterminer la chaleur de fusion du plomb. On fond un poids M de ce corps, et, après en avoir pris la température T, on le verse dans une masse d'eau dont on connaît le poids m et la température t. Cela posé, représentons par c la chaleur spécifique du plomb, par x sa chaleur de fusion, c'est-à-dire la quantité de chaleur latente absorbée par l'unité de poids en se fondant, ou, ce qui est la même chose, celle qui est restituée au moment de la solidification ; enfin, soit θ la température finale que prend l'eau échauffée par le plomb.

La masse d'eau s'étant échauffée de t à θ degrés, elle a absorbé une quantité de chaleur représentée par $m(\theta - t)$ (363) ; d'un autre côté, la masse de plomb, en se refroidissant de T à θ, a cédé, d'une part, une quantité de chaleur $Mc(T - \theta)$; de l'autre, au moment de la solidification, elle dégage une quantité de chaleur représentée par Mx. On a donc l'équation :

$$Mc(T - \theta) + Mx = m(\theta - t),$$
$$\text{d'où} \quad x = \frac{m(\theta - t) - Mc(T - \theta)}{M}.$$

372. Chaleur de fusion de la glace.

— La chaleur de fusion de la glace est celle dont la connaissance présente le plus d'intérêt par les applications qu'on peut en faire. Elle se détermine encore par la méthode des mélanges. Pour cela, soit M un poids de glace à zéro, et m un poids d'eau chaude à t degrés suffisant pour fondre toute la glace. On projette celle-ci dans l'eau, et aussitôt que la fusion est complète, on mesure la température finale du mélange. Si on la représente par θ, l'eau s'étant refroidie de t degrés à θ, a cédé une quantité de chaleur égale à $m(t - \theta)$. Quant à la glace, si l'on représente par x sa chaleur de fusion, elle absorbe, pour se fondre, une quantité de chaleur Mx ; mais en outre, après la fusion, l'eau qui en provient s'échauffe, et sa température s'élève de zéro à θ degrés ; elle absorbe donc alors une quantité de chaleur $M\theta$. Donc, enfin, on a l'équation $Mx + M\theta = m(t - \theta)$, d'où l'on tire la valeur de x.

Par ce procédé, et en évitant avec le plus grand soin toutes les causes d'erreur, M. Desains et de la Provostaye ont trouvé que la chaleur de fusion de la glace est 79 ; c'est-à-dire qu'un kilogramme de glace qui se fond, absorbe, à l'état de chaleur latente, la quantité de chaleur qui serait nécessaire pour élever 79 kilogrammes d'eau de zéro à 1 degré, ou, ce qui est la même chose, 1 kilogramme d'eau de zéro à 79 degrés.

M. Person, qui a fait de nombreuses recherches sur les chaleurs de fusion, a trouvé expérimentalement les nombres suivants pour les chaleurs de fusion de plusieurs corps simples et composés.

Glace.	79,25	Bismuth.	12,64
Azotate de soude.	62,97	Soufre.	9,37
Zinc.	28,13	Plomb.	5,37
Argent.	21,07	Phosphore.	5,03
Étain.	14,25	Alliage de Darcet.	4,50
Cadmium.	13,66	Mercure.	2,83

373. Mesure de la chaleur latente de vaporisation.

— On a vu (336) que les liquides, en se vaporisant, rendent latente une quantité de chaleur très-considérable, qu'on désigne sous le nom de *chaleur d'élasticité* ou de *chaleur de vaporisation*. Pour déterminer la *chaleur de vaporisation* d'un liquide, c'est-à-dire *le nombre de calories qu'absorbe 1 kilogramme de ce liquide pour se vaporiser sans augmentation de température*, on admet comme évident qu'une vapeur qui se liquéfie, rend libre une quantité de chaleur précisément égale à celle qu'elle avait absorbée en se formant.

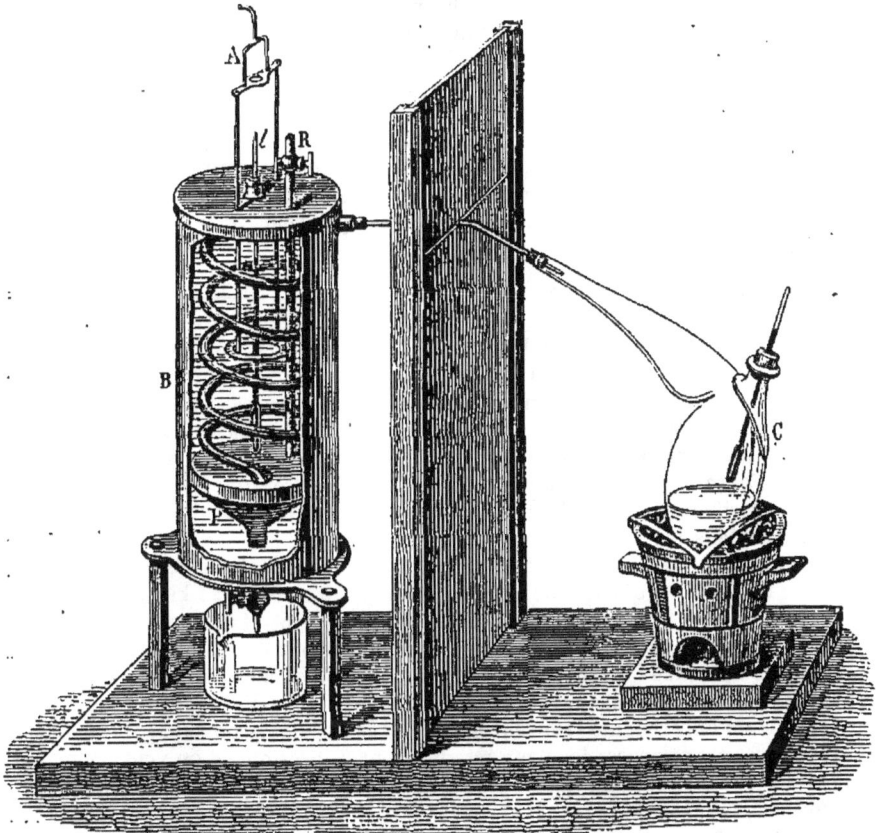

Fig. 284.

Cela posé, la méthode qu'on emploie est la même que pour la détermination des chaleurs spécifiques des gaz par rapport à celle de l'eau. La figure 284 représente l'appareil employé dans ce genre de recherches par Despretz. La vapeur se produit dans une cornue C, où sa température est indiquée par un thermomètre, et se rend dans un serpentin plongé dans de l'eau froide. Là elle se condense et cède au serpentin et à l'eau du vase B sa chaleur latente. L'eau qui résulte de la condensation se rend dans un récipient P auquel aboutit le serpentin, et dont on l'extrait, à la fin de l'expérience, pour la peser, son poids étant celui de la vapeur qui a circulé dans l'appareil. Un agitateur A, qu'on fait marcher avec la main, sert à mélanger les couches d'eau dans le vase B, pour que toute la masse soit à la même température. Celle-ci est donnée par un thermomètre l placé dans l'axe du serpentin. Enfin, du récipient P part un tube terminé par un robinet R. Lorsqu'on veut faire varier la pression, et, par suite, la température de la vapeur, on met ce robinet en communication par un tube de caoutchouc avec une machine pneumatique ou avec une pompe de compression.

Ces détails connus, pour déterminer la chaleur de vaporisation du liquide qui est dans la cornue, on le chauffe d'abord jusqu'à l'ébullition, et c'est alors seulement qu'on fait communiquer la cornue avec le serpentin ; puis c'est après avoir rompu la communication qu'on recueille l'eau qui s'est condensée dans le récipient P, et qu'on la pèse.

Soient alors M le poids de la vapeur condensée, T sa température à son entrée dans le serpentin, et x sa chaleur de vaporisation. Soient de même m le poids de l'eau dans laquelle plonge le serpentin, y compris celui du vase B, du serpentin, du thermomètre et de l'agitateur réduits en eau (364), t la température initiale de l'eau, et θ la température finale quand on arrête l'expérience.

La chaleur cédée par un kilogramme de vapeur qui se condense étant x, la chaleur cédée par les M kilogrammes de vapeur par le fait seul de la condensation est Mx. De plus, indépendamment de toute condensation, le poids M, se refroidissant de T à θ, perd alors une quantité de chaleur représentée par M$(T-\theta)$; d'où l'on voit que la quantité totale de chaleur cédée par la vapeur est M$x +$ M$(T-\theta)$. D'ailleurs la chaleur gagnée par l'eau, le vase et les accessoires est $m(\theta-t)$; donc on a

$$\mathrm{M}x + \mathrm{M}\,(\mathrm{T} - \theta) = m\,(\theta - t), \quad \text{d'où} \quad x = \frac{m\,(\theta - t) - \mathrm{M}\,(\mathrm{T} - \theta)}{\mathrm{M}}.$$

Despretz a trouvé ainsi pour la chaleur d'élasticité de la vapeur d'eau, à 100°, le nombre 540 ; c'est-à-dire que 1 kilogramme d'eau, à 100 degrés, absorbe, en se vaporisant, la quantité de chaleur nécessaire pour élever 540 kilogrammes d'eau de zéro à 1 degré. M. Regnault a trouvé 537, et M. Fabre et Silbermann, 535,8.

374. Calorimètre à mercure de Fabre et Silbermann. — On doit à M. Fabre et à Silbermann un calorimètre très-sensible pour mesurer les capacités calorifiques des liquides, les chaleurs latentes de vaporisation, et la chaleur dégagée dans les actions chimiques.

La figure 285 représente cet appareil. La pièce principale est un réservoir sphérique de fonte A, qui est plein de mercure et en contient 24 kilogrammes, ce qui représente une capacité de près de deux litres. A ce réservoir sont adaptées plusieurs tubulures. A gauche de la figure sont d'abord deux tubulures B, auxquelles sont fixés deux moufles de fonte qui se prolongent dans l'intérieur de la boule. Dans chaque moufle est une éprouvette de verre où se place la substance sur laquelle on expérimente. Un seul moufle et une seule éprouvette suffisent dans la plupart des expériences ; les deux moufles sont utilisés quand on veut comparer les quantités de chaleur dégagées ou absorbées dans deux réactions différentes. A la troisième tubulure C correspond encore un moufle et une éprouvette. Cette tubulure, qui est verticale, est destinée à la détermination des capacités calorifiques par la méthode de M. Regnault (365), et elle se place alors au-dessous du registre r de la figure 279.

Quant à la tubulure d, elle renferme un piston plongeur d'acier dont on va voir ci-après l'usage. Une tige, qu'on fait tourner avec une manivelle m, et qui est garnie d'un pas de vis, transmet son mouvement au piston dans le sens de la verticale ; mais, par un mécanisme particulier, elle ne lui communique pas son mouvement de rotation. Enfin, la dernière tubulure à droite porte une boule de verre a, à laquelle est soudé un long tube capillaire de verre bo, partagé en parties d'égale capacité.

D'après cette description, on voit que le calorimètre à mercure n'est autre chose qu'un thermomètre à très-gros réservoir et à tige très-capillaire, et par conséquent très-sensible. Toutefois le tube bo ne marque pas les températures du mercure qui est dans le réservoir, mais les calories (361) qui lui sont cédées par les substances qui sont dans les moufles.

Pour effectuer cette graduation, on expérimente de la manière suivante. On commence par faire marcher le piston plongeur d dans un sens ou dans l'autre, afin de refouler ou d'aspirer le mercure jusqu'à ce qu'il s'arrête, dans le tube bo, au point d'où doit partir la graduation ; puis ayant versé dans le moufle qu'on a

choisi une quantité de mercure qui ne devra plus varier, on y introduit une petite
éprouvette de verre mince *e* (fig. 286), laquelle est maintenue fixe contre la poussée
du mercure par un petit taquet extérieur qui n'est pas représenté dans le dessin.
L'éprouvette ainsi disposée, on y introduit la pointe d'une pipette à boule, conte-

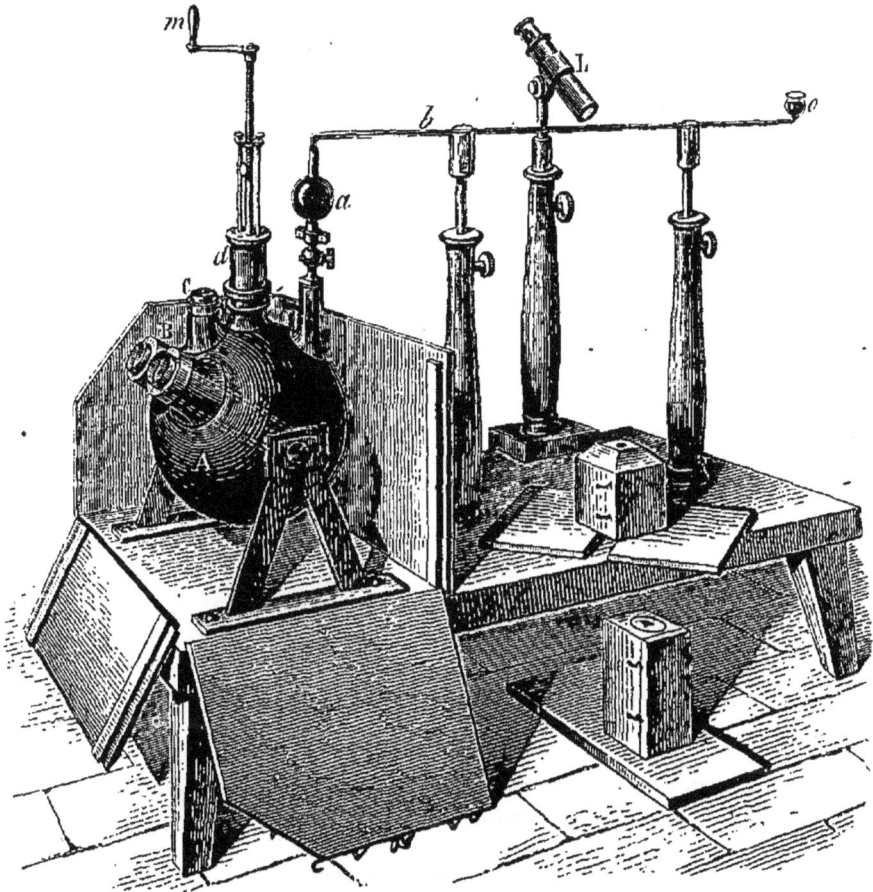

Fig. 285.

nant de l'eau distillée qu'on chauffe jusqu'à la température d'ébullition.; retournant alors la pipette de la position *n* à la position *n'*, on laisse écouler une partie
du liquide dans l'éprouvette.

La chaleur cédée par le liquide au mercure du réservoir A, le faisant se dilater, la colonne de mercure, dans le tube *bo*, s'allonge d'un certain nombre de
divisions que nous représenterons par *n*. Or, si l'on pèse·l'eau versée dans l'éprouvette, et si l'on prend sa température finale au moment où la colonne de mercure
devient stationnaire dans le tube *bo*, le produit du poids de l'eau en kilogrammes
par le nombre de degrés dont l'eau s'est refroidie, fait connaître le nombre de
calories cédées par l'eau à tout l'appareil (363). Divisant par *n* ce nombre de calories, le quotient donne le nombre *a* de calories correspondant à une seule division
du tube *bo*.

Le nombre *a* une fois connu, pour l'appliquer à la recherche des chaleurs spécifiques des liquides, on porte à une température T un poids M du liquide dont on
cherche la capacité calorifique *c*, puis on le verse dans l'éprouvette C. Représen-

tant par θ la température finale du liquide, et par *n* le nombre de divisions dont a avancé la colonne mercurielle *b o*, on a

$$Mc\,(T - \theta) = na, \quad \text{d'où} \quad c = \frac{n\,a}{M\,(T - \theta)}.$$

On expérimenterait de même pour déterminer les chaleurs latentes de vaporisation.

Les planchettes qui sont représentées autour du réservoir A sont articulées à charnière et se relèvent de manière à former une caisse qu'on remplit de duvet de cygne ou de ouate, pour éviter toute déperdition de chaleur. On achève de clore la caisse avec les planchettes représentées sur la droite et avec deux petits étuis

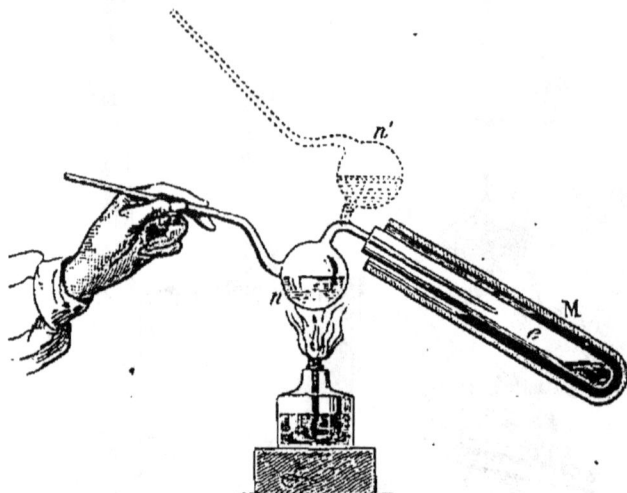

Fig. 286.

de bois qui se placent sur les tubulures *d* et *a*. Enfin une lunette L, dont le pied peut glisser le long de la table, sert à lire les déplacements du mercure sur le tube *b o*.

375. Problèmes sur les chaleurs spécifiques et sur les chaleurs latentes. — I. Dans un vase de verre pesant 12 grammes et contenant 0lit.,15 d'eau à 10 degrés, on projette un morceau de fer dont le poids est 20 grammes et la température 98 degrés ; la température de l'eau montant alors à 11°,29, on demande la chaleur spécifique du fer, sachant que celle du verre est 0,19768.

Ce problème se résout au moyen de la formule [4] du paragraphe 364, en y remplaçant les lettres M, *m*, *m'*, *c'*, *t* et θ, par les nombres qui leur correspondent dans l'énoncé ci-dessus. Quant au poids de l'eau, on l'obtient en observant que 1 litre d'eau pesant 1 kilogramme, 0lit.,15, ou, ce qui est la même chose, 0lit.,150, pèse 150 grammes, abstraction faite de la dilatation de l'eau de 4 à 10 degrés.

Cela posé, en faisant les substitutions dans la formule indiquée, il vient

$$20\,(98 - 11,29)\,c = (150 + 12 \times 0,19768)\,(11,29 - 10), \quad \text{d'où} \quad c = 0,1135.$$

II. Une masse de platine, pesant 40 grammes, est placée dans un four et y reste assez longtemps pour en prendre la température ; en étant ensuite retirée et plongée dans une masse d'eau dont le poids est de 84 grammes et la température de 12 degrés, on observe que l'eau s'échauffe jusqu'à 22 degrés. On demande la température du four, sachant que la chaleur spécifique du platine est 0,03243.

Si l'on représente par *t* la température cherchée, le nombre d'unités de chaleur cédées par le platine, en se refroidissant de *t* degrés à 22, est $40 \times (t - 22) \times 0,03243$, d'après la formule $m\,(t' - t)\,c$ (363). De même, le nombre d'unités de chaleur absorbées par l'eau, dont la chaleur spécifique est 1, pour s'échauffer de

12 degrés à 22, est 84.(22 — 12) ou 840. Or, la quantité de chaleur absorbée par. l'eau étant nécessairement la même que celle qui est perdue par le platine, on a à

$$40 \times (t - 22) \times 0,03243 = 840 ; \quad \text{d'où} \quad t = 669,5 \text{ degrés.}$$

Il est à observer que cette valeur de t n'est qu'approximative, car le nombre 0,03243 est la chaleur spécifique du platine entre zéro et 100 degrés ; mais on a vu qu'à une température plus élevée elle est plus grande (368) ; par conséquent, le nombre 669,5 est trop fort.

III. Ayant pratiqué une cavité dans un morceau de glace, on y enferme une masse d'étain qui pèse 55 grammes, et dont la température a été portée préalablement à 100 degrés. Quel sera le poids de glace fondue, sachant que la chaleur spécifique de l'étain est 0,05623, et que la chaleur de fusion de la glace est 79?

L'étain, se refroidissant ici de 100 jusqu'à zéro, perd un nombre d'unités de chaleur représenté par $55 \times 100 \times 0,05623$. toujours d'après la formule mtc (363). Or, 1 kilogramme de glace, à zéro, absorbant, pour se fondre, 79 unités de chaleur, x kilogrammes de glace absorbent un nombre d'unités représenté par $79 \times x$. On a donc

$$79 x = 55 \times 100 \times 0,05623 ; \quad \text{d'où} \quad x = 3^{gr},9.$$

IV. Quel est le poids de glace à projeter dans 9 litres d'eau pour les refroidir de 20 degrés à 5 ?

Soit M le poids cherché, en kilogrammes ; ce poids absorbera, pour se fondre, un nombre d'unités de chaleur représenté par 79 M (372) ; mais le poids M qui en résulte, étant à zéro au moment de la fusion, et devant s'échauffer de 5 degrés, absorbe une quantité de chaleur 5 M ; par conséquent, la chaleur totale absorbée est 79 M + 5 M, ou 84 M. Quant à la chaleur cédée par les 9 litres d'eau, en se refroidissant de 20 degrés à 5, elle est 9 (20 — 5), ou 135. Donc

$$84 M = 135 ; \quad \text{d'où} \quad M = 1^{kil},607.$$

V. Quel est le poids de vapeur d'eau, à 100 degrés, nécessaire pour échauffer, en se condensant, 208 litres d'eau de 14 degrés jusqu'à 32 ?

Soit p ce poids en kilogrammes ; la chaleur latente de la vapeur d'eau étant 540 (373), p kilogrammes de vapeur, en se condensant, cèdent une quantité de chaleur représentée par $540 \times p$, et fournissent p kilogrammes d'eau à 100 degrés. Or, cette eau, en se refroidissant ensuite jusqu'à 32 degrés, cède elle-même une quantité de chaleur égale à p (100 — 32), ou 68p. D'ailleurs, les 208 litres qui s'échauffent de 14 degrés à 32, pesant 208 kilogrammes, toujours abstraction faite de la dilatation, absorbent une quantité de chaleur égale à 208 (32 — 14) ou 3744 unités ; on a donc

$$540 p + 68 p = 3744 ; \quad \text{d'où} \quad p = 6^{kil},158.$$

VI. Dans un premier vase, on a de l'eau à 11 degrés ; dans un second, de l'eau à 91 ; combien doit-on prendre de kilogrammes d'eau dans chacun d'eux pour former un bain de 250 kilogrammes à 31 degrés?

Soient x et y les nombres de kilogrammes à prendre respectivement dans chaque vase, on a d'abord $x + y = 250$ [I]. On obtient une deuxième équation en x et en y, en observant que x kilogrammes à 11 degrés contiennent 11 x unités de chaleur, et que y kilogrammes à 91 degrés en contiennent un nombre représenté par 91 y. D'ailleurs, les 250 kilogrammes de mélange, à 31 degrés, renferment 250×31, ou 7750 unités ; on a donc l'équation $11 x + 91 y = 7750$ [2]. Les équations [1] et [2] étant résolues, on trouve $x = 187^{kil},5$, et $y = 62^{kil},5$.

376. Équivalent mécanique de la chaleur. — On a vu (247). dans la nouvelle théorie dynamique de la chaleur, que toute production de chaleur est due à un mouvement vibratoire des molécules, soumis aux lois ordinaires de la mécanique. Montgolfier paraît être le premier physicien qui ait avancé qu'il y a identité de nature entre la chaleur et le mouvement, en ce sens non-seulement que la chaleur est une cause du mouvement, et le mouvement une cause de chaleur, mais en ce sens encore que la chaleur et le mouvement sont deux formes différentes, deux effets d'une seule et même cause ; en un mot, que la chaleur peut se convertir en mouvement et le mouvement en chaleur.

En 1824, S. Carnot publia un ouvrage intitulé *Réflexions sur la puissance motrice du feu*, dans lequel on trouve des considérations fort remarquables sur la manière de produire de la force motrice avec de la chaleur. Depuis, la théorie dynamique de la chaleur a été le sujet des travaux de plusieurs savants, et particulièrement de MM. Mayer et Clausius en Allemagne, de MM. Joule, Thomson et Rankine en Angleterre, et de MM. Séguin, Fabre, Person, E. Clapeyron, Reech, Hirn, Regnault, Dupré et A. Cazin en France.

Or, dans l'étude de la théorie dynamique de la chaleur, on ne s'est pas proposé seulement de faire voir qu'une quantité de chaleur donnée peut se transformer en travail mécanique (424), et réciproquement, mais encore de calculer le travail mécanique que peut produire une quantité de chaleur déterminée, ou quelle quantité de chaleur peut développer un certain travail mécanique. On sait, en effet, que la chaleur peut produire un travail mécanique, comme il arrive dans l'expansion des vapeurs et dans la dilatation des gaz ; et que, réciproquement, on peut développer de la chaleur par une action mécanique, telle que la percussion, la pression ou le frottement (426 et 427). Partant de la, M. Joule a nommé *équivalent mécanique* de la chaleur, la quantité de travail qu'une unité de chaleur (361) peut produire ; ou, ce qui revient au même, la quantité de travail mécanique nécessaire pour développer une unité de chaleur.

On a eu recours à différents procédés pour déterminer l'équivalent mécanique de la chaleur : dans les uns, on la déduisait du travail mécanique produit par la perte d'une quantité de chaleur connue ; dans les autres, de la quantité de chaleur que faisait naître un travail donné. M. Joule a calculé l'équivalent de la chaleur successivement à l'aide de la quantité de chaleur développée par la compression d'une masse d'air dans un calorimètre à eau ; ou par celle dégagée dans le frottement de l'eau par une palette tournant dans le liquide ; ou, enfin, par la chaleur que fait naître le frottement de deux corps solides l'un contre l'autre dans un calorimètre à mercure. Les résultats obtenus par ces diverses méthodes n'ont pas toujours été concordants ; mais, en général, ils ont peu différé, et, en en prenant la moyenne, c'est le nombre 324 kilogrammètres (424) qui représente l'équivalent mécanique de la chaleur, c'est-à-dire que la quantité de chaleur nécessaire pour échauffer de 1 degré 1 kilogramme d'eau développe une force motrice capable d'élever un poids de 424 kilogrammes à 1 mètre de hauteur en une seconde ; ou, réciproquement, qu'un poids de 424 kilogrammes, tombant de 1 mètre de hauteur en une seconde, peut fournir la quantité de chaleur nécessaire pour chauffer de zéro à 1 degré 1 kilogramme d'eau.

CHAPITRE VIII.

CONDUCTIBILITÉ DES SOLIDES, DES LIQUIDES ET DES GAZ.

377. Conductibilité des solides. — La *conductibilité* est la propriété que possèdent les corps de transmettre la chaleur plus ou moins facilement dans l'intérieur de leur masse. On admet que ce genre de propagation s'opère par un rayonnement interne de molécule à molécule. Tous les corps ne conduisant pas également la chaleur, on appelle *bons conducteurs* ceux qui la transmettent facilement : tels sont surtout les métaux ; et l'on donne le nom de *mauvais conducteurs* à ceux qui offrent une plus ou moins grande résistance à la propagation de la chaleur : tels sont le verre, les résines, les bois, et surtout les liquides et les gaz.

Pour comparer le pouvoir conducteur des solides, Ingenhousz, médecin hollandais, mort à la fin du siècle dernier, construisit le petit appareil qui porte son nom, et qui est représenté ci-contre (fig. 287). C'est une caisse de fer-blanc, à laquelle sont fixées, à l'aide de tubulures et de bouchons, des baguettes de diverses substances, par exemple, de fer, de cuivre, de bois, de verre. Ces baguettes pénètrent de quelques millimètres dans l'intérieur de la caisse, et sont recouvertes de cire jaune, qui fond à 64 degrés. La caisse étant remplie d'eau bouillante, on remarque que sur les baguettes métalliques la cire entre bientôt en fusion à

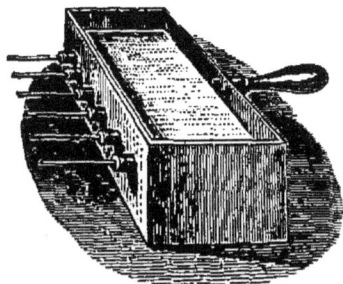

Fig. 287 (*l* = 22).

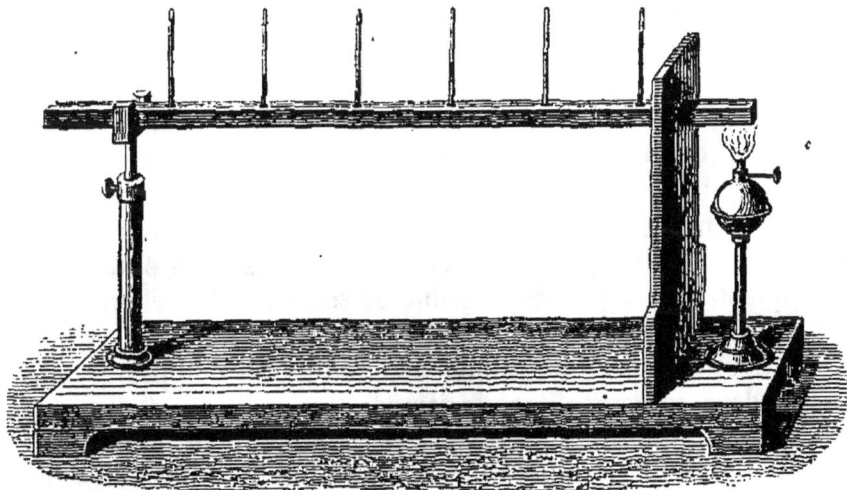

Fig. 288 (*l* = 80).

une plus ou moins grande distance, tandis que sur les autres on n'observe aucune trace de fusion. Or, le pouvoir conducteur est évidemment d'autant plus grand, que la partie sur laquelle la cire a été fondue s'étend plus loin.

Despretz a comparé les pouvoirs conducteurs des solides avec l'appareil représenté dans la figure 288. C'est une barre prismatique dans laquelle sont pratiquées, de décimètre en décimètre, de petites cavités remplies de mercure, dans chacune desquelles plonge un thermomètre. Cette barre étant exposée, par l'une de ses extrémités, à une source de chaleur constante, on voit les thermomètres monter successivement, à partir de la source, puis indiquer des températures fixes, mais décroissantes d'un thermomètre au suivant. Par ce procédé, Despretz a vérifié la loi suivante, donnée pour la première fois par Lambert, de Berlin : *Les distances à la source croissant en progression arithmétique, les excès de température sur l'air ambiant décroissent en progression géométrique.*

Toutefois cette loi ne se vérifie que pour les métaux très-bons conducteurs, tels que l'or, le platine, l'argent et le cuivre; elle n'est qu'approchée pour le fer, le zinc, le plomb, l'étain, et nullement applicable aux corps non métalliques, comme le marbre, la porcelaine, etc.

En représentant par 1000 le pouvoir conducteur de l'or, Despretz a trouvé que celui des substances suivantes est :

Platine.	981	Étain.	304
Argent.	973	Plomb.	179
Cuivre.	897	Marbre.	23
Fer.	374	Porcelaine.	12
Zinc.	363	Terre de brique.	11

MM. Wiedmann et Franz ont publié, en 1853, dans les *Annales de Poggendorff,* le résultat de longues recherches sur la conductibilité des métaux pour la chaleur. Afin de ne pas altérer la forme des barres métalliques en y pratiquant des cavités comme l'avait fait Despretz, ce qui détruisait partiellement la continuité des métaux, ces physiciens ont employé un procédé à l'abri de cette cause d'erreur. Ils ont mesuré la température des barres, en leurs différentes parties, par les courants thermo-électriques qu'ils obtenaient en appliquant sur ces parties le point de soudure d'un élément de la pile thermo-électrique.

Les barres métalliques étaient aussi régulières que possible, et disposées dans un espace dont la température était constante. Une des extrémités des barres était en communication avec une source de chaleur, et l'élément thermo-électrique qui devait être mis en contact avec les barres avait de très-petites dimensions, afin de ne leur enlever que très-peu de chaleur.

En opérant ainsi, MM. Wiedmann et Franz ont obtenu des résultats notablement différents de ceux de Despretz. En représentant par 100 la conductibilité de l'argent, ils ont trouvé pour les autres métaux les nombres suivants :

Argent	100	Acier.	11,6
Cuivre	77,6	Plomb.	8,5
Or.	53,2	Platine.	8,4
Étain.	14,5	Alliage de Rose.	2,8
Fer.	11,9	Bismuth.	1,8

Les substances organiques conduisent mal la chaleur ; quant aux bois, M. de La Rive, à Genève, a fait voir que leur conductibilité est beaucoup plus grande dans le sens des fibres que transversalement, et que les bois les plus denses sont les meilleurs conducteurs. Le son, la paille, la laine, le coton, qui sont des corps peu denses et formés, pour ainsi dire, de parties discontinues, sont très-mauvais conducteurs.

378. Conductibilité des liquides. — La conductibilité des li-

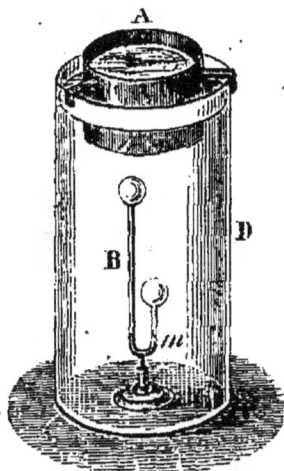

Fig. 289.

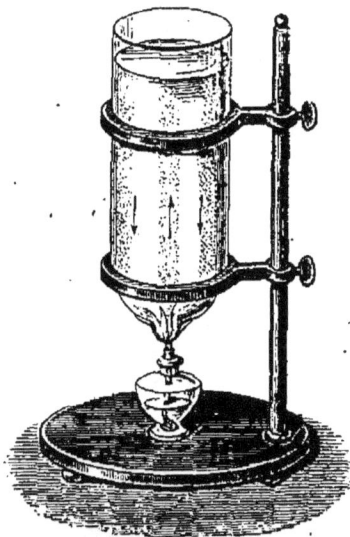

Fig. 290 (h = 35).

quides est extrêmement faible, ainsi qu'on peut le démontrer par l'expérience suivante. On place, au fond d'un vase de verre cylindrique D (fig. 289), un petit thermoscope B formé de deux boules de verre réunies par un tube recourbé *m*, dans lequel est un petit index de liquide coloré. Puis, le vase D étant rempli d'eau à la température ordinaire, on plonge en partie, dans ce liquide, un vase de fer-blanc A, dans lequel on a versé de l'eau bouillante, ou de l'huile chauffée à 200 ou 300 degrés. Or, on remarque alors que la boule du thermoscope la plus rapprochée du fond du vase A ne s'échauffe que fort peu, l'index *m* ne se déplaçant que d'une quantité peu sensible ; d'où l'on conclut la faible conductibilité de l'eau pour la chaleur. D'autres liquides donnent le même résultat.

En expérimentant avec un appareil analogue à celui qui précède, d'une hauteur d'un mètre et demi, en maintenant l'eau du vase A à une température constante, et en disposant douze thermomètres les uns au-dessous des autres dans toute la hauteur du vase D, Despretz a trouvé que la chaleur se propage dans les liquides suivant la même loi que dans les barres métalliques, mais que la conductibilité est incomparablement plus faible.

379. Mode d'échauffement des liquides. — Lorsqu'on chauffe les liquides par leur partie inférieure, il résulte de leur faible conductibilité que c'est surtout par des courants ascendants et descendants, qui s'établissent dans leur masse, que l'échauffement se produit. Ces courants s'expliquent par la dilatation des couches inférieures, qui, devenues moins denses, s'élèvent dans le liquide et sont remplacées par les couches supérieures plus froides, et, par conséquent, plus denses. On rend ces courants visibles en projetant dans l'eau de la sciure de bois, qui monte et descend avec eux. Pour cela, on dispose l'expérience comme le montre la figure 290.

380. Conductibilité des gaz. — On ne peut apprécier directement le pouvoir conducteur des gaz, à cause de leur grand pouvoir diathermane et de l'extrême mobilité de leurs molécules; mais lorsqu'ils sont gênés dans leurs mouvements, leur conductibilité paraît à peu près nulle. On remarque, en effet, que toutes les substances entre les filaments desquelles de l'air reste stationnaire offrent une grande résistance à la propagation de la chaleur : tels sont la paille, l'édredon, les fourrures. Quand une masse gazeuse s'échauffe, c'est surtout par son contact avec un corps chaud et par les courants ascendants qui proviennent de la dilatation, de la même manière que dans les liquides.

381. Conductibilité de l'hydrogène. — M. Magnus, à Berlin, a cherché récemment la conductibilité propre de chaque gaz, au moyen d'un tube de verre fermé par un robinet et disposé verticalement. Au bas du tube, à l'intérieur, était un thermomètre qu'on observait à travers le verre, tandis que l'extrémité supérieure était maintenue à 100 degrés. En expérimentant avec ce tube successivement vide, puis rempli de différents gaz plus ou moins condensés, M. Magnus a obtenu les résultats suivants :

1° La température du thermomètre s'élève plus dans l'hydrogène que dans tous les autres gaz.

2° Elle est plus élevée dans l'hydrogène que dans le vide, et d'autant plus, que ce gaz est plus condensé.

3° Dans les autres gaz que l'hydrogène, la température est moins élevée que dans le vide, et d'autant moins, que les gaz sont plus condensés.

La conductibilité de l'hydrogène est une confirmation de l'opinion émise par plusieurs chimistes que ce gaz est un métal.

382. Applications de la conductibilité. — La plus ou moins grande conductibilité des corps rencontre de nombreuses applications. S'agit-il, par exemple, de conserver un liquide longtemps chaud, on l'enferme dans un vase à double enveloppe dont l'intervalle est rempli de matières non conductrices, comme la sciure de bois, le verre, le charbon pilé, la paille. On emploie le même moyen pour empêcher un corps d'absorber la chaleur : c'est ainsi que, pour conserver de la glace dans la saison chaude, on l'entoure de paille ou d'une couverture de laine.

Dans nos habitations, si les carreaux nous paraissent plus froids que le parquet, c'est qu'ils conduisent mieux la chaleur. La sensation de chaleur ou de froid que nous ressentons au contact de certains corps est due à la conductibilité. Si leur température est moins élevée que la nôtre, ils nous paraissent plus froids qu'ils ne sont, à cause de la chaleur qu'ils nous enlèvent en vertu de leur conductibilité : c'est ce qui a lieu pour le marbre. Si, au contraire, leur température est supérieure à celle de notre corps, ils nous semblent plus chauds qu'ils ne sont, par la chaleur qu'ils nous cèdent des divers points de leur masse : c'est le phénomène que nous présente une barre de fer exposée au soleil.

CHAPITRE IX.

RAYONNEMENT, RÉFLEXION, ABSORPTION ET TRANSMISSION DE LA CHALEUR.

383. Rayonnement ou radiation. — Lorsqu'un corps est placé dans une enceinte dont la température est plus ou moins élevée que la sienne, on observe toujours que la température du corps s'élève ou s'abaisse progressivement, jusqu'à ce qu'elle ait atteint celle de l'enceinte ; d'où l'on conclut que le corps a gagné ou perdu une certaine quantité de chaleur qu'il a reçue des corps voisins ou qu'il leur a cédée. La chaleur se transmet donc d'un corps à un autre, à travers l'espace, de la même manière que la lumière. Cette propagation de la chaleur, qui se produit à toutes les distances et dans toutes les directions, se désigne sous le nom de *rayonnement*, ou sous celui de *radiation*, et l'on nomme *absorption*, l'inverse de la radiation, c'est-à-dire la pénétration de la chaleur rayonnante dans les corps. Enfin, on appelle *rayon de chaleur, rayon calorifique*, toute ligne droite suivant laquelle la chaleur se propage, et *faisceau*, un ensemble de rayons ; si ceux-ci s'écartent les uns des autres, le faisceau est *divergent* ; s'ils sont parallèles, le faisceau lui-même est dit *parallèle*.

Il ne faudrait pas croire qu'il n'y a que les corps que nous désignons vulgairement sous le nom de *corps chauds,* qui émettent de la chaleur, et que les *corps froids,* qui en absorbent. Tous les corps, chauds ou froids, émettent et absorbent constamment de la chaleur, seulement en quantités inégales.

Dans la théorie dynamique de la chaleur, le rayonnement est la communication à l'éther du mouvement vibratoire des molécules de la matière, et lorsqu'un corps se refroidit, c'est parce que ses molécules perdent une partie de leur mouvement, qu'elles cèdent à l'éther. Une fois engendrées, les ondes de l'éther vont choquer les molécules des corps qu'elles rencontrent, lesquels s'échauffent à leur tour; en sorte que c'est par un échange continuel de mouvement que se produisent tous les phénomènes d'échauffement et de refroidissement des corps.

Dans l'étude de la chaleur rayonnante, il y a lieu de distinguer la chaleur *obscure* et la chaleur *lumineuse :* la première étant celle émise par un corps non lumineux, comme un vase rempli d'eau à 100 degrés; et la seconde étant celle émise par un corps lumineux, comme le soleil, un boulet chauffé au rouge. On verra, en effet, que la chaleur obscure et la chaleur lumineuse diffèrent par quelques-unes de leurs propriétés.

384. **Lois du rayonnement**. — Le rayonnement de la chaleur présente les trois lois suivantes :

1° *Le rayonnement a lieu dans toutes les directions autour des corps*. En effet, si l'on place un thermomètre dans différentes positions autour d'un corps chaud, il indique, dans toutes, une élévation de température.

2° *Dans un milieu homogène, le rayonnement se fait en ligne droite*. Car, si l'on interpose un écran sur la droite qui joint une source calorifique à un thermomètre, celui-ci cesse d'être influencé par la source.

Mais en passant d'un milieu dans un autre, de l'air dans le verre, par exemple, les rayons calorifiques, de même que les rayons lumineux, sont déviés, phénomène qu'on désigne sous le nom de *réfraction,* et dont on verra les lois en optique, ces lois étant les mêmes pour la lumière et pour la chaleur.

3° *La chaleur se propage dans le vide*. On a d'abord admis que la présence d'un milieu pondérable était nécessaire au rayonnement de la chaleur. Or, la propagation de la chaleur lumineuse dans le vide se trouve démontrée par celle que nous envoie le soleil à travers les espaces planétaires, lesquels ne contiennent aucune matière pondérable. Quant à la propagation de la chaleur obscure dans le vide, on la constate par l'expérience suivante due à Rumford. Ayant soudé, dans la paroi d'un ballon de verre d'un demi-litre environ de capacité, un thermomètre dont le réservoir en occupe le centre (fig. 291), on soude au col du ballon

Fig. 291.

un long tube barométrique, on remplit le ballon et le tube de mercure sec, puis, retournant l'appareil, on plonge le bout ouvert du tube dans une cuvette pleine de mercure, exactement comme dans l'expérience de Torricelli (fig. 94). Le mercure s'abaissant à la hauteur moyenne de 76 centimètres, le vide se fait dans le ballon et dans une partie du tube. Chauffant alors celui-ci à la lampe, au-dessus du niveau du mercure, jusqu'à la fusion du verre, la pression extérieure déprime les parois du tube, qui se soudent et ferment hermétiquement le ballon. Or, ce dernier étant ainsi complétement purgé d'air, dès qu'on l'expose à une source de chaleur, qu'on le plonge, par exemple, dans de l'eau chaude, on voit le thermomètre monter presque instantanément; ce qui prouve la propagation de la chaleur obscure dans le vide, car le verre est trop mauvais conducteur de la chaleur pour que cette propagation s'opère aussi rapidement par les parois du ballon et la tige du thermomètre.

Quant à la vitesse de propagation de la chaleur, elle n'a pas été déterminée : on sait seulement qu'elle doit peu différer de celle de la lumière, si elle ne lui est pas exactement égale; car la lumière solaire et la plupart des lumières artificielles sont constamment accompagnées de rayons de chaleur.

385. **Intensité de la chaleur rayonnante, causes qui la font varier.** — On prend pour *intensité* de la chaleur rayonnante, *la quantité de chaleur reçue sur l'unité de surface dans l'unité de temps*. Trois causes modifient cette intensité suivant les lois données ci-après : la distance de la source de chaleur, l'obliquité des rayons calorifiques par rapport à la surface qui les émet, et leur obliquité par rapport à la surface qui les reçoit.

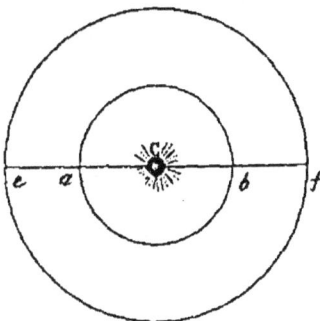

Fig. 292.

1re **Loi.** — *L'intensité de la chaleur rayonnante est en raison inverse du carré de la distance.* Cette loi peut se démontrer par le raisonnement ou par l'expérience. En effet, concevons d'abord une sphère *ab* (fig. 292), d'un rayon quelconque, et à son centre une source de chaleur constante C. Chaque unité de surface de la paroi intérieure reçoit une quantité déterminée de chaleur. Or, si l'on suppose que le rayon de la sphère soit doublé et devienne Cf, sa surface, d'après un théorème connu de géométrie, sera quadruplée. La paroi intérieure contiendra donc quatre fois plus d'unités de surface, et comme la quantité de chaleur émise du centre reste la même, chaque unité en recevra nécessairement quatre fois moins.

Pour démontrer la même loi expérimentalement, on prend une

Fig. 293.

caisse de fer-blanc remplie d'eau chaude, et dont la face antérieure est recouverte de noir de fumée (fig. 293); puis l'on dispose en avant de cette face l'appareil thermo-électrique de Melloni (276). La pile est munie de son réflecteur conique, et la paroi interne de celui-ci est recouverte de noir de fumée pour empêcher toute radiation oblique. La face de la pile étant d'abord placée à une distance co de 20 centimètres, l'aiguille du galvanomètre est déviée et s'arrête, par exemple, à 80 degrés.

Or, si l'on recule la pile, comme le montre la figure 294, à une distance CO double de co, le galvanomètre conserve la même déviation 80, ce qui montre que la pile reçoit toujours la même quantité de chaleur. Il en est encore de même si on la porte à une distance trois, quatre fois plus grande. Ce résultat semble d'abord contradictoire à la loi qu'il s'agit de démontrer, mais au contraire il la confirme. En effet, dans sa première position, la pile ne reçoit de chaleur que de la portion circulaire ab de la paroi de la caisse, tandis que, dans la seconde, c'est la portion circulaire AB qui rayonne vers elle. Or, les deux cônes ACB et acb étant semblables entre eux, et la hauteur du premier étant double de la hauteur du second, le diamètre AB est lui-même double de ab, et, par suite, la surface AB quadruple de la surface *ab*, puisqu'on sait que la surface du cercle est proportionnelle au carré de son rayon. Donc, puisque, la surface rayonnante de la caisse croissant comme le carré de la distance, le galvanomètre reste stationnaire, il faut que l'in-

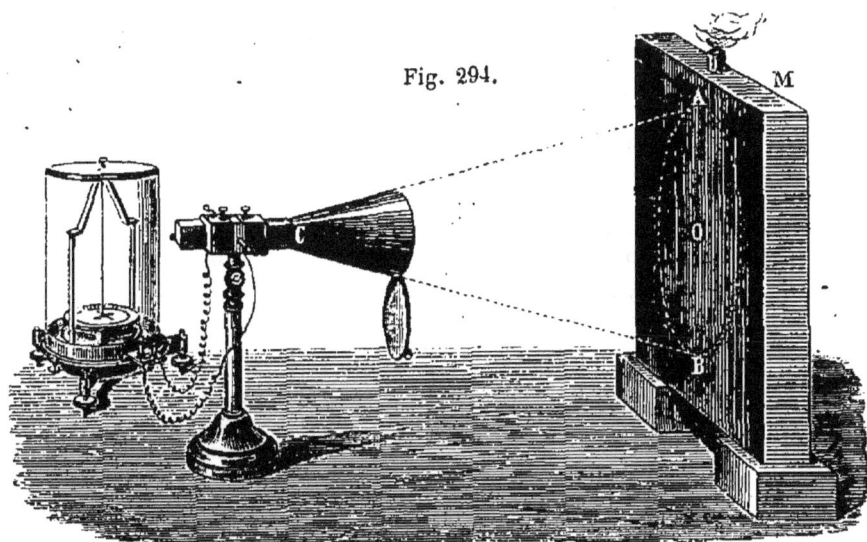

Fig. 294.

tensité de la chaleur reçue par la pile soit en raison inverse du même carré.

Il importe d'observer que cette loi ne s'applique qu'aux rayons calorifiques divergents; pour des rayons parallèles, l'intensité est la même à toutes les distances, sauf l'absorption par les milieux que la chaleur traverse.

2ᵐᵉ Loi. — *L'intensité des rayons calorifiques émis obliquement par une surface rayonnante est proportionnelle au cosinus de l'angle que font ces rayons avec la normale à la même surface.* Pour démontrer cette loi, soient, en projection

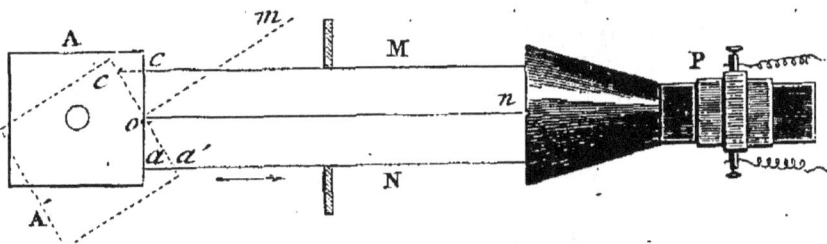

Fig. 295.

horizontale, P la pile de Melloni en communication avec son galvanomètre par deux fils conducteurs, et A un cube de fer-blanc rempli d'eau chaude (fig. 295). Le cube étant d'abord dans la position A, telle que sa face antérieure soit perpendiculaire au faisceau parallèle MN qui tombe sur la pile, le galvanomètre marque une certaine déviation, 45 degrés par exemple, le rayonnement étant dû alors à la portion *ac* de la paroi du cube. Or, si l'on tourne celui-ci dans une position A', telle que sa paroi antérieure devienne oblique au faisceau MN, on observe que le galvanomètre continue à marquer 45. La surface rayonnante étant actuellement $a'c'$ plus grande que ac, si l'on représente par i l'intensité des rayons perpendiculaires à ac, et par i' l'intensité des rayons obliques à $a'c'$, puisque l'effet est le même dans les deux cas, ces intensités sont nécessairement en raison inverse des surfaces ac et $a'c'$; on a donc $i' \times$ surf. $a'c' = i \times$ surf. ac [1]. Or, la surface ac étant la projection de la surface $a'c'$, on a, d'après un théorème connu de trigonométrie, surf. $ac =$ surf. $a'c'$ cos aoa' ; ou surf. $ac =$ surf. $a'c'$ cos mon, puisque les angles mon et aoa' sont égaux comme ayant les côtés perpendiculaires. Portant la valeur de surf. ac dans l'égalité [1], et supprimant le facteur commun, il vient $i' = i$ cos mon, égalité qui démontre la loi.

Cette loi, connue sous le nom de *loi du cosinus*, n'est pas générale; en effet. M. Desains et de la Provostaye ont constaté qu'elle ne se vérifie que dans un cas très-restreint, celui où les corps sont, comme le noir de fumée, dénués de pouvoir réflecteur (396).

3me Loi. — *L'intensité des rayons calorifiques qui tombent obliquement sur une surface est proportionnelle au cosinus de l'angle que font les rayons incidents*

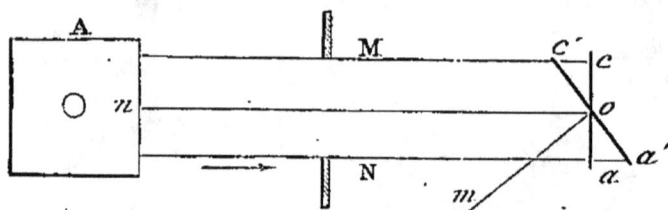

Fig. 296.

avec la surface. Cette loi se démontre de la même manière que la précédente. En effet, considérons une source de chaleur constante A, et un faisceau parallèle MN, tombant normalement sur une surface plane; et soit ac la partie de la surface qui reçoit le faisceau (fig. 296). Si l'on incline cette surface suivant $a'c'$, la partie $a'c'$, plus grande que ac, reçoit la même quantité de chaleur du faisceau MN, mais cette chaleur étant répartie sur une surface plus grande, son intensité diminue, et l'on a encore $i' \times$ surf. $a'c' = i \times$ surf. ac; d'où l'on déduit, par le même calcul que ci-dessus, $i' = i$ cos mon, égalité qui démontre la troisième loi.

386. Équilibre mobile de température. — Deux hypothèses ont été faites sur le rayonnement. Dans la première, on suppose que lorsque deux corps, à des températures inégales, sont en présence, il y a seulement rayonnement du corps le plus chaud vers le plus froid, celui-ci n'émettant rien vers le premier; cela, jusqu'à ce que la température du corps le plus chaud, baissant graduellement, soit la même que celle de l'autre corps, et alors tout rayonnement cesse. Cette hypothèse a été remplacée par la suivante, due à Prévost de Genève, et la seule admise aujourd'hui. D'après ce savant, tous les corps, quelle que soit leur température, émettent constamment de la chaleur dans toutes les directions. Alors il y a perte, c'est-à-dire refroidissement, pour ceux dont la température est la plus élevée, parce que les rayons qu'ils émettent ont une plus grande intensité que ceux qu'ils reçoivent. Au contraire, il y a gain, c'est-à-dire échauffement, pour ceux dont la température est la moins élevée. Il vient ainsi un moment où la température est la même de part et d'autre ; mais alors il y a encore échange de chaleur entre les corps : seulement chacun reçoit autant qu'il émet ; c'est pourquoi la température reste constante. C'est cet état particulier qu'on désigne sous le nom d'*équilibre-mobile de température*.

387. **Loi de Newton sur le refroidissement**. — Un corps, dans le vide, ne se refroidit ou ne s'échauffe que par rayonnement. Dans l'atmosphère, il se refroidit ou s'échauffe par rayonnement et par son contact avec l'air. Dans les deux cas, la vitesse de refroidissement ou d'échauffement est *la quantité de chaleur perdue ou absorbée dans l'unité de temps ;* elle est d'autant plus grande, que la différence de température est plus considérable.

Newton a posé sur le refroidissement et l'échauffement des corps la loi suivante : *La quantité de chaleur qu'un corps perd ou gagne, dans l'unité de temps, est proportionnelle à la différence entre sa température et celle de l'enceinte.* Dulong et Petit ont fait voir que cette loi n'est pas générale, et qu'on ne doit l'appliquer qu'à des différences de température qui ne dépassent pas 20 degrés. Au delà, la quantité de chaleur perdue ou absorbée est plus grande que la loi ne l'indique.

388. **Conséquences de la loi de Newton**. — 1° Lorsqu'un corps est exposé à une source de chaleur constante, sa température ne saurait s'élever indéfiniment ; car la quantité de chaleur qu'il reçoit en temps égaux est toujours la même, tandis que celle qu'il perd croît avec l'excès de sa température sur celle de l'air ambiant. Il vient donc un moment où la quantité de chaleur émise égale celle qui est absorbée, et la température reste alors stationnaire.

2° La loi de Newton, appliquée au thermomètre différentiel, fait voir que les indications de cet instrument sont proportionnelles aux quantités de chaleur qu'il reçoit. Soit, en effet, un thermomètre différentiel dont l'une des boules reçoit les rayons émis par une source constante : l'instrument indique d'abord des températures croissantes, puis devient bientôt stationnaire, ce qu'on reconnaît à la position fixe que prend l'index. A ce moment, la quantité de chaleur que reçoit la boule égale celle qu'elle émet. Mais cette dernière, d'après la loi de Newton, est proportionnelle à l'excès de la température de la boule sur celle de l'enceinte, c'est-à-dire au nombre de degrés marqué par le thermomètre ; donc *la température indiquée par le thermomètre différentiel est aussi proportionnelle à la quantité de chaleur qu'il reçoit.*

RÉFLEXION, ÉMISSION ET ABSORPTION DE LA CHALEUR.

389. **Lois de la réflexion**. — Lorsque des rayons calorifiques tombent sur la surface d'un corps, ils se partagent généralement en

deux parties : les uns pénètrent dans la masse du corps, les autres se relèvent comme repoussés par la surface, à la manière d'une bille élastique; ce qu'on exprime en disant qu'ils sont *réfléchis*.

Si l'on représente par *mn* (fig. 297) une surface plane réfléchissante, par CB le *rayon incident*, par BD une ligne perpendiculaire à la surface, qu'on nomme *normale*, par BA le *rayon réfléchi*, l'angle CBD est dit l'*angle d'incidence*, et DBA l'*angle de réflexion*. Cela posé, la réflexion de la chaleur, de même que celle de la lumière, est soumise aux deux lois suivantes :

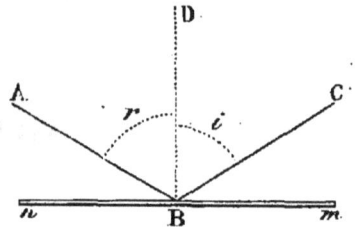

Fig. 297.

1° *L'angle de réflexion est égal à l'angle d'incidence.*

2° *Le rayon incident et le rayon réfléchi sont dans un même plan perpendiculaire à la surface réfléchissante.*

390. Démonstration expérimentale des lois de la réflexion de la chaleur. — Ces lois se démontrent expérimentalement avec le

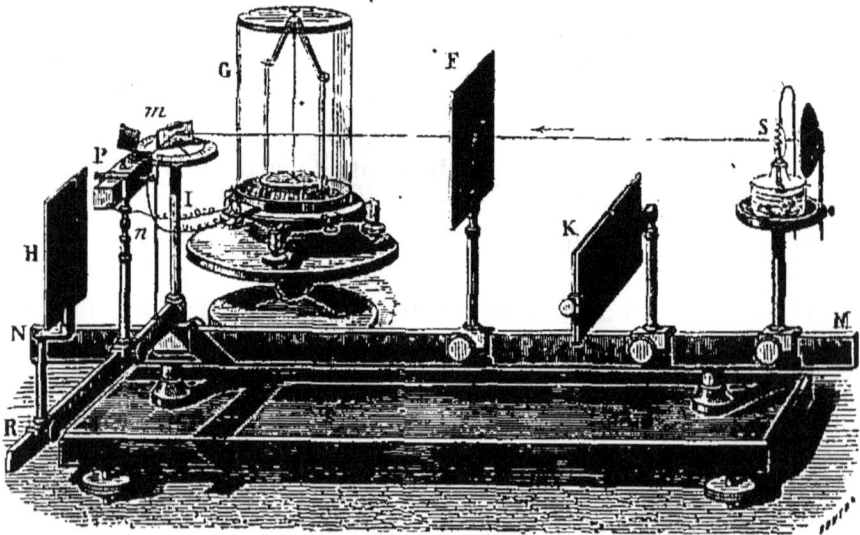

Fig. 298.

thermo-multiplicateur de Melloni, ou au moyen des miroirs concaves (392). La figure 298 montre comment se fait l'expérience avec l'appareil de Melloni. Sur une règle horizontale MN, d'un mètre de longueur et divisée en millimètres, sont fixées différentes pièces à l'aide de vis de pression. En S est une source de chaleur consistant en un cube de fer plein d'eau à 100 degrés, ou en un fil de platine chauffé à blanc dans la flamme d'une lampe à alcool. En K, un écran plein intercepte, quand il est relevé, les rayons de chaleur venant de la source ; en F, un deuxième écran, percé à son centre, est destiné à laisser passer un faisceau parallèle. A l'autre extrémité de la règle est une tige I, qui soutient un limbe gradué dont le zéro correspond à la direction de la règle MN, et, par suite, à celle du faisceau Sm. Le limbe est percé à son centre d'un trou dans lequel tourne un axe qui porte un miroir métallique plan m. Autour de la tige I tourne librement une alidade R, sur laquelle est fixée la pile thermo-électrique P en communication avec son galvanomètre G. Entre la pile et le limbe gradué est fixée, sur l'alidade, une tige n, recourbée à son sommet pour marquer sur le limbe gradué les déplacements angulaires de l'alidade. Enfin, un écran recourbé H, porté par l'alidade, est destiné à être placé entre la source de chaleur et la pile, afin que celle-ci ne reçoive que la chaleur réfléchie par le miroir. Dans le dessin, pour ne pas masquer la pile, l'écran n'est pas représenté dans la place qu'il doit occuper.

Ces détails connus, on procède à l'expérience en abaissant d'abord l'écran K. Un faisceau parallèle passant aussitôt par l'ouverture de l'écran F, tombe sur le miroir m et s'y réfléchit. Si l'alidade n'est pas dans la direction du faisceau réfléchi, celui-ci ne rencontre pas la pile, et le galvanomètre reste stationnaire ; mais si l'on tourne lentement l'alidade, on trouve une position où le galvanomètre marque une déviation maximum, ce qui a lieu quand la pile reçoit en plein le faisceau réfléchi. Or, si l'on note alors la direction, sur le limbe gradué, d'une petite aiguille perpendiculaire au miroir et représentant sa normale, on observe qu'elle partage en deux parties égales l'angle formé par le faisceau incident et le faisceau réfléchi, ce qui démontre la première loi.

La seconde loi est aussi prouvée par la même expérience, car les différentes pièces de l'appareil sont disposées de manière que les rayons incident et réfléchi sont dans un plan horizontal et, par conséquent, perpendiculaire à la surface réfléchissante, laquelle est verticale.

La réflexion de la chaleur, telle qu'on vient de la considérer, ne se fait que dans une seule direction : c'est la *réflexion régulière*. Or, un grand nombre de substances, les métaux dépolis, le papier, le blanc de céruse, réfléchissent plus ou moins la chaleur dans toutes les directions : c'est la *réflexion irrégulière*. Nous reviendrons sur ce phénomène, connu sous le nom de *diffusion* (443).

394. Réflexion sur les miroirs concaves. — On nomme *miroirs concaves* ou *réflecteurs*, des surfaces sphériques ou paraboliques, de métal ou de verre, qui servent à concentrer en un même point des rayons lumineux ou calorifiques.

Nous ne considérerons que les miroirs sphériques. La figure 300 représente deux de ces miroirs; la figure 299 en donne une coupe médiane, qu'on nomme *section principale*. Le centre C de la sphère à laquelle le miroir appartient se nomme *centre de courbure;* le point A, milieu du réflecteur, est le *centre de figure;* enfin, la droite AB, menée par ces deux points, est l'*axe principal* du miroir.

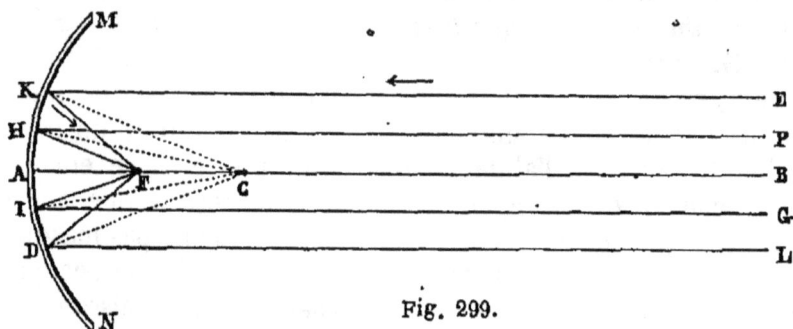

Fig. 299.

Afin d'appliquer aux miroirs sphériques les lois de la réflexion sur les surfaces planes, on les regarde comme formés d'une infinité de surfaces planes infiniment petites, appartenant chacune au plan tangent correspondant; cette hypothèse permet de conclure, par la géométrie, que les normales à ces petites surfaces viennent toutes concourir au centre de courbure.

Sur l'axe AB du miroir MN, supposons une source de chaleur assez éloignée pour que les rayons EK, PH..., qui en émanent, puissent être considérés comme parallèles entre eux. D'après l'hypothèse ci-dessus, que le miroir est formé d'une infinité de petits éléments plans, le rayon EK se réfléchit sur l'élément K absolument comme sur un miroir plan; c'est-à-dire que, CK étant la normale à cet élément, le rayon prend une direction KF telle, que l'angle CKF est égal à l'angle CKE. Les autres rayons PH, GI..., se réfléchissant de la même manière, tous ces rayons, après leur réflexion, vont très-sensiblement concourir en un même point F situé sur le milieu de AC, ainsi qu'il sera démontré en optique (467). Il y a donc, en F, réunion des rayons calorifiques, et, par conséquent, une plus grande élévation de température qu'en tout autre point. De là le nom de *foyer* qu'a reçu ce point. La distance FA du foyer au miroir s'appelle la *distance focale*.

Dans la figure ci-dessus, la chaleur se propage suivant les lignes EKF, LDF..., dans le sens des flèches; mais réciproquement, si le corps chaud est placé en F, la chaleur se propage suivant les lignes FKE, FDL..., les rayons émis du foyer devenant, après la réflexion, parallèles entre eux; d'où il résulte que la chaleur transmise tend alors à conserver la même intensité.

392. Vérification, par les miroirs concaves, des lois de la réflexion. — L'expérience suivante, faite pour la première fois, à Genève, par Pictet et Saussure, et connue sous le nom d'*expérience des miroirs conjugués*, démontre non-seulement l'existence des foyers, mais en même temps les lois de la réfléxion de la chaleur. Deux réflecteurs M et N (fig. 300) sont disposés à 5 ou 6 mètres de

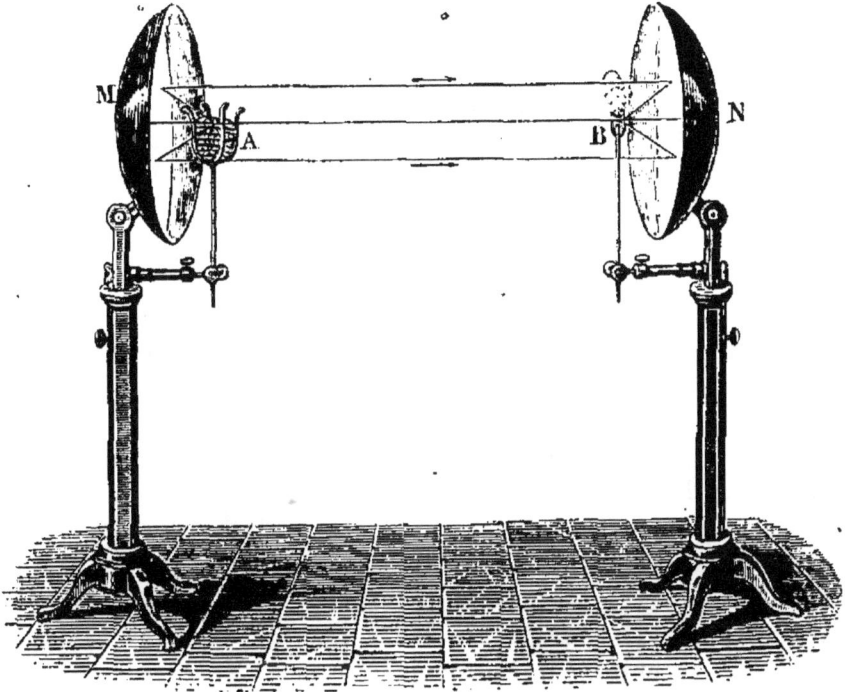

Fig. 300 (h = 1^m,50).

distance, de manière que leurs axes coïncident. Au foyer de l'un d'eux, dans un petit panier de fil de fer A, on place des charbons incandescents; au foyer de l'autre est un corps inflammable B, de l'amadou par exemple. Les rayons émis par la source A se réfléchissent une première fois sur le miroir M au foyer duquel est cette source. Ayant pris, par l'effet de cette réflexion, une direction parallèle à l'axe (394), les rayons viennent se réfléchir une seconde fois sur l'autre réflecteur et concourir en son foyer B. Ce qui le prouve, c'est que le morceau d'amadou placé en ce point prend feu, tandis qu'en deçà ou au delà du foyer il ne s'enflamme pas.

De l'expérience qui précède, on conclut que la chaleur se réfléchit suivant les mêmes lois que la lumière. En effet, si l'on place au foyer A, où étaient les charbons incandescents (fig. 300), une bougie allumée, et au foyer B un petit écran de verre dépoli ou de papier, on observe, sur cet écran, un foyer lumineux exactement au même point où s'enflammait l'amadou. Donc la réflexion a lieu, dans les deux cas, suivant les mêmes lois. Mais il sera démontré en optique (457) que, pour la lumière, l'angle de réflexion est égal à l'angle d'incidence, et que le rayon incident et le rayon réfléchi sont dans un même plan perpendiculaire à la surface réfléchissante; *donc il en est de même pour la chaleur.*

393. Miroirs ardents. — C'est en raison de la haute température qu'on peut obtenir aux foyers des miroirs concaves qu'on leur a donné le nom de *miroirs ardents.* On rapporte qu'Archimède embrasa les vaisseaux romains, devant Syracuse, au moyen de semblables miroirs. Buffon a construit des miroirs ardents dont la puissance prouve que le fait attribué à Archimède est possible. Ces miroirs étaient formés d'un grand nombre de glaces planes et étamées, longues de 22 centimètres sur 16 de large. Elles pouvaient être tournées indépendamment l'une de l'autre dans telle ou telle direction, de manière que les rayons réfléchis sur chacune vinssent concourir en un même point. Avec 128 glaces, par un soleil ardent d'été, Buffon enflamma ainsi une planche de bois goudronnée, à 68 mètres de distance.

En recevant les rayons solaires sur un miroir de laiton écroui. de 1 mètre de diamètre et d'un rayon de courbure de 2 mètres, on obtient au foyer une chaleur tellement intense, que la silice, la pierre ponce, le cuivre, l'argent, le fer, y entrent en fusion en quelques minutes.

394. Réflexion dans le vide. — La chaleur se réfléchit dans le vide comme dans l'air. Pour le démontrer, on fait l'expérience suivante, due à Davy. Sous le récipient de la machine pneumatique, on dispose deux petits réflecteurs en regard l'un de l'autre (fig. 301). Au foyer de l'un est un thermomètre très-sensible, et au foyer de l'autre une source de chaleur électrique consistant en

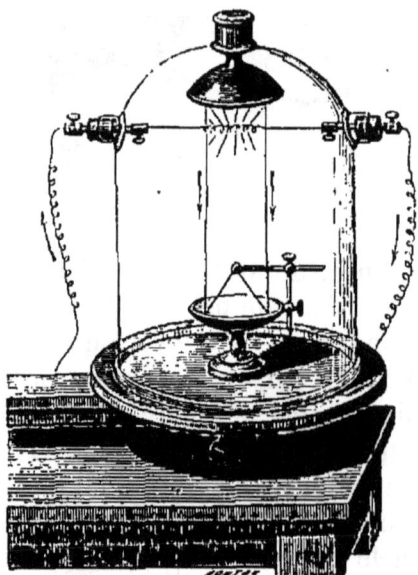

Fig. 301.

un fil de platine qu'on rend incandescent en y faisant passer le courant d'une pile. On voit le thermomètre monter aussitôt de plusieurs degrés, phénomène qui est bien dû à la chaleur réfléchie; car le thermomètre n'accuse plus la même élévation de température, s'il n'est pas exactement au foyer du second réflecteur.

395. Réflexion apparente du froid. — Si l'on dispose deux réflecteurs en regard l'un de l'autre, comme le représente la figure 300, et qu'au lieu de charbons incandescents, on place au foyer du miroir M une masse de glace ou un mélange réfrigérant, l'air ambiant étant à 12 ou 15 degrés, par exemple, on observe qu'un thermomètre différentiel, placé au foyer de l'autre réflecteur, indique un abaissement de température de plusieurs degrés. Ce phénomène semble d'abord résulter de rayons frigorifiques émis par la glace et réfléchis par les miroirs. Mais cette *réflexion apparente du froid,* comme on l'appelle, s'explique d'après ce qui a été dit (386) de l'équilibre mobile de température qui tend toujours à s'établir entre tous les corps. En effet, dans cette expérience, comme dans celle de l'inflammation de l'amadou, le miroir devant lequel est la masse de glace se substitue à une portion de l'enceinte. Par suite, les rayons de chaleur que celle-ci envoie vers le thermomètre sont interceptés par le miroir et remplacés par ceux qui, partis de la glace, tombent sur le premier miroir, s'y réfléchissent vers le second, et de là tombent enfin sur la boule du thermomètre. Or, ces rayons ne compensent pas l'effet des rayons interceptés par le miroir, car leur température est plus basse; de là le refroidissement marqué par le thermomètre.

C'est au même fait qu'il faut rapporter le froid qu'on ressent près des murailles de plâtre, de pierre, et de toute masse dont la température est inférieure à celle de notre corps.

396. Pouvoir réflecteur. — Le *pouvoir réflecteur* d'une substance est sa propriété de renvoyer une portion plus ou moins grande de la chaleur incidente.

Le pouvoir réflecteur est variable d'une substance à une autre. Afin d'étudier ce pouvoir sur diverses substances, sans avoir besoin d'en construire autant de réflecteurs, Leslie disposa ses expériences comme le montre la figure 302. La source de chaleur est un cube M rempli d'eau à 100 degrés. Sur l'axe d'un réflecteur sphérique N, entre le foyer et le miroir, est fixée une plaque *a* de la substance dont on cherche le pouvoir réflecteur. Avec cette disposition, les rayons émis par la source et réfléchis une première fois sur le miroir rencontrent la plaque *a,* s'y réfléchissent de nouveau et viennent former leur foyer entre la plaque et le miroir, en un point où l'on place la boule d'un thermomètre différentiel. Or, le réflecteur et le thermoscope restant les mêmes, et l'eau du cube étant toujours à 100 degrés, on observe que la température accusée par le thermomètre varie avec la nature des plaques *a* qui sont en expérience; d'où l'on déduit, non pas le pouvoir réflecteur absolu d'un corps, mais le rapport de ce pouvoir à celui d'un autre corps pris pour terme de comparaison. En effet, conformément à ce qui a été dit (388, 2°) sur l'application de la loi de Newton au thermomètre différentiel, les températures marquées par cet instrument sont proportionnelles aux quantités de chaleur qu'il reçoit. Par conséquent, si une plaque de verre et une plaque de plomb, par exem-

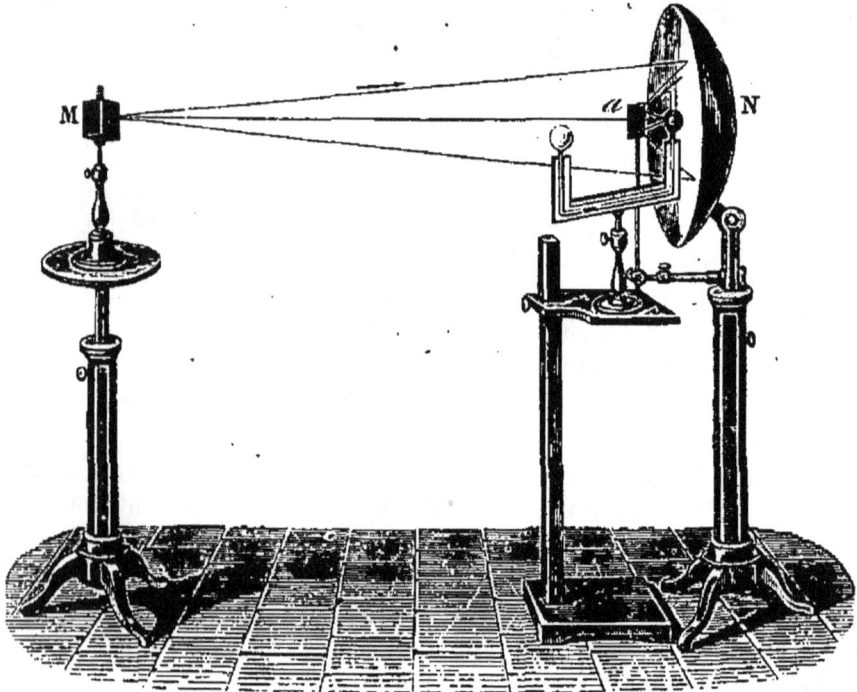

Fig. 302.

ple, font marcher le thermomètre différentiel, la première de 1 degré et l'autre de 6, on doit en conclure que la quantité de chaleur réfléchie par le plomb est 6 fois plus grande que la quantité de chaleur réfléchie par le verre; car, celle émise par la source étant la même, le réflecteur concave en réfléchit la même portion, et la différence ne peut dépendre que du pouvoir réflecteur des plaques *a*.

C'est par ce procédé, et en représentant par 100 le pouvoir réflecteur du cuivre jaune, pris pour terme de comparaison, que Leslie a formé le tableau suivant des pouvoirs réflecteurs relatifs :

Cuivre jaune poli	100	Encre de Chine	13
Argent	90	Étain amalgamé	10
Étain plané	80	Verre	10
Acier	70	Verre huilé	5
Plomb	60	Noir de fumée	0

Ces nombres ne représentent que le *pouvoir réflecteur relatif* de différentes substances par rapport au cuivre jaune, c'est-à-dire *le rapport entre la quantité de chaleur que ces substances réfléchissent et celle que réfléchit, dans les mêmes circonstances, le cuivre jaune.* Leur *pouvoir absolu* serait *le rapport de la quantité de chaleur réfléchie à la quantité de chaleur reçue.*

Melloni, le premier, a déterminé, à l'aide du thermo-multiplicateur, le pouvoir réflecteur absolu d'un certain nombre de substances. M. Desains et de la Provostaye, qui l'ont déterminé pour plusieurs métaux, disposaient l'appareil comme il l'est dans la figure 298. Ayant enlevé la plaque *m*, on tournait l'alidade R jusqu'à ce qu'elle fût dans le prolongement de la règle MN. La pile recevant directement la chaleur de la source, le galvanomètre était dévié, et marquait, par exemple, 18 degrés. Mettant alors sur le limbe gradué une plaque *m*, bien polie, du métal dont on cherchait le pouvoir réflecteur, on tournait l'alidade jusqu'à ce que la pile reçût la chaleur réfléchie par la plaque. Or, le galvanomètre marquait actuellement une déviation moindre, soit 15 degrés, d'où l'on conclut que le pouvoir absolu de la plaque était $\frac{15}{18}$. C'est ainsi que M. Desains et de la Provostaye ont trouvé les pouvoirs absolus suivants, la chaleur étant réfléchie sous un angle de 50 degrés.

Plaqué d'argent.	0,97	Acier.	0,82
Or	0,95	Zinc.	0,81
Laiton et cuivre rouge.	0,93	Fer.	0,77
Platine.	0,83	Fonte de fer.	0,74

On verra bientôt (401) quelles sont les causes qui, pour une même substance, font varier le pouvoir réflecteur.

397. Pouvoir absorbant. — Le *pouvoir absorbant* des corps est leur propriété de laisser pénétrer dans leur masse une portion plus ou moins grande de la chaleur incidente. Sa *valeur absolue* serait le rapport de la quantité de chaleur absorbée à la quantité de chaleur reçue.

Le pouvoir absorbant d'un corps est toujours dans un ordre inverse de son pouvoir réflecteur; c'est-à-dire que plus un corps réfléchit la chaleur, moins il l'absorbe, et réciproquement. Mais les deux pouvoirs ne sont pas complémentaires; c'est-à-dire que la somme des quantités de chaleur réfléchie et absorbée ne représente pas la totalité de la chaleur incidente. Elle est toujours moindre; ce qui tient à ce que la chaleur incidente se divise réellement en trois parties : 1° une qui est absorbée; 2° une autre qui est réfléchie régulièrement, c'est-à-dire suivant les lois démontrées précédemment (390); 3° une troisième partie qui est réfléchie irrégulièrement, c'est-à-dire dans toutes les directions, et qui se désigne sous le nom de *chaleur diffuse* (413). On verra bientôt que, pour un certain nombre de corps, il y a à considérer une quatrième partie de chaleur, celle qui passe au travers (403).

Pour déterminer le pouvoir absorbant des corps, Leslie a fait usage de l'appareil déjà employé à la recherche des pouvoirs réflecteurs (fig. 302). Mais il supprimait la plaque a et plaçait la boule du thermomètre différentiel au foyer même du réflecteur. Cette boule étant successivement recouverte de noir de fumée, de vernis, de feuilles d'or, d'argent, de cuivre, etc., le thermomètre, sous l'influence de la source de chaleur M, indiquait une température d'autant plus élevée, que la substance qui enveloppait la boule focale absorbait plus de chaleur. Leslie a constaté ainsi que le pouvoir absorbant d'un corps est d'autant plus grand que son pouvoir réflecteur est plus faible. Toutefois, dans ces expériences, le rapport des pouvoirs absorbants ne peut se déduire de celui des températures marquées par le thermomètre, car ici la loi de Newton n'est pas rigoureusement applicable, cette loi n'étant vraie que pour des corps dont la substance ne change pas; tandis que l'enveloppe qui recouvre la boule focale varie à chaque observation. Mais on va voir ci-après (399) comment les rapports des pouvoirs absorbants peuvent se déduire des rapports des pouvoirs émissifs.

Melloni a déterminé les pouvoirs absorbants relatifs, au moyen de son thermo-multiplicateur, par la méthode suivante. Il fixait devant la pile des plaques de cuivre minces, dont la face qui regardait la pile était recouverte de noir de fumée, tandis que la face qui recevait les rayons de la source de chaleur était recouverte de la substance dont on cherchait le pouvoir absorbant, par exemple, d'une couche de blanc de céruse ou de gomme laque, d'une feuille de papier, d'or, d'étain. Ces diverses substances absorbant plus ou moins la chaleur incidente, les plaques de cuivre rayonnaient inégalement vers la pile, et le galvanomètre marquait des déviations différentes. En prenant pour source de chaleur un cube de Leslie rempli d'eau à 100 degrés, et en représentant par 100 le pouvoir absorbant du noir de fumée, Melloni a trouvé ainsi les pouvoirs absorbants relatifs ci-après :

Noir de fumée.	100	Encre de Chine	85
Blanc de céruse	100	Gomme laque	72
Colle de poisson.	91	Métaux.	13

398. Pouvoir émissif. — Le *pouvoir émissif* des corps est leur propriété d'émettre, à température et à surface égales, une quantité de chaleur plus ou moins grande.

C'est encore au moyen de l'appareil représenté dans la fig. 302 que Leslie a déterminé le pouvoir émissif des corps. Pour cela, la boule du thermomètre différentiel était placée au foyer même du

réflecteur, et les faces du cube M étaient formées de métaux différents, ou recouvertes de diverses substances, comme noir de fumée, papier, etc. Le cube étant plein d'eau à 100 degrés, et toutes
les autres conditions restant les mêmes, Leslie tournait successivement vers le réflecteur chaque face du cube, et notait les températures fournies par le thermomètre. Or, pour la face recouverte de
noir de fumée, la température, au foyer du réflecteur, s'élevait plus
que pour toutes les autres, et c'étaient les faces métalliques qui
donnaient les plus faibles températures. En appliquant ici la loi de
Newton, et en représentant par 100 la chaleur émise par le noir
de fumée, Leslie a formé le tableau suivant des pouvoirs émissifs
relatifs :

Noir de fumée.	100	Colle de poisson	80
Céruse	100	Plomb terne.	45
Papier	98	Mercure.	20
Cire à cacheter.	95	Plomb décapé.	19
Verre blanc ordinaire.	90	Fer poli.	15
Encre de Chine	88	Étain, or, argent, cuivre, etc.	12

Il est à remarquer que dans ce tableau l'ordre des corps est
précisément l'inverse de celui du tableau des pouvoirs réflecteurs.

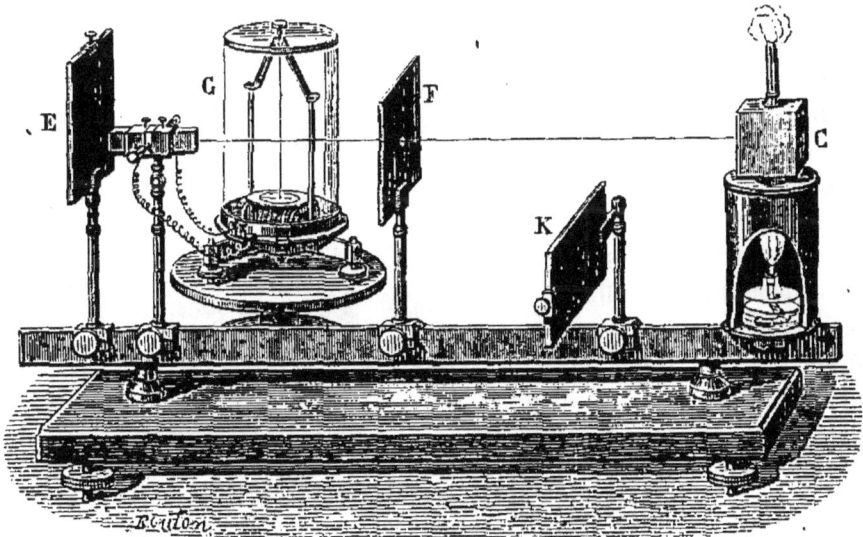

Fig. 303.

Melloni a déterminé les pouvoirs émissifs en prenant, comme
Leslie, pour source de chaleur, un cube plein d'eau à 100 degrés,
dont une des faces était recouverte de noir de fumée, et les autres
de différentes substances, blanc de céruse, colle de poisson, encre
de Chine, etc. En dirigeant successivement sur la pile les rayons
émis par ces différentes faces (fig. 303), et en représentant par 100

le pouvoir émissif du noir de fumée, Melloni a trouvé les pouvoirs émissifs relatifs ci-après :

Noir de fumée	100	Encre de Chine	85
Blanc de céruse	100	Gomme laque	72
Colle de poisson	91	Surfaces métalliques	12

M. Desains et de la Provostaye, qui ont repris ces expériences, toujours en faisant usage du thermo-multiplicateur, ont trouvé les nombres suivants pour les pouvoirs émissifs des métaux rapportés à celui du noir de fumée représenté par 100 :

Platine laminé	10,80	Or en feuilles	4,28
— bruni	9,50	Argent vierge laminé	3,00
Argent mat déposé chimiquement	5,36	— pur bruni	2,50
Cuivre en lames	4,90	— déposé chimiquement et bruni	2,25

D'où l'on conclut que les pouvoirs émissifs donnés par Leslie et par Melloni pour les métaux sont trop grands.

399. Égalité des pouvoirs absorbants et des pouvoirs émissifs. —On ne saurait déduire les pouvoirs absorbants des pouvoirs réflecteurs, puisqu'on a vu (397) qu'ils ne sont pas rigoureusement complémentaires l'un de l'autre. Mais les pouvoirs absorbants seraient déterminés, si l'on démontrait qu'ils sont égaux, pour chaque corps, aux pouvoirs émissifs. Or, c'est ce qu'on vérifie au moyen de l'appareil suivant, dû à M. Ritchie.

Cet appareil n'est autre chose qu'un thermomètre différentiel (262), dont les deux boules de verre sont remplacées par deux réservoirs cylindriques B et C, de métal, et pleins d'air (fig. 304). Entre eux en est un troisième, A, plus grand, de même forme, et pouvant être rempli d'eau chaude par une tubulure; de plus, il est mobile et peut être appro-

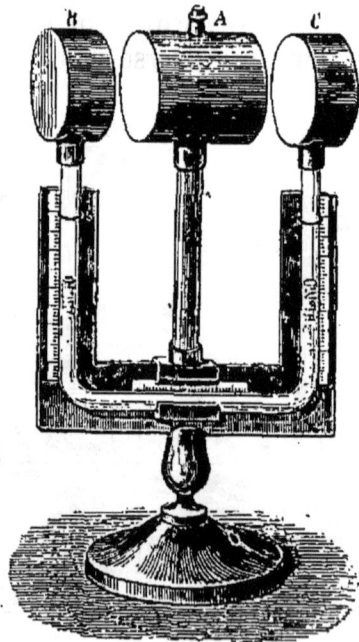

Fig. 304.

ché plus ou moins de B ou de C. Enfin, les bases de ces trois cylindres, qui sont en regard, sont alternativement blanches et noires; c'est-à-dire que les faces de B et de A, tournées vers la droite de l'appareil, étant recouvertes de noir de fumée, les faces de C et de A, tournées vers la gauche, sont peintes en blanc ou plaquées d'argent; en sorte que deux faces en présence sont toujours l'une blanche, l'autre noire. Il résulte de là que lorsque le cylindre A est rempli d'eau chaude, sa face blanche rayonne vers la face noire de B, et sa face noire vers la face blanche de C; et que de deux faces noires ou blanches, l'une fonctionne par émission et l'autre par absorption.

L'expérience étant ainsi disposée, et le réservoir A rempli d'eau chaude, on remarque que, lorsqu'il est à égale distance de B et de C, la colonne de liquide qui est dans le tube reste stationnaire et à la même hauteur dans les deux branches, ce qui montre que les deux réservoirs B et C sont à la même température. Il y a donc compensation, d'un côté, entre le plus grand pouvoir émissif de la face noire de A et le plus faible pouvoir absorbant de la face blanche de C, et de l'autre, entre le plus faible pouvoir émissif de la face blanche de A et le plus grand pouvoir absorbant de la face noire de B. D'où l'on conclut que les pouvoirs absorbant et émissif des deux faces noires, ainsi que des deux faces blanches, sont égaux entre eux, ou au moins proportionnels.

La même expérience réussit, si l'on remplace les deux faces blanches par des disques de papier, de verre, de porcelaine, etc.

400. Expérience de Dulong et Petit pour démontrer l'égalité des pouvoirs absorbant et émissif. — L'égalité des pouvoirs absorbants et des pouvoirs émissifs se démontre rigoureusement au moyen d'un appareil dont Dulong et Petit firent usage pour mesurer la vitesse du refroidissement dans le vide : il se compose d'un ballon de cuivre A (fig. 305), dont les parois intérieures sont recouvertes de noir de fumée. Sur les bords du col du ballon, qui sont bien dressés, est appliqué un disque de verre épais a également bien dressé, et enfin sur celui-ci un tube de verre M fermé à la partie supérieure par une garniture de cuivre munie d'un robinet. De celui-ci part un tube de caoutchouc qu'on fait communiquer avec une machine pneumatique. Le disque a est percé de deux trous, dont l'un met en communication le tube M avec le ballon, et l'autre sert à fixer un thermomètre t, dont la boule est recouverte de noir de fumée. Enfin, le ballon est solidement fixé dans une cuve P, dans laquelle on met successivement de la glace et de l'eau chaude.

Ces détails connus, l'expérience consiste à mesurer le temps que met le thermomètre placé dans le ballon à se refroidir et à s'échauffer d'un même nombre de degrés. Pour cela, ayant rempli la cuve de glace, on chauffe le thermomètre jusqu'à 30 ou 40 degrés, et on le place comme le montre la figure. Faisant aussitôt le vide rapidement, on laisse le thermomètre descendre jusqu'à 10 degrés, puis on note le nombre de secondes qu'il lui faut pour s'abaisser de 10 à 5 degrés. Cela fait, on recommence l'expérience en sens inverse; c'est-à-dire qu'ayant porté l'eau de la cuve à 10 degrés, on refroidit le thermomètre à zéro, on le remet en place, on fait le vide de nouveau, et attendant que le thermomètre monte jusqu'à 5 degrés, on note le temps qu'il met à s'élever de 5 à 10 degrés. Or, on retrouve exactement le même nombre de secondes que la première fois. L'expérience conduit au même résultat, si le verre du thermomètre est à nu, au lieu d'être recouvert de noir de fumée, ou si l'on applique dessus du papier, des feuilles minces de métal. Donc, pour une même substance et pour une même différence entre sa température et celle de l'enceinte, les quantités de chaleur émises et absorbées dans le même temps sont égales; donc les pouvoir émissif et absorbant sont aussi égaux.

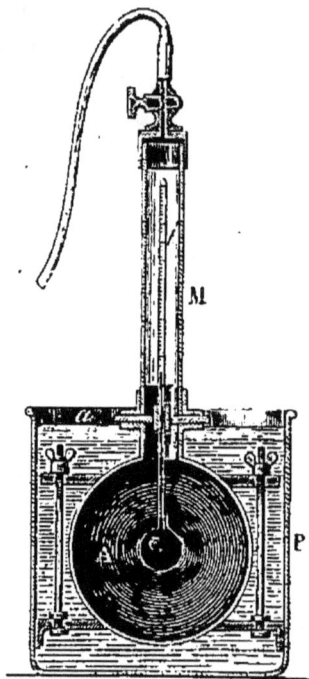

Fig. 305.

401. Causes qui modifient les pouvoirs réflecteur, absorbant et émissif. — Les pouvoirs émissif et absorbant étant égaux, toute cause qui modifie l'un modifie nécessairement l'autre dans le même sens. Quant au pouvoir réflecteur, puisqu'il marche dans un ordre inverse des deux autres, toute cause qui augmente ceux-ci le diminue, et réciproquement.

On a déjà vu que ces différents pouvoirs varient d'une substance à une autre; que ce sont les métaux qui ont le plus grand pouvoir réflecteur, et le noir de fumée le plus faible. Mais, pour un même corps, ces pouvoirs sont encore modifiés par le degré de poli, par la densité, par l'épaisseur de la substance rayonnante ou réfléchissante, par l'état physique de cette substance, par l'obliquité des rayons incidents ou émis, par la nature de la source de chaleur, et enfin par l'espèce de chaleur, obscure ou lumineuse.

Pouvoir réflecteur. — On a longtemps admis que le pouvoir réflecteur croissait d'une manière générale avec le degré de poli des surfaces, et que les autres pouvoirs, au contraire, diminuaient. Mais Melloni a constaté qu'en rayant une plaque métallique polie, tantôt on diminuait son pouvoir réflecteur, tantôt on l'augmentait, phénomène que ce physicien a expliqué par le plus ou moins de densité que prend la plaque métallique réfléchissante. Si cette plaque a d'abord été écrouie, l'homogénéité a été détruite par l'effet de l'écrouissage ; les molécules sont plus rapprochées à la surface que dans la masse, et le pouvoir réflecteur est augmenté. Alors, lorsqu'on raye la surface, la masse intérieure, qui est moins dense, est mise à nu, et le pouvoir réflecteur diminue. Au contraire, dans une plaque non écrouie et homogène dans toute sa masse, le pouvoir réflecteur est augmenté lorsqu'on raye la plaque avec un instrument tranchant, ce qui provient d'une augmentation de densité à la surface, occasionnée par les raies qu'on y a tracées.

Le pouvoir réflecteur varie avec l'inclinaison des rayons incidents. Pour les métaux, cette influence est peu sensible, mais, pour les substances transparentes, la quantité de chaleur réfléchie augmente rapidement avec l'angle d'incidence. Pour le verre, par exemple, le pouvoir réflecteur absolu, qui est 0,05 pour un angle d'incidence de 20 degrés, devient 0,55 pour un angle d'incidence de 80 degrés.

Le pouvoir réflecteur est encore modifié par la source de chaleur : pour l'acier il est 0,60 avec la chaleur solaire, et 0,83 avec la chaleur émise par une lampe Locatelli (sans verre).

Enfin, le pouvoir réflecteur des métaux est plus grand avec la chaleur obscure qu'avec la chaleur lumineuse.

Pouvoir émissif. — L'épaisseur des substances rayonnantes modifie leur pouvoir émissif, ainsi que le prouvent les expériences de Leslie, de Rumford et de Melloni. Ce dernier physicien s'est assuré qu'en vernissant les faces d'un cube métallique rempli d'eau à une température constante, le pouvoir émissif croissait avec le nombre des couches de vernis, jusqu'à 16 couches, et qu'au delà il restait constant, quel qu'en fût le nombre. Il a calculé que l'épaisseur des 16 couches était de $\frac{4}{100}$ de millimètre. Quant aux métaux, des feuilles d'or de 8, 4 et 2 millièmes de millimètre, ayant été successivement appliquées sur les faces d'un cube de verre, la diminution de la chaleur rayonnante fut la même. Il paraît résulter de là que, pour les métaux, l'épaisseur de la couche rayonnante est sans influence, du moins dans la limite d'épaisseur qu'on peut leur donner.

L'état physique d'une substance change aussi son pouvoir émissif. Ainsi les corps réduits en poudre impalpable paraissent avoir tous le même pouvoir émissif ; c'est du moins ce qu'ont observé Masson et M. Courtépée pour seize corps, sur vingt, qu'ils ont soumis à l'expérience.

Le pouvoir émissif varie encore avec l'inclinaison des rayons sur la surface qui les émet, sauf pour le noir de fumée, avec lequel il est constant sous toutes les inclinaisons. Avec le blanc de céruse, le pouvoir émissif, étant 100 dans la direction normale, n'est plus que

66 sous une inclinaison de 80 degrés. Dans les mêmes conditions, le pouvoir émissif du verre est successivement 90 et 54.

Enfin, pour un même corps, le pouvoir émissif varie avec la température. Par exemple, le pouvoir émissif du borate de plomb diminue lorsqu'on le porte à une température élevée. A 100 degrés, il est très-approximativement le même que celui du noir de fumée, tandis qu'à 550 degrés il n'en est que les 0,75.

Quant aux corps gazeux en combustion, leur pouvoir rayonnant est extrêmement faible, comme on le constate en approchant la pile thermo-électrique d'une flamme d'hydrogène, quoique la température de cette flamme soit très-élevée. Mais si l'on place dans la flamme une spirale de platine, cette spirale, prenant la température de la flamme, rayonne fortement. C'est par un effet semblable que les flammes des lampes et du gaz d'éclairage rayonnent beaucoup plus que la flamme d'hydrogène, à cause de l'excès de carbone qu'elles contiennent, et qui, n'étant pas brûlé en totalité, devient incandescent dans la flamme.

Pouvoir absorbant. — Melloni a constaté que le pouvoir absorbant varie avec la nature de la source de chaleur. Par exemple, pour une même quantité de chaleur incidente, le carbonate de plomb en absorbe à peu près deux fois plus, si elle est émise par un cube plein d'eau à 100 degrés, que si elle l'est par une lampe. Le noir de fumée seul absorbe toujours la même quantité de chaleur, quelle qu'en soit la source.

Le pouvoir absorbant varie avec l'inclinaison des rayons incidents. Il est à son maximum à l'incidence normale, et diminue à mesure que les rayons incidents s'écartent de la normale. C'est une des raisons pour lesquelles le sol s'échauffe plus l'été que l'hiver, car, l'été, les rayons solaires sont moins obliques.

En un mot, toutes les causes qui modifient le pouvoir émissif modifient dans le même sens le pouvoir absorbant.

402. **Applications.** — La propriété que possèdent les corps d'absorber, de réfléchir ou d'émettre plus ou moins facilement la chaleur, présente de nombreuses applications dans l'économie domestique et dans les arts. Par exemple, avec les vases dans lesquels on fait chauffer des liquides, tels que les cafetières, il y a avantage à ce que leur surface soit noire et dépolie, puisque alors le pouvoir absorbant est plus grand. L'éclat qu'on est dans l'habitude de leur donner est acheté aux dépens du combustible. S'il s'agit au contraire de conserver un liquide chaud le plus longtemps possible, il faut le placer dans un vase de métal poli et brillant, comme les théières d'argent, car le pouvoir émissif étant alors moindre, le refroidissement est plus lent.

La couleur des corps exerce aussi, en général, une influence sur leur pouvoir émissif ou absorbant. La plupart des corps blancs réfléchissent bien la chaleur et par suite l'absorbent peu. Toutefois, on rencontre des exceptions, comme on le voit par la céruse, qui, quoique blanche, a un pouvoir absorbant aussi grand que le noir de fumée (397); mais pour les étoffes de toile, de coton, de laine, et un grand nombre d'autres substances, l'influence de la couleur est réelle. Par suite, s'il s'agit, par exemple, de faire choix des vêtements les plus convenables pour l'hiver ou pour l'été, c'est aux vêtements blancs qu'on doit donner la préférence. En effet, leur pouvoir émissif est moindre que celui des vêtements noirs; par conséquent, ils s'opposent davantage, pendant l'hiver, à la déperdition de la chaleur du corps humain. C'est sans doute la raison pour laquelle la nature a donné aux animaux qui habitent les régions polaires un pelage blanc, surtout pendant l'hiver. En été, à cause de leur faible pouvoir absorbant, les vêtements blancs absorbent moins la chaleur de l'atmosphère que les vêtements noirs; c'est pourquoi ils paraissent plus frais.

Dans les Alpes, les montagnards accélèrent la fusion des neiges en les recouvrant de terre, ce qui augmente le pouvoir absorbant.

Dans nos maisons, les revêtements extérieurs des poêles, des calorifères, doivent être noirs, pour donner une libre émission à la chaleur; au contraire, l'intérieur de nos cheminées devrait être revêtu de plaques de porcelaine ou de faïence blanches et polies, afin d'augmenter le pouvoir réflecteur du foyer vers l'appartement.

TRANSMISSION DE LA CHALEUR RAYONNANTE AU TRAVERS DES CORPS.

403. Pouvoir diathermane. — Il est des corps qui donnent passage à la chaleur rayonnante de la même manière que les corps diaphanes laissent passer la lumière : tels sont l'air, l'eau, la glace ; d'autres sont privés de cette propriété, ou ne la possèdent qu'à un degré très-faible. Melloni a donné aux premiers le nom de corps *diathermanes,* et aux derniers celui de corps *athermanes*. Les gaz sont pour la plupart très-diathermanes, les métaux sont complétement athermanes. Malgré l'analogie qui existe entre la chaleur rayonnante et la lumière, notons, dès à présent, que les corps transparents ne sont pas toujours les plus diathermanes, et que les corps opaques sont loin d'être toujours athermanes.

On avait admis jusqu'ici que les gaz sont tous parfaitement diathermanes; mais M. Tyndall, par des expériences récentes, a trouvé que, tandis que l'oxygène, l'azote, l'hydrogène, ont un pouvoir diathermane tel, qu'ils n'absorbent qu'une quantité à peine appré-

ciable de la chaleur qui les traverse, d'autres gaz, comme l'acide
sulfureux, le gaz ammoniac, le gaz oléfiant, arrêtent presque complétement la chaleur, même lorsque la tension des gaz n'est que de
quelques centimètres de mercure. M. Tyndall, ayant expérimenté
sur de l'air humide, a trouvé qu'il absorbe 70 fois plus de chaleur
que l'air sec; ce qui fait voir que la vapeur d'eau est très-peu diathermane.

Prévost, à Genève, et Delaroche, en France, dans les années
1811 et 1812, découvrirent plusieurs des phénomènes que pré-

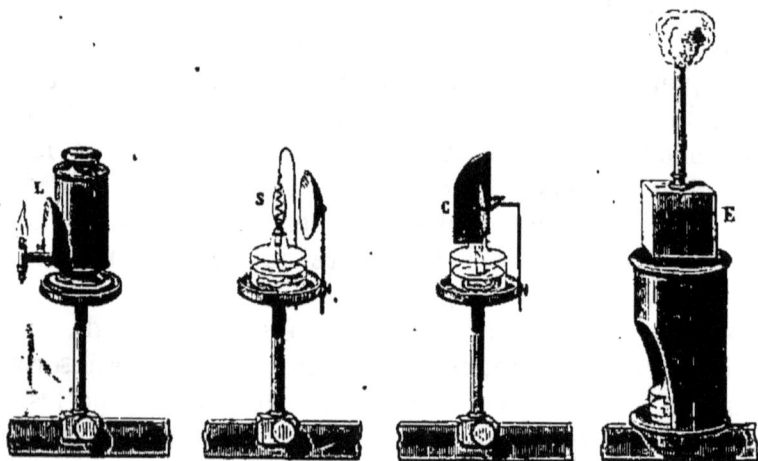

Fig. 306.   Fig. 307.   Fig. 308.   Fig. 309.

sentent les corps diathermanes; mais c'est seulement en 1832 que
Melloni donna une théorie complète des propriétés diathermanes
des solides et des liquides, basée sur de nombreuses expériences
aites avec son thermo-multiplicateur (276).

Ce savant, dans ses expériences, a fait usage de cinq sources
de chaleur, savoir : 1° une lampe Locatelli, c'est-à-dire sans verre,
avec réflecteur, et à un seul courant d'air (fig. 306); 2° une lampe
d'Argand, c'est-à-dire à double courant d'air et munie d'un verre:
telles sont les lampes Carcel; 3° un fil de platine contourné en hélice et maintenu au rouge blanc dans la flamme d'une lampe à
alcool (fig. 307); 4° un cube de cuivre rouge, noir à l'extérieur et
rempli d'eau maintenue à 100 degrés (fig. 309); 5° enfin, une
plaque de cuivre rouge noircie et chauffée à 400 degrés environ
par la flamme d'une lampe à alcool (fig. 308).

Le thermo-multiplicateur était disposé comme le montre la
figure 310. Sur une petite tablette H était, taillé en plaque, le corps
diathermane o sur lequel on expérimentait, et c'est après l'avoir
traversé que les rayons calorifiques tombaient sur la pile, et faisaient dévier plus ou moins le galvanomètre.

C'est en changeant successivement les plaques diathermanes et les sources de chaleur que Melloni a constaté les faits que nous allons-faire connaître.

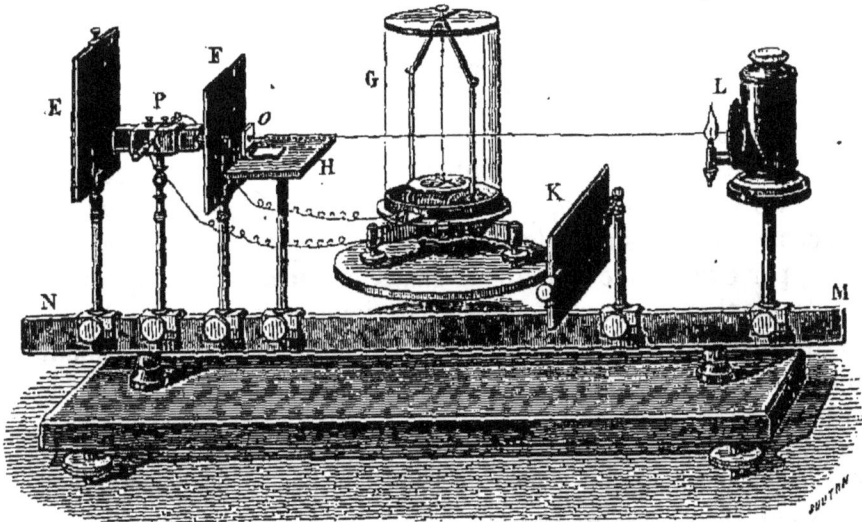

Fig. 310.

404. Causes qui modifient le·pouvoir diathermane. — Les causes qui modifient le pouvoir diathermane sont au nombre de six :

1° La nature des écrans que traverse la chaleur ;

2° Le degré de poli de ces écrans ;

3° Leur épaisseur ;

4° Le nombre des écrans que traverse successivement la chaleur ;

5° La nature des écrans déjà traversés ;

6° La nature de la source de chaleur.

405. Influence de la substance des écrans. — En expérimentant sur différents liquides placés successivement dans une auge de verre dont les faces opposées étaient parallèles et distantes l'une de l'autre de $9^{mm},2$, et en comparant les indications données par son appareil, lorsqu'il y avait des liquides interposés, à l'effet observé lorsque la chaleur arrivait directement, Melloni, en prenant pour source de chaleur une lampe d'Argand, a trouvé que, sur 100 rayons incidents,

Le sulfure de carbone en laisse passer	63
L'huile d'olive	30
L'éther	21
L'acide sulfurique	17
L'alcool	15
L'eau sucrée ou alunée	12
L'eau distillée	11

En expérimentant de même sur diverses substances solides

taillées en lames, sous une épaisseur constante de $2^{mm},6$, Melloni a obtenu le tableau suivant :

Sur 100 rayons, le sel gemme en laisse passer 92
le spath d'Islande et le verre à glace. . . 62
le cristal de roche enfumé 57
le carbonate de plomb diaphane. 52
la chaux sulfatée diaphane. 20
l'alun diaphane. 12
le sulfate de cuivre. 0

Des résultats consignés dans ces deux tableaux, on conclut que des substances plus ou moins impénétrables à la lumière, comme le cristal de roche enfumé, peuvent très-bien se laisser traverser par la chaleur ; tandis que des substances très-peu perméables à la chaleur, par exemple le sulfate de chaux et surtout l'alun, peuvent être très-diaphanes. Ces diverses expériences conduisent donc à admettre qu'il n'y a point de rapport entre le pouvoir diathermane et la translucidité des corps.

406. **Influence du poli**. — Le pouvoir diathermane d'un écran augmente avec son degré de poli. Par exemple, Melloni a trouvé que les indications de son appareil variaient de 12 à 5 degrés, en interposant des écrans de verre de même nature et de même épaisseur, mais plus ou moins polis.

407. **Influence de l'épaisseur**. — La quantité de chaleur qui traverse un écran diathermane décroît quand l'épaisseur augmente ; mais l'absorption n'est pas proportionnelle à l'épaisseur. C'est dans les premières couches que l'absorption se fait. Au delà d'une certaine épaisseur, la quantité de chaleur transmise tend à rester constante, lors même que l'épaisseur continue à croître.

Melloni a constaté ce fait en expérimentant sur des plaques de verre blanc dont les épaisseurs étaient 1, 2, 3, 4, et il a trouvé que, sur 1 000 rayons, ces plaques en laissaient passer respectivement 649, 576, 558, 549, nombres dont les différences tendent à devenir nulles.

408. **Influence du nombre des écrans**. — L'augmentation du nombre des écrans traversés par la chaleur produit un effet analogue à l'accroissement de l'épaisseur ; c'est-à-dire que l'absorption croît moins vite que le nombre des écrans, ou, en d'autres termes, que la quantité de chaleur absorbée décroît d'un écran au suivant. De plus, si plusieurs lames de même espèce sont superposées, elles arrêtent plus de chaleur qu'une seule plaque d'une épaisseur égale à la somme des épaisseurs. Enfin, l'effet produit par des plaques superposées, de différentes substances, est indépendant de l'ordre dans lequel elles se succèdent.

409. **Influence de la nature des écrans déjà traversés**. — Les rayons calorifiques qui ont déjà traversé une ou plusieurs sub-

stances diathermanes subissent une modification qui les rend plus
ou moins propres à être transmis au travers de nouvelles substances
diathermanes. Par exemple, en comparant les résultats obtenus
avec une lampe d'Argand, dont la flamme est entourée d'un verre,
à ceux fournis par une lampe Locatelli, qui n'a pas de verre, Melloni, en représentant par 100 les rayons incidents, a trouvé les
résultats suivants, relativement à la quantité de chaleur transmise
par les deux lampes, savoir :

SUBSTANCES.	LAMPE D'ARGAND.	LAMPE LOCATELLI.
Le sel gemme laisse passer	92	92
Le spath d'Islande et le verre à glace	62	39
Le cristal de roche enfumé	57	37
La chaux sulfatée	20	14
L'alun. . . . . :	12	9

On conclut de là que la chaleur qui, dans la lampe d'Argand, a
déjà traversé le verre, se transmet plus facilement au travers des
autres substances. Le sel gemme seul laisse toujours passer la
même quantité de chaleur incidente. .

410. Influence de la nature de la source. — La nature de la
source de chaleur modifie beaucoup, en général, le pouvoir diathermane des corps, ainsi que le démontrent les résultats obtenus
par Melloni en faisant usage de quatre sources différentes. En effet,
en représentant encore par 100 les rayons incidents, ce savant a
obtenu les résultats consignés dans le tableau suivant :

SUBSTANCES.	LAMPE de LOCATELLI.	PLATINE incandescent.	CUIVRE chauffé à 400°.	CUIVRE chauffé à 100°.
Le sel gemme laisse passer. .	92	92	92	92
Le spath d'Islande	39	28	6	0
Le verre à glace	39	24	6	0
La chaux sulfatée.	14	5	0	0 .
L'alun.	9	2	0	0

Ce tableau montre, le sel gemme faisant seul exception, que la
proportion de chaleur transmise au travers des solides diminue
avec la température de la source, et devient nulle pour une source
à 100 degrés. Les liquides offrent le même phénomène.

M. Desains et de la Provostaye avaient trouvé que le sel gemme absorbait inégalement les rayons de chaleur de nature différente, et MM. Zantedeschi, Volpicelli, Magnus, avaient aussi mis en question l'égale diathermanéité du sel gemme pour toutes les sources de chaleur; mais M. Knoblauch, en Allemagne, s'est assuré que le sel gemme transparent et chimiquement pur laisse passer dans la même proportion toutes les sortes de rayons calorifiques, quelle qu'en soit la source.

414. Différentes espèces de rayons calorifiques, thermochrôse. — Les propriétés que présente la chaleur, dans son passage au travers des corps, ont porté Melloni à faire sur la chaleur la même hypothèse que celle faite depuis longtemps sur la lumière. Ainsi que Newton a admis plusieurs espèces de lumière, le *rouge*, l'*orangé*, le *jaune*, le *vert*, le *bleu*, l'*indigo* et le *violet;* qui ne se transmettent pas également au travers des corps diaphanes, et qui peuvent être réunies entre elles ou isolées, de même Melloni a admis l'existence de plusieurs espèces de rayons calorifiques émis simultanément, en proportions variables, par les diverses sources de chaleur, et doués de la propriété de traverser plus ou moins facilement les substances diathermanes. Celles-ci possèdent donc une véritable *coloration* calorifique, c'est-à-dire qu'elles absorbent certains rayons de chaleur et laissent passer les autres, de la même manière qu'un verre bleu, par exemple, est traversé par la couleur bleue, et ne l'est pas par les autres couleurs. Melloni a donné le nom de *thermocrôse* à cette propriété de la chaleur d'être composée de rayons calorifiques de différente espèce.

La théorie de Melloni s'explique, dans le système des ondulations, en admettant que les propriétés des différentes espèces de rayons calorifiques sont dues à des nombres de vibrations différents, ou à des ondes calorifiques d'inégale longueur.

412. Applications du pouvoir diathermane. — L'air est très-diathermane, puisque c'est dans ce fluide que se produisent tous les phénomènes de chaleur rayonnante. C'est à cause de son grand pouvoir diathermane que les couches supérieures de l'atmosphère sont toujours à une basse température, malgré les rayons solaires qui les traversent. L'eau étant peu diathermane, il se produit le phénomène contraire au sein des mers et des lacs. Les couches supérieures participent seules aux variations de température, suivant les saisons, tandis qu'à une certaine profondeur la température reste constante.

Les propriétés des corps diathermanes ont été utilisées pour séparer la lumière et la chaleur qui rayonnent ensemble d'une même source. Le sel gemme recouvert de noir de fumée arrête complétement la lumière et laisse passer la chaleur. Au contraire, des lames ou des dissolutions d'alun arrêtent la chaleur et donnent passage à la lumière. Ce dernier procédé est appliqué avantageusement aux appareils qu'on éclaire avec des rayons solaires ou avec la lumière électrique, lorsqu'il est nécessaire d'éviter une chaleur trop intense. L'iode dissous dans le bisulfure de carbone produit l'effet inverse : il absorbe les rayons lumineux, et laisse passer la chaleur.

Dans les jardins, l'usage des cloches dont on abrite certaines plantes est fondé sur la propriété diathermane du verre, indiquée dans le tableau ci-dessus (410); cette substance est traversée par les rayons solaires, qui ont une haute température, et ne l'est pas par la chaleur qui rayonne du sol.

413. Diffusion. — Nous avons déjà dit que la chaleur qui tombe sur la surface d'un corps ne se réfléchit pas totalement suivant les lois de la réflexion démontrées précédemment (390). Une partie se réfléchit irrégulièrement, c'est-à-dire dans toutes les directions autour du point d'incidence. C'est ce phénomène qu'on désigne sous le nom de *diffusion* ou de *réflexion irrégulière* de la chaleur, et l'on donne le nom de *réflexion régulière,* de *réflexion spéculaire*, à celle qui suit les lois citées ci-dessus. Le phénomène de la diffusion par la surface des corps a été découvert par Melloni.

La réflexion régulière ne se fait que sur des surfaces polies ; la réflexion irrégulière, au contraire, se produit sur les surfaces ternes ou rugueuses, comme des plaques de bois, de verre, de métal, dépolies et mates.

Le pouvoir diffusif varie selon la nature de la source et celle des substances réfléchissantes. Les corps blancs sont très-dispersifs pour la chaleur qui rayonne d'une source incandescente. Les métaux mats sont encore plus dispersifs que les corps blancs.

CHAPITRE X.

MACHINES A VAPEUR.

414. Objet des machines à vapeur. — Les *machines à vapeur* sont des appareils qui servent à utiliser la force élastique de la vapeur d'eau comme force motrice. Dans les machines généralement usitées, la vapeur, en vertu de sa force élastique, imprime à un piston un mouvement rectiligne alternatif, qui est ensuite transformé en mouvement circulaire continu, à l'aide de divers organes mécaniques.

Toute machine à vapeur se composant de deux parties bien

distinctes, l'appareil où se produit la vapeur et la machine proprement dite, nous décrirons d'abord le premier appareil.

415. Générateur de vapeur. — On appelle *générateur* ou *chaudière*, l'appareil qui sert à la production de la vapeur. La figure
311 représente une vue longitudinale, et la figure 312 une coupe
transversale d'un générateur de machine fixe. Ceux des locomotives
et des bateaux à vapeur en diffèrent beaucoup. Ce générateur consiste en un long cylindre de tôle PQ, fermé à ses deux extrémités par deux calottes sphériques. Au-dessous sont deux cylindres
B, B, d'un plus petit diamètre, également de tôle, et communiquant avec le générateur chacun par deux tubulures. Ces cylindres
se nomment *bouilleurs*. Destinés à recevoir le *coup de feu* du
foyer, ils sont complétement remplis d'eau, tandis que le cylindre
PQ l'est seulement à un peu plus de moitié. Au-dessous des bouilleurs est le foyer, dans lequel on brûle de la houille ou du bois.
Afin de multiplier la surface de chauffe et d'utiliser toute la chaleur
entraînée par les produits de la combustion, on fait circuler ceux-
ci dans des conduits de briques qui entourent les parois des bouilleurs et du générateur. Ces conduits, qu'on nomme *carneaux*,
divisent le fourneau en deux compartiments horizontaux F, F, et
D, C, D (fig. 312). En outre, le compartiment supérieur est partagé
en trois carneaux distincts D, C, D, par deux cloisons verticales,
qui ne sont pas représentées dans le dessin et correspondent des
deux côtés aux bouilleurs. La flamme et les produits de la combustion, rasant d'abord le dessous des bouilleurs d'avant en arrière,
reviennent en sens contraire par le carneau central C ; puis, se divisant, ils se rendent enfin, par les carneaux latéraux D D, dans le
tuyau K de la cheminée, d'où ils se perdent dans l'atmosphère.

Légende explicative des figures 311 et 312.

B, B   *Bouilleurs* au nombre de deux. Ils sont toujours pleins d'eau, et, placés
au centre du foyer, ils reçoivent directement le coup de feu.

C, D, D   *Carneaux* qui entourent les bouilleurs et les parois inférieures du générateur. Ils servent à utiliser la chaleur entraînée par les produits de la
combustion.

E   *Flotteur* du sifflet d'alarme *s*.

F, F   *Foyer*.

F'   *Flotteur* destiné à indiquer le niveau de l'eau dans la chaudière. Il se
compose d'une pierre rectangulaire plongeant en partie dans l'eau,
comme le montre la déchirure pratiquée dans la paroi du générateur.
Cette pierre, qui est suspendue à l'extrémité d'un levier, est maintenue
en équilibre par la perte de poids qu'elle éprouve dans l'eau et par un
contre-poids *a*. Tant que l'eau s'élève à la hauteur voulue, le levier qui
soutient le flotteur reste horizontal ; mais il incline vers F' lorsqu'il n'y
a pas assez d'eau, et en sens contraire, s'il y en a trop. Dans l'un comme
dans l'autre cas, le chauffeur est prévenu pour régler convenablement
l'introduction de l'eau d'alimentation.

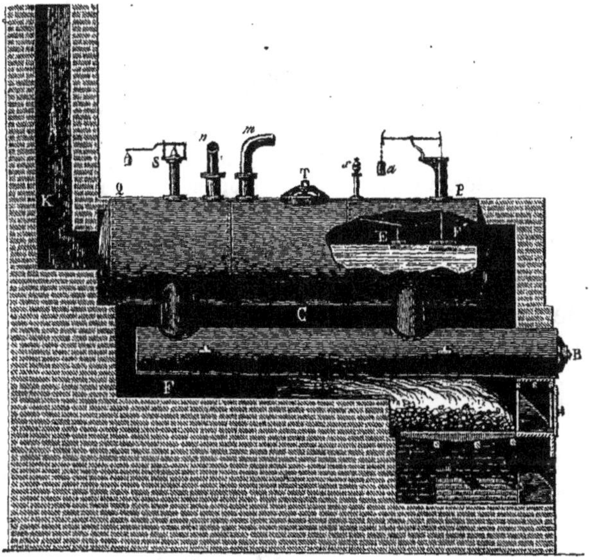

Fig. 311.

Fig. 312.

K   *Tuyau* de la cheminée par lequel se dégagent les produits de la combustion. C'est pour activer le tirage qu'on donne à ce tuyau une très-grande hauteur.

P, Q   *Générateur* cylindrique de tôle, relié aux bouilleurs par quatre tubulures, et rempli d'eau à un peu plus de moitié.

S   *Soupape de sûreté*, déjà décrite en parlant de la marmite de Papin (335).

T   *Trou d'homme*, qui s'ouvre pour les nettoyages et les réparations du générateur. Le trou d'homme est à fermeture *autoclave*, c'est-à-dire se fermant elle-même. Pour cela, cette fermeture consiste en un couvercle appliqué intérieurement contre les bords de la paroi. Là, une vis de pression non-seulement le maintient, mais le presse de bas en haut contre ces mêmes parois. En outre, plus la tension de la vapeur est élevée, plus le couvercle est pressé contre les parois, et plus la fermeture est hermétique.

a,   *Contre-poids* du flotteur.

m,   *Tube* qui laisse dégager la vapeur pour se rendre à la machine.

n,   *Tube* qui donne entrée à l'eau d'alimentation du générateur.

s,   *Sifflet d'alarme*, ainsi nommé parce qu'il sert à donner l'alarme lorsqu'il n'y a plus assez d'eau dans la chaudière, circonstance qui peut amener une explosion lors de la rentrée de l'eau, parce qu'alors les parois étant rouges, il se produit un excès de vapeur au moment où l'eau rentre. Tant que le niveau n'est pas trop bas dans la chaudière, la vapeur ne passe pas dans le sifflet; mais si le niveau baisse au-dessous de la hauteur convenable, un petit flotteur E, qui ferme le pied du sifflet, descend et donne issue à la vapeur. Celle-ci, en s'échappant, vient raser les bords d'un disque métallique mince, et le mettant en vibration, lui fait rendre un son aigu, qui avertit le chauffeur.

416. Machine à vapeur à double effet. — On nomme *machines à double effet,* celles dans lesquelles la vapeur agit alternativement au-dessus et au-dessous du piston pour lui imprimer un mouvement rectiligne alternatif, qu'on transforme ensuite en mouvement circulaire continu.

La figure 313 donne une vue d'ensemble d'une machine à vapeur à double effet, et les figures 314 et 345 représentent une coupe verticale du cylindre et de la distribution de vapeur. Cette machine est toute de fonte, et supportée par un bâti NN de même métal.

Sur la droite du dessin est un cylindre *p* dans lequel la vapeur arrive du générateur par un tube *x*. C'est dans ce cylindre, dont la figure 345 montre la coupe verticale, qu'est le piston T sur lequel la vapeur agit alternativement de haut en bas et de bas en haut. La tige A du piston, participant à ce double mouvement, le transmet à une longue pièce B qu'on nomme *bielle,* et qui s'articule d'un bout à l'extrémité de la tige A, et de l'autre à une pièce plus petite M, qui est la *manivelle*. Du mouvement ascendant et descendant de la bielle, la manivelle reçoit un mouvement circulaire continu qu'elle transmet à l'*arbre de couche* D, auquel elle est invariablement fixée.

A son autre extrémité, cet arbre de couche porte une poulie G, sur laquelle passe une *courroie sans fin* XY. C'est cette courroie qui, entraînée par la poulie, va transmettre au loin le mouvement à des machines-outils, telles que tours, laminoirs, scieries, presses à imprimer, etc. A côté de la poulie G en est une seconde qui n'est pas fixée à l'arbre, et qu'à cause de cela on nomme *poulie folle*. Elle sert à arrêter le mouvement des machines-outils que fait marcher la machine à vapeur sans arrêter cette dernière. Pour cela, au moyen d'une fourchette de fer qui n'est pas représentée dans le dessin, et qui embrasse la courroie, on fait passer celle-ci de la poulie G sur la poulie folle. La courroie ne transmettant plus alors la force motrice, les machines qu'elle faisait mouvoir s'arrêtent aussitôt.

Sur l'arbre de couche est en outre une grande roue de fonte V, qu'on nomme *volant*. Cette roue, qui a une très-grande masse, est nécessaire pour entretenir le mouvement de la machine. En effet, chaque fois que le piston arrive au haut et au bas de sa course, il éprouve un arrêt très-court, pendant lequel le mouvement de toute la machine tend à être suspendu. Mais alors le volant, par un effet d'inertie et en vertu de sa vitesse acquise, entraîne l'arbre de couche avec lui et maintient ainsi le mouvement régulier.

417. Régulateur à force centrifuge. — Le mouvement des machines à vapeur tend sans cesse à s'accélérer ou à se retarder, soit parce que la tension de la vapeur varie dans le générateur, soit parce que le nombre des machines-outils auxquelles le mouvement est transmis est plus ou moins considérable. C'est pourquoi Watt a ajouté à ses machines un *régulateur à force centrifuge*. On nomme ainsi un appareil dans lequel la force centrifuge est utilisée pour régler la vapeur qui arrive à la machine, de manière à l'augmenter quand la vitesse est trop faible, et à la diminuer quand la vitesse est trop grande.

Le régulateur à force centrifuge consiste en un parallélogramme articulé *kmnr* (fig. 343), fixé sur une tige verticale *c*, à laquelle l'arbre de couche transmet son mouvement de rotation à l'aide de deux roues d'angle *a* et *b*. Les branches latérales du parallélogramme sont chargées de deux boules de fonte *m* et *n*, qui, par leur poids, tendent sans cesse à le fermer. Au contraire, la force centrifuge qui résulte de la rotation des boules avec la tige *c* tend constamment à les faire diverger et à ouvrir le parallélogramme. De là, suivant le plus ou moins de vitesse de la machine, un mouvement de haut en bas ou de bas en haut, qui se transmet à une douille *r*, glissant le long de la tige *c*. C'est cette douille qui, par une suite de leviers *s, t,* O, fait ouvrir ou fermer une valve *v* (fig. 344), pla-

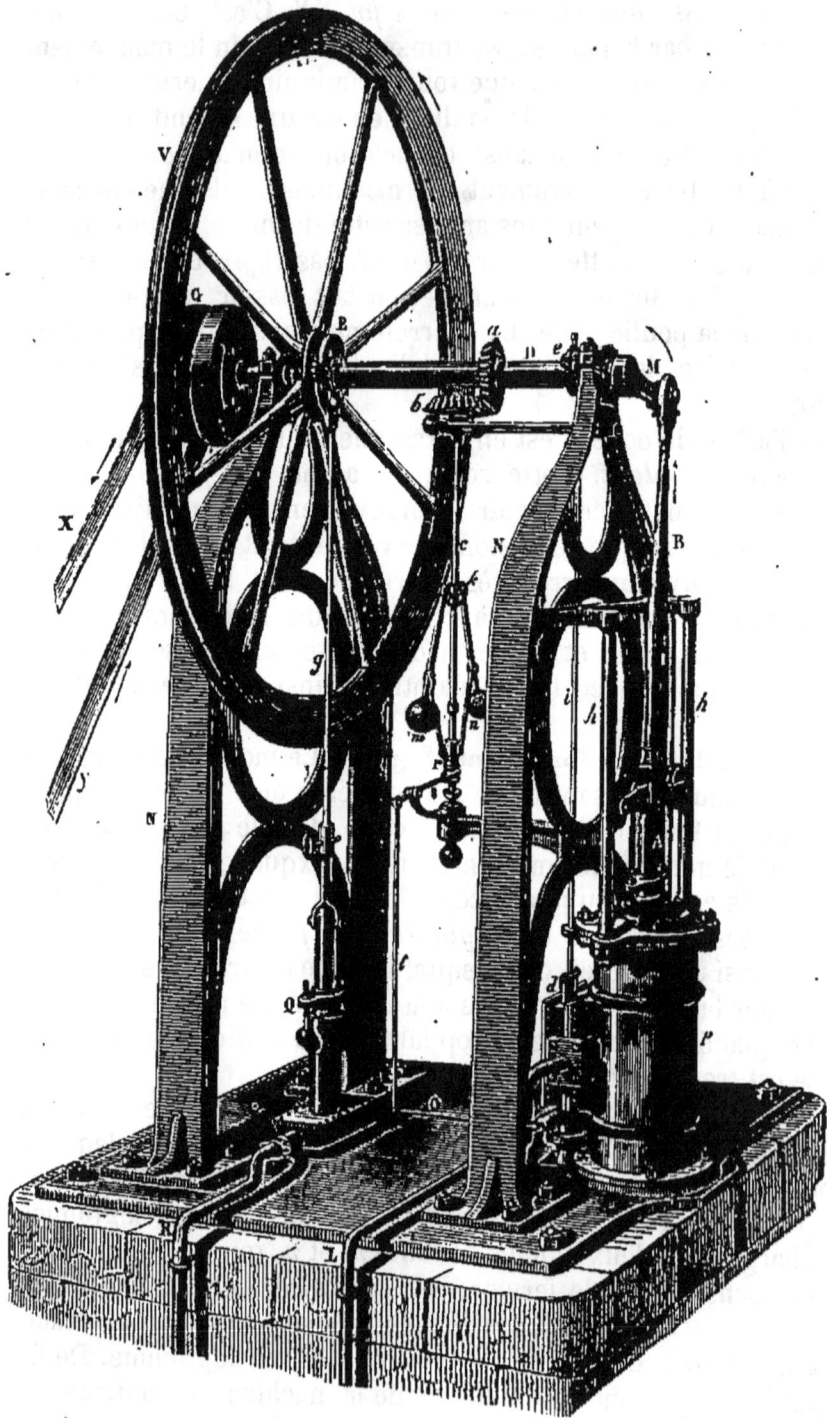

Fig. 313 (h = 2^{m}).

cée dans le tuyau x par lequel arrive la vapeur. Cette valve est disposée de manière qu'elle se ferme d'autant plus, que les boules du régulateur divergent davantage. Par suite, lorsque la vitesse de la machine dépasse la limite voulue, la vapeur arrive en moindre quantité, et la force motrice diminuant, le mouvement se ralentit.

418. Pompe alimentaire. — Il est nécessaire d'alimenter le générateur d'eau, à mesure que celle-ci se vaporise: Or, c'est la machine à vapeur elle-même qui est chargée de ce travail. Pour cela, on y ajoute une pompe Q, aspirante et foulante, dont la tige g reçoit son mouvement de va-et-vient d'un excentrique E placé sur l'arbre de couche. Cette pompe, qu'on désigne sous le nom de *pompe alimentaire,* aspire l'eau d'un puits et la refoule par un tube de cuivre R dans le générateur.

419. Distribution de vapeur. — Pour compléter la description de la machine à vapeur, il reste à faire connaître la *distribution de vapeur,* c'est-à-dire le mécanisme qui sert à faire passer la vapeur alternativement au-dessus et au-dessous du piston. Les figures 314 et 315 donnent une coupe de ce mécanisme. La vapeur arrivant du générateur par le tube x se rend dans une boîte de fonte d, qui est la *boîte à distribution.* De celle-ci, dans l'épaisseur même des parois du cylindre, partent deux conduits a et b, dirigeant la vapeur, l'un au-dessus, l'autre au-dessous du piston. Une pièce mobile y, qu'on nomme la *glissière,* ou le *tiroir,* ferme toujours un de ces conduits. Dans la figure 315, c'est le conduit supérieur a qui se trouve fermé, et la vapeur arrivant en dessous du piston le fait monter.

La glissière est fixée à une tige i, qui reçoit d'un excentrique e (fig. 313) un mouvement alternatif de bas en haut et de haut en bas, en vertu duquel la glissière prend successivement les positions représentées dans les figures 314 et 315.

Tant que la vapeur arrive en dessous du piston (fig. 315), la partie supérieure du cylindre est en communication, par le conduit a, avec une cavité O d'où part un tuyau L (fig. 313). C'est par ce tuyau que se dégage la vapeur qui vient d'agir sur le piston. Puis, quand la vapeur arrive au-dessus du piston (fig. 314), c'est la partie inférieure du cylindre qui communique, par le conduit b, avec la même cavité O et avec le tuyau L. Les conduits a et b servent donc alternativement à l'arrivée et à la sortie de la vapeur.

Dans les machines à haute pression (422), la vapeur qui se dégage par le tuyau L va se perdre dans l'atmosphère; mais dans les machines à basse ou à moyenne pression, la vapeur se rend dans un vase clos, nommé *condenseur.* Ce vase est plein d'eau froide, au contact de laquelle la vapeur se condense; ce qui fait gagner une atmosphère, puisque le vide tend toujours à se produire sur la face du piston opposée à celle qui reçoit l'action de la vapeur. Toutefois, quoique une pompe spéciale renouvelle constamment l'eau du condenseur, la chaleur que lui cède la vapeur par le fait de la

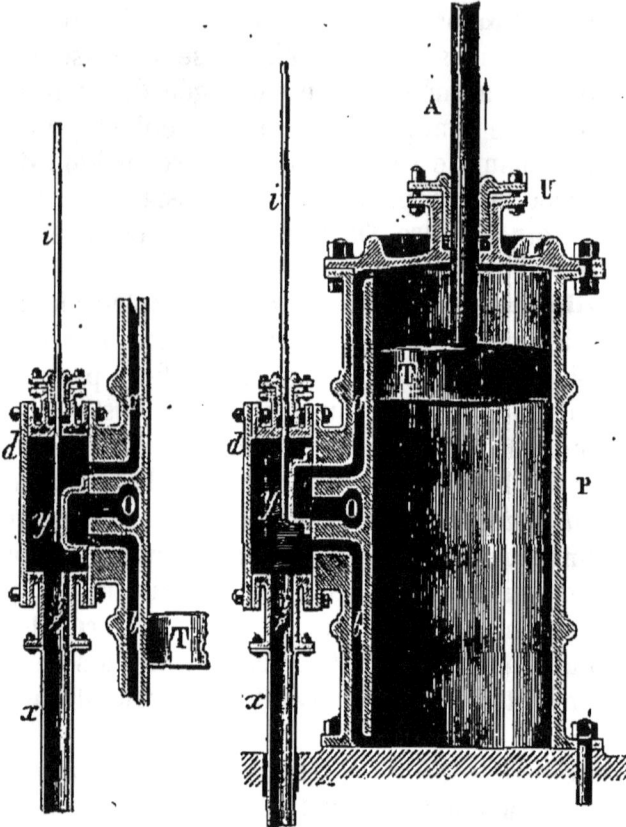

Fig. 314.   Fig. 315.

condensation la maintient toujours à près de 40 degrés. Or on sait qu'à cette température, la tension de la vapeur dans le condenseur est bien inférieure à celle de la vapeur qui arrive du générateur (325).

La machine représentée dans la figure 313 est une *machine à haute pression, sans condenseur*. De plus, c'est une *machine à bielle articulée*, système dû à l'ingénieur anglais Maudslay. La machine de Watt, identique sous tous les autres rapports, est *à balancier*; c'est-à-dire que le mouvement de la tige du piston se transmet à l'extrémité d'un énorme balancier de fonte, mobile en son milieu sur deux tourillons, et c'est ensuite ce balancier qui, à son autre extrémité, communique le mouvement à la bielle, à la manivelle et à l'arbre de couche. L'emploi des machines à bielle articulée est aujourd'hui beaucoup plus répandu, dans les ateliers que celui des machines à balancier.

420. Locomotives. — On appelle *machines locomotives,* ou simplement *locomotives,* des machines à vapeur qui, montées sur un train de voiture, se déplacent elles-mêmes en transmettant le mouvement aux roues.

Les locomotives sont à bielle articulée, mais le volant des machines fixes est supprimé. La forme du générateur est aussi complétement modifiée. Les parties principales de ces machines sont le *châssis,* la *boîte à feu,* le *corps cylindrique* de la chaudière, la *boîte à fumée,* les *cylindres à vapeur* avec leurs tiroirs, les *roues motrices* et l'*alimentation.*

Le châssis est un cadre de bois de chêne porté par les essieux des roues et soutenant lui-même toutes les parties de la machine. Le dessin (fig. 346) représente le mécanicien qui dirige la locomotive, monté sur la plate-forme de tôle qui recouvre le châssis, au moment où il se dispose à ouvrir la *prise de vapeur* I, placée dans la partie supérieure de la boîte à feu Z. A la partie inférieure de celle-ci est le foyer, d'où la flamme et les produits de la combustion se rendent dans la boîte à fumée Y, puis dans le tuyau de cheminée, après avoir traversé 125 tubes de cuivre, qui sont entièrement plongés dans l'eau de la chaudière.

La chaudière, qui relie la boîte à feu à la boîte à fumée, est de cuivre rouge, de forme cylindrique et d'un mètre de diamètre environ; elle est entourée de douves d'acajou, qui, par leur faible conductibilité, s'opposent au refroidissement. En sortant de la chaudière, la vapeur se rend dans deux cylindres placés de chaque côté de la boîte à fumée. Là, au moyen d'une distribution analogue à celle décrite ci-dessus (419), elle agit alternativement sur les deux faces des pistons dont les tiges transmettent le mouvement à l'essieu des grandes roues. Cette distribution n'est pas visible dans le dessin, parce qu'elle est placée sous le châssis, entre les deux cylindres. Après avoir agi sur les pistons, la vapeur se dégage par le tuyau de la cheminée, et contribue ainsi à activer le tirage.

La transmission du mouvement des pistons aux deux grandes roues se fait par deux bielles qui, au moyen de manivelles, lient les tiges des pistons à l'essieu de ces roues. Quant au mouvement de va-et-vient du tiroir, dans la boîte à distribution de chaque cylindre, il s'obtient à l'aide d'excentriques placés sur l'essieu des deux grandes roues.

L'alimentation, c'est-à-dire le renouvellement de l'eau dans la chaudière, s'obtient au moyen de deux pompes aspirantes et foulantes placées sous le châssis et mues par des excentriques. Ces pompes, à l'aide de tubes de communication, aspirent l'eau d'un réservoir placé sous le *tender.* On nomme ainsi la voiture qui suit

Fig. 316 ($l = 5^m,68$).

immédiatement la locomotive, et qui porte l'eau et le charbon nécessaires à un parcours déterminé.

Locomotive à dôme.

(Légende explicative.)

A   Tuyau de cuivre rouge recevant la vapeur par l'extrémité I, et se bifurquant à l'autre extrémité pour la conduire aux deux cylindres qui contiennent les pistons moteurs.

B   Poignée du levier de changement de marche. Elle transmet le mouvement à la tringle C, qui le communique à la distribution de vapeur.

C   Tringle du changement de marche.

D   Partie inférieure de la boîte à feu contenant les grilles du foyer.

E   Tuyau d'échappement de la vapeur après que celle-ci a agi sur les pistons.

F   Cylindre de fonte renfermant un piston moteur. De chaque côté de la locomotive il y en a un pareil. C'est afin de laisser apercevoir le piston qu'on a dessiné le cylindre entr'ouvert.

G   Tringle qui sert à ouvrir le tiroir I pour laiser passer la vapeur dans le tube A. Dans le dessin, le mécanicien tient à la main le levier qui fait tourner cette tringle.

H   Robinet de vidange de la chaudière.

I   Tiroir s'ouvrant et se fermant à la main pour la prise de vapeur.

K   Grande bielle motrice à fourchette réunissant la tête de la tige du piston à la manivelle M de la grande roue.

L   Lampe et réflecteur servant à indiquer, pendant la nuit, l'approche de la locomotive.

M   Manivelle qui transmet à l'essieu de la grande roue le mouvement du piston.

N   Bouton d'attelage du tender qui suit la locomotive.

O   Porte du foyer par laquelle le chauffeur introduit le coke.

P   Piston métallique dont la tige s'articule à la bielle K.

Q   Tuyau de la cheminée par lequel se dégage la fumée, ainsi que la vapeur qui sort des cylindres.

R, R   Tuyaux conduisant l'eau du tender à deux pompes foulantes qui alimentent la chaudière, mais qui ne sont pas visibles dans le dessin.

S   Chasse-pierres destiné à écarter les pierres ou tout autre objet encombrant la voie.

T, T   Ressorts qui supportent la chaudière.

U, U   Rails de fer maintenus sur la voie par des coussinets de fonte fixés sur des traverses de bois.

V   Encadrement de la boîte à étoupe des cylindres.

X, X   Corps cylindrique de la chaudière, recouvert de douves d'acajou destinées à diminuer la perte de chaleur par leur faible conductibilité. On voit, au-dessous du tube A, jusqu'où s'élève le niveau de l'eau dans la chaudière. Au milieu même de l'eau sont des tubes de cuivre a, dans lesquels passent les produits de la combustion pour se rendre dans la boîte à fumée.

Y   Boîte à fumée dans laquelle débouchent les tubes a.

Z, Z   Boîte à feu surmontée d'un dôme dans lequel se rend la vapeur.

a Tubes de cuivre au nombre de 125, ouverts aux deux bouts, et se terminant d'une part à la boîte à feu, de l'autre à la boîte à fumée. Ce sont ces tubes qui transmettent la chaleur du foyer à l'eau de la chaudière et la vaporisent.

b Secteur-guide placé sur le côté de la boîte à feu, et portant des crans dans lesquels peut engrener le bras du levier B. Le cran extrême d'avant correspond à la marche en avant, le cran extrême d'arrière à la marche en arrière ; le cran du milieu est un point mort. Les crans intermédiaires entre celui-ci et les crans extrêmes donnent la détente pour la marche en avant ou en arrière.

e   Étuis contenant des ressorts à boudin qui règlent le jeu des soupapes de sûreté *i*.

g   Sifflet d'alarme se faisant entendre à 2 000 mètres.

i   Soupapes de sûreté.

m, m   Marchepieds pour monter sur le tablier de la locomotive.

n   Tube de cristal placé devant le mécanicien, et indiquant le niveau de l'eau dans la chaudière avec laquelle il communique par ses deux bouts.

r, r   Guides destinés à maintenir en ligne droite le mouvement de la tête du piston.

t, t   Robinets de purge après la mise en train et l'échauffement des cylindres.

v   Tringle qui transmet le mouvement aux robinets de purge.

424. Machines à réaction ; éolipyle. — On nomme *machines à réaction,* des machines dans lesquelles la vapeur agit par réaction,

Fig. 317 (h = 18).

à la manière de l'eau dans le tourniquet hydraulique (85). L'idée de ces machines est déjà bien ancienne : 120 ans avant J. C., Héron d'Alexandrie, le même qui inventa la fontaine qui porte son nom, a décrit l'appareil suivant, connu sous le nom d'*éolipyle à réaction*.

C'est une sphère creuse de métal (fig. 317), pouvant tourner librement autour de deux tourillons. Aux extrémités d'un même diamètre sont fixées deux tubulures percées latéralement et en sens contraire d'orifices par lesquels se dégage la vapeur. Pour introduire de l'eau dans cette sphère, on la chauffe d'abord afin de raréfier l'air, puis on la plonge dans l'eau froide ; l'air se contracte, et le liquide pénètre dans la boule. Si l'on chauffe alors l'appareil jusqu'à l'ébullition, la vapeur qui se dégage lui imprime un mouvement rapide de rotation, qui est dû à la pression de la vapeur sur la paroi opposée à l'orifice de sortie.

Diverses tentatives ont été faites dans le but d'utiliser en grand la réaction de la vapeur comme force motrice; on a aussi essayé de la faire agir par impulsion, en dirigeant un jet de vapeur sur la palette d'une roue tournante; mais, dans ces différents procédés, la vapeur a toujours été loin de rendre l'effet utile qu'on obtient en la faisant agir par expansion sur un piston.

422. Machines à basse, à haute et à moyenne pression. — Une machine est dite à *basse pression,* lorsque la tension de la vapeur ne dépasse pas 1 atmosphère et $\frac{1}{4}$; à *moyenne pression,* lorsque la tension de la vapeur est comprise entre 2 et 4 atmosphères; et à *haute pression,* quand la vapeur agit avec une tension supérieure à 4 atmosphères.

423. Machines à détente et sans détente. — Si la vapeur arrive en plein sur le piston, pendant toute la durée de sa course, sa force élastique reste sensiblement la même, et l'on dit que la vapeur agit *sans détente;* mais si, par une disposition convenable du tiroir, la vapeur cesse d'arriver sur le piston, lorsque celui-ci est seulement aux deux tiers ou aux trois quarts de sa course, alors *elle se détend,* c'est-à-dire qu'en vertu de la force expansive due à sa haute température, elle agit encore sur le piston et achève de lui faire parcourir sa course. De là la distinction de *machines avec détente* et de *machines sans détente.*

Enfin, on appelle *machines à condensation,* celles qui sont munies d'un condenseur où la vapeur se liquéfie après qu'elle a agi sur le piston; et *machines sans condensation,* celles qui n'ont pas de condenseur : telles sont les locomotives.

424. Cheval-vapeur. — En mécanique appliquée, on entend par *travail mécanique* d'un moteur, le produit de l'effort qu'il exerce par le chemin parcouru par cet effort, et l'on prend pour unité de travail mécanique le *kilogrammètre,* qui est le travail nécessaire pour élever 1 kilogramme à 1 mètre de hauteur en 1 seconde.

Dans la mesure du travail des machines à vapeur, on prend pour unité le *cheval-vapeur,* qui représente *le travail nécessaire pour élever 75 kilogrammes à 1 mètre de hauteur en 1 seconde;* c'est-à-dire qu'il équivaut à 75 kilogrammètres. Par conséquent, une machine de 40 chevaux est celle qui peut élever, d'une manière continue, 40 fois 75 kilogrammes, ou 3 000 kilogrammes, à 1 mètre de hauteur par seconde. Le travail d'un cheval-vapeur est à peu près double de celui d'un cheval de trait ordinaire.

On comptait en Angleterre, en 1866, 3 650 000 chevaux-vapeur.

CHAPITRE XI.

SOURCES DE CHALEUR ET DE FROID.

425. Différentes sources de chaleur. — Les différentes sources de chaleur sont : 1° les *sources mécaniques,* comprenant le frottement, la percussion et la pression ; 2° les *sources physiques,* savoir : la radiation solaire, la chaleur terrestre, les actions moléculaires, les changements d'état et l'électricité ; 3° les *sources chimiques,* c'est-à-dire les combinaisons moléculaires, et notamment la combustion. C'est aux sources chimiques que doit être rapportée la *chaleur animale,* dont l'étude est du domaine de la physiologie.

Sources mécaniques.

426. Chaleur due au frottement. — Le frottement de deux corps l'un contre l'autre développe une quantité de chaleur d'autant plus grande, que la pression est plus forte et le mouvement plus rapide. Par exemple, souvent les boîtes des roues de voiture, par leur frottement contre l'essieu, s'échauffent jusqu'à prendre feu. H. Davy a fondu deux morceaux de glace en les frottant l'un contre l'autre, dans une atmosphère au-dessous de zéro. En forant, sous l'eau, une masse de bronze, Rumford a trouvé que, pour obtenir 250 grammes de limaille, la chaleur développée par le frottement est capable d'élever 25 kilogrammes d'eau de zéro à 100 degrés, ce qui représente 2 500 calories (361). A l'Exposition universelle de 1855, MM. Baumont et Mayer avaient exposé un appareil à l'aide duquel ils élevaient, en quelques heures, 400 litres d'eau, de 10 à 130 degrés, par le frottement d'un cône de bois recouvert de chanvre, et tournant, avec une vitesse de 400 tours par minute, dans un cône de cuivre creux, qui était fixe et plongé dans l'eau d'une chaudière hermétiquement fermée. Les surfaces frottées étaient constamment graissées d'huile.

L'expérience de Rumford et celle de MM. Baumont et Mayer demandent trop de temps pour qu'on puisse les répéter dans un cours ; mais nous empruntons à M. Tyndall un appareil qui, en quelques minutes, fait voir la chaleur développée par le frottement. Il se compose d'un tube de laiton, creux et plein d'eau, auquel on imprime un mouvement de rotation rapide au moyen d'une poulie sur laquelle il est fixé, d'une grande roue et d'une courroie sans fin (fig. 318). Le tube a 10 centimètres de hauteur environ et 2 de diamètre. Pour que l'expérience dure moins longtemps, on le remplit d'eau tiède, et on le ferme avec un bouchon, afin que l'eau ne soit pas projetée par l'effet de la rotation. Autour du tube s'applique une pince de bois formée de deux planchettes réunies par une charnière, et entaillées d'une rainure pour mieux embrasser le tube et multiplier les points de contact. Tandis que d'une main on fait tourner la grande roue, de l'autre on serre doucement le tube

Fig. 318.

entre les planchettes. Or, il s'échauffe alors rapidement par le frottement, et bientôt la température de l'eau dépassant 100 degrés, le bouchon est lancé à plusieurs mètres de hauteur par la force élastique de la vapeur.

Dans le briquet à pierre, c'est par l'effet du frottement de l'acier contre le silex que les parcelles métalliques qui se détachent s'échauffent jusqu'à prendre feu dans l'air.

Dans toutes ces expériences, la chaleur dégagée par le frottement est due à un mouvement vibratoire imprimé aux molécules des corps; dans toutes, c'est du mouvement transformé en chaleur. Ces expériences sont donc une confirmation de la théorie dynamique de la chaleur, en vertu de laquelle le mouvement et la chaleur ne sont que deux formes différentes d'un même principe.

427. Chaleur due à la pression et à la percussion. — Si l'on comprime un corps de manière à augmenter sa densité, sa température s'élève d'autant plus, que la diminution de volume est plus grande. Peu sensible dans les liquides, ce phénomène l'est davantage dans les solides; mais dans les gaz, qui sont extrêmement compressibles, le dégagement de chaleur est considérable.

On démontre le vif dégagement de chaleur qui se produit dans les gaz comprimés au moyen du *briquet à air*. Cet appareil se compose d'un tube de verre à paroi épaisse, dans lequel est un piston de cuir fermant hermétiquement (fig. 319). A la base de ce piston est une cavité dans laquelle on place un petit morceau d'amadou. Le tube étant plein d'air, on enfonce brusquement le piston : l'air comprimé s'échauffe alors jusqu'à enflammer l'amadou, qu'on voit brûler si l'on retire rapidement le piston. L'inflammation de l'amadou dans cette expérience suppose une température d'au moins 300 degrés. Au moment de la compression,

Fig. 319 ($l = 39$).

il se produit une lumière assez vive, qu'on a d'abord attribuée à la haute température à laquelle l'air est porté; mais on a reconnu qu'elle est due uniquement à la combustion de l'huile qui graisse le piston.

C'est par l'élévation de température qu'elle fait naître que la pression suffit pour déterminer la combinaison, et, par suite, la détonation d'un mélange d'oxygène et d'hydrogène.

La percussion est aussi une source de chaleur, ainsi qu'on le constate en battant sur une enclume un métal malléable.

La chaleur produite par la pression et par la percussion est due à un travail extérieur transformé en chaleur. En Angleterre, en 1863, pour essayer des plaques de fonte destinées au blindage de frégates cuirassées, on tirait dessus à courte distance avec des canons Armstrong. Or, au moment où les boulets, frappant ces plaques, se trouvaient arrêtés, toute la force vive qu'ils possédaient se transformait en chaleur, et ils atteignaient subitement la température rouge.

428. Expériences de M. Tyndall sur la compression des gaz. — Nous empruntons au livre de M. Tyndall (*La Chaleur*) les deux expériences suivantes, qui font bien voir, dans le phénomène de la compression des gaz, la transformation de la chaleur en travail mécanique, et, réciproquement, du travail mécanique en chaleur.

On prend un vase de métal à parois résistantes, et muni d'un robinet. Ayant vissé une pompe de compression sur ce robinet, on comprimé de l'air dans le vase, et comme le gaz s'est échauffé par la pression, on laisse refroidir pendant plusieurs heures, jusqu'à ce qu'il soit revenu à la température ambiante. Lorsqu'on ouvre en-

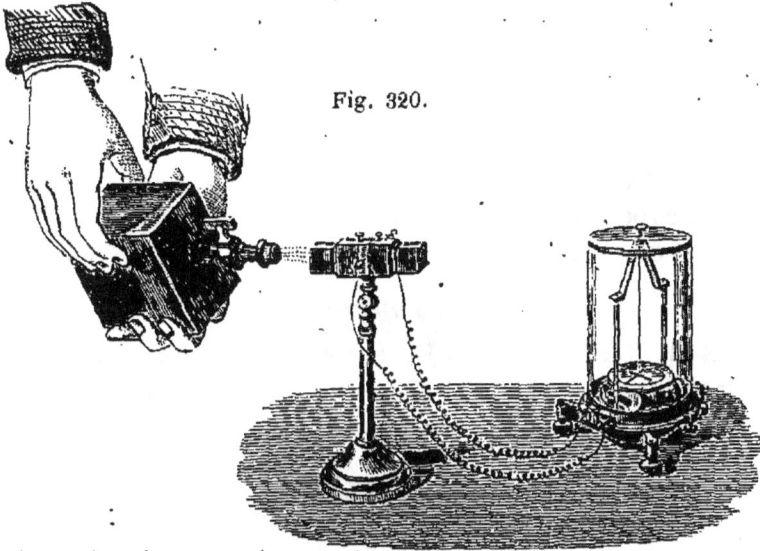

Fig. 320.

suite le robinet, l'air s'élance violemment. Or l'air ainsi expulsé l'est par la force expansive du gaz intérieur; en un mot, c'est l'air qui s'expulse lui-même. Il y a donc travail exécuté par le gaz, et,

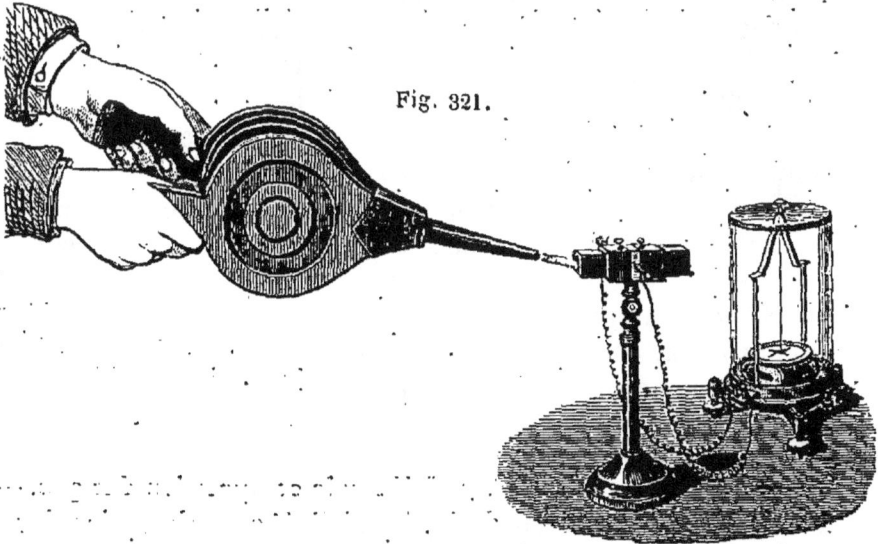

Fig. 321.

par suite, d'après la théorie dynamique de la chaleur, il doit y avoir disparition de chaleur. En effet, si l'on reçoit le jet du gaz sur la pile thermo-électrique, comme le montre la figure 320, le galvanomètre indique, par le sens de sa déviation, qu'il y a refroidissement.

Au contraire, si l'on répète l'expérience avec un soufflet ordinaire, et si l'on reçoit encore le jet de gaz sur la pile (fig. 321), la déviation de l'aiguille du galvanomètre se fait dans le sens opposé, ce qui fait voir qu'il y a échauffement. En effet, dans la première expérience, le travail mécanique de pousser l'air en avant étant exécuté par l'air lui-même, une portion de sa chaleur est consommée dans cet effort; tandis que, dans le cas du soufflet, c'est la main de l'expérimentateur qui exécute le travail. Ici, comme dans le briquet à air, c'est un travail extérieur qui est transformé en chaleur; dans l'expérience de la figure 320, c'est un travail intérieur qui ne se fait qu'avec dépense de chaleur.

Sources physiques.

429. Radiation solaire. — De toutes les sources de chaleur, la plus intense est le soleil. On ignore la cause de la chaleur émise par cet astre, que les uns ont regardé comme une masse embrasée, éprouvant d'immenses éruptions, et que d'autres ont considéré comme étant composé de couches réagissant chimiquement les unes sur les autres, à la manière des couples de la pile voltaïque, et donnant ainsi naissance à des courants électriques auxquels seraient dues la lumière et la chaleur solaires. Dans l'une et l'autre hypothèse, l'incandescence du soleil aurait son terme.

Des tentatives ont été faites pour mesurer la quantité de chaleur émise annuellement par le soleil. M. Pouillet, au moyen d'un appareil qu'il a nommé *pyrhéliomètre,* a estimé que si la quantité totale de chaleur que la terre reçoit du soleil dans le cours d'une année était tout entière employée à fondre de la glace, elle serait capable d'en fondre une couche d'une épaisseur de $34^m,89$ tout autour du globe. Or, d'après la surface que la terre présente au rayonnement du soleil, et d'après la distance qui l'en sépare, elle ne reçoit que $\frac{1}{2380000000}$ de la chaleur émise par cet astre.

430. Chaleur terrestre. — Le globe terrestre possède une chaleur propre qu'on désigne sous le nom de *chaleur centrale.* En effet, à une profondeur peu considérable, mais qui varie suivant les pays, on rencontre une couche dont la température reste constante dans toutes les saisons; d'où l'on conclut que la chaleur solaire ne pénètre, au-dessous du sol, qu'à une profondeur déterminée. Puis, au-dessous de cette couche, qu'on désigne sous le nom de *couche invariable,* on observe que la température augmente, en moyenne, d'un degré, à mesure qu'on s'enfonce de 30 à 40 mètres. Cette loi de l'accroissement de la température du sol a été vérifiée, à de grandes profondeurs, dans les mines et dans les puits artésiens. En l'étendant jusqu'à une profondeur de 3 500 mètres, c'est-à-dire à un peu moins d'une lieue métrique, la température de la couche correspondante serait déjà de 100 degrés. Les eaux thermales et les volcans confirment l'existence de la chaleur centrale.

La profondeur à laquelle est la couche invariable n'est pas la même sur différents points du globe : à Paris, elle est de 27 mètres, et, à cette profondeur, la température est constamment de 11°,8.

Diverses hypothèses ont été faites pour expliquer la chaleur centrale. La plus généralement admise par les physiciens et les géologues est celle que la terre a été primitivement à l'état liquide par l'effet d'une température élevée, et que, par le rayonnement, la surface terrestre s'est solidifiée peu à peu, de manière à former une écorce solide qui, actuellement même, n'aurait pas plus de 60 kilomètres d'épaisseur, la masse centrale étant encore à l'état liquide. Quant au refroidissement, il ne peut plus être qu'extrêmement lent, en raison de la faible conductibilité des couches terrestres. C'est par la même cause que la chaleur centrale ne paraît pas élever la température de la surface du sol de plus de $\frac{1}{36}$ de degré.

Toutefois, plusieurs physiciens, au nombre desquels nous citerons MM. Liais, W. Thomson, Huggins, en s'appuyant sur les phénomènes astronomiques de la précession, de la nutation et des marées, ont été conduits à admettre que la terre est solide dans toute sa masse; et ils expliquent la chaleur centrale par des actions chimiques dues à l'infiltration des eaux de la mer.

431. Chaleur dégagée par l'imbibition et par l'absorption. — Les phénomènes moléculaires, comme l'imbibition, l'absorption, les actions capillaires, sont, en général, accompagnés d'un dégagement de chaleur. M. Pouillet a observé que toutes les fois qu'un liquide est versé sur un solide très-divisé, il y a une élévation de température qui varie selon la nature des substances. Avec les matières inorganiques, comme les métaux, les oxydes, les terres, l'élévation de température est de 2 à 3 dixièmes de degré; mais avec les matières organiques, comme les éponges, la farine, l'amidon, les racines, les membranes desséchées, l'accroissement de température varie de 1 à 10 degrés.

L'absorption des gaz par les corps solides présente le même phénomène. Dobereiner a trouvé que, si l'on place dans l'oxygène du platine très-divisé, comme on l'obtient à l'état de précipité chimique, sous le nom de *noir de platine,* ce métal absorbe plusieurs centaines de fois son volume d'oxygène, et la température s'élève alors assez pour donner naissance à des combustions très-intenses.

L'*éponge* ou *mousse de platine,* qui s'obtient en précipitant le chlorure de platine par le sel ammoniac, produit le même effet. Un jet d'hydrogène dirigé dessus prend feu par le dégagement de chaleur dû à l'absorption.

C'est sur ce principe qu'est fondé le *briquet à mousse de platine.* Cet appareil se compose de deux vases de verre (fig. 322); le premier, A, pénètre dans le vase inférieur B, au moyen d'une tubulure usée à l'émeri qui le ferme hermétiquement. Au bout de cette tubulure est une masse de zinc Z plongeant dans de l'eau chargée d'acide sulfurique. La réaction de l'eau, de l'acide et du métal produit un dégagement d'hydrogène qui, ne trouvant d'abord aucune issue, refoule l'eau du vase B dans le vase A, jusqu'à ce que, le zinc ne plongeant plus, la réaction s'arrête. Le bouchon du vase supérieur est usé latéralement de manière à en laisser sortir l'air à mesure que l'eau s'élève. Une tubulure de cuivre H, fixée sur le côté du vase B, porte un petit cône E percé d'un orifice au-dessus duquel, dans une capsule D, est une éponge de platine.

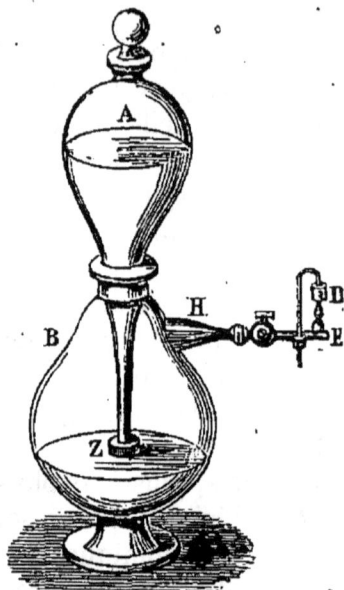

Fig. 322.

Par suite, dès qu'on ouvre le robinet qui ferme le tube de cuivre, l'hydrogène se dégage et s'enflamme au contact du platine. Il faut avoir bien soin de ne présenter le platine au courant d'hydrogène que lorsque ce gaz a entraîné tout l'air qui peut se trouver dans le vase B; sinon il y aurait une vive détonation due à la combinaison de l'oxygène et de l'hydrogène contenus dans ce vase.

M. Fabre, qui a fait récemment des recherches sur la chaleur dégagée lorsqu'un gaz est absorbé par le charbon (124), est arrivé à ce résultat remarquable, que la chaleur maximum dégagée par l'absorption de 1 gramme d'acide sulfureux ou de protoxyde d'azote surpasse de beaucoup la chaleur qui résulte de la liquéfaction d'un poids égal des mêmes gaz; pour l'acide carbonique, la chaleur dégagée par l'absorption dépasse même celle qui le serait par la solidification de ce gaz. D'où l'on doit conclure que la chaleur produite par l'absorption des gaz ne peut s'expliquer complétement en admettant que le gaz absorbé se liquéfie et même se solidifie dans les pores du charbon, mais qu'il faut admettre, en outre, une action spéciale entre les molécules du charbon et celles du gaz, action que M. Mitscherlich a désignée sous le nom d'*affinité capillaire*.

La chaleur produite dans les changements d'état a déjà été traitée aux articles *Solidification* et *Liquéfaction* (308 et 338); quant à la chaleur développée par l'électricité, cette question trouvera sa place dans la théorie des phénomènes électriques.

Sources chimiques.

432. Combinaisons chimiques, combustion. — Les combinaisons chimiques sont généralement accompagnées d'un dégagement de chaleur plus ou moins abondant. Quand elles s'opèrent lentement, comme lorsque le fer s'oxyde à l'air, la chaleur dégagée est insensible : mais si elles se produisent vivement, le dégagement de chaleur est très-intense, et il y a alors *combustion*.

On nomme ainsi toute combinaison chimique qui se fait avec dégagement de chaleur et de lumière. Dans les combustions que nous présentent les foyers, les lampes, les bougies, c'est le carbone et l'hydrogène du bois, de l'huile, de la cire, qui se combine avec l'oxygène de l'air. Mais il se produit des combustions dans lesquelles l'oxygène ne joue aucun rôle. Par exemple, si, dans un flacon plein de chlore, on projette de l'antimoine très-divisé, ou des fragments de phosphore, ces corps s'unissent au chlore avec un vif dégagement de chaleur et de lumière.

Plusieurs combustibles brûlent avec flamme. Une *flamme* n'est autre chose qu'un gaz ou une vapeur portés à une haute température par l'effet de la combustion. Son pouvoir éclairant varie avec les produits qui se forment pendant la combustion. La présence d'un corps solide dans une flamme en augmente le pouvoir éclairant. Les flammes d'hydrogène, d'oxyde de carbone, d'alcool, sont pâles, parce qu'elles ne renferment que des produits gazeux. Mais les flammes des bougies, des lampes, du gaz d'éclairage, ont un grand pouvoir éclairant, parce qu'elles contiennent un excès de carbone qui, n'éprouvant qu'une combustion incomplète, devient incandescent dans la flamme. On donne une intensité beaucoup plus grande à une flamme en y plaçant des fils de platine ou de l'amiante. Il est à observer que la température d'une flamme n'est pas en rapport avec son pouvoir éclairant. La flamme d'hydrogène, qui est la plus pâle, est celle qui dégage le plus de chaleur.

433. Chaleur dégagée pendant la combustion. — Plusieurs physiciens, et particulièrement Lavoisier, Rumford, Despretz, Dulong, M. Hess, MM. Fabre et Silbermann, se sont occupés de rechercher la quantité de chaleur dégagée par les différents corps, pendant la combustion et pendant les combinaisons.

Pour ces expériences, Lavoisier s'est servi du calorimètre de glace qui a été décrit précédemment (366). Rumford a fait usage d'un calorimètre connu sous son nom, et qui consiste en une cuve rectangulaire de cuivre, remplie d'eau. Dans cette cuve est un serpentin qui traverse le fond de la caisse, et se termine, en dessous, en forme d'entonnoir renversé. C'est sous cet entonnoir qu'on fait brûler le corps sur lequel on veut expérimenter. Les produits de la combustion, en se dégageant dans le serpentin, échauffent l'eau de la caisse, et, d'après l'élévation de température, on apprécie ensuite la chaleur dégagée. Despretz et Dulong ont successivement modifié le calorimètre de Rumford, en faisant brûler les corps, non plus au-dessous de la cuve qui contient l'eau à échauffer, mais dans une chambre à combustion placée au sein même du liquide ; l'oxygène nécessaire à la combustion arrivait par un tube à la partie inférieure de la chambre, et les produits de la combustion se dégageaient par un autre tube placé à la partie supérieure, et contourné en serpentin dans la masse du liquide qu'on voulait échauffer. Enfin, c'est surtout par M. Fabre et par Silbermann que le calorimètre a été habilement perfectionné, de manière à éviter toutes les causes d'erreur, et à pouvoir déterminer non-seulement la quantité de chaleur dégagée dans la combustion, mais aussi dans les autres actions chimiques.

Voici les nombres obtenus par les deux physiciens, en prenant pour unité de chaleur la quantité de chaleur nécessaire pour élever de 1 degré la température de 1 gramme d'eau :

Chaleur de combustion pour 1 gramme de combustible.

Hydrogène avec oxygène . .	34 462	Graphite naturel	7 796
— avec chlore . . .	23 783	Diamant	7 770
Essence de térébenthine . . .	10 852	Alcool absolu	7 184
Éther sulfurique	9 027	Oxyde de carbone	2 403
Charbon de bois	8 080	Soufre natif	2 262

434. Lois de la chaleur dégagée dans les combinaisons chimiques. — Des expériences de Dulong, de Despretz, de Hesse, de Fabre et Silbermann, et d'autres physiciens, on a tiré les lois suivantes sur la production de la chaleur dans les actions chimiques :

1° Un corps qui brûle produit toujours la même quantité de chaleur pour arriver au même degré d'oxydation, soit qu'il l'atteigne immédiatement, soit qu'il n'y arrive que progressivement. Par exemple, un gramme de carbone qui se transforme directement en acide carbonique dégage la même quantité de chaleur que s'il s'était d'abord transformé en oxyde de carbone, puis celui-ci en acide carbonique.

2° Dans une combinaison chimique, quelle qu'en soit la durée, la quantité de chaleur dégagée est toujours la même.

3° La chaleur qui se développe dans la combustion d'un corps composé est généralement plus faible que la somme des quantités de chaleur qu'on obtient en brûlant séparément chacun de ses éléments.

CHAUFFAGE.

435. Différentes sortes de chauffage. — Le *chauffage* est un art qui a pour objet d'utiliser, dans l'économie domestique et dans l'industrie, les sources de chaleur que nous offre la nature.

La source de chaleur principalement en usage jusqu'à nos jours est la combustion du bois, du charbon, de la houille, du coke, de la tourbe et de l'anthracite. Depuis quelques années, on commence à utiliser le gaz d'éclairage pour le chauffage.

D'après les appareils qui servent à la combustion, on peut distinguer cinq sortes de chauffage : 1° le chauffage à foyer extérieur, comme les cheminées ; 2° le chauffage à foyer intérieur, comme les poêles ; 3° le chauffage par l'air chaud ; 4° le chauffage par la vapeur ; 5° le chauffage par circulation d'eau chaude. Nous allons successivement décrire ces différents procédés d'une manière très-succincte.

436. Cheminées. — On sait que les *cheminées* sont des foyers ouverts, adossés à un mur, et surmontés d'un tuyau par lequel se dégagent les produits de la combustion. Leur invention paraît dater du premier siècle de l'ère chrétienne. Dans les temps plus reculés, le foyer était placé au milieu de la pièce à chauffer, et la fumée s'échappait par une ouverture pratiquée sur le comble des habitations. C'est pourquoi Vitruve défend d'enrichir d'ouvrages somptueux les appartements d'hiver, afin qu'ils ne soient pas endommagés par la fumée et par la suie.

Les premières cheminées, quoique placées contre les murs, n'étaient pas entourées de chambranles, mais seulement surmontées d'une *hotte* qui donnait dégagement à la fumée. Ce n'est que dans les temps modernes qu'on a donné aux cheminées la forme qu'elles ont aujourd'hui. Ce sont des physiciens qui les ont successivement perfectionnées, et particulièrement Philibert Delorme, Gauger, Franklin, Montgolfier et Rumford.

Quelques perfectionnements qu'on ait apportés à la construction des cheminées, elles sont encore le mode de chauffage le plus imparfait et le plus dispendieux, car elles n'utilisent, avec le bois, qu'environ 6 pour 100 de la chaleur totale dégagée par le combustible, et 13 avec le coke et la houille. Cette perte énorme de chaleur provient de ce que, le courant d'air nécessaire à la combustion entraînant toujours une portion considérable de la chaleur produite, celle-ci va se perdre en grande partie dans l'atmosphère. C'est ce qui avait fait dire à Franklin que, si l'on voulait, pour une quantité de combustible donnée, obtenir le moins de chaleur possible, il faudrait adopter les cheminées. Néanmoins elles sont et seront toujours le mode de chauffage le plus agréable et le plus sain, par la présence du feu et par le renouvellement continu qu'elles entretiennent dans l'air des appartements.

437.. **Tirage des cheminées.** — On entend par *tirage* d'une cheminée un courant de bas en haut qui s'établit dans le tuyau par l'effet de l'ascension des produits de la combustion ; quand le courant est rapide et continu, on dit que la cheminée *tire* bien.

Le tirage a pour cause la différence de température à l'intérieur et à l'extérieur du tuyau ; car, en vertu de cette différence, les matières gazeuses qui remplissent le tuyau étant moins denses que l'air de l'appartement, l'équilibre est impossible (167). En effet, le poids de la colonne gazeuse CD (fig. 323), dans le tuyau, étant moindre que celui de la colonne d'air extérieur AB, de même hauteur, il en résulte,

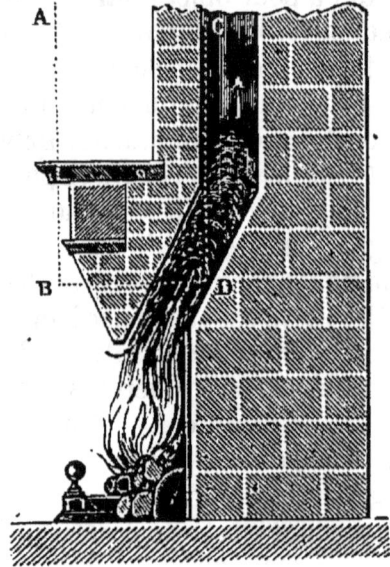

Fig. 323.

de l'extérieur vers l'intérieur, un excès de pression qui refoule les produits de la combustion, d'autant plus rapidement, que la différence de poids entre les deux masses gazeuses est plus grande.

On constate très-bien l'existence des courants que font naître dans les gaz les différences de température, au moyen de l'expérience suivante. On ouvre une porte mettant en communication une pièce chauffée avec une qui ne l'est pas, puis on tient, vers le haut de la porte, une bougie allumée ; on voit alors la flamme se diriger de la pièce chaude vers la pièce froide. Au contraire, si l'on pose la bougie sur le sol, la flamme se dirige de la pièce froide vers la pièce chaude. Ces deux effets sont dus à un courant d'air chaud qui s'échappe par le haut de la porte, tandis que l'air froid, qui vient le remplacer, arrive par le bas.

Pour avoir un bon tirage, une cheminée doit satisfaire aux conditions suivantes :

1° La section du tuyau doit avoir la dimension strictement nécessaire pour l'écoulement des produits de la combustion ; autrement, si cette section est trop grande, il s'établit à la fois des courants ascendants et des courants descendants, et la cheminée fume. Il est bon de placer au sommet du tuyau une buse conique plus étroite que lui, afin que la fumée sorte avec une vitesse suffisante pour résister à l'action du vent.

2° Le tuyau de la cheminée doit être suffisamment élevé, car le tirage ayant pour cause l'excès de la pression extérieure sur la pression intérieure dans le tuyau, cet excès de pression sera d'autant plus grand, que la colonne d'air échauffée sera plus haute.

3° L'air extérieur doit pouvoir pénétrer dans l'appartement où est la cheminée assez rapidement pour répondre à l'appel du foyer. Dans un appartement hermétiquement fermé, le combustible ne brûlerait pas, ou il s'établirait des courants d'air descendants qui rabattraient la fumée dans l'appartement. L'air entre ordinairement en quantité suffisante par les joints des portes et des croisées.

4° On doit toujours éviter de faire communiquer entre eux deux tuyaux de cheminée, car si l'un tire plus que l'autre, il se produit, dans ce dernier, un courant d'air descendant qui ramène la fumée.

438. Poêles. — Les *poêles* sont des appareils de chauffage à foyer isolé, placés au milieu même de la masse d'air qu'on veut échauffer, en sorte que la chaleur rayonne dans toutes les directions autour du foyer. A la partie inférieure est la prise d'air nécessaire à la combustion, dont les produits se dégagent, à la partie supérieure, par des tuyaux de tôle plus ou moins longs. Ces produits gazeux sortant ainsi très-refroidis, on parvient à utiliser la presque totalité de la chaleur développée ; aussi ce mode de chauffage est-il le plus économique, mais il est loin d'être aussi salubre que les cheminées, car il ne donne qu'une ventilation très-faible, et même nulle, quand la prise d'air se fait à l'extérieur, comme cela a lieu dans les poêles suédois. Les poêles ont, en outre, l'inconvénient de répandre une odeur désagréable et nuisible, surtout lorsqu'ils sont de fonte ou de tôle, ce qui doit probablement être attribué à la décomposition des matières organiques qui sont dans l'air par leur contact avec les parois chaudes des tuyaux.

Avec les poêles de métal noirci, qui ont un grand pouvoir émissif, le chauffage est plus rapide ; mais ces poêles se refroidissent très-vite. Les poêles de faïence blanche et polie, dont le pouvoir émissif est faible, donnent un chauffage plus lent, mais plus prolongé et plus doux.

439. Chauffage par la vapeur. — La propriété qu'ont les vapeurs de restituer leur chaleur de vaporisation, lorsqu'elles se condensent, a été utilisée pour le chauffage des bains, des ateliers, des édifices publics, des serres, des étuves. Pour cela, on produit la vapeur dans des chaudières analogues à celle qui a été décrite à l'article *Générateur de vapeur* (fig. 311); puis on la fait circuler dans des tuyaux placés dans le lieu qu'il s'agit de chauffer. La vapeur se condense dans ces tuyaux et leur cède toute sa chaleur latente, qui devient libre au moment de la condensation. Cette chaleur se transmet ensuite à l'air extérieur ou au liquide dans lequel sont placés les tuyaux de conduite.

440. **Chauffage par l'air chaud.** — Le chauffage par l'air chaud

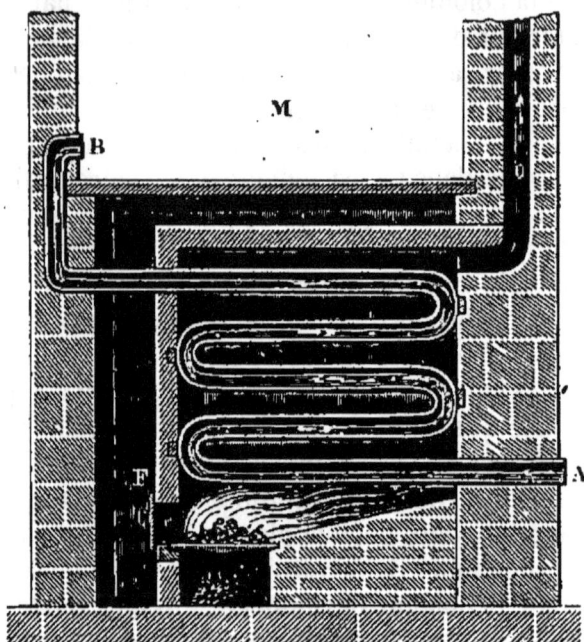

Fig. 324.

consiste à chauffer de l'air dans la partie inférieure d'un édifice, et à le laisser ensuite s'élever jusqu'aux étages supérieurs, en vertu de sa moindre densité, dans des tuyaux de conduite placés dans les murs. L'appareil est disposé comme le montre la figure 324. Un fourneau F, établi dans les caves, contient, à la suite les uns des autres, un système de tubes recourbés AB, dont un seul est visible dans le dessin. C'est par l'orifice inférieur A, qui est la *prise d'air,* que l'air extérieur pénètre dans les tubes; là il s'échauffe, et, s'élevant dans le sens des flèches, pénètre dans les appartements M par l'orifice supérieur B, qu'on nomme *bouche de chaleur*. Dans les différents étages, chaque pièce a ainsi une ou plusieurs bouches de chaleur, qui se placent le plus bas possible, l'air chaud tendant toujours à monter.

Le conduit O est un tuyau de cheminée ordinaire par lequel se dégagent du fourneau les produits de la combustion.

Ces appareils, connus sous le nom de *calorifères*, sont beaucoup plus économiques que les cheminées, mais ils ne peuvent ventiler aussi bien les appartements, et, par conséquent, sont moins salubres.

441. Chauffage par circulation d'eau chaude. — Le chauffage par circulation d'eau chaude consiste en un mouvement circulatoire continu d'eau qui, après s'être échauffée dans une chaudière, s'élève dans une série de tubes; puis, après s'être refroidie, revient à la chaudière par une série semblable.

Le premier appareil propre à ce genre de chauffage fut inventé par Bonnemain, en France, vers la fin du siècle dernier. La figure 325 représente la disposition adoptée par M. Léon Duvoir pour chauffer un édifice de plusieurs étages. L'appareil de chauffage, qui est dans les caves, consiste en une chaudière *oo*, en forme de cloche, et à foyer intérieur F. A la partie supérieure de la chaudière est fixé un long tube M, qui se rend à un réservoir Q, placé dans les combles de l'édifice qu'on veut chauffer. Ce réservoir porte, à sa partie supérieure, une tubulure *n* fermée par une soupape *s* qu'on charge plus ou moins, de manière à limiter la tension de la vapeur dans l'intérieur de l'appareil.

La chaudière et le tube M étant remplis d'eau, ainsi qu'une partie du réservoir Q, à mesure que l'eau s'échauffe dans la chaudière, il se produit, dans le tube M, un courant ascendant d'eau chaude jusqu'au réservoir Q, tandis qu'en même temps s'établissent des courants descendants d'eau moins chaude et plus dense, partant de la partie inférieure de ce réservoir, et se rendant respectivement par autant de tubes dans des récipients *b, d, f,* remplis d'eau. Puis de ceux-ci partent de nouveaux tubes dans lesquels le courant descendant se continue jusqu'à d'autres récipients *a, c, e,* et enfin, de ces derniers, le courant se continue, par des tubes de retour, jusqu'à la partie inférieure de la chaudière.

Pendant ce double parcours, l'eau chaude cédant successivement sa chaleur sensible aux tubes et aux récipients, ceux-ci s'échauffent et deviennent de véritables poêles à eau. On en calcule facilement le nombre et les dimensions, pour chauffer un espace déterminé, en s'appuyant sur cette donnée de l'expérience et de la théorie, qu'un litre d'eau suffit pour communiquer la chaleur nécessaire à 3200 litres d'air. Deux de ces poêles peuvent, pendant les froids, entretenir 600 à 700 mètres cubes d'air à une température de 15°.

Dans l'intérieur des récipients *a, b, c, d, e, f,* sont des tubes de fonte remplis d'air pris à l'extérieur par des tubes P, placés au-dessous du plancher. Cet air s'échauffe dans les tubes, et se dégage ensuite à la partie supérieure des récipients.

Le principal avantage de ce mode de chauffage est de donner une température sensiblement constante, la masse d'eau contenue dans les récipients et dans les tubes ne se refroidissant que lente-

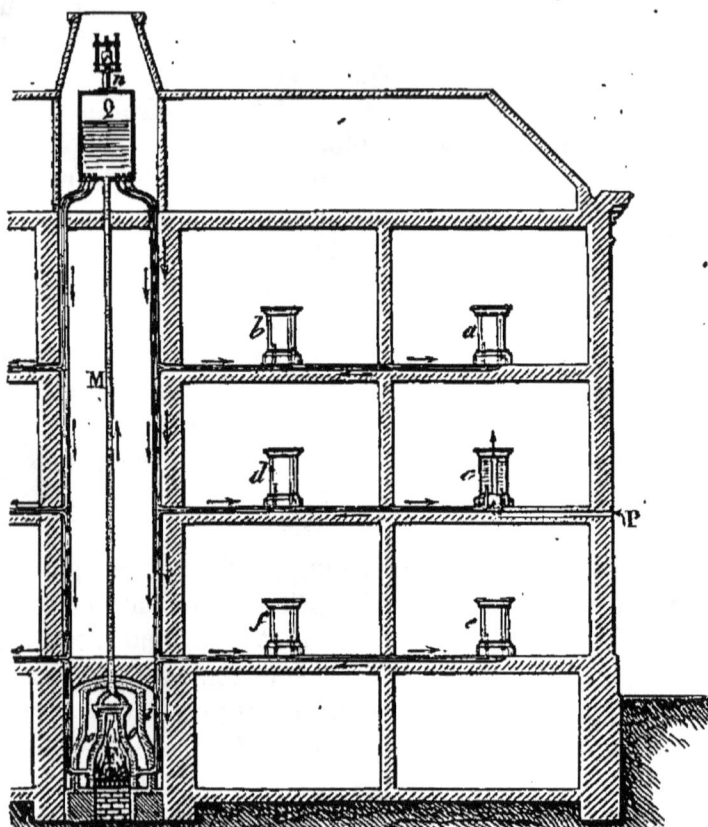

Fig. 325.

ment; aussi l'usage en est-il très-répandu pour les serres, les étuves, l'incubation artificielle, et, en général, dans tous les cas où l'on a besoin d'une température uniforme.

SOURCES DE FROID.

442. Diverses sources de froid. — Les causes de froid sont : le passage de l'état solide à l'état liquide, celui de l'état liquide à l'état de vapeur ou de gaz, la dilatation des gaz, le rayonnement en général, et particulièrement le rayonnement nocturne. Ayant déjà fait connaître les deux premières causes (343 et 337), nous ne parlerons ici que des deux dernières.

443. Froid produit par la dilatation des gaz. — On a vu (427) que, par la compression des gaz, la température s'élève; réciproquement, la raréfaction d'un gaz est accompagnée d'un abaissement de température, par suite de la disparition de chaleur occasionnée par le travail intérieur du gaz. Ce phénomène se trouve déjà démontré par l'expérience de M. Tyndall donnée plus haut (428)'; on le constate encore en plaçant le thermomètre de Bréguet (264) sous le récipient de la machine pneumatique, et en faisant le vide; à chaque coup de piston, le gaz se dilate et l'aiguille avance vers le zéro, puis revient aussitôt.

* 444. Appareil de Carré pour congeler l'eau. — On a déjà vu (336) que tout liquide qui se vaporise absorbe à l'état latent une quantité de chaleur considérable; de là une source de froid d'autant plus abondante, que le liquide est plus volatil, et que sa chaleur de vaporisation est plus grande.

C'est cette propriété des liquides qui a été habilement utilisée par M. Carré pour congeler l'eau par la distillation de l'ammoniaque. Son appareil se compose d'une chaudière cylindrique C (fig. 326 et 327), et d'un vase légèrement conique A, qui est le *congélateur*. Ces deux vases communiquent entre eux par un tube *m*, et une entretoise *n* sert à les lier solidement l'un à l'autre. Construits en forte tôle étamée, ils peuvent résister à des pressions de sept atmosphères.

La chaudière C, dont la capacité est de 8 litres, est remplie aux trois quarts d'une dissolution ammoniacale concentrée qui sert indéfiniment. Dans une tubulure adaptée à la paroi supérieure de la chaudière, on verse de l'huile, et dans cette huile on plonge un thermomètre *t* marquant les hautes températures, de 100 à 150 degrés. Enfin, le congélateur A est formé de deux enveloppes concentriques, de manière que sa partie centrale, dans toute sa hauteur, étant vide, on peut y placer un vase de fer-blanc G, dans lequel est l'eau à congeler. C'est donc seulement l'espace compris entre les parois du congélateur qui est en communication par le tube *m* avec la chaudière. Sur le fond supérieur du congélateur est une petite tubulure; c'est par celle-ci qu'on introduit la dissolution ammoniacale dans l'appareil et qu'on en expulse l'air. On ferme ensuite la tubulure hermétiquement avec un bouchon métallique.

Ces détails connus, la formation de la glace comprend deux opérations distinctes. Dans la première (fig. 326), la chaudière est placée dans un fourneau F, et le congélateur dans une cuve R remplie d'eau de puits à 12 degrés environ. Chauffant la chaudière jusqu'à 130 degrés, le gaz ammoniac en dissolution dans l'eau de la chaudière s'en dégage et se rend dans le congélateur, où il se liquéfie par sa propre pression, contenant encore environ un dixième de son poids d'eau. Cette distillation de C vers A est terminée en cinq quarts d'heure, et c'est alors que commence la douxième opération, qui consiste à placer actuellement la chaudière dans la cuve à eau froide (fig. 327), et le congélateur à l'extérieur, en ayant soin de l'entourer d'étoffe de laine bien sèche. C'est à ce moment qu'on introduit dans le congélateur le vase de

Fig. 326.   Fig. 327.

fer-blanc G plein d'eau aux trois quarts. Or, la chaudière se refroidissant, le gaz ammoniac qui la remplit se dissout de nouveau, et, le vide se produisant, l'ammoniaque liquéfiée qui est en A se gazéifie et distille maintenant de A vers C, pour se redissoudre dans l'eau qui est restée dans la chaudière. Pendant cette distillation, l'ammoniaque qui se gazéifie absorbe à l'état latent une grande quantité de chaleur, laquelle est soustraite au vase G et à l'eau qu'il renferme; de là la congélation de celle-ci. Pour mieux établir le contact entre les parois du vase G et du congélateur, on verse entre elles de l'alcool ou de l'eau-de-vie. Au bout de cinq quarts d'heure, on retire du vase G un bloc cylindrique de glace parfaitement compacte.

L'appareil que nous venons de décrire donne deux kilogrammes de glace à l'heure, au prix de revient de 4 centimes le kilogramme; mais on construit des appareils à action continue, qui donnent jusqu'à 200 kilogrammes de glace à l'heure.

445. Froid produit par le rayonnement nocturne. — Pendant le jour, la surface du sol reçoit du soleil plus de chaleur qu'elle n'en émet vers les espaces célestes, et la température s'élève. C'est l'inverse pendant la nuit : la chaleur que perd alors la terre par le rayonnement n'est plus compensée, et de là résulte un abaissement de température d'autant ·plus grand, que le ciel est moins nuageux; car, lorsqu'il y a des nuages, ceux-ci émettent vers le sol des rayons d'une intensité bien moins faible que celle des rayons venant des espaces célestes. On observe, en effet, dans certains hivers, que les rivières ne gèlent pas, quoique le thermomètre soit pendant plusieurs jours au-dessous de — 5 degrés, le ciel étant couvert; tandis que, dans d'autres hivers moins rigoureux, les rivières gèlent lorsque le ciel est serein. Le pouvoir émissif (398) a aussi une grande influence sur le refroidissement produit par le rayonnement nocturne : plus ce pouvoir est grand, plus le refroidissement est considérable.

On verra, dans la MÉTÉOROLOGIE, que c'est le refroidissement dû au rayonnement nocturne qui est cause du phénomène de la rosée.

Au Bengale, le refroidissement nocturne est utilisé pour obtenir artificiellement de la glace. A cet effet, pendant les nuits sereines, on expose sur le sol, en ayant soin de les isoler sur des substances non conductrices, comme de la paille ou des feuilles sèches, de grands vases plats, remplis d'eau. Là, par l'effet du rayonnement nocturne, ces vases se refroidissent assez pour que l'eau se congèle, même quand l'air est à 10 degrés au-dessus de zéro. Le même procédé peut évidemment être employé avec succès partout où le ciel est serein.

LIVRE VII

LUMIÈRE.

CHAPITRE PREMIER.

TRANSMISSION, VITESSE ET INTENSITÉ
DE LA LUMIÈRE.

446. Lumière, hypothèses sur sa nature. — La *lumière* est
l'agent qui produit en nous, par son action sur la rétine, le phénomène de la vision. La partie de la physique qui fait connaître les
propriétés de la lumière est désignée sous le nom d'*optique*.

Pour expliquer l'origine de la lumière, on a adopté les mêmes
hypothèses que pour la chaleur (247): celle de l'*émission* et celle
des *ondulations*. Dans la première, qui remonte aux philosophes
de l'antiquité, et qui, dans les temps modernes, a été soutenue par
Newton, on admet que les corps lumineux émettent dans toutes les
directions, sous la forme de molécules d'une extrême ténuité, une
substance impondérable qui se propage en ligne droite avec une vitesse presque infinie. Ces molécules, en pénétrant dans l'œil, réagissent sur la rétine et déterminent la sensation qui constitue la
vision.

Dans l'hypothèse des ondulations, soutenue par Descartes, Grimaldi, Huyghens, Euler, Thomas Young, Malus et Fresnel, on admet
que les molécules des corps lumineux sont animées d'un mouvement
vibratoire infiniment rapide, qui se communique à l'éther (247).
Dans cette hypothèse, un ébranlement en un point quelconque de
l'éther se propage dans tous les sens sous la forme d'ondes sphériques lumineuses, de la même manière que le son est propagé dans
l'air par les ondes sonores. Toutefois on admet que les vibrations
de l'éther se produisent, non pas perpendiculairement à la surface
de l'onde lumineuse, comme dans la propagation du son, mais suivant cette surface même, c'est-à-dire perpendiculairement à la direction que suit la lumière en se propageant; ce qu'on exprime en disant que les vibrations sont *transversales*. On peut se former une
idée de ces vibrations en secouant une corde par l'un des bouts : le
mouvement se propage en serpentant jusqu'à l'autre bout; la pro-

pagation se fait donc dans le sens de la corde, mais les vibrations se font en travers.

Les ondulations de l'éther, qui produisent la lumière, ne diffèrent que par la durée de la période de vibration, des ondulations qui engendrent la chaleur. Ces dernières sont trop lentes pour ébranler la rétine, et par suite la chaleur est invisible. Ce n'est qu'au delà d'une certaine vitesse de vibration que les ondulations de l'éther deviennent lumineuses, et l'on verra même plus tard (582) que c'est la fréquence plus ou moins grande de ces ondulations qui fait naître en nous la sensation des différentes couleurs.

Dans le système des ondulations, Fresnel a donné une explication complète de plusieurs phénomènes lumineux, tels que ceux de la *diffraction* et des *anneaux colorés,* qu'on ne pouvait expliquer dans le système de l'émission. Aussi la théorie des ondulations est-elle la seule admise depuis les travaux de Fresnel.

447. Corps lumineux, éclairés, diaphanes, translucides, opaques. — On nomme *corps lumineux,* ceux qui émettent de la lumière, comme le soleil et les corps en ignition. Les corps lumineux ne sont pas les seuls visibles pour nous ; les corps non lumineux le sont aussi, mais à la condition d'être *éclairés,* c'est-à-dire de recevoir de la lumière d'une source quelconque. Cette lumière étant ensuite renvoyée dans toutes les directions par ces corps, comme nous le verrons en traitant de la *réflexion* (457), c'est elle qui nous les fait voir. C'est ainsi que nous apparaissent tous les corps non lumineux situés au-dessus de notre horizon visuel ; mais dans l'obscurité ils cessent d'être visibles, tandis que les corps lumineux par eux-mêmes le sont toujours.

Les corps *diaphanes* ou *transparents* sont ceux qui laissent facilement passer la lumière, et au travers desquels on distingue les objets : tels sont l'eau, les gaz, le verre poli. Les *corps translucides* sont ceux au travers desquels on perçoit encore la lumière, mais sans pouvoir reconnaître la forme des objets : tels sont le verre dépoli, le papier huilé. Enfin, on appelle *corps opaques* ceux au travers desquels il n'y a pas transmission de lumière, comme les bois, les métaux. Toutefois il n'y a pas de corps complétement opaques ; tous sont plus ou moins translucides lorsqu'ils sont réduits en feuilles assez minces. M. Foucault a fait voir récemment qu'en argentant, sous une très-faible épaisseur, la surface extérieure des objectifs de lunette, la couche d'argent est tellement transparente qu'on observe très-bien le soleil au travers, observation qui se fait sans danger pour la vue, la plus grande partie de la chaleur et de la lumière solaire étant réfléchie par la couche d'argent.

448. Rayon et faisceau lumineux. — Les mots *rayon, fais-*

ceau, faisceau *parallèle*, faisceau *divergent*, sont pris ici dans le même sens que dans la chaleur (383). De plus, on dit qu'un faisceau est *convergent* quand les rayons concourent vers un même point. Un faisceau très-délié se désigne sous le nom de *pinceau*.

449. Propagation de la lumière dans un milieu homogène. — Un *milieu* est l'espace plein ou vide dans lequel se produit un phénomène. L'air, l'eau, le verre, sont des milieux dans lesquels se propage la lumière. Un milieu est dit *homogène* lorsqu'en toutes ses parties sa composition chimique et sa densité sont les mêmes.

Dans tout milieu homogène, la lumière se propage en ligne droite. En effet, si l'on interpose un corps opaque sur la ligne droite qui joint l'œil à un corps lumineux, la lumière est interceptée. On peut remarquer encore que la lumière qui pénètre dans une chambre noire, par une petite ouverture, trace dans l'air un trait lumineux rectiligne, qui devient visible en éclairant les poussières légères qui sont en suspension dans l'atmosphère.

Toutefois la lumière change de direction lorsqu'elle rencontre un obstacle qu'elle ne peut pénétrer, ou lorsqu'elle passe d'un milieu dans un autre; ces phénomènes seront décrits bientôt sous les noms de *réflexion* et de *réfraction*.

450. Ombre, pénombre, reflet. — L'*ombre* d'un corps est le lieu de l'espace où il empêche la lumière de pénétrer. Lorsqu'il

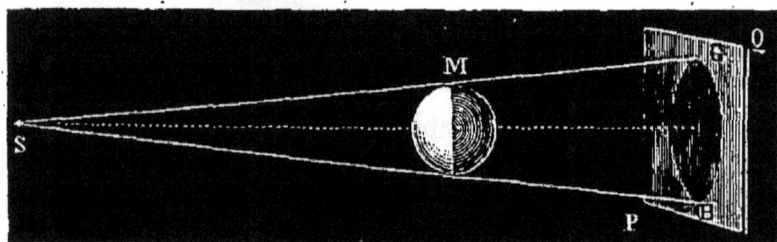

Fig. 328.

s'agit de déterminer l'étendue et la forme de l'ombre projetée par un corps, on distingue deux cas : celui où la source lumineuse est un point unique, et celui où elle est un corps d'une étendue quelconque.

Dans le premier cas, soient S (fig. 328) le point lumineux, et M le corps qui porte ombre et que nous supposerons sphérique. Si l'on conçoit qu'une droite indéfinie SG se meuve autour de la sphère M, en lui restant tangente et en passant constamment par le point S, cette droite engendre une surface conique qui, au delà de la sphère, sépare la portion de l'espace qui est dans l'ombre de celle qui est éclairée. Dans le cas que nous considérons, en plaçant au delà du corps opaque un écran PQ, le passage de l'ombre à la lumière sur cet écran aurait lieu brusquement; mais ce n'est pas ce qui a lieu dans les cas ordinaires, où les corps lumineux ont toujours une certaine étendue.

Supposons, en effet, pour simplifier la démonstration, que le corps éclairant et le corps éclairé soient deux sphères SL et MN (fig. 329). Si l'on conçoit qu'une droite indéfinie AG se meuve tangentiellement à ces sphères, en coupant constamment la ligne des centres au point A, elle engendre une surface conique qui a pour

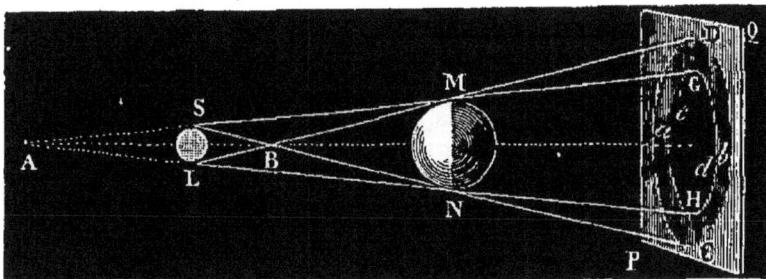

Fig. 329.

sommet ce point, et qui limite, derrière la sphère MN, un espace MGHN complétement privé de lumière. Si, actuellement, une seconde droite LD, coupant la ligne des centres en B, tourne encore tangentiellement aux deux sphères de manière à engendrer une nouvelle surface conique BDC, on reconnaît, à l'inspection de la figure, que tout l'espace extérieur à cette surface est totalement éclairé, mais que la partie comprise entre les deux surfaces coniques n'est ni entièrement privée de lumière, ni entièrement éclairée. En sorte que, si l'on place un écran PQ derrière le corps opaque, la portion cGdH de cet écran est complétement dans l'ombre; quant à la partie annulaire *ab,* il est facile de voir qu'elle reçoit de la lumière de certains points du corps lumineux, mais n'en reçoit pas de tous. Cette portion de l'écran est donc plus éclairée que l'ombre proprement dite, mais moins que le reste de l'écran; c'est pourquoi on lui donne le nom de *pénombre.*

Les ombres telles qu'on vient de les construire sont les *ombres géométriques;* mais les *ombres physiques,* c'est-à-dire celles qu'on observe réellement, ne sont pas aussi rigoureusement limitées. On remarque, en effet, qu'une certaine quantité de lumière passe dans l'ombre, et que, réciproquement, de l'ombre se trouve dans la partie éclairée. Ce phénomène, qui sera décrit plus tard, est connu sous le nom de *diffraction* (579).

Lorsqu'un corps opaque intercepte la lumière par une de ses faces, la face opposée n'est jamais complétement obscure; elle est toujours plus ou moins éclairée par la lumière que réfléchissent les corps voisins. C'est l'effet de cette réverbération qu'on nomme *reflet.*

Or, la lumière réfléchie par un corps coloré participant, en général, de la couleur propre de ce corps, il en résulte que les reflets prennent eux-mêmes la teinte des objets environnants. Les peintres dans leurs tableaux, les décorateurs dans le choix des draperies, les femmes dans celui de leurs parures, utilisent avec art les effets de lumière que produisent les reflets.

451. Images produites à travers les petites ouvertures. — Lors-

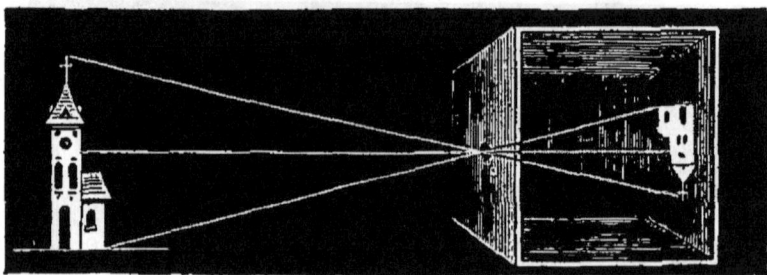

Fig. 330.

qu'on reçoit, sur un écran blanc, les rayons lumineux qui pénètrent *par une petite ouverture,* dans une chambre noire, on obtient, des objets extérieurs, des images qui présentent les phénomènes suivants : 1° *elles sont renversées;* 2° *leur forme, qui est toujours celle des objets extérieurs, est indépendante de la forme de l'ouverture.*

Le renversement des images résulte de ce que les rayons lumineux qui proviennent des objets extérieurs et pénètrent dans la chambre noire, se croisent en passant dans l'ouverture, comme le montre la figure 330. Continuant à se propager en ligne droite, les rayons partis des points les plus élevés rencontrent l'écran aux points les plus bas, et, réciproquement, ceux qui viennent des points inférieurs rencontrent l'écran aux points les plus hauts. De là le renversement de l'image. A l'article *Chambre obscure* (536), on verra comment on augmente l'éclat et la netteté des images au moyen de verres convergents, et par quels procédés on les redresse.

Pour montrer comment la forme de l'image est indépendante de celle de l'ouverture, lorsque celle-ci est suffisamment petite et que l'écran est assez éloigné, soit une ouverture triangulaire O (fig. 331), pratiquée dans le volet d'une chambre obscure, et soit un écran *ab* sur lequel on reçoit l'image d'une flamme AB placée à l'extérieur. De chaque point de la flamme pénètre, dans la chambre noire, un faisceau divergent qui vient former, sur l'écran, une image triangulaire semblable à l'ouverture, comme le montre le dessin. Or, c'est la réunion de toutes ces images partielles qui produit une image totale de même forme que l'objet éclairant. En effet, si l'on conçoit

qu'une droite indéfinie se meuve dans l'ouverture du volet, supposée très-petite, avec la condition que cette droite reste toujours
tangente à l'objet lumineux AB, dans son mouvement, la droite décrit deux surfaces coniques ayant pour sommet commun l'ouverture
même de la chambre noire, et pour base, l'une le corps lumineux,
l'autre la partie éclairée de l'écran, c'est-à-dire l'image. Si l'écran
est perpendiculaire à la droite qui joint le centre de l'ouverture au

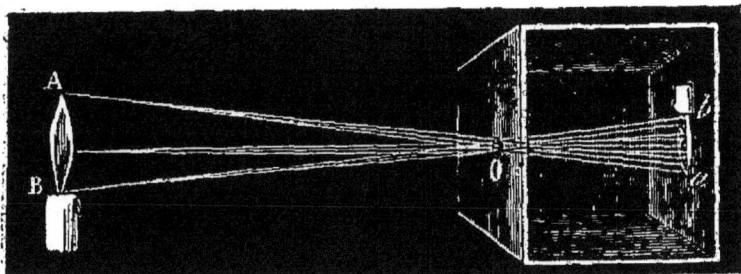

Fig. 331.

centre du corps lumineux, l'image est semblable à ce corps; mais
si l'écran est oblique, l'image est allongée dans le sens de l'obliquité. C'est ce qu'on observe dans l'ombre portée par le feuillage
des arbres : les faisceaux lumineux qui passent à travers les feuilles
donnent des images du soleil, qui sont rondes ou elliptiques, suivant que le sol sur lequel elles se projettent est perpendiculaire ou
oblique aux rayons solaires, et cela, quelle que soit, entre les feuilles, la forme des intervalles à travers lesquels passe la lumière.

452. **Vitesse de la lumière.** — La lumière se propage avec une
vitesse telle, qu'on ne peut, à la surface de la terre, constater aucun
intervalle appréciable, quelle que soit la distance, entre l'instant
où un phénomène lumineux se produit et celui où l'œil le perçoit :
aussi est-ce au moyen d'observations astronomiques que cette vitesse a d'abord été déterminée. C'est Rœmer, astronome danois,
qui, le premier, en 1675, déduisit la vitesse de la lumière de l'observation des éclipses du premier satellite de Jupiter.

On sait que Jupiter est une planète autour de laquelle tournent
avec rapidité quatre satellites, de la même manière que la lune
tourne autour de la terre. Son premier satellite (le plus rapproché
de la planète) fait ses immersions, c'est-à-dire entre dans l'ombre
projetée par Jupiter, à des intervalles de temps égaux, qui sont de
$42^h 28^m 36^s$. Il y a donc périodiquement éclipse du satellite à chacun de ces intervalles. Or, avant Rœmer, Dominique Cassini avait
construit des tables qui, basées sur un très-grand nombre d'observations, devaient servir à prédire les éclipses des satellites de Jupiter. Mais, en faisant usage de ces tables, Rœmer observa que leurs

indications étaient, tantôt en avance, tantôt en retard sur ces éclipses. Quand Jupiter était en opposition, c'est-à-dire lorsque la terre était entre cette planète et le soleil, il y avait avance; et au contraire, au moment des conjonctions, c'est-à-dire quand le soleil était entre la terre et Jupiter, il y avait retard. C'est cette observa-

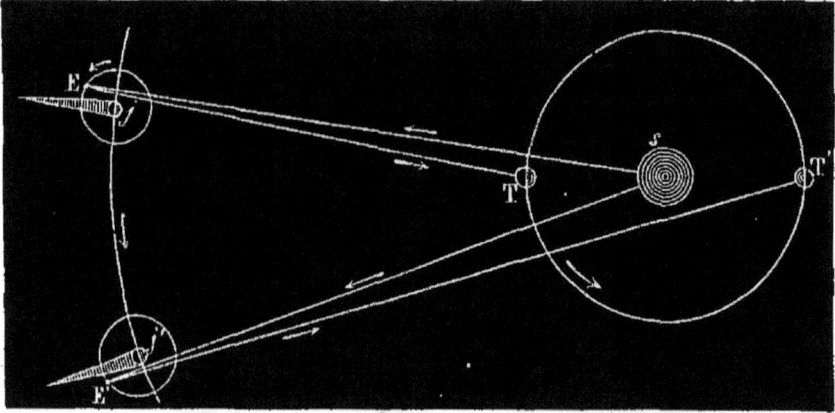

Fig. 332.

tion qui conduisit Rœmer à la découverte de la vitesse de la lumière.

En effet, à l'opposition et dans les positions voisines, le soleil étant en s (fig. 332), la terre en T, et Jupiter en j, la distance de la terre à Jupiter, et, par suite, à son satellite E, est sensiblement sj —Ts, c'est-à-dire la différence entre la distance du soleil à Jupiter et celle de la terre au soleil; tandis qu'aux conjonctions, par exemple quand la terre est en T' et Jupiter en j', la distance de la terre à Jupiter est sensiblement sj' + T's. La distance T'j' surpassant Tj de deux fois la distance de la terre au soleil, la lumière solaire réfléchie par le satellite E vers la terre a à parcourir dans le second cas un chemin plus grand que dans le premier de deux fois sT; de là la cause du retard observé par Rœmer.

Pour évaluer ce retard, concevons qu'on observe une éclipse du satellite E, c'est-à-dire l'instant de son immersion dans le cône d'ombre projeté par Jupiter, lorsque cette planète est en j et la terre en T; puis une seconde éclipse quand ces deux astres sont en j' et en T', c'est-à-dire lorsque la distance de la terre à Jupiter est augmentée de tout le diamètre de l'orbite terrestre. Or, au lieu de trouver que le temps écoulé entre ces deux observations soit un multiple de 42^h 28^m 36^s par le nombre d'éclipses qui s'est produit pendant le passage de la terre de T en T', on trouve un intervalle plus grand de 16 minutes 26 secondes. C'est donc pour parcourir la distance TT', c'est-à-dire deux fois celle de la terre au soleil, qu'il a fallu à la lumière 16 minutes 26 secondes. D'où l'on conclut que, pour parcourir la distance de la terre au soleil, la lumière emploie 8 minutes 13 secondes; ce qui, d'après cette distance, représente une vitesse, par seconde, de 77 000 lieues de 4 000 mètres.

Cette vitesse de 77 000 lieues est celle trouvée par M. Struve par l'observation de l'aberration des étoiles fixes; la vitesse trouvée par Rœmer était un peu plus grande.

Les étoiles les plus rapprochées de la terre sont au moins 206 265 fois plus éloignées que le soleil. La lumière qu'elles nous envoient met donc plus de trois années et un quart pour arriver jusqu'à nous.

Quant aux étoiles qui ne sont visibles qu'à l'aide du télescope, elles sont à une distance telle de la terre, qu'il faut des milliers d'années pour que leur lumière arrive jusqu'à nous. Ces astres seraient donc éteints depuis des siècles, que nous continuerions à les contempler et à étudier leur mouvement.

*453. Expérience de M. Foucault pour mesurer la vitesse de la lumière. — Malgré l'extrême vitesse de la lumière, M. Foucault est parvenu à la déterminer expérimentalement à l'aide d'un ingénieux appareil fondé sur l'emploi du miroir tournant, déjà adopté par M. Wheatstone pour mesurer la vitesse de l'électricité.

Avant de décrire cet appareil, il importe d'observer que ce qui suit suppose connues les propriétés des miroirs et des lentilles, données plus loin aux paragraphes 467 et 498. La figure 333 représente, en plan horizontal, les principales dispositions de l'appareil de M. Foucault. Le volet K d'une chambre obscure est percé d'une ouverture carrée, derrière laquelle est tendu verticalement un fil de platine o. Un faisceau de lumière solaire, réfléchi extérieurement sur un miroir, pénètre dans la chambre obscure par l'ouverture carrée, rencontre le fil de platine, et de là se dirige sur une lentille achromatique L, à long foyer, placée à une distance du fil de platine moindre que le double de la distance focale principale. L'image du fil de platine tend alors à aller se former sur l'axe de la lentille, avec des dimensions plus ou moins amplifiées. Mais le faisceau lumineux, après avoir traversé la lentille, rencontre un miroir plan m, tournant avec une grande vitesse, sur lequel il se réfléchit et va former, dans l'espace, une image du fil de platine, qui se déplace avec une vitesse angulaire double de celle du miroir [1]. Cette image est réfléchie par un miroir M concave et fixe, dont le centre de courbure coïncide avec l'axe de rotation du miroir tournant m et avec son centre de figure. Le faisceau réfléchi sur le miroir M revient sur lui-même, se réfléchit de nouveau sur le miroir m, traverse une seconde fois la lentille, et vient former une image du fil de platine qui paraît sur ce fil même tant que le miroir m tourne lentement.

Pour voir cette image sans masquer le faisceau qui entre par l'ouverture K, on place une glace de verre V, à faces parallèles, entre la lentille et le fil de platine, et on l'incline de manière que les rayons réfléchis viennent tomber sur un puissant oculaire P.

Cela posé, si le miroir m est au repos, ou s'il tourne avec une petite vitesse,

---

1. Pour le démontrer, soient mn (fig. 334) le miroir tournant, O un objet fixe placé au devant et formant son image en O'. Quand le miroir arrive dans la position $m'n'$, l'image se fait en O''. Or les deux angles O'OO'' et mcm' sont égaux, comme ayant les côtés perpendiculaires chacun à chacun, mais l'angle inscrit O'OO'' n'a pour mesure que la moitié de l'arc O'O'', tandis que l'angle au centre mcm' a pour mesure l'arc mm' tout entier. Donc l'arc O'O'' est double de mm', ce qui démontre que la vitesse angulaire de l'image est double de celle du miroir.

le rayon *de retour* M*m* rencontre le miroir *m* dans la même position où il était lors de la première réflexion; il reprend donc la même direction qu'il a déjà suivie, rencontre en *a* la glace V, s'y réfléchit partiellement, et vient former en *d*, à une distance *ad*, égale à *ao*, l'image que regarde l'œil avec l'oculaire P. En tournant, le miroir *m* fait reparaître cette image à chaque révolution, et si sa vitesse de rotation est uniforme, l'image reste immobile dans l'espace. Pour des vitesses qui ne dépassent pas 30 tours par seconde, les apparitions successives sont distinctes, mais, au delà de 30 tours, il y a persistance des impressions dans l'œil, et l'image apparaît absolument calme.

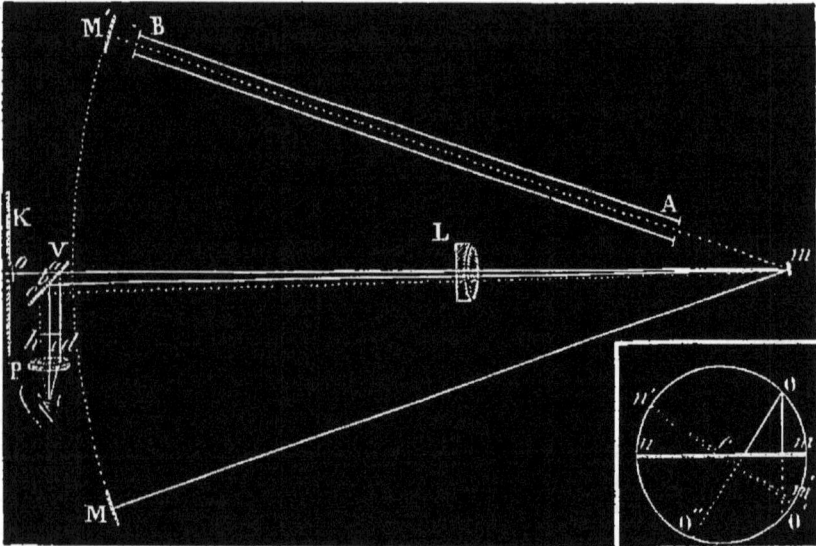

Fig. 333.   Fig. 334.

Enfin, si le miroir *m* tourne suffisamment vite, il a changé sensiblement de position dans le temps que la lumière met à faire le double parcours de *m* en M et de M en *m*; le rayon de retour, après sa réflexion sur le miroir *m*, prend alors la direction *mb* et vient former son image en *i*; c'est-à-dire que l'image a éprouvé une déviation totale *di*. Rigoureusement parlant, il y a déviation aussitôt que le miroir tourne, même lentement, mais elle n'est appréciable que lorsqu'elle acquiert une certaine grandeur, ce qui exige une vitesse de rotation assez rapide ou une distance M*m* suffisamment grande; car la déviation croît nécessairement comme le temps que la lumière met à revenir sur elle-même.

Dans l'expérience de M. Foucault, la distance M*m* était seulement de 4 mètres, et en donnant alors au miroir *m* une vitesse de 600 à 800 tours par seconde, on obtient des déviations de 2 à 3 dixièmes de millimètre.

En posant M*m* = *l*, L*m* = *l'*, *o*L = *r*, et en représentant par *n* le nombre tours par seconde, par δ la déviation absolue *di*, et par V la vitesse de la lumière M. Foucault est arrivé à la formule $V = \dfrac{8 \pi l^2 nr}{\delta (l + l')}$, et a trouvé que la vitesse de la lumière est de 74 500 lieues de 4 000 mètres.

L'appareil de M. Foucault permet d'expérimenter sur des liquides. Pour cela, un tube AB, long de 3 mètres et plein d'eau distillée, est interposé entre le miroir tournant *m* et un miroir concave M' identique avec le miroir M. Les rayons lumineux, réfléchis dans la direction *m*M' par le miroir tournant, traversent deux fois la colonne d'eau AB, avant de revenir sur le miroir V. Or, le rayon de retour vient alors se réfléchir en *c* et faire son image en *h*; la déviation est donc plus grande pour les rayons qui ont traversé l'eau que pour ceux qui se sont propagés dans l'air seul, ce qui indique que la vitesse de la lumière est moindre dans l'eau que dans l'air.

Cette conséquence est la partie importante de l'expérience de M. Foucault. En effet, la théorie ayant fait connaître que, dans le système des ondulations, c'est dans le milieu le plus réfringent que la vitesse de la lumière est moindre, tandis que c'est le contraire qui aurait lieu dans le système de l'émission, le résultat obtenu par M. Foucault montre que c'est le système des ondulations qui doit être exclusivement adopté.

Quant au mécanisme dont se sert M. Foucault pour imprimer une grande vitesse au miroir tournant, il consiste en une petite turbine à vapeur ayant quelque rapport avec la sirène, et rendant, comme elle, un son d'autant plus élevé, que la rotation est plus rapide; c'est même d'après la hauteur du son que rend l'appareil qu'on apprécie sa vitesse de rotation.

* 454. Expérience de M. Fizeau. — M. Fizeau, en 1849, a mesuré directement la vitesse de la lumière, en cherchant le temps qu'il lui fallait pour se propager de Suresnes à Montmartre, puis pour revenir de Montmartre à Suresnes. L'appareil employé par ce savant consistait en une roue dentée, tournant avec plus ou moins de vitesse, et dont l'intervalle entre les dents était rigoureusement égal à leur épaisseur. Cette roue et le mécanisme qui la faisait marcher étant à Suresnes, un faisceau de lumière parallèle passait entre deux dents, et allait se réfléchir sur un miroir placé à Montmartre. Là, le faisceau dirigé par un système de tubes et de lentilles revenait vers la roue. Tant que celle-ci était au repos, le faisceau repassait exactement entre les mêmes dents qu'à son départ; mais la roue tournant suffisamment vite, une dent prenait la place d'un intervalle, et le faisceau, que l'observateur recevait à travers un oculaire, était intercepté. En tournant plus vite, il reparaissait quand l'intervalle entre les deux dents suivantes avait pris la place du premier au moment du retour du faisceau.

D'après la dimension de la roue, sa vitesse de rotation, sa distance au miroir réfléchissant, distance qui était de 8 633 mètres, M. Fizeau a trouvé que la vitesse de la lumière est de 78 800 lieues de 4 000 mètres, nombre qui diffère très-peu de celui fourni par l'observation des phénomènes astronomiques.

455. Lois de l'intensité de la lumière. — En prenant pour *intensité* d'une lumière la quantité reçue sur l'unité de surface d'un corps éclairé, cette intensité est soumise aux deux lois suivantes :

1° *L'intensité de la lumière reçue normalement sur une surface donnée est en raison inverse du carré de la distance à la source lumineuse.*

2° *L'intensité de la lumière reçue obliquement est proportionnelle au cosinus de l'angle que font les rayons lumineux avec la normale à la surface éclairée.*

Ces deux lois se démontrent identiquement par le même raisonnement que les 1re et 3e lois correspondantes pour la chaleur (385), en substituant une source de lumière à la source de chaleur (fig. 292 et 296). De plus, la loi du cosinus s'applique aussi aux rayons émis obliquement par une surface lumineuse, dont les rayons sont d'autant moins intenses, qu'ils sont plus inclinés sur la surface qui les émet (2e *loi de la chaleur*).

C'est la divergence des rayons lumineux émis d'une même source qui fait que l'intensité de la lumière est en raison inverse du carré de la distance. Pour des rayons lumineux parallèles, l'intensité reste constante, dans le vide du moins, car dans l'air et dans les autres milieux transparents, l'intensité de la lumière décroît par un effet d'absorption (548), mais beaucoup plus lentement que le carré de la distance n'augmente.

On va voir ci-après comment on constate expérimentalement la première loi de la réflexion de la lumière au moyen du photomètre.

456. **Photomètres, démonstration expérimentale de la première loi de la réflexion.** — On nomme *Photomètres,* des appareils propres à comparer les intensités relatives de deux lumières. On en a imaginé un grand nombre, mais tous laissent à désirer sous le rapport de la précision

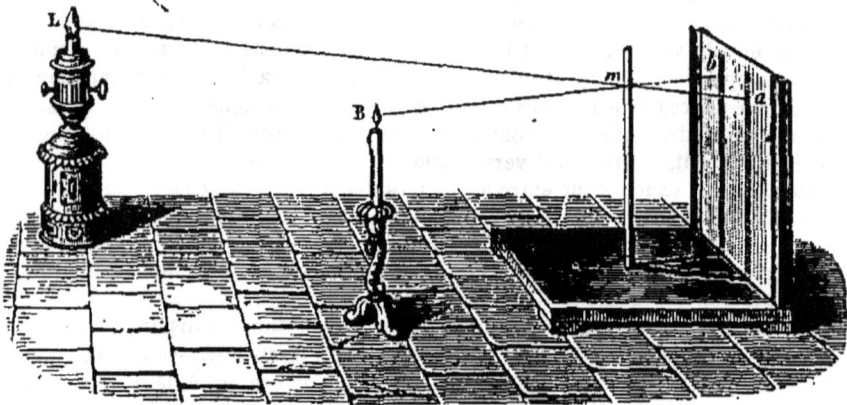

Fig. 335.

Photomètre de Rumford. — Le photomètre de Rumford se compose d'un écran de verre dépoli devant lequel est fixée une tige opaque *m* (fig. 335). A une certaine distance sont placées les lumières qu'on veut comparer, par exemple une lampe et une bougie, de manière que chacune projette sur l'écran une ombre de la tige. Les ombres ainsi projetées sont d'abord d'inégale intensité; mais, en reculant la lampe, ou en l'approchant peu à peu, on obtient une position où l'intensité des deux ombres *a* et *b* est la même, ce qui indique que l'écran est également éclairé par les deux lumières. Alors *les intensités de ces deux lumières sont directement proportionnelles aux carrés de leurs distances aux ombres projetées ;* c'est-à-dire que si la lampe est, par exemple, 3 fois plus éloignée que la bougie, cela indique qu'elle éclaire 9 fois plus.

En effet, soient *i* et *i'* les intensités de la lampe et de la bougie à l'unité de distance, et *d* et *d'* leurs distances respectives aux ombres projetées. D'après la première loi de l'intensité de la lumière (455), l'intensité de la lampe à la distance *d* est $\frac{i}{d^2}$, et celle de la bougie $\frac{i'}{d'^2}$ à la distance *d'*. Or, sur l'écran, ces deux intensités sont égales; on a donc l'égalité $\frac{i}{d^2} = \frac{i'}{d'^2}$, d'où $\frac{i}{i'} = \frac{d^2}{d'^2}$; ce qu'il fallait démontrer.

* *Photomètre de M. Wheatstone.* — La pièce principale de ce photomètre est une perle d'acier P (fig. 336), montée sur le bord d'un disque de liége, porté lui-même sur un pignon o qui engrène

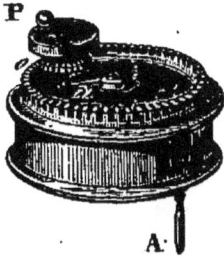

Fig. 336.

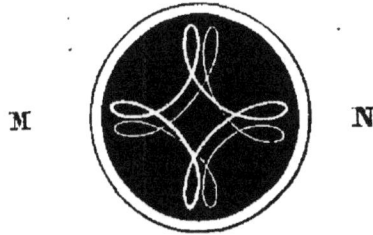

Fig. 337.

intérieurement avec une roue plus grande. Celle-ci est fixée sur une petite boîte cylindrique de cuivre qu'on tient d'une main, tandis que de l'autre on fait tourner une manivelle A, qui transmet le mouvement à un axe central, au rayon a et au pignon o. Celui-ci tournant alors suivant le contour intérieur de la grande roue, et en même temps sur lui-même, la perle participe à ce double mouvement, et décrit une courbe en forme de rosace (fig. 337).

Cela posé, soient deux lumières M et N dont on veut comparer les intensités. On place entre elles le photomètre, qu'on fait tourner rapidement. Les points brillants produits par la réflexion des deux lumières sur deux points opposés de la perle, donnent alors naissance à deux bandes lumineuses disposées comme le montre la figure 337. Si l'une d'elles est plus intense que l'autre, celle qui provient de la lumière M par exemple, on approche l'instrument de l'autre lumière jusqu'à ce que les deux bandes présentent le même éclat. Mesurant alors la distance du photomètre à chacune des deux lumières, leurs intensités sont proportionnelles aux carrés des distances.

Démonstration expérimentale de la première loi de la réflexion. — On démontre expérimentalement, avec le photomètre de Rumford, que l'intensité de la lumière est en raison inverse du carré de la distance, en disposant l'expérience comme le montre la figure 338. Ayant placé une bougie à une certaine distance Bb de l'écran du photomètre, on dispose quatre bougies, identiques avec la première, en ligne droite avec la tige m, puis on les écarte jusqu'à ce que les deux ombres a et b portées sur l'écran apparaissent de même teinte. Or, si l'on mesure alors la distance moyenne Aa des quatre bougies à l'écran, on trouve qu'elle est double de Bb. Ce qui vérifie la loi, puisque quatre bougies, à une distance de 2 mètres par exemple, éclairent comme une seule à la distance de 1 mètre. On vérifie de

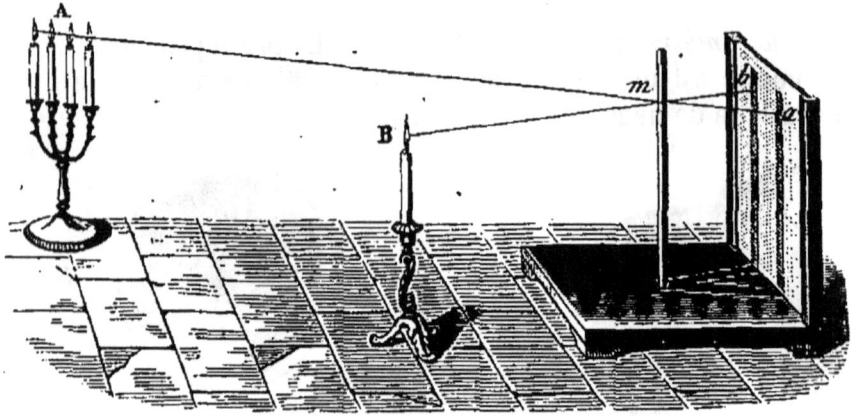

Fig. 338.

même que neuf bougies, à une distance de 9 mètres, éclairent encore comme une seule à la distance de 1 mètre.

CHAPITRE II.

RÉFLEXION DE LA LUMIÈRE, MIROIRS.

457. Lois de la réflexion de la lumière. — Lorsqu'un rayon lumineux rencontre une surface polie, il se réfléchit suivant les deux lois ci-après, qui sont les mêmes que pour la chaleur :

1° *L'angle de réflexion est égal à l'angle d'incidence.*

2° *Le rayon incident et le rayon réfléchi sont dans un même plan perpendiculaire à la surface réfléchissante.*

Les mots *rayon incident, rayon réfléchi, angle d'incidence, angle de réflexion,* étant pris ici dans le même sens qu'au paragraphe 389, nous n'avons pas à les définir de nouveau.

1re *Démonstration.* — Les deux lois ci-dessus se démontrent expérimentalement au moyen de l'appareil représenté dans la figure 339. Il consiste en un cercle de cuivre gradué, disposé verticalement sur trois pieds à vis calantes. En A est le zéro de la graduation, qui est tracée à droite et à gauche jusqu'à 90 degrés. Deux alidades de cuivre I et K tournent librement sur un tourillon central derrière le cercle. Elles portent deux petits tubes *i* et *c* dirigés rigoureusement vers le centre, et destinés à livrer passage respectivement aux rayons incident et réfléchi. Sur l'alidade I est en outre monté un miroir M qu'on incline à volonté.

Ces détails connus, ayant écarté plus ou moins l'alidade I du zéro de la graduation, on incline le miroir M de manière qu'un rayon lumineux S, après s'être réfléchi sur ce miroir, aille passer dans le tube *i*, et tomber sur un second miroir *m* disposé horizontalement au centre et en avant du cercle; là, le rayon lumineux se réfléchit une seconde fois pour prendre la direction *m*E. Posant alors la main sur l'alidade K, on l'écarte ou on l'approche du point A jusqu'à ce que, plaçant l'œil en E, on reçoive à travers le tube *c* le rayon réfléchi *m*E. Or, si on lit actuellement sur le cercle gradué les nombres de degrés que contiennent les arcs AB et AC, on trouve qu'ils sont égaux. Donc il en est de même des angles d'incidence et de réflexion B*m*a et *am*C mesurés par ces arcs; ce qui vérifie la première loi.

La deuxième loi se trouve également vérifiée; en effet, dans l'appareil, les axes des tubes *i* et *c* sont dirigés dans un même plan parallèle à celui du cercle gradué, et, par suite, perpendiculaire à la surface du petit miroir *m*.

2° *Démonstration.* — On peut encore démontrer la loi de la réflexion de la lumière par l'expérience suivante, qui offre plus de précision que la précédente. On dispose verticalement un cercle gradué M (fig. 340), au centre duquel est une lunette mobile dans un plan parallèle au limbe; puis on place, à une distance convenable, un petit vase plein de mercure, destiné à présenter un miroir plan parfaitement horizontal. Cela fait, on regarde avec la lunette, suivant une direction AE, une étoile remarquable, de première ou de deuxième grandeur; puis on incline la lunette de manière à recevoir un rayon AD, venant de la même étoile, après qu'il s'est réfléchi en D sur la surface brillante du mercure. Or on trouve ainsi que les deux angles formés par les rayons EA et DA, avec l'horizontale AH, sont égaux, d'où il est facile de conclure que l'an-

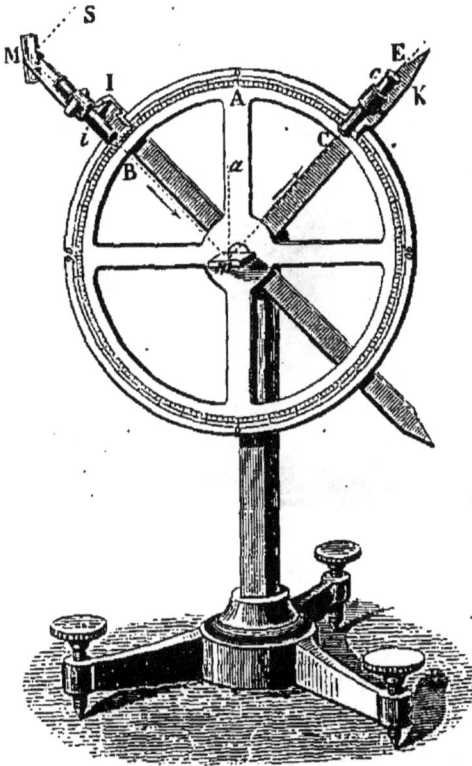

Fig. 339.

gle d'incidence E'DE est égal à l'angle de réflexion EDA. En effet,
soit DE la normale à la surface du mercure ; cette droite étant perpendiculaire à AH, le triangle AED est isocèle, et les angles ADE
et AED sont égaux ; mais les deux rayons lumineux AE et DE' étant

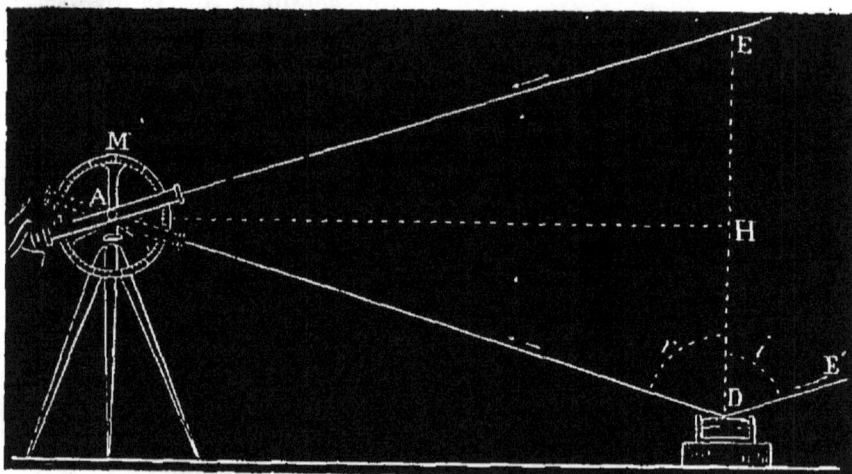

Fig. 340.

parallèles à cause de la grande distance de l'étoile, les angles AED
et EDE' sont égaux comme alternes-internes ; donc EDE' = EDA,
ce qu'on voulait démontrer.

458. Réflexion irrégulière. — La réflexion qui s'opère à la
surface des corps polis, suivant les deux lois démontrées ci-dessus
(457), se désigne sous le nom de *réflexion régulière* ou *réflexion
spéculaire* ; mais la quantité de lumière ainsi réfléchie est loin de
représenter toute la lumière incidente. Celle-ci, lorsque le corps
réfléchissant est opaque, se partage en deux parties : l'une qui est
réfléchie régulièrement, l'autre *irrégulièrement*, c'est-à-dire dans
toutes les directions.

La lumière réfléchie irrégulièrement se désigne sous le nom de
lumière diffuse ; c'est elle qui nous fait voir les corps. En effet, la
lumière réfléchie régulièrement ne donne pas l'image du corps qui
la réfléchit, mais bien celle du corps qui l'émet. Par exemple, si l'on
reçoit dans une chambre obscure un faisceau de lumière solaire sur
un miroir bien poli, plus celui-ci réfléchit régulièrement la lumière, moins il est visible des diverses parties de l'enceinte. L'œil
qui reçoit alors le faisceau réfléchi ne voit pas le miroir, mais seulement l'image du soleil. Qu'on affaiblisse le pouvoir réflecteur du
miroir en projetant dessus une poussière légère, la lumière diffuse
augmente, l'image solaire s'affaiblit, et le miroir devient visible de
toutes les parties de l'enceinte.

459. Intensité de la lumière réfléchie. — Pour un même corps, l'intensité de la lumière réfléchie régulièrement augmente avec le degré de poli et avec l'angle que les rayons incidents font avec la normale à la surface réfléchissante. Par exemple, si l'on regarde très-obliquement une feuille de papier blanc placée devant une bougie, on aperçoit, par réflexion, une image de la flamme; ce qui n'a pas lieu pour des rayons moins obliques.

Pour des corps de nature différente, polis avec le même soin, l'angle d'incidence étant le même, l'intensité varie avec la substance; elle varie encore avec le milieu dans lequel est plongé le corps réfléchissant. Par exemple, le verre poli, plongé dans l'eau, perd une grande partie de son pouvoir réfléchissant.

RÉFLEXION DE LA LUMIÈRE SUR LES SURFACES PLANES.

460. Miroirs, images. — On nomme *miroir,* tout corps dont la surface parfaitement polie réfléchit régulièrement la lumière en reproduisant l'image des objets qu'on lui présente. Suivant leur forme, on divise les miroirs en *miroirs plans, concaves, convexes, sphériques, paraboliques, coniques,* etc.

461.. Formation des images dans les miroirs plans. — La détermination de la position et de la grandeur des images se réduisant toujours à la recherche des images d'une suite de points, soit d'abord un point unique A, lumineux ou éclairé, placé devant un miroir plan MN (fig. 341). Un rayon quelconque AB, parti de ce point et rencontrant le miroir, se réfléchit suivant la direction BO, en faisant l'angle de réflexion DBO égal à l'angle d'incidence ABD.

Or, si l'on abaisse du point A une perpendiculaire AN sur le miroir, et si l'on prolonge le rayon OB au-dessous du miroir, jusqu'à ce qu'il rencontre cette perpendiculaire en un point *a,* on forme deux triangles ABN et BN*a,* qui sont égaux, comme ayant un côté commun BN compris entre deux angles égaux, savoir : les angles ANB et BN*a,* qui sont droits, et les angles ABN et NB*a,* qui sont égaux entre eux, comme l'étant tous les deux à l'angle OBM. De l'égalité de ces triangles il résulte que *a*N est égal à AN, c'est-à-dire qu'un rayon quelconque AB prend, après la réflexion, une direction telle, que son prolongement au-dessous du miroir vient couper la perpendiculaire A*a* en un point *a* situé précisément à la même distance du miroir que le point A lui-même. Cette propriété, n'étant pas particulière au rayon AB, s'applique à tout autre rayon AC parti du point A. On tire de là cette conséquence importante, que tous les rayons émis par le point A, et réfléchis sur le miroir, *suivent, après la réflexion, la même direction que*

s'ils étaient tous partis du point a. Or, *l'œil voyant toujours
les objets dans la direction des rayons lumineux qu'il perçoit,* l'image du point A lui apparaît en *a*, comme si ce point y était
réellement. Donc, dans les miroirs plans, *l'image d'un point se*

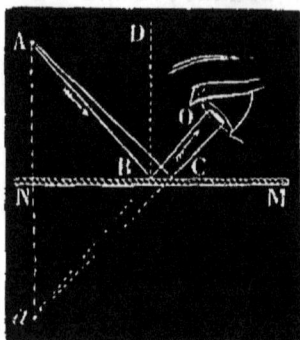

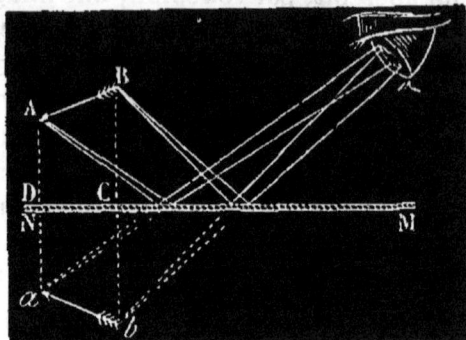

Fig. 341.　　　　　Fig. 342.

*fait derrière le miroir, à une distance égale à celle du point
donné, et sur la perpendiculaire abaissée de ce point sur le
miroir.*

Il est évident qu'on obtiendra l'image d'un objet quelconque en
construisant, d'après la règle ci-dessus, l'image de chacun de ses
points, ou du moins de ceux qui suffisent pour en déterminer la
position et la forme. La figure 342 montre comment se produit, d'a-
près le même principe, l'image *ab* d'un objet quelconque AB.

De cette construction on déduit que, dans les miroirs plans,
l'image est de même grandeur que l'objet; car, si l'on rabat le
trapèze ABCD sur le trapèze DC*ab*, on voit facilement qu'ils coïncident et que l'objet AB se confond avec son image.

Il découle encore de la construction ci-dessus que, dans les miroirs plans, l'image est *symétrique* de l'objet, et non *renversée,* en
attachant au mot symétrique le même sens qu'en géométrie, où
deux points sont symétriques par rapport à un plan lorsqu'ils sont
situés sur une même perpendiculaire à ce plan et à une distance
égale, l'un d'un côté du plan, l'autre de l'autre côté : conditions
auxquelles satisfont successivement tous les points de l'objet AB et
de son image *ab* dans la figure 342.

462. Images virtuelles et images réelles. — Il y a à distinguer
deux cas relativement à la direction des rayons réfléchis par les
miroirs, selon qu'après la réflexion ces rayons sont divergents ou
convergents. Dans le premier cas, les rayons réfléchis ne se rencontrent pas; mais si on les conçoit prolongés de l'autre côté du
miroir, leurs prolongements concourent en un même point, ainsi
que le montrent les figures 341 et 342. L'œil, impressionné alors

comme si les rayons étaient partis de ce point, y voit une image.
Or celle-ci n'existe pas réellement, puisque les rayons lumineux
ne passent pas de l'autre côté du miroir; elle n'est donc qu'une
illusion de l'œil : c'est pourquoi on lui donne le nom d'*image virtuelle,* c'est-à-dire qui tend à se produire, mais qui en réalité ne
se produit pas. Telles sont toujours les images données par les miroirs plans.

Dans le second cas, où les rayons réfléchis sont convergents,
comme on en verra bientôt un exemple dans les miroirs concaves,
ces rayons vont concourir vers un point situé en avant du miroir et
du même côté que l'objet. Là ils forment une image à laquelle on
donne le nom d'*image réelle,* pour exprimer qu'elle existe réellement; car elle peut être reçue sur un écran et agir chimiquement
sur certaines substances. En résumé, on peut donc dire que *les
images réelles sont celles qui sont formées par les rayons réfléchis eux-mêmes, et les images virtuelles, celles qui sont formées
par leurs prolongements.*

463. Images multiples dans les miroirs de verre. — Les miroirs
métalliques, qui n'ont qu'une seule surface réfléchissante, ne pro-

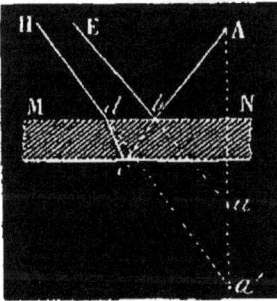

duisent qu'une seule image; mais il n'en
est plus ainsi des miroirs de verre. Ces
miroirs donnent naissance à plusieurs images, qu'on observe facilement lorsqu'on regarde obliquement dans une glace l'image
d'une bougie. On voit une première image
peu intense, puis une deuxième très-apparente, et derrière celle-ci plusieurs autres
dont l'intensité décroît successivement jusqu'à devenir nulle.

Fig. 343.

Ce phénomène s'explique par les deux surfaces réfléchissantes
que présentent les miroirs de verre. Lorsque les rayons partis du
point A (fig. 343) rencontrent la première surface, une partie est
réfléchie et donne du point A une première image *a,* formée par
le prolongement des rayons *b*E réfléchis par cette surface; l'autre
partie pénètre dans le verre, se réfléchit en *c* sur la couche de tain
qui recouvre la face postérieure du miroir, et revient à l'œil suivant le rayon *d*H, en donnant l'image *a'.* Celle-ci, distante de la
première du double de l'épaisseur du miroir, est plus intense qu'elle,
la couche métallique qui recouvre la seconde face du miroir réfléchissant mieux que le verre.

Quant aux autres images qui se produisent, elles résultent de ce
fait général, que toutes les fois qu'un faisceau de lumière se présente pour passer d'un milieu dans un autre, par exemple de l'air

dans le verre ou du verre dans l'air, jamais tout le faisceau ne passe, mais seulement une partie, l'autre étant réfléchie par la surface qui sépare les deux milieux. Par suite, lorsque le faisceau *cd*, réfléchi sur la couche de tain, se présente pour sortir du verre en *d*, une partie se réfléchit intérieurement sur la face MN, et revient vers la couche de tain, qui la renvoie de nouveau vers la face supérieure. Là une portion sort et donne une troisième image, tandis que l'autre portion, revenant vers la couche de tain, s'y réfléchit, et sortant en partie du verre par la face MN, donne une quatrième image; et ainsi de suite jusqu'à ce que, la lumière s'affaiblissant graduellement, les images cessent d'être visibles.

Cette multiplicité d'images nuisant à l'observation, on n'emploie dans les instruments d'optique que des miroirs métalliques.

464. Images multiples sur deux miroirs plans inclinés. — Lorsqu'un objet est placé entre deux miroirs formant entre eux un angle droit ou aigu, il se produit de cet objet des images dont le nombre augmente avec l'inclinaison des miroirs. S'ils sont d'abord perpendiculaires l'un à l'autre, on aperçoit trois images disposées comme le montre la figure 344. Les rayons OC et OD, partis du point O, donnent, après une seule réflexion, l'un l'image O', l'autre l'image O'', et le rayon OA, qui a subi deux réflexions en A et en B, donne la troisième image O'''.

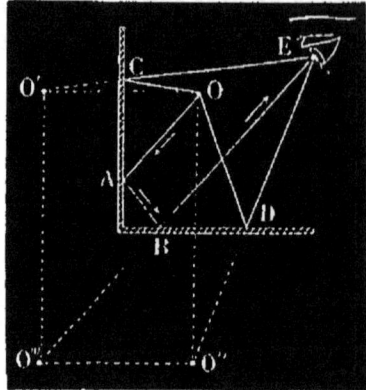

Fig. 344.

Si l'angle des miroirs est de 60 degrés, il se forme cinq images; s'il est de 45 degrés, il s'en produit sept. Le nombre des images continue ainsi à croître à mesure que l'angle des miroirs diminue, ce qui provient de ce que les rayons lumineux subissent successivement d'un miroir à l'autre un nombre de réflexions croissant.

C'est sur la propriété des miroirs inclinés qu'est fondé le *kaléidoscope*, appareil formé d'un tube de carton dans lequel sont deux miroirs inclinés de 45 degrés, ou trois miroirs inclinés de 60 degrés. Des objets très-irréguliers, comme de la mousse, du clinquant, de la dentelle, étant placés à une extrémité, entre deux disques de verre, dont l'extérieur est dépoli, lorsqu'on regarde par l'autre extrémité, on aperçoit ces objets et leurs images symétriquement disposés, ce qui donne un ensemble très-varié et souvent très-agréable.

465. Images multiples sur deux miroirs parallèles. — Dans le cas de deux miroirs parallèles, le nombre des images qui se produisent des objets placés entre eux est théoriquement infini. Physiquement, ce nombre est limité, parce que la lumière incidente ne se réfléchissant jamais en totalité, les images perdent de plus en plus de leur éclat, et finissent par s'éteindre tout à fait.

La figure 345 montre comment le faisceau La, réfléchi une seule fois sur le miroir M, donne en I l'image de l'objet L, à une distance $m\mathrm{I} = m\mathrm{L}$; puis le faisceau L$b$, réfléchi une fois sur le miroir M et une fois sur le miroir N, fournit

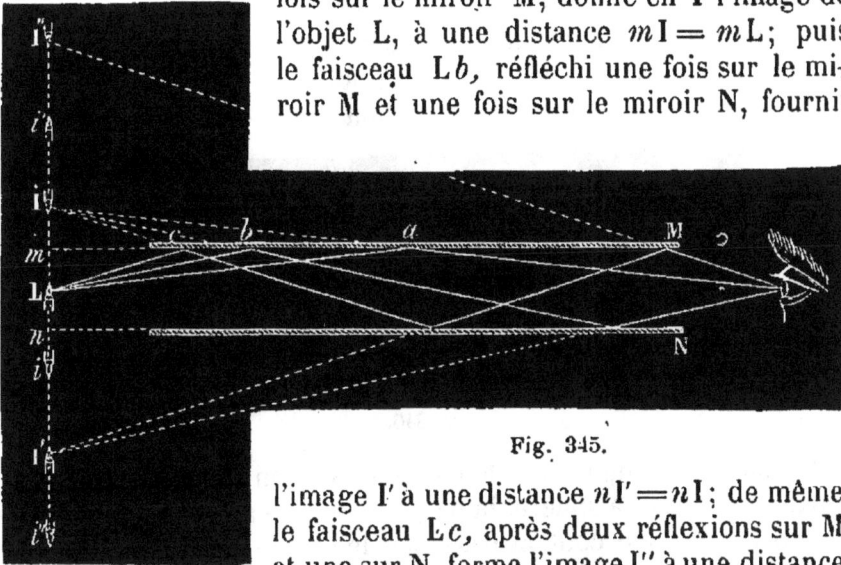

Fig. 345.

l'image I' à une distance $n\mathrm{I}' = n\mathrm{I}$; de même le faisceau L$c$, après deux réflexions sur M et une sur N, forme l'image I'' à une distance $m\mathrm{I}'' = m\mathrm{I}'$; et ainsi de suite jusqu'à l'infini. Quant aux images i, i', i'', elles sont formées de la même manière par les rayons de lumière qui, partis de l'objet L, tombent d'abord sur le miroir N.

RÉFLEXION DE LA LUMIÈRE SUR LES SURFACES COURBES.

466. **Miroirs sphériques.** — On a déjà vu (460) qu'on distingue plusieurs sortes de miroirs courbes; les plus fréquemment employés sont les miroirs sphériques et les miroirs paraboliques.

On appelle *miroirs sphériques,* ceux dont la courbure est celle d'une sphère; on peut supposer leur surface engendrée par la révolution d'un arc MN (fig. 346), tournant autour du rayon CA qui joint le milieu de l'arc à son centre. Suivant que la réflexion s'opère sur la face interne ou externe du miroir, celui-ci est dit *concave* ou *convexe.* Le centre C de la sphère creuse dont le miroir fait partie est dit le *centre de courbure,* ou le *centre géométrique;* le point A est le *centre de figure.* La droite indéfinie AL, menée par les centres A et C, est l'*axe principal* du miroir; toute droite qui passe par le centre C, sans passer par le point A, est un *axe secondaire.* L'angle MCN, formé en joignant le centre aux bords du miroir, en est l'*ouverture*. Enfin, on nomme *section principale* d'un miroir, celle qu'on obtient en le coupant par un plan qui passe par l'axe principal. Dans tout ce que nous avons à dire sur les miroirs, il ne sera question que de lignes situées dans une même section principale.

La théorie de la réflexion de la lumière sur les miroirs courbes se déduit très-simplement des lois de la réflexion sur les miroirs plans, en considérant la surface des premiers comme formée d'une infinité de surfaces planes infiniment petites qui en sont les *éléments*. La *normale* à la surface courbe, en un point donné, est alors la perpendiculaire à l'élément correspondant, ou, ce qui est la même

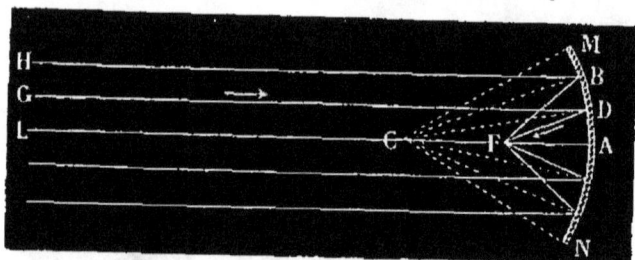

Fig. 346.

chose, au plan tangent qui le contient. Or, on démontre, en géométrie, que, dans la sphère, la perpendiculaire au plan tangent menée par le point de contact passe par le centre; d'où la normale à tout miroir sphérique, en un point quelconque, s'obtient en joignant ce point au centre de courbure par une droite.

467. Foyer des miroirs sphériques concaves. — Dans les miroirs courbes, on nomme *foyers*, des points où vont concourir les rayons réfléchis ou leurs prolongements; de là deux sortes de foyers, les *foyers réels* et les *foyers virtuels* (462). Dans les miroirs concaves, que nous allons d'abord étudier, on rencontre ces deux sortes de foyers; de plus, les foyers réels se subdivisent en *foyer principal* et en *foyer conjugué*.

1° *Foyer principal.* — Le caractère distinctif du foyer principal est d'être à position fixe, tandis que celle du foyer conjugué est variable. Pour obtenir d'abord le foyer principal, considérons un faisceau de rayons lumineux parallèles à l'axe principal, ce qui suppose le corps éclairant placé à une distance infinie, et soit GD un de ces rayons (fig. 346). D'après l'hypothèse admise ci-dessus, que les miroirs courbes sont formés d'une suite d'éléments plans infiniment petits, ce rayon se réfléchit, sur l'élément correspondant au point D, selon les lois de la réflexion sur les miroirs plans (457); c'est-à-dire que, CD étant la normale au point d'incidence D, l'angle de réflexion CDF est égal à l'angle d'incidence GDC et dans la même section principale. De là il est facile de conclure que le point.F, où le rayon réfléchi vient rencontrer l'axe principal, divise très-approximativement le rayon de courbure AC en deux parties égales. En effet, dans le triangle DFC, les côtés DF et CF sont égaux, comme opposés à des angles égaux, car les angles DCF et FDC sont tous deux égaux à l'angle CDG, le premier comme alterne-interne, le second d'après les lois de la réflexion. D'ailleurs, FD approche d'autant plus d'égaler FA, que l'arc AD est plus petit. On peut donc, lorsque cet arc n'est que d'un petit nombre de degrés, regarder les droites AF et FC comme égales, et le point F comme le milieu de AC. Tant que l'ouverture MCN du miroir ne dépasse.pas 8 à 10 degrés, tout autre rayon HB, parallèle à l'axe, vient ainsi, après la réflexion, passer très-approximativement par le point F. Donc, lorsqu'un faisceau parallèle à l'axe tombe sur un miroir concave, *tous les rayons vont sensiblement, après la réflexion, concourir en un même point situé à égale distance du centre de courbure et du miroir.* Ce point est le *foyer principal* du miroir, et la distance FA du point au miroir est la *distance focale principale.*

Tous les rayons parallèles à l'axe allant concourir en un même point F, il importe de remarquer que, réciproquement, si l'on place en F un corps lumineux, les rayons émis par ce corps prennent, après la réflexion, des directions DG, BH,... parallèles à l'axe principal : en effet, les angles de réflexion sont alors changés en angles d'incidence, et ceux d'incidence en angles de réflexion, mais ces angles restent toujours égaux.

2° *Foyer conjugué.* — Soit maintenant le cas où les rayons lumineux qui tombent sur le miroir sont émis d'un point L (fig. 347)

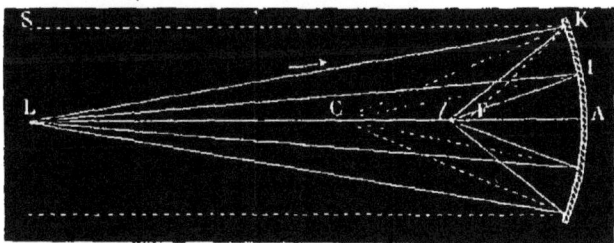

Fig. 347.

situé sur l'axe, au delà du foyer principal, et à une distance telle que les rayons incidents ne soient plus parallèles, mais divergents. Le rayon incident LK faisant alors avec la normale CK un angle d'incidence LKC, plus petit que l'angle SKC que fait avec la même normale le rayon SK parallèle à l'axe, l'angle de réflexion correspondant au rayon LK devra aussi être plus petit que l'angle CKF correspondant au rayon SK. Le rayon LK devra.donc, après la réflexion, rencontrer l'axe en un point *l* situé entre le centre C et le foyer principal F. Tant que l'ouverture du miroir ne dépasse pas un petit nombre de degrés, tous les rayons émis du point L viennent, après la réflexion, concourir très-sensiblement au même point *l*. Ce point est appelé *foyer conjugué* du point L, pour indiquer la liaison qui existe entre les points L et *l*, liaison telle, qu'ils sont réciproques l'un de l'autre; c'est-à-dire que, si le point lumineux était transporté en *l*, son foyer conjugué le serait en L, *l*K devenant le rayon incident, et KL le rayon réfléchi.

Pour démontrer que les rayons partis du point L et réfléchis sur le miroir vont très-approximativement concourir en *l*, observons que dans le triangle LK*l*, la droite CK étant la bissectrice de l'angle K, on a, d'après un théorème connu de géométrie, $\frac{LK}{Kl} = \frac{LC}{Cl}$ [1]. D'ailleurs, l'ouverture du miroir étant supposée d'un petit nombre de degrés, LK est sensiblement égal à LA, et *l*K à *l*A. L'égalité [1] peut donc être remplacée par $\frac{LA}{lA} = \frac{LC}{Cl}$, et cette dernière peut prendre la forme $\frac{LA}{LC} = \frac{lA}{Cl}$ [2]. Or, l'égalité [2] subsiste pour tous les rayons partis du point L, et le rapport $\frac{LA}{LC}$ est constant tant que la distance LA est la même. Donc, pour les rayons émis du même point L, le rapport $\frac{lA}{Cl}$ est lui-même constant; ce qui ne peut se réaliser qu'à la condition que tous les rayons réfléchis aillent concourir en *l*. En effet, pour tout rayon qui rencontrerait l'axe plus loin ou plus près du centre que le point *l*, les deux termes *l*A et C*l* variant en sens contraire, le rapport $\frac{lA}{Cl}$ ne serait pas constant.

A l'inspection de la figure 347, on reconnaît facilement que, lorsque l'objet L s'approche ou s'éloigne du centre C, son foyer conjugué s'en approche ou s'en éloigne avec lui, car les angles d'incidence et de réflexion croissent ou décroissent ensemble.

Si l'objet L vient à coïncider avec le centre C, l'angle d'incidence est nul, et comme il en doit être de même de l'angle de réflexion, le rayon réfléchi revient sur lui-même, et le foyer coïncide avec l'objet. Lorsque l'objet lumineux passe au delà du centre C, entre ce point et le foyer principal, le foyer conjugué à son tour passe de l'autre côté du centre, et il s'en éloigne à mesure que le point lumineux s'approche du foyer principal. Si le point lumineux coïncide avec le foyer principal, les rayons réfléchis étant parallèles à l'axe, ils ne se rencontrent plus, et, par conséquent, il n'y a pas de foyer, ou, ce qui revient au même, il se fait à l'infini.

3° *Foyer virtuel.* — Soit enfin le cas où l'objet est placé en L (fig. 348), entre le foyer principal et le miroir. Un rayon quelconque LM, émis du point L, fait alors, avec la normale CM, un angle d'incidence LMC plus grand que FMC; l'angle de réflexion doit donc être plus grand que l'angle CMS. Il suit de là que le rayon réfléchi ME est divergent par rapport à l'axe AK. La même chose ayant lieu pour tous les rayons émis du point L, ces rayons ne se rencontrent pas, et, par conséquent, ne forment pas de foyer conjugué; mais si on les conçoit prolongés de l'autre côté du miroir, leurs prolongements vont sensiblement concourir en un même point *l* situé

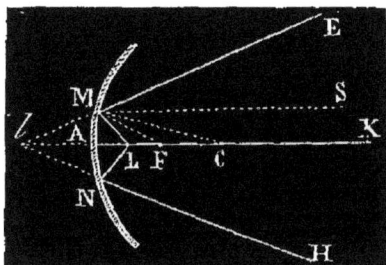 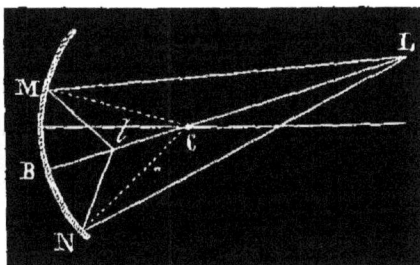

Fig. 348.   Fig. 349.

sur l'axe; en sorte que l'œil qui les reçoit éprouve la même impression que si ces rayons étaient émis du point *l*. Il se produit donc, en ce point, un *foyer virtuel* tout à fait analogue à celui que présentent les miroirs plans (462).

Il est à remarquer, dans les différents cas qu'on vient de considérer, que tandis que la position du foyer principal est constante, celles du foyer conjugué et du foyer virtuel sont variables. Enfin, *le foyer principal et le foyer conjugué sont toujours placés du même côté que l'objet par rapport au miroir*, tandis que *le foyer virtuel est situé de l'autre côté.*

4° *Foyer conjugué sur un axe secondaire.* — Jusqu'ici nous avons supposé le point lumineux placé sur l'axe principal même, et alors le foyer se forme sur cet axe; dans le cas où le point lumineux est situé sur un axe secondaire LB (fig. 349), en appliquant à cet axe les mêmes raisonnements qu'à l'axe principal, on reconnaît que le foyer du point L se fait en un point *l* situé sur l'axe secondaire, et que, selon la distance du point L au miroir, ce foyer peut être un foyer principal, conjugué ou virtuel.

468. **Détermination des foyers dans les miroirs concaves.** — *Foyer principal.* — Pour trouver expérimentalement le foyer principal d'un miroir concave, on reçoit dessus un faisceau de lumière solaire, en ayant soin d'incliner le miroir de manière que son axe principal soit parallèle au faisceau; puis on cherche le lieu où l'image présente le plus d'éclat et de netteté, en la recevant sur un petit écran de papier ou de verre dépoli; là est le foyer principal. Mesurant la distance de ce point au miroir et la doublant, on a le rayon de courbure du miroir.

Si c'est graphiquement qu'on veut trouver la position du foyer principal d'un miroir concave dont la section principale est donnée, on détermine le centre de courbure de celle-ci par la construction qui sert en géométrie à trouver le centre d'un arc; puis joignant ce centre de courbure au centre de figure du miroir par une droite, le point milieu de celle-ci est le foyer principal (467, 1°).

Foyer conjugué. — Un point lumineux étant placé en avant

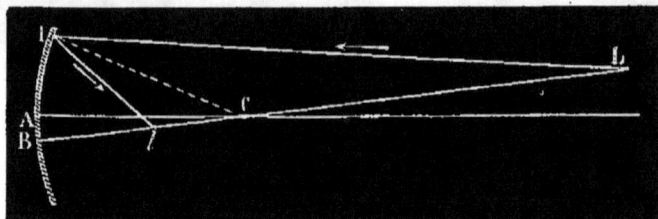

Fig. 350.

d'un miroir concave, au delà du foyer principal, son foyer conjugué se détermine expérimentalement de la même manière qu'on a vu ci-dessus pour le foyer principal. Quant à la détermination graphique, on peut l'obtenir par les deux constructions suivantes :

1° Le centre de courbure du miroir étant connu, soit L le point lumineux ou éclairé dont on cherche le foyer conjugué (fig. 350). Menons d'abord l'axe secondaire, et remarquons, une fois pour toutes, que tout axe secondaire, de même que l'axe principal, *représente toujours un rayon lumineux incident,* mais un rayon qui se confond avec la normale, et, par conséquent, avec le rayon réfléchi. Cela posé, si l'on tire du point L un rayon incident quelconque LI, et qu'on mène au point d'incidence la normale CI, l'angle CIL est l'angle d'incidence correspondant au rayon LI. Si donc on fait de l'autre côté de la normale l'angle CI*l* égal à CIL, I*l* est le rayon réfléchi, et le point *l*, où il coupe l'axe secondaire, est le foyer conjugué du point L; car on démontrerait, de la même manière qu'on l'a déjà vu pour l'axe principal (467, 2°), que tous les rayons partis de L vont très-approximativement concourir en *l*.

2° Au lieu de mener du point L un rayon incident quelconque,

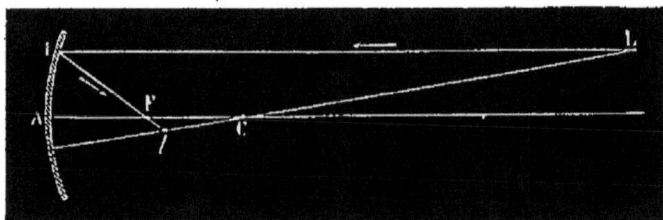

Fig. 351.

si l'on tire un rayon LI parallèle à l'axe principal (fig. 351), on sait (467, 1°) que le rayon réfléchi devra passer par le foyer principal

F. Donc la direction de ce rayon est immédiatement déterminée, et par suite le foyer *l*.

Réciproquement, si le point lumineux L était entre le foyer principal et le centre (fig. 352), la même construction ferait trouver le foyer *l*. En effet, menant d'abord l'axe secondaire CD, puis le rayon LI parallèle à l'axe principal, le rayon réfléchi passe par le

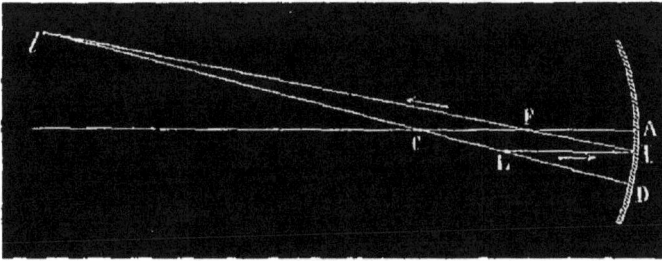

Fig. 352.

foyer principal F, et son prolongement va couper l'axe secondaire en un point *l*, qui est le foyer conjugué cherché.

Ce second mode de construction, qui consiste à prendre un rayon incident parallèle à l'axe principal au lieu d'un rayon quelconque, est plus simple; mais il est moins général, car il ne traite qu'un cas particulier. Si du point L on faisait partir plusieurs rayons incidents, il faudrait forcément avoir recours à la construction de la figure 350. Il en est encore de même dans plusieurs cas de la construction des images qui se présenteront plus tard dans les instruments d'optique.

Foyer virtuel. — Les deux modes de construction qui précèdent s'appliquent également au foyer virtuel, comme le montrent

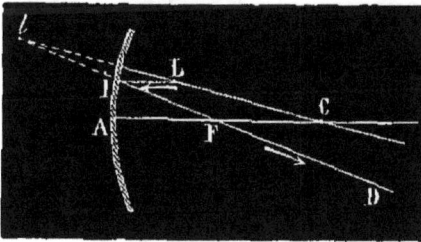

Fig. 353.

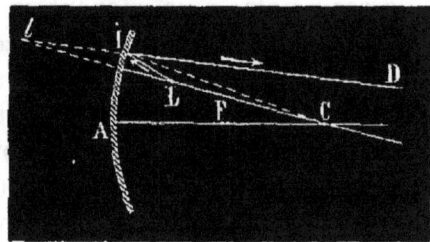

Fig. 354.

les figures 353 et 354. Dans la première, ayant mené l'axe secondaire LC, qu'on a soin de prolonger de l'autre côté du miroir, parce qu'on sait que c'est là que sera le foyer virtuel (467,3° et 4°), on tire un rayon incident quelconque LI, puis la normale IC (fig. 354); faisant ensuite l'angle de réflexion CID égal à CIL, le prolongement de ID va couper l'axe secondaire en un point *l*, qui est le foyer virtuel de L.

Dans la deuxième construction (fig. 353), le rayon incident LI étant parallèle à l'axe principal, le rayon réfléchi passe par le foyer principal F, et FI prolongé derrière le miroir donne le même foyer virtuel l que ci-dessus.

469. **Construction des images réelles dans les miroirs concaves.** — Jusqu'ici on a supposé que l'objet ,lumineux ou éclairé, placé

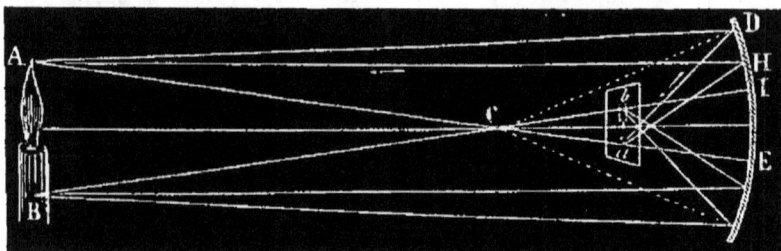

Fig. 355.

devant les miroirs, était simplement un point; mais si cet objet a une certaine étendue, on peut concevoir par chacun de ses points un axe secondaire, et déterminer ainsi une suite de foyers réels ou virtuels dont l'ensemble composera l'image réelle ou virtuelle de l'objet. C'est la position et la grandeur de ces images que nous allons apprendre à déterminer dans les miroirs concaves d'abord, en nous fondant sur les constructions qui viennent d'être données pour les foyers réels et virtuels (468):

Soit d'abord le cas où l'objet AB, dont on cherche l'image, est placé au delà du centre (fig. 355). La construction de cette image revient à celle des foyers conjugués des différents points de l'objet AB. Mais on se borne à déterminer les foyers des points extrêmes A et B. Pour cela, on tire d'abord les axes secondaires AE et BI de ces points; puis, menant un rayon incident quelconque AD non parallèle à l'axe principal, comme on l'a déjà vu ci-dessus (fig. 350), on tire la normale CD du point d'incidence. Faisant enfin l'angle de réflexion CDa égal à l'angle d'incidence ADC, le point a, où le rayon réfléchi va couper l'axe secondaire AE, est le foyer conjugué du point A, ou, ce qui est la même chose, son image; car tout autre rayon AH, émis du point A, vient de même, après la réflexion, passer en a. La même construction appliquée au point B fait voir que tous les rayons incidents émis de ce point vont, après la réflexion, concourir en b, et y former l'image de B. On a donc en ab l'image de AB.

Si, au lieu de considérer un rayon incident quelconque, on fait usage de la construction donnée dans la figure 354, c'est-à-dire si l'on prend les rayons incidents parallèles à l'axe principal, l'image se détermine alors comme le montre la figure 356. Les rayons parallèles AD et BG vont, après s'être réfléchis, passer tous les deux par le foyer principal F ; si on les prolonge, ils coupent les axes secondaires des points A et B, en *a* et en *b,* et donnent ainsi la même image *ab* que dans la figure 355.

Quelle que soit celle de ces deux constructions qu'on applique, *l'image* ab *est réelle, renversée, placée entre le centre de cour-*

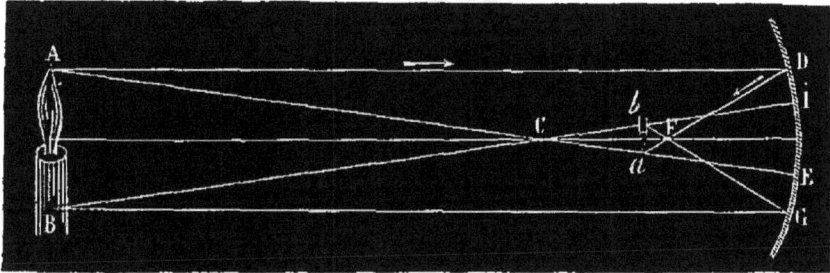

Fig. 356.

bure et le foyer principal, et d'autant plus petite, que l'objet est plus éloigné.

On peut voir cette image de deux manières : en plaçant l'œil sur le prolongement des rayons réfléchis, et c'est alors une image *aérienne* qu'on aperçoit ; ou bien on reçoit les rayons sur un écran qui réfléchit la lumière dans toutes les directions et la renvoie vers l'œil.

Réciproquement, si l'objet lumineux ou éclairé, dont on cherche l'image, est placé en *ab* (fig. 355 et 356), entre le foyer principal et le centre, son image se forme en AB. Elle est encore réelle et renversée, mais plus grande que l'objet, et *d'autant plus grande, que l'objet* ab *est plus près du foyer.*

Si l'objet est placé au foyer principal même, il ne se produit aucune image ; car alors les rayons émis de chaque point forment, après la réflexion, autant de faisceaux respectivement parallèles à

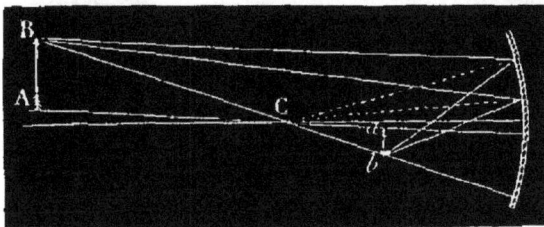

Fig. 357.

l'axe secondaire mené par le point d'où ils sont émis (467, 1°), et par suite ils ne peuvent former ni foyers, ni images.

Enfin, si l'objet AB a tous ses points hors de l'axe principal (fig. 357), on trouve, en répétant une des deux constructions qui précèdent, que l'image se produit en *ab,* de l'autre côté de l'axe.

470. Construction des images virtuelles dans les miroirs concaves. — On a vu qu'il n'y a foyer virtuel dans les miroirs concaves qu'autant que les rayons partent d'un point situé entre le foyer principal et le miroir (467, 3°); c'est donc dans cette position que doit être l'objet dont on cherche l'image virtuelle. Cela posé, les deux

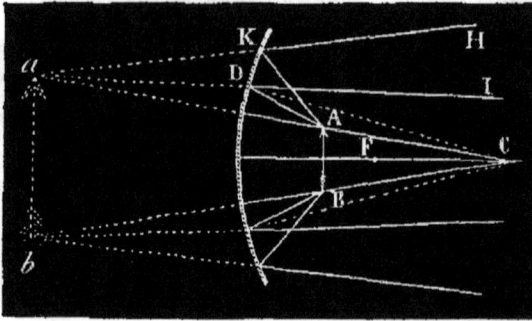

Fig. 358.

constructions données ci-dessus pour trouver les images réelles s'appliquent exactement aux images virtuelles.

1° L'objet AB (fig. 358) étant placé entre le miroir et le foyer, soient menés les axes secondaires CAa et CBb, puis un rayon incident quelconque AD, et enfin la normale CD. Construisant l'angle CDI égal à CDA, on a le rayon réfléchi DI, qui est divergent par rapport à l'axe secondaire Ca. De même un autre rayon incident AK donnant le rayon réfléchi KH, le faisceau réfléchi IDKH est divergent, et l'œil le reçoit comme s'il était émis du point a. C'est donc en a que l'on voit l'image virtuelle de A. L'image de B se formant de la même manière en b, on a en ab l'image de AB. *Cette image est virtuelle, redressée, plus grande que l'objet, et située derrière le miroir.*

2° Ou bien, considérant un rayon AD parallèle à l'axe principal

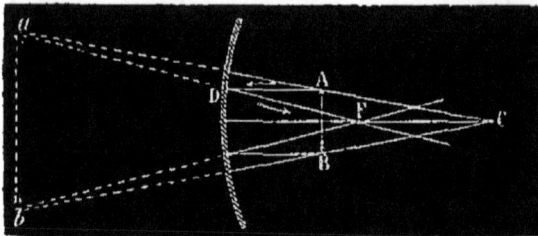

Fig. 359.

(fig. 359), ce rayon, après s'être réfléchi sur le miroir, va passer par le foyer principal F, et son prolongement va couper l'axe secondaire mené par le point A en un point a, qui est le foyer virtuel de A. Celui de B se formant de la même manière en b, on a en ab la même image virtuelle que ci-dessus.

471. Miroirs convexes, leurs foyers. — Dans les miroirs convexes, il n'y a que des foyers virtuels. Soient, en effet, des rayons
SI, TK... (fig. 360), parallèles à l'axe principal d'un miroir convexe. Ces rayons, après leur réflexion, prennent des directions di-

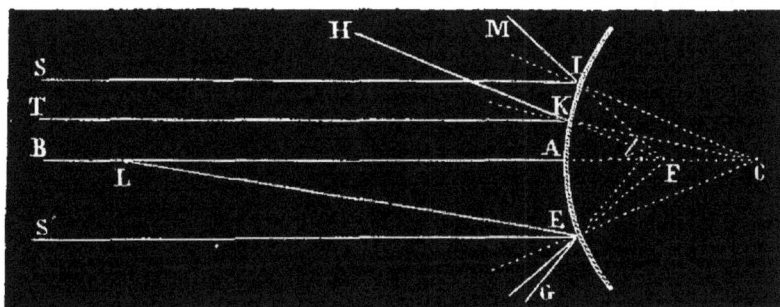

Fig. 360.

vergentes IM, KH,..., qui, prolongées, vont concourir en un point
F, qui est le *foyer virtuel principal* du miroir. Au moyen du triangle CKF, qui est isocèle, on démontrerait, de la même manière que
dans les miroirs concaves, que le point F est le milieu du rayon de
courbure CA.

Si les rayons lumineux incidents, au lieu d'être parallèles à
l'axe, partent d'un point L situé sur l'axe à une distance finie, on
reconnaît facilement que le foyer est encore virtuel, mais vient se
faire en *l*, entre le foyer principal F et le miroir.

**472. Détermination du foyer principal dans les miroirs con-
vexes.** — Pour trouver expérimentalement le foyer virtuel principal
d'un miroir convexe, on le recouvre de papier, en ayant soin de
réserver dans celui-ci, à égale distance du centre de figure A, et

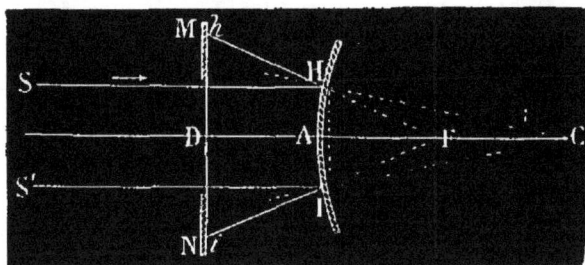

Fig. 361.

dans un même plan méridien (fig. 361), deux petites ouvertures
circulaires en H et en I, qui laissent le miroir à nu. On place ensuite devant le miroir un écran MN, percé à son centre d'une ouverture circulaire plus grande que la distance HI. Si l'on reçoit
alors sur le miroir un faisceau de rayons solaires SH, S'I, parallèles à l'axe, la lumière se réfléchit en H et en I, sur les parties où

le miroir est à découvert, et va former sur l'écran deux images brillantes en h et en i. En reculant l'écran MN, ou en l'approchant, on trouve une position où l'intervalle hi est double de HI. La distance AD de l'écran au miroir représente alors la distance focale principale. En effet, l'arc HAI, qui est d'un petit nombre de degrés, se confondant sensiblement avec sa corde, les triangles semblables FHI et Fhi donnent $\dfrac{HI}{hi} = \dfrac{FA}{FD}$; mais HI étant la moitié de hi, FA est la moitié de FD; donc AD égale AF. D'ailleurs, puisque les rayons SH et S'I sont parallèles à l'axe, FA est la distance focale principale; donc AD représente bien cette distance.

473. Formation des images dans les miroirs convexes. — Soit un objet AB (fig. 362) placé devant un miroir convexe, à une distance quelconque. Si l'on tire les axes secondaires AC et BC, il découle de ce qu'on a déjà vu sur la construction des foyers (471), dans les miroirs convexes, que tous les rayons émis du point A

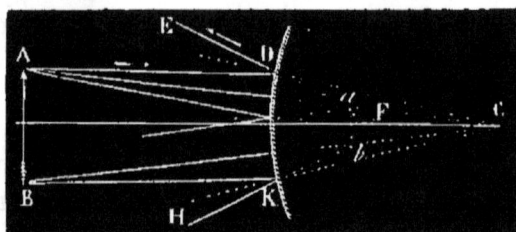

Fig. 362.

sont divergents après la réflexion, et que leurs prolongements vont concourir en un point a, qui est l'image virtuelle du point A. De même, les rayons émis du point B vont former en b une image virtuelle de ce point. L'œil qui reçoit les rayons divergents DE, KH,... voit donc en ab une image de AB. Il résulte de cette construction que, quelle que soit la position d'un objet devant un miroir convexe, *l'image est toujours virtuelle, redressée, et plus petite que l'objet.*

On peut encore faire usage ici de la deuxième construction donnée pour les miroirs concaves (fig. 356); c'est-à-dire, au lieu de considérer un rayon incident quelconque, en prendre un parallèle à l'axe principal.

474. Formule relative aux miroirs sphériques. — La relation qui existe entre la position relative d'un objet et celle de son image dans les miroirs sphériques peut se représenter par une formule très-simple. Pour cela, considérons d'abord un miroir concave, et représentons par R son rayon de courbure, par p la distance LA de l'objet L au miroir (fig. 363), et par p' la distance lA de l'image à ce même miroir. Dans le triangle LMl, la normale MC partageant l'angle LMl en deux parties égales, on peut appliquer ce théorème de géométrie que, dans tout triangle, la bissectrice d'un angle partage le côté opposé en deux segments qui sont entre eux comme les deux côtés de l'angle; c'est-à-dire que

$$\frac{Cl}{CL} = \frac{lM}{LM}, \quad \text{d'où} \quad Cl \times LM = CL \times lM.$$

Or, si l'arc AM ne dépasse pas 5 à 6 degrés, les lignes ML et Ml sont très-sensiblement égales à AL et à Al, c'est-à-dire à p et à p'. D'ailleurs,

$$Cl = CA - Al = R - p', \quad \text{et} \quad CL = AL - AC = p - R.$$

Substituant ces diverses valeurs dans l'égalité qui précède, il vient

$$(R - p')\,p = (p - R)\,p', \quad \text{ou} \quad Rp - pp' = pp' - Rp';$$

transposant et réduisant, on trouve $Rp + Rp' = 2pp'$ [1].

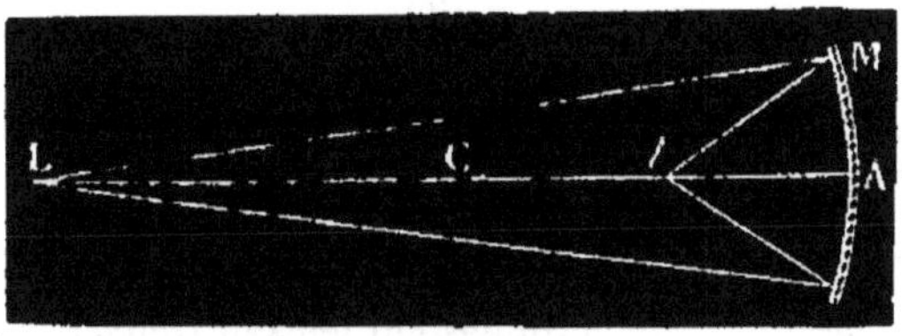

Fig. 363.

Si l'on divise tous les termes de cette égalité par $pp'R$, et qu'on supprime les facteurs communs, elle prend la forme $\dfrac{1}{p'} + \dfrac{1}{p} = \dfrac{2}{R}$ [2], sous laquelle on la considère ordinairement.

En résolvant l'équation [1] par rapport à p' on en tire $p' = \dfrac{pR}{2p - R}$ [3], formule qui fait connaître la distance de l'image au miroir, quand on connaît celle de l'objet et le rayon de courbure.

475. Discussion de la formule des miroirs. — Cherchons maintenant les différentes valeurs que prend p' suivant celles qu'on donne à p dans la formule [3].

1° Soit d'abord l'objet lumineux ou éclairé placé sur l'axe à une distance infinie, cas où les rayons incidents sont parallèles. Pour interpréter la valeur que prend alors p', il faut diviser par p les deux termes de la fraction $\dfrac{pR}{2p - R}$, ce qui donne $p' = \dfrac{R}{2 - \dfrac{R}{p}}$ [4]. Or, en introduisant dans cette formule la condition que p est infini, la fraction $\dfrac{R}{p}$ est nulle, et on a $p' = \dfrac{R}{2}$, c'est-à-dire que l'image se fait au foyer principal; ce qui devait être, puisque les rayons incidents forment alors un faisceau parallèle à l'axe.

2° Si l'objet s'approche du miroir, p décroît, et le dénominateur de la formule [4] diminuant, la valeur de p' augmente; par conséquent, l'image s'approche du centre en même temps que l'objet, mais elle est toujours comprise entre le foyer principal et le centre, car tant que p est $> R$, on a $\dfrac{R}{2 - \dfrac{R}{p}} > \dfrac{R}{2}$ et $< R$.

3° Si l'objet coïncide avec le centre, ce qui s'exprime en faisant $p = R$, il vient $p' = R$, c'est-à-dire que l'image coïncide avec l'objet.

4° L'objet lumineux passant entre le centre et le foyer principal, on a $p < R$, et l'on conclut de la formule [4] que p' est $> R$; c'est-à-dire que l'image se fait alors de l'autre côté du centre. Lorsque l'objet est arrivé au foyer principal, on a

$p = \dfrac{R}{2}$, ce qui donne $p' = \dfrac{R}{0} = \infty$; c'est-à-dire que l'image se fait à l'infini. En effet, les rayons réfléchis sont alors parallèles à l'axe.

5° Enfin, si l'objet passe entre le foyer principal et le miroir, on a $p < \dfrac{R}{2}$; le dénominateur de la formule [4] étant alors négatif, il en est de même de p', ce qui indique que la distance p' de l'image au miroir doit se compter sur l'axe en sens contraire de p. En effet, l'image est alors virtuelle et située de l'autre côté du miroir (467, 3°).

En introduisant dans la formule [2] la condition que p' est négatif, cette formule devient $\dfrac{1}{p} - \dfrac{1}{p'} = \dfrac{2}{R}$; sous cette forme, elle comprend le cas des images virtuelles dans les miroirs concaves.

Dans le cas des miroirs convexes, l'image étant toujours virtuelle (473), p' et R sont de même signe, puisque l'image et le centre sont d'un même côté du miroir, tandis que, l'objet étant de l'autre côté, p est de signe contraire; en introduisant cette condition dans la formule [2], on trouve, pour la formule relative aux miroirs convexes, $\dfrac{1}{p'} - \dfrac{1}{p} = \dfrac{2}{R}$ [5]. Du reste, on pourrait la trouver directement par les mêmes considérations géométriques qui ont fait trouver la formule [2] des miroirs concaves.

Il importe d'observer que les différentes formules qui précèdent ne sont pas rigoureuses, puisqu'elles s'appuient sur des hypothèses qui ne le sont pas elles-mêmes, savoir, que les droites LM et *l*M (fig. 363) sont égales à LA et à *l*A, ce qui n'est vrai qu'à la limite, quand l'angle MCA est nul; mais ces formules approchent d'autant plus d'être exactes, que l'ouverture du miroir est plus petite.

476. Calcul de la grandeur des images. — A l'aide des formules ci-dessus, on peut facilement calculer la grandeur d'une image, quand on connaît la

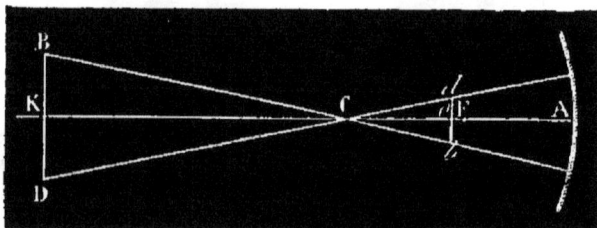

Fig. 364.

distance de l'objet, sa grandeur et le rayon du miroir. En effet, si l'on représente l'objet par BD (fig. 364), son image par *bd*, et si l'on suppose connus la distance KA et le rayon AC, on calcule A*o* au moyen de la formule [3] du paragraphe 474. A*o* une fois connu, on en déduit *o*C. Or, les deux triangles BCD et *dCb* étant semblables, on a entre leurs bases et leurs hauteurs la proportion $\dfrac{bd}{BD} = \dfrac{Co}{CK}$, d'où l'on tire la grandeur *bd* de l'image.

477. Aberration de sphéricité, caustiques. — Dans la théorie qui vient d'être donnée des foyers et des images dans les miroirs sphériques, on a déjà remarqué que les rayons réfléchis ne viennent sensiblement concourir en un point unique qu'autant que l'ouverture du miroir ne dépasse pas 8 à 10 degrés (467). Pour une ouverture plus grande, les rayons réfléchis près des bords vont rencontrer l'axe plus près du miroir que ceux qui se sont réfléchis à une petite distance du centre de figure. De là résulte, dans les images, un défaut de netteté qu'on désigne sous le nom d'*aberration de sphéricité par réflexion*, pour la distinguer de l'aberration de sphéricité par réfraction que présentent les lentilles (503).

Les rayons réfléchis se coupant successivement deux à deux, comme on le voit au-dessus de l'axe FL (fig. 365), leurs points d'intersection forment, dans l'espace, une surface brillante qu'on nomme *caustique par réflexion*. La courbe FM représente une des branches de la section principale de cette surface.

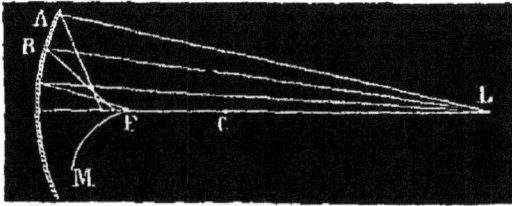

Fig. 365.

478. Applications des miroirs. — On connaît les applications des miroirs plans dans l'économie domestique. Ces miroirs sont aussi d'un fréquent usage, dans plusieurs appareils de physique, pour donner à la lumière une direction déterminée. Si c'est la lumière solaire qu'on veut ainsi diriger, on ne peut conserver aux rayons réfléchis une direction constante qu'autant que le miroir est mobile. Il faut, en effet, donner à celui-ci un mouvement qui compense le changement de direction que prennent sans cesse les rayons incidents, en vertu du mouvement diurne apparent du soleil. Ce résultat s'obtient par un mouvement d'horlogerie qui fait varier l'inclinaison du miroir au moyen d'une tige à laquelle celui-ci est fixé. L'appareil ainsi construit a reçu le nom d'*héliostat*. La réflexion de la lumière a encore été utilisée pour mesurer les angles des cristaux avec une grande précision, au moyen d'instruments connus sous le nom de *goniomètres à réflexion*.

Les miroirs sphériques concaves ont aussi reçu de nombreuses applications. On s'en sert comme miroirs grossissants : tels sont les miroirs à barbe. On a déjà vu l'usage qu'on peut en tirer comme miroirs ardents (393) ; ils sont encore employés dans les télescopes. Enfin, ces miroirs peuvent aussi servir comme réflecteurs pour porter la lumière à de grandes distances, en plaçant une source lumineuse à leur foyer principal ; mais, pour cet usage, on doit préférer les miroirs paraboliques.

479. Miroirs paraboliques. — Les *miroirs paraboliques* sont des miroirs concaves dont la surface est engendrée par la révolution d'un arc de parabole AM tournant autour de son axe AX (fig. 366).

On a vu ci-dessus (477) que, dans les miroirs sphériques, les rayons parallèles à l'axe ne viennent qu'approximativement concourir au foyer principal ; il en résulte réciproquement qu'une source de lumière étant placée au foyer principal de ces miroirs, les rayons réfléchis ne forment pas rigoureusement un faisceau parallèle à l'axe. Or, ce défaut ne se rencontre pas dans les miroirs paraboliques, qui sont plus difficiles à construire que les miroirs sphériques, mais dont l'usage est bien préférable pour réflecteurs.

En effet, c'est une propriété connue de la parabole, qu'en un point quelconque M de cette courbe, le rayon vecteur FM et la droite ML, parallèle à l'axe, font avec la tangente TT' des angles égaux. Par suite, dans ces sortes de miroirs, tous les rayons parallèles à l'axe vont rigoureusement concourir, après la réflexion, au foyer F

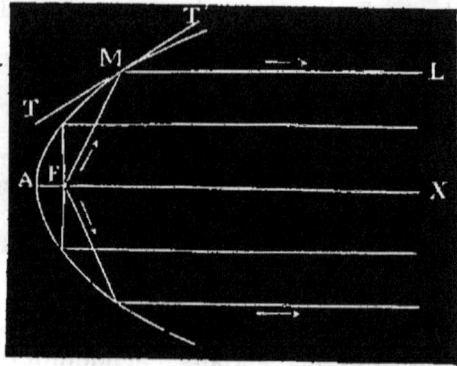

Fig. 366.

du miroir; et, réciproquement, une source de lumière étant placée en ce foyer, les rayons lumineux qui tombent sur le miroir se réfléchissent en donnant naissance à un faisceau rigoureusement parallèle à l'axe. Il suit de là que la lumière ainsi réfléchie tend à conserver la même intensité à une grande distance, car on a vu (455) que c'est surtout la divergence des rayons lumineux qui affaiblit l'intensité de la lumière.

C'est d'après la propriété ci-dessus des miroirs paraboliques que les lampes qu'on place sur les voitures publiques, ainsi que celles qui sont à l'arrière et à l'avant des trains de chemins de fer, sont munies de réflecteurs paraboliques. Ces sortes de réflecteurs ont aussi été longtemps en usage pour les phares, mais nous verrons bientôt qu'on emploie de préférence aujourd'hui des verres lenticulaires.

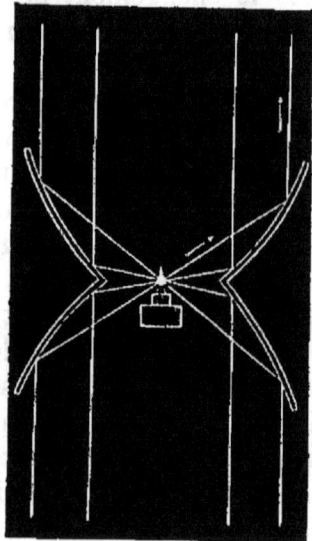

Fig. 367.

En coupant par un plan passant par le foyer et perpendiculaire à l'axe deux miroirs paraboliques égaux, et les réunissant suivant leurs intersections, comme le montre la figure 367, en sorte que leurs deux foyers coïncident, on obtient un système de réflecteurs avec lequel une seule lampe éclaire à la fois dans deux directions opposées. C'est ce système qu'on adopte pour les escaliers, afin de les éclairer en même temps dans toute leur étendue.

CHAPITRE III.

RÉFRACTION SIMPLE, LENTILLES.

480. Phénomène de la réfraction. — La *réfraction* est une déviation qu'éprouvent les rayons lumineux lorsqu'ils passent obliquement d'un milieu dans un autre : par exemple, de l'air dans l'eau ou dans tout autre milieu transparent. Nous disons *obliquement,* car si le rayon lumineux est perpendiculaire à la surface qui sépare les deux milieux, il n'est pas dévié et continue à se propager en ligne droite.

Le *rayon incident* étant représenté par SO (fig. 368), on nomme

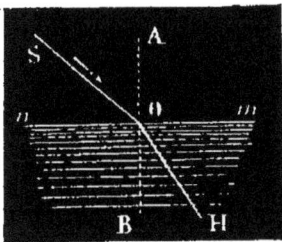

Fig. 368.

rayon réfracté la direction OH que prend la lumière dans le second milieu, et les angles SOA et HOB que forment ces rayons avec la droite AB, normale à la surface qui sépare les deux milieux, sont nommés, l'un, *angle d'incidence,* et l'autre, *angle de réfraction.* Suivant que le rayon réfracté s'approche ou s'écarte de la normale, on dit que le second milieu est plus ou moins *réfringent* que le premier.

Le calcul montre que le sens de la réfraction dépend de la vitesse relative de la lumière dans les deux milieux. Dans le système des ondulations, le milieu le plus réfringent est celui dans lequel la vitesse de propagation est moindre.

La lumière incidente qui se présente pour passer d'un milieu dans un autre ne pénètre jamais complétement dans celui-ci : une partie se réfléchit à la surface qui sépare les deux milieux, et l'autre partie pénètre seule dans le second.

Dans les milieux non cristallisés, comme l'air, les liquides, le verre ordinaire, le rayon lumineux, simple à l'incidence, reste encore simple après la réfraction ; mais dans certains corps cristallisés, comme le spath d'Islande, le gypse, le rayon incident donne naissance à deux rayons réfractés. Le premier phénomène constitue la *réfraction simple ;* le second se désigne sous le nom de *double réfraction.* Il ne sera question ici que de la réfraction simple ; la théorie de la double réfraction sera donnée plus tard (573).

481. Lois de la réfraction simple. — Lorsqu'un rayon lumineux se réfracte en passant d'un milieu dans un autre plus ou moins réfringent, on observe les deux lois suivantes :

1° *Quelle que soit l'obliquité du rayon incident, le sinus de l'angle d'incidence et le sinus de l'angle de réfraction sont dans un rapport constant pour deux mêmes milieux, mais variables si les milieux changent.*

2° *Le rayon incident et le rayon réfracté sont dans un même plan perpendiculaire à la surface qui sépare les deux milieux.*

La première de ces lois est connue sous le nom de *loi de Descartes*, qui, le premier, l'a fait connaître.

Pour démontrer les lois de la réfraction, on emploie le même appareil que pour les lois de la réflexion (457). A cet effet, on remplace le miroir plan, placé au centre du cercle gradué, par un vase hémicylindrique de verre R rempli d'eau, en sorte que la surface du liquide soit exactement à la hauteur du centre du cercle (fig. 369). De plus, sur le pied de l'appareil, on fixe, à l'aide d'une

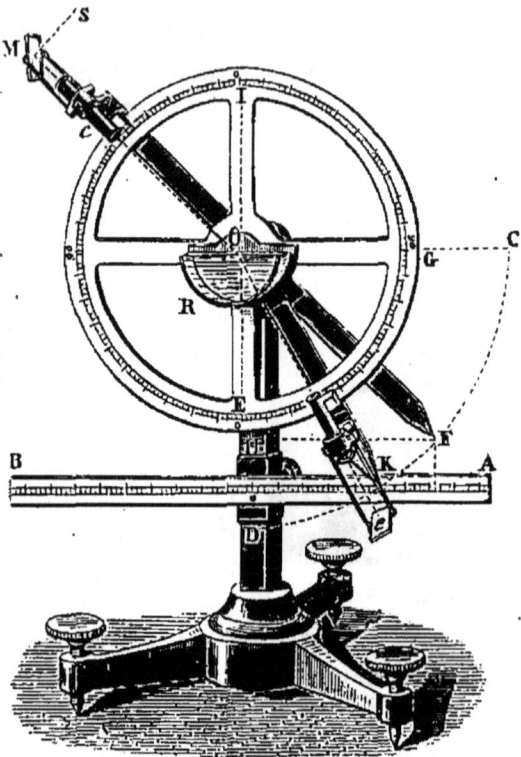

Fig. 369.

vis de pression, une règle AB divisée en millimètres. Cette règle, qu'on abaisse ou qu'on élève à volonté, donne la longueur des sinus des angles d'incidence et de réfraction. Enfin, on facilite l'expérience en ajoutant à l'alidade K un écran de verre dépoli *e*, sur lequel on reçoit le rayon réfracté. L'appareil ainsi disposé, on fait arriver un rayon lumineux S sur le miroir M, et l'on incline celui-ci jusqu'à ce que le rayon réfléchi MO, passant par le tube *c*, se dirige vers le centre du cercle gradué. Là, le rayon se réfracte à son entrée dans l'eau; mais il en sort sans réfraction, parce qu'à sa sortie sa direction est normale à la paroi cylindrique du vase R. Pour suivre la marche du rayon réfracté, on tourne l'alidade K, jusqu'à ce qu'une image lumineuse apparaisse au centre de l'écran *e*. L'angle KOE, que fait alors l'alidade K avec la normale IE menée au point d'incidence, est l'angle de réfraction, et celui d'incidence est l'angle MOI, lequel est égal à FOE, comme opposé par le sommet. Quant au sinus de ces angles, si du point O comme centre, avec le rayon OK pris pour unité, on décrit l'arc de cercle CD, ils sont représentés, le sinus d'incidence par la droite FH perpendiculaire à IE prolongée, et le sinus de réfraction par la perpendiculaire abaissée de l'extrémité K sur le prolongement de la même droite IE. Ces deux sinus sont mesurés par la règle AB : telle qu'elle est placée dans le dessin, elle mesure le sinus de l'angle de réfraction; remontée jusqu'en F, elle mesure celui de l'angle d'incidence. Or, en lisant successivement, sur la règle, la longueur des deux sinus, on trouve des nombres variables avec la position des deux alidades, mais dont le rapport est constant; c'est-à-dire que le sinus d'incidence devenant deux, trois fois plus grand, il en est de même du sinus de réfraction, ce qui démontre la première loi. Quant à la seconde, elle se trouve démontrée par la disposition même de l'appareil, le plan du limbe gradué étant vertical et, par conséquent, perpendiculaire à la surface du liquide dans le vase R.

482. Indice de réfraction. — On nomme *indice de réfraction*, le rapport entre les sinus des angles d'incidence et de réfraction. En représentant par n cet indice, et par i et r les angles d'incidence et de réfraction, on a $\dfrac{\sin i}{\sin r} = n$. L'indice varie avec les milieux : de l'air à l'eau, il est $\frac{4}{3}$, de l'air au verre $\frac{3}{2}$. Ce qu'on exprime en disant que l'indice de réfraction de l'eau par rapport à l'air est $\frac{4}{3}$, et que celui du verre est $\frac{3}{2}$. Si la lumière, au lieu de passer de l'air dans une substance, passait du vide dans cette même substance, on aurait l'indice de *réfraction absolue* de celle-ci. Les gaz étant très-peu réfringents, l'indice de réfraction absolue diffère toujours très-peu de l'indice de réfraction par rapport à l'air.

Réciproquement, si l'on considère les milieux dans un ordre inverse, c'est-à-dire si la lumière se propage de l'eau dans l'air, ou du verre dans l'air, on constate, au moyen de l'appareil ci-dessus, que les rayons suivent la même route, mais en sens contraire, KO devenant le rayon incident, et OM le rayon réfracté. L'indice de réfraction, qui était d'abord n, est donc actuellement $\dfrac{1}{n}$: par exemple, de l'eau à l'air il est $\frac{3}{4}$, et du verre à l'air $\frac{2}{3}$.

483. Effets produits par la réfraction. — Par l'effet de la réfraction, les corps plongés dans un milieu plus réfringent que l'air paraissent rapprochés de la surface de ce milieu; ils en paraîtraient, au contraire, écartés, s'ils étaient dans un milieu moins réfringent. Soit, par exemple, un objet L plongé dans une masse d'eau (fig. 370). En passant de ce liquide dans l'air, les rayons LA, LB,... s'écartent de la normale au point d'incidence et prennent les directions AC, BD,..., dont les prolongements concourent sensiblement en un point L′ situé sur la perpendiculaire LK. L'œil qui reçoit ces rayons voit donc l'objet L en L′. Plus les rayons AC, BD,.... sont obliques, plus l'objet paraît relevé.

C'est par le même effet qu'un bâton plongé obliquement dans l'eau semble brisé (fig. 374), la partie immergée paraissant relevée

C'est encore par un effet de réfraction que les astres nous paraissent relevés au-dessus de l'horizon. En effet, les couches de l'atmo-

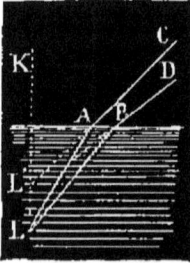

Fig. 370.

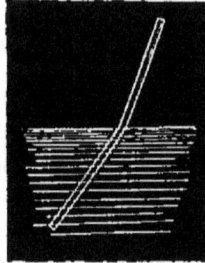

Fig. 371.

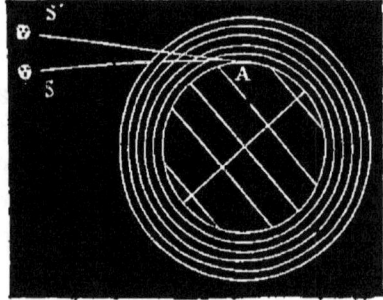

Fig. 372.

sphère augmentant de densité en se rapprochant du sol, et pour un même gaz la puissance réfractive croissant avec la densité (494), il en résulte qu'en entrant dans l'atmosphère et en s'y propageant, les rayons lumineux se brisent, comme le montre la figure 372, en décrivant une courbe qui arrive jusqu'à l'œil ; c'est donc suivant la tangente à cette courbe que nous voyons l'astre en S′ au lieu de le voir en S. L'effet est d'autant plus marqué, que l'astre est plus voisin de l'horizon. Dans nos climats, la réfraction atmosphérique ne relève pas les astres de plus d'un demi-degré.

484. Angle limite, réflexion totale. — Quand un rayon lumineux passe d'un milieu dans un autre moins réfringent, comme de l'eau dans l'air, on a vu (482) que l'angle de réfraction est alors plus grand que l'angle d'incidence. Il suit de là que, quand la lumière se propage dans une masse d'eau, de S en O (fig. 373), il y a toujours une valeur de l'angle d'incidence SOB pour laquelle l'angle de réfraction AOR est droit, ou pour laquelle le rayon réfracté OR sort parallèle à la surface de l'eau.

Cet angle SOB se nomme *angle limite*, parce que, pour tout angle d'incidence plus grand, tel que POB, le rayon incident PO ne peut donner naissance à aucun rayon réfracté. En effet, l'angle AOR augmentant avec SOB, le rayon OR se trouve porté en OQ, c'est-à-dire qu'il n'y a plus de réfraction au point O, mais une réflexion intérieure qu'on nomme *réflexion totale*, parce que la lumière incidente est alors réfléchie en totalité. De l'eau à l'air, l'angle limite est de 48° 35′; du verre à l'air, il est de 41° 48′.

On constate la réflexion intérieure par l'expérience suivante : devant un vase de verre rempli d'eau (fig. 347), on place un objet A; puis, regardant de l'autre côté du vase la surface du liquide de bas en haut, comme le montre la figure, on aperçoit en *a*,

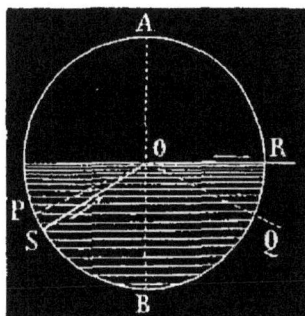 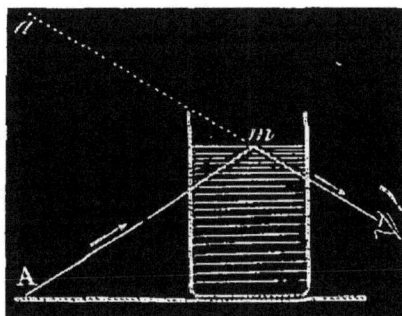

Fig. 373.   Fig. 374.

au-dessus du liquide, l'image de l'objet A, laquelle est formée par les rayons réfléchis en *m*.

θ étant l'angle limite pour lequel l'angle de réfraction *r* égale 90 degrés, on a sin $r = 1$, et, par suite, la formule $\dfrac{\sin i}{\sin r} = \dfrac{1}{n}$, qui correspond au passage de la lumière d'un milieu plus réfringent dans un milieu moins réfringent, devient sin $\theta = \dfrac{1}{n}$. De cette dernière, on déduit l'angle limite quand l'indice est connu, et réciproquement.

485. Mirage. — Le *mirage* est une illusion d'optique qui fait voir, au-dessous du sol ou dans l'atmosphère, l'image renversée des objets éloignés. Ce phénomène s'observe fréquemment dans les pays chauds, et particulièrement dans les plaines sablonneuses de l'Égypte. Là, le sol présente souvent l'aspect d'un lac tranquille, sur lequel se réfléchissent les arbres et les villages environnants. Ce phénomène a été observé dès la plus haute antiquité; mais c'est Monge, le premier, qui en a donné l'explication, lorsqu'il faisait partie de l'expédition d'Égypte.

Le mirage est un phénomène de réfraction, qui résulte de l'inégale densité des couches de l'atmosphère lorsqu'elles sont dilatées par leur contact avec le sol fortement échauffé. Les couches les moins denses étant alors les plus inférieures, un rayon lumineux qui se dirige d'un objet élevé A (fig. 375) vers le sol, traverse des couches de moins en moins réfringentes; car on verra bientôt (494) qu'un même gaz est d'autant moins réfringent qu'il est moins dense. Il résulte de là que l'angle d'incidence croît d'une couche à la suivante, et finit par atteindre l'angle limite au delà duquel, à la réfraction, succède la réflexion intérieure (484). Le rayon se relève alors comme le montre la figure, et subit une suite de réfractions successives en sens contraire des premières, car il passe maintenant dans des couches de plus en plus réfringentes. Le rayon lumineux

Fig. 375.

arrive donc à l'œil de l'observateur avec la même direction que s'il était parti d'un point situé au-dessous du sol, et c'est pour cela qu'il donne une image renversée de l'objet qui l'a émis, comme s'il s'était réfléchi, au point O, sur la surface d'une eau tranquille.

Quelquefois les navigateurs observent dans l'atmosphère l'image renversée des côtes ou des navires éloignés : c'est encore là un effet de mirage, mais qui se produit en sens contraire du premier, et seulement lorsque la température de la mer est inférieure à celle de l'air, car ce sont alors les couches inférieures de l'atmosphère qui sont les plus denses, à cause de leur contact avec la surface des eaux.

TRANSMISSION DE LA LUMIÈRE A TRAVERS LES MILIEUX DIAPHANES.

486. Milieux à faces parallèles. — Lorsque la lumière traverse un milieu à faces parallèles, les rayons *émergents,* c'est-à-dire ceux qui sortent, sont parallèles aux rayons incidents.

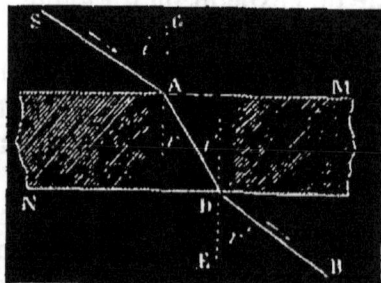

Fig. 376.

Pour le démontrer, soient MN (fig. 376) une glace de verre à faces parallèles, SA un rayon incident, DB le rayon émergent, i et r les angles d'incidence et de réfraction à l'entrée du rayon, et enfin i' et r' les mêmes angles à sa sortie. En A, la lumière éprouve une première réfraction dont l'indice est $\frac{\sin i}{\sin r}$. En D, elle se réfracte une seconde fois, et l'indice est alors

$\frac{\sin i'}{\sin r'}$. Or, on a vu (482) que l'indice de réfraction du verre à l'air est le même

que celui de l'air au verre renversé; on a donc $\frac{\sin i'}{\sin r'} = \frac{\sin r}{\sin i}$.

Mais les deux normales AG et DE étant parallèles, les angles r et i' sont égaux comme alternes-internes. Par conséquent, les numérateurs des deux rapports ci-dessus étant égaux, il en est de même des dénominateurs; d'où l'on conclut que les angles r' et i sont égaux, et, par suite, que DB est parallèle à SA.

487. Prismes. — On nomme *prisme,* en optique, tout milieu transparent compris entre deux faces planes inclinées l'une sur l'autre. L'intersection de ces deux faces est une ligne droite qui est l'*arête* du prisme, et l'angle qu'elles comprennent est son *angle ré-*

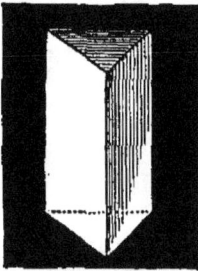

Fig. 377.

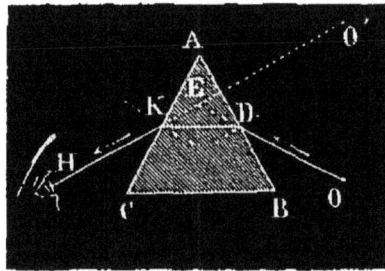

Fig. 378.

fringent. Toute section perpendiculaire à l'arête est dite *section principale.* Les prismes qu'on emploie pour les expériences sont des prismes triangulaires droits (fig. 377), et leur section princi-pale est un triangle (fig. 378). Dans cette section, le point A prend le nom de *sommet* du prisme, et la droite BC est dite sa *base,* expressions qui, géométriquement, ne conviennent qu'au triangle ABC, et non au prisme.

488. Marche des rayons dans les prismes, angle de déviation. — Quand on connaît les lois de la réfraction, il est facile de déter-miner la marche de la lumière dans les prismes. Soit, en effet, un point lumineux O (fig. 378) contenu dans le plan de la section prin-cipale ABC d'un prisme, et soit OD un rayon incident. Ce rayon se réfracte en D, en se rapprochant de la normale, puisqu'il entre dans un milieu plus réfringent, et prend une direction DK, déterminée par l'égalité $\frac{\sin i}{\sin r} = \frac{3}{2}$, qui fait trouver l'angle r quand on connaît l'angle i. En K, le rayon subit une seconde réfraction; mais alors passant dans l'air, qui est moins réfringent que le verre, il s'écarte de la normale, et prend une direction KH, donnée par l'égalité $\frac{\sin i'}{\sin r'} = \frac{2}{3}$ (482). La lumière se réfracte donc deux fois dans le même sens, et l'œil qui reçoit le rayon émergent KH voit l'objet O en O'; c'est-à-dire que *les objets vus à travers un prisme paraissent* *déviés vers son sommet.* La déviation que le prisme imprime ainsi à la lumière est mesurée par l'angle OEO' que forment entre eux le rayon incident et le rayon émergent; c'est *l'angle de déviation.* Cet angle augmente avec l'indice de réfraction et avec l'angle réfringent du prisme. Il varie aussi avec l'angle d'incidence du rayon

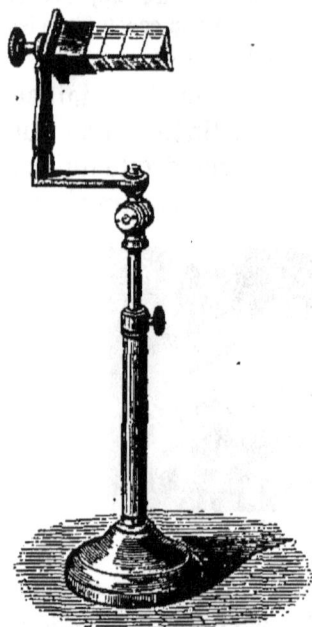

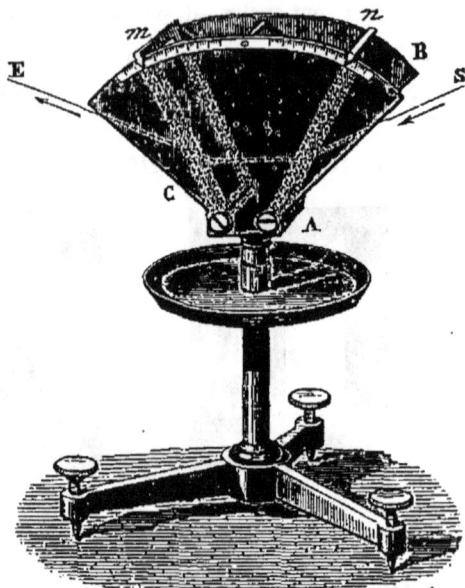

Fig. 379.   Fig. 380.

lumineux à son entrée dans le prisme : la déviation décroît avec cet angle, mais seulement jusqu'à une certaine limite, qui se détermine par le calcul, comme on le verra ci-après (491), quand on connaît l'angle d'incidence et l'angle réfringent du prisme.

On démontre que l'angle de déviation augmente avec l'indice de réfraction au moyen du *polyprisme.* On nomme ainsi un prisme formé de plusieurs prismes du même angle, réunis par leurs bases à la suite les uns des autres (fig. 379); ces prismes sont de substances inégalement réfringentes, par exemple de flint, de cristal de roche, de crown. Or, si l'on regarde un même objet, une ligne droite par exemple, à travers le polyprisme, les différentes parties en sont vues à des hauteurs inégales. La portion la plus relevée est celle vue à travers le flint, dont l'indice de réfraction est le plus grand ; puis celle qui est vue à travers le cristal de roche, et ainsi de suite dans l'ordre des indices de réfraction décroissants; d'où l'on conclut que l'angle de déviation des différents prismes va lui-même en diminuant.

Pour montrer que l'angle de déviation croît avec l'angle réfringent du prisme, on fait usage du *prisme à angle variable*. Celui-ci se compose de deux plaques de cuivre parallèles B et C, fixées sur un plateau EA (fig. 380). Entre les plaques sont deux glaces *m* et *n* mobiles sur charnière, et pouvant glisser entre les plaques à frottement dur, de manière à fermer hermétiquement. En versant dans le vase ainsi formé de l'eau, ou un autre liquide plus réfringent, et en inclinant plus ou moins les glaces, on a un prisme à angle variable. Or, en recevant sur l'une d'elles un rayon lumineux S, et en inclinant l'autre de plus en plus, à mesure que l'angle du prisme croît, on voit la déviation du rayon émergent E augmenter.

On remarque, en outre, que les objets vus à travers les prismes paraissent doués des couleurs éclatantes de l'arc-en-ciel ; ce phénomène sera décrit bientôt sous le nom de *dispersion* (505).

489. Application des prismes rectangles comme réflecteurs. — Les prismes dont la section principale est un triangle rectangle

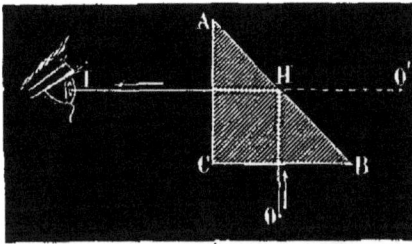

Fig. 381.

isocèle offrent une application importante de la réflexion totale (484). En effet, soient ABC (fig. 381) la section principale d'un pareil prisme, O un point lumineux et OH un rayon perpendiculaire à la face BC. Ce rayon, entrant dans le verre sans se réfracter (480), va faire avec la grande face AB un angle égal à B, c'est-à-dire de 45 degrés, et par suite plus grand que l'angle limite du verre, lequel est de 44° 48' (484). Le rayon OH subit donc en H la réflexion totale, qui lui imprime une direction HJ perpendiculaire à la seconde face AC. Il découle de là que la grande face du prisme produit ici l'effet du miroir plan le plus parfait, et qu'un œil placé en I voit en O' l'image du point O. On verra bientôt que cette propriété des prismes rectangles est utilisée dans plusieurs instruments d'optique.

* 490. Conditions d'émergence dans les prismes. — Les rayons lumineux qui se sont réfractés à la première face d'un prisme ne peuvent émerger à la deuxième qu'autant que l'angle réfringent du prisme est moindre que le double de l'angle limite de la substance dont le prisme est formé.

En effet, en représentant par LI (fig. 382) le rayon incident sur la première face, par IE ce rayon réfracté, par PI et PE les normales, on sait que le rayon IE ne peut émerger à la seconde face que si l'angle d'incidence IEP est moindre que l'angle limite (484). Or, l'angle d'incidence NIL augmentant, il en est de même de l'angle EIP, tandis que IEP diminue. Par conséquent, plus la direction du rayon LI approche d'être parallèle à la face AB, plus ce rayon tend à donner un rayon émergent à la seconde face.

Soit donc le cas où LI serait parallèle à AB, l'angle *r* est alors égal à l'angle limite *l* du prisme, puisqu'il a sa valeur maximum. D'ailleurs l'angle EPK, extérieur au triangle IPE, égale *r* + *i'* ; mais les angles EPK et A sont égaux comme ayant leurs côtés perpendiculaires; donc A = $r + i'$; donc aussi A = $l + i'$, puisque, dans le cas que nous considérons, $r = l$. Par conséquent, si A = $2l$, ou est $> 2l$, on aura $i' = l$, ou $> l$; il ne saurait donc y avoir émergence sur la seconde face, mais réflexion intérieure et émergence seulement à la troisième face BC. A plus forte raison, il en sera de même encore pour les rayons dont l'angle d'incidence est moindre que BIN, puisqu'on a vu ci-dessus que l'angle i' va alors en croissant. Ainsi, dans le cas où l'angle réfringent est égal à $2l$ ou plus grand, aucun rayon lumineux ne peut passer à travers les faces de cet angle.

L'angle limite du verre étant 41° 48', le double de cet angle est plus petit que 90 degrés, d'où l'on conclut qu'on ne peut voir les objets à travers un prisme de verre dont l'angle réfringent est droit. L'angle limite de l'eau étant 48° 35', la lumière peut encore traverser l'angle droit d'un prisme rectangle creux qui serait formé par trois glaces et rempli d'eau.

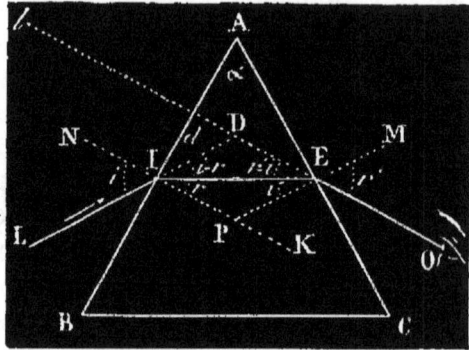

Fig. 382.

Dans le cas où l'angle A est plus petit que $2l$, il y a toujours émergence, à la seconde face, d'une partie de la lumière qui tombe sur la première, et la quantité de lumière qui passe alors dépend de l'incidence des rayons directs Ll. L'angle A étant compris entre l et $2l$, une partie des rayons incidents compris dans l'angle NIB peuvent émerger; mais tous ceux compris dans l'angle NIA éprouvent la réflexion totale sur la face AC. Pour A > 0 et $< l$, tous les rayons compris dans l'angle NIB et une partie de ceux contenus dans l'angle NIA peuvent passer.

* 491. Déviation minimum. — Lorsqu'on reçoit un faisceau de lumière solaire à travers une ouverture A pratiquée dans le volet d'une chambre obscure

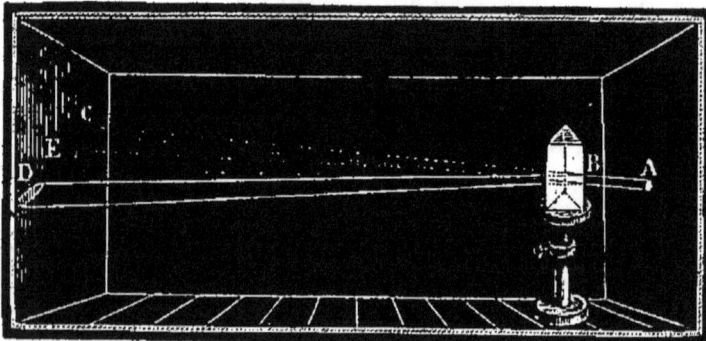

Fig. 383.

(fig. 383), on remarque que le faisceau va se projeter suivant une droite AC sur un écran éloigné. Mais si l'on interpose un prisme entre l'ouverture du volet et l'écran, le faisceau est dévié vers la base du prisme et vient se projeter en D, loin du point C. Or, si l'on tourne alors le support qui porte le prisme, de manière que l'angle d'incidence décroisse, on voit le disque lumineux D se rapprocher du point C jusqu'à une certaine position E, à partir de laquelle il revient sur lui-même, lorsqu'on continue à tourner le prisme dans le même sens. Il y a donc une déviation EBC plus petite que toutes les autres. Or cette *déviation minimum* a lieu quand les angles d'incidence et d'émergence sont égaux.

L'angle de déviation minimum peut se déterminer par le calcul quand on connaît l'angle d'incidence et l'angle réfringent du prisme. En effet, lorsqu'il y a déviation minimum, l'angle d'émergence r' étant égal à l'angle d'incidence i (fig. 382), il faut que $r = i'$. Or, on a vu ci-dessus (490) que $A = r + i'$; donc $A = 2r$ [1]. Cela posé, si l'on représente par d l'angle de déviation minimum IDL, cet angle étant extérieur au triangle DIE, on trouvera facilement l'égalité

$$d = i - r + r' - i' = 2i - 2r, \quad \text{ou} \quad d = 2i - A \; [2],$$

laquelle fait connaître l'angle d quand les angles i et A sont donnés.

Des formules [1] et [2] on en tire une troisième qui sert à calculer l'indice de réfraction d'un prisme, quand on connaît son angle réfringent et la déviation minimum. En effet, si dans l'égalité $n = \dfrac{\sin i}{\sin r}$ (482), on remplace i et r par leurs valeurs tirées des formules [1] et [2] ci-dessus, il vient

$$n = \frac{\sin\left(\dfrac{A + d}{2}\right)}{\sin \dfrac{A}{2}} \; [3].$$

* 492. Mesure de l'indice de réfraction des solides. — Au moyen de la formule [3] ci-dessus, on calcule facilement l'indice de réfraction quand les angles A et d sont connus.

Pour déterminer d'abord l'angle A, on taille sous la forme de prisme triangulaire la substance transparente dont on veut avoir l'indice de réfraction; puis on mesure l'angle A du prisme au moyen d'un *goniomètre* (478).

Quant à l'angle d, on le mesure de la manière suivante. On reçoit sur le prisme un rayon LI émis par un objet éloigné (fig. 384), et l'on tourne le prisme de ma-

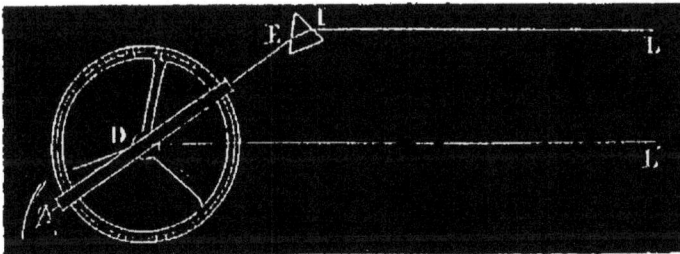

Fig. 384.

nière à obtenir la déviation minimum ED. Mesurant alors avec un cercle gradué l'angle EDL' que fait le rayon réfracté DE avec le rayon DL' qui vient directement de l'objet, cet angle n'est autre que l'angle de déviation minimum, en admettant que l'objet est assez éloigné pour que les deux rayons LI et L'D soient parallèles. Il ne reste plus qu'à substituer les valeurs de A et de d dans la formule [3] pour en déduire la valeur de l'indice n.

Ce procédé, qui est dû à Newton, ne peut s'appliquer qu'aux corps transparents; mais Wollaston a fait connaître une autre méthode, au moyen de laquelle on peut calculer l'indice de réfraction d'un corps opaque par la détermination de son angle limite.

* 493. Mesure de l'indice de réfraction des liquides. — Biot a appliqué la méthode de Newton, c'est-à-dire celle du minimum de déviation, à la recherche de l'indice de réfraction des liquides. Pour cela, dans un prisme de verre PQ (fig. 385), on perce une cavité cylindrique O d'environ 2 centimètres de diamètre et allant de la face d'incidence à la face d'émergence. Cette cavité se ferme au moyen de deux plaques de verre à faces bien parallèles, qui s'appliquent sur les faces du prisme. Une petite ouverture B, qui se ferme avec un bouchon à l'émeri, sert à introduire les liquides. Ayant déterminé l'angle réfringent et la dé-

Fig. 385.

viation minimum du prisme liquide compris dans la cavité O, on introduit la valeur de ces angles dans la formule [3] du paragraphe 491, ce qui donne l'indice.

* 494. Mesure de l'indice de réfraction des gaz. — C'est encore par la méthode de Newton que l'indice de réfraction des gaz a été déterminé par Biot et Arago. L'appareil dont se sont servis ces physiciens se compose d'un tube de verre AB (fig. 386) taillé en biseau à

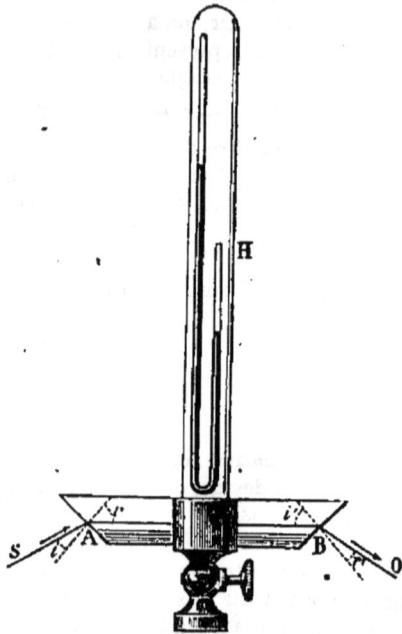

Fig. 386.

ses extrémités, et fermé par deux plaques de verre à faces parallèles, inclinées entre elles de 143 degrés. Ce tube est en communication, d'une part avec une cloche H, dans laquelle est un baromètre à siphon, de l'autre avec un robinet à l'aide duquel on peut faire le vide dans l'appareil et y introduire ensuite différents gaz. Après avoir fait le vide dans le tube AB, on le fait traverser par un rayon de lumière SA, qui s'écarte de la normale d'une quantité $r - i$ à la première incidence, et s'en approche d'une quantité $i' - r'$ à la deuxième. Ces deux déviations s'ajoutant, la déviation totale d est $r - i + i' - r'$. Or, dans le cas de la déviation minimum, on a $i = r'$ et $r = i'$, d'où $d = A - 2i$, puisque $r + i' = A$ (490). L'indice du vide à l'air, qui est évidemment $\dfrac{\sin r}{\sin i}$, a donc

pour valeur $\dfrac{\sin \dfrac{A}{2}}{\sin \left(\dfrac{A - d}{2}\right)}$ [4].

Il suffit donc de connaître l'angle réfringent A et l'angle de déviation minimum d, pour en déduire l'indice de réfraction du vide à l'air, genre d'indice qui, ainsi qu'on l'a déjà vu (482), se désigne sous le nom d'*indice absolu*, et aussi d'*indice principal*.

Pour obtenir l'indice absolu d'un gaz autre que l'air, après avoir fait le vide dans l'appareil, on y fait passer ce gaz ; puis mesurant les angles A et d, la formule [4] ci-dessus fait connaître l'indice de réfraction du gaz à l'air. Connaissant déjà l'indice du vide à l'air, le rapport de ces deux indices donne l'indice de réfraction du vide au gaz donné, c'est-à-dire son indice absolu.

Au moyen de cet appareil, Biot et Arago ont constaté que les indices de réfraction des gaz sont toujours très-petits par rapport à ceux des solides et des liquides, et que, pour un même gaz, la *puissance réfractive* est proportionnelle à la densité, en appelant puissance réfractive d'une substance le carré de son indice de réfraction diminué d'une unité, c'est-à-dire l'expression $n^2 - 1$. Le quotient de la puissance réfractive par la densité se nomme *pouvoir réfringent*.

Indices de réfraction par rapport à l'air.

SUBSTANCES.	INDICES.	SUBSTANCES.	INDICES.
Chromate de plomb . . .	2,50 à 2,97	Obsidienne	1,488
Diamant.	2,47 à 2,75	Glace.	1,310
Verre d'antimoine	2,216	Sulfure de carbone. . . .	1,678
Soufre natif.	2,215	Huile essentielle d'aman-	
Tourmaline.	1,668	des amères.	1,603
Spath d'Islande, réf. ord.	1,654	Huile de naphte	1,475
— réf. ext.	1,483	Essence de térébenthine.	1,470
Béril.	1,598	Alcool rectifié	1,374
Flint-glass	1,575	Éther sulfurique	1,358
Cristal de roche	1,547	Albumine.	1,351
Sel gemme.	1,545	Cristallin	1,384
Sucre.	1,535	Humeur vitrée	1,339
Baume de Canada	1,532	Humeur aqueuse.	1,337
Crown-glass	1,500	Eau	1,336

Ces indices ont été pris par rapport au faisceau jaune du spectre, excepté ceux du sucre et du crown, qui l'ont été par rapport au rouge extrême.

M. Fizeau a constaté récemment que les indices de réfraction varient avec la température. Pour le cristal ordinaire, par exemple, l'indice augmente en même temps que la température; l'inverse a lieu pour le spath fluor.

LENTILLES, LEURS EFFETS.

495. Différentes espèces de lentilles. — On nomme *lentilles*, des milieux transparents qui, vu la courbure de leurs surfaces, ont la propriété de faire converger ou diverger les rayons lumineux qui les traversent. Suivant le genre de cette courbure, les lentilles sont dites *sphériques, cylindriques, elliptiques, paraboliques.* Les lentilles sphériques sont les seules en usage dans les instruments d'optique. Elle sont généralement de *crown-glass,* verre qui ne contient pas de plomb, ou de *flint-glass,* verre qui en contient et qui est plus réfringent que le crown.

En combinant des surfaces sphériques entre elles ou avec des surfaces planes, on obtient six espèces de lentilles, représentées en coupe dans la figure 387 : quatre sont formées par deux surfaces sphériques, et deux par une surface plane et une surface sphérique. La première, A, est dite *biconvexe ;* la seconde, B, *plan-convexe ;* la troisième, C, *concave-convexe convergente ;* la quatrième, D, *biconcave ;* la cinquième, E, *plan-concave ;* et la dernière, F, *concave-convexe divergente.* La lentille C s'appelle aussi *ménisque convergent,* et la lentille F *ménisque divergent.*

Les trois premières, qui sont plus épaisses au centre que sur les bords, sont *convergentes ;* les dernières, qui sont plus minces au centre que sur les bords, sont *divergentes.* Dans le premier groupe, il suffit de considérer la lentille biconvexe, et dans le second, la lentille biconcave, les propriétés de chacune de ces lentilles s'appliquant à toutes celles du même groupe.

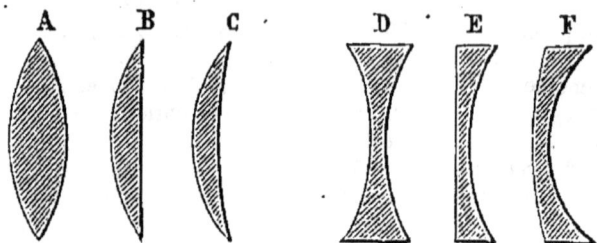

Fig. 387.

Dans les lentilles dont les deux surfaces sont sphériques, les centres de ces surfaces sont dits *centres de courbure ;* la droite indéfinie menée par ces deux centres est l'*axe principal.* Dans une lentille plan-concave ou plan-convexe, l'axe principal est la perpendiculaire abaissée du centre de la face sphérique sur la face plane.

Afin de pouvoir comparer la marche des rayons lumineux dans les lentilles à celle qui a lieu dans les prismes, on fait la même hypothèse que pour les miroirs courbes (466), c'est-à-dire qu'on suppose les surfaces des lentilles formées d'une infinité d'éléments plans infiniment petits. La *normale* en un point quelconque est alors la perpendiculaire au plan tangent qui contient l'élément correspondant. On sait, en géométrie, que toutes les normales à une même surface sphérique vont passer par son centre. Dans l'hypothèse ci-dessus, on peut toujours concevoir, aux points d'incidence et d'émergence, deux surfaces planes plus ou moins inclinées entre elles et produisant ainsi l'effet du prisme. En continuant cette comparaison, on peut assimiler les trois lentilles A, B, C, à une suite de prismes réunis par leurs bases, et les lentilles D, E, F, à une suite de prismes réunis par leurs sommets : ce qui montre comment les premières doivent rapprocher les rayons, et les dernières les écarter, puisqu'on a vu qu'un rayon lumineux qui traverse un prisme est dévié vers la base (488).

496. Foyers des lentilles biconvexes. — Dans les lentilles, de même que dans les miroirs, on nomme *foyers,* des points où vont concourir les rayons réfractés ou leurs prolongements. Les lentilles biconvexes présentent les mêmes espèces de foyers que les miroirs concaves : des *foyers réels* et des *foyers virtuels.*

1° *Foyers réels.* —Considérons d'abord, ainsi que nous l'avons fait pour les miroirs, le cas où les rayons lumineux qui tombent sur la lentille sont parallèles à son axe principal, comme le représente la figure 388. Dans ce cas, tout rayon incident LB, en s'approchant de la normale au point d'incidence B, et en s'en écartant au point d'émergence D, se réfracte deux fois vers l'axe qu'il vient couper en F. Tous les rayons parallèles à l'axe se réfractant de la même

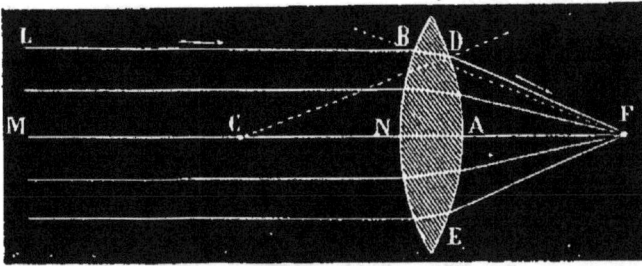

Fig. 388.

manière, le calcul démontre qu'ils viennent très-sensiblement passer par le point F, tant que l'arc DE ne dépasse pas 10 à 12 degrés. Ce point est le *foyer principal,* et la distance FA la *distance focale principale.* Elle est constante pour une même lentille, mais varie avec le rayon de courbure et l'indice de réfraction. Dans les lentilles ordinaires, qui sont de crown, on verra que le foyer principal coïncide très-approximativement avec le centre de courbure (503).

Soit actuellement le cas où l'objet lumineux étant au delà du foyer principal, il est assez rapproché pour que tous les rayons incidents forment un faisceau divergent, comme le représente la

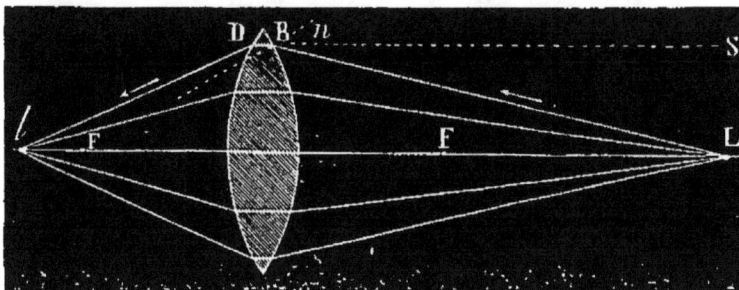

Fig. 389.

figure 389. Dans ce cas, le point lumineux étant en L, si l'on compare la marche du rayon divergent LB à celle du rayon SB parallèle à l'axe, on reconnaît que le premier fait avec la normale un angle LB*n* plus grand que l'angle SB*n,* il doit donc aussi faire un angle de réfraction plus grand ; d'où il résulte qu'après avoir traversé la lentille, il rencontre l'axe en un point l plus éloigné que le foyer principal F. Tous les rayons partis du point L venant ainsi concourir sensiblement au même point l, ce dernier est le *foyer conjugué* du point L. Cette dénomination exprime ici, de même que dans les miroirs, la relation qui existe entre les deux points L et l, relation telle, que si le point lumineux est porté en l, réciproquement le foyer passe en L.

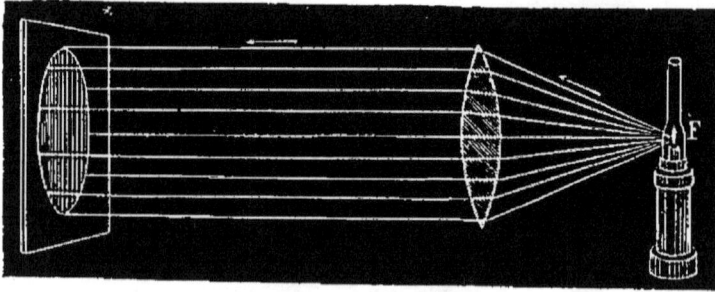

Fig. 390.

A mesure que l'objet L s'approche de la lentille, la divergence des rayons émergents augmente et le foyer conjugué l s'éloigne ; lorsque L coïncide avec le foyer principal, les rayons émergents, de l'autre côté de la lentille, sont parallèles à l'axe, et alors il n'y a pas de foyer, ou, ce qui est la même chose, il se fait à l'infini. Dans ce cas, les rayons réfractés étant parallèles, l'intensité de la lumière ne décroît que très-lentement, et une seule lampe peut éclairer à de grandes distances. Il suffit pour cela de la placer au foyer de la lentille, comme le montre la figure 390.

2° *Foyers virtuels*. — Avec les lentilles biconvexes, le foyer est virtuel lorsque l'objet lumineux L est placé entre la lentille et

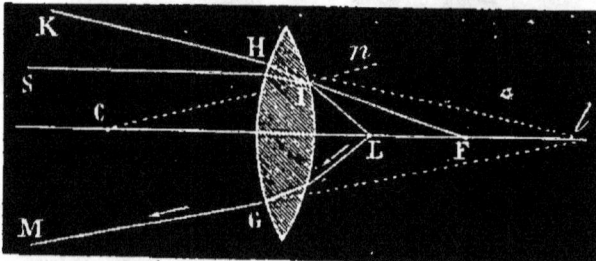

Fig. 391.

le foyer principal, comme le montre la figure 391. Dans ce cas, les rayons incidents LI formant avec la normale des angles plus grands que ceux formés par les rayons FI émis du foyer principal, il en résulte qu'après l'émergence les premiers rayons s'éloignent de l'axe plus que les derniers, et forment un faisceau divergent HK, GM.

Ces rayons ne peuvent donc donner lieu à aucun foyer réel, mais leurs prolongements concourent en un point *l* situé sur l'axe, et c'est ce point qui est le foyer virtuel du point L (462). Plus le point L est près de la lentille, plus son foyer virtuel *l* est près du foyer principal F; mais si L se rapproche de F, *l* s'en éloigne.

497. Centre optique, axes secondaires. — Pour toute lentille, il existe un point nommé *centre optique,* qui est situé sur l'axe, et

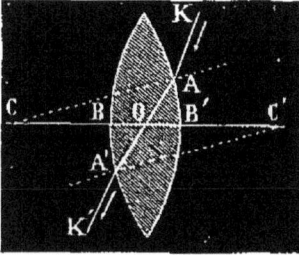
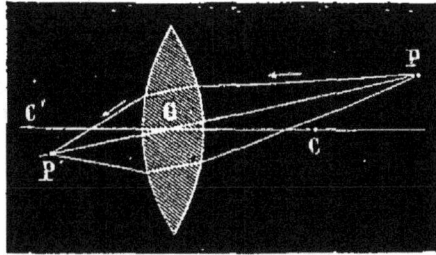

Fig. 392.   Fig. 393.

qui jouit de cette propriété, que tout rayon lumineux passant par ce point n'éprouve pas de déviation angulaire, c'est-à-dire que le rayon émergent est parallèle au rayon incident. Pour démontrer l'existence de ce point dans une lentille biconvexe, soient menés, à ses deux surfaces, deux rayons de courbure parallèles CA et C'A (fig. 392). Les deux éléments plans qui appartiennent à la surface de la lentille en A et A' étant parallèles entre eux, comme perpendiculaires à deux droites parallèles, il en résulte que tout rayon KA, qui se propage dans la lentille suivant AA', traverse en réalité un milieu à faces parallèles, et par conséquent sort sans déviation, c'est-à-dire suivant une direction A'K' parallèle à AK (486). Or, le point O, où ce rayon coupe l'axe, est constant; c'est-à-dire qu'il est toujours le même, quels que soient les deux éléments parallèles A, A', que l'on considère. En effet, si les deux rayons de courbure CA et C'A' sont égaux, ce qui est le cas général, les deux triangles CAO et C'A'O le sont aussi, et l'on a CO = C'O; ce qui fait voir que, dans ce cas, le point O est le milieu de CC'. Si les rayons de courbure CA et C'A' sont inégaux, les triangles COA et C'OA' ne sont plus égaux, mais il sont semblables; et l'on a $\dfrac{CA}{C'A'} = \dfrac{CO}{C'O}$. Or, le rapport $\dfrac{CA}{C'A'}$ étant invariable, quels que soient les deux éléments parallèles A, A', on voit qu'il en est de même du rapport $\dfrac{CO}{C'O}$; ce qui exige que la position du point O soit constante, seulement ce point n'est plus le milieu de CC'. Le point O est le *centre optique* de la lentille. On le détermine, dans tous les cas, en tirant deux rayons de courbure parallèles CA et C'A', et en joignant leurs deux extrémités par une droite AA'.

Dans les lentilles biconcaves ou concaves-convexes, le centre optique se détermine par la même construction que ci-dessus. Dans les lentilles qui ont une face plane, ce point est à l'intersection même de l'axe par la face courbe.

Toute droite PP' (fig. 393) qui passe par le centre optique sans passer par les centres de courbure, est un *axe secondaire*. D'après la propriété du centre optique, tout axe secondaire représente un rayon lumineux rectiligne passant par ce point, car, vu la petite épaisseur des lentilles, on peut admettre que les rayons qui passent par le centre optique restent en ligne droite, c'est-à-dire qu'on peut négliger la petite déviation qu'éprouvent les rayons, tout en restant parallèles, lorsqu'ils traversent obliquement un milieu à faces parallèles (fig. 376, page 463).

Tant que les axes secondaires ne font avec l'axe principal qu'un petit angle, on peut leur appliquer tout ce qui a été dit jusqu'ici de l'axe principal; c'est-à-dire que les rayons émis d'un point P (fig. 393), situé sur un axe secondaire PP', viennent, à très-peu près, concourir en un même point P' de cet axe, où ils forment un foyer qu'on désigne encore sous le nom de *foyer conjugué*.

498. Détermination des foyers dans les lentilles biconvexes. — *Foyer principal.* — Pour déterminer expérimentalement le foyer principal d'une lentille biconvexe, il suffit de l'exposer aux rayons solaires, en ayant soin que son axe principal leur soit parallèle. Recevant alors sur un écran le faisceau émergent, le point où viennent concourir les rayons est le foyer principal.

On verra ci-après qu'on peut aussi déduire la position du foyer principal de la formule des lentilles. (503); on trouve ainsi qu'il coïncide très-approximativement avec le centre de courbure des deux côtés des lentilles.

Foyer conjugué. — Un point lumineux ou éclairé étant placé en avant d'une lentille biconvexe, au delà du foyer principal, son foyer conjugué se détermine par l'expérience, identiquement de la même manière qu'on a vu ci-dessus pour le foyer principal, c'est-à-dire en cherchant avec un écran, de l'autre côté de la lentille, le lieu où va se former l'image du point donné.

Quant à la détermination graphique du foyer conjugué, on l'obtient par les trois constructions suivantes : 1° Considérant un rayon incident quelconque PI (fig. 394), on mène au point d'incidence la normale C'B; puis, mesurant l'angle d'incidence PIB avec un rapporteur, on détermine l'angle de réfraction EIC au moyen de la formule $\frac{\sin i}{\sin r} = n$, ce qui fait connaître la direction du rayon IE dans la lentille. Opérant de la même manière au point d'émergence E, on a la direction Ep du rayon émergent, et, par suite, le point p où ce rayon coupe l'axe secondaire PO prolongé.

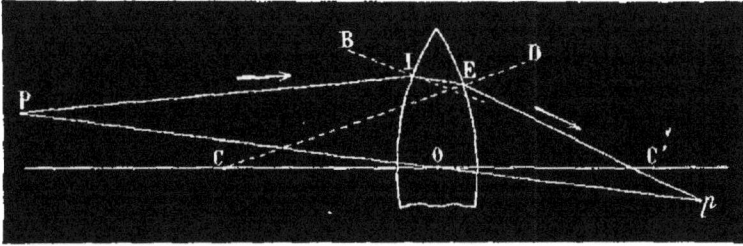

Fig. 394.

2° La construction ci-dessus est générale, mais on arrive plus simplement à déterminer le foyer conjugué en prenant, au lieu d'un rayon incident quelconque, un rayon parallèle à l'axe principal, comme on l'a déjà fait pour les miroirs (fig. 351). Pour cela, P étant le point lumineux dont on cherche, le foyer conjugué (fig. 395),

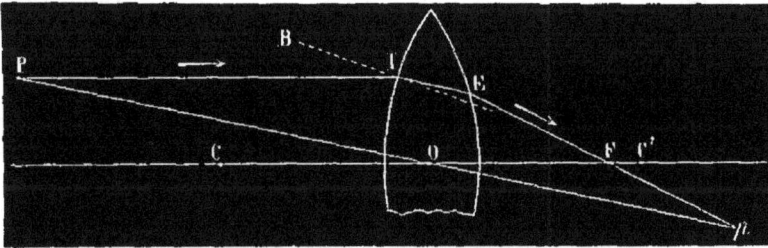

Fig. 395.

soit mené un rayon incident PI parallèle à l'axe principal. Ayant tiré la normale C'B par le point d'incidence, l'angle de réfraction C'IE ne peut encore se déterminer que par la formule $\frac{\sin i}{\sin r} = n$; mais le rayon émergent peut se trouver plus simplement. En effet, le rayon incident étant parallèle à l'axe principal, on sait que le rayon émergent doit passer par le foyer principal (496). Si donc on joint le point E au point F par une droite, celle-ci, prolongée, va couper l'axe secondaire PO en un point p qui est le foyer conjugué cherché, puisqu'il doit se trouver à la fois sur les deux droites Pp et Ep.

3° Pour éviter l'emploi de la formule $\frac{\sin i}{\sin r} = n$ dans la détermination des foyers, on emploie la construction suivante. Supposant le foyer principal connu, et la lentille réduite à un simple plan MN (fig. 396), après avoir mené du point P l'axe secondaire Pp, on tire un rayon PI parallèle à l'axe principal, qu'on prolonge en ligne droite jusqu'à la rencontre du plan MN en I. Puis, comme on sait que le rayon émergent doit passer par le foyer principal, on joint le point I au point F par une droite qui, prolongée, va couper l'axe

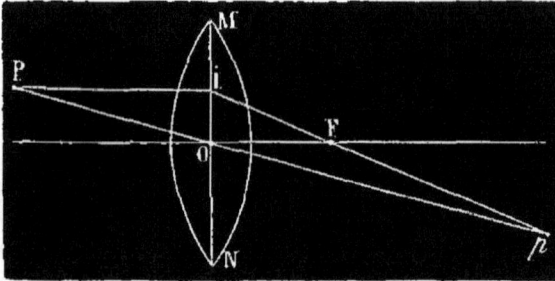

Fig. 396.

secondaire en *p,* et c'est ce point qu'on prend pour foyer conjugué du point P ; mais cette construction n'est pas rigoureuse, et le foyer ainsi déterminé est trop éloigné.

Foyer virtuel. — Les deux mêmes constructions qui viennent d'être données pour les foyers conjugués (fig. 394 et 395) s'appliquent identiquement aux foyers virtuels, seulement il faut se rappeler qu'il n'y a lieu de considérer ceux-ci qu'autant que l'objet lumineux est placé entre la lentille et son foyer principal.

499. Formation des images dans les lentilles biconvexes. — Dans les lentilles, de même que dans les miroirs, l'image d'un objet est l'ensemble des foyers de chacun de ses points ; d'où il résulte que les images fournies par les lentilles sont réelles ou virtuelles dans les mêmes cas que les foyers, et que leur construction se ramène à la recherche d'une suite de points, ainsi qu'on l'a déjà vu pour les miroirs (469).

1° *Image réelle.* — *Première construction.* — Soit d'abord le cas où l'objet AB, dont on cherche l'image, est placé au delà du foyer principal (fig. 397). La construction de cette image revenant à celle des foyers conjugués des différents points de l'objet, il suffit de construire les foyers des deux points extrêmes, en employant la construction donnée ci-dessus (fig. 394) pour la détermination des foyers conjugués.

Tirant donc d'abord les axes secondaires AO et BO, on mène du point A un rayon incident quelconque AI, au point d'incidence la normale C'I, puis le rayon réfracté IE, qui s'approche de la normale d'une quantité donnée par l'indice de réfraction du verre ; tirant de même la normale CE du point d'émergence, puis le second rayon réfracté E *a,* qui ici s'écarte de la normale, puisqu'il passe dans un milieu moins réfringent (480), le point *a* où le rayon

27.

émergent coupe l'axe secondaire AO, est l'image du point A; car tous les rayons incidents partis de A vont, après avoir traversé la lentille, se rencontrer en *a*. Opérant de la même manière pour le point B, on trouve que son image se forme en *b*. Comme les points situés entre A et B ont leurs foyers entre *a* et *b*, il se forme en *ab*

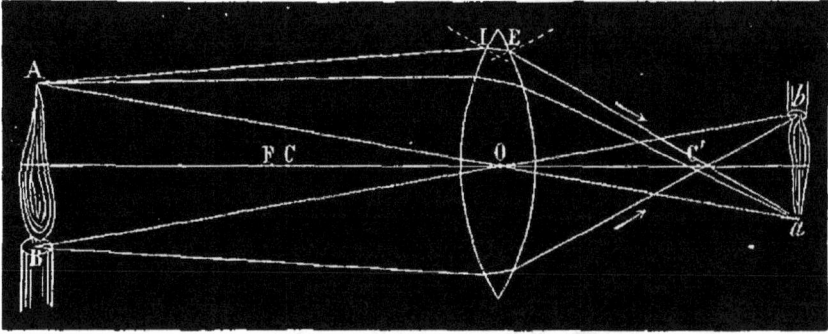

Fig. 397.

une image *réelle et renversée* de l'objet AB, *d'autant plus petite et plus rapprochée du foyer principal, que l'objet* AB *est plus éloigné;* ce qui découle de ce que l'angle AOB diminue à mesure que AB s'éloigne. Pour voir cette image, il faut la recevoir sur un écran blanc, qui la réfléchit, ou placer l'œil dans la direction des rayons émergents.

Réciproquement, si *ab* était l'objet lumineux ou éclairé qui envoie des rayons, son image irait se faire en AB. Il suit de là ces deux conséquences importantes à retenir pour la théorie des instruments d'optique, qui seront décrits plus tard : 1° *Si un objet, même très-grand, est assez éloigné d'une lentille biconvexe, l'image réelle et renversée qu'on en obtient est très-petite, très-rapprochée du foyer principal, et très-peu au delà de ce point par rapport à la lentille.* 2° Réciproquement, *si un objet très-petit est placé près du foyer principal, un peu au delà de ce point, l'image, qui va se former à une grande distance, est très-amplifiée, et l'est d'autant plus, que l'objet est plus voisin du foyer principal.* Ces deux principes sont faciles à constater par l'expérience, en recevant sur un écran, dans l'obscurité, l'image de la flamme d'une bougie placée successivement à des distances variables au delà d'une lentille biconvexe.

Deuxième construction. —Dans la construction qui vient d'être donnée, on a considéré un rayon incident quelconque, ce qui est le cas général. Or on peut aussi considérer le cas particulier où le rayon incident est parallèle à l'axe principal, comme on l'a vu pour les miroirs (fig. 356), et pour les foyers des lentilles (fig. 395).

Pour cela, ayant tiré les axes secondaires des points A et B (fig. 398), on sait (496) que le rayon AI, parallèle à l'axe principal, ira, après avoir traversé la lentille, passer par son foyer principal F, ce qui donne immédiatement la direction du rayon émergent, et, par suite, la position du point cherché *a*. Le point *b*

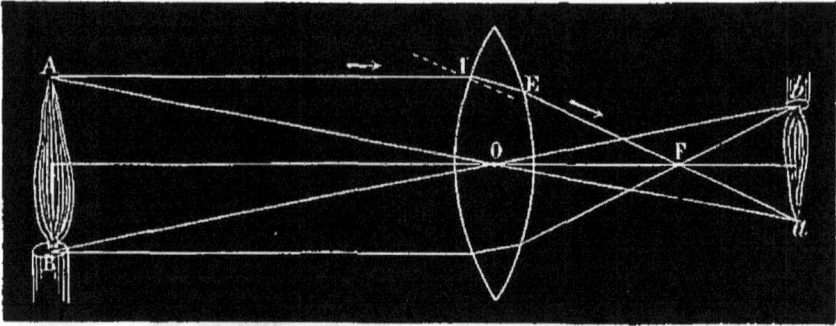

Fig. 398.

se déterminant de la même manière, on a en *ab* la même image réelle que ci-dessus. Toutefois cette construction ne donne point la direction du rayon réfracté IE, qui ne peut encore se déterminer qu'en menant la normale au point d'incidence I, et en faisant usage de la formule $\frac{\sin i}{\sin r} = n$; de plus, elle suppose qu'on connaît le foyer principal F.

2° *Image virtuelle.* — Soit actuellement le cas où l'objet AB

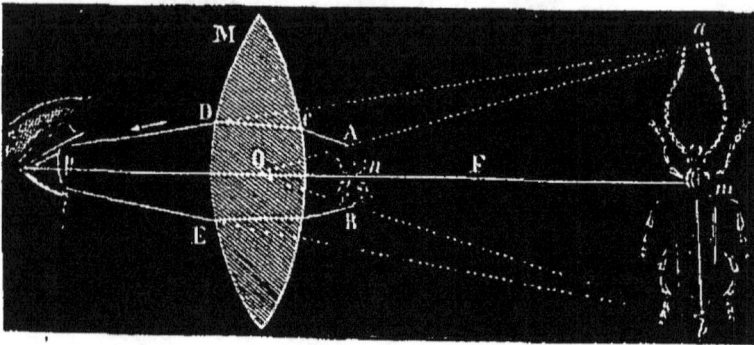

Fig. 399.

(fig. 399) est placé entre la lentille et son foyer principal. Si l'on tire l'axe secondaire O*a* du point A, tout rayon AC, après s'être réfracté deux fois, sort divergent par rapport à cet axe, puisque le point A est placé à une distance moindre que la distance focale principale (496). Ce rayon, prolongé en sens contraire de sa direction, va donc couper l'axe O*a* en un point *a*, qui est le foyer virtuel du point A. En menant l'axe secondaire du point B, on trouve de même que le foyer virtuel de ce point se forme en *b*. On a donc en *ab* l'image de AB. *Cette image est redressée, virtuelle et plus grande que l'objet.*

Les lentilles biconvexes, ainsi employées comme verres grossissants, prennent le nom de *loupes* ou de *microscopes simples.*

500. Foyer dans les lentilles biconcaves. — Avec les lentilles biconcaves, il ne se forme que des foyers virtuels, quelle que soit la distance de l'objet. Soit d'abord un faisceau de rayons parallèles à l'axe (fig. 400) : un rayon quelconque SI se réfracte au point

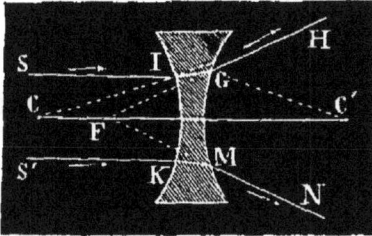

Fig. 400.

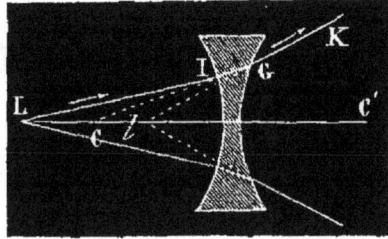

Fig. 401.

d'incidence I en s'approchant de la normale CI. Au point d'émergence G, il se réfracte de nouveau, mais en s'écartant de la normale GC', en sorte qu'il se brise deux fois dans le même sens pour s'éloigner de l'axe CC'. La même chose ayant lieu pour tout autre rayon S'KMN, il en résulte qu'après avoir traversé la lentille, les rayons forment un faisceau divergent GHMN. Il ne peut donc y avoir de foyer réel; mais les prolongements de ces rayons se rencontrent en un point F, qui est le foyer virtuel principal.

Dans le cas où les rayons partent d'un point L (fig. 401) situé sur l'axe, on trouve, par la même construction, qu'il se forme un foyer virtuel en *l*, lequel est entre le foyer principal et la lentille.

501. Détermination du foyer principal dans les lentilles biconcaves. — Pour trouver le foyer principal d'une lentille biconcave, on recouvre une de ses faces d'un corps opaque, de noir de fumée par exemple, en réservant, dans un même plan méridien et à égale distance de l'axe en *a* et en *b* (fig. 402), deux petits

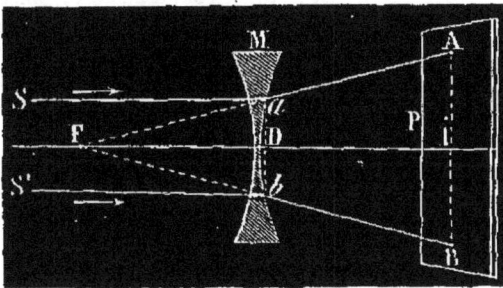

Fig. 402.

disques non noircis, qui laissent passer la lumière; puis on reçoit sur l'autre face de la lentille, parallèlement à l'axe, un faisceau de lumière solaire, et l'on avance ou l'on recule l'écran P, qui reçoit les rayons émergents, jusqu'à ce que les images A et B des petites ouvertures *a* et *b* soient distantes l'une de l'autre du double de *ab*. Négligeant l'épaisseur centrale de la lentille, qui est très-faible, l'intervalle DI est alors égal à la distance focale FD, à cause de la similitude des triangles F*ab* et FAB.

502. Formation des images dans les lentilles biconcaves. — Les lentilles biconcaves, de même que les miroirs convexes, ne donnent que des images virtuelles, quelle que soit la distance de l'objet.

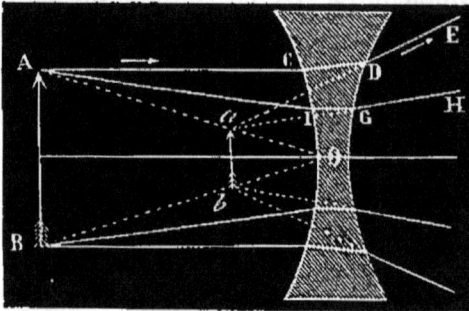

Fig. 403.

Soit, en effet, un objet AB (fig. 403) placé devant une pareille lentille. Si l'on tire d'abord l'axe secondaire du point A, tous les rayons AC, AI, émis de ce point, se réfractent deux fois dans le même sens pour s'écarter de l'axe AO ; de sorte que pour l'œil qui reçoit les rayons émergents DE et GH, ils semblent partis du point où leurs prolongements vont rencontrer en *a* l'axe AO. De même, menant l'axe secondaire BO, les rayons émis du point B forment un faisceau de rayons divergents dont les directions prolongées concourent en *b*. L'œil voit donc en *ab* une image virtuelle de AB, *laquelle est toujours redressée et plus petite que l'objet.*

* 503. Formules relatives aux lentilles. — Dans toute lentille, on peut traduire en équation la relation qui existe entre la distance de l'image, celle de l'objet, les rayons de courbure et l'indice de la substance dont la lentille est formée. Soit d'abord le cas d'une lentille biconvexe. P étant un point lumineux situé sur l'axe (fig. 404), soient PI un rayon incident, IE sa direction dans l'intérieur de la lentille, EP' le rayon émergent, en sorte que P' est le foyer conjugué de P. Soient encore C'I et CE les normales aux points d'incidence et d'émergence, et posons IPA = α, EP'A' = ε, ECA' = γ, IC'A = δ, NIP = i, EIO = r, IEO = i', N'EP' = r'.

Les angles i et r' étant extérieurs, l'un au triangle PIC', l'autre au triangle CEP', on a $i = \alpha + \delta$, et $r' = \gamma + \varepsilon$, d'où $i + r' = \alpha + \varepsilon + \gamma + \delta$ [1]. Or, au point I, on a sin $i = n$ sin r, et au point E, sin $r' = n$ sin i' (482) ; mais en supposant l'arc AI d'un très-petit nombre de degrés, il en est de même des angles i, r, i' et r' ; d'où l'on peut remplacer, dans la formule ci-dessus, les sinus par leurs arcs, ce qui donne $i = nr$ et $r' = ni'$; d'où $i + r' = n (r + i')$. D'ailleurs, les deux triangles IOE et COC' ayant l'angle O égal, on a $r + i' = \gamma + \delta$, d'où $i + r' = n (\gamma + \delta)$. Portant cette valeur dans l'équation [1], il vient

$$n (\gamma + \delta) = \alpha + \varepsilon + \gamma + \delta, \quad \text{ou} \quad (n - 1)(\gamma + \delta) = \alpha + \varepsilon \; [2].$$

Cela posé, si l'on conçoit que les arcs α et γ soient décrits des points P et C comme centres avec un rayon égal à l'unité, et si du point P on décrit l'arc dA avec le rayon PA, on a les proportions $\dfrac{\alpha}{A d} = \dfrac{1}{PA}$, et $\dfrac{\gamma}{A'E} = \dfrac{1}{CA'}$; d'où l'on tire

$\alpha = \dfrac{Ad}{AP}$ et $\gamma = \dfrac{A'E}{CA'}$, ou $\alpha = \dfrac{AI}{p}$ et $\gamma = \dfrac{A'E}{R}$, en posant $AP = p$, $CA' = R$, et en remplaçant l'arc Ad par l'arc AI qui lui est sensiblement égal. Sur l'autre face de la lentille, si l'on suppose encore les arcs ϵ et δ décrits d'un rayon égal à l'unité, et l'arc $A'n$ décrit avec le rayon $P'A'$, en faisant $C'A = R'$, et $A'P' = p'$, on a de même $\delta = \dfrac{AI}{R'}$, et $\epsilon = \dfrac{A'n}{P'A'} = \dfrac{A'E}{p'}$.

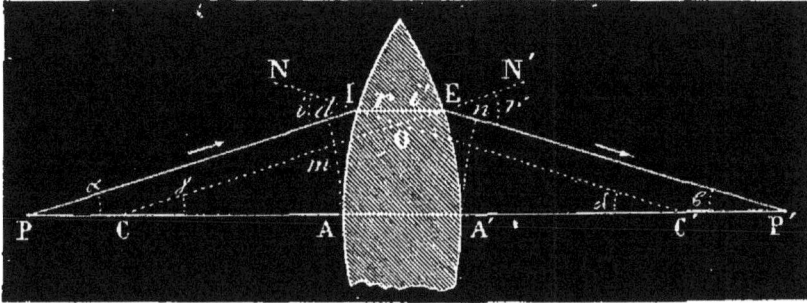

Fig. 404.

Portant ces valeurs dans l'équation [2], il vient

$$(n-1)\left(\dfrac{A'E}{R} + \dfrac{AI}{R'}\right) = \dfrac{AI}{p} + \dfrac{A'E}{p'}.$$

Si l'on admet que les arcs $A'E$ et AI soient égaux, ce qui est d'autant plus près de la vérité que les rayons incidents s'écartent moins de l'axe, on peut supprimer le facteur commun; ce qui donne enfin

$$(n-1)\left(\dfrac{1}{R} + \dfrac{1}{R'}\right) = \dfrac{1}{p} + \dfrac{1}{p'} \quad [3].$$

Telle est la formule des lentilles biconvexes. Si l'on y fait $p = \infty$, on trouve

$$\dfrac{1}{p'} = (n-1)\left(\dfrac{1}{R} + \dfrac{1}{R'}\right),$$

p' désignant alors la distance focale principale. En représentant celle-ci par f, on a

$$\dfrac{1}{f} = (n-1)\left(\dfrac{1}{R} + \dfrac{1}{R'}\right) \quad [4],$$

équation dont il est facile de tirer la valeur de f. En ayant égard à la formule [4], la formule [3] prend la forme

$$\dfrac{1}{p} + \dfrac{1}{p'} = \dfrac{1}{f} \quad [5],$$

qui est celle sous laquelle on la considère ordinairement.

Lorsque l'image est virtuelle, p' change de signe, et la formule [5] prend la forme

$$\dfrac{1}{p} - \dfrac{1}{p'} = \dfrac{1}{f} \quad [6].$$

Dans les lentilles biconcaves p' et f conservent le même signe, mais celui de p change; la formule [5] devient alors $\dfrac{1}{p} - \dfrac{1}{p'} = -\dfrac{1}{f}$ [7].

Si dans la formule [5] ci-dessus on fait $p' = 2f$, on trouve aussi $p = 2f$; c'est-à-dire qu'*un objet étant placé en avant d'une lentille biconvexe, à une distance double de la distance focale, l'image se fait de l'autre côté à la même distance, et, par conséquent, est de même grandeur.*

Dans les lentilles biconvexes les deux rayons de courbure R et R' sont ordi-

nairement égaux. Si l'on introduit cette condition dans la formule [4] ci-dessus,
elle devient $\frac{1}{f} = (n-1) \times \frac{2}{R}$. Or, pour les lentilles de crown, $n = \frac{3}{2}$; substi-

tuant à n cette valeur, il vient $\frac{1}{f} = \frac{1}{2} \times \frac{2}{R}$, ou $\frac{1}{f} = \frac{1}{R}$: d'où $f = R$. Donc, dans
les lentilles de crown, *le foyer principal coïncide avec le centre de courbure*. Il en est
sensiblement de même dans les lentilles de verre ordinaire ; avec le flint, la distance focale est plus courte.

* 504. Aberration de sphéricité, caustiques. — Dans la théorie des
foyers et des images fournis par les différentes espèces de lentilles sphériques, on
a admis jusqu'ici que les rayons émis d'un même point allaient, après s'être réfractés, concourir très-sensiblement en un point unique. Il en est ainsi, en effet,
quand l'*ouverture* de la lentille, c'est-à-dire la partie centrale qui reçoit les rayons
à travers un diaphragme, ne dépasse pas 10 à 12 degrés. Pour une ouverture plus
grande, les rayons qui traversent la lentille loin de l'axe ont leur point de concours
plus près que ceux qui la traversent près de l'axe ; c'est-à-dire qu'il se produit un
phénomène analogue à celui qu'on a observé dans les miroirs (477), sous le nom
d'aberration de sphéricité par réflexion, et qu'on désigne ici sous le nom d'*aberration de sphéricité par réfraction*. Les surfaces brillantes qui se forment alors
dans l'espace par l'intersection des rayons réfractés se nomment *caustiques par
réfraction*.

L'aberration de sphéricité nuit à la netteté des images. On obvie à ce défaut
des lentilles en plaçant, au-devant, des diaphragmes percés d'une ouverture centrale, de manière à laisser passer les rayons qui se présentent vers le centre, mais
à arrêter ceux qui tendent à se réfracter vers les bords. Du reste, en combinant
deux lentilles de courbures convenables, on parvient aussi à détruire l'aberration
de sphéricité.

505. Laryngoscope. — Nous donnons ici, comme application
des lentilles, un appareil nouvellement imaginé pour faciliter l'ob-

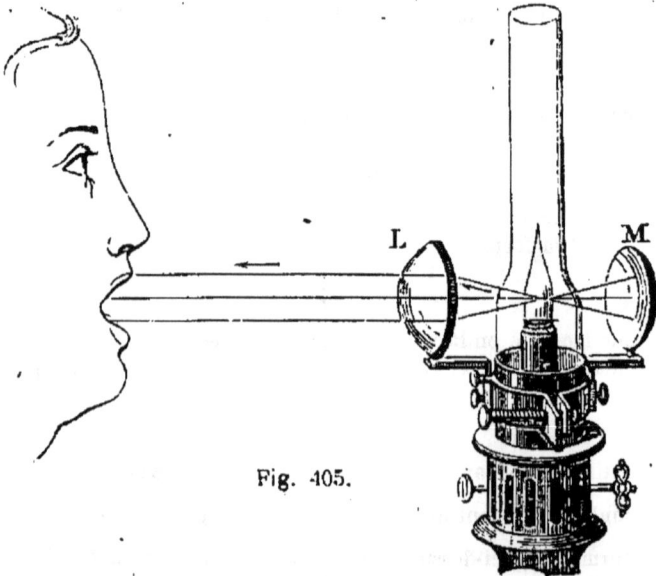

Fig. 405.

servation du larynx et des autres parties internes de la bouche.
Quoique nouveau, cet appareil a déjà reçu des formes variées. Il

se compose simplement d'un réflecteur concave, ou bien d'un réflecteur et d'une lentille convergente. Telle est la disposition adoptée par M. Kryshaber (fig. 405). L'appareil consiste en une lentille convergente L et en un réflecteur concave M, fixés tous les deux sur une pièce annulaire qui se monte sur une lampe quelconque. La flamme de celle-ci coïncide avec le foyer principal de la lentille, et, en même temps, avec le centre de courbure du réflecteur. Il en résulte que le faisceau divergent parti de la lampe vers la lentille se change, à sa sortie, en un faisceau parallèle, et que le faisceau qui tombe sur le miroir, revenant sur lui-même au. foyer de la lentille, va la traverser pour en sortir en un second faisceau parallèle qui se superpose au premier. En dirigeant cette lumière dans la bouche d'un malade, toute la cavité en est fortement éclairée, et l'on peut en observer facilement les lésions.

CHAPITRE. IV.

DISPERSION ET ACHROMATISME.

506. Décomposition de la lumière blanche, spectre solaire. — Le phénomène de la réfraction n'est pas aussi simple qu'on l'a supposé jusqu'ici : quand la lumière *blanche,* c'est-à-dire celle qui nous arrive du soleil, passe d'un milieu dans un autre, elle n'est pas seulement déviée, *elle est décomposée en plusieurs espèces de lumières,* phénomène que Newton a le premier fait connaître, et qu'on désigne sous le nom de *dispersion.*

. Pour démontrer que la lumière blanche est décomposée par l'effet de la réfraction, on reçoit, dans une chambre obscure, un faisceau de lumière solaire SA (fig. 406), à travers une très-petite ouverture pratiquée dans le volet. Ce faisceau tend à aller former en K une image ronde et incolore du soleil; mais si l'on interpose, sur son passage, un prisme de flint-glass P, disposé horizontalement, le faisceau, à l'entrée et à la sortie du prisme, se réfracte vers la base de celui-ci, et, au lieu d'une image ronde et incolore, on reçoit, sur un écran éloigné, une image H, qui, dans la direction horizontale, est de même dimension que le faisceau primitif, mais oblongue dans le sens vertical, et colorée des belles teintes de l'arc-en-ciel. Newton a donné à cette image colorée le nom de *spectre solaire.* Il existe en réalité, dans le spectre, une infinité de teintes, mais on en distingue sept principales, disposées, à partir de la plus réfrangible, dans l'ordre suivant : *violet, indigo, bleu, vert, jaune, orangé, rouge* (fig. 4 de la planche coloriée ci-après, page 495). Ces couleurs n'occupent pas toutes une étendue égale dans le spectre; c'est le violet qui a le plus d'étendue et l'orangé qui en a le moins.

Avec des prismes diaphanes de différentes substances, ou avec des prismes de verre creux, remplis de divers liquides, on obtient

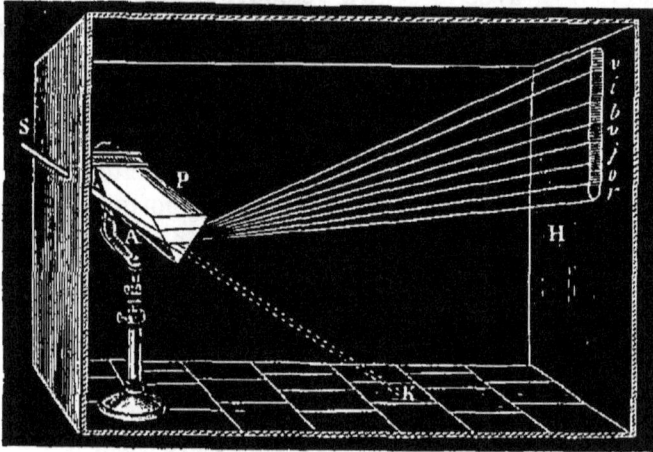

Fig. 406.

constamment des spectres formés des mêmes couleurs et dans le même ordre; mais, à angle réfringent égal, la longueur du spectre varie avec la substance dont le prisme est formé, ce que l'on constate à l'aide du polyprisme décrit précédemment (fig. 379). Les substances qui donnent plus d'étendue au spectre sont dites plus *dispersives,* et la dispersion se mesure par la différence des indices de réfraction des rayons extrêmes du spectre. Pour le flint-glass, cette différence est 0,0433; pour le crown-glass, elle est 0,0246; la dispersion du flint est donc presque double de celle du crown.

Pour des prismes de même substance, la dispersion croît avec l'angle réfringent du prisme, ce qu'on vérifie avec le prisme à angle variable déjà décrit (fig. 380). En faisant passer au travers de ce prisme un faisceau de lumière blanche, l'étendue du spectre augmente à mesure qu'on fait diverger les deux glaces.

Dans les spectres que donnent les lumières artificielles, on n'observe pas d'autres couleurs que celles du spectre solaire, et leur ordre est le même; mais, en général, il en manque quelques-unes. Leur intensité relative est aussi très-modifiée. La nuance qui domine dans une flamme artificielle est également celle qui domine dans son spectre. Les flammes jaunes, rouges, vertes, donnent des spectres où la teinte dominante est le jaune, le rouge, le vert.

Pour produire un spectre solaire dont les sept couleurs principales soient bien séparées, l'ouverture par laquelle entre la lumière solaire ne doit avoir que quelques millimètres de diamètre, et l'angle réfringent du prisme étant de 60 degrés, l'écran sur lequel on reçoit le spectre doit être éloigné de 5 à 6 mètres.

507. Les couleurs du spectre sont simples et inégalement réfrangibles. — Si l'on isole une des couleurs du spectre en interceptant les autres au moyen d'un écran E, comme le montre la

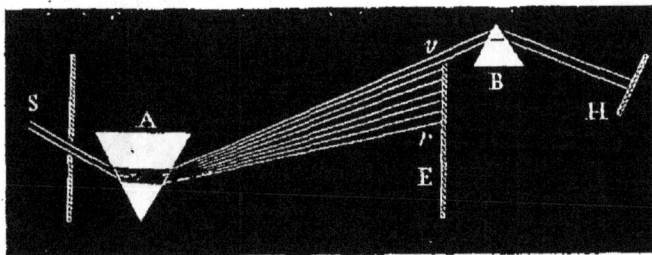

Fig. 407.

figure 407, et qu'on la fasse passer à travers un second prisme B, on observe bien encore une déviation, mais la lumière reste identiquement la même, c'est-à-dire que l'image reçue sur l'écran H est violette, si l'on a laissé passer le faisceau violet ; bleue, si l'on a laissé passer le faisceau bleu ; ce qui démontre que les couleurs du spectre sont *simples,* c'est-à-dire indécomposables par le prisme.

De plus, les couleurs du spectre sont inégalement *réfrangibles,* c'est-à-dire qu'elles possèdent des indices de réfraction différents. La forme allongée du spectre suffirait pour démontrer l'inégale réfrangibilité des couleurs simples, car il est évident que la couleur violette, qui est la plus déviée vers la base du prisme (fig. 406), est aussi la plus réfrangible, et que la couleur rouge, qui est la moins déviée, est la moins réfrangible. Mais on peut encore démontrer l'inégale réfrangibilité des couleurs simples par les expériences suivantes dues à Newton.

1° On colle sur un carton noir, l'une à la suite de l'autre, deux bandes étroites de papier, la première rouge, la seconde violette ; puis on les regarde à travers un prisme. On les voit déviées toutes les deux, mais inégalement ; la bande rouge l'est moins que la bande violette ; ce qui fait voir que les rayons rouges sont les moins réfractés.

2° On fait encore l'expérience des prismes croisés : sur un premier prisme A (fig. 408), disposé horizontalement, on reçoit un faisceau de lumière blanche S, qui, lorsqu'il ne traverse que le prisme A, va former le spectre *rv* sur un écran éloigné. Si l'on place alors, verticalement derrière le premier, un second prisme B, de manière qu'il soit lui-même traversé par le faisceau réfracté, le spectre *vr* est dévié vers la base du prisme vertical ; mais au lieu de l'être parallèlement à lui-même, comme il arriverait si toutes les couleurs du spectre étaient réfractées également, il l'est oblique-

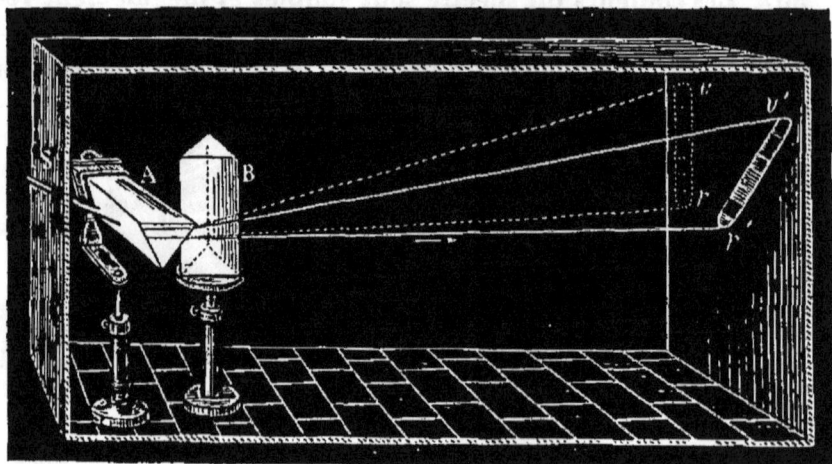

Fig. 408.

ment en *r′v′*; ce qui fait voir qu'en allant du rouge au violet, les couleurs sont de plus en plus réfrangibles.

Ces diverses expériences démontrent que l'indice de réfraction varie pour chaque couleur ; en outre, il est à observer que tous les rayons d'une même couleur n'ont pas le même indice. En effet, dans la zone rouge, par exemple, les rayons qui forment l'extrémité du spectre sont moins réfractés que ceux qui sont voisins de la zone orangée. Dans les calculs des indices de réfraction (492), on est convenu de prendre pour indice d'une substance celui du rayon jaune dans le spectre donné par cette substance.

508. Recomposition de la lumière blanche. — Après avoir décomposé la lumière blanche, il restait à reconnaître si l'on pouvait la

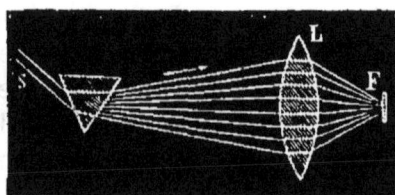

Fig. 409.

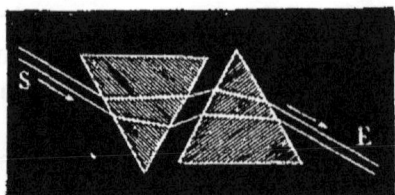

Fig. 410.

reproduire en réunissant les différents faisceaux séparés par le prisme. Or cette recomposition peut s'opérer par un grand nombre de procédés :

1° Si l'on reçoit le spectre sur un second prisme de même angle réfringent que le premier, et tourné en sens contraire, comme le montre la figure 410, ce dernier prisme réunit les différentes couleurs du spectre, et l'on observe que le faisceau émergent E, parallèle au faisceau S, est incolore.

2° On reçoit le spectre sur une lentille biconvexe (fig. 409), et plaçant un écran blanc à son foyer, on y recueille une image blanche du soleil ; un ballon de verre rempli d'eau produirait le même effet que la lentille.

3° On fait tomber le spectre sur un miroir concave (fig. 411), et au foyer, sur un écran de verre dépoli, se forme une image blanche.

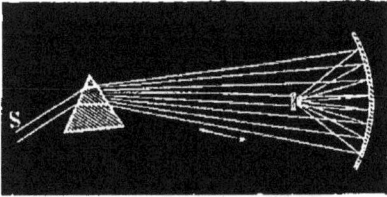

Fig. 411.

4° On recompose encore la lumière en recevant les sept couleurs du spectre respectivement sur sept petits miroirs de verre, à faces bien parallèles, pour ne pas décomposer la lumière, et pouvant s'incliner dans tous les sens pour porter la lumière réfléchie dans telle direction qu'on veut (fig. 412). En dirigeant convenablement ces miroirs, on fait d'abord tomber, sur le plafond par exemple, les sept faisceaux réfléchis, qui donnent dessus sept

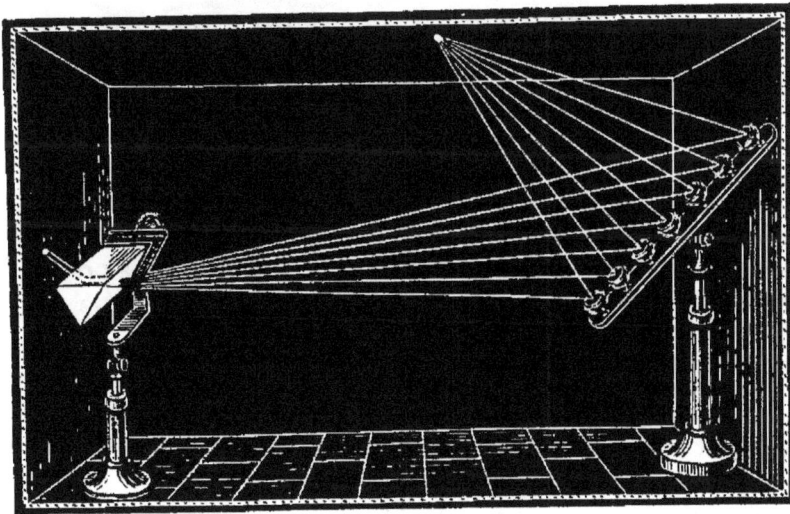

Fig. 412.

images distinctes, rouge, orangée, jaune...; puis faisant mouvoir les miroirs de manière que les sept images viennent exactement se superposer, on obtient une image unique, qui est blanche.

5° Enfin, on démontre que les sept couleurs du spectre forment du blanc, au moyen du disque de Newton. C'est un disque de carton de 35 centimètres de diamètre environ; le centre et les bords en sont recouverts de papier noir, et dans l'intervalle sont collées des bandes de papier rouges, orangées, jaunes, vertes, bleues, indigo et violettes, allant du centre à la circonférence, de manière à

Fig. 413.

Fig. 414.

imiter circulairement cinq spectres successifs par la nature des teintes et par leur étendue relative (fig. 413). En imprimant à ce disque un mouvement de rotation rapide, la rétine reçoit alors simultanément l'impression des sept couleurs du spectre, et le disque paraît blanc (fig. 414), ou du moins d'un blanc gris, car les couleurs qui le recouvrent ne sont pas exactement celles du spectre.

509. **Théorie de Newton sur la composition de la lumière et sur la couleur des corps.** — C'est Newton qui, le premier, décomposa la lumière blanche par le prisme, et la recomposa. Des diverses expériences que nous avons fait connaître ci-dessus, il conclut que la lumière blanche n'est pas homogène, mais formée de sept lumières inégalement réfrangibles, qu'il nomma lumières *simples* ou *primitives,* et que c'est en vertu de leur différence de réfrangibilité qu'elles sont séparées en traversant le prisme.

Dans cette théorie, les corps décomposent aussi la lumière par réflexion, et leur couleur propre ne dépend que de leur pouvoir réfléchissant pour les différentes couleurs simples. Ceux qui les réfléchissent toutes, dans les proportions qu'elles ont dans le spectre, sont blancs; ceux qui n'en réfléchissent aucune sont noirs. Entre ces deux limites extrêmes se présentent une infinité de nuances, suivant que les corps réfléchissent plus ou moins certaines couleurs simples et absorbent les autres. En sorte que les corps ne sont pas colorés par eux-mêmes, mais par l'espèce de lumière qu'ils réfléchissent. En effet, si dans une chambre obscure on éclaire successivement un même corps avec chacune des lumières du spectre, ce corps n'a plus de couleur propre; ne pouvant réfléchir que l'espèce de lumière qu'il reçoit, il paraît rouge, orangé, jaune..., suivant le faisceau dans lequel il est placé. La couleur des corps varie encore avec la nature de la lumière. C'est ce qui arrive pour la lumière du gaz et des bougies, dans laquelle le jaune domine, et qui communique cette teinte aux objets qu'elle éclaire.

Telle est la théorie de Newton sur la composition de la lumière et sur la coloration des corps; elle est généralement admise par les physiciens. Quelques-uns cependant n'admettent pas sept couleurs simples. M. Brewster, professeur à Édimbourg, n'en compte que trois, qui sont le rouge, le jaune et le bleu. Ayant analysé le spectre solaire en le regardant à travers des substances colorées qui ne laissent passer que certaines couleurs et absorbent les autres, ce savant a trouvé qu'il existe du rouge dans toutes les parties du spectre, ainsi que du jaune et du bleu. De là il a admis que le spectre solaire est formé de trois spectres superposés, de même étendue, l'un rouge, l'autre jaune, le troisième bleu, et que les trois spectres ont leur maximum d'intensité en des points différents, d'où résultent les différentes teintes du spectre solaire. Cette théorie, qui généralement n'a pas été adoptée, a été combattue même par les physiciens anglais.

510. Couleurs complémentaires. — Newton a nommé *couleurs complémentaires,* celles qui, réunies, forment du blanc. Le vert est complémentaire du rouge, le bleu de l'orangé, le violet du jaune. Une couleur quelconque a toujours sa couleur complémentaire, car, n'étant pas blanche, il lui manque quelques-unes des couleurs du spectre pour former de la lumière blanche; le mélange de ces couleurs doit donc en donner une complémentaire de la première.

511. Propriétés du spectre. — On distingue, dans les couleurs du spectre, des propriétés *éclairantes,* des propriétés *calorifiques* et des propriétés *chimiques.*

1° *Propriétés éclairantes.* — D'après les expériences de Fraünhofer et d'Herschel, c'est dans le jaune qu'a lieu le maximum d'intensité de la lumière, et c'est dans le violet qu'a lieu le minimum.

2° *Propriétés calorifiques.* — L'intensité de la chaleur réfractée en même temps que les rayons solaires varie dans le spectre. Leslie fit voir, le premier, qu'elle croît du violet vers le rouge. Herschel fixa le maximum dans la bande obscure qui termine le rouge ; Bérard, dans le rouge même. Cette différence dans les résultats fut expliquée par Seebeck, qui observa qu'elle dépendait de la nature du prisme réfringent. Avec un prisme d'eau, il trouva le maximum dans le jaune ; avec un prisme d'alcool, il l'observa dans le jaune orangé, et enfin dans le rouge moyen, avec un prisme de crown.

Melloni a confirmé les expériences de Seebeck au moyen de son thermo-multiplicateur ; il a trouvé, en outre, que le maximum de chaleur s'éloigne d'autant plus du jaune vers le rouge que la substance du prisme est plus diathermane. Avec un prisme de sel gemme, le maximum se forme tout à fait au delà du rouge.

3° *Propriétés chimiques.* — Dans un grand nombre de phénomènes, la lumière solaire se comporte comme un agent chimique. Par exemple, le protochlorure de mercure et le chlorure d'argent noircissent par l'action de la lumière ; le phosphore diaphane devient opaque ; les principes colorants d'origine végétale se détruisent. La lumière suffit même pour déterminer les combinaisons, comme il arrive avec un mélange de chlore et d'hydrogène ; c'est elle, enfin, qui contribue principalement à la production de la matière verte dans les plantes. Toutefois les diverses couleurs du spectre ne possèdent pas la même action chimique. Scheele, le premier, fit voir que l'effet du rayon violet sur le chlorure d'argent est plus sensible que celui des autres rayons. Wollaston observa même que cette action s'étendait hors du spectre visible, avec la même intensité que dans le violet, et il en conclut qu'outre les rayons qui agissent sur la rétine, il existe des rayons invisibles, qui sont plus réfrangibles. Les rayons qui possèdent la propriété de déterminer des réactions entre les éléments des corps ont reçu le nom de *rayons chimiques.*

M. Edmond Becquerel a découvert, en outre, dans le spectre, deux espèces de rayons qu'il appelle, les uns *rayons continuateurs,* et les autres *rayons phosphorogéniques.* Les premiers sont des rayons qui n'exercent point d'action chimique par eux-mêmes, mais qui ont la propriété de la continuer lorsqu'elle est commencée. Les rayons phosphorogéniques sont des rayons qui ont la propriété de rendre certains corps, le sulfure de baryum par exemple, lumineux dans l'obscurité, lorsqu'ils ont été exposés quelque temps à la lumière solaire. M. Ed. Becquerel a reconnu que le spectre phosphorogénique s'étend depuis l'indigo jusque bien au delà du violet.

* 512. Raies du spectre. — Les diverses couleurs du spectre solaire ne sont point continues. Pour plusieurs degrés de réfrangibilité, les rayons manquent; de là résultent, dans toute l'étendue du spectre, un grand nombre de bandes obscures très-étroites qu'on nomme les *raies du spectre*. Pour les observer, on reçoit un faisceau de lumière solaire dans une chambre obscure, par une fente très-étroite; et à la distance de 3 à 4 mètres, on regarde cette fente à travers un prisme de flint bien exempt de stries, en tenant les arêtes parallèles aux bords de la fente. On observe alors un grand nombre de raies obscures très-déliées parallèles aux arêtes du prisme et très-inégalement espacées.

C'est Wollaston qui, le premier, en 1802, signala les raies du spectre; mais c'est Fraünhofer, célèbre opticien de Munich, qui, le premier, en 1815, les étudia avec soin et en donna une description détaillée, avec un dessin précis, dans lequel il indiqua par les lettres de l'alphabet A, *a*, B, C, D, E, *b*, F, G, H, les plus apparentes de ces raies, qu'on désigne ordinairement sous le nom de *raies de Fraünhofer*. La raie A (fig. 1 de la planche coloriée) est à la limite du rouge; B, au milieu; C, à la limite du rouge et de l'orangé; D, dans l'orangé; E dans le vert; F, dans le bleu; G, dans l'indigo, et H, dans le violet. Il y a encore d'autres raies remarquables, telles que *a* dans le rouge et *b* dans le vert. Avec la lumière solaire, ces raies ont des positions fixes, ce qui donne le moyen de mesurer avec précision l'indice de chaque couleur simple. Dans les spectres formés par une lumière artificielle ou par celle des étoiles, la position relative des raies est changée; avec la lumière électrique, les raies obscures sont remplacées par des raies brillantes. Avec les flammes colorées, ou dans lesquelles se vaporisent certaines substances chimiques, les raies prennent des teintes éclatantes très-variables. Enfin, des raies du spectre, les unes sont constantes de position et d'éclat, telles sont les raies de Fraünhofer; mais parmi les petites raies il en est dont l'apparition dépend de la hauteur du soleil au-dessus de l'horizon et de l'état de l'atmosphère. Les raies fixes sont dues au soleil; quant aux raies variables, on les attribue à l'absorption par l'air, et on les désigne sous le nom de *raies atmosphériques*, ou de *raies telluriques*.

Fraünhofer avait compté dans le spectre plus de 600 raies plus ou moins larges et obscures, inégalement distribuées depuis le rouge jusqu'au violet. Sir David Brewster a porté le nombre des raies à 2.000. En recevant les rayons réfractés successivement à travers plusieurs prismes analyseurs, non-seulement on est arrivé aujourd'hui à plus de 3 000 raies, mais plusieurs, qu'on regardait comme simples, ont été dédoublées.

* 513. Applications des raies du spectre. — Après Fraünhofer, plusieurs physiciens ont poursuivi l'étude des raies du spectre. Dès 1822, sir John Herschel faisait remarquer que les substances volatilisées dans une flamme fournissaient un moyen très-sensible de reconnaître la présence de tel ou tel corps par la coloration qu'elles donnaient aux raies du spectre. Depuis, ces phénomènes ont été successivement étudiés par MM. Ed. Becquerel, Draper, Stokes, Wheatstone, Foucault, Masson, Angstroem, Plucker et Talbot; mais ce sont surtout MM. Kirchhoff et Bunsen, à Heidelberg, qui, en 1860, ont fait connaître l'importante application que présentaient les raies du spectre à l'analyse chimique, en constatant que tous les sels d'un même métal introduits dans une flamme produisaient constamment des raies identiques de teinte et de position; tandis que les raies changent de teinte, de position et de nombre pour chaque métal; et qu'enfin des quantités infiniment petites d'un métal suffisent pour en déceler la présence. De là un nouveau procédé d'analyse, qu'on désigne sous le nom d'*analyse spectrale*.

* 514. Spectroscope. — On donne le nom de *spectroscope* à l'appareil qu'ont adopté MM. Kirchhoff et Bunsen pour étudier le spectre. Cet appareil est représenté dans la fig. 415, tel qu'il a été modifié par MM. Duboscq et Grandeau. Il se compose de trois lunettes montées sur un pied commun, et dont les axes con-

vergent vers les faces d'un prisme de flint P. La lunette A peut seule tourner autour du prisme. On la fixe par une vis de pression *n* dans la position qu'on veut

Fig. 415.

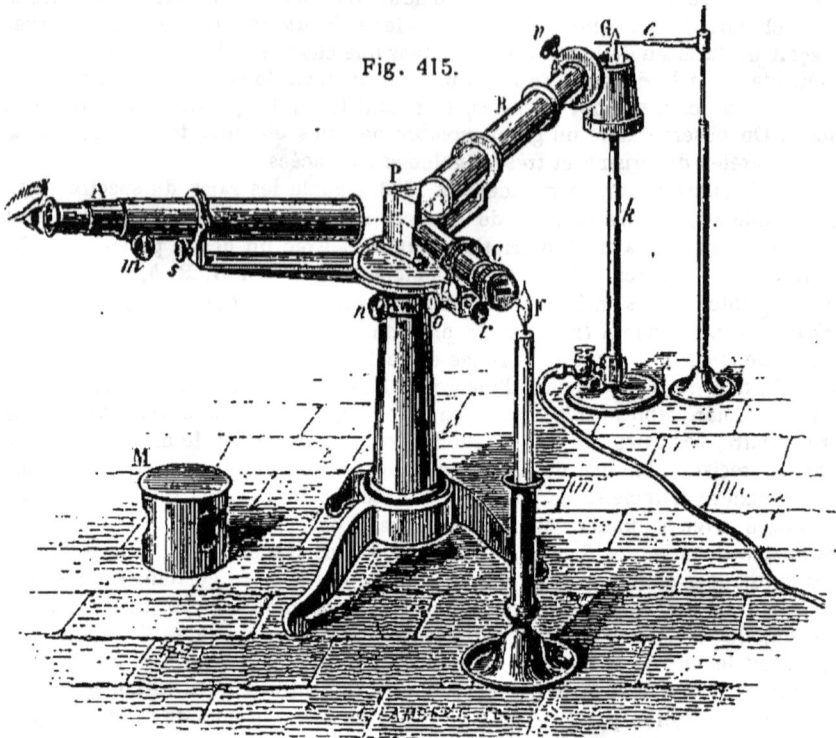

lui donner. Le bouton *m* sert à *mettre au foyer*, c'est-à-dire à faire avancer ou

Fig. 416.

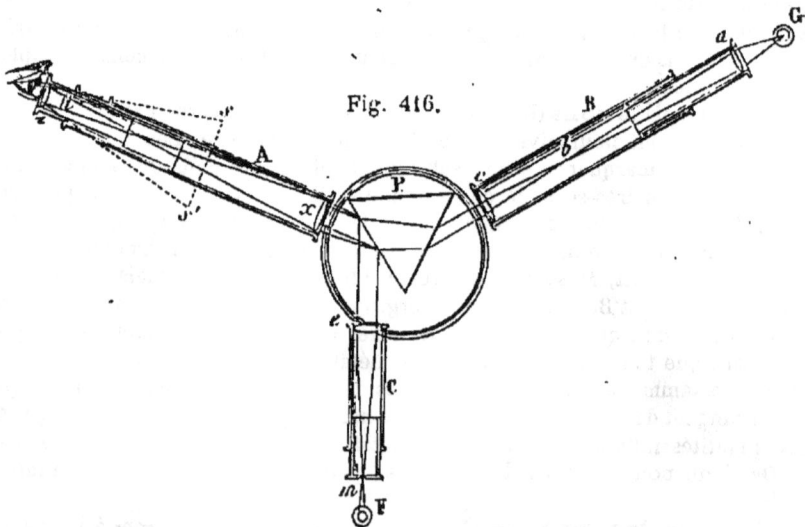

reculer l'oculaire, jusqu'à ce qu'on voie nettement l'image du spectre (553); enfin,
le bouton *s* donne le moyen d'incliner plus ou moins la lunette.

Pour faire comprendre l'usage des lunettes B et C, reportons-nous à la figure

416, qui représente la marche de la lumière dans tout l'appareil. Les rayons émis par la flamme G rencontrent une première lentille *a* qui les fait converger en un point *b*, qui est le foyer principal d'une seconde lentille *c*. Par suite, c'est un faisceau parallèle qui sort de la lunette B et qui entre dans, le prisme. A la sortie de celui-ci, la lumière est décomposée, et les sept faisceaux du spectre tombent sur la lentille *x* qui en forme en *i* une image réelle et renversée. C'est enfin cette image que l'observateur regarde avec une loupe *z*, qui donne en *ss'* l'image virtuelle du spectre, avec un grossissement d'environ huit fois.

Quant à la lunette C, elle sert à mesurer la distance relative des raies du spectre. Pour cela, à son extrémité antérieure est un micromètre divisé en 250 parties égales. Pour obtenir ces divisions, on a une bande de papier sur laquelle est tracée une échelle de 250 millimètres avec la graduation de 10 en 10; puis, par la photographie, on prend de cette échelle une image sur verre, réduite à 15 millimètres de longueur, et *négative*, c'est-à-dire que le micromètre reproduit en clair, sur fond noir, l'image noire sur fond blanc de l'échelle. Le micromètre ainsi construit et placé en *m* à l'extrémité du tube C, se trouve correspondre au foyer principal d'une lentille *e*, qui, par suite, envoie sur le prisme un faisceau parallèle. Or, une portion de ce faisceau, étant réfléchie sur la face du prisme, est renvoyée

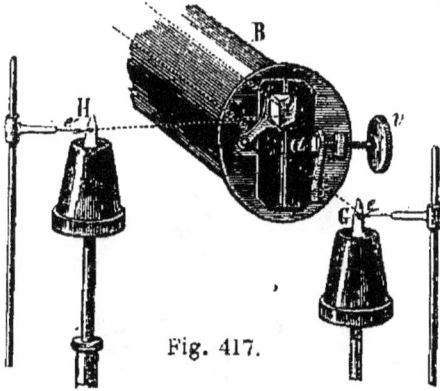

Fig. 417.

dans la lunette A, et y donne en clair, sur le spectre même, une image parfaitement nette du micromètre, laquelle donne le moyen de mesurer avec précision les distances relatives des différentes raies.

La lunette micrométrique est en outre munie de plusieurs vis de rappel *i, o, r;* la vis *i* est la mise au foyer; *o* sert à déplacer le micromètre latéralement dans le sens du spectre; et *r*, à incliner plus ou moins la lunette pour élever ou abaisser le micromètre. Pour compléter la description du spectroscope, il nous reste à décrire l'ouverture par laquelle la lumière de la flamme G entre dans la lunette B. Elle consiste en une fente verticale étroite, qu'on ouvre plus ou moins en faisant marcher, à l'aide d'une vis de pression *v*, la pièce *a* (fig. 417), qui est mobile. Lorsqu'on veut observer simultanément deux spectres pour les comparer entre eux, on place à la partie supérieure de la fente un petit prisme *i* dont l'angle réfringent est de 60 degrés. Les rayons partis d'une flamme H tombent normalement sur une des faces du prisme, éprouvent la réflexion totale sur la deuxième, et, sortant perpendiculairement à la troisième, entrent dans la lunette suivant une direction parallèle à son axe. Puis une deuxième flamme G envoie un second faisceau, un peu au-dessous du petit prisme, dans la même direction que le premier; et ces deux faisceaux traversant le prisme P du spectroscope (fig. 416), vont former deux spectres horizontaux parallèles, qu'on regarde avec la lunette A. Dans les flammes G et H sont des fils de platine *e, e'*. Ces fils ont été trempés d'avance dans les dissolutions salines des métaux sur lesquels on veut expérimenter; ou bien, ils supportent de petits cristaux de ces sels, et c'est en se vaporisant que les métaux modifient la lumière transmise et donnent naissance à telles ou telles raies.

Chacune des flammes H et G est un bec de gaz d'éclairage. L'appareil qui les alimente est connu sous le nom de *lampe de Bunsen*. Le gaz arrive par la tige, qui est creuse. A la partie inférieure de celle-ci est un orifice latéral destiné à laisser entrer l'air qui doit brûler le gaz. Cet orifice se ferme plus ou moins au moyen d'un petit diaphragme tournant, qui fait l'office de régulateur. Si on laisse

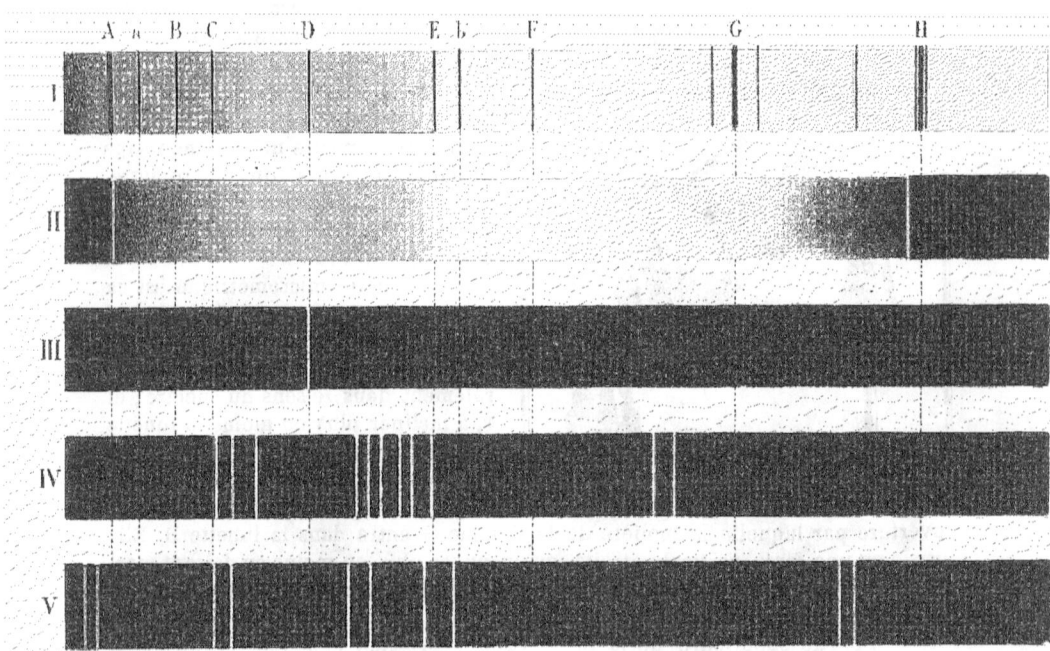

A n B C D E b F G H

I

II

III

IV

V

Page 498.

entrer beaucoup d'air, le gaz brûle avec éclat, et les raies sont peu apparentes, ce qu'il importe d'éviter. Si on laisse passer moins d'air, la flamme perd de son éclat et bleuit. Alors elle ne donne plus de spectre ; mais dès qu'on y introduit un sel métallique à l'état de dissolution, ou à l'état solide, le spectre du métal apparaît.

* 515. **Expériences avec le spectroscope.** — La planche coloriée ci-jointe montre quelques spectres observés à l'aide du spectroscope. La figure 1 représente le spectre solaire.

La figure II est le spectre du potassium. Il est continu, c'est-à-dire contient toutes les couleurs du spectre solaire ; de plus, il est caractérisé par deux raies brillantes, l'une dans l'extrême rouge, et correspondant à la raie A de Fraünhofer ; l'autre dans l'extrême violet.

La figure III donne le spectre du sodium. Ce spectre ne contient ni rouge, ni orangé, ni vert, ni bleu, ni violet ; et il est caractérisé par une raie jaune très-brillante, qui tient exactement la place de la raie D de Fraünhofer. Le sodium est de tous les métaux celui qui possède la plus grande sensibilité spectrale. En effet, on a constaté que $\frac{1}{3\,000\,000\,000}$ de gramme de soude suffit pour faire apparaître la raie jaune du sodium. Aussi est-il difficile d'éviter cette raie. Un peu de poussière soulevée dans un appartement la fait naître, ce qui montre combien le sodium est abondamment répandu dans la nature.

Les figures IV et V montrent les spectres du cæsium et du rubidium, métaux nouveaux découverts par MM. Kirchhoff et Bunsen au moyen de l'analyse spectrale. Le premier se distingue par deux raies bleues, le second par deux raies rouges très-éclatantes, et par deux raies violettes moins intenses. Un troisième métal, le thallium, a été trouvé à l'aide de la même méthode par M. Crookes, en Angleterre, et, en même temps, par M. Lamy, en France. Le thallium est caractérisé par une raie verte unique.

La méthode spectrale s'applique très-bien à tous les métaux alcalins. Pour les métaux des autres sections, les expériences deviennent plus difficiles. Ces métaux ne se vaporisant qu'à des températures très-élevées, il faut avoir recours à une source de chaleur plus intense que celle qu'on obtient avec la lampe de Bunsen. C'est de l'étincelle électrique ou de l'arc voltaïque qu'on fait alors usage. On obtient ainsi des spectres parfaitement déterminés ; mais encore ici la méthode devient complexe par le grand nombre de raies brillantes qu'on obtient. Avec le fer, par exemple, on a 70 raies, et plusieurs autres métaux en donnent à peu près autant. On conçoit que cette multiplicité de raies présente de grandes difficultés pour distinguer certains métaux entre eux.

* 516. **Couleurs des objets vus au travers d'un prisme.** — Lorsqu'un corps est vu au travers d'un prisme, les portions de son contour parallèles aux arêtes du prisme paraissent colorées des teintes du spectre. Ce phénomène s'explique par l'inégale réfrangibilité des rayons lumineux réfléchis par le corps. Si l'on regarde, par exemple, une bande très-étroite de papier blanc collée sur un carton noir, avec un prisme dont les arêtes lui soient parallèles, cette bande paraît colorée de toutes les couleurs du spectre, et c'est la teinte violette qui est la plus déviée vers le sommet du prisme. Dans cette expérience, la lumière blanche réfléchie par la bande de papier est décomposée à son passage dans le prisme, et la teinte violette, qui est plus réfrangible, est déviée davantage, ce qui la fait paraître plus relevée.

Si la bande de papier, au lieu d'être très-étroite, a une certaine largeur, toute sa partie moyenne reste blanche ; ses bords parallèles aux arêtes du prisme sont seuls colorés, les plus rapprochés du sommet en violet mélangé de bleu et d'indigo, et les plus rapprochés de la base en rouge mélangé d'orangé et de jaune. Pour expliquer ce phénomène, il faut concevoir la bande de papier partagée en bandes parallèles très-étroites. Chacune de celles-ci donnera, comme dans le premier cas, un spectre complet. Or, le deuxième spectre étant un peu plus bas que le premier, le troisième plus bas que le deuxième, et ainsi de suite, il en résulte une superposition successive de toutes les couleurs simples, qui produit du blanc, excepté vers les bords, où la superposition n'est pas complète, et où le violet d'un côté, et le rouge de l'autre, restent isolés.

Le prisme donne le moyen d'analyser la couleur d'un corps. Pour cela, on découpe de celui-ci une bandelette étroite qu'on fixe sur un fond noir et qu'on éclaire fortement. En la regardant alors, à la distance d'un à deux mètres, avec un prisme, la lumière réfléchie est décomposée dans ses éléments, et l'on reconnaît quelles sont les couleurs simples qui composent la couleur propre du corps. On a constaté ainsi que la couleur de tous les corps est composée. Les pétales des fleurs, par exemple, donnent toujours un spectre nuancé de plusieurs des couleurs du spectre solaire.

* 517. Aberration de réfrangibilité.

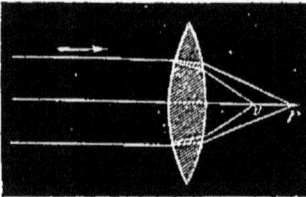

Fig. 418.

— Les diverses lentilles décrites précédemment (495) ont l'inconvénient, lorsqu'elles sont à une certaine distance de l'œil, de donner des images dont les contours sont irisés. Ce défaut, qui est surtout sensible dans les lentilles convergentes, est dû à l'inégale réfrangibilité des couleurs simples (507), et se désigne sous le nom d'*aberration de réfrangibilité*. En effet, ces lentilles pouvant être comparées à une suite de prismes à faces infiniment petites, réunis par leurs bases, elles ne réfractent pas seulement la lumière, mais la décomposent à la manière du prisme. Il résulte de cette dispersion que les lentilles ont réellement sept foyers distincts, un pour chaque couleur du spectre. Dans les lentilles convergentes, par exemple, les rayons rouges, qui sont les moins réfrangibles, vont former leur foyer en un point r, placé sur l'axe de la lentille (fig. 418), tandis que les rayons violets, se réfractant davantage, vont concourir en un point v, plus rapproché. Entre ces deux limites se forment les foyers orangé, jaune, vert, bleu et indigo. L'aberration de réfrangibilité est d'autant plus sensible, que les lentilles sont plus convexes et que le point d'incidence des rayons qui les traversent est plus éloigné de l'axe; car alors les faces d'incidence et d'émergence sont plus inclinées entre elles. Il nous reste à faire connaître comment on corrige l'aberration de réfrangibilité dans les instruments d'optique.

* 518. Achromatisme.

— En combinant des prismes dont les angles réfringents sont différents (487), et qui sont formés de substances inégalement dispersives (506), on est parvenu à réfracter la lumière blanche sans la décomposer. Le même résultat s'obtient avec des lentilles de substances différentes, dont les courbures sont convenablement combinées. Les contours des objets vus au travers des prismes ou des lentilles ainsi formés ne paraissant plus irisés, on dit que ces prismes et ces lentilles sont *achromatiques,* et l'on nomme *achromatisme,* le phénomène de la réfraction de la lumière sans dispersion.

En observant le phénomène de la dispersion des couleurs avec des prismes d'eau, d'essence de térébenthine, de crown-glass, Newton avait été conduit à admettre que la dispersion était proportionnelle à la réfraction. Il en avait conclu qu'il ne pouvait y avoir réfraction sans dispersion, et par conséquent que l'achromatisme était impossible. Près d'un demi-siècle s'écoula avant qu'on reconnût l'erreur de Newton. Hall, savant anglais, construisit le premier, en 1733, des lunettes achromatiques, mais il ne publia pas sa découverte. C'est Dollond, opticien à Londres, qui, en 1757, montra qu'en juxtaposant deux lentilles, l'une biconvexe, de crown-glass, et l'autre concave-convexe, de flint (fig. 419), on obtenait une lentille sensiblement achromatique.

Pour expliquer ce résultat, soient deux prismes BCF et CFD juxtaposés et tournés en sens contraire, comme le montre la figure 420. Si l'on suppose d'abord que ces prismes soient de même substance, l'angle réfringent CFD du second étant plus petit que l'angle réfringent BCF du premier; les deux prismes produiront le même effet qu'un prisme unique BAF; c'est-à-dire que la lumière blanche qui les traverse ne sera pas seulement déviée, mais décomposée. Au contraire, si le premier prisme BCF étant de crown, le second est de flint, on peut détruire la dispersion tout en conservant la réfraction. En effet, le flint étant plus dispersif que le crown, et la dispersion produite par un prisme diminuant avec l'angle réfringent du prisme (506), il en résulte qu'en diminuant convenablement l'angle réfringent CFD du prisme de flint, par rapport à l'angle réfringent BCF du prisme de crown, on arrive à rendre égal le pouvoir dispersif de ces prismes; et comme, d'après leur position, la dispersion a lieu en sens contraire, elle est compensée, c'est-à-dire que les rayons émergents EO sont sensiblement ramenés au parallélisme, et

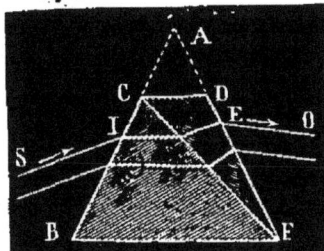

Fig. 419. Fig. 420.

donnent, par conséquent, de la lumière blanche. Toutefois le rapport des angles BCF et CFD, qui convient au parallélisme des rayons rouges et des rayons violets, par exemple, n'étant pas celui qui convient aux rayons intermédiaires, il en résulte qu'avec deux prismes on ne peut en réalité achromatiser que deux des rayons du spectre. Pour obtenir l'achromatisme parfait, il faudrait sept prismes de substances inégalement dispersives et dont les angles réfringents seraient convenablement déterminés.

Quant à la réfraction, elle n'est pas corrigée en même temps que la dispersion, car il faudrait pour cela que la puissance réfractive des corps variât, comme l'avait supposé Newton, dans le même rapport que leur pouvoir dispersif, ce qui n'a pas lieu. Par conséquent, le rayon émergent EO ne sort pas parallèlement au rayon incident SI, et il y a déviation sans décomposition sensible.

Les lentilles achromatiques se forment de deux lentilles de substances inégalement dispersives. L'une A, de flint, est concave-convexe divergente (fig. 419); l'autre, B, de crown-glass, est biconvexe, et l'une de ses faces peut coïncider exactement avec la face concave de la première. Avec les lentilles, comme avec les prismes, il faudrait sept verres pour obtenir l'achromatisme parfait; mais deux suffisent dans tous les instruments d'optique, et on leur donne la courbure nécessaire pour achromatiser les rayons rouges et les rayons jaunes.

*519. Absorption de la lumière par les milieux transparents. — On ne connaît pas de substances d'une transparence parfaite. Le verre, l'eau, l'air même, éteignent graduellement la lumière qui les traverse, et, sous une épaisseur suffisante, ces milieux peuvent l'affaiblir assez pour qu'elle n'agisse plus sur la rétine. On observe, en effet, qu'un grand nombre d'étoiles qui ne sont pas visibles, même par le ciel le plus pur, quand on est dans les plaines, le deviennent quand on s'élève sur les hautes montagnes.

Cette perte graduelle qu'éprouve la lumière en traversant les milieux diaphanes se nomme *absorption*; elle a pour cause la réflexion que subit la lumière sur les molécules des corps transparents. Si tous les rayons simples étaient également transmissibles à travers les milieux diaphanes, ceux-ci seraient incolores. Or, il n'en est jamais ainsi : ce qui montre que, comme les corps diathermanes ne se laissent pas traverser également par les différents rayons calorifiques (411), de même les corps diaphanes laissent passer plus facilement certains rayons lumineux que d'autres. Le milieu prend alors la couleur pour laquelle il est le plus diaphane. C'est pour cette raison que, sous une grande épaisseur, l'air paraît bleu; une lame de verre épaisse est verte. Le verre coloré en rouge par le protoxyde de cuivre ne laisse passer que les rayons rouges, et absorbe tous les autres, même sous une petite épaisseur.

Pour plusieurs milieux transparents, la coloration varie avec l'épaisseur. Par exemple, le perchlorure de chrome, qui est vert sous une faible épaisseur, devient rouge foncé sous une épaisseur plus grande. On nomme *polychroïques* les substances dont la teinte varie ainsi avec l'épaisseur. On explique ce phénomène en admettant que l'absorption n'est pas la même pour les sept couleurs simples.

C'est par un effet d'absorption que les rayons du soleil sont moins intenses quand cet astre est à l'horizon que lorsqu'il est au zénith, car l'épaisseur de l'atmosphère est alors bien plus considérable.

CHAPITRE V.

INSTRUMENTS D'OPTIQUE.

520. Divers instruments d'optique. — On nomme *instruments d'optique,* des combinaisons de lentilles, ou de lentilles et de miroirs, qui peuvent se diviser en trois groupes, suivant les usages auxquels on les destine. 1° Les instruments qui ont pour objet d'amplifier les images des corps que leurs petites dimensions ne permettent pas d'observer à l'œil nu : ce sont les *microscopes.* 2° Les instruments qui rapprochent et servent à observer les astres ou les objets éloignés : ce sont les *télescopes* et les *lunettes.* 3° Les instruments propres à projeter, sur un écran, des images réduites ou amplifiées, qui peuvent être utilisées dans l'art du dessin, ou montrées à de nombreux observateurs; tels sont : la *chambre claire,* la *chambre obscure,* le *daguerréotype,* la *lanterne magique,* la *fantasmagorie,* le *mégascope,* le *microscope solaire* et le *microscope photo-électrique.* Les deux premiers groupes ne donnent que des images virtuelles, et le dernier que des images réelles, excepté la *chambre claire.*

INSTRUMENTS QUI GROSSISSENT LES OBJETS.

521. Microscope simple. — Les *microscopes,* comme on l'a déjà dit ci-dessus, sont des instruments destinés à augmenter la puissance de la vue en grossissant les objets. On en distingue deux : le *microscope simple* et le *microscope composé.*

Le *microscope simple,* ou *loupe,* est simplement une lentille convergente à court foyer, avec laquelle on regarde des objets placés en deçà de son foyer principal. Quoique nous ayons déjà donné la construction de l'image ainsi obtenue (499, 2°), nous la répétons ici pour y ajouter quelques détails.

L'objet AB, que l'on veut observer, étant placé entre la lentille et son foyer principal F (fig. 421), on mène les axes secondaires AO

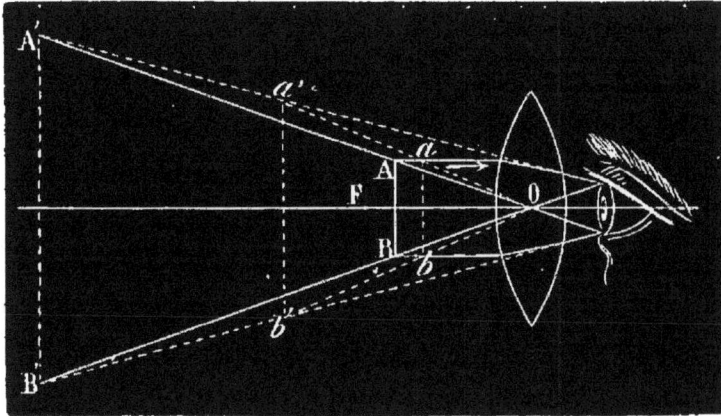

Fig. 421.

et BO; puis, des points A et B, des rayons parallèles à l'axe. Or, on a vu (496, 2°) qu'à leur sortie de la lentille, ces rayons vont passer par le foyer principal de l'autre côté de la lentille, et que, sortant divergents par rapport aux axes secondaires, leurs prolongements vont couper ceux-ci en des points A' et B' qui sont les foyers virtuels des points A et B. On a donc en A'B' l'image droite, virtuelle et amplifiée de l'objet AB.

La position et la grandeur de cette image ne sont point fixes; elles varient avec la distance de l'objet au foyer. Par exemple, l'objet se rapprochant de la lentille, de AB en *ab*, l'angle des axes secondaires augmente, et les rayons réfractés, prolongés, les coupent en *a'b'*. L'image est donc plus petite et rapprochée. Au contraire, si l'objet s'éloigne de la lentille, l'angle des axes secondaires diminue, et leur intersection par les prolongements des rayons réfractés ayant lieu au delà de A'B', l'image est plus éloignée et plus grande. On peut donc toujours, en faisant varier la distance de la lentille à l'objet, éloigner ou rapprocher l'image. On va voir ci-après (522) que c'est à l'aide de cette propriété qu'on obtient la netteté des images dans les microscopes et les lunettes.

Les aberrations de réfrangibilité et de sphéricité sont d'autant plus grandes dans le microscope simple, qu'il est plus grossissant. On a déjà vu (518) que l'aberration de réfrangibilité se corrige au moyen de lentilles achromatiques, et celle de sphéricité à l'aide de diaphragmes qui ne laissent passer que les rayons voisins de l'axe,

rayons pour lesquels l'aberration de sphéricité est négligeable (504).
On corrige encore ce genre d'aberration en faisant usage, non plus
d'une seule lentille très-convergente, mais de deux lentilles plan-
convexes superposées, leurs faces planes étant tournées vers l'objet
qu'on regarde (fig. 422). Quoique chacune de ces lentilles soit

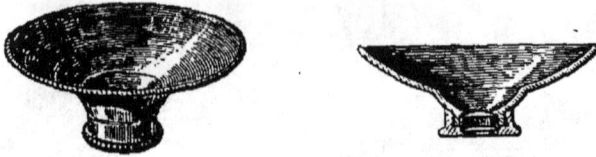

Fig. 422.

moins convexe que la lentille simple qu'elles remplacent, leur système grossit autant, mais avec une aberration moindre, parce que
la première rapproche de l'axe les rayons qui tombent sur la seconde. Ce système de lentilles est connu sous le nom de *dou-
blet de Wollaston.*

Pour faciliter l'emploi du microscope simple, M. Raspail lui a donné la disposition repré-
sentée dans la figure 423. Un support horizontal E, qui peut s'élever ou s'abaisser au moyen d'une crémaillère et d'un pignon à bouton D, porte un *œil-leton* noir *m,* au centre duquel est enchâssée une lentille achromatique plus ou moins grossis-
sante. Au-dessous est le *porte-
objet,* qui est fixe, et sur lequel, entre deux lames de verre *b,* est placé l'objet qu'on veut ob-

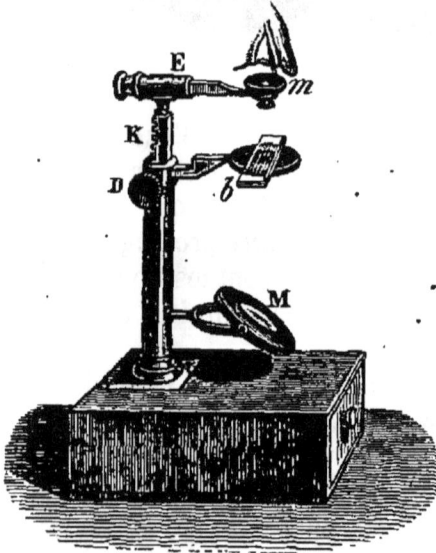

Fig. 423.

server. Comme il est nécessaire que l'objet soit fortement éclairé,
on reçoit la lumière diffuse de l'atmosphère sur un réflecteur concave de verre M, qu'on incline de manière que les rayons réfléchis
viennent tomber sur l'objet. Pour se servir de ce microscope, on
place l'œil très-près de la lentille, qu'on abaisse vers l'objet ou
qu'on élève jusqu'à ce qu'on trouve la position où l'image apparaît
avec le plus de netteté.

522. Conditions de netteté des images. — Pour que l'image
des objets qu'on regarde dans le microscope présente une grande
netteté, il ne suffit pas que ces objets soient fortement éclairés par
un réflecteur concave, comme dans le microscope de Raspail.

(fig. 423), il faut encore que l'image se forme à une distance déterminée. En effet, on verra, en traitant de la vision (553), qu'il est une distance à laquelle l'œil voit plus nettement qu'à toute autre, et qu'à cause de cela on désigne sous le nom de *distance de la vue distincte*. Elle varie avec les individus; mais pour un œil bien conformé, elle est comprise dans les limites de 25 à 30 centimètres. C'est donc à environ 25 ou 30 centimètres de l'œil que doit se former l'image. D'où l'on voit que, pour chaque observateur, il faut *mettre au point,* c'est-à-dire adapter le microscope à la distance de la vue distincte de celui qui observe. Or, c'est ce qu'on obtient toujours en faisant varier très-peu la distance de la lentille à l'objet, car on a vu ci-dessus (fig. 421) qu'un léger déplacement de l'objet en imprime un très-grand à l'image.

523. Diamètre apparent. — On nomme *grandeur apparente*

Fig. 424.

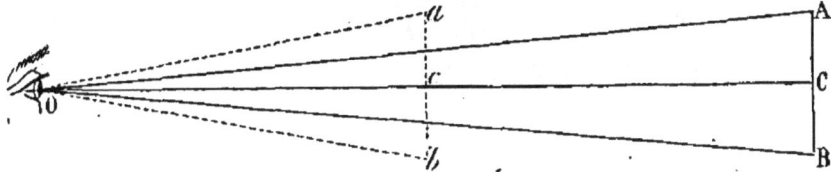

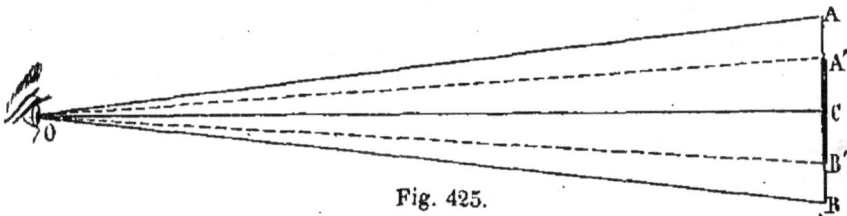

Fig. 425.

ou *diamètre apparent* d'un corps, l'angle sous lequel on le voit, c'est-à-dire l'angle AOB (fig. 424), formé par deux rayons visuels menés du centre de la pupille aux deux extrémités d'une même dimension du corps.

Dans les applications des diamètres apparents aux instruments d'optique; les angles sous lesquels on voit les objets sont toujours assez petits pour qu'on puisse, aux arcs qui mesurent ces angles, substituer leurs tangentes. Le rapport de deux angles est alors le même que celui de leurs tangentes. Ceci admis, il en découle les deux principes suivants, dont on va voir ci-après l'application à la mesure du grossissement.

I. — *Pour un même objet, vu à des distances inégales, le diamètre apparent est en raison inverse de la distance à l'œil de l'observateur.*

II. — *Pour deux objets, vus à la même distance, le rapport des diamètres apparents est le même que celui des grandeurs absolues.*

En effet, supposons que l'objet AB (fig. 424) soit transporté en *ab*, à une distance telle, que O*c* soit la moitié du OC. D'après un théorème connu de trigonométrie, les deux triangles rectangles ACO et *ac*O fournissent les égalités

$$\text{tang AOC} = \frac{\text{AC}}{\text{CO}}, \quad \text{et} \quad \text{tang } a\text{O}c = \frac{ac}{c\text{O}}.$$

Or, $ac = \text{AC}$, et $c\text{O} = \dfrac{\text{CO}}{2}$; donc tang *a*O*c* est double de tang AOC, et, par suite, l'angle *a*O*c* est double de AOC ; donc, à une distance deux fois moindre, le diamètre apparent est deux fois plus grand. On trouverait de même qu'à une distance trois fois plus petite, il est triple ; ce qui démontre le premier principe.

Pour démontrer le second, soient deux objets AB et A'B' (fig. 425) situés à la même distance de l'observateur, et supposons l'œil placé sur une droite OC perpendiculaire sur le milieu de AB. Si l'on prend OC pour unité, les droites AC et A'C représentent immédiatement les tangentes des angles AOC et A'OC ; on a donc, d'après ce qui a été dit plus haut, $\dfrac{\text{AOC}}{\text{A'OC}} = \dfrac{\text{AC}}{\text{A'C}}$, ou, en doublant les deux termes de chaque rapport, $\dfrac{\text{AOB}}{\text{A'OB'}} = \dfrac{\text{AB}}{\text{A'B'}}$, égalité qui est l'expression du deuxième principe énoncé ci-dessus.

524. Mesure du grossissement. — Dans le microscope simple, et dans les divers instruments d'optique, on prend pour mesure du grossissement *le rapport du diamètre apparent de l'image au diamètre apparent de l'objet, supposés placés tous les deux à la même distance,* celle de la vue distincte. Mais, dans chaque instrument, il importe de chercher une expression du grossissement plus facile à déterminer.

Considérant d'abord la loupe, soient AB l'objet qu'on observe, et A'B' son image (fig. 426). Si l'on projette AB sur A'B', en *a'b'*, le grossissement, d'après la définition qui précède, est le rapport des deux angles A'OB' et *a'O b'*. Or, on a vu (523) que $\dfrac{\text{A'OB'}}{a'\text{O}b'} = \dfrac{\text{A'B'}}{a'b'} = \dfrac{\text{A'B'}}{\text{AB}}$ [1], puisque $a'b' = \text{AB}$; mais A'B' est la grandeur absolue de l'image, et AB celle de l'objet ; donc on peut aussi dire que, dans le microscope simple, *le grossissement est le rapport de la grandeur de l'image à celle de l'objet.*

Cela posé, les deux triangles semblables A'OB' et AOB fournissent l'égalité $\dfrac{\text{A'B'}}{\text{AB}} = \dfrac{\text{OD}}{\text{OC}}$, dans laquelle OD est la distance de la vue distincte *d,* et OC approximativement la distance focale *f* de la lentille ; on peut donc poser $\dfrac{\text{A'B'}}{\text{AB}} = \dfrac{d}{f}$; c'est-à-dire que, dans le microscope simple, on a pour valeur approchée du grossissement *le rapport de la distance de la vue distincte à la distance focale principale de la lentille.* D'où l'on conclut que le grossissement est d'autant plus fort : 1° que la lentille est à plus court foyer, c'est-à-dire qu'elle est plus convergente ; 2° que la distance de la vue distincte de l'observateur est plus grande.

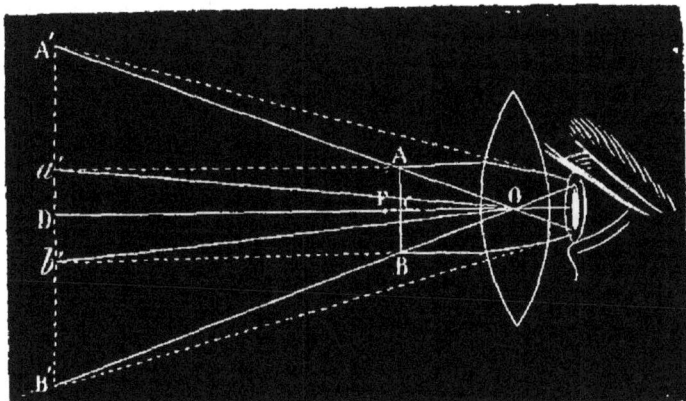

Fig. 426.

Des lentilles de rechange permettent de varier le grossissement, mais dans certaines limites, si l'on veut conserver à l'image toute sa netteté : avec le microscope simple, on obtient un grossissement très-net jusqu'à 120 fois en diamètre.

Le grossissement qu'on vient de considérer est le grossissement en diamètre, ou le grossissement *linéaire.* Le grossissement *superficiel* égale le carré du grossissement linéaire. Par exemple, si celui-ci est 20, le grossissement superficiel est 400. On verra bientôt (527) comment on détermine expérimentalement le grossissement en diamètre.

525. Microscope composé. — Le *microscope composé,* réduit à son plus grand degré de simplicité, est formé de deux verres lenticulaires convergents, l'un à court foyer, nommé *objectif,* parce qu'il est tourné vers l'objet ; l'autre, qui est moins convergent, se nomme *oculaire,* parce qu'il est près de l'œil de l'observateur. Ces deux verres sont fixés dans un même tube, de manière que leurs axes coïncident.

La figure 427 représente la marche des rayons lumineux et la formation de l'image dans le microscope composé réduit à deux verres. Un objet AB étant placé très-près du foyer principal de l'objectif M, mais un peu au delà par rapport à ce verre, une image *ab* réelle, renversée et déjà amplifiée, va se former de l'autre côté de l'objectif (499, 1°). Or, la distance des deux verres M et N est telle, que l'image *ab* se trouve entre l'oculaire N et son foyer F. Il résulte de là que pour l'œil placé en E, qui regarde cette image avec l'oculaire, ce dernier verre produit l'effet du microscope simple, ou loupe (499, 2°), et substitue à l'image ab une seconde image a'b', qui est virtuelle et amplifiée de nouveau. Cette deuxième image, droite par rapport à la première, est renversée par rapport à l'objet. On peut donc dire, en dernière analyse, que le microscope com-

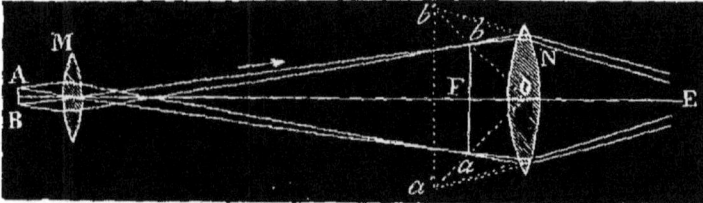

Fig. 427.

posé n'est autre chose qu'un microscope simple appliqué, non plus à l'objet, mais à son image déjà amplifiée par une première lentille.

526. Microscope de Nachet. — Nous n'avons fait connaître ci-dessus que le principe du microscope composé; il nous reste à dé-crire cet appareil et ses principaux accessoires. Inventé vers la fin du xvie siècle, il a reçu successivement de nombreux perfectionne-ments. Le microscope composé ayant reçu, depuis quelques années, des modifications et des perfectionnements importants de M. Na-chet, c'est le microscope de cet habile constructeur que nous allons décrire.

La figure 428 donne une vue perspective de cet instrument, et la figure 429 une coupe longitudinale. Le corps du microscope se compose d'un système de tubes de cuivre D, D', I, H, dont le pre-mier porte, à sa partie inférieure, l'objectif o, et le dernier H, l'ocu-laire O. DD' est un seul et même tube dans lequel s'engage, à frot-tement doux, le tube I, tandis que le tube DD' peut glisser, aussi à frottement doux, dans un tube plus gros E. Ce dernier est invaria-blement fixé à une pièce BB', qui, au moyen d'une vis à pas très-serrés, qu'on fait tourner par un bouton T, s'élève ou s'abaisse le long d'une tige intérieure C, avec une course de 6 millimètres. La tige C, ainsi que toutes les pièces qu'il nous reste à décrire, sont suspendues à un axe horizontal A, avec lequel elles tournent à frot-tement assez dur pour pouvoir s'incliner et rester fixes dans toutes les positions, depuis la verticale jusqu'à l'horizontale.

Les objets qu'on veut observer se placent, entre deux lames de verre V, sur une plate-forme circulaire R, qui est le *porte-objet*. Celui-ci est percé, à son centre, d'une ouverture qui laisse passer la lumière envoyée par un réflecteur concave M : c'est un miroir de verre, monté à articulation, de manière qu'on puisse lui donner toutes les positions et inclinaisons pour que, recevant la lumière

diffuse de l'atmosphère ou de toute autre source lumineuse, il la renvoie vers l'objet. Entre le réflecteur M et le porte-objet est un diaphragme circulaire K, percé sur son pourtour de quatre trous inégaux, et tournant librement autour d'un axe, de façon qu'on puisse

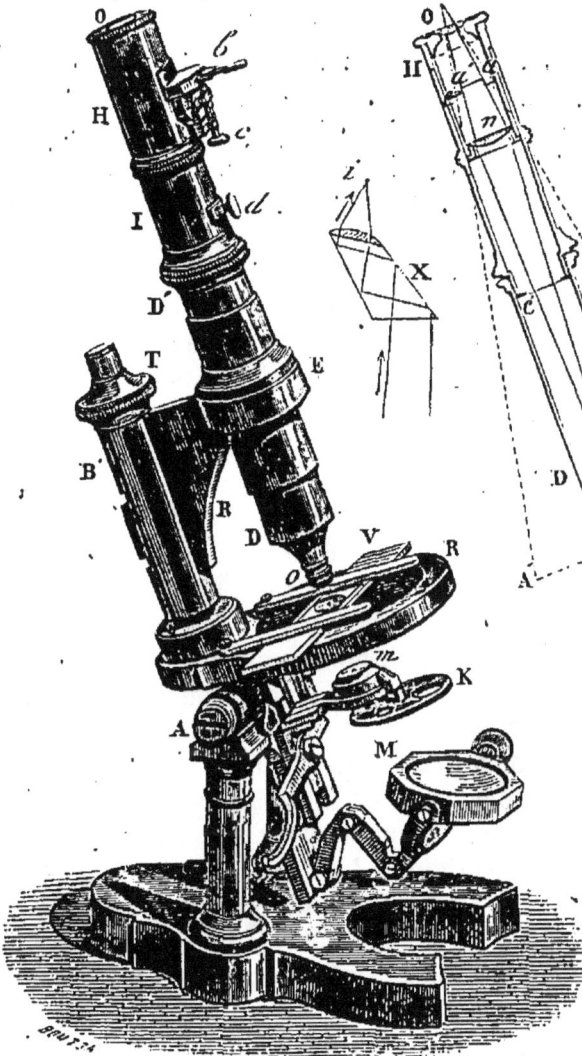

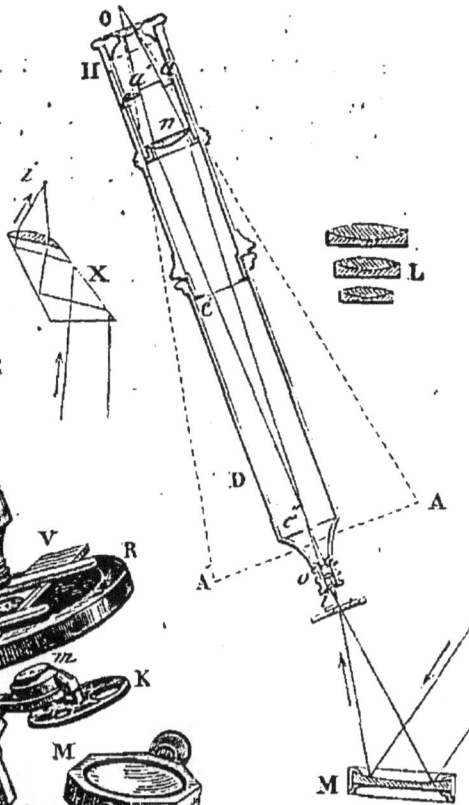

Fig. 428.   Fig. 429.

amener à volonté chacun des trous au-dessous de l'ouverture centrale du porte-objet, et régler ainsi la quantité de lumière qui arrive
à l'objet. On règle encore la lumière en élevant ou en abaissant, au
moyen d'un levier n, le diaphragme K, qui est mobile dans une coulisse. De plus, au-dessus du diaphragme K est une pièce m sur laquelle on monte, à volonté, un second diaphragme percé d'un très-
petit trou et ne laissant arriver que très-peu de lumière sur l'objet, ou

une lentille convergente, qui concentre sur l'objet une grande quantité de lumière et l'éclaire fortement, ou un prisme oblique représenté en X. Les rayons qui arrivent du réflecteur subissent deux réflexions totales dans ce prisme, et sortent par une face lenticulaire qui les concentre sur l'objet, mais obliquement, ce qui est avantageux dans certaines observations microscopiques. Les objets qu'on observe sont le plus souvent assez transparents pour qu'on les éclaire en dessous; dans le cas où leur opacité ne le permet pas, on les éclaire en dessus au moyen d'une lentille convergente, montée sur un pied à articulations; on dispose celle-ci de manière que, recevant la lumière diffuse de l'atmosphère, son foyer coïncide avec l'objet.

Enfin, ajoutons que le porte-objet R n'est pas monté directement sur l'axe A, mais sur un plateau fixé à cet axe et situé au-dessous du porte-objet. De plus, ce dernier n'est pas adhérent à ce plateau, mais tourne sur lui, guidé par une coulisse circulaire dans laquelle il est maintenu. Il résulte de cette disposition que, prenant à la main la pièce BB', on peut la faire tourner, ainsi que le porte-objet et le corps du microscope, autour de l'axe optique de celui-ci. Pendant ce mouvement, le réflecteur et les diaphragmes ne se déplacent pas, mais les lames de verre V tournant avec la plate-forme R, l'objet se trouve successivement éclairé sur toutes ses faces, ce qui permet une observation plus complète.

La figure 429 montre la disposition des lentilles et la marche des rayons dans le microscope. En o est l'objectif, qui se compose de trois petites lentilles achromatiques convergentes, qui sont représentées sur une plus grande échelle, en L, sur la droite de la figure. Les effets de ces trois lentilles s'ajoutant, leur système agit comme une lentille unique très-convergente. L'objet étant placé en i très-près du foyer principal du système, mais au delà, les rayons émergents vont tomber sur une quatrième lentille convergente n, dont on va voir ci-après l'usage (529 et 530). Devenus plus convergents par leur passage à travers le verre n, les rayons vont former en aa' une image réelle et amplifiée de l'objet i. La position de cette image est entre un cinquième verre convergent O et le foyer principal de ce verre. Par suite, si l'on regarde à travers celui-ci, il agit comme loupe (499) et donne, en AA', une image virtuelle et très-amplifiée de l'image aa', et, par conséquent, de l'objet. Les deux verres n et O constituent l'oculaire, de même que les trois verres o constituent l'objectif. On adapte à l'instrument des objectifs et des oculaires de rechange, dont les verres plus ou moins convergents font varier le grossissement. Dans le microscope que nous venons de décrire, ce grossissement va jusqu'à 1300 en diamètre (527).

Remarquons que la première image *aa'* ne doit pas seulement se faire entre le verre O et son foyer principal, mais à une distance telle de ce verre, que la deuxième image AA' se forme à la distance de la vue distincte de l'observateur (522 et 553). Ce résultat s'obtient en faisant d'abord glisser avec la main, d'un mouvement rapide, le tube DD' dans le tube E (fig. 428), jusqu'à ce qu'on aperçoive une image assez nette; puis, tournant le bouton T, dans un sens ou dans l'autre, on remonte ou on abaisse d'un mouvement très-lent la pièce BB', jusqu'à ce que l'image AA' atteigne son maximum de netteté, ce qui a lieu quand l'image *aa'* se forme à la distance voulue.

527. Micromètre, chambre claire, mesure du grossissement. — On nomme *micromètre*, une petite lame de verre sur laquelle sont tracés, au diamant, de petits traits parallèles, distants les uns des autres de $\frac{1}{10}$ ou $\frac{1}{100}$ de millimètre; et *chambre claire,* un petit prisme de verre qui donne le moyen de suivre avec un crayon, sur une feuille de papier, le contour des images vues dans le microscope, et permet ainsi d'en prendre une copie fidèle. En combinant la chambre claire et le micromètre, on détermine facilement le grossissement, c'est-à-dire *le rapport de la grandeur absolue de l'image à celle de l'objet* (524).

Il est facile de reconnaître que ce grossissement, dans le microscope composé, est le produit du grossissement de l'objectif par celui de l'oculaire. En effet, si l'on se reporte à la figure 427, le grossissement de l'objectif est $\dfrac{ab}{AB}$, et celui de l'oculaire $\dfrac{a'b'}{ab}$. Or le produit de $\dfrac{ab}{AB}$ par $\dfrac{a'b'}{ab}$ est $\dfrac{a'b'}{AB}$, qui est bien le grossissement total.

En s'appuyant sur les principes relatifs aux diamètres apparents (523), on pourrait exprimer le grossissement $\dfrac{a'b'}{AB}$ en fonction des distances focales de l'objectif et de l'oculaire, et des distances de l'objet et de l'image à ces deux verres; mais il est préférable de le déterminer expérimentalement, à l'aide du micromètre et de la chambre claire. On a donné à cette dernière différentes formes (537). La chambre claire que nous allons décrire est due à M. Nachet. Elle consiste en un prisme oblique *ab*, de crown, tronqué en *c* (fig. 431). Fixé dans une monture de cuivre percée sur les faces inférieure et supérieure; le prisme se place sur l'oculaire du microscope, comme le montre, sur une plus grande échelle, la figure 430. Une feuille de papier P étant posée auprès de l'instrument, une pointe de crayon A, appuyée sur le papier, envoie vers le prisme un faisceau de lumière qui entre normalement à la face *c*, subit une première réflexion totale sur la face *b*, une deuxième sur la face *a*, et de là arrive à l'œil comme s'il sortait du microscope. En *a* est un très-petit prisme rectangle appliqué sur le premier prisme avec du baume de Canada, qui est transparent ét dont l'indice de réfraction surpasse peu celui du crown. Les rayons qui émergent de l'oculaire *o*, traversant ainsi un milieu à faces parallèles, arrivent à l'œil sans déviation ; l'observateur voit donc simultanément, dans le microscope, le crayon et l'image des objets, et peut sans difficulté suivre les contours de celle-ci avec le crayon. Toutefois il importe que l'image du crayon et celle des objets qu'on observe se fassent toutes les deux à la même distance, celle de la vue distincte.

La chambre claire ne permet pas seulement de prendre avec précision le dessin des objets microscopiques, elle fournit encore le moyen de déterminer le grossissement du microscope. Pour cela,

Fig. 430.

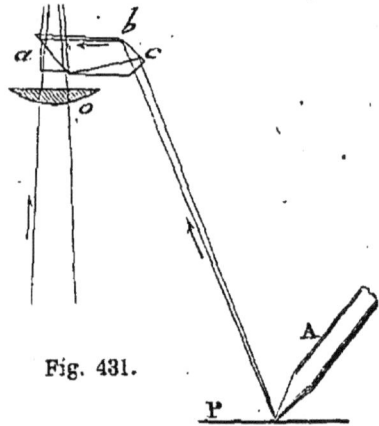

Fig. 431.

on place, sur le porte-objet, le micromètre, que nous supposerons divisé en centièmes de millimètre, puis on reçoit, à la chambre claire, l'image des divisions du micromètre sur une feuille de papier qui porte une échelle graduée en millimètres. Si l'on observe alors que 10 divisions du micromètre, par exemple, recouvrent sur le papier une longueur de 120 millimètres, on en conclut que l'image d'une seule division du micromètre a une grandeur de 12 millimètres. Divisant 12 par $\frac{1}{100}$, c'est-à-dire la grandeur absolue de l'image par celle de l'objet, le quotient 1200 est le grossissement.

Réciproquement, une fois le grossissement connu, on en déduit la grandeur absolue des objets en divisant la grandeur absolue de l'image, prise à la chambre claire, par le grossissement.

Enfin, on obtient encore la grandeur absolue des objets sans chambre claire, à l'aide de deux micromètres, l'un, divisé en centièmes de millimètre, qu'on pose sur le porte-objet, l'autre, à divisions arbitraires, mais égales, qu'on place entre les deux verres de

l'oculaire en b (fig. 428). On l'introduit dans le tube H par une ouverture latérale, et une vis de rappel c sert à l'élever ou à l'abaisser pour la mise au point ; on tourne ensuite le tube H sur lui-même
pour orienter parallèlement les deux' micromètres, puis on le fixe
en serrant la vis de pression d. Observant alors les micromètres, on
trouve, par exemple, que 12 divisions du micromètre posé sur le
porte-objet couvrent 4 divisions du micromètre supérieur, à chaque
division du second correspondent donc 3 divisions du premier,
c'est-à-dire $\frac{3}{100}$ de millimètre. Cela posé, substituant au micromètre inférieur l'objet dont on veut avoir la grandeur, et observant
de nouveau, si l'on trouve que l'image de l'objet correspond à 10
divisions du micromètre supérieur, on en conclut que la dimension
observée est 10 fois $\frac{3}{100}$ de millimètre, ou $0^{\text{mill}},3$.

   * **528. Microscope binoculaire de M. Nachet.** — Le microscope

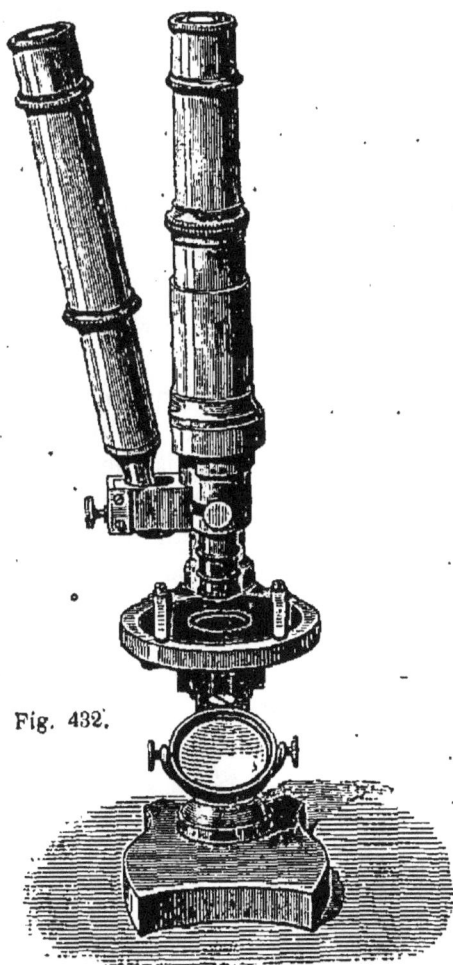

Fig. 432.

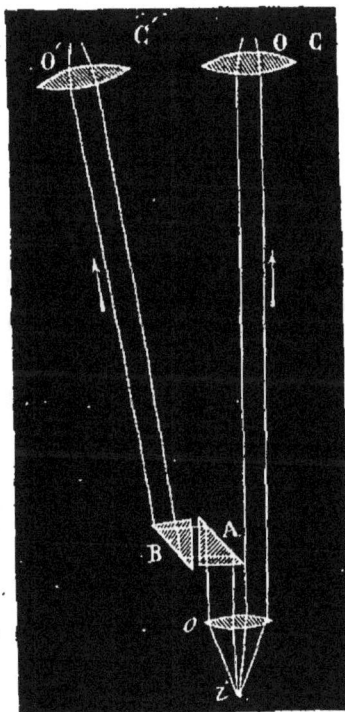

Fig. 433.

qui vient d'être décrit, ainsi que tous ceux construits avant lui, est monoculaire, c'est-à-dire qu'on y observe les objets avec un seul œil. Or, on verra bientôt, en traitant du stéréoscope (557), que c'est la vision avec les deux yeux qui nous fait percevoir le relief des corps. Le microscope monoculaire ne peut donc nous donner des objets qu'un aspect qui nous expose à de fréquentes illusions, que tendent encore à augmenter l'éclairage de bas en haut et l'ignorance où l'on est le plus souvent de la structure des objets soumis à l'observation. C'est pour obvier à cet inconvénient que M. Nachet a construit le microscope binoculaire.

La figure 432, tirée du catalogue de M. Nachet, montre ce microscope, qui est à deux corps, l'un vertical, l'autre incliné ; chacun a son oculaire, mais il n'y a qu'un objectif pour les deux. L'objet étant en *i* et l'objectif en *o*, la figure 433 fait voir comment le faisceau presque parallèle qui sort de l'objectif est divisé en deux portions égales par un prisme rectangle A : la moitié de droite arrive directement à l'oculaire O du corps vertical, tandis que la moitié de gauche, après une première réflexion totale sur la grande face du prisme A et une deuxième sur un second prisme B, émerge suivant l'inclinaison du corps oblique, et va rencontrer l'oculaire O'. Or l'angle des deux tubes étant le même que l'angle optique C *i* C' (554) si les deux yeux, placés en C et en C', regardaient directement l'objet, il en résulte que chaque œil voit celui-ci exactement sous le même point de vue que s'il le regardait, grossi, sans microscope ; d'où résulte la perception nette du relief et un aspect exact des objets.

529. Achromatisme du microscope, oculaire de Campani. — Dans le microscope composé, réduit à deux verres, comme on l'a supposé dans la figure 427, non-seulement il se produirait une forte aberration de sphéricité, mais les images seraient irisées sur les bords par un effet de dispersion (516), et le seraient d'autant plus, que le microscope serait plus grossissant. C'est pour corriger ces aberrations que l'objectif et l'oculaire ne sont pas simples, mais composés de plusieurs verres, comme le représente la figure 429, dans laquelle non-seulement l'objectif est formé de trois petites lentilles achromatiques, mais l'oculaire se compose de deux lentilles *n* et O, dont la première suffit seule pour produire l'achromatisme, lorsque le microscope n'est pas très-grossissant.

En effet, soient *ab* l'objet qu'on observe, O l'objectif et O' l'oculaire (fig. 434), et supposons que le verre *n* ne soit pas encore interposé entre O et O'. Les rayons partis du point *b*, par exemple, étant plus ou moins dispersés à leur passage dans l'objectif, les rayons rouges vont former leur foyer en R sur l'axe secondaire du point *b*; tandis que les rayons violets, plus réfrangibles, vont concourir en V, plus près de la lentille ; puis les cinq autres faisceaux du spectre entre R et V. Si l'on regarde actuellement, à travers l'oculaire O', les sept zones colorées VRV'R', les couleurs se superposant dans la partie centrale, celle-ci paraît blanche, tandis que les bords sont colorés en rouge et en orangé ; mais qu'on interpose la lentille *n*, et la coloration disparaît. En effet, ayant tiré les axes secon-

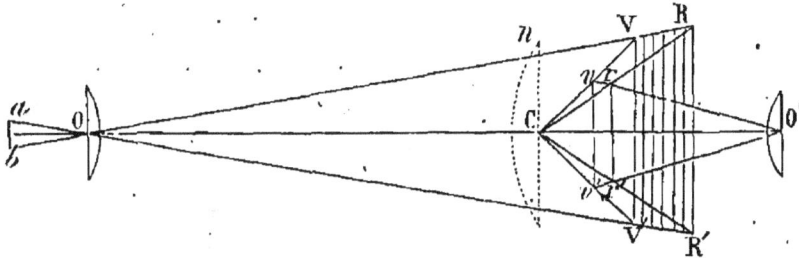

Fig. 434.

daires CR, CR', CV et CV', à leur sortie de la lentille *n*, les rayons rouges vont former leur foyer en *r*, sur l'axe secondaire CR, et les rayons violets en *v*, plus près de la lentille. Or, en combinant convenablement les courbures des lentilles *n* et O', et tout en conservant à la dernière une distance telle, que l'image se fasse toujours à la distance de la vue distincte, on arrive à obtenir que les foyers *v* et *r* soient en ligne droite avec le centre optique de l'oculaire. Les autres faisceaux colorés formant d'ailleurs leurs foyers très-sensiblement sur la ligne *vr*, lorsqu'on regarde à travers l'oculaire les sept faisceaux, ceux-ci étant vus sous le même angle, il y a recomposition de la lumière, et toute coloration cesse.

Le verre *n*, qu'on nomme *lentille de champ*, ou *oculaire de Campani*, produit donc l'achromatisme. De plus, en rapprochant les rayons de l'axe, il diminue l'aberration de sphéricité ; enfin, on va voir qu'il augmente encore le *champ* du microscope.

530. **Champ dans les instruments d'optique.** — Dans le microscope et dans les autres instruments d'optique, le *champ* est l'es-

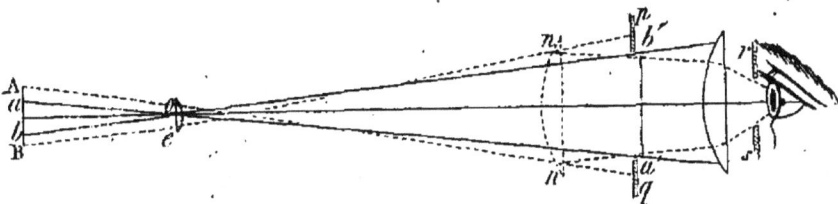

Fig. 435.

pace angulaire dans lequel sont compris tous les points visibles à travers l'oculaire. Il est limité par la surface conique qui a pour sommet le centre optique de l'objectif, et pour base l'ouverture du diaphragme *pq* placé en avant de l'oculaire (fig. 435). En prolongeant cette surface de l'autre côté de l'objectif, en *aob,* on détermine la partie visible de l'objet AB, ou le *champ.*

L'objet dépassant les limites du champ, la figure montre qu'on n'en voit qu'une partie tant que le verre *n* n'est pas interposé ; mais si l'on ajoute celui-ci, des rayons tels que B*ep,* qui étaient interceptés par le diaphragme, sont déviés vers l'oculaire, et le point B, qui n'était pas visible, le devient ; d'où l'on voit que l'oculaire de Campani agrandit le champ.

La grandeur du champ varie avec l'ouverture du diaphragme et avec sa distance à l'objectif. Plus cette distance est grande, plus le champ est petit. Il diminue aussi quand le grossissement augmente ; car plus l'oculaire est convergent, plus son diamètre est petit, et plus est resserré le faisceau qui le traverse. Enfin, la position de l'œil a aussi de l'influence sur l'étendue du champ. En effet, à leur sortie de l'oculaire, il y a un point où les rayons vont converger : c'est le *point oculaire.* Or, c'est là que doit être placé l'œil pour embrasser tout le champ. Plus près ou plus loin, il ne recevrait qu'une partie des rayons qui sortent de l'instrument. Pour fixer la position de l'œil, on place en avant de l'oculaire un *œilleton* noir *rs,* percé d'une ouverture centrale, de manière que l'œil placé devant cette ouverture se trouve juste au point oculaire.

531. Applications du microscope. — Le microscope a été la source des découvertes les plus curieuses en botanique, en zoologie, en physiologie. Des animaux dont l'existence était restée jusqu'alors inconnue ont été observés dans le vinaigre, dans la pâte de farine, dans les fruits et les fromages secs ; la circulation et les globules du sang sont devenus visibles. Le microscope offre aussi de nombreuses applications dans l'industrie. Par exemple, il donne le moyen de reconnaître les différentes espèces de fécules, les falsifications trop souvent introduites dans les farines, dans les chocolats, etc. ; il permet encore de constater dans les étoffes la présence du coton, de la laine, de la soie.

INSTRUMENTS QUI RAPPROCHENT LES OBJETS.

532. Lunette astronomique. — La *lunette astronomique* est destinée à l'observation des astres. Réduite à sa plus simple expression, elle se compose, de même que le microscope, d'un objectif et d'un oculaire convergents. L'objectif M (fig. 436) donne de l'astre qu'on regarde une image renversée *ab,* placée entre l'oculaire N et son foyer principal, et cet oculaire, qui fait l'office de loupe, donne ensuite une image *a'b'* virtuelle, droite et amplifiée de l'image *ab.* La lunette astronomique a donc beaucoup d'analogie avec le micro-

scope; mais ces instruments présentent cette différence que, dans
le dernier, l'objet étant très-près du foyer, l'image se forme beaucoup
au delà du foyer principal et déjà amplifiée, en sorte qu'il y a grossissement par l'objectif et par l'oculaire; tandis que dans la lunette

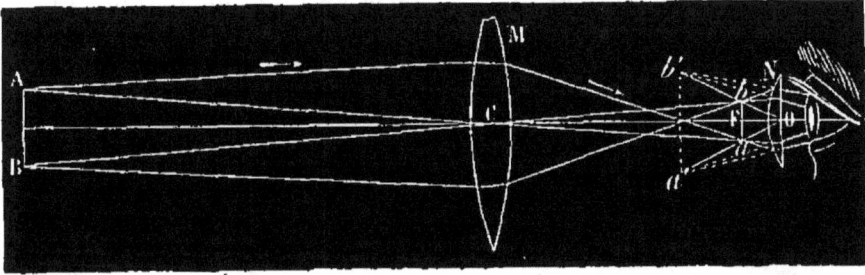

Fig. 436.

astronomique, l'astre qu'on regarde étant très-éloigné, les rayons
incidents sont parallèles, et l'image va se former au foyer principal
de l'objectif très-petite. Il ne peut donc y avoir grossissement que
par l'oculaire; c'est pourquoi ce verre doit être très-convergent.

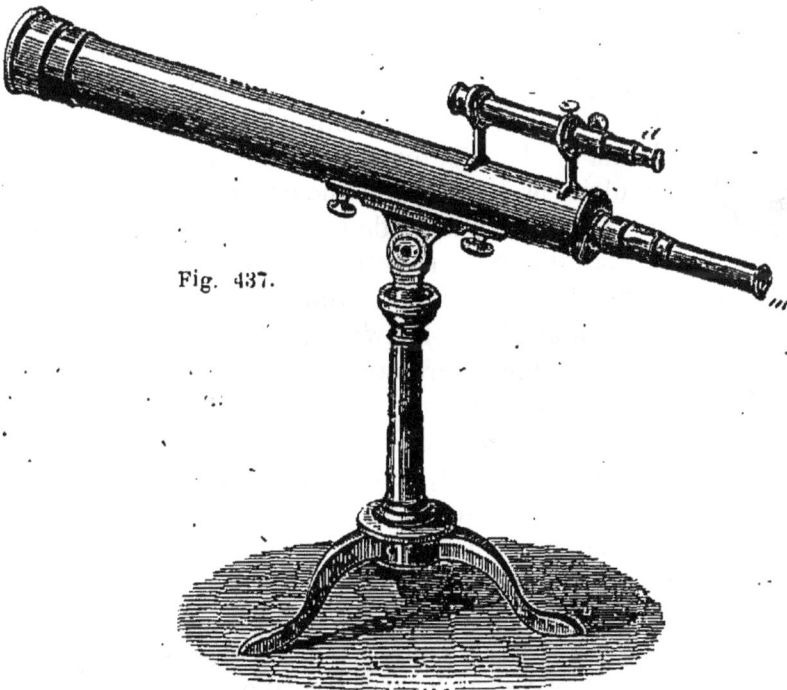

Fig. 437.

La figure 437 représente une lunette astronomique montée sur
pied. Elle se compose d'un long tuyau de laiton, noirci à l'intérieur, afin de détruire toute réflexion qui renverrait vers l'oculaire
d'autres rayons que ceux qui viennent de l'astre qu'on observe. A
l'extrémité la plus large est l'objectif, qui est à grand diamètre et

achromatique. A l'autre extrémité est un tuyau *m*, court et à petit diamètre, dans lequel est l'oculaire. Ce tuyau peut s'enfoncer plus ou moins dans le tuyau principal; ce qui donne le moyen de rapprocher ou d'écarter l'oculaire de l'image réelle *ab* fournie par l'objectif (fig. 436). On obtient ainsi la mise au point en portant à la distance de la vue distincte l'image virtuelle *a'b'*. Pour les presbytes, on enfonce l'oculaire davantage; on le tire pour les myopes. Quant à la composition de l'oculaire, elle est la même que dans le microscope composé (fig. 429): un premier verre remplissant l'office d'oculaire de Campani, et un deuxième celui de loupe. L'image qu'on obtient dans la lunette est renversée, mais cela ne présente aucun inconvénient pour l'observation des astres.

Au-dessus du tuyau principal est une petite lunette *a* qu'on nomme *chercheur*. Les lunettes d'un grand pouvoir amplifiant, ayant peu de champ, ne sont pas d'un usage commode pour chercher un astre; c'est pourquoi on regarde d'abord avec le chercheur, qui grossit moins, mais qui a plus de champ; puis on observe ensuite avec la lunette.

Quand la lunette est employée à viser les astres pour mesurer avec précision, par exemple, leur distance zénithale, leur ascension droite, ou leur passage au méridien, on lui ajoute un *réticule*. On nomme ainsi deux fils très-fins de platine ou de soie, tendus en croix sur une ouverture circulaire pratiquée dans une petite plaque métallique (fig. 438). Le réticule doit se placer au lieu même où se produit l'image renversée donnée par l'objectif, et

Fig. 438.

le point de croisement des fils doit se trouver sur l'axe optique de la lunette, qui devient ainsi la *ligne de visée*.

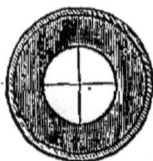

La lunette astronomique ne grossit pas en réalité, car les images qu'elle donne des astres sont toujours extrèmement petites par rapport à ceux-ci; mais elle *rapproche* en faisant voir les astres sous un diamètre apparent plus grand, comme il arriverait si la distance de l'astre à l'observateur diminuait. Cependant on donne encore le nom de grossissement au rapport du diamètre apparent sous lequel on voit l'astre dans la lunette à celui sous lequel on le voit à l'œil nu. Par conséquent, en se reportant à la figure 436, le grossissement est représenté par le rapport de l'angle *b'Oa'* ou *bOa*, sous lequel on voit l'image, à l'angle *bCa*=ACB, sous lequel on voit l'astre à l'œil nu; car il est évident que, vu la distance de l'astre, son diamètre apparent est le même, que l'œil soit en C ou en O. Or, on sait (523, principe I) que les deux angles *bOa* et *bCa*, qui correspondent à la même dimension *ba*, sont en raison inverse des distances OF et CF;

donc $\dfrac{bOa}{ACB} = \dfrac{CF}{OF}$. C'est-à-dire que, dans la lunette astronomique, le grossissement a pour mesure le rapport de la distance focale de l'objectif à celle de l'oculaire, en admettant que les deux foyers coïncident. Le grossissement est donc d'autant plus fort, que l'objectif est moins convergent et que l'oculaire l'est davantage. On voit en même temps que la longueur de la lunette égale la somme des distances focales de l'oculaire et de l'objectif; d'où elle est d'autant plus longue, que la distance focale est plus grande, c'est-à-dire que le pouvoir amplifiant est plus fort. Dans une bonne lunette, le grossissement ne dépasse pas 1000, et la longueur de l'instrument atteint alors 8 mètres.

533. **Lunette terrestre.** — La *lunette terrestre,* ou *longue-vue,* ne diffère de la lunette astronomique que parce que les images sont

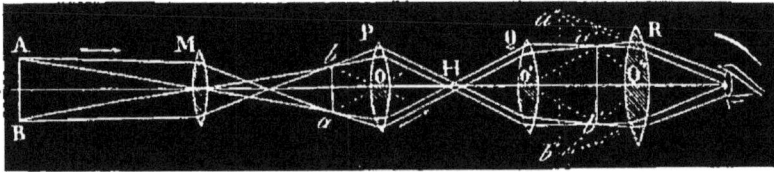

Fig. 439.

redressées. Ce redressement s'obtient à l'aide de deux verres convergents P et Q (fig. 439), placés entre l'objectif et l'oculaire. L'objet étant supposé en AB, à une plus grande distance que ne peut le représenter le dessin, son image va se former, renversée et très-petite, en *ba,* de l'autre côté de l'objectif. Or, la seconde lentille P est à une distance telle, que son foyer principal coïncide avec l'image *ab;* il en résulte que les rayons lumineux qui passent en *b,* par exemple, prennent, après avoir traversé la lentille P, une direction parallèle à l'axe secondaire *b*O (496 et 497). De même les rayons qui passent en *a* prennent une direction parallèle à l'axe *a*O. Après s'être croisés en H, ces divers rayons traversent une troisième lentille Q dont le foyer principal coïncide avec le point H. Le faisceau B*b*H va donc concourir en *b'* sur un axe secondaire O'*b'* parallèle à sa direction; le faisceau A*a*H allant de même concourir en *a',* il se produit en *a'b'* une image redressée de l'objet AB. C'est cette image qu'on regarde, de même que dans la lunette astronomique, avec un oculaire convergent R, placé de manière qu'il se comporte comme une loupe, c'est-à-dire que sa distance à *a'b'* soit moindre que sa distance focale principale; d'où il résulte qu'il donne en *a''b''* une image virtuelle, droite et amplifiée de *a'b'*.

Les lentilles P et Q, qui ne servent qu'à redresser l'image, sont fixées dans un tube de cuivre, à une distance constante et égale à la somme de leurs distances focales principales. Quant à l'objectif M, il est mobile dans un tube, et peut s'approcher ou s'écarter de la lentille P, afin que l'image *ab* vienne toujours se former au foyer de cette lentille, quelle que soit la distance de l'objet qu'on regarde. Le distance de la lentille R peut aussi varier de manière que l'image *a″b″* se fasse à la distance de· la vue distincte. C'est pour obtenir ce double résultat que les différents verres ne sont pas fixés dans un même tube, sauf les lentilles P et Q, mais dans. des tubes distincts, qui glissent à frottement doux les uns dans les autres.

La lunette terrestre peut servir comme lunette astronomique ; mais il faut pour cela un oculaire de rechange, celui-ci devant être plus grossissant dans la dernière lunette que dans la première. Toutefois les astronomes préfèrent la lunette à deux verres, parce qu'elle absorbe moins de lumière.

Dans la lunette terrestre, le grossissement est le même que dans la lunette astronomique, en supposant toutefois que les verres redresseurs P et Q soient de même convexité.

534. Lunette de Galilée. — La *lunette de Galilée,* ou *lunette de spectacle,* est la plus simple des lunettes, car elle ne se compose

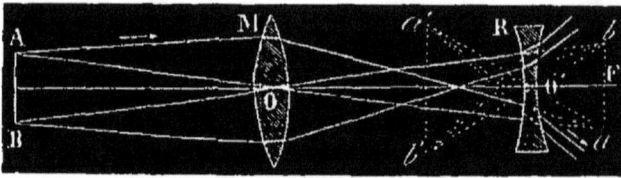

Fig. 440.

que de deux verres, un objectif convergent M et un oculaire divergent R (fig. 440), et donne immédiatement une image redressée.

L'objet étant représenté par la droite AB, son image tend à aller se former en *ba,* renversée, réelle et plus petite ; mais en traversant l'oculaire R, les rayons émis des points A et B se réfractent en s'écartant respectivement des axes secondaires *bO′* et *aO′,* qui correspondent aux points *b* et *a* de l'image. Il en résulte que ces rayons, prolongés en sens contraire de leur direction, vont concourir sur ces axes en *a′* et en *b′;* l'œil qui les reçoit voit donc en *a′b′* une image droite et amplifiée, qui paraît plus rapprochée parce qu'elle est vue sous un angle *a′O′b′* plus grand que l'angle AO′B sous lequel on aperçoit l'objet. Quant au grossissement, de même que dans la lunette astronomique, il a pour valeur approchée le rapport de la distance focale de l'objectif à celle de l'oculaire. En effet,

le grossissement égale $\dfrac{a′O′b′}{AOB} = \dfrac{bO′a}{bOa} = \dfrac{OF}{O′F}$ (523, principe I), en

admettant que les foyers de l'oculaire et de l'objectif coïncident. Il découle de là que l'écartement des deux verres est la différence de

leurs distances focales respectives, et par conséquent que la lunette
de Galilée est très-courte et très-portative. Elle a l'avantage de faire
voir les objets dans leur véritable position, et, de plus, n'ayant que
deux verres, elle absorbe peu de lumière ; mais, à cause de la divergence des rayons émergents, elle a peu de champ, et il est nécessaire de placer l'œil très-près de l'oculaire. Celui-ci peut s'approcher ou s'écarter de l'objectif, afin que l'image $a'b'$ se forme
toujours à la distance de la vue distincte.

La lunette de spectacle, ou *jumelles*, est la même que celle que
nous venons de décrire ; seulement elle est double, afin de former
une image dans chaque œil, ce qui augmente l'éclat.

La lunette de Galilée a été la première dirigée vers les astres.
C'est avec elle que cet illustre astronome découvrit les montagnes
de la lune, les satellites de Jupiter et les taches du soleil.

L'époque de l'invention des lunettes n'est pas connue. Les uns
en attribuent la découverte à Roger Bacon, dans le XIIIe siècle ; les
autres à J.-B. Porta, à la fin du XVIe ; quelques-uns, enfin, à Jac-
ques Métius, Hollandais, qui aurait trouvé par hasard, vers 1609,
qu'en combinant deux verres, l'un concave, l'autre convexe, on
voyait les objets plus grands et plus rapprochés.

535. **Télescopes.** — Les *télescopes* sont des instruments qui
servent à voir les objets éloignés, et particulièrement les astres. La
lunette astronomique et la lunette de Galilée sont donc des télé-
scopes. Elles ont, en effet, d'abord porté ce nom, et se désignaient
sous celui de *télescopes par réfraction* ou *télescopes dioptriques ;* mais aujourd'hui on entend par télescopes des appareils dans
lesquels la réflexion est utilisée, en même temps que la réfraction,
au moyen de miroirs et de lentilles, pour montrer les objets éloignés. On a construit plusieurs sortes de télescopes : les plus connus
sont ceux de Gregory, de Newton et d'Herschel.

1° *Télescope de Gregory.* — La figure 441 représente le télé-
scope de Gregory, monté sur un pied autour duquel il peut tourner
et s'incliner plus ou moins ; la figure 442 en donne une coupe longitudinale. Ce télescope, qui fut inventé vers 1650, se compose
d'un long tube de cuivre ; l'un des bouts est fermé par un grand
miroir concave M, de métal, percé, à son centre, d'une ouverture
circulaire dans laquelle passent les rayons qui se rendent à l'oculaire. Près de l'autre extrémité du tube est un second miroir concave N, aussi de métal, un peu plus large que l'ouverture centrale
du grand miroir, et d'un rayon de courbure beaucoup plus petit
que lui. Les axes de ces miroirs coïncident avec celui du tube. Le
centre de courbure du grand étant en O et son foyer en ab, les
rayons tels que SA, émis par l'astre, se réfléchissent sur ce miroir

et viennent former en *ab* une image renversée et très-petite de l'astre. Or, la distance des miroirs et leurs courbures respectives

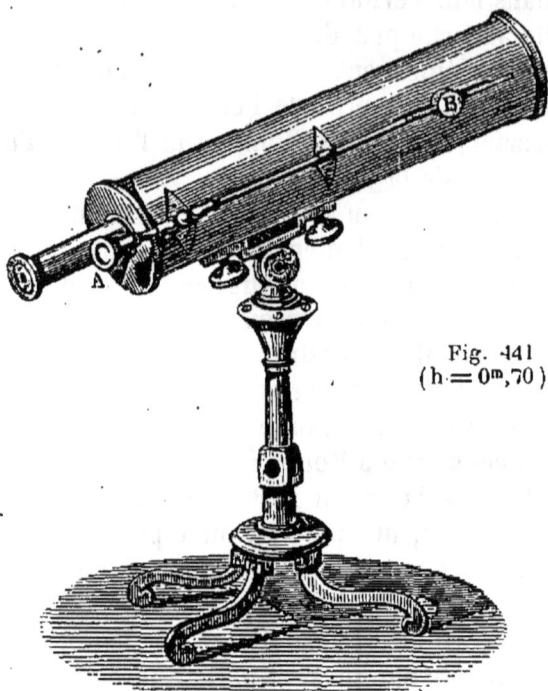

Fig. 441
($h = 0^m,70$).

sont telles, que le lieu de cette image se trouve entre le centre *o* et le foyer *f* du petit miroir; d'où les rayons, après s'être réfléchis une seconde fois sur le miroir N, vont former en *a'b'* une image am-

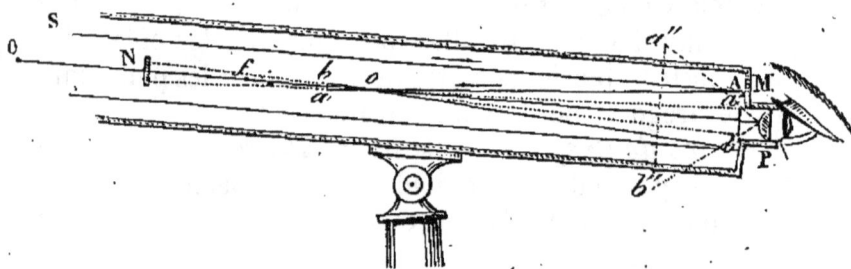

Fig. 442.

plifiée et renversée de *ab,* et, par conséquent, droite par rapport à l'astre (fig. 356, réciproque). Enfin, on regarde cette image avec un oculaire P, à un ou deux verres, qui a pour objet de l'amplifier de nouveau, et qui la fait voir en *a''b''*.

Les objets qu'on observe n'étant pas toujours placés à la même distance, le foyer du grand miroir et, par suite, celui du petit, peuvent varier de position. En outre, la distance de la vue distincte n'étant pas la même pour tous les yeux, l'image *a''b''* doit pouvoir être placée à des distances différentes. Pour tenir compte de ces variations, il est nécessaire d'éloigner ou d'approcher le petit miroir du grand; pour cela, au moyen d'un bouton A (fig. 444), on fait tourner une tringle qui fait mouvoir, à l'aide d'un pas de vis, une pièce B à laquelle est fixé le petit miroir.

2° *Télescope de Newton.* — Le télescope de Newton diffère peu de celui de Gregory; seulement, le grand miroir n'est plus percé, et le petit miroir, qui est plan, est incliné latéralement de 45 degrés vers un oculaire placé sur le côté du tube du télescope. La difficulté de construction que présentent les miroirs métalliques avait fait abandonner généralement les télescopes de Gregory et de Newton, lorsque M. Foucault étant parvenu à argenter les miroirs de verre avec une grande perfection et sans leur rien faire perdre de leur degré de poli, l'habile physicien a pensé à en faire l'application au télescope de Newton, qu'il remet ainsi en usage aujourd'hui. Son premier miroir n'avait que 10 centimètres de diamètre; mais il en a successivement construit de 22 centimètres, de 33, de 42, et enfin un de 80.

La figure 444 ci-après représente un télescope de Newton monté

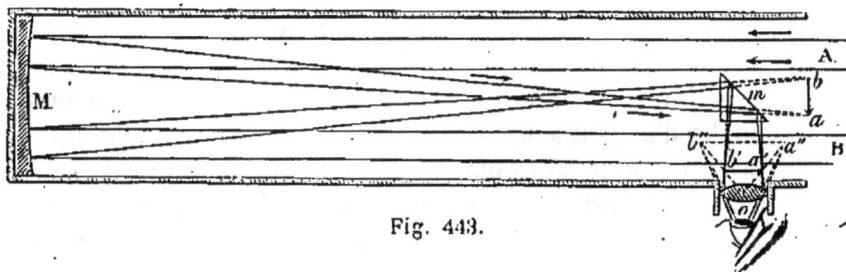

Fig. 443.

sur pied parallactique, et la figure 443 en montre une coupe horizontale. En M est le miroir de verre argenté qui reçoit les rayons de l'astre qu'on observe; et en *m* est un petit prisme rectangle de verre, sur l'hypoténuse duquel les rayons renvoyés par le miroir subissent la réflexion totale (489), et sont rejetés sur le côté de l'instrument. Sans l'interposition de ce prisme, le faisceau A, émis par le bord supérieur de l'astre, irait converger en *a*, et le faisceau B, émis par le bord inférieur, convergerait en *b*. En sorte qu'en *ab*, au foyer principal du miroir, il se produirait une image réelle, renversée et très-petite de l'astre. Mais par suite de la réflexion sur l'hypoténuse du prisme, au lieu de se former en *ab*, l'image se forme en *a'b'*, où on la regarde avec un oculaire très-grossissant *o*, qui donne enfin l'image *a"b"*, virtuelle et très-amplifiée. Pour simplifier la construction, nous avons supposé l'oculaire à un seul verre; mais celui dont fait usage M. Foucault est un oculaire à quatre verres placé sur le côté du télescope, et qui, suivant son pouvoir

grossissant et la dimension du miroir argenté, peut donner un grossissement de 50 à 800 fois.

Dans cet instrument, c'est le miroir qui fait l'office d'objectif,
mais évidemment sans aucune aberration de réfrangibilité (547).
Quant aux aberrations de sphéricité, M. Foucault parvient à les
faire disparaître au moyen de retouches successives faites au miroir. Prenant lui-même le polissoir à la main, par une série d'é-
preuves optiques successives et de retouches locales, il amène la
surface à se montrer sans défaut; ce qui a lieu quand elle est celle
d'un paraboloïde. Toutefois M. Foucault a reconnu que, pour corriger les aberrations de sphéricité venant de l'oculaire, il ne devait
pas donner à ses miroirs une surface rigoureusement parabolique,
mais les terminer par une surface expérimentale qui, agissant de
concert avec le système des verres amplificateurs de l'oculaire,
assure la perfection de l'image résultante.

Le miroir une fois poli, il reste à l'argenter sur sa surface concave. Pour cela, M. Foucault fait usage du procédé Drayton légèrement modifié, en plongeant le miroir dans un bain d'argent d'une
nature assez complexe, savoir : eau distillée, alcool pur, nitrate
d'argent fondu, nitrate d'ammoniaque, ammoniaque, gomme gal-
banum et essence de girofle. Au contact du verre poli, ce bain se
réduit, l'argent se dépose, et, au bout de vingt à vingt-cinq minutes, la couche d'argent a acquis l'épaisseur convenable. Quoique
la couche ainsi obtenue soit déjà polie et miroitante, on achève de
lui donner un poli parfait par un frottement prolongé avec une
peau rougie d'oxyde de fer. Ainsi polis, M. Foucault estime que les
miroirs argentés réfléchissent 75 pour 100 de la lumière incidente.

Les nouveaux télescopes à miroir parabolique de verre argenté
ont, sur les anciens télescopes à miroir sphérique de métal, le triple
avantage de donner des images plus pures, d'avoir un poids bien
moindre, et d'être beaucoup plus courts, leur distance focale n'étant
que six fois le diamètre du miroir.

Ces détails connus, il nous reste à décrire l'appareil dans son
ensemble. Le corps du télescope, qui est de bois, a la forme d'un
tube octogonal (fig. 444.). L'extrémité G est ouverte; à l'autre
extrémité est le miroir. A partir de ce dernier, au tiers environ de
la longueur, sont fixés deux tourillons reposant sur des coussinets
portés par deux montants de bois A et B. Ceux-ci sont eux-mêmes
fixés à une table tournante PQ, roulant à l'aide de galets sur un
plateau fixe RS, orienté parallèlement à l'équateur. Sur le pourtour de la table tournante est un cercle de cuivre divisé en 360
degrés, et au-dessous, aussi fixé à la table tournante, est un engrenage circulaire dans lequel engrène une vis sans fin V. En fai-

sant marcher celle-ci dans un 'sens ou dans l'autre par une manivelle m, on fait tourner la table PQ, et avec elle tout le télescope.
Un vernier x, adapté sur le plateau fixe RS, donne les fractions de

Fig. 444
($l = 0^m,70$).

degré. Enfin, sur l'axe des tourillons est monté un cercle gradué
O, correspondant au cercle horaire de l'astre qu'on observe, et servant par conséquent à mesurer la *déclinaison* de l'astre, c'est-à-dire
sa distance angulaire à l'équateur; tandis que les degrés tracés autour de la table PQ servent à mesurer l'*ascension droite*, c'est-à-

dire l'angle que fait le cercle horaire de l'astre avec un cercle horaire choisi arbitrairement.

Pour fixer le télescope en déclinaison, une pièce de cuivre E, liée au montant A, porte une pince dans laquelle glisse le limbe O, et qui se serre par un bouton à vis r. Enfin, sur le côté de l'appareil est l'oculaire o, monté sur une plaque de cuivre à coulisse, qui porte aussi le petit prisme m représenté dans la coupe (fig. 443). Pour mettre l'image au point, il suffit de faire avancer ou reculer cette plaque au moyen d'une crémaillère et d'un bouton a. Quant à la manivelle n, elle sert à faire *embrayer* ou *désembrayer* la vis V. Le dessin ci-dessus a été pris sur un télescope dont le miroir n'a que 0ᵐ,16 de diamètre, et dont le grossissement est de 150 à 200.

* 3° *Télescope d'Herschel.* — Le télescope d'Herschel, attribué

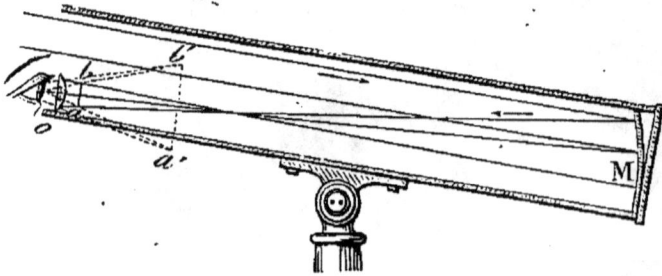

Fig. 445.

aussi à Lemaire, n'est formé que d'un seul réflecteur concave M (fig. 445) et d'un oculaire o. Le réflecteur est incliné sur l'axe de manière que l'image de l'astre qu'on observe vienne se former en *ab,* sur le côté du télescope, près de l'oculaire o, qui donne ensuite l'image amplifiée *a'b'*. Dans ce télescope, les rayons n'éprouvant qu'une seule réflexion, la perte de lumière est moindre que dans les deux précédents, et l'image est plus éclairée. Quant au grossissement, il est, comme dans le précédent, le rapport de la distance focale principale du miroir à celle de l'oculaire.

Les télescopes à réflexion furent adoptés à une époque où l'on ne savait pas corriger, dans les objectifs, l'aberration de réfrangibilité; lorsqu'on sut construire des objectifs achromatiques, on préféra les télescopes dioptriques, c'est-à-dire uniquement à réfraction, comme la lunette astronomique, aux télescopes à réflexion, dont le miroir métallique, pour des dimensions un peu considérables, présentait de grandes difficultés de construction. Aujourd'hui que M. Foucault a remplacé les miroirs métalliques par des miroirs de verre beaucoup plus faciles à construire, les télescopes à réflexion peuvent être utilisés comme les télescopes à réfraction.

INSTRUMENTS DE PROJECTION.

536. Chambre obscure. — La *chambre obscure,* ainsi que son nom l'indique, est une chambre fermée de toutes parts à la lumière, à l'exception d'une petite ouverture par laquelle entrent les rayons lumineux, comme le montre la figure 330 (page 427). Alors tous les objets extérieurs dont les rayons peuvent atteindre l'ouverture vont se peindre sur le mur opposé, avec des dimensions réduites et avec leurs couleurs naturelles ; mais les images sont renversées.

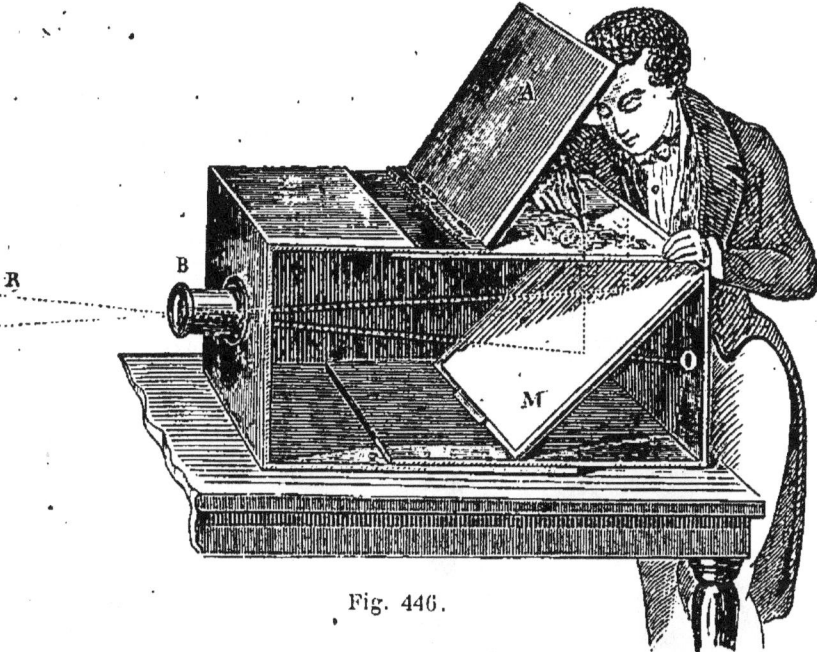

Fig. 446.

C'est Porta, physicien napolitain, qui fit connaître, en 1570, le phénomène produit par un faisceau lumineux qui pénètre dans une chambre obscure. Peu de temps après, le même physicien observa que si, dans l'ouverture de la chambre obscure, on fixe une lentille convergente, et qu'on place au foyer de celle-ci un écran blanc, l'image qui s'y produit gagne considérablement en éclat, en netteté, en coloris, et est admirable de vérité. Ces images sont d'autant mieux éclairées que la lentille est plus grande, et leurs dimensions augmentent avec la distance focale.

Pour utiliser la chambre noire, dans l'art du dessin, on lui a donné diverses formes, de manière à la rendre portative et à redresser facilement les images. La figure 446 représente la *chambre noire à tirage.* Elle consiste en une boîte rectangulaire de bois, dans laquelle les rayons lumineux R pénètrent au travers d'une lentille B, et tendent à aller former une image sur la paroi opposée O, qui doit être éloignée de la lentille B d'une longueur égale à sa distance focale. Mais les rayons, rencontrant un miroir de verre M incliné de 45 degrés, changent de direction, et l'image va se former sur un écran de verre dépoli N. En plaçant sur cet écran une feuille de papier à calque, on peut prendre avec fidélité, au crayon, les contours de l'image. Une planchette de bois A sert à intercepter la lumière, qui éclairerait l'image et empêcherait de la voir.

La boîte est formée de deux parties qui peuvent glisser à coulisse l'une dans l'autre, de manière que la partie antérieure se tirant plus ou moins, l'image aille se former, après la réflexion, exactement sur l'écran N, quelle que soit la distance de l'objet dont on veut prendre le dessin.

La figure 447 représente une autre espèce de chambre noire,

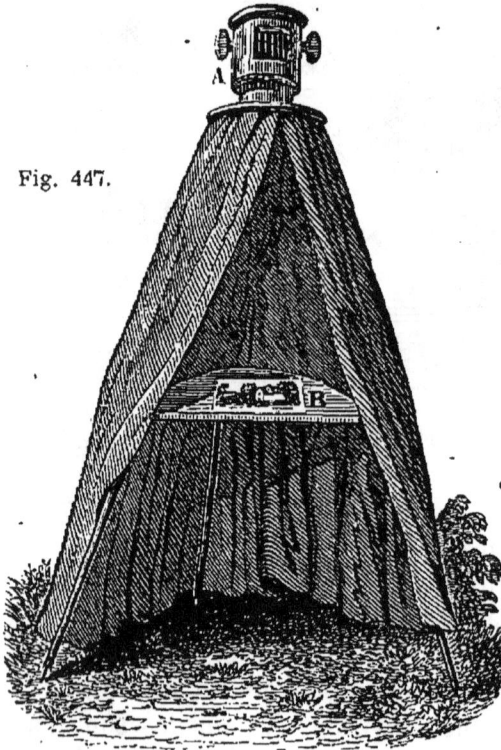

Fig. 447.

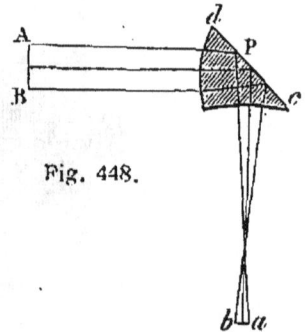

Fig. 448.

connue sous le nom de *chambre noire à prisme*. Dans un étui de cuivre A est un prisme triangulaire P (fig. 448), lequel tient lieu à la fois de lentille convergente et de miroir; pour cela, une de ses faces étant plane, les autres ont une courbure telle, que par les réfractions combinées, à l'entrée et à la sortie des rayons, elles produisent l'effet d'un ménisque convergent C (fig. 387, page 474). Il résulte de là que les rayons émis par un objet AB, après avoir pénétré dans le prisme et éprouvé sur la face *cd* la réflexion totale, vont former en *ab* une image réelle de AB.

Dans la figure 447, la tablette B correspond au foyer du prisme contenu dans l'étui A : par suite, l'image des objets extérieurs vient se former sur une feuille de papier placée au milieu de cette tablette. Le tout est enveloppé d'un rideau noir, et, en se plaçant dessous, le dessinateur est complétement dans l'obscurité. La tablette s'enlève à volonté et les pieds se plient à l'aide de charnières, ce qui rend tout à fait portatif cet appareil, dû à Ch. Chevalier.

* 537. **Chambre claire.** — La *chambre claire,* ou *camera lucida,* est un petit appareil dont on se sert pour obtenir une image fidèle d'un paysage, d'un monument ou de tout autre objet. C'est Wollaston qui imagina le premier appareil de ce genre en 1804. La chambre claire de ce physicien consiste en un petit prisme de verre à quatre faces, dont la figure 449 représente une section perpendiculaire aux arêtes. L'angle A est droit, l'angle C de 135 degrés, et

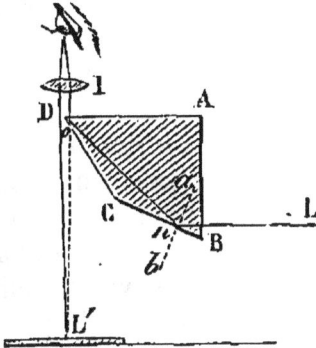

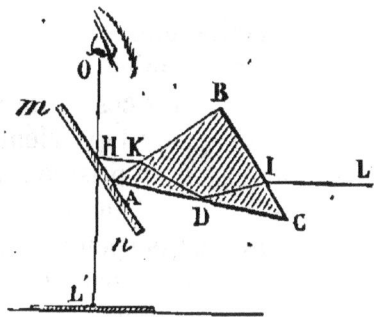

Fig. 449.   Fig. 450.

chacun des angles B et D de 67 degrés et demi environ. Ce prisme est supporté sur un pied à tirage qui permet de le hausser ou de l'abaisser à volonté; de plus, il peut se tourner plus ou moins autour d'un axe parallèle à ses arêtes. Cela posé, la face AB étant tournée vers l'objet dont on cherche l'image, les rayons partis de cet objet tombent à peu près perpendiculaires sur cette face, y pénètrent sans réfraction sensible et viennent éprouver la réflexion totale sur la face BC; car la ligne *ab* étant normale à la face BC, on reconnaît facilement que l'angle d'incidence L*na* et l'angle B sont égaux, comme ayant leurs côtés perpendiculaires; et puisque l'angle B est de 67 degrés et demi, l'angle *an*L est plus grand que l'angle limite du verre (484), condition nécessaire pour que la réflexion totale ait lieu. Arrivés en *o,* les rayons subissent encore la réflexion totale et sortent très-près du sommet D, suivant une direction sensiblement perpendiculaire à la face DA, en sorte que l'œil qui reçoit ses rayons voit en L' l'image de l'objet L. Si l'on suit alors les contours de l'image avec un crayon, on en obtient un dessin très-correct. Mais il se présente ici une difficulté assez grande, c'est de voir, en même temps, l'image et la pointe du crayon; car les rayons qui viennent de l'objet donnent une image qui est plus éloignée de l'œil que le crayon. On corrige ce défaut en interposant, entre l'œil et le prisme, une lentille I, qui donne la même convergence aux rayons venant du crayon et à ceux partis de l'objet; mais encore faut-il placer l'œil très-près du bord du prisme et de manière que l'ouverture pupillaire se trouve partagée en deux parties, dont l'une voit l'image et l'autre le crayon.

Ch. Chevalier a apporté d'importants perfectionnements à la chambre claire de Wollaston. Comme l'image ou le crayon cesse d'être visible distinctement lorsque la lumière qui les éclaire est trop inégale, il a adapté à l'instrument des verres colorés qui s'interposent du côté de l'objet, ou du côté du crayon, et qui, en interceptant une partie de la lumière, rendent sa distribution plus uniforme.

Amici a imaginé une chambre claire qui est préférable à celle de Wollaston, parce qu'elle permet de donner à l'œil un déplacement assez étendu, sans cesser de voir l'image et le crayon, ce qui n'a pas lieu dans l'appareil qui vient d'être décrit. La chambre claire d'Amici se compose d'un prisme rectangle de verre ABC (fig. 450), dont l'une des faces de l'angle droit est tournée vers l'objet qu'on regarde, et l'autre est perpendiculaire à une lame de verre inclinée *mn*. Les rayons LI, émis par l'objet et pénétrant dans le prisme, subissent la réflexion totale sur sa grande face, et sortent suivant la direction KH. Se réfléchissant alors partiellement sur la lame de verre, ils forment en L', pour l'œil qui les reçoit, une image virtuelle de l'objet L. L'œil qui voit cette image peut apercevoir très-bien, en même temps, un crayon à travers la lame de verre, ce qui permet de prendre des dessins avec une grande précision.

538. **Lanterne magique.** — La *lanterne magique* est un appareil qui sert à obtenir sur un écran blanc, dans une chambre obscure, des images amplifiées de petits objets. Elle consiste en une boîte de fer-blanc dans laquelle est une lampe placée au foyer d'un réflecteur concave A (fig. 451). Les rayons réfléchis par celui-ci sont reçus sur une lentille convergente B (fig. 452), qui les concentre vers des figures diverses peintes sur une lame de verre V. Ces figures, ainsi éclairées fortement, sont placées devant une seconde lentille convergente C, à une distance un peu plus grande que la distance focale principale. Dans cette position, cette lentille produit, sur un écran convenablement éloigné, une image réelle, renversée et très-amplifiée, des objets peints sur verre (499, 1°). Pour redresser l'image, on place le verre peint, dans la lanterne, de manière que les dessins soient renversés.

La lanterne magique a été inventée par le père Kircher, jésuite allemand, mort à Rome en 1680.

Le grossissement fourni par la lanterne magique est le même que celui que donnent les lentilles (524); c'est-à-dire qu'il est le rapport des distances de la lentille C à l'écran et à l'objet. Par conséquent, si l'image est 10 fois, 100 fois plus éloignée de la lentille

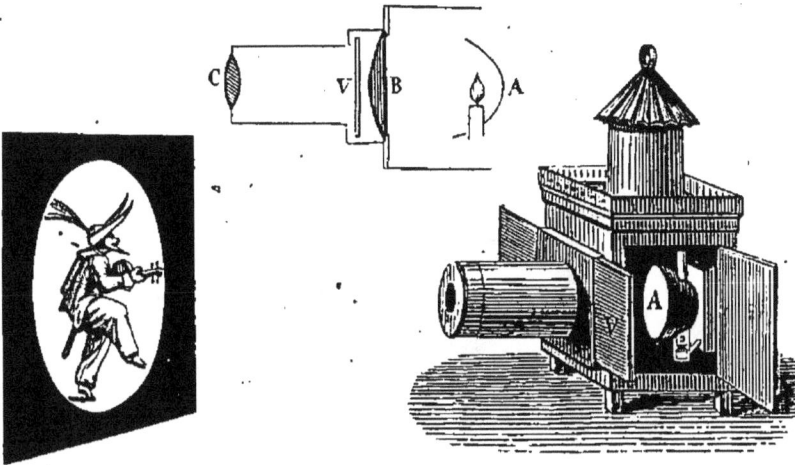

Fig. 452.

Fig. 451.

que l'objet, le grossissement est 10 ou 100. On conçoit dès lors qu'avec une lentille à court foyer on pourra, si l'écran est suffisamment éloigné, obtenir des images très-amplifiées.

539. Microscope solaire. — Le *microscope solaire* est une véritable lanterne magique éclairée par les rayons solaires, laquelle

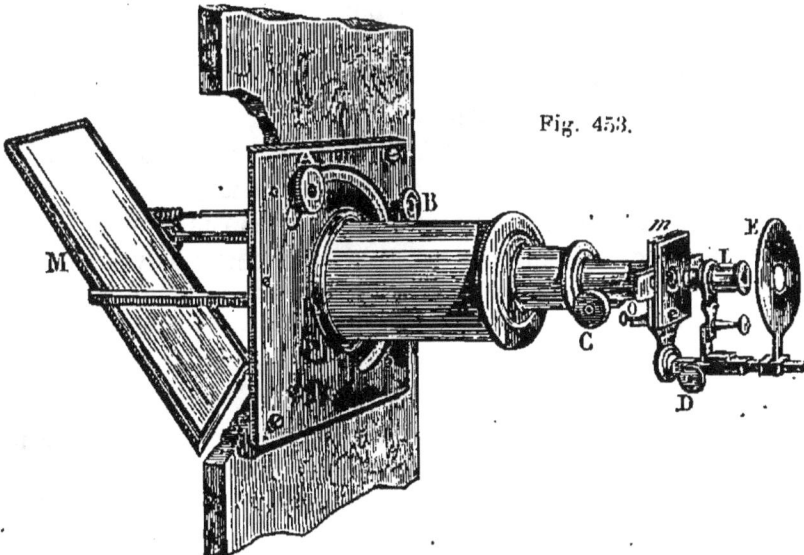

Fig. 453.

sert à obtenir des images très-amplifiées d'objets extrêmement petits. Cet appareil fonctionne dans une chambre noire; la figure

453 le représente fixé au volet de la chambre, et la figure 454
en montre les détails intérieurs.

Un miroir plan M, placé hors de la chambre obscure, reçoit les
rayons solaires et les réfléchit vers une lentille convergente l, et de
là sur une deuxième lentille o (fig. 454), nommée *focus*, qui les
concentre en son foyer. En ce point est l'objet dont on veut avoir

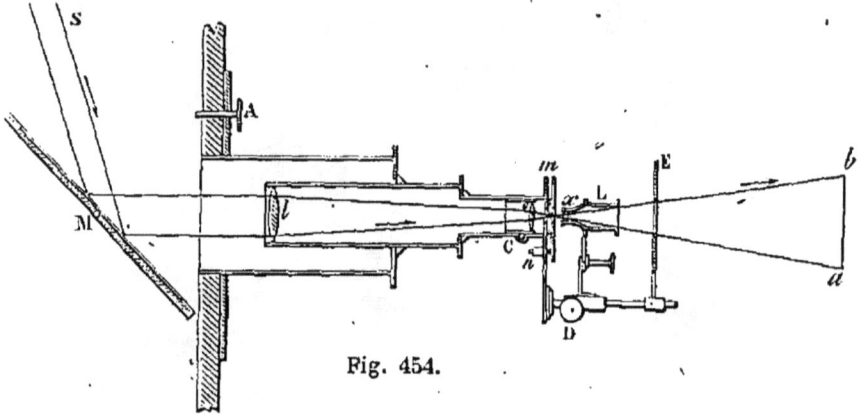

Fig. 454.

l'image ; il est placé entre deux lames de verre, qu'on introduit
entre deux lames métalliques m, qui les compriment entre elles par
l'effet d'un ressort à boudin placé en n. L'objet étant alors fortement éclairé et placé très-près du foyer d'un système de trois lentilles très-convergentes x, celles-ci en donnent une image ab,
renversée et très-amplifiée, sur un mur ou sur un écran blanc
convenablement éloigné. Des vis à bouton C et D servent à régler
la distance des lentilles o et x à l'objet, afin que celui-ci soit exactement au foyer de la première, et que l'image donnée par les lentilles x corresponde exactement à l'écran.

La direction de la lumière solaire variant constamment, il faut
que celle du réflecteur disposé hors du volet de la chambre obscure
change aussi, afin que la réflexion se fasse constamment suivant
l'axe du microscope. Le procédé le plus exact serait d'avoir recours
à l'héliostat (478) ; mais comme cet appareil est fort coûteux, on y
supplée en inclinant plus ou moins le miroir M au moyen d'une vis
sans fin B (fig. 453) et d'un pignon, et en faisant tourner ce même
miroir autour de la lentille l, ce qui s'obtient à l'aide d'un bouton
A, qui se meut dans une coulisse fixe et transmet au miroir un
mouvement de rotation autour de l'axe de l'instrument.

Le microscope solaire a l'inconvénient de concentrer sur l'objet
une chaleur trop intense qui l'altère promptement. On y remédie
en interposant une couche d'eau saturée d'alun, qui, ayant un très-
faible pouvoir diathermane, arrête une partie de la chaleur (412).

Le grossissement du microscope solaire peut se déterminer

expérimentalement, en mettant, à la place de l'objet, une lame de verre sur laquelle sont tracées des divisions distantes de $\frac{1}{10}$ ou $\frac{1}{100}$ de millimètre. Mesurant ensuite sur l'image l'intervalle de deux de ces divisions, et le divisant par l'intervalle réel, on obtient pour quotient le grossissement. Le même procédé peut être employé pour le microscope photo-électrique (540). Suivant le grossissement qu'il s'agit d'obtenir, l'objectif x est formé d'une, de deux ou de trois lentilles, qui sont toutes achromatiques.

Le microscope solaire donne le moyen de montrer à un nombreux auditoire des phénomènes curieux : par exemple, la circulation du sang dans la queue des têtards ou dans la langue d'une grenouille; la cristallisation des sels, et particulièrement du sel ammoniac, ou encore les animalcules qu'on observe dans le vinaigre, dans la colle de farine moisie, dans les eaux stagnantes, etc.

* **540. Microscope photo-électrique.** — Le *microscope photo-électrique* n'est autre chose qu'un microscope solaire qui, au lieu d'être éclairé par le soleil, l'est par la lumière électrique. Cette lumière, par son intensité, par la fixité qu'on parvient à lui donner et par la facilité avec laquelle on peut se la procurer à toute heure de la journée, est de beaucoup préférable à l'emploi de la lumière solaire. Nous ne décrirons ici que le microscope photo-électrique proprement dit; la lumière électrique le sera en parlant de la pile.

Ce sont MM. Foucault et Donné qui ont imaginé le microscope photo-électrique. La figure 455 représente la disposition que M. Duboscq a donnée à cet appareil. A une boîte rectangulaire de cuivre jaune est fixé extérieurement un microscope solaire ABD, identique avec celui qui a été décrit ci-dessus. Dans l'intérieur sont deux baguettes de charbon a et c, qui ne se touchent pas tout à fait, leur intervalle correspondant exactement à l'axe des lentilles du microscope. L'électricité d'une forte pile arrive par un fil de cuivre K au charbon a, de celui-ci passe sur le charbon c, qui, pour cela, doit d'abord être en contact avec le charbon a; puis ensuite on les écarte un peu, l'électricité étant suffisamment conduite par le charbon vaporisé qui passe de a sur c. Enfin, du charbon c, l'électricité rejoint, par une colonne métallique o, un second fil de cuivre H qui la ramène à la pile.

Pendant le passage de l'électricité, il se produit entre les extrémités des deux charbons un arc lumineux qui répand une lumière du plus vif éclat et éclaire fortement le microscope. Pour cela, on place en D, dans l'intérieur du tube, une lentille convergente dont le foyer principal correspond à l'intervalle même des deux charbons. De la sorte, les rayons lumineux qui entrent dans les tubes D et B sont parallèles à leur axe, et tout se passant alors comme dans le microscope solaire ordinaire, il se forme sur un écran E, plus ou moins éloigné, une image très-amplifiée de petits objets placés entre deux lames de verre, au bout du tube B. Dans le dessin ci-dessous, l'objet figuré sur l'écran est l'*acarus* de la gale.

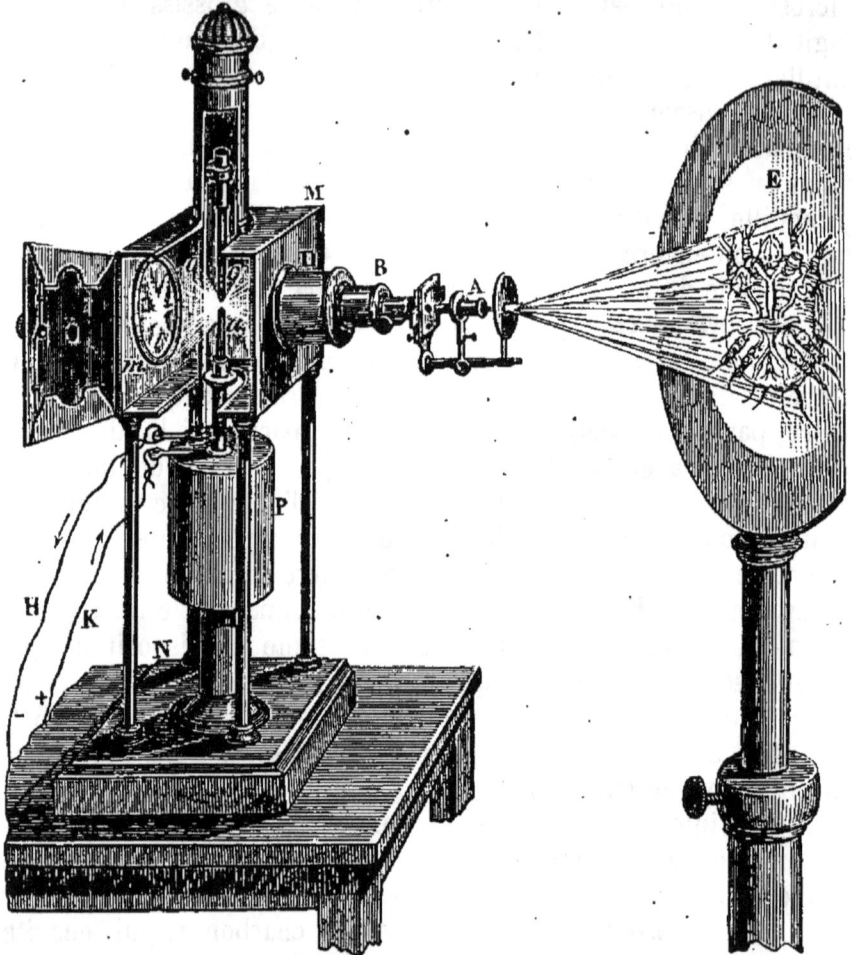

Fig. 455 (h = 0^m,95).

Dans l'expérience que nous venons de décrire, les deux char-bons s'usent, et s'usent inégalement, *a* plus vite que *c*. Il résulte de là que leur intervalle tend à augmenter, et que par suite la lumière s'affaiblit et même s'éteint. En traitant plus tard de la lumière élec-trique, nous dirons comment fonctionne l'appareil P, qui porte les deux charbons, et sert à entretenir leur intervalle constant et dans une position fixe.

544. Lentilles à échelons, phares. — Les lentilles de grandes dimensions présentent d'extrêmes difficultés de construction ; elles donnent lieu, en outre, à une forte aberration de sphéricité, et perdent beaucoup de leur diaphanéité à cause de leur épaisseur. C'est pour obvier à ces inconvénients qu'on a construit les *lentilles à échelons*. Ces lentilles, imaginées par Buffon et perfectionnées par

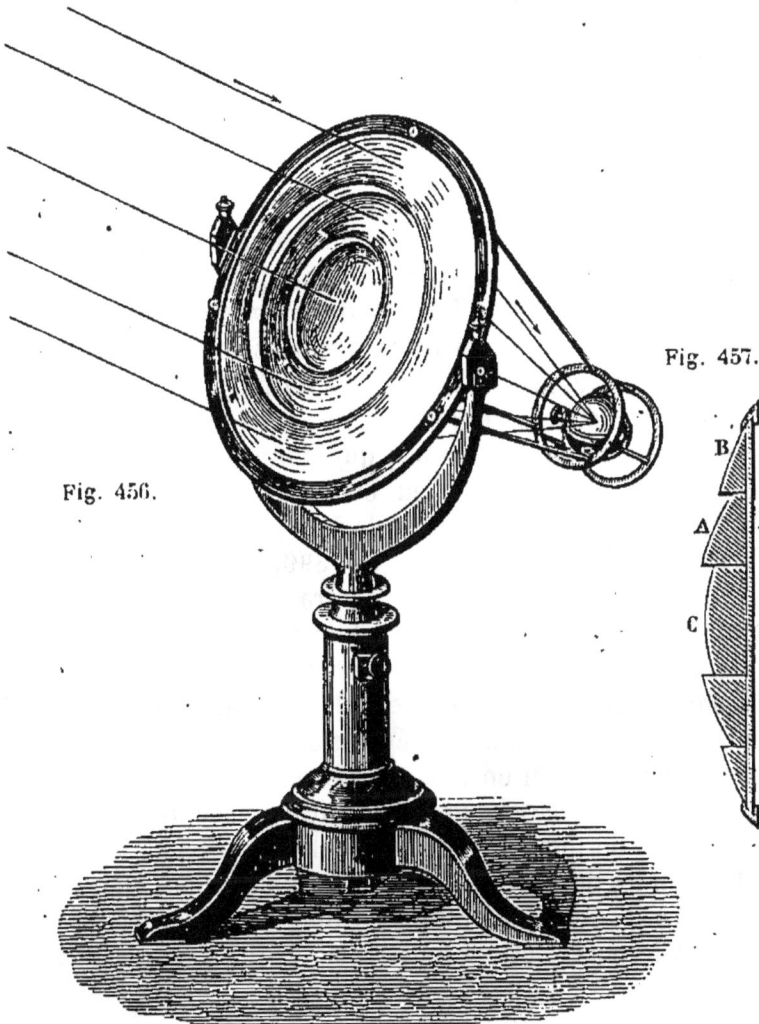

Fig. 457.

Fig. 456.

Fresnel, sont formées, au centre, d'une lentille plan-convexe C (fig. 456 et 457), entourée d'une suite de segments annulaires et concentriques A, B, dont chacun a une face plane située du même côté que la face plane de la lentille centrale, tandis que les faces opposées ont une courbure telle, que les foyers des différents segments viennent se former au même point. L'ensemble de ces anneaux forme donc, avec la lentille centrale, une lentille unique représentée en coupe dans la figure 457. Le dessin a été fait d'après une lentille de 60 centimètres de diamètre environ, et dont les segments annulaires sont formés d'une seule pièce de verre; mais dans les lentilles plus grandes chaque segment est lui-même formé de plusieurs pièces.

Derrière la lentille est un support fixé par trois tringles, sur lequel se posent les corps qu'on veut soumettre à l'action des rayons solaires qui tombent sur la lentille. Le support correspondant au foyer, les substances qu'on y place sont fondues et volatilisées par la haute température qui se produit. L'or, le platine, le quartz, sont fondus rapidement. Cette expérience montre que la chaleur se réfracte suivant les mêmes lois que la lumière, car le foyer de chaleur se forme au même point que le foyer lumineux.

Autrefois on faisait usage de réflecteurs paraboliques pour porter à de grandes distances la lumière des *phares*. On nomme ainsi des feux qu'on allume sur les côtes, pendant la nuit, pour servir de guide aux navigateurs. Aujourd'hui on fait uniquement usage de lentilles à échelons. Le *feu* est produit par une lampe munie de trois à cinq mèches concentriques, qui donne autant de lumière que quinze lampes Carcel. Ce feu étant placé au foyer principal d'une lentille à échelons, du côté de la face plane, les rayons émergents forment un faisceau parallèle (fig. 390, page 473) qui ne perd de son intensité que par son passage à travers l'atmosphère (519), et peut être visible jusqu'à 60 ou 70 kilomètres. Pour que tous les points de l'horizon soient successivement éclairés par un même phare, la lentille se meut autour de la lampe, au moyen d'un mécanisme d'horlogerie, et fait sa révolution en un temps qui varie d'un phare à un autre. Il en résulte que pour les différents points de l'horizon, il y a successivement apparition et éclipse de lumière à des intervalles de temps égaux. Les éclipses servent aux marins pour distinguer les phares d'un feu accidentel : de plus, c'est d'après le nombre d'éclipses qui se produisent dans un temps donné qu'ils reconnaissent le phare, et par suite la côte qu'ils ont devant eux.

PHOTOGRAPHIE.

542. Daguerréotype. — Le *daguerréotype,* ainsi appelé du nom de son inventeur, est un appareil qui sert à fixer, sur des substances *sensibles* à la lumière, les images que forment les lentilles convergentes dans la chambre obscure (536). L'art d'obtenir ainsi les images des objets par l'action de la lumière a reçu le nom de *photographie.* On distingue la *photographie sur plaque métallique,* la *photographie sur papier* et la *photographie sur verre.*

Dès 1770, le célèbre chimiste suédois Scheele avait reconnu que le chlorure d'argent, qui se conserve blanc dans l'obscurité, noircit par l'action de la lumière. A l'aide de cette propriété du chlorure d'argent on pouvait déjà reproduire des gravures; car si, sur une feuille de papier recouverte de cette substance, on applique une gravure et qu'on expose le tout à la lumière solaire de manière que celle-ci soit interceptée par les parties noires de la gravure, le papier chloruré n'est noirci que dans les parties qui correspondent aux clairs de la gravure, et les autres parties restent blanches. Dans la copie ainsi obtenue, les teintes sont donc renversées, c'est-à-dire que les noires sont devenues les claires, et réciproquement. Cette copie a en outre le défaut de ne pouvoir être conservée que dans l'obscurité, car, aussitôt qu'elle reste exposée à la lumière, elle noircit dans toutes ses parties et disparait.

Il restait donc à produire des images sans inversion de clairs et d'ombres, et à les fixer, c'est-à-dire à les rendre, une fois formées, insensibles à l'action de la lumière. Charles, en France, Wedgwood et Davy, en Angleterre, s'occupèrent de la solution de ce problème, qui a été résolu par Niepce et Daguerre. Le premier de ces deux physiciens, après des recherches patientes, continuées de 1814 à 1829, était parvenu à former, sur une lame de cuivre plaquée d'argent, une image inaltérable à la lumière, et dans laquelle les teintes claires ou sombres occupaient la même place que dans l'objet. Mais dans le procédé de Niepce, où la substance impressionnable était le bitume de Judée, plongé ensuite dans un mélange d'huile de lavande et de pétrole, l'action de la lumière devait se prolonger pendant dix à douze heures, ce qui était tout à fait impraticable pour le portrait.

En 1829, Niepce communiqua ses procédés à Daguerre, déjà connu par l'invention du *diorama*, et qui lui-même s'occupait, depuis plusieurs années, des mêmes recherches; mais ce ne fut qu'après un travail de dix ans que Daguerre fit connaître, en 1839, la belle découverte qui eut un si grand retentissement en France et à l'étranger. Niepce, mort depuis six ans, ne put recueillir la part de gloire qui lui revenait si bien.

Le procédé de Daguerre se compose de cinq opérations principales : 1° le polissage de la plaque mince de cuivre doublé d'argent, sur laquelle doit se former l'image; 2° le dépôt sur cette plaque de la *couche sensible*, c'est-à-dire de la substance qui la rend impressionnable à la lumière; 3° l'exposition de la plaque, dans la chambre noire, à l'action de la lumière; 4° l'exposition de cette même plaque aux vapeurs mercurielles qui font apparaître l'image; 5° la fixation de l'image.

Le polissage de la plaque est une opération importante d'où dépend le succès de l'épreuve. On le commence avec des tampons de coton très-légèrement imprégnés d'alcool et saupoudrés de tri-

poli ; on l'achève ensuite avec du rouge d'Angleterre et un polissoir de cuir. La plaque une fois polie, on l'expose sur une petite
boîte rectangulaire, pendant deux minutes environ, à de la vapeur
d'iode qui réagit sur l'argent de la plaque et le transforme, sous
une épaisseur extrêmement faible, en iodure d'argent. On reconnaît que la plaque est convenablement iodée lorsqu'elle a pris une
belle teinte jaune d'or commençant à passer au rouge sur les bords.
La plaque est alors apte à recevoir l'action de la lumière, mais seu-

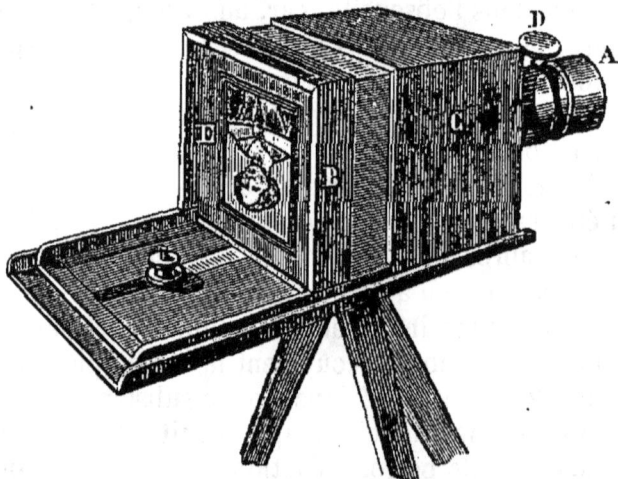

Fig. 458 (h = 28).

ment pour prendre des vues ou des copies. Elle ne pourrait encore
être employée pour portrait, parce qu'elle exige une action de la
lumière de huit à dix minutes pour être impressionnée. Il reste donc
à la soumettre à l'action de substances *accélératrices,* c'est-à-dire qui
exaltent la sensibilité de la couche d'iodure, et permettent à l'image
de se produire seulement en quelques secondes. Ces substances
sont une dissolution aqueuse de brome, ou du bromure de chaux
solide. La plaque est exposée à la vapeur de l'une de ces substances
pendant 30 à 60 secondes, jusqu'à ce qu'elle ait pris une teinte
aussi rouge que possible, sans passer au violet. La plaque une fois
bromée, on la rapporte sur la boîte à iode, où on la laisse *exactement* la moitié du temps qu'elle y était restée la première fois.

La plaque est alors très-impressionnable à l'action de la lumière.
C'est pour cette raison que les préparations que nous venons d'indiquer se font dans un lieu fort peu éclairé ; et quand elles sont
terminées, la plaque est renfermée dans un petit châssis de bois,
où elle est recouverte, du côté argenté, par un écran de bois à
coulisse, qui peut se tirer à volonté, et de l'autre par un volet à
charnière, qui se rabat dessus et la maintient fixe dans le châssis.

Dans cet état, la plaque est portée dans une petite chambre noire portative, de bois, représentée en perspective dans la figure 458, et en coupe, sur une échelle plus grande, dans la figure 459.

Cette pièce, qu'on désigne ordinairement sous le nom de *daguerréotype*, est une véritable chambre noire à tirage (536), composée d'une partie fixe C, et d'une partie mobile B, qui peut entrer plus ou moins dans la première. Dans un tube de laiton A est l'*objectif*, c'est-à-dire l'appareil qui sert à concentrer la lumière sur la plaque et à y produire l'image. Il consista d'abord en une seule

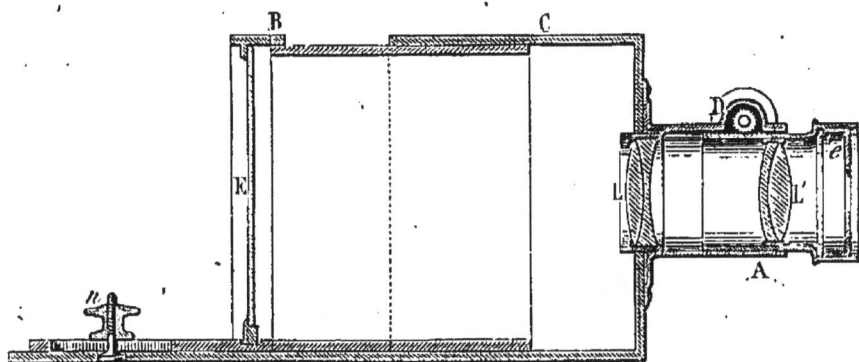

Fig. 459.

lentille biconvexe achromatique; mais on ne tarda pas à adopter des objectifs à deux lentilles achromatiques L, L' (fig. 459), qu'on désigne sous le nom d'*objectifs à verres combinés*. Ils opèrent plus vite que les objectifs à un seul verre, ont une distance focale moindre, et permettent de mettre très-facilement au foyer. Pour cela, la lentille L étant fixe, la seconde lentille L' peut s'en approcher ou s'en écarter plus ou moins à l'aide d'une crémaillère et d'un pignon D, qui font marcher le tube dans lequel est cette lentille. La paroi opposée à l'objectif est formée d'un écran de verre dépoli fixé dans un cadre E, qui s'enlève à volonté. Cela posé, s'agit-il d'obtenir un portrait, on fait asseoir le modèle à 3 ou 4 mètres en avant de l'objectif, puis on tire la caisse mobile B, jusqu'à ce que l'image, qui se produit renversée sur la plaque de verre, apparaisse avec netteté, ce qui a lieu lorsque la plaque est sensiblement au foyer. On achève ensuite de mettre au foyer, en approchant ou en écartant l'objectif au moyen du bouton D. Pour les portraits, on doit mettre au foyer par rapport aux yeux de la personne qui pose, cette partie du visage étant la plus centrale.

Le foyer trouvé, sans déplacer la chambre noire, on enlève le cadre E et l'écran de verre, et l'on met à la place le châssis qui contient la plaque iodée; retirant enfin l'écran à coulisse qui masque la face argentée, l'image qui se formait sur le verre se forme actuellement sur la plaque. C'est alors que la lumière produit sa mystérieuse action et qu'elle dessine sur la plaque une image invisible. Le temps pendant lequel doit se prolonger l'exposition de la plaque à la lumière varie avec l'objectif, avec la préparation de la couche sensible et avec l'intensité de la lumière ; il peut aller de huit à cinquante secondes. Si l'exposition à la lumière a été trop prolongée, l'épreuve sera blanche ; elle sera noire si l'exposition a été de trop courte durée.

Lorsqu'il est temps d'arrêter l'action de la lumière, ce qu'on ne reconnaît qu'avec une grande habitude, on abaisse l'écran à coulisse, et on retire le châssis dans lequel la plaque se trouve dans une complète obscurité, ce qui est aussi indispensable qu'avant son introduction dans la chambre noire. Si l'on regardait la plaque en ce moment, on n'apercevrait encore aucune trace d'image ; pour rendre celle-ci visible, on expose la plaque à l'action de vapeurs de mercure, en la plaçant, sous une inclinaison de 45 degrés, à la partie supérieure d'une boîte de bois disposée à cet usage, dont le fond, qui est de tôle, porte une cavité pleine de mercure. Celui-ci étant porté à une température de 60 à 75 degrés, au moyen d'une petite lampe à alcool, les vapeurs mercurielles se déposent abondamment, sous forme de gouttelettes imperceptibles, sur les parties qui ont été fortement éclairées ; et, au bout de quelques minutes, il se forme un amalgame d'argent et de mercure qui donne les blancs de l'épreuve, tandis que les autres parties restent noires par l'effet même du bruni de la plaque. L'image est alors visible, et peut rester exposée à la lumière. Toutefois la plaque est encore recouverte, surtout dans les ombres, d'une couche d'iodure d'argent, qui donne à l'épreuve une teinte rougeâtre ou violacée. On fait disparaître cette teinte en lavant la plaque dans une dissolution d'hyposulfite de soude. Mais l'image ne résiste pas à la plus légère friction, ce qui tend à prouver que l'argent et le mercure ne sont pas amalgamés.

C'est pour corriger ce défaut qu'il reste encore à fixer l'image ; à cet effet, on lave la plaque dans une solution faible de chlorure d'or et d'hyposulfite de soude. Dans cette opération, de l'argent se dissout, tandis que l'or se combine avec le mercure et l'argent de la plaque ; l'amalgame de mercure et d'argent qui forme les blancs de l'épreuve augmente alors de solidité et d'éclat en se combinant avec l'or, d'où résulte un remarquable accroissement d'intensité dans les clairs de l'image. C'est à M. Fizeau qu'est dû l'emploi du chlorure d'or, qui est le principal perfectionnement qu'on ait apporté à la découverte de Daguerre.

543. Photographie sur plaques de verre collodionées. — Dans le procédé de Daguerre, qui vient d'être décrit, les images sont immédiatement produites sur des plaques métalliques; il n'en est pas ainsi dans la photographie proprement dite, qui comprend deux opérations distinctes. Dans la première, on obtient une image dont les teintes sont renversées, c'est-à-dire que les parties claires sont devenues les noires, et réciproquement; c'est l'*image négative*. Dans la seconde opération, on se sert de la première image pour en former une seconde dont les teintes sont renversées de nouveau, et se retrouvent, par conséquent, dans leur ordre naturel; c'est l'*image positive*.

Épreuves négatives sur verre. — On nettoie une plaque de verre en la frottant avec un tampon de linge trempé d'abord dans de la *terre pourrie* délayée dans de l'alcool, puis avec de l'alcool seul, et on la frotte ensuite avec une peau de daim. De la propreté de la plaque dépend en grande partie la réussite de l'épreuve.

La plaque bien nettoyée, on la pose horizontalement, et l'on verse, sur son milieu, du collodion liquide contenant une dissolution d'iodure de potassium; puis on incline la plaque dans différents sens, de manière à obtenir une couche de collodion bien uniforme dans toute son étendue, et on l'incline enfin vers l'un de ses angles afin de laisser écouler l'excès de liquide.

Bientôt l'éther du collodion se vaporisant, celui-ci prend un aspect voilé. A ce moment, on plonge la plaque dans une dissolution contenant 1 gramme d'azotate d'argent pour 10 grammes d'eau; là l'iodure de potassium se transforme en iodure d'argent. Cette opération doit être faite dans une pièce obscure, éclairée seulement par une bougie, ou par une lampe recouverte d'un verre jaune orangé, ou simplement d'un cylindre de papier de même couleur. On laisse la plaque environ une minute dans le bain d'argent, puis on la fait égoutter; quand elle est bien sèche, on la place dans un châssis fermé, et on la porte dans la chambre noire de Daguerre (fig. 458), de la même manière qu'on l'a déjà vu pour les plaques métalliques (542). Là, sous l'influence de la lumière, l'iodure d'argent éprouve un commencement de décomposition (514, 3°), mais sans que l'image soit encore apparente, l'action n'ayant pas été assez prolongée. Pour rendre l'image visible, on plonge la plaque dans une dissolution d'acide pyrogallique avec addition d'acide acétique cristallisable, et l'on chauffe légèrement; partout où l'iodure a éprouvé un commencement de décomposition, il se forme un gallate d'argent qui est noir, et l'image apparaît subitement. Les parties ombrées de l'image qui n'ont pas reçu l'action de la lumière restent blanches, l'iodure d'argent n'ayant pas été décomposé. Mais comme ce sel noircirait promptement par l'action de la lumière, et ferait ainsi disparaître l'image, on lave la plaque dans une dissolution d'hyposulfite de soude, qui dissout l'iodure d'argent; ce qui rend l'image inaltérable par l'action de la lumière.

Épreuves positives sur papier. — L'épreuve négative, une fois obtenue, sert à produire un nombre indéfini d'images positives. Pour cela, on la recouvre d'un papier imprégné de chlorure d'argent, et ayant comprimé l'épreuve et le papier entre deux lames de verre, on expose le tout à l'action de la lumière, de manière que les parties noires de l'image négative portent ombre sur le papier au chlorure d'argent. Il se reproduit alors, sur celui-ci, une copie de l'image négative, où les parties claires sont remplacées par les ombres, et réciproquement; on a donc ainsi une image positive. Il reste à la fixer, ce qu'on obtient en lavant le papier, comme ci-dessus, dans une dissolution d'hyposulfite de soude. Enfin, pour donner du ton à l'épreuve, ce qu'on appelle la *virer,* on la plonge quelques heures dans un bain de chlorure d'or, contenant un gramme de chlorure pour un litre d'eau.

544. Épreuves positives sur verre. — On obtient de belles épreuves positives sur verre en préparant d'abord les plaques comme pour les épreuves négatives, ainsi qu'il a été dit dans le paragraphe précédent; mais l'exposition à la lumière, dans la chambre obscure, doit être moins prolongée que pour les plaques négatives, moitié environ. On les plonge ensuite dans une dissolution saturée de protosulfate de fer. L'image paraît alors subitement; mais elle est négative. Pour la rendre positive, on plonge la plaque dans un vase plein d'eau, afin d'enlever l'excès de sulfate de fer, puis on verse dessus une dissolution de cyanure de potassium, contenant 1 de cyanure pour 10 d'eau. Aussitôt l'image se dépouille complétement et devient positive. On lave alors, on vernit avec du vernis à tableau, et enfin on recouvre le tout d'une couche de bitume de Judée. C'est ensuite sur l'autre face de la plaque qu'on regarde l'image.

545. Photographie sur plaques de verre albuminées. — Les plaques de verre préparées au collodion présentent cet inconvénient, qu'elles doivent être employées aussitôt leur préparation, tandis que celles préparées à l'albumine peuvent attendre huit jours et plus avant d'être soumises à l'action de la lumière; mais elles doivent subir cette action pendant beaucoup plus longtemps que les plaques préparées au collodion. Aussi sont-elles sans usage pour le portrait, et seulement employées à prendre des vues.

C'est à M. Niepce de Saint-Victor qu'est dû le procédé de photographie par l'albumine. Pour préparer cette substance, on bat en neige un certain nombre de blancs d'œufs, on laisse reposer, on décante, puis on ajoute 1 pour 100 d'iodure de potassium et 25 pour 100 d'eau. On a ainsi un liquide qu'on peut conserver plusieurs jours dans un flacon bien bouché.

La plaque de verre sur laquelle on veut étendre l'albumine doit être parfaitement décapée de la même manière que pour le collodion, (543). Après, on chauffe la plaque légèrement pour y faire adhérer, du côté opposé à celui qui doit servir, un bout de tube de gutta-percha, qui sert de manche pour manier la plaque.

Tenant la plaque par son manche, on verse dessus une couche du liquide albumineux, préparé comme il a été dit ci-dessus; puis, prenant le manche de gutta-percha entre les deux mains, on le fait tourner rapidement, ainsi que la plaque, ce qui imprime au liquide un mouvement centrifuge qui fait accumuler sur les bords de la plaque l'excès d'albumine, qu'on enlève avec une pipette.

La plaque, une fois albuminée et séchée, est placée pendant une minute dans un bain d'argent contenant 8 d'azotate d'argent et 8 d'acide acétique cristallisable pour 100 d'eau. Retirée du bain, elle peut être placée dans la chambre noire à l'état humide; lorsqu'on veut s'en servir à l'état sec, il faut la débarrasser de l'excès d'argent qu'elle contient en la lavant dans de l'eau distillée, puis la faire sécher dans l'obscurité, et alors on peut la conserver plusieurs jours avant de s'en servir.

Quand la plaque ainsi préparée a subi l'action de la lumière dans la chambre noire, pendant vingt minutes environ, on fait apparaître l'image en plongeant la plaque dans une dissolution d'acide gallique qu'on chauffe doucement à la lampe. Quelques gouttes d'une dissolution d'azotate d'argent ajoutées au bain d'acide gallique hâtent notablement l'apparition de l'image, et donnent plus de vigueur à ses ombres. Enfin, ayant lavé la plaque à grande eau, on fixe l'image par une immersion pendant cinq minutes dans un bain d'hyposulfite de soude, contenant 8 d'hyposulfite pour 100 d'eau.

L'image ainsi obtenue est négative, et sert ensuite à donner des épreuves positives sur verre albuminé ou sur papier (543).

CHAPITRE VI.

DE LA VISION.

546. Structure de l'œil humain. — L'œil est l'organe de la *vision*, c'est-à-dire du phénomène en vertu duquel la lumière émise ou réfléchie par les corps fait naître en nous la sensation qui nous décèle leur présence.

Situé dans une cavité osseuse qu'on nomme *orbite*, l'œil est maintenu par les muscles qui servent à le mouvoir, par le nerf optique, la conjonctive, les paupières et l'aponévrose orbito-oculaire. Tous ces moyens, en lui assurant une contention solide, lui permettent des mouvements très-variés et très-étendus. Son volume est à peu près le même chez tous les individus; l'ouverture variable des paupières le fait seule paraître plus ou moins volumineux.

La figure 460 montre une coupe transversale de l'œil d'avant en arrière. On voit que sa forme générale est celle d'un sphéroïde dont la courbure, à la partie

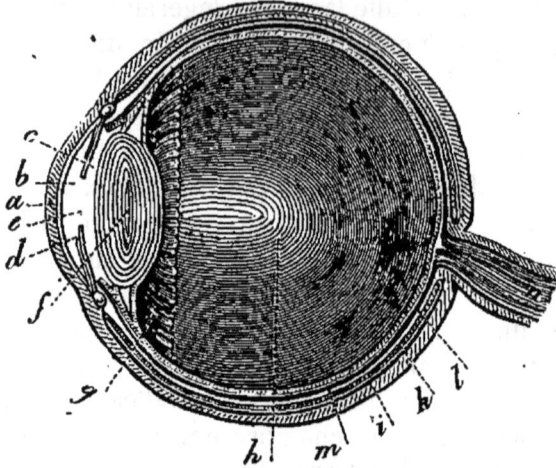

Fig. 460.

antérieure, est plus grande qu'à la partie postérieure. L'œil est composé de membranes et de milieux, qui sont : la *cornée*, la *sclérotique*, l'*iris*, la *pupille*, l'*humeur aqueuse*, le *cristallin*, le *corps vitré*, la *membrane hyaloïde*, la *choroïde*, la *rétine* et le *nerf optique*.

Cornée. — La cornée *a* est une membrane transparente située en avant du globe de l'œil. Elle a sensiblement la forme d'une petite calotte sphérique ayant une base de 11 à 12 millimètres de diamètre. Sa circonférence, taillée en biseau aux dépens de sa face externe, s'enchâsse dans la sclérotique *i*, et l'adhérence de ces deux membranes est telle, qu'elles ont été considérées par quelques anatomistes comme une seule et même membrane.

Sclérotique. — La sclérotique *i* est une membrane qui, avec la cornée, enveloppe toutes les parties constituantes de l'œil. Elle présente, en avant, une ouverture à peu près circulaire, dans laquelle est enchâssée la cornée ; à la partie postérieure et interne, elle est perforée pour donner passage au nerf optique.

Iris. — L'iris *d* est un diaphragme annulaire, opaque, adhérent par son périmètre extérieur, et libre par son bord central. Cette membrane est placée entre la cornée et le cristallin. C'est elle qui forme la partie colorée de l'œil ; elle est percée, non pas à son centre, mais un peu en dedans, d'une ouverture qu'on nomme *pupille*, et qui, chez l'homme, est circulaire. Chez quelques animaux, elle est étroite et allongée dans le sens vertical, particulièrement chez ceux du genre *felis*, et dans le sens transversal chez les ruminants. C'est par la pupille que les rayons lumineux pénètrent dans l'œil. Son diamètre, variable pour un même individu, est, en moyenne, de 3 à 7 millimètres ; mais ces limites peuvent être dépassées. Les alternatives d'agrandissement et de resserrement de la pupille s'opèrent rapidement ; elles sont fréquentes et jouent un rôle important dans le phénomène de la vision. La pupille se contracte sous l'influence d'une vive lumière ; elle se dilate, au contraire, dans l'obscurité. Les mouvements de l'iris paraissent être involontaires.

D'après ce qui précède, l'iris est un écran à ouverture variable, dont la fonction est de régler la quantité de lumière qui pénètre dans l'œil, puisque la grandeur de la pupille varie en sens contraire de l'intensité de la lumière. L'iris sert encore à corriger l'aberration de sphéricité, en empêchant les rayons marginaux de traverser les bords du cristallin, c'est-à-dire qu'il remplit à l'égard de l'œil le rôle d'un diaphragme dans les instruments d'optique (504).

Humeur aqueuse. — Entre la partie postérieure de la cornée et la partie antérieure du cristallin est un liquide transparent qu'on appelle *humeur aqueuse.* L'espace *e*, occupé par cette humeur, est partagé en deux compartiments par l'iris ; la partie *b*, comprise entre la cornée et l'iris, se nomme *chambre antérieure* ; la partie *c*, qui est entre l'iris et le cristallin, est la *chambre postérieure.*

Cristallin. — Le cristallin est un corps lenticulaire *f*, placé derrière l'iris et très-près de cette membrane. Remarquable par sa transparence, le cristallin est enveloppé dans une membrane diaphane comme lui, qu'on nomme sa *capsule*, et qui adhère par son bord à la couronne annulaire formée par les *procès ciliaires g.*

La face antérieure du cristallin a une convexité moindre que la face postérieure. Son tissu est composé d'une suite de lamelles à peu près concentriques, plus dures au centre qu'à la circonférence. Les couches les plus superficielles ont une mollesse telle, qu'elles sont presque à l'état liquide. On leur a donné le nom d'*humeur de Morgagni.* Le pouvoir réfringent de ces couches décroît du centre à la périphérie.

Corps vitré, membrane hyaloïde. — On appelle *corps vitré*, ou *humeur vitrée*, une masse transparente, comparable à l'albumine de l'œuf, qui occupe toute la partie *h* du globe de l'œil située en arrière du cristallin. Le corps vitré est enveloppé par la *membrane hyaloïde l*, qui tapisse la face postérieure de la capsule cristalline et toute la face interne d'une autre membrane qu'on nomme *rétine.*

Rétine, nerf optique. — La rétine *m* est une membrane destinée à recevoir l'impression de la lumière et à la transmettre au cerveau par l'intermédiaire d'un nerf *n*, nommé le *nerf optique*, qui part du cerveau, pénètre dans l'œil, et s'épanouit sur la rétine, sous la forme d'un réseau nerveux.

La rétine et le nerf optique ne jouissent que de la propriété spéciale de recevoir et de transmettre au cerveau l'impression des images ; ils sont tout à fait insensibles à l'action des corps vulnérants. Ces organes ont été coupés, piqués, sans que les animaux soumis à ces expériences aient manifesté la moindre douleur.

Choroïde. — La choroïde *k* est une membrane interposée entre la rétine et la sclérotique. Elle est essentiellement vasculaire et recouverte, sur sa face interne principalement, d'une matière noire semblable au pigment de la peau des nègres et destinée à absorber tous les rayons qui ne doivent pas coopérer à la vision.

La choroïde se prolonge en avant en formant une suite de replis saillants *g*, qu'on nomme *procès ciliaires*, et qui s'engagent entre l'iris et la capsule cristalline, à laquelle ils adhèrent, en formant autour d'elle un disque assez comparable à celui d'une fleur radiée. Par son tissu vasculaire, la choroïde sert à transporter le sang dans l'intérieur de l'œil, et surtout aux procès ciliaires.

547. Indices de réfraction des milieux transparents de l'œil. — Les indices de réfraction des parties transparentes de l'œil ont été déterminés par M. Brewster. Ils sont réunis dans le tableau suivant, avec celui de l'eau comme terme de comparaison :

Eau.	1,3358	Enveloppe extérieure du cristallin	1,3767
Humeur aqueuse.	1,3366	Centre du cristallin.	1,3990
Humeur vitrée.	1,3394	Réfraction moyenne du cristallin	1,3839

548. Courbures et dimensions des diverses parties de l'œil. —

Rayon de courbure de la sclérotique.	10 à 11 millimètres.
Id. de la cornée.	7 à 8
Id. de la face antérieure du cristallin.	7 à 10
Id. de la face postérieure.	5 à 6

Diamètre de l'iris. . . . .   11 à 12
   Id.   de la pupille. . . . .   3 à 7
   Id.   du cristallin.   10
Épaisseur du même.   5
Distance de la pupille à la cornée.   2
Longueur de l'axe de l'œil. . . . .   22 à 24

La courbure de la cornée, d'après M. Chossat, est celle d'un ellipsoïde de révolution autour de son grand axe, et la courbure du cristallin celle d'un ellipsoïde de révolution autour de son petit axe.

549. Marche des rayons dans l'œil. — D'après les diverses parties qui composent l'œil, on peut comparer cet organe à une chambre obscure (536)

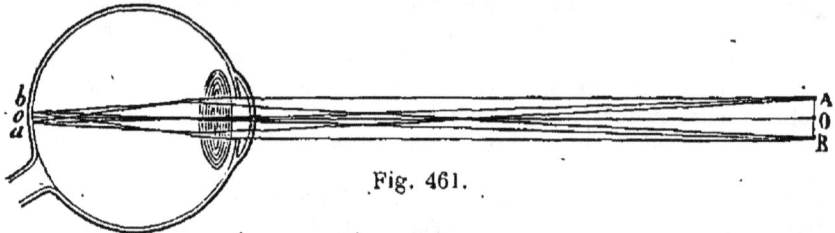

Fig. 461.

dont la pupille est l'ouverture, le cristallin la lentille convergente, et la rétine l'écran sur lequel va se peindre l'image. L'effet est donc le même que celui par lequel se forme, au foyer conjugué d'une lentille biconvexe, l'image d'un objet placé en avant de la lentille. Soit, en effet, un objet AB (fig. 461), placé en avant de l'œil, et considérons les rayons émis d'un point quelconque A de cet objet. De tous ces rayons, ceux qui sont dirigés vers la pupille sont les seuls qui pénètrent dans l'œil et qui soient utilisés pour la vision. Ces rayons, à leur entrée dans l'humeur aqueuse, éprouvent une première réfraction qui les rapproche de l'axe A a, tiré par le centre optique du cristallin ; puis ils rencontrent celui-ci qui les réfracte de nouveau comme une lentille biconvexe ; et enfin, après avoir subi une dernière réfraction dans l'humeur vitrée, ils vont concourir en un point a et y former l'image du point A. Les rayons partis du point B allant de même former en b l'image de ce point, il en résulte une image ab très-petite, réelle et renversée, qui se forme exactement sur la rétine quand l'œil est bien conformé.

550. Renversement des images. — Pour s'assurer que les images formées sur la rétine sont bien réellement renversées, on prend un œil d'albinos, parce que la choroïde des yeux de ces animaux est privée de pigment, et que, par conséquent, la lumière peut la traverser complétement ; puis on dépouille cet œil, à la partie postérieure, du tissu cellulaire qui l'enveloppe. Ainsi préparé, on le fixe à une ouverture pratiquée au volet d'une chambre obscure, et l'on observe alors, à l'aide d'une loupe, que les images renversées des objets extérieurs viennent se peindre sur la rétine.

Le renversement des images dans l'œil a beaucoup occupé les physiciens et les physiologistes, et de nombreuses théories ont été proposées pour expliquer comment il se fait que nous ne voyions pas les objets renversés. Les uns ont admis que c'est par l'habitude et par une véritable éducation de l'œil que nous voyons les objets redressés, c'est-à-dire dans leur position relative par rapport à nous. D'autres pensent que nous rapportons le lieu réel des objets dans la direction des rayons lumineux qu'ils émettent, et que, ces rayons se croisant dans le cristallin (fig. 461), l'œil voit les points A et B respectivement dans les directions aA et bB ; par suite l'objet paraît droit. Telle était l'opinion de Dalembert. Muller, Volkmann et autres soutiennent que, comme nous voyons tout renversé, et non pas uniquement un objet parmi d'autres, rien ne peut paraître renversé, puisque nous

manquons alors de termes de comparaison. Il faut avouer qu'aucune de ces théories n'est bien satisfaisante.

554. Axe optique, angle optique, angle visuel. — On nomme *axe
optique principal* d'un œil son axe de figure, c'est-à-dire la droite par rapport à
laquelle il est symétrique. Dans un œil bien conformé, c'est la droite qui passe par
le centre de la pupille et par le centre du cristallin ; telle est la droite O*o* (fig. 461).
Les lignes A*a*, B*b*, qui sont sensiblement rectilignes, sont des axes secondaires.
C'est dans la direction de l'axe optique principal que l'œil voit le plus nettement
les objets.

L'*angle optique* est l'angle BAC (fig. 462) formé par les axes optiques princi-

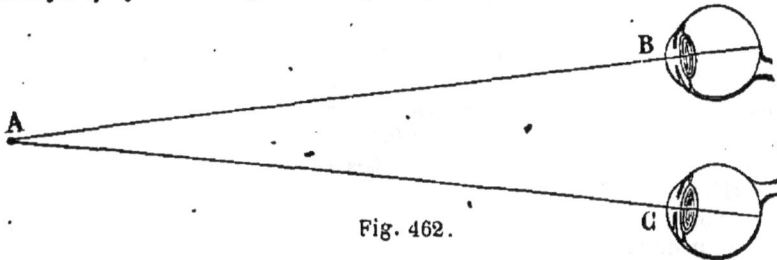

Fig. 462.

paux des deux yeux, lorsqu'ils sont dirigés vers un même point. Cet angle est
d'autant plus petit que les objets sont plus éloignés.

L'*angle visuel* est l'angle AOB (fig. 463), sous lequel est vu un objet, c'est-à-
dire l'angle formé par les axes secondaires menés du centre optique du cristallin
aux extrémités opposées de l'objet. Pour une même distance, cet angle décroît avec
la grandeur de l'objet, et pour un même objet, il décroît avec la distance, comme

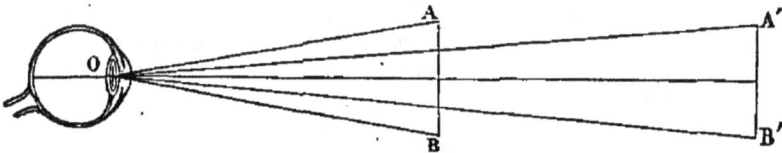

Fig. 463.

il arrive si l'objet passe de AB en A'B'. Il résulte de là que les objets paraissent
d'autant plus petits, qu'ils sont plus éloignés, car les axes secondaires AO, BO se
croisant au centre du cristallin, la grandeur de l'image projetée sur la rétine dépend de la grandeur de l'angle visuel AOB.

552. Appréciation de la distance et de la grandeur des objets.
—L'appréciation de la distance et de la grandeur dépend du concours de plusieurs
circonstances, qui sont : l'angle visuel, l'angle optique, la comparaison avec des
objets dont la grandeur nous est familière, la diminution de netteté de l'image par
l'interposition d'un air plus ou moins vaporeux.

Lorsque la grandeur d'un objet est connue, comme la taille d'un homme, la
hauteur d'un arbre ou d'une maison, on en apprécie la distance par l'ouverture de
l'angle visuel sous lequel on le voit. Si la grandeur de l'objet est inconnue, on la
juge relativement à celle des objets qui l'entourent.

Une colonnade, une avenue d'arbres, nous paraissent diminuer de grandeur
à mesure que leur distance augmente, parce que l'angle visuel décroît ; mais l'habitude de voir des colonnes, des arbres, avec la hauteur qui leur convient, fait
que notre jugement rectifie l'apparence produite par la vision. De même, quoique
des montagnes fort éloignées soient vues sous un fort petit angle et n'occupent
qu'un faible espace dans le champ de la vision, habitués aux effets de perspective
aérienne, nous leur restituons leur grandeur réelle.

L'angle optique est aussi un élément essentiel pour apprécier la distance ; cet angle augmentant ou diminuant quand les objets s'approchent ou s'éloignent, le mouvement que nous imprimons à nos yeux pour que leurs axes optiques concourent vers l'objet que nous regardons, nous donne l'idée de son éloignement. Toutefois ce n'est que par une longue habitude que nous arrivons à établir ainsi une relation entre la distance qui nous sépare des objets et le mouvement correspondant de nos yeux. On remarque, en effet, que les aveugles de naissance auxquels on rend la vue par l'opération de la cataracte jugent d'abord tous les objets à la même distance.

553. Distance de la vue distincte. — On appelle *distance de la vue distincte*, la distance à laquelle les objets doivent être placés pour être vus avec plus de netteté. Cette distance varie avec les individus, et souvent, pour le même individu, d'un œil à l'autre. Pour de petits objets, comme des caractères d'imprimerie, elle est, à l'état normal de l'œil, de 25 à 30 centimètres. Les personnes qui ne voient qu'à une distance plus courte sont *myopes,* et celles qui ne voient qu'à une distance plus grande sont *presbytes* (564).

554. Adaptation de l'œil à toutes les distances. — L'œil présente une propriété remarquable qui ne se rencontre, au même degré, dans aucun instrument d'optique : c'est que, quoique les images tendent à se former d'autant plus en avant de la rétine que les objets sont plus éloignés (499), elles viennent se former toujours sur cette membrane ; car l'œil voit nettement à des distances très-variables, à partir de celle qui correspond à la vue distincte. Toutefois, si nous pouvons voir nettement à des distances très-inégales, nous ne le pouvons pas simultanément, ce qui indique quelques modifications dans le système de l'œil, ou du moins la nécessité de fixer notre attention sur l'objet que nous voulons voir. En effet, si l'on vise deux objets alignés, situés, par exemple, l'un à un mètre, l'autre à deux mètres de l'œil, en regardant le premier objet, le second paraît nébuleux, tandis que, si l'on regarde le second, c'est le premier à son tour qui devient nébuleux. On conclut que là que, quand l'œil a été disposé pour voir à une distance, il ne l'est pas pour voir à une autre, mais qu'il peut successivement s'adapter à l'une et à l'autre.

Plusieurs hypothèses ont été proposées pour expliquer comment l'œil peut voir nettement à des distances très-différentes. MM. Mile et Pouillet en trouvent la cause dans les dilatations et les contractions de la pupille. Le premier pense que les rayons lumineux éprouvent, sur les bords de l'iris, une diffraction ou inflexion qui peut donner lieu à des distances focales très-différentes. Se fondant sur l'inégale réfrangibilité du cristallin, laquelle décroît du centre à la circonférence, et observant qu'il doit en résulter une suite de foyers dont les plus rapprochés sont formés par les rayons qui traversent le cristallin plus près de son centre, M. Pouillet admet que la pupille s'ouvrant plus ou moins, les objets éloignés sont vus par les bords du cristallin, et les plus rapprochés par le centre. On remarque, en effet, que les contractions et les dilatations du trou pupillaire sont liées à l'accommodation de l'œil aux distances ; mais il importe d'observer qu'elles le sont aussi aux variations d'intensité de la lumière, et que, pour une même distance, l'ouverture de la pupille peut varier beaucoup.

Rohaut, Olbers et autres ont émis l'opinion que le diamètre de l'œil, d'avant en arrière, varie sous l'influence de la pression des muscles qui font mouvoir cet organe, de manière à rapprocher ou à écarter la rétine du cristallin, en même temps que l'image s'en approche ou s'en écarte elle-même ; car on sait (496) que, dans les lentilles convergentes, l'image se rapproche à mesure que l'objet s'éloigne.

Hunter et Young ont attribué au cristallin une propriété contractile en vertu de laquelle il prend une forme plus ou moins convexe, de manière à faire toujours converger les rayons sur la rétine.

Képler, Camper et beaucoup d'autres ont admis que, par l'action des procès ciliaires, le cristallin peut se déplacer et se rapprocher plus ou moins de la rétine.

Enfin, on a admis que la netteté de la vision à des distances très-diverses peut provenir, non pas de ce que la rétine ou le cristallin se déplace de manière que l'image vienne toujours se former sur la rétine, mais de ce que les variations qu'éprouve la distance focale du cristallin, à mesure que les objets s'éloignent, sont assez petites pour que l'image conserve encore une netteté suffisante.

Cette dernière théorie est confirmée par les expériences de Magendie et par celles de de Haldat. Le premier a observé, avec un œil d'albinos, que la netteté des images ne variait pas pour les objets placés à des distances fort inégales ; et de Haldat a trouvé que si l'on place un cristallin comme objectif au volet d'une chambre obscure, on obtient, sur un verre dépoli, des images également nettes des objets extérieurs, que ceux-ci soient à la distance de 3 à 4 décimètres, ou de 20 à 30 mètres. Cette propriété du cristallin à l'état d'inertie semble contraire aux lois de la réfraction ; elle doit être attribuée à la structure de cet organe, qu'elle distingue tout à fait des lentilles ordinaires. De Haldat n'a point donné l'explication de ces phénomènes.

555. Vue simple avec les deux yeux. — Lorsque les deux yeux se fixent sur un même objet, il se forme, sur chaque rétine, une image, et cependant nous ne voyons qu'un objet. Pour expliquer la vue simple avec les deux yeux, Gassendi admettait qu'à un même instant la perception n'a lieu que pour l'une ou l'autre image, ce qui ne peut être admis d'après les expériences de M. Wheatstone, que nous rapportons plus bas (567).

Taylor et Wollaston ont émis l'opinion que deux points homologues de droite ou de gauche, sur les deux rétines, correspondent à un même filet nerveux cérébral de droite ou de gauche, bifurqué à l'entrecroisement des deux nerfs optiques. Cette opinion est d'accord avec un fait qu'on observe chez quelques individus, c'est la paralysie transitoire de la rétine, par moitié et du même côté pour chaque œil, de droite ou de gauche simultanément, en sorte que les malades ne voient que la moitié droite ou la moitié gauche des objets. Wollaston et Arago ont observé sur eux-mêmes cette affection de la rétine.

M. Brewster attribue l'unité de sensation à l'habitude que nous acquérons de rapporter à un même objet les impressions simultanées sur les deux rétines.

Voici les principaux faits qui s'observent dans la vision avec les deux yeux.

On voit plus clair avec deux yeux qu'avec un seul ; en regardant un même objet d'abord avec un seul œil, puis avec les deux, la différence d'éclat est très-sensible.

Lorsque les deux yeux sont fixés chacun sur un objet différent, de manière que les deux axes optiques concourent au delà ou en deçà de ces objets, il peut

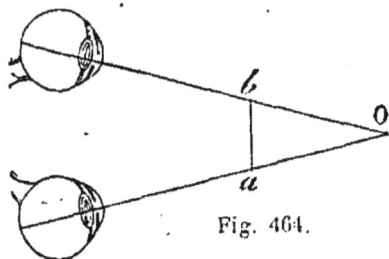

Fig. 464.

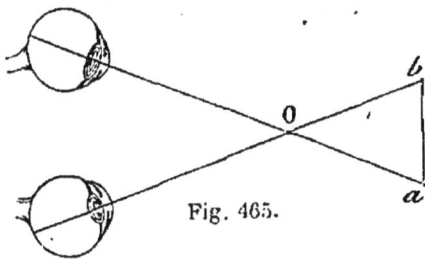

Fig. 465.

se produire des illusions d'optique remarquables. Par exemple, si l'on regarde deux objets identiques et de petites dimensions a et b, au moyen de deux tubes isolants qui donnent aux axes optiques des deux yeux les directions concourantes aO et bO (fig. 464), on ne voit qu'un objet unique, mais plus éloigné, au point de rencontre O des deux axes.

Si le point de croisement des deux axes est en avant des points qu'on regarde (fig. 465), on ne voit encore qu'un seul objet, mais plus près, au point O.

Si les objets a et b sont deux petits disques, l'un rouge et l'autre vert, on voit

un disque blanc, le vert et le rouge étant deux couleurs complémentaires (510)
Ces diverses expériences démontrent que les impressions dans les deux yeux sont
simultanées et se superposent pour donner une sensation unique.

556. Cause du relief apparent des corps. — On doit à M. Wheatstone des expériences qui montrent une différence essentielle entre la vision avec
les deux yeux et la vision avec un seul œil. Il résulte de ces expériences que ce
n'est qu'avec les deux yeux qu'on peut avoir une perception nette du relief des
corps, c'est-à-dire de leurs trois dimensions. Il est même probable qu'avec un seul
œil le relief ne nous paraît appréciable que parce que les objets que nous regardons
nous sont généralement connus. En effet, dans la vision avec les deux yeux, quand
l'objet est à une faible distance, les deux axes devant converger vers l'objet, il

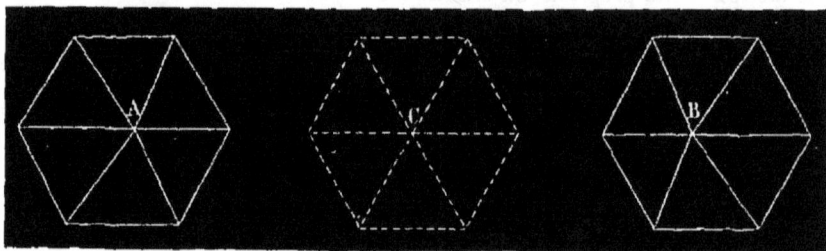

Fig. 466.   Fig. 467.   Fig. 468.

en résulte que la perspective change pour chaque œil et que les deux images sont
sensiblement inégales. C'est ce qu'il est facile de constater en regardant alternativement un même objet avec chaque œil. Par exemple, supposons qu'on regarde à
vol d'oiseau une petite pyramide régulière C, à base hexagonale (fig. 467), en se
plaçant de manière que la verticale menée par son sommet passe exactement entre
les deux yeux. Ceux-ci étant ouverts tous les deux, on la voit telle qu'elle est représentée dans la figure 467. Mais si, conservant la même position, on ferme l'œil
gauche, l'œil droit voit alors seul la pyramide; et il la voit comme la montre la
figure 468, les faces latérales de gauche étant vues plus en raccourci que celles de
droite. Au contraire, si l'on ferme l'œil droit, le gauche aperçoit la pyramide ainsi
qu'elle est dessinée dans la figure 466; c'est-à-dire que ce sont les faces latérales
de droite qui sont maintenant vues plus en raccourci. Il est donc démontré que
les images perçues par les deux yeux ne sont pas identiques; il reste à constater
par l'expérience que c'est bien de la perception simultanée de ces deux images
que résulte le relief apparent des corps.

557. Stéréoscope. — C'est en s'appuyant sur les considérations qui précèdent, que M. Wheatstone imagina, en 1838, un ingénieux appareil à l'aide duquel on voit en relief les images, sur une surface plane, d'objets à trois dimensions. De là le nom de *stéréoscope* donné à cet appareil, de deux mots grecs qui
signifient *voir solide*.

Le principe du stéréoscope consiste à placer devant chaque œil une image
différente d'un même objet, chaque image représentant l'objet, l'une avec la
perspective correspondant à l'œil droit, et l'autre avec celle qui correspond à
l'œil gauche, lorsqu'ils regardent cet objet à une petite distance. Si l'on dispose
alors l'appareil de manière que, l'œil droit ne voyant que l'image qui lui est destinée, et l'œil gauche l'autre, les deux images se superposent, il est évident qu'il
doit se former sur chaque rétine exactement la même image que si l'on regardait
l'objet même. En effet, on obtient ainsi une perception tellement vive et distincte
du relief, que l'illusion est complète et vraiment surprenante.

Dans le stéréoscope construit par M. Wheatstone, c'était par la réflexion sur
deux miroirs plans qu'on obtenait la superposition des deux images. Mais dans le
stéréoscope modifié par M. Brewster, et tel qu'il se construit aujourd'hui, la superposition des deux images se produit à l'aide de deux lentilles convergentes. La

figure 469 montre quelle est la marche des rayons dans l'appareil. En A est le dessin que doit regarder l'œil gauche, et en B celui destiné à l'œil droit. Au-dessus sont deux lentilles m et n, qui sont respectivement les oculaires des deux yeux. Or, les rayons partis des deux points homologues des images se réfractent à leur passage dans ces lentilles et prennent les mêmes directions que s'ils étaient partis du point C. C'est donc en ce point que se superposent les images virtuelles des dessins A et B, et qu'apparaît l'objet avec un relief d'une fidélité parfaite. Par exemple, si l'on place en B et en A les deux figures 466 et 468, on apercevra en C une image unique et en relief de la pyramide, telle qu'elle est représentée dans la figure 467.

Il est indispensable que les deux lentilles m et n impriment rigoureusement la même déviation aux rayons, et pour cela elles doivent être identiques. M. Brewster a atteint ce résultat en coupant en deux une lentille biconvexe, et en plaçant la moitié droite devant l'œil gauche, puis la moitié gauche devant l'œil droit, comme le représente la figure ci-contre.

À l'aide du stéréoscope, M. Foucault et M. le docteur Regnault ont constaté que, lorsque les deux rétines sont impressionnées simultanément par deux couleurs différentes, il y a perception d'une couleur mixte unique. Mais ils ont reconnu que l'aptitude à la recomposition des deux teintes en une teinte unique varie d'une manière notable d'un individu à un autre, et peut être excessivement faible, même nulle chez quelques personnes. En éclairant avec deux faisceaux de couleurs complémentaires (510) deux disques blancs placés au fond du stéréoscope, et en regardant chaque disque coloré avec un œil, on voit un disque blanc unique, ce qui montre que la sensation de la lumière blanche peut naître de deux impressions chromatiques complémentaires et simultanées sur chacune des deux rétines.

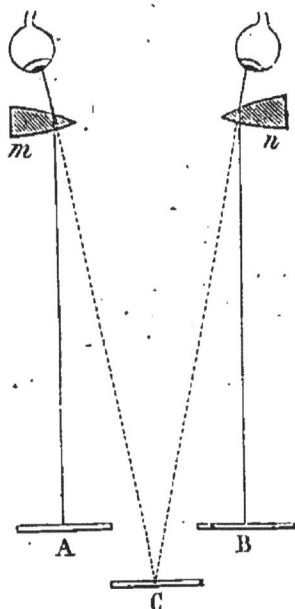

Fig. 469.

558. Partie insensible de la rétine. — La rétine n'est pas également sensible dans toutes ses parties, ainsi que le prouve l'expérience suivante due à Mariotte : on marque deux points noirs sur du papier blanc, à quelques centimètres de distance l'un de l'autre ; puis, le papier étant très-rapproché de l'œil, on fixe le point de gauche avec l'œil droit, ce qui n'empêche pas de voir l'autre point ; mais si l'on éloigne lentement le papier, le point de droite disparaît à une certaine distance, pour reparaître bientôt si l'on continue à éloigner le papier. La même chose a lieu si l'on regarde le point de droite avec l'œil gauche.

Mariotte a remarqué qu'au moment où le point cesse d'être visible, son image se projette sur l'insertion même du nerf optique à la partie interne et inférieure de l'œil. On a donné le nom de *punctum cæcum* à ce point insensible à l'action de la lumière.

559. Persistance de l'impression sur la rétine. — Lorsqu'on fait tourner rapidement un charbon incandescent, on aperçoit comme un ruban de feu continu ; de même, la pluie qui tombe sous forme de grosses gouttes apparaît dans l'air comme une suite de filets liquides. Ces différentes apparences sont dues à ce que l'impression des images sur la rétine persiste encore après que l'objet qui l'a produite a disparu ou s'est déplacé. La durée de cette persistance varie avec la sensibilité de la rétine et l'intensité de la lumière. Plateau, à Bruxelles, a trouvé, par différentes méthodes, qu'elle est, en moyenne, d'une demi-seconde.

L'impression des couleurs persiste aussi bien que celle de la forme des objets ; car si l'on fait tourner des cercles divisés en secteurs peints de diverses couleurs, alors celles-ci se confondent et donnent la sensation de la couleur qui résulterait de leur mélange. Le bleu et le jaune donnent le vert; le jaune et le rouge, l'orangé; le bleu et le rouge, le violet; les sept couleurs du spectre, le blanc, comme le démontre le disque de Newton (503, 5°).

Il existe plusieurs appareils curieux dont les effets s'expliquent par la persistance de la sensation sur la rétine. Tels sont le *thaumatrope*, le *phénakisticope*, la *roue de Faraday*, le *kaléidophone*.

560. Images accidentelles. — Un objet coloré étant placé sur un fond noir, si on le regarde fixement pendant un certain temps, la vue est bientôt fatiguée, et l'intensité de la couleur s'affaiblit; dirigeant alors les yeux sur un carton blanc ou sur le plafond, on aperçoit une image de même forme que l'objet, mais d'une couleur complémentaire, c'est-à-dire qui formerait du blanc si elle était réunie à celle de l'objet. Pour un objet vert, l'image est rouge, et réciproquement; si l'objet est jaune, l'image est violette. Ces apparences colorées ont été signalées par Buffon, qui leur a donné le nom d'*images* ou de *couleurs accidentelles*.

Les couleurs accidentelles persistent d'autant plus longtemps, que l'objet observé a été plus vivement éclairé et que l'action de la lumière a été prolongée davantage. Elles ne s'éteignent pas, en général, d'une manière progressive continue, mais offrent ordinairement des disparitions et des réapparitions alternatives. On observe aussi que si, après avoir contemplé un objet coloré, on ferme les yeux rapidement en les abritant aussi parfaitement que possible de toute lumière, au moyen d'une étoffe épaisse, les images accidentelles n'en apparaissent pas moins.

Plusieurs théories ont été proposées pour expliquer les phénomènes des couleurs accidentelles. Darwin a admis :

1° Que la partie de la rétine fatiguée par une couleur est devenue insensible aux rayons de cette couleur, et n'est plus impressionnée que par sa couleur complémentaire ;

2° Que cette partie de la rétine prend *spontanément* un mode d'action *opposé* qui produit la sensation de la couleur complémentaire.

La première partie de cette théorie n'explique pas le fait ci-dessus, que les couleurs accidentelles apparaissent même dans l'obscurité; et la seconde partie n'est que l'énoncé même du phénomène des images accidentelles.

564. Irradiation. — L'*irradiation* est un phénomène par lequel les objets blancs ou d'une couleur très-vive, lorsqu'ils sont vus sur un fond obscur, paraissent avec des dimensions plus grandes que celles qui leur sont propres. L'inverse a lieu pour un corps noir vu sur un fond blanc. On admet que l'irradiation provient de ce que l'impression sur la rétine se propage plus ou moins au delà du contour de l'image.

L'effet de l'irradiation est très-sensible sur la grandeur apparente des astres, qui peuvent ainsi paraître plusieurs fois plus grands qu'ils ne sont réellement.

D'après les recherches de Plateau, l'irradiation varie considérablement d'une personne à une autre, et même d'un jour à l'autre pour une même personne. Ce savant a constaté, en outre, que l'irradiation croît avec l'éclat de l'objet et la durée de la contemplation. Enfin, elle se manifeste à toutes les distances; les lentilles divergentes l'augmentent, celles qui sont convergentes la diminuent.

562. Auréoles accidentelles, contraste des couleurs. — On nomme *auréoles accidentelles*, des couleurs qui, au lieu de succéder à l'impression d'un objet, comme les couleurs accidentelles, apparaissent autour de l'objet lui-même lorsqu'on le regarde fixement. L'impression de l'auréole est opposée à celle de l'objet, c'est-à-dire que, si celui-ci se détache en clair, l'auréole est obscure; elle est claire, si l'objet est obscur.

Le *contraste des couleurs* est une réaction réciproque qui s'exerce entre deux couleurs voisines, réaction en vertu de laquelle à chacune d'elles s'ajoute a couleur complémentaire de l'autre. Ce contraste a été observé par M. Chevreul, qui en a fait une étude approfondie et en a donné la loi. C'est par l'influence réciproque des auréoles accidentelles que s'explique le contraste des couleurs.

M. Chevreul a trouvé que les couleurs rouge et orangé étant juxtaposées, le rouge tire sur le violet, et l'orangé sur le jaune. Si l'on expérimente sur le rouge et le bleu, la première couleur tire sur le jaune et la seconde sur le vert; avec le jaune et le bleu, le jaune passe à l'orangé et le bleu à l'indigo; et ainsi de suite pour un grand nombre de combinaisons. On conçoit combien il importe, dans la fabrication des étoffes, des tapis, de savoir apprécier l'effet dû au contraste des couleurs.

563. L'œil n'est pas achromatique. — On a longtemps attribué à l'œil humain un achromatisme parfait (518); mais cette opinion ne peut être admise d'une manière absolue depuis les diverses expériences de Wollaston, de Young, de Fraünhofer et de Müller.

Fraünhofer a observé que, dans une lunette à deux verres, un fil très-fin, placé à l'intérieur de l'instrument, au foyer de l'objectif, est vu distinctement au travers de l'oculaire, lorsque la lunette est éclairée uniquement avec de la lumière rouge; mais que le fil cesse d'être visible si l'on éclaire la lunette avec de la lumière violette, l'oculaire étant resté dans la même position. Or, on remarque que, pour revoir le fil, il faut diminuer la distance des lentilles beaucoup plus que ne l'indique le degré de réfrangibilité de la lumière violette dans le verre. Il faut donc admettre que, dans cette expérience, il y a un effet dû à l'aberration de réfrangibilité de l'œil.

Müller, de son côté, en contemplant avec un seul œil un disque blanc placé sur un fond noir, a trouvé que l'image est pure quand l'œil est accommodé à la distance du disque, c'est-à-dire que l'image vient se faire sur la rétine; mais il a observé que si l'œil n'est pas accommodé à cette distance, c'est-à-dire si l'image se fait en avant ou en arrière de la rétine, le disque paraît entouré d'une bande bleue très-étroite.

Müller conclut de ses expériences que l'œil est achromatique tant que l'image est reçue à la distance focale, ou tant qu'il s'accommode à la distance de l'objet. On ne peut pas dire jusqu'ici quelle est précisément la cause de cet achromatisme apparent de l'œil; mais on l'attribue généralement à la ténuité des faisceaux lumineux qui passent par l'ouverture pupillaire, et à ce que les rayons inégalement réfrangibles, rencontrant les surfaces des milieux de l'œil sous des incidences presque normales, sont très-peu réfractés, d'où il résulte que l'aberration de réfrangibilité est insensible (517).

Quant à l'aberration de sphéricité, on a déjà vu comment elle est corrigée par l'iris (546), véritable diaphragme arrêtant les rayons marginaux qui tendent à traverser le cristallin, et ne laissant passer que les plus rapprochés de l'axe.

564. Myopie, presbytisme. — Les affections les plus communes de l'organe de la vue sont la myopie et le presbytisme. La *myopie* est une accommodation habituelle des yeux pour une distance moindre que celle de la vue distincte ordinaire, en sorte que les personnes qui en sont affectées ne voient nettement que les objets très-rapprochés. La cause ordinaire de la myopie est une trop grande convexité de la cornée ou du cristallin; l'œil étant alors trop convergent, le foyer, au lieu de se former sur la rétine, se forme en avant, ce qui fait que l'image est confuse. On remédie à ce défaut de l'œil au moyen de verres divergents, qui, en écartant les rayons de l'axe commun, reculent le foyer et le portent sur la rétine.

La contemplation habituelle de petits objets, les observations microscopiques, peuvent faire naître la myopie. Ce vice de conformation est commun chez les jeunes gens; il diminue avec l'âge.

Le *presbytisme* est le contraire de la myopie. Dans cette affection, l'œil voit très-bien les objets éloignés, mais ne distingue pas nettement les objets rapprochés. Le presbytisme est dû à ce que l'œil n'étant pas assez convergent, l'image des objets rapprochés va se former au delà de la rétine; mais si les objets s'éloignent, l'image se rapproche de la rétine (496), et lorsqu'ils sont à une distance convenable, elle se forme exactement sur cette membrane; alors on voit nettement.

Le presbytisme se corrige au moyen de lunettes à verres convergents. Ces verres rapprochant les rayons avant leur entrée dans l'œil, il en résulte que si la convergence en est convenablement choisie, l'image peut se ramener exactement sur la rétine.

Il y a encore peu d'années qu'on faisait uniquement usage de verres biconvexes pour les presbytes, et biconcaves pour les myopes. Wollaston proposa, le premier, de remplacer ces verres par des lentilles concaves-convexes C et F (fig. 387), qu'on place de manière que leurs courbures soient de même sens que celle de l'œil. Ces verres faisant voir plus nettement les objets éloignés qui entourent l'axe optique, on leur a donné le nom de *verres périscopiques*.

565. Besicles. — Les verres dont se servent les myopes et les presbytes se désignent sous le nom général de *besicles*. On grave ordinairement sur ces verres des numéros qui marquent, *en pouces*, leur distance focale.

On peut calculer le numéro que doit prendre un presbyte ou un myope, lorsqu'on connaît la distance à laquelle il voit distinctement. Pour les presbytes, on fait usage de la formule $f = \dfrac{pd}{d-p}$ [1], dans laquelle f étant le numéro du verre qu'on doit adopter, p est la distance de la vue distincte pour les vues ordinaires, laquelle est de 30 centimètres ou 11 pouces, et d la distance de la vue distincte de la personne affectée de presbytisme.

La formule [1] ci-dessus se tire de l'égalité $\dfrac{1}{p} - \dfrac{1}{p'} = \dfrac{1}{f}$ (503), en y remplaçant p' par d. On fait ici usage de la formule [6] du paragraphe 503, et non pas de la formule [5], parce que l'image qu'on voit dans les besicles étant du même côté que l'objet par rapport à la lentille, le signe de p' doit être contraire à celui de p, ainsi que cela a lieu pour les images virtuelles, d'après le paragraphe déjà cité.

Pour les myopes, on calcule f par la formule $\dfrac{1}{p} - \dfrac{1}{p'} = -\dfrac{1}{f}$, qui appartient aux lentilles divergentes (503) et qui donne $f = \dfrac{pd}{p-d}$ [2], en remplaçant p' par d.

Soit proposé, par exemple, de calculer le numéro des verres que doit adopter un presbyte pour lequel la distance de la vue distincte est 35 pouces, sachant que la distance de la vue distincte ordinaire est de 11 pouces. En faisant $p = 11$ et $d = 35$, dans la formule [1] ci-dessus, on trouve $f = \dfrac{35 \times 11}{35 - 11} = 16$.

Quant à la mesure de la distance de la vue distincte, on l'obtient avec une assez grande précision au moyen d'un petit appareil qu'on nomme *optomètre*.

566. Diplopie. — La *diplopie* est une affection de l'œil qui fait qu'on voit les objets doubles, c'est-à-dire qu'on en voit deux au lieu d'un. En général, les deux images se superposent presque entièrement, et l'une d'elles est beaucoup plus apparente que l'autre. La diplopie peut résulter du concours de deux yeux inégaux; mais elle peut aussi affecter un seul œil. Ce dernier cas est sans doute dû à quelque défaut de conformation dans le cristallin ou dans d'autres parties de l'œil, qui fait que le faisceau lumineux se bifurque et va former sur la rétine deux images au lieu d'une. Un seul œil peut même être affecté de *triplopie*; mais, dans ce cas, la troisième image est excessivement faible.

567. Achromatopsie. — On nomme *achromatopsie* une affection singulière qui nous rend incapables de juger des couleurs, ou du moins de certaines couleurs. Chez quelques personnes, en effet, l'insensibilité est complète, tandis que d'autres apprécient quelques couleurs. Les personnes atteintes de cette affection distinguent très-bien les contours des corps, les parties claires ou dans l'ombre, mais elles n'en distinguent pas les teintes.

D'Hombres-Firmas cite une personne affectée d'achromatopsie, qui avait peint dans son appartement, sur un dessus de porte, un paysage dont le terrain, les arbres, les maisons, les personnages étaient bleus. Un visiteur lui ayant demandé pourquoi elle n'avait pas donné à chaque objet sa couleur propre, elle répondit qu'elle avait voulu assortir la couleur de son dessin à celle de son ameublement; or, celui-ci était rouge.

On désigne aussi l'achromatopsie sous le nom de *daltonisme*, parce que Dalton, qui l'a décrite avec soin, en était affecté.

568. Ophthalmoscope. — L'*ophthalmoscope*, comme son nom l'indique, est un appareil destiné à examiner l'œil. Inventé en 1851 par M. Helmholtz, pro-

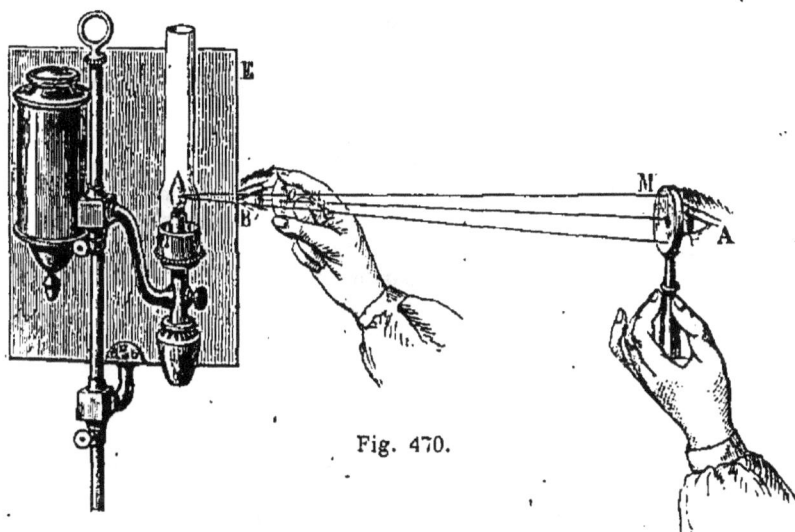

Fig. 470.

fesseur de physiologie à Heidelberg, cet appareil se compose : 1° d'un réflecteur sphérique concave M, de verre ou de métal (fig. 470 et 471), d'une distance focale de 20 à 25 centimètres, et percé à son centre d'un trou de 4 millimètres de diamètre; 2° d'une lentille convergente achromatique o, qu'on maintient devant l'œil qu'on veut explorer; 3° de plusieurs lentilles, les unes divergentes, les autres convergentes, qu'on fixe par une pince derrière le miroir, afin de corriger au besoin la vue de l'observateur, s'il est myope ou presbyte. Nous avons dit que le réflecteur M est percé d'un trou à son centre; c'est ce qui a lieu quand il est métallique; mais s'il est de verre, ce qui est préférable, on enlève seulement, à la partie centrale, la couche de tain qui recouvre la face postérieure.

Pour se servir de l'ophthalmoscope, on place le sujet dans une chambre obscure, et l'on met à côté de lui une lampe dont le pied porte un écran E; celui-ci est destiné à arrêter la lumière du côté de la tête du sujet et à la maintenir dans l'obscurité.

L'observateur, tenant alors d'une main le réflecteur M, le dirige de manière à concentrer vers l'œil B du sujet la lumière envoyée par la lampe, tandis que, de l'autre main, il maintient devant l'œil la lentille o. Par cette disposition, le fond de l'œil se trouvant fortement éclairé, on en distingue très-bien les lésions.

La figure 471 fait voir comment se produit l'image que perçoit l'observateur en regardant à travers le trou central du réflecteur. *ab* étant la partie éclairée de

la rétine, soit d'abord le cas où la lentille o n'est pas maintenue devant l'œil B :
les rayons qui éclairent le fond de l'œil étant renvoyés vers le cristallin c, le traversent en se réfractant comme dans une lentille et vont former en $a'b'$ une image
aérienne, réelle et renversée de la partie ab du fond de l'œil. C'est cette image
que l'observateur voit par le trou du miroir ; mais elle est confuse. Au contraire,
si l'on interpose la lentille o, les rayons se réfractant de nouveau en la traversant,

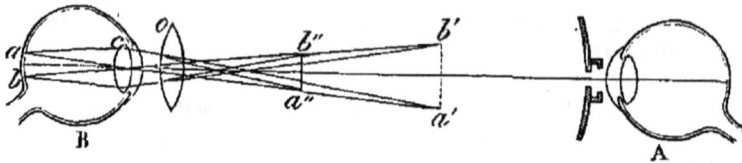

Fig. 471.

l'image va se former en $a''b''$, plus petite et plus nette, mais toujours réelle et renversée. Avec une lentille divergente, l'image serait virtuelle et redressée, car, dans
ce cas, la lentille biconcave et le cristallin c forment un système analogue à la lunette de Galilée (534).

La grande quantité de lumière que l'ophthalmoscope concentre sur l'œil peut,
dans beaucoup de cas, l'irriter d'une manière fâcheuse. Il importe alors d'interposer entre la lampe et le réflecteur des verres colorés, qui absorbent les rayons
nuisibles, lesquels sont surtout les rayons rouges, les rayons jaunes et les rayons
violets. MM. Follin et Jansen ont reconnu que les meilleurs verres sont ceux légèrement colorés en vert, ou teintés en bleu par le cobalt.

Pour plus de détail sur les ophthalmoscopes et leur application, nous renvoyons
le lecteur à l'ouvrage de M. le Dr Follin : *Leçons sur l'exploration de l'œil*.

* CHAPITRE VII.

SOURCES DE LUMIÈRE, PHOSPHORESCENCE.

569. Diverses sources de lumière. — Les diverses sources de lumière sont le soleil, les étoiles, la chaleur, les combinaisons chimiques, la phosphorescence, l'électricité et les phénomènes météoriques. Nous ne traiterons de ces
deux dernières sources de lumière qu'aux articles *Électricité* et *Météorologie*.

L'origine de la lumière émise par le soleil et par les étoiles est inconnue ; on
admet seulement que la substance enflammée dont paraît entouré le soleil est gazeuse, parce que la lumière de cet astre, de même que celle qui est émise par les
substances gazeuses enflammées, ne laisse apercevoir aucune trace de polarisation
dans les lunettes polariscopes (589).

Quant à la lumière développée par la chaleur, d'après M. Pouillet, les corps
commencent à devenir lumineux, dans l'obscurité, à une température de 500 à 600
degrés, et au delà la lumière qu'ils émettent est d'autant plus vive, que leur température est plus élevée.

C'est par les hautes températures qui les accompagnent qu'un grand nombre
de combinaisons chimiques donnent naissance à un dégagement de lumière. Telle
est la cause des lumières artificielles utilisées pour l'éclairage ; car, ainsi qu'on l'a
déjà vu, les flammes ne sont autre chose que des matières gazeuses chauffées au
point d'être lumineuses (432).

Les corps devenant lumineux à une température élevée, la chaleur semble
alors se transformer en lumière, ce qui tend à prouver que ces deux agents doi-

vent être rapportés à une seule et même cause, surtout si l'on observe qu'en général les rayons lumineux sont accompagnés de rayons calorifiques. Toutefois l'identité n'est pas complète, car on connaît plusieurs substances qui peuvent luire dans l'obscurité sans dégager de chaleur, ou, si elles en dégagent, ce n'est qu'en quantité inappréciable aux instruments thermométriques les plus sensibles. Cette propriété va être étudiée sous le nom de *phosphorescence.*

570. Phosphorescence, ses sources. — La *phosphorescence* est la propriété que possèdent un grand nombre de substances d'émettre de la lumière lorsqu'on les place dans certaines conditions.

M. Ed. Becquerel, qui a fait une étude approfondie de la phosphorescence, et est arrivé à des résultats extrêmement remarquables, rapporte ce phénomène à cinq causes :

1° La *phosphorescence spontanée*, dans certains végétaux et dans certains animaux ; par exemple, elle est très-intense chez le fulgore (porte-lanterne) et chez le lampyre (ver luisant), et l'éclat de leur lumière varie sous l'empire de leur volonté. De même, dans les régions tropicales, la mer est souvent couverte d'une lumière phosphorescente assez vive, qui est due à des zoophytes d'une extrême petitesse. Ces animalcules répandent une matière lumineuse si subtile, que MM. Quoy et Gaimard, pendant un voyage sous l'équateur, en ayant placé deux dans un bocal rempli d'eau, le liquide devint immédiatement lumineux dans toute sa masse.

2° La *phosphorescence par élévation de température,* qui se manifeste surtout dans certains diamants et dans les variétés de spath fluor, qui, chauffé à 300 ou 400 degrés, devient tout à coup lumineux et répand une lueur bleuâtre assez vive.

3° La *phosphorescence par effets mécaniques*, tels que le frottement, la percussion, le clivage, etc. Par exemple, lorsque, dans l'obscurité, on frotte deux cristaux de quartz l'un contre l'autre, ou qu'on casse un morceau de sucre.

4° La *phosphorescence par l'électricité*, comme celle qui résulte du frottement du mercure contre le verre dans l'intérieur du tube barométrique, et surtout des étincelles électriques provenant, soit d'une machine électrique ordinaire, soit d'une batterie, soit d'une bobine de Ruhmkorff, appareil qui sera décrit en traitant de l'induction.

5° Enfin, la *phosphorescence par insolation,* c'est-à-dire par l'action de la lumière solaire ou de la lumière diffuse de l'atmosphère. Un grand nombre de substances, après avoir été ainsi exposées à l'action de la lumière, brillent, dans l'obscurité, d'une vive lueur, dont la teinte et l'intensité dépendent de la nature et de l'état physique de ces substances. C'est ce genre de phosphorescence que nous allons surtout faire connaître en résumant les travaux de M. Ed. Becquerel.

571. Phosphorescence par insolation. — Ce genre de phosphorescence a d'abord été observé, en 1604, dans le *phosphore de Bologne* (sulfure de barium) ; mais M. Ed. Becquerel a retrouvé cette propriété dans un grand nombre d'autres substances. Celles qui la présentent au plus haut degré sont les sulfures de calcium, de barium et de strontium. Quand elles sont bien préparées, ces substances, après l'insolation, peuvent luire pendant plusieurs heures dans l'obscurité. Or, cette lueur se produisant dans le vide comme dans les gaz, on ne peut l'attribuer à une action chimique, mais plutôt à une modification temporaire qui prend naissance sous l'influence de la lumière.

Après les sulfures cités ci-dessus se placent, quant au degré de phosphorescence, un grand nombre de diamants (surtout les jaunes) et la plupart des échantillons de spath fluor ; puis l'aragonite, les calcaires concrétionnés, la craie, la chaux phosphatée, arséniatée, sulfatée ; le nitrate de chaux et le chlorure de calcium desséchés ; le cyanure de calcium ; un grand nombre de sels à base de strontiane ou de baryte ; la magnésie et son carbonate, etc., etc. ; enfin un grand nombre de substances organiques acquièrent aussi la phosphorescence par insolation ;

par exemple, le papier sec, la soie, le sucre de canne, le sucre de lait, le succin, les dents, etc.

M. Ed. Becquerel a reconnu que chaque substance est inégalement impressionnée par les différents rayons du spectre. Le maximum a lieu dans les rayons violets et même un peu au delà, et en général la teinte émise par les corps phosphorescents correspond à des rayons d'une moindre réfrangibilité que ceux de la lumière active.

La teinte que prennent les corps phosphorescents est très-variable et change, pour un même composé, avec le mode de préparation. Dans les composés de strontiane, ce sont les teintes vertes et bleues qui dominent ; dans les sulfures de barium, ce sont les teintes orangées, jaunes et vertes.

La durée de la phosphorescence est aussi très-variable d'un corps à un autre ; elle dépend de la sensibilité des matières et de la température. La durée de la phosphorescence est généralement d'autant moindre que la température est plus élevée. Avec les sulfures de calcium et de strontium, la phosphorescence se prolonge, à la température ordinaire, jusqu'à trente heures ; avec d'autres substances, elle n'est que de quelques minutes, de quelques secondes, et même que d'une fraction de seconde.

572. Phosphoroscope. — Lorsqu'on expérimente sur des corps dont la phosphorescence se prolonge quelques minutes, ou même quelques secondes, il suffit de les exposer à la lumière solaire ou à la lumière diffuse pendant quelques instants, puis de les rentrer dans l'obscurité ; leur lueur est alors très-apparente, surtout si l'on a pris le soin de tenir les yeux fermés pendant quelques instants. Mais pour les corps dont la phosphorescence ne dure que pendant un intervalle de temps très-court, ce procédé est insuffisant. Dans ce cas, M. Ed. Becquerel a imaginé un ingénieux appareil, auquel il a donné le nom de *phosphoroscope*, et qui permet d'observer le corps aussitôt après l'action de la lumière, l'intervalle qui sépare l'insolation de l'observation pouvant être rendu aussi petit qu'on le veut, et mesuré avec une grande précision.

Cet appareil, construit par M. Duboscq, se compose d'une caisse cylindrique AB (fig. 472), de tôle noircie, et fermée de toutes parts sauf les deux fonds de la caisse, dans lesquels sont pratiquées deux ouvertures opposées, ayant la forme d'un secteur circulaire. Une seule de ces ouvertures o est visible dans le dessin. La caisse est fixe, mais elle est traversée à son centre par un axe mobile auquel sont fixés deux écrans circulaires MM et PP, de tôle noire (fig. 473). Chacun de ces écrans est percé de quatre ouvertures de même forme que celles pratiquées sur les deux fonds de la caisse ; mais tandis que ces dernières ouvertures se correspondent, celles des écrans alternent, de manière que les parties pleines de l'un correspondent toujours aux parties ouvertes de l'autre. Enfin, les deux écrans sont renfermés dans la caisse, et sur leur axe est un petit pignon extérieur à celle-ci, qui reçoit le mouvement d'une manivelle m par une série de grandes roues agissant sur des pignons, de manière à multiplier la vitesse.

Pour étudier, au moyen du phosphoroscope, la phosphorescence d'une substance quelconque, on en place un fragment a sur un étrier interposé entre les deux écrans tournants. Cela posé, il résulte de la disposition de ces écrans, que la lumière ne peut jamais passer en même temps par les ouvertures opposées des parois A et B de la caisse, parce qu'il y a toujours entre elles un des pleins de l'écran MM ou de l'écran PP. Par suite, quand la lumière qui vient de l'autre côté de l'appareil tombe sur le corps a, celui-ci ne sera pas visible pour l'observateur qui regardera l'ouverture o, car alors il sera masqué par un des pleins de l'écran PP. Réciproquement, toutes les fois que le même observateur verra le corps a, celui-ci ne sera plus éclairé, la lumière étant interceptée par les pleins de l'écran MM. Il y aura donc alternativement apparition et éclipse du corps a : éclipse pendant le temps qu'il est éclairé, et apparition pendant le temps qu'il cesse de l'être. Quant au temps qui s'écoule entre l'éclipse et l'apparition, il dépend de la vitesse de rotation des écrans. Supposons, par exemple, qu'ils fassent 150 tours par seconde ; une révolution des écrans se faisant en $\frac{1}{150}$ de seconde, il y aura dans le même temps quatre apparitions et quatre éclipses. Par conséquent, l'intervalle qui séparera l'instant où la lumière agit de l'instant où l'on observe le corps sera $\frac{1}{8}$ de $\frac{1}{150}$ de seconde, ou environ 0,0008 de seconde.

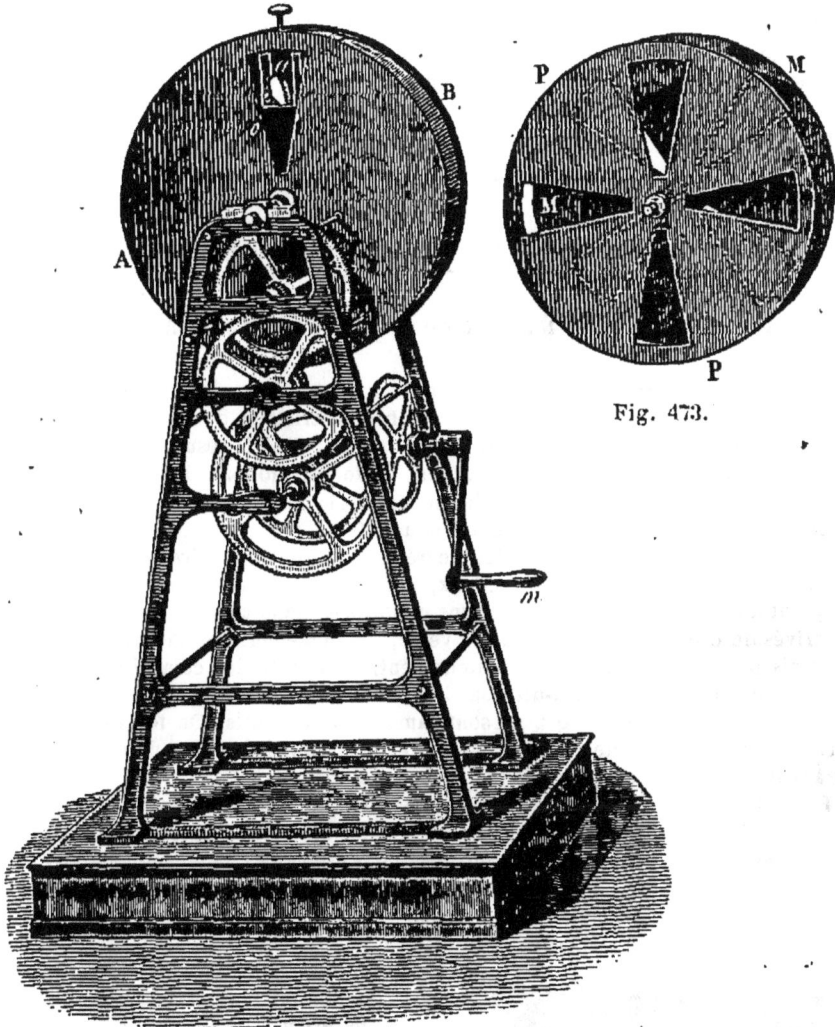

Fig. 473.

Fig. 472.

Ces détails connus, pour expérimenter avec le phosphoroscope, on se renferme dans une chambre noire, et étant placé derrière l'appareil, du côté des engrenages, on fait arriver de l'autre côté, sur la substance a, un faisceau de lumière solaire ou de lumière électrique. Imprimant alors aux écrans une rotation plus ou moins rapide, le corps a apparaît lumineux par transparence d'une manière continue, aussitôt que l'intervalle entre l'insolation et l'observation est moindre que la durée de la phosphorescence du corps. En expérimentant ainsi, M. Ed. Becquerel a trouvé que beaucoup de corps qui ne deviennent pas lumineux par le procédé ordinaire, le deviennent dans le phosphoroscope ; tel est, par exemple, le spath d'Islande. Les substances qui présentent le plus vif éclat dans cet appareil sont les composés d'uranium, qui commencent à répandre une lueur très-vive quand l'observateur peut les voir 0,003 ou 0,004 de seconde après l'insolation. Mais un grand nombre de substances ne présentent aucun effet dans le phosphoroscope; tels sont le quartz, le soufre, le phosphore, les métaux et les liquides.

573. Fluorescence. — On nomme *fluorescence*, une sorte de phosphorescence instantanée, mais s'épuisant très-vite. Elle s'observe avec les solutions de sulfate de quinine, d'esculine, de chlorophylle, avec les verres d'urane, et avec certains échantillons de spath fluor. Lorsque ces substances sont exposées dans les rayons extrêmes du violet du spectre, même dans les rayons invisibles, elles prennent instantanément une teinte bleuâtre assez vive; ce qui indique que les rayons invisibles, placés au delà du spectre, sont transformés en rayons moins réfrangibles. Les phénomènes de fluorescence ont surtout été étudiés par M. Stokes, à Cambridge.

* CHAPITRE VIII.

DOUBLE RÉFRACTION, INTERFÉRENCE, POLARISATION.

574. Double réfraction. — On a déjà vu (480) que la *double réfraction* est la propriété que possèdent un grand nombre de cristaux de donner naissance, pour un seul rayon incident, à deux rayons réfractés; d'où il résulte que lorsqu'on regarde un objet au travers de ces cristaux, on le voit double. La double réfraction a d'abord été observée par Bartholin, en 1647; mais c'est Huyghens qui, le premier, en 1673, en donna une théorie complète.

Les cristaux qui possèdent la double réfraction sont dits *biréfringents*. Cette propriété s'observe, à des degrés inégaux, dans tous les cristaux qui n'appartiennent point au système cubique. Les corps cristallisés dans ce système, et ceux qui sont privés de cristallisation, comme le verre, ne possèdent pas la double réfraction, mais peuvent l'acquérir accidentellement, quand on les comprime inégalement, ou par la *trempe*, c'est-à-dire par le refroidissement brusque après avoir été chauffés. Les liquides et les gaz ne sont jamais biréfringents. De toutes les substances, celle qui présente le phénomène de la double réfraction d'une manière plus apparente, est le spath d'Islande, ou chaux carbonatée.

Fresnel a expliqué la double réfraction par une inégale densité de l'éther dans les cristaux biréfringents; d'où résulte une vitesse du mouvement vibratoire plus rapide dans une certaine direction qui est déterminée par l'état moléculaire du cristal. Cette hypothèse se trouve confirmée par la propriété qu'acquiert le verre de devenir biréfringent par la trempe et par la compression (602).

575. Cristaux à un axe. — Dans un cristal doué de la double réfraction

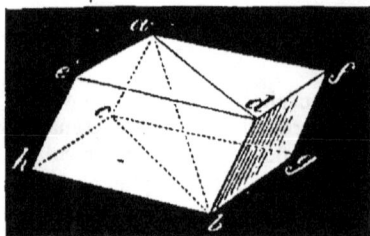

Fig. 474.

il y a toujours une ou deux directions suivant lesquelles on n'observe que la réfraction simple, c'est-à-dire suivant lesquelles on ne voit qu'une image des objets. Ces directions se nomment *axes optiques*, ou *axes de double réfraction*. Toutefois cette dernière dénomination est impropre, car c'est précisément dans la direction de ces axes que la double réfraction n'a pas lieu.

On nomme *cristaux à un axe*, ceux qui ne présentent qu'une direction où la lumière ne se bifurque pas, et *cristaux à deux axes*, ceux qui en présentent deux.

Les cristaux à un axe dont l'emploi est le plus fréquent dans les instruments d'optique, sont le spath d'Islande, le quartz et la tourmaline. Le spath a la forme d'un rhomboèdre, dont les faces sont inclinées de 105° 5' (fig. 474). Les aces, au nombre de six, sont des rhombes ou losanges qui se réunissent, trois par trois, par leurs angles obtus, aux extrémités d'une droite *ab* qui est l'*axe de cristallisation*.

M. Brewster a constaté cette loi générale, dans les cristaux à un axe, que l'*axe de double réfraction coïncide toujours avec l'axe de cristallisation*.

On nomme *section principale* d'un cristal à un axe, le plan qui, passant par l'axe optique, est perpendiculaire à une face soit naturelle, soit artificielle du cristal.

576. Rayon ordinaire et rayon extraordinaire.

— Des deux rayons réfractés auxquels donnent naissance les cristaux à un axe, l'un suit toujours les lois de la réfraction simple (481), mais l'autre n'est pas soumis à ces lois; c'est-à-dire que le rapport entre le sinus de l'angle d'incidence et le sinus de l'angle de réfraction n'est pas constant, et que le plan de réfraction ne coïncide pas avec le plan d'incidence. Le premier de ces rayons est dit le *rayon ordinaire*, et l'autre le *rayon extraordinaire*. Les images qui leur correspondent se désignent elles-mêmes sous les noms d'*image ordinaire* et d'*image extraordinaire*.

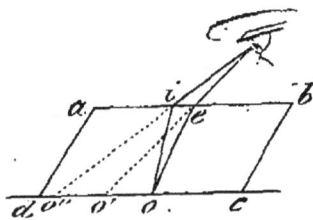

Fig. 475.

Le rayon ordinaire et le rayon extraordinaire ont des indices différents : dans certains cristaux, c'est l'indice du rayon ordinaire qui est le plus grand ; dans d'autres, c'est l'indice du rayon extraordinaire. Fresnel a nommé les premiers, *cristaux négatifs*, et les derniers, *cristaux positifs*. Le spath d'Islande, la tourmaline, le saphir, le rubis, l'émeraude, le mica, le prussiate de potasse, le phosphate de chaux, sont négatifs. Le quartz, le zircon, la glace, l'apophyllite à un seul axe, sont positifs. La classe des cristaux négatifs est beaucoup plus nombreuse que celle des cristaux positifs.

La figure 475 montre la marche des rayons dans le phénomène de la double réfraction, le parallélogramme *abcd* représentant une coupe principale d'un rhomboèdre de spath d'Islande. Celui-ci étant posé sur un carton blanc, on regarde, au travers, un point noir *o* tracé sur le carton. Le rayon incident au point *o* se divise en deux rayons *oi* et *oe*, qui, se réfractant inégalement à l'émergence, donnent à l'œil deux images *o'* et *o''*.

Si l'on tourne le rhomboèdre sur lui-même en le tenant toujours appliqué sur le carton, une des images reste fixe, c'est l'image ordinaire, tandis que l'image extraordinaire tourne autour de la première, ce qui indique que le plan du rayon réfracté se déplace par rapport au plan d'incidence, et, par conséquent, que le rayon extraordinaire ne suit pas les lois de la réfraction simple.

577. Lois de la double réfraction dans les cristaux à un axe.

— Le phénomène de la double réfraction, dans les cristaux à un axe, est soumis aux lois suivantes :

1° *Le rayon ordinaire, quel que soit son plan d'incidence, suit toujours les deux lois générales de la réfraction simple* (481).

2° *Dans toute section perpendiculaire à l'axe, le rayon extraordinaire suit aussi ces deux lois comme le rayon ordinaire, mais son indice de réfraction n'est pas le même que celui de ce dernier rayon; de là la distinction en indice ordinaire et en indice extraordinaire.*

3° *Dans toute section principale, le rayon extraordinaire ne suit que la seconde loi de la réfraction, c'est-à-dire que les plans d'incidence et de réfraction coïncident, mais que le rapport des sinus des angles d'incidence et de réfraction n'est pas constant.*

4° *La vitesse de la lumière dans un cristal n'étant pas la même pour le rayon ordinaire que pour le rayon extraordinaire, la différence des carrés de ces deux vitesses est proportionnelle au carré du sinus de l'angle que le rayon extraordinaire fait avec l'axe.*

Cette dernière loi est la traduction d'une formule empirique donnée par Biot pour lier entre elles les vitesses des deux rayons. Elle découle aussi de formules auxquelles Fresnel fut conduit par des considérations purement théoriques, et qui offrent cela de remarquable qu'on peut en déduire la formule de Biot.

Huyghens, qui, le premier, a donné une théorie complète de la double réfraction fondée sur le système des ondulations, a fait connaître une construction géométrique très-remarquable, à l'aide de laquelle on peut, dans toutes ses positions par rapport à l'axe, construire le rayon réfracté, quand on connaît son incidence; mais la théorie de Huyghens fut rejetée par les physiciens jusqu'à ce que Malus en eût établi l'exactitude par de nombreuses expériences.

578. Lois de la double réfraction dans les cristaux à deux axes. — Les cristaux à deux axes sont très-nombreux : de ce genre sont les sulfates de nickel, de magnésie, de baryte, de potasse, de fer, le sucre, le mica, la topaze du Brésil. Dans ces différents cristaux, l'angle des deux axes prend des valeurs très-différentes, car il varie depuis 3 jusqu'à 90 degrés.

Fresnel a découvert par la théorie et démontré par l'expérience que, dans les cristaux à deux axes, ni l'un ni l'autre des rayons réfractés ne suivent les lois de la réfraction simple; mais en appelant *ligne moyenne* et *ligne supplémentaire* les lignes qui divisent l'angle des deux axes et son supplément en deux parties égales, il a trouvé que, *dans toute section perpendiculaire à la ligne moyenne, un des rayons réfractés suit les lois ordinaires de la réfraction, et que, dans toute section perpendiculaire à la ligne supplémentaire, c'est l'autre rayon qui suit ces lois.*

On verra bientôt, dans les appareils de polarisation, de nombreuses applications de la double réfraction du spath d'Islande. Cette propriété a été aussi utilisée dans la lunette micrométrique de Rochon, appareil qui sert à mesurer le diamètre apparent des corps, et à l'aide duquel on peut déterminer la distance d'un objet quand sa grandeur est connue.

* DIFFRACTION, INTERFÉRENCE ET ANNEAUX COLORÉS.

579. Diffraction et franges. — La *diffraction* est une modification que subit la lumière quand elle rase le contour d'un corps, ou quand elle traverse

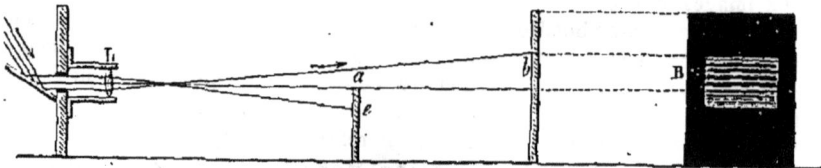

Fig. 476.

une petite ouverture, modification en vertu de laquelle les rayons lumineux paraissent s'infléchir et pénétrer dans l'ombre. Pour observer le phénomène de la diffraction, on fait pénétrer un faisceau de lumière solaire par une ouverture très-petite pratiquée dans le volet d'une chambre obscure, et on le reçoit sur une lentille convergente L à court foyer (fig. 476). Un verre coloré en rouge est fixé à l'ouverture de la chambre noire, et ne laisse passer que de la lumière rouge. Un écran opaque e, à bord mince, et placé derrière la lentille, au delà de son foyer, intercepte une moitié du cône lumineux, tandis que l'autre va se projeter sur un écran b, représenté de face en B. Or, on observe alors, en dedans de l'ombre géométrique limitée par la droite ab, une lumière rougeâtre assez vive, qui décroît d'intensité à mesure que les points de l'écran sont plus éloignés de la limite de l'ombre; et sur la partie de l'écran qui devrait être uniformément éclairée, on remarque des alternatives de franges obscures et de franges lumineuses, qui vont en s'affaiblissant graduellement et finissent par disparaître complètement.

Les diverses couleurs du spectre donnent naissance au même phénomène, mais avec cette différence que les franges sont d'autant plus étroites, et, par conséquent, moins dilatées, que la lumière est moins réfrangible. Il résulte de cette dernière propriété que lorsqu'on expérimente avec de la lumière blanche, les franges de chaque couleur simple se trouvant séparées par leur inégale diffraction, celles qui se forment sur l'écran B sont irisées.

Si, au lieu d'interposer, entre la lentille L et l'écran b, les bords d'un corps opaque, on y place un corps opaque très-étroit, comme un cheveu, ou un fil métallique très-fin, non-seulement il y a encore des franges alternativement obscures et lumineuses des deux côtés de la portion de l'écran qui correspond à l'ombre géométrique du corps, mais dans cette ombre même on aperçoit les mêmes alternatives de bandes obscures et de bandes lumineuses : c'est-à-dire qu'il se produit alors des franges extérieures et des franges intérieures.

C'est le père Grimaldi, de Bologne, qui fit connaître le premier, en 1663, le phénomène de la diffraction et des franges, mais sans en donner l'explication. Newton essaya d'expliquer le phénomène de la diffraction, dans le système de l'émission, en admettant une action répulsive exercée par les corps sur les rayons lumineux, ce qui n'expliquait pas les franges intérieures. Thomas Young expliqua le phénomène de la diffraction, dans le système des ondulations, en l'attribuant à l'interférence (580) des rayons directs avec les rayons réfléchis par les bords des corps opaques. Mais il résulterait de cette théorie que la formation des franges devrait dépendre de la nature du corps opaque dont la lumière rase les contours, ainsi que de son degré de poli, ce qui est contraire à l'observation. C'est Fresnel qui a expliqué, le premier, tous les phénomènes de la diffraction, en se fondant toujours sur la théorie des ondes lumineuses (581).

580. Interférence. —On nomme *interférence*, une action mutuelle qu'exercent l'un sur l'autre deux rayons lumineux, lorsque, émis par une même source, ils se rencontrent sous un très-petit angle. Cette action peut s'observer très-simplement au moyen de l'expérience suivante. Par deux ouvertures circulaires très-petites, de même diamètre, et peu distantes l'une de l'autre, on introduit, dans une chambre obscure, deux faisceaux de lumière homogène, de lumière rouge par exemple; ce qui s'obtient en fixant aux deux ouvertures de la chambre noire des verres colorés en rouge, qui ne laissent passer que cette lumière. Les deux faisceaux formant, après leur entrée dans la chambre noire, deux cônes lumineux qui vont se rencontrer à une certaine distance, on les reçoit un peu, au delà de leur point de rencontre, sur un carton blanc, et l'on remarque alors, dans le segment commun aux deux disques qui se forment sur cet écran, des franges d'une obscurité remarquable, formant des alternatives de rouge et de noir. Mais si l'on ferme l'une des deux ouvertures, les franges disparaissent et sont remplacées par une teinte rouge à peu près uniforme. De ce que les franges obscures disparaissent quand on intercepte un des faisceaux, on conclut qu'elles sont le résultat de la rencontre des deux faisceaux qui se croisent obliquement.

Cette expérience est due à Grimaldi, qui en avait tiré cette conséquence remarquable, que de la lumière ajoutée à de la lumière produit de l'obscurité. Dans l'expérience décrite ci-dessus, il y a diffraction, car les rayons lumineux rasent les bords des ouvertures; mais, sans faire intervenir ce phénomène, on peut faire interférer deux faisceaux au moyen de l'appareil suivant, dû à Fresnel.

Deux miroirs plans M et N (fig. 477), de métal, sont disposés à côté l'un de l'autre, de manière à former un angle MON très-obtus. Une lentille hémicylindrique L, à court foyer, concentre, en avant de ces miroirs, un faisceau de lumière rouge introduit dans la chambre noire, lequel tombe en partie sur l'un des miroirs et en partie sur l'autre. Les ondes lumineuses, après s'être réfléchies, viennent se rencontrer sous un très-petit angle, comme le montre la figure, plus près du miroir N que du miroir M; et si on les reçoit alors sur un écran blanc, on observe, sur celui-ci, des bandes alternativement sombres et brillantes, parallèles à la ligne d'intersection des deux miroirs et symétriquement disposées des deux côtés du plan OKA qui passe par la ligne d'intersection des miroirs, et partage en deux parties égales l'angle que forment entre eux les rayons réfléchis.

Si l'on arrête la lumière qui tombe sur l'un des miroirs, les franges disparaissent : résultat identique avec celui de l'expérience précédente.

Enfin, si l'on fait passer le faisceau déjà réfléchi par l'un des miroirs, au tra-

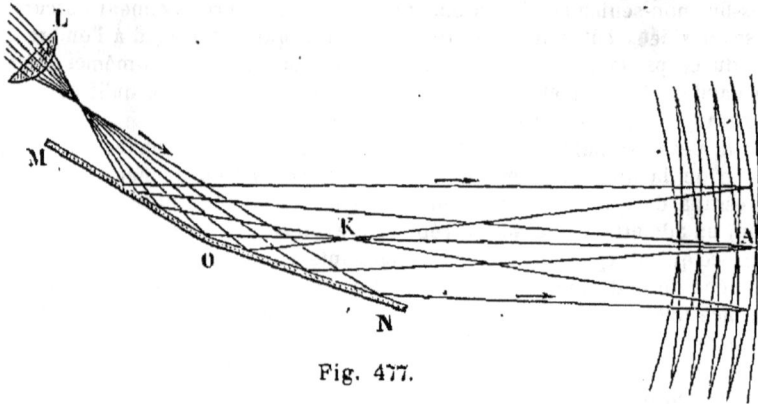

Fig. 477.

vers d'une lame de verre à faces parallèles, toutes les franges sont déplacées, à droite ou à gauche, d'une quantité qui augmente avec l'épaisseur de la lame. Cette dernière expérience montre que l'action mutuelle des rayons qui se rencontrent est modifiée par la substance qu'ils traversent, et l'on en a déduit que la lumière se propage moins vite dans le verre que dans l'air.

581. Principe des interférences. — Le phénomène des interférences, de même que celui de la diffraction, ne peut s'expliquer dans le système de l'émission; mais Fresnel en a donné une explication complète dans le système des ondulations. Dans ce système, les molécules de l'éther étant animées d'un mouvement de va-et-vient extrêmement rapide (446), on nomme *longueur d'ondulation*, l'espace qu'embrassent l'aller et le retour de chaque molécule d'éther, et *demi-ondulation*, l'aller ou le retour seul; en sorte qu'une ondulation complète se compose de deux demi-ondulations de sens contraire. Cela posé, lorsque deux systèmes d'ondulations de même longueur et de même intensité se propagent suivant une même direction, si l'un des systèmes est en avance ou en retard sur l'autre, juste d'un nombre pair de demi-longueurs d'ondulation, les deux systèmes s'ajoutent pour imprimer à l'éther un mouvement dans le même sens, et l'intensité de la lumière est doublée; mais si, au contraire, un système est en retard sur l'autre d'un nombre impair de demi-ondulations, les mouvements imprimés à l'éther se détruisent, et il en résulte de l'obscurité.

Telle est l'explication des franges sombres et lumineuses observées dans les expériences de Fresnel et de Grimaldi. Les franges observées dans la diffraction se rapportent à la même cause.

Les deux expériences décrites ci-dessus (580) ayant été faites avec de la lumière rouge, les franges étaient alternativement noires et rouges; mais si on les répète avec de la lumière blanche, les franges ont irisées. Pour expliquer cette coloration, il faut remarquer que la largeur des franges varie avec chaque couleur simple : il en résulte que, quand on fait interférer deux faisceaux de lumière blanche, les franges dues à chaque couleur se séparent, ce qui produit l'irisation qu'on observe. On voit que cette explication est la même que celle des couleurs dans la diffraction.

582. Longueur des ondulations, cause des couleurs. — En mesurant avec précision l'intervalle de deux franges consécutives, dans le phénomène dès interférences, Fresnel en a déduit par le calcul la longueur des ondulations de l'éther, et il a reconnu que cette longueur n'est pas la même pour tous les rayons colorés, mais va en augmentant du violet au rouge, comme le montre le tableau suivant :

Couleurs simples.	Longueur moyenne des ondulations en millionièmes de millimètre.
Violet.	423
Indigo.	449
Bleu.	475
Vert.	512
Jaune.	551
Orangé.	583
Rouge.	620

La vitesse de la lumière par seconde étant de 77 000 lieues de 4 000 mètres (452), c'est-à-dire de 308 millions de mètres, on aura le nombre d'ondulations correspondant à chaque couleur, par seconde, en cherchant combien de fois la longueur d'ondulation correspondante est contenue dans le nombre 308 millions, c'est-à-dire en divisant ce nombre par ceux du tableau ci-dessus; ce qui donne, pour le rayon violet, plus de 728 millions de millions d'ondulations par seconde, et, pour le rayon rouge, plus de 496 millions de millions. A chaque couleur simple correspondant ainsi un nombre d'ondulations qui lui est propre, on voit que la théorie des ondulations conduit à admettre que c'est le nombre de vibrations que font les molécules de l'éther, en un temps donné, qui détermine la nature des couleurs, de même que c'est le nombre des ondes sonores qui produit les différents sons.

583. Couleurs des lames minces, anneaux de Newton. — Tous les corps diaphanes, solides, liquides ou gazeux, lorsqu'ils sont réduits en lames suffisamment minces, paraissent colorés de nuances extrêmement vives, surtout par réflexion. Les cristaux qui se clivent en feuilles très-minces, comme le mica, le gypse, présentent ce phénomène; il en est de même de la nacre et du verre soufflé en boule très-mince. Une goutte d'huile étalée rapidement sur une

Fig. 478.

Fig. 479.

grande masse d'eau présente toutes les nuances du spectre dans un ordre constant. Une bulle de savon paraît blanche d'abord; mais à mesure qu'on l'enfle, on voit apparaître de brillantes teintes irisées, surtout à la partie supérieure où l'enveloppe liquide qui forme la bulle est plus mince. Ces couleurs se disposent en zones concentriques horizontales autour du sommet, qui devient noir au moment où il n'a plus l'épaisseur suffisante pour réfléchir la lumière, et la bulle crève alors subitement.

Newton, qui, le premier, étudia le phénomène des anneaux colorés dans les bulles de savon, voulant constater la relation qui existe entre l'épaisseur de la lame mince, la couleur des anneaux et leur étendue, produisait ceux-ci au moyen d'une couche d'air interposée entre deux verres, l'un plan, l'autre convexe et à très-long foyer (fig. 478). Les deux surfaces étant essuyées et exposées devant une fenêtre, à la lumière du jour, de manière à les voir par réflexion, on aperçoit, au point de contact, une tache noire entourée d'anneaux colorés, au nombre de six ou sept, dont les teintes s'affaiblissent graduellement (fig. 479). Si les verres sont vus par transmission, le centre des anneaux est blanc, et les couleurs de chacun d'eux sont exactement complémentaires de celles des anneaux par réflexion.

Avec une lumière homogène, la couleur rouge par exemple, les anneaux sont successivement noirs et rouges, et d'un diamètre d'autant moindre que la couleur est plus réfrangible; mais avec de la lumière blanche, les anneaux sont colorés des différentes couleurs du spectre, ce qui provient de ce que les anneaux des différentes couleurs simples, ayant des diamètres différents, les anneaux ne se superposent pas, mais se séparent plus ou moins.

Si la distance focale de la lentille est de 3 à 4 mètres, les anneaux peuvent s'observer à l'œil nu; mais si le foyer est plus rapproché, il faut regarder les anneaux avec une loupe.

En calculant l'épaisseur de la couche d'air comprise entre la lame et la lentille, Newton a trouvé que, *pour les anneaux obscurs, ces épaisseurs sont entre elles comme la suite des nombres pairs 0, 2, 4, 6...*, et que, *pour les anneaux brillants, ces mêmes épaisseurs varient comme la suite des nombres impairs 1, 3, 5, 7...*; ces rapports étant indépendants de la courbure de la lentille et de la couleur des rayons qui la traversent. Newton a trouvé, en outre, que l'épaisseur de la couche d'air interposée diminuant à mesure que la réfrangibilité augmente, cette épaisseur est de 161 millionièmes de millimètre pour le rouge extrême du premier ordre, c'est-à-dire correspondant au premier anneau brillant, tandis que, pour le violet extrême, cette épaisseur n'est plus que de 101 millionièmes de millimètre. Enfin, pour des anneaux de même ordre, c'est-à-dire de même rang, les diamètres sont d'autant plus grands, que la couleur simple qui tombe sur la lentille est moins réfrangible.

La coloration des lames minces et des anneaux de Newton est un phénomène d'interférence qui résulte de ce que les rayons qui se sont réfléchis sur la seconde surface de la lame interfèrent avec ceux que la première surface a réfléchis. Quant aux anneaux vus par réfraction, ils résultent de l'interférence des rayons transmis directement avec les rayons qui ne sont transmis qu'après deux réflexions intérieures sur les faces de la lame (463).

584. Phénomènes des réseaux. — On nomme *réseau*, en optique, une série de raies opaques et de raies transparentes très-rapprochées les unes des autres. Tels sont les traits parallèles qu'on grave au diamant, sur verre, pour former les micromètres (527). Les traits sont ici la partie opaque du réseau. Si l'on reçoit, par transmission, la lumière d'une bougie à travers un pareil réseau contenant 100 traits par millimètre, on aperçoit une suite de petits spectres ayant le rouge en dehors et le bleu en dedans. La même chose a lieu si l'on regarde la flamme d'une bougie à travers les barbes d'une plume placée près de l'œil. Cette coloration est encore un phénomène d'interférence.

* POLARISATION.

585. Polarisation par réflexion. — La *polarisation* est une modification particulière des rayons lumineux, en vertu de laquelle, une fois réfléchis ou réfractés, ils deviennent incapables de se réfléchir ou de se réfracter de nouveau dans certaines directions. Le nom de polarisation a été adopté pour caractériser ces nouvelles propriétés de la lumière, parce que, pour les expliquer dans la théorie de l'émission, on admet que les molécules lumineuses ont des pôles et des axes qui, par la réflexion sous un certain angle, se tournent tous dans une même direction. La polarisation a été découverte en 1810 par Malus, physicien français, mort deux ans plus tard.

La lumière se polarise par réflexion ou par réfraction. Réfléchie sur une glace de verre noir, la lumière se polarise lorsque la réflexion se produit sous un angle de 35°25' avec la glace. Voici quelques-unes des propriétés que possède alors le rayon polarisé :

1º Ce rayon n'éprouve aucune réflexion en tombant sur une seconde lame de verre, sous le même angle de 35º 25′, si le plan d'incidence sur cette seconde lame est perpendiculaire au plan d'incidence sur la première, tandis qu'il se réfléchit plus ou moins sous les autres incidences.

2º Transmis au travers d'un prisme biréfringent (589, 3º), il ne donne qu'une image, si la section principale est parallèle ou perpendiculaire au plan d'incidence, tandis que, dans toute autre position par rapport à ce plan, il donne deux images plus ou moins intenses.

3º Il ne peut pas se transmettre au travers d'une plaque de tourmaline (589, 2º) dont l'axe de cristallisation est parallèle au plan d'incidence, et se transmet au contraire d'autant plus facilement, que l'axe de la tourmaline approche davantage de la direction perpendiculaire à ce plan.

Tous les corps peuvent, comme le verre, polariser la lumière par réflexion, mais plus ou moins complétement et sous des angles d'incidence inégaux. Le marbre noir, par exemple, polarise complétement la lumière, tandis que le diamant, le verre ordinaire, le verre d'antimoine, ne la polarisent que partiellement. De tous les corps, ce sont les métaux qui ont le plus faible pouvoir polarisant.

586. Angle et plan de polarisation. — L'*angle de polarisation* d'une substance est l'angle que doit faire le rayon incident avec une surface plane et polie de cette substance, pour que le rayon réfléchi soit polarisé le plus complétement possible. Pour l'eau, cet angle est de 37º 15′; pour le verre, de 35º 25′; pour le quartz, de 32º 28′; pour le diamant, de 22º; il est de 33º 30′ pour l'obsidienne, espèce de verre noir naturel qui polarise très-bien la lumière.

M. Brewster a fait connaître, sur l'angle de polarisation, la loi suivante, remarquable par sa simplicité : *L'angle de polarisation est l'angle d'incidence pour lequel le rayon réfléchi est perpendiculaire au rayon réfracté*. Toutefois cette loi n'est pas applicable à la lumière réfléchie par les cristaux biréfringents.

Dans la polarisation par réflexion, on nomme *plan de polarisation*, le plan de réflexion dans lequel la lumière se trouve polarisée; ce plan coïncide avec le plan d'incidence, et contient, par conséquent, l'angle de polarisation. C'est dans ce plan que, réfléchie une première fois, la lumière ne peut se réfléchir sous l'angle de polarisation dans un plan perpendiculaire au premier; c'est encore dans ce plan qu'elle n'est pas transmissible au travers d'une tourmaline dont l'axe est parallèle au plan. Tout rayon polarisé par réfraction possède aussi un plan de polarisation, c'est-à-dire un plan dans lequel il présente les propriétés qu'on vient d'énoncer.

587. Polarisation par simple réfraction. — Quand un rayon de lumière non polarisée tombe sur une lame de verre à faces parallèles, sous l'angle de polarisation, il n'est qu'en partie réfléchi; l'autre partie traverse la lame en se réfractant, et la lumière transmise est polarisée partiellement dans un plan perpendiculaire au plan de réflexion, et, par conséquent, au plan de polarisation de la lumière qui a été polarisée par réflexion. Arago a observé, en outre, que le faisceau réfléchi et le faisceau réfracté contiennent une égale quantité de lumière polarisée, et que la réunion de ces deux faisceaux donne de la lumière naturelle. On peut donc regarder la lumière ordinaire comme formée de deux faisceaux égaux, polarisés à angle droit.

Une seule lame de verre ne polarisant jamais complétement la lumière, on peut en réunir plusieurs qu'on superpose, et qui, par des réflexions et des réfractions successives, produisent un effet plus complet. Des lames de verre ainsi réunies forment ce qu'on appelle une *pile de glaces*, appareil qu'on utilise fréquemment pour obtenir un faisceau de lumière polarisée.

588. Polarisation par double réfraction. — La lumière se polarise par double réfraction, lorsqu'elle traverse un cristal de spath d'Islande ou de toute autre substance biréfringente; les deux faisceaux, distincts à leur émergence, sont tous les deux polarisés entièrement, mais dans des plans différents, qui sont exactement ou très-sensiblement perpendiculaires entre eux. Pour le démontrer, on regarde au travers d'un rhomboèdre de spath d'Islande un point noir tracé sur une feuille de papier. A l'œil nu, on aperçoit deux images qui présentent le même éclat; mais si l'on interpose une tourmaline qu'on fait tourner dans son propre plan, chaque image disparaît et reparaît deux fois dans une révolution de la tourmaline, ce qui fait voir que les deux rayons émergents sont polarisés dans des plans perpendiculaires entre eux (589, 2º). L'image ordinaire s'éteint au moment où l'axe de la tourmaline est parallèle à la section principale de la surface d'incidence, et l'image extraordinaire au moment où ce même axe est perpendiculaire à cette même section; on conclut de là que le faisceau ordinaire est polarisé dans le plan de la section principale, et le faisceau extraordinaire dans un plan perpendiculaire à cette section.

589. Polariscopes ou analyseurs. — On nomme *polariscopes*, ou *analyseurs*, de petits instruments qui servent à reconnaître quand la lumière est polarisée, et à déterminer son plan de polarisation. Les analyseurs les plus usités sont la glace de verre noir, la tourmaline en plaque mince, le prisme biréfringent, le prisme de Nicol et les piles de glaces décrites ci-dessus (587).

1º *Glace noire.* — On verra ci-après, dans l'appareil que représente la figure 483, qu'une glace noire *m* fait reconnaître si la lumière est polarisée, en refusant de la réfléchir sous l'angle de polarisation, quand le plan d'incidence sur cette glace est perpendiculaire au plan de polarisation; la glace *m* est donc un analyseur.

2º *Tourmaline.* — L'analyseur le plus simple est une lame de tourmaline brune taillée parallèlement à son axe de cristallisation. Ce minéral, qui est biréfringent, a la propriété de ne laisser passer que la lumière naturelle et la lumière polarisée dans un plan perpendiculaire à son axe; mais il se comporte comme un corps opaque à l'égard de la lumière polarisée dont le plan de polarisation est parallèle à cet axe. Pour se servir de cet analyseur, on l'interpose entre l'œil et le faisceau lumineux qu'on veut observer, puis on tourne lentement la tourmaline dans son propre plan : si alors le faisceau présente toujours la même intensité, il ne contient pas de lumière polarisée; mais si l'éclat décroît et croît successivement, le faisceau contient d'autant plus de lumière polarisée, qu'il éprouve des variations d'intensité plus considérables. Au moment du minimum, le plan de polarisation est déterminé par l'axe de la tourmaline et par le rayon visuel. C'est le rayon extraordinaire qui passe dans une tourmaline taillée parallèlement à l'axe; le rayon ordinaire est complétement absorbé, du moins si la tourmaline est suffisamment colorée.

3º *Prisme biréfringent.* — On construit, avec le spath d'Islande, des prismes biréfringents qui sont employés comme analyseurs dans plusieurs instruments

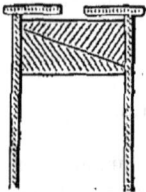

Fig. 480.

d'optique, notamment dans l'appareil de Biot pour étudier la polarisation circulaire (fig. 486). Il est nécessaire que ces prismes soient achromatisés, car lorsque la lumière qui les traverse n'est pas simple, elle est décomposée par la réfraction. Pour cela, on accole au prisme de spath un second prisme de verre, d'un angle tel, qu'en réfractant la lumière en sens contraire, il détruit à peu près complétement l'effet de la dispersion. On obtient le maximum d'écart entre l'image ordinaire et l'image extraordinaire en taillant le prisme biréfringent de manière que ses arêtes soient parallèles ou perpendiculaires à l'axe optique du cristal.

Le prisme biréfringent étant fixé à l'extrémité d'un tube de cuivre (fig. 480), on reconnaît qu'un faisceau lumineux qu'on fait passer dans ce tube est complétement polarisé, quand, en tournant le tube sur lui-même, on trouve, pendant une révolution complète, quatre positions rectangulaires où l'on n'aperçoit qu'une image. C'est l'image ordinaire qui disparaît quand le plan de la section principale est perpendiculaire au plan de polarisation, et c'est l'image extraordinaire qui s'éteint toutes les fois que le plan de polarisation coïncide avec la section principale. Dans toutes les autres positions que prend le prisme biréfringent, l'intensité relative des images varie. On voit, en même temps, que le prisme biréfringent peut servir à déterminer la direction du plan de polarisation, puisqu'il suffit de chercher la position de la section principale du prisme pour laquelle, le faisceau incident étant normal, l'image extraordinaire s'éteint.

4° *Prisme de Nicol.* — Le prisme de Nicol est l'analyseur le plus précieux, parce qu'il est tout à fait incolore, qu'il polarise complétement la lumière, et qu'il ne transmet qu'un seul rayon polarisé dans la direction de son axe.

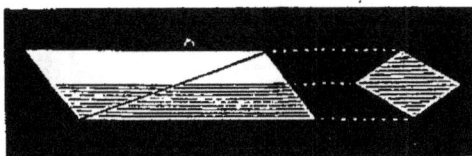

Fig. 481.

Pour le construire, on prend un rhomboèdre de spath d'Islande de 20 à 30 millimètres de hauteur environ, sur 8 à 9 de largeur, et on le coupe en deux suivant un plan perpendiculaire au plan des grandes diagonales des bases, et passant par les sommets obtus les plus rapprochés l'un de l'autre, puis on rejoint les deux moitiés dans le même ordre avec du baume de Canada. Le parallélipipède ainsi construit constitue le prisme de Nicol (fig. 481).

L'indice de réfraction du baume de Canada étant plus petit que l'indice ordinaire du spath d'Islande, mais plus grand que son indice extraordinaire, il en résulte qu'un faisceau lumineux SC (fig. 482) pénétrant dans le prisme, le rayon ordinaire éprouve sur la surface ab la réflexion totale, et prend la direction CdO, tandis que le rayon extraordinaire Ce passe seul ; c'est-à-dire que le prisme de Nicol, de même que la tourmaline, ne laisse passer que le rayon extraordinaire. Il peut donc servir d'analyseur comme la tourmaline.

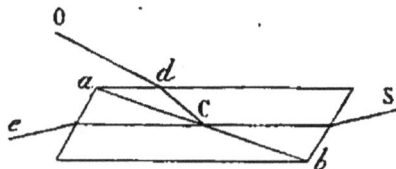

Fig. 482.

On l'utilise aussi, sous le nom de *polariseur*, pour obtenir un faisceau de lumière blanche polarisée. Le prisme biréfringent sert au même usage.

590. Appareil de Noremberg. — Noremberg a imaginé un appareil simple et peu dispendieux, à l'aide duquel on peut répéter la plupart des expériences relatives à la lumière polarisée. Cet appareil se compose de deux colonnes b et d (fig. 483) de cuivre, qui soutiennent une glace non étamée n, mobile autour d'un axe horizontal. Un petit cercle gradué c indique l'angle de cette glace avec la verticale. Entre les pieds des deux colonnes est une glace étamée p, fixe et horizontale. A leur extrémité supérieure, ces mêmes colonnes supportent un plateau gradué, dans lequel peut tourner un disque o. Celui-ci, au centre duquel est une ouverture quadrangulaire, porte une glace de verre noir m, faisant, avec la verticale, un angle égal à l'angle de polarisation. Enfin, un disque annulaire k peut se fixer par une vis de pression, à différentes hauteurs sur les colonnes. Un deuxième anneau a, soutenu par le premier, peut prendre, autour d'un axe, différentes inclinaisons, et porte un écran noir e, percé à son centre d'une ouverture circulaire.

Cela posé, la glace n faisant, avec la verticale, un angle de 35° 25', c'est-à-dire égal à l'angle de polarisation du verre, les rayons lumineux S n, qui rencontrent cette glace sous cet angle, se polarisent (585) en se réfléchissant dans la direction np, vers la glace p, qui les renvoie dans la direction pnr. Après avoir traversé la glace n, le faisceau polarisé tombe sur la glace noire m sous un angle de 35° 25', puisque cette glace fait précisément le même angle avec la verticale. Or, si l'on fait mouvoir horizontalement le disque *o* auquel est fixée la glace *m*, celle-ci se déplace en conservant toujours la même inclinaison, et l'on remarque deux positions où elle ne réfléchit pas le faisceau incident *nr* : c'est lorsque le plan d'incidence, sur cette glace, est perpendiculaire au plan d'incidence S*np* sur la glace *n*. Telle est la position représentée dans le dessin ci-dessus. Dans toute autre position, le faisceau polarisé est réfléchi par la glace *m* en quantité variable, et le

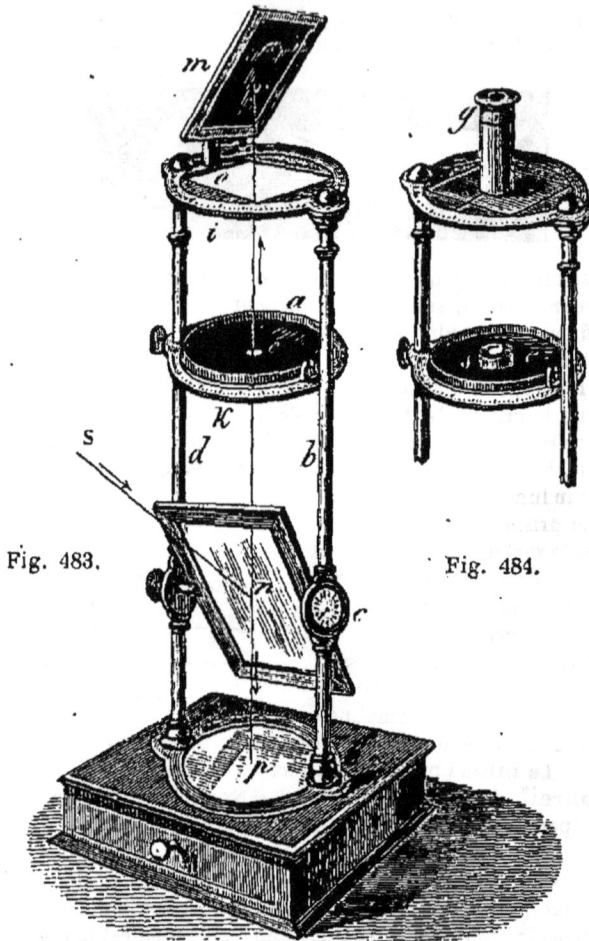

Fig. 483.   Fig. 484.

maximum de lumière réfléchie a lieu lorsque les plans d'incidence, sur les glaces *m* et *n*, sont parallèles entre eux. Si la glace *m* fait, avec la verticale, un angle plus grand ou plus petit que 35° 25′, le faisceau polarisé est toujours réfléchi dans toutes les positions du plan d'incidence.

Quand, au lieu de recevoir la lumière polarisée sur la glace noire *m*, on la reçoit sur un prisme biréfringent (589, 3°) placé dans un tube *g* (fig. 484), on n'obtient qu'une image toutes les fois que le plan de la section principale du prisme coïncide avec le plan de polarisation sur la glace *n*, et c'est alors le rayon ordinaire qui est transmis. On ne voit encore qu'une image quand le plan de la section principale est perpendiculaire au plan de polarisation, et c'est alors le rayon extraordinaire qui passe. Pour toute autre position du prisme biréfringent, on voit deux images dont l'intensité varie avec la position de la section principale.

Enfin, si l'on substitue une tourmaline au prisme biréfringent, et qu'on la fasse tourner sur elle-même, le faisceau polarisé s'éteint complétement lorsque l'axe de la tourmaline est parallèle au plan d'incidence Snp.

Les différentes propriétés de la lumière polarisée énoncées précédemment (585, 1°, 2°, 3°) se trouvent donc ainsi démontrées. On va voir d'autres applications de l'appareil de Noremberg à l'étude de la polarisation rotatoire dans le quartz, et à l'observation des couleurs de la lumière polarisée.

* POLARISATION ROTATOIRE.

591. Rotation du plan de polarisation. — Lorsqu'un rayon polarisé traverse une plaque de quartz taillée perpendiculairement à l'axe de cristallisation, ce rayon est encore polarisé à l'émergence, mais non plus dans le même plan de polarisation qu'avant son passage dans le quartz. Avec certains échantillons, le nouveau plan est dévié à gauche de l'ancien, avec d'autres il l'est à droite. C'est à ce phénomène qu'on a donné le nom de *polarisation rotatoire*. Il a été observé d'abord par Seebeck et par Arago ; mais il a été étudié surtout par Biot, qui a fait connaître les lois suivantes :

1° *La rotation du plan de polarisation n'est pas la même pour les diverses couleurs simples ; elle est d'autant plus grande que ces couleurs sont plus réfrangibles.*

2° *Pour une même couleur simple et pour des plaques d'un même cristal, la rotation est proportionnelle à l'épaisseur.*

3° *Dans la rotation de droite à gauche ou de gauche à droite, la même épaisseur imprime sensiblement la même rotation.*

On a nommé *dextrogyres* les substances qui tournent à droite : tels sont le sucre de canne en dissolution dans l'eau, l'essence de citron, la solution alcoolique de camphre, la dextrine et l'acide tartrique ; et l'on a appelé *lévogyres* les substances qui tournent à gauche, comme l'essence de térébenthine, l'essence de laurier, la gomme arabique.

592. Coloration produite par la polarisation circulaire. — Quand on regarde, avec un prisme biréfringent, une lame de quartz de quelques millimètres d'épaisseur, taillée perpendiculairement à l'axe, et traversée par un faisceau de lumière polarisée, on observe deux images vivement colorées, dont les teintes sont complémentaires, car, en se recouvrant par leurs bords, elles donnent du blanc (fig. 485). En tournant alors le prisme à droite ou à gauche, les deux images changent de teintes et prennent successivement toutes les couleurs du spectre, tout en continuant à être complémentaires.

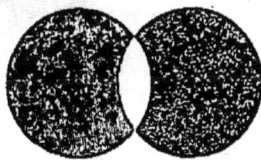

Fig. 485.

Ce phénomène est une conséquence de la première loi sur la polarisation circulaire (491, 1°). En effet, Biot ayant reconnu que le quartz fait tourner le plan de polarisation du rayon rouge de près de 17° 30', et celui du rayon violet de 44° 5', il résulte de la grande différence de ces deux angles que, lorsque la lumière polarisée qui a traversé la plaque de quartz émerge, les diverses couleurs simples qu'elle renferme sont polarisées dans des plans différents. Par conséquent, lorsque le faisceau ainsi transmis par le quartz est reçu à travers un prisme biréfringent qui le décompose en deux autres polarisés à angles droits (588), les diverses couleurs simples se partagent inégalement entre les deux images ordinaires et extraordinaires fournies par le prisme ; d'où il résulte que ces images sont nécessairement complémentaires, les couleurs qui manquent à l'une se retrouvant dans l'autre.

Ces phénomènes de coloration s'observent très-bien avec l'appareil de Noremberg (fig. 483). Pour cela, on place sur l'écran *e* (fig. 484) une plaque de quartz *s*, taillée perpendiculairement à l'axe et fixée dans un disque de liége, puis, la glace *n*

(fig. 483) étant inclinée de manière à faire passer dans le quartz un faisceau polarisé, on regarde au travers d'un prisme réfringent *g* (fig. 484), et en faisant tourner le tube dans lequel est ce prisme, on observe les images complémentaires
ournies par le passage, dans le quartz, de la lumière polarisée (fig. 485).

593. Pouvoir rotatoire des liquides. — Le quartz est la seule sub-
fstance solide dans laquelle on ait observé la polarisation circulaire : mais Biot a

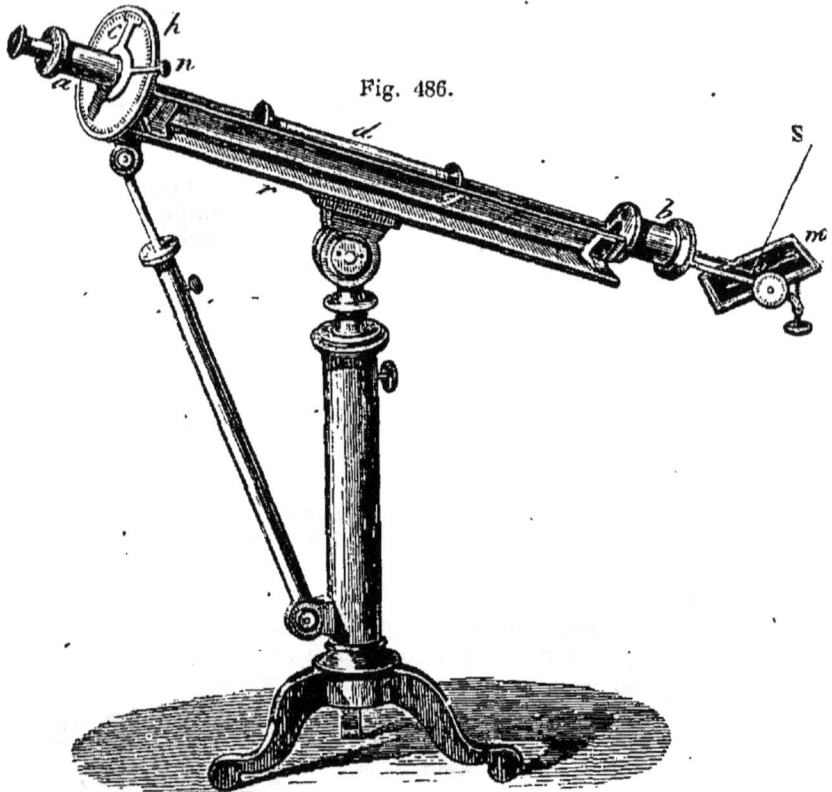

Fig. 486.

retrouvé la même propriété dans un grand nombre de liquides et de dissolutions
Le même savant a observé, en outre, que le déplacement du plan de polarisation
peut faire connaître des différences de composition dans des corps où l'on n'en
distingue aucune par l'analyse chimique. Par exemple, le sucre de raisin fait tourner à gauche le plan de polarisation, tandis que le sucre de canne le fait tourner
à droite, quoique la composition chimique des deux sucres soit la même.

Biot a trouvé que le pouvoir rotatoire des liquides est beaucoup moindre que
celui du quartz. Dans le sirop de sucre de canne concentré, qui est un des liquides
qui possèdent le pouvoir rotatoire au plus haut degré, ce pouvoir est trente-six
fois moindre que dans le quartz, d'où il résulte qu'on est forcé d'opérer sur des
colonnes liquides d'une assez grande longueur, 20 centimètres environ.

La figure 486 représente l'appareil qui a été adopté par Biot pour mesurer le
pouvoir rotatoire des liquides. Dans une gouttière de cuivre *g*, fixée à un support *r*,
est un tube *d* de 20 centimètres de long, où est renfermé le liquide sur lequel on
veut expérimenter. Ce tube, qui est de cuivre, est étamé intérieurement et fermé
à ses deux extrémités par deux glaces parallèles, fixées par deux viroles à vis. En
m est une glace de verre noirci, faisant avec l'axe des tubes *b*, *d*, *a*, qui est le
même pour tous les trois, un angle égal à l'angle de polarisation; d'où il résulte
que la lumière réfléchie par la glace *m*, dans la direction *bda*, est polarisée. Au

centre du cercle divisé *h*, dans le tube *a* et perpendiculairement à l'axe *bda*, est un prisme biréfringent achromatisé, qu'on peut tourner à volonté autour de axe de l'appareil, au moyen d'un bouton *n*. Celui-ci est fixé à une alidade *c*, qui porte un vernier et qui marque le nombre de degrés dont on tourne. Enfin, d'après la position du miroir *n*, le plan de polarisation *Sod* du faisceau réfléchi est vertical, et le zéro de la graduation sur le cercle *h* est dans ce plan.

Cela posé, avant qu'on ait placé le tube *d* dans la gouttière *g*, l'image extraordinaire fournie par le prisme biréfringent s'éteint toutes les fois que l'alidade correspond au zéro de la graduation, parce qu'alors le prisme biréfringent se trouve tourné de manière que sa section principale coïncide avec le plan de polarisation (589, 3°). Il en est encore de même quand le tube *d* est plein d'eau ou de tout autre liquide *inactif*, comme l'alcool, l'ether, ce qui montre que le plan de polarisation n'a pas tourné. Mais si l'on remplit le tube d'une dissolution de sucre de canne ou de tout autre liquide *actif*, l'image extraordinaire reparaît, et pour l'éteindre, il faut tourner l'alidade d'un certain angle à droite ou à gauche du zéro, suivant que le liquide est dextrogyre ou lévogyre ; ce qui démontre que le plan de polarisation a tourné du même angle. Avec la dissolution de sucre de canne, la rotation a lieu vers la droite, et si, avec une même dissolution, on prend des tubes plus ou moins longs, on trouve que la rotation croît proportionnellement à la longueur, ce qui est conforme à la deuxième loi de Biot (591). Enfin si, avec un tube de longueur constante, on prend les dissolutions de plus en plus riches en sucre, la rotation croît comme la quantité de sucre dissoute ; d'où l'on voit que de l'angle de déviation on peut déduire l'analyse quantitative d'une dissolution.

Dans l'expérience qui vient d'être décrite, il importe d'opérer avec de la lumière simple, car les différentes couleurs du spectre possédant des pouvoirs rotatoires différents, il en résulte que la lumière blanche est décomposée en traversant un liquide actif, et que l'image extraordinaire ne disparaît complétement dans aucune position du prisme biréfringent ; seulement, elle change de teinte. Pour obvier à cet inconvénient, on place dans le tube *a*, entre l'œil et le prisme biréfringent, un verre coloré en rouge par l'oxyde de cuivre, lequel ne laisse passer que la lumière rouge. L'image extraordinaire s'éteint donc alors toutes les fois que la section principale du prisme coïncide avec le plan de polarisation du faisceau rouge.

594. Saccharimètre de Soleil. — Soleil a utilisé la propriété rotatoire des liquides, découverte par Biot, pour construire un appareil destiné à analyser les substances saccharifères ; d'où le nom de *saccharimètre* donné à cet appareil.

La figure 487 représente le saccharimètre fixé horizontalement sur son pied, et la figure 488 en donne une coupe longitudinale. Cet instrument, simple au point de vue pratique, ne laisse pas que d'être compliqué au point de vue théorique, car il suppose connus les principaux phénomènes de la réfraction et de la polarisation.

Le principe de cet appareil n'est pas l'amplitude de la rotation du plan de polarisation, comme dans celui de Biot, décrit ci-dessus (593), mais la *compensation*, c'est-à-dire l'emploi d'une seconde substance active, agissant en sens inverse de celle qu'on veut analyser, et dont l'épaisseur peut varier jusqu'à ce que les actions contraires des deux substances se détruisent complétement ; en sorte qu'au lieu de mesurer la déviation du plan de polarisation, on mesure l'épaisseur à donner à la substance compensatrice, qui est une plaque de quartz, pour obtenir une compensation parfaite.

Cela posé, on peut distinguer dans l'appareil trois parties principales : un tube qui contient le liquide à analyser, un polariseur et un analyseur.

Le tube *m*, qui renferme le liquide, est de cuivre étamé intérieurement et fermé à ses deux extrémités par deux glaces à faces parallèles ; il est soutenu sur un support *k*, qui se termine à ses deux bouts par deux tubes *r* et *a*, dans lesquels sont les cristaux qui servent de polariseurs et d'analyseurs, et qui sont représentés dans la coupe (fig. 488).

Devant l'orifice S se place une lampe ordinaire à modérateur. La lumière émise par cette lampe, dans la direction de l'axe de l'instrument, rencontre d'abord un prisme biréfringent *r*, qui sert de polariseur (589, 3°). L'image ordinaire seule arrive à l'œil, l'image extraordinaire étant projetée hors du champ de la vision, à cause de l'amplitude de l'angle que font entre eux le rayon ordinaire et le rayon extraordinaire. Enfin, le prisme biréfringent est dans une position telle, que le plan de polarisation est vertical et passe par l'axe de l'appareil.

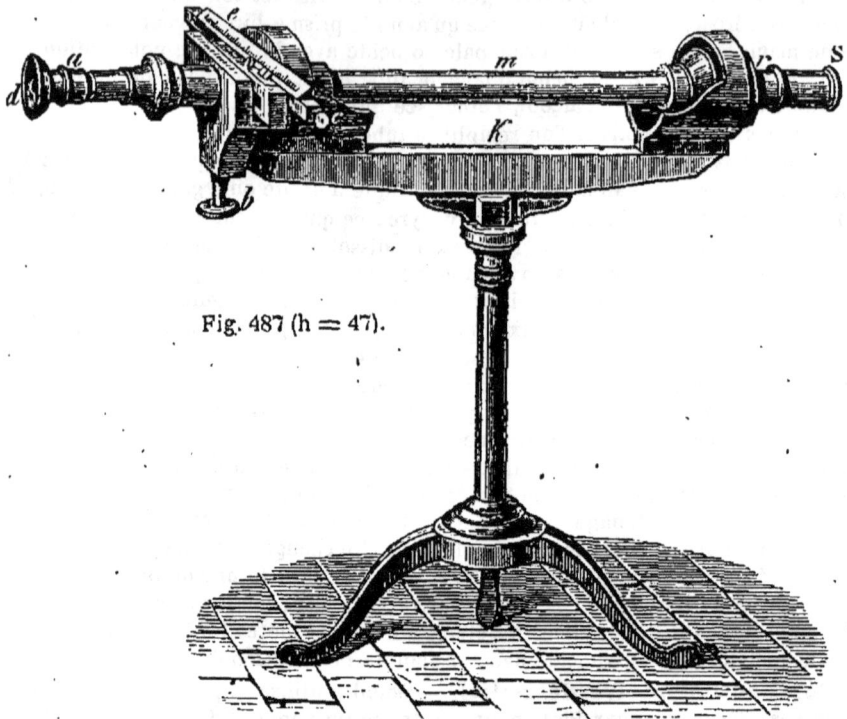

Fig. 487 (h = 47).

A sa sortie du prisme biréfringent, le faisceau polarisé rencontre une plaque de quartz *q* à double rotation, c'est-à-dire que cette plaque tourne à la fois le plan de polarisation à droite et à gauche. Pour cela, elle est formée de deux plaques de quartz de rotation contraire, juxtaposées comme le montre la figure 491, de fa-çon que la ligne de séparation soit verticale et dans le même plan que l'axe de l'appareil. Ces quartz, taillés perpendiculairement à l'axe, ont une épaisseur de 3^{mm},75, à laquelle correspond une rotation de 90°, et donnent une teinte rose vio-lacée qui est la *teinte de passage*. Le quartz, qu'il soit dextrogyre ou lévogyre, tour-nant toujours d'une même quantité, à épaisseur égale (591, 3°), il en résulte que les deux quartz *a* et *b* font tourner également le plan de polarisation, l'un à droite, l'autre à gauche. Par conséquent, si on les regarde avec un prisme biréfringent, ils présentent exactement la même teinte.

Après avoir traversé les quartz *q*, le faisceau polarisé passe dans le liquide que contient le tube *m*, et de là rencontre une nouvelle plaque de quartz *i*, simple et d'épaisseur arbitraire, dont on va voir bientôt l'usage.

En *n* est le compensateur destiné à détruire la rotation de la colonne liquide *m*. Il est formé de deux quartz ayant la même rotation, soit à droite, soit à gauche, mais contraire à celle de la plaque *i*. Ces deux quartz, représentés en coupe dans la figure 489, s'obtiennent en coupant obliquement une plaque de quartz à faces parallèles, de manière à former deux prismes de même angle N, N ; en juxtaposant ensuite ces deux prismes, comme le représente la figure, il en résulte une seule plaque à faces parallèles, qui offre l'avantage de pouvoir varier d'épaisseur. Pour cela, chaque prisme est fixé à une coulisse, de façon à pouvoir glisser dans un sens ou dans l'autre, tout en conservant aux faces homologues leur parallélisme. Ce mouvement s'obtient au moyen d'une double crémaillère et d'un pignon qu'on tourne à l'aide d'un bouton b (fig. 487 et 488).

Quand les lames se déplacent respectivement dans le sens indiqué par les flèches (fig. 489), il est évident que la somme de leurs épaisseurs augmente, et qu'elle diminue quand les plaques avancent dans le sens opposé. Une échelle e et

Fig. 488.

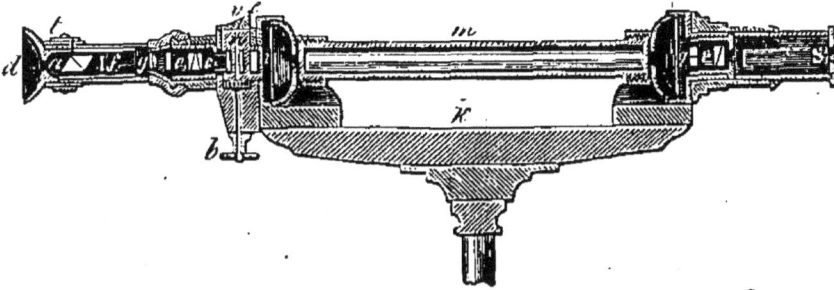

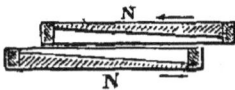

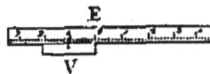

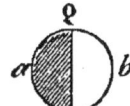

Fig. 489. Fig. 490. Fig. 491.

un vernier v (fig. 487) suivent les plaques dans leur mouvement, et servent à mesurer les variations d'épaisseur du compensateur. Cette échelle, représentée ainsi que son vernier dans la figure 490, porte deux divisions ayant un zéro commun, l'une de gauche à droite, pour les liquides dextrogyres, l'autre de droite à gauche, pour les liquides lévogyres.

Lorsque le vernier est au zéro de l'échelle, la somme des épaisseurs des plaques N, N est précisément égale à celle de la plaque i, et comme la rotation de cette dernière est contraire à celle du compensateur, l'effet est nul. Mais si l'on fait marcher, dans un sens ou dans l'autre, les plaques du compensateur, celui-ci ou le quartz i l'emporte, et il y a rotation à droite ou à gauche.

Après le compensateur est un prisme biréfringent c (fig. 488) servant d'analyseur pour observer le faisceau polarisé qui a traversé le liquide et les diverses plaques de quartz. Pour comprendre plus facilement l'objet du prisme c, nous négligerons, pour un instant, les cristaux et les lentilles représentés à sa gauche dans le dessin. Si l'on fait d'abord coïncider le zéro du vernier v avec celui de l'échelle, et si le liquide contenu dans le tube est inactif, les actions du compensateur et de la plaque i se détruisent, et l'effet du liquide étant nul, les deux moitiés de la plaque q, vues au travers du prisme c, donnent rigoureusement la même teinte, ainsi qu'on l'a déjà observé ci-dessus. Mais si l'on remplace le tube plein de liquide inactif par un second tube rempli d'une dissolution sucrée, le pouvoir rotatoire de cette dissolution s'ajoute à celui de même sens de l'un des quartz de la plaque à double rotation q, et diminue d'autant le pouvoir rotatoire de l'autre quartz. Il résulte de là que les deux moitiés de la plaque q ne présentent plus la même teinte, et que la moitié a (fig. 491) est rouge, par exemple, tandis que la moitié b est bleue. On fait alors marcher les prismes du compensateur, en tournant le bouton b vers la droite ou vers la gauche, jusqu'à ce que la différence d'action du compensateur et de la plaque i compense le pouvoir rotatoire de la dissolution, ce qui a lieu au moment où les deux moitiés de la plaque Q à double rotation reviennent à leur teinte primitive.

Quant au sens de la déviation et à l'épaisseur du compensateur, on les mesure par le déplacement relatif de l'échelle e et du vernier v. Les divisions de l'échelle sont telles, que 10 de ces divisions correspondent à une variation de 1 millimètre dans l'épaisseur du compensateur, et comme le vernier donne lui-même les dixièmes de ces divisions, il en résulte qu'il mesure des variations de $\dfrac{1}{100}$ de millimètre dans l'épaisseur du compensateur.

Une fois que la teinte des deux moitiés de la plaque Q est bien égale et la même qu'avant l'interposition de la dissolution sucrée, on lit sur l'échelle à quelle division correspond le vernier, et le nombre correspondant donne immédiatement le titre de la dissolution. Pour cela, on se fonde sur ce principe que 16^{gr},471 de sucre candi bien desséché et bien pur, étant dissous dans l'eau, et la liqueur étant amenée au volume de 100 centimètres cubes et observée dans un tube de 20 centimètres de longueur, la déviation produite est précisément celle que comporte une épaisseur de quartz de 1 millimètre. Cela posé, pour faire l'analyse d'un sucre brut, on adopte toujours un poids normal de 16^{gr},471 de sucre, qu'on fait dissoudre dans de l'eau, et le volume de la dissolution étant amené à 100 centimètres cubes, on en remplit le tube de 20 centimètres de longueur, et l'on observe le nombre indiqué par le vernier, quand on a retrouvé la teinte primitive. Ce nombre étant, par exemple, 42, on en conclut que cette dissolution contient, de sucre cristallisable, 42 pour 100 de ce que contenait la dissolution de sucre candi, et, par conséquent, $16^{gr},471 \times \dfrac{42}{100}$, ou 6^{gr},918. Toutefois ce résultat n'est exact qu'autant qu'on est assuré que le sucre soumis à l'expérience n'est pas mélangé de sucre incristallisable ou d'une autre substance lévogyre. Alors, on a recours à l'*inversion*, c'est-à-dire qu'on transforme, au moyen de l'acide chlorhydrique, le sucre cristallisable, qui est dextrogyre, en sucre incristallisable, qui est lévogyre ; puis on fait une nouvelle opération qui, combinée avec la première, donne la quantité du sucre cristallisable.

Il nous reste à faire connaître l'usage des cristaux et des lentilles o, g, f, a, placés à la suite du prisme c (fig. 488). Leur ensemble forme ce que M. Soleil a nommé le *producteur des teintes sensibles*. En effet, la teinte la plus sensible, c'est-à-dire celle qui permet de distinguer une différence très-faible dans la coloration des deux moitiés de la plaque de rotation, n'est pas la même pour tous les yeux ; pour le plus grand nombre, c'est une nuance bleu violacé qui rappelle celle de la fleur de lin. Il importe donc de produire facilement cette teinte ou toute autre plus sensible à l'œil de l'observateur. Pour cela, en avant du prisme c est d'abord une plaque de quartz o taillée perpendiculairement à l'axe, puis une petite lunette de Galilée (531), formée d'un verre biconvexe g et d'un verre biconcave f, pouvant se rapprocher entre eux, ou s'écarter suivant la distance de la vue distincte de chaque observateur. Enfin, l'appareil se termine par un prisme de Nicol a, fixé dans un tube t qu'on tourne à volonté sur lui-même. Or, le prisme biréfringent c agissant comme polariseur par rapport au quartz o, et le prisme a comme analyseur, il en résulte que, lorsqu'on tourne ce dernier à droite ou à gauche, la lumière qui a traversé le prisme c et la plaque o change de teinte (592), et finit par donner celle que l'expérimentateur a adoptée pour teinte fixe.

595. Analyse de l'urine des diabétiques. — Dans la maladie connue sous le nom de *diabète sucré*, les urines sont chargées d'une forte quantité d'un sucre fermentescible qu'on nomme sucre de diabète. Ce sucre, à l'état naturel dans les urines, dévie le plan de polarisation vers la droite. Pour doser la quantité de sucre contenue dans les urines des diabétiques, on commence, si elles ne sont pas assez limpides, par les clarifier par le sous-acétate de plomb ; on filtre, on remplit le tube m de l'urine ainsi clarifiée, puis on tourne le bouton b jusqu'à ce qu'on obtienne, pour la plaque à deux rotations, la même teinte qu'avant l'interposition de l'urine. L'expérience ayant appris que 100 parties de l'échelle du saccharimètre représentent le déplacement à donner aux quartz compensateurs lorsqu'il entre dans l'urine 225ᵍʳ,6 de sucre par litre, il en résulte que chaque division de l'échelle représente 2ᵍʳ,256 de sucre. Par conséquent, pour obtenir la quantité de sucre contenue dans une urine donnée, il faut multiplier 2ᵍʳ,256 par le nombre qu'indique le vernier au moment où l'on retrouve la teinte primitive.

* COULEURS PRODUITES PAR L'INTERFÉRENCE DES RAYONS POLARISÉS.

596. Lois de l'interférence des rayons polarisés. — Après la découverte de la polarisation, Arago et Fresnel cherchèrent si les rayons polarisés présentaient entre eux les mêmes phénomènes d'interférence que les rayons non polarisés, et ce fut ainsi qu'ils arrivèrent à découvrir les lois suivantes sur l'interférence de la lumière polarisée, et en même temps les brillants phénomènes de coloration décrits ci-après (597 et 602).

1ʳᵉ LOI. — *Deux rayons polarisés dans le même plan interfèrent entre eux absolument comme deux rayons naturels.*

2ᵉ LOI. — *Deux rayons polarisés dans deux plans perpendiculaires n'interfèrent pas dans le cas où interféreraient deux rayons naturels.*

3ᵉ LOI. — *Deux rayons polarisés d'abord dans des plans perpendiculaires peuvent être amenés dans le même plan de polarisation, sans acquérir pour cela la propriété d'interférer entre eux.*

4ᵉ LOI. — *Deux rayons polarisés dans des plans perpendiculaires, et ramenés ensuite au même état de polarisation, interfèrent comme la lumière ordinaire, s'ils ont été primitivement polarisés dans un même plan.*

5ᵉ LOI. — *Dans les phénomènes d'interférence par des rayons qui ont subi la double réfraction, le lieu des franges colorées n'est pas déterminé uniquement par la différence des routes ou des vitesses, car, dans certaines circonstances, il faut tenir compte d'une demi-ondulation en plus ou en moins.*

Ces lois sont d'une grande importance, car ce sont elles qui donnent l'explication des diverses circonstances dans lesquelles les rayons polarisés donnent ou ne donnent pas lieu aux phénomènes de coloration qui vont être décrits.

597. Teintes produites par la lumière polarisée en traversant les lames minces biréfringentes. — En étudiant les propriétés de la lumière polarisée (585), on a vu qu'un faisceau de lumière polarisée par sa réflexion sur un premier miroir ne se réfléchit plus sur un second, si les deux plans de réflexion sont perpendiculaires entre eux; ou encore que la lumière polarisée ne peut traverser une plaque de tourmaline dont l'axe est parallèle au plan de polarisation; enfin, que la lumière polarisée par son passage au travers d'un prisme biréfringent ne donne qu'une seule image quand le plan de la section principale de ce prisme est perpendiculaire ou parallèle au plan de polarisation. Or, dans ces diverses expériences, il suffit que la lumière, après être polarisée, traverse une lame mince de mica, de sulfate de chaux, de cristal de roche, de chaux carbonatée,..ou de toute autre substance biréfringente, pour que les phénomènes soient entièrement changés.

Pour observer les effets qui se produisent alors, l'appareil le plus commode est celui de Noremberg (fig. 483 et 484). En *g* (fig. 484) est un prisme biréfringent, ou une tourmaline, ou un prisme de Nicol. La plaque mince cristallisée est placée sur l'écran *e*, ou en *p*, sur la glace étamée; mais il est à remarquer que, dans ce dernier cas, la lumière polarisée sur la glace non étamée *n* traverse deux fois la lame cristallisée placée en *p*, et que par suite on obtient le même effet que si la plaque, n'étant traversée qu'une fois par la lumière polarisée, avait une épaisseur double.

Or, l'analyseur placé en *g* étant un prisme biréfringent, on a vu (590) que tant qu'aucune lame cristallisée n'est encore placée sur l'appareil, le faisceau polarisé sur la glace *n* et renvoyé vers le prisme le traverse en subissant une double réfraction, d'où il résulte que l'œil placé au-dessus voit deux images de l'ouverture *e* percée au centre du diaphragme *a*. Ces deux images sont blanches et d'intensités inégales, et en faisant tourner le prisme sur son support, chacune d'elles s'affaiblit successivement et s'éteint toutes les fois que la section principale du prisme devient perpendiculaire ou parallèle au plan de polarisation du faisceau.

Cela posé, lorsqu'on interposé au-dessous du prisme une lame biréfringente, taillée parallèlement à l'axe, voici les phénomènes qu'on observe :

1º La section principale de la lame étant parallèle ou perpendiculaire au plan de polarisation du faisceau, l'œil aperçoit toujours deux images blanches qui subissent, lorsqu'on fait tourner le prisme biréfringent, les mêmes variations d'intensité que si la lame n'existait pas.

2º Lorsque la section principale de la lame n'est ni parallèle, ni perpendiculaire au plan de polarisation, les deux images sont colorées, et leurs couleurs sont complémentaires, car lorsqu'elles se superposent par leurs bords, la partie commune est blanche.

3º La lame restant fixe, si l'on fait tourner le prisme, les teintes des images ne changent pas, mais leur intensité varie, et le maximum d'éclat a lieu quand la section principale du prisme fait avec celle de la lame un angle de 45 ou de 135 degrés, c'est-à-dire dans les positions intermédiaires à celles qui correspondent au cas où les deux images sont blanches; de plus, les images échangent successivement leurs couleurs, en passant par le blanc, ce qui a lieu lorsque les sections principales du prisme et de la lame sont parallèles ou perpendiculaires entre elles.

En employant, pour analyseur, une tourmaline ou un prisme de Nicol au lieu d'un prisme biréfringent, on observe encore les mêmes phénomènes de coloration, seulement on n'a qu'une image.

598. Influence de l'épaisseur des lames. — Pour des lames de même substance, les teintes changent avec l'épaisseur et diminuent d'intensité à mesure que les lames sont plus épaisses. Il est même une limite d'épaisseur au delà de laquelle on n'obtient plus de coloration. Pour le mica, cette limite est de 88 centièmes de millimètre; pour la chaux sulfatée et le cristal de roche, de 45 centièmes; et pour le spath d'Islande, de 25 millièmes. C'est ce qui rend la coloration très-difficile à obtenir avec cette substance, à cause de la difficulté de la tailler en lames assez minces. Au contraire, pour le mica et la chaux sulfatée, qui se clivent facilement en lames extrêmement minces, l'expérience réussit très-bien.

On obtient d'une même lame des teintes différentes, en l'inclinant plus ou moins par rapport au faisceau polarisé qui la traverse. Cela revient, en effet, à faire varier son épaisseur.

Pour une même substance, avec des lames d'épaisseur croissante, les teintes varient suivant les mêmes lois que les teintes des anneaux colorés de Newton correspondant à des couches d'air de plus en plus épaisses (583); seulement l'épaisseur de la lame cristallisée doit l'emporter de beaucoup sur celle de la couche d'air. En effet, pour une teinte de même ordre, l'épaisseur du mica doit être 440 fois celle de la couche d'air; pour le cristal de roche et la chaux sulfatée, 230 fois; et pour le spath d'Islande, 13 fois seulement.

599. Théorie de la coloration produite par la lumière polarisée. — En se fondant sur la théorie des ondulations, Fresnel a donné une explication simple et complète des teintes produites par la lumière polarisée lorsqu'elle traverse des lames biréfringentes, en faisant voir que ces teintes ont pour cause l'inégale vitesse des rayons ordinaire et extraordinaire, après qu'ils ont traversé la lame biréfringente, inégalité d'où résultent, entre les deux systèmes d'ondulations, des retards ou des avances qui les placent dans des conditions convenables pour interférer, et par suite pour développer des couleurs (581).

Pour se rendre compte de la formation des couleurs par l'interférence des rayons polarisés qui ont traversé une lame biréfringente, considérons ce qui se passe dans l'expérience de l'appareil de Noremberg, décrite plus haut (590), et

supposons que la lame cristallisée étant à un seul axe, cet axe fasse un angle de
45 degrés avec le plan de polarisation du faisceau incident. A son passage au travers de la lame biréfringente, ce faisceau se partage en deux faisceaux, ordinaire
et extraordinaire, d'égale intensité, et polarisés chacun dans un plan faisant avec
le plan de polarisation primitif des angles de $+ 45°$ et $- 45°$; d'où il résulte que
ces deux faisceaux sont polarisés dans deux plans rectangulaires entre eux, et
que par suite il ne peut y avoir interférence d'après la deuxième loi d'Arago et
Fresnel (596). Cela posé, soient O et E les deux faisceaux ordinaire et extraordinaire qui, sortant de la lame mince, viennent tomber sur le prisme biréfringent,
dont nous supposerons la section principale dans le plan de polarisation primitif;
chacun des faisceaux O et E, en traversant le prisme, se divise respectivement en
deux autres que nous désignerons par O_o et O_e pour le premier, et par E_o et E_e
pour le second, ces quatre faisceaux ayant du reste la même intensité. Or, les
faisceaux E_e et O_e sont parallèles, comme ayant le même indice de réfraction, et
ne diffèrent entre eux que par un certain intervalle d; les faisceaux E_o et O_o sont
aussi parallèles, mais diffèrent par un intervalle $d \pm \dfrac{1}{2}$ ondulation, d'après le principe qu'en passant du rayon ordinaire au rayon extraordinaire, il faut tenir compte
d'une demi-ondulation en plus ou en moins (596, 5e loi). Or, comme les rayons de
chaque couple sont ramenés dans un même plan de polarisation, savoir, les rayons
ordinaires O_o et E_o dans le plan de la section principale du prisme, et les rayons
O et E_e dans un plan perpendiculaire au premier, il n'y a plus d'obstacle à l'interférence des rayons d'un même couple, et l'on voit apparaître des couleurs complémentaires dans les faisceaux qui correspondent aux intervalles d et $d +$ un
nombre impair de demi-ondulations.

Si l'on conçoit maintenant que la lame cristallisée soit traversée par un second
faisceau polarisé dans un plan perpendiculaire au plan de polarisation ci-dessus,
ce nouveau faisceau subira les mêmes divisions et subdivisions que le précédent,
mais les intervalles de retard seront différents. En effet, le plan de polarisation du
nouveau faisceau se rapportant maintenant à celui de la réfraction ordinaire, tandis que celui du premier faisceau se rapportait au plan de la réfraction extraordinaire, il en résulte une différence d'une demi-ondulation dans la position relative
des deux systèmes d'ondes O et E à leur émergence; c'est-à-dire que l'intervalle qui était d dans le cas précédent, sera maintenant d moins un nombre impair
de demi-ondulations; et après la transmission au travers du prisme, les intervalles de retard des deux faisceaux seront respectivement $d - \dfrac{n}{2}$ et d, au lieu de
d et $d + \dfrac{n}{2}$ qu'ils étaient d'abord, n étant un nombre impair. Ceci explique comment les deux faisceaux font un échange de couleurs lorsqu'on fait tourner le plan
de polarisation de 90 degrés.

Il reste à chercher pourquoi il ne se produit pas de couleurs dans l'expérience
ci-dessus, lorsque la lame cristallisée, au lieu d'être traversée par de la lumière
polarisée, l'est par de la lumière naturelle. Or, on a vu (587) que la lumière naturelle peut toujours être regardée comme formée de deux faisceaux égaux polarisés
à angle droit; d'où il résulte, d'après ce qui a été dit ci-dessus, que, lorsque la
lame cristallisée est traversée par de la lumière naturelle, chaque faisceau émergent O et E donne lieu à deux couleurs complémentaires qui se superposent, et
qui, étant de même intensité, produisent de la lumière blanche.

**600. Anneaux colorés produits par la lumière polarisée en
traversant les lames biréfringentes.** — Dans l'expérience faite avec l'appareil de Noremberg et décrite précédemment (590), la lame cristallisée étant traversée perpendiculairement à ses faces par un faisceau de lumière parallèle, toutes
les parties de la lame agissent de la même manière, et l'on a partout la même
teinte. Or, les effets ne sont plus les mêmes lorsque les rayons incidents traversent

la lame sous des obliquités différentes, car cela revient à des épaisseurs inégales ; d'où résultent des anneaux tout à fait semblables à ceux de Newton (583).

Le meilleur appareil pour observer ces nouveaux phénomènes est la *pince à tourmalines*. On nomme ainsi un petit instrument qui se compose de deux tourmalines taillées parallèlement à l'axe, et enchâssées chacune dans un disque de cuivre. Ces deux disques, qui sont percés à leur centre et noircis, sont eux-mêmes montés dans deux anneaux de fil de cuivre argenté, lequel s'enroule sur lui-même, comme le montre la figure 493, de manière à former ressort et à faire appliquer

 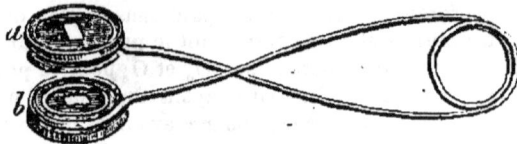

Fig. 492.   Fig. 493.

l'une contre l'autre les deux tourmalines. Celles-ci tournant avec les disques, on les dispose, à volonté, de sorte que leurs axes soient parallèles ou perpendiculaires entre eux.

Cela posé, le cristal sur lequel on veut expérimenter étant fixé au centre d'un disque de liége (fig. 492), on place celui-ci entre les deux tourmalines, puis on applique la pince en avant de l'œil de manière à recevoir la lumière diffuse du ciel. La tourmaline opposée à l'œil agit alors comme polariseur, et l'autre comme analyseur (589). Si le cristal qu'on observe ainsi, étant à un seul axe et taillé perpendiculairement à l'axe, est éclairé par une lumière simple, de la lumière rouge par exemple, on voit se produire une série d'anneaux circulaires alternativement rouges et obscurs. Avec une autre couleur simple, on obtient des anneaux semblables, mais leur diamètre augmente avec la réfrangibilité de la couleur. Au contraire, le diamètre des anneaux diminue quand l'épaisseur des lames aug-

Fig. 494.   Fig. 495.   Fig. 496.

mente, et au delà d'une certaine épaisseur il ne s'en produit plus. Si, au lieu d'éclairer les lames avec de la lumière homogène, on les éclaire avec de la lumière blanche, comme les anneaux de différentes teintes qui se produisent alors n'ont pas le même diamètre, ils se superposent en partie, en produisant des anneaux irisés très-brillants.

La position du cristal est sans influence sur les anneaux, mais il n'en est pas de même de la position relative des deux tourmalines. Par exemple, en expérimentant sur un spath d'Islande taillé perpendiculairement à l'axe, et de 1 à 20 millimètres d'épaisseur, lorsque les axes des tourmalines sont perpendiculaires entre eux, on observe une belle série d'anneaux vivement colorés et traversés par une croix noire, comme le montre la figure 494 ; si les axes des tourmalines sont parallèles, les anneaux se colorent de teintes complémentaires de celles qu'ils avaient d'abord, et ils sont alors traversés par une croix blanche (fig. 495).

Pour se rendre compte de la formation des anneaux par la lumière polarisée en traversant les lames biréfringentes, il faut observer que, dans le cas que nous considérons, ces lames sont traversées par un faisceau conique convergent dont le sommet est l'œil de l'observateur. D'où il suit que l'épaisseur de la lame que doivent traverser les rayons augmente avec leur divergence, mais que pour des rayons de même obliquité, cette épaisseur est la même; d'où résultent des différences de vitesse du rayon ordinaire et du rayon extraordinaire qui expliquent la formation des couleurs et leur disposition circulaire autour de l'axe du faisceau et du cristal. Quant à la croix noire, elle est due à ce que la lumière polarisée est absorbée dans le plan de la section principale de la tourmaline et dans le plan perpendiculaire.

On observe des effets analogues avec tous les cristaux à un axe, comme la tourmaline, l'émeraude, le corindon, le béryl, le mica, le phosphate de plomb, le prussiate de potasse, le cristal de roche. Toutefois, avec ce dernier, la croix disparaît par un effet de polarisation rotatoire (592).

601. Anneaux dans les cristaux à deux axes. — Dans les cristaux à deux axes, il se produit encore des anneaux colorés, mais d'une forme plus

Fig. 497.　　　　　Fig. 498.　　　　　Fig. 499.

compliquée. Les bandes colorées, au lieu d'être circulaires et concentriques, présentent alors la forme de courbes à deux centres, le centre de chaque système correspondant à l'un des axes du cristal. Les figures 497, 498 et 499 représentent les courbes que donne avec la pince à tourmaline l'azotate de potasse taillé perpendiculairement à l'axe. Quand les axes des deux tourmalines sont rectangulaires, on a la figure 497; puis, en tournant lentement le cristal, sans changer les tourmalines, on passe par la figure 498, pour arriver à la figure 499, lorsqu'on a tourné de 45 degrés. Si les axes des tourmalines sont parallèles, on obtient les mêmes courbes colorées, mais leurs teintes sont supplémentaires et la croix noire se change en croix blanche. Si l'angle des deux axes du cristal dépasse 20 à 25 degrés, on ne peut voir à la fois les deux systèmes de courbes; c'est ce qui arrive, par exemple, pour l'aragonite, qui donne la figure 496.

Herschel, qui a mesuré les anneaux donnés par les cristaux à deux axes, les rapporte au genre de courbe connu en géométrie sous le nom de *lemniscate*.

602. Coloration produite par le verre trempé ou comprimé. — Le verre ordinaire n'est pas doué de la double réfraction, mais il acquiert cette propriété si, par une cause quelconque, son élasticité est modifiée dans une direction plus que dans l'autre. Pour cela, il suffit de le comprimer fortement dans un sens, de le courber, ou de le tremper, c'est-à-dire de le refroidir rapidement après l'avoir chauffé. Si le verre est alors traversé par un faisceau de lumière polarisée, on obtient des effets de coloration tout à fait analogues à ceux observés ci-dessus dans les cristaux biréfringents, mais beaucoup plus variés, selon la forme circulaire, carrée, rectangulaire, triangulaire, qu'on donne aux plaques de verre, et suivant le degré de tension de leurs particules.

33

Le polariseur étant une glace de verre noir sur laquelle on reçoit la lumière des nues, et l'analyseur un prisme de Nicol au travers duquel on regarde les plaques de verre traversées par la lumière polarisée, les figures 500, 501 et 502 représentent les dessins qu'on observe en faisant tourner successivement, dans son propre plan, une plaque carrée de verre trempé. Les figures 503 et 504 représentent les dessins que donne, dans le même cas, une plaque circulaire, et la figure 505 le dessin fourni par deux plaques rectangulaires superposées ; dessin qui varie, lui aussi,

Fig. 500.　　　　　　Fig. 501.　　　　　　Fig. 503.

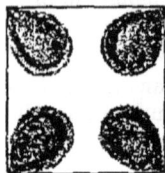
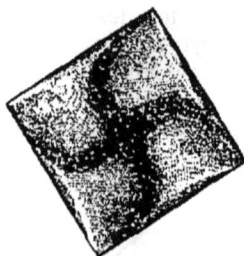

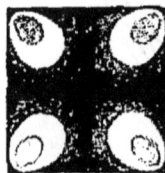

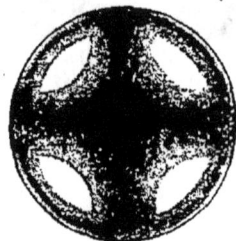

Fig. 502.　　　　　　Fig. 505.　　　　　　Fig. 504.

lorsqu'on fait tourner le système des plaques. Les verres comprimés, ou courbés, présentent des effets de même genre, et qui varient dans les mêmes conditions.

603. Polarisation de la chaleur. — De même que la lumière, la chaleur peut se polariser par réflexion et par réfraction (585) ; mais les recherches à ce sujet présentent de grandes difficultés. Les premières furent faites en 1810 par Bérard et Malus lui-même ; ce dernier étant mort, Bérard les continua seul.

Dans les expériences de ce savant, les rayons calorifiques réfléchis sur une première glace étaient reçus sur une deuxième, comme dans l'appareil de Noremberg (fig. 483), et de là tombaient sur un petit réflecteur métallique qui les concentrait sur la boule d'un thermomètre différentiel. Bérard observa ainsi un minimum d'intensité quand le plan de réflexion, sur la seconde glace, était perpendiculaire au plan de réflexion sur la première. Ce phénomène étant le même que celui que présente la lumière dans la même expérience (585), Bérard en conclut que la chaleur se polarisait en se réfléchissant sur la première glace.

Melloni a appliqué son thermo-multiplicateur à l'étude de la polarisation de la chaleur, et en faisant passer les rayons calorifiques au travers de deux tourmalines parallèles, ou au travers de deux piles de mica, il a constaté qu'ils se polarisent par réfraction. Il a trouvé de plus que l'angle de polarisation (586) est sensiblement le même pour la chaleur que pour la lumière.

LIVRE VIII

DU MAGNÉTISME.

CHAPITRE PREMIER.

PROPRIÉTÉS DES AIMANTS.

604. Aimants naturels et aimants artificiels. — On nomme
aimants, des substances qui ont la propriété d'attirer le fer et
quelques autres métaux, qui sont le nickel, le cobalt et le chrome.
Toutefois nous citerons bientôt des expériences qui prouvent que
les aimants agissent réellement sur tous les corps, tantôt par attraction, tantôt par répulsion, mais d'une manière très-faible (612).

On distingue des aimants naturels et des aimants artificiels.
L'*aimant naturel*, ou *pierre d'aimant*, est un oxyde de fer,
connu, en chimie, sous le nom d'*oxyde magnétique*. Sa formule
est $Fe^3O^4 = FeO + Fe^2O^3$; c'est-à-dire qu'il est formé d'un équivalent de protoxyde et d'un équivalent de sesquioxyde. L'oxyde
magnétique est très-abondant dans la nature; on le rencontre dans
les terrains anciens, et surtout en Suède et en Norvége, où on l'ex-
ploite comme minerai de fer, et où il donne la meilleure qualité de
fer connue. Toutefois la plupart des échantillons d'oxyde de fer
magnétique n'attirent pas le fer; ce n'est qu'accidentellement qu'ils
sont doués de cette propriété.

Les *aimants artificiels* sont des barreaux ou des aiguilles d'acier
trempé (76), qui ne possèdent pas naturellement les propriétés des
aimants naturels, mais qui les ont acquises par des frictions avec
un aimant, ou par des procédés électriques qui seront décrits plus
tard. On forme aussi des aimants artificiels avec du fer *doux*, c'est-
à-dire sensiblement exempt de toute matière étrangère; mais leur
aimantation n'est pas durable comme celle des barreaux d'acier.

Les aimants artificiels sont plus puissants que les aimants naturels, mais jouissent de propriétés complétement identiques.

Le pouvoir attractif des aimants s'exerce à toutes les distances
et à travers tous les corps; il décroît très-vite quand la distance
augmente, et varie avec la température. Coulomb a fait voir que
l'intensité magnétique d'un barreau diminue à mesure qu'on élève

sa température, et reprend sa valeur première quand il revient à la température primitive, pourvu qu'on n'ait pas dépassé une certaine limite; car, à la température rouge, les aimants perdent complétement leur puissance attractive.

L'attraction que l'aimant exerce sur le fer est réciproque, ce qui est un principe général de toutes les attractions. On le vérifie en présentant une masse de fer à un aimant : celui-ci est attiré.

La force attractive des aimants a reçu le nom de *force magnétique*, et leur théorie physique se désigne elle-même sous le nom de *magnétisme*, expression qu'on ne doit pas confondre avec celle de *magnétisme animal*, qu'on a adoptée pour exprimer l'influence qu'une personne exercerait sur une autre par l'empire de sa volonté, influence qui est loin d'être démontrée.

605. Pôles et ligne neutre. — Les aimants ne possèdent pas, dans tous leurs points, la même force magnétique. En effet, si l'on

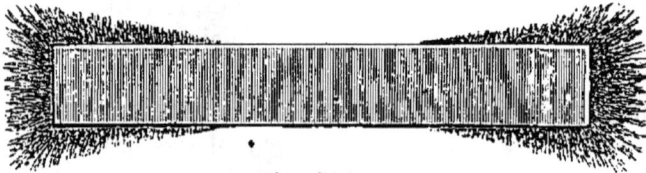

Fig. 506.

roule un barreau aimanté dans de la limaille de fer, on voit celle-ci adhérer abondamment vers les extrémités du barreau sous la forme de houppes hérissées (fig. 506); mais l'adhérence de la limaille décroît rapidement à mesure qu'on s'éloigne des extrémités, jusqu'à la région moyenne du barreau, où elle est nulle. La partie de la surface de l'aimant où la force magnétique est insensible a reçu le nom de *ligne neutre,* et les deux points voisins des extrémités, où se manifeste le maximum d'attraction, se nomment *pôles*. Tout aimant, naturel ou artificiel, présente deux pôles et une ligne neutre; toutefois, dans l'aimantation des barreaux et des aiguilles, il se produit parfois des alternatives de pôles contraires situés entre les pôles extrêmes. Ces pôles intermédiaires se nomment *points conséquents*. Tantôt ils sont en nombre pair, tantôt en nombre impair. Nous supposerons toujours que les aimants n'ont que deux pôles, ce qui est le cas ordinaire.

Les pôles se désignent, l'un sous le nom de *pôle austral,* l'autre sous celui de *pôle boréal,* expressions empruntées à l'action que les pôles terrestres exercent sur les pôles des aimants (643). Dans nos dessins, le pôle austral sera toujours représenté par les lettres *a* ou A, le pôle boréal par les lettres *b* ou B, et l'on appellera pôles de *même nom* ceux qui sont représentés par les mêmes lettres.

606. Actions mutuelles des pôles. — Les deux pôles d'un aimant paraissent identiques quand on les présente à de la limaille de fer; mais cette identité n'est qu'apparente. En effet, qu'on suspende une petite aiguille aimantée *ab* (fig. 507) à un fil fin, et qu'on approche du pôle aus-tral *a* le pôle austral A d'une autre aiguille, on remarque une vive répulsion; qu'on approche, au contraire, le pôle A du pôle boréal de l'aiguille mobile, il se produit une forte attraction. Donc les pôles *a* et *b* ne sont pas identiques, puisque l'un est repoussé et l'autre attiré par le même pôle A de l'aimant qu'on tient à la main. On vérifie de même que les deux pôles de ce dernier diffèrent entre eux, en les présentant successivement au même pôle *a* de l'aiguille mo-bile. Avec l'un, il y a répulsion,

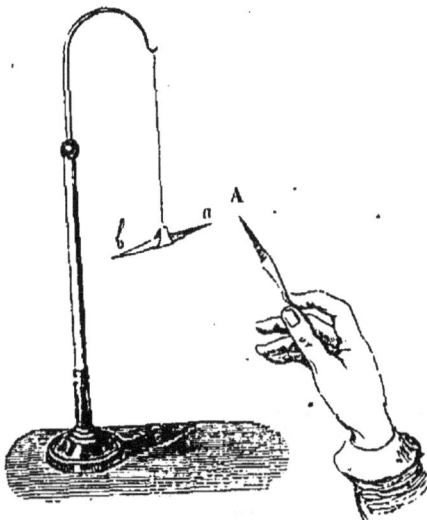

Fig. 507.

et attraction avec l'autre. On peut donc poser cette loi simple sur les actions réciproques qui s'exercent entre deux aimants :

Les pôles de même nom se repoussent, et les pôles de noms contraires s'attirent.

Les actions contraires du pôle boréal et du pôle austral se dé-montrent encore par l'expérience suivante. On fait porter à un bar-

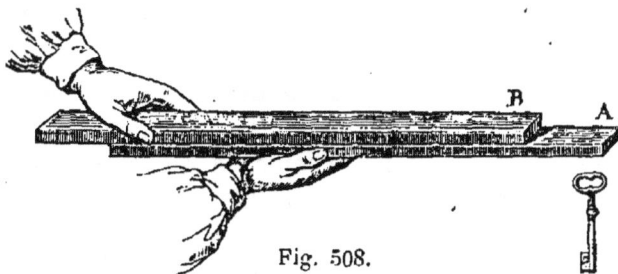

Fig. 508.

reau aimanté un objet de fer, une clef par exemple; puis sur ce premier barreau, on en fait glisser un second sensiblement de même force, en ayant soin de mettre en regard les pôles contraires (fig. 508). La clef continue à être portée, tant que les deux pôles sont éloignés; mais aussitôt qu'ils sont suffisamment rapprochés, elle tombe, comme si le barreau qui la soutenait avait perdu tout à coup sa propriété magnétique; cependant il n'en est rien, car celui-ci peut la porter de nouveau aussitôt qu'on a retiré le second barreau.

607. **Hypothèse des deux fluides magnétiques.** — Pour expliquer les phénomènes qu'on vient de faire connaître, les physiciens ont été conduits à admettre l'hypothèse de deux *fluides magnétiques,* agissant chacun par répulsion sur lui-même et par attraction sur l'autre fluide. Ces deux fluides ont reçu les noms, l'un de *fluide austral,* et l'autre de *fluide boréal,* du nom des pôles des aimants où leurs actions sont prépondérantes.

On admet qu'avant l'aimantation, ces fluides sont combinés autour de chaque molécule et se neutralisent réciproquement, mais qu'ils peuvent être séparés sous l'influence d'une force plus grande que leur attraction mutuelle, et se déplacer autour des molécules sans sortir de la sphère d'activité qui leur est assignée autour de chacune d'elles. Les fluides sont alors *orientés,* c'est-à-dire que, dans la sphère magnétique qui enveloppe chaque molécule, le fluide boréal est tourné constamment dans une même direction et le fluide austral dans une direction opposée, d'où proviennent deux résultantes de directions contraires, dont les deux pôles de l'aimant sont les points d'application. Mais aussitôt que l'orientation des fluides cesse, l'équilibre s'établit de nouveau autour de chaque molécule, et la résultante finale est nulle, c'est-à-dire qu'il n'y a plus attraction ni répulsion.

L'hypothèse des deux fluides magnétiques se prête d'une manière simple à l'explication des phénomènes : aussi a-t-elle été généralement adoptée comme méthode de démonstration ; mais on verra plus tard que les phénomènes magnétiques sont attribués aujourd'hui, non aux actions opposées de deux fluides spéciaux, mais à des courants particuliers de la matière électrique dans les corps aimantés ; hypothèse qui offre l'avantage de rattacher la théorie du magnétisme à celle de l'électricité (760).

608. **Différence entre les substances magnétiques et les aimants.** —On nomme *substances magnétiques,* les substances qui sont attirées par l'aimant, comme le fer, l'acier, le nickel. Ces substances contiennent les deux fluides, mais à l'état de neutralisation. Les composés ferrugineux sont généralement magnétiques, et le sont d'autant plus, qu'ils contiennent plus de fer. Quelques-uns cependant, comme le persulfure de fer, ne sont pas attirés par l'aimant.

Il est facile de distinguer une substance magnétique d'un aimant : la première n'a pas de pôles ; présentée successivement aux deux extrémités d'une aiguille mobile *ab* (fig. 507), elle les attire toutes les deux, tandis qu'un aimant attirerait l'une et repousserait l'autre, si l'on avait soin de le présenter par le même pôle.

609. **Aimantation par influence.** — Lorsqu'une substance ma-

gnétique est mise en contact avec un barreau aimanté, les deux
fluides de cette substance sont séparés, et elle devient, tant que le
contact persiste, un aimant complet, ayant ses deux pôles et sa
ligne neutre. Par exemple, si l'on fait porter par l'un des pôles d'un
aimant (fig. 509) un petit cylindre *ab* de fer doux, ce cylindre peut,
à son tour, porter un second cylindre semblable, puis celui-ci un
troisième, et ainsi de suite, jusqu'à sept ou huit, suivant la force du

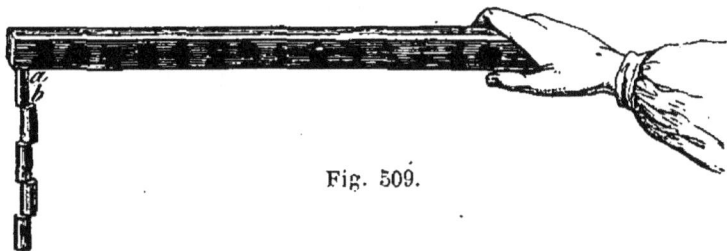

Fig. 509.

barreau. Chacun des cylindres est donc un aimant, mais seulement tant que continue l'influence du barreau aimanté. Car si l'on
interrompt le contact de celui-ci avec le premier cylindre, aussitôt
les autres cylindres se détachent et ne conservent aucune trace de
magnétisme. La séparation des deux fluides n'a donc été que mo-
mentanée, ce qui montre que l'aimant n'a rien cédé au fer. Le
nickel s'aimante aussi très-bien sous l'influence d'un fort aimant.

L'aimantation par influence explique la formation des houppes
de limaille qui s'attachent aux pôles des aimants (fig. 506). Les
parcelles en contact avec l'aimant agissent par influence sur les
parcelles voisines, celles-ci sur les suivantes, et ainsi de suite ; ce
qui donne naissance à la disposition filamenteuse de la limaille.

610. Force coercitive. — On nomme *force coercitive,* la force
plus ou moins intense qui, dans une substance magnétique, s'oppose
à la séparation des deux fluides, ou à leur recomposition quand
ils ont été séparés. D'après l'expérience ci-dessus, cette force est
nulle dans le fer doux, puisque ce métal s'aimante instantanément
par l'influence d'un aimant. Dans l'acier trempé, au contraire, cette
force est grande, et l'est d'autant plus, que la trempe est plus forte.
En effet, mis en contact avec un aimant, un barreau d'acier ne s'aimante que lentement ; il est même nécessaire de le frictionner avec
l'un des pôles de l'aimant, si l'on veut lui faire acquérir toute sa
force. La séparation des deux fluides offre donc ici une résistance
qui ne se rencontre pas dans le fer doux. Il en est de même de leur
recomposition, car un barreau d'acier, une fois aimanté, ne perd
que difficilement ses propriétés magnétiques. On verra bientôt que
par l'oxydation, la pression ou la torsion, le fer doux peut aussi
acquérir une certaine force coercitive, mais peu durable.

641. Expérience des aimants brisés. — La présence des deux fluides dans toutes les parties d'un aimant se démontre par l'expérience suivante. On prend une aiguille à tricoter, d'acier; on l'aimante en opérant des frictions avec l'un des pôles d'un aimant, puis, ayant constaté l'existence des deux pôles et de la ligne neutre avec de la limaille de fer, on casse l'aiguille en son milieu, c'est-à-dire dans la direction de sa ligne neutre. Or, en présentant successivement les deux moitiés aux pôles d'une aiguille mobile (fig. 507), on remarque qu'au lieu de ne contenir qu'un fluide, elles ont chacune deux pôles contraires et une ligne neutre. Si l'on brise de même ces nouveaux aimants en deux parties, on trouve encore que chacune d'elles est un aimant complet ayant ses deux pôles et sa ligne neutre; et ainsi de suite aussi loin qu'on peut continuer la division. On en conclut, par analogie, que les plus petites parties d'un aimant contiennent les deux fluides.

642. Action des aimants sur tous les corps; corps diamagnétiques. — Coulomb, le premier, observa, en 1802, que les aimants agissent sur tous les corps à des degrés plus ou moins marqués; phénomène qu'il constata en faisant osciller de petits barreaux de différentes substances entre les pôles opposés de deux forts barreaux aimantés, puis loin de l'influence de tout aimant, et en comparant le nombre d'oscillations exécutées, dans les deux cas, en des temps égaux. On attribua d'abord ces phénomènes à la présence de matières ferrugineuses dans les corps soumis à l'expérience; mais M. Lebaillif et plus tard MM. Becquerel ont démontré que les aimants exercent réellement une action sur tous les corps, même sur les gaz. On a constaté de plus que cette action est tantôt attractive et tantôt répulsive : les corps attirés ont reçu le nom de *corps magnétiques*, et ceux qui sont repoussés celui de *corps diamagnétiques*. Parmi ces derniers sont le bismuth; le plomb, le soufre, la cire, l'eau, etc. Le cuivre est tantôt magnétique, tantôt diamagnétique, ce qui tient probablement à son degré de pureté.

M. Faraday, en 1847, avait reconnu que les aimants puissants exercent sur les flammes une action répulsive qu'il a attribuée à une différence de diamagnétisme entre les gaz. Depuis, M. Ed. Becquerel, qui a fait d'importants travaux sur cette matière, a reconnu que, de tous les gaz, c'est l'oxygène qui a la plus grande puissance magnétique, et qu'un mètre cube de ce gaz condensé agirait sur une aiguille aimantée comme 5^{gr},5 de fer.

Quelques physiciens ont regardé le diamagnétisme comme une propriété distincte du magnétisme. M. Ed. Becquerel lie entre eux les phénomènes de magnétisme et de diamagnétisme par une hypothèse ingénieuse : il admet qu'il n'y a pas deux genres d'actions entre les corps et les aimants, mais seulement une aimantation par influence, et que la répulsion exercée sur certaines substances est due à ce que celles-ci sont entourées d'un milieu plus magnétique qu'elles.

En parlant, dans la théorie de l'électricité, des phénomènes d'induction, nous ferons connaître une action réciproque qui s'exerce entre les aimants et les métaux en mouvement.

CHAPITRE II.

MAGNÉTISME TERRESTRE, BOUSSOLES.

643. Action directrice de la terre sur les aimants. — Lorsqu'on suspend une aiguille aimantée à un fil, comme le représente la figure 507, ou lorsqu'on la pose sur un pivot autour duquel elle peut facilement tourner (fig. 540), on observe que l'aiguille, au lieu de s'arrêter dans une position quelconque, finit toujours par se fixer dans une direction qui est, plus ou moins, celle du nord au sud. La même chose a lieu si, dans un vase plein d'eau, on pose un disque de liége, et sur celui-ci un barreau aimanté ; le liége oscille d'abord, et lorsqu'il s'arrête, la ligne droite qui joint les deux pôles de l'aimant est encore sensiblement dans la direction du nord au sud. Mais il est à observer que, dans cette expérience, le liége et le barreau n'avancent ni vers le nord ni vers le sud. L'action des pôles terrestres sur les aimants n'est donc pas attractive, mais seulement directrice.

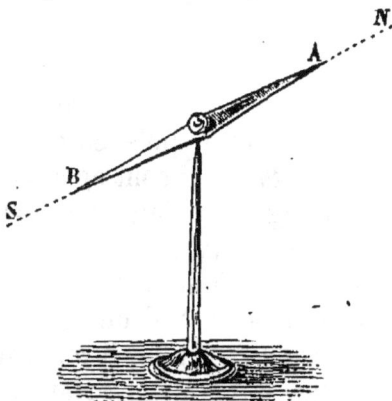

Fig. 510.

Des observations analogues ayant été faites sur tous les points du globe, on a assimilé la terre à un immense aimant dont les pôles seraient voisins des pôles terrestres, et dont la ligne neutre coïnciderait sensiblement avec l'équateur. C'est d'après cette hypothèse qu'on a nommé fluide boréal celui qui prédomine au pôle boréal du globe, et fluide austral celui qui prédomine au pôle opposé. Dans cette supposition, la terre agissant sur les aiguilles comme le ferait un aimant, les pôles de même nom se repoussent, et ceux de noms contraires s'attirent (606). Par conséquent, quand une aiguille aimantée se fixe dans la direction du nord au sud, le pôle qui regarde

le nord contient le fluide austral, et celui qui regarde le sud contient le fluide boréal. C'est pourquoi le pôle qui regarde le nord se
nomme *pôle austral,* et celui qui regarde le sud, *pôle boréal.*

614. Couple magnétique terrestre. — D'après ce qui précède,
il est facile de voir que l'action magnétique de la terre sur une
aiguille aimantée peut être comparée à un *couple,* c'est-à-dire à
un système de deux forces égales, parallèles et de directions contraires, appliquées aux deux extrémités de l'aiguille. En effet, soit
une aiguille *ab* mobile sur un pivot, et faisant un angle plus ou
moins grand avec le méridien magnétique MM' (fig. 511). Le pôle

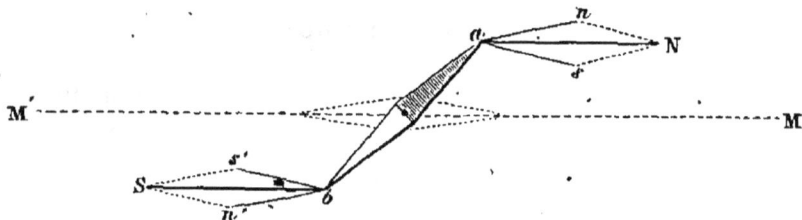

, Fig. 511.

boréal de la terre agissant par attraction sur le pôle austral *a,* et
par répulsion sur le pôle boréal *b,* il en résulte deux forces contraires *an* et *bn',* qui sont égales et parallèles; car le pôle terrestre
est assez éloigné, et l'aiguille assez petite, pour qu'on puisse admettre que les deux directions *an* et *bn'* sont parallèles, et que les
deux pôles *a* et *b* sont également distants du pôle boréal de la
terre. Or, le pôle austral de celle-ci agissant de la même manière
sur les pôles de l'aiguille, il en résulte deux autres forces *as* et *bs'*
encore égales et parallèles. Mais les deux forces *an* et *as* se réduisant à une résultante unique *a*N et les forces *bn'* et *bs'* à une résultante *b*S, ce sont ces deux forces *a*N et *b*S égales, parallèles et
contraires, qui constituent le *couple magnétique terrestre;* et c'est
ce couple qui fait tourner l'aiguille jusqu'à ce qu'elle s'arrête dans
le méridien magnétique, position où les deux forces N et S se
font équilibre.

615. Méridien magnétique, déclinaison. — On sait que le *méridien astronomique* d'un lieu est le plan qui passe par ce lieu et par
les deux pôles terrestres, et que la *méridienne* est la trace de ce plan
sur la surface du globe. De même, on appelle *méridien magnétique*
d'un lieu, le plan vertical qui passe en ce lieu par les deux pôles
d'une aiguille aimantée mobile, en équilibre sur un axe vertical.

Le méridien magnétique ne coïncidant pas, en général, avec le
méridien astronomique, on nomme *déclinaison de l'aiguille aimantée* en un lieu, l'angle que fait, en ce lieu, le méridien magnétique avec le méridien astronomique, ou, ce qui revient au même,

l'angle que fait la direction de l'aiguille avec la méridienne. La déclinaison est dite *orientale* ou *occidentale,* selon que le pôle austral de l'aiguille est à l'est ou à l'ouest du méridien astronomique.

646. Variations de la déclinaison. — La déclinaison de l'aiguille aimantée, très-variable d'un lieu à un autre, est occidentale en Europe et en Afrique, orientale en Asie et dans les deux Amériques. De plus, dans un même lieu, elle présente de nombreuses variations : les unes, qu'on peut considérer comme régulières, sont séculaires, annuelles ou diurnes; les autres, qui sont irrégulières, se désignent sous le nom de *perturbations.*

Variations séculaires. — Pour un même lieu, la déclinaison varie avec le temps, et l'aiguille paraît faire, à l'est et à l'ouest du méridien astronomique, des oscillations dont la durée est de plusieurs siècles. On connaît la déclinaison, à Paris, depuis 1580. Le tableau suivant représente les variations qu'elle a subies :

Années.	Déclinaison.	Années.	Déclinaison.
1580.	11° 30′ à l'est.	1825.	22° 22′ à l'ouest.
1663.	0	1835.	22 4 —
1700.	8 10 à l'ouest.	1850.	20 21 —
1780.	19 25 —	1855.	19 57 —
1785.	22 00 —	1860.	19 32 —
1814.	22 34 —	1864 (21 octobre). .	18 57 —

Ce tableau montre que, depuis 1580, la déclinaison a varié, à Paris, de plus de 34 degrés, et que le maximum de déviation occidentale a eu lieu en 1814; depuis, l'aiguille revient vers l'orient.

Variations annuelles. — Les variations annuelles ont été signalées par Cassini, qui a observé, en 1784, que, de l'équinoxe du printemps au solstice d'été, l'aiguille, à Paris, rétrogradait vers l'est, et qu'au contraire elle avançait vers l'ouest dans les neuf mois suivants. Le maximum d'amplitude observé pendant la même année a été de 20 minutes. Du reste, les variations annuelles sont fort peu connues et ne paraissent pas constantes.

Variations diurnes. — Outre les variations séculaires et annuelles, la déclinaison éprouve des variations diurnes qui sont très-faibles et qu'on ne peut observer que sur de longues aiguilles et à l'aide d'instruments très-sensibles. Dans nos climats, l'extrémité nord de l'aiguille marche tous les jours de l'est à l'ouest, depuis le lever du soleil jusque vers une heure après midi. Elle retourne ensuite vers l'est par un mouvement rétrograde, de manière à reprendre, à très-peu près, vers dix heures du soir, la position qu'elle occupait le matin. La nuit, l'aiguille ne présente que peu de variations, mais subit cependant, de nouveau, un très-faible déplacement vers l'ouest.

A Paris, l'amplitude moyenne de la variation diurne est, pour avril, mai, juin, juillet, août et septembre, de 13 à 15 minutes, et, pour les autres mois, de 8 à 10 minutes. Il y a des jours où elle s'élève à 25 minutes, et d'autres où elle ne dépasse pas 5 minutes. Le maximum de déviation n'a pas lieu partout à la même heure. L'amplitude des variations diurnes décroît des pôles vers l'équateur, où elle est très-faible. Près de l'équateur, il existe une ligne sans variation diurne.

Variations accidentelles ou perturbations. — La déclinaison de l'aiguille aimantée est troublée accidentellement dans ses variations diurnes par plusieurs causes, telles que les aurores boréales, les éruptions volcaniques, la chute de la foudre. L'effet des aurores boréales se fait sentir à de grandes distances. Des aurores qui ne sont visibles que dans le nord de l'Europe agissent encore sur l'aiguille, à Paris, où l'on a observé des variations accidentelles de 20 minutes. Dans les régions polaires, l'aiguille oscille quelquefois de plusieurs degrés. Sa marche irrégulière, pendant toute la journée qui précède l'aurore boréale, sert de présage au phénomène.

617. Boussole de déclinaison. — La *boussole de déclinaison* est un instrument qui sert à mesurer la déclinaison magnétique en un lieu, quand on connaît le méridien astronomique de ce lieu. Elle se compose d'une boîte de cuivre rouge AB (fig. 512), dont le fond est muni d'un cercle gradué M. Au centre est un pivot sur lequel repose une aiguille aimantée *ab,* en forme de losange allongé, et très-légère. A la boîte sont appliqués deux montants qui supportent un axe horizontal X, sur lequel est fixée une lunette astronomique L, mobile dans un plan vertical. La boîte AB est soutenue par un pied P sur lequel elle tourne librement dans le sens horizontal, entraînant la lunette dans son mouvement. Un cercle fixe QR, qu'on nomme *cercle azimutal,* sert à mesurer le nombre de degrés dont la lunette a tourné, au moyen d'un vernier V fixé à la boîte. Enfin, l'inclinaison de la lunette, par rapport à l'horizon, se mesure par un vernier K, qui reçoit son mouvement de l'axe de la lunette, et se déplace sur un arc de cercle fixe *x*.

Le méridien astronomique d'un lieu étant connu, pour déterminer la déclinaison en ce lieu, on commence par disposer la boussole bien horizontalement, au moyen des vis calantes S,S, et du niveau *n,* puis on fait tourner la boîte AB jusqu'à ce que la lunette se trouve dans le plan du méridien astronomique. Lisant alors, sur le limbe gradué M, l'angle que fait l'aiguille aimantée avec le diamètre N, qui correspond au zéro de la graduation et se trouve exactement dans le plan de la lunette, on a la déclinaison; laquelle est occidentale ou orientale, selon que le pôle a de l'aiguille s'arrête à l'occident ou à l'orient du diamètre N.

Dans le cas où le méridien astronomique du lieu n'est pas connu, on peut le déterminer à l'aide de la boussole même. Pour cela, on

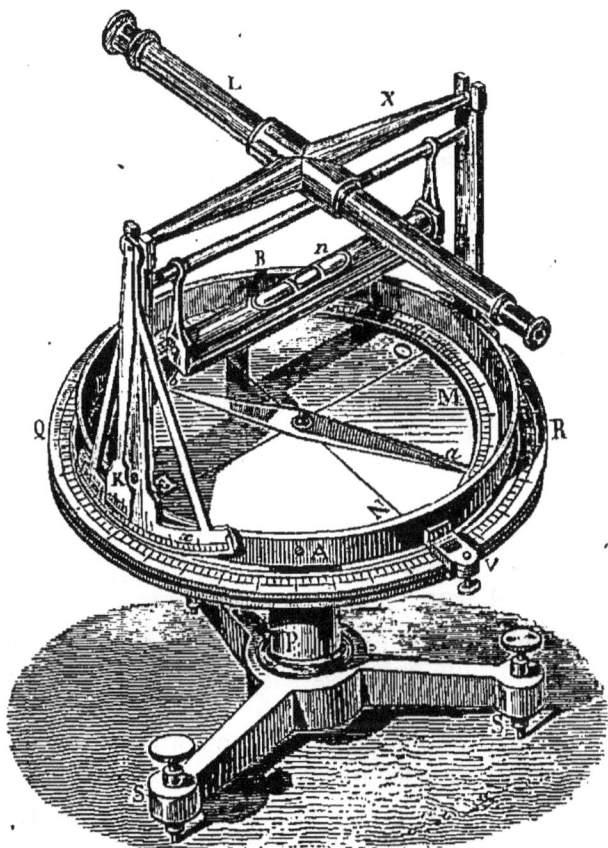

Fig. 512.

fait usage du cercle azimutal QR et de l'arc de cercle x, et observant avec la lunette un astre connu, avant et après son passage au méridien, on emploie la *méthode des hauteurs égales*, décrite dans les traités de cosmographie pour déterminer la méridienne.

648. Méthode du retournement. — Les applications que nous venons d'indiquer, de la boussole de déclinaison, ne sont exactes qu'autant que l'axe magnétique de l'aiguille, c'est-à-dire la droite qui passe par ses deux pôles, coïncide avec l'axe de figure, c'est-à-dire avec la droite qui joint ses deux extrémités. Or, en général, cette condition n'est pas satisfaite. On corrige cette cause d'erreur par la méthode du retournement. Pour cela, l'aiguille n'est pas fixée à la chape, mais lui est seulement superposée, afin qu'on puisse l'enlever et, après l'avoir retournée, la remettre en place. La moyenne entre la déclinaison que marque alors l'aiguille et celle qu'elle marquait d'abord est la déclinaison exacte. En effet, le diamètre NS étant orienté suivant le méridien astronomique, soient *ab* la direction de l'axe de figure de l'aiguille, et *mn* celle de son axe magnétique (fig. 513). La véritable déclinaison n'est pas mesurée par l'arc N*a*, mais par l'arc N*m*, qui est plus grand. Si actuellement on retourne l'aiguille, la ligne *mn* fait toujours le même angle avec le méridien NS, mais l'extrémité nord de l'aiguille, qui

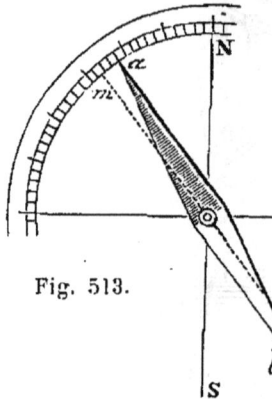

Fig. 513.

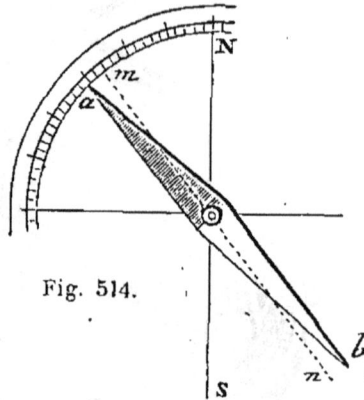

Fig. 514.

était à droite de *mn*, passe à gauche (fig. 514), en sorte que la déclinaison, qui était trop petite d'une certaine quantité, devient trop grande précisément de la même quantité. La déclinaison vraie est donc bien la moyenne entre les deux déclinaisons observées.

619. Boussole marine. — L'action directrice de la terre sur l'aiguille aimantée a reçu une importante application dans la *boussole marine*, connue aussi sous les noms de *compas de variation* et de *compas de mer*. C'est une boussole de déclinaison destinée à diriger la marche des navires sur mer. La figure 515 en donne une vue d'ensemble, et la figure 516 une coupe verticale. Elle consiste en une boîte cylindrique de laiton BB', supportée, à l'aide de deux axes rectangulaires, par la double suspension de Cardan, déjà décrite en parlant du baromètre (fig. 100). La boussole, qui est lestée à la partie inférieure avec une masse de plomb, conserve ainsi la position horizontale malgré le roulis et le tangage du navire.

Au fond de la boîte est fixé un pivot sur lequel est posé, au moyen d'une chape, un barreau aimanté *ab* (fig. 516), qui est l'aiguille de la boussole. Sur ce barreau est fixé un disque mince de mica, d'un diamètre un peu plus grand que la longueur du barreau, et sur le mica est collé un disque de papier O, sur lequel est tracée une étoile ou *rose* à 32 branches, marquant les huit rumbs de vents, les demi-rumbs et les quarts. La branche terminée par une petite étoile et désignée par N correspond au barreau *ab* qui est sous le disque, et marque le méridien magnétique.

La boussole est placée à l'arrière des vaisseaux dans l'*habitacle*. Pour l'appliquer à diriger un navire, on cherche d'abord, sur une carte marine, suivant quel rumb de vent le vaisseau doit être dirigé

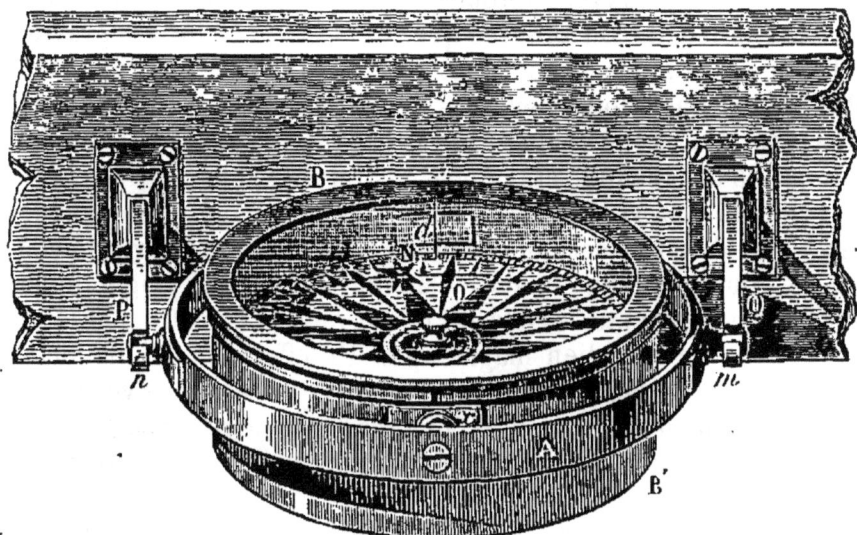

Fig. 515.

pour se rendre à sa destination. Alors, l'œil fixé sur la boussole, le timonier tourne la barre du gouvernail jusqu'à ce que le rumb déterminé, marqué sur la rose, vienne coïncider avec une *ligne de foi* passant par un trait *d* marqué sur la paroi intérieure de la

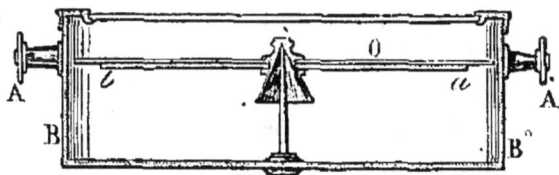

Fig. 516.

boîte BB', et dirigé dans le sens de la quille du vaisseau. Toutefois les variations qu'éprouve la déclinaison sur les différents points du globe obligent les navigateurs à corriger continuellement les observations qu'ils font avec la boussole.

On ne connaît point l'inventeur de la boussole, ni l'époque précise de son invention. Guyot de Provins, poëte français du XIIᵉ siècle, parle, le premier, de l'usage de l'aimant pour la navigation. Les anciens navigateurs, qui ne connaissaient pas la boussole, n'avaient pour guide que le soleil ou l'étoile polaire : aussi étaient-ils obligés de naviguer constamment en vue des côtes.

620. Inclinaison, équateur magnétique. — D'après la direction vers le nord qu'affecte la boussole de déclinaison, on pourrait penser que la force qui la sollicite vient d'un point de l'horizon ; mais il n'en est pas ainsi, car si l'on dispose l'aiguille de manière qu'elle puisse se mouvoir librement dans un plan vertical, autour d'un axe horizontal, on observe que, quoique le centre de gravité de l'aiguille coïncide exactement avec l'axe de suspension, son pôle austral, dans notre hémisphère, incline constamment vers le pôle boréal de la terre. Dans l'autre hémisphère, c'est le pôle boréal de l'aiguille qui incline vers le pôle austral du globe.

Quand le plan vertical dans lequel se meut l'aiguille coïncide avec le méridien magnétique, on nomme *inclinaison* l'angle qu'elle fait avec l'horizon. Dans un autre plan que le méridien magnétique, l'inclinaison augmente, et elle est de 90 degrés dans un plan perpendiculaire au méridien magnétique. En effet, l'action magnétique de la terre se décomposant alors en deux forces, l'une verticale, l'autre horizontale, la première fait prendre à l'aiguille sa position verticale, tandis que la seconde, agissant dans la direction de l'axe de suspension, est détruite.

L'inclinaison, de même que la déclinaison, varie, d'un lieu à un autre, mais suivant une loi mieux déterminée. On observe, en effet, vers le pôle boréal de la terre, des points où l'inclinaison est de 90 degrés ; puis, à partir de là, elle décroît avec la latitude jusqu'à l'équateur, où elle est nulle, tantôt sur ce cercle même, tantôt en des points qui en sont peu distants. Dans l'hémisphère austral l'inclinaison reparaît, mais en sens contraire ; c'est-à-dire que c'est le pôle boréal de l'aiguille qui s'abaisse au-dessous de l'horizon.

On a nommé *équateur magnétique,* la courbe qui passe par tous les points où l'inclinaison est nulle, et *pôles magnétiques,* les points où l'inclinaison est de 90 degrés. D'après les observations de Duperrey, l'équateur magnétique coupe l'équateur terrestre en deux points presque diamétralement opposés, l'un dans le grand Océan, l'autre dans l'océan Atlantique. Ces points paraissent animés d'un mouvement de translation d'orient en occident. Quant aux pôles magnétiques, il en existe deux, l'un dans l'hémisphère boréal, près de l'île Melville, par 74° 27' de latitude N. ; l'autre dans l'hémisphère austral, sur la terre Victoria, à l'ouest du volcan Erebus, par environ 77° de latitude S.

L'inclinaison varie aussi dans un même lieu, d'une époque à une autre. En 1674, elle était, à Paris, de 75 degrés. Depuis elle a toujours été en décroissant, et, le 20 octobre 1864, elle était de 66° 2',7. D'après les observations faites à l'Observatoire, la diminution annuelle de l'inclinaison est sensiblement de 3 minutes.

624. Boussole d'inclinaison. — On nomme *boussole d'inclinaison*, un instrument qui sert à mesurer l'inclinaison magnétique. Cette boussole, toute de cuivre, se compose d'abord d'un cercle horizontal *m*, gradué et porté sur trois vis calantes (fig. 517). Au-

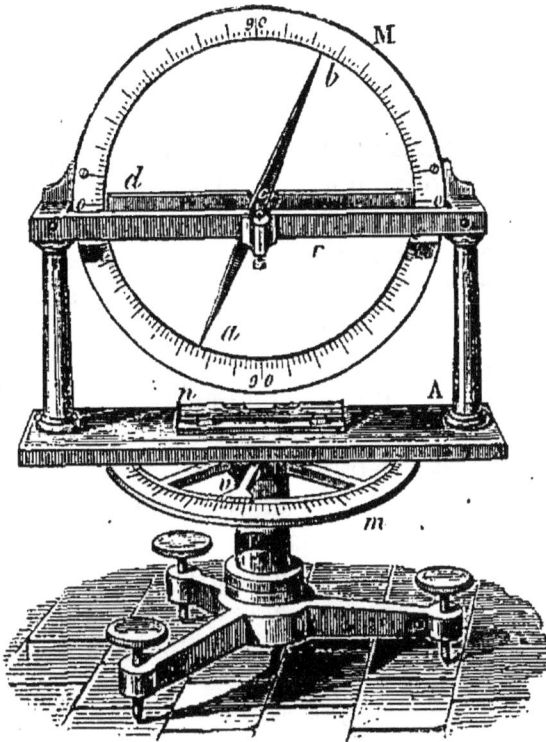

Fig. 517.

dessus de ce cercle est un plateau A, mobile autour d'un axe vertical, et portant, à l'aide de deux colonnes, un second cercle gradué M, qui mesure l'inclinaison; un châssis *r* soutient l'aiguille *ab*, et un niveau *n* sert, au moyen des trois vis calantes, à placer horizontalement le diamètre qui passe par les deux zéros du cercle M.

Pour observer l'inclinaison, on commence par déterminer le méridien magnétique, ce qui se fait en tournant le plateau A sur le cercle *m* jusqu'à ce que l'aiguille devienne verticale, position qu'elle prend lorsqu'elle est dans un plan perpendiculaire au méridien magnétique (620). Tournant ensuite le plateau A de 90° sur le cercle *m*, on amène le cercle vertical M dans le méridien magnétique. L'angle *dca* que fait alors l'aiguille aimantée avec le diamètre horizontal, est l'angle d'inclinaison.

Toutefois il y a ici deux causes d'erreur dont il importe de tenir compte. 1° L'axe magnétique de l'aiguille peut ne pas coïncider avec son axe de figure; de là une erreur qu'on corrige par la méthode du retournement, de même que pour la boussole de déclinaison (618). 2° Le centre de gravité de l'aiguille peut ne pas coïncider avec l'axe de suspension, et alors l'angle *dca* est trop petit ou trop grand, selon que le centre de gravité est au-dessus ou au-dessous du centre de suspension ; car, dans le premier cas, l'action de la pesanteur est contraire à celle du magnétisme terrestre pour faire incliner l'aiguille, tandis que dans le second elle est de même sens. On corrige cette erreur en renversant les pôles de l'aiguille ; ce qui s'obtient en faisant des frictions avec les pôles contraires de deux barreaux, de manière que chaque pôle de l'aiguille soit frotté par un pôle de même nom que lui. La direction de l'aiguille changeant alors de sens, si son centre de gravité était au-dessus du point de suspension, il est actuellement au-dessous, et l'angle d'inclinaison, qui était trop petit, devient trop grand. On aura donc sa vraie valeur en prenant la moyenne entre les résultats obtenus dans les opérations qui viennent d'être indiquées.

622. Aiguille et système astatiques. — On nomme *aiguille astatique,* celle qui est soustraite à l'action magnétique de la terre.

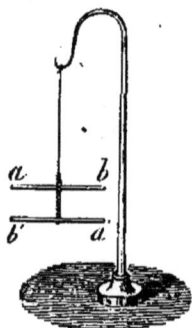

Fig. 518.

Telle serait une aiguille mobile autour d'un axe situé dans le plan du méridien magnétique, parallèlement à l'inclinaison ; car le couple magnétique terrestre, agissant alors suivant l'axe, ne peut imprimer à l'aiguille aucune direction déterminée.

Un *système astatique* est la réunion de deux aiguilles de même force, réunies parallèlement, les pôles contraires en regard, comme le montre la figure 518. Si les deux aiguilles sont rigoureusement de même force, les actions contraires du globe sur les pôles *a'* et *b,* ainsi que sur les pôles *a* et *b',* se détruisent, et le système est complétement astatique. On verra, dans le galvanomètre, une application importante du système magnétique astatique.

CHAPITRE III.

AIMANTATION, LOI DES ACTIONS MAGNÉTIQUES.

623. Sources d'aimantation, saturation. — Les diverses sources d'aimantation sont l'influence des aimants puissants, le magnétisme terrestre et l'électricité. Nous ne ferons connaître que plus tard cette dernière source d'aimantation ; quant à l'aimantation par les aimants, elle s'opère par trois méthodes : celle de la simple touche, celle de la touche séparée et celle de la double touche.

Quelle que soit celle de ces trois méthodes dont on se serve pour aimanter un barreau d'acier, il y a une limite à la puissance magnétique que celui-ci peut acquérir, limite qui dépend de son degré de trempe et de la force des aimants qui servent à l'aimantation. On exprime que cette limite est atteinte en disant que le barreau est aimanté à *saturation*. Lorsque le point de saturation a été dépassé, le barreau y revient bientôt, et tend même à descendre au-dessous, si l'on n'entretient pas sa force magnétique à l'aide d'armures, comme on le verra bientôt (628).

624. Méthode de la simple touche. — La méthode de la simple touche consiste à faire glisser le pôle d'un fort aimant d'un bout à l'autre du barreau qu'on veut aimanter, et à répéter plusieurs fois les frictions, toujours dans le même sens. Les deux fluides sont ainsi séparés (609) successivement dans toute la longueur du barreau, et la dernière extrémité que touche l'aimant mobile présente un pôle contraire à celui avec lequel on a fait les frictions. Ce procédé n'a qu'une faible puissance d'aimantation, d'où il résulte qu'il ne peut être appliqué qu'à de petits barreaux; de plus, il développe fréquemment des points conséquents (605).

625. Méthode de la touche séparée. — La méthode de la touche séparée, adoptée par Knight, en Angleterre, en 1745, consiste à placer les deux pôles contraires de deux barreaux d'égale force au milieu du barreau à aimanter, et à les faire glisser simultanément chacun vers un des bouts du barreau, en les tenant verticalement. On rapporte ensuite chaque aimant vers le milieu du barreau, et l'on recommence de la même manière. Après plusieurs frictions semblables sur les deux faces, le barreau est aimanté.

Duhamel a perfectionné cette méthode en plaçant les deux bouts du barreau à aimanter sur les pôles contraires de deux aimants fixes, dont l'action concourt avec celle des aimants mobiles qui servent à opérer les frictions, la position relative des pôles étant la même que dans la figure 549.

626. Méthode de la double touche. — Dans la méthode de la double touche, due à Mitchell, les deux aimants qui servent à opérer les frictions sont encore placés au milieu du barreau à aimanter, leurs pôles contraires en regard; mais, au lieu de glisser en sens contraires vers ses extrémités, ils sont maintenus à un intervalle fixe au moyen d'une petite pièce de bois placée entre eux (fig. 549), et glissent ensemble du milieu à une extrémité, puis de celle-ci à l'autre extrémité, et ainsi de suite, de manière que chaque moitié du barreau reçoive le même nombre de frictions.

Æpinus, en 1758, perfectionna cette méthode en plaçant, comme dans le procédé de la touche séparée, deux forts barreaux aimantés sous celui qu'on veut aimanter, et en inclinant les barreaux mobiles d'un angle de 15 à 20 degrés (fig. 519). On aimante ainsi de forts barreaux, mais on obtient souvent des points conséquents.

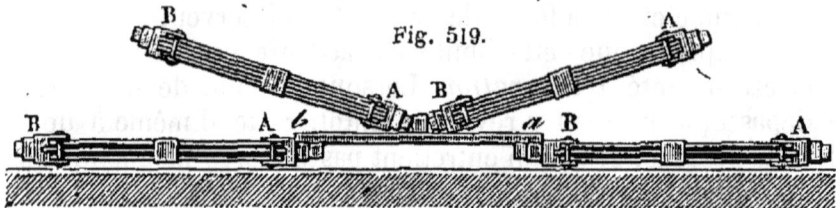

Fig. 519.

Remarquons que, dans les différents procédés d'aimantation par les aimants, ceux-ci ne perdent rien de leur force, ce qui fait voir que les fluides magnétiques ne passent pas d'un barreau à un autre.

627. Aimantation par l'action de la terre. — L'action de la terre sur les substances magnétiques étant comparable à celle des aimants, le magnétisme terrestre tend constamment à séparer les deux fluides qui sont à l'état neutre dans le fer doux et dans l'acier. Mais, dans ce dernier corps, la force coercitive étant très-grande (640), l'action de la terre est insuffisante pour produire l'aimantation. Il n'en est plus de même sur une barre de fer doux, surtout si on la place dans le méridien magnétique parallèlement à l'inclinaison. Les deux fluides sont alors séparés, le fluide austral se portant vers le nord et le fluide boréal vers le sud. Toutefois ce n'est là qu'une aimantation instable, car si l'on retourne la barre, les pôles sont aussitôt intervertis, la force coercitive du fer doux étant nulle.

Cependant on parvient à donner au fer doux une force coercitive très-sensible, si, tandis qu'il est sous l'influence de la terre et dans la direction indiquée ci-dessus, on le soumet à une forte torsion, ou si on le bat à froid sur une enclume, à coups de marteau. Mais la force coercitive ainsi développée est faible et se perd bientôt complétement, ce qui n'a pas lieu pour l'acier.

C'est par l'influence prolongée du magnétisme terrestre qu'on explique la formation des aimants naturels, ainsi que l'aimantation qu'on observe fréquemment dans les vieux objets d'acier ou de fer; car les fers ordinaires du commerce, qui ne sont pas purs, possèdent une faible force coercitive : il en résulte qu'ils présentent presque toujours des traces d'aimantation, ainsi que cela s'observe dans les clous, les pelles, les pinces, etc. La fonte a, en général, une grande force coercitive et s'aimante très-bien.

628. Faisceaux magnétiques, armures des aimants. — Un *faisceau magnétique* est un ensemble de barreaux aimantés réunis parallèlement par leurs pôles de même nom. Tantôt on leur donne une forme de fer à cheval (fig. 520), tantôt une forme rectiligne (fig. 521). Le faisceau représenté dans la figure 520 est formé de 5 lames d'acier juxtaposées. Celui de la figure 521 se compose de 12 lames disposées en trois couches de 4 lames chacune. La forme de fer à cheval est préférable pour faire porter un poids à l'aimant, car les deux pôles sont utilisés en même temps. Dans les deux espèces de faisceaux, les lames sont trempées et aimantées séparément, puis superposées et réunies par des vis ou par des viroles.

La force d'un faisceau n'est pas égale à la somme des forces de chaque barreau, ce qui provient des actions répulsives qu'exercent les uns sur les autres les pôles voisins; on augmente la force d'un faisceau en faisant les lames latérales plus courtes de 1 à 2 centimètres que la lame du milieu (fig. 520 et 521).

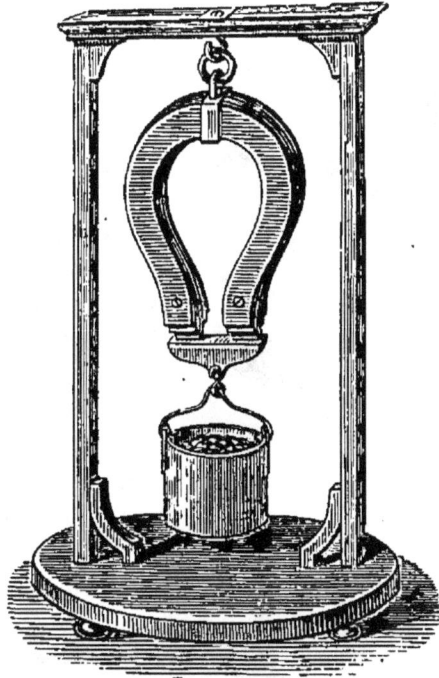

Fig. 520.

On nomme *armures*, des pièces de fer doux A et B (fig. 521)

Fig. 521. ($l = 40$).

qu'on met en contact avec les pôles pour conserver leur magnétisme, et même pour l'augmenter, par suite d'une action par influence.

La figure 522 représente, avec ses armures, une pierre d'aimant naturel; sur les faces qui correspondent aux pôles sont deux lames de fer doux, terminées chacune par un talon massif. Sous l'influence de l'aimant naturel, ces lames s'aimantent, et les lettres A et B représentant le lieu des pôles de l'aimant naturel, il est facile de voir que les pôles des armures le sont respectivement par les lettres *a* et *b*. Or, ces armures, une fois aimantées, réagissent à leur tour sur le fluide neutre de l'aimant naturel, le décomposent et accrois-

sent ainsi sa puissance magnétique. Sans armure, les aimants naturels sont très-faibles ; mais armés, ils deviennent capables de porter
des poids qui augmentent progressive-
ment jusqu'à une certaine limite qu'ils ne
peuvent dépasser.

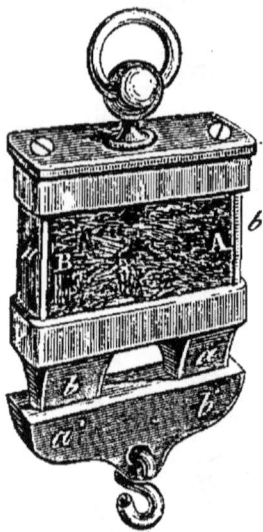

Fig. 522.

Le *portant* a' b', qui est de fer doux,
fait lui-même l'office d'une deuxième armure ; car, s'aimantant par influence, ses
pôles a' et b' réagissent sur les pôles a et
b de la première.

Pour armer les aimants artificiels, on
les dispose par paire, comme le représente la figure 523, en plaçant en regard
les pôles contraires, puis on ferme le circuit avec deux petits barreaux de fer doux
AB ; ceux-ci s'aimantant par influence,
leurs pôles réagissent sur les barreaux aimantés pour leur conserver leur force
magnétique. Quant aux aiguilles mobiles
(fig. 540), comme elles se dirigent vers les pôles magnétiques du
globe, l'influence de celui-ci leur tient lieu d'armure.

Fig. 523 ($l = 45$).

***629. Loi des attractions et des répulsions magnétiques.** — Cou-
lomb, le premier, a constaté cette loi, que *les attractions et les répulsions magnétiques s'exercent en raison inverse du carré de la distance*, et il l'a démontrée par
deux méthodes : celle de la balance de torsion et celle des oscillations.

1° *Méthode de la balance de torsion.* — La balance de torsion consiste en une
cage de verre (fig. 524), recouverte d'une glace qu'on enlève à volonté, et qui est
percée, près des bords, d'une ouverture destinée à introduire un aimant A. Au
centre de cette même glace est une seconde ouverture à laquelle est adapté un
tube de verre, qui peut tourner à frottement doux sur les bords de l'orifice. Ce
tube porte, à sa partie supérieure, un *micromètre*. On nomme ainsi un système de
deux pièces, dont l'une, *e*, qui est fixe, est divisée sur son contour en 360 degrés,
et l'autre, *d*, qui est mobile, porte un point de repère qui indique de combien de
degrés on fait tourner cette pièce *d* sur le cadran *e*. A gauche du dessin, en E et
en D, sont représentées, sur une plus grande échelle, les deux pièces du micromètre. Au disque E sont fixés deux montants traversés par un axe horizontal sur
lequel s'enroule un fil d'argent très-fin, qui soutient une aiguille aimantée *ab*.
Enfin, sur une bande de papier collée sur la cage, sont tracées, à droite et à gauche
du zéro *o*, des divisions qui servent à mesurer l'écart de l'aiguille *ab*, et, par suite,
la torsion du fil d'argent.

Cela posé, le trait de repère *c* du disque E étant au zéro du cadran D, on
commence par orienter la cage de manière que le fil qui supporte l'aiguille *ab*, et
le zéro tracé sur la bande de papier, se trouvent dans le méridien magnétique ;

retirant alors l'aiguille de sa chape, on la remplace par une aiguille semblable, de cuivre ou de tout autre métal non magnétique; puis on tourne le tube de verre, et avec lui les pièces E et D, de façon que cette aiguille vienne s'arrêter au zéro de la graduation. Le barreau aimanté A n'étant pas encore en place, on enlève l'aiguille non magnétique qui est dans la chape, et l'on y remet l'aiguille aimantée *ab;* celle-ci se plaçant exactement dans le méridien magnétique, la torsion du fil d'argent est nulle.

L'appareil ainsi disposé, il est nécessaire, avant d'introduire l'aimant A, de connaître l'action de la terre sur l'aiguille mobile *ab*, lorsque celle-ci est déviée du méridien magnétique d'un certain nombre de degrés. Pour cela, on tourne la pièce E jusqu'à ce que l'aiguille *ab* se déplace de 1 degré dans le même sens. Le nombre de degrés moins un, dont on a tourné le micromètre, représente évidemment la torsion totale du fil. Dans les expériences de Coulomb, ce nombre était 35; mais il varie avec la longueur du fil, son diamètre et l'aimantation du barreau *ab*. Or, l'aiguille demeurant actuellement en équilibre, il est évi-

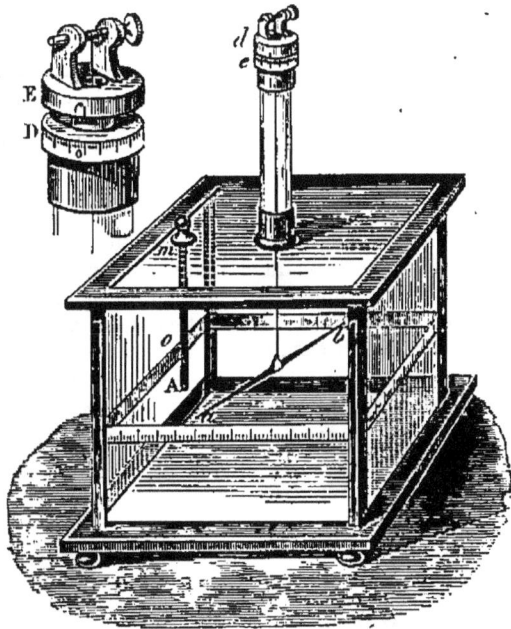

Fig. 524. (h = 56).

dent que la force de torsion du fil est précisément égale et contraire à l'action directrice de la terre. Donc cette action, dans les expériences de Coulomb, était représentée par 35, pour une déviation de 1 degré; mais la force de torsion étant proportionnelle à l'angle de torsion (71, 2°), et l'action directrice de la terre, une fois qu'il y a équilibre, lui étant égale, il en résulte que cette dernière force, pour des déviations de 2, 3 ... degrés, est représentée par 2 fois, 3 fois 35.

L'action de la terre une fois déterminée, on descend dans la cage l'aimant A, en ayant soin de placer en regard les pôles de même nom. Le pôle *a* de l'aiguille mobile est repoussé, et si l'on représente par *d* le nombre de degrés qui mesurent l'angle d'écart, quand l'aiguille *ab* est en équilibre, cette aiguille tend à revenir vers le méridien magnétique avec une force représentée par la somme $d + 35 \times d$, la partie *d* étant due à la torsion du fil, et la partie $35\,d$ à l'action de la terre; puisqu'elle n'y revient pas, il faut que la force répulsive qui s'exerce entre les pôles *a* et A soit elle-même égale à $d + 35 \times d$. Cela posé, on tourne le disque E de manière que l'angle de déviation *d* devienne deux fois plus petit. D'après la position de l'aiguille *ab*, dans la figure ci-dessus, ce serait de gauche à droite qu'il faudrait tourner. En représentant par *n* la rotation du disque E, on voit que le fil de suspension est tordu, à son bout supérieur, de *n* degrés à droite, et à son bout inférieur de $\frac{d}{2}$ degrés à gauche; sa torsion est donc $n + \frac{d}{2}$.

Par conséquent la force réelle qui tend à ramener l'aiguille vers le méridien magnétique est $\left(n + \frac{d}{2}\right) + 35 \times \frac{d}{2}$, la partie $n + \frac{d}{2}$ représentant la force de torsion,

et la partie $35 \times \frac{d}{2}$ l'action de la terre. Or, l'aiguille ne revenant pas vers le méridien, il faut que la force répulsive qui s'exerce entre les deux pôles a et A soit maintenant réprésentée par $\left(n + \dfrac{d}{2}\right) + 35 \times \dfrac{d}{2}$.

Cela posé, en effectuant les calculs, c'est-à-dire en remplaçant n et d par les nombres que fournit l'expérience, on trouve que la quantité $\left(n + \dfrac{d}{2}\right) + 35 \times \dfrac{d}{2}$ est précisément le quadruple de la quantité $d + 35 \times d$, obtenue dans la première expérience. La loi de Coulomb est donc démontrée, car on expérimente sur des arcs d et $\dfrac{d}{2}$ asséz petits pour se confondre sensiblement avec leurs cordes, c'est-à-dire que lorsque l'arc devient deux fois plus petit, il en est sensiblement de même de la distance aA des pôles.

2° *Méthode des oscillations.* — Cette méthode consiste à faire osciller une aiguille aimantée pendant des temps égaux, d'abord sous l'influence seule de la terre, puis sous l'influence combinée de la terre et du pôle attractif d'un aimant placé successivement à deux distances inégales. Des trois nombres d'oscillations observés, on déduit ensuite, par le calcul, la loi de Coulomb.

630. Intensité et distribution du magnétisme terrestre. — Un grand nombre de physiciens et de navigateurs ont mesuré l'intensité magnétique du globe en différents lieux et à différentes époques. Plusieurs méthodes ont été adoptées, qui reviennent à faire osciller une aiguille d'inclinaison ou de déclinaison pendant un temps donné, et à déduire des nombres d'oscillations les intensités relatives. On a ainsi trouvé les lois suivantes sur l'intensité du magnétisme terrestre :

1° Elle augmente à mesure qu'on s'éloigne de l'équateur magnétique, et elle paraît être une fois et demie plus grande aux pôles que sur cette ligne ; la ligne sans inclinaison est donc en même temps la ligne de moindre intensité.

2° Elle décroît à mesure qu'on s'élève dans l'atmosphère, et ce décroissement suit probablement la loi du rapport inverse du carré des distances.

3° Elle varie avec les heures de la journée, et atteint son minimum entre dix et onze heures du matin, et son maximum entre quatre et cinq heures de l'après-midi.

4° Enfin, elle présente des variations irrégulières, et, comme la déclinaison et l'inclinaison, elle éprouve des perturbations accidentelles par l'influence des aurores boréales.

On a nommé *lignes isodynamiques*, des lignes qui, sur la surface du globe, présentent en tous leurs points la même intensité magnétique ; *lignes isogones*, celles qui présentent partout la même déclinaison, et *lignes isoclines*, celles d'égale inclinaison. Duperrey a construit neuf courbes isodynamiques au nord et autant au sud de l'équateur magnétique, et il a trouvé que ces lignes, par leur courbure et leur direction, ont une grande analogie avec les *lignes isothermes*, ou d'égale température.

LIVRE IX

CHAPITRE PREMIER.

PRINCIPES FONDAMENTAUX.

631. **Électricité, hypothèses sur sa nature.** — L'*électricité* est un agent physique puissant, dont la présence se manifeste par des attractions et des répulsions, par des apparences lumineuses, par des commotions violentes, par des décompositions chimiques et par un grand nombre d'autres phénomènes. Les causes qui développent de l'électricité sont le frottement, la pression, les actions chimiques, la chaleur, le magnétisme et l'électricité elle-même.

Le philosophe Thalès, six cents ans avant l'ère chrétienne, avait déjà remarqué la propriété qu'a l'ambre jaune frotté d'attirer les corps légers. En parlant de cette substance, Pline dit : « Quand le frottement lui a donné la chaleur et la vie, elle attire les brins de paille, comme l'aimant attire le fer. » Mais là se bornèrent les connaissances des anciens sur l'électricité. Ce n'est qu'à la fin du XVIᵉ siècle que Gilbert, médecin de la reine Élisabeth, à Londres, appela de nouveau l'attention des physiciens sur les propriétés de l'ambre jaune, en faisant voir que beaucoup d'autres substances peuvent aussi acquérir la propriété attractive par le frottement. L'impulsion une fois donnée, les découvertes se succédèrent aussi nombreuses que rapides. Les savants qui, depuis Gilbert, ont plus particulièrement contribué aux progrès de l'électricité, sont Otto de Guericke, Dufay, Æpinus, Franklin, Coulomb, Volta, Davy, Œrsted, Ampère, Schweigger, Seebeck, MM. de la Rive, Faraday et Becquerel. C'est à ce dernier savant et à Davy qu'est due presque toute l'électro-chimie.

Malgré les nombreux travaux dont l'électricité a été l'objet, on ne connaît point l'origine ni la nature de cet agent; de même que pour la chaleur, la lumière et le magnétisme, les physiciens en sont réduits à des hypothèses. Newton pensait que la production de l'électricité était le résultat d'un principe éthéré mis en mouvement par les vibrations des particules des corps. L'abbé Nollet, se fondant sur les effets lumineux et calorifiques de l'électricité, la regardait comme une modification particulière de la chaleur et de la lumière. Nous ferons connaître bientôt (638) la théorie de Symmer, dans laquelle on admet l'existence de deux fluides électriques, et celle de Franklin, dans laquelle on n'en admet qu'un seul.

632. Électricité statique et électricité dynamique. — Abstraction faite de toute hypothèse, l'étude de l'électricité se partage en deux grandes divisions, comprenant : l'une, les phénomènes que présente l'*électricité statique* ou en repos; l'autre, ceux que présente l'*électricité dynamique* ou en mouvement. A l'état statique, l'électricité a surtout pour cause le frottement; elle s'accumule alors à la surface des corps et s'y maintient en équilibre à un état de *tension* qui se manifeste par des attractions et par des étincelles. A l'état dynamique, l'électricité résulte principalement d'actions chimiques, et traverse les corps sous forme de *courant,* avec une vitesse comparable à celle de la lumière. Elle se distingue alors de l'électricité statique particulièrement par des phénomènes chimiques et par ses rapports avec le magnétisme.

Nous traiterons d'abord de l'électricité statique, en considérant plus particulièrement celle qui est développée par le frottement, et nous dirons qu'un corps est *électrisé* quand il possède la propriété d'attirer les corps légers, ou de produire des effets lumineux.

633. Développement de l'électricité par le frottement. — Un grand nombre de substances, quand on les frotte avec un morceau de drap ou avec une peau de chat, acquièrent la propriété d'attirer les corps légers, comme les barbes de plume, les brins de paille. Cette propriété se remarque surtout dans l'ambre jaune, la cire à càcheter, la résine, la gutta-percha, le soufre, le verre, la soie, le caoutchouc durci.

Un corps solide peut aussi s'électriser par le frottement avec un liquide ou un gaz : dans le vide barométrique, le mouvement du mercure électrise le verre; un tube vide d'air, dans lequel on a renfermé quelques globules de mercure, devient lumineux dans l'obscurité lorsqu'on agite le mercure. Quant aux gaz, Wilson avait trouvé qu'un courant d'air dirigé sur une tourmaline, du verre, de la résine, électrisait ces substances positivement ; mais M. Faraday a reconnu depuis qu'il n'y a d'effet électrique qu'autant que l'air est humide, ou tient en suspension des poudres sèches.

Le frottement ne paraît pas d'abord développer d'électricité sur plusieurs substances, et particulièrement sur les métaux; car, si, tenant d'une main une barre de métal, on la frotte avec un morceau de drap, on ne remarque aucune trace d'attraction lorsqu'on la présente au pendule électrique (634). Il ne faudrait pas en conclure que les métaux ne s'électrisent point par le frottement; c'est là, en effet, une propriété générale pour tous les corps, mais qui ne se manifeste pour beaucoup d'entre eux, ainsi qu'on le verra bientôt (636), qu'autant qu'ils sont placés dans des conditions convenables.

On ignore la cause du développement de l'électricité par le frottement. Wollaston l'a attribué à une oxydation, mais Gray avait fait voir avant lui que le frottement développe de l'électricité dans le vide, et Gay-Lussac a reconnu qu'il peut aussi en développer dans l'acide carbonique sec.

634. Pendule électrique. — On reconnaît qu'un corps est élec-

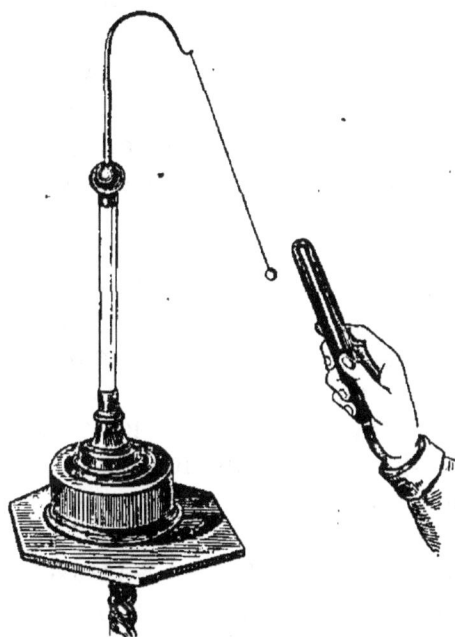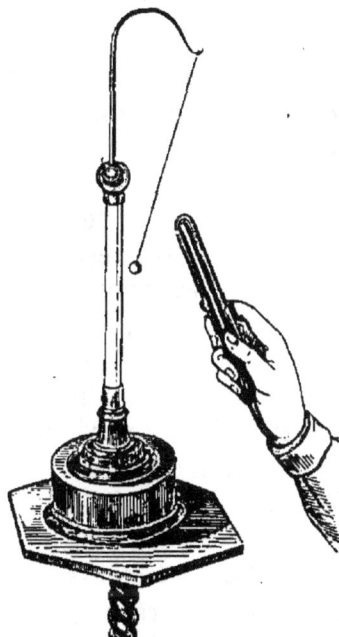

Fig. 525. Fig. 526.

trisé au moyen de petits instruments qu'on nomme *électroscopes,* et dont le plus simple est le *pendule électrique* (fig. 525). Il consiste en une petite balle de moelle de sureau suspendue, par un fil de soie, à un support à pied de verre. Lorsqu'on approche un corps électrisé, la petite balle est d'abord attirée (fig. 525), puis repoussée aussitôt qu'il y a eu contact (fig. 526).

635. Corps conducteurs et corps non conducteurs. — Lorsqu'on présente au pendule électrique un bâton de cire à cacheter frotté par un bout, on remarque qu'il n'attire que par l'extrémité qui a été frottée; celle qui ne l'a pas été ne donne aucun signe, soit d'attraction, soit de répulsion. Il en est de même avec un tube de verre, un bâton de soufre, tant qu'ils n'ont pas été frottés dans toute leur longueur. On conclut de là que, dans ces corps, la propriété électrique ne se propage pas d'une partie à l'autre; ce qu'on exprime en disant qu'ils ne *conduisent* pas l'électricité. Au contraire, l'expérience montre qu'aussitôt qu'un corps métallique a acquis sur un de ses points la propriété électrique, instantanément elle se propage sur toute la surface du corps, quelle que soit son étendue; c'est-à-dire que les métaux *conduisent* bien l'électricité.

De là, la distinction de corps *bons conducteurs* et de corps *mauvais conducteurs*. Les meilleurs conducteurs sont les métaux, l'anthracite, la plombagine, le coke, le charbon de bois bien calciné, les pyrites, la galène; puis les dissolutions salines, dont le pouvoir conducteur est plusieurs milliers de fois moindre que celui des métaux; l'eau à l'état de vapeur et à l'état liquide, les végétaux, le corps humain et tous les corps humides. Les corps mauvais conducteurs sont le soufre, la résine, la gomme laque, le caoutchouc, la gutta-percha, l'essence de térébenthine, la soie, le verre, les pierres précieuses, le charbon non calciné, les huiles, les gaz secs; mais l'air et les gaz sont d'autant moins isolants (636), qu'ils sont plus humides. Du reste, le degré de conductibilité des corps ne dépend pas seulement de la substance dont ils sont formés, mais encore de leur température et de leur état physique. Par exemple, le verre, qui est très-mauvais conducteur à la température ordinaire, conduit lorsqu'il est chauffé au rouge. De même la gomme laque et le soufre perdent en partie la propriété d'isoler lorsqu'on les chauffe. L'eau, qui conduit très-bien à l'état liquide, est mauvais conducteur à l'état de glace sèche. Le verre pulvérisé et la fleur de soufre conduisent assez bien.

636. Corps isolants, réservoir commun. — Les corps mauvais conducteurs ont reçu le nom de *corps isolants* ou d'*isoloirs,* parce qu'on les emploie comme supports lorsqu'il s'agit de conserver à un corps conducteur son électricité. Cette condition est indispensable, car la terre étant formée de substances qui conduisent l'électricité, aussitôt qu'un corps conducteur électrisé communique avec elle par un autre corps conducteur, l'électricité s'écoule immédiatement dans le sol, qu'on nomme, à cause de cela, *réservoir commun.* On isole un corps en le soutenant sur des pieds de verre, en le suspendant à des cordons de soie, ou en le posant sur des gâteaux de résine. Toutefois les plus mauvais conducteurs n'isolent jamais complétement, d'où il résulte que tout corps électrisé perd toujours plus ou moins lentement son électricité au travers des supports sur lesquels il repose; il y a, en outre, déperdition par la vapeur d'eau qui est dans l'air, et c'est ordinairement la plus abondante.

C'est à cause de leur grande conductibilité qu'on ne peut obtenir d'électricité sur les métaux par le frottement, si l'on n'a soin de les isoler et de les frotter avec un corps non conducteur, comme la soie et le taffetas ciré. Mais si l'on satisfait à ces conditions, les métaux s'électrisent très-bien par le frottement. Pour le démontrer, on fixe un tube de laiton à un manche de verre (fig. 527), et, tenant ce dernier à la main, on frotte le tube métallique avec un morceau de soie ou de taffetas ciré; en l'approchant ensuite du pendule élec-trique, on observe une attraction qui montre que le métal est élec-trisé. Si l'on tient le métal à la main, il y a bien encore production d'électricité, mais elle se perd immédiatement dans le sol.

Fig. 527 (*l* = 50).

On donnait anciennement aux corps isolants le nom de corps *idio-électriques* (propres à l'électricité), parce qu'on les croyait seuls doués de la propriété de s'électriser par le frottement, et aux corps bons conducteurs, le nom de corps *anélectriques* (privés d'électricité). Aujourd'hui qu'on sait que tous les corps s'électrisent par le frottement, ces dénominations ne doivent plus être usitées.

637. Distinction de deux espèces d'électricités. — On a vu (634) que, lorsqu'on présente au pendule électrique un tube de verre frotté avec un morceau de drap, il y a attraction d'abord, puis ré-pulsion aussitôt après le contact. Les mêmes effets se produisant avec un bâton de cire à cacheter frotté de la même manière, il sem-ble d'abord, dans ces deux expériences, que l'électricité développée sur le verre soit identique avec celle qui est développée sur la ré-sine. Or, en poussant plus loin l'observation, on reconnaît qu'il n'en est pas ainsi. En effet, le tube de verre et le bâton de résine ayant été électrisés comme il vient d'être dit, si, tandis que le pendule électrique est repoussé par le verre, on approche la résine, celle-ci attire vivement la balle de sureau; de même, si au pendule repoussé par la résine après qu'il l'a touchée, on présente le tube de verre, on observe une forte attraction : c'est-à-dire qu'*un corps repoussé par l'électricité du verre est attiré par l'électricité de la résine;* et, réciproquement, *un corps repoussé par l'électricité de la ré-sine est attiré par celle du verre.*

Se fondant sur les faits qui viennent d'être décrits, Dufay, phy-sicien français, reconnut, le premier, en 1734, l'existence de deux électricités de nature différente : l'une qui se développe sur le verre quand on le frotte avec de la laine, l'autre qui se développe sur la résine ou sur la cire d'Espagne quand on les frotte avec un morceau de drap ou une peau de chat. La première a reçu le nom d'*électri-cité vitrée;* la seconde, celui d'*électricité résineuse.*

638. Théories de Franklin et de Symmer. — De nombreuses hypothèses ont été proposées pour expliquer les phénomènes électriques. Deux seulement sont restées, celle de Franklin et celle de Symmer. Franklin, mort à Philadelphie, en 1790, admit, pour cause de l'électricité, un fluide unique, impondérable, agissant par répulsion sur ses propres molécules et par attraction sur celles de la matière. Tous les corps contiennent, à l'état latent, une quantité déterminée de ce fluide : quand elle augmente, les corps sont électrisés *positivement,* et possèdent les propriétés de l'électricité vitrée ; quand elle diminue, les corps sont électrisés *négativement,* et présentent les propriétés de l'électricité résineuse. La dénomination d'*électricité positive,* ou de *fluide positif,* équivaut donc à celle d'*électricité vitrée ;* et la dénomination d'*électricité négative,* ou de *fluide négatif,* à celle d'*électricité résineuse.* L'électricité positive se représente par le signe + (*plus*), et l'électricité négative par le signe — (*moins*) ; en se fondant sur ce qu'ainsi qu'en algèbre, en ajoutant + a à — a on a zéro, de même en donnant à un corps qui possède déjà une certaine quantité d'électricité positive, une quantité égale d'électricité négative, on obtient l'état neutre.

Franklin ayant, le premier, donné une théorie complète de la bouteille de Leyde (678), dans l'hypothèse d'un seul fluide, cette hypothèse fut d'abord généralement admise par les physiciens et par Dufay lui-même. Cependant des objections sérieuses ayant été faites bientôt, surtout par Æpinus, à l'hypothèse d'un seul fluide, Symmer, physicien anglais, opposa à cette théorie celle de deux fluides électriques agissant chacun par répulsion sur lui-même et par attraction sur l'autre. Selon ce physicien, ces fluides existent dans tous les corps à l'état de combinaison, formant ce qu'on nomme le *fluide neutre* ou le *fluide naturel.* Différentes causes, qui sont surtout le frottement et les actions chimiques, peuvent les séparer, et c'est alors qu'apparaissent les phénomènes électriques ; mais ces fluides ont une grande tendance à se réunir pour former de nouveau du fluide neutre. Symmer donna aux deux fluides électriques les noms de *fluide vitré* et de *fluide résineux ;* mais ces dénominations sont généralement remplacées aujourd'hui par celles de *fluide positif* et de *fluide négatif,* empruntées à la théorie de Franklin.

La théorie de Symmer sur les deux fluides électriques se prête avec simplicité à l'explication des phénomènes : aussi est-elle généralement admise dans les écoles, surtout en France. Cependant on ne doit point oublier que ce n'est là qu'une hypothèse exprimant deux états dans lesquels l'électricité se présente sous l'aspect de deux forces égales et contraires tendant à se faire équilibre. « Il est bien probable, dit M. de la Rive dans son *Traité d'électricité,* que l'électricité, au lieu de consister en un ou deux fluides spéciaux, n'est que le résultat d'une modification particulière dans l'état des corps; modification qui dépend probablement de l'action mutuelle qu'exercent les unes sur les autres les particules pondérables de la matière et le fluide subtil qui les entoure de toutes parts, qu'on désigne sous le nom d'*éther*, et dont les ondulations constituent la lumière et la chaleur. ».— Plus loin, le même physicien ajoute : « Tous les phénomènes des électricités positive et négative peuvent probablement être expliqués par l'action et la réaction d'une force capable d'être manifestée, à divers degrés, dans différentes substances, plus simplement que par l'hypothèse des fluides impondérables. Les deux forces opposées de l'électricité ressemblent en fait à l'action et à la réaction, en ce qu'elles s'accompagnent toujours. »

M. Grove et M. Faraday considèrent les phénomènes électriques comme résultant, non de l'action d'un fluide ou de deux fluides spéciaux, mais d'une polarisation moléculaire de la matière ordinaire, agissant par attraction ou par répulsion dans une direction déterminée.

Les diverses opinions qui précèdent font voir qu'il règne encore dans la science une grande incertitude sur la nature de l'électricité, et que sa théorie est beaucoup moins avancée que celles de la chaleur et de la lumière. Cependant, depuis que les deux dernières ont été ramenées à une cause unique, l'éther, les physiciens tendent à revenir, en la modifiant, à la théorie de Franklin, celle d'un seul fluide électrique, qui serait l'éther lui-même : la chaleur et la lumière étant des effets de vibration de ce fluide, l'électricité en serait un effet de masse et de déplacement.

La nouvelle théorie électrique n'ayant point encore acquis le degré de généralité et de précision nécessaire dans l'enseignement, nous continuerons, comme tout le monde, à exposer les phénomènes électriques suivant la théorie des deux fluides; toutefois, nous le répétons, qu'on n'oublie pas que ce n'est là qu'une hypothèse, qu'un mode de langage, consacrés par une longue habitude, mais tendant à disparaître de la science [1].

639. Actions des corps électrisés les uns sur les autres. — L'hypothèse de deux espèces d'électricités admise, les effets d'attraction et de répulsion que présentent les corps électrisés (637) se résument dans l'énoncé du principe suivant, qui sert de base à la théorie de tous les phénomènes que nous offre l'électricité statique :

---

1. Ne pouvant ici entrer dans plus de développements sur ce sujet, nous renvoyons le lecteur à l'ouvrage de M. Grove, *Corrélation des forces physiques;* à une leçon de M. Bertin, professeur au Collège de France, publiée dans la *Revue des Cours scientifiques* du 15 décembre 1866; à deux ouvrages de M. A. Laugel, *Science et philosophie,* et *Problèmes de la nature;* enfin, à un livre remarquable paru récemment, *la Physique moderne,* par E. Saigey.

Deux corps chargés de la même électricité se repoussent, et deux corps chargés d'électricités contraires s'attirent; mais ces attractions et ces répulsions n'ont lieu qu'en vertu de l'action des deux électricités entre elles, et non en vertu de leur action sur la matière.

640. Loi de l'électrisation par le frottement. — Lorsqu'on frotte ensemble deux corps de nature quelconque, le fluide neutre de chacun est décomposé, et toujours *l'un des corps prend le fluide positif, et l'autre le fluide négatif.*

Pour le démontrer, on communique au pendule électrique une

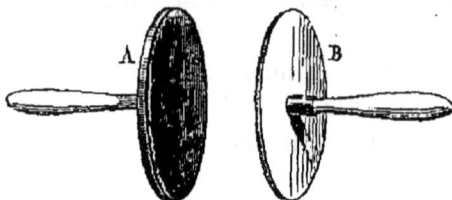

Fig. 528.

électricité connue, et on lui présente séparément les deux corps frottés, qui doivent être isolés dans le cas où ils sont conducteurs. Par exemple, deux disques; l'un de verre poli, l'autre de métal ou de bois recouvert d'une rondelle de drap (fig. 528). Tenant ces disques par deux manches de verre isolants auxquels ils sont fixés, on les frotte vivement l'un contre l'autre et on les sépare ensuite brusquement. Or, l'un des deux attire la balle de sureau, et l'autre la repousse; ce qui montre qu'ils sont chargés d'électricités contraires. De plus, ils le sont en quantité égale; car si on les présente au pendule tandis qu'ils sont en contact, il n'y a ni attraction, ni répulsion; donc les deux électricités se font équilibre.

L'électricité développée sur un corps, par le frottement, varie avec la nature du corps frotté. Le verre poli, frotté avec de la laine, s'électrise positivement; frotté de la même manière, le verre dépoli s'électrise négativement. L'espèce d'électricité développée dépend aussi de la nature du frottoir. Les substances ci-après s'électrisent positivement lorsqu'elles sont frottées par celles qui les suivent, et négativement quand elles le sont par celles qui les précèdent : peau de chat, verre poli, laine, plume, bois, papier, soie, gomme laque, résine, verre dépoli.

L'espèce d'électricité dégagée par le frottement dépend encore du degré de poli, du sens des frictions et de la température. En effet, si l'on frotte l'un contre l'autre deux plateaux de verre inégalement polis, c'est celui dont la surface est la plus polie qui prend l'électricité positive; l'autre s'électrise négativement. Si l'on frotte en croix, l'un sur l'autre, deux rubans de soie blanche pris dans la même pièce, celui qui est frotté transversalement s'électrise négativement, et l'autre s'électrise positivement. Quand on frotte l'un contre l'autre deux corps de même substance, dont la surface a le même degré de poli, mais dont la température est différente, c'est la substance la plus échauffée qui prend le fluide négatif. En général, c'est le corps dont les molécules peuvent se déplacer plus facilement qui s'électrise négativement.

641. Diverses sources d'électricité. — Outre le frottement, les causes qui peuvent développer de l'électricité sont la pression, le clivage, les actions chimiques et la chaleur.

Æpinus, le premier, constata le développement de l'électricité par la pression; Libes, depuis, montra qu'en pressant légèrement sur un disque de bois recouvert de taffetas gommé, un disque de métal isolé à l'aide d'un manche de verre, ce dernier disque s'électrise négativement. Haüy fit voir ensuite que le spath d'Islande s'électrise positivement lorsqu'on le presse un instant entre les doigts, et que ce cristal conserve l'état électrique pendant plusieurs jours. Il reconnut la même propriété dans plusieurs espèces minérales; mais M. Becquerel a trouvé qu'elle appartient à tous les corps, même à ceux qui sont conducteurs, pourvu qu'ils soient isolés. Le liége et le caoutchouc, pressés l'un contre l'autre, prennent, le premier l'électricité positive, le second l'électricité négative. Un disque de liége, pressé sur une orange, emporte avec lui une quantité considérable de fluide positif, lorsqu'on interrompt vivement le contact; mais si l'on n'enlève que lentement le disque de liége, la quantité d'électricité est très-faible; ce qui provient de ce que les deux fluides séparés sur les deux corps par la pression se recomposent en partie au moment où elle cesse. C'est par cette raison que l'effet est nul quand les substances pressées sont toutes les deux conductrices de l'electricité.

M. Becquerel a encore observé que le *clivage,* c'est-à-dire la division naturelle des substances minérales cristallisées, peut-être une source d'électricité. Si l'on clive rapidement une feuille de mica dans l'obscurité, on observe une faible lueur phosphorescente. Pour s'assurer que le phénomène a bien pour cause l'électricité, M. Becquerel a fixé, avant leur séparation, chaque lame à un manche de verre; les séparant ensuite rapidement et les présentant au pendule électrique ou à un électroscope à feuilles d'or (656), il a trouvé qu'elles possèdent une électricité contraire.

Le talc feuilleté et toutes les substances cristallisées, peu conductrices, s'électrisent aussi par le clivage. En général, toutes les fois qu'on sépare deux molécules, chacune d'elles prend une espèce d'électricité différente, à moins que le corps auquel elles appartiennent ne soit bon conducteur, car alors la séparation ne peut être assez rapide pour s'opposer à la recomposition des deux électricités.

C'est au phénomène que nous venons de décrire qu'il faut rapporter la lumière que répand le sucre quand on le casse dans l'obscurité.

Quant à l'électricité dégagée par les actions chimiques ou par la chaleur, elle sera étudiée plus tard (702).

CHAPITRE II.

MESURE DES FORCES ÉLECTRIQUES.

642. Lois des attractions et des répulsions électriques. — Les actions mutuelles qui s'exercent entre les corps électrisés sont soumises aux deux lois suivantes :

1° *Les répulsions et les attractions entre deux corps électrisés sont en raison inverse du carré de la distance.*

2° *A distance égale, ces mêmes forces sont en raison composée des quantités d'électricité que possèdent les deux corps ;* c'est-à-dire *proportionnelles au produit des quantités d'électricité répandues sur les deux corps.*

Première loi. — Ces deux lois ont été démontrées par Coulomb au moyen de la balance de torsion, déjà employée pour la démonstration des lois des attractions et des répulsions magnétiques (629). Elle se compose d'une cage cylindrique de verre d'environ 30 centimètres de diamètre (fig. 529). Sur son contour est collée une bande de papier qui porte une graduation en 360 degrés. La cage est fermée par un plateau de verre, au centre duquel s'élève un tube d de même matière. Ce tube n'est point fixé invariablement au plateau, mais peut tourner librement sur lui-même. A sa partie supérieure est une garniture de laiton qui porte un petit disque e divisé, comme la bande de papier, en 360 degrés, et mobile autour de la verticale qui passe par son centre. Sur une pièce a, fixée à la garniture, est un point de repère qui sert à marquer de combien de degrés on tourne le disque. Au centre de ce dernier est un petit bouton qui tourne avec lui, et dont le pied pince le bout d'un fil très-fin, de platine ou d'argent, auquel est suspendue une aiguille de gomme laque on, terminée par un disque de clinquant n, ou par une petite feuille d'or. Enfin, le plateau de verre est percé d'un trou r par lequel on introduit dans la cage un tube de verre i, qui porte une boule de laiton m. Ajoutons que la distance entre cette boule et le clinquant n se mesure par l'arc gradué c, compris de m à n, les angles d'écart que l'on considère étant assez petits pour que l'on puisse remplacer les cordes par leurs arcs.

Pour démontrer la première loi, on commence par dessécher l'air qui est dans l'appareil, afin de diminuer la déperdition de l'électricité, ce qu'on obtient en plaçant sous la cage, pendant plusieurs jours, une capsule remplie de chaux vive. Lorsque l'air est complétement desséché et que le zéro du disque *e* correspond au repère *a*, on tourne le tube *d* jusqu'à ce que l'aiguille *on* soit dirigée vers le zéro du cercle gradué *c*, position à laquelle correspond la boule *m* lorsqu'elle est dans la cage. Retirant alors cette boule, en ayant soin de la tenir par le tube isolant *i*, on l'électrise en la mettant en contact avec une source d'électricité, avec la machine électrique par exemple; puis on la porte de nouveau dans la cage. Aussitôt le disque *n*, s'électrisant au contact de la boule, est repoussé, et, après quelques oscillations, s'arrête lorsque la torsion du fil fait équilibre à la force répulsive qui s'exerce entre le disque et la boule. Supposons que la torsion marquée alors par l'aiguille,

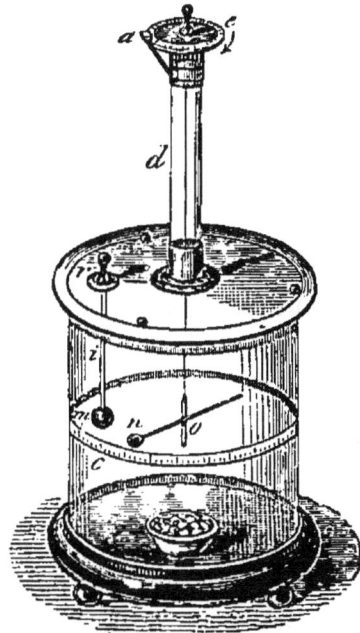

Fig. 529.

sur le cadran *c*, soit de 20 degrés; la torsion du fil étant proportionnelle à la force de torsion (71,2°), ce nombre 20 peut être regardé comme représentant la répulsion électrique à la distance où est l'aiguille. Pour mesurer cette force à une distance moindre, on tourne le disque *e*, dans le sens de la flèche, jusqu'à ce que la distance du clinquant *n* à la boule *m* ne soit plus que de 10 degrés, c'est-à-dire deux fois moindre. Or, pour amener l'aiguille à ce point, on trouve qu'il faut tourner de 70 degrés. Le fil métallique est donc tordu, à son extrémité supérieure, de 70 degrés dans le sens de la flèche, et de 10 degrés en sens contraire à sa partie inférieure. Par conséquent, les deux torsions s'ajoutent pour donner une torsion totale de 80 degrés, c'est-à-dire quadruple de celle qui correspond à une distance double; d'ailleurs, la force de torsion étant toujours égale et contraire à la répulsion, il faut que celle-ci soit elle-même devenue quatre fois plus grande pour une distance deux fois moindre. On vérifie de même que pour une distance trois fois moindre la répulsion est neuf fois plus grande; ce qui démontre la loi des répulsions.

La loi des attractions peut se démontrer par la même méthode, en donnant à la boule et au disque des électricités contraires, et en faisant équilibre à leur attraction par une torsion suffisante du fil.

Deuxième loi. — Pour démontrer que les forces électriques sont proportionnelles aux quantités d'électricité que possèdent les corps, on électrise encore la boule de cuivre *m*, puis, notant la répulsion imprimée à l'aiguille *on*, on retire la boule *m*, et on la touche avec une seconde boule de cuivre de même diamètre, à l'état neutre, et isolée à l'aide d'un manche de verre. La boule *m* cède alors la moitié de son électricité à l'autre, puisque les surfaces des deux boules sont égales (647). Or, en rapportant la première dans la cage, on trouve que la répulsion n'est plus que la moitié de ce qu'elle était d'abord. Si l'on enlève de nouveau à la boule *m* la moitié de l'électricité qui lui reste, la répulsion n'est plus que le quart de la répulsion primitive, et ainsi de suite; ce qui démontre la loi. Comme on arrive à la même conséquence lorsqu'on diminue successivement la charge électrique du disque *n*, on en conclut qu'entre deux corps électrisés la répulsion ou l'attraction est à la fois proportionnelle à la quantité d'électricité de chacun et par conséquent au produit des charges électriques.

D'après les lois de Coulomb, si l'on représente par *f* la force attractive ou répulsive, à l'unité de distance, pour une charge électrique égale à 1, et par *e* et *e'* les charges électriques de deux corps en présence, la répulsion ou l'attraction F entre ces deux corps, à la distance *d*, est donnée par la formule $F = \dfrac{fee'}{d^2}$.

* 643. Expériences de M. Harris. — M. Harris a fait en Angleterre, en 1836, de nombreuses expériences pour vérifier les lois de Coulomb. Le savant anglais a fait usage d'un appareil ayant du rapport avec la balance de Coulomb, mais qui en diffère en ce que l'aiguille mobile, au lieu d'être suspendue à un seul fil, est soutenue, de même que l'avait déjà fait Gauss dans son *magnétomètre*, par deux fils de coton parallèles, très-rapprochés l'un de l'autre, et à égale distance du centre de gravité de l'aiguille; d'où le nom de *balance bifilaire* donné à cet appareil. De ce mode de suspension, il résulte que, dès que l'aiguille mobile est repoussée ou attirée, les deux fils, ne pouvant plus conserver leur position verticale, s'inclinent plus ou moins, selon l'intensité de la force qui agit sur l'aiguille, et que par suite celle-ci s'élève jusqu'à ce que l'équilibre s'établisse entre la pesanteur qui tend à l'abaisser et la force électrique qui tend à la faire remonter par l'effet de la déviation des fils. Or, M. Harris a constaté que les oscillations de l'aiguille sont alors isochrones, et que la force qui la maintient à une certaine distance angulaire de sa position d'équilibre est proportionnelle à cette distance.

M. Harris a aussi expérimenté avec une simple balance ordinaire, très-sensible, en faisant équilibre, au moyen de poids placés dans l'un des plateaux, aux attractions électriques qui s'exerçaient sur un disque fixé à l'autre plateau.

Or, en expérimentant avec ces deux appareils, M. Harris a trouvé que la première loi de Coulomb, celle de l'inverse du carré de la distance, ne se vérifie plus quand les deux corps électrisés sont chargés de quantités inégales d'électricité, quand la tension électrique est très-faible, et enfin quand la distance angulaire des deux corps est moindre que 9 à 10 degrés. M. Harris a aussi observé que, dans les mêmes circonstances, la seconde loi de Coulomb, celle relative aux quantités d'électricité, ne se vérifie pas non plus.

Dans l'ouvrage déjà cité plus haut, M. de la Rive fait observer que ces exceptions aux lois de Coulomb ne sont qu'apparentes; qu'elles tiennent à l'influence que les deux corps électrisés exercent l'un sur l'autre, influence qui tend à décomposer le fluide neutre, mais qui cesse d'être appréciable quand les deux corps sont assez éloignés; qu'enfin les lois de Coulomb ne sont rigoureusement applicables qu'à des points mathématiques et que dès lors elles ne peuvent se vérifier que pour des corps de très-petites dimensions.

C'est ce que confirment les expériences de M. Marié-Davy, qui, ayant répété celles de M. Harris, a reconnu que la loi des distances se vérifie très-approximativement pour deux sphères égales, distantes de plus de 9 à 10 fois leur rayon.

644. L'électricité se porte à la surface des corps conducteurs. — Lorsqu'un corps bon conducteur et isolé est électrisé, soit positivement, soit négativement, le fluide électrique se porte à la surface du corps, où l'on admet qu'il forme une couche d'une épaisseur extrêmement mince. Cette accumulation de l'électricité tout entière à la surface, se démontre par les expériences suivantes, dont les deux premières sont dues à Coulomb.

1° On prend une sphère de cuivre creuse, isolée sur un pied de verre, et percée, à sa partie supérieure, d'une ouverture circulaire (fig. 530). Après l'avoir électrisée en la mettant en contact avec une source électrique, on la touche successivement, à l'intérieur et à l'extérieur, avec un *plan d'épreuve*. On nomme ainsi un bâton de gomme laque à l'extrémité duquel est fixé un petit disque de clinquant qui sert à recueillir l'électricité. Ce disque doit être appliqué à plat sur le corps électrisé; se substituant ainsi à la surface qu'il recouvre, il prend une quantité d'électricité sensiblement égale. Or, en touchant extérieurement la sphère électrisée avec le plan d'épreuve, on recueille de l'électricité,

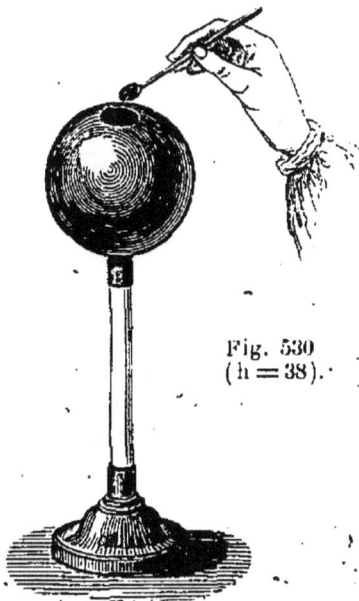

Fig. 530
(h = 38).

car ce plan étant présenté à l'aiguille *on* de la balance de torsion (fig. 529), il y a attraction. Mais si l'on touche la surface interne, on n'observe aucune trace d'électrisation; d'où l'on conclut qu'il n'y a d'électricité libre qu'à la surface externe.

2° On a une sphère de cuivre isolée sur un pied de verre; sur cette sphère s'appliquent deux hémisphères creux, aussi de cuivre, de même diamètre qu'elle, pouvant la recouvrir exactement et s'enlever à volonté à l'aide de manches de verre. Après avoir électrisé la sphère, on applique dessus les deux hémisphères qu'on

35

.tient par les manches de verre, puis on les retire brusquement et bien ensemble (fig. 531). Or, on observe qu'ils sont alors électrisés tous les deux, mais que la sphère n'a conservé aucune trace d'électricité. Le fluide communiqué à la sphère était donc tout entier à sa surface, puisqu'il a été complétement enlevé en même temps que ses deux enveloppes.

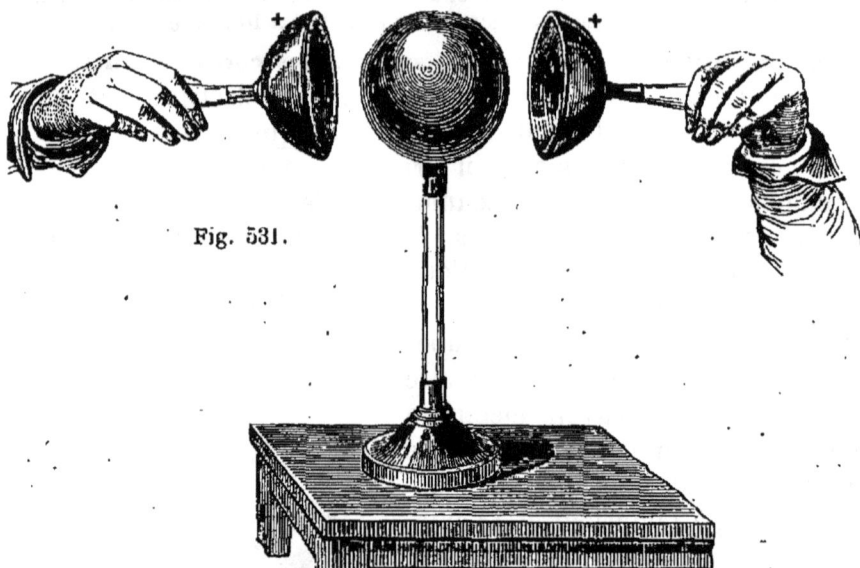

Fig. 531.

3° On peut encore constater que l'électricité se porte à la surface des corps, au moyen d'un cylindre de cuivre isolé sur lequel s'enroule une feuille métallique très-flexible qu'on peut enrouler ou dérouler à volonté, en faisant tourner le cylindre à l'aide d'une manivelle (fig. 532). Sur une boule de métal, en communication avec le cylindre, est fixé un petit électromètre, composé d'un cadran d'ivoire, au centre duquel tourne une tige légère terminée par une petite boule de sureau. En communiquant de l'électricité au cylindre, on voit le petit électromètre diverger en vertu d'une répulsion électrique. Or, si l'on tourne alors le cylindre de manière à dérouler lentement la feuille métallique qui le recouvre, la divergence diminue; en l'enroulant de nouveau, la divergence augmente. On conclut de là que, la quantité totale d'électricité possédée par un corps restant la même, la répulsion exercée par l'électricité, en chaque point de la surface, est d'autant moindre, que celle-ci est plus grande; ce qui montre que le fluide électrique se porte à la surface.

4° Une quatrième expérience, due à M. Faraday, consiste à fixer, sur un cercle métallique isolé, une petite poche conique de mousseline, assez semblable à celle dont on se sert pour prendre des papillons (fig. 533). Au moyen de deux fils de soie attachés

des deux côtés au sommet du cône, on peut le retourner à volonté.
Cela posé, on électrise la mousseline en la touchant avec un corps

Fig. 532.

électrisé, et l'on trouve, à l'aide du plan d'épreuve, que sa surface
extérieure est seule électrisée ; puis, tirant le fil de soie intérieur,
on retourne la poche, de manière que sa surface interne devienne
externe, et réciproquement ; or on reconnaît alors que c'est encore
la surface externe qui est seule électrisée.

5° Enfin, l'expérience montre qu'une sphère de métal massive
ne prend pas plus d'électricité qu'une sphère de bois de même diamètre recouverte d'une feuille de métal très-mince.

La propriété qu'a l'électricité de s'accumuler à la surface des
corps est regardée comme une conséquence de la force répulsive que
chaque fluide exerce sur lui-même. En effet, en soumettant au calcul l'hypothèse des deux fluides, et en admettant qu'ils s'attirent
mutuellement en raison inverse du carré de la distance, et repoussent leurs propres molécules suivant la même loi, Poisson est arrivé
à la même conséquence que Coulomb sur la distribution de l'électricité dans les corps. On a donc été conduit à considérer l'électri-

cité libre comme accumulée, sous forme d'une couche extrêmement mince, à la surface des corps électrisés, dont elle tend sans cesse à s'échapper, n'étant retenue que par la résistance que lui présente la faible conductibilité de l'air [1].

L'effort que fait ainsi l'électricité pour se dégager des corps se nomme *tension;* on verra bientôt les causes qui la font varier.

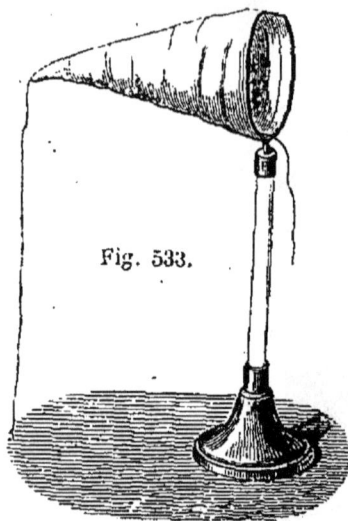

Fig. 533.

645. Influence de la forme des corps sur l'accumulation de l'électricité. — Sur une sphère métallique, l'épaisseur de la couche électrique est la même en chaque point de la surface. Il est évident, en effet, qu'il doit en être ainsi d'après la forme symétrique du corps. On le vérifie au moyen du plan d'épreuve et de la balance de torsion (fig. 529). Pour cela, on électrise une sphère isolée pareille à celle que représente la figure 531, et la touchant successivement en différents points avec le plan d'épreuve, on présente chaque fois celui-ci à l'aiguille de la balance. Or on observe constamment la même torsion, ce qui fait voir que par-

---

1. « Selon M. Faraday, la tendance de l'électricité à se porter à la surface des corps conducteurs est plus apparente que réelle, et les expériences qui constatent qu'il n'y a d'électricité libre qu'à leur surface s'expliquent facilement d'une autre manière. D'après sa théorie, aucune charge électrique ne peut se manifester dans l'intérieur d'un corps à cause des directions opposées des électricités dans chacune des particules intérieures, d'où résulte un effet nul ; tandis que l'induction (650) exercée par les corps extérieurs rend sensible l'électricité à la surface. D'après cette manière de voir, l'électricité doit se montrer seulement à la surface d'une enveloppe conductrice, quelle que soit la conductibilité ou la faculté isolante de la substance placée intérieurement. C'est ce que M. Faraday a démontré en électrisant fortement de l'essence de térébenthine placée dans un vase de métal : il n'y avait d'électricité apparente qu'à la surface extérieure du vase. Il a même construit une chambre cubique, d'un mètre de côté, dont les parois de bois étaient recouvertes extérieurement de feuilles de plomb ; il l'a isolée, puis, après y avoir placé des électroscopes et autres objets, il a électrisé l'air intérieur avec une forte machine. Aucune trace d'électricité ne s'est manifestée au dedans, tandis que des étincelles considérables et des aigrettes lumineuses partaient dans tous les sens de la surface extérieure. Ces expériences, en complétant celles de Coulomb, dans lesquelles il ne s'agissait que de corps conducteurs, rendent peu probable l'explication qu'on en donnait, vu qu'elle était basée sur la libre propagation de l'électricité dans la masse conductrice, d'où résultait que cette électricité se portait toute à la surface. Une fois que le phénomène a lieu de la même manière avec des corps isolants placés intérieurement, cette explication n'est plus soutenable. » (De La Rive, *Traité d'électricité,* t. I, p. 143.)

tout le plan d'épreuve a recueilli la même quantité d'électricité.

Si le corps électrisé est un ovoïde allongé à l'un de ses bouts
(fig. 534), l'épaisseur de la couche électrique cesse d'être uni-

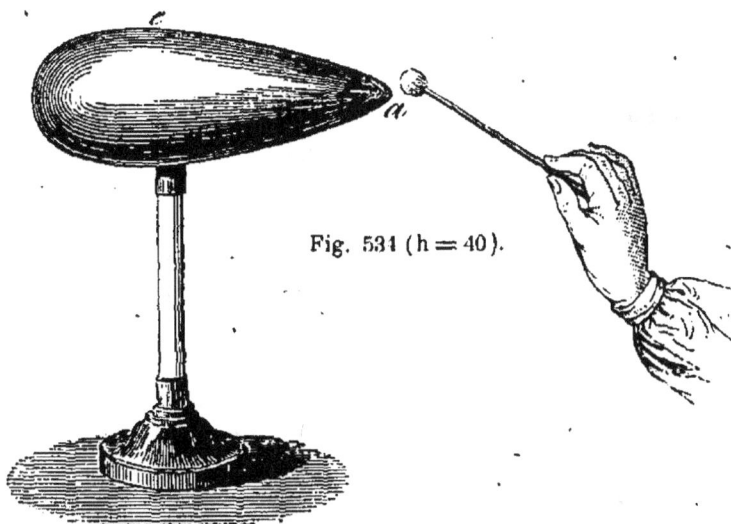

Fig. 534 (h = 40).

forme; le fluide électrique, obéissant toujours à sa propre répulsion, s'accumule vers les parties les plus aiguës, sur lesquelles
l'électricité acquiert ainsi un maximum d'épaisseur. Pour le démontrer, on touche l'ovoïde en différents points, avec le plan
d'épreuve, et portant celui-ci dans la balance de Coulomb, on reconnaît que le maximum de torsion se produit lorsqu'on a touché
l'extrémité *a*, et le minimum lorsque le plan d'épreuve a touché la
région moyenne *e*.

Quelle que soit la forme d'un corps électrisé, l'analyse mathématique fait voir qu'en chaque point de la surface, la tension (644)
est proportionnelle au carré de l'épaisseur de la couche électrique;
et que dans le cas d'un ellipsoïde parfait, l'épaisseur de cette couche, aux extrémités des axes, est proportionnelle à leur longueur.
Dans le cas d'un disque circulaire, c'est sur les bords que s'accumule le fluide électrique.

646. **Pouvoir des pointes.** — On nomme *pouvoir des pointes*
sur les corps conducteurs, la propriété qu'elles possèdent de laisser
écouler le fluide électrique. Cette propriété, découverte par Franklin, s'explique par la loi de la distribution de ce fluide à la surface
des corps. En effet, l'électricité s'accumulant vers les parties aiguës
(645), l'épaisseur électrique croît vers les pointes, et la tension,
croissant en même temps, l'emporte bientôt sur la résistance de
l'air; c'est alors que le fluide se dégage dans l'atmosphère. Si l'on
approche la main de la pointe, on ressent comme un souffle léger

qui semble en sortir, et quand le dégagement d'électricité a lieu dans l'obscurité, on remarque sur la pointe une aigrette lumineuse.

647. Communication et distribution de l'électricité sur les corps en contact. — Lorsqu'on met en contact deux corps conducteurs, l'un électrisé, l'autre à l'état naturel, il y a partage de l'électricité entre les deux corps dans un rapport qui dépend de celui de leurs surfaces ; et lorsqu'on les sépare, l'un a gagné, l'autre a perdu de l'électricité sur tous ses points. S'ils ne sont pas conducteurs, il n'y a perte ou gain que sur les points en contact.

A l'aide du plan d'épreuve et de la balance de torsion, Coulomb a fait de nombreuses expériences sur la distribution de l'électricité à la surface des corps en contact. Avec des sphères métalliques isolées, mises en contact et électrisées dans cet état, il a trouvé que le fluide électrique se distribue diversement sur leurs surfaces, suivant le rapport des diamètres. Ceux-ci étant égaux, l'épaisseur électrique est nulle au point de contact, ne devient sensible qu'à 20 degrés de ce point, croît rapidement de 20 à 30 degrés, plus lentement de 60 à 90, et reste à peu près la même de 90 à 180.

Lorsque les diamètres sont inégaux, dans le rapport de 2 à 1, l'épaisseur électrique, qui est encore nulle au point de contact, est d'abord plus considérable sur la grande sphère ; mais elle augmente ensuite plus rapidement sur la petite, et à 180 degrés du point de contact, c'est sur elle qu'a lieu la plus forte épaisseur.

648. Déperdition de l'électricité dans l'air. — Les corps électrisés, quoique isolés, perdent toujours plus ou moins rapidement leur électricité. Cette déperdition résulte de deux causes : 1° la conductibilité de l'air et des vapeurs qui enveloppent les corps ; 2° la conductibilité des isoloirs qui leur servent de supports.

La déperdition par l'air varie avec la tension électrique, avec le renouvellement de l'air et avec son état hygrométrique. L'air sec conduit mal l'électricité ; mais s'il est humide, il devient conducteur, et l'est d'autant plus, qu'il contient plus de vapeur. Coulomb a montré que, *dans un air calme et à un état hygrométrique constant, la déperdition, dans un temps très-court, est proportionnelle à la tension :* loi analogue à celle de Newton sur le refroidissement (387).

Coulomb expérimentait dans un air humide ; mais dans les gaz parfaitement desséchés, M. Matteucci a trouvé que la déperdition de l'électricité ne suit plus la loi de Coulomb, et que, dans de certaines limites de tension, la perte est indépendante de la quantité d'électricité et proportionnelle au temps ; c'est-à-dire que, dans des temps égaux, les pertes successives sont égales.

D'après le même physicien, à température et à pression égales, la perte est la même dans l'air, dans l'hydrogène et dans l'acide carbonique, quand ces gaz sont complétement desséchés; avec des corps fortement électrisés, la déperdition est plus grande quand ils sont électrisés négativement que lorsqu'ils le sont positivement; dans les gaz secs, à pression constante, la déperdition augmente avec la température; enfin, toujours dans les gaz secs, la perte est indépendante de la nature du corps électrisé, c'est-à-dire qu'elle est la même, que celui-ci soit conducteur ou isolant.

Quant à la perte par les supports, non-seulement ceux-ci n'isolent jamais complétement, mais Coulomb a trouvé qu'ils sont la source d'une abondante déperdition pour les corps fortement électrisés. Cette déperdition diminue graduellement et devient constante lorsque la tension électrique est très-affaiblie. Elle peut même alors être négligée, si l'on donne aux isoloirs une longueur suffisante : longueur qui, d'après Coulomb, doit augmenter proportionnellement au carré de la tension électrique du corps à isoler. La gomme laque isole alors à peu près complétement; mais le verre, qui est hygrométrique, doit être desséché avec soin.

649. Déperdition de l'électricité dans le vide. — L'électricité étant retenue à la surface des corps par la mauvaise conductibilité de l'air, quand celui-ci se raréfie, la déperdition augmente, et dans le vide, où la résistance est nulle, toute l'électricité se dissipe. C'est du moins la conséquence à laquelle conduit la théorie mathématique qui rend compte de l'équilibre de l'électricité sur la surface des corps; mais Hauksbee, Gray, M. Harris et M. Becquerel ont montré que, dans le vide, des tensions électriques faibles peuvent être maintenues. M. Becquerel a même observé que dans le vide à un millimètre (175), un corps conservait encore de l'électricité après quinze jours; et ce savant admet que si un corps électrisé se trouvait dans un vide parfait, loin de toute matière qui pût exercer sur lui une action par influence (650), il conserverait indéfiniment une certaine tension électrique.

CHAPITRE III.

ACTION DES CORPS ÉLECTRISÉS SUR LES CORPS A L'ÉTAT NEUTRE; MACHINES ÉLECTRIQUES.

650. Électrisation par influence ou par induction. — Un corps électrisé agit sur un corps à l'état neutre de la même manière qu'un aimant agit sur le fer doux (609); c'est-à-dire que, décomposant le fluide neutre, il attire l'électricité de nom contraire à celle qu'il possède et repousse celle de même nom. Pour exprimer cet effet, qui est une conséquence de l'action mutuelle des deux électricités, on dit que le corps qui était d'abord à l'état neutre, est maintenant *électrisé par influence* ou *par induction;* et l'on nomme *induisant* ou *inducteur,* le corps qui agit par induction, et *induit* celui sur lequel il agit.

On démontre l'électrisation par influence au moyen d'un cylin-

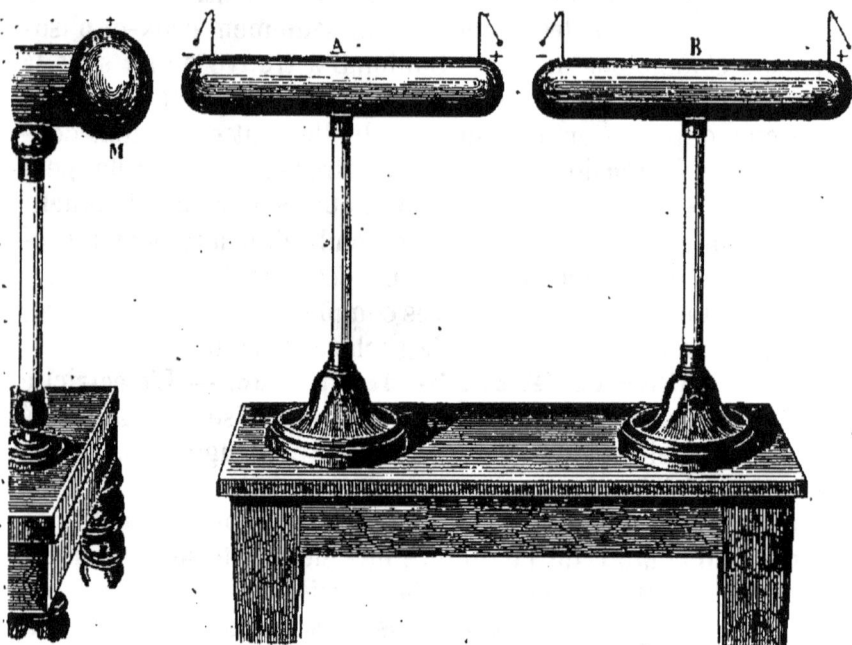

Fig. 535 (h.= 39).

dre de cuivre jaune A, isolé sur un pied de verre, et portant, à ses extrémités, deux petits pendules électriques formés de balles de sureau suspendues par des fils de chanvre, qui sont conducteurs (fig. 535). Lorsqu'on place ce cylindre à une certaine distance de l'un des conducteurs M de la machine électrique, celle-ci, qui, ainsi qu'on le verra bientôt, est chargée de fluide positif, agissant par influence sur le fluide neutre du cylindre, le décompose, attire le fluide négatif et repousse le fluide positif ; en sorte que les fluides se distribuant alors comme l'indiquent les signes + et — marqués sur le dessin, chaque pendule se trouve repoussé.

Pour reconnaître l'espèce d'électricité dont sont chargées les extrémités du cylindre, on frotte un bâton de cire d'Espagne, et le présentant au pendule le plus rapproché de la machine électrique, on observe une répulsion, ce qui montre que ce pendule est chargé de la même électricité que la résine, c'est-à-dire de fluide négatif. En présentant de même au second pendule un tube de verre frotté, il y a également répulsion; donc ce pendule èst électrisé positivement. Par conséquent, un corps électrisé par influence possède à la fois, sur deux régions opposées, les deux espèces d'électricités à l'état libre. Entre ces parties électrisées en sens contraire se trouve nécessairement une zone à l'état neutre. On le vérifie en disposant plusieurs petits pendules à balle de sureau le long du cylindre : leur divergence décroît rapidement en s'éloignant des extrémités, et devient nulle en un certain point, qui est le *point neutre*. Ce point n'est jamais au milieu du cylindre; sa position dépend de la charge électrique et de la distance du cylindre au corps qui agit sur lui par influence; mais il est toujours plus près de l'extrémité la plus rapprochée de ce corps.

Un corps électrisé par influence agit à son tour sur les corps voisins pour séparer les deux fluides; c'est ce que montre la disposition relative des signes + et — sur un second cylindre B placé à la suite du cylindre A.

Tout corps électrisé par influence présente les deux phénomènes suivants : 1° *Aussitôt que l'influence cesse, les deux fluides se recomposent, et le corps ne conserve aucune trace d'électricité.* Ce principe se vérifie avec le cylindre de la figure 535, car les pendules retombent dès qu'on l'éloigne de la source électrique, ou dès qu'on ramène celle-ci à l'état neutre en la touchant avec le doigt. 2° Lorsqu'un corps conducteur est électrisé par influence, si on le touche *sur un quelconque de ses points,* soit avec une tige métallique, soit avec le doigt, *c'est toujours le fluide de même nom que celui de la source électrique qui s'écoule dans le sol, le fluide de nom contraire étant retenu par l'attraction du fluide de la source.* Par exemple, dans le cylindre A ci-dessus, c'est le fluide négatif qui reste, soit qu'on le touche à l'extrémité positive, à l'extrémité négative, ou au milieu.

C'est par un effet d'électrisation par influence qu'une machine électrique ne peut se charger, s'il se trouve, dans son voisinage, une pointe métallique en communication avec le sol; en effet, le fluide positif de la machine agissant par influence sur la pointe, il s'écoule de celle-ci (646) un courant continu de fluide négatif qui neutralise l'électricité de la machine.

Les effets par influence qui viennent d'être étudiés ne s'appliquent qu'aux corps bons conducteurs. En effet, sur les mauvais conducteurs, l'action par influence est nulle, ou du moins très-faible, et ne peut se produire que lentement et en présence d'une source électrique assez puissante, vu la grande résistance que rencontre alors l'électricité à se mouvoir.

Par la même cause, lorsqu'un corps mauvais conducteur est une fois électrisé par influence, il l'est encore longtemps après que l'action influente a été écartée.

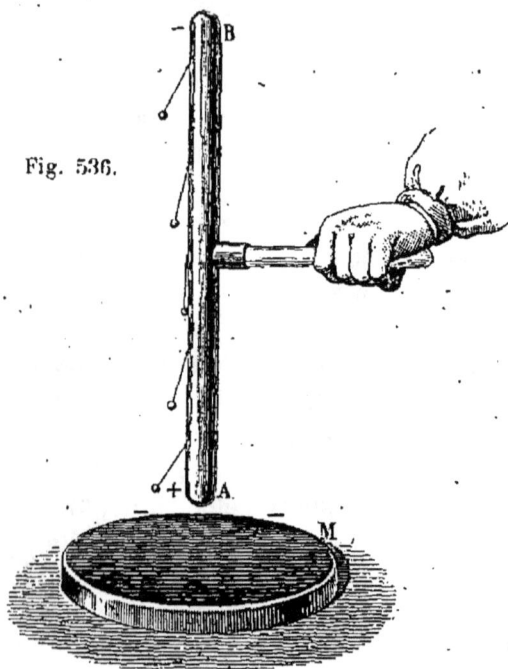

651. Appareil de M. Riess pour constater l'influence. — Le cylindre horizontal de la figure 535, dû à Æpinus, a été longtemps le seul appareil en usage pour démontrer l'électrisation par influence. Les physiciens allemands ont objecté à l'emploi de cet appareil qu'il ne démontre pas que l'extrémité la plus rapprochée de la source soit électrisée, parce que la divergence du pendule correspondant peut s'expliquer par l'attraction de l'électricité du corps M. Pour éviter cette objection, M. Riess, à Berlin, a adopté un cylindre de cuivre, muni d'un manche de verre, et armé, dans toute sa longueur, de petits pendules de moelle de sureau (fig. 536). Tenant le manche à la main, on présente le cylindre, dans une position verticale, à une source électrique, par exemple à un gâteau de résine électrisé négativement par friction. Les pendules divergent aussitôt, mais ici l'écart du pendule inférieur ne saurait être attribué à l'attraction de l'électricité du plateau de résine, car cette attraction tend évidemment à maintenir le pendule vertical. Donc l'extrémité A est bien électrisée. On vérifie, comme pour le cylindre horizontal, qu'elle l'est positivement, et l'extrémité B négativement.

652. Limite à l'électrisation par influence. — L'action par influence qu'exerce un corps électrisé sur un corps voisin pour décomposer son fluide neutre est limitée. En effet, sur la surface du cylindre isolé soumis à l'influence de la machine électrique qu'on a considéré ci-dessus, soit en n une quantité aussi petite qu'on voudra de fluide neutre (fig. 537). L'électricité positive de la source m agit seule d'abord pour décomposer par influence le fluide neutre qui est en n, attirer en A son fluide négatif et repousser en B son fluide positif; mais à mesure que l'extrémité A se charge d'électricité négative, et l'extrémité B d'électricité positive, il se développe en A et en B, deux forces f et f' agissant sur n en sens contraire de la source. En effet, les forces f et f', l'une par attraction, l'autre par répulsion, concourent pour appeler en B le fluide négatif de n, et en A son fluide positif. Or, la force influente F, qui s'exerce en m, étant constante, tandis que les forces f et f' sont croissantes, il arrive nécessairement un moment où l'équilibre s'établit entre la force F et les deux forces f et f'. Alors cesse toute décomposition de fluide neutre, et l'action influente a atteint sa limite.

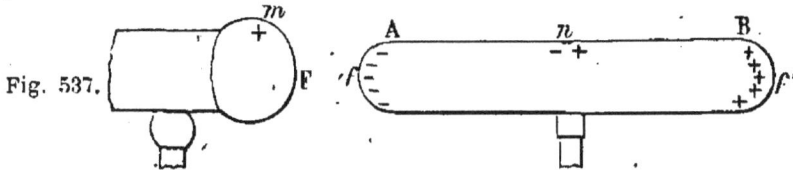

Fig. 537.

Si l'on éloigne le cylindre de la source électrique, l'action par influence décroissant, une portion des fluides libres en A et en B se recombine pour former du fluide neutre. Au contraire, si on le rapproche, la force F l'emportant sur les forces f et f', une nouvelle décomposition de fluide neutre se produit, et de plus grandes quantités de fluide positif et de fluide négatif s'accumulent en A et en B.

*653. **Théorie de M. Faraday sur l'électrisation par influence.** — La théorie de l'électrisation par influence, telle que nous venons de la faire connaître, est celle admise jusqu'ici par tous les physiciens; mais des travaux récents de M. Faraday sur la polarité électrique tendent à la modifier, et peut-être à la renverser tout à fait. En effet, jusqu'à présent on n'avait pas tenu compte, dans les phénomènes que nous venons de considérer, du milieu qui sépare le corps électrisé de celui sur lequel il agit par influence. Or, les nouvelles expériences de M. Faraday conduisent plutôt à admettre que c'est par l'intermédiaire même de ce milieu que s'opèrent tous les phénomènes par influence, et non par une action à distance, ou du moins à une distance qui n'excède pas l'intervalle entre deux molécules adjacentes. M. Faraday admet qu'il se produit alors, dans le milieu intermédiaire, de molécule à molécule, une suite de décompositions de fluide neutre telles, que chaque molécule prend deux pôles électriques contraires, et c'est cet état qu'il désigne sous le nom de *polarisation* de ce milieu. Ce serait donc, dans la nouvelle théorie, à la polarisation des molécules de l'air, ou d'un autre milieu, que serait due l'action que paraissent exercer à distance les corps électrisés sur les corps à l'état neutre; tandis que, dans la théorie admise jusqu'ici, l'air ne joue qu'un rôle passif, et ne fait, par sa non-conductibilité, que s'opposer à la recomposition des électricités contraires. En un mot, la théorie nouvelle tend à supprimer l'action à distance pour la remplacer par l'action continue et constante d'un milieu, d'une matière intermédiaire propre à transmettre l'action d'un corps à un autre [1].

---

1. « La théorie de M. Faraday, dit M. de La Rive, quoique ayant encore besoin d'être étudiée, mérite cependant déjà d'attirer l'attention sérieuse des physiciens. Elle semble reposer sur un principe juste, celui que les actions électriques ne se manifestent jamais que par l'intermédiaire des particules matérielles; elle tend à opérer un rapprochement remarquable entre les forces électriques et les autres forces de la nature. Enfin, des expériences de M. Faraday il résulte déjà un point important acquis à la science, savoir, le fait de la polarisation moléculaire dans les corps isolants, mode probable de propagation de l'électricité dans les corps conducteurs également. »

En nommant *pouvoir inducteur*, la propriété qu'ont les corps de transmettre au travers de leur masse l'influence électrique, M. Faraday trouve que tous les corps isolants n'ont pas le même pouvoir inducteur. Pour comparer les pouvoirs inducteurs des différentes substances, il a fait usage de l'appareil représenté dans la figure 539, et dont la figure 538 donne une coupe verticale. Cet appareil se compose d'une enveloppe sphérique P Q, formée de deux hémisphères de cuivre

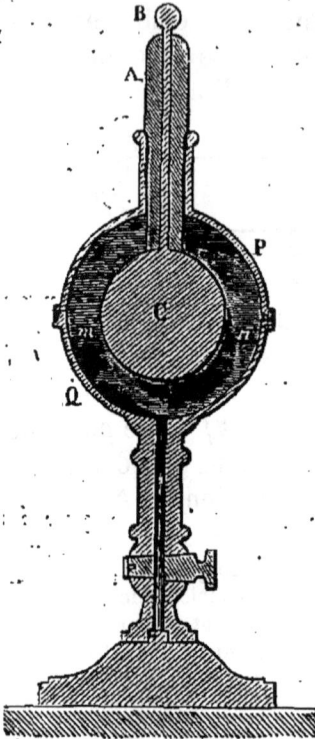

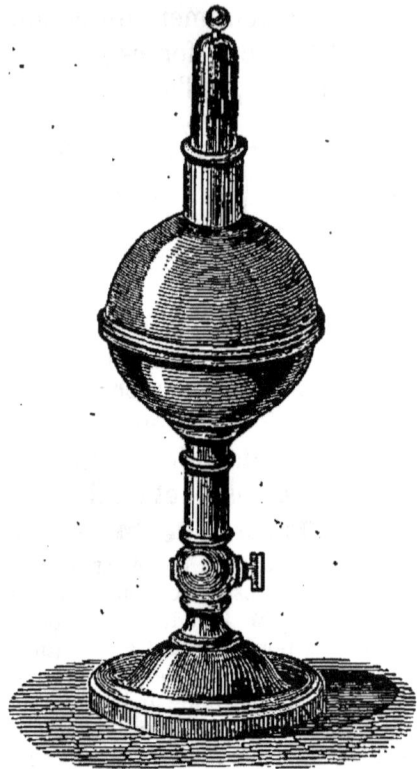

Fig. 538.   Fig. 539.

jaune, qui se séparent comme les hémisphères de Magdebourg (fig. 92, page 111), et comme eux s'appliquent bord à bord, de manière à fermer hermétiquement. Dans l'intérieur de cette enveloppe est une sphère de cuivre jaune C, d'un diamètre moindre que l'enveloppe et communiquant avec une boule extérieure B, au moyen d'une tige métallique qui est isolée de l'enveloppe P Q par une couche épaisse de gomme laque A. Quant à l'intervalle *mn*, il est destiné à recevoir la substance dont on veut mesurer le pouvoir inducteur. Enfin, le pied de l'appareil porte un canal à robinet, qui peut se visser sur la machine pneumatique lorsqu'on veut retirer l'air compris dans l'espace *mn*, ou le raréfier.

On a deux appareils semblables à celui que nous venons de décrire, identiques entre eux, et ne contenant d'abord tous les deux que de l'air dans l'intervalle *mn*; puis, les enveloppes P Q communiquant avec le sol, on met la boule B de l'un des appareils en communication avec une source d'électricité. La sphère C se charge alors à la manière de l'armature intérieure de la bouteille de Leyde, la couche d'air *mn* représentant la lame isolante qui sépare les deux armatures. L'appareil une fois chargé, on mesure la tension de l'électricité restée libre sur la sphère C, en touchant la boule B avec un plan d'épreuve, et en portant celui-ci dans la balance de Coulomb. Dans l'expérience de M. Faraday, ce physicien a obtenu ainsi une torsion de 250°, qui représentait la tension sur la sphère C. Mettant enfin la boule B de l'appareil ainsi chargé en communication avec la boule B du second appareil non encore chargé, on trouve, à l'aide du plan d'épreuve et de la balance de torsion, que la tension sur les deux sphères C est sensiblement 125, c'est-à-dire que l'électricité s'est distribuée également sur les deux appareils; ce qu'on pouvait prévoir d'avance, puisqu'ils sont identiques et contiennent tous les deux de l'air dans l'intervalle mn.

Cette première expérience faite, on la répète, mais en remplissant préalablement l'intervalle mn, dans le second appareil, de la substance dont on veut étudier le pouvoir inducteur, soit de gomme laque. Puis, ayant chargé l'autre appareil, celui dans lequel l'intervalle mn est toujours rempli d'air, on mesure la tension sur la boule C; supposons qu'elle soit 290, nombre trouvé par M. Faraday. Or, si actuellement on fait communiquer la boule B de l'appareil chargé avec la boule B de l'appareil où est la gomme laque, on ne trouve plus, comme ci-dessus, que chaque appareil possède la moitié de 290, ou 145. En effet, l'appareil à air accuse seulement une tension 114, et celui à gomme laque une tension 113. L'appareil à air qui avait 290, et n'a plus que 114, a donc perdu 176; par conséquent, on devrait trouver sur l'appareil à gomme laque 176 au lieu de 113. Puisqu'on ne retrouve que 113, cela montre qu'une plus grande quantité d'électricité a été neutralisée au travers de la couche de gomme laque qu'au travers de la couche d'air de même épaisseur dans la première expérience; d'où l'on conclut que le pouvoir inducteur de la gomme laque est plus grand que celui de l'air.

En opérant comme ci-dessus, on trouve qu'en représentant par 1 le pouvoir inducteur de l'air, les pouvoirs inducteurs relatifs des substances suivantes sont :

Air.	1,..	Cire jaune.	1,86
Flint.	1,76	Verre.	1,90
Résine.	1,77	Gomme laque.	2,..
Poix.	1,80	Soufre.	2,24

Quant aux gaz, M. Faraday a trouvé qu'ils ont tous sensiblement le même pouvoir inducteur, et que ce pouvoir n'est modifié ni par la température, ni par la pression du gaz.

D'après la capacité inductrice propre que possèdent les corps isolants, M. Faraday a donné à ces corps le nom de diélectriques, par opposition aux corps conducteurs qui ne jouissent pas de la même propriété. Le même physicien, qui a fait une étude approfondie du rôle joué par les diélectriques dans l'induction, est arrivé à ces deux résultats :

1° Qu'il n'y a point induction au travers des corps conducteurs lorsqu'ils sont en communication avec le sol.

2° Que l'induction d'un corps sur un autre peut s'exercer en ligne courbe quand entre les deux corps, est interposé un diélectrique.

Toutefois ces principes ne sont point acceptés par tous les physiciens, les expériences qui y ont conduit M. Faraday pouvant être interprétées autrement qu'elles ne l'ont été par ce savant.

M. Matteucci, qui a aussi étudié avec soin l'induction des corps électrisés sur les corps mauvais conducteurs, est arrivé récemment à mettre hors de doute la polarisation électrique moléculaire; il a prouvé, en outre, que le pouvoir isolant d'une substance est d'autant plus grand, que sa polarisation moléculaire est plus faible.

Il résulte donc des travaux de M. Faraday et de ceux de M. Matteucci que les corps mauvais conducteurs peuvent transmettre lentement l'électricité non-seulement par leur surface, mais par leur masse. Par exemple, lorsqu'un bâton de résine est laissé quelque temps en contact avec une machine électrique chargée, on remarque qu'il est électrisé positivement sur une plus ou moins grande étendue. En le frottant alors avec de la laine, il s'électrise négativement, puis peu à peu il passe à l'état neutre, et enfin l'électricité positive reparaît; ce qui résulte de ce que l'électricité de la machine ayant polarisé les molécules jusqu'à une certaine profondeur, ce sont celles-ci qui, réagissant ensuite sur la surface, la ramènent à l'état neutre, puis à l'état positif.

654. Communication de l'électricité à distance. — Dans l'expérience représentée dans la figure 535, les électricités contraires du conducteur M et du cylindre isolé tendent à se réunir, et elles ne restent maintenues à la surface de ces deux corps que par la résistance de l'air; mais si la résistance diminue, ou si la tension augmente, la force attractive des deux électricités l'emporte sur l'obstacle qui les sépare, et elles se recomposent alors au travers de l'air, en donnant naissance à une étincelle plus ou moins vive accompagnée d'un bruit sec. L'électricité négative du cylindre se trouvant ainsi neutralisée par l'électricité positive que lui a cédée la machine, il ne reste plus sur le premier que de l'électricité positive, qu'il conserve, quoique l'influence vienne à cesser.

Le même phénomène a lieu lorsqu'on présente le doigt à un corps fortement électrisé. Celui-ci décompose par influence l'électricité naturelle de la main, attire avec étincelle le fluide contraire, et repousse dans le sol le fluide de même nom.

Quant à la distance explosive, elle varie selon la tension du fluide électrique, la forme des corps, leur pouvoir conducteur, et le plus ou moins de résistance des milieux environnants.

655. Mouvement des corps électrisés. — La théorie de l'électrisation par influence donne l'explication des mouvements d'attraction et de répulsion que présentent entre eux les corps électrisés. En effet, étant donnés un corps fixe M (fig. 540), que nous supposerons électrisé positivement, et un corps mobile N, placé à une petite distance du premier, on peut considérer trois cas :

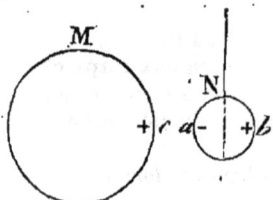

Fig. 540.

1° *Le corps mobile est à l'état naturel et conducteur.* — Dans ce cas, le corps M, agissant par influence sur le fluide neutre du corps N, attire le fluide négatif et repousse le fluide positif, de sorte que le maximum de tension des deux fluides a lieu respectivement aux points a et b. Or, les attractions et les répulsions électriques s'exerçant en raison inverse du carré de la distance, l'attraction entre les points a et c l'emporte sur la répulsion entre les points b et c, et le corps mobile s'approche du corps fixe par l'effet d'une résultante égale à l'excès de la force attractive sur la force répulsive.

2° *Le corps mobile est électrisé et conducteur.* — Si le corps mobile est chargé d'une électricité contraire à celle du corps M, il y a toujours attraction; s'il est chargé de la même électricité, il y a répulsion pour une certaine distance, mais plus près il peut y avoir attraction entre les deux corps. Pour expliquer cette anomalie, il suffit d'observer qu'outre le fluide libre que contient déjà le corps mobile, il contient aussi du fluide naturel, et que, celui-ci étant décomposé par l'influence du fluide positif du corps M, l'hémisphère *b* reçoit une nouvelle quantité de fluide positif, pendant que l'hémisphère *a* se charge de fluide négatif; il y a donc, comme dans le cas précédent, attraction et répulsion. La seconde force l'emporte d'abord sur la première, parce que la quantité de fluide positif sur le corps N est plus grande que la quantité de fluide négatif; mais l'intervalle *ac* diminuant, la force attractive croît plus vite que la force répulsive, et peut finir par l'emporter sur elle.

3° *Le corps mobile est mauvais conducteur.* — Si le corps mobile est mauvais conducteur et électrisé, il est repoussé ou attiré, selon qu'il est ou non chargé de la même électricité que le corps fixe. S'il est à l'état naturel, comme une source d'électricité puissante, dont l'action se prolonge, peut toujours, même dans les corps les plus mauvais conducteurs, décomposer plus ou moins le fluide naturel, celui-ci l'est, en effet, sous l'influence du corps M, si ce dernier est suffisamment électrisé, et alors il y a attraction.

656. Électroscope à feuilles d'or. — On a déjà vu (634) qu'on nomme *électroscopes,* de petits appareils qui servent à reconnaître si un corps est électrisé et quelle est la nature de son électricité. Le pendule électrique déjà décrit est un électroscope. On a imaginé plusieurs sortes de ces appareils; nous ne décrirons, pour le moment, que l'électroscope à feuilles d'or, mais bientôt nous ferons connaître un autre appareil de ce genre, beaucoup plus sensible, l'*électromètre condensateur* de Volta (678).

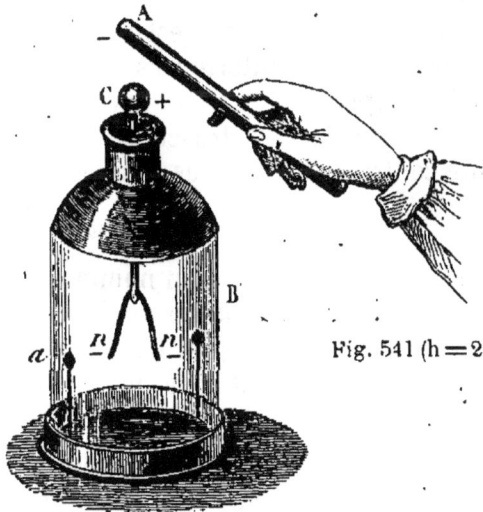

Fig. 541 (h = 21)

L'*électroscope à feuilles d'or* consiste en un bocal de verre B (fig. 541), reposant sur un plateau de cuivre, et dont le goulot est fermé par un bouchon recouvert d'un vernis isolant, ainsi que toute la partie supérieure du bocal. Dans le bouchon passe une tige de cuivre terminée extérieurement par une boule C, de même métal, et intérieurement par deux petites feuilles d'or battu n, extrêmement légères.

Lorsqu'on approche de cet appareil un corps chargé d'une électricité quelconque, négative par exemple, comme l'indique le dessin, cette électricité agissant par influence sur le fluide neutre de la boule et de la tige, le fluide positif est attiré dans la boule, et le fluide négatif repoussé vers les feuilles d'or. Celles-ci, se trouvant ainsi chargées de la même électricité, se repoussent, et c'est là ce qui montre que le corps A est électrisé.

Si l'on ignore l'espèce d'électricité dont est chargé le corps qu'on a présenté à l'électroscope, il est facile de la reconnaître. Pour cela, tandis que l'instrument est sous l'influence du corps A, on touche la boule C avec le doigt. L'électricité de même nom que celle dont est chargé le corps A est alors repoussée dans le sol, et la boule ainsi que la tige restent chargées d'une électricité *contraire* à celle du corps (650). Les feuilles d'or retombent d'abord; mais, retirant le doigt et ensuite le corps A, elles divergent de nouveau. Il reste à constater l'espèce d'électricité que conserve l'appareil. Pour cela, on approche lentement de la boule C un bâton de verre frotté avec de la laine. Si la divergence des feuilles d'or augmente, cela indique que l'électricité de l'électroscope est repoussée à la partie inférieure, d'où l'on conclut qu'elle est de même espèce que celle du verre, c'est-à-dire positive. Si la divergence diminue, c'est que l'électricité de l'appareil est attirée par celle du verre; elle est donc de nom contraire, c'est-à-dire négative.

Sur les parois intérieures du bocal sont collées deux bandes d'étain a opposées l'une à l'autre; elles ont pour but d'augmenter la sensibilité de l'électroscope, en se chargeant par influence de fluide contraire à celui des feuilles d'or.

MACHINES ÉLECTRIQUES.

657. Électrophore. — On nomme *machines électriques,* des appareils qui servent à obtenir un développement plus ou moins abondant d'électricité statique. La plus simple des machines électriques est l'*électrophore.* Cet appareil, inventé par Volta, se compose d'un gâteau de résine B (fig. 543), coulé sur un plateau de bois, et d'un disque de bois A, recouvert d'une feuille d'étain et muni d'un manche isolant de verre. Pour obtenir de l'électricité au moyen de cet appareil, on commence par sécher le gâteau de résine et le disque de bois en les chauffant doucement, puis on bat la résine fortement avec une peau de chat, ce qui l'électrise négativement. Posant alors le disque de bois recouvert d'étain sur la résine (fig. 542), celle-ci, qui est très-mauvais conducteur, conserve son électricité négative, et, par son influence sur le disque, attire le fluide positif vers la face qui est en contact avec elle, tandis.qu'elle repousse sur l'autre le fluide négatif. Touchant donc la feuille.d'étain avec le doigt, c'est le fluide négatif qu'on soustrait, et le disque de .bois reste électrisé positivement. En effet, si on l'enlève d'une main par le manche de verre, et si on lui présente l'autre main (fig. 543), il jaillit une vive étincelle due à la recomposition du fluide positif du disque avec le fluide négatif de la main.

Fig. 542.   Fig. 543.

Dans un air sec, le gâteau de résine de l'électrophore, une fois électrisé, peut conserver son électricité pendant des mois entiers, et l'on peut obtenir, pendant tout ce temps, autant d'étincelles qu'on veut, sans battre de nouveau la résine avec la peau de chat, pourvu qu'on ait soin, à chaque fois, de toucher d'abord le disque recouvert d'étain, tandis qu'il est en contact avec la résine, puis une seconde fois, quand on le tient par le manche de verre.

L'électrophore sert, en chimie, pour faire détoner, dans l'eudiomètre, des mélanges gazeux au moyen de l'étincelle électrique.

658. Machine électrique de Ramsden. — La première machine électrique est due à Otto de Guericke, le même qui a inventé la machine pneumatique. Elle consistait en une sphère de soufre fixée à un axe qu'on tournait d'une main, tandis que l'autre appuyait sur la sphère et servait de frottoir. Bientôt on substitua à la boule de soufre un cylindre de résine que Haucksbee remplaça par un cylindre de verre; mais la main servait toujours de frottoir. Vers 1740, Winkler, physicien allemand, fit usage, le premier, comme frottoir, d'un coussin de crin recouvert de soie. A la même époque, Bosc, professeur dans le duché de Wurtemberg, recueillit, sur un tube de fer-blanc isolé, l'électricité dégagée par le frottement. Enfin, en

Fig. 544 (h = 1m,70).

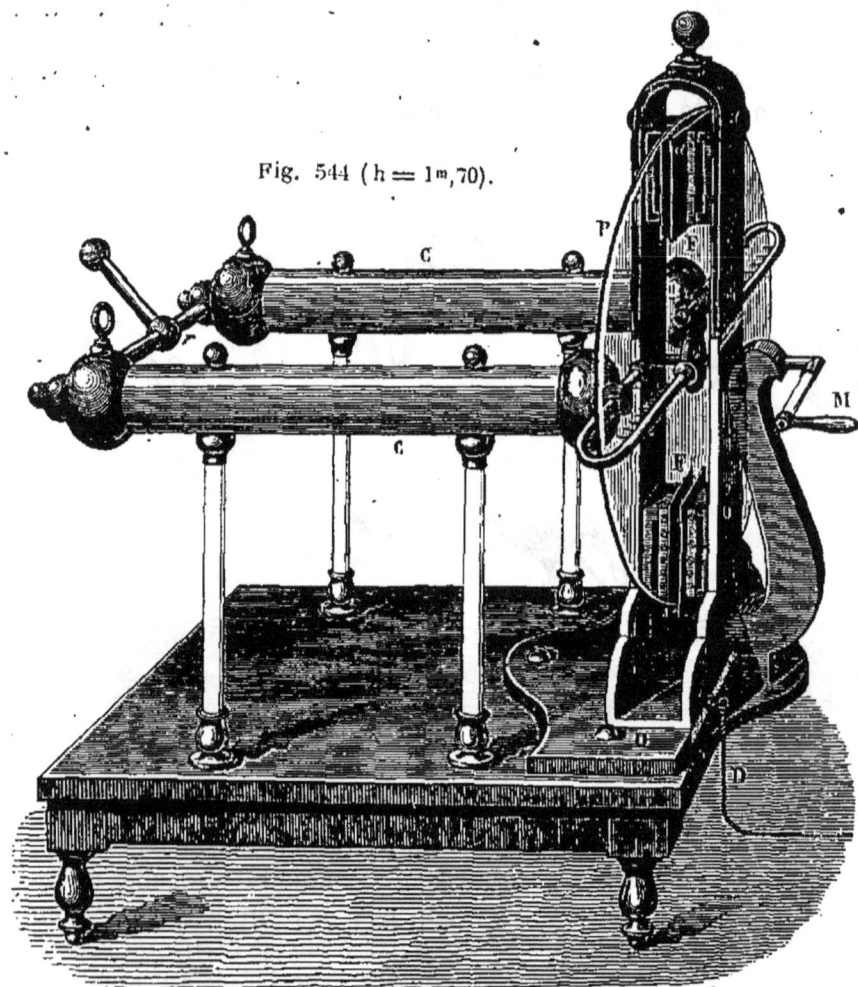

1766, Ramsden, à Londres, substitua au cylindre de verre un plateau circulaire de verre, frotté par quatre coussins. Dès lors la machine électrique prit la forme ci-dessus qu'on lui donne généralement aujourd'hui.

Entre deux montants de bois (fig. 544) est un plateau circulaire P, de verre, fixé par son centre à un axe qu'on fait tourner à l'aide d'une manivelle. Ce plateau, suivant son diamètre vertical, est pressé entre quatre *frottoirs* ou *coussins* F, de cuir ou de soie. Suivant son diamètre horizontal, il passe entre deux tubes de laiton recourbés en fer à cheval, qu'on appelle les *peignes*, parce qu'ils sont armés de pointes placées, des deux côtés, en regard du plateau. Ces peignes sont fixés à des tubes plus gros C, qu'on nomme les *conducteurs*. Ces derniers, isolés sur quatre pieds de verre, sont reliés entre eux par un tube *r* d'un plus petit diamètre. Enfin, des bandes d'étain O, collées des deux côtés des montants de bois qui portent les coussins, font communiquer ceux-ci avec une chaîne métallique D et avec le sol.

Ces détails connus, la théorie de la machine électrique, fondée sur l'électrisation par frottement et par influence, est fort simple. En effet, pendant son mouvement de rotation, le plateau, en frottant contre les coussins, se charge d'électricité positive, et ceux-ci d'électricité négative. Or, cette dernière se perdant dans le sol par les bandes d'étain O et la chaîne D, les coussins tendent constamment à revenir à l'état neutre. Au contraire, l'électricité du plateau, ne pouvant s'écouler, reste sur ses deux faces sans produire aucun effet pendant un quart de tour, c'est-à-dire depuis le coussin supérieur *a*F, par exemple, jusqu'à la mâchoire de droite. Là, l'électricité positive du verre, agissant par influence sur le peigne et sur les conducteurs, en décompose le fluide neutre, repousse le fluide positif et soutire par les pointes le fluide négatif, qui vient se réunir au fluide positif du plateau. La portion de celui-ci qui vient d'agir sur les conducteurs se trouve donc ramenée à l'état neutre jusqu'à ce qu'elle vienne passer entre les coussins inférieurs. Là elle s'électrise de nouveau, et agit ensuite sur le deuxième peigne comme elle l'a fait sur le premier; et ainsi de suite. On voit donc que le plateau ne cède rien aux conducteurs; il ne fait, au contraire, qu'en soutirer le fluide négatif, et c'est ainsi qu'ils restent chargés d'électricité positive.

La machine une fois chargée, si l'on en approche la main, on tire une forte étincelle qui se renouvelle tout le temps qu'on tourne le plateau; car l'étincelle étant le résultat de la combinaison du fluide négatif de la main avec le fluide positif de la machine, celle-ci tend, à chaque étincelle, à revenir à l'état neutre; mais au fur et à mesure l'influence du plateau l'électrise de nouveau.

659. Soins à donner aux machines électriques, coussins de Steiner. — Pour donner à une machine électrique toute l'activité dont elle est susceptible, il importe de dessécher avec soin les supports, le plateau et les coussins. Pour cela, on les chauffe doucement, et on les essuie avec un linge chaud.

Les coussins méritent une attention toute particulière, tant pour leur disposition que pour leur bon état d'entretien. Ceux qui sont le plus en usage sont de cuir mince, rembourrés de crin et enduits d'*or mussif*, matière pulvérulente qui n'est autre chose que du déuto-sulfure d'étain, et qui augmente beaucoup le développement de l'électricité, probablement par une décomposition chimique, comme l'indique l'odeur sulfureuse que répandent les coussins pendant le frottement. Cependant, tout en reconnaissant que les substances oxydables, et qui dans les actions chimiques donnent les effets les plus énergiques, sont aussi celles qui dans le frottement dégagent le plus d'électricité, M. Ed. Becquerel admet que l'état moléculaire des corps frottés influe beaucoup sur les résultats obtenus. En effet, il a constaté par l'expérience que les corps en poudre et doux au toucher, comme l'or mussif, le talc, la plombagine, la farine, la fleur de soufre, le charbon de coke, développent beaucoup d'électricité par le frottement. Mais ne serait-ce point parce que, pendant le frottement, l'état de poudre impalpable, auquel ces corps sont réduits, les rend plus propres à se prêter aux actions chimiques en présence de l'oxygène de l'air?

M. Steiner, à Francfort-sur-le-Mein, a remis en usage d'anciens frottoirs, qui paraissent dus à Van Marum, en 1788, et qui donnent aux machines une tension électrique bien supérieure à celle qu'on obtient avec les coussins de crin. Ces frottoirs, représentés dans la figure 544, consistent en une plaque de bois bien plane et pressée sur le plateau par deux vis de pression qu'on règle à volonté. Cette plaque de bois est recouverte, dans toute son étendue, de quatre morceaux d'une étoffe de laine aussi épaisse que celle des couvertures de lit. Sur le premier morceau est appliquée une feuille d'étain qui se replie en dessous pour passer entre le premier morceau de laine et le second, puis entre le second et le troisième, et ainsi de suite, jusqu'à ce qu'elle atteigne la planchette où elle est mise en communication avec une feuille de papier doré appliquée derrière la planchette, et communiquant avec le sol à l'aide de feuilles d'étain et de chaînes métalliques fixées aux montants qui portent les coussins.

Le tout est recouvert d'une étoffe de coton croisée, clouée sur le contour de la planchette. Cette étoffe de coton étant enduite légèrement de suif, on la recouvre d'un amalgame d'étain, zinc, bismuth et mercure, amalgame dont M. Steiner n'a pas fait connaître les proportions. Sur l'étoffe de coton est ensuite appliqué un morceau de fort taffetas, cousu au coton en haut et en bas, et aussi latéralement, mais d'un côté seulement; de l'autre, il se prolonge, dans le sens de la rotation du plateau, de 6 centimètres environ, de manière à recouvrir en partie le plateau. Enfin, sur le taffetas est un enduit de suif, puis une couche du même amalgame qui est déjà sur le coton. C'est la couche d'amalgame appliquée sur le taffetas qui frotte contre le plateau et l'électrise positivement, tandis que l'amalgame, s'électrisant négativement, transmet son électricité à l'amalgame du coton, puis à la feuille d'étain et au sol.

M. Steiner a observé que la couleur du taffetas n'est pas sans influence sur le dégagement de l'électricité. C'est le taffetas jaune qui fournit le plus d'électricité ; puis le vert, le bleu, le rouge et le blanc ; ensuite le brun et le violet, et enfin le noir, qui ne donne rien.

Les frottoirs que nous venons de décrire dégagent, surtout par un temps sec, une quantité d'électricité remarquable. Avec des machines à plateau de 80 centimètres de diamètre, de fortes étincelles partent constamment des coussins jusqu'aux peignes, en suivant le contour du plateau, ce qui est dû à l'arête vive de celui-ci, et à l'amalgame qui reste adhérent à cette arête. L'inconvénient de ces frottoirs, c'est que le taffetas s'encrasse promptement et demande alors à être renouvelé, sinon l'effet est très-affaibli.

Afin d'éviter la déperdition de l'électricité du plateau par l'air, on fixe quelquefois, aux montants de bois, deux quarts de cercle de taffetas gommé, qui enveloppent le verre sur ses deux faces, l'un à droite du coussin a, et l'autre en bas, dans la partie opposée. Ces taffetas ne sont pas représentés dans le dessin. On a constaté que c'est la soie jaune, mince et huilée, qui donne les meilleurs effets ; il importe que les taffetas ne soient gommés que d'un seul côté, celui qui n'est pas appliqué sur le verre ; enfin, il faut encore qu'il y ait contact parfait entre l'étoffe et le plateau de verre.

La machine électrique de Ramsden, disposée comme le montre la figure 544, donne nécessairement de l'électricité positive ; mais on peut aussi lui faire donner de l'électricité négative. Pour cela, on isole les quatre pieds de la table sur des supports épais de verre ou de résine, puis on fait communiquer les conducteurs C avec le sol. Tournant ensuite le plateau, l'électricité positive des conducteurs se perd dans le sol, tandis que l'électricité négative des coussins se répand dans les montants qui soutiennent le plateau et dans la table. Si l'on approche alors la main des montants, et surtout des bandes d'étain O, on en tire des étincelles.

660. Tension maximum, électromètre à cadran. — Même lorsqu'on observe toutes les conditions que nous venons de faire connaître, la tension de la machine électrique a une limite qui ne peut être dépassée, quels que soient la vitesse de rotation du plateau et le temps pendant lequel on le tourne. Abstraction faite de toute déperdition, cette limite est atteinte lorsque la tension sur les conducteurs fait équilibre à l'action par influence de l'électricité du plateau. Mais pratiquement la charge de la machine ne s'élève jamais jusqu'à cette limite, à cause des déperditions qui se produisent : 1° par l'air et la vapeur d'eau qu'il contient ; 2° par les supports; 3° par la recomposition d'une portion des deux électricités des coussins et du plateau.

On a déjà examiné les deux premières causes de déperdition (648); pour se rendre compte de la troisième, il suffit d'observer que la tension électrique croissant avec la vitesse de rotation, il vient un moment où elle l'emporte sur la résistance que présente la non-conductibilité du verre. A partir de cet instant, une portion des deux électricités développées par le frottement sur le plateau et sur les coussins se recompose pour donner du fluide neutre. Pour éviter cette cause continuelle de déperdition, il importe de faire communiquer les coussins avec le sol le plus intimement possible, afin que leur électricité, s'écoulant dans la terre, ne vienne pas neutraliser celle du plateau. C'est dans ce but que sont collées le long des montants de bois de la machine les feuilles d'étain O (fig. 544), qui descendent des coussins jusqu'à la chaîne D. Enfin, celle-ci doit

Fig. 545.

plonger dans l'eau d'un puits, ou communiquer avec un pied d'arbre, ou, s'il est possible, avec une des colonnes de fonte qui supportent les becs de gaz.

La tension de l'électricité sur les machines électriques se mesure avec l'*électromètre à cadran,* ou *électromètre de Henley.* On nomme ainsi un petit pendule électrique consistant en une tige de bois *d* à laquelle est fixé un cadran d'ivoire *c* (fig. 545). Au centre de ce dernier est un petit axe autour duquel tourne une aiguille de fanon de baleine terminée par une boule de moelle de sureau *a*. L'instrument étant vissé sur l'un des conducteurs, comme le montre le dessin, à mesure que la machine se charge, l'aiguille diverge et cesse de monter quand le maximum de tension est atteint. Si l'on cesse alors de tourner le plateau, l'aiguille retombe rapidement dans l'air humide; mais dans l'air sec elle ne retombe que lentement, ce qui indique que la déperdition est faible.

661. Conducteurs secondaires. — On nomme *conducteurs secondaires,* de gros cylindres de cuivre, de fer-blanc, ou de bois recouvert d'étain, qu'on isole à l'aide de pieds de verre ou en les suspendant à des cordons de soie, et qu'on met ensuite en communication avec les conducteurs de la machine électrique. La surface sur laquelle s'accumule l'électricité se trouvant ainsi augmentée, la tension ne croît pas, mais la quantité d'électricité recueillie augmente, à tension égale, proportionnellement à la surface. En effet, lorsqu'on décharge alors la machine en la faisant communiquer avec le sol, on en tire des étincelles beaucoup plus intenses et produisant un vif éclat dans l'air.

662. Machine électrique de Nairne. — Avec la machine électrique qui vient d'être décrite, on ne peut recueillir qu'une seule électricité. Nairne, en Angleterre, a imaginé, dans le but d'élec-

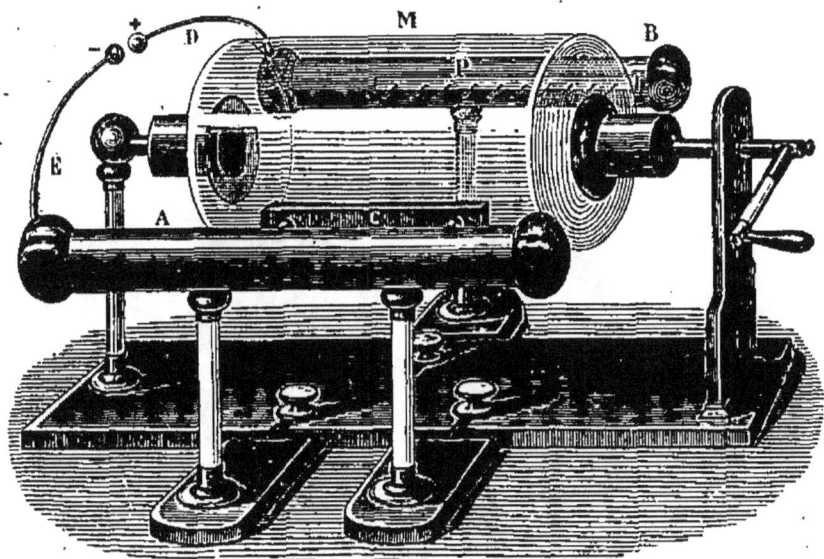

· Fig. 546 (h = 70).

triser les malades, une machine électrique qui porte son nom, et au moyen de laquelle on recueille à la fois les deux électricités. Cette machine se compose de deux conducteurs isolés, ne communiquant pas entre eux (fig. 546). L'un porte un frottoir de cuir C, rembourré de crin, et l'autre un peigne P, muni de plusieurs pointes. Entre ces deux conducteurs est un manchon de verre M, qu'on tourne avec une manivelle, et qui d'un côté touche le frottoir, et de l'autre passe très-près des pointes.

Lorsqu'on tourne le manchon de verre, le frottoir C et le conducteur A s'électrisent négativement, et le verre positivement. Or, celui-ci, en rasant les pointes du conducteur B, décompose son fluide naturel et soutire le fluide négatif, d'où il résulte que ce conducteur reste électrisé positivement. Deux tiges courbes D et E se terminent par deux boules de cuivre assez rapprochées pour qu'il en parte constamment une série d'étincelles provenant de la recomposition des deux électricités des conducteurs.

663. Machine de Van Marum. — Van Marum a construit une machine électrique à l'aide de laquelle on obtient, à volonté, l'une ou l'autre électricité. Cette machine, représentée dans les figures

547 et 548, se compose d'une roue de verre P, tournant entre quatre coussins *c*, fixés à des boules de cuivre isolées sur des pieds de
verre. En avant de la roue est un arc de cuivre *a*, à deux branches,
supporté par le pied qui porte l'arbre de la roue, et pouvant être
placé verticalement (fig. 547), ou horizontalement (fig. 548). Enfin,
de l'autre côté de la roue est une grosse boule de cuivre A, isolée
sur un pied de verre, et à laquelle est fixé un arc *d* pareil au premier, et pouvant, comme lui, être dirigé horizontalement (fig. 547),
ou verticalement (fig. 548).

 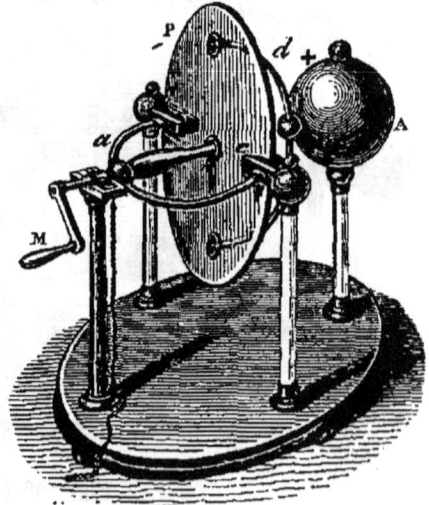

Fig. 547.   Fig. 548.

Lorsque les deux arcs *a* et *d* sont disposés comme le montre la
figure 547, les deux branches de l'arc *d* touchent les coussins; mais
celles de l'arc *a* approchent seulement très-près de la roue de verre
sans la toucher. Par conséquent, si, à l'aide de la manivelle M, on
fait tourner la roue, les coussins, qui s'électrisent négativement,
cèdent leur électricité à l'arc *d* et à la boule A, laquelle se trouve
alors chargée d'électricité négative. Quant à l'électricité positive
du plateau P, elle agit par influence sur l'arc *a*, et soutire du sol du
fluide négatif qui la ramène à l'état neutre.

Au contraire, si les branches *a* et *d* sont disposées comme dans
la figure 548, les coussins communiquant alors avec le sol par l'arc
a, perdent toute leur électricité, tandis que la roue, qui est électrisée positivement, agissant par influence sur l'arc *d* et sur la boule
A, en soutire le fluide négatif; en sorte que, dans ce cas, la boule A
reste électrisée positivement.

664. Machine hydro-électrique d'Armstrong. — La *machine
hydro-électrique* est une machine dans laquelle le développement
de l'électricité est dû au dégagement de la vapeur d'eau par de

petits orifices. Cette machine a été inventée par M. Armstrong, physicien anglais, après la découverte d'un fait nouveau qui fut observé, en 1840, près de Newcastle, sur une chaudière de machine

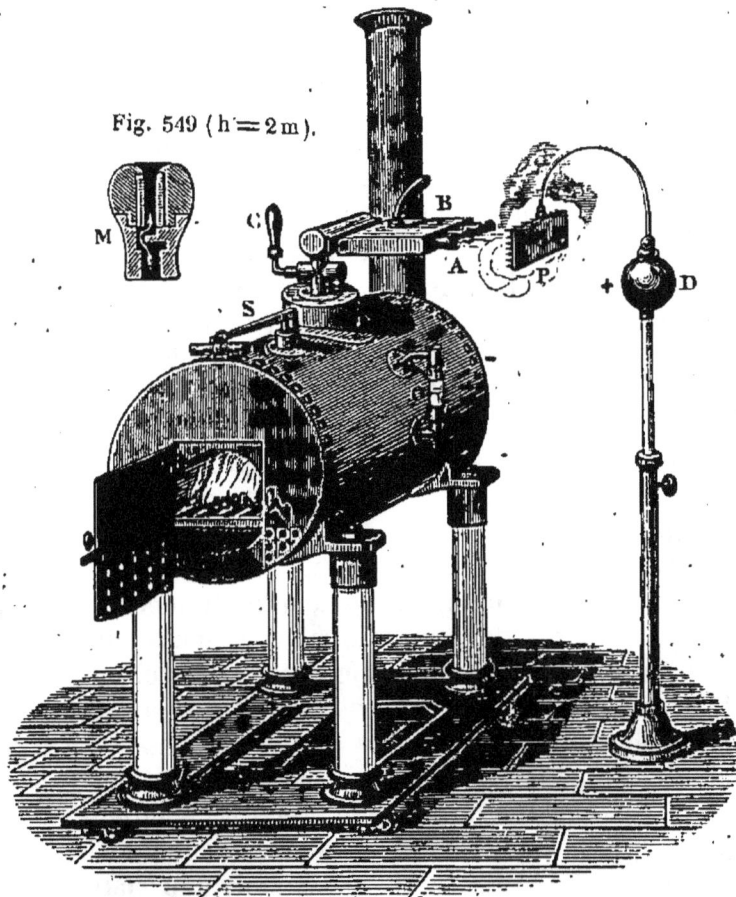

Fig. 549 (h = 2 m).

à vapeur. Une fuite s'étant déclarée à la soupape de sûreté, le chauffeur se trouvait avoir une main près du jet de la vapeur, et allongeait l'autre pour saisir le levier de la soupape, lorsqu'il reçut, au même moment, une forte commotion, et aperçut une vive étincelle entre le levier et sa main.

Informé de ce phénomène, M. Armstrong le reproduisit sur d'autres chaudières, et reconnut que la vapeur dégagée était chargée d'électricité positive. En expérimentant sur une locomotive qu'il avait isolée, il observa qu'elle s'électrisait négativement lorsqu'on soutirait par des pointes métalliques, à la vapeur d'eau qui s'échappait dans l'atmosphère, son électricité positive, et il obtint ainsi de très-fortes étincelles. C'est alors qu'il fit construire la machine représentée ci-dessus (fig. 549).

C'est une chaudière de tôle, à foyer intérieur, isolée sur quatre pieds de verre. Sa longueur est de près de 4^m,50, et son diamètre de 0^m,60. Un tube de cristal O, placé verticalement sur la droite de la chaudière et communiquant avec elle par les deux bouts, indique le niveau de l'eau dans l'intérieur. Un petit manomètre à air comprimé, qui n'est pas représenté dans le dessin, marque la pression. Sur la chaudière est un robinet C, qu'on ouvre quand la vapeur a acquis une tension suffisante. Au-dessus de ce robinet est une boîte B dans laquelle circulent les tubes par lesquels se dégage la vapeur. Ces tubes sont terminés par des ajutages A d'une forme particulière, représentée, à gauche du dessin, sur une plus grande échelle, par la coupe M. L'intérieur de ces ajutages est de bois dur et contourné, comme le montre la flèche, ce qui augmente le frottement. Enfin, la boîte B est remplie d'eau pour refroidir les tubes d'échappement. La vapeur, avant d'atteindre les ajutages de sortie, éprouve ainsi un commencement de condensation, et sort mélangée de vésicules d'eau, condition nécessaire, car, d'après les expériences de M. Faraday, il ne se dégage pas d'électricité par le passage de la vapeur *sèche*.

On avait d'abord attribué le développement de l'électricité, dans la machine hydro-électrique, à la condensation de la vapeur; mais M. Faraday, qui a fait de nombreuses expériences sur cette machine, a trouvé que le développement de l'électricité est uniquement dû au frottement des globules d'eau contre la paroi des ajutages de sortie. En effet, les autres conditions restant les mêmes, si l'on change les petits cylindres de bois qui garnissent l'intérieur des tubes A, l'espèce d'électricité que prend la chaudière n'est plus la même; une garniture d'ivoire ne donne aucune trace d'électricité. La même chose a lieu si l'on introduit une matière grasse quelconque dans la chaudière, et les garnitures employées dans ce cas sont mises hors de service. Toutefois il n'y a dégagement d'électricité que lorsque l'eau est pure, et alors la chaudière est électrisée négativement et la vapeur positivement. Si l'on ajoute de l'essence de térébenthine, l'effet est inverse, c'est-à-dire que la vapeur s'électrise négativement et la chaudière positivement. L'introduction d'une dissolution saline ou d'un acide fait cesser aussitôt tout dégagement d'électricité. M. Faraday a encore obtenu de l'électricité avec un courant d'air humide; mais avec l'air sec il n'y a aucun effet.

* 665. **Machine électrique de Holtz.** — Dans les différentes machines électriques décrites ci-dessus, le dégagement d'électricité est dû au frottement. Or, on construit depuis peu des machines électriques sans frottement, dans lesquelles l'électricité est développée par l'induction d'un corps électrisé d'avance, comme dans l'électrophore (657). Des machines de ce genre étaient inventées, en

1865, par M. Tœpler, à Riga, et par M. Holtz, à Berlin. Toutefois, dès la fin du siècle dernier, des machines électriques fondées sur le même principe avaient été construites en Angleterre.

La machine de Holtz se compose de deux plateaux circulaires de verre mince, distants l'un de l'autre de 3 millimètres, et de dia-

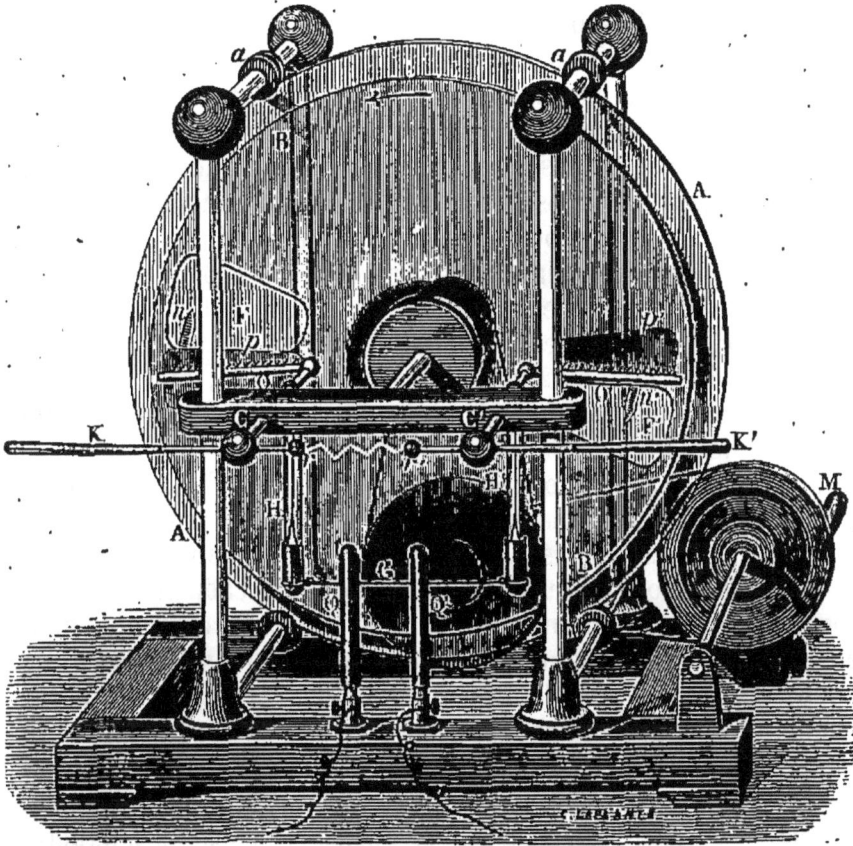

Fig. 550 (h = 0m, 70).

mètres inégaux (fig. 550). Le plus grand AA, qui a 60 centimètres de diamètre, est fixe, maintenu par quatre galets de bois a portés par des axes et des pieds de verre. En avant du plateau A est le second BB, d'un diamètre de 55 centimètres seulement, et tournant avec un axe horizontal de verre, qui traverse une ouverture centrale pratiquée dans le grand plateau. Le plateau B est plein dans toute son étendue, tandis que le plateau A est percé, suivant un même diamètre, de deux grandes ouvertures, ou *fenêtres*, F, F'. Le long du bord inférieur de la fenêtre F, sur la face postérieure du plateau, est collée une bande de papier p, et sur la face antérieure une languette n de carton mince, réunie à la bande p par une bandelette de papier, qui passe par-dessus le bord de la fenêtre. Dans la fenêtre F', le bord supérieur est armé de la même manière d'une bande de papier p' et d'une languette n'. Les bandes de papier p, p' sont les *armures*. Les deux plateaux, les armures et leurs languettes sont recouverts avec soin d'une couche de vernis à la gomme laque, mais surtout les bords des languettes.

En avant du plateau B, à la hauteur des armures, sont deux *peignes* de cuivre O, O', supportés par deux conducteurs de même métal C, C'. A leurs extrémités antérieures, ceux-ci se terminent par deux boules assez grosses, que traversent deux tiges de cuivre terminées par deux boules r, r', et munies de poignées de bois K, K'. Ces tiges peuvent non-seulement glisser à frottement doux dans les grosses boules, mais tourner avec elles de manière à être plus ou moins rapprochées et inclinées. La rotation du plateau B s'obtient à l'aide d'une manivelle M et d'une suite de poulies et de courroies sans fin, qui transmettent le mouvement à son axe; la vitesse qu'il reçoit ainsi est de 12 à 15 tours par seconde, et la rotation doit avoir lieu dans le sens marqué par la flèche, c'est-à-dire vers les pointes des languettes de carton n, n'.

Pour que la machine fonctionne, il ne suffit pas de faire tourner le plateau B, il faut commencer par *amorcer* les armures p, p', c'est-à-dire par les électriser, l'une positivement, l'autre négativement. Pour cela, on fait usage d'une plaque de caoutchouc durci qu'on électrise en la frottant avec une peau de chat, ou simplement avec la main; puis, ayant mis en contact les deux boules r, r', on approche la plaque électrisée d'une des armures, de p par exemple, et l'on fait marcher le plateau. Si l'on suppose alors la plaque de caoutchouc chargée d'électricité négative, celle-ci, agissant par influence sur l'armure p, en décompose le fluide neutre, et l'électricité négative repoussée se déchargeant par la languette n sur le plateau mobile, l'armure reste chargée positivement. Après une demi-révolution, l'électricité négative du plateau, arrivant devant la fenêtre F', agit de même par influence sur l'armure p' pour la charger d'électricité négative, et en soutirer par la languette n' l'électricité positive. Après quelques instants de rotation, les deux armures se trouvant ainsi électrisées, l'une positivement, l'autre négativement, on supprime la plaque induisante de caoutchouc, et l'on écarte les deux boules r, r' comme le montre le dessin. Continuant alors à faire tourner le plateau, un torrent d'étincelles jaillit sans interruption d'une boule à l'autre.

Ces détails connus, voici la théorie qu'a donnée M. Holtz de sa machine dans les *Annales de Poggendorff*, laquelle a été traduite par M. Gaugain, dans les *Annales de physique et de chimie* (4ᵉ série, t. VIII; p. 204). Considérant d'abord la portion du plateau mobile correspondant à l'armure positive p, l'électricité neutre de cette portion de plateau étant décomposée par l'induction de l'armure, l'électricité positive repoussée *se décharge* sur le conducteur C (ou, en d'autres termes, l'électricité positive de l'armure, agissant par influence sur ce conducteur, en soutire l'électricité négative qui se dépose sur le plateau mobile, et laisse le conducteur chargé positivement). La rotation du plateau continuant, son électricité négative est neutralisée de F en F' par l'induction qu'elle exerce sur le plateau fixe; mais, devenue libre devant la fenêtre C', elle *se décharge* sur la languette n' et sur le conducteur E' (l'expression *se décharge* ayant la même signification que ci-dessus). La portion de plateau considérée jusqu'ici est alors revenue sensiblement à l'état neutre; mais lorsqu'elle arrive devant l'armure négative p', par l'induction de celle-ci les deux électricités sont de nouveau séparées, et la négative est repoussée sur le conducteur C', tandis que la positive, restée sur le plateau tournant, est neutralisée de F' en F. Devenue libre en F, le même effet qu'en F' se produit, c'est-à-dire que le plateau, *déchargeant* son électricité positive sur la languette n et sur le conducteur C, revient à l'état neutre, mais qu'aussitôt l'induction de l'armure p, décomposant le fluide neutre qui s'est formé, repousse sur le conducteur une nouvelle quantité d'électricité positive, et ainsi de suite tant qu'on fait tourner le plateau. D'où l'on voit que chaque fois qu'un élément superficiel du plateau passe devant les fenêtres F, F', les conducteurs C, C' reçoivent deux charges de même nom : la première due au fluide qui devient libre sur le plateau tournant, la seconde due à l'induction de l'armure. Il est à remarquer, en même temps, que ce sont les décharges successives du plateau tournant sur les languettes n, n', qui maintiennent les armures chargées, et font que, dans l'air sec, la machine, de même que l'électrophore, marche indéfiniment.

A plateaux d'égal diamètre, la machine de Holtz est beaucoup plus puissante que la machine électrique ordinaire (658). On augmente encore sa puissance en suspendant aux conducteurs C, C' deux *condensateurs* H, H' (672), qui consistent en deux éprouvettes de verre épais, dont les parois intérieures et extérieures sont recouvertes d'une feuille d'étain jusqu'à un cinquième de leur hauteur environ. Chaque éprouvette est fermée par un bouchon dans lequel passe une tige de cuivre à crochet, communiquant d'un bout à la feuille d'étain intérieure, et suspendue de l'autre à un des conducteurs. A l'extérieur les deux feuilles d'étain sont en communication par un conducteur G. En réalité, ces éprouvettes ne sont autre chose que deux petites bouteilles de Leyde (678), se chargeant, l'une H, d'électricité positive à l'intérieur et négative à l'extérieur, l'autre H', d'électricité négative à l'intérieur et positive à l'extérieur. Se chargeant par l'intermédiaire de la machine, et se déchargeant au fur et à mesure par les boules r, r', elles renforcent l'étincelle, qui atteint alors jusqu'à 17 centimètres de longueur.

Pour utiliser le courant de la machine de Holtz, on dispose, en avant du bâti qui la supporte, deux bornes de cuivre Q, Q', desquelles partent deux fils de cuivre ; puis, au moyen des poignées K, K', on incline les tiges qui portent les boules r, r' de manière à mettre celles-ci en contact avec les bornes. Dirigeant alors le courant par les fils, on charge en quelques secondes une batterie de six bocaux (680), on décompose l'eau, et l'on fait marcher le galvanomètre et les tubes de Geissler, comme avec la pile voltaïque (749).

La machine de Holtz est très-influencée par l'humidité de l'air ; mais M. Ruhmkorff a trouvé qu'en répandant sur la table de la machine un peu d'huile de pétrole, les vapeurs qui vont se condenser sur les pièces de la machine la préservent contre l'humidité de l'atmosphère.

La machine que nous venons de décrire est construite par M. Ruhmkorff ; son plateau a 60 centimètres de diamètre, mais on en construit de plus petites, qui sont encore très-puissantes relativement. Ces machines sont d'un petit volume, d'un prix peu élevé, et demandent, pour être mises en mouvement, beaucoup moins de force que les machines à frottoirs. Toutefois, quand on fait tourner le plateau avant d'avoir électrisé les armures, puis lorsqu'elles le sont, on éprouve, dans le second cas, une résistance plus grande : c'est le travail mécanique déployé par le bras de l'opérateur qui est alors transformé en électricité.

* 666. Machine électrique de Bertsch. — La machine de Holtz a été simplifiée, en France, par M. Pisch et par M. Bertsch. Les machines des deux physiciens français sont à un seul plateau, sans fenêtres et sans armures. Dans la machine de M. Pisch, le plateau et l'induisant sont de papier fort ; dans celle de M. Bertsch, ils sont de caoutchouc durci, substance plus isolante et non hygrométrique.

La machine de M. Bertsch est plus simple que celle de Holtz, avec laquelle elle a beaucoup de rapport, mais elle est moins puissante. Elle se compose d'un plateau de caoutchouc durci PP', de 50 centimètres de diamètre, monté sur un axe de verre (fig. 554). A la partie inférieure du plateau est l'induisant E, qui consiste en un secteur aussi de caoutchouc durci, qu'on électrise par friction. En partie masqué dans le dessin par le plateau, ce secteur est représenté en E' au-dessus de la figure. Après l'avoir électrisé, on le pose très-près du plateau, mais sans qu'il le touche. Faisant alors tourner le plateau, le secteur induisant, que nous supposerons électrisé négativement, agissant à travers le plateau sur un peigne n, en soutire l'électricité positive qui se rend sur le plateau, et repousse la négative sur le conducteur b. Le plateau, continuant à tourner, arrive donc électrisé positivement devant le second peigne m. Par suite, il soutire du peigne et du conducteur a l'électricité néga-

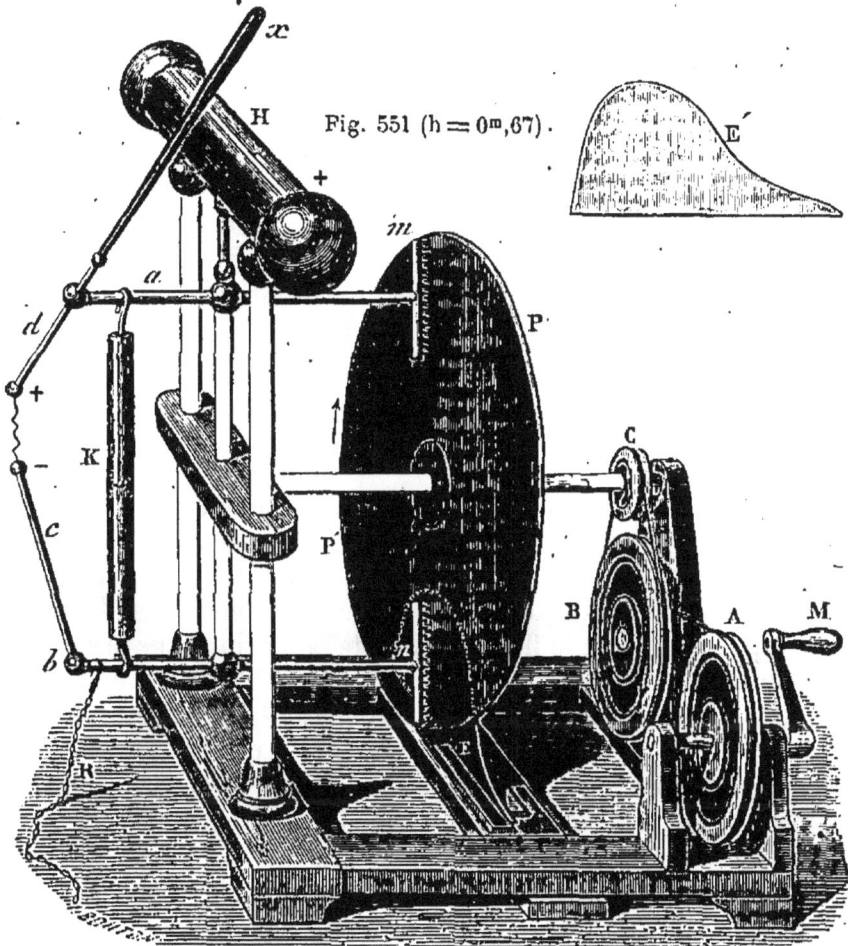

Fig. 551 (h = 0ᵐ,67).

tive, qui le ramène à l'état neutre, et le conducteur a reste élec-trisé positivement. La rotation du plateau se prolongeant, les con-ducteurs a et b continuent à se charger d'électricités contraires, et si les boules des tiges c et d sont distantes de 8 à 10 centimètres, une série d'étincelles éclate sans interruption de l'une à l'autre.

L'intensité des étincelles augmente lorsqu'on fait communiquer le conducteur b avec le sol par une chaîne R. Elle augmente encore lorsqu'on interpose entre les conducteurs a et b un condensateur K. Celui-ci est composé de deux éprouvettes à recueillir les gaz, de verre épais, mastiquées l'une à l'autre par leurs bouts fermés. A chaque extrémité est un crochet de cuivre en contact, dans chaque éprouvette, avec une feuille d'étain intérieure. Extérieurement une feuille d'étain unique entoure les deux éprouvettes; d'où il résulte que celles-ci ne sont autre chose que deux petites bouteilles de Leyde (678), en contact par leur armature extérieure; se chargeant d'électricités contraires avec les conducteurs *a* et *b*, elles se déchargent en même temps qu'eux et renforcent ainsi l'étincelle.

M. Bertsch augmente aussi la puissance de sa machine en plaçant, à côté du secteur E, un second secteur identique, et même deux, après les avoir électrisés dans le même sens que le premier. Le pouvoir induisant croissant, la tension augmente avec lui. Avec la machine ainsi disposée, on perce une lame de verre de 3 à 4 millimètres, et l'on charge rapidement une forte batterie (680); mais le pouvoir induisant des secteurs s'affaiblit rapidement, et il faut les frictionner de nouveau. Néanmoins, cette machine produit des effets intenses, et est remarquable par sa simplicité.

EXPÉRIENCES DIVERSES AVEC LA MACHINE ÉLECTRIQUE.

667. Étincelle électrique. — Un des premiers phénomènes qu'on observe lorsqu'on expérimente avec une machine électrique, est la vive étincelle qu'on tire des conducteurs en approchant la main. On a déjà vu (654) que la cause de ce phénomène est l'action par influence qu'exerce le fluide positif de la machine sur le fluide neutre de la main. Celui-ci étant décomposé, l'attraction entre le fluide positif de la machine et le fluide négatif de la main finit par l'emporter sur la résistance de l'air, et, à ce moment, les deux fluides se recomposent avec bruit et lumière; l'étincelle apparaît vive, instantanée, et accompagnée d'une piqûre plus ou moins forte, selon la puissance de la machine.

La forme de l'étincelle est variable. Lorsqu'elle éclate à une faible distance, elle est rectiligne (fig. 552). Au delà de six à sept centimètres de longueur, l'étincelle devient irrégulière et présente la forme d'une courbe sinueuse, accompagnée de ramifications très-déliées (fig. 553). Enfin, si la décharge est très-forte, l'étincelle prend la forme en zigzag (fig. 554). Ce sont les deux dernières formes que présentent les éclairs dans les nuées orageuses.

668. Tabouret électrique. — L'étincelle électrique se présente sous un aspect remarquable, et qui étonne ceux qui voient cette expérience pour la première fois, lorsque c'est du corps humain qu'on la fait jaillir. Pour cela on place la personne qu'il s'agit d'électriser sur un tabouret à pieds de verre, qu'on nomme *tabouret électrique*; puis cette personne ainsi isolée pose une main sur l'un des conducteurs de la machine électrique. Le corps humain con-

duisant bien l'électricité, à mesure que la machine se charge, le
fluide se distribue sur le corps de la personne isolée en même
temps que sur les conducteurs ; en sorte que, si on la touche sur
les mains, sur la figure ou sur les vêtements, on tire de cette personne des étincelles comme de la machine même. Tant qu'on n'ap-

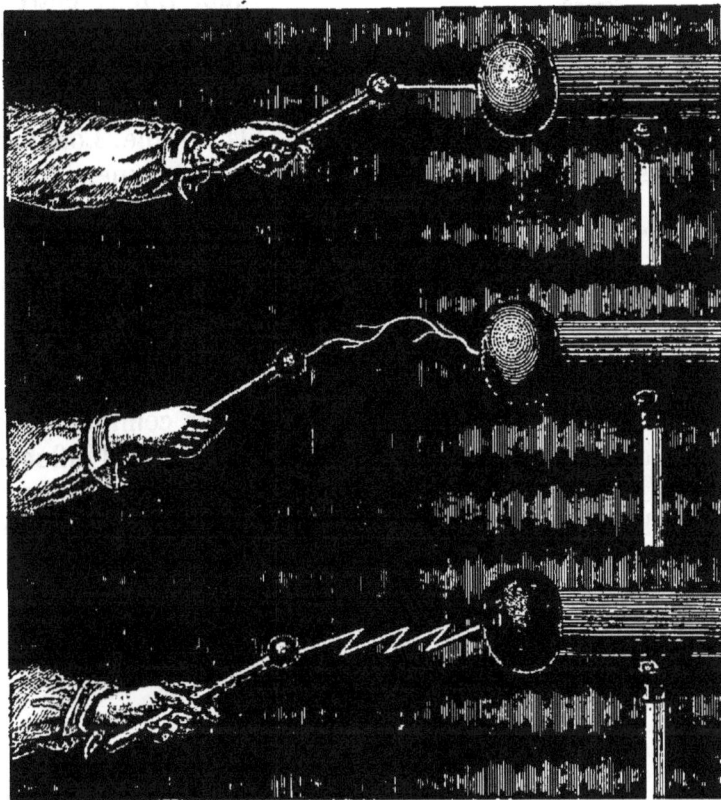

Fig. 552

Fig. 553

Fig. 554.

proche pas la main de la personne isolée, elle n'éprouve aucune
commotion, quoique fortement électrisée ; seulement ses cheveux
se hérissent et se dirigent vers les corps qu'on leur présente, et elle
ressent comme un léger souffle sur les mains et sur la figure.

On peut encore électriser une personne isolée sur le tabouret à
pieds de verre en la battant avec une peau de chat ; elle attire alors
le pendule électrique et donne des étincelles à l'approche de la
main. Si la personne qui tient la peau de chat monte elle-même sur
un second tabouret isolant, les deux expérimentateurs sont électrisés, l'un positivement, l'autre négativement. (640).

C'est Dufay, physicien français, qui, le premier, en 1734, tira
une étincelle du corps humain.

669. Carillon électrique, appareil pour la grêle. — Le *carillon
électrique* est un petit appareil qui se compose de trois timbres suspendus à une tringle horizontale en communication avec la machine

électrique (fig. 555). Les timbres A et B pendent par des chaînes métalliques qui établissent la communication avec la tringle, tandis que le timbre du milieu pend par un fil de soie qui l'isole de la machine, mais il communique avec le sol au moyen d'une chaîne métallique. Enfin, entre le timbre du milieu et les deux autres, sont deux petites boules de cuivre suspendues à des fils de soie. Lorsqu'on charge la machine, les timbres A et B, s'électrisant positivement, attirent les boules de cuivre et les repoussent dès qu'il y a eu contact. Or celles-ci, se trouvant alors électrisées positive-

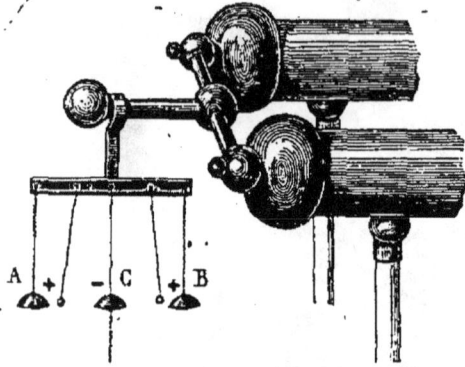

Fig. 555.

ment, se portent vers le timbre C, qui, quoique en communication avec le sol, est chargé d'électricité négative par l'effet de l'influence des deux autres. Aussitôt après le contact, les boules sont donc repoussées vers les timbres A et B, et exécutent un mouvement de va-et-vient rapide et des chocs successifs qui font résonner les trois timbres tout le temps que la machine est chargée.

Pour expliquer comment les grêlons peuvent souvent atteindre

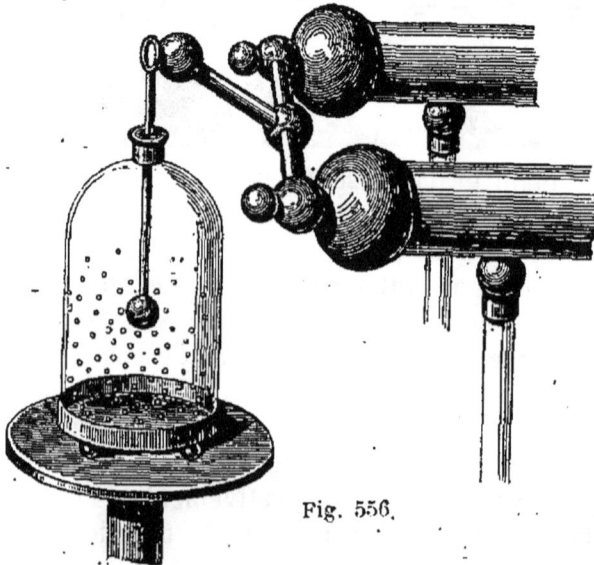

Fig. 556.

un volume considérable avant de tomber, Volta a imaginé un appareil fondé, comme le précédent, sur les attractions et les répulsions électriques. Cet appareil consiste en une cloche de verre placée sur un plateau de cuivre dans lequel on met de petites balles de moelle de sureau (fig. 556). Dans le goulot de la cloche passe, à frottement doux, une tige de cuivre terminée à la partie inférieure par une boule de même métal, et communiquant par son extrémité supérieure avec la machine électrique. Aussitôt que celle-ci se charge, la boule qui est dans l'appareil s'électrise, attire les balles de sureau et les repousse ensuite, en sorte qu'elles s'agitent avec une grande vitesse, allant du plateau à la boule et de la boule au plateau, et cédant à ce dernier l'électricité qu'elles ont prise à la boule. Se fondant sur cette expérience, Volta admettait que, lorsque les grêlons se trouvent placés entre deux nuages chargés d'électricités contraires, ils vont ainsi successivement de l'un à l'autre, et condensent alors, à leur surface, la vapeur d'eau ambiante, qui, en se congelant, leur fait acquérir le volume qu'on observe quelquefois; mais cette théorie, qui est insuffisante pour rendre compte de la grosseur des grêlons, n'est point admise aujourd'hui.

670. Tourniquet électrique, insufflation. — On nomme *tourniquet électrique,* un petit appareil composé de cinq ou six rayons métalliques recourbés tous dans le même sens, terminés en pointe et fixés à une chape commune, mobile sur un pivot (fig. 557). Cet appareil étant posé sur la machine électrique, aussitôt que celle-ci se charge, les rayons et la chape prennent un mouvement de rotation rapide dans la direction opposée aux pointes. Ce mouvement n'est point un effet de réaction comparable à celui du tourniquet hydraulique (85), comme l'ont admis plusieurs physiciens : c'est un effet de répulsion entre l'électricité des pointes et celle qu'elles communiquent à l'air. Le fluide électrique, s'ac-

Fig. 557.

cumulant vers les pointes, s'écoule dans l'air, et comme celui-ci se trouve chargé de la même électricité que les pointes, il les repousse en même temps qu'il en est repoussé lui-même. On reconnaît, en effet, que le tourniquet n'entre point en mouvement dans le vide, et si l'on approche la main tandis qu'il tourne dans l'air, on ressent un souffle léger, dû au déplacement de l'air électrisé.

Quand l'électricité s'écoule ainsi par une pointe, l'air électrisé est assez fortement repoussé pour donner naissance à un courant qui non-seulement est sensible à la main, mais souffle et peut même éteindre la flamme d'une bougie, du moins avec une puissante machine électrique. La figure 558 montre comment se dispose cette expérience. On obtient encore le même effet en posant la bougie sur l'un des conducteurs et en lui présentant une pointe métalli-

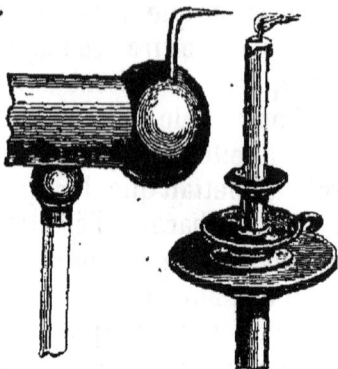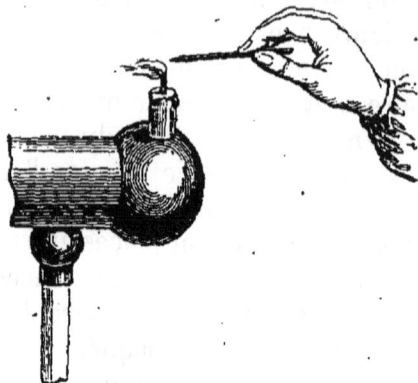

Fig. 558.　　　　　　　　　　　　　　　Fig. 559.

que qu'on tient à la main (fig. 559). Le courant provient, dans ce dernier cas, du fluide contraire qui se dégage de la pointe par l'influence de la machine.

671. Poisson volant de Franklin. — Le *poisson volant* de Franklin est un phénomène curieux qu'on a signalé récemment, et qui consiste à faire tenir un corps léger en équilibre, au milieu de l'atmosphère, sous l'influence des attraction et répulsion combinées d'un corps électrisé. Pour faire cette expérience, on découpe une feuille de papier argenté, ou simplement de papier à lettre, sous

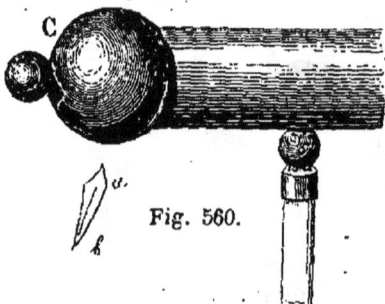

Fig. 560.

la forme *ab* (fig. 560); puis, tenant le papier par la pointe effilée, on le présente au conducteur d'une machine électrique en activité. Abandonnant alors le *poisson* à lui-même, il reste suspendu au-dessous du conducteur dans une immobilité presque complète. Si le conducteur est, par exemple, électrisé positivement, son électricité, décomposant sans cesse le fluide neutre du poisson, attire en *a* le fluide négatif et repousse en *b* le fluide positif, lesquels fluides s'écoulent par les pointes. De là une attraction et une répulsion dont la différence doit évidemment égaler le poids du papier pour qu'il y ait équilibre.

Pour expliquer comment cet équilibre est stable, M. Gaugain, en expérimentant sur de grands poissons métalliques, a constaté que, lorsque le poisson est déplacé par une cause quelconque, non-seulement le flux électrique, aux deux extrémités, varie d'intensité, mais que la distribution et la grandeur relative des charges se modifient également : quand le poisson se rapproche du conducteur, la charge négative se resserre de plus en plus, tandis que la charge positive s'étend ; en outre, à une certaine distance, la charge négative l'emporte sur la charge positive, à une distance moindre les deux charges sont égales, et enfin, la distance décroissant encore, c'est la charge positive qui prédomine. Par suite, l'attraction augmentant quand le poisson s'éloigne, il tend aussitôt à se rapprocher ; puis, la force répulsive croissant lorsque la distance diminue, le poisson tend de nouveau à s'éloigner. De là un état d'équilibre qui, dans de certaines limites, est stable (*les Mondes* du 31 août 1865).

CHAPITRE IV.

CONDENSATION DE L'ÉLECTRICITÉ.

672. Condensateurs, leur théorie. — On donne le nom général de *condensateurs* à des appareils qui servent à accumuler, sur des

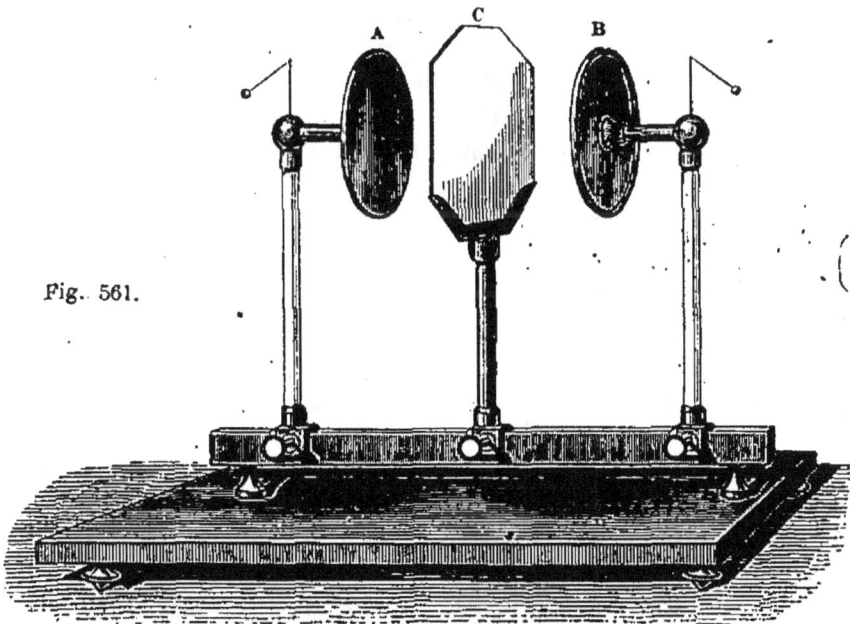

Fig. 561.

surfaces relativement petites, des quantités considérables d'électricité. On en a construit de diverses sortes, tous fondés sur le principe de l'électrisation par influence (650), et se composant essentiellement de deux corps conducteurs séparés par un corps non conducteur. Nous décrirons d'abord le *condensateur d'Æpinus*:

Cet appareil se compose de deux plateaux circulaires de cuivre A et B (fig. 561), et d'une lame de verre C qui les sépare. Ces plateaux, munis chacun d'un petit pendule électrique, sont isolés sur deux colonnes de verre, et les pieds de celles-ci peuvent être déplacés le long d'une règle qui leur sert de support, de manière à écarter ou à rapprocher à volonté les deux plateaux. Lorsqu'on

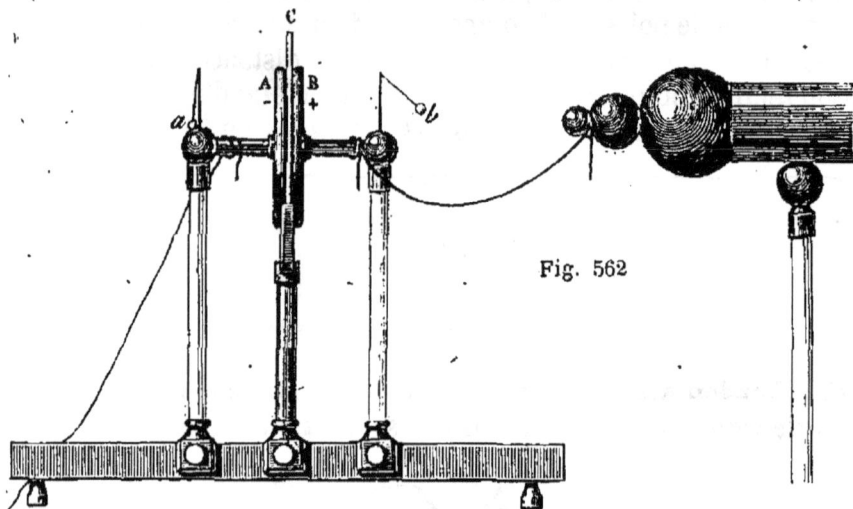

Fig. 562

veut accumuler les deux électricités sur les plateaux, on les met en contact avec la lame de verre (fig. 562) ; puis, au moyen de cordons métalliques, on fait communiquer l'un d'eux, B par exemple, avec la machine électrique, et l'autre avec le sol.

Pour nous rendre compte comment l'électricité s'accumule dans cet appareil, convenons d'appeler, sur les deux plateaux, faces *antérieures* celles qui regardent la lame de verre, et faces *postérieures* celles qui lui sont opposées. De plus, supposons d'abord le plateau A assez éloigné du plateau *collecteur* B pour n'en recevoir aucune influence. Dans ce cas, le plateau B, mis en communication avec la machine électrique, prend une tension maximum égale à celle de la machine, laquelle se distribue également sur ses deux faces, et le pendule *b* diverge fortement. Si l'on supprimait la communication avec la machine, rien ne serait changé; mais qu'on approche lentement le plateau A, son fluide neutre étant décomposé par l'influence de B, l'électricité négative se porte sur la face antérieure *n* (fig. 563), et la positive s'écoule dans le sol. Or, l'électricité négative du plateau A réagissant à son tour sur l'électricité positive du plateau B, le fluide de celui-ci cesse d'être également distribué sur ses deux faces et se rend en partie sur la face antérieure *m*. La face postérieure *p* ayant ainsi abandonné une grande portion de son électricité, la divergence du pendule *b* décroît, ce qui fait voir que la tension a diminué et ne peut plus faire équilibre à la tension de la machine. Une nouvelle quantité d'électricité s'écoule donc de celle-ci sur le plateau B, où, agissant comme ci-dessus, elle décompose par influence une deuxième quantité de fluide neutre sur le plateau A. De là, nouvelle accumulation de fluide négatif sur la face n, et, par suite, de fluide positif sur la face m. Mais à chaque fois que la machine cède de l'électricité au plateau collecteur, une partie seulement de cette électricité passant sur la face m, et l'autre restant sur la face p, la tension sur celle-ci va toujours croissant, jusqu'à ce qu'elle égale de nouveau celle de la machine. A partir de ce moment, l'équilibre

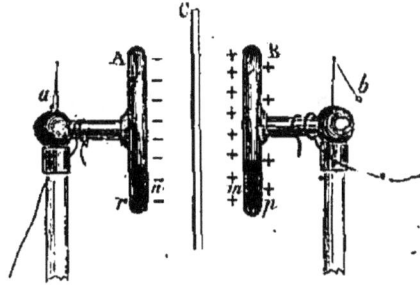

Fig. 563.

s'établit, et l'on est arrivé à une limite de charge qui ne peut être dépassée. La quantité d'électricité accumulée sur les deux faces m et n est maintenant très-considérable; cependant le pendule b diverge juste autant que lorsque le plateau A était éloigné; c'est qu'en effet la tension en p est précisément la même qu'elle était alors : celle de la machine. Quant au pendule a, sa divergence est nulle.

Pour expliquer l'accumulation de l'électricité dans les condensateurs, on a dit longtemps que l'électricité du second plateau A *neutralisait* l'électricité contraire du plateau collecteur, et que c'était parce que celle-ci était alors *dissimulée*, devenue *latente*, que le plateau B prenait à la machine une nouvelle quantité de fluide. Mais on voit, par ce qui précède, qu'il est inutile d'avoir recours à aucune hypothèse particulière sur l'état de l'électricité, pour expliquer la théorie des condensateurs.

Lorsque le condensateur est chargé, c'est-à-dire lorsque les électricités contraires sont accumulées sur les faces antérieures, on rompt les communications avec la machine électrique et avec le sol, en enlevant les deux chaînes métalliques. Or, d'après ce qui a été dit ci-dessus, le plateau A est chargé de fluide négatif sur sa face antérieure n seulement (fig. 563), l'autre face étant à l'état neutre. Au contraire, le plateau B est électrisé positivement sur ses deux faces, mais inégalement : l'accumulation ayant lieu sur la face antérieure, tandis que sur la postérieure p la tension égale seulement celle de la machine au moment où l'on a rompu les communications. En effet, le pendule b diverge, et a reste vertical. Mais si l'on écarte les deux plateaux, on voit les deux pendules diverger (fig. 564); ce qui résulte de ce que les électricités contraires ne réagissant plus d'un plateau à l'autre, le fluide positif se distribue également sur les deux faces du plateau B, et le fluide négatif sur celles du plateau A.

673. Décharge lente du condensateur. — Les plateaux étant en contact avec la lame isolante (fig. 562), et les chaînes enlevées, on peut décharger le condensateur, c'est-à-dire le ramener à l'état neutre, de deux manières : par une décharge lente, ou par une décharge instantanée. Pour le décharger lentement, on touche avec le doigt d'abord le plateau B, c'est-à-dire celui qui contient un excès d'électricité ; on en tire alors une étincelle, et toute l'électricité de la face *p.* s'écoulant dans le sol, le pendule *b* retombe, mais *a* diverge. En effet, le plateau B, ayant perdu une partie de son électricité, ne conserve sur la face *m* que celle retenue par l'électricité négative du plateau A. Or, à cause de la distance, la quantité d'électricité retenue en B est moindre que celle de A ; ce qui explique pourquoi le pendule *a* se met à diverger, et pourquoi, si l'on touche actuellement le plateau A, on en tire une étincelle, qui fait retomber le pendule *a* et diverger *b* ; et ainsi de suite, en continuant à toucher alternativement les deux plateaux. La décharge ne s'opère ainsi que très-lentement, et si l'air est sec, elle exige plusieurs heures. Théoriquement, dans un air parfaitement sec, et abstraction faite de toute déperdition, il faudrait un nombre de contacts infini. Si l'on touchait d'abord le plateau A, qui est le moins électrisé, on ne lui enlèverait point d'électricité, puisque toute celle qu'il possède est retenue par l'électricité du plateau B.

674. Décharges instantanée et secondaire, charge résiduelle. — Lorsqu'on veut décharger instantanément le condensateur, on

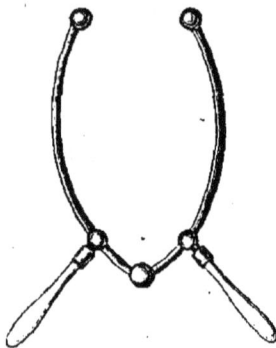

Fig. 564.

met en communication les deux plateaux au moyen d'un *excitateur.* On nomme ainsi un système de deux arcs de laiton, terminés par des boules de même métal et réunis par une charnière. Quand ces arcs sont munis de manches isolants de verre (fig. 564), l'appareil prend le nom d'*excitateur à manches de verre ;* si les arcs n'ont pas de manches (fig. 567), on lui donne le nom d'*excitateur simple.* Pour faire usage de l'excitateur, on applique l'une de ses boules sur un des plateaux du condensateur, et l'on approche l'autre du second plateau ; il jaillit alors une forte étincelle qui provient de la recomposition des électricités contraires accumulées sur les deux faces du condensateur ; c'est la *décharge instantanée.*

Toutefois, après cette étincelle, le condensateur n'est jamais complétement déchargé ; car on peut encore, surtout si on laisse écouler un court intervalle, en tirer, de la même manière, une deuxième, une troisième étincelle, et même davantage, mais de plus en plus faibles. Ces décharges successives se désignent sous le nom de *décharges secondaires*.

Pour les expliquer, on admet que, lorsque le condensateur est chargé, une portion des électricités des plateaux passe lentement dans le verre; puis que, lorsque les plateaux sont déchargés, cette portion lentement absorbée leur est restituée avec une égale lenteur, et l'on a donné à l'électricité que conserve ainsi le corps isolant qui sépare les deux plateaux, le nom de *charge résiduelle*.

Si, au lieu de faire communiquer les deux plateaux du condensateur au moyen de l'excitateur, on touche d'une main un des plateaux, et de l'autre main le second plateau, la recomposition s'opère par les bras et par le corps, et l'on ressent alors une commotion d'autant plus vive, que la surface du condensateur est plus grande et la charge électrique plus forte.

675. **Limite de charge des condensateurs.** — La quantité d'électricité qui peut s'accumuler sur chaque face du condensateur est, toutes choses égales d'ailleurs, proportionnelle à la tension de la source et à la surface des plateaux, mais elle décroît quand l'épaisseur de la lame isolante augmente. Dans tous les cas, deux causes limitent la quantité d'électricité qui peut s'accumuler sur les faces du condensateur. La première, c'est que, comme on l'a vu ci-dessus, la quantité d'électricité libre sur le plateau collecteur croissant graduellement, la tension sur ce plateau finit nécessairement par égaler la tension sur la machine, et, à partir de ce moment, celle-ci ne peut rien céder au condensateur.

La deuxième cause est la résistance limitée que présente à la recombinaison des deux électricités la lame isolante placée entre les deux plateaux; en effet, lorsque la tension des deux fluides pour se recombiner l'emporte sur la résistance de cette lame, elle est trouée, et les fluides contraires se réunissent.

676. **Calcul de la force condensante.** — On nomme *force condensante*, le rapport entre la charge totale que prend le plateau collecteur quand il est influencé par le second plateau, à celle qu'il recevrait s'il était seul; ou, ce qui revient au même, le rapport entre la quantité totale d'électricité du plateau collecteur à celle qui s'y trouve libre; car on a vu que l'électricité qui reste libre sur le plateau collecteur est précisément celle qu'il prend étant seul (672).

Pour calculer la force condensante, soient P la quantité totale d'électricité positive sur le plateau collecteur, N la quantité totale d'électricité négative sur le second plateau, et a l'électricité libre sur le premier, on a $N = mP$ [1], m étant une fraction dont la valeur est d'autant plus voisine de l'unité, que la lame isolante entre les deux plateaux est plus mince. Or, si l'on touche le plateau collecteur, on lui enlève son électricité libre a. Les rôles sont donc changés, c'est le second plateau dont la charge est actuellement la plus grande, mais dans un rapport encore égal à m, la lame isolante étant la même ; c'est-à-dire qu'on a

$$P - a = mN \;\; [2], \quad \text{ou} \quad P - a = m^2 P \;\; [3],$$

en remplaçant N par sa valeur donnée par l'égalité [1]. De l'égalité [3] on tire

$$\frac{P}{a} = \frac{1}{1 - m^2},$$

rapport qui n'est autre chose que la force condensante cherchée. Quant à la valeur de m, elle se détermine par l'expérience, à l'aide du plan d'épreuve et de la balance de torsion. D'après la formule ci-dessus, la force condensante est d'autant plus grande, que la valeur de m approche davantage de l'unité.

677. Carreau fulminant. — Le *carreau fulminant* est un condensateur plus simple que celui d'Æpinus, et plus propre à donner

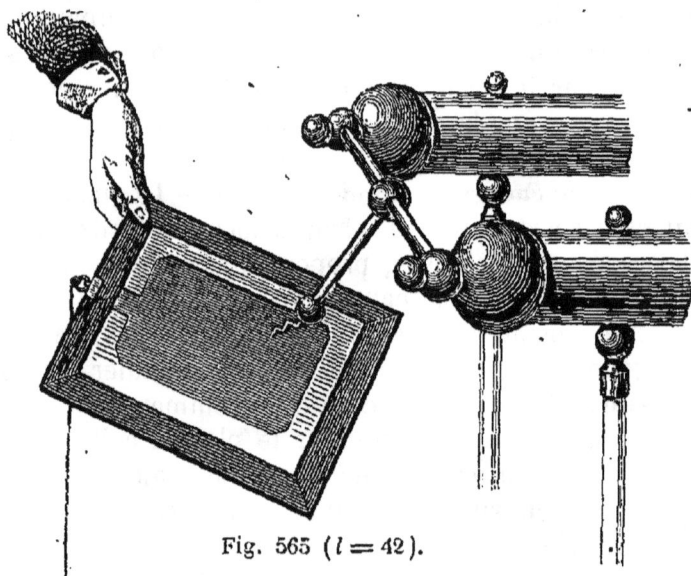

Fig. 565 ($l = 42$).

de vives étincelles et de fortes commotions. Il est formé d'un carreau de verre ordinaire entouré d'un cadre de bois. Sur les deux faces de ce carreau sont collées deux feuilles d'étain en regard l'une de l'autre, et laissant entre leurs bords et le cadre un intervalle de 6 centimètres environ. Les deux feuilles d'étain ne communiquent pas entre elles, mais l'une d'elles communique avec le cadre par un petit ruban d'étain qui se replie (fig. 565) de manière à être en contact avec un anneau auquel est suspendue une chaîne. Pour charger le carreau fulminant, on présente à la machine électrique la feuille d'étain isolée, c'est-à-dire celle qui ne communique pas au cadre de bois. Comme l'autre feuille est mise, par la chaîne, en communication avec le sol, les deux feuilles se comportent absolument comme les plateaux du condensateur d'Æpinus, et il s'accumule sur l'une et sur l'autre une grande quantité d'électricités contraires.

Le carreau fulminant se décharge, comme le condensateur (674), avec l'excitateur simple. Pour cela, tenant le carreau à la main, on applique une des boules de l'excitateur sur l'extrémité de la petite bande d'étain qui appartient à la feuille inférieure; puis, courbant l'excitateur, on approche l'autre boule de la feuille supérieure. Il jaillit alors une vive et bruyante étincelle, due à la recomposition des deux électricités, mais sans que l'expérimentateur ressente la moindre commotion, car la recomposition s'opère tout entière par l'arc métallique. Si, au contraire, tenant toujours l'appareil de la même manière, on touche en même temps les deux feuilles d'étain avec les mains, on reçoit une forte commotion, car la recomposition électrique s'opère par les bras et par le corps.

678. **Bouteille de Leyde.** — La *bouteille de Leyde,* ainsi appelée du nom de la ville où elle fut inventée, est due au Hollandais Musschenbroek (les uns disent à Cuneus, son élève), qui la découvrit par hasard, en 1746. Ayant fixé une tige métallique dans le bouchon d'une bouteille remplie d'eau, il la présenta à la machine électrique dans l'intention d'électriser le liquide. Or, la main qui tenait la bouteille faisant l'office de l'un des plateaux du condensateur, tandis que l'eau qui était dans l'intérieur représentait l'autre, il s'accumula, sur la paroi intérieure, du fluide positif, et, sur la portion de la paroi extérieure en contact avec la main, du fluide négatif. En effet, ayant approché une main de la tige métallique, tandis que de l'autre il tenait toujours la bouteille, Musschenbroek reçut, dans les bras et dans la poitrine, une commotion tellement forte, qu'il écrivait à Réaumur qu'il ne recommencerait pas pour le royaume de France.

Cependant, cette expérience une fois connue, on s'empressa de toutes parts de la répéter. L'abbé Nollet, professeur de physique à Paris, remplaça, le premier, l'eau qui était dans la bouteille par des feuilles chiffonnées d'étain, de cuivre, d'argent ou d'or. Déjà un physicien anglais avait reconnu qu'en recouvrant l'extérieur de la bouteille d'une feuille d'étain, les commotions étaient beaucoup plus vives. La bouteille de Leyde prit donc peu à peu la forme qu'on lui donne aujourd'hui, mais on en ignorait encore la théorie; c'est Franklin qui la fit connaître, le premier, en faisant voir que la bouteille de Leyde est, ainsi que le carreau fulminant, un véritable condensateur.

Représentée dans la figure 566, au moment où on la charge, la bouteille de Leyde se compose d'un flacon de verre mince dont la grandeur varie suivant la quantité d'électricité qu'on veut accumuler. L'intérieur est rempli de feuilles de cuivre ou d'or battu. Sur la paroi extérieure est collée une feuille d'étain B qui recouvre aussi le fond, mais qui doit laisser le verre à nu jusqu'à une assez grande distance du goulot. On adapte au col un bouchon de liége dans lequel passe, à frottement dur, une tige de cuivre recourbée en forme de crochet, et terminée par un bouton A; à l'intérieur, cette tige communique avec les feuilles d'or ou de cuivre qui remplissent la

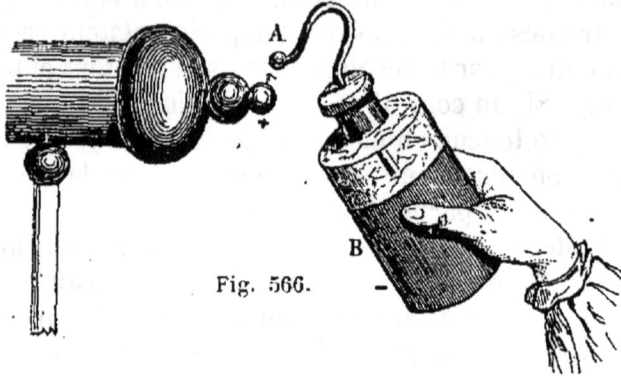

Fig. 566.

bouteille. Ces feuilles se désignent sous le nom d'*armature intérieure,* et la feuille d'étain B sous celui d'*armature extérieure.*

La bouteille de Leyde se charge, comme le condensateur d'Æpinus et le carreau fulminant, en faisant communiquer l'une des armatures avec le sol, et l'autre avec une source électrique. Pour cela, on la tient à la main par l'armature extérieure, et l'on présente l'armature intérieure à la machine électrique : le fluide positif s'accumule alors sur les feuilles d'or, et le fluide négatif sur l'étain. C'est le contraire qui aurait lieu si, tenant la bouteille par le crochet, on présentait l'armature extérieure à la machine. Du reste, la théorie de la bouteille de Leyde est identiquement la même que celle qui a été donnée pour le condensateur, et tout ce qui a été dit de celui-ci (672) s'applique à la bouteille, en substituant ses deux armatures aux plateaux A et B de la figure 562.

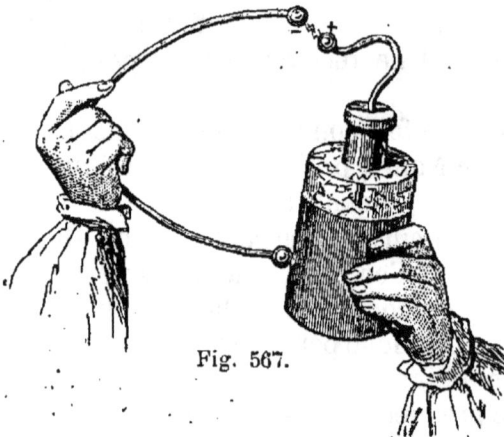

Fig. 567.

Comme le condensateur, elle se décharge lentement ou instantanément. Pour la décharger instantanément, on la tient à la main (fig. 567), et l'on met en communication les deux armatures à l'aide de l'excitateur simple, en ayant soin de toucher *d'abord* l'armature qu'on tient à la main, sinon on reçoit la commotion. Pour la décharger lentement, on l'isole sur un gâteau de résine, et l'on touche alternativement, avec la main ou avec une tige de métal, l'armature intérieure, puis l'armature extérieure, et ainsi de suite, tirant à chaque contact une étincelle faible.

Pour rendre plus sensible la décharge lente, on dispose la bouteille de Leyde comme le représente la figure 568. La tige est droite et munie d'un petit timbre; près de la bouteille est une tige métallique portant un second timbre semblable au premier, et un petit pendule électrique formé d'une boule de cuivre suspendue à un fil de soie. La bouteille n'étant point fixée à la planchette *m*, on la prend à la main par l'armature extérieure, et on la charge en la présentant à la machine électrique; puis on la remet sur la planchette. L'armature intérieure contenant alors un excès d'électricité positive

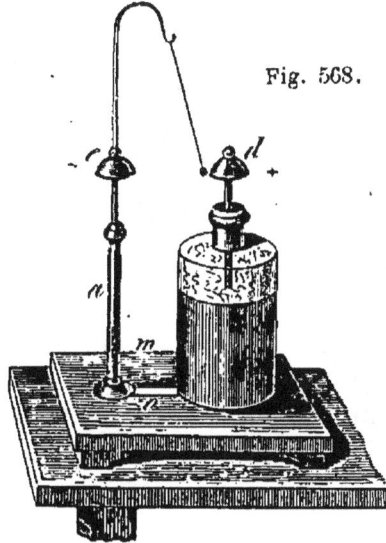

Fig. 568.

non neutralisée, le pendule est attiré et vient heurter le timbre de la bouteille; repoussé aussitôt, il va choquer le second timbre et lui cède son électricité; mais revenu à l'état neutre, il est attiré de nouveau par le premier timbre, et ainsi de suite pendant plusieurs heures, si l'air est sec et la bouteille un peu grande.

679. Bouteille à armatures mobiles. — La *bouteille à arma-*

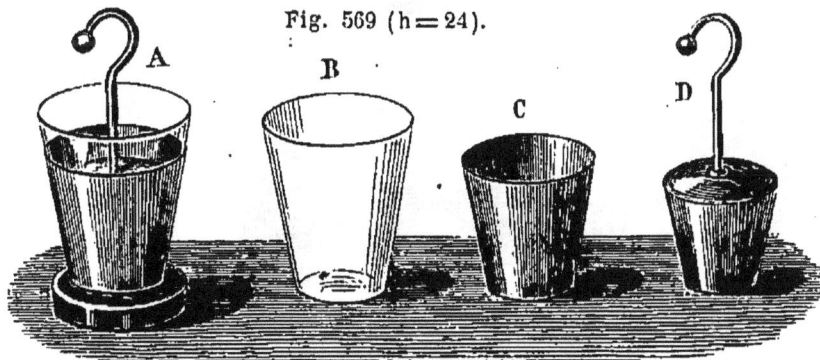

Fig. 569 (h = 24).

tures mobiles sert à démontrer que, dans la bouteille de Leyde, comme dans tous les condensateurs, ce n'est pas uniquement sur les armatures que résident les deux électricités contraires, mais principalement sur les faces du verre qui les sépare. Cette bouteille, dont les différentes pièces peuvent se séparer, se compose d'un

grand vase conique de verre B (fig. 569), d'une armature extérieure
de fer-blanc C, et d'une armature intérieure de même matière D.
Ces pièces, placées les unes dans les autres, comme le montre la
figure A, constituent une bouteille de Leyde complète. Après l'avoir
électrisée comme la bouteille ordinaire et isolée sur un gâteau de
résine (fig. A), on enlève avec la main, l'armature intérieure, ensuite le vase de verre, puis l'armature extérieure, et l'on dispose
ces pièces les unes à côté des autres, comme le représente le dessin. Or, les deux armatures se trouvent évidemment ramenées
ainsi à l'état neutre. Cependant, si, remettant l'armature C sur le
gâteau de résine, on place dedans le vase de verre, et dans celui-ci
l'armature D, on reconstitue une bouteille de Leyde qui donne une
étincelle presque aussi forte que si l'on n'avait pas déchargé les
deux armatures.

Cette seconde étincelle est une décharge secondaire, comme on
a déjà vu en parlant du condensateur d'Æpinus, et elle s'explique
identiquement de la même manière (674).

680. **Jarres et batteries électriques.** — Une *jarre* est une

Fig. 570.

grande bouteille de Leyde à goulot assez large pour qu'on puisse
coller sur sa paroi interne une feuille d'étain qui sert d'armature
intérieure. La tige qui traverse le bouchon est droite et terminée,
à la partie inférieure, par une chaîne métallique qui la met en communication avec la feuille d'étain formant l'armature intérieure.

Une *batterie* est une réunion de plusieurs jarres placées dans

une caisse de bois (fig. 570), et communiquant ensemble, à l'intérieur, au moyen de tiges de métal, et extérieurement par une
feuille d'étain qui revêt le fond de la caisse et se trouve en contact
avec les armatures extérieures des jarres. Cette même feuille d'é-
tain se prolonge latéralement jusqu'à la rencontre de deux poignées métalliques fixées sur les parois de la caisse. La batterie se
charge, comme le montre la figure 570, en faisant communiquer les
armatures intérieures avec la machine électrique, et les armatures
extérieures avec le sol par le bois même de la caisse et de la table
sur laquelle est placée la batterie, ou mieux par une chaîne métallique fixée à l'une des poignées de la caisse. Un électromètre à cadran, placé sur l'une des jarres, indique la charge de la batterie.
Malgré la grande quantité d'électricité accumulée dans l'appareil,

Fig. 571.

l'électromètre ne diverge que lentement et d'un petit nombre de
degrés, ce qui ne doit pas étonner, puisque la divergence n'a lieu
qu'en vertu de la différence de tension entre les deux armatures.
Le nombre des jarres est, en général, de quatre, six ou neuf. Plus
elles sont grandes et nombreuses, plus il faut de temps pour charger la batterie, mais plus ses effets sont puissants.

Pour décharger une batterie, on fait communiquer entre elles les deux armatures au moyen de l'excitateur, en ayant soin de toucher d'abord l'armature extérieure (fig. 571). On doit faire usage ici de l'excitateur à manches de verre, et prendre toutes les précautions pour éviter la commotion; car, avec une forte batterie, elle peut entraîner des accidents graves, et même la mort.

Quand on veut foudroyer un animal, un objet quelconque, on fait usage de l'*excitateur universel* dessiné sur le premier plan de la figure 571. C'est une petite caisse de bois portant deux colonnes de verre sur lesquelles sont fixées à charnière des tiges de cuivre. Entre ces colonnes est un pied de bois qui porte un petit plateau où se place l'objet ou l'animal sur lequel on veut expérimenter. Les deux tiges de cuivre étant dirigées vers cet objet, on fait communiquer l'une d'elles avec l'armature extérieure de la batterie, et l'autre avec une des boules de l'excitateur à manches de verre. Approchant alors la seconde boule de celui-ci vers l'armature intérieure, une étincelle part entre cette boule et l'armature, et une autre entre les branches de l'excitateur universel : c'est cette dernière qui foudroie l'objet ou l'animal placé sur le plateau.

684. Électromètre condensateur de Volta. — L'*électromètre condensateur,* imaginé par Volta, n'est autre chose que l'électromètre à feuilles d'or déjà décrit (656), rendu beaucoup plus sensible par l'addition de deux disques condensateurs. La tige de cuivre qui porte les petites feuilles d'or, au lieu d'être terminée, à la partie supérieure, par une boule de laiton, l'est par un disque de même métal, sur lequel s'applique un second disque semblable, mais à manche de verre. Les deux disques sont recouverts d'un vernis à la gomme laque, qui les isole.

Pour rendre sensibles, au moyen de cet électromètre, des quantités d'électricité même très-faibles, on fait communiquer le corps sur lequel on veut reconnaître la présence de l'électricité, avec l'un des plateaux, qui prend alors le nom de *plateau collecteur,* et l'on met l'autre plateau en communication avec le sol, en le touchant avec le doigt légèrement mouillé (fig. 572). L'électricité du corps soumis à l'expérience, se répandant alors sur le plateau collecteur, agit, au travers du vernis, sur le second plateau et sur la main, pour repousser dans le sol l'électricité de même nom et attirer celle de nom contraire. Les deux fluides s'accumulent donc sur les deux plateaux, absolument comme dans le condensateur d'Æpinus, mais sans qu'il y ait divergence des feuilles d'or, parce que toute l'électricité est accumulée dans les plateaux. L'appareil ainsi chargé, on retire le doigt d'abord, puis la source d'électricité, sans qu'on observe encore aucune divergence; mais si l'on enlève le plateau supérieur (fig. 573), l'électricité du second plateau se distribuant également sur la tige et sur les feuilles d'or, celles-ci divergent très-fortement. On augmente la divergence en adaptant au

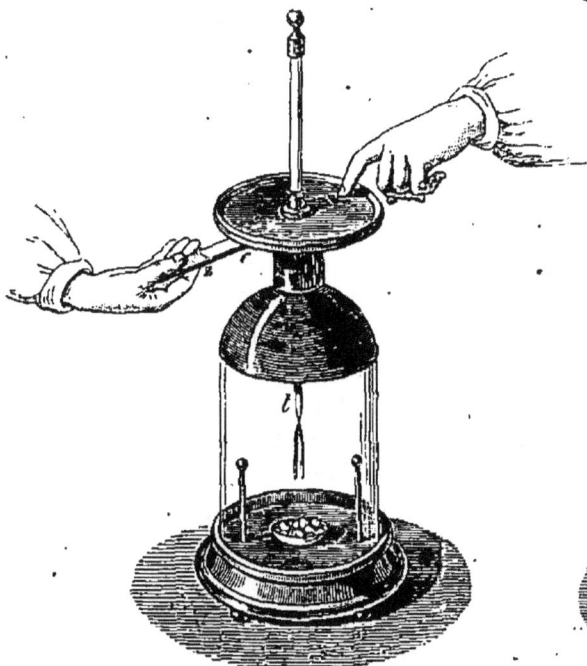

Fig. 572. Fig. 573.

pied de l'appareil deux tiges de cuivre terminées par des boules de même métal, car ces boules, en s'électrisant par l'influence des feuilles d'or, réagissent sur elles.

EFFETS DIVERS DE L'ÉLECTRICITÉ STATIQUE.

682. Effets physiologiques. — Les effets de l'électricité statique se divisent en *effets physiologiques, lumineux, calorifiques, mécaniques* et *chimiques.*

Les *effets physiologiques* sont ceux que l'électricité produit sur les êtres vivants ou même récemment privés de la vie. Ils consistent, chez les premiers, en une excitation violente qu'exerce le fluide électrique sur la sensibilité et la contractilité des tissus organiques qu'il traverse, et, chez les derniers, en contractions musculaires brusques qui simulent le retour à la vie. Il ne sera question, pour le moment, que des actions physiologiques exercées par l'électricité statique à forte tension; plus tard, nous décrirons les effets physiologiques de l'électricité dynamique.

On connaît déjà la commotion que donne l'étincelle de la machine électrique (667). Cette commotion acquiert une bien plus grande intensité et un caractère particulier, quand c'est de la bouteille de Leyde qu'on tire l'étincelle, en touchant d'une main son armature extérieure et de l'autre son armature intérieure. Avec une petite bouteille, la commotion se fait sentir jusque dans le coude; avec une bouteille d'un litre, on la ressent jusque dans l'épaule, et jusque dans la poitrine avec des bouteilles plus grandes.

La bouteille de Leyde peut donner simultanément la commotion électrique à un très-grand nombre de personnes. Pour cela, celles-ci doivent *former la chaîne,* c'est-à-dire se donner la main d'une manière continue; puis, la première touchant l'armature extérieure d'une bouteille chargée d'avance, et la dernière touchant en même temps le bouton de l'armature intérieure, toutes reçoivent simultanément la commotion, qu'on peut graduer à volonté en chargeant plus ou moins la bouteille. L'abbé Nollet donna ainsi la commotion à trois cents hommes, qui la ressentirent en même temps, d'une manière violente, dans les bras et la poitrine. Dans cette expérience, on a observé que les hommes qui sont au milieu de la chaîne éprouvent une commotion moins vive que ceux qui sont rapprochés de la bouteille.

Avec les grandes bouteilles de Leyde et les batteries, la commotion ne peut plus se recevoir impunément. Priestley a tué des rats avec des batteries dont chaque armature avait une surface totale de 63 décimètres carrés, et des chats avec des armatures dont la surface était de 3 mètres carrés et demi.

683. Effets lumineux, œuf électrique. — La recomposition des deux électricités à forte tension s'opère toujours avec un dégagement de lumière plus ou moins intense : c'est ce qui arrive quand on tire des étincelles de la machine électrique, de la bouteille de Leyde et des batteries. L'éclat de la lumière est d'autant plus vif, que les corps entre lesquels a lieu l'explosion sont meilleurs conducteurs, et sa couleur varie non-seulement avec la nature de ces corps, mais avec l'atmosphère ambiante et la pression.

L'étincelle qui éclate entre deux baguettes de charbon est jaune; entre deux boules de cuivre argentées, elle est verte; avec des boules de bois ou d'ivoire, elle est cramoisie. Dans l'air, à la pression ordinaire, la lumière électrique est blanche et brillante; dans un air raréfié, elle est rougeâtre; dans le vide, elle est violacée, ce qui provient de ce que plus la résistance qui s'oppose à la recomposition des deux électricités est faible, moins l'électricité acquiert de tension. Dans l'oxygène, l'étincelle est blanche de même que dans l'air; dans l'hydrogène, elle est rougeâtre, et verte dans la vapeur de mercure; dans l'acide carbonique, elle est verte; dans l'azote, elle est bleue ou pourpre, et accompagnée d'un bruit particulier. En général, l'étincelle a d'autant plus d'éclat, que la tension est plus grande. M. Fusinieri ayant fait voir que, dans l'explo-

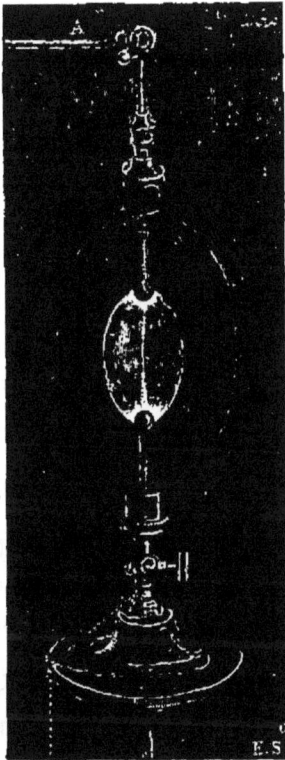

Fig. 574 (h = 60).

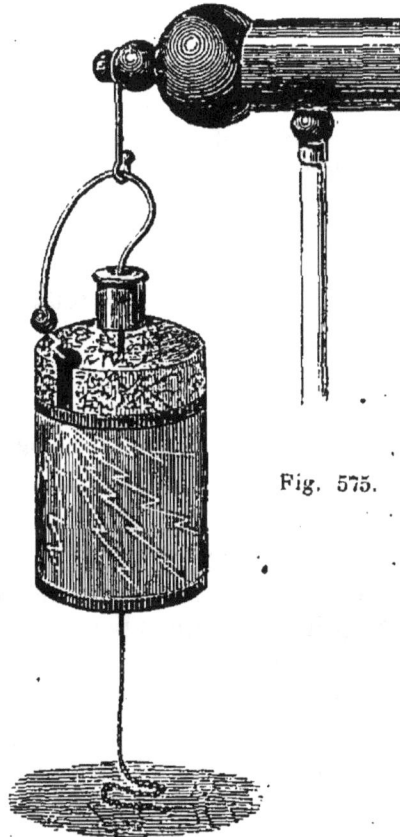

Fig. 575.

sion de l'étincelle électrique, il y a toujours transport de particules matérielles à un état de ténuité extrême, on doit en conclure que les modifications que présente la lumière électrique sont dues à la matière pondérable transportée.

On étudie les effets de la pression plus ou moins forte de l'air, sur l'éclat de la lumière électrique, au moyen de l'œuf électrique. On nomme ainsi un globe de verre porté sur un pied de cuivre, dans lequel sont deux tiges de laiton terminées en boule (fig. 574). La tige inférieure est fixe, et la tige supérieure glisse à frottement dans une boîte à cuir, de manière à pouvoir être rapprochée ou écartée à volonté. Le vide étant fait dans le globe au moyen de la machine pneumatique, sur laquelle il peut se visser, on fait communiquer la tige supérieure avec une forte machine électrique, et le pied avec le sol. Si l'on charge alors la machine, on observe, d'une boule à l'autre, une lumière violacée, peu intense et continue, qui est due à la recomposition du fluide positif de la boule supérieure avec le fluide négatif de la boule inférieure. Si on laisse rentrer l'air peu à peu, à l'aide d'un robinet adapté au pied de l'appareil, la tension augmente avec la résistance, et la lumière, qui redevient blanche et brillante, n'apparaît plus que sous la forme de l'étincelle ordinaire.

684. Bouteille, tube et carreau étincelants. — On a imaginé de nombreux appareils pour montrer les effets lumineux de l'électricité ; tels sont la *bouteille étincelante*, le *tube étincelant*, le *carreau magique*.

La *bouteille étincelante* est une bouteille de Leyde dont l'ar-

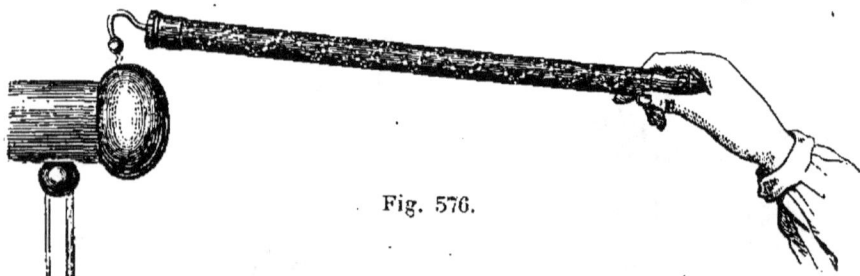

Fig. 576.

mature extérieure est formée d'une couche de vernis sur laquelle on a déposé une poussière métallique. Une bande d'étain, collée au bord inférieur de la bouteille, est en communication avec le sol, au moyen d'une chaîne de métal (fig. 575) ; une seconde bande placée plus haut porte un appendice arrivant à deux centimètres environ du crochet, qui est très-recourbé. Cette bouteille étant suspendue à la machine électrique, à mesure qu'elle se charge, l'étincelle part entre le crochet et l'armature, et de longues et brillantes étincelles éclatent sur tout le contour de l'appareil.

Le *tube étincelant* est formé d'un tube de verre d'un mètre de longueur environ, dans lequel on a collé une série de petites feuilles d'étain taillées en forme de losanges et disposées en hélice tout le long du tube, de manière à ne laisser entre elles que des solutions de continuité fort petites. Aux extrémités sont deux viroles de cuivre avec crochet, communiquant avec les deux bouts de l'hélice. Si, tenant le tube par un bout, on présente l'autre à la machine électrique (fig. 576), des étincelles jaillissent simultanément, à chaque solution de continuité, et produisent une brillante traînée lumineuse, surtout dans l'obscurité.

Le *carreau magique*, fondé sur le même principe que le tube étincelant, se compose d'un carreau de verre ordinaire sur lequel est collée une bande d'étain très-étroite, se repliant un grand nombre de fois parallèlement à elle-même, comme le montre le trait noir dans la figure 577.

Sur cette bande d'étain, on pratique, avec un instrument tranchant, des solutions de continuité très-petites, disposées de manière à représenter un objet déterminé, par exemple, un portique, une fleur, etc., puis, fixant le carreau entre deux colonnes de verre, on met l'extrémité supérieure de la bande d'étain en communication avec la machine électrique, et l'autre extrémité avec le sol. Tournant alors le plateau de la machine, l'étincelle jaillit

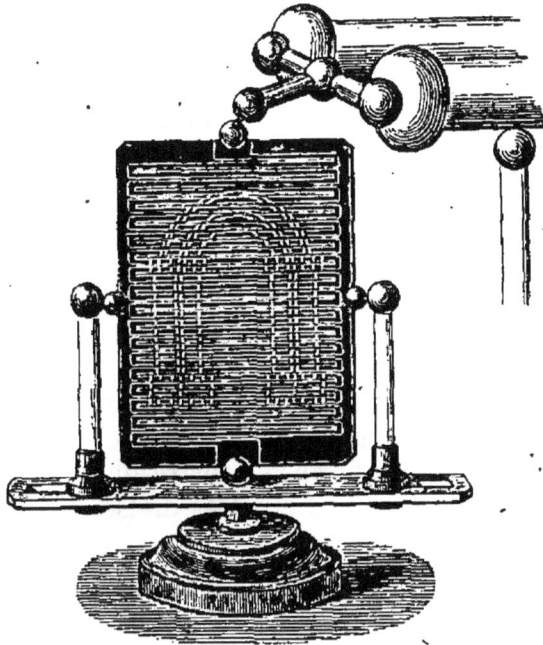

Fig. 577 (h = 41).

à chaque solution de continuité, et reproduit, en traits de feu, l'objet qu'on a figuré sur le verre.

685. Effets calorifiques. — L'étincelle électrique n'est pas seulement lumineuse, elle est aussi une source de chaleur très-intense. En traversant les liquides combustibles, comme l'alcool, l'éther, elle les enflamme; elle agit de la même manière sur la poudre à canon, la résine pulvérisée, et fond même les métaux, mais alors il faut une batterie puissante. Une bouteille de Leyde ordinaire suffit pour enflammer l'alcool ou l'éther, au moyen du petit appareil que

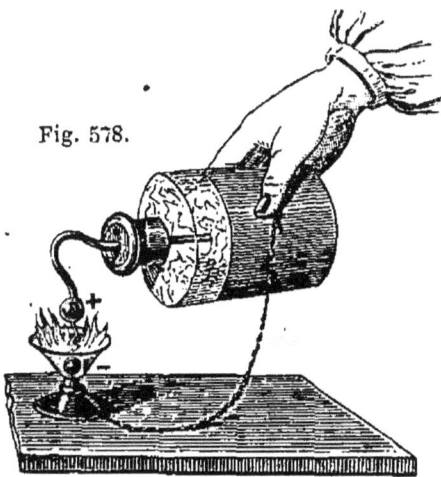

Fig. 578.

représente la figure 578. C'est un petit vase de verre dont le fond est traversé par une tige de cuivre à bouton, fixée à un pied de même métal. Ayant versé le liquide dans le vase de manière que le bouton soit entièrement recouvert, on présente à celui-ci le crochet d'une bouteille de Leyde chargée, en ayant soin de faire communiquer le pied de cuivre avec l'armature extérieure au moyen d'un fil métallique. Ce fil et le pied du vase remplissant l'office d'excitateur, l'étincelle jaillit au travers du liquide et l'enflamme. Avec l'éther, l'expérience réussit très-bien ; mais pour réussir facilement avec l'alcool, il faut d'avance chauffer un peu le liquide.

Lorsqu'on fait passer la décharge d'une batterie dans un fil de fer ou d'acier, il devient rouge blanc, et brûle avec une lumière éblouissante. Les fils de platine, d'or, d'argent, sont fondus et volatilisés. Van Marum, avec une forte machine à deux plateaux et une puissante batterie, a fondu un fil de fer de 16 mètres de longueur.

Si l'on soumet à la décharge d'une batterie une feuille d'or isolée entre deux lames de verre ou entre deux rubans de soie, l'or est volatilisé, et l'on a pour résidu une poudre violette qui n'est autre chose que de l'or très-divisé. C'est ainsi qu'on obtient les *portraits électriques*.

686. **Effets mécaniques**. — Les effets mécaniques sont des dé-

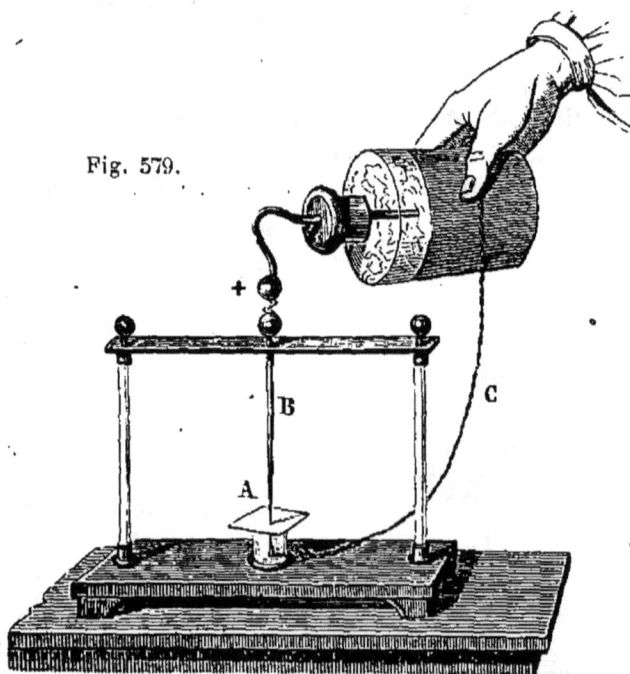

Fig. 579.

chirements, des ruptures, des expansions violentes, qui résultent, dans les corps peu conducteurs, du passage d'une forte décharge électrique. Le verre est percé ; le bois, les pierres, sont brisés ; les gaz et les liquides sont fortement ébranlés. Les effets mécaniques de l'étincelle électrique se démontrent au moyen de différents appareils, qui sont le *perce-verre*, le *perce-carte*, le *thermomètre de Kinnersley* et l'*excitateur universel*.

Le perce-verre, représenté dans la figure 579, se compose de deux colonnes de verre qui supportent, au moyen d'une traverse horizontale, un conducteur B, terminé en pointe. La lame de verre A, qu'il s'agit de percer, repose sur un cylindre isolant, de verre, dans lequel est un second conducteur aussi terminé en pointe. Celui-ci étant mis en communication, par un fil métallique, avec l'armature extérieure d'une forte bouteille de Leyde, on approche le crochet de la bouteille du bouton qui termine le conducteur B. L'étincelle éclate alors entre les deux conducteurs, et le verre est percé. Toutefois cette expérience ne réussit avec une bouteille de Leyde un peu forte qu'autant que la lame de verre est assez mince ; autrement il faut faire usage d'une batterie. Le même appareil sert très-bien de perce-carte.

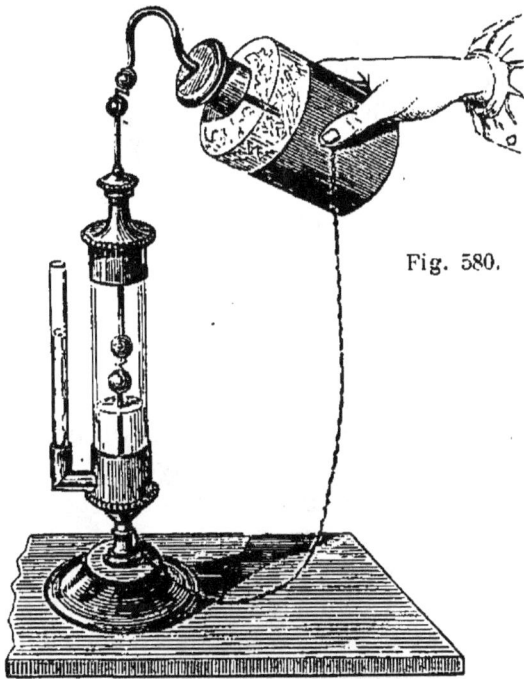

Fig. 580.

L'ébranlement et l'expansion subite que l'étincelle fait naître dans les gaz se démontrent au moyen du thermomètre de Kinnersley. Cet appareil se compose d'un fort tube de verre mastiqué, à ses deux bouts, dans des garnitures de cuivre qui ferment hermétiquement et supportent deux conducteurs terminés en boule, l'un fixe, l'autre glissant dans une boîte à cuir (fig. 580). Latéralement est un second tube ouvert à sa partie supérieure. Ayant dévissé la boîte à cuir, on verse de l'eau dans le gros tube jusqu'à ce que le niveau se trouve un peu au-dessous de la boule inférieure ; serrant alors la boîte à cuir, on fait passer la décharge d'une bouteille de Leyde entre les deux boules, en s'y prenant comme le montre le dessin. L'eau, instantanément refoulée hors du gros tube, s'élève de deux centimètres environ dans le petit ; mais le niveau se rétablit aussitôt, ce qui montre que le phénomène n'est point dû à une élévation de température, et que la dénomination de thermomètre donnée à l'appareil est fausse.

L'excitateur universel, déjà décrit en parlant des batteries, et représenté dans la figure 574, sert aussi à obtenir des effets mécaniques. Veut-on, par exemple, faire éclater un morceau de bois, on le place sur le petit plateau où l'on a figuré un oiseau, en lui faisant toucher les deux boules des conducteurs. Faisant alors passer la décharge, le morceau de bois vole en éclats.

687. Effets chimiques. — Les effets chimiques de l'électricité sont des combinaisons et des décompositions que détermine l'étincelle électrique lorsqu'elle traverse les corps. Par exemple, quand deux gaz sont mélangés à peu près dans le rapport suivant lequel se fait leur combinaison, une seule étincelle suffit pour la déterminer; mais si le mélange est loin de ce rapport, la combinaison exige une longue série d'étincelles. Priestley reconnut le premier que, lorsqu'on fait passer pendant longtemps des étincelles électriques au travers d'une quantité déterminée d'air atmosphérique, le volume d'air diminue, et de la teinture de tournesol, introduite dans le vase qui le contient, rougit. Cavendish, ayant répété cette expérience avec soin, trouva qu'il se formait, en présence de l'eau ou des bases, de l'acide azotique résultant de la combinaison de l'oxygène et de l'azote de l'air.

Un grand nombre de gaz sont décomposés par l'action successive de l'étincelle électrique. L'hydrogène carboné, l'acide sulfhydrique, l'ammoniaque, le sont complétement; l'acide carbonique ne l'est qu'en partie, en oxygène et en oxyde de carbone. L'étincelle des machines décompose même les oxydes, l'eau et les sels; mais l'électricité statique est loin de présenter des effets chimiques aussi énergiques et aussi variés que l'électricité dynamique.

688. Pistolet de Volta. — Le *pistolet de Volta* est un petit appareil qui sert à démontrer les effets chimiques de l'étincelle électrique. Il se compose d'un vase de fer-blanc (fig. 584), dans lequel on introduit un mélange détonant formé de 2 volumes d'hydrogène et de 1 volume d'oxygène, puis on le ferme hermétiquement avec un bouchon de liége. Sur la paroi latérale est une tubulure dans laquelle passe une tige métallique terminée par deux petites boules A et B, et mastiquée dans un tube de verre, qui l'isole du reste de l'appareil. Tenant celui-ci à la main, comme le représente la figure 582, on l'approche de la machine électrique. Le bouton A s'électrisant alors négativement par influence, et le bouton B positivement, l'étincelle part entre le bouton A et la machine, et, dans le même instant, une deuxième étincelle jaillit entre le bouton B et la paroi du vase qui communique avec le sol par la main. C'est cette dernière étincelle qui détermine la combinaison des deux gaz. Cette combinaison étant accompagnée d'un vif dégagement de chaleur (433), la vapeur d'eau qui prend naissance acquiert une force

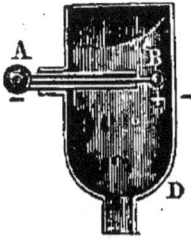 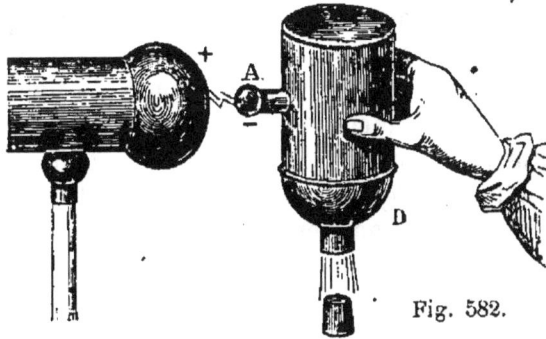

Fig. 581.   Fig. 582.

expansive telle, que le bouchon est projeté avec une détonation analogue à celle d'un coup de pistolet.

689. Eudiomètre. — L'*eudiomètre,* dont on se sert, en chimie, pour faire l'analyse des gaz, est encore un appareil fondé sur les effets chimiques de l'électricité.

On a modifié cet appareil de plusieurs manières. La figure 583 représente l'eudiomètre le plus simple. Il se compose d'une éprou-

Fig. 583.

vette de cristal, à paroi très-épaisse. L'extrémité fermée de l'éprouvette est traversée par une tige de fer ou de laiton terminée par deux boules m et n, l'une extérieure, l'autre intérieure. Près de la boule intérieure n en est une seconde a, à laquelle est fixé un fil de fer ou de laiton, qui est contourné en hélice, et se prolonge jusqu'à la partie ouverte de l'eudiomètre.

Pour faire, avec cet instrument, l'analyse d'un mélange gazeux, de l'air par exemple, on le remplit d'abord d'eau, puis on le renverse ainsi rempli d'eau sur une cuve à eau, et l'on y fait passer, à l'aide d'un entonnoir, 100 parties d'air et 100 parties d'hydrogène, qu'on a mesurées avec un tube gradué. On ferme ensuite l'eudiomètre avec le pouce, comme le montre la figure, en ayant soin de mettre celui-ci en contact avec le fil en hélice qui est dans l'intérieur de l'eudiomètre. Si un aide approche alors le plateau d'un électrophore (657) de la boule *m,* une étincelle part entre celle-ci et le plateau A, et en même temps une seconde étincelle éclate entre les deux boules *n* et *a*. C'est cette dernière étincelle qui détermine, avec une vive lumière, la combinaison de l'oxygène et de l'hydrogène qui sont dans l'eudiomètre, pour former de l'eau. Si l'on mesure alors, en le faisant passer dans un tube gradué, le gaz qui reste dans l'instrument, on trouve sensiblement que son volume est 137; il a donc disparu 63 parties des gaz mélangés. Or, comme on sait que l'eau est formée de 2 volumes d'hydrogène pour 1 d'oxygène, il s'ensuit que le tiers de 63, ou 21, est le volume d'oxygène contenu dans 100 parties d'air.

LIVRE X

CHAPITRE PREMIER.

PILE VOLTAÏQUE; SES MODIFICATIONS.

690. Expérience et théorie de Galvani. — C'est à Galvani, professeur d'anatomie à Bologne, qu'est due l'expérience fondamentale qui a fait découvrir l'électricité dynamique (632), ou le *galvanisme*, cette branche nouvelle de la physique, si remarquable par les nombreuses applications qu'elle a reçues depuis un demi-siècle.

Galvani étudiait depuis plusieurs années l'influence de l'électricité sur l'irritabilité nerveuse des animaux, et particulièrement de la grenouille, lorsqu'en 1786 il eut occasion d'observer que les nerfs lombaires d'une grenouille morte s'étant trouvés en communication, par un circuit métallique, avec les muscles cruraux, ceux-ci se contractèrent vivement.

Pour répéter l'expérience de Galvani, on écorche une grenouille encore vivante, et on la coupe au-dessous des membres antérieurs (fig. 584); puis, après avoir mis à nu les nerfs lombaires, situés des deux côtés de la colonne vertébrale sous la forme de filets blancs, on prend un conducteur métallique formé de deux arcs, zinc et cuivre, et, introduisant l'un d'eux entre les nerfs et la colonne vertébrale, on fait toucher l'autre aux muscles de l'une des cuisses ou des jambes. A chaque contact, les muscles se replient et s'agitent, et cette moitié de grenouille semble reprendre vie pour sauter.

Galvani, qui déjà avait reconnu, dès 1780, que l'électricité des machines électriques produisait des commotions analogues sur les grenouilles mortes, attribua le phénomène que nous venons de décrire à l'existence d'une électricité inhérente à l'animal; il admit que cette électricité, qu'il désigna sous le nom de *fluide vital*, passait des nerfs aux muscles par l'arc métallique, et était alors la cause de la contraction.

Sous le nom d'*électricité animale*, ou de *fluide galvanique*, un grand nombre de savants, et les physiologistes surtout, adop-

tèrent la théorie de Galvani. Celle-ci rencontra cependant des contradicteurs, dont le plus ardent fut Volta, professeur de physique

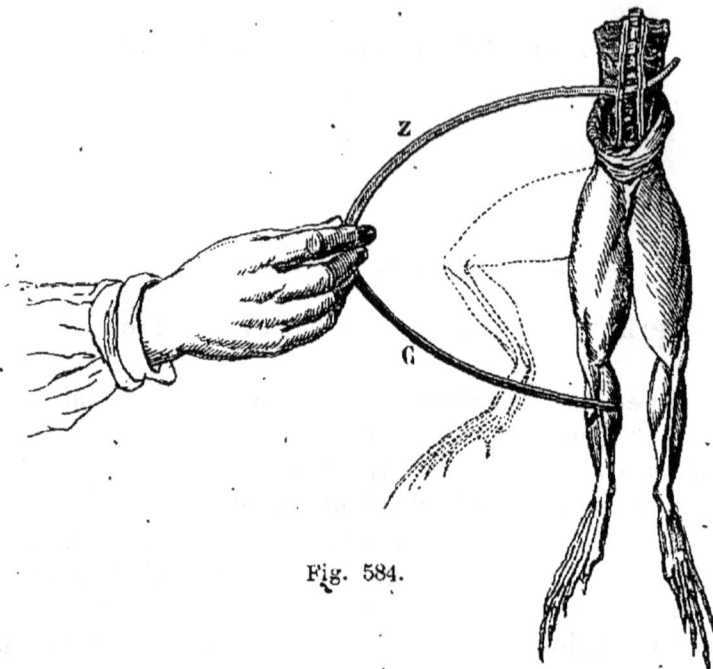

Fig. 584.

à Pavie, déjà connu par l'invention de l'électrophore, de l'électromètre condensateur et de l'eudiomètre.

694. Expérience de Volta. — L'attention de Gàlvani s'était
portée exclusivement sur les nerfs et les muscles de la grenouille;
celle de Volta se porta sur les métaux qui servent à établir la communication. Se fondant sur l'observation, qui n'avait point échappé
à Galvani, que la contraction musculaire est beaucoup plus énergique lorsque l'arc est composé de deux métaux que lorsqu'il l'est
d'un seul, Volta attribua aux métaux le rôle actif dans le phénomène
de la contraction. Il admit que c'était par l'effet même de leur contact qu'il y avait dégagement d'électricité, et que les parties animales ne jouaient là que le rôle de conducteur, et, en même temps,
d'électroscope très-sensible.

A l'aide de l'électromètre condensateur qu'il venait d'inventer,
Volta parut en effet démontrer, par de nombreuses expériences,
le développement de l'électricité au contact des métaux. Nous citerons la suivante, facile à répéter. Ayant soudé ensemble, par
leurs bouts, deux lames étroites, l'une de cuivre, l'autre de zinc, on
pose le doigt mouillé sur le plateau supérieur de l'électromètre
condensateur (fig. 572, p. 664), puis tenant la lame de zinc de
l'autre main, on touche le plateau inférieur avec la lame de cuivre;

rompant ensuite les communications et enlevant le plateau supérieur (fig. 573), les feuilles d'or divergent, et l'on constate qu'elles sont électrisées négativement, ce qui conduit à admettre que, soudés ensemble, le cuivre s'est chargé d'électricité négative et le zinc d'électricité positive. Du reste, dans cette expérience, l'électricité ne peut être attribuée au frottement ou à la pression, car si, retournant les lames *cz*, on touche le plateau du condensateur, qui est de cuivre, avec la lame de zinc *z*, en tenant à la main la lame de cuivre *c* qui lui est soudée, on n'obtient aucune trace d'électricité.

Une lutte mémorable s'engagea alors entre Volta et Galvani. Ce dernier, soutenant avec une profonde conviction sa théorie de l'électricité animale, fit voir que la présence de deux métaux n'était pas indispensable à la production du phénomène, et qu'on obtient des contractions en posant sur un bain de mercure très-pur une grenouille morte et fraîchement préparée. Enfin, il fit voir qu'en rapprochant les nerfs lombaires de la grenouille des muscles cruraux, il se produit, au moment du contact, une vive contraction. Or, dans cette dernière expérience, les métaux ne jouaient plus aucun rôle, et la théorie de Galvani paraissait victorieuse; mais Volta la combattit alors en donnant plus d'extension à sa théorie du contact, et en posant ce principe général, que *deux substances hétérogènes quelconques, mises en contact, se constituent toujours, l'une à l'état positif, l'autre à l'état négatif.*

Cependant Galvani fit une dernière expérience dans laquelle il était impossible d'admettre un effet de contact, puisqu'il ne faisait toucher que des substances homogènes. Il plaça sur un disque de verre une cuisse de grenouille munie de son nerf lombaire, et à côté une seconde cuisse disposée de la même manière, ayant posé le nerf de la seconde sur celui de la première, en sorte qu'au point de contact il n'y eût que de la substance nerveuse, il fit toucher les deux cuisses, et obtint une forte contraction. Galvani était donc parvenu à démontrer l'existence de l'électricité animale, mise en évidence de nos jours par M. Matteucci, sous le nom de *courant propre* de la grenouille.

692. Théorie de Volta. — Volta, physicien avant tout, et ne considérant que les conditions physiques du problème, rejeta la théorie de l'électricité animale, et admit exclusivement la théorie du contact, qui peut se formuler par les deux principes suivants :

1º Le contact de deux corps hétérogènes donne toujours naissance à une force que Volta a désignée sous le nom de *force électromotrice,* et qui a pour caractère non-seulement de décomposer une partie de leur électricité naturelle, mais encore de s'opposer à la recomposition des électricités contraires accumulées sur les deux corps en contact.

2° Lorsque deux substances hétérogènes sont en contact, la différence algébrique de leur état électrique est constante pour les mêmes corps, dans quelques conditions qu'on les place, et égale à la force électromotrice. C'est-à-dire que si l'on enlève aux deux corps, ou si on leur communique une quantité quelconque d'électricité, la différence de leur état électrique relatif n'est pas modifiée : dans le premier cas, la force électromotrice reproduit immédiatement une quantité d'électricité égale à celle qui a été soustraite ; dans le second, l'excès d'électricité communiqué se distribue également sur les deux corps, d'où il résulte que la différence des deux états électriques reste la même. Par exemple, deux disques, zinc et cuivre, étant mis en contact et isolés tous les deux, si l'on représente pas $+1$ l'électricité positive du zinc, et par -1 l'électricité négative du cuivre, et qu'on communique à ce système une quantité d'électricité positive 20, on aura sur le zinc $20+1$, ou 21, et sur le cuivre $20-1$, ou 19. Or, la différence, qui était 2 entre les états électriques $+1$ et -1, est encore 2 entre les états électriques 21 et 19.

La force électromotrice admise par Volta ne dégageant pas la même quantité d'électricité au contact de toutes les substances, ce physicien divisa les corps en *bons électromoteurs* et en *faibles électromoteurs*. Dans la première classe sont les métaux et le charbon bien calciné ; dans la seconde, les liquides et, en général, les corps non métalliques. Les métaux eux-mêmes ne sont pas également bons électromoteurs ; le zinc et le cuivre soudés ensemble sont deux des meilleurs électromoteurs. Enfin, l'espèce d'électricité développée change avec la nature des substances en contact. Le zinc, le fer, l'étain, le plomb, le bismuth et l'antimoine s'électrisent positivement dans leur contact avec le cuivre ; dans le même cas, l'or, l'argent et le platine s'électrisent négativement.

C'est en se basant sur la théorie du contact que Volta fut conduit à inventer le merveilleux appareil qui a immortalisé son nom. Cette théorie cependant ne tarda pas, elle aussi, comme celle de Galvani, à rencontrer de nombreux contradicteurs, et c'est uniquement aux actions chimiques, ainsi qu'on le verra ci-après (702), qu'on attribue aujourd'hui le dégagement d'électricité que Volta attribuait au contact.

693. Pile de Volta. — On donne le nom général de *pile* à tous les appareils qui servent à développer de l'électricité dynamique. Le premier appareil de ce genre, inventé par Volta en 1800, se

compose d'une suite de disques empilés les uns sur les autres
dans l'ordre suivant: un disque de cuivre, un disque de zinc, une
rondelle de drap mouillée d'eau acidulée; puis encore un disque
de cuivre, un disque de zinc, une rondelle de drap, et ainsi de
suite, toujours dans le même ordre,
comme le montre la figure 585. De là la
dénomination de *pile*, qui est restée,
quoique cet appareil ait reçu des dispositions tout à fait différentes. On soude
ordinairement ensemble, deux par deux,
les disques de zinc et de cuivre, de manière à former des *couples* séparés par des
rondelles humides, et maintenus verticalement par trois tubes de verre pleins,
comme le montre le dessin. La forme de
cet appareil lui a fait donner le nom de
pile à colonne.

La distribution de l'électricité n'est
pas la même dans cette pile, selon qu'elle
est en communication avec le sol par l'une
de ses extrémités, ou selon qu'elle est
isolée; ce qui s'obtient en la posant sur un
plateau de verre ou de résine, ou même
sur du bois, qui ne conduit pas, d'une
manière sensible, l'électricité de la pile.

Dans le premier cas, l'expérience
montre que l'extrémité en communication
avec le sol est à l'état neutre, et que le
reste de la pile ne contient qu'une espèce
d'électricité, qui est positive, si c'est par
un disque de cuivre que se termine l'extrémité de la pile communiquant au sol, et

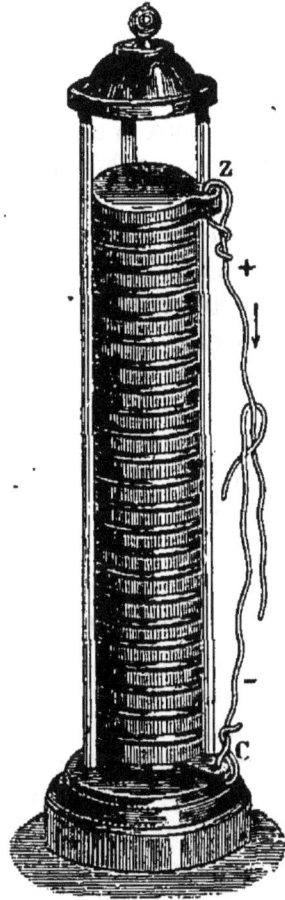

Fig. 585

négative, si c'est par un disque de zinc. Quant à la tension, elle
devrait croître, dans la théorie de Volta (692, 2°), proportionnellement au nombre des couples; mais l'expérience montre qu'elle
croît moins vite.

La distribution de l'électricité n'est plus la même dans la pile
isolée. On constate alors, au moyen du plan d'épreuve et de la balance de Coulomb, que la partie médiane est à l'état neutre, que
chaque moitié est tout entière chargée, l'une d'électricité positive,
l'autre d'électricité négative, et que la tension croît de part et
d'autre, du milieu jusqu'aux extrémités. On verra ci-après (695 et
702) à quels caractères on distingue quelle est l'extrémité positive
ou négative de la pile.

694. Tension de la pile. — La *tension* d'une pile est la tendance de l'électricité accumulée aux extrémités à se dégager et à vaincre les résistances qui s'opposent à son déplacement. On ne doit pas confondre la tension d'une pile avec la *quantité* d'électricité qu'elle peut dégager. La tension dépend surtout du nombre des couples, tandis que la quantité d'électricité, toutes choses égales d'ailleurs, dépend de leur surface. Plus cette surface est grande, plus, à tension égale, la quantité d'électricité qui circule dans la pile est considérable. Cette quantité croît aussi avec la conductibilité du liquide interposé entre les couples. La tension, au contraire, est indépendante de la nature de ce liquide.

A moins d'un nombre de couples considérable, la tension, aux extrémités de la pile, est toujours beaucoup plus faible que dans les machines électriques. En effet, non-seulement chaque extrémité, considérée seule, ne donne pas d'étincelle, mais elle n'attire pas les corps légers, et ce n'est qu'à l'aide de l'électromètre condensateur à feuilles d'or qu'on parvient à rendre la tension sensible. Pour cela, on fait communiquer l'un des plateaux de l'électromètre avec l'une des extrémités de la pile, et l'autre avec l'autre extrémité ou avec le sol. L'appareil se charge alors instantanément, et rompant les communications, on voit les feuilles d'or diverger. On peut de même charger une bouteille de Leyde lorsqu'on fait communiquer l'armature intérieure avec l'une des extrémités de la pile et l'armature extérieure avec l'autre; mais cette charge est beaucoup plus faible que celle fournie par la machine électrique.

695. Pôles, électrodes, courant. — Dans une pile, on nomme *pôle positif,* l'extrémité où tend à s'accumuler le fluide positif, et *pôle négatif,* celle où tend à s'accumuler le fluide négatif. C'est le dernier zinc qui est le pôle positif, et le dernier cuivre, le pôle négatif; mais comme, dans la pile à colonne décrite ci-dessus (693), on peut supprimer le zinc supérieur sans rien changer à la distribution de l'électricité, en sorte que chaque pôle correspond alors à un cuivre, et comme il en sera de même dans les diverses piles qu'il nous reste à faire connaître, il en résulte qu'il y aurait confusion si l'on désignait les pôles par les noms des métaux auxquels ils correspondent. En un mot, ce n'est pas la *nature* des métaux qui terminent la pile qui doit déterminer tel ou tel pôle, mais l'ordre dans lequel ces métaux sont disposés. C'est-à-dire que le pôle positif est toujours à l'extrémité vers laquelle les zincs de chaque couple sont tournés, et le pôle négatif à l'extrémité vers laquelle sont tournés tous les cuivres; ou bien, ajoutons qu'en traitant de l'électricité dégagée dans les actions chimiques (702), on verra que, dans toutes les piles, c'est toujours le métal non attaqué par l'acide, c'est-à-dire le cuivre, qui est positif, et le métal attaqué, c'est-à-dire le zinc, qui est négatif, qu'il soit ou non soudé à un appendice de cuivre.

On appelle *électrodes,* ou *réophores,* deux fils métalliques fixés aux pôles de la pile (fig. 585), et destinés à les faire communiquer entre eux, en sorte que les extrémités de ces fils deviennent elles-mêmes les pôles.

Enfin, on désigne sous le nom de *courant,* la recomposition des électricités contraires qui s'opère d'un pôle à l'autre d'une pile, lorsqu'ils communiquent entre eux au moyen des électrodes ou d'un corps conducteur quelconque. Les effets des piles démontrent que les courants sont continus, ce qui prouve qu'à mesure que les deux électricités se réunissent par le fil conjonctif, la force électromotrice, ou plutôt l'action chimique, décompose une nouvelle quantité d'électricité neutre dans la pile. Le courant ne commence qu'au moment où les deux pôles sont mis en communication par un corps conducteur, ce qu'on exprime en disant que le *courant est fermé.* Les effets de l'électricité à l'état de tension cessent alors, mais de nouveaux effets apparaissent, qui caractérisent les courants, et qui seront décrits en parlant des effets des piles.

Dans la théorie des deux fluides, il y a réellement deux courants, l'un, de fluide positif, allant extérieurement du pôle positif au pôle négatif de la pile; l'autre, de fluide négatif, marchant en sens contraire; mais, dans tous les phénomènes que présentent les courants, on est convenu de ne considérer que le *courant positif,* c'est-à-dire celui qui va du pôle positif au pôle négatif dans les électrodes, et du pôle négatif au pôle positif dans l'intérieur de la pile.

Dans l'hypothèse d'un seul fluide électrique, qui serait l'éther (638), le courant électrique n'est autre chose que l'écoulement de ce fluide dans les conducteurs, c'est-à-dire un transport réel dans un seul sens, du pôle positif au pôle négatif, un véritable *flux,* sous la forme d'ondes successives qui ne se confondent en aucune façon avec les ondes lumineuses. « Né dans la pile, ce flux se continue dans le conducteur, et si nous considérons l'ensemble du circuit ainsi formé, il nous sera facile de voir que l'action chimique, l'électricité, la chaleur, le travail mécanique, s'y produisent suivant cette loi de transformation mutuelle à laquelle nous nous sommes efforcés de réduire tous les phénomènes physiques. » (Saigey, *la Physique moderne.*)

Dans cette hypothèse, le courant positif serait de l'éther en excès, et le courant négatif, de l'éther en moins.

DIVERSES MODIFICATIONS DE LA PILE.

696. Pile à auges. — La pile de Volta a reçu diverses dispositions. Celle que nous avons décrite ci-dessus (693) présente l'inconvénient que les rondelles de drap, comprimées par le poids des disques, laissent écouler le liquide dont elles sont imbibées.

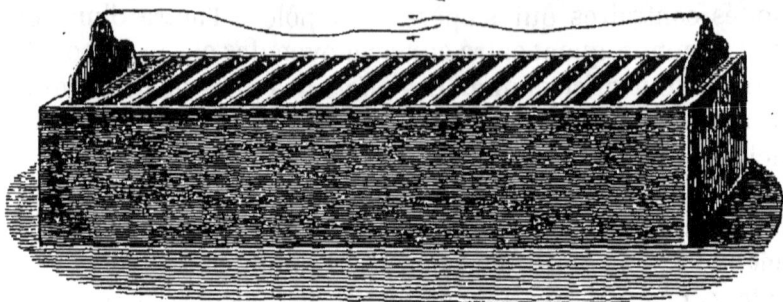

Fig. 586.

C'est pour cette raison qu'on adopta promptement la *pile à auges*, due à Cruikshank, laquelle n'est, pour ainsi dire, qu'une pile à colonne horizontale. Elle se compose d'une boîte rectangulaire de bois, enduite intérieurement d'un mastic isolant (fig. 586). Les plaques zinc et cuivre, soudées entre elles deux par deux, forment des couples qui ont une grandeur égale à la section intérieure de la boîte et qui sont fixés dans le mastic, de manière qu'il y ait, d'un couple à l'autre, des intervalles peu considérables formant autant de compartiments ou *auges*. Dans celles-ci, on verse un mélange d'eau et d'acide sulfurique, qui produit le même effet que les rondelles dans la pile à colonne; les deux pôles communiquent entre eux au moyen de fils métalliques soudés à deux plaques de cuivre qui plongent dans les auges extrêmes. On verra ci-après (704) la théorie chimique de cette pile, théorie qui est aussi celle de la pile à colonne et de la pile de Wollaston.

697. Pile de Wollaston. — La *pile de Wollaston*, ou *pile à bocaux*, est encore une modification de la pile de Volta, mais une modification importante, parce qu'elle est disposée de manière qu'on peut facilement ne mettre la pile en activité que juste le temps pendant lequel on veut utiliser le courant.

La figure 587 montre une coupe verticale de deux couples de la pile de Wollaston, et la figure 588 représente séparément le zinc et le cuivre destinés à plonger dans un même bocal. Les zincs Z sont taillés en plaques rectangulaires d'une épaisseur de 4 à 5 millimètres, sur environ une hauteur de 20 centimètres et une largeur de 15. Les cuivres sont des feuilles minces C de même largeur que les zincs, et recourbées de manière à les envelopper sur leurs deux faces, mais sans les toucher, étant maintenues à distance par de petits morceaux de liége ou de bois. De chaque feuille

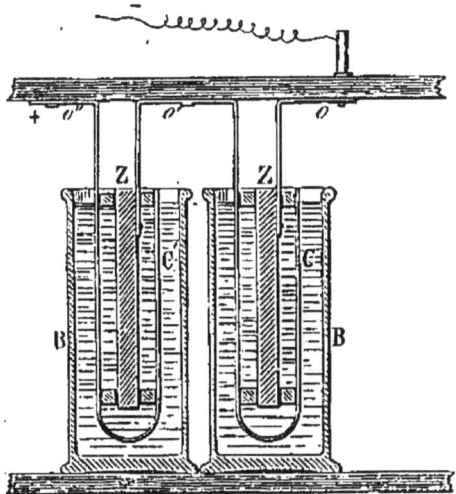

Fig. 587.

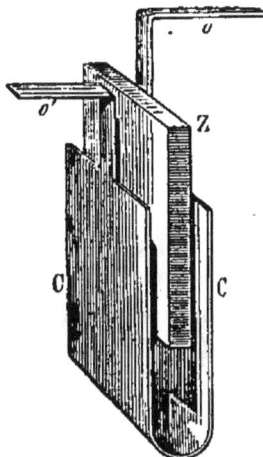

Fig. 588.

de cuivre part une lame étroite *o* qui se prolonge, et, se recourbant deux fois à angle droit, va se souder au zinc du couple sui-

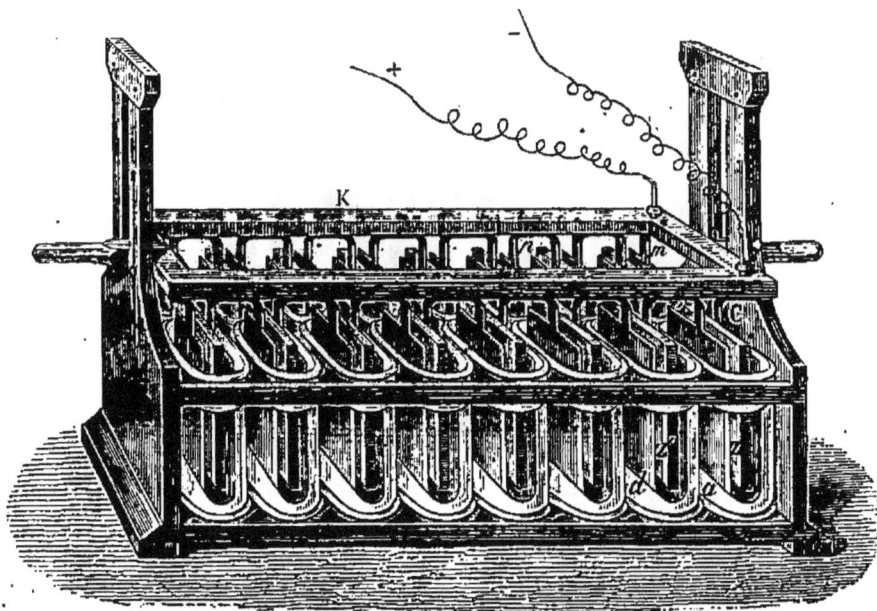

Fig. 589 (*l* = 85).

vant. La figure 587 fait voir comment la première lame étroite *o* est soudée au premier zinc Z; puis comment autour de celui-ci s'enroule la première lame de cuivre C, de même largeur que le zinc, laquelle, se terminant par une lame étroite *o'*, va se souder au deuxième zinc Z'; et ainsi de suite, de manière à réunir autant de couples que l'on veut. Enfin, ces lames zinc et cuivre plongent deux à deux dans des bocaux étroits remplis d'eau acidulée.

La figure 589 représente une pile de 16 couples réunis parallèlement en deux séries de 8. Le premier cuivre C, étant soudé à un zinc, représente le pôle négatif. Quant au pôle positif, il correspond au dernier cuivre *m,* qui, n'étant en contact avec aucun zinc, ne fait qu'enlever au liquide le fluide positif qui lui est fourni par le dernier couple. Tous les couples étant fixés à un cadre de bois K, qui peut s'élever ou s'abaisser à volonté entre quatre montants, on soulève le cadre aussitôt qu'on ne veut plus faire fonctionner la pile. Ordinairement, l'eau des bocaux est chargée de $\frac{1}{16}$ d'acide sulfurique et $\frac{1}{20}$ d'acide azotique; celui-ci rend le courant plus constant en cédant de l'oxygène à l'hydrogène qui provient de la décomposition de l'eau, et en s'opposant ainsi à un dépôt gazeux nuisible sur le cuivre des couples (705).

698. Pile de Münch. — Münch a donné à la pile de Wollaston une disposition plus simple, en faisant plonger tous les couples

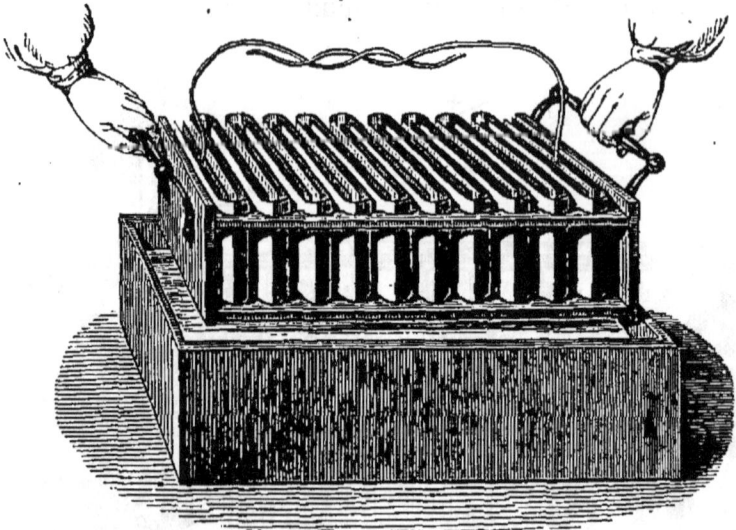

Fig. 590 ($l = 61$).

dans une même auge de bois mastiquée à l'intérieur. La figure 590, qui représente une pile de 20 couples, montre comment les plaques de ces couples sont soudées verticalement. Les plaques blanches sont les zincs, les autres sont les cuivres. Cette pile, sous un petit volume, donne des effets énergiques, mais peu constants.

Dans les différentes piles que nous venons de décrire, on donne aux plaques de zinc plus d'épaisseur qu'aux plaques de cuivre, parce que le premier métal est seul attaqué par l'acide sulfurique.

699. Piles sèches. — Les *piles sèches* sont de véritables piles à colonne dans lesquelles les rondelles acidulées sont remplacées par une substance solide hygrométrique. On en a construit de différentes sortes : dans la pile de Zamboni, qui est la plus en usage, les métaux électromoteurs sont l'étain ou l'argent, et le bioxyde de manganèse. Pour construire cette pile, on prend une feuille de papier argentée ou étamée sur l'une de ses faces, et sur l'autre on fixe, avec de la colle de pâte, du bioxyde de manganèse bien lavé. Ayant superposé 7 ou 8 de ces feuilles, on les découpe avec un emporte-pièce en disques de 25 millimètres de diamètre environ, et on superpose ces disques dans le même ordre, de manière que l'argent ou l'étain de chaque disque soit en contact avec le manganèse du suivant. Ayant ainsi empilé 1200 à 1800 couples, on termine la pile, à chaque bout, par un disque de cuivre, et l'on serre tout le système fortement avec des fils de soie, pour mieux établir les contacts. C'est alors au disque de cuivre en contact avec le manganèse que correspond le pôle positif; au disque de l'autre extrémité, c'est-à-dire au pôle argent ou étain, correspond le pôle négatif.

Les piles sèches sont remarquables par la durée de leur action, qui peut se prolonger plusieurs années. Leur énergie dépend beaucoup de la température et de l'état hygrométrique de l'air. Elle est plus forte en été qu'en hiver, et l'action d'une forte chaleur peut la raviver lorsqu'elle semble éteinte. Une pile de Zamboni de 2000 couples ne donne ni commotion, ni étincelle, mais elle peut charger la bouteille de Leyde et les autres condensateurs. Toutefois il faut pour cela un certain temps, parce que l'électricité ne se meut que lentement dans son intérieur. Le développement de l'électricité dans ces piles est généralement attribué à une action chimique lente résultant de la décomposition des matières organiques dont le papier est imprégné.

* 700. Électromètre de Bohnenberger. — Bohnenberger a construit un électromètre à pile sèche d'une extrême sensibilité. C'est un électroscope à feuilles d'or (fig. 541, page 627) dont la tige ne porte qu'une seule feuille d'or suspendue à égale distance des pôles contraires de deux piles sèches, placées verticalement, dans l'intérieur de la cloche, sur le plateau qui sert de base à l'appareil. Aussitôt qu'on communique à la feuille d'or la plus faible quantité d'électricité libre, elle est attirée par une des piles et repoussée par l'autre, et son électricité est évidemment contraire à celle du pôle vers lequel elle se dirige.

* 701. Appareil à rotation. — On construit, sous le nom de *jeux* *de bague,* de petits appareils à rotation continue, dont le mouvement persiste pendant plusieurs années. Le figure 591 représente un appareil de ce genre. Deux colonnes de cuivre a et b, fixées sur un socle de bois, communiquent par leur base, l'une au pôle positif, l'autre au pôle négatif d'une forte pile sèche placée horizon-

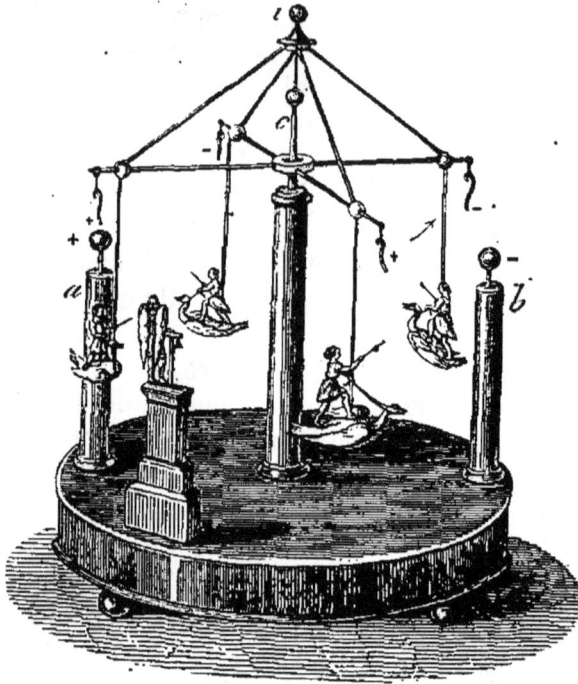

Fig. 591.

talement au-dessous du socle. Cette pile est ordinairement formée de six piles plus petites communiquant entre elles et comprenant en tout 1800 couples.

Sur un pivot c, placé à égale distance des deux colonnes a et b, est une chape d'ivoire i, à laquelle sont liés quatre supports qui soutiennent de petites figures peintes sur un carton très-léger. Ces supports se terminent par de petits étendards de clinquant fixés par de la gomme laque qui les isole. Ces étendards, attirés d'abord par l'électricité des boules qui terminent les colonnes, les touchent et se chargent de la même électricité qu'elles. Repoussés alors, ils se mettent à tourner, et les deux étendards positifs, par exemple, qui sont repoussés par la colonne a, se trouvent au contraire attirés par la colonne b, qu'ils viennent toucher pour être repoussés de même; d'où résulte une rotation qui se prolonge tout le temps que la pile fonctionne, c'est-à-dire pendant plusieurs années.

THÉORIE CHIMIQUE DE LA PILE.

702. Électricité dégagée dans les actions chimiques. — La théorie du contact, proposée par Volta pour expliquer la production de l'électricité dans la pile, ne tarda pas à être attaquée par plusieurs physiciens. Fabroni, compatriote de Volta, ayant observé que les disques de zinc s'oxydaient au contact des rondelles acidulées, pensa que cette oxydation était la cause principale du dégagement de l'électricité. En Angleterre, Wollaston avança bientôt la même opinion, et Davy l'appuya d'ingénieuses expériences.

Il est vrai que dans l'expérience que nous avons citée plus haut (694), Volta avait obtenu des signes sensibles d'électricité; mais si l'on tient le zinc avec une pince de bois, M. de La Rive a fait voir que tout signe d'électricité disparaît, et qu'il en est encore de même si le zinc est placé dans des gaz, comme l'hydrogène, l'azote, qui n'exercent sur lui aucune action. M. de La Rive a conclu de là que le dégagement d'électricité, dans l'expérience de Volta, est dû aux actions chimiques qui résultent de la transpiration cutanée de la main et de l'oxygène de l'air.

On démontre le développement de l'électricité, dans les actions chimiques, de la manière suivante, au moyen de l'électromètre condensateur. On pose sur le plateau supérieur un disque de papier mouillé, et dessus, une capsule de zinc dans laquelle on verse de l'eau et de l'acide sulfurique, puis on plonge dans le liquide une lame de platine communiquant avec le sol, tandis qu'on fait aussi communiquer avec lui le plateau inférieur par l'intermédiaire du doigt mouillé. Lorsqu'on rompt les communications et qu'on enlève le plateau supérieur, on reconnaît que les feuilles d'or ont pris une quantité sensible d'électricité positive, ce qui montre que le plateau supérieur a été électrisé négativement par l'action chimique de l'acide sulfurique sur les parois de la capsule.

Mais c'est surtout à l'aide du galvanomètre (739) qu'on a constaté que toutes les actions chimiques sont accompagnées d'un dégagement d'électricité plus ou moins abondant, et c'est à l'aide du même instrument que M. Becquerel a trouvé les lois suivantes sur le dégagement de l'électricité dans les actions chimiques.

1° Dans la combinaison de l'oxygène avec un autre corps, l'oxygène prend l'électricité positive, et le combustible l'électricité négative.

2° Dans la combinaison d'un acide avec une base, ou de corps se comportant comme tels, le premier prend l'électricité positive, et le second l'électricité négative.

3° *Quand un acide agit chimiquement sur un métal, l'acide s'électrise positivement et le métal négativement,* ce qui est une conséquence de la deuxième loi.

4° *Dans les\décompositions, les effets électriques sont inverses des précédents.*

5° *Dans les doubles décompositions, l'équilibre des forces électriques n'est point troublé.*

Quant à la quantité d'électricité dégagée dans les actions chimiques, elle est énorme. En effet, M. Becquerel est arrivé à ce résultat, qui effraye l'imagination, que l'oxydation d'une quantité d'hydrogène pouvant donner 1 milligramme d'eau, dégage suffisamment d'électricité pour charger *vingt mille fois une surface métallique d'un mètre de superficie,* à un tel degré, que les étincelles résultant de la décharge éclatent à un centimètre de distance. MM. Faraday, Pelletier et Buff sont parvenus à des résultats semblables.

703. Théorie chimique de la pile à un seul couple. — Dans

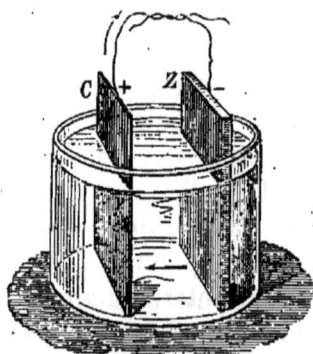
Fig. 592.

cette théorie, la seule généralement admise aujourd'hui, toute l'électricité dégagée dans les piles précédemment décrites est due à l'action de l'eau acidulée sur le zinc, ainsi qu'il est facile de s'en rendre compte d'après les lois données ci-dessus (702). Toutefois il importe d'observer que tandis que dans la théorie du contact (692), c'est la réunion d'un zinc et d'un cuivre soudés ensemble qui constitue un couple, dans la théorie chimique, c'est *le système d'un zinc et d'un cuivre non juxtaposés, plongeant dans de l'eau acidulée.*

Soit d'abord le cas d'un seul couple zinc et cuivre plongeant dans de l'eau acidulée avec de l'acide sulfurique (fig. 592). D'après la troisième loi de M. Becquerel, dans l'action chimique qui se produit entre l'acide, l'eau et le zinc, ce dernier s'électrise négativement et l'eau acidulée positivement. Quant au cuivre, étant *inactif,* c'est-à-dire non attaqué par l'acide sulfurique à la température ordinaire, il ne fait que prendre au liquide son électricité, en sorte qu'il se trouve électrisé positivement. Si donc on réunit les deux métaux par un fil métallique, on aura un courant allant, dans le liquide, du zinc au cuivre, et au contraire du cuivre au zinc à l'extérieur. D'où l'on voit que *le pôle positif correspond au métal inactif, et le pôle négatif au métal actif,* c'est-à-dire *au métal attaqué par l'acide.* Ce principe est général et s'applique non-seulement à toutes les piles déjà décrites, mais à celle qu'il nous reste à faire connaître.

Dans la théorie chimique de la pile, due à M. de La Rive, on voit qu'il importe qu'un des métaux qui composent le couple voltaïque soit seul attaqué par l'eau acidulée, ou du moins que le second métal soit beaucoup moins actif que le premier, sinon il se produit deux effets de directions contraires qui tendent à s'annuler. C'est pour cette raison qu'on remplace avec avantage, dans le couple voltaïque, le cuivre par le platine ou par le charbon calciné.

704. Théorie de la pile à plusieurs couples. — Dans le cas d'un seul couple, tel qu'on l'a considéré ci-dessus (fig. 592), aussitôt que les deux électricités séparées par l'action chimique se sont portées, l'une sur le zinc, l'autre dans le liquide, la plus grande partie se recombine dans le couple même au travers du liquide, en sorte que ce n'est qu'une très-faible portion des électricités développées par l'action chimique qui circule dans le fil conjonctif; et la quantité d'électricité qui passe ainsi dans ce fil est d'autant plus faible, que les deux fluides rencontrent moins de résistance à se réunir dans l'intérieur du couple. Au contraire, si cette résistance devient plus

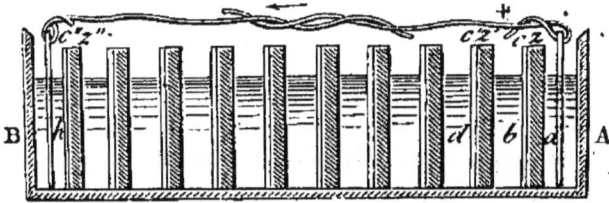

Fig. 593.

grande, la quantité d'électricité qui va d'un pôle à l'autre par le fil conjonctif augmente. Or, tel est le résultat qu'on obtient en multipliant le nombre des couples.

En effet, soit, par exemple, une pile à auges AB (fig. 593), formée de couples zinc et cuivre, et dont les auges contiennent de l'acide sulfurique étendu d'eau. L'acide de chaque auge attaque le zinc, mais n'a pas d'action sur le cuivre; il y a donc, dans toute la pile, dégagement d'électricité positive vers le liquide et d'électricité négative sur le zinc de chaque couple (702, 3°). Or, dans l'auge b, où le liquide est en même temps en contact avec un zinc et un cuivre, l'électricité positive du liquide se recompose constamment avec l'électricité contraire du couple cz; de même, dans l'auge d, le fluide positif du liquide se combine avec le fluide négatif du couple $c'z'$, et ainsi de suite dans toute la pile : en sorte qu'il n'y a que les électricités des auges extrêmes a et h qui, ne pouvant s'unir à celles des auges voisines, restent libres. Il est facile de voir que c'est alors l'auge a qui est électrisée positivement par l'action de son acide sur le zinc z, et l'auge h qui l'est négativement par l'électricité que lui communique le couple $c''z''$. Quant aux plaques extrêmes a et h, qui sont de cuivre et ne sont point attaquées par l'eau acidulée, elles sont destinées à recueillir les électricités contraires accumulées aux deux pôles, et à les transmettre aux fils de cuivre qui servent d'électrodes.

M. de La Rive ayant trouvé que la conductibilité d'une masse liquide interrompue par des diaphragmes métalliques est en raison inverse de leur nombre, il s'ensuit que plus le nombre des couples interpolaires est considérable, plus les électricités contraires accumulées aux pôles rencontrent de résistance à leur recomposition dans la pile, plus la tension est forte aux deux pôles et plus est abondante l'électricité qui parcourt le fil conjonctif. Il découle encore de là que, dans les couples interpolaires, la tension décroît des pôles vers le milieu de la pile, car, l'intervalle des couples diminuant, la résistance à la recomposition est moindre. Par la même raison, la tension est nulle dans la partie centrale.

La résistance à la recomposition des électricités contraires accumulées aux deux pôles augmentant quand le liquide interpolaire est moins conducteur, il doit en être de même de la tension. En effet, M. de La Rive a reconnu que, les auges de la pile étant remplies d'eau acidulée, ou d'eau ordinaire, la tension est la même. Dans le premier cas, la production d'électricité est plus abondante, mais les fluides contraires se recomposent plus facilement.

Enfin, d'après la théorie qui précède, la tension augmente avec le nombre des couples; mais les électricités contraires des couples intermédiaires formant constamment du fluide neutre, il en résulte, lorsqu'on réunit les deux pôles par un circuit métallique, que celui-ci n'est traversé, en réalité, que par l'électricité développée par un seul couple. En augmentant le nombre des couples, ceux-ci se comportent donc comme s'ils étaient inactifs, et ne modifient l'intensité du courant que par la résistance qu'ils opposent à la recombinaison des électricités contraires des couples extrêmes.

705. **Affaiblissement du courant dans les piles, courants secondaires.** — Les diverses piles à colonne, à auges, de Wollaston et de Münch, décrites précédemment, et qui ont toutes pour caractère d'être composées de deux métaux et d'un seul liquide, présentent le grave inconvénient de donner des courants dont l'intensité décroît rapidement.

Cet affaiblissement est dû à deux causes : la première est le décroissement des actions chimiques par la neutralisation de l'acide sulfurique à mesure qu'il se combine avec le zinc; la deuxième provient des *courants secondaires*. On nomme ainsi des courants qui se produisent dans les piles en sens contraire du courant principal, et le neutralisent en totalité ou en partie. M. Becquerel a reconnu que ces courants sont engendrés par des dépôts qui se font sur les lames zinc et cuivre des couples. En effet, le courant qui va du zinc au cuivre, *dans la pile,* décomposant l'eau et le sulfate de zinc qui s'est formé, il se dépose, sur le cuivre vers lequel marche le courant, non-seulement une couche de zinc d'autant plus épaisse que la pile est plus longtemps en activité, mais des bulles d'hydrogène qui restent adhérentes au métal et ne s'en séparent qu'après avoir atteint un volume assez considérable. De là deux causes d'affaiblissement très-puissantes; car, tandis que le dépôt de zinc donne naissance à un courant de sens contraire à celui de la pile et le neutralisant plus ou moins, le gaz hydrogène, qui est très-oxydable, donne lui aussi, en reformant de l'eau, un courant secondaire de sens contraire à celui du courant principal, et de plus, par sa non-conductibilité, présente une grande résistance à la circulation de l'électricité dans la pile.

Si l'on interrompt le circuit, les dépôts se dissolvent et l'intensité du courant augmente. On obtient le même résultat en faisant passer le courant d'une autre pile en sens contraire de celui de la première, les dépôts qui se sont formés étant alors dissous par les dépôts opposés.

706. Polarité. — M. de La Rive a constaté, le premier, que des lames de platine qui ont servi à transmettre le courant dans un liquide décomposable, étant retirées de ce liquide et plongées dans de l'eau distillée, donnent naissance à un courant de sens inverse à celui qu'elles ont d'abord transmis, phénomène que le savant physicien de Genève a exprimé en disant que les lames sont *polarisées.* M. Becquerel et M. Faraday ont fait voir que cette polarité des métaux est un effet des dépôts engendrés par les courants secondaires (705).

Les lames de platine qui ont servi à la décomposition de l'eau pure acquièrent aussi la polarité électrique, sans qu'on puisse l'attribuer à l'effet d'un acide ou d'une base; mais M. Matteucci a fait voir qu'elle provient alors d'une couche d'oxygène et d'hydrogène déposée respectivement sur chaque lame.

PILES CLOISONNÉES A DEUX LIQUIDES.

707. Objet des piles à deux liquides. — Dans les piles décrites jusqu'ici, lesquelles sont connues sous le nom de *piles à un seul liquide,* on vient de voir ci-dessus (705) que les causes qui

concourent à l'affaiblissement du courant sont la transformation de
l'acide sulfurique en sulfate de zinc, et la décomposition de ce sel
par le courant intérieur de la pile, avec dépôt de zinc et d'hydrogène sur les lames de cuivre. Or, le double objet des piles à deux
liquides est : 1° de s'opposer aux dépôts de zinc et d'hydrogène
sur les lames de cuivre; 2° de conserver à l'acide de la pile toujours
le même degré de concentration.

On arrive à ce double résultat en faisant usage de deux liquides
susceptibles de réagir l'un sur l'autre. Ils sont séparés par une
cloison qui laisse passer facilement le courant, mais ne permet pas
au zinc d'aller se déposer sur le cuivre. Enfin, les deux éléments
d'un même couple plongent, l'un dans un des liquides, l'autre
dans l'autre. Les piles ainsi construites présentent une constance
d'intensité remarquable, qui leur a fait donner le nom de *piles à
courant constant*. La première pile à courant constant est due à
M. Becquerel, en 1829. Depuis on a beaucoup varié la forme de
ces piles; les plus en usage sont la pile de Daniell, celle de Grove
et celle de Bunsen. La pile de Daniell satisfait seule aux deux conditions ci-dessus; c'est vraiment la pile à courant constant; les
deux autres piles ne satisfont qu'à la première condition.

708. Pile de Daniell. — En 1836, le chimiste anglais Daniell
construisit la pile qui porte son nom, et qui, avec la *pile à charbon* (744), est celle dont l'usage est le plus répandu aujourd'hui.

La figure 594 représente un couple ou un *élément* de cette pile,
dont on a beaucoup varié la forme. Un vase V, de verre, est rempli
d'une dissolution saturée de sulfate de cuivre, dans laquelle plonge
un cylindre de cuivre rouge C, percé latéralement de plusieurs
trous et ouvert aux deux bouts. A la partie supérieure de ce cylindre est fixée une galerie annulaire G, percée sur son pourtour inférieur de petits trous qui plongent dans la dissolution. Cette
galerie est destinée à contenir des cristaux de sulfate de cuivre,
qui se dissolvent à mesure que l'appareil fonctionne. Enfin, dans
l'intérieur du cylindre C est un vase poreux, ou diaphragme P, de
terre de pipe dégourdie, plein d'eau acidulée avec de l'acide sulfurique, ou d'une dissolution de sel marin, ou même d'eau pure;
dans le liquide plonge un cylindre de zinc Z, ouvert aux deux bouts
et amalgamé. Aux cylindres zinc et cuivre sont fixées par des vis
de pression deux lames minces de cuivre *p* et *n*, qui forment les
électrodes de la pile.

Tant que les deux électrodes ne communiquent pas entre elles,
la pile est inactive; mais aussitôt que la communication est établie,
l'action chimique commence : l'eau est décomposée, et l'acide sulfurique attaque le zinc, qui s'électrise négativement, tandis que,

l'eau acidulée s'électrise positivement (702). De celle-ci le fluide positif se rend, à travers la cloison, dans la dissolution de sulfate, et enfin sur le cuivre C, qui devient ainsi le pôle positif. Quant à l'hydrogène provenant de la décomposition de l'eau, il est entraîné dans le sens du courant intérieur, et se rend dans la dissolution de sulfate de cuivre dont il réduit l'oxyde et révivifie le cuivre, qui va

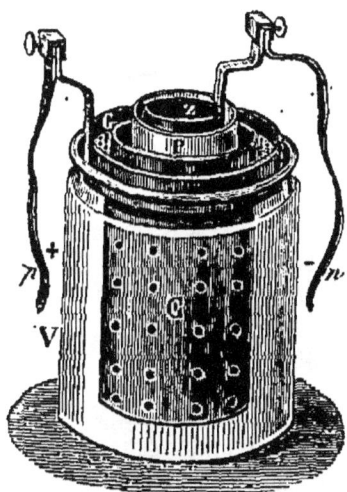

Fig. 594.

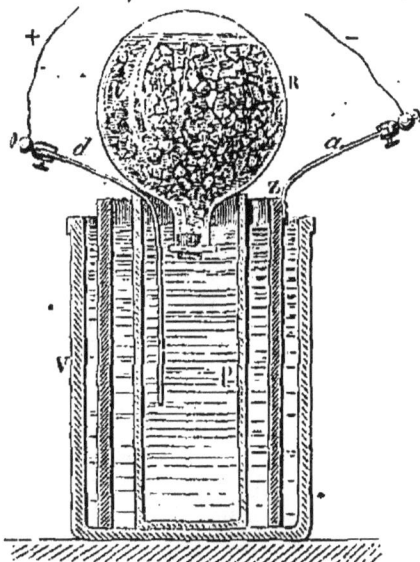

Fig. 595.

former un dépôt sans adhérence sur le cylindre C. Par suite, la surface de celui-ci reste toujours identiquement la même, et aucun dépôt d'hydrogène ne se fait sur le cuivre. Enfin, l'oxyde de zinc qui provient de la décomposition du sulfate de zinc par le courant intérieur ne passe pas au travers du vase poreux, et reste dans la dissolution même où plonge le zinc.

Pendant ce travail chimique, la dissolution de sulfate de cuivre tend à s'appauvrir rapidement; mais les cristaux placés dans la galerie G se dissolvant au fur et à mesure, le degré de concentration reste constant. Quant à l'acide sulfurique rendu libre par la décomposition du sulfate de cuivre, il se porte, en même temps que l'oxygène de l'eau, vers le zinc pour le transformer en sulfate; et comme la quantité d'acide sulfurique mise en liberté dans la dissolution de cuivre est régulière, l'action de cet acide sur le zinc l'est aussi; d'où résulte un courant constant. Quant aux pôles, c'est l'électrode fixée au zinc qui est négative, et celle fixée au cuivre qui est positive, comme dans les piles déjà décrites.

Au lieu d'un vase de terre poreuse, on prend aussi, pour la cloison qui sépare les deux dissolutions, une poche de toile à voiles

ou de baudruche. L'effet est d'abord plus puissant, mais les deux
dissolutions se mélangent plus rapidement, ce qui l'affaiblit. En
général, les cloisons doivent être perméables au courant, mais prévenir autant que possible le mélange des deux liquides.

Avec la pile de Daniell, on obtient des effets constants pendant
plusieurs jours, et même pendant plusieurs mois, lorsqu'on a soin
de conserver la dissolution de sulfate de cuivre à l'état de saturation, en ajoutant de temps en temps des cristaux de ce sel.

709. **Pile à ballon.** — Dans l'élément représenté dans la figure

Fig. 596.

594, les cristaux de sulfate de cuivre doivent être renouvelés assez
fréquemment; de plus, l'évaporation s'opérant facilement, le sulfate de zinc cristallise en grimpant sur les parois du vase poreux,
ce qui établit une conductibilité nuisible par-dessus la cloison qui
sépare les deux liquides.

Ces inconvénients disparaissent dans la *pile à ballon,* adoptée
par M. Vérité, de Beauvais. Dans un vase de faïence V (fig. 595) est de
l'eau légèrement acidulée avec de l'acide sulfurique, ou même de
l'eau pure. Dans le liquide est un cylindre de zinc Z, puis un vase
poreux P, rempli d'une dissolution saturée de sulfate de cuivre. Dans
cette dissolution plonge le goulot d'un ballon B rempli de cristaux
du même sel et d'eau. Le goulot n'est fermé qu'en partie par un bouchon entaillé sur les deux côtés. Par suite, aussitôt que le niveau
baisse au-dessous du goulot, une bulle d'air entre dans le ballon, et
un volume égal de liquide saturé s'en écoule; d'où résulte un niveau
constant. De plus, l'élément étant presque clos, l'évaporation est
plus lente, et les cristaux grimpants moins abondants; aussi la pile
marche-t-elle fort longtemps sans aucune espèce de surveillance.

Lorsqu'on fait usage d'eau pure au lieu d'eau acidulée, la pile n'a d'abord qu'une faible intensité au moment où l'on ferme le circuit. Il importe donc d'établir celui-ci assez longtemps avant de faire usage de la pile, vingt-quatre heures au moins.

La figure 596 montre une association en batterie de la pile à ballon. A chaque zinc, à partir du pôle positif, est soudée une lame de cuivre qui va plonger dans le vase poreux du couple suivant.

710. Pile de Grove. — La figure 597 représente un couple de la pile de Grove. Ce cou-

ple se compose : 1° d'un vase de verre A, en partie rempli d'eau acidulée avec de l'acide sulfurique ; 2° d'un cylindre de zinc Z, ouvert aux deux bouts et fendu dans toute sa longueur ; 3° d'un vase poreux V, de terre de pipe peu cuite, et rempli d'acide azotique ordinaire ; 4° d'une lame de platine P, recourbée en S (fig. 598), et fixée à un couvercle c qui se

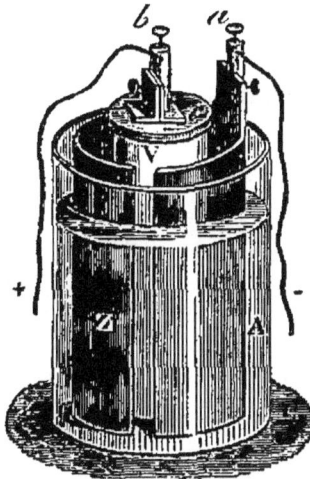
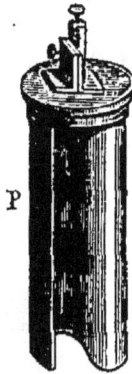

Fig. 597.   Fig. 598.

pose sur le vase poreux. Une tige métallique b, communiquant avec la lame de platine, porte un fil de cuivre qui sert d'électrode positive, tandis qu'un second fil fixé au zinc est l'électrode négative.

Cette pile est peu en usage, à cause du prix du platine. Ce métal présente en outre cet inconvénient que, lorsque la pile a fonctionné un certain temps, il devient cassant et se brise par le plus petit effort ; toutefois M. Adam, professeur de physique à Nice, a observé qu'en chauffant au rouge les lames de platine de la pile de Grove, elles reprennent leur élasticité. La théorie de la pile de Grove est la même que celle de la pile de Bunsen (711).

711. Pile de Bunsen. — La *pile de Bunsen*, connue aussi sous le nom de *pile à charbon*, fut inventée en 1843 ; elle n'est autre chose que celle de Grove, dont la feuille de platine est remplacée par un cylindre de charbon préparé en calcinant dans un moule de tôle un mélange intime de coke et de houille grasse, bien pulvérisé et fortement tassé.

Chaque élément de la pile à charbon se compose de quatre pièces pouvant se placer les unes dans les autres. Ces pièces sont : 1° un bocal F (fig. 599), de grès ou de verre, plein d'une dissolution de 10 parties d'eau en volume pour une d'acide sulfurique ; 2° un

cylindre creux Z, de zinc amalgamé; 3° un vase poreux V, de terre
de pipe peu cuite, dans lequel on met de l'acide azotique ordinaire;
4° une plaque de charbon C, préparé comme il a été dit ci-dessus,
et bon conducteur. Dans le vase F se place d'abord le zinc; puis le
vase poreux, et au centre le charbon, comme on le voit en P. Au
charbon on fixe une pince de cuivre m sur laquelle est une borne
avec un fil de cuivre, qui, ainsi qu'on va le voir ci-après, est
l'électrode positive; au zinc est fixée une seconde pince n avec un
fil, qui est l'électrode négative. Ce système de pinces est généralement usité aujourd'hui. Il est, en effet, préférable aux lames de

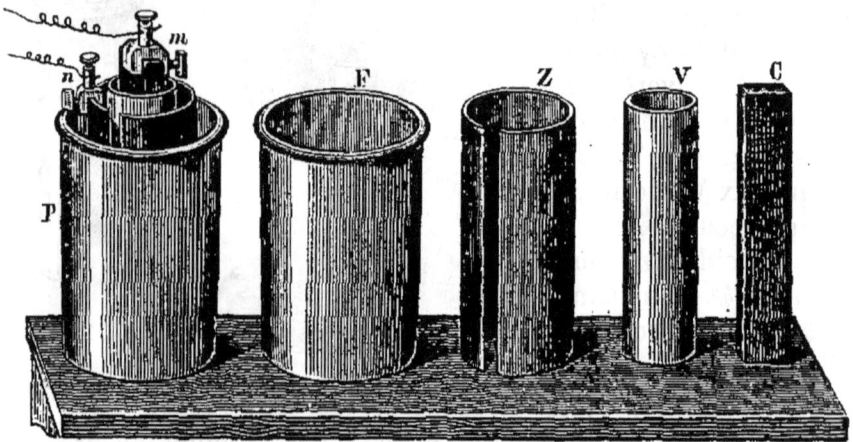

Fig. 599.

cuivre soudées aux zincs dont on fit d'abord usage, leurs soudures
étant promptement attaquées par les acides et par le mercure qui
sert à l'amalgamation du zinc; de plus, avec les pinces, on peut
alternativement plonger le zinc par un bout ou par l'autre dans l'eau
acidulée, et l'user ainsi également.

La pile est inactive tant que la communication n'est pas établie
par un conducteur quelconque entre le zinc et le charbon; mais dès
qu'elle a lieu, l'action chimique commence. L'eau dans laquelle
plonge le zinc étant décomposée par ce métal et par l'acide sulfurique, avec formation de sulfate de zinc, ce métal s'électrise négativement (702) et devient le pôle négatif du couple; l'eau acidulée
s'électrisant au contraire positivement, le fluide positif passe, au
travers du vase poreux, dans l'acide azotique, et de là sur le charbon, qui devient ainsi le pôle positif. L'hydrogène qui provient de
la décomposition de l'eau ne se dépose pas sur le charbon, mais
réduit l'acide azotique et le transforme en acide hypoazotique, en
s'emparant d'un équivalent d'oxygène pour faire de l'eau. Quant
au sulfate de zinc qui se forme, une partie est décomposée, comme

dans les piles à un seul liquide, par le courant intérieur; et ici cette décomposition donne lieu à de l'acide sulfurique qui se porte sur le zinc, et à de l'oxyde de zinc qui, ne pouvant passer à travers le vase poreux pour se porter sur le charbon, reste dans le vase extérieur. Le charbon conserve donc une surface parfaitement nette, et c'est là ce qui contribue surtout à conserver au courant son intensité. Toutefois trois causes d'affaiblissement existent encore. 1° Comme il n'y a toujours de décomposée qu'une portion de sul-

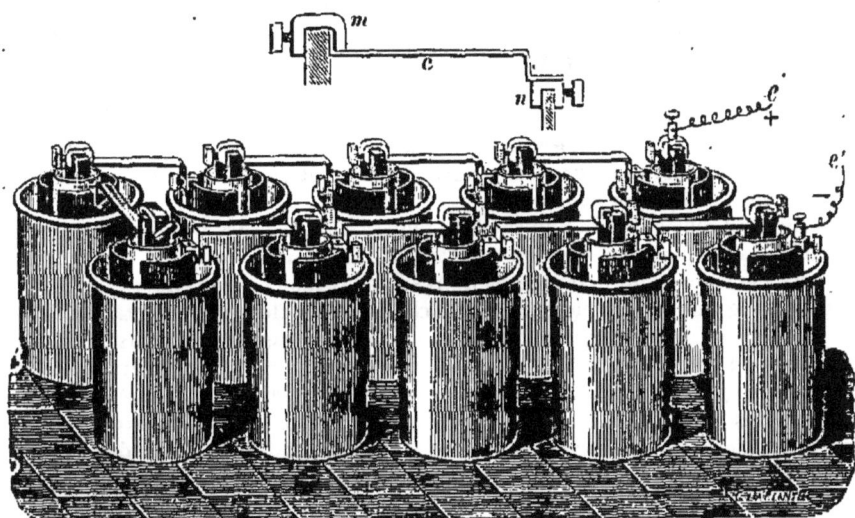

Fig. 600.

fate de zinc qui se produit par l'action chimique, l'acide sulfurique libre va constamment en décroissant, cause d'affaiblissement qui n'existe pas dans la pile de Daniell. 2° L'acide azotique s'appauvrissant de plus en plus en oxygène, l'hydrogène tend à se déposer sur le charbon. 3° L'oxyde de zinc et les substances étrangères contenues dans ce métal, se portant sur le vase poreux, en obstruent les pores peu à peu et en diminuent la perméabilité pour le courant. De ces différentes causes il résulte que le courant s'affaiblit assez rapidement. Cependant, pour des courants dont le travail ne doit pas être trop prolongé, la pile de Bunsen est la plus énergique des piles à deux liquides et celle dont l'usage est le plus fréquent. Toutefois elle a l'inconvénient de répandre des vapeurs d'acide hypoazotique qui deviennent tout à fait incommodes lorsque les éléments sont nombreux.

Pour réunir plusieurs éléments, on les dispose comme le montre la figure 600, dans laquelle le charbon de chaque élément est relié au zinc du suivant au moyen de deux pinces *m, n,* et d'une lame de cuivre *c,* représentées au-dessus de la figure. La lame de cuivre est serrée d'un bout entre le charbon et la pince par une vis de pression, et de l'autre elle va se souder sur la pince n qui se fixe sur le zinc de l'élément suivant, et ainsi de suite d'un pôle à l'autre. La pince du premier charbon et celle du dernier zinc sont seules munies de bornes, desquelles partent les électrodes e et e'.

742. Manipulation de la pile de Bunsen. — La manipulation de la pile de Bunsen est longue, pénible, et demande à être faite avec soin, si l'on veut obtenir de la pile tout son effet.

On doit d'abord faire le mélange d'eau et d'acide sulfurique d'avance dans un seul vase, afin d'avoir exactement le même degré de saturation pour tous les couples. Ayant versé premièrement l'eau dans un baquet de bois, on ajoute un dixième, en volume, d'acide sulfurique ordinaire, de manière que la dissolution marque 10 à 11 degrés au pèse-acide de Baumé. Si l'on n'a pas de pèse-acide, l'eau est suffisamment acidulée quand elle devient tiède, et qu'une goutte déposée sur la langue ne peut y être conservée.

Quant aux éléments, ils doivent être rangés à la suite les uns des autres sur une table ou un plancher bien sec, en ayant soin d'éviter qu'ils ne se touchent entre eux par aucune de leurs pièces autres que les lames et les pinces de cuivre qui unissent le zinc de chaque élément au charbon de l'élément suivant. On verse ensuite, avec un entonnoir, l'acide azotique dans les vases poreux jusqu'à deux centimètres du bord, puis on remplit de la même manière les pots extérieurs avec l'eau acidulée jusqu'à un centimètre du bord, ce qui établit à peu près l'égalité de niveau des deux liquides, condition essentielle pour la constance de la pile. Dès que l'acide azotique est versé dans les vases poreux, on doit introduire l'eau acidulée, afin de ne pas donner à l'acide azotique le temps de traverser ces vases et de venir attaquer les zincs.

Le bon établissement du contact étant indispensable pour qu'une pile fonctionne bien, on doit décaper avec soin, en les frottant avec du papier de verre, les lames de cuivre qui s'engagent dans les pinces, et maintenir propres les faces internes de ces dernières.

L'acide azotique, s'il est neuf, doit marquer 40° au pèse-acide, et peut servir jusqu'à ce qu'il ne marque plus que 26°. On y ajoute alors un cinquantième, en volume, d'acide sulfurique; mais après cette addition il ne peut servir qu'une fois. L'eau acidulée sert généralement deux fois, à moins que le sulfate de zinc formé ne commence à cristalliser.

Ce qu'on doit le plus observer pour conserver la pile en bon état, c'est l'amalgamation des zincs (713). On reconnaît qu'un zinc a besoin d'être amalgamé quand il fait entendre un sifflement dans l'eau acidulée sans que la pile soit en activité. S'il est fortement attaqué, on voit l'eau fumer et même bouillonner; dans ce cas, il faut retirer le zinc immédiatement, sinon quelques heures suffisent pour le trouer.

Pour amalgamer les zincs, on les trempe quelques secondes dans l'eau acidulée (la même que celle de la pile), afin de les décaper; puis on les place un à un dans un vase de terre contenant un peu d'eau acidulée (deux fois plus que la première), et deux kilogrammes de mercure environ qu'on étend sur le zinc à l'aide d'une gratte-boësse de fer. Quand les zincs sont amalgamés, on les plonge dans un baquet d'eau, au fond duquel, après l'opération, on retrouve l'excès de mercure.

743. Propriété du zinc amalgamé. — M. de La Rive a observé que le zinc parfaitement pur n'est pas attaquable par l'acide sulfurique étendu d'eau, mais le devient si on le met en contact avec une lame de platine ou de cuivre plongée dans la dissolution. Le zinc ordinaire, au contraire, qui n'est pas pur, est vivement attaqué par l'acide étendu; mais, amalgamé, il acquiert la propriété du zinc pur et n'est attaqué qu'autant qu'il se trouve en contact avec un fil de cuivre ou de platine plongeant aussi dans la dissolution, c'est-à-dire qu'autant qu'il fait partie d'un couple en activité.

Cette propriété, qui paraît due à l'état électrique que prend le zinc par son contact avec le mercure, a été appliquée aux piles électriques par M. Kemp, qui, le premier, a imaginé d'amalgamer les zincs de chaque couple. Il résulte de cette amalgamation que tant que le circuit n'est pas fermé, c'est-à-dire tant qu'il n'y a pas courant, le zinc n'est pas attaqué; d'où résulte une grande économie de métal. On observe, en outre, qu'avec le zinc amalgamé, le courant est plus régulier et, en même temps, plus intense pour une même quantité de métal dissous.

714. Combinaisons diverses des couples d'une pile. — Lorsqu'on réunit plusieurs couples de Bunsen ou de Daniell pour former une pile, comme le montre la figure 600, on peut combiner ces couples de différentes manières. Par

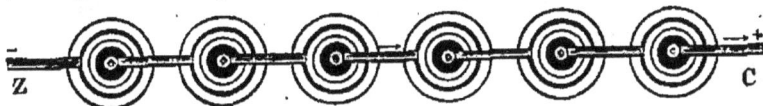

Fig. 601.

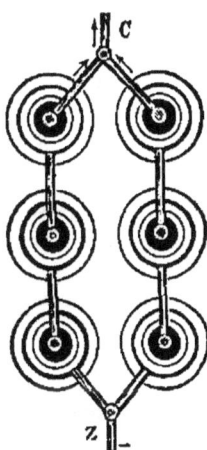

Fig. 602.

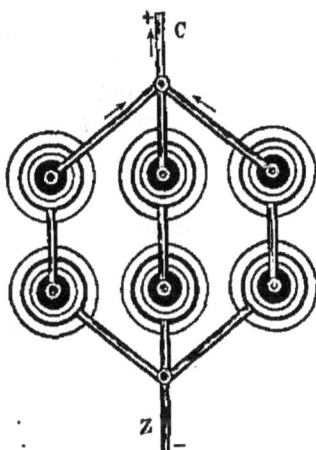

Fig. 603.

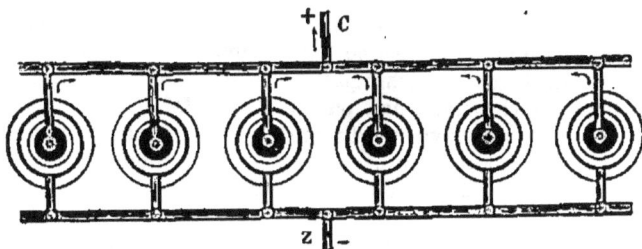

Fig. 604.

exemple, dans le cas de six couples seulement, on peut former les quatre combinaisons suivantes : 1° une seule série longitudinale (fig. 601), dont C représente l'électrode positive et Z l'électrode négative; 2° deux séries parallèles de trois couples chacune (fig. 602), les électrodes positives des deux séries se réunissant en C, et leurs électrodes négatives en Z; 3° trois séries parallèles de deux couples chacune (fig. 603), dont les électrodes de même nom vont encore concourir en une seule; 4° enfin six séries d'un seul couple chacune (fig. 604), dont tous les pôles se réunissent en C et en Z. Avec douze couples, on pourrait réaliser huit combinaisons différentes, et ainsi de suite à mesure qu'on prend un plus grand nombre de couples. Les combinaisons en séries longitudinales se désignent sous le nom d'*association en série*; et celles en séries parallèles, sous celui d'*association en batterie*.

Dans ces diverses combinaisons, diminuer la longueur des séries pour en augmenter le nombre dans un rapport inverse, revient à diminuer le nombre des couples et à en augmenter la surface, ce qui conduit, pour un même nombre de couples, à des effets très-différents, comme on va le voir ci-après, en parlant des effets de la pile (719).

Dans les diverses combinaisons ci-dessus, la résistance que présente la pile au courant décroît à mesure que le nombre des séries parallèles augmente. En effet, si l'on représente par 1 la résistance d'un seul couple, celle de la première combinaison (fig. 601) est 6; dans la deuxième (fig. 602), elle est 3 pour chaque série, et par suite $\frac{3}{2} = 1,5$ pour les deux séries réunies, puisque, à résistance égale, le courant est doublé; de même dans la troisième combinaison (fig. 603), la résistance, pour chaque série, est 2, et pour les trois séries réunies $\frac{2}{3} = 0,666$; enfin, dans la quatrième (fig. 604), elle est $\frac{1}{6} = 0,166$. On calculerait de la même manière la résistance d'un nombre quelconque de couples disposés en séries parallèles. Par exemple, 24 couples, en 3 séries parallèles de 8, donnent la résistance $\frac{8}{3} = 2,666$. Or, comme la théorie et l'expérience démontrent qu'on obtient le maximum d'effet d'une pile, quand la résistance, dans la pile, est égale à celle que présente le circuit que doit parcourir le courant d'une électrode à l'autre, on devra choisir, parmi les combinaisons possibles, celle dont la résistance s'approche le plus de la résistance du circuit donné.

* NOUVELLES PILES.

745. Pile au bichromate de potasse. — De nombreuses modifications ont été apportées depuis quelques années aux piles à courant constant : nous citerons surtout la *pile au bichromate de potasse* de M. Bunsen, la *pile au sulfate de mercure* de M. Marié-Davy, la *pile sans diaphragme* de M. Callaud, et la *pile à sable* de M. Minotto.

La pile au bichromate de potasse est de deux sortes : à deux liquides ou à un seul. Celle à deux liquides ne diffère de la pile à charbon décrite ci-dessus (fig. 599), qu'en ce que l'acide azotique du vase poreux est remplacé par la dissolution suivante : 900 gr. d'eau, 50 gr. de bichromate et 50 gr. d'acide sulfurique. On fait dissoudre à chaud le bichromate, puis on ajoute l'acide. Quant à l'eau du vase de grès, elle est acidulée au vingtième d'acide sulfurique. Cette pile offre le grand avantage de ne point répandre de vapeur d'acide hypoazotique, mais elle se polarise très-rapidement par un dépôt d'oxyde de chrome sur le zinc, et donne alors un courant peu intense.

Dans la pile à un seul liquide, lequel est encore une dissolution de bichromate de potasse et d'acide sulfurique, le vase poreux est supprimé, et les couples sont composés de deux plaques de zinc, et, entre celles-ci, d'une plaque de charbon; toutes les trois sont fixées à un disque de caoutchouc durci et plongent dans le même vase. Cette pile se polarise très-rapidement; mais M. Ruhmkorff a trouvé récemment qu'en réduisant la longueur des plaques de zinc à un quart ou un cinquième de celle du charbon, la pile ne se polarise que lentement et peut fonctionner pendant 9 à 10 heures.

746. Pile au sulfate de mercure. — La pile au sulfate de mercure a reçu différentes dispositions. Celle généralement adoptée est identiquement la même que pour la pile de Bunsen, seulement avec des dimensions beaucoup moindres. De plus, dans le vase extérieur V (fig. 605), au lieu d'eau acidulée avec de l'acide sulfurique, on met de l'eau ordinaire, ou une dissolution de chlorure de sodium; et dans le vase poreux, au lieu d'acide azotique, du bisulfate de protoxyde ou de bioxyde de mercure. Ce sel étant peu soluble, on le délaye à l'état pulvérulent dans trois fois son volume d'eau environ, puis on décante, et l'on a un résidu pâteux. Ayant d'avance mis le charbon dans le vase poreux, on remplit les vides avec ce résidu, et l'on verse dessus le liquide qu'on a décanté.

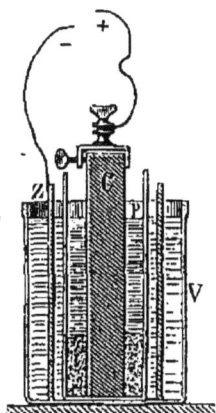 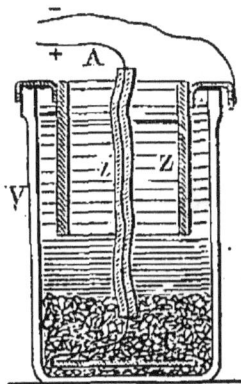 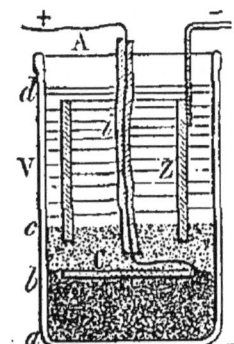

Fig. 605.   Fig. 606.   Fig. 607.

La pile ainsi disposée, l'action chimique ne se produit qu'autant que les deux pôles sont réunis par un conducteur. Alors, en considérant le cas où le vase extérieur ne contient que de l'eau, le zinc décompose celle-ci en s'oxydant lentement, tandis que l'hydrogène mis en liberté se rend dans le vase poreux, où il réduit l'oxyde de mercure. L'acide sulfurique qui devient libre se porte alors sur le zinc; quant au mercure métallique, il se dépose sur le charbon, d'où il tombe au fond du vase poreux, où on le recueille quand la pile est épuisée. C'est là une économie importante, puisque ce même mercure peut ensuite servir à préparer une quantité de sulfate égale à celle qui a été décomposée. Une petite quantité du sulfate de mercure dissous peut, à travers le vase poreux, se rendre sur le zinc; mais il ne produit là qu'un effet utile, le mercure s'amalgamant avec ce métal.

La pile à sulfate de mercure s'épuise rapidement quand elle fonctionne d'une manière continue; mais elle peut fonctionner pendant trois à quatre mois pour des courants interrompus, comme ceux qui servent à faire marcher les télégraphes, les sonneries d'appartements, etc.

717. Pile de Callaud. — Dans la pile de Daniell, les vases poreux, à la longue, s'incrustent de cuivre, ce qui diminue leur perméabilité. M. Callaud, à Nantes, a obvié à cet inconvénient en supprimant le vase poreux et toute espèce de diaphragme, et en n'obtenant la séparation des deux liquides que par leur différence de densité et par le passage même du courant.

La pile de M. Callaud se compose d'un vase V de verre ou de faïence (fig. 606). Dans le vase est une plaque de cuivre C à laquelle est soudé un fil de cuivre A, isolé du reste de la pile par un enduit de gutta-percha i. Au-dessus de la plaque est une couche de cristaux de sulfate de cuivre; puis on achève de remplir avec de l'eau pure; enfin, dans le liquide est immergé en entier un cylindre de zinc Z, pareil à ceux des piles déjà décrites. La partie inférieure du liquide se sature de sulfate de cuivre, tandis que la partie supérieure reste à peu près pure, les deux liquides étant maintenus séparés par leur différence de densité et aussi par le passage du courant intérieur. Du reste, la théorie de cette pile est la même que celle de la pile de Daniell.

La pile de M. Callaud est non-seulement d'une manipulation simple, mais elle procure une notable économie de sulfate de cuivre, et fournit des courants constants pendant plusieurs mois, sans autre soin que d'ajouter tous les mois un peu d'eau pour remplacer celle qui se perd par l'évaporation.

748. Pile de Minotto. — M. Minotto, à Turin, pour rendre la séparation des deux liquides plus complète, a ajouté à la pile de Callaud une couche de sable un peu gros ou de brique pilée *bc*, placée au-dessus du sulfate de cuivre *ab* (fig. 607), qui ici est réduit en poudre pour ne pas laisser passer le sable. La couche *bc* rend, en effet, la séparation des deux liquides plus complète, mais elle présente au courant intérieur, dans la pile, une résistance d'autant plus grande, qu'elle est plus épaisse.

La pile Callaud et la pile Minotto sont substituées aujourd'hui à la pile de Daniell sur la plupart des lignes télégraphiques.

CHAPITRE II.

EFFETS DE LA PILE, GALVANOPLASTIE, DORURE ET ARGENTURE.

749. Effets divers de la pile. — Les effets de l'électricité dynamique se divisent en *effets physiologiques, physiques, mécaniques* et *chimiques*. Ces effets diffèrent de ceux que présente l'électricité statique, en ce que ces derniers sont dus à une recomposition instantanée des deux électricités à forte tension; tandis que les premiers résultent de la recomposition lente et à tension beaucoup plus faible des mêmes fluides, lorsque les deux pôles de la pile sont réunis par un circuit conducteur. Par la continuité de la force qui les produit, les effets des courants sont beaucoup plus remarquables que ceux des machines électriques.

Les effets physiques, qui se divisent en effets calorifiques et en effets lumineux, dépendent surtout de la quantité d'électricité mise en mouvement dans la pile, et par conséquent de la surface des couples. Les effets chimiques, au contraire, ainsi que les effets physiologiques, dépendent de la tension, et par conséquent du nombre des couples. Tous ces effets augmentent avec l'action chimique.

720. Effets physiologiques. — On désigne sous ce nom les effets produits par la pile sur les animaux morts ou vivants. On a vu que ces effets furent les premiers observés, puisque c'est à eux qu'est due la découverte de l'électricité dynamique par Galvani (690). Ils consistent en commotions et en contractions musculaires très-énergiques quand les piles sont puissantes.

En prenant dans les deux mains les électrodes d'une forte pile, on ressent une commotion violente, comparable à celle de la bouteille de Leyde, surtout si les mains sont mouillées d'eau acidulée ou salée, qui augmente la conductibilité. La commotion est d'autant plus intense, que les couples sont plus nombreux. Avec une pile de Bunsen de 50 à 60 couples, petit modèle, la commotion est forte ; avec 150 à 200 couples, elle est insupportable, et même dangereuse quand elle se prolonge. Elle se fait ressentir moins avant dans les bras que la commotion de la bouteille de Leyde, et, transmise par une chaîne de plusieurs personnes, elle n'est généralement ressentie que par celles qui sont plus rapprochées des pôles.

De même que celle de la bouteille de Leyde, la commotion de la pile est due à la recomposition des électricités contraires, mais avec cette différence que, la décharge de la bouteille de Leyde étant instantanée, il en est de même de la commotion ; tandis que la pile se rechargeant d'une manière continue, les secousses se succèdent avec rapidité, mais plus faibles et ne produisant plus qu'un frémissement plus ou moins intense ; puis, à la rupture du courant, une nouvelle commotion se manifeste.

L'effet du courant voltaïque sur les animaux varie avec sa direction. En effet, il résulte des recherches de M. Lehot et de M. Marianini que, lorsque le courant se propage suivant les ramifications des nerfs, il produit une contraction musculaire au moment où il commence, et une sensation douloureuse quand il finit ; tandis que, s'il se propage en sens contraire des ramifications nerveuses, il produit une sensation quand il subsiste, et une contraction au moment de son interruption. Toutefois cette différence d'effets n'a réellement lieu que pour les courants faibles. Avec des courants intenses, les contractions et les douleurs ont également lieu à l'établissement et à la rupture du courant, quelle que soit sa direction.

Les contractions cessent aussitôt que le courant est établi invariablement entre le nerf et le muscle, ce qui tend à montrer qu'il s'est produit une modification instantanée qui subsiste autant que le courant. En effet, les contractions se manifestent de nouveau si l'on change la direction du courant, ou si l'on substitue à celui-ci un courant plus énergique.

Par l'effet du courant, des lapins asphyxiés depuis une demi-heure ont pu être rappelés à la vie ; une tête de supplicié a éprouvé de si effroyables contractions, que les spectateurs fuyaient épouvantés. Le tronc, soumis à la même action, se soulevait en partie ; les mains s'agitaient, frappaient les objets voisins, et les muscles pectoraux imitaient le mouvement respiratoire. Enfin, tous les actes de la vie se reproduisaient imparfaitement, mais cessaient instantanément avec le courant.

724. Effets calorifiques. — Un courant voltaïque qui traverse un fil métallique produit les mêmes effets que la décharge d'une batterie (685) : le fil s'échauffe, devient incandescent, fond ou se volatilise, selon qu'il est plus ou moins long et d'un diamètre plus ou moins fort. Avec une pile puissante, tous les métaux sont fondus, même l'iridium et le platine, qui résistent au feu de forge le plus intense. Le charbon est le seul corps qui n'ait pu être fondu jusqu'ici par la pile. Cependant Despretz, avec une pile composée de 600 éléments de Bunsen, réunis en six séries parallèles (744), a porté des baguettes de charbon très-pur à une température telle, qu'elles se sont courbées, ramollies, et ont pu se souder ensemble; ce qui indique un commencement de fusion.

Dans les mêmes expériences, ce savant a transformé le diamant en graphite, et a obtenu, par une action assez prolongée, de petits globules de charbon fondu. Il a pu fondre en quelques minutes 250 grammes de platine; en n'opérant que sur quelques grammes, une partie a été volatilisée.

Il suffit d'une pile de 30 à 40 éléments de Bunsen pour fondre et volatiliser avec rapidité des fils fins de plomb, d'étain, de zinc, de cuivre, d'or, d'argent, de fer et même de platine, avec de vives étincelles diversement colorées. Le fer et le platine brûlent avec une lumière d'un blanc éclatant; le plomb avec une lumière purpurine; celle de l'étain et celle de l'or sont d'un blanc bleuâtre; la lumière du zinc est mêlée de blanc et de rouge; enfin, le cuivre et l'argent donnent une lumière verte.

En faisant passer le courant dans des fils métalliques de même diamètre et de même longueur, mais de substances différentes, Children a constaté que ce sont ceux dont la conductibilité électrique est moindre qui s'échauffent davantage; d'où l'on a conclu que les effets calorifiques de la pile sont dus à la résistance que rencontre le courant pour traverser le conducteur qui réunit les pôles. Lorsque les électrodes sont de même substance, c'est l'électrode positive qui s'échauffe le plus.

On a déjà remarqué (749) que les effets calorifiques dépendent plus de la quantité de fluide électrique qui circule dans le courant que de la tension; en d'autres termes, ils dépendent plus de la surface des couples que de leur nombre. On parvient, en effet, à fondre un fil de fer avec un seul couple de Wollaston dont le zinc a $0^m,20$ sur $0^m,45$.

En plaçant, dans le courant, un fil métallique isolé dans un tube de verre plein d'eau, faisant l'office de calorimètre, M. Ed. Becquerel a trouvé que le dégagement de la chaleur par le passage de l'électricité au travers des corps solides présente les lois suivantes:

1° *La quantité de chaleur dégagée est en raison directe du carré de la quantité d'électricité qui passe dans un temps donné.*

2° *Cette quantité de chaleur est en raison directe de la résistance du fil au passage de l'électricité.*

3° *Quelle que soit la longueur du fil, pourvu que son diamètre soit constant et qu'il passe la même quantité d'électricité, l'élévation de température est la même dans toute l'étendue du fil.*

4° *Pour une même quantité d'électricité, l'élévation de température, en différents points du fil, est en raison inverse de la quatrième puissance du diamètre.*

M. Favre et Silbermann, à l'aide de leur calorimètre à mercure (374), ont constaté que la quantité totale de chaleur qui se développe dans les différentes parties d'un couple voltaïque fermé, proportionnellement à la résistance de chacune de ces parties, est précisément équivalente à la chaleur dégagée dans le couple par l'action chimique entre l'acide sulfurique et le zinc.

Les effets calorifiques des courants sont plus difficiles à observer dans les liquides, ces corps ayant une plus grande chaleur spécifique que les solides, et les gaz qui se produisent absorbant une grande quantité de calorique latent. Par exemple, dans la décomposition de l'eau, on reconnaît que l'élévation de température est moindre au pôle négatif, où le volume de l'hydrogène qui se dégage est double de celui de l'oxygène qu'on recueille au pôle positif, ainsi qu'on le verra bientôt (728).

722. Effets lumineux, arc voltaïque. — La pile électrique est, après le soleil, la source de lumière la plus intense que l'on connaisse. Ses effets lumineux se manifestent par des étincelles, ou par l'incandescence des substances qui réunissent les deux pôles, ou par l'arc voltaïque.

On obtient déjà de brillantes étincelles avec huit ou dix couples Bunsen, en faisant communiquer une des électrodes avec une râpe à bouchons, et en promenant l'autre sur les dents de la râpe. Ces étincelles sont évidemment dues à la recombinaison des électricités contraires des deux pôles.

Par l'incandescence des conducteurs qu'ils traversent, les courants offrent des effets lumineux remarquables. Un fil de fer ou de platine, qui réunit les deux pôles d'une forte pile, et qui est assez gros pour n'être pas fondu, devient incandescent et jette un vif éclat tout le temps que la pile est en activité. Si le fil est enroulé sur lui-même en hélice, l'effet lumineux est augmenté.

Mais c'est surtout en faisant communiquer les deux électrodes avec deux cônes de charbon de coke bien calciné, comme le montre la figure 608, qu'on obtient un bel effet de lumière électrique. Le charbon *b* est fixe, tandis que le charbon *a* peut s'élever ou s'abaisser plus ou moins, à l'aide d'une crémaillère à laquelle il est fixé,

et d'un pignon qu'on fait tourner à la main avec un bouton *c*. Les
deux charbons étant mis en contact, le courant passe et les rend
aussitôt incandescents. Si on les écarte alors, il se produit de l'un à
l'autre un arc lumineux d'un éclat extrêmement vif, auquel on a
donné le nom d'*arc voltaïque*.

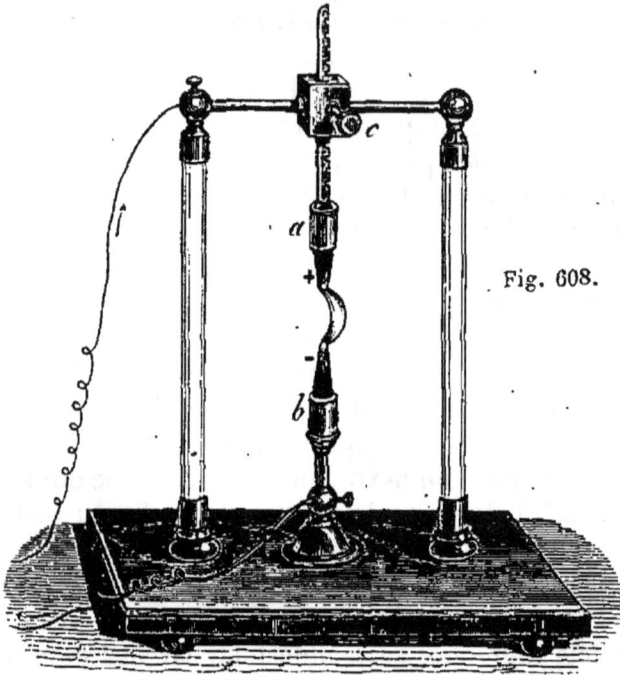

Fig. 608.

La longueur de cet arc varie avec la force du courant. L'intervalle nécessaire entre les deux charbons pour le faire naître présentant une grande résistance au courant, on doit faire usage de
couples nombreux associés en une série unique, ou en un petit
nombre de séries parallèles. Dans l'air, l'arc voltaïque peut atteindre une longueur de 7 centimètres, avec une pile de 600 couples
disposés en six séries parallèles de 100 chacune, quand le charbon
positif est en haut (fig. 608); s'il est en bas, l'arc est plus court de
près de 2 centimètres. Lorsque les charbons sont disposés horizontalement, ils doivent être plus rapprochés, l'arc s'éteignant plus
facilement; ce qui résulte de ce que le refroidissement par l'air est
augmenté. Dans le vide, la distance entre les deux charbons peut
devenir beaucoup plus grande que dans l'air; en effet, l'électricité,
ne rencontrant pas de résistance, s'élance des deux charbons même
avant qu'on les ait amenés au contact. L'arc voltaïque peut aussi
se produire dans les liquides; mais il est alors beaucoup moins
long, et son éclat est bien diminué.

Lorsque, le courant ne passant pas encore, on rapproche les charbons pour l'établir, on remarque que c'est sur le charbon négatif qu'apparaît d'abord la lumière; puis le charbon positif s'échauffant davantage (721), c'est ensuite lui qui présente le plus vif éclat.

L'arc voltaïque jouit de la propriété, lorsqu'on lui présente un fort aimant, d'être dirigé par celui-ci, ce qui est une conséquence de l'action des aimants sur les courants (744).

Quelques physiciens ont regardé l'arc voltaïque comme formé d'une succession très-rapide de vives étincelles; mais, en général, on admet qu'il est dû au courant électrique, qui est conduit du pôle positif au pôle négatif à l'aide de molécules incandescentes qui sont volatilisées et transportées dans le sens du courant, c'est-à-dire du pôle positif vers le pôle négatif. En effet, plus les électrodes sont facilement désagrégées par le courant, plus on peut les écarter sans l'interrompre. Le charbon, qui est une substance très-friable, est un des corps qui donnent l'arc lumineux le plus long.

C'est Davy qui, le premier, à Londres, en 1801, fit l'expérience de la lumière électrique à l'aide de deux cônes de charbon et d'une pile à auges de 2 000 couples, dont les plaques avaient près de 11 centimètres de côté. Davy faisait usage de charbon de bois léger, éteint d'avance, à l'état incandescent, dans un bain de mercure, qui, en pénétrant dans les pores du charbon, en augmentait la conductibilité. Comme le charbon de bois brûle très-vite à l'air, on était obligé d'opérer dans le vide; c'est pourquoi l'expérience de la lumière électrique a longtemps été faite en plaçant les deux cônes de charbon dans un œuf électrique à robinet, comme celui représenté dans la figure 574 (page 663). Aujourd'hui qu'on fait uniquement usage, dans ces expériences, de charbon de coke provenant des résidus des cornues à gaz, ce charbon, qui est dur et compacte, et peut être taillé en baguettes, ne brûle que lentement à l'air, ce qui dispense d'opérer dans le vide. Quand l'expérience se fait dans le vide, il n'y a pas combustion, mais les charbons s'usent encore, surtout le charbon positif, ce qui montre qu'il y a volatilisation et transport du charbon du pôle positif au pôle négatif.

C'est avec l'arc voltaïque qu'on produit l'éclairage électrique dont de nombreux essais ont été faits sur les places de Paris, dans les fêtes publiques, et même dans les ateliers. Avec 100 couples de Bunsen, on obtient un puissant éclairage. Mais jusqu'ici son prix de revient l'emporte de beaucoup sur celui du gaz; de plus, la vivacité même de sa lumière est un obstacle à son adoption, son trop grand éclat blessant la vue.

723. Expérience de M. Foucault. — On doit à M. Foucault une belle expérience qui consiste à projeter, à l'aide de lentilles, l'image des cônes de charbon représentés dans la figure 608, sur un écran, dans la chambre noire, au moment où la lumière électrique se produit (fig. 609). Cette expérience, qui se fait au moyen du microscope photo-électrique déjà décrit (fig. 455, page 529), met à même de distinguer très-bien les deux charbons incandescents, et l'on voit le charbon positif se creuser et diminuer, tandis que l'autre

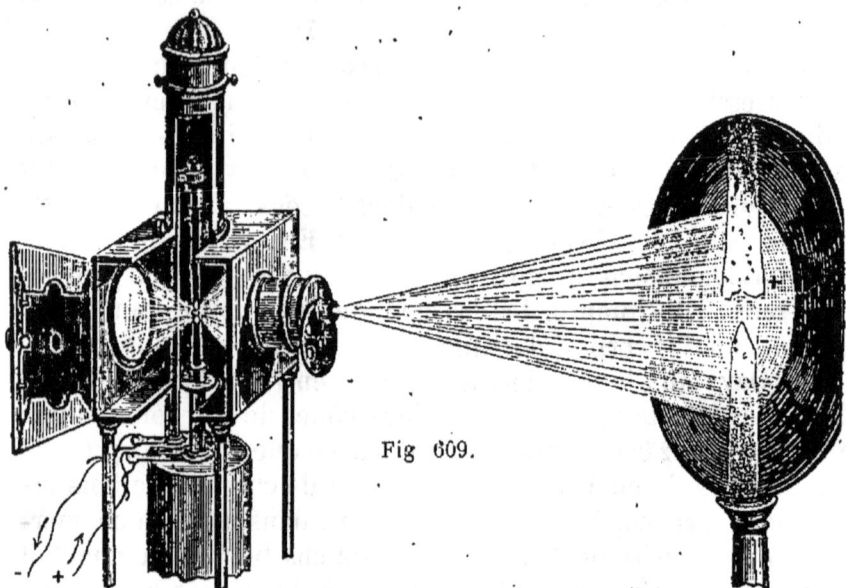

Fig 609.

augmente. Quant aux globules représentés sur les deux charbons, ils proviennent de la fusion d'une petite quantité de silice contenue dans le coke dont ces charbons sont formés. Lorsque le courant commence à passer, c'est le charbon négatif qui devient lumineux le premier, mais c'est le charbon positif dont l'éclat est le plus intense; c'est aussi celui qui s'use le plus vite, c'est pourquoi il est convenable de le prendre un peu plus gros.

* 724. Régulateur de la lumière électrique de M. Foucault. — La lumière que fournit l'arc voltaïque présente l'inconvénient de ne pas conserver la continuité d'éclat qu'on rencontre dans les autres lumières; ce qui tient à ce que les charbons s'usant rapidement, l'intervalle qui les sépare augmente de plus en plus, et, par suite, l'intensité du courant décroît.

Pour obvier à ce défaut, on s'est uniquement attaché jusqu'ici à construire des régulateurs qui, mus par le courant lui-même, n'ont d'autre fonction que de faire rapprocher les charbons à mesure qu'ils s'usent. Or, la lumière ainsi obtenue n'est pas encore complétement régulière. En effet, les charbons, n'étant jamais parfaitement purs, contiennent des matières étrangères et notamment de la silice qui, sous l'influence de la haute température que prennent les charbons, entrent en fusion et forment, à l'extrémité de ceux-ci, un champignon qui en diminue l'intervalle, ce qui augmente l'éclat.

M. Foucault, le premier, construisit un régulateur qui rappro-

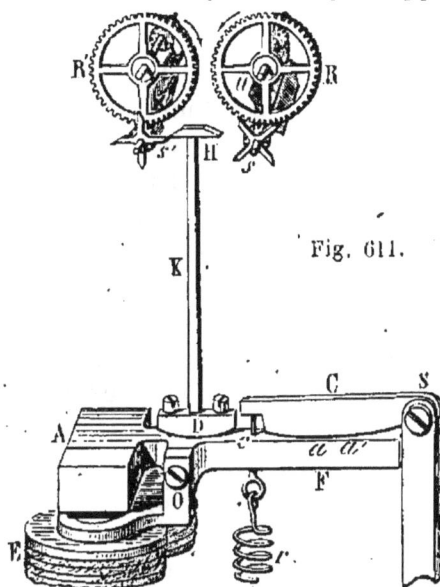

Fig. 611.

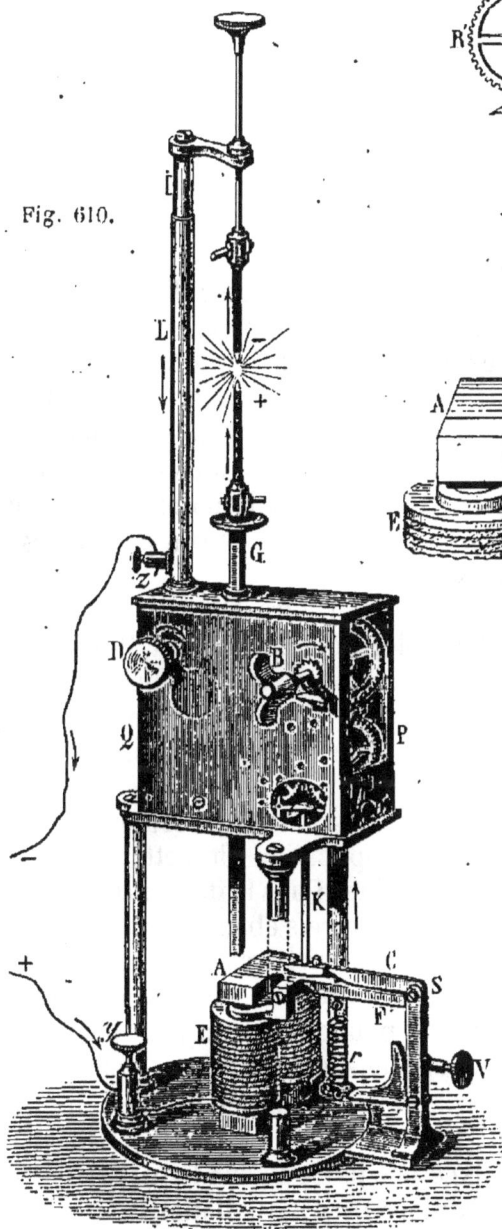

Fig. 610.

chait les charbons. Récemment le même savant a inventé un nouveau régulateur extrêmement sensible qui produit successivement
le rapprochement et l'écart des charbons aussitôt que leur distance
varie de la quantité la plus faible.

La figure 610 en donne une vue d'ensemble, et les figures 611,

612 et 613 en montrent les détails. L'appareil se compose d'une boîte de laiton PQ, dans laquelle sont deux mouvements d'horlogerie, tendant, l'un à rapprocher les charbons, l'autre à les écarter. Au-dessus de la boîte sont les deux charbons, le positif fixé à une tige mobile G, et le négatif porté par une tige I qui glisse à frottement doux dans une douille L. Dans la boîte sont les deux mouvements qu'on monte avec les boutons B et D, et qui arrêtent à la fois les deux charbons ou n'en laissent marcher qu'un seul. Enfin, au-dessous de la boîte est l'appareil dans lequel passe le courant, et qui sert de régulateur aux mouvements d'horlogerie.

Représenté plus en grand dans la figure 614, il se compose d'abord d'un électro-aimant E (765) dans lequel passe d'une manière continue le courant. Au-dessus de l'électro-aimant est une armature de fer doux A, fixée à l'extrémité d'un levier FA, mobile autour d'un axe O. Cette armature n'est jamais en contact avec l'électro-aimant, mais s'en rapproche d'autant plus, que les charbons sont moins écartés, c'est-à-dire que le courant est plus intense. Au-dessus du levier FA en est un second C, dont le point d'appui est en S, et qui est constamment entraîné de haut en bas par un ressort à boudin r attaché à son extrémité.

Le levier C est courbe sur sa face inférieure. Or, cette courbure en fait un levier à résistance variable, dont M. Robert Houdin a, le premier, indiqué l'usage, et qui donne ici à l'appareil une extrême sensibilité. En effet, l'armature A, tendant sans cesse à s'abaisser par l'attraction de l'électro-aimant, est en même temps sollicitée de bas en haut par le bras de levier F, qui est constamment sollicité à s'abaisser par la pression du ressort r que lui transmet le levier C. Or, le point d'application de cette pression varie à mesure que le levier FA s'incline. Dans le dessin (fig. 614), le point d'appui est en a; mais si l'armature s'abaisse tant soit peu, il passe en a'. Le bras de levier ac, sur lequel agit le ressort r, augmente donc aussitôt que l'armature A s'abaisse. En résumé, l'intensité du courant et, par suite, le pouvoir attractif de l'électro-aimant croissant, la résistance en sens contraire croît en même temps. De là une oscillation continuelle, mais dans des limites très-resserrées, du levier AF.

Cela posé, à ce levier est fixée une pièce D, sur laquelle s'élève une tige K, qui participe avec la pièce D aux oscillations du levier. La tige K se termine elle-même par une pièce H qui embraye, à droite et à gauche, avec des dents s, s' fixées sur les axes de deux pignons à ailettes u et v, lesquels reçoivent une rotation rapide des roues R et R' mues par les mouvements d'horlogerie. On sait que ces ailettes, par la résistance qu'elles rencontrent dans l'air, sont destinées à ralentir le mouvement et à le régulariser. Lorsque la tige K incline à droite, l'*embrayeur* H bute contre la dent s, l'arrête et avec elle tout le mécanisme de droite. Celui de gauche marche alors seul, et les charbons se rapprochent. Si, au contraire, l'embrayeur incline à gauche, il arrête s' et tout le mécanisme de gauche. C'est celui de droite qui fonctionne maintenant, et les charbons s'écartent. Enfin, lorsque la tige K est verticale, l'embrayeur arrête à la fois les deux mécanismes, et les charbons sont fixes. Les oscillations de l'armature étant toujours très-petites, il en est de même de celles de l'embrayeur, et, par suite, les charbons n'avancent et ne reculent qu'infiniment peu avec les variations du courant; ce qui produit, à la fois, une fixité remarquable du point lumineux et de l'éclat de la lumière.

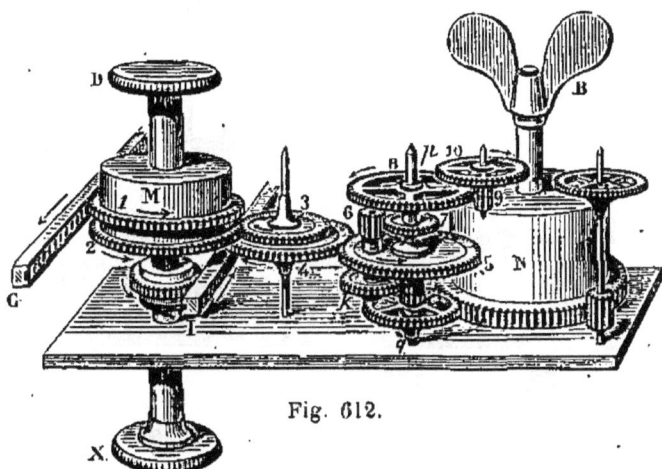

Fig. 612.

Pour compléter la description de l'appareil de M. Foucault, il reste à décrire le mécanisme qui transmet un mouvement alternativement de sens contraire aux deux charbons. Les détails et la marche en sont représentés dans les figures 612 et 613, dans lesquelles les flèches indiquent le sens de la rotation des roues, et les numéros 1, 2, 3,... l'ordre dans lequel elles se mènent. Deux barillets M et N font successivement marcher les rouages. Le barillet N est le plus puissant, et assez pour remonter l'autre. L'arbre du barillet M (fig. 612) porte trois roues : la roue supérieure fait marcher une crémaillère G, qui porte le charbon positif; l'inférieure, qui est d'un diamètre deux fois moindre, fait marcher la crémaillère I, qui porte le charbon négatif. Du rapport des diamètres des deux roues, il résulte que la crémaillère I, pour un même nombre de tours du barillet, avance deux fois moins vite que la crémaillère G. Cette condition est nécessaire, parce que l'expérience a appris que le charbon positif s'use deux fois plus rapidement que le charbon négatif.

Quant à la roue intermédiaire, indiquée par le n° 2, elle mène la roue 3 ; celle-ci entraîne la roue 4 qui est sur le même axe ; puis la roue 4 mène la roue 5. C'est cette dernière, qu'on nomme la roue *satellite,* qui relie entre eux les deux barillets. Elle est seule liée à l'axe *pq ;* les deux roues qui sont au-dessus et celle qui est an-dessous, quoique ajustées sur l'axe *pq,* sont *folles,* c'est-à-dire qu'elles ne sont pas liées à cet axe et tournent sans lui. De plus, près des bords de la roue satellite (n° 5), est implanté un axe qui la traverse et porte au-dessus un pignon 6 et au-dessous une petite roue *k*. La roue satellite, menée par la roue 4, entraîne autour de l'axe *pq* le pignon 6, lequel met en mouvement la roue 7 et en même temps la roue 8 qui est liée avec elle. Puis la roue 8 mène le pignon 9 et la roue 10, et enfin cette dernière, par deux pignons et deux roues qui ne sont pas représentés dans le dessin, transmet le mouvement à la roue R' et à l'ailette *v* (fig. 611).

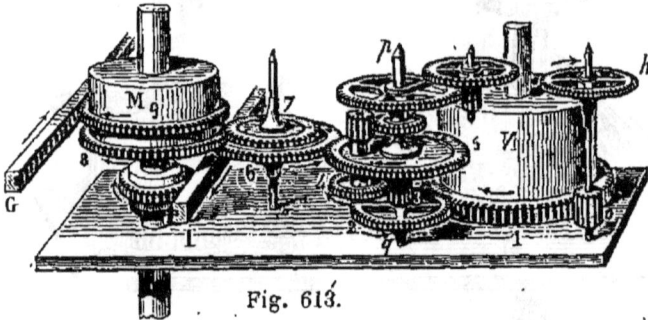

Fig. 613.

Dans le mécanisme qui vient d'être décrit, le barillet N reste fixe, le barillet M fonctionne seul, et les engrenages intermédiaires n'ont d'autre usage que de transmettre une grande vitesse à l'ailette *v*. Dans la figure 613, c'est le contraire qui a lieu : le barillet N porte une roue 1 qui transmet le mouvement au pignon *o* et à une roue *h*, laquelle, par une suite de pignons et de roues non figurés dans le dessin, le transmet à la roue R et à la palette *u* de la figure 611. Puis le même barillet, toujours par la roue 1, fait marcher la roue 2 ; avec celle-ci tourne le pignon 3, qui lui est lié, lequel imprime autour de l'axe *pq* un mouvement de translation à la roue 4. Or celle-ci, étant liée à la roue satellite (n° 5), l'entraîne avec elle ; en sorte que c'est la roue satellite qui fait marcher les roues 6 et 7 ; puis la roue 7 mène enfin le barillet M, qui maintenant, tournant en sens contraire, fait écarter les charbons.

Quant à la marche du courant dans l'appareil, elle est indiquée par les flèches dans la figure 610. Entrant par la borne *y*, il passe dans l'électro-aimant E, de là dans l'appareil, puis à la tige G, aux deux charbons, et redescend à la borne *z* par la colonne L, isolée de tout l'appareil par un disque d'ivoire. Le bouton x placé sur la droite de la boîte sert à arrêter les barillets. Le bouton X (fig. 642) sert à faire marcher le charbon négatif seul pour régler la hauteur du point lumineux. Pour cela, la petite roue qui fait marcher la crémaillère I est seulement fixée à frottement dur sur l'axe du barillet M, de manière que, sans faire tourner celui-ci, le bouton X entraîne la petite roue. Enfin, le bouton V (fig. 640) sert à régler la tension du ressort à boudin r.

Le nouveau régulateur de M. Foucault est construit avec une grande précision par M. Duboscq.

725. **Propriétés et intensité de la lumière électrique.** — La lumière électrique jouit des mêmes propriétés chimiques que la lumière solaire : elle détermine la combinaison d'un mélange de chlore et d'hydrogène, agit chimiquement sur le chlorure d'argent, et, appliquée à la photographie, donne de magnifiques épreuves, remarquables par la chaleur des tons; toutefois elle n'est pas applicable pour le portrait, parce qu'elle fatigue trop la vue. Enfin, M. Hervé-Mangon a observé récemment que la matière verte des végétaux se développe sous l'influence de la lumière électrique de même que sous celle de la lumière solaire.

Transmise au travers d'un prisme, la lumière électrique donne n spectre, de même que la lumière solaire, ce qui montre qu'elle n'est pas simple. Wollaston et surtout Fraunhofer ont trouvé que le spectre de la lumière électrique diffère de celui des autres lumières et de la lumière solaire par la présence de plusieurs raies très-claires, dont une, en particulier, qui se trouve dans le vert, est d'une clarté presque brillante en comparaison du reste du spectre. M. Wheatstone a observé qu'en se servant pour électrodes de différents métaux, le spectre et les raies sont modifiés; ce qui est conforme à ce qui a été dit en parlant de l'analyse spectrale (515); enfin, Despretz a reconnu que la position des raies brillantes est fixe et indépendante de l'intensité du courant.

Avec le charbon, les raies sont remarquables par leur nombre et leur éclat; avec le zinc, le spectre est caractérisé par une teinte vert-pomme très-développée; avec l'argent, on a un vert très-intense; avec le plomb, c'est la teinte violette qui domine, et ainsi de suite avec les différents métaux.

Quant à l'intensité de la lumière électrique, M. Bunsen, en expérimentant avec 48 couples, et en éloignant les charbons de 7 millimètres, a trouvé qu'elle équivalait à celle de 572 bougies. Mais cette expérience a été faite avec des couples dans lesquels le charbon était extérieur et le zinc intérieur, et ces couples avaient des effets beaucoup moindres que ceux dans lesquels le charbon est intérieur. Par conséquent, la lumière de 48 de ces derniers couples équivaut à plus de 572 bougies.

MM. Fizeau et Foucault, qui ont cherché à comparer la lumière électrique à la lumière solaire, n'ont pas comparé les quantités de lumière versées par ces deux sources, mais leurs effets chimiques sur l'iodure d'argent des plaques daguerriennes. Les résultats obtenus ne font donc pas connaître l'intensité optique de la lumière électrique, mais son intensité chimique.

En représentant par 1 000 l'intensité de la lumière solaire à midi, MM. Fizeau et Foucault ont trouvé que celle de la lumière de 46 couples de Bunsen (charbon intérieur) était représentée par 235, et celle de 80 couples, seulement par 238. Il résulte de ces nombres, que l'intensité de la lumière ne croît pas d'une manière notable avec le nombre des couples; mais l'expérience démontre qu'elle s'accroît beaucoup avec leur surface. En effet, avec trois séries de 46 couples chacune, réunies parallèlement de manière que leurs pôles positifs concourent en un seul, ainsi que leurs pôles négatifs, ce qui revient à tripler les surfaces (714), l'intensité a été 385, la pile fonctionnant depuis une heure : c'est plus du tiers de l'intensité de la lumière solaire.

Despretz, dans ses nombreuses expériences sur la pile, fait observer qu'on ne peut trop se préserver de ses effets lumineux, lorsqu'ils sont portés à une certaine intensité. La lumière de 400 couples peut, dit-il, donner des maux d'yeux très-douloureux. Avec 600, un seul instant suffit pour que la lumière occasionne des maux de tête et d'yeux très-violents, et la figure est brûlée comme par un fort coup de soleil. C'est pourquoi il est indispensable, pendant ces expériences, de porter des lunettes à verres d'un bleu foncé.

726. Effets mécaniques de la pile. — On désigne sous ce nom le transport de matières solides ou liquides opéré par les courants. Par exemple, dans la formation de l'arc voltaïque (722), on a vu qu'il y a transport des molécules de charbon du pôle positif au pôle négatif : c'est là un effet mécanique.

Le transport des liquides par les courants fut observé pour la première fois par Porret, dans l'expérience suivante. Ayant divisé un vase de verre en deux compartiments par une cloison perméable consistant en une membrane de vessie, il versa de l'eau au même niveau dans les deux compartiments, et y plongea deux électrodes de platine, en communication avec les pôles d'une pile de 80 éléments. Or, en même temps que l'eau était décomposée, une partie du liquide fut transportée, dans le sens du courant, à travers la membrane, du compartiment positif au compartiment négatif, où le niveau s'éleva au-dessus de celui de l'autre compartiment. Cette expérience ne réussit pas avec de l'eau qui tient en dissolution un sel ou un acide, parce que le liquide ne présente pas alors assez de résistance au courant.

727. Expérience de M. L. Daniel sur l'action mécanique des courants. — M. L. Daniel, professeur de physique à l'école centrale, a publié récemment dans *les Mondes* une expérience qui démontre d'une manière remarquable l'action mécanique des courants. Son appareil se compose d'un tube de verre AB (fig. 614), d'un centimètre de diamètre et d'une longueur de cinquante. Ce

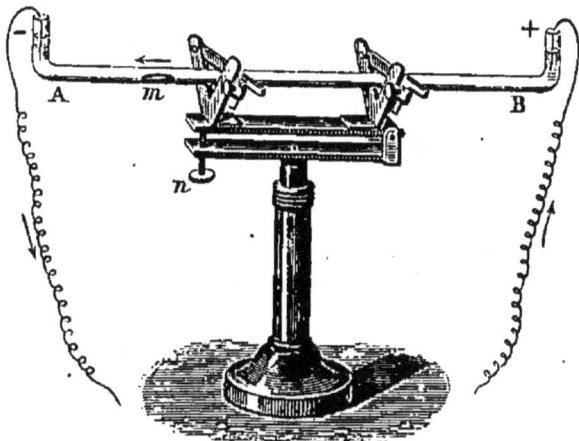

Fig. 614.

tube, qui est recourbé à ses deux bouts en forme de niveau d'eau, est rempli d'eau faiblement acidulée, et dans ce liquide on introduit un globule de mercure *m*, de 2 à 3 centimètres de longueur. Le tube est monté sur un support formé de deux plaques de cuivre articulées. La plaque inférieure est fixe, et l'autre s'élève ou s'abaisse d'un bout au moyen d'une vis de rappel *n*; en sorte que le niveau du tube se règle par le globule même.

L'appareil ainsi disposé, dès qu'on plonge, dans l'eau des branches verticales du tube, les deux électrodes d'une pile de 4 ou 5 éléments de Bunsen, le globule de mercure s'allonge et avance du pôle positif vers le pôle négatif avec une vitesse qui croît avec le nombre des éléments. Avec 24, on fait marcher une longue colonne de mercure dans un tube d'un mètre de longueur; avec 50, la vitesse devient assez grande pour que le mercure se divise en globules allant tous dans le même sens. Dans tous les cas, lorsqu'on intervertit le sens du courant, le mercure s'arrête et se met immédiatement à marcher en sens contraire.

L'expérience réussit très-bien avec la bobine d'induction de Ruhmkorff (803), et même mieux qu'avec le courant de la pile, à nombre d'éléments égal; toutefois les fils de la bobine ne doivent pas plonger tous les deux dans les branches du tube, mais un seul, l'autre devant être très-rapproché de la surface du liquide, afin que l'étincelle éclate d'une manière continue. C'est alors le courant *direct* qui passe (798). Si les deux fils plongent, le courant direct et le courant *inverse* passant en sens contraire, le mercure ne se déplace pas.

Quand on incline lentement le tube vers l'électrode positive, le mercure est encore entraîné dans le sens du courant. Si l'on continue, il vient un moment où l'équilibre s'établit entre la force impulsive du courant et le poids du mercure. La composante de ce poids, parallèlement au tube, peut alors, abstraction faite des résistances, représenter l'action mécanique de la portion du courant qui traverse le globule de mercure.

Dans ces expériences, l'effet mécanique des courants peut s'expliquer par la résistance qui se produit à la surface de séparation du mercure et de l'eau par suite de la différence de conductibilité électrique; mais on pourrait aussi l'attribuer au flux électrique du pôle positif vers le pôle négatif (695).

728. Effets chimiques de la pile, décomposition de l'eau, électrolysation. — On a remarqué déjà que les effets chimiques de la pile dépendent plutôt du nombre des couples que de leur grandeur, parce que, dans les décompositions chimiques, l'action du courant s'exerçant sur des substances d'une faible conductibilité, il est nécessaire d'augmenter la tension, et, par conséquent, le nombre des couples.

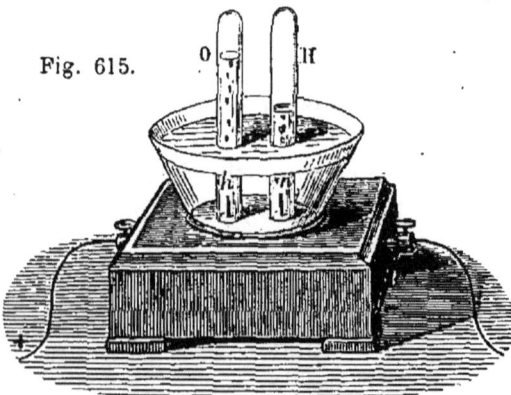

Fig. 615.

La première décomposition opérée par la pile a été celle de l'eau, obtenue en 1800, par deux Anglais, Carlisle et Nicholson, avec une pile à colonne. Il suffit de 4 ou 5 couples de Bunsen pour décomposer l'eau avec rapidité; mais celle-ci doit contenir en dissolution un sel ou un acide qui augmente sa conductibilité; car si elle est pure, la décomposition ne se produit que fort lentement. La figure 615 représente l'appareil dont on se sert pour décomposer l'eau par la pile, et recueillir l'oxygène et l'hydrogène qui se dégagent. Il se compose d'un vase conique de verre, mastiqué dans un pied de bois. Du fond de ce vase s'élèvent deux fils de platine h et n, en communication avec deux petites bornes à vis de pression, fixées sur les côtés de l'appareil et destinées à recevoir les électrodes de la pile. Après avoir rempli le vase d'eau légèrement acidulée, on pose sur les fils de platine deux petites cloches pleines d'eau ; puis on établit le courant. Aussitôt l'eau est décomposée en oxygène et en hydrogène qui se dégagent en bulles dans les cloches. On vérifie alors que la cloche positive se remplit d'oxygène et la cloche négative, d'hydrogène ; de plus, le volume de ce dernier gaz est double du premier. Cette expérience donne donc à la fois l'analyse qualitative et l'analyse quantitative de l'eau.

Les substances qui, comme l'eau, sont décomposées par le courant, et dont les éléments sont complétement séparés, ont reçu de M. Faraday le nom d'*électrolytes ;* et il a appelé *électrolysation,* ou *électrolyse,* le fait même de la décomposition par le courant.

729. Voltamètre, lois de l'électrolysation. — L'appareil employé ci-dessus pour la décomposition de l'eau (fig. 645) a reçu de M. Faraday le nom de *voltamètre,* parce que, de même que le galvanomètre (740) sert à mesurer l'intensité des courants faibles, le voltamètre peut servir à mesurer celle des courants puissants par la quantité de gaz recueillie dans les cloches dans un temps donné ; car l'expérience montre que cette quantité de gaz est proportionnelle à l'intensité du courant.

C'est pourquoi, dans l'emploi du voltamètre, on a pris pour *unité d'intensité,* celle du courant qui dégage *en 1 minute 1 gramme d'hydrogène ;* d'où il résulte que *l'intensité d'un courant est représentée par le poids d'hydrogène qu'il fait dégager dans le voltamètre en 1 minute.*

Toutefois il importe d'observer que la quantité de gaz qui se produit, dans un même voltamètre, par la décomposition de l'eau, ne dépend pas seulement de l'intensité du courant, mais encore du degré d'acidité de l'eau, de la nature, de la grandeur et de la distance des fils ou des lames qui plongent dans le liquide pour lui transmettre le courant. On doit donc avoir soin d'employer toujours le même appareil, ou des appareils identiques, sinon les résultats ne sont pas comparables.

Il n'en est plus ainsi quand, disposant à la suite les uns des autres une série de voltamètres, on les fait traverser par le même courant. Alors, quelles que soient la matière et la distance des électrodes, la proportion et la nature de l'acide, la quantité d'hydrogène recueillie dans chaque voltamètre est la même. Ce qui fait voir que l'intensité du courant est la même dans tout le circuit extérieur de la pile.

En disposant, au-dessus des couples mêmes de la pile, des cloches de manière à recueillir l'hydrogène dégagé, Daniell a reconnu

que la quantité de gaz recueillie est la même que dans les voltamètres. D'où l'on conclut que l'intensité du courant est égale à l'intérieur et à l'extérieur de la pile.

Enfin, au lieu de faire passer le courant dans deux voltamètres
consécutifs, si on le fait passer dans deux voltamètres parallèles,
c'est-à-dire si l'électrode partant du pôle positif se bifurque en deux
fils se rendant séparément à deux voltamètres identiques, et se
réunissant ensuite en un fil unique qui aboutit au pôle négatif, on
recueille, dans chaque voltamètre, des quantités d'hydrogène égales entre elles ; de plus, chacune est exactement la moitié, en temps
égaux, du gaz obtenu quand le courant passe tout entier dans un
seul des deux voltamètres. Ce qui montre que le même courant décompose toujours la même quantité d'eau, et que, la quantité d'électricité qui passe dans un voltamètre étant deux fois moindre, il en
est de même du poids de l'eau décomposée.

Le voltamètre conduit donc aux trois lois suivantes :

1° *L'action électrolysante d'un courant est la même dans
toutes les parties du circuit, tant à l'extérieur qu'à l'intérieur
de la pile, et cela quelle que soit l'hétérogénéité des parties qui
constituent le circuit.*

2° *Le poids de l'eau décomposée, dans un temps donné, est
proportionnel à la quantité d'électricité qui passe dans le voltamètre.*

3° *La quantité d'eau décomposée, dans un temps donné, est
proportionnelle à l'intensité du courant.*

Cette troisième loi est une conséquence de la deuxième. Elle
se vérifie en plaçant à la fois, dans le circuit, un voltamètre et un
galvanomètre (740), ou un voltamètre et une boussole des sinus (842).
Le galvanomètre, ou la boussole, indiquant un courant deux, trois
fois plus intense, le poids d'hydrogène recueilli dans le voltamètre
est lui-même deux, trois fois plus grand.

Toutes ces lois se vérifient avec d'autres électrolytes que l'eau,
tels que des sels en dissolution ou en fusion.

730. Loi de Faraday sur les décompositions électro-chimiques.
— M. Faraday a, le premier, fait connaître cette loi remarquable
des décompositions par la pile : *Lorsqu'un même courant agit
successivement sur une suite de dissolutions, les poids des éléments séparés sont dans le même rapport que leurs équivalents
chimiques.*

Les expériences qui ont conduit à cette loi étaient faites au
moyen de voltamètres réunis entre eux par des fils de platine et
traversés par le même courant. On a trouvé ainsi, avec des dissolutions salines de différents métaux, que les poids de métal déposés,

sur les fils négatifs, dans les voltamètres, étaient respectivement
proportionnels aux équivalents de ces métaux.

731. Décomposition des oxydes métalliques ét des acides. —
Les courants exercent sur les oxydes métalliques la même action
que sur l'eau. Ils les réduisent tous, l'oxygène se rendant au pôle
positif et le métal au pôle négatif. C'est Davy qui, le premier, en
1807, décomposa la potasse en en soumettant un morceau humide
à un courant de 250 couples. Au pôle positif se rendit l'oxygène,
et au pôle négatif un métal nouveau, qui était le potassium. Il obtint de la même manière le sodium ; mais ces métaux, à cause de
leur grande affinité pour l'oxygène, brûlant à l'air à mesure qu'ils

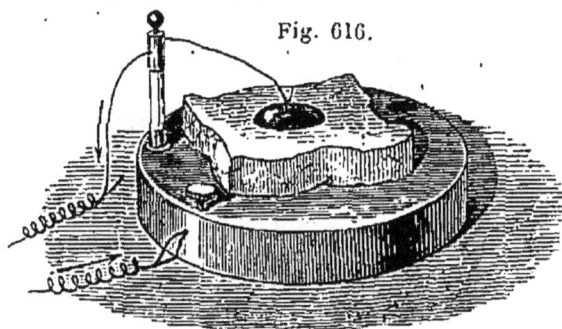

Fig. 616.

deviennent libres, il est préférable d'opérer comme Seebeck l'a fait
depuis. Dans un fragment de potasse on pratique une cavité qu'on
remplit de mercure ; puis, à l'aide d'une plaque métallique sur laquelle on la pose, on fait communiquer la potasse avec le pôle
positif d'une forte pile (fig. 616), et le mercure avec le pôle négatif. Le potassium, se portant alors sur le mercure, s'amalgame
avec lui sans brûler. En distillant ensuite cet amalgame dans
l'huile de naphte, on a pour résidu le potassium. On opère de la
même manière avec la soude.

Les oxacides sont décomposés de même que les oxydes, et toujours l'oxygène se porte au pôle positif et le radical au pôle négatif.
Les hydracides sont aussi décomposés, mais leur radical se porte
au pôle positif et l'hydrogène au pôle négatif.

En général, les composés binaires se comportent d'une manière
analogue sous l'influence de la pile, l'un des éléments se rendant
au pôle positif et l'autre au pôle négatif. Dans les décompositions
ainsi opérées par la pile, les corps simples qui se portent vers le
pôle positif ont reçu le nom de corps *électro-négatifs,* parce qu'on
les regarde comme chargés naturellement d'électricité négative, et
ceux qui se portent au pôle négatif ont été appelés *électro-positifs.*
L'oxygène, dans toutes ses combinaisons, est constamment électro-
négatif, le potassium électro-positif. Les autres corps simples sont

tantôt électro-positifs, tantôt électro-négatifs, suivant le corps avec lequel ils sont combinés. Le soufre, par exemple, qui est électro-positif avec l'oxygène, est électro-négatif avec l'hydrogène.

732. Décomposition des sels. — Les sels ternaires, à l'état de dissolution, sont tous décomposés par la pile, et présentent alors des effets qui varient avec les affinités chimiques et avec l'énergie des courants. Avec les métaux des quatre dernières sections, il y a décomposition non-seulement du sel, mais de l'oxyde, l'acide se portant avec l'oxygène de l'oxyde au pôle positif, et le métal seul au pôle négatif. Avec les métaux alcalins et les métaux terreux, la décomposition paraît suivre une autre loi, car, l'acide se rendant encore au pôle positif, on retrouve au pôle négatif l'oxyde non réduit. On a longtemps expliqué ce dépôt d'oxyde au pôle négatif par la grande affinité du métal pour l'oxygène, affinité en vertu de laquelle la stabilité de l'oxyde est telle, qu'il est irréductible par le courant.

Aujourd'hui on ramène généralement la décomposition des sels alcalins et des sels terreux à la même loi que celle des sels des autres sections, en admettant que l'oxyde est encore décomposé, son oxygène se portant avec l'acide au pôle positif, et le métal seul au pôle négatif; mais que là, en vertu de sa grande affinité pour l'oxygène, le métal décompose l'eau en s'emparant de son oxygène et reproduisant ainsi l'oxyde qui se dépose.

En effet, lorsque le courant est un peu intense, on remarque qu'il y a dégagement d'oxygène au pôle positif, et d'hydrogène au pôle négatif; ce qu'on pourrait toutefois expliquer en disant qu'il y a non-seulement décomposition du sel, mais de l'eau qui le tient en dissolution.

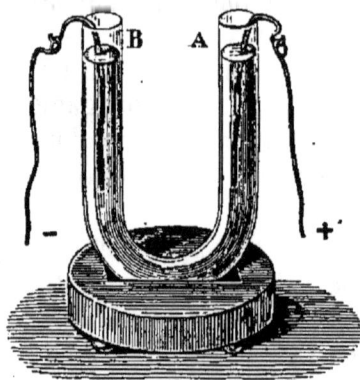

Fig. 617.

Dans les cours, on démontre la décomposition des sels par la pile avec un tube de verre recourbé (fig. 617), dans lequel on verse une dissolution de sulfate de potasse ou de soude, colorée en bleu avec du sirop de violette. Ayant plongé, dans les branches du tube, deux lames de platine, on met celles-ci en communication avec les électrodes de la pile. Au bout de quelques minutes, si l'on fait usage de trois ou quatre couples de Bunsen, on remarque que la branche positive A se colore en rouge, et la branche négative B en vert; ce qui montre que l'acide du sel s'est porté au pôle positif, et la base au pôle négatif; car on sait que le sirop de violette a la propriété de rougir par l'action des acides, et de verdir par celle des bases.

La décomposition des sels par la pile a reçu d'importantes applications dans la galvanoplastie, la dorure, l'argenture, opérations qui sont décrites ci-après (737).

* 733. **Anneau de Nobili.** — En décomposant les sels par la pile, Nobili a obtenu, sur des plaques métalliques, des anneaux colorés de teintes extrêmement brillantes. Ces anneaux résultant de couches métalliques très-minces qui se déposent sur les plaques, leur coloration s'explique par la théorie des anneaux colorés de Newton (583). Pour les obtenir, on place, au fond d'une dissolution d'acétate de plomb ou de sulfate de cuivre, une plaque métallique communiquant avec le pôle négatif d'une pile faible; puis on ferme le courant avec un fil de platine qui communique avec le pôle positif, et plonge dans la dissolution perpendiculairement à la plaque, de manière à en approcher de très-près. Il se dépose alors, en regard de la pointe, des anneaux doués d'une coloration très-vive qui varie avec le sel en dissolution et avec les plaques.

* 734. **Arbre de Saturne.** — Quand on plonge dans une dissolution saline un métal plus oxydable que celui du sel, le métal de ce dernier est précipité par celui qu'on a immergé, et se dépose sur lui lentement, tandis que le métal immergé se substitue, équivalent pour équivalent, au métal du sel. Cette précipitation d'un métal par un autre est attribuée en partie aux affinités, en partie à l'action électro-chimique d'un courant qui serait dû au contact du métal précipité et du métal précipitant, ou plutôt à l'action de l'acide contenu dans la dissolution, car on a reconnu qu'il est nécessaire que cette dernière soit légèrement acide. L'excès d'acide libre agit alors sur le métal précipitant et détermine le courant qui décompose le sel.

Un effet remarquable de la précipitation d'un métal par un autre est l'*arbre de Saturne*. On nomme ainsi une suite de ramifications brillantes qu'on obtient par le zinc dans les dissolutions d'acétate de plomb. Pour cela, on remplit un bocal de verre d'une dissolution bien pure de ce sel, puis on ferme le vase avec un bouchon de liége, auquel est fixé un morceau de zinc en contact avec des fils de laiton qui plongent, en divergeant, dans la dissolution. Le bocal étant hermétiquement clos, on l'abandonne à lui-même. Au bout de quelques jours, de brillantes paillettes de plomb cristallisé se déposent sur les fils de laiton, et simulent une végétation qu'on a désignée sous le nom d'*arbre de Saturne,* du nom que les alchimistes donnaient au plomb. On a de même donné le nom d'*arbre de Diane* au dépôt métallique produit par le mercure dans le nitrate d'argent.

735. **Transports opérés par les courants.** — Dans les décom-

positions électro-chimiques, il n'y a pas seulement séparation des éléments, mais transport des uns au pôle positif, et des autres au pôle négatif. Ce phénomène a été démontré par Davy à l'aide de nombreuses expériences; nous citerons les deux suivantes :

1º Ayant versé une dissolution de sulfate de soude dans deux capsules réunies par une mèche d'amiante humectée de la même dissolution, on plonge l'électrode positive dans une des capsules et l'électrode négative dans l'autre. Le sel est alors décomposé, et, au bout de quelques heures, tout l'acide sulfurique se trouve dans la première capsule, et la soude dans la seconde.

2º Trois verres A, B, C (fig. 648), contenant, le premier une dissolution de sulfate de soude, le second du sirop de violette éten-

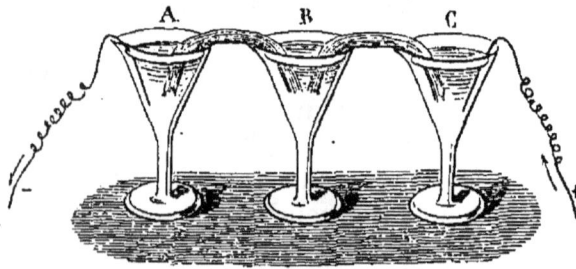

Fig. 648.

du, et le troisième de l'eau pure, on les fait communiquer entre eux par des mèches d'amiante humectées, puis on fait passer le courant de C vers A, par exemple. Le sulfate du verre A est alors décomposé, et bientôt la soude reste dans ce verre, qui est négatif, tandis que tout l'acide est transporté dans le verre C, qui est positif. Si, au contraire, le courant va de A vers C, c'est la soude qui se rend en C, tandis que tout l'acide reste dans le verre A; mais, dans les deux cas, on observe ce phénomène remarquable, que la teinture de violette du verre B n'est ni rougie ni verdie par le passage de l'acide ou de la base dans sa masse, phénomène dont on va voir l'explication.

736. **Hypothèse de Grotthuss sur les décompositions électro-chimiques.** — Grotthuss a donné, des décompositions électro-chimiques opérées par la pile, la théorie suivante. Adoptant d'abord l'hypothèse que, dans tout composé binaire, ou se comportant comme tel, un des éléments est électro-positif, et l'autre électro-négatif (731), ce savant admet que, sous l'influence des électricités contraires des électrodes de la pile, il se produit, dans le liquide où elles plongent, une suite de décompositions et de recompositions successives d'un pôle à l'autre, en sorte qu'il n'y a que les éléments des molécules extrêmes qui, ne se recomposant pas, restent libres et se portent aux pôles. L'eau, par exemple, étant formée d'un atome d'oxygène et de deux atomes d'hydrogène, et le premier gaz étant électro-négatif, le second électro-positif, lorsque le liquide

est traversé par un courant suffisamment énergique, la molécule *a*, en contact avec le pôle positif, s'oriente comme le montre la figure 619, c'est-à-dire que l'oxygène se trouve attiré et l'hydrogène repoussé. L'oxygène de cette molécule se rendant alors sur l'électrode positive, l'hydrogène, mis en liberté, s'unit immédiatement à l'oxygène de la molé-

Fig. 619.

cule *b*, puis l'hydrogène de celle-ci à l'oxygène de la molécule *c*, et ainsi de suite, jusqu'au pôle négatif, où les derniers atomes d'hydrogène sont mis en liberté et se rendent au pôle. La même théorie s'applique aux oxydes métalliques, aux acides et aux sels, et explique comment, dans l'expérience citée dans le paragraphe précédent, le sirop de violette du vase B n'a été ni rougi ni verdi.

GALVANOPLASTIE, DORURE ET ARGENTURE.

737. Galvanoplastie. — La décomposition des sels par la pile a reçu une importante application dans la *galvanoplastie*. On nomme ainsi l'art de modeler les métaux en les précipitant de leurs dissolutions salines par l'action lente d'un courant électrique. Jusqu'ici on a admis que la galvanoplastie avait été découverte simultanément, en 1838, par M. Jacobi, en Russie, et par M. Spencer, en Angleterre; mais il paraît que le véritable inventeur est M. Jacobi (voir le *Cosmos* du 9 mars 1860, page 261).

Lorsqu'on veut reproduire une médaille ou tout autre objet par la galvanoplastie, il faut d'abord s'en procurer une empreinte en creux, sur laquelle puisse se déposer la couche métallique qui doit reproduire en relief la médaille. On a d'abord obtenu ces empreintes à l'aide du soufre, de la stéarine, de l'alliage fusible de Darcet; mais la substance généralement employée aujourd'hui est la gutta-percha, dont l'emploi est facile et qui donne des empreintes d'une grande pureté. On commence par recouvrir de plombagine l'objet dont on veut prendre l'empreinte, afin qu'il n'adhère pas à la gutta-percha. Puis, ayant chauffé dans l'eau chaude une certaine quantité de cette substance jusqu'à ramollissement, on applique dessus la pièce à reproduire, en ayant soin de la soumettre à une pression un peu forte. Laissant ensuite refroidir, on détache la gutta-percha, qui est peu adhérente, et l'on a alors, sur cette substance, une empreinte en creux, très-fidèle, de l'objet. Il reste à enduire cette empreinte de plombagine pour la rendre conductrice, ce qui se fait en la frictionnant avec une brosse douce sur laquelle on a répandu de la plombagine pulvérisée.

Pour reproduire ensuite la pièce dont on a obtenu l'empreinte, on prend une cuve remplie d'une dissolution saturée de sulfate de cuivre, et ayant posé dessus deux baguettes de laiton B et D (fig. 620), communiquant, l'une au pôle négatif et l'autre au pôle positif de la pile, on suspend à la première le moule *m*, qu'on a

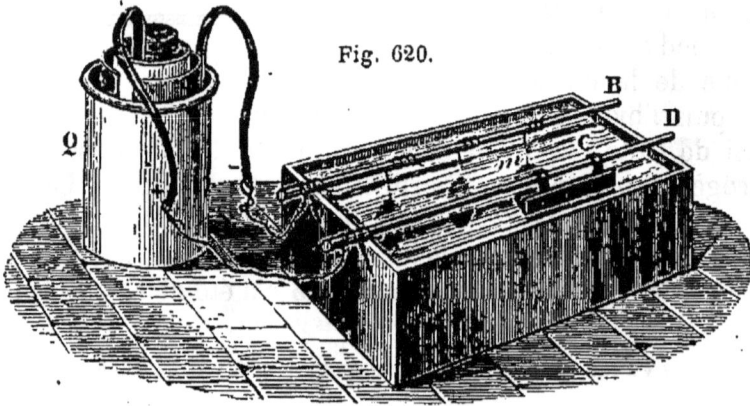

Fig. 620.

préparé, et à l'autre une plaque de cuivre rouge C. Le courant se trouvant ainsi fermé, le sulfate de cuivre est décomposé; son acide et l'oxygène de l'oxyde se rendent au pôle positif, tandis que le cuivre seul se rend au pôle négatif, en se déposant lentement sur le moule suspendu à la baguette B; on peut même ainsi suspendre plusieurs moules à la fois. Au bout de quarante-huit heures, le moule est recouvert d'une couche de cuivre solide et résistante, mais non adhérente. C'est cette couche de cuivre qui, retirée du moule, reproduit l'objet avec une exactitude absolue. Dans le présent ouvrage, tous les dessins ont d'abord été gravés sur bois, puis le tirage est fait avec des clichés de cuivre obtenus par le procédé ci-dessus.

La plaque de cuivre C, placée au pôle positif, n'a pas seulement pour but de fermer le courant, elle sert aussi à entretenir la dissolution dans un état de concentration constant; en effet, l'acide et l'oxygène qui se rendent au pôle positif se combinent avec le cuivre de la plaque, et reproduisent constamment une quantité de sulfate égale à celle qui a été décomposée par le courant.

Pour la galvanoplastie, on préfère, en général, la pile de Daniell (708), à cause de l'uniformité de son effet.

738. Dorure galvanique. — Avant de connaître la décomposition des sels par la pile, on dorait au moyen du mercure. Pour cela, on prenait un amalgame d'or qu'on appliquait sur les pièces à dorer. En portant ensuite les objets ainsi recouverts dans un four, pour en élever la température, le mercure se volatilisait, et l'or seul restait sous la forme d'une couche très-mince sur les objets dorés. Le même procédé était appliqué à l'argenture; mais à ce procédé, qui est coûteux et insalubre, on substitue généralement aujourd'hui la dorure et l'argenture galvaniques. La dorure par la pile ne diffère de la galvanoplastie qu'en ce que la couche métallique qu'on fait déposer sur les objets à dorer est beaucoup plus mince et plus adhérente. Brugnatelli, élève de Volta, paraît être le premier, en 1803, qui ait observé qu'on pouvait dorer avec une pile et une dissolution alcaline d'or; mais c'est M. de La Rive qui, le premier, appliqua réellement la pile à la dorure. Les procédés de dorure et d'argenture furent ensuite perfectionnés par MM. Elkington, Ruolz et autres physiciens.

Les pièces à dorer doivent subir trois préparations, qui sont le *recuit*, le *dérochage* et le *décapage*.

Le recuit consiste à chauffer les pièces pour détruire les matières grasses dont elles ont pu être imprégnées dans les travaux auxquels elles ont été soumises antérieurement.

Les pièces à dorer étant ordinairement de cuivre, leur surface, pendant le recuit, s'est recouverte d'une couche de protoxyde et de bioxyde de cuivre que le dérochage a pour but d'enlever. Pour cela, on plonge les pièces encore chaudes dans un bain d'acide sulfurique très-étendu d'eau, où on les laisse assez longtemps pour que l'oxyde se détache. On les frotte alors avec une brosse dure, on les lave à l'eau distillée, et on les fait sécher dans de la sciure de bois légèrement chauffée.

Les pièces sont encore irisées; pour enlever toutes les taches, il reste le décapage, opération qui consiste à plonger rapidement les pièces dans un bain d'acide azotique ordinaire, puis dans un mélange du même acide, de sel marin et de suie, et enfin à les laver dans l'eau pure.

Les pièces une fois préparées, on les suspend à l'électrode négative d'une pile formée de trois ou quatre couples de Daniell ou de Bunsen, et on les plonge dans un bain d'or, en les disposant comme pour la galvanoplastie (fig. 620). Elles restent dans le bain plus ou moins longtemps, suivant l'épaisseur qu'on veut donner au dépôt.

On a beaucoup varié la composition des bains. Le bain le plus simple se compose de 1 gramme de chlorure d'or et de 10 grammes de cyanure de potassium dissous dans 150 grammes d'eau. Pour entretenir le bain à un degré de concentration constant, on suspend à l'électrode positive une lame d'or qui se dissout à mesure que le bain laisse déposer son or sur les pièces en communication avec le pôle négatif.

Le procédé qui vient d'être décrit s'applique très-bien pour dorer non-seulement le cuivre, mais l'argent, le bronze, le laiton, le maillechort. Quant aux autres métaux, comme le fer, l'acier, le zinc, l'étain, le plomb, ils se dorent mal. Pour obtenir une bonne dorure, on est obligé de les recouvrir d'abord d'une couche de cuivre, au moyen de la pile et d'un bain de sulfate de cuivre; c'est ensuite le cuivre qui les recouvre qu'on dore comme il a été dit ci-dessus.

739. Argenture. — Tout ce qu'on vient de dire sur la dorure galvanique s'applique exactement à l'argenture; il n'y a de différence que dans la composition du bain, qui est formé de 1 gramme de cyanure d'argent et de 10 grammes de cyanure de potassium dissous dans 150 grammes d'eau. A l'électrode positive est suspendue une plaque d'argent qui empêche le bain de s'appauvrir, et à l'électrode négative sont les pièces à argenter, bien décapées.

CHAPITRE III.

ÉLECTRO-MAGNÉTISME, GALVANOMÉTRIE.

740. Expérience d'Œrsted, loi d'Ampère. — A l'occasion du thermo-multiplicateur de Melloni, on a déjà vu l'action directrice que les courants fixes exercent sur les aimants mobiles (274). Dé-

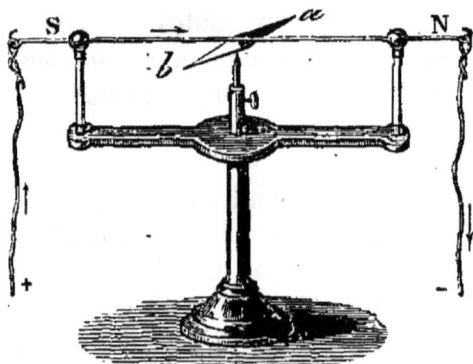

Fig. 621.

couvert, en 1819, par Œrsted, professeur de physique à Copenhague, ce phénomène devint bientôt, entre les mains d'Ampère et de Faraday, la source d'une branche nouvelle de la physique, qu'on désigne sous le nom d'*électro-magnétisme*.

Pour répéter l'expérience d'Œrsted, on tend horizontalement, dans la direction du méridien magnétique, un fil de cuivre, au-dessus d'une aiguille aimantée mobile (fig. 621). Tant que le fil n'est point traversé par un courant, l'aiguille lui demeure parallèle; mais aussitôt que les extrémités du fil sont mises en communication avec les électrodes d'une pile, *l'aiguille est*

*déviée et approche d'autant plus de prendre une direction per-
pendiculaire au courant, que celui-ci est plus intense.*

Quant au sens de la déviation, on a vu (274) qu'il dépend de la
direction du courant du nord au sud, ou du sud au nord, au-dessus
ou au-dessous de l'aiguille. Or, Ampère a compris ces différents
cas dans un seul énoncé en concevant un observateur placé dans le
fil qui réunit les deux pôles, de manière que, le courant entrant par
les pieds et sortant par la tête, la face soit constamment tournée
vers l'aiguille. Le courant ainsi personnifié, Ampère a donné la
loi suivante, qui, dans tous les cas, se vérifie par l'expérience :
*l'action directrice des courants sur les aimants mobiles consiste
toujours à faire dévier le pôle austral vers la gauche du courant.*

741. Théorie du galvanomètre. — Le *galvanomètre,* connu
aussi sous les noms de *multiplicateur* et de *rhéomètre,* est dû à
Schweigger, physicien allemand, peu de temps après la découverte
d'Œrsted. Cet instrument, dont nous avons déjà donné une notion
succincte à l'occasion du thermo-multiplicateur (275), est une application importante de l'action directrice des courants sur les
aimants : par la déviation qu'il imprime à l'aiguille, il décèle la
présence des courants ; par le sens de la déviation, il fait connaître
leur direction ; et par l'angle d'écart, il sert à mesurer leur intensité.

L'action directrice de la terre tendant constamment à maintenir l'aiguille aimantée dans le méridien magnétique (644), les courants rencontrent là, pour faire dévier l'aiguille, une résistance qui,
lorsqu'ils sont très-faibles, peut rendre la déviation insensible. Il
importe donc alors de multiplier l'action des courants et de diminuer la résistance de la terre. Ce double résultat s'obtient par les
deux procédés suivants.

Le premier, dû à Schweigger, consiste à enrouler le fil que parcourt le courant autour de l'aiguille dans le sens de sa longueur
(fig. 622). Celle-ci étant suspendue à un fil de cocon, si on applique
ici la loi d'Ampère (740), on reconnaît facilement que, lorsqu'un
courant parcourt le circuit *mnopq,* les quatre parties *mn, no, op*
et *pq* agissent dans le même sens pour faire dévier le pôle *a* en
arrière du plan du dessin, et le pôle *b* en avant. En enroulant le fil
dans le sens de l'aiguille, on a donc *multiplié* l'action du courant.
Si, au lieu d'un seul circuit, on en fait plusieurs, l'action se multiplie encore et la déviation de l'aiguille augmente. Toutefois, on ne
multiplierait pas indéfiniment l'action du courant en continuant les
circonvolutions du fil, car on verra bientôt que l'intensité d'un courant s'affaiblit lorsque la longueur du circuit qu'il parcourt augmente. Le fil de cuivre ainsi enroulé doit être recouvert de soie
avec soin, sinon, l'électricité passant d'un circuit au suivant, le

tout se comporterait comme un circuit unique. M. Tyndall a observé que la soie blanche est préférable à la soie verte qu'on emploie ordinairement, la matière colorante de celle-ci contenant souvent du fer en quantité suffisante pour imprimer à l'aiguille une déviation de plusieurs degrés.

Le deuxième procédé, dû à Nobili, consiste à faire agir le circuit, non sur une seule aiguille, mais sur un système astatique (622), qui consiste en deux aiguilles superposées, les pôles contraires en regard, comme le montre la figure 623, et liées ensemble de manière à ne pouvoir tourner l'une sans l'autre. L'aiguille intérieure *ab* est alors influencée comme ci-dessus par le circuit *mnopq*; mais les différentes parties de celui-ci n'agissent pas également sur l'aiguille *a'b'*. En effet, d'après la loi d'Ampère, la partie *no* tend

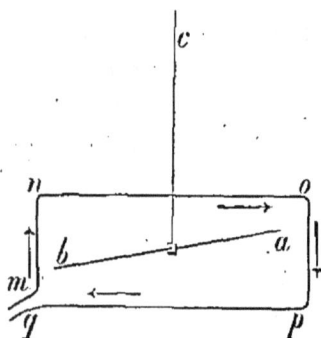

Fig. 622.

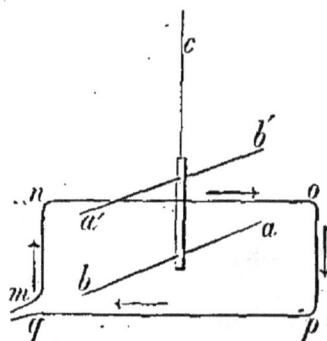

Fig. 623.

à amener le pôle *a'* en avant, tandis que les trois portions *mn*, *op* et *pq* tendent à faire dévier le même pôle en arrière. A cause de la moindre distance, c'est *mo* qui prédomine, et par suite l'action finale du circuit complet est d'imprimer à *a'b'* une déviation dans le même sens qu'à *ab*, ce qui augmente l'action du courant; mais l'effet principal du système astatique est de réduire l'action directrice de la terre. En effet, si les deux aiguilles étaient rigoureusement de même force, de même longueur et dans le même plan, les actions contraires sur les pôles *a* et *b'*, ainsi que sur les pôles *b* et *a'*, se neutraliseraient complétement, et l'action de la terre serait nulle; mais si la force de l'une des aiguilles l'emporte tant soit peu sur celle de l'autre, la terre les dirige en vertu de leur différence d'intensité, et la résistance peut ainsi être rendue aussi petite que l'on veut; d'où, en enroulant le fil un nombre de fois suffisant, on arrive à obtenir une déviation appréciable, même pour des courants extrèmement faibles.

742. Construction du galvanomètre. — La figure 624 représente un galvanomètre extrèmement sensible construit par M. Ruhm-

korff. Le pied de l'instrument se compose d'un disque épais D, de
cuivre jaune, porté par trois vis calantes ; au-dessus est un plateau
tournant P, de même métal, sur lequel est fixé un cadre de cuivre
rouge, d'une largeur presque égale à la longueur des aiguilles. Sur
ce cadre s'enroule un grand nombre de fois un fil de cuivre rouge m,
recouvert de soie. Ses deux bouts arrivent à des bornes i et o,

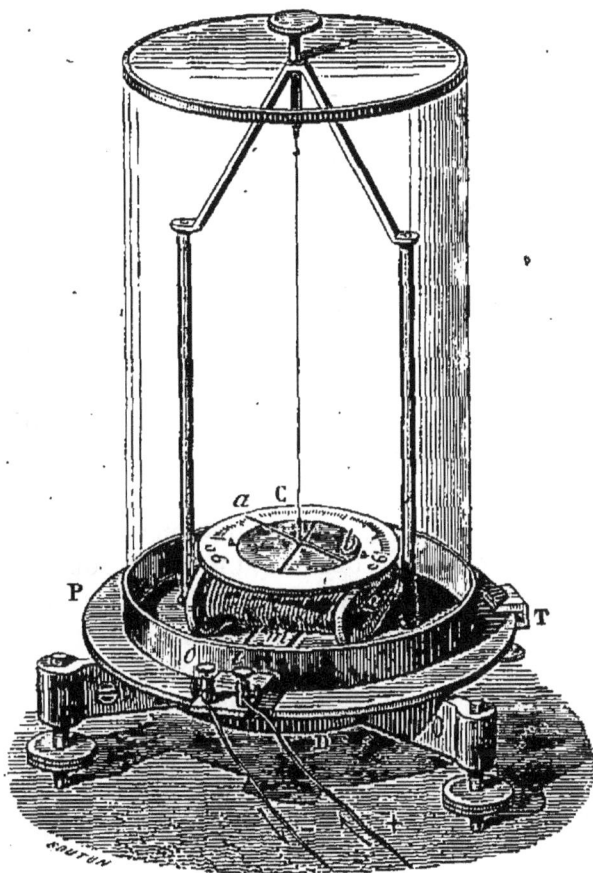

Fig. 624 (h = 25).

destinées à recevoir les fils qui unissent l'instrument avec le courant qu'on veut observer. Au-dessus du cadre est un cercle gradué C, aussi de cuivre rouge, et fendu suivant un diamètre parallèle à la direction du fil enroulé en dessous. Le zéro de la graduation correspond à l'ouverture longitudinale pratiquée dans le
cadran, et, des deux côtés, la graduation est tracée jusqu'à 90
degrés. Enfin, sur les côtés du cadre s'élèvent deux colonnes qui
portent une vis de rappel à laquelle est suspendu un système astatique par un fil de cocon sans torsion. L'aiguille ab est au-dessus
du cadran et sert à marquer les déviations ; l'aiguille $a'b'$ est dans

l'intérieur même du circuit. C'est pour introduire cette aiguille, qu'une ouverture longitudinale est pratiquée dans le cadran; une ouverture semblable, non visible dans le dessin, existe entre les fils du circuit, au-dessous du cadran. Au moyen des vis calantes, on établit l'horizontalité du cadran de manière que le fil de cocon passe exactement par le centre sans frotter contre les bords de la fente; et à l'aide de la vis de rappel, on soulève ou on abaisse le système astatique jusqu'à ce qu'il tourne librement dans le circuit.

Pour se servir de l'instrument, on commence par l'orienter, c'est-à-dire par diriger dans le méridien magnétique le diamètre auquel correspond le zéro de la graduation. Pour cela, prenant à la main les bornes *i*, *o*, on fait tourner lentement le plateau P sur son pied D, jusqu'à ce que l'extrémité de l'aiguille *ab* corresponde au zéro. Pour fixer alors l'instrument, on serre, à l'aide d'une vis de pression, la pince T qui est fixée au pied D. Enfin, pour préserver l'instrument des agitations de l'air, on le couvre d'une cage de verre, au-dessus de laquelle sort le bouton de la vis de rappel.

A l'instant où le courant commence à passer, les aiguilles, brusquement déviées, tendent à tourner sur elles-mêmes et à tordre le fil de cocon. On évite cette torsion en fixant, en regard des divisions 90, deux petites bornes contre lesquelles bute l'aiguille supérieure. Mais les aiguilles tendant encore à osciller assez longtemps, ce qui retarde l'observation, c'est pour diminuer la durée de ces oscillations que le cadran et le cadre sont de cuivre rouge. En effet, on verra plus tard que les oscillations de l'aiguille aimantée font naitre dans ce métal des courants d'induction qui, réagissant sur elle, l'arrêtent très-rapidement (796).

Lorsque le galvanomètre est destiné à observer des courants dus aux actions chimiques, le fil qui s'enroule autour des aiguilles doit être d'un très-petit diamètre, et faire un grand nombre de révolutions, 600 à 800 au moins. Le nombre des tours s'élève même souvent à 2 000 ou 3 000, et pour des expériences très-délicates il a été porté jusqu'à 30 000. Pour les courants thermo-électriques, dont la tension est très-faible, le fil doit être plus gros et faire un nombre de tours beaucoup moindre, 200 à 300 seulement.

Lorsqu'il s'agit de courants intenses, on fait usage de galvanomètres à une seule aiguille, et l'on ne fait faire au fil qu'un très-petit nombre de tours, même un seul. Le galvanomètre le plus simple est alors une boussole au-dessus de laquelle est tendu un fil de cuivre dirigé dans le sens du méridien magnétique, et dans lequel passe le courant dont on cherche l'intensité. L'instrument conserve dans ce cas le nom de *boussole*.

Le galvanomètre représenté dans la figure 624 se désigne quelquefois sous le nom de *galvanomètre de Nobili*, à cause du système astatique qu'y a ajouté ce physicien.

743. Graduation du galvanomètre. — Le galvanomètre, tel qu'il vient d'être décrit, est un appareil extrêmement sensible pour constater la présence des courants, mais il ne fait pas connaître leur intensité. Pour le faire servir à cet usage, il faut construire des tables au moyen desquelles on puisse déduire, de la déviation de l'aiguille, l'intensité relative du courant.

La méthode la plus simple pour former ces tables est celle du *multiplicateur à deux fils*, due à M. Becquerel. On enroule simultanément, sur le cadre de l'appareil, deux fils de cuivre recouverts également de soie, et identiques en longueur et en diamètre; puis, choisissant une source d'électricité dynamique constante, mais très-faible, on fait passer le courant dans un des fils, ce qui donne une certaine déviation, 5 degrés par exemple. Ensuite, à l'aide d'une source électrique identique avec la première, on fait passer en même temps, dans chaque fil, un courant de même intensité; on obtient alors une déviation de 10 degrés, due à l'action simultanée des deux courants, ou, ce qui est la même chose, à un courant double du premier en intensité. Si l'on fait ensuite passer dans un des fils un courant capable de produire seul la déviation 10, et dans l'autre un des courants qui ont produit la déviation 5, ce qui revient évidemment à un courant triple du premier, on obtient la déviation 15. Enfin, faisant passer dans chacun des fils, à la fois, un courant capable de donner la déviation 10, on en observe une de 20 degrés. C'est-à-dire que *jusqu'à* 20 *degrés les déviations croissent proportionnellement à l'intensité du courant.* Au delà, elles croissent moins vite; mais, par le même procédé, on continue à déterminer, de distance en distance, les déviations correspondantes à des intensités connues, puis on achève ensuite la table par la méthode des interpolations (323). Chaque galvanomètre exige une table particulière, car la relation entre l'intensité du courant et la déviation des aiguilles varie avec leur degré d'aimantation, leur longueur, leur distance du courant, et enfin avec le nombre des tours du circuit.

Puisque, jusqu'à 20 degrés, les déviations sont proportionnelles aux intensités, on s'appuie, dans le cas d'un galvanomètre à un seul fil, sur cette propriété pour mesurer jusqu'à cette limite les intensités au moyen des déviations. Au delà, il faut construire une table, en se fondant sur les déviations produites par des courants dont l'intensité est connue, et calculer ensuite, par interpolation, les intensités correspondantes aux déviations intermédiaires.

Le multiplicateur à deux fils peut servir aussi à mesurer la différence d'intensité de deux courants; ce qui s'obtient en faisant passer simultanément, en sens contraire, un courant dans chaque fil. L'appareil prend alors le nom de *galvanomètre différentiel*.

744.. Usages du galvanomètre. — Par son extrême sensibilité, le galvanomètre est un des instruments les plus précieux de la physique. Il ne sert pas seulement à constater la présence des courants les plus faibles, mais il fait connaître leur direction et leur intensité. C'est avec cet appareil que M. Becquerel a pu constater qu'il y a dégagement d'électricité dans toutes les combinaisons chimiques, et déterminer les lois qui régissent ces combinaisons (702).

Par exemple, si l'on fixe aux extrémités du circuit du galvanomètre deux fils de platine, et si l'on plonge ceux-ci dans une capsule remplie d'acide azotique, on ne remarque aucune déviation de l'aiguille, ce qu'il était facile de prévoir, puisque le platine n'est pas attaqué par l'acide azotique. Mais si l'on verse une goutte d'acide chlorhydrique près d'un des fils immergés, aussitôt l'aiguille du galvanomètre est déviée, ce qui indique que le circuit est traversé par un courant. En effet, on sait que, par leur réaction mutuelle, les acides azotique et chlorhydrique donnent naissance à de l'acide chloro-azotique, ou *eau régale,* qui attaque le platine. On reconnaît de plus, par le sens de la déviation, que le platine est électrisé négativement et l'acide positivement.

745. Lois des actions des courants sur les aimants. — Les actions que les courants exercent sur les aimants sont de deux sortes, l'une directrice, l'autre attractive ou répulsive. On sait déjà (740) que l'action directrice d'un courant sur un aimant consiste en ce que *le courant tend toujours à mettre l'aimant en croix avec lui, son pôle austral à gauche d'un observateur couché dans le courant, de manière que, regardant l'aimant, le courant entre par les pieds et sorte par la tête.*

L'intensité de l'action directrice des courants sur l'aiguille aimantée varie avec la distance. D'après le nombre d'oscillations que fait l'aiguille à des distances inégales, sous l'influence d'un courant rectiligne, Savart et Biot ont trouvé que *l'intensité de la résultante des actions directrices de toutes les parties du courant sur l'aiguille est en raison inverse de la simple distance.*

Quant à l'action attractive ou répulsive des courants sur les aimants, on la constate en suspendant verticalement, par une de ses extrémités, à un fil de soie très-fin, une aiguille à coudre aimantée; puis on fait passer un courant horizontal très-près de cette aiguille. On observe alors, suivant le sens du courant, des attractions ou des répulsions qui s'expliquent par l'action des courants sur les solénoïdes, lorsque l'on compare les aimants à des solénoïdes, comme l'a fait Ampère, dans une théorie que nous ferons bientôt connaître (762).

746. **Action directrice des aimants sur les courants.** — L'action directrice entre les courants et les aimants est réciproque. Dans l'expérience d'Œrsted (fig. 624), l'aiguille aimantée étant mobile, tandis que le courant est fixe, c'est elle qui se dirige et se met en croix avec le courant. Si, au contraire, l'aimant est fixe et le courant mobile, c'est celui-ci qui se dirige et vient se mettre en croix avec l'aimant, le pôle austral occupant toujours la gauche.

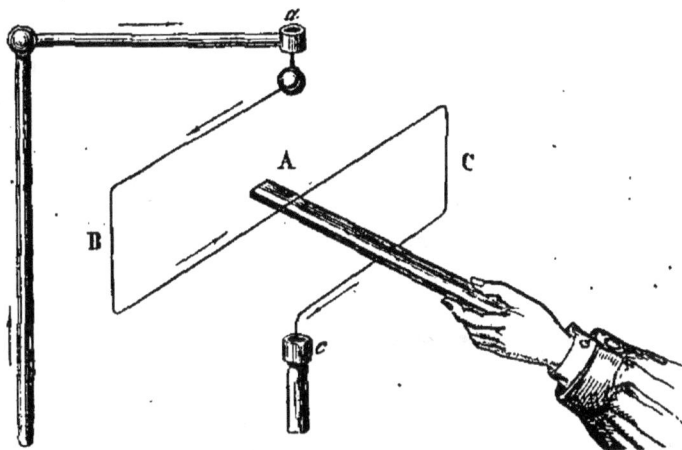

Fig. 625.

On démontre ce principe, comme le montre la figure 625, à l'aide de l'appareil représenté en entier ci-après (fig. 626). A la partie supérieure, une petite capsule de laiton a, remplie de mercure, est percée, dans son fond, d'un trou capillaire dans lequel s'engage une pointe d'acier fixée à une petite boule de cuivre. De celle-ci part un fil de cuivre rouge BC contourné plusieurs fois, comme le montre le dessin, et venant plonger dans une seconde capsule c, aussi remplie de mercure, et exactement au-dessous de la première. Par cette disposition le circuit BC peut tourner librement autour de l'axe vertical des deux capsules. En effet, faisant communiquer la capsule a avec l'un des pôles d'une pile de 4 à 5 couples de Bunsen, et la capsule c avec l'autre, de manière que le circuit mobile soit parcouru par un courant, dès qu'on lui présente, dans le sens de sa longueur, un barreau aimanté, il se met à tourner et, après quelques oscillations, s'arrête en croix avec l'aimant, le pôle austral de celui-ci à sa gauche.

On verra bientôt, en traitant des courants d'Ampère (762), comment on explique l'action réciproque entre les aimants et les courants.

CHAPITRE IV.

747. Actions mutuelles des courants électriques. — Lorsque deux fils métalliques voisins sont traversés simultanément par un courant électrique, il se produit entre ces fils, selon la direction relative des deux courants, des attractions ou des répulsions analogues à celles qui s'exercent entre les pôles de deux aimants. Ces phénomènes, dont la découverte est due à Ampère, peu de temps après celle d'Œrsted (740), constituent une branche de l'électricité dynamique qu'on désigne sous le nom d'*électro-dynamique*. Les lois qui les régissent présentent différents cas, suivant que les courants sont parallèles ou angulaires, rectilignes ou sinueux.

748. Lois des courants parallèles. — 1° *Deux courants parallèles et de même sens s'attirent.*

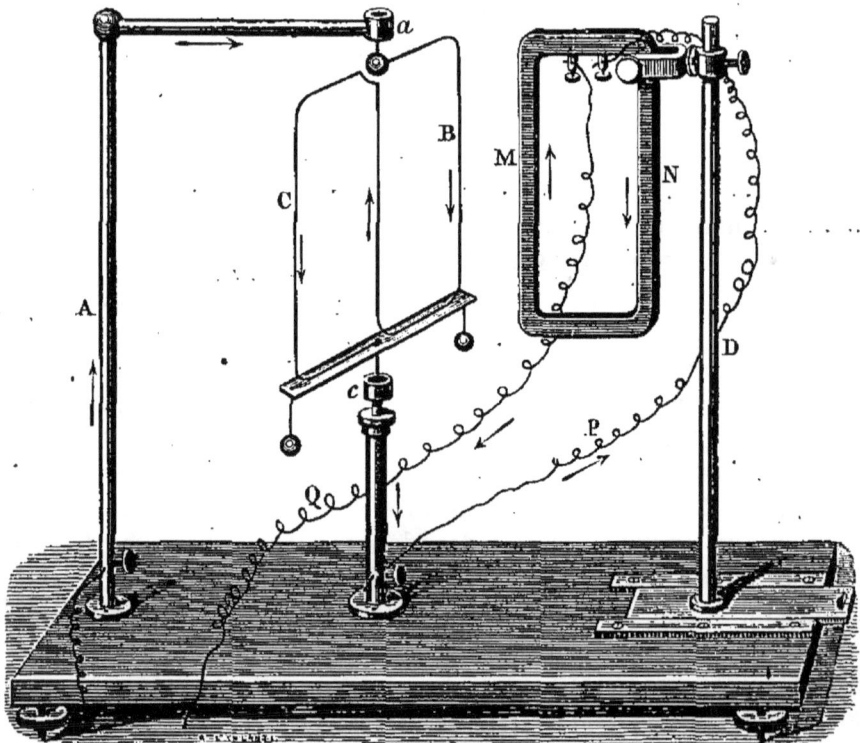

Fig. 626.

2° *Deux courants parallèles et de sens contraires se repoussent.*

Dans nos précédentes éditions, nous avons donné, pour démontrer les lois des courants, les appareils d'Ampère modifiés par M. Pouillet; mais ils présentent cet inconvénient, que la partie mobile du circuit ne peut effectuer une révolution complète, et de plus ils sont peu sensibles. Dans ces dernières années, ils ont été modifiés par M. Obellianne, et nous les donnons ici tels qu'ils sont construits par M. Ruhmkorff, en ajoutant toutefois un léger changement aux godets qui supportent la partie mobile du courant.

L'appareil se compose de deux grandes colonnes de cuivre A, D, entre lesquelles en est une plus petite. La colonne D porte un multiplicateur à 20 tours MN (fig. 626), qu'on fixe à différentes hauteurs au moyen d'une vis de pression, et qui augmente beaucoup la sensibilité de l'instrument. Ce multiplicateur est maintenu par deux articulations qui permettent, l'une de le renverser sur lui-même (fig. 629), l'autre de le placer horizontalement (fig. 630). La colonne centrale est creuse, et dans son intérieur glisse un tube de cuivre terminé par un godet c, plein de mercure, qu'on élève plus ou moins. La colonne A supporte un godet a, rempli également de mercure et déjà décrit ci-dessus (746). Ce godet, représenté en grandeur naturelle dans la figure 628, est percé, en dessous, d'un trou capillaire dans lequel s'engage la pointe d'une aiguille à

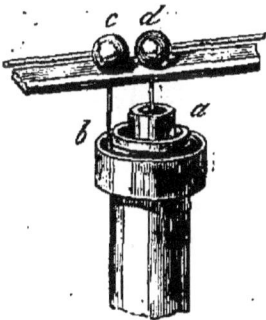

Fig. 627.

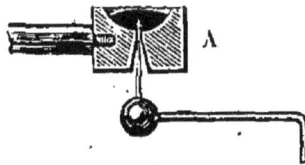

Fig. 628.

coudre fixée à une petite boule de cuivre. Cette pointe se prolonge jusqu'au mercure et tourne librement dans le trou. Quant au circuit mobile, il se compose d'un fil de cuivre rouge partant de la petite boule de cuivre et se contournant, dans le sens des flèches, du godet a au godet c. Ses deux branches inférieures sont fixées à une planchette de bois mince, et tout le système est équilibré par deux boules de cuivre suspendues aux extrémités.

Ces détails connus, le courant d'une pile de 4 à 5 couples de Bunsen, montant par la colonne A jusqu'au godet a, parcourt le circuit BC, gagne le godet c, descend par la colonne centrale, et de là se rend par un fil P au multiplicateur MN, d'où il revient enfin à la pile par le fil Q. Or, si avant de faire passer le courant, on dispose le circuit mobile dans le plan du multiplicateur, les branches B et M en présence, on observe qu'aussitôt que le courant passe, la

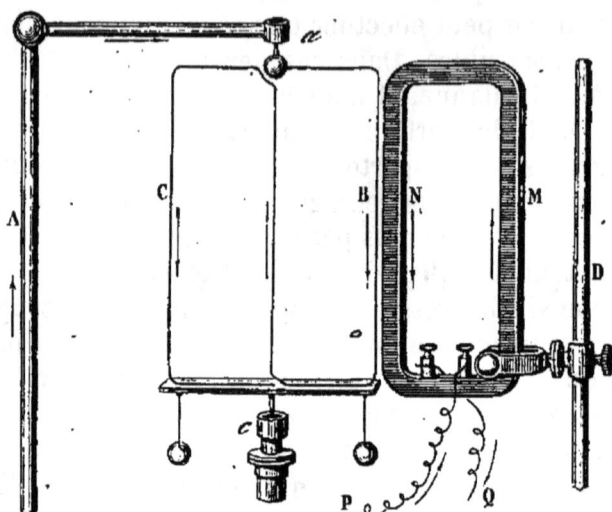

Fig. 629.

branche B est repoussée, ce qui démontre la deuxième loi, car dans la branche B et M les courants, marchant dans le sens des flèches, sont de sens contraires.

Pour démontrer la première loi, on dispose l'expérience comme le montre la figure 629, c'est-à-dire qu'on renverse le multiplicateur. Les courants sont alors de même sens, et si l'on écarte la branche B avant le passage du courant, on la voit se rapprocher dès qu'il passe, ce qui vérifie la première loi.

Dans l'appareil de M. Obellianne les deux godets ne sont pas disposés comme dans la figure 629, mais réunis en un godet à deux compartiments isolés l'un de l'autre (fig. 627). Une des extrémités du circuit plonge dans le compartiment central a, et l'autre dans le compartiment b. Avec cette disposition, la rotation s'opère sans résistance dans le compartiment central, mais, dans le second, la pointe fixée à la boule c ne peut tourner qu'en déplaçant le mercure, d'où résulte une résistance assez grande, surtout si le mercure n'est pas bien pur. Avec le godet représenté dans la fig. 628, cette résistance disparaît.

749. Lois des courants angulaires. — 1° *Deux courants rectilignes, dont les directions forment entre elles un angle, s'attirent lorsqu'ils s'approchent ou s'éloignent tous les deux du sommet.*

2° *Ils se repoussent si, l'un marchant vers le sommet de l'angle, l'autre s'en éloigne.*

On démontre ces lois au moyen de l'appareil décrit ci-dessus (fig. 626), en y remplaçant le circuit mobile par celui déjà employé dans la figure 625. Disposant alors le multiplicateur horizontalement, de façon que son courant soit de même sens que dans le

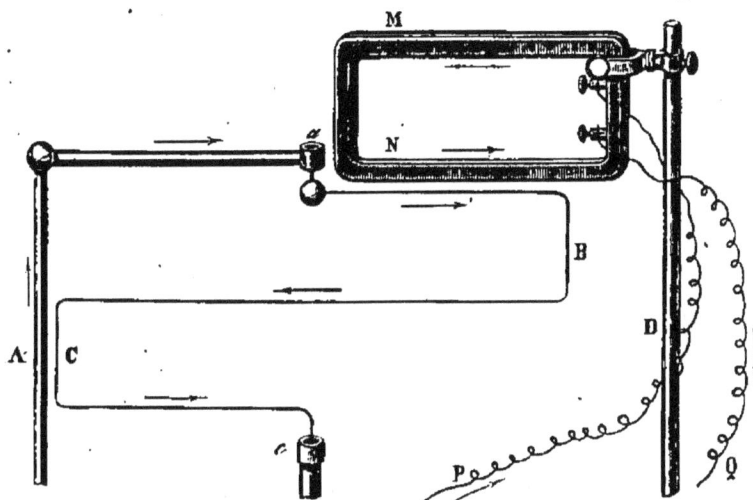

Fig. 630.

circuit mobile (fig. 630), si l'on écarte celui-ci et qu'on fasse passer le courant, le circuit se rapproche aussitôt, ce qui vérifie la première loi.

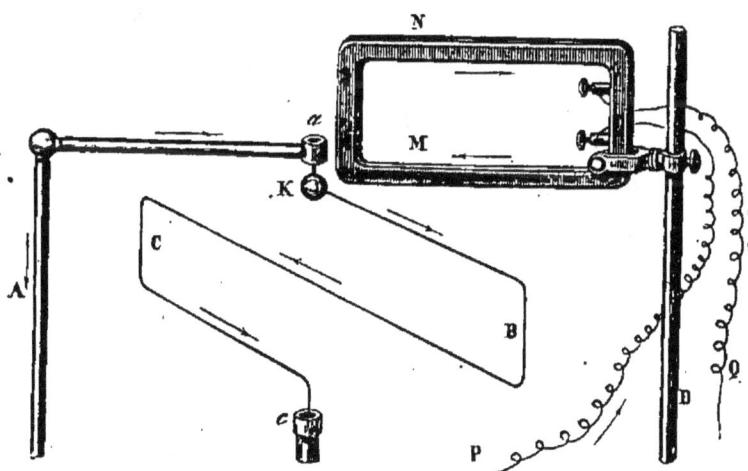

Fig. 631.

Pour vérifier la seconde, il suffit de retourner le multiplicateur de façon que les courants soient de sens contraires, et aussitôt il y a répulsion (fig. 631).

Ampère a conclu de la deuxième loi ci-dessus qu'un courant angulaire tend à se redresser, et que, *dans un courant rectiligne, chaque élément du courant repousse le suivant et en est repoussé.*

On démontre ordinairement ce principe en faisant voir que, lorsque le courant passe d'un bain de mercure dans un petit fil de cuivre qui repose sur la surface du liquide, ce fil est repoussé; mais la résistance qui résulte du changement de conducteur peut suffire pour produire le phénomène.

750. **Loi des courants sinueux.** — *L'action attractive ou répulsive d'un courant sinueux est la même, toutes choses égales d'ailleurs, que celle d'un courant rectiligne d'une longueur égale en projection.*

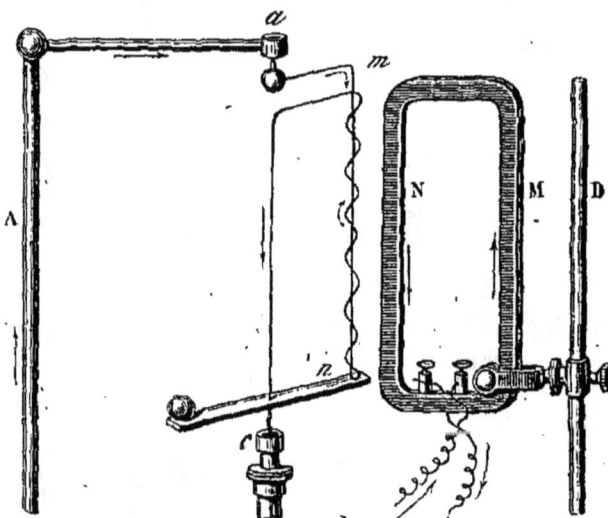

Fig. 632.

Cette loi se vérifie encore avec l'appareil de M. Obellianne, en disposant le multiplicateur verticalement (fig. 632), et plaçant auprès un circuit mobile *mn*, composé d'une partie rectiligne descendante et d'une partie sinueuse ascendante. Or, lorsque le courant passe, on n'observe ni attraction ni répulsion, ce qui fait voir que les actions contraires du multiplicateur sur le fil rectiligne et sur le fil sinueux sont égales.

Le principe des courants sinueux trouvera bientôt son application dans de petits appareils qu'on nomme *solénoïdes,* et qui sont formés de la combinaison d'un courant rectiligne avec un courant sinueux (757).

DIRECTION DES COURANTS PAR LES COURANTS.

751. **Action d'un courant indéfini sur un courant perpendiculaire à sa direction.** — D'après l'action qui s'exerce entre deux courants angulaires (749), on peut facilement déterminer celle qu'exerce un courant rectiligne PQ (fig. 633), fixe et indéfini, sur

un courant mobile KH perpendiculaire à sa direction. Pour cela, soit OK la perpendiculaire commune à KH et PQ, laquelle est nulle si les deux lignes PQ et KH se rencontrent. Le courant PQ étant dirigé de Q vers P, dans le sens des flèches, considérons d'abord le cas où le courant KH se rapproche du courant PQ. D'après la première loi des courants angulaires, la portion QO du courant PQ attire le courant KH, puisque ces courants se dirigent tous les deux vers le sommet de l'angle formé par leurs directions. Quant à la portion PO du courant PQ, elle repousse au contraire le courant KH, car ici les deux courants sont de sens contraires par rapport au sommet de l'angle formé par leurs directions. Représentant donc par mq et mp les deux forces, l'une attractive, l'autre répulsive, qui

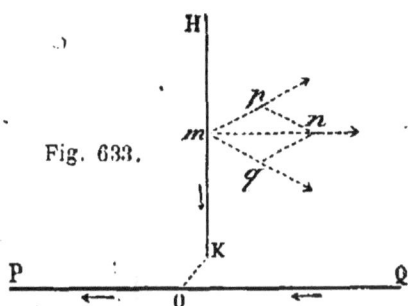

Fig. 633.

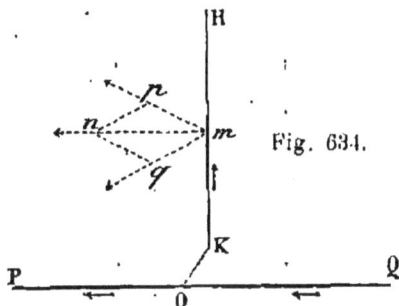

Fig. 634.

sollicitent le courant KH, forces qui sont nécessairement de même intensité, puisque tout est symétrique des deux côtés du point O, on sait (29) que ces deux forces se composent en une force unique mn, laquelle tend à entraîner le courant KH parallèlement au courant PQ, dans un sens opposé à ce dernier.

Si l'on considère le cas où le courant KH s'éloigne du courant PQ (fig. 634), on reconnaît facilement qu'il est encore entraîné parallèlement à ce courant, mais dans le même sens que lui.

On peut donc poser ce principe général : *Un courant fini mobile, qui s'approche d'un courant fixe indéfini, est sollicité à se mouvoir dans une direction parallèle et opposée à celle du courant fixe ; si le courant mobile s'écarte du courant fixe, il est encore sollicité à se mouvoir parallèlement à ce courant, mais dans le même sens.*

Il suit de là qu'un courant vertical étant mobile autour d'un axe XY parallèle à sa direction (fig. 635 et 636), tout courant horizontal PQ a pour effet de faire tourner le courant mobile autour de son axe, *jusqu'à ce que le plan de l'axe et du courant soit devenu parallèle à PQ*, le courant vertical s'arrêtant, par rapport à son axe, *du côté d'où vient le courant PQ* (fig. 635) ou *du côté où il se dirige* (fig. 636), *selon que le courant vertical est des-*

cendant ou ascendant, c'est-à-dire selon qu'il s'approche ou qu'il s'écarte du courant horizontal.

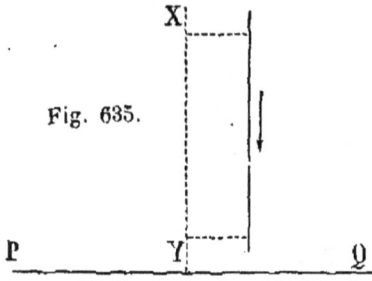

Fig. 635.

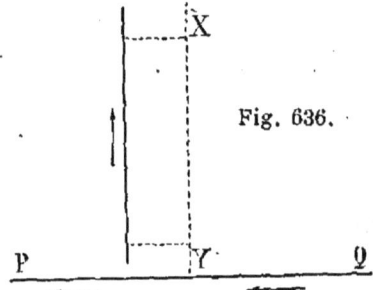

Fig. 636.

On déduit encore du principe ci-dessus qu'un système de deux courants verticaux, mobiles ensemble autour d'un axe vertical (fig. 637 et 638), est dirigé par un courant horizontal PQ dans un

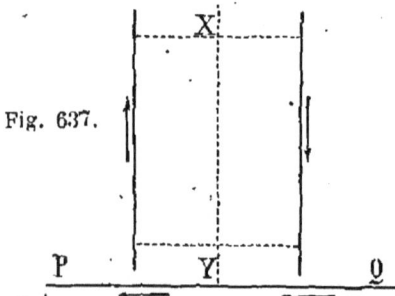

Fig. 637.

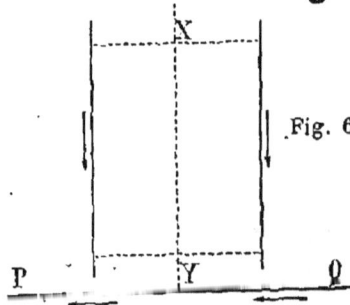

Fig. 638.

plan parallèle à ce courant, quand des deux courants verticaux l'un est ascendant et l'autre descendant (fig. 637); mais que s'ils sont tous deux descendants (fig. 638), ou tous deux ascendants, ils ne sont pas dirigés.

752. Action d'un courant rectiligne indéfini sur un courant rectangulaire ou circulaire. — Il est facile de reconnaître qu'un

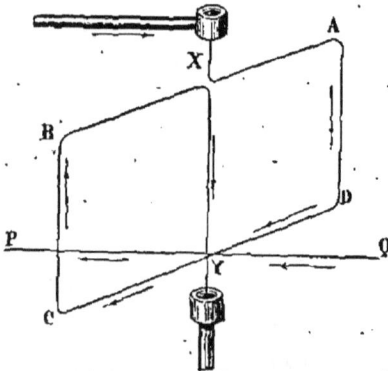

Fig. 639.

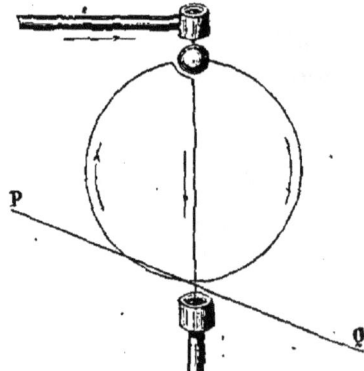

Fig. 640.

courant horizontal indéfini exerce sur un courant rectangulaire mobile autour d'un axe vertical (fig. 639) la même action directrice que ci-dessus. En effet, d'après la direction des courants marqués par les flèches, la portion QY agit par attraction non-seulement sur la portion horizontale YD (loi des courants angulaires, 749), mais encore sur la partie verticale AD (loi des courants perpendiculaires, 751). La même action a évidemment lieu entre la portion PY, et les parties CY et BC. Donc *le courant fixe PQ tend à diriger le courant rectangulaire mobile ABCD dans une position parallèle à PQ, et telle, que dans les fils CD et PQ le sens des deux courants soit le même.*

Tout ce qu'on vient de dire d'un courant rectangulaire s'applique exactement au courant circulaire (fig. 640).

ROTATION DES COURANTS PAR LES COURANTS.

753. Rotation d'un courant horizontal fini par un courant rectiligne horizontal indéfini. — Les attractions et les répulsions qu'exercent entre eux les courants angulaires peuvent facilement se transformer en mouvement circulaire continu. Pour cela, soit

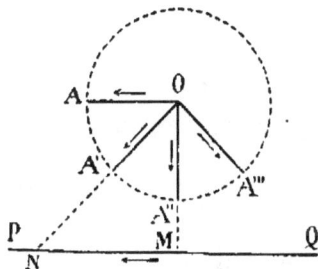

Fig. 641.

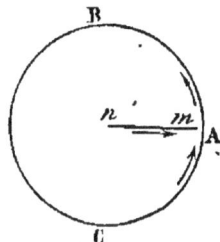

Fig. 642.

un courant OA (fig. 641), mobile autour du point O, dans un plan horizontal, et soit PQ un courant indéfini, aussi horizontal. Ces deux courants étant dirigés dans le sens des flèches, il s'ensuit que, dans la position OA, le courant mobile est attiré par le courant PQ, puisqu'ils sont de même sens. Arrivé dans la position OA', le courant mobile est attiré par la portion NQ du courant fixe et repoussé par la portion PN. De même dans la position OA'', il est attiré par MQ et repoussé par PM, et ainsi de suite; d'où résulte un mouvement de rotation continu dans le sens AA'A''A'''. Donc *par l'effet du courant fixe indéfini PQ, le courant mobile OA tend à tourner d'un mouvement continu dans une direction rétrograde par rapport à celle du courant fixe.* Si le courant mobile, au lieu d'être dirigé de O vers A, l'était de A vers O, il est facile de voir que la rotation aurait lieu en sens contraire.

Si, les deux courants étant encore horizontaux, le courant fixe est circulaire au lieu d'être rectiligne, il est facile de réconnaître que son effet sera encore de produire un mouvement circulaire continu. Soient, en effet, deux courants placés dans un plan horizontal, l'un ABC (fig. 642), fixe et circulaire, l'autre mn, rectiligne et mobile autour du centre n. Ces courants, étant dirigés dans le sens des flèches, s'attirent dans l'angle nAC, car ils vont tous les deux vers le sommet (749, 1°). Dans l'angle nAB, au contraire, ils se repoussent, car l'un va vers le sommet, tandis que l'autre s'en éloigne. Les deux effets concourent donc pour faire tourner le fil mn d'un manière continue dans le sens ACB.

754. Rotation d'un courant vertical par un courant circulaire horizontal. — Un courant circulaire horizontal, qui agit sur un courant rectiligne vertical, lui imprime aussi un mouvement de rotation continu. Pour le démontrer, on fait usage de l'appareil re-

Fig. 643.

présenté dans la figure 643. Il se compose d'un vase de cuivre rouge autour duquel s'enroule une lame de même métal recouverte de soie ou de laine, et parcourue par un courant fixe. Au centre du vase est une colonne de laiton a, terminée par une capsule qui contient du mercure. Dans celui-ci plonge un pivot qui supporte un fil de cuivre rouge bb, recourbé à ses extrémités en deux branches verticales qui viennent se souder à un anneau très-léger de cuivre rouge, plongeant dans de l'eau acidulée contenue dans le vase. Le courant d'une pile arrivant par le fil m se rend dans la lame A, d'où, après avoir fait plusieurs circuits autour du vase, il arrive à la lame B, et de là gagne, au-dessous du vase, la partie inférieure de la colonne a. Montant alors dans cette colonne, il passe dans les fils bb, dans l'anneau de cuivre rouge, dans l'eau acidulée et dans les parois du vase, d'où il revient à la pile par la lame D. Le courant se trouvant ainsi fermé, le circuit bb et l'anneau se mettent à tourner en sens contraire du courant fixe, mouvement qui est bien dû à l'action du courant circulaire sur le courant des branches verticales bb, comme il est facile de le voir d'après les deux lois des courants angulaires, la branche *b*, de droite, étant attirée en avant par la portion A du circuit fixe, et la branche *b*, de gauche, l'étant en sens contraire par la portion opposée. Quant à l'action du courant circulaire sur la partie horizontale du circuit *bb*, elle concourt évidemment pour faire tourner dans le même sens; mais son action peut être rendue négligeable par la distance.

755. **Rotation des aimants par les courants.** — Les mêmes mouvements de rotation que les courants font prendre aux courants, ils les impriment aussi aux aimants, ce que M. Faraday, le premier, a démontré au moyen de l'appareil représenté dans la

Fig. 644.　　　　Fig. 645.

figure 644. Cet appareil se compose d'une large éprouvette de verre remplie à peu près complétement de mercure. Au centre de ce liquide plonge un aimant de 20 centimètres de longueur environ, s'élevant de quelques millimètres au-dessus de la surface du mercure, et lesté, à sa partie inférieure, par un cylindre de platine, comme il est représenté en *ab* sur la droite de l'appareil. A la partie supérieure de l'aimant est adaptée une petite capsule de cuivre rouge contenant du mercure; c'est dans cette capsule qu'arrive le courant par une tige C. Or, aussitôt que le courant, montant par la colonne A, passe dans l'aimant, de là dans le mercure, et sort par la colonne D, on voit l'aimant tourner sur lui-même, autour de son axe, avec une vitesse qui dépend de sa puissance magnétique et de l'intensité du courant.

On explique ce mouvement de rotation en s'appuyant sur la théorie d'Ampère qui va être donnée ci-après, d'après laquelle les aimants sont parcourus sur leur contour par une infinité de courants circulaires de même sens, dans des plans perpendiculaires à l'axe de l'aimant (762). Cela posé, au moment où, dans l'expérience ci-dessus, le courant passe de l'aimant dans le mercure, il se divise, à la surface de celui-ci, en une infinité de courants rectilignes dirigés de l'axe de l'aimant à la périphérie de l'éprouvette. Or, chacun de ces courants agit sur les courants de l'aimant, de la même manière que, dans la figure 642 ci-dessus, le courant rectiligne *mn* agit sur le courant circulaire CAB; c'est-à-dire que le cercle CAB figurant un des courants de l'aimant, il y a attraction dans l'angle *n*AC et répulsion dans l'angle *n*AB, et par suite rotation continue de l'aimant autour de son axe. C'est seulement sur l'extrémité supérieure de l'aimant que s'exerce l'action du courant, et si le pôle austral est en haut, comme dans le dessin ci-dessus, la rotation s'effectue de l'ouest à l'est, en passant par le nord. Le sens de la rotation change si l'on met le pôle austral en bas, ou si l'on renverse le sens du courant.

Au lieu de faire tourner l'aimant sur son axe, on le fait tourner autour d'une droite parallèle à cet axe, en disposant l'expérience comme le montre la figure 645.

756. Rotation des courants par les aimants. — L'action des courants sur les aimants est réciproque, c'est-à-dire que, de même que les courants font tourner les aimants, ceux-ci font tourner les courants. On le vérifie par l'expérience suivante, due à M. Faraday : sur un pied à vis calantes s'élève une colonne de cuivre *b*D isolée par un contact d'ivoire, et le long de laquelle s'élève plus ou moins un tube métallique entouré d'un faisceau aimanté AB. Au haut de la colonne est un godet contenant du mercure dans lequel plonge une pointe d'acier. A celle-ci est fixé un circuit EF, de cuivre rouge, dont les bouts portent des pointes d'acier, qui plongent dans un réservoir annulaire plein de mercure.

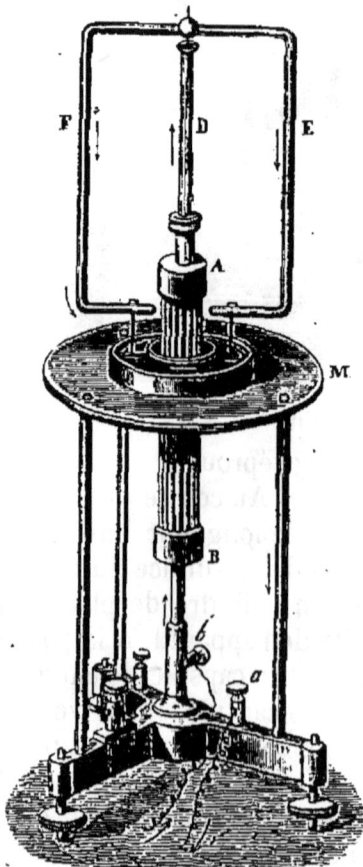

Fig. 616 (h = 44).

L'appareil ainsi disposé, on fait arriver le courant d'une pile de 4 à 5 couples de Bunsen à la borne *b* ; de là il monte dans la colonne D, redescend par les deux branches E, F, gagne le mercure par les pointes d'acier, et se rend par le bâti, qui est de cuivre, à la borne *a*, d'où il revient à la pile. Or, si l'on élève alors le faisceau aimanté, comme le montre le dessin, le circuit mobile EF prend un mouvement de rotation rapide dans un sens ou dans l'autre, suivant qu'il est soumis à l'action du pôle austral ou du pôle boréal de l'aimant. Cette rotation est due aux courants circulaires admis ci-dessus (755) autour des aimants, courants qui agissent sur les branches verticales E, F, de la même manière que le courant circulaire sur les branches *b, b,* dans la figure 643.

Dans cette expérience, on peut substituer au faisceau aimanté un solénoïde (757) ou un électro-aimant (768), et alors les deux bornes qui sont sur le pied de l'appareil, à gauche, sont destinées à recevoir le courant qui doit parcourir le solénoïde ou l'électro-aimant.

SOLÉNOÏDES.

757. Composition d'un solénoïde. — On nomme *solénoïde*, un système de courants circulaires égaux et parallèles, formés d'un même fil de cuivre recouvert de soie et replié sur lui-même en hélice, comme le montre la figure 647. Toutefois un solénoïde n'est

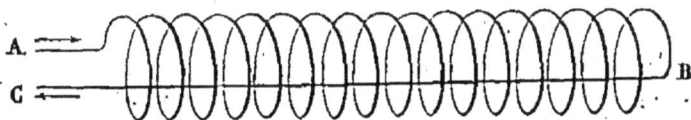

Fig. 647.

complet qu'autant qu'une partie BC du fil est ramenée suivant l'axe dans l'intérieur de l'hélice. Avec cette disposition, lorsque le circuit est parcouru par un courant, il résulte de ce qui a été dit sur les courants sinueux (750) que l'action du solénoïde, dans le sens de la longueur AB, est détruite par celle du courant rectiligne BC. Par conséquent, *l'effet d'un solénoïde équivaut rigoureusement, dans une direction perpendiculaire à l'axe, à celui d'une série de courants circulaires égaux et parallèles.*

758. Action des courants sur les solénoïdes. — Ce qui a été dit de l'action des courants rectilignes fixes sur les courants finis, rectangulaires ou circulaires (752), s'appliquant évidemment à chacun des circuits d'un solénoïde, il en résulte qu'un courant rectiligne doit tendre à diriger ces circuits parallèlement à lui-même. Pour constater ce fait par l'expérience, on construit le solénoïde comme le montre la figure 648, de manière à pouvoir le suspendre sur l'appareil représenté dans la figure 626. Le solénoïde est alors très-mobile autour d'un axe vertical, et si l'on dirige en dessous, parallèlement à son axe, un courant rectiligne PQ, qui passe en même temps dans les fils du solénoïde, on voit celui-ci tourner et se mettre en croix avec le courant, c'est-à-dire dans une position telle, que ses circuits se trouvent parallèles au courant fixe, et, de

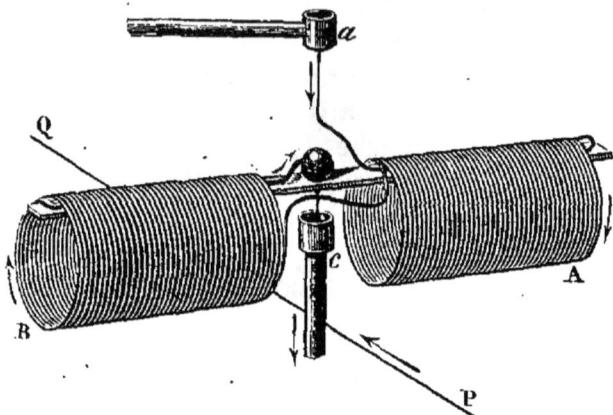

Fig. 648.

plus, dans la partie inférieure de chacun d'eux, le courant est de même sens que dans le fil rectiligne (752).

Si, au lieu de faire passer horizontalement un courant rectiligne au-dessous du solénoïde, on le fait passer verticalement sur le côté, on observe une attraction ou une répulsion, suivant que, dans le fil vertical et dans la partie du solénoïde la plus voisine, les deux courants sont de même sens ou de sens contraires.

759. Action directrice de la terre sur les solénoïdes. — Si l'on pose sur l'appareil de la figure 626 le solénoïde à suspension ci-dessus, et qu'on le dirige d'abord hors du méridien magnétique, on observe qu'aussitôt qu'un courant assez énergique passe dans le solénoïde, celui-ci entre en mouvement et s'arrête dans une direction telle, que son axe est parallèle à la direction de l'aiguille de déclinaison (615). De plus, dans la partie inférieure des courants circulaires qui composent le solénoïde, le courant est dirigé de l'est à l'ouest.

Dans cette expérience, le solénoïde se dirigeant, sous l'influence du magnétisme terrestre, comme une aiguille aimantée, on nomme *pôle austral,* de même que dans les aimants, l'extrémité qui se dirige vers le nord, et *pôle boréal* celle qui se dirige vers le sud. On verra ci-après (763 et 766) comment Ampère a expliqué l'action directrice de la terre sur les solénoïdes.

760. Actions mutuelles des aimants et des solénoïdes. — Il se manifeste entre les solénoïdes et les aimants identiquement les mêmes phénomènes d'attraction et de répulsion réciproques qu'entre les aimants. En effet, si l'on présente à un solénoïde mobile et parcouru par un courant un des pôles d'un fort barreau aimanté, il y a répulsion ou attraction, suivant que les pôles de l'aimant et du solénoïde qu'on met en présence sont de même nom ou de noms contraires.

Réciproquement, le même phénomène a lieu si l'on présente à une aiguille aimantée mobile un solénoïde qu'on tient à la main, tandis qu'il est traversé par un courant. La loi des attractions et des répulsions des aimants (606) s'applique donc exactement aux actions mutuelles des solénoïdes et des aimants.

761. Actions mutuelles des solénoïdes. — Lorsqu'on fait agir l'un sur l'autre deux solénoïdes parcourus par un courant assez puissant, l'un qu'on tient à la main, l'autre mobile autour d'un axe

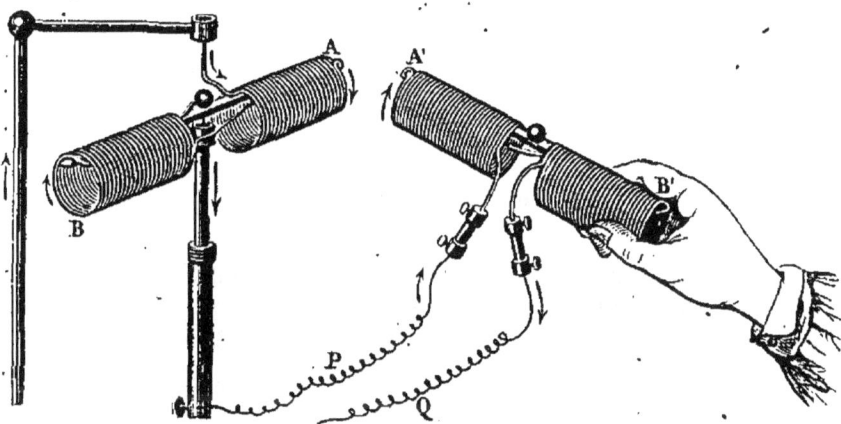

Fig. 649.

vertical (fig. 649), on observe, entre les extrémités de ces deux solénoïdes, des phénomènes d'attraction et de répulsion identiques avec ceux que présentent entre eux les pôles des aimants; ces phénomènes s'expliquent par la direction relative des courants dans les extrémités mises en présence (748).

762. Théorie d'Ampère sur le magnétisme. — Se fondant sur l'analogie qui existe entre les solénoïdes et les aimants, Ampère a donné une théorie ingénieuse, à l'aide de laquelle les phénomènes magnétiques rentrent dans le domaine de l'électro-dynamique.

Au lieu d'attribuer les phénomènes magnétiques à l'existence de deux fluides spéciaux (607), Ampère les a attribués à des courants voltaïques circulaires qui existeraient autour des molécules des substances magnétiques. Quand ces substances ne sont pas aimantées, les courants moléculaires ont lieu dans toutes les directions, et la résultante de leurs actions électro-dynamiques est nulle; mais aussitôt que par une cause quelconque ces courants moléculaires sont orientés tous dans le même sens, leurs actions concordantes s'ajoutent pour donner une résultante qui équivaut à un courant unique, dirigé circulairement à la surface de l'aimant. En effet, à l'inspection de la figure 650, dans laquelle les courants moléculaires sont re-présentés par une suite de petits cercles inté-rieurs dans les deux extrémités d'un bar-reau cylindrique, on reconnaît que dans les parties contiguës les courants sont de direc-tions opposées, et ne peuvent dès lors exer-cer aucune action élec-tro-dynamique sur les corps voisins. Or, il n'en est plus ainsi à la surface ; là, les courants moléculaires en *a*, en *b*, en *c*, n'étant pas neutralisés par d'autres courants, et les points *a*, *b*, *c*,... étant infiniment rappro-chés, il en résulte une série d'éléments dynamiques de même sens, situés dans des plans perpendiculaires à l'axe de l'aimant, et consti-tuant par leur ensemble un véritable solénoïde.

Pour reconnaître dans quel sens sont dirigés les courants dans les aimants, considérons d'abord le solénoïde à suspension de la figure 648. Supposons-le parcouru par un courant, et en équilibre dans le méridien magnétique, le pôle austral **A** dirigé vers le nord. D'après l'action directrice qu'on va voir ci-après (766), que la terre exerce sur les courants fermés, le courant, dans la partie inférieure de chaque spire du solénoïde, est dirigé de l'est à l'ouest, ou, ce qui revient au même, de gauche à droite, pour l'observateur qui, placé dans le prolongement de l'axe du solénoïde, regarde son pôle austral. S'il regarde le pôle boréal, c'est l'inverse qui a lieu : le courant, dans la partie inférieure de chaque spire, est alors dirigé de droite à gauche.

Or, d'après l'identité qui existe entre les solénoïdes et les ai-mants, tout ce qui précède s'appliquant exactement à ces derniers, on peut dire, avec M. Faraday, qu'*à l'extrémité sud d'un aimant, c'est-à-dire au pôle boréal, les courants d'Ampère sont dirigés dans le sens du mouvement des aiguilles d'une montre, et en sens contraire, au pôle austral, c'est-à-dire à l'extrémité qui regarde le nord.*

763. Courant terrestre. — Pour compléter sa théorie sur les

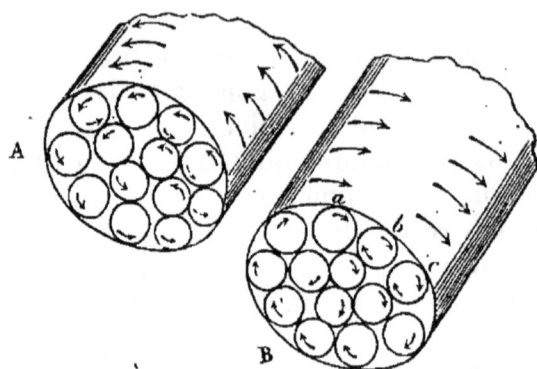

Fig. 650.

aimants, et expliquer le magnétisme terrestre, Ampère a admis en outre l'existence de courants électriques circulant sans cesse autour de notre globe, de l'est à l'ouest, perpendiculairement, en chaque lieu, au méridien magnétique. Ces courants, se superposant, donnent un courant résultant unique, dirigé de l'est à l'ouest et parcourant l'équateur magnétique. Quant à leur nature, ce seraient des courants thermo-électriques (783) dus aux variations de température qui résultent de la présence successive du soleil sur les différentes parties de la surface du globe, de l'orient vers l'occident.

Ce sont ces courants qui dirigent les aiguilles des boussoles et les solenoïdes, et qui agissent sur les courants horizontaux et verticaux, comme on va le voir ci-après (764, 765 et 766).

ACTION DE LA TERRE SUR LES COURANTS.

764. Action directrice de la terre sur les courants verticaux. — Le courant terrestre qui exerce une action directrice sur les aimants et sur les solénoïdes (763) agit aussi sur les courants, en leur imprimant tantôt une direction déterminée, tantôt un mouvement de rotation continu, suivant que ces courants sont disposés dans une direction verticale ou horizontale.

La première de ces deux actions, celle qui a pour effet de diriger les courants, peut se formuler ainsi : *Tout courant vertical, mobile autour d'un axe qui lui est parallèle, vient se placer, sous l'influence de l'action directrice de la terre, dans un plan perpendiculaire au méridien magnétique, et s'arrête, après quelques oscillations, à l'est de son axe de rotation, lorsqu'il est descendant, et à l'ouest, quand il est ascendant,*

Ce fait se constate par l'expérience, au moyen d'un appareil formé de deux vases de cuivre rouge *a* et K (fig. 651), d'inégale grandeur. Le plus grand, *a,* qui a environ 30 centimètres de diamètre, est percé, à son centre, d'une ouverture au milieu de laquelle s'élève une colonne de laiton *b,* isolée du vase *a,* mais communiquant avec le vase K. Cette colonne se termine par un petit godet dans lequel repose, par un pivot, une tige légère de bois. A l'une des extrémités de cette tige s'enroule un fil fin de platine *ce,* dont chaque bout plonge dans de l'eau acidulée qui remplit les deux vases.

Le courant d'une pile arrivant par le fil *m,* comme le montre la direction des flèches dans le dessin, passe dans une lame de cuivre qui, par-dessous la planchette de bois qui porte tout l'appareil, va se souder au pied de la colonne *b.* S'élevant alors dans cette colonne, le courant gagne le vase K et l'eau acidulée qu'il contient;

de là il monte dans le fil *c*, redescend par le fil *e*, et se rendant aux parois du vase *a* au travers de l'eau acidulée que celui-ci contient, il atteint le fil *n*, qui le ramène à la pile. Le courant se trouvant ainsi fermé, on voit le fil *e* se mouvoir autour de la colonne *b* et s'arrêter à l'est de cette colonne, lorsqu'il est descendant, comme cela a lieu dans le dessin ; mais s'il est ascendant, ce qu'on obtient

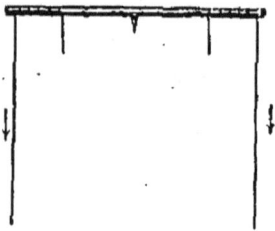

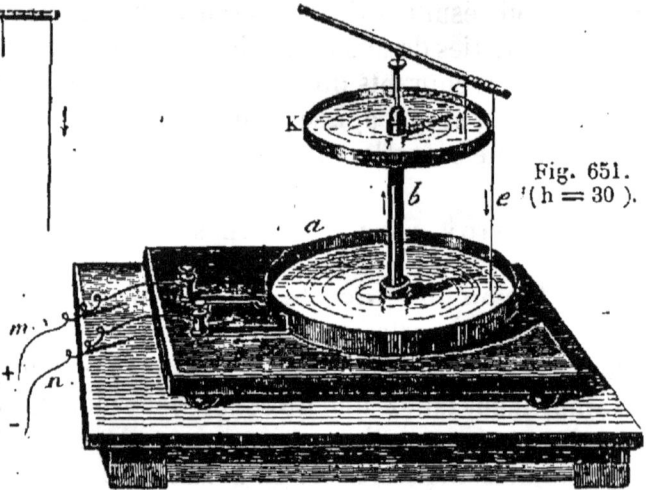

Fig. 651.
e (h = 30).

Fig. 652.

en faisant arriver le courant de la pile par le fil *n*, le fil *e* s'arrête à l'ouest dans une position diamétralement opposée à celle qu'il prend lorsqu'il est descendant.

Si à la tige de bois à un seul fil de la figure 651 on substitue celle à deux fils de la figure 652, cette tige ne se dirige plus, ce qui se conçoit facilement, puisque, chaque fil tendant à se placer à l'est de la colonne *b*, il se produit deux effets égaux et de directions contraires qui se font équilibre.

Dans l'hypothèse du courant terrestre, ces phénomènes s'expliquent par l'action d'un courant indéfini sur un courant perpendiculaire à sa direction (754).

765. Action de la terre sur les courants horizontaux mobiles autour d'un axe vertical. — L'action de la terre sur les courants horizontaux ne consiste plus à les diriger, mais *à leur imprimer un mouvement de rotation continu de l'est à l'ouest, en passant par le nord, quand le courant horizontal s'éloigne de l'axe de rotation, et de l'ouest à l'est, quand le courant se dirige vers cet axe.*

Cette action sur les courants horizontaux se démontre au moyen de l'appareil représenté dans la figure 653, lequel ne diffère de celui de la figure 651 que parce qu'il n'a qu'un seul vase. Le courant montant par la colonne *a* passe dans les deux fils *cc* et descend par les fils *bb*, d'où il revient à la pile. C'est alors que le circuit *bccb* se met à tourner d'un mouvement continu, de l'est à l'ouest ou de l'ouest à l'est, suivant que dans les fils *cc* le courant s'écarte du centre, comme cela a lieu dans le dessin, ou suivant qu'il s'en rapproche, ce qu'on obtient en faisant arriver le courant de la pile par le fil *m*, au lieu de le faire arriver par le fil *n*.

Or, on a vu (764) que l'action de la terre sur les fils verticaux *bb* est détruite ; c'est donc bien par son action sur les branches horizontales *cc* que la rotation se produit.

Fig. 653 (h = 15).

Cette action rotative du courant terrestre sur les courants horizontaux est la conséquence de la rotation d'un courant horizontal fini par un courant horizontal indéfini (753).

766. **Action directrice de la terre sur les courants fermés, mobiles autour d'un axe vertical.** — Si le courant sur lequel agit la terre est fermé, qu'il soit rectangulaire ou circulaire, ce n'est plus un mouvement de rotation continu qui se produit, mais une action directrice, comme dans le cas des courants verticaux (764), en vertu de laquelle *le courant vient se placer dans un plan perpendiculaire au méridien magnétique, de manière qu'il soit descendant à l'est de son axe de rotation, pour un observateur qui regarde le nord, et ascendant à l'ouest.*

Cette propriété est une conséquence de ce qui a été dit sur les courants horizontaux et sur les courants verticaux. En effet, il en découle que, dans le circuit fermé

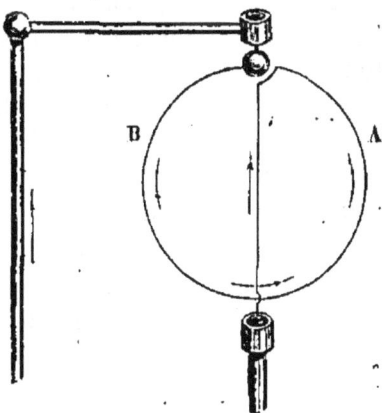

Fig. 654.

(fig. 654), le courant, dans les parties supérieure et inférieure, tend à tourner en sens contraire, d'après la loi des courants horizontaux (765), et que par conséquent il y a équilibre; tandis que, dans les parties latérales, le courant tend à se placer d'un côté à l'est, de l'autre à l'ouest, d'après la loi des courants verticaux (764).

. C'est cette action directrice de la terre sur les courants circulaires qui, répétée sur chacune des spires des solénoïdes, dirige l'axe de ceux-ci suivant le méridien magnétique (759).

A cause de l'action directrice de la terre sur les courants, il est nécessaire, dans la plupart des expériences sur les courants, de les soustraire à cette action. Pour cela, on donne au circuit mobile une forme symétrique des deux côtés de son axe de rotation, de manière que les actions directrices de la terre sur les deux parties du circuit tendent à les faire tourner en sens contraires, et, par conséquent, se détruisent. Cette condition est remplie dans les circuits représentés dans les figures 626, 629 et 630. C'est pourquoi on donne aux courants qui les parcourent le nom de *courants astatiques*.

CHAPITRE V.

AIMANTATION PAR LES COURANTS, ÉLECTRO-AIMANTS, TÉLÉGRAPHES ÉLECTRIQUES.

767. Aimantation par les courants. — D'après l'influence que les courants exercent sur les aimants, en tournant le pôle austral à gauche et le pôle boréal à droite (740), il est naturel de penser qu'en agissant sur les substances magnétiques à l'état neutre, les courants doivent tendre à séparer les deux fluides magnétiques. On observe, en effet, qu'en plongeant un fil de cuivre parcouru par un courant dans de la limaille de fer, celle-ci s'y attache abondamment, et retombe aussitôt que le courant cesse; tandis que l'action est nulle sur la limaille de tout autre métal non magnétique.

L'action des courants sur les substances magnétiques est surtout sensible quand on enroule, comme l'a fait Ampère, un fil de cuivre recouvert de soie autour d'un tube de verre, et qu'on place dans celui-ci un barreau d'acier non aimanté. On observe qu'il suffit qu'un courant traverse le fil, même instantanément, pour que le barreau soit fortement aimanté.

Si, au lieu de faire traverser le fil par le courant de la pile, on y fait passer la décharge d'une bouteille de Leyde, en mettant en communication l'un des bouts avec l'armature extérieure, et l'autre avec l'armature intérieure, on trouve encore que le barreau s'aimante. On peut donc aimanter également par l'électricité voltaïque et par l'électricité des machines.

Dans l'expérience ci-dessus, l'enroulement du fil peut avoir lieu de gauche à droite en dessus, et alors on a une *hélice dextrorsum* (fig. 655) ; ou bien l'enroulement se fait de gauche à droite en dessous, et alors on a une *hélice sinistrorsum* (fig. 656). Dans la première hélice, le pôle boréal du barreau est toujours à l'extrémité par laquelle entre le courant ; c'est le contraire qui a lieu dans l'hélice sinistrorsum.

Fig. 655.

Fig. 656.

La nature du tube sur lequel s'enroule l'hélice n'est pas sans influence. Le bois et le verre sont sans effet ; mais un cylindre de cuivre épais peut détruire complètement l'effet du courant. Il en est de même avec le fer, l'argent et l'étain.

Du reste, pour aimanter un barreau d'acier par l'électricité, il n'est pas nécessaire de le placer dans un tube, comme le montrent les figures 655 et 656. Il suffit de l'entourer, dans toute sa longueur, d'un fil de cuivre recouvert de soie, afin d'isoler les uns des autres les circuits du fil. L'action du courant se trouve ainsi multipliée lorsqu'on le fait passer dans le fil, et il suffit d'un courant peu intense pour obtenir un fort degré d'aimantation.

D'après de nombreuses expériences faites par de Haldat, un cylindre de fer doux, creux, acquiert, lorsqu'il est placé dans une hélice parcourue par un courant, sensiblement la même intensité magnétique qu'un cylindre plein de même dimension. De Haldat a conclu de là que, dans les aimants, le magnétisme réside tout entier à la surface, leur masse n'exerçant que peu d'influence sur leur puissance magnétique.

768. **Électro-aimants.** — On nomme *électro-aimants* des barreaux de fer doux qui s'aimantent sous l'influence d'un courant voltaïque, mais seulement d'une manière temporaire, car la force coercitive du fer doux étant nulle (640), l'aimantation disparaît dès que l'influence du courant ne s'exerce plus. Toutefois, si le fer n'est pas parfaitement pur, il conserve des traces d'aimantation plus ou moins sensibles. On dispose les électro-aimants en fer à cheval, comme le montre la figure 657, et l'on enroule un grand nombre de fois, sur les deux branches, un même fil de cuivre re-

couvert de soie, de manière à former deux bobines A et B. L'enroulement doit se faire en sens contraires sur les deux bobines, afin que les deux extrémités du barreau soient deux pôles de noms contraires.

On construit aussi des électro-aimants de trois pièces : deux bobines, l'une dextrorsum, l'autre sinistrorsum, enroulées chacune autour d'un cylindre de fer doux, et une armature de même métal, qui relie entre eux les deux cylindres à l'aide de fortes vis. Ce sont des électro-aimants de cette sorte qui sont représentés ci-après dans les figures 661, 664, 671 et 680. Ces électro-aimants sont plus faciles à construire que ceux d'une seule pièce, et sont aussi puissants.

La puissance d'un électro-aimant dépend : 1° de l'intensité du courant; 2° du nombre des tours du fil; 3° des dimensions et de la qualité du fer. Toutefois les résultats obtenus jusqu'ici par les différents expérimentateurs sur la signification réelle à donner à chacune

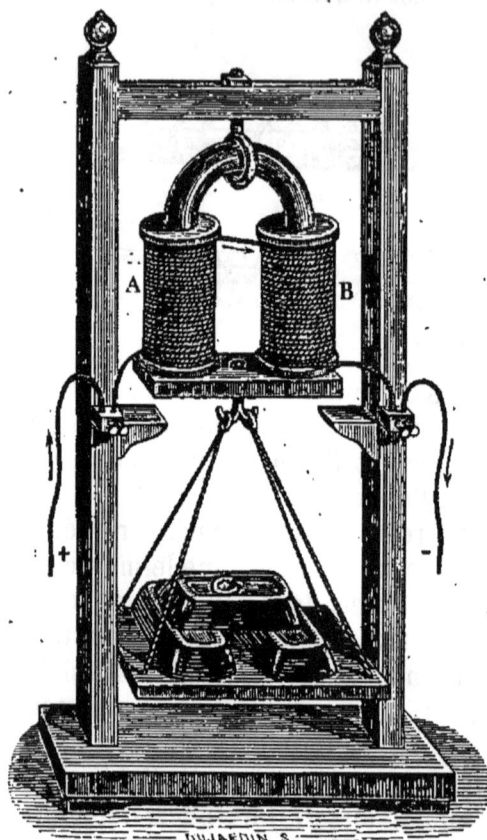

Fig. 657.

de ces quantités ne sont pas concordants.

MM. Lentz et Jacobi ont trouvé que lorsque le fer doux n'est pas très-long par rapport à son diamètre, *la puissance d'un électro-aimant est proportionnelle à l'intensité du courant*. Mais cette loi ne peut être admise que pour les courants peu intenses; car lorsque l'aimantation du fer est arrivée à l'état de saturation (623), il y a une limite qui ne peut être dépassée, quelle que soit l'intensité du courant.

Suivant les mêmes physiciens, *la puissance d'un électro-aimant est proportionnelle au nombre des tours de l'hélice magnétisante*. Or, cette seconde loi, comme la première, n'est qu'approchée, car à mesure que les spires de l'hélice s'enroulent les unes sur les autres, elles s'écartent du fer et leur action magnétisante décroît. Avec un fil très-fin l'écartement est moindre, mais la bobine présentant plus de résistance au courant, l'intensité de celui-ci diminue. L'expérience et le calcul ont appris que, *pour obtenir le maximum d'effet, la résistance de la bobine doit être précisément égale à la somme totale des résistances extérieures.* On doit donc combiner la longueur et le diamètre du fil de manière que cette condition soit satisfaite. Si le circuit extérieur présente une grande résistance, comme dans les lignes télégraphiques, on fera usage d'un fil fin et très-long ; ce sera l'inverse si la résistance extérieure est faible.

Quant à l'influence des dimensions du fer doux, il résulte des travaux de MM. Lentz, Jacobi, Müller, Dub et Nicklès, que, toutes les autres conditions restant les mêmes, la longueur des branches d'un électro-aimant est sans influence sur le poids qu'il peut porter, quand le barreau est recourbé en fer à cheval et que les deux bobines sont enroulées en sens contraires; mais si le barreau est rectiligne, ne formant qu'une seule bobine, ou si, étant en fer à cheval, ses deux bobines sont enroulées dans le même sens, le pouvoir attractif augmente avec la longueur du barreau. Quant à la grosseur du cylindre de fer doux, M. Dub a trouvé que la puissance d'un électro-aimant, pour faire dévier l'aiguille aimantée, est proportionnelle à la racine carrée du diamètre de ce cylindre, et que, s'il s'agit de porter des poids, elle est proportionnelle au même diamètre. Enfin, pour des courants intenses, la puissance d'un électro-aimant augmente avec l'écartement des bobines. La qualité du fer n'est pas non plus sans influence ; il doit être le plus doux possible, qualité qui ne dépend pas seulement de son degré de pureté, mais aussi de la manière dont il a été préparé ; car il doit être recuit plusieurs fois, en ayant soin de le refroidir très-lentement.

On verra bientôt les nombreuses applications qu'on a faites des électro-aimants dans les télégraphes électriques, dans les moteurs électro-magnétiques, dans les horloges électriques et dans l'étude des phénomènes diamagnétiques.

769. **Magnétisme rémanent.** — M. Poggendorff a donné le nom de *magnétisme rémanent* à une aimantation faible que conserve fréquemment le fer des électro-aimants après la rupture du courant. En effet, si le fer n'est pas parfaitement pur, on a vu qu'il est doué d'une certaine force coercitive (640), et c'est celle-ci qui donne lieu à la faible aimantation qui persiste après le passage du courant.

Toutefois, le magnétisme rémanent se manifeste aussi dans le fer parfaitement pur d'un électro-aimant ; c'est lorsque celui-ci est en contact avec son armature. Dans ce cas, en effet, l'armature se trouvant aimantée par influence, ses deux pôles, au moment de l'interruption du courant, réagissent sur le fer de l'électro-aimant pour y maintenir deux pôles de noms contraires; de là une aimantation qui persiste tant que dure le contact, mais qui cesse avec lui.

Dans les appareils où les électro-aimants fonctionnent par intermittences, le magnétisme rémanent ne produit qu'un effet nuisible. Pour l'éviter, on est obligé de ne pas laisser s'établir un contact parfait entre les électro-aimants et leurs armatures.

* 770. **Mouvement vibratoire et sons produits par les courants.** — Lorsqu'une tige de fer doux s'aimante par l'influence d'un fort courant électrique, elle rend un son très-prononcé, qui varie selon que la tige est plus ou moins allongée, mais qui ne se produit qu'à l'instant où le courant est fermé et à l'instant où il est interrompu. Ce phénomène, qui a d'abord été observé par M. Page, puis par Delezenne, a surtout été étudié par M. de La Rive, qui l'attribue à un mouvement vibratoire des molécules du fer par l'effet d'une succession rapide d'aimantations et de désaimantations.

En interrompant et en rétablissant le courant à des intervalles très-rapprochés, ce savant a observé que, quelles que soient la forme et la grandeur des tiges de fer doux, on distingue toujours deux sons : l'un, qui est musical, correspond à celui que donnerait la barre en vibrant transversalement; l'autre, qui consiste en une suite de coups secs, correspondant aux alternatives du courant, est comparé par M. de La Rive au bruit de la pluie tombant sur un toit de métal. Le son le plus éclatant, dit-il, est celui qu'on obtient en tendant, sur une table d'harmonie, des fils de fer doux de 1 à 2 millimètres de diamètre, bien recuits et longs de 1 à 2 mètres. Ces fils, étant placés dans l'axe d'une ou de plusieurs bobines traversées par des courants puissants, produisent un ensemble de sons dont l'effet est surprenant et ressemble beaucoup à celui de plusieurs cloches d'église vibrant ensemble dans le lointain.

M. de La Rive a encore obtenu les mêmes sons en faisant passer le courant discontinu, non plus dans des bobines entourant des fils de fer, mais dans les fils de fer eux-mêmes. Le son musical est même alors plus fort et plus sonore, en général, que dans la première expérience.

L'hypothèse d'un mouvement moléculaire dans les fils de fer, au moment de leur aimantation et de leur désaimantation, est confirmée par les recherches de Wertheim, qui a trouvé que les fils perdent alors de leur élasticité, et par celles de M. Joule, qui a constaté que le diamètre des fils diminue, mais que leur longueur augmente.

TÉLÉGRAPHES ÉLECTRIQUES.

771. Différentes sortes de télégraphes électriques. — Les *télégraphes électriques* sont des appareils qui servent à transmettre des signaux à de grandes distances, au moyen de courants voltaïques qui se propagent dans de longs fils métalliques. Dès le siècle dernier, plusieurs physiciens avaient proposé de correspondre à distance au moyen des effets produits par l'électricité des machines électriques, lorsqu'elle se propage dans des fils conducteurs isolés.

En 1811, Sœmmering imagina un télégraphe fondé sur l'emploi, comme moyen indicateur, de la décomposition de l'eau par la pile. En 1820, à une époque où l'électro-aimant n'était pas connu, Ampère, s'appuyant sur l'expérience d'Œrsted (740), proposa de correspondre au moyen d'aiguilles aimantées au-dessus desquelles on dirigerait un courant, en faisant usage d'autant d'aiguilles et d'autant de fils qu'il y a de lettres. En 1837, M. Steinhel, à Munich, et M. Wheatstone, à Londres, construisaient des télégraphes à plusieurs fils agissant chacun sur une aiguille aimantée, la source du courant étant un appareil électro-magnétique de Clarke, ou une pile à courant-constant. Mais le télégraphe ne pouvait acquérir toute la simplicité désirable que par l'emploi d'électro-aimants. C'est ce système qu'adopta M. Wheatstone en 1840.

Tout en conservant le même principe, on a varié beaucoup la forme des télégraphes électriques, mais on peut tous les rapporter aux trois suivants : le *télégraphe à cadran,* le *télégraphe imprimant* et le *télégraphe électro-chimique.*

772. Télégraphe à cadran ou à lettres. — Il existe plusieurs sortes de télégraphes à cadran. Celui qui est représenté dans les figures 658 et 659 est destiné à la démonstration, mais son principe est le même que celui des télégraphes électriques établis le long des voies de fer. Comme eux, il se compose de deux appareils distincts : l'un, le *manipulateur,* destiné à transmettre les signaux (fig. 658) ; l'autre, le *récepteur,* destiné à les recevoir (fig. 659). Le premier appareil communique avec une pile à charbon Q, et les deux appareils sont en communication par deux fils métalliques, de fer ou de cuivre, qui vont, l'un, AOD (fig. 658), de la station de départ à la station d'arrivée, et l'autre, HKLI (fig. 659), de celle-ci à la première. Enfin, les deux appareils sont munis chacun d'un cadran portant les 25 lettres de l'alphabet, et sur lequel se meut une aiguille. C'est la main de l'expérimentateur qui fait tourner l'aiguille de la station de départ, mais c'est l'électricité qui fait marcher celle de la station d'arrivée.

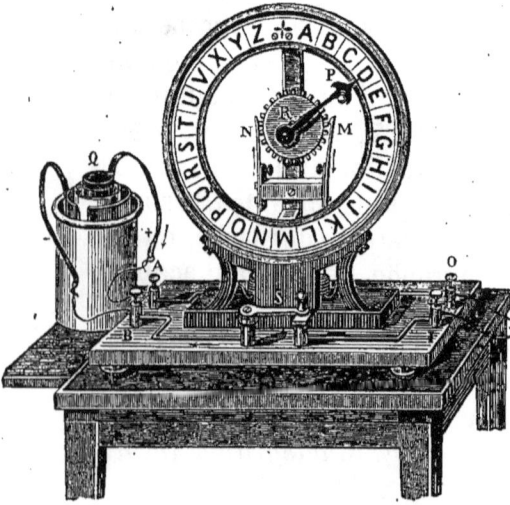

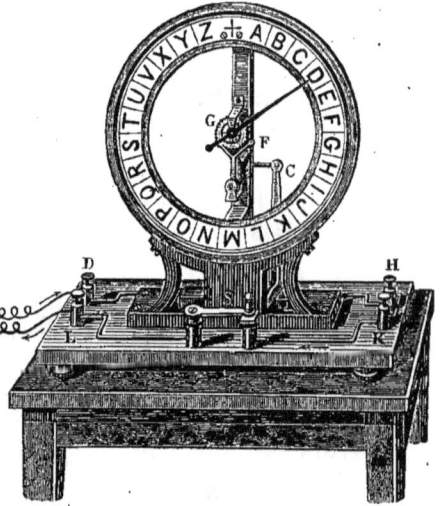

Fig. 658.   Fig. 659.

Voici la marche du courant dans les deux appareils et les effets qu'il produit. De la pile, il se rend par un fil de cuivre A (fig. 658) à une lame de laiton N en contact avec une roue métallique R, passe dans une seconde lame M, puis dans le fil O, qui joint l'autre station. Là, le courant se rend dans la bobine d'un électro-aimant b, masqué dans la figure 659, mais représenté en profil dans la figure 660, qui montre la partie posté-rieure de l'appareil. Cet électro-aimant est fixé horizontalement à une extrémité, et à l'autre il attire une armature de fer doux a, qui fait partie d'un levier coudé mobile autour de son point d'appui o, tandis qu'un ressort à boudin r sollicite le même levier en sens contraire.

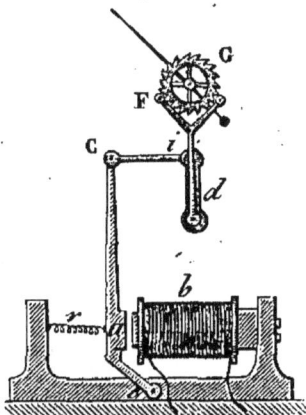

Fig. 660.

Lorsque le courant passe, l'électro-aimant attire le levier aC, qui, par une tige i, vient agir sur un second levier d, fixé à un axe horizontal, lié lui-même à une fourchette F. Lorsque le courant est interrompu, le ressort r ramène le levier aC, et avec lui toutes les pièces qui en dépendent; de là résulte un mouvement de va-et-vient qui se communique à la fourchette F, laquelle le transmet à une roue à rochet G, qui a 26 dents et dont l'axe porte l'aiguille indicatrice. D'après l'inclinaison de ses dents, à chaque oscilla-tion du levier aC, la roue G est toujours entraînée dans le même sens par une des branches de la fourchette.

Pour se rendre compte des intermittences de l'électro-aimant, il faut se porter à la figure 658. La roue R porte 26 dents, dont 25 correspondent aux lettres de l'alphabet, et la dernière à l'inter-valle réservé entre les lettres A et Z. Quand, tenant le bouton P à la main, on fait tourner la roue R, l'extrémité de la lame N, d'a-près sa courbure, est toujours en contact avec les dents; la lame M, au contraire, se termine par une came taillée de manière qu'il y a successivement contact et solution de continuité. Par consé-quent, les communications avec la pile étant établies, si l'on fait avancer l'aiguille P de quatre lettres, par exemple, le courant passe quatre fois de N en M, et quatre fois il est interrompu. L'électro-aimant de la station d'arrivée deviendra donc quatre fois attractif, et quatre fois il aura cessé de l'être. Donc, enfin, la roue G aura tourné de quatre dents, et comme chaque dent correspond à une lettre, l'aiguille de la station d'arrivée aura marché exactement d'un même nombre de lettres que celle de la station de départ. Quant à la pièce S, représentée dans les deux figures, c'est une lame de cuivre, mobile sur une charnière, qui sert à interrompre ou à fermer le courant à volonté.

D'après ce qui précède, il est facile de se rendre compte comment on correspond d'un lieu à un autre. Supposons, par exemple, que le premier appareil (fig. 658) étant à Paris, le second au Havre, et la communication entre les deux stations étant établie par deux fils métalliques, on veuille transmettre, dans la dernière ville, le mot SIGNAL. Les aiguilles correspondant, sur chaque appareil, à l'intervalle conservé entre les lettres A et Z, la personne qui envoie la dépêche fait avancer l'aiguille P jusqu'à la lettre S, où elle l'arrête pendant un temps très-court; l'aiguille de l'appareil qui est au Havre, reproduisant fidèlement les mouvements de l'aiguille de Paris, s'arrête à la même lettre, et alors la personne qui reçoit la dépêche note cette lettre. Celle qui est à Paris, continuant à tourner toujours dans le même sens, arrête l'aiguille à la lettre I, instantanément la seconde aiguille se fixe devant la même lettre; continuant de la même manière pour les lettres G, N, A, L, tout le mot est bientôt transmis au Havre.

Pour appeler l'attention de celui à qui l'on écrit, on adapte à la station d'arrivée une sonnerie qui doit être introduite dans le courant toutes les fois que la correspondance est suspendue. Une détente, mue par un électro-aimant, fait partir cette sonnerie aussitôt que le courant passe, ce qui donne le signal qu'une dépêche va être transmise. De plus, chaque station est pourvue des deux appareils ci-dessus; sinon il serait impossible de répondre.

Nous avons supposé que le courant qui allait de Paris au Havre dans un fil métallique revenait de la même manière du Havre à Paris dans un second fil. Or, le second fil est inutile : l'expérience a appris que, le pôle positif de la pile communiquant, à Paris, avec l'appareil, et le pôle négatif avec le sol, il suffit que le fil conducteur qui se rend au Havre soit mis, dans cette ville, en communication intime avec le sol. On a d'abord admis que le courant revenait alors du Havre à Paris par la terre; mais on admet généralement aujourd'hui, avec plus de raison, que la terre, agissant ici comme réservoir, absorbe, aux deux extrémités libres des fils, les électricités que la pile y envoie; d'où résulte, dans le fil, le même courant continu que si ses deux extrémités se touchaient.

773. Télégraphe électrique écrivant de Morse. — On a imaginé un assez grand nombre de télégraphes électriques écrivants ou imprimants. Celui qu'a inventé M. Morse, à New-York, en 1837, fut d'abord adopté dans l'Amérique du Nord, puis successivement dans toute l'Europe. Comme tous les télégraphes électriques, celui de Morse se compose de deux appareils distincts, le *manipulateur* et le *récepteur,* réunis par un fil métallique qui conduit le courant d'une pile, du premier appareil au second. La pile qu'on emploie le plus généralement est celle de Daniell.

Récepteur. — Cet appareil, représenté dans la figure 661, possède un mouvement d'horlogerie dont les pièces ne sont pas vi-

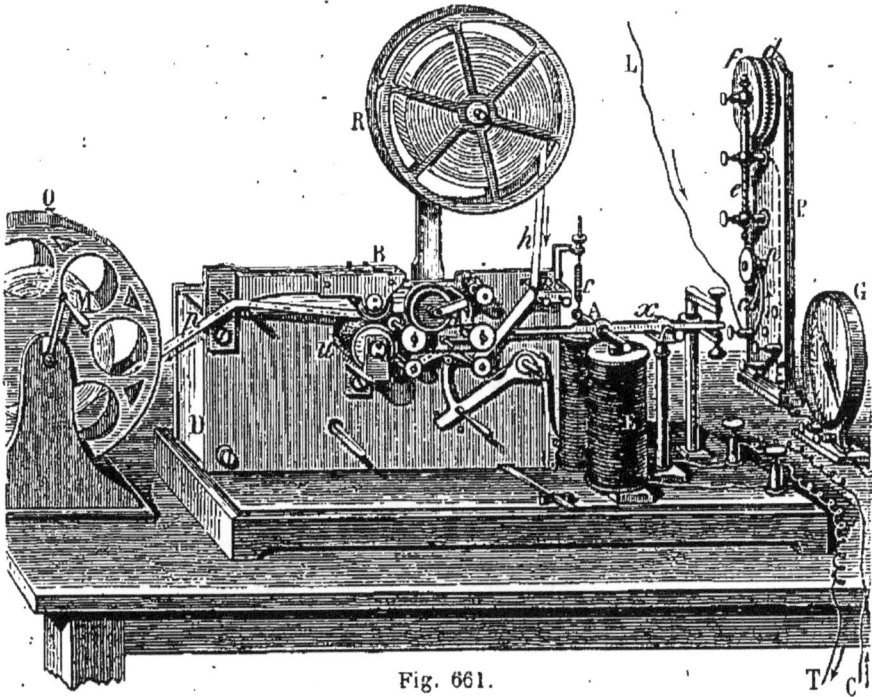

Fig. 661.

sibles dans le dessin, étant renfermées dans une caisse BD. Au-dessus de cette caisse est un rouleau R, autour duquel est enroulée une longue bande de papier *ph;* celle-ci, prise comme dans un laminoir par deux cylindres que fait marcher le mouvement d'horlogerie, est entraînée dans le sens des flèches sur un second rouleau Q, qu'on fait tourner avec la main gauche à l'aide d'une manivelle M. Sur la droite de la caisse est un électro-aimant E, dans lequel passe le courant qui vient du poste attaquant. Enfin, la paroi antérieure de la caisse porte différents organes destinés à écrire les dépêches sur la bande de papier.

La figure 662 représente ces organes sur une plus grande échelle. Au-dessus de l'électro-aimant est un levier horizontal *k,* mobile autour d'un axe *x.* A ce levier est fixée une armature de fer doux A, qui est attirée quand le courant passe, ce qui abaisse le levier, lequel est relevé par un ressort à boudin *r,* aussitôt que le courant est interrompu. A l'extrémité de droite sont deux vis qui servent, par leur écart plus ou moins grand, à régler l'amplitude des oscil-

43

lations du levier. A l'autre extrémité, en i, est un petit boulon horizontal; on va voir que c'est la pièce qui écrit.

Dans le télégraphe de Morse proprement dit, le levier k, qui vient d'être décrit, se terminait en i par un poinçon qui, frappant, à chaque oscillation, un coup sec sur le papier, y formait un gaufrage qui traçait les dépêches; mais outre que ce gaufrage donnait un tracé peu lisible, il exigeait beaucoup de force, et par suite un courant intense. Pour obvier à ce double inconvénient, plusieurs constructeurs ont modifié le télégraphe de Morse, de manière à tracer les signaux à l'encre. Non-seulement ceux-ci sont alors plus lisibles, mais leur tracé demande beaucoup moins de force.

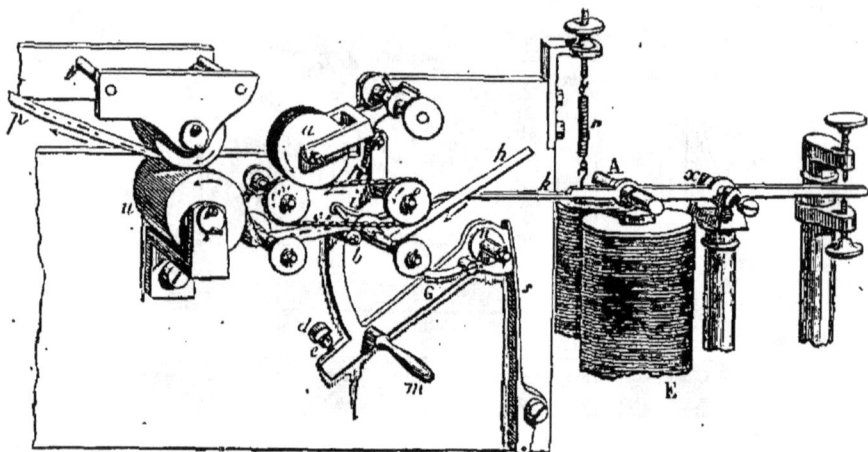

Fig. 662.

C'est ce genre de tracé que donnent les pièces représentées ci-dessus. En a est un rouleau garni d'une étoffe de flanelle, qu'on a soin de maintenir imbibée d'une encre grasse en passant dessus un pinceau trempé dans cette encre. Au-dessous du rouleau est une chaîne sans fin qui s'enroule sur deux poulies o, o', dont la dernière est mise en rotation par le mouvement d'horlogerie. Au-dessous de la chaîne, à un très-petit intervalle, est la bande de papier ph sur laquelle s'inscrit la dépêche. Tant que le courant ne passe pas dans l'électro-aimant, le papier ne touche pas la chaîne; mais aussitôt que le courant passe, l'armature A est attirée, le levier k s'abaisse, et le boulon i fixé à son extrémité vient appuyer sur la chaîne, et la met en contact avec le papier. Or, la chaîne, déposant alors l'encre qu'elle a prise au rouleau a, trace sur le papier, à mesure qu'il avance, un trait ou un point, suivant le temps que l'armature A reste en prise avec l'électro-aimant, c'est-à-dire suivant la durée du passage du courant. Si celui-ci ne passe que pendant un temps très-court, la chaîne frappe instantanément et ne produit qu'un point (·); mais si le contact a une certaine durée, il se produit un trait plus ou moins allongé (—). On peut donc, en faisant, à la station de départ, passer le courant pendant un intervalle plus ou moins long, produire à volonté, à la station d'arrivée, un trait ou un point, et, par suite, des combinaisons de traits et de points. Il restait à donner à ces combinaisons une signification déterminée. C'est ce qu'a fait M. Morse en représentant les lettres de l'alphabet par les combinaisons suivantes, qui donnent le moyen d'écrire des mots et des phrases, en laissant un blanc entre chaque lettre.

ALPHABET DE MORSE.

·—	a	··	i	·—·	r
·—·—	ä	·———	j	···	s
—···	b	—·—	k	—	t
—·—··	c	·—··	l	··—	u
—··	d	——	m	··——	ü
·	e	—·	n	···—	v
··—··	é	———	o	·——	w
··—·	f	———·	ö	—··—	x
——·	g	·——·	p	—·——	y
····	h	——·—	q	——··	z

Manipulateur. — Il se compose d'une petite planchette d'acajou qui sert de support à un levier métallique *ab* (fig. 663), mobile en son milieu sur un axe horizontal. L'extrémité *a* de ce levier tend toujours à être soulevée par un ressort placé au-dessous; en

Fig. 663.

sorte que ce n'est qu'en appuyant avec le doigt sur la touche B que le levier s'abaisse et vient frapper le bouton *x*. Enfin, autour de la planchette sont trois bornes en communication, l'une avec le fil P, qui vient du pôle positif de la pile du poste, la seconde avec le fil L, qui est le fil de ligne, et la troisième avec le fil A, qui se rend au récepteur du poste, car il est bien entendu que les deux postes qui se correspondent sont chacun pourvus d'un manipulateur et d'un récepteur.

Ces détails connus, il y a deux cas à considérer : 1° le manipulateur est disposé pour recevoir une dépêche d'un poste éloigné; l'extrémité *b* est alors abaissée comme dans le dessin ci-dessus, en sorte que le courant qui arrive par le fil de ligne L et monte dans la pièce métallique *m,* redescend dans le fil A, qui le mène au récepteur du poste où est placé l'appareil. 2° Il s'agit de transmettre une dépêche; dans ce cas, on appuie sur la touche B de manière que le levier vienne en contact avec le bouton *x.* Le courant de la pile du poste, qui arrive par le fil P, montant alors dans le levier, en redescend par la pièce *m* et va gagner le fil de ligne L, qui le conduit au poste auquel est adressée la dépêche. Or, c'est d'après le temps qu'on appuie sur la touche B qu'il se produit, au récepteur où va le courant, un point ou un trait. Si l'on n'opère qu'un simple choc sur le bouton *x,* il se forme un point; mais si le contact se prolonge pendant un intervalle de temps très-petit du reste, il se produit un trait.

Paratonnerre et galvanomètre. — Le *paratonnerre* est un petit appareil destiné à préserver l'employé qui fait marcher le télégraphe, dans le cas où, par l'influence de l'électricité atmosphérique, en temps d'orage, les fils conducteurs se chargeraient d'une quantité d'électricité suffisante pour donner des étincelles dangereuses. La pièce qui fait paratonnerre se compose de deux disques de cuivre *d* et *f* (fig. 661), munis de dents sur les faces en présence, mais ne se touchant pas. Le disque *d* est en communication avec la terre par une lame métallique fixée derrière la planchette qui porte le paratonnerre, tandis que le disque *f* se trouve dans le courant. Pour cela, celui-ci, arrivant par le fil de ligne L, entre dans le paratonnerre par une borne fixée dans la partie inférieure de la planchette, à gauche; il monte ensuite dans un commutateur *n* qui le conduit à un bouton *c,* d'où il gagne le disque *f* par une lame métallique située derrière la planchette. Là, l'électricité, agissant par influence sur le disque *d,* s'écoule par les pointes, sans danger pour ceux qui sont auprès de l'appareil. En outre, du disque *f,* le courant passe dans un petit fil de fer très-fin, isolé et renfermé dans le tube *e.* Or, ce fil étant fondu par le courant lorsqu'il est trop intense, l'électricité ne se rend plus à l'appareil, ce qui supprime encore le danger. Du tube *e* le courant descend au bas de la planchette, dans une borne placée à droite de la première, et de là dans un petit galvanomètre vertical G, servant à indiquer, par la déviation de l'aiguille, si le courant passe dans les appareils.

Marche générale du courant. — En résumant ce qui précède, on voit que le courant qui vient du poste attaquant, arrivant par le fil de ligne L (fig. 664), traverse d'abord le paratonnerre, puis le galvanomètre. De là, il ne va pas directement au récepteur, mais se rend d'abord au manipulateur (fig. 663), où il entre en L, et dont il sort en A pour se rendre au récepteur, dans lequel il arrive par le fil C (fig. 664). Là, il passe dans l'électro-aimant E, fait osciller le levier *k*, et va enfin se perdre dans la terre par le fil T.

Si, au contraire, on considère le cas, non plus où l'on reçoit une dépêche, mais où l'on en expédie une, le courant se transmet de la manière suivante. La touche B (fig. 663) étant alors abaissée, et le levier *ab* en contact avec le bouton *x*, le courant qui arrive de la pile du poste par le fil P, sort du manipulateur par le fil L; puis passant dans le galvanomètre et dans le paratonnerre, il s'en va enfin par le fil de ligne L au poste auquel on écrit.

774. Relais. — On verra bientôt que l'intensité des courants

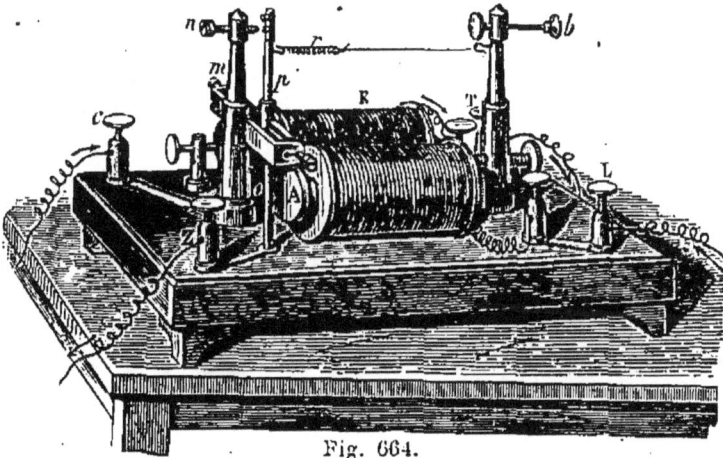

Fig. 664.

est en raison inverse de la longueur du circuit qu'ils parcourent (825). De plus, par les poteaux qui portent les fils et par l'air humide, il se produit une dérivation (829) d'autant plus grande, que la ligne est plus longue. De ces différentes causes il résulte que, si les deux postes qui correspondent sont très-éloignés l'un de l'autre, il peut arriver que le courant ne soit plus assez fort pour faire fonctionner les pièces qui inscrivent la dépêche. On a recours alors à un *relais*. On nomme ainsi un appareil très-sensible parcouru par le courant de ligne, et servant à introduire dans le récepteur le courant d'une *pile locale* de 4 ou 5 éléments, située dans le poste, et n'ayant d'autre usage que d'imprimer les signaux transmis par le fil de ligne. Pour cela, le courant de ligne, entrant dans le relais par la borne L (fig. 664), se rend dans un électro-aimant E, d'où il va ensuite se perdre dans la terre par la borne T. Or, chaque fois que le courant de ligne passe dans le relais, l'électro-aimant attire une armature A fixée à la partie inférieure d'un levier vertical p, qui oscille autour d'un axe horizontal.

A chaque oscillation, le levier p vient buter à sa partie supérieure contre un bouton n, et à cet instant, le courant de la pile locale, qui arrive par la borne c, monte dans la colonne m, passe dans le levier p, descend par la tige o, qui le conduit à la borne Z; de là il se rend à l'électro-aimant du récepteur, d'où il sort par le fil T (fig. 664), pour revenir à la même pile locale d'où il est parti. Puis, quand le courant du fil de ligne s'interrompt, l'électro-aimant du relais n'étant plus attractif, le levier p, entraîné par un ressort à boudin r, s'écarte du bouton n, comme le montre le dessin, et le courant de la pile locale ne passe plus. On voit donc que le relais transmet au récepteur exactement les mêmes phases de passage et d'intermittence que celles qui sont opérées par le manipulateur dans le poste qui envoie la dépêche.

Le télégraphe de Morse, modifié comme le représente la figure 664, c'est-à-dire traçant les caractères à l'encre au lieu de gaufrage à la pointe sèche, dépense très-peu de force, et peut transmettre les dépêches jusqu'à 200 kilomètres sans relais.

* 775. Télégraphe imprimant de Hughes. — M. Hughes, professeur de physique à New-York, a inventé un télégraphe imprimant qui donne des résultats remarquables de rapidité et de fidélité dans la transmission des dépêches. Cet appareil, compliqué dans ses détails, est fondé sur deux principes simples et ingénieux, qu'on n'avait pas appliqués jusqu'ici aux télégraphes électriques. Le premier, c'est que la force motrice n'est plus empruntée au courant, mais à un poids de 60 kilogrammes environ, qui tend à faire marcher tout l'appareil d'une manière continue, et qu'on remonte au moyen d'une pédale quand il est au bas de sa course. En sorte que le courant n'a d'autres fonctions que de faire embrayer et désembrayer une roue dont l'arbre porte un excentrique qui, au moment voulu, soulève la bande de papier sur laquelle on veut imprimer telle ou telle lettre. Le second principe est que l'électro-aimant agit à l'inverse de ceux des autres télégraphes électriques; c'est-à-dire que ce n'est pas quand le courant passe qu'il tient son armature en contact, mais quand il ne passe pas. Pour cela, le fer doux de l'électro-aimant est en contact, à sa partie inférieure, avec un aimant en fer à cheval. Aimanté par l'influence de celui-ci, l'électro-aimant retient son armature; mais le sens du courant qui parcourt le fil de l'électro-aimant étant tel, qu'il l'aimante en sens contraire de l'aimantation qu'il possède déjà, le plus faible courant qui passe dans le fil désaimante l'électro-aimant. Celui-ci lâche donc son armature, qui est sollicitée par un ressort, et c'est alors que l'embrayage se produit, comme on va le voir plus bas.

M. Hughes ayant modifié son appareil dans plusieurs parties, plusieurs des figures qui suivent diffèrent de celles de nos dernières éditions. Elles ont été prises sur les nouveaux appareils que construit aujourd'hui M. Dumoulin-Froment. La figure 665 donne une vue d'ensemble du télégraphe de Hughes, et les figures 666 à 670 en donnent, sur une plus grande échelle, les principaux détails.

Sur le devant de la table qui porte l'appareil est un clavier à 28 touches, dont 14 noires et 14 blanches. Les 14 touches noires portent les lettres de A à N ; des 14 touches blanches, 12 portent les autres lettres de l'alphabet, et la première et la sixième à partir de la gauche ne portent aucune lettre. Chaque touche qui porte une lettre, porte en outre un chiffre, ou un signe de ponctuation, ou un signe algébrique.

Au delà du clavier est un disque de cuivre H fixe et portant à son centre un axe vertical J (fig. 666), qui tourne avec une vitesse de deux tours par seconde, entraînant avec lui un chariot h qui y est fixé et dont on verra bientôt la fonction. Après le disque H est un bâti de cuivre portant une série de roues mues par un poids de 60 kilogrammes, qui agit sur une chaîne sans fin X ; cette chaîne transmet le mouvement à la roue M, et de celle-ci, par une suite de pignons et de roues, à la roue N. A l'axe de cette dernière est fixé un tore de laiton, agissant comme volant pour régulariser le mouvement. C'est ce tore qui sert à arrêter l'appareil au moyen d'un frein qu'on fait marcher avec la poignée m. En appuyant sur celle-ci, toutes les pièces s'arrêtent presque instantanément. La roue N, dont nous parlions ci-dessus, mène, à gauche et un peu au-dessous, un pignon qui donne le mouvement à la roue g, aux excentriques o et i, et au rouleau c, qui sert à soulever la bande de papier (fig. 667 et 668). En un mot, c'est l'axe mû par ce pignon qui porte les pièces principales de l'appareil.

Sur le devant du bâti est un rouleau B, qui est le distributeur d'encre. A cet effet, il est entouré d'une étoffe épaisse de laine qu'on entretient toujours imbibée d'encre grasse, comme dans le télégraphe de Morse modifié (773). Tangentiellement à ce rouleau est une roue A, qu'on nomme *roue des types,* parce qu'elle porte sur son pourtour les types qui servent à imprimer les dépêches. Pour cela, elle est munie de 26 dents et de 2 *blancs,* c'est-à-dire deux intervalles sans dents. Chaque dent porte en relief une lettre et un signe, savoir : 26 lettres, 10 chiffres, 7 signes de ponctuation et 9 signes algébriques ou autres ; ce qui fait en tout 52 signes, c'est-à-dire un nombre égal à celui des signes inscrits sur les touches du clavier (les deux touches blanches déduites).

Sur le bord de la table sont quatre bornes : L qui reçoit le courant de ligne, T qui conduit le même courant à la terre, e et e'

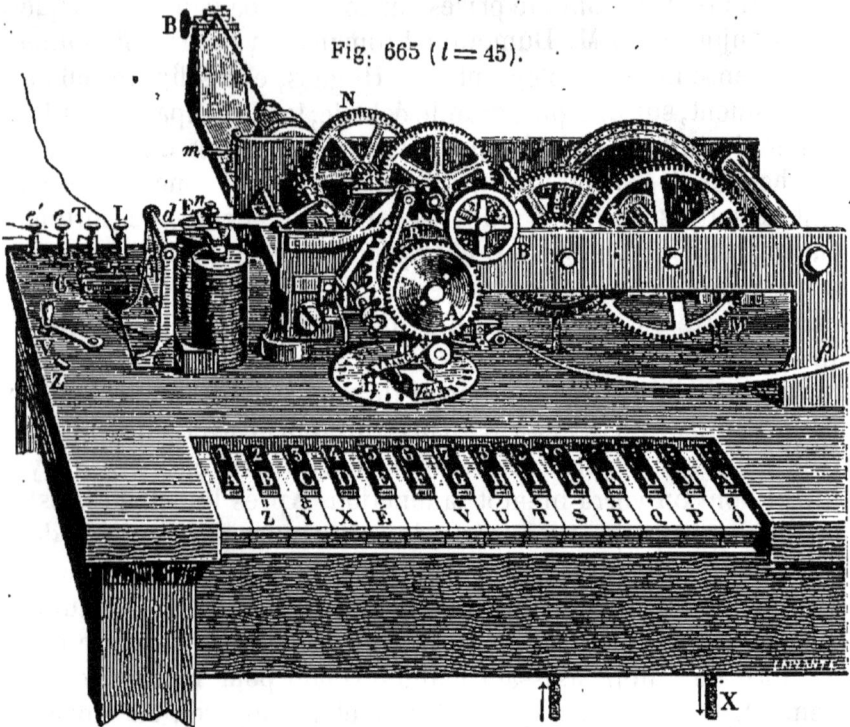

Fig. 665 ($l = 45$).

qui reçoivent le courant de la pile du poste. La borne L conduit le courant de ligne à un commutateur C, et de là à l'électro-aimant; la borne e conduit le courant local au clavier. Le commutateur C est destiné à diriger le courant de ligne dans l'électro-aimant, de façon à l'aimanter en sens contraire de l'aimantation que lui communique l'aimant qui est au-dessous. Sur la gauche de la même table sont deux boutons métalliques V et Z destinés, le premier à recevoir la dépêche, le second à la transmettre. Pour cela, un petit contact métallique est mobile sur une charnière et muni d'une poignée d'ivoire. En prenant celle-ci à la main, on met le contact en prise avec le bouton V ou Z, suivant qu'on veut recevoir ou transmettre. Enfin, en E est l'électro-aimant, en n son armature; en r deux lames d'acier qui font ressort et tendent constamment à soulever l'armature n. Sur celle-ci s'appuie un levier d, qui est soulevé en même temps que l'armature. C'est ce levier d prolongé qui va agir sur la roue g et y produire l'embrayage, comme on va le voir dans la figure 667. L'ensemble de l'appareil connu, passons aux détails, dont le premier à étudier est celui représenté dans la figure 666.

Le disque H est percé sur son pourtour de 28 trous, dans chacun desquels passe un goujon d'acier vertical o', o'', o'''...., mû par un levier qui reçoit son mouvement de l'une des touches du clavier. En sorte qu'à chaque trou du disque H correspond une lettre du clavier, et que si l'on appuie sur la touche F, par exemple, immédiatement le goujon correspondant s'élève au-dessus du disque H de deux millimètres environ.

Or, on a déjà vu que l'arbre J et le chariot h, qui y est fixé, tournent avec une vitesse de deux tours par seconde. D'où résulte qu'à peine le goujon o'', par exemple, est soulevé, il est rencontré par une plaque d'acier a' a'', isolée du reste de l'appareil par des plaques d'ivoire, mais en communication métallique avec l'arbre J. Le courant, qui du clavier s'est rendu au goujon o'', passe donc actuellement dans l'arbre J, et

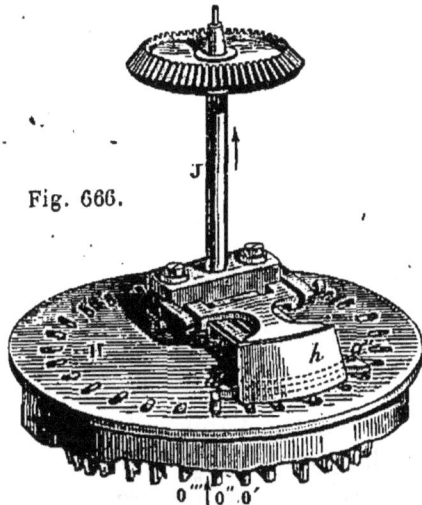

Fig. 666.

de là dans tout le bâti. De celui-ci, il se rend au bouton Z (fig. 665), et si le contact pour transmettre est établi, il va passer dans l'électro-aimant E, et enfin dans le fil de ligne L, qui le conduit à l'électro-aimant du poste auquel est destinée la dépêche, et où il fait imprimer la lettre de la touche qu'on a abaissée.

Il importe d'observer qu'au départ comme à l'arrivée, le courant passe à chaque fois dans l'électro-aimant du poste attaquant et du poste qui reçoit. Il résulte de là que la dépêche s'imprime en même temps dans les deux postes, ce qui donne le moyen de la vérifier constamment et d'entretenir un accord parfait entre les deux appareils.

A son passage dans l'électro-aimant, on a déjà vu que le courant le désaimante, et que les lames r (fig. 667) font lâcher l'armature n. Or, le bras de levier d étant alors soulevé par l'armature, le bras d' s'abaisse, et c'est ce mouvement qui fait imprimer une lettre. Pour comprendre l'effet qui se produit ici, observons d'abord que les deux arbres U, U', sont indépendants l'un de l'autre : l'arbre U, auquel est fixée la roue à rochet g, tourne toujours; mais l'arbre U', auquel est fixé le rochet c', ne peut tourner que lorsque ce rochet est en prise avec les dents de la roue g. Or, tant que le bras de levier d' est soulevé, il soulève lui-même un petit taquet c'', et avec lui le rochet c'; il n'y a donc pas embrayage, et l'arbre U tourne seul. Mais aussitôt que le bras d' s'abaisse, le rochet c', qui n'est plus soutenu, est rabattu par un ressort v qui le presse

Fig. 667.

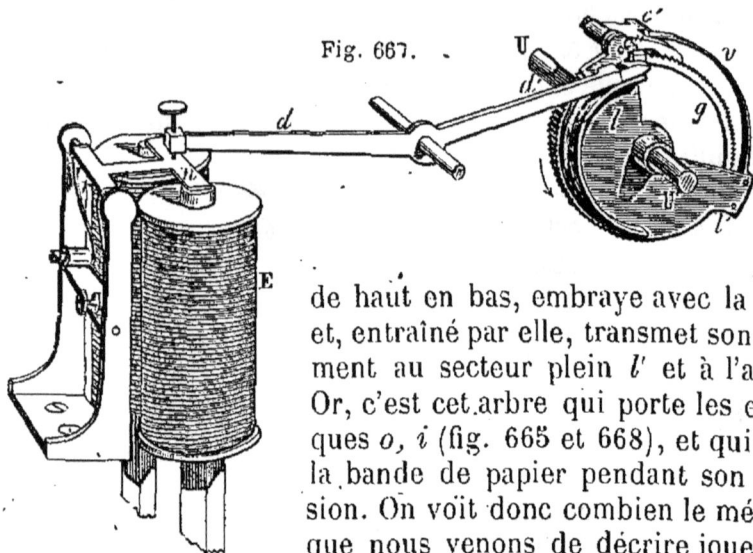

de haut en bas, embraye avec la roue g, et, entraîné par elle, transmet son mouvement au secteur plein l' et à l'arbre U'. Or, c'est cet arbre qui porte les excentriques o, i (fig. 665 et 668), et qui soulève la bande de papier pendant son impression. On voit donc combien le mécanisme que nous venons de décrire joue un rôle important dans l'appareil. Ne l'abandonnons pas sans faire connaître la fonction de la lame courbe u, agissant comme excentrique sur le levier d'. A mesure que la roue g tourne dans le sens marqué par la flèche, l'excentrique u soulève le bras d', et avec lui le taquet c'' et le rochet c'. En sorte qu'après un tour complet du secteur ll', il y a de nouveau désembrayage. Le secteur ll' s'arrête donc, et avec lui l'arbre U'; d'où celui-ci ne tourne jamais que d'un tour. Il est encore à remarquer que l'excentrique u ne sert pas seulement à faire désembrayer le rochet c', mais qu'en soulevant le bras d', il abaisse d. Or, celui-ci, s'appuyant sur l'armure n, la rabat et la met en prise avec l'électro-aimant, jusqu'à ce que, le courant passant de nouveau, l'embrayage se reproduise.

Pour terminer, il nous reste à décrire le mécanisme qui sert à imprimer (fig. 668). Ce mécanisme est compliqué, et il nous est impossible de le décrire ici dans tous ses détails. La roue des types A, qui s'encre constamment sur le rouleau B, est animée d'un mouvement de rotation continu, soit qu'elle imprime ou qu'elle n'imprime pas. Le point important ici est que cette roue soit toujours d'accord avec le chariot h de la figure 666; c'est-à-dire qu'à l'instant où celui-ci est en prise avec une des touches du clavier, la touche F par exemple, il faut que la même lettre se trouve exactement au bas de la roue des types, car c'est à ce moment que la bande de papier va être soulevée, et que l'impression va se faire.

En effet, c'est alors que l'arbre U' embrayant avec U (fig. 667), les excentriques et les cames placées sur U' commencent à agir. Une came aiguë *s* placée à l'extrémité antérieure de U¹ soulève le levier *ll'*. Or, c'est ce levier qui porte le rouleau *c* sur lequel est la bande

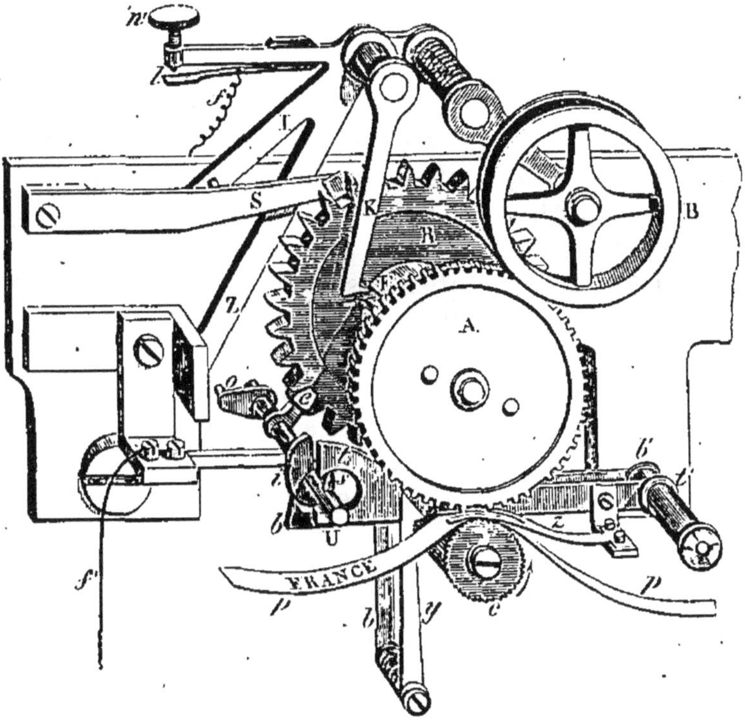

Fig. 668.

de papier, maintenue par une double lame élastique *z*. Le rouleau étant soulevé brusquement, le papier vient frapper un coup sec sur la lettre F, que nous avons supposée au bas de la roue A, et cette lettre est imprimée. Aussitôt, l'excentrique *i* vient agir sur l'extrémité du levier *bb'*, auquel est fixée une tige *y*. Celle-ci, à son extrémité supérieure, porte un encliquetage qui fait marcher une roue à rochet fixée à l'axe du rouleau *c*. D'où il résulte qu'en s'abaissant, *y* fait tourner le rouleau et avancer la bande de papier, juste d'une quantité égale à l'intervalle entre deux lettres; en sorte que le papier est prêt à recevoir l'impression d'une nouvelle lettre. Si l'on abaisse, par exemple, la touche R sur le clavier, le chariot *h* (fig. 666) est en prise avec le goujon soulevé à l'instant précis où la lettre R est au bas de la roue des types. Mais le papier venant la frapper au même moment, la lettre R s'imprime, et ainsi de suite de tout le mot FRANCE inscrit sur la bande de papier.

La came *e* fixée sur l'axe U a un rôle important : elle sert à régler le mouvement entre le poste qui transmet et celui qui reçoit.

Pour cela, cette came s'engage entre les dents de la roue R, qu'on nomme la *roue correctrice,* et lorsqu'il n'y a pas concordance, elle presse les dents ou leur résiste, de manière à rectifier la position de cette roue et en même temps de la roue A, en les faisant avancer ou reculer, car ces deux roues ne sont pas invariablement fixées sur leur arbre.

Le bouton n', lorsqu'on appuie dessus, s'abaisse et en même temps les bras de levier I, Z, K; ce dernier porte une dent qui s'engage dans un cran F, lié aux roues R et A. Lorsque cette dent est en prise avec le cran, un des blancs de la roue A se trouve juste en bas de la roue. On a donc un moyen de *mettre au blanc,* ce qu'on fait toujours quand on arrête, ou quand on s'aperçoit qu'aux deux postes les appareils sont en désaccord. La pièce I, en s'abaissant, écarte une lame S, qui, au moyen d'une roue à rochet non visible dans le dessin, fait désembrayer les roues R et A, lesquelles cessent aussitôt de tourner, quoique le mouvement des autres roues M, N (fig. 665) se continue. Mais dès que le courant arrive, l'arbre U', faisant une révolution, l'excentrique o soulève le bras Z, et avec lui les pièces I, K; en sorte que les roues R et A recommencent aussitôt à tourner.

Nous avons dit ci-dessus que la dent du levier K étant en prise avec le cran F, *un des blancs* de la roue des types se trouve au bas, au-dessus de la bande de papier. Or, il importe de fixer lequel des deux blancs, car ils n'ont pas la même signification, l'un servant à imprimer les 26 lettres, l'autre les chiffres et les différents signes du clavier. De plus, on a vu que chaque dent de la roue des types porte une lettre et un chiffre, ou une lettre et un signe. Or, sur chaque dent, l'intervalle entre la lettre et le signe est juste d'un demi-intervalle entre les dents, soit $\frac{1}{56}$ de la circonférence de la roue. Si donc on imprime à celle-ci, qui n'est pas invariablement liée à son axe, un déplacement de $\frac{1}{56}$ de tour dans un sens ou dans l'autre, les chiffres et les signes prennent la place des lettres, et réciproquement. Ce résultat s'obtient au moyen du mécanisme représenté dans la figure 669.

Sur la face de la roue correctrice est appliquée une plaque de cuivre *mn* oscillant autour d'un axe i', et percée d'un trou dans lequel s'engage l'extrémité d'un levier *a* lié à l'arbre de la roue des types. Par suite, toutes les fois que la pièce *mn* incline à droite ou à gauche, elle entraîne le levier *a* et avec lui la roue des types, qui tourne alors d'une demi-division, son déplacement étant réglé par deux crans sur la plaque *mn* dans lesquels s'engage alternativement la dent d'une lame élastique a'. Ces détails connus, lorsqu'on abaisse la première touche blanche du clavier, la came *e* pressant sur l'extrémité *m* de la plaque *mn* lui fait prendre la position représentée en ligne ponctuée, et, le levier *a* la suivant dans son mouvement, la roue des types tourne d'une demi-division : elle est alors disposée pour imprimer les lettres. Puis, lorsqu'on veut

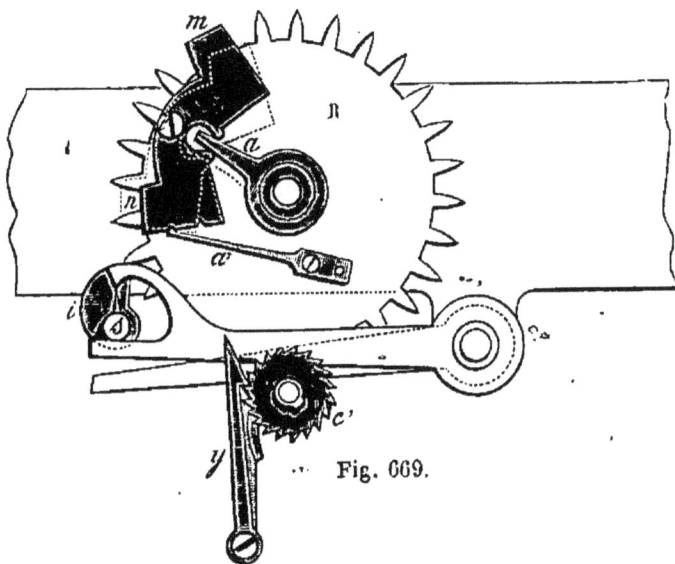

Fig. 669.

imprimer un chiffre ou un signe, on appuie sur la seconde touche blanche du clavier (la sixième) ; la came *e,* se trouvant alors en prise avec l'extrémité *n,* la presse et fait reprendre à la plaque *mn* sa première position. La roue des types, revenue alors sur elle-même d'une demi-division, est disposée pour imprimer les chiffres et les signes. D'où l'on voit qu'il faut toujours, à l'aide des deux touches blanches du clavier, commencer par mettre au blanc des lettres quand on veut imprimer une lettre, et au blanc des chiffres quand on veut imprimer un chiffre.

Quant au réglage du synchronisme entre les deux postes, on l'obtient de la manière suivante : ayant donné aux appareils une vitesse telle, que le chariot *h* (fig. 666) fasse sensiblement deux tours par seconde, un des correspondants transmet une lettre quelconque, qu'il répète à chaque tour du chariot. Si la même lettre se reproduit constamment à l'autre poste, le synchronisme est suffisant; mais si la même lettre ne se reproduit pas, et que les caractères imprimés aillent en avançant de A à B, de B à C, cela indique qu'au poste qui reçoit, le mouvement est plus rapide qu'à celui qui expédie. Alors, au premier poste, on ralentit le mouvement à l'aide d'un régulateur à mouvement isochrone plus ou moins rapide. Il se compose d'une verge de laiton P, légèrement conique et solidement encastrée par son gros bout dans un support fixé à l'appareil

(fig. 670). A son autre extrémité, elle s'engage dans une tige *o* articulée elle-même sur une manivelle *q*, qui termine postérieurement
l'arbre U qui porte les cames. A la même extrémité, la verge traverse une boule de cuivre *y*, à laquelle est adapté un fil d'acier

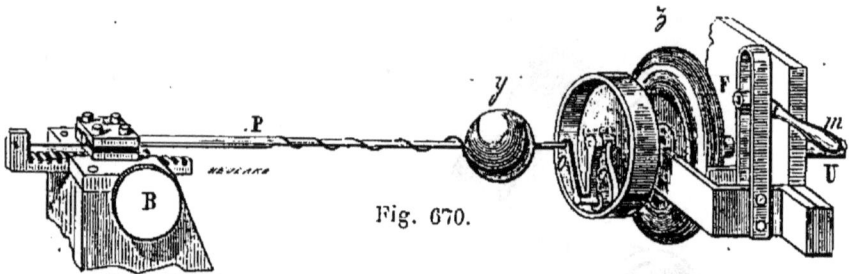

Fig. 670.

qui, à son autre bout, est lié à une crémaillère qu'on fait marcher
par un bouton B, ce qui permet de faire glisser la boule le long de
la verge.

Ainsi liées à l'arbre, l'extrémité de la verge et la boule prennent
avec lui un mouvement de rotation qui, par un effet de force centrifuge, les écarte de leur position d'équilibre. De là résulte pour
la verge et la boule un mouvement vibratoire auquel correspond
une vibration complète pour chaque tour. Or, tant que la position
de la boule sur la verge est fixe, ses oscillations sont isochrones et
d'une certaine durée ; mais si on la déplace, les vibrations, tout en
restant isochrones, sont plus lentes ou plus rapides, suivant que la
boule a été rapprochée ou écartée de l'extrémité *o ;* et comme le
mouvement de rotation est lui-même lié au mouvement vibratoire,
il se ralentit ou s'accélère avec lui. On conçoit donc que par le
déplacement de la boule on arrive à donner à l'appareil la vitesse
de rotation à laquelle correspond le synchronisme avec l'autre
appareil.

*776. **Télégraphes électro-chimiques**. — Les *télégraphes électro-chimiques* inscrivent les dépêches en signes colorés sur un
papier imprégné de cyanure jaune de fer et de potassium, ce sel
étant décomposé par le courant d'une pile locale, dans le poste qui
reçoit, toutes les fois qu'il passe au travers du papier.

Le premier télégraphe de ce genre est dû à M. Bain, Écossais.
Les lettres y sont représentées à l'aide des mêmes signes que dans
le télégraphe de Morse, c'est-à-dire par des combinaisons de traits
et de points ; mais la dépêche est d'abord *composée,* dans le poste
expéditeur, sur une longue bande de papier ordinaire. Pour cela,
celle-ci est percée, à l'emporte-pièce, successivement de petits
trous ronds qui représentent les points de Morse, et de trous allon-
gés qui correspondent aux traits. Cela fait, la bande de papier est

interposée entre une petite roulette métallique et une lame élastique également métallique, qui font partie l'une et l'autre du courant de la pile du poste. Or, la roulette, en tournant, entraîne avec elle la bande de papier, dont toutes les parties viennent successivement passer entre la roulette et la lame. Par suite, si la bande de papier n'était pas trouée, elle s'opposerait constamment au passage du courant, n'étant pas conductrice; mais en vertu des trous qu'on y a pratiqués, chaque fois que l'un d'eux passe, il y a contact entre la roulette et la lame, et le courant se continue pour aller faire marcher le relais du poste auquel on expédie, et tracer en bleu, sur un papier imprégné de cyanure, la même série de points et de traits que sur la bande de papier découpée.

*777. Pantélégraphe Caselli. — M. l'abbé Caselli fit à Florence, en 1856, les premiers essais du remarquable appareil que nous allons décrire. L'année suivante, il l'importa en France, où il en confia la construction à Froment. Après huit années de nouveaux essais et de nombreux perfectionnements, son appareil a été adopté en France et en Russie, en 1865.

Le nom de *pantélégraphe* (télégraphe universel), qu'a donné M. Caselli à son télégraphe, est parfaitement appliqué, car tandis que le télégraphe de Morse ne transmet que des points et des traits, et celui de Hughes des caractères typographiques, le pantélégraphe transmet, avec la même facilité, les caractères alphabétiques de toutes les langues, toutes les écritures, tous les dessins.

Le pantélégraphe est un appareil électro-chimique (776), dans lequel c'est le courant de ligne qui inscrit directement la dépêche sur un papier récepteur. Comme la description en est un peu longue, nous la diviserons en trois parties : 1° le mécanisme qui inscrit les dépêches ; 2° celui qui sert à la distribution et à l'interruption des courants dans l'appareil ; 3° le système de piles supplémentaires que M. Caselli a introduit dans le courant de ligne.

* 778. Mécanisme enregistreur. — La figure 671 représente une vue d'ensemble du pantélégraphe. Deux appareils identiques fonctionnent, l'un à la station qui envoie la dépêche, l'autre à celle qui la reçoit. Chacun se compose d'un bâti de fonte PQ, qui porte à son sommet un pendule L, de 2 mètres de longueur, et terminé par une masse de fer M lestée avec du plomb. Cette masse est alternativement attirée par deux électro-aimants E, E', dans lesquels passe le courant d'une pile locale; en sorte que ce sont ces électro-aimants qui entretiennent le mouvement du pendule, mouvement que celui-ci transmet ensuite à différentes pièces.

Sur la droite du bâti sont deux plateaux à surface cylindrique X, X', dont l'un est représenté plus en grand dans la figure 672.

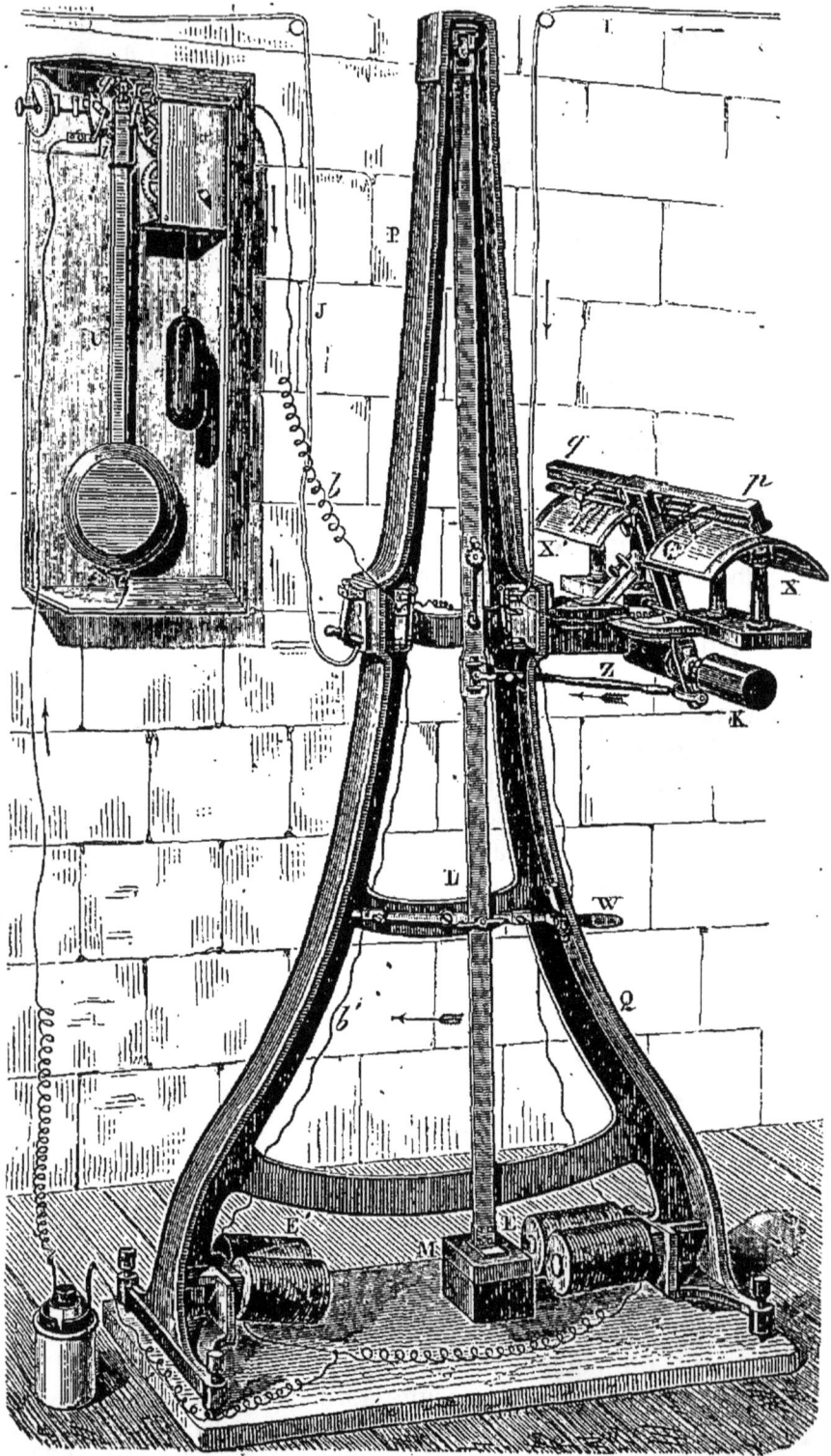

Fig. 671 (h = 2^m,20).

C'est sur ces plateaux que l'on'fixe, à la station de départ, le papier
sur lequel est inscrite la dépêche, et, à la station d'arrivée, le papier
sur lequel elle doit se reproduire. Les plateaux sont doublés, dans
chaque station, ce qui fait qu'on peut à la fois expédier et recevoir
deux dépêches. Comme ils sont identiques, nous n'en décrirons
qu'un, celui qui est représenté dans la figure 672.

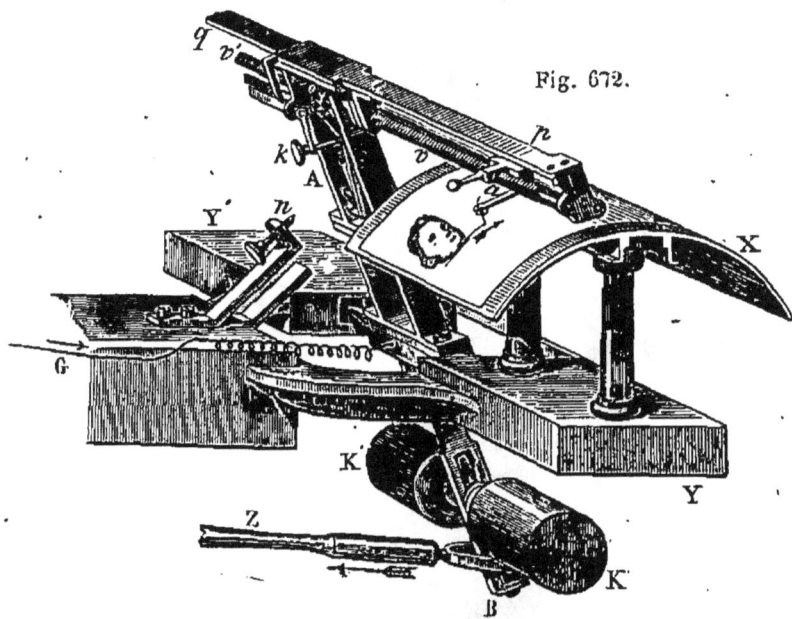

Fig. 672.

Au-dessus du plateau est un châssis *pq* porté par un long levier
AB, qui oscille en son milieu autour d'un axe horizontal. Ce levier
est lié, à sa partie inférieure, à une bielle Z qui va s'attacher au
pendule L; en sorte que les oscillations de celui-ci se transmettant
d'une manière continue au levier AB et au châssis *pq*, ce dernier
va et vient constamment au-dessus du papier fixé sur le plateau.
Un contre-poids KK' fait équilibre au châssis *pq*, afin que le centre
de gravité du système oscillant coïncide avec l'axe de suspension.

Le châssis *pq* porte, sur un même noyau, deux vis symétriques
v, *v'*, dont le pas est de 3 millimètres, et sur chacune, de chaque
côté de AB, est un chariot *a*, qui peut se déplacer dans le sens de
la vis. Pour cela, le chariot porte une pièce taraudée dans laquelle
s'engage le filet de la vis; par suite, quand celle-ci tourne d'un tour,
le chariot avance d'une quantité égale à la longueur du pas.

Quant à la rotation de la vis, elle est obtenue à l'aide d'une
roue à rochet *o* (fig. 672 et 673) portant 12 dents, et fixée au noyau
de la vis. Cette roue est menée par une fourchette R*rr'*, qui, à
chaque demi-oscillation du levier AB, vient buter alternativement
contre deux arrêts fixes *m* et *n*. A chaque choc, la fourchette subit

une légère déviation qui fait tourner la roue *o* d'une demi-dent, c'est-à-dire de $\frac{1}{24}$ de tour ; par suite, le chariot, qui est mené par la vis, avance de $\frac{1}{24}$ du pas, c'est-à-dire de $\frac{1}{8}$ de millimètre.

D'après la description qui précède, le chariot *a* est donc animé de deux mouvements rectangulaires, l'un très-lent dans le sens de

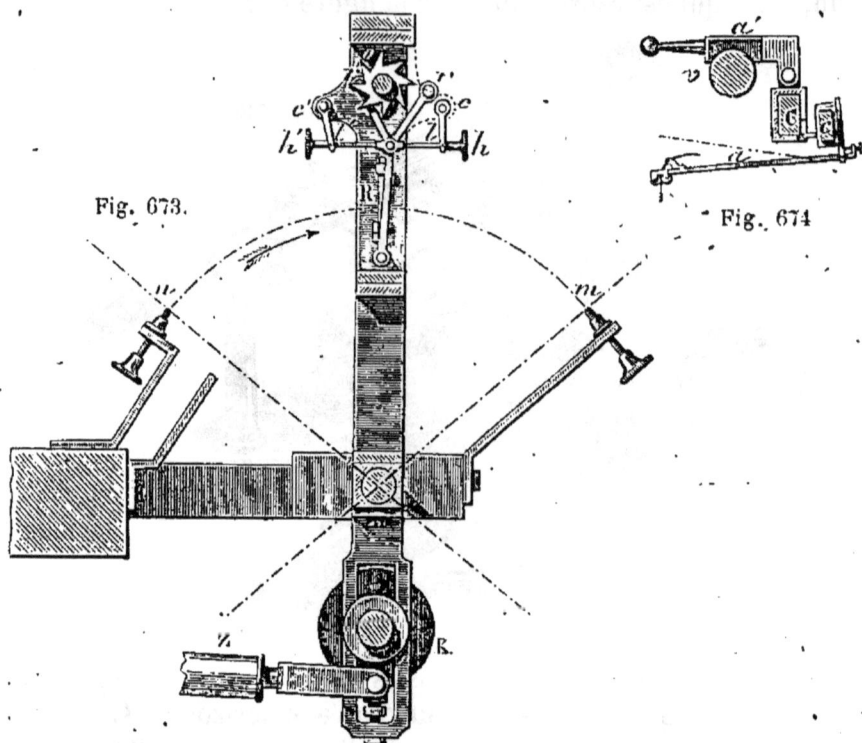

Fig. 673.

Fig. 674.

l'axe de la vis, l'autre rapide dans une direction perpendiculaire à cet axe. D'où il suit que le chariot étant armé d'un petit fil de fer flexible qui s'appuie sur le papier du plateau X, la pointe de ce fil balaye successivement toute la surface du papier, tendant à y tracer une suite de traits parallèles extrêmement rapprochés. Pendant que le chariot oscille ainsi au-dessus du papier, alternativement dans un sens et dans l'autre, la pointe du fil de fer ne touche pas constamment le papier, mais seulement pendant une demi-oscillation. Pendant l'autre, le chariot est soulevé et le fil de fer n'est plus en contact avec le papier ; c'est alors l'autre chariot, celui qui est au-dessus du plateau X' (fig. 674), dont la pointe est abaissée et fonctionne ; en sorte que, sans interruption, il y a inscription, sur le plateau X, puis sur le plateau X', de deux dépêches distinctes.

Les figures 673 et 674 montrent le mécanisme qui soulève et abaisse alternativement les deux chariots à la fin de chaque demi-oscillation du levier AB. De chaque côté de ce levier sont deux règles métalliques horizontales, chacune d'une longueur égale à la vis correspondante, et disposées parallèlement à cette vis. Ces deux règles sont masquées dans la figure 672 par le châssis pq et par la vis vv', mais la figure 674 en donne la coupe en C et en c pour un des chariots. La règle C est fixe; c'est elle qui porte la pièce a' dans laquelle est le taraud qui prend dans la vis. La règle c se termine aux deux bouts par deux tourillons, autour desquels elle peut osciller légèrement pour soulever et abaisser la tige a qui porte le fil de fer. Les pièces qui portent les tiges a et a' sont reliées entre elles par une articulation spéciale et glissent ensemble, l'une sur la règle C, l'autre sur la règle c.

Pour obtenir les oscillations de la règle c, l'un de ses tourillons est lié à un petit levier t (fig. 673), qui lui-même est articulé à un boulon h oscillant avec la fourchette R. Par suite, quand celle-ci vient buter contre l'arrêt m, elle entraîne de droite à gauche le boulon h et avec lui le petit levier t. Celui-ci faisant alors tourner très-peu la règle c, la tige a est soulevée et le fil de fer ne touche plus le papier pendant toute une demi-oscillation; mais, pour l'autre chariot, les pièces h', t' et c' ayant produit l'effet inverse, la tige a qui lui correspond s'est abaissée, et le fil de fer est en contact avec le papier.

* 779. Marche et fonction des courants dans le pantélégraphe. — Après avoir décrit les différentes pièces du pantélégraphe, il nous reste à faire connaître comment le courant électrique les fait mouvoir. Pour cela, il y a deux courants distincts, l'un qui passe dans les électro-aimants, l'autre qui inscrit les dépêches. Ayant représenté le sens dans lequel se meuvent les différentes pièces par des flèches garnies de plumes, celui des courants le sera par des flèches nues.

Le courant qui fait fonctionner les électro-aimants est fourni par une pile au sulfate de mercure (746) de 30 éléments, dont un seul est représenté au pied de l'appareil, sur la gauche (fig. 674). De cette pile le courant monte dans un interrupteur réglé par un pendule U, lequel a une longueur de 50 centimètres, c'est-à-dire quatre fois moindre que celle du pendule L; d'où il résulte qu'il oscille deux fois plus vite (60). Arrivé aux pièces g, i, le courant s'en va par le fil b jusqu'à un contact métallique F, qui fait partie d'un commutateur placé en double sur les deux côtés du bâti (fig. 675). De ces commutateurs, le courant peut passer alternativement dans l'un et dans l'autre des électro-aimants. C'est le pendule L qui fait marcher les commutateurs. Pour cela, sa tige porte un galet V qui, à chaque demi-oscillation, bute successivement contre deux pièces mobiles k et k'. Celles-ci s'appuient sur deux lames élastiques fixées aux contacts F et N, et, pressant dessus, les mettent en prise avec les contacts H et O. Dans le dessin, les contacts ne sont établis ni sur l'un ni sur l'autre des commutateurs, et le courant descendu par le fil *b* ne va pas plus loin que F. Mais le pendule oscillant de droite à gauche, dans le sens de la flèche, le galet V va venir presser la pièce *k*, et aussitôt le courant descendra par

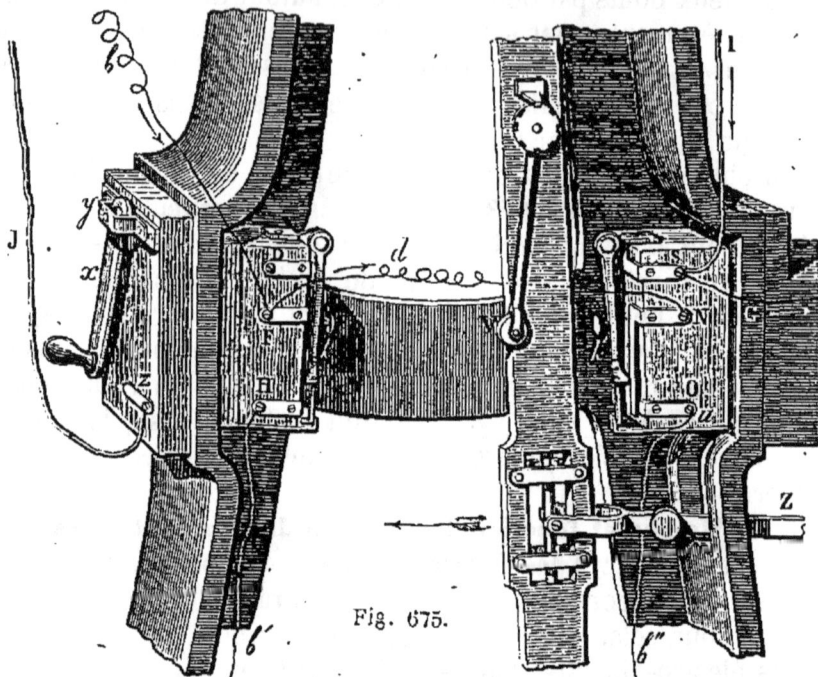

Fig. 675.

le fil *b'* dans l'électro-aimant E' (fig. 674). Celui-ci attirant alors la masse M, l'oscillation du pendule s'accélère, et son amplitude s'accroît; c'est là ce qui entretient son mouvement et lui donne la force nécessaire pour mener les pièces auxquelles il est lié.

Si actuellement le courant continuait à passer dans l'électro-aimant E', la masse M serait retenue par ce dernier et tout le mécanisme serait arrêté; mais c'est ici que l'interrupteur représenté à gauche de la figure 674 va fonctionner. En effet, à l'instant où la masse M va atteindre l'électro-aimant, le pendule U vient buter contre le bouton *i*. Une lame mobile, qui porte ce bouton et s'appuie sur la pièce fixe *g*, est alors soulevée, et le contact cessant entre *i* et *g*, le courant est interrompu. Le pendule L retombe alors; puis, à la demi-oscillation suivante, il vient frapper la pièce *k'*, et le courant, passant de F à N par le fil *d*, gagne le contact O, et de là, par le fil *b''*, l'électro-aimant E. Celui-ci attire donc à son tour la masse M; mais le pendule U revenant au même instant contre le bouton *i*, le courant s'interrompt de nouveau, et ainsi de suite à chaque demi-oscillation, jusqu'à ce qu'on arrête le pendule L en soulevant un embrayeur W.

On vient de voir le pendule U agir comme *interrupteur* pour éteindre alternativement l'action des électro-aimants; mais il a une autre fonction, non moins importante, celle de *régulateur* pour obtenir le synchronisme parfait des deux grands pendules aux stations de départ et d'arrivée. En effet, les dépêches ne peuvent se transmettre régulièrement qu'autant que ces deux pendules sont parfaitement synchrones, c'est-à-dire oscillent rigoureusement ensemble. Pour cela, sur la lame qui porte le bouton i (fig. 674), appuie un petit ressort maintenu par une vis micrométrique. En tournant plus ou moins celle-ci, on fait varier à volonté les écarts du bouton i, et par suite la durée des oscillations du pendule U, ce qui augmente ou diminue l'intervalle de temps entre deux attractions successives des électro-aimants.

Cela posé, à la station de départ, sur la feuille qui porte la dépêche, on trace à l'encre une ligne droite perpendiculaire à la direction des oscillations du chariot. Si les deux pendules marchent ensemble, cette ligne se reproduit à l'arrivée dans la même position que sur l'original, c'est-à-dire encore perpendiculaire au plan des oscillations; mais si le pendule de la station qui reçoit avance, la ligne incline vers la droite; s'il retarde, elle incline vers la gauche. Dans les deux cas, réglant le pendule U à l'aide de la vis micrométrique, on obtient, après quelques tâtonnements, le synchronisme des deux grands pendules.

Les détails du pantélégraphe connus, il est facile de se rendre compte de la transmission et de la reproduction des dépêches. Au poste expéditeur, on commence par inscrire sur une feuille d'étain, avec de l'encre ordinaire un peu épaisse, la dépêche ou le dessin que l'on veut transmettre, puis on place la feuille sur le plateau X de l'appareil. Là, la feuille d'étain se trouve en communication avec la terre et, en même temps, avec le pôle négatif d'une pile de 60 éléments Daniell, tandis que le pôle positif de la même pile communique avec le chariot qui porte le petit fil de fer, et avec le fil de ligne qui se rend au poste d'arrivée. Le pendule L étant alors mis en mouvement, le chariot et le fil de fer qui l'accompagne commencent à parcourir toute la surface de la feuille d'étain. Or, tant que le fil de fer est en contact avec l'étain, le courant, se trouvant fermé par celui-ci, retourne à la pile; au contraire, toutes les fois que le fil de fer rencontre les parties encrées de la feuille d'étain, la résistance devenant plus grande du côté de cette feuille, le courant s'élance dans le fil de ligne qui le conduit au chariot de la station d'arrivée. Là, le courant passe par le petit fil de fer sur une

feuille de papier tendue sur le plateau X. Ce papier ayant été trempé
d'avance dans une dissolution de cyanoferrure jaune de potassium,
ce sel est décomposé par le passage du courant et donne, au contact du fil de fer, un précipité bleu, qui n'est autre chose que du
bleu de Prusse, et qui reproduit sur le papier une série de traits
bleus précisément égaux en longueur aux parties encrées qui ont
été touchées sur l'original. Puis, à la fin de l'oscillation complète,
les chariots, aux deux stations, s'étant déplacés latéralement de

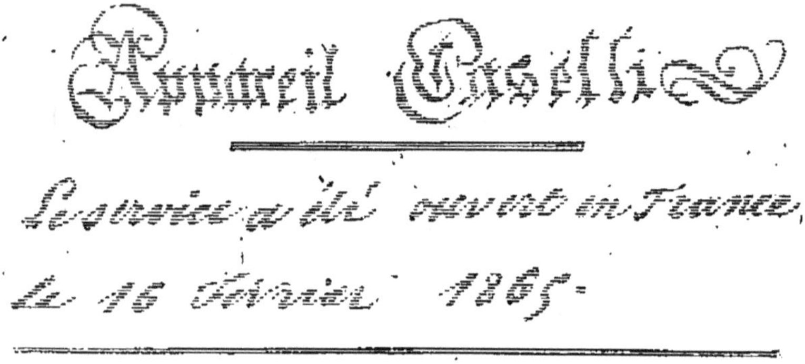

Fig. 676.

quantités égales, il se produit une seconde série de traits bleus parallèles aux premiers, à une distance de $\frac{1}{7}$ de millimètre, et toujours
égaux aux parties encrées qui ont interrompu le courant. Il en est
de même jusqu'à ce que toute la surface de la feuille d'étain ait été
parcourue par le chariot; en sorte que c'est la série de traits ainsi
obtenus qui reproduit l'écriture ou l'image tracée sur la feuille
d'étain. La figure 676 montre un *fac simile* de l'écriture ainsi
transmise.

Dans la figure 675, les pièces sont disposées pour recevoir.
Lorsqu'on veut transmettre, on abaisse la manivelle x sur le contact z. Le courant de la pile du poste, arrivant alors par le fil J, est
conduit par la manivelle à la pièce y; de là, par un conducteur qui
n'est pas représenté sur le dessin, il gagne la pièce u, puis, par k',
le contact S. Ici le courant trouve deux voies : le fil G qui, tant que
le fil de fer du chariot touche l'étain, le conduit par celui-ci au pôle
négatif de la pile d'où il est parti; ou bien le fil I qui le conduit au
fil de ligne toutes les fois que le fil de fer touche une partie encrée.

*780. **Système de courants de ligne adopté par M. Caselli.**—
M. Caselli a changé la disposition ordinaire du circuit télégraphique,
en produisant les émissions du courant sur la ligne par l'interruption d'un circuit local, et en intercalant dans le fil de ligne deux
petites piles de trois éléments chacune, l'une à la station de départ,
l'autre à la station d'arrivée. Pour comprendre l'objet de ces piles,
il importe d'observer que, sur une longue ligne, lorsqu'on ferme

ou qu'on ouvre le circuit d'une station à l'autre, l'établissement et la rupture du courant ne sont jamais instantanés. A la fermeture, il faut un temps appréciable pour que le courant atteigne son intensité normale, et à la rupture il reste dans le circuit une quantité d'électricité qu'on désigne sous le nom de *courant de charge,* et qui a pour effet de prolonger l'action du courant de ligne. Dans tous les télégraphes, le courant de charge nuit beaucoup à la rapidité des émissions successives ; mais, dans le pantélégraphe, il a

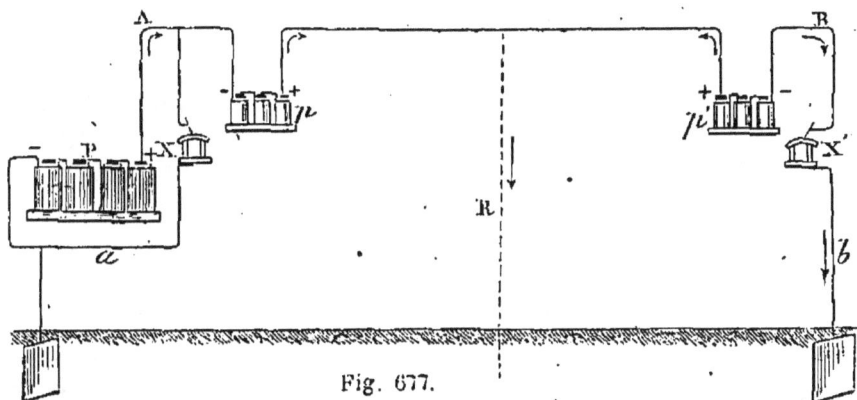

Fig. 677.

en outre pour effet de continuer l'action électro-chimique sur le papier, et de produire des bavures sur le contour des caractères et des dessins. C'est pour obvier à ce double inconvénient que M. Caselli a adopté le système représenté dans la figure 677.

L'appareil transmetteur étant en X, celui qui reçoit en X', en P la pile de ligne, dans le fil de ligne AB sont intercalées les piles supplémentaires *p* et *p'*, chacune à une station, et de trois éléments seulement. Leurs deux pôles positifs sont dirigés en sens contraires, en sorte que les deux courants faibles qu'elles transmettent à la ligne, et qui se développent par les dérivations, n'affaiblissent en rien le courant qui se propage d'une station à l'autre.

A la station qui envoie, le pôle positif de la pile P est en communication en même temps avec le fil de ligne AB et avec l'appareil transmetteur X, tandis que le pôle négatif l'est avec le même appareil par le fil *a* et avec la terre. A la station d'arrivée, l'appareil X' reçoit le fil de ligne d'un côté, et de l'autre communique avec le sol par le fil *b*.

Cela posé, soit d'abord le cas où, sur le plateau transmetteur X, le fil de fer du chariot décrit plus haut est en contact avec la feuille d'étain ; le courant de la pile P revient alors au pôle négatif par le fil *a*, et il n'y a aucune transmission appréciable par le fil AB, surtout pour une longue ligne qui offre une grande résistance.

Au contraire, lorsque le fil de fer rencontre une partie encrée, la résistance augmentant en X, le courant s'élance dans le fil AB, qui le conduit au papier chimique en X', d'où il va se perdre enfin dans le sol par le fil *b*. Or, c'est actuellement que la pile supplé-mentaire *p'* va avoir son effet utile : à l'instant où le fil de fer revient en contact avec l'étain, d'après ce qui vient d'être dit ci-dessus, le courant de ligne ne s'éteint pas instantanément dans le fil AB; il reste le courant de charge qui agirait encore sur le papier, mais qui se trouve anéanti par la pile *p'*. En effet, celle-ci envoie vers X' un courant négatif dont l'effet n'est pas sensible tant que passe le courant de ligne, mais qui, au moment de la rupture, est suffisant pour arrêter instantanément l'action du courant de charge, et faire disparaître toute bavure sur les contours des objets repro-duits. Quant au courant de la pile *p*, il maintient une portion de la ligne AB toujours chargée, et permet ainsi de rendre plus rapides les émissions successives du courant de ligne, lesquelles peuvent s'élever jusqu'à 200 par seconde.

Dans les lignes les mieux isolées, il y a toujours, quand elles sont d'une grande étendue, une déperdition, une dérivation, plus ou moins considérable, par les poteaux qui supportent les fils et par l'humidité de l'air. Dans les autres télégraphes électriques, cette dérivation n'a qu'un effet nuisible en affaiblissant le courant; dans l'appareil Caselli, au contraire, elle est utilisée. En effet, le courant négatif de la pile *p'* est d'autant plus actif en X', que le courant positif de la même pile s'écoule plus facilement à l'autre pôle; or, c'est précisément l'effet de la dérivation. Cela est si vrai que, par des temps très-secs, en opérant sur la ligne de Paris à Marseille, qui est de près de 900 kilomètres, M. Caselli a trouvé un avantage notable à établir, à la station intermédiaire de Dijon, une communication directe entre la ligne et la terre, en R, au moyen d'un rhéostat spécial d'une très-grande résistance.

*784. **Horloges électriques.** — Les horloges électriques sont des mouvements d'horlogerie dont un électro-aimant, au moyen d'un courant électrique successivement interrompu, est en même temps le moteur et le régulateur. La figure 678 représente le cadran d'une semblable horloge, et la figure 679 le mécanisme qui fait marcher les aiguilles.

Un électro-aimant B attire une pièce de fer doux P, mobile sur un pivot *a*. La pièce P transmet son mouvement de va-et-vient à un levier *s*, qui, au moyen d'un rochet *n*, fait tourner la roue A. Celle-ci, par le pignon D, fait tourner la roue C, laquelle, par une suite de roues et de pignons, fait marcher les aiguilles. La petite marque les heures, la grande les minutes; toutefois, comme cette dernière ne marche pas d'une manière continue, mais par sauts brusques, de seconde en seconde, il s'ensuit qu'on la fait aussi servir à marquer les secondes.

Il est évident que la régularité du mouvement des aiguilles dépend de la régularité des oscillations de la pièce P. Or, avant de passer dans l'électro-aimant B, les intermittences du courant sont réglées par une première horloge étalon, réglée elle-même par un

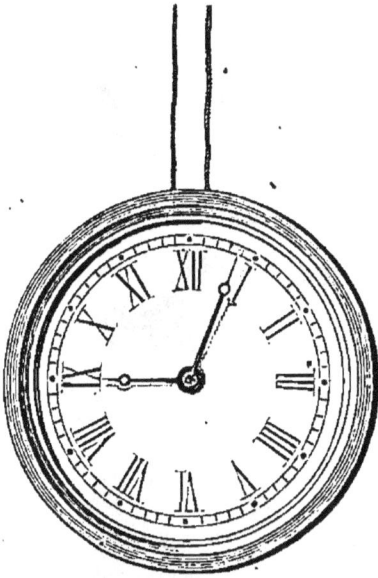

Fig. 678.

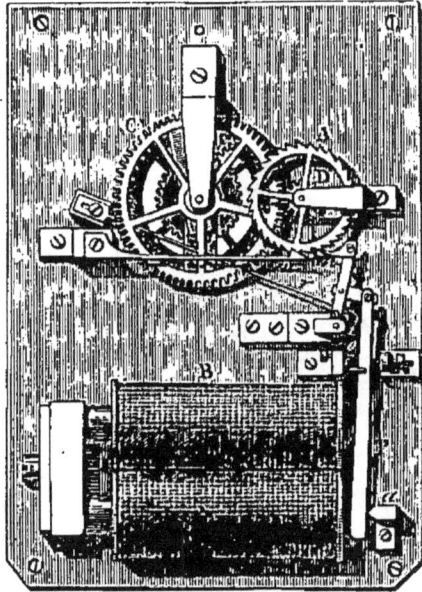

Fig. 679.

pendule à secondes. A chaque oscillation du pendule, le courant passe une fois et s'interrompt une fois; d'où il résulte que la pièce P bat exactement la seconde.

Actuellement, supposons que, sur le chemin de fer de Paris à Rouen, toutes les stations possèdent une horloge semblable à celle qui vient d'être décrite, et que dans la gare de Paris soit une horloge étalon d'où parte un fil conducteur se rendant à toutes les horloges de la ligne jusqu'à Rouen. En faisant passer un courant dans ce fil, toutes ces horloges marqueront instantanément la même heure, la même minute, la même seconde; car on verra bientôt que l'électricité de la pile, dans les fils métalliques, parcourt environ 43 000 lieues par seconde, vitesse qui rend inappréciable le temps que le courant met à se propager de Paris à Rouen.

*782. **Moteurs électro-magnétiques.** — On a fait de nombreuses tentatives pour utiliser la force attractive des électro-aimants comme force motrice dans les machines. La figure 680 représente une machine de ce genre construite par Froment. Elle se compose de quatre électro-aimants puissants A, B, C, D, fixés sur un bâti de

fonte X. Entre ces électro-aimants est un système de deux roues
de fonte, mobiles sur un même axe horizontal; et portant sur leur
contour huit armatures de fer doux M.

Fig. 680.

Le courant de la pile arrive en K, monte dans le fil E, et gagne
un arc métallique O, qui sert à faire passer le courant successivement dans chaque électro-aimant, de manière que les attractions
sur les armatures M ne se contrarient pas, mais soient toutes de
même sens. Or, cette condition ne peut être satisfaite qu'autant
que le courant s'interrompt, dans chaque électro-aimant, au moment même où une armure arrive en présence des axes des bobines.
Pour obtenir cette interruption, l'arc O porte trois branches e terminées chacune par une lame d'acier à laquelle est fixé un petit
galet. Deux de ces galets établissent la communication respectivement avec un électro-aimant, le troisième avec deux. Une garniture

d'ivoire *a* porte des cames de métal sur lesquelles s'appuient alternativement les galets. Quand l'un d'eux porte sur une came, le courant passe dans l'électro-aimant correspondant, mais cesse de passer aussitôt que le contact n'a plus lieu. A sa sortie des électroaimants, le courant revient au pôle négatif par le fil H.

Par cette disposition, les armatures M étant successivement attirées par les quatre électro-aimants, le système de roues qui les porte prend un mouvement de rotation rapide qui, par la roue P et une courroie sans fin, se transmet à la poulie Q, laquelle le communique enfin à une machine quelconque, par exemple à une machine à broyer.

CHAPITRE VI.

COURANTS THERMO-ÉLECTRIQUES.

783. Expérience de Seebeck. — Il a été question jusqu'ici des courants électriques développés par les actions chimiques; c'est là, en effet, la source d'électricité dynamique la plus puissante; mais nous avons déjà dit (273) que la chaleur peut aussi donner naissance à des courants, très-faibles, il est vrai, mais remarquables par la liaison qu'ils établissent entre la chaleur et l'électricité, et par l'application qu'ils ont reçue dans l'appareil de Melloni. On a donné à ces courants le nom de *courants thermo-électriques,* pour les distinguer des courants dus aux actions chimiques, qu'on désigne sous le nom de *courants hydro-électriques.*

On savait déjà que plusieurs cristaux naturels, comme la tourmaline, la topaze, acquéraient des propriétés électriques lorsqu'on élevait leur température, et Volta avait annoncé qu'une lame d'argent chauffée inégalement à ses deux extrémités constituait un élément électromoteur; mais c'est Seebeck, professeur à Berlin, qui, le premier, en 1821, montra que le mouvement de la chaleur dans un circuit métallique donne naissance à des courants électriques.

Ces courants se constatent au moyen du petit appareil représenté dans la figure 684, lequel consiste en une lame de cuivre *mn* dont les extrémités sont recourbées et soudées à une lame de bismuth *op*. Dans l'intérieur du circuit ainsi formé est une aiguille aimantée *a* mobile sur un pivot. Ayant placé l'appareil dans la direction du méridien magnétique, on chauffe l'une des soudures, comme le montre le dessin, et l'on voit alors l'aiguille prendre une déviation qui indique la production d'un courant de *n* vers *m,* c'est-à-dire de la soudure chaude à la soudure froide, dans le cuivre. Si, au lieu de chauffer la soudure *n*, on la refroidit avec de la glace, en conservant à l'autre soudure sa température, il se produit encore

Fig. 681.

un courant, mais en sens inverse, c'est-à-dire de *m* vers *n*, et, dans les deux cas, le courant a d'autant plus d'énergie, que la *différence* de température des deux soudures est plus grande.

784. Cause des courants thermo-électriques. — Les courants thermo-électriques ne peuvent être attribués au contact, car ils peuvent se développer dans des circuits formés d'un seul métal. Ils ne proviennent pas non plus d'actions chimiques, puisque M. Becquerel a constaté qu'ils se produisent également dans le vide et dans l'hydrogène. En observant ces courants à l'aide du galvanomètre, le même savant les a attribués à l'inégale propagation de la chaleur dans les différentes parties du circuit.

Or, depuis les travaux de M. Becquerel, M. Magnus a fait voir que, dans un circuit de deux conducteurs cylindriques de cuivre, dans les mêmes conditions physiques l'un et l'autre, si l'on chauffe un des points de contact, il ne se produit point de courant, quoique la différence de diamètre et de masse entre ces conducteurs soit très-grande, ce qui ne permet pas de donner pour cause aux courants thermo-électriques l'inégale propagation du flux de chaleur dans les deux parties du circuit. Aussi ces courants sont-ils attribués aujourd'hui uniquement à une différence de structure ou de densité des deux côtés du point chauffé.

En effet, tant que toutes les parties du circuit sont homogènes, il ne se manifeste aucun courant lorsqu'on chauffe un quelconque de ses points. C'est ce qui arrive, par exemple, si l'on réunit les deux bouts du fil de cuivre qui s'enroule autour du galvanomètre avec un second fil de cuivre. Mais M. Becquerel lui-même a trouvé que si l'on détruit l'homogénéité de ce dernier fil en un de ses points, en le tordant plusieurs fois sur lui-même, ou en le nouant, et qu'on chauffe alors près de ce point, l'aiguille indique, par sa déviation, un courant allant du point chauffé au point où l'homogénéité a été détruite. En chauffant de l'autre côté de ce dernier point, le courant se produit en sens inverse.

785. Pouvoirs thermo-électriques des métaux. — On nomme *pouvoir thermo-électrique* d'un métal accouplé à un autre, l'intensité relative du courant qu'on obtient en chauffant un des points de contact à une température donnée, tandis que l'autre est maintenue à zéro. Pour une même différence de température entre deux points voisins, ce pouvoir varie d'un métal à un autre, et, pour un même métal, il augmente avec la différence de température.

En formant des circuits de différents métaux, dont chacune des soudures était successivement portée à 20 degrés, tandis que les autres étaient maintenues à zéro, M. Becquerel a pu ranger les métaux dans l'ordre suivant de leurs pouvoirs thermo-électriques : bismuth, nickel, platine, palladium, manganèse, argent, étain, plomb, cuivre, or, zinc, fer et antimoine, chacun étant positif avec ceux qui le précèdent et négatif avec ceux qui le suivent.

786. Propriétés des courants thermo-électriques. — Les courants thermo-électriques se distinguent des courants hydro-électriques en ce que, conduits, comme eux, par les métaux, ils ne le sont pas par les liquides, ou ne le sont qu'à un degré extrêmement faible. Toutefois cette différence ne tient point à la nature de ces courants, mais seulement à leur tension, qui est considérablement plus faible que celle des courants hydro-électriques. M. Pouillet a constaté, en effet, au moyen du galvanomètre différentiel, que l'intensité du courant thermo-électrique développé par un couple bismuth et antimoine dont les soudures sont maintenues à une différence de température de 100 degrés, est cent mille fois moindre que celle du courant hydro-électrique d'une pile à auges ordinaire de 12 couples.

N'étant pas conduits par les liquides, à cause de leur faible tension, les courants thermo-électriques ne produisent point, en général, d'effets chimiques. Cependant M. Botto, à Turin, en réunissant 150 couples thermo-électriques de platine et de fer, a pu obtenir des traces de décomposition dans les liquides.

Les courants thermo-électriques ont, comme les courants hydro-électriques, une action directrice sur l'aiguille aimantée; mais comme, vu leur faible tension, ils s'affaiblissent rapidement lorsque la longueur du circuit qu'ils traversent augmente, on doit éviter de leur faire parcourir de longs fils, quand on les fait passer dans le circuit du galvanomètre; c'est pourquoi, dans ce cas, on

forme le circuit d'un fil court et gros, tandis que dans les galvanomètres destinés aux courants hydro-électriques, le fil est fin
et long.

787. **Couples et piles thermo-électriques.** — On a déjà vu (273)
qu'on nomme *couple thermo-électrique,* un système de deux
métaux soudés l'un à l'autre, dont
les extrémités libres peuvent être
réunies par un conducteur. La
figure 684 ci-dessus représente un
couple bismuth et cuivre, et la
figure 682 le couple adopté par
M. Pouillet dans ses recherches sur
les lois des courants. Ce couple se
compose d'un barreau de bismuth
AB, deux fois recourbé, aux extrémités duquel sont soudées deux
lames de cuivre c, d, qui viennent
aboutir à deux bornes. De celles-ci
partent des fils de cuivre destinés
à servir d'électrodes.

Fig. 682.

En réunissant plusieurs de ces couples de façon que le deuxième
cuivre du premier se soude au bismuth du second, puis le deuxième

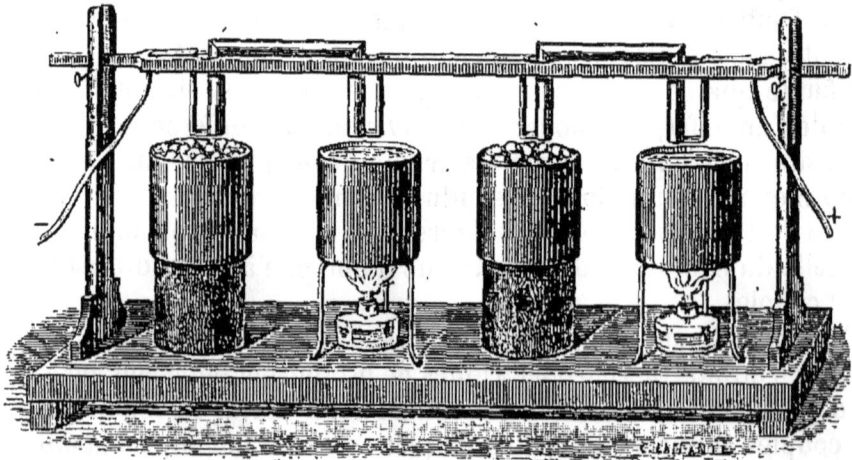

Fig. 683.

cuivre de celui-ci au bismuth du troisième, et ainsi de suite, on a
une *pile thermo-électrique,* qu'on fait fonctionner en maintenant
les soudures de rang impair, par exemple, à zéro dans de la glace,
et en chauffant celles de rang pair à 100 degrés dans des vases d'eau
bouillante (fig. 683).

On a beaucoup varié la disposition des piles thermo-électriques;

la plus en usage est celle adoptée par Nobili et appliquée par Melloni au thermo-multiplicateur (fig. 218 et 219, page 250).

* 788. Pile thermo-électrique de M. Ed. Becquerel. — M. Becquerel père avait observé, dès 1827, qu'un fil de cuivre associé avec un fil de même métal sulfuré à la surface donnait, par une élévation de température d'un des contacts de 200 à 300 degrés, un couple thermo-électrique beaucoup plus énergique que ceux qu'on obtient avec des circuits formés d'autres métaux. M. Ed. Becquerel pensa de suite à utiliser le sulfure de cuivre fondu dans la construction des piles thermo-électriques; mais M. Bunsen fit connaître avant lui une pile thermo-électrique dans laquelle il faisait usage de sulfure de cuivre naturel (pyrite de cuivre). Peu après, M. Matthiessen et M. Marcus construisirent des piles thermo-électriques antimoine et zinc, plus puissantes en quantité que les piles au sulfure de cuivre, mais ayant moins de tension.

M. Ed. Becquerel, ayant donné suite à ses recherches sur le pouvoir thermo-électrique du sulfure de cuivre artificiel, a trouvé, en 1865, que cette substance chauffée à 200 ou 300 degrés est fortement positive, et qu'un couple de ce sulfure et de cuivre a une force électro-motrice près de dix fois plus grande que celle du couple bismuth et cuivre de la figure 682. Le sulfure de cuivre naturel est au contraire fortement négatif.

Le sulfure artificiel ne fondant qu'à 1035 degrés environ, on peut en faire usage à des températures très-élevées. Le métal que M. Ed. Becquerel lui associe est le maillechort (alliage de 90 de cuivre et 10 de nickel). La figure 684 représente la disposition d'une pile de M. Ed. Becquerel de 50 couples rangés en deux séries de 25. La figure 685 donne, sur une plus grande échelle, la vue d'un seul couple, et la figure 686 celle de 6 couples en deux séries de 3. Le sulfure de cuivre est taillé en prismes rectangles S (fig. 685), de 10 centimètres de longueur sur 18 millimètres de largeur et 12 d'épaisseur. A l'extrémité antérieure est une armature de maillechort *m* destinée à préserver le sulfure du grillage quand on chauffe le couple à la flamme du gaz. En dessous est une lame de maillechort MM qui se recourbe plusieurs fois pour aller se réunir au sulfure du couple suivant, et ainsi de suite. Les couples ainsi disposés en deux séries de 25 sont fixés à un cadre de bois supporté par deux colonnes de cuivre A, B (fig. 684), le long desquelles on peut l'élever plus ou moins. Au-dessous des couples est une caisse de laiton D remplie d'eau qui se renouvelle constamment, l'eau arrivant d'un bout par un tube *b* et se dégageant de l'autre, à mesure qu'elle s'échauffe, par un robinet *r*. Les lames de maillechort, lorsqu'elles plongent dans le liquide, sont donc entretenues à une température constante. Enfin, de chaque côté de la caisse est un réservoir C dans lequel du gaz d'éclairage est amené par un tube de caoutchouc *a*. Ces deux réservoirs sont recouverts d'une toile métallique très-fine à travers laquelle le gaz se dégage. En enflam-

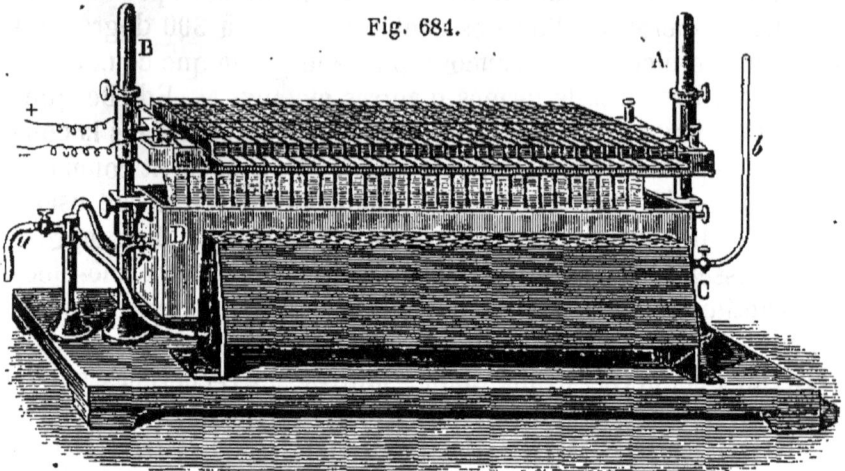

Fig. 684.

mant celui-ci et en abaissant les couples, l'extrémité des lames de maillechort est portée par la flamme à une température de 200 à 300 degrés. Pour recueillir le courant on place sur la gauche du cadre deux bornes *d, c* (fig. 686), communiquant l'une avec le premier

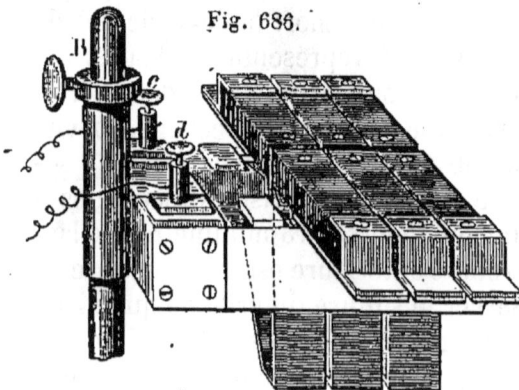

Fig. 686.

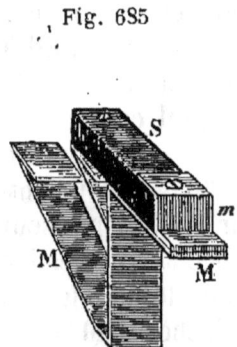

Fig. 685

sulfure, c'est le pôle positif, l'autre avec le dernier maillechort, c'est le pôle négatif. A l'autre extrémité du cadre sont deux autres bornes destinées, suivant la manière dont les communications sont établies, à faire marcher la pile en tension, les 50 couples en une seule série (714), ou en quantité, c'est-à-dire en deux séries parallèles de 25.

La résistance du sulfure de cuivre au passage de l'électricité et par suite à la recombinaison des électricités contraires de la pile étant très-grande, le courant de cette pile acquiert une forte tension. Aussi peut-il servir à télégraphier à une grande distance, et la pile ci-dessus suffit-elle pour faire porter un poids de 100 kilogrammes à un fort électro-aimant. Elle fait rougir un fil de fer fin et court, et décompose l'eau faiblement. M. Ed. Becquerel a reconnu qu'il faut 8 à 9 couples de cette pile pour fournir une force électro-motrice équivalente à celle d'un couple à sulfate de cuivre.

789. Lois des courants thermo-électriques. — 1re Loi. — *Dans un couple thermo-électrique, tant que la différence de température entre les deux soudures reste la même, le courant est rigoureusement constant.*

2e Loi. — *L'intensité des courants thermo-électriques augmente avec la différence de température entre les deux soudures; et si l'une d'elles est à zéro, cette intensité est proportionnelle, dans la limite de 40 à 45 degrés, à la température de l'autre soudure.*

3e Loi. — *Dans une pile thermo-électrique, l'intensité du courant, toutes choses égales d'ailleurs, est proportionnelle au nombre des couples.*

Ces lois ont été constatées expérimentalement par M. Becquerel.

790. Applications des courants thermo-électriques. — La plus importante application des courants thermo-électriques est celle qui a été faite par Melloni au thermo-multiplicateur, appareil déjà décrit (276), et dont on a vu les nombreux usages dans l'étude de la chaleur rayonnante.

M. Pouillet a appliqué le couple thermo-électrique fer et platine, uni au galvanomètre, comme pyromètre, à la mesure des hautes températures. M. Ed. Becquerel a adopté pour le même usage un couple platine et palladium, renfermé dans un tube de porcelaine et communiquant, à l'extérieur, avec une boussole galvanométrique.

Enfin, sous le nom de *thermomètre électrique,* M. Becquerel a fait usage d'un couple formé d'un fil de cuivre soudé à un fil de fer. Une des soudures étant portée à zéro, l'autre était placée dans le lieu dont on voulait avoir la température. C'est à l'aide de cet instrument uni au galvanomètre que M. Becquerel a fait de nombreuses recherches sur la température du sol à différentes profondeurs, sur celle de l'air à diverses hauteurs, et enfin sur la température des plantes et des animaux.

CHAPITRE VII.

INDUCTION.

791. Induction par les courants discontinus. — On a déjà vu
(650) qu'on désigne sous le nom d'*induction*, l'action qu'exercent
à distance les corps électrisés sur les corps à l'état neutre ; mais
c'est surtout quand il s'agit des effets produits par l'électricité dynamique que cette dénomination est usitée. M. Faraday, qui, le premier, en 1832, a fait connaître cette classe de phénomènes, a nommé
courants d'induction ou *courants induits,* des courants qui se
développent dans les conducteurs métalliques, sous l'influence des

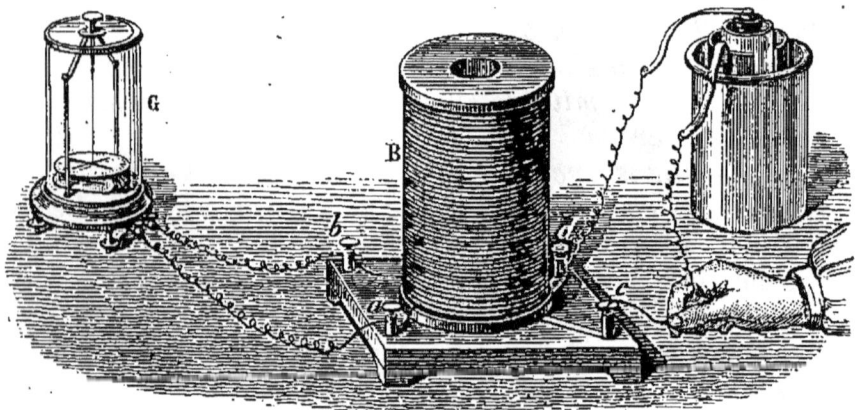

Fig. 687.

courants électriques, et aussi sous l'influence des aimants puissants, ou même sous celle de l'action magnétique de la terre ; et
il a nommé *courants inducteurs,* les courants qui agissent par
induction.

L'induction ne se produit qu'au moment où le courant inducteur commence ou finit, ou qu'autant que sa puissance inductive
varie, soit parce que l'intensité du courant croît ou décroît, soit
parce que la distance augmente ou diminue.

On constate l'induction des courants, au moment de l'ouverture
et de la fermeture du circuit qu'ils parcourent, au moyen d'une
bobine à deux fils (fig. 687). On nomme ainsi un cylindre de carton ou de bois, sur lequel s'enroulent en hélice, d'abord un gros
fil de cuivre, puis un plus fin, tous les deux recouverts de soie ou
de coton. Le gros fil, qui ne fait qu'un petit nombre de tours,
vient se terminer à deux bornes *c* et *d* fixées sur une planchette
qui porte la bobine ; tandis que le fil fin, qui recouvre le premier

et qui fait un très-grand nombre de tours, vient aboutir à deux bornes *a* et *b*. Ayant mis ces deux dernières en communication avec un galvanomètre, on fixe à la borne *d* une des électrodes d'une pile, et tenant à la main l'autre électrode, on la met en contact avec la borne *c*, ce qui fait passer le courant dans le gros fil, mais dans le gros fil seulement. Or, on observe alors les phénomènes suivants :

1° Au moment où le gros fil commence à être traversé par le courant, le galvanomètre, par la déviation de l'aiguille, indique dans le fil fin un courant *inverse* du premier, c'est-à-dire de sens contraire; lequel n'est qu'instantané, car l'aiguille revient aussitôt au zéro, et y reste tout le temps que le gros fil est parcouru par le courant inducteur.

2° A l'instant où, les communications étant rompues, le gros fil cesse d'être traversé par un courant, il se produit de nouveau, dans le fil fin, un courant induit, instantané comme le premier, mais *direct*, c'est-à-dire de même sens que le courant inducteur.

Ces phénomènes peuvent être assimilés à ceux qui ont été étudiés dans l'électricité statique sous le nom d'électrisation par influence (650); on peut, en effet, les considérer comme le résultat de la décomposition et de la recomposition, molécule à molécule, de l'électricité naturelle du fil induit par l'influence de l'électricité qui se propage dans le fil inducteur. Cette théorie de la production des courants induits est celle qu'adopte M. de La Rive dans son *Traité d'électricité.*

792. Les courants continus peuvent aussi donner naissance à des courants induits. — Ce n'est pas seulement à la fermeture ou à l'ouverture du courant inducteur qu'un courant induit se développe. En effet, il suffit qu'un courant s'approche ou s'éloigne d'un circuit métallique fermé pour donner lieu à une nouvelle décomposition ou recomposition de fluide, et faire naître un courant induit. Pour le démontrer, soient une bobine creuse B, à un seul fil très-fin et très-long (fig. 688), et une seconde bobine A à un seul fil aussi, mais gros et court, laquelle est de dimensions telles, qu'elle peut se placer dans la première. Or, la bobine A étant parcourue par un courant, si on la plonge brusquement dans la bobine B, un galvanomètre en communication avec cette dernière indique, par le sens de sa déviation, qu'il se produit instantanément dans la grosse bobine un courant *inverse,* qui cesse aussitôt, le galvanomètre revenant au zéro et y restant tout le temps que la petite bobine est dans la grosse. Mais si on la retire rapidement, le galvanomètre accuse dans le fil fin un courant induit *direct.* Lorsque, au lieu d'introduire ou de retirer brusquement la bobine à gros fil, on l'approche ou on l'éloigne lentement, le galvanomètre n'indique qu'un courant faible, et d'autant plus faible, que le mouvement est plus lent.

Si, au lieu de faire varier la distance du courant inducteur, on fait varier son intensité, en augmentant ou en diminuant la résistance du circuit, on remarque encore qu'il se produit dans le fil

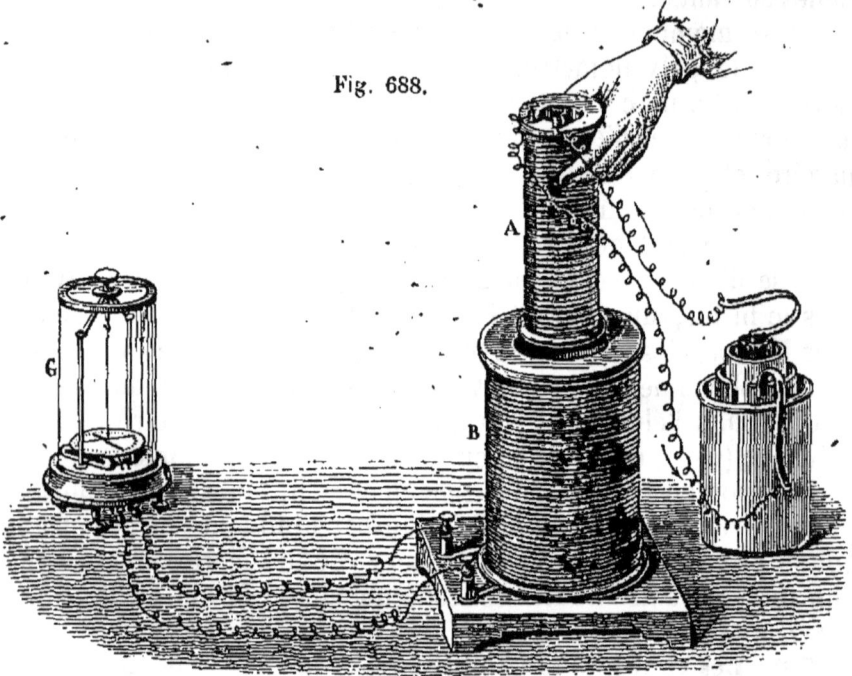

Fig. 688.

fin un courant indusiti 'nverse si l'intensit du couran inducteur té augmente, direct si elle diminue.

793. Conditions pour qu'il y ait induction, loi de Lenz. — En résumant les deux paragraphes qui précèdent, on en déduit les loi suivantes :

1° La distance restant la même, *un courant continu et constant ne développe pas d'induction dans un circuit voisin.*

2° *Un courant qui commence fait naître un courant induit inverse,* c'est-à-dire de sens contraire.

3° *Un courant qui finit produit un courant induit direct,* ou de même sens.

4° *Un courant qui s'éloigne, ou dont l'intensité diminue, donne naissance à un courant induit direct.*

5° *Un courant qui se rapproche, ou dont l'intensité augmente, donne lieu à un courant inverse.*

6° Sur l'induction qui se produit entre un circuit fermé et un courant en activité, quand leur distance relative varie, M. Lenz a posé la loi suivante, connue sous le nom de *loi de Lenz*, et qui comprend les lois 4 et 5 ci-dessus.

Lorsqu'un courant s'approche ou s'éloigne rapidement d'un circuit fermé, il se développe dans celui-ci un courant induit de sens tel, qu'en agissant suivant les lois de l'électro-dynamique (754) sur le courant inducteur, il lui ferait prendre un mouvement inverse de celui en vertu duquel il exerce son induction. Dans la théorie d'Ampère (762), cette loi s'applique également aux aimants.

794. Induction par l'électricité de frottement. — L'électricité

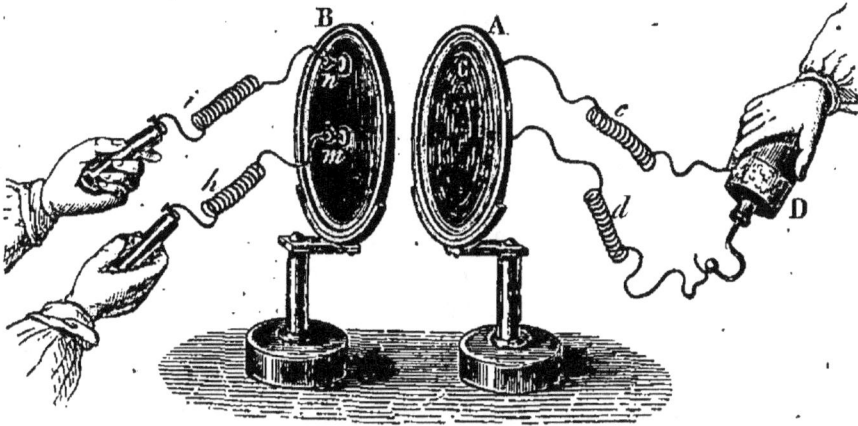

Fig. 689.

des machines électriques développe aussi des phénomènes d'induction. Avec l'appareil suivant, dû à M. Matteucci, on constate très-bien l'induction produite par la décharge d'une bouteille de Leyde. Cet appareil se compose de deux plateaux de verre, de 33 centimètres de diamètre environ, fixés verticalement dans deux cadres de laiton A et B (fig. 689). Ces plateaux sont portés sur des pieds mobiles, et peuvent s'approcher ou s'écarter à volonté. Sur la face antérieure du plateau A est enroulé, en spirale, un fil de cuivre C, d'un millimètre de diamètre et de 25 à 30 mètres de longueur. Les deux bouts de ce fil passent au travers du plateau, l'un au centre, l'autre à la partie supérieure, et se terminent à deux petites pinces semblables à celles qui sont représentées en *m* et en *n* sur le plateau B. Dans ces pinces s'engagent deux fils de cuivre recouverts de soie *c* et *d*, qui sont destinés à recevoir le courant inducteur.

Sur la face du plateau B, qui est en regard du plateau A, s'enroule un fil de cuivre, aussi en spirale, mais plus fin que le fil C. Ses extrémités aboutissent aux pinces *m* et *n*, qui reçoivent deux fils *h* et *i*, destinés à transmettre le courant induit. Les deux fils enroulés sur les plateaux A et B sont non-seulement recouverts de soie, mais chaque circuit est isolé du suivant par une couche épaisse de vernis à la gomme laque, condition indispensable pour expérimenter avec l'électricité des machines électriques, laquelle est toujours beaucoup plus difficile à isoler que celle des piles, à cause de sa plus grande tension.

Pour démontrer la production du courant induit par la décharge d'une bouteille de Leyde, on fait communiquer, comme le montre le dessin, l'un des bouts du fil C avec l'armature extérieure de la bouteille, et l'autre avec le crochet ; à l'instant où l'étincelle part, l'électricité qui passe dans le fil C agissant par influence sur le fluide neutre du fil enroulé sur le plateau B, un courant instantané prend naissance dans ce fil. En effet, une personne qui tient dans les mains deux cylindres de cuivre en communication avec les fils i et h, reçoit une commotion dont l'intensité est d'autant plus forte, que les plateaux sont plus rapprochés. Cette expérience montre que l'électricité des machines électriques peut, aussi bien que celle de la pile, donner naissance à des courants d'induction.

L'appareil de M. Matteucci peut aussi servir à démontrer l'induction par la variation de distance ou d'intensité. Pour cela, on fait communiquer les fils c et d avec les pôles d'une pile, et les fils i et h avec un galvanomètre. Approchant alors ou écartant les plateaux, le galvanomètre fait voir qu'il y a courant induit sur le plateau B.

795. **Induction par les aimants.** — On a vu que l'influence d'un courant aimante un barreau d'acier (767) ; réciproquement, un aimant peut faire naître, dans les circuits métalliques, des courants d'induction. M. Faraday l'a démontré au moyen d'une bobine à un seul fil de 200 à 300 mètres de longueur. Les deux extrémités du fil étant mises en communication avec un galvanomètre, comme le montre la figure 690, on introduit brusquement dans la bobine, qui est creuse, un fort barreau aimanté, et l'on observe alors les phénomènes suivants :

1° Au moment où l'on introduit le barreau, le galvanomètre indique, dans le fil, un courant induit instantané, inverse de celui qui existe autour du barreau, en assimilant celui-ci à un solénoïde, comme on l'a fait dans la théorie d'Ampère (762).

2° Aussitôt qu'on retire le barreau, l'aiguille du galvanomètre, qui était revenue au zéro, indique un courant induit direct.

On peut encore constater l'influence inductrice des aimants par l'expérience suivante. On place, dans la bobine à un seul fil, un barreau de fer doux, et l'on approche brusquement un fort aimant ; l'aiguille du galvanomètre est déviée, revient au zéro aussitôt que l'aimant est fixé, et se dévie en sens contraire quand on l'éloigne.

L'induction est ici produite par l'aimantation du fer doux, dans l'intérieur de la bobine, sous l'influence du barreau aimanté.

On obtient les mêmes effets d'induction dans le fil d'un électro-aimant, si, en avant des extrémités de celui-ci, on fait tourner rapidement un fort barreau aimanté, de manière que ses pôles agissent successivement par influence sur les deux branches de l'élec-

Fig. 690.

tro-aimant; ou bien encore, en formant deux bobines autour d'un aimant en fer à cheval, et en faisant passer une plaque de fer doux avec rapidité devant les pôles de l'aimant; le fer doux, en s'aimantant par influence, réagit sur l'aimant, et il en résulte, dans le fil, des courants induits successivement de sens contraires.

L'induction par les aimants est une confirmation de la théorie d'Ampère sur le magnétisme (762). En effet, dans cette théorie, les aimants étant de véritables solénoïdes, toutes les expériences ci-dessus s'expliquent par l'induction des courants qui parcourent la surface des aimants. En un mot, l'induction par les aimants est encore une induction par les courants.

796. Induction par les aimants dans les corps en mouvement. — Arago observa, le premier, en 1824, que le nombre d'oscillations que fait une aiguille aimantée, dans des temps égaux, quand on l'écarte de sa position d'équilibre, est très-affaibli par le voisinage de certaines masses métalliques, et notamment du cuivre rouge, qui peut réduire le nombre des oscillations de 300 à 4. Cette observation conduisit le même physicien, en 1825, à un fait non moins inattendu : celui de l'action rotative qu'un disque de cuivre en mouvement exerce sur une aiguille aimantée.

On constate ce phénomène au moyen d'un disque métallique M, mobile autour d'un axe vertical (fig. 694). Sur cet axe est une poulie B, autour de laquelle s'enroule un cordon sans fin qui va passer sur une poulie plus grande A. En faisant tourner celle-ci avec la main, on imprime au disque M un mouvement de rotation rapide.

Fig. 691.

Au-dessus du disque est un carreau de verre fixe, auquel est adapté un pivot qui porte une aiguille aimantée *ab*. Or, si le disque tourne d'un mouvement lent et uniforme, l'aiguille est déviée dans le sens du mouvement et s'arrête à 20 ou 30 degrés du méridien magnétique, selon la vitesse de rotation du disque. Mais si cette vitesse augmente, l'aiguille finit par être déviée de plus de 90 degrés : alors elle est entraînée, décrit une révolution entière, et suit le mouvement du disque jusqu'à ce qu'il s'arrête.

L'effet décroît avec la distance de l'aiguille au disque, et varie beaucoup avec la nature de celui-ci. Le maximum d'effet a lieu avec les métaux ; avec le bois, le verre, l'eau, etc., il est nul. MM. Babbage et Herschel, en Angleterre, ont trouvé qu'en représentant par 100 l'action d'un aimant sur un disque de cuivre, cette action, sur les autres métaux, est représentée par les nombres suivants : zinc, 95 ; étain, 46 ; plomb, 25 ; antimoine, 9 ; bismuth, 2. Enfin, l'effet est très-affaibli si le disque présente des solutions de continuité, surtout dans le sens de ses rayons ; mais les mêmes physiciens ont constaté qu'il reprend sensiblement la même intensité si l'on soude les solutions de continuité avec un métal quelconque.

Arago a reconnu que la force qui imprime à l'aiguille son mouvement de rotation est la résultante de trois autres forces, l'une perpendiculaire au plan du disque, et agissant par répulsion sur l'aiguille ; la seconde, dirigée dans le sens du rayon du disque, et agissant d'abord par répulsion sur l'aiguille à partir de la circonférence du disque, puis décroissante en s'approchant du centre, pour se changer en force attractive en approchant davantage de ce point, et devenir nulle en ce point même ; enfin, la troisième force, parallèle au plan du disque, est perpendiculaire, en chaque point, au rayon, et son action est attractive ; c'est donc cette dernière force qui fait tourner l'aiguille. Arago ne découvrit point l'origine de ces différentes forces ; c'est M. Faraday, qui, le premier, en 1832, a fait voir, à l'aide du galvanomètre, qu'elles étaient dues à des courants d'induction développés dans les disques par l'influence de l'aiguille aimantée (816).

797. **Induction par l'action de la terre.** — M. Faraday a reconnu, le premier, que le magnétisme terrestre peut développer des courants induits dans les corps métalliques en mouvement, en agissant comme un puissant aimant placé dans l'intérieur du globe, dans la direction de l'aiguille d'inclinaison, ou plutôt, conformément à la théorie d'Ampère, comme un circuit de courants électriques dirigés de l'est à l'ouest parallèlement à l'équateur magnétique. Il le constata en plaçant une longue hélice de fil de cuivre recouvert de soie dans le plan du méridien magnétique parallèlement à l'aiguille d'inclinaison ; en faisant tourner cette hélice de 180 degrés autour d'un axe qui la traversait en son milieu, il observa qu'à chaque demi-révolution, un galvanomètre en communication avec les deux bouts de l'hélice était dévié.

Pour démontrer les courants induits développés par l'action de la terre, Delezenne a construit l'appareil suivant, connu sous le nom de *cerceau de Delezenne* (fig. 692). Il se compose d'un cerceau de bois RS, de près d'un mètre de diamètre, fixé à un axe *oi*, auquel on peut imprimer un mouvement de rotation plus ou moins rapide au moyen d'une manivelle M. L'axe *oi* est porté par un cadre PQ, mobile lui-même autour d'un axe horizontal. A l'aide d'aiguilles fixées à ces deux axes, un premier cercle gradué *b* indique l'obliquité du cadre PQ, et, par suite, de l'axe *oi* par rapport à l'horizon, et un deuxième cercle gradué *c* marque le déplacement angulaire imprimé au cerceau. Autour de celui-ci s'enroule en hélice un fil de cuivre recouvert de soie, dont les deux bouts arrivent aux deux anneaux métalliques d'un *commutateur a* analogue à celui qui sera décrit ci-après dans l'appareil de Clarke (802), et dont l'usage est de ramener le courant à être toujours de même sens, quoique sa direction change à chaque demi-révolution du cerceau. Enfin, sur chacun des anneaux du commutateur s'appuient deux lames de laiton qui transmettent successivement le courant à deux fils en communication avec un galvanomètre.

L'axe *oi* étant dans le méridien magnétique, et le cerceau RS perpendiculaire à la direction XY de l'aiguille d'inclinaison, si on lui imprime un mouvement de rotation lent, l'aiguille du galvano-

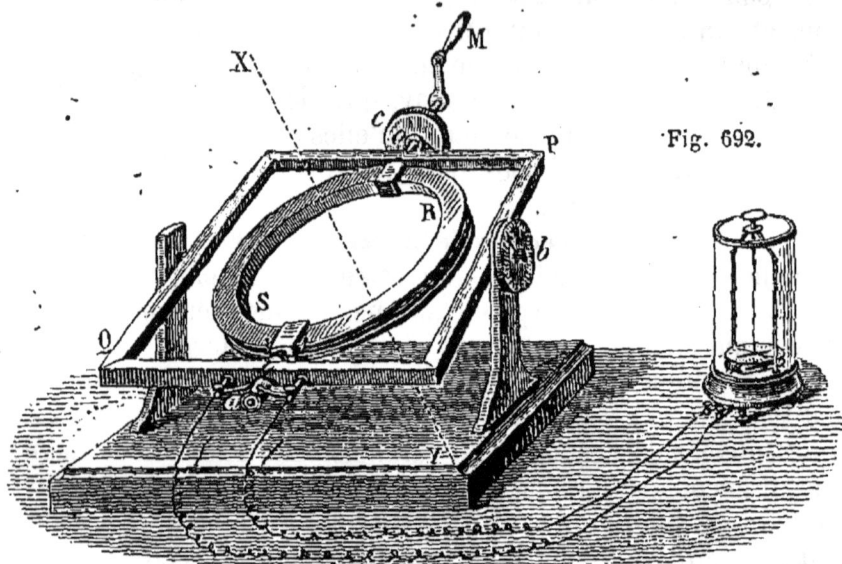

Fig. 692.

mètre est déviée, et par l'angle de sa déviation indique, dans l'hélice qui entoure le cerceau, un courant induit dont l'intensité augmente jusqu'à ce qu'on ait tourné de 90 degrés; puis la déviation décroît et devient nulle quand le cerceau a fait une demi-révolution. Si le mouvement de rotation continue, le courant reparaît, mais en sens contraire, atteint un second maximum à 270 degrés, et devient nul de nouveau après un tour complet. Dans le cas où l'axe *oi* est parallèle à l'aiguille d'inclinaison, il ne se produit pas de courant.

798. Induction d'un courant sur lui-même, extra-courant. — Lorsqu'on ouvre un circuit fermé, parcouru par un courant voltaïque, on n'obtient qu'une étincelle à peine sensible, si le fil qui réunit les deux pôles est court. De plus, si l'on fait partie du circuit en tenant dans chaque main une électrode, on ne ressent aucune commotion, à moins que le courant ne soit très-intense. Au contraire, si le fil est long, et surtout s'il est enroulé un grand nombre de fois sur lui-même, de manière à former une bobine à plis serrés, l'étincelle, qui est nulle à la fermeture du courant, acquiert, quand on l'ouvre, une grande intensité, et si l'on est placé dans le circuit, on reçoit alors une commotion d'autant plus forte, que le nombre des spires est plus grand.

M. Faraday a expliqué ce renforcement du courant au moment de la rupture par une action inductrice que le courant, dans chaque spire, exerce sur les spires voisines; action en vertu de laquelle il se produit, dans toute la bobine, un courant induit direct, c'est-à-dire de même sens que le courant principal. C'est ce courant induit qu'on désigne sous le nom d'*extra-courant*.

Fig. 693.

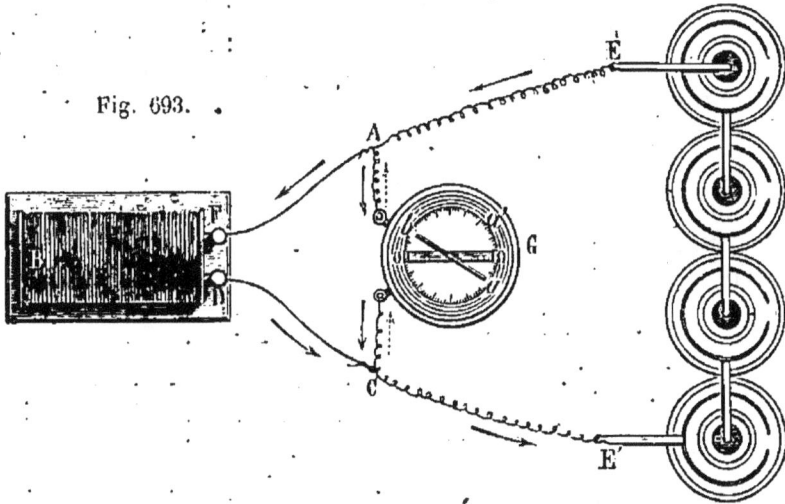

Pour constater l'existence de l'extra-courant au moment de l'ouverture, M. Faraday a disposé l'expérience comme le montre la figure 693. Des pôles d'une pile partent deux fils de cuivre qui se rendent à deux bornes D et F, auxquelles aboutissent les bouts d'une bobine à fil fin B. Sur le parcours des fils, des points A et C partent deux autres fils qui se rendent à un galvanomètre G. Par suite, le courant parti du pôle E se bifurque en A en deux courants, l'un qui traverse le galvanomètre, l'autre la bobine, pour revenir tous les deux au pôle négatif E'.

L'aiguille du galvanomètre étant alors déviée par le courant qui va de A en C, on la ramène au zéro, et on l'y maintient par un obstacle qui l'empêche de tourner dans le sens Ga', mais la laisse libre dans le sens opposé. Or, en rompant la communication en E, on remarque qu'à l'instant où le circuit est ouvert, l'aiguille est déviée dans le sens Ga; ce qui indique un courant contraire à celui qui avait lieu pendant l'établissement du courant, et allant par conséquent de C vers A. Mais le courant de la pile ayant cessé, le seul circuit fermé qui persiste est le circuit AFBDCA, et puisque, dans la partie CA, un courant va de C en A, il faut donc qu'il parcoure tout le circuit dans le sens AFBDC, c'est-à-dire dans le même sens que le courant principal. C'est ce courant qui apparaît ainsi au moment de l'ouverture du circuit, qui est l'extra-courant.

799. Extra-courant d'ouverture et extra-courant de fermeture. — Ce n'est pas seulement à l'instant où le courant finit que les spires, réagissant les unes sur les autres, donnent naissance à un courant induit; il en est encore ainsi lorsqu'on ferme le courant; seulement, ici, d'après la loi générale de l'induction (794), le courant qui se développe est inverse, c'est-à-dire de sens contraire au courant principal. De là deux extra-courants : l'*extra-courant de fermeture,* ou *extra-courant inverse,* et l'*extra-courant d'ouverture,* ou *extra-courant direct.*

Ce dernier courant, étant de même sens que le courant principal, s'ajoute à lui et augmente l'étincelle de rupture ; au contraire, l'extra-courant inverse, étant de sens contraire à celui du courant principal, en diminue l'intensité et affaiblit ou annule l'étincelle au moment de la fermeture. C'est donc seulement à la rupture que l'extra-courant, combiné avec le courant principal, peut donner des effets puissants.

Pour recueillir l'extra-courant direct, on soude à chacun des bouts du fil d'une bobine simple, c'est-à-dire à un seul fil, un appendice métallique, une plaque de cuivre par exemple, et l'on tient une plaque dans chaque main, ou on les fait communiquer entre elles par le conducteur qu'on veut soumettre à l'extra-courant, celui-ci se produisant à chaque interruption du courant qui passe dans le fil de la bobine. On trouve ainsi que l'extra-courant direct donne de violentes commotions, de vives étincelles, décompose l'eau, fond le platine, et fait dévier l'aiguille aimantée. M. Abria, qui a fait de nombreuses recherches sur les courants d'induction, a trouvé que l'intensité de l'extra-courant d'ouverture égale 0,72 environ de celle du courant principal.

Les effets ci-dessus acquièrent une intensité encore plus énergique, si l'on introduit dans la bobine un barreau de fer doux, ou, ce qui revient au même, si l'on fait passer le courant dans les bobines d'un électro-aimant. C'est encore là un phénomène d'induction dû à l'aimantation du fer doux dans l'intérieur de la bobine (795). En effet, à chaque désaimantation du fer, les courants d'Ampère développés à la surface réagissent sur la bobine, et y font naître un courant de même sens que l'extra-courant.

Dans ce qui précède, les effets des deux extra-courants se superposent à ceux du courant principal. Or, un savant suédois, M. Edlund, a fait disparaître cette difficulté par une disposition d'appareil qui permet d'annuler complétement l'action du courant principal sur les instruments de mesure, et ne laisse subsister que celle de l'extra-courant. En expérimentant ainsi, M. Edlund est arrivé aux deux lois suivantes :

1° *Chacun des extra-courants est proportionnel à l'intensité du courant inducteur.*

2° *L'extra-courant direct est toujours un peu plus faible que l'extra-courant inverse.* Ce qu'on peut expliquer en observant qu'au moment où l'on interrompt le circuit après l'avoir laissé fermé quelque temps, le courant principal est affaibli par la polarisation qui se produit toujours plus ou moins dans la pile (706) ; d'où il résulte que le courant inducteur est plus faible au moment de l'interruption qu'au moment de la fermeture. Autrement, M. Edlund admet que les deux extra-courants sont égaux, du moins quant aux quantités totales d'électricité qu'ils font passer dans une même section du fil ; mais quant aux actions magnétisantes ou physiologiques, les deux courants diffèrent. En effet, d'après les recherches de M. Rijke, l'extra-courant inverse possède, dans ce cas, une plus grande intensité et une moindre durée que l'extra-courant direct (*Annales de chimie et de physique,* 1858, tome LIII, p. 59).

Dans tout ce qui précède, le courant inducteur a agi constamment sur un circuit fermé. Or, lorsqu'il agit sur un circuit ouvert, il y a encore induction. Toutefois elle ne se manifeste plus alors par des courants, mais seulement par une accumulation d'électricités contraires aux deux extrémités du circuit : accumulation d'où résulte une série d'étincelles lorsque les deux bouts du circuit sont assez rapprochés. En sorte que, par leur forte tension, leur instantanéité, leurs effets lumineux, les phénomènes qui apparaissent alors semblent plutôt du domaine de l'électricité statique que de celui de l'électricité voltaïque.

Après avoir fait connaître les appareils fondés sur les courants d'induction, nous reviendrons plus loin (815) sur l'intensité de ces courants.

800. **Courants induits de différents ordres.** — Malgré leur instantanéité, les courants induits peuvent eux-mêmes, par leur influence sur des circuits fermés, donner naissance à de nouveaux courants induits, puis ceux-ci à d'autres, et ainsi de suite, de manière à produire des *courants induits de différents ordres.*

Ces courants, découverts par M. Henri, à New-Jersey, se constatent en faisant réagir les unes sur les autres une suite de bobines formées chacune d'un fil de cuivre recouvert de soie et contourné sur lui-même en spirale dans un même plan, comme celle qui est représentée sur le plateau A, dans la figure 689. On remarque que les courants qui se produisent alors dans les spirales sont alternativement de sens contraires, et que leur intensité décroît à mesure qu'ils sont d'un ordre plus élevé.

MACHINES MAGNÉTO-ÉLECTRIQUES.

804. Appareil de Pixii. — Les *machines magnéto-électriques* sont des appareils qui, utilisant l'induction par les aimants (795),

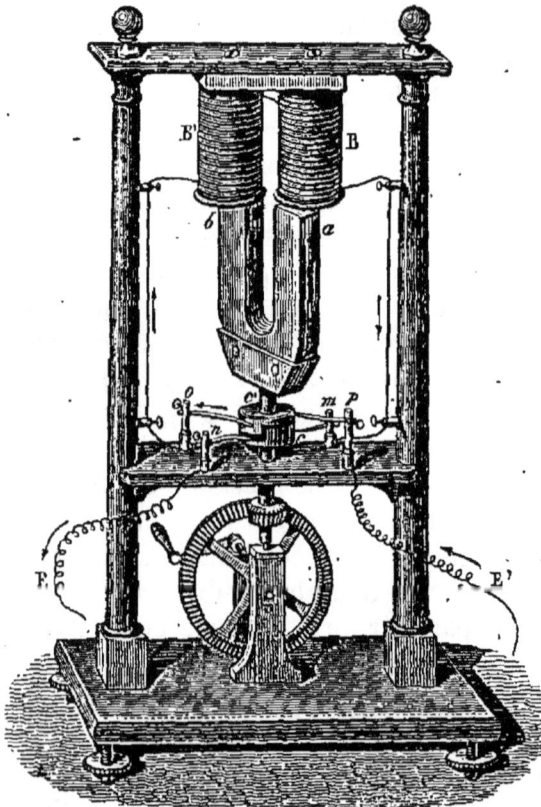

Fig. 694.

transforment le travail d'un moteur en courants électriques puissants, reproduisant tous les effets des courants voltaïques. La première machine de ce genre fut construite par Pixii fils, en France, en 1832. Elle se compose d'un électro-aimant fixe BB', supporté par deux colonnes de bois (fig. 694). Au-dessous est un faisceau aimanté en fer à cheval, porté par un axe vertical, auquel on imprime un mouvement de rotation plus ou moins rapide à l'aide de deux roues d'angle et d'une manivelle. Les pôles *a* et *b* du faisceau, rasant alors le fer doux des bobines B, B', l'aimantent par influence successivement en sens contraires. Or, le fer doux, à chaque aimantation et à chaque désaimantation, fait naître dans le fil des bobines des courants induits qui se propagent dans les fils parallèles aux colonnes, gagnent un commutateur cc', et de là les fils E, E'. On va voir ci-après (802) que pendant une révolution complète du faisceau aimanté, il se produit en réalité deux courants de sens contraires, mais que, par l'effet du commutateur cc', le courant est toujours ramené à être de même sens dans les deux fils E, E'.

Quant à la théorie de ces courants, comme elle est identiquement la même que celle des courants qu'on obtient dans l'appareil de

Clarke, nous renvoyons à ce que nous allons dire de cet appareil, le seul en usage aujourd'hui.

802. Appareil de Clarke. — Clarke, à Londres, a construit un appareil qui est une modification de celui de Pixii. Il se compose d'un faisceau aimanté A (fig. 695), très-puissant, recourbé en fer à cheval, et appliqué verticalement le long d'une planchette de

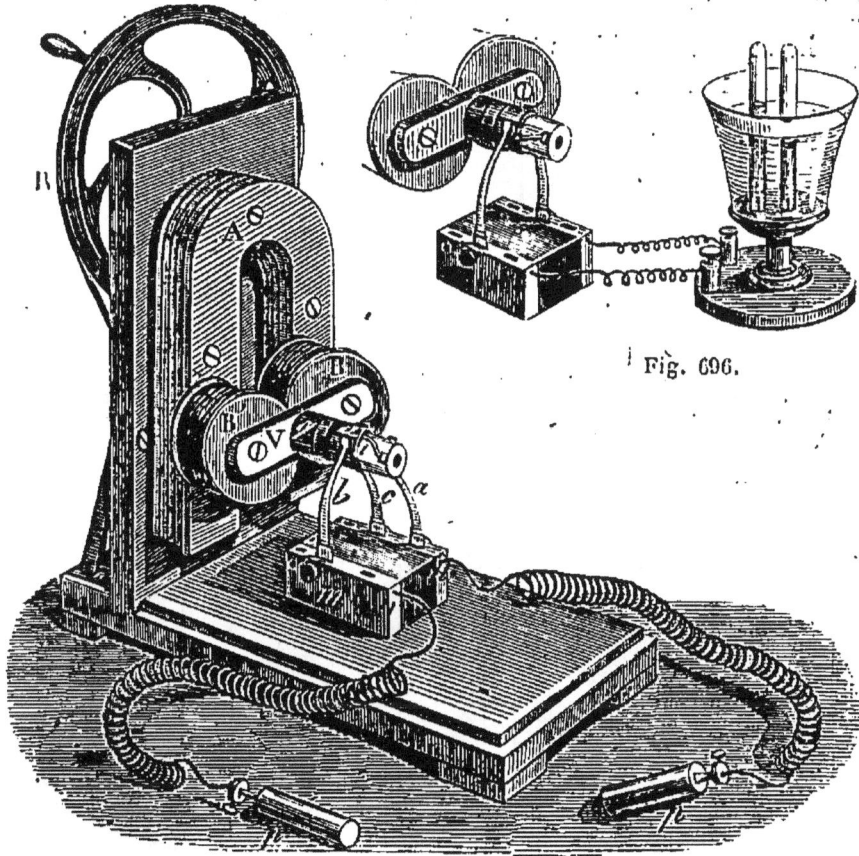

Fig. 696.

Fig. 695.

bois. En avant de ce faisceau sont deux bobines B, B', mobiles autour d'un axe horizontal. Ces bobines sont enroulées sur deux cylindres de fer doux, reliés à un bout par une plaque épaisse V, aussi de fer doux, et à l'autre bout, en regard du faisceau, par une plaque de laiton. A la première plaque est fixé un axe de cuivre qui porte un commutateur qo, et à la plaque de laiton est fixé un axe portant, derrière la planchette, une poulie à laquelle on transmet le mouvement au moyen d'une courroie sans fin et d'une grande roue R mue par une manivelle.

Chaque bobine est formée d'un fil de cuivre distinct, très-fin, recouvert de soie, et faisant jusqu'à 4500 tours. Un bout du fil de la bobine B se réunit, sur l'axe k (fig. 702), à un bout du fil de la bobine B', et les deux autres bouts viennent aboutir à une virole de cuivre q, qui est fixée à l'axe, mais qui en est isolée par une enveloppe cylindrique d'ivoire. On a soin que dans les bouts qui se réunissent, le courant induit soit de même sens, ce qui s'obtient en enroulant les fils en sens contraires sur les deux bobines; c'est-à-dire que l'une est *dextrorsum* et l'autre *sinistrorsum*.

Lorsque les bobines tournent, le fer doux sur lequel chacune

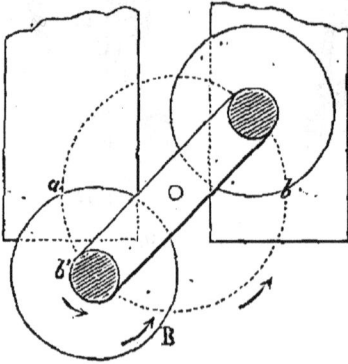

Fig. 697.

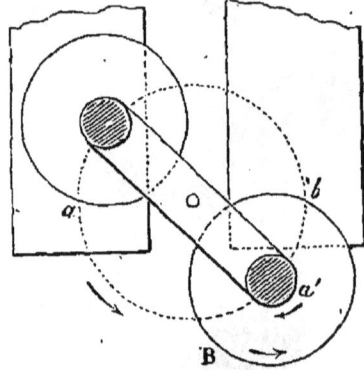

Fig. 698.

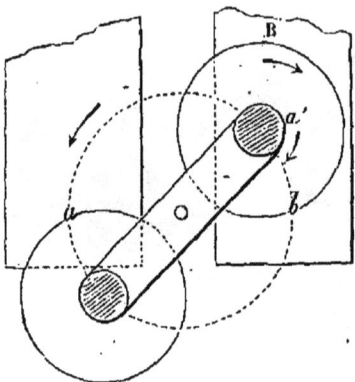

Fig. 699.

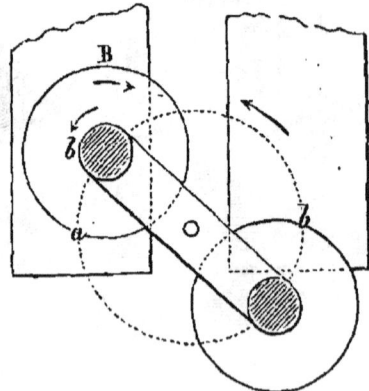

Fig. 700.

est enroulée s'aimante alternativement en sens contraires sous l'influence des pôles de l'aimant, et dans chaque fil il se produit un courant induit qui change de direction à chaque demi-révolution. En effet, suivons une des bobines, B par exemple, pendant qu'elle effectue une révolution complète devant les pôles du faisceau aimanté, en convenant de représenter par a et b les pôles de celui-ci, et par a' et b' ceux que prend successivement l'extrémité du fer doux de la bobine. De plus, considérons cette dernière au moment où elle vient de passer devant le pôle austral a du faisceau (fig. 697). Le fer possède alors un pôle boréal dans lequel on sait que les courants d'Ampère (762) sont dirigés dans le sens des aiguilles d'une montre. C'est le contraire qui semble indiqué par la flèche b'; mais qu'on observe que nous supposons les bobines vues ici comme elles le sont dans la figure 695, et que ce serait en les regardant par le bout qui rase l'aimant que les courants d'Ampère paraîtraient tourner dans le sens des aiguilles d'une montre. Cela posé, ces courants agissent par induction sur le fil de la bobine pour y faire naître un courant de même sens, car la bobine s'éloignant du pôle a, son fer doux se désaimante, et les courants d'Ampère vont cesser (793, 4°). L'intensité du courant induit dans la bobine va donc en décroissant jusqu'à ce que la droite qui joint les axes des deux bobines soit perpendiculaire à celle qui joint les pôles a et b du faisceau. A ce moment, le magnétisme est nul dans le fer doux; mais aussitôt, s'approchant du pôle b, son fer doux s'aimante en sens contraire, et prend actuellement un pôle austral (fig. 698). Or, les courants d'Ampère sont alors dirigés dans le sens de la flèche a'; et comme ils commencent, ils développent dans le fil de la bobine un courant inverse (793, 5°), lequel se trouve être de même sens que celui qui est développé dans le premier quart de révolution. De plus, ce second courant se superpose au premier, puisque en même temps que la bobine s'éloigne de a, elle s'approche de b. En résumé, pendant la demi-révolution inférieure de a en b, le fil de la bobine a été successivement parcouru par deux courants induits de même sens; et si le mouvement de rotation est suffisamment rapide, on pourra pendant cette demi-révolution admettre un courant unique dans le fil.

Un raisonnement identique appliqué aux figures 699 et 700 fera voir que, pendant la demi-révolution supérieure, le fil de la bobine B est encore parcouru par un seul courant, mais de direction opposée à celle du courant pendant la demi-révolution inférieure. D'ailleurs tout ce qui vient d'être dit de la bobine B s'applique évidemment à la bobine B'. Toutefois, les bobines étant l'une *dextrorsum*, l'autre *sinistrorsum*, il est à remarquer que pendant chaque demi-révolution inférieure ou supérieure, les courants sont constamment de même sens dans les deux bobines. A la demi-révolution suivante, ils changent tous les deux, mais ils sont encore de même sens l'un par rapport à l'autre.

Commutateur. — On nomme ainsi un système de pièces à l'aide desquelles on ramène à être toujours de même sens, dans les lames b et c (fig. 695), les courants alternatifs qui se développent dans les bobines. Les figures 701 et 702 donnent, sur une plus grande échelle, l'une une vue perspective, l'autre une coupe horizontale du commutateur de Clarke. Il se compose d'un cylindre

isolant d'ivoire ou de buis J, dans l'axe duquel est un cylindre de
cuivre *k* d'un moindre diamètre, fixé à l'armature V et tournant
avec les bobines. Sur le cylindre d'ivoire est d'abord une virole de
laiton *q*; puis, plus en avant, deux demi-viroles *o, o'*, aussi de
laiton et complétement isolées l'une de l'autre. La demi-virole *o'*
est en communication avec l'axe *k* par une vis *r* (fig. 702), et la

Fig. 701.

demi-virole *o* l'est avec la virole *q* par une languette *x* qui les
unit. Enfin, sur les faces latérales d'un bloc de bois M (fig. 704)
sont deux plaques de laiton *m, n,* sur lesquelles sont maintenues
par des vis de pression deux lames métalliques élastiques *b* et *c,*
qui s'appuient successivement sur les demi-viroles *o* et *o'* quand
la rotation a lieu.

Ces détails connus, on a déjà dit que deux bouts des fils des
bobines, ceux de même sens, viennent aboutir à l'axe métallique *k,*
et, par suite, à la demi-virole *o'*; tandis que les deux autres bouts,
encore de même sens entre eux, se réunissent à la virole *q,* et, par
suite, à la demi-virole *o.* Finalement les pièces *o, o'* sont donc
constamment les pôles des courants alternatifs qui se développent
dans les bobines, et comme ceux-ci sont alternativement de sens
contraires, on voit que les pièces *o, o',* sont elles-mêmes alternativement positives et négatives. Or, si l'on considère, par exemple,
le cas où la demi-virole *o'* est positive, le courant descend par la
lame *b,* suit la plaque *m,* arrive en *n* par le fil conjonctif *p,* monté

en *c*, et se ferme au contact de la pièce *o*; puis lorsque, par l'effet de la rotation, *o* prend la place de *o'*, le courant conserve la même direction, car, comme il est alors renversé dans les bobines, *o* est devenu positif et *o'* négatif; et ainsi de suite tout le temps qu'on fait tourner les bobines.

Avec les deux lames *b* et *c* seules, les deux courants contraires qui partent des deux demi-viroles *o* et *o'* ne pourraient se réunir. Pour fermer le courant, il faut faire communiquer les deux pièces

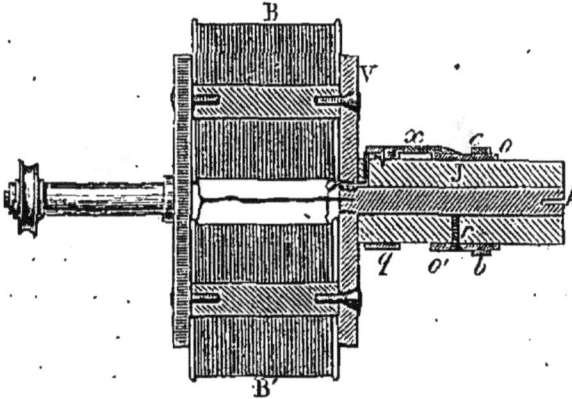

Fig. 702.

m et *n* entre elles, au moyen d'un conducteur quelconque. On ferme aussi le courant au moyen d'une troisième lame *a* (fig. 695) et de deux appendices *i*, dont un seul est visible sur la figure. Ces deux appendices sont isolés l'un de l'autre sur le cylindre d'ivoire, mais communiquent respectivement avec les pièces *o*, *o'*. Toutes les fois que la lame *a* touche un de ces appendices, elle est en communication avec la lame opposée *b*, et le courant est fermé, car il passe de *b* en *a*, puis gagne la lame *c* par la plaque *n*. Au contraire, tant que la lame *a* ne touche pas un des appendices, le courant est interrompu.

Pour les effets physiologiques, l'emploi de la lame *a* accroît beaucoup l'intensité des commotions. Pour cela, on fixe en *n* et en *m* deux longs fils de cuivre contournés en hélice et terminés par deux cylindres *p* et *p'*, qu'on prend dans les mains. Alors, tant que la lame *a* ne touche pas les appendices *i*, le courant passe dans le corps de l'expérimentateur, mais sans effet bien appréciable; tandis qu'à chaque fois que la lame *a* est en contact avec l'un des appendices *i*, le courant, comme on l'a vu ci-dessus, se trouve fermé par les pièces *b*, *a*, *c*, et cessant alors de passer dans les fils *np*, *mp'*, il se produit dans ceux-ci et à travers le corps un extra-courant direct, qui fait éprouver une violente commotion. Celle-ci se renouvelle à chaque demi-révolution de l'électro-aimant, et comme l'intensité des courants induits est en raison inverse de leur durée (845), plus on tourne vite, plus les commotions sont fortes, jusqu'à une certaine limite cependant, ce qui provient sans doute de ce qu'avec une trop grande vitesse, les contacts ne sont pas suffisamment établis. De plus, les muscles se contractent avec une telle force, qu'ils

Fig. 703.   Fig. 704.

refusent d'obéir à la volonté, et qu'on ne peut plus lâcher les deux poignées. Avec un appareil bien construit et de grande dimension on ne peut résister à la durée de la commotion ; celui qui veut persister est renversé, se roule sur le sol et cède bientôt à la souffrance.

Le maximum d'effet a lieu à l'instant où le plan des axes des bobines est vertical, c'est-à-dire au moment où le magnétisme change de sens dans le fer doux des bobines.

Avec l'appareil de Clarke, on fait produire aux courants d'induction tous les effets chimiques ou physiques des courants voltaïques. La figure 696 (page 803) montre comment on dispose l'expérience pour la décomposition de l'eau. La lame a est alors supprimée, le courant se trouvant fermé par le liquide dans lequel se rendent les deux fils qui représentent les électrodes.

Pour les effets physiologiques et chimiques, le fil enroulé sur les bobines est fin et d'une longueur de 500 à 600 mètres sur chacune. Pour les effets physiques, au contraire, le fil est gros et d'une longueur de 25 à 30 mètres sur chaque bobine. Les figures 703 et 704 montrent la forme qu'on donne alors aux bobines et au commutateur. La première représente l'inflammation de l'éther, et la seconde l'incandescence d'un fil métallique o, dans lequel passe, toujours dans le même sens, le courant allant de la lame a à la lame c.

* 803. **Machine magnéto-électrique de Nollet.** — Le principe de l'appareil de Clarke a reçu une remarquable application dans la *machine magnéto-électrique de Nollet*. Cette machine fut inventée, en 1850, par Nollet, professeur de physique à l'école militaire de Bruxelles, et descendant de la famille de l'abbé Nollet, profes-

seur de physique à Paris il y a un siècle. Nollet s'était proposé d'appliquer les courants électriques obtenus par sa machine à la

Fig. 705 (h = 1ᵐ,65).

décomposition de l'eau, pour utiliser ensuite, dans l'éclairage, le gaz hydrogène provenant de cette décomposition; mais le succès ne répondit pas à son attente, et il mourut à la peine. Heureusement il laissa, en mourant, sa machine aux mains d'un homme intelligent, M. Joseph Van Malderen, qui non-seulement la perfectionna, mais eut l'heureuse idée de l'appliquer à l'éclairage électrique sans redresser les courants.

Cette machine consiste en un bâti de fonte de $4^m,65$ de hauteur; sur le contour de ce bâti sont disposées parallèlement, sur des traverses de bois, huit séries de cinq faisceaux aimantés puissants A, A, A... (fig. 705). Ces faisceaux, qui peuvent porter chacun de 60 à 70 kilogrammes, sont recourbés en fer à cheval et groupés de manière que, si on les considère soit parallèlement à l'axe du bâti, soit dans un plan perpendiculaire à cet axe, ce sont toujours les pôles de noms contraires qui sont en regard. Dans chaque série, les faisceaux extrêmes sont composés de 3 lames aimantées, tandis que les trois faisceaux intermédiaires sont à 6 lames, parce qu'ils agissent par leurs deux faces, tandis que les premiers n'agissent que par une seule.

Sur un axe horizontal de fer, allant d'un bout à l'autre du bâti, sont fixés quatre rouleaux de bronze, correspondant chacun aux intervalles vides entre les faisceaux aimantés de deux séries verticales. Ces rouleaux portent sur leur circonférence chacun 16 bobines, c'est-à-dire autant qu'il y a de pôles magnétiques dans une série verticale des faisceaux. Ces bobines, représentées dans la figure 707, diffèrent de celles de l'appareil de Clarke; en effet, elles ne sont pas à un seul fil, mais à 12 fils, chacun de $10^m,50$, ce qui fait gagner en quantité et diminue la résistance. Les spires de ces bobines sont isolées par du bitume de Judée dissous dans de l'essence de térébenthine. Enfin, elles ne sont pas enroulées sur des cylindres de fer pleins, mais respectivement sur deux tubes de fer creux, fendus dans toute leur longueur, ce qui rend l'aimantation et la désaimantation plus promptes quand les bobines passent devant les pôles des aimants. De plus, les disques de cuivre qui terminent les bobines sont coupés dans le sens de leur rayon, afin d'empêcher la production des courants induits dans ces disques (796). Les quatre rouleaux étant garnis respectivement de 16 bobines, cela donne en tout 64 bobines, disposées en 16 séries horizontales de 4, comme on l'aperçoit en D, sur la gauche du bâti. La longueur des fils sur une bobine étant de 12 fois $10^m,50$ ou 126^m, leur longueur totale dans tout l'appareil est de 64 fois 126^m, ou 8064^m.

Sur toutes les bobines, les fils sont enroulés dans le même sens, et non-seulement sur un même rouleau, mais sur les quatre, tous ces fils communiquent entre eux. Pour cela, les bobines sont reliées entre elles comme le montre la figure 706. Sur le premier rouleau, les douze fils de la première bobine x aboutissent, sur une planchette d'acajou appliquée sur la face antérieure du rouleau, à une lame de cuivre *m*, communiquant par un fil O avec la partie centrale de l'axe qui porte les rouleaux. De l'autre bout, sur là seconde face du rouleau, les mêmes fils vont se souder à une lame figurée par un trait ponctué, qui les lie à la bobine *y*; puis de celle-ci ils sont conduits à la bobine *z* par une lame *i*, et ainsi de suite pour les bobines *t*, *u*,..... jusqu'à la dernière *v*. Là, les fils de cette

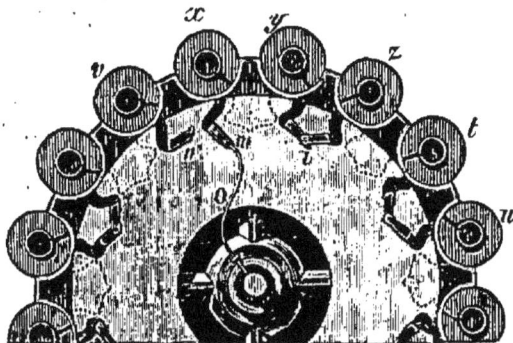

Fig. 706. Fig. 707.

bobine aboutissent à une lame *n* qui traverse le premier rouleau et va se souder aux fils de la première bobine du rouleau suivant, sur lequel se reproduit la même série de communications; puis les fils se rendent au troisième rouleau, de celui-ci au quatrième, et enfin à l'extrémité postérieure de l'axe.

En résumé, les bobines étant ainsi disposées à la suite les unes des autres, comme les éléments d'une pile montée en série (714), on a l'*électricité de tension*. Si, au contraire, on veut obtenir l'*électricité de quantité,* on fait communiquer alternativement les lames ci-dessus, non plus entre elles, mais avec deux anneaux métalliques, de manière que tous les bouts de même nom soient en rapport avec le même anneau; chacun de ces anneaux est alors un pôle.

Ces détails connus, il est facile de se rendre compte comment se produit et se propage l'électricité dans l'appareil. Une courroie sans fin, recevant son mouvement d'une machine à vapeur, s'enroule sur une poulie fixée à l'extrémité de l'axe qui porte les rouleaux et les bobines, et imprime à tout le système un mouvement de rotation plus ou moins rapide. L'expérience a appris que, pour obtenir le maximum de lumière, la vitesse la plus convenable est celle de 235 révolutions par minute. Or, pendant cette rotation, si l'on considère d'abord une bobine seule, les tubes de fer doux sur lesquels elle est enroulée, en passant entre les pôles des aimants, subissent, à leurs deux extrémités, une induction opposée, dont les effets s'ajoutent, mais changent d'un pôle au suivant; et comme ces tubes, pendant une révolution, passent successivement devant seize pôles alternativement de noms contraires, ils s'aimantent huit fois dans un sens et huit fois en sens contraire. Dans le même temps, il se produit donc dans la bobine huit courants induits directs et huit courants induits inverses; en tout, seize courants par révolution. Avec la vitesse de 235 tours par minute, le nombre des courants dans le même temps est de 235 fois 16, ou 3760, alternativement de sens contraires. Le même phénomène se produit dans chacune des 64 bobines; mais comme elles sont toutes enroulées dans le même sens et communiquent entre elles, leurs effets se superposent, et l'on n'a toujours que le même nombre de courants, seulement plus intenses.

Il reste à recueillir ces courants pour les utiliser à la production d'une lumière électrique intense. Pour cela, on établit les communications comme le montre la figure 708. Postérieurement, la dernière bobine x' du quatrième rouleau aboutit, par un fil G, à l'axe MN, qui porte les rouleaux; le courant est ainsi conduit sur l'axe et de là sur toute la machine, où l'on peut ensuite le recueillir en tel point que l'on veut. Antérieurement, la première bobine x du premier rouleau communique par un fil O, non plus à l'axe lui-même, mais à un cylindre d'acier c pénétrant dans l'axe dont il est isolé par un manchon d'ivoire. La vis e, qui reçoit le fil O, est elle-même isolée par un contact d'ivoire. Du cylindre c le courant passe sur une pièce métallique K qui est fixe, d'où il monte enfin dans le fil H, qui le conduit à la borne a de la figure 705. Quant à la borne b, elle communique avec tout le bâti, et, par suite, avec le fil de la dernière bobine x' (fig. 708). Des deux bornes a et b, le courant est conduit par deux fils de cuivre à deux charbons dont la distance est réglée par un régulateur.

Dans la machine qui vient d'être décrite, les courants de sens contraires ne sont pas redressés; par suite, chaque charbon est alternativement positif et négatif, et, en effet, ils s'usent également vite. L'expérience a montré que tant qu'on applique les courants à la production de la lumière, il n'est pas nécessaire de les ramener à être de même sens; mais lorsqu'on veut les utiliser pour la galvanoplastie ou l'aimantation, il est indispensable de les redresser, ce qui s'obtient à l'aide d'un commutateur.

La lumière produite par la machine magnéto-électrique est très-intense; avec une machine de quatre rouleaux, montés en quantité, la lumière obtenue équivaut à celle de 150 lampes Carcel. Avec une machine de six rouleaux, la lumière peut s'élever jusqu'à 200 lampes Carcel.

Cette lumière, qui n'exige d'autre dépense que celle d'un cheval-vapeur environ pour faire tourner les rouleaux, quand ils ne sont qu'au nombre de quatre, est surtout utilisée pour l'éclairage des phares et pour celui des navires, afin de prévenir les collisions pendant la nuit.

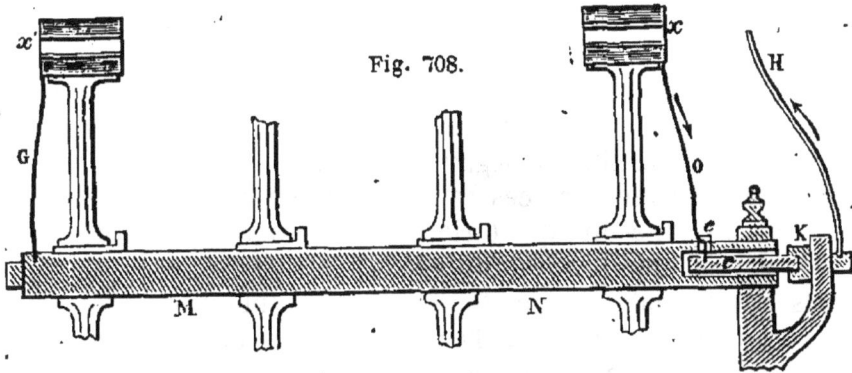

Fig. 708.

M. Berlioz et Cie, constructeurs de la machine magnéto-électrique, à Passy, construisent pour l'industrie et pour l'enseignement des modèles de cette machine à 4 et à 8 bobines. Celles de 4 bobines suffisent déjà pour faire marcher une bobine de Ruhmkorff de moyenne grandeur, et sont utilisées pour la détonation du gaz dans la machine de Lenoir.

* 804. Bobine de Siemens. — M. Siemens, célèbre constructeur pour la télégraphie, à Berlin, a adopté, il y a déjà dix ans au moins, une bobine sur laquelle l'enroulement a lieu non plus trans

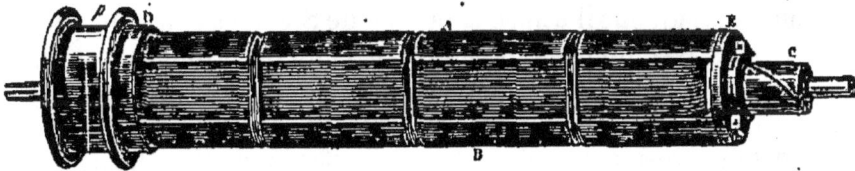

Fig. 709.

versalement, mais dans le sens de la longueur. Elle consiste en un cylindre de fer doux AB (fig. 709), d'une longueur de 0^m,50 à 1^m,50, suivant la puissance de la bobine.

Sur toute la longueur du cylindre et sur ses bouts est entaillée une gorge large et profonde, dans laquelle s'enroule un grand nombre de fois, comme sur un multiplicateur, un fil de cuivre recouvert de soie. Aux deux bouts du cylindre, on fixe par des vis deux disques de laiton E et D; le premier porte un commutateur C, formé de deux pièces d'acier isolées l'une de l'autre et recevant respectivement les deux bouts du fil de la bobine. L'autre disque D porte une poulie p sur laquelle passe une courroie sans fin, à l'aide de laquelle on imprime à la bobine un mouvement très-rapide sur deux tourillons.

Ces détails connus, si l'on fait passer un courant voltaïque dans le fil, les deux segments cylindriques A et B s'aimantent aussitôt, l'un dans un sens, l'autre dans l'autre; mais, réciproquement, la bobine étant placée entre deux masses de fer aimantées en sens contraires, si on lui imprime un mouvement de rotation rapide, les segments A et B s'aimantant et se désaimantant alternativement, leur induction fait naître dans le fil une succession de courants alternativement positifs et négatifs, comme dans l'appareil de Clarke (802). En recevant ces courants sur un commutateur qui les *redresse*, c'est-à-dire qui dirige tous les courants positifs sur un contact métallique et les courants négatifs sur un autre, ces contacts deviennent le point de départ d'une infinité de courants positifs d'un côté et négatifs de l'autre. Par suite, en les réunissant par un conducteur, on obtient les mêmes effets qu'en réunissant les deux pôles d'une pile.

Déjà, depuis plusieurs années, M. Siemens a appliqué sa bobine à la génération de courants par l'induction d'aimants, ou simplement de l'aimantation que possèdent plus ou moins toutes les masses de fer par l'influence du magnétisme terrestre (627). À l'Exposition universelle de 1867, M. Siemens avait une machine de ce dernier genre; nous ne la décrivons pas, sachant que M. Siemens s'occupe de la modifier.

* 805. Machine magnéto-électrique de Wild. — M. Wild, ingénieur à Londres, a fait connaître, en 1865, une machine magnéto-électrique dans laquelle il utilise la bobine de Siemens et les aimants de Nollet, mais avec un principe nouveau, celui de la multiplication du courant. En effet, au lieu de recueillir immédiatement le courant engendré par l'induction des aimants, M. Wild le fait passer dans un fort électro-aimant, et c'est ensuite par l'induction de celui-ci qu'il obtient un courant plus énergique.

Cette machine, dont nous devons le dessin à l'obligeance de M. Berlioz, concessionnaire des brevets de M. Wild en France, se compose d'abord d'une batterie de 12 ou 16 aimants P (fig. 710) dont chacun pèse $1^k,500^{gr}$ et porte 10^k. Entre les pôles des aimants sont disposées longitudinalement deux armatures de fer doux C, C, séparées par une plaque de laiton O. Ces trois pièces sont réunies par des boulons, et l'armature totale ainsi formée est percée dans toute sa longueur d'une cavité cylindrique dans laquelle est une bobine de Siemens *n* (804), de 6 centimètres de diamètre. Le fil de cette bobine vient aboutir antérieurement à un commutateur qui conduit les courants positifs et négatifs à deux bornes *a* et *b*. Ce

commutateur est représenté plus en grand dans la figure 712 ci-
après. A l'autre extrémité de la bobine est une poulie qui reçoit,

Fig. 710.

d'une courroie sans fin, une vitesse de rotation de 1500 tours par
minute. Le fil enroulé sur la bobine a 17 mètres de longueur.

Au-dessous du couronnement qui porte les aimants et leurs armatures sont deux grandes bobines B, B. Chacune est composée d'une plaque rectangulaire de fer, de 91 centimètres de longueur sur 66 de largeur et 3 d'épaisseur, sur laquelle s'enroulent 500 mètres de fil de cuivre isolé. D'un bout, les fils de ces bobines se réunissent de façon à former un circuit unique de 1000 mètres; de l'autre, ils se rendent l'un à la borne *a*, l'autre à la borne *b*. A leur partie supérieure, les deux plaques sont reliées par une plaque transversale de fer, de manière à former un électro-aimant unique.

Enfin, à la partie inférieure des bobines B, B sont deux armatures de fer C, C séparées par une plaque de laiton O, et, dans toute la longueur des armatures, une cavité cylindrique et une bobine de Siemens *m*, comme ci-dessus; mais ici la bobine a 1 mètre de longueur, près de 18 centimètres de diamètre, et son fil est long de 30 mètres. Ses bouts arrivent à un commutateur qui conduit

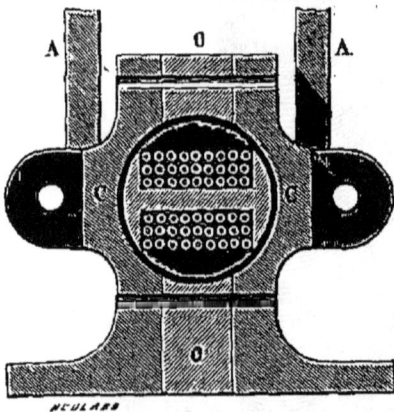

Fig. 711.

Fig. 712.

les courants redressés à deux fils *r* et *s*. La bobine *m* reçoit d'une courroie sans fin une vitesse de rotation de 1700 tours par minute.

La figure 711 montre, sur une plus grande échelle, une section transversale de la bobine *m*, des armatures C, C et des plaques A, A, sur lesquelles s'enroule le fil des bobines B, B.

Ces détails connus, voici comment fonctionne la machine : lorsqu'on imprime aux bobines *n* et *m*, au moyen d'une machine à vapeur, les vitesses de rotation indiquées ci-dessus, les aimants font naître dans la première bobine des courants induits, qui, redressés par le commutateur, vont passer dans l'électro-aimant B, B et l'aimantent. Or, celui-ci aimantant les armatures inférieures C, C en sens contraires, l'induction de ces dernières engendre dans la bobine *m* une série de courants positifs et négatifs beaucoup plus puissants que ceux de la bobine supérieure; en sorte qu'en les redressant par un commutateur et les dirigeant par les fils r et s, on obtient des effets très-intenses.

Ces effets sont encore augmentés si, comme l'a fait M. Wild, on fait passer le courant redressé de la bobine m dans un deuxième électro-aimant dont les armatures entourent une troisième bobine de Siemens plus grande et tournant avec les deux autres. On obtient alors un courant qui fond un fil de fer de 30 centimètres de longueur et de 6 millimètres de diamètre.

* 806. Machine dynamo-magnétique de Ladd. — M. Ladd, constructeur d'instruments de mathématiques, à Londres, avait à l'Ex-

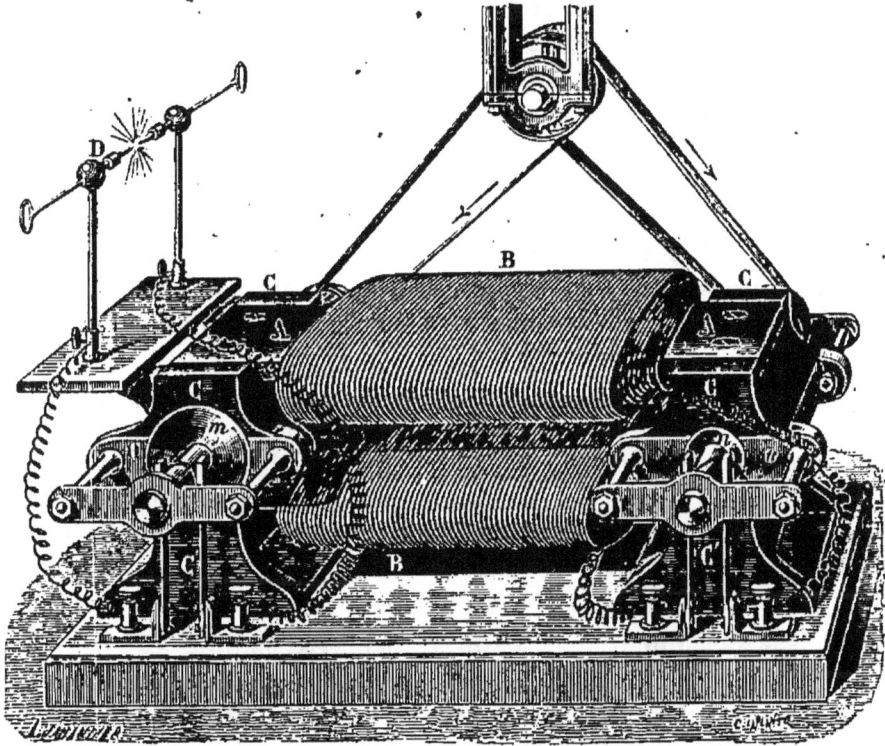

Fig. 713.

position universelle de 1867 une petite machine dynamo-magnétique extrêmement remarquable. Comme celle de Wild, elle se compose de deux bobines de Siemens tournant avec une grande vitesse et de deux plaques de fer AA (fig. 713) enroulées d'un fil de cuivre isolé. Toutefois la machine de Ladd diffère de celle de Wild par les conditions suivantes : 1° les aimants permanents sont supprimés; 2° les bobines B, B ne sont pas réunies par une plaque de fer de manière à former un électro-aimant unique, mais sont deux électro-aimants distincts ayant à chaque bout deux armatures C, C', dans lesquelles sont renfermées les bobines de Siemens m et n;

3º le courant de la bobine *n* passant dans les électro-aimants B, B, revient sur lui-même dans cette bobine. Or, ce retour du courant sur lui-même, déjà employé par M. Wheastone, est la partie capitale de la machine de Ladd. Quant à la bobine *m*, comme dans la machine de Wild, son fil est indépendant et se rend à l'appareil qui doit utiliser le courant, par exemple à deux cônes de charbon D pour l'éclairage.

La machine ainsi disposée, si l'on fait tourner les bobines *m, n,* il ne se produit aucun effet tant que les armatures C, C' n'ont reçu aucune aimantation ; mais si l'on fait passer, une fois pour toutes, dans les bobines B, B, un courant voltaïque de quelques éléments Bunsen ou autres, ce courant aimante les plaques A, A et leurs armatures, qui, par leur réaction réciproque, conservent ensuite une quantité de magnétisme rémanent (769) suffisante pour faire marcher la machine. Si l'on imprime alors aux bobines *m* et *n* la même vitesse de rotation que dans la machine de Wild, le magnétisme des armatures C, C', agissant sur la bobine *n*, y fait naître des courants d'induction qui, redressés par un commutateur, donnent un courant qui va passer dans les bobines B, B, et aimante plus fortement les armatures C, C'. Or celles-ci, réagissant à leur tour plus puissamment sur la bobine *n*, renforcent le courant; d'où l'on voit que les bobines *n* et B vont ainsi en s'excitant mutuellement à mesure que la vitesse de rotation s'accélère. Par suite, les armatures de la bobine *m* s'aimantant de plus en plus sous l'influence des électro-aimants B, B, il se développe dans cette bobine un courant induit de plus en plus intense, qu'on recueille, redressé ou non, suivant l'usage auquel on le destine.

Dans la machine que M. Ladd avait à l'Exposition, les plaques A, A n'ont que 60 centimètres de longueur sur 30 de largeur. Avec ces petites dimensions, le courant équivaut à celui de 25 à 30 couples de Bunsen. Il alimente un régulateur Foucault et maintient incandescent un fil de platine d'un demi-millimètre de diamètre et d'un mètre de longueur.

Les machines de Ladd et de Wild présentent le grave inconvénient d'exiger des vitesses de rotation telles, qu'on ne peut les faire marcher d'une manière continue pendant plusieurs heures. En effet, les armatures s'échauffant par le développement répété des courants d'induction (817), leur magnétisme s'affaiblit et par suite l'intensité du courant. Pour que ces machines deviennent applicables à l'industrie, il importe donc de réduire leur vitesse, soit en multipliant le nombre des bobines de Siemens, soit en modifiant la disposition de ces dernières.

Quel que soit l'avenir de ces machines, elles sont, avec celle de

Nollet, une transformation remarquable du travail mécanique en électricité, en lumière et en chaleur (247, 638 et 695).

807. Bobine d'induction de Ruhmkorff. — M. Ruhmkorff a construit pour la première fois, en 1851, des bobines à deux fils, de très-grandes dimensions, à l'aide desquelles on parvient à faire produire aux courants d'induction, même avec trois ou quatre éléments de Bunsen, des effets physiques, chimiques et physiologiques équivalents et même supérieurs à ceux qu'on obtient avec les machines électriques et les batteries les plus puissantes.

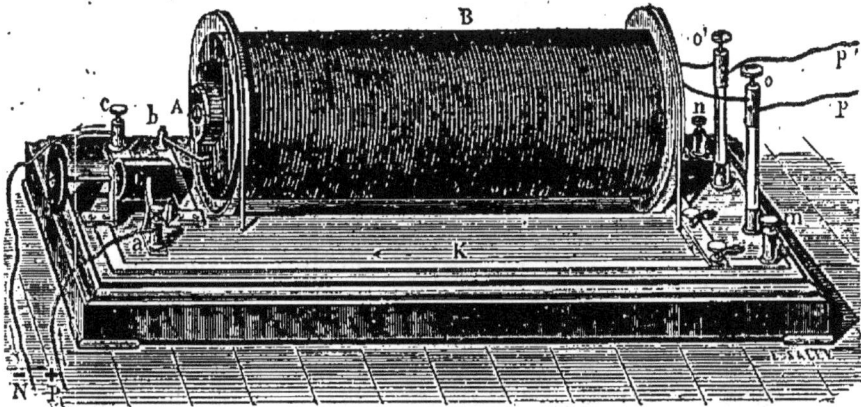

Fig. 714.

Les bobines construites d'abord par M. Ruhmkorff étaient disposées verticalement. Aujourd'hui, il les construit toutes horizontales (fig. 714). Quant aux dimensions, elles sont variables. Les plus grandes que M. Ruhmkorff ait construites jusqu'ici ont 65 centimètres de long et 24 de diamètre. Le dessin ci-dessus a été fait d'après une bobine de 35 centimètres de longueur. Toutes ces bobines sont formées de deux fils : un gros, de 2 millimètres de diamètre, et un fin, d'un tiers de millimètre. Ces fils, qui sont de cuivre rouge, sont non-seulement recouverts de soie, mais chaque spire est isolée de la suivante par une couche de gomme laque fondue. C'est le gros fil qui est le fil inducteur, c'est-à-dire dans lequel passe le courant de la pile; sa longueur n'est que de quelques mètres. C'est lui qui est enroulé le premier sur un cylindre creux de bois ou de carton, qui forme le noyau de la bobine. Le tout est renfermé dans un manchon de verre ou de caoutchouc isolant, et c'est sur cette enveloppe qu'on enroule le fil fin, qui est le fil induit, et dont la longueur varie avec les dimensions des bobines. Dans les grandes, le fil fin a jusqu'à 100 000 mètres de long; son diamètre est alors moindre que dans les petites bobines : $\frac{1}{5}$ de millimètre au lieu de $\frac{1}{3}$. En augmentant la longueur du fil fin, on gagne en tension ; en augmentant au contraire son diamètre, on gagne en quantité. Pour faire marcher les petites bobines de 30 à 35 centimètres de longueur, il faut trois ou quatre éléments de Bunsen, grand modèle ; pour les grandes bobines, M. Ruhmkorff estime qu'on doit adopter moyennement une surface de pile quatre fois plus grande que pour les petites.

Interrupteur à marteau. — Ces détails connus, voici comment marche l'appareil. Le courant de la pile, arrivant par le fil P à une borne *a* (fig. 714), gagne de là le commutateur C, qui sera décrit ci-après ; puis la borne *b,* d'où il entre enfin dans la bobine. Là, il parcourt le gros fil, où il agit par induction sur le fil fin. C'est en-

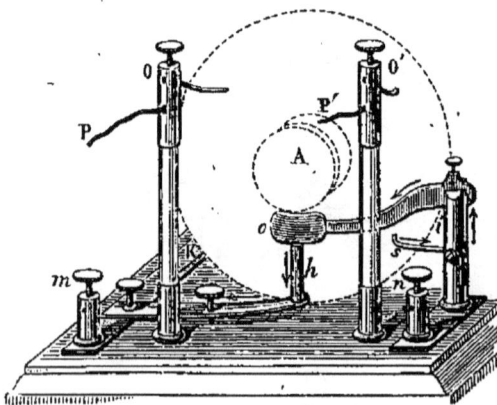

suite à l'autre bout de la bobine, par le fil *s* (fig. 715), que le courant sort pour gagner l'interrupteur. En suivant la direction des flèches, on voit que le courant monte dans la borne *i,* gagne une pièce de fer oscillante *o,* qu'on appelle le *marteau,* descend par l'*enclume h,* et gagne une plaque de cuivre rouge K, qui le ramène au commutateur

Fig. 715.

C (fig. 714.) De là, il se rend à la borne *c,* et enfin au pôle négatif de la pile par le fil N.

Or, on sait (794) que le courant qui passe dans le gros fil n'agit par induction sur le fil fin que lorsqu'il commence ou qu'il finit. Il faut donc que ce courant soit constamment interrompu. C'est au moyen du marteau oscillant *o* (fig. 715) que ces interruptions s'obtiennent. En effet, au centre de la bobine, d'un bout à l'autre, est un faisceau de gros fils de fer doux, formant par leur ensemble un cylindre un peu plus long que la bobine, comme on le voit en A, aux deux extrémités. Ce faisceau s'aimantant dès que le courant de la pile passe dans le gros fil, le marteau *o* est attiré ; mais aussitôt, le contact n'ayant plus lieu entre *o* et *h,* le courant se trouve interrompu, l'aimantation cesse et le marteau retombe ; puis le courant, passant de nouveau, la même série de phénomènes recommence ; en sorte que le marteau se met à osciller avec une grande rapidité, ce qui produit les interruptions du courant.

Condensateur. — A mesure que le courant de la pile passe ainsi, par intermittences, dans le gros fil de la bobine, à chaque interruption un courant d'induction, successivement direct et inverse, se produit dans le fil fin. Or, celui-ci étant complétement isolé, le courant induit acquiert une tension tellement considérable, qu'il peut produire des effets très-intenses. M. Fizeau a encore augmenté cette intensité en interposant un condensateur dans le circuit inducteur. Ce condensateur se compose, dans les grandes bobines, de 150 feuilles d'étain d'un demi-mètre carré de surface, ce qui donne une surface totale de 75 mètres carrés. Ces feuilles, par leur réunion, forment deux armatures collées sur les deux faces d'une bande de taffetas gommé, qui les isole; puis elles sont repliées plusieurs fois sur elles-mêmes, de manière que le tout puisse se placer en dessous de la bobine, dans le socle de bois qui la supporte. L'une de ces armatures, la positive, est en communication avec la borne i, qui reçoit le courant à sa sortie de la bobine; et l'autre, la négative, est en communication avec la borne m, qui communique elle-même par la lame K avec le commutateur C et avec la pile.

Pour comprendre l'effet du condensateur, observons qu'à chaque interruption du courant inducteur, il se produit un extra-courant de même sens que lui (798), lequel, le continuant en quelque sorte, prolonge sa durée, et, par suite, affaiblit sa tension. C'est à cet extra-courant qu'est due l'étincelle qui éclate à chaque interruption entre le marteau et l'enclume, étincelle qui, lorsque le courant est fort, altère rapidement les surfaces de contact du marteau et de l'enclume, quoiqu'on ait soin que ces surfaces soient de platine. Au contraire, par l'interposition du condensateur dans le courant inducteur, l'extra-courant, au lieu de jaillir en étincelles aussi fortes, s'élance dans le condensateur, l'électricité positive sur l'armature qui communique avec i, et l'électricité négative sur l'armature qui communique avec m. Or, les électricités contraires des deux armatures, se recombinant aussitôt par le gros fil, par la pile et par le circuit CKm, donnent naissance à un courant contraire à celui de la pile, lequel désaimante instantanément le faisceau de fer doux; le courant induit est donc d'une plus courte durée, et par suite plus intense. Quant aux bornes m et n placées sur le devant de la planchette, elles servent à recueillir l'extra-courant.

Commutateur. — Il nous reste à décrire le commutateur qui sert à interrompre le courant et à le faire passer à volonté dans un sens ou dans l'autre. Représenté en coupe horizontale dans la figure 716, il est tout de cuivre, sauf le noyau central A, qui est un cylindre de buis; sur les deux côtés sont fixés deux contacts de cuivre C, C'. Sur ceux-ci s'appuient deux lames élastiques de laiton, liées aux deux bornes a et c, qui reçoivent les électrodes de la pile. Par suite, le courant de celle-ci arrivant en a, monte en C'; de là, par une vis *y,* gagne la borne *b* et la bobine; puis, revenant par la lame K, qui communique avec le marteau, le courant va jusqu'en C' par la vis *x,* descend en *c* et retourne à la pile par le fil N. Or, si à l'aide du bouton *m* on tourne le commutateur de 180 degrés, il est facile de voir que c'est l'inverse qui a lieu : le courant gagne alors le marteau par la lame K et sort en *b.* Enfin, si l'on ne tourne que de 90 degrés, les lames élastiques ne s'appuient plus sur les contacts C, C', mais sur le cylindre de buis A, et le courant est interrompu.

Les deux fils qu'on voit sortir de la bobine en o, o' (fig. 715), sont les deux bouts du fil fin. Ils sont en communication avec deux fils plus gros P, P', qui servent à recueillir le courant induit et à le diriger où l'on veut. Enfin, ajoutons qu'avec les

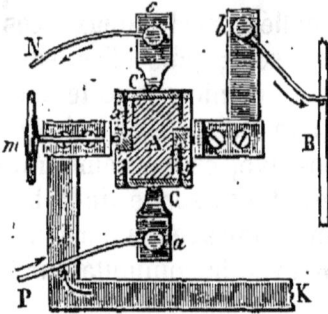

Fig. 716.

ortes bobines l'interrupteur à marteau oscillant représenté dans la figure 715 est insuffisant, les surfaces de contact s'échauffant jusqu'à se souder. Mais M. Foucault a inventé récemment un interrupteur à mercure qui ne présente plus cet inconvénient, et qui est un important perfectionnement apporté à la bobine de Ruhmkorff.

808. Effets produits avec la bobine de Ruhmkorff. — Masson, le premier, a reconnu la tension considérable des courants d'induction, et a cherché à l'utiliser pour en obtenir des effets d'électricité statique. Dans ce but, il construisit, en 1842, avec M. Bréguet, un appareil d'induction à l'aide duquel il obtint des effets lumineux et calorifiques déjà très-remarquables; mais c'est depuis que M. Ruhmkorff a isolé complètement le courant d'induction avec de la gomme laque dans sa bobine, comme il a été dit ci-dessus, qu'on a pu utiliser toute la tension des courants induits, et reconnaître que ces courants possèdent, à la fois, les propriétés de l'électricité statique et celles de l'électricité dynamique. Un grand nombre de physiciens se sont empressés de multiplier les expériences avec la bobine de Ruhmkorff, particulièrement, à l'étranger, MM. Grove, Neef, Poggendorff et Plücker, et en France, MM. Quet, Masson, Ed. Becquerel, Gaugain, Verdet et Du Moncel.

Les effets de la bobine de Ruhmkorff ont pour cause les courants induits qui se développent dans le fil fin à chaque interruption et à chaque reprise du courant inducteur. Or, ces courants induits ne sont pas égaux en durée et en tension. C'est le courant direct, ou d'*ouverture,* qui a moins de durée et plus de tension; tandis que le courant inverse, ou de *fermeture,* a plus de durée et moins de tension. Par suite, si l'on met en contact les deux bouts p, p' du fil fin (fig. 714 et 715), deux quantités égales et contraires d'électricité circulant dans le fil, les deux courants tendent à s'annuler. En effet, si l'on place un galvanomètre dans le circuit, on ne remarque qu'une déviation extrêmement faible dans le sens du courant direct. Il n'en est plus de même si l'on écarte les deux extrémités p, p' du fil. La résistance de l'air s'opposant alors au passage des courants, c'est celui qui a le plus de tension, c'est-à-dire le courant direct, qui passe en excès, et plus l'intervalle de p à p' augmente, plus le courant direct tend à passer seul, toutefois jusqu'à une limite où ni le courant inverse ni le courant direct ne passent. Il y a seulement alors en p et en p' des tensions alternativement de sens contraires.

Cela posé, les effets de la bobine, comme ceux des batteries et des piles, se divisent en *effets physiologiques, chimiques, calorifiques, lumineux* et *mécaniques,* mais avec cette différence qu'ils sont énormément plus intenses. Les effets physiologiques le sont tellement, que les commotions que donnent les bobines moyennes, quand le gros fil est parcouru par le courant d'un seul couple de Bunsen, sont déjà insupportables. Avec deux couples de Bunsen on tue un lapin, et avec un nombre de couples peu considérable un homme serait foudroyé.

Les effets calorifiques sont aussi faciles à constater; il suffit pour cela d'interposer, entre

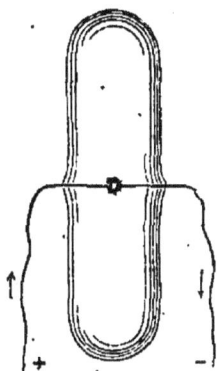

Fig. 717.

les deux extrémités p et p' du fil induit, un fil de fer très-fin; celui-ci est fondu et brûle avec une vive lumière. On observe ici ce phénomène curieux que si l'on termine chacun des fils p et p' par un fil de fer très-fin, lorsqu'on approche ces deux fils de fer l'un de l'autre, il n'y a que celui qui correspond au pôle négatif qui se fonde; ce qui montre que la tension est plus grande au pôle négatif qu'au pôle positif.

Les effets chimiques sont fort divers, ce qui tient à ce que la bobine donne à la fois de l'électricité statique et de l'électricité dynamique. Par exemple, d'après la forme des électrodes de platine qui plongent dans l'eau, d'après leur distance, d'après le degré d'acidulation de l'eau, on peut n'obtenir dans l'eau que des effets lumineux sans décomposition, ou bien la décomposition de l'eau avec la séparation des gaz aux deux pôles, ou la décomposition avec les gaz mélangés à un seul pôle, ou enfin avec les gaz mélangés aux deux pôles.

Les gaz peuvent aussi être décomposés ou se combiner par l'action prolongée de l'étincelle du courant d'induction. MM. Ed. Becquerel et Fremy ont, en effet, constaté que, si l'on fait passer le courant de la bobine de Ruhmkorff dans un tube de verre plein d'air et hermétiquement fermé, comme le montre la figure 717, l'azote et l'oxygène de l'air se combinent en donnant naissance à de l'acide nitreux.

Les effets lumineux de la bobine de Ruhmkorff sont aussi très-variés, suivant qu'ils ont lieu dans l'air, dans le vide ou dans les

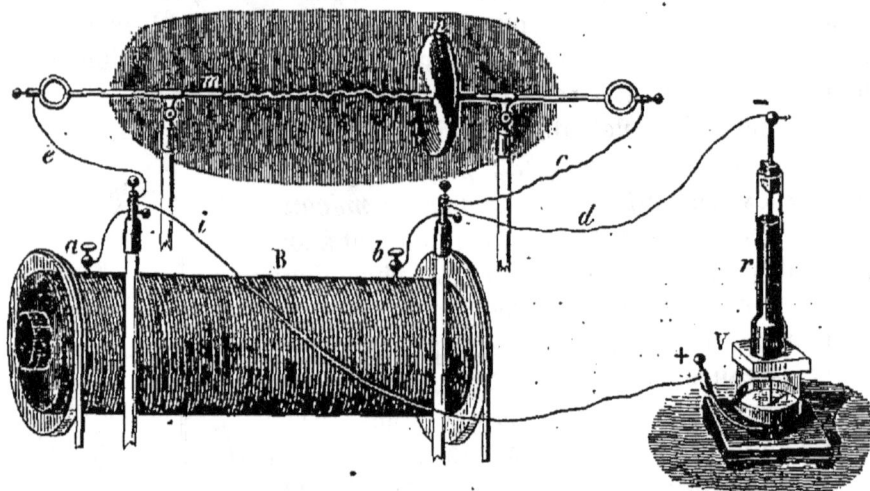

Fig. 718.

vapeurs très-raréfiées. Dans l'air, ils consistent en une série d'étincelles vives et bruyantes, dont la longueur va jusqu'à 45 centimètres avec la grande bobine de 65 centimètres de longueur; dans le vide, les effets sont on ne peut plus remarquables. Pour faire l'expérience, on fait communiquer les deux fils P et P' de la bobine avec les deux tiges de l'œuf électrique déjà décrit (683) pour observer dans le vide les effets lumineux de la machine électrique. Le vide étant fait dans le globe, à un ou deux millimètres au moins, on voit une belle traînée lumineuse se produire d'une boule à l'autre, d'une manière sensiblement continue et avec la même intensité que celle qu'on obtient avec une puissante machine électrique dont on tourne rapidement le plateau. C'est cette expérience qui est représentée dans la figure 724 (page 828). La figure 722 représente une déviation remarquable que subit la lumière électrique quand on approche la main de l'œuf.

C'est le pôle positif du courant induit qui présente le plus d'éclat; sa lumière est rouge de feu, tandis que celle du pôle négatif est faible et violacée; de plus, cette dernière se prolonge tout le long de la tige négative, phénomène qui ne se produit pas au pôle positif.

Enfin, la bobine de Ruhmkorff produit des effets mécaniques si puissants, qu'avec le grand appareil de 65 centimètres de longueur on perce instantanément une masse de verre de 5 centimètres d'épaisseur. L'expérience est alors disposée comme le montre la figure 718. Les deux pôles du courant induit correspondant aux boutons a et b, on fait communiquer par un fil de cuivre i le bouton a avec le conducteur inférieur d'un perce-verre analogue à celui déjà décrit (fig. 579), puis le pôle b par le fil d avec le conducteur supérieur. Celui-ci est isolé dans un gros tube de verre r

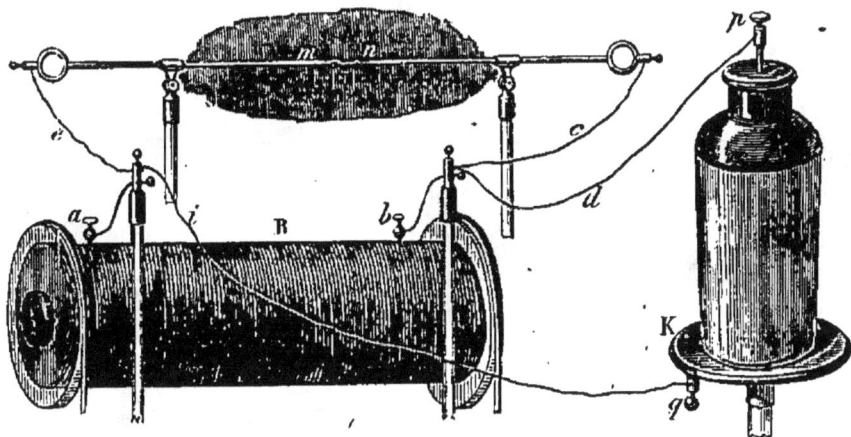

Fig. 719.

rempli de gomme laque qu'on y a coulée à l'état de fusion. Entre les deux conducteurs est la plaque de verre à percer V. Dans le cas où celle-ci présenterait une trop grande résistance, il est à craindre que l'étincelle n'éclate dans la bobine même en trouant la couche isolante qui sépare les fils, et alors la bobine serait mise hors d'usage. Pour éviter cet accident, deux fils e et c mettent les pôles de la bobine en communication avec deux tiges métalliques horizontales, plus ou moins espacées l'une de l'autre. Alors si l'étincelle ne peut trouer le verre, elle éclate de m en n, et la bobine est préservée.

- La bobine de Ruhmkorff peut aussi être appliquée, comme la machine électrique, à charger des bouteilles de Leyde, et même des batteries de plusieurs jarres. La figure 719 fait voir comment on dispose l'expérience avec la bouteille. Les armatures de celle-ci sont respectivement en communication avec les pôles de la bobine par les fils d et i, tandis que ces mêmes pôles communiquent par les fils e et c avec deux tiges horizontales d'un excitateur universel (fig. 574). La bouteille se chargeant constamment par les fils i et d, tantôt dans un sens, tantôt dans l'autre, elle se décharge au fur et à mesure par les fils *e* et *c*, la décharge ayant lieu de *m* en *n* sous la forme d'une étincelle de 6 centimètres de longueur, très-éclatante et d'un bruit assourdissant; car ce ne sont plus là des étincelles comparables à celles des machines électriques, mais plutôt de véritables coups de foudre.

Pour la charge de la batterie, l'expérience est disposée autrement, l'armature extérieure étant en communication avec un des

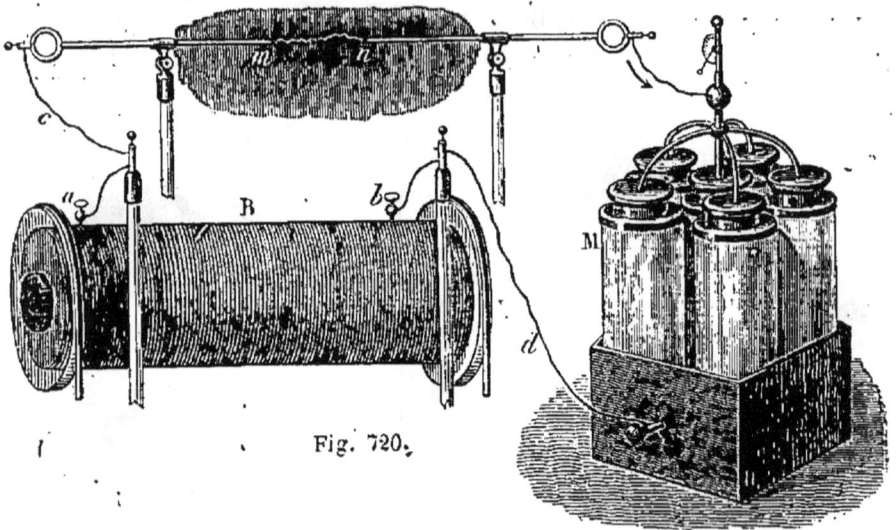

Fig. 720.

pôles de la bobine par le fil *d* (fig. 720), et l'armature intérieure avec l'autre, par les tiges *m, n,* et par le fil *c*. Toutefois les tiges *m* et *n* ne sont pas en contact. Si elles l'étaient, les deux courants inverse et direct passant également, la batterie ne se chargerait pas; tandis qu'à cause de l'intervalle entre *m* et *n*, le courant direct, ou d'ouverture, qui a plus de tension, passe seul, et c'est lui qui charge la batterie. Avec la grande bobine et un courant de 6 couples de Bunsen, une batterie de 6 jarres, de 30 décimètres carrés d'armature chacune, se charge pour ainsi dire instantanément.

809. **Expérience de M. Hittorf.** — On a vu (649) que la question de savoir si l'électricité se propage dans le vide absolu a été débattue depuis longtemps entre les physiciens. On admet généralement aujourd'hui que la présence d'un milieu pondérable est nécessaire à la propagation de l'électricité. M. Hittorf, professeur de physique à Munster, vient de confirmer cette opinion au moyen de la bobine de Ruhmkorff. Il soude aux extrémités d'un petit tube de verre deux fils de platine, dont les bouts, à l'intérieur, ne sont distants que d'un demi-millimètre, puis il fait dans le tube le vide le plus parfait possible, soit par l'absorption de l'acide carbonique, soit par la condensation de la vapeur de soufre, soit par d'autres

procédés. Mettant ensuite les deux fils de platine en communication
avec les deux pôles d'une bobine de Ruhmkorff de 25 à 30 centimètres de longueur; il fait en même temps communiquer les mêmes
pôles avec les extrémités d'un tube de verre de 5 mètres de longueur, dans lequel le vide a été fait à 2 millimètres. Or, lorsqu'on
fait marcher la bobine, l'étincelle n'éclate pas entre les deux fils de
platine du petit tube, mais une longue traînée lumineuse apparaît

Fig. 721.

d'un bout à l'autre du grand, ce qui fait voir la grande résistance
que le vide présente au passage de l'électricité, et encore n'est-ce
peut-être pas le vide absolu. En effet, avec une bobine plus forte
l'étincelle éclate entre les fils de platine, ce qui, du reste, peut avoir
pour cause la vaporisation du métal.

   * 810. Stratification de la lumière électrique. — En étudiant la
lumière électrique que donne la bobine d'induction de Ruhmkorff,
M. Quet a observé que si l'on ne fait le vide dans l'œuf électrique
(fig. 723) qu'après y avoir introduit de la vapeur d'essence de térébenthine ou d'esprit de bois, d'alcool, de sulfure de carbone, etc.,
l'aspect de la lumière est complétement modifié. Elle apparaît alors
sous la forme de zones alternativement brillantes et obscures, formant comme une pile de lumière électrique entre les deux pôles.

   Dans cette expérience, il résulte de la discontinuité du courant
d'induction que la lumière n'est pas continue, mais consiste en
une suite de décharges d'autant plus rapprochées, que le marteau *o*
(fig. 715) oscille plus rapidement. Les zones lumineuses paraissent
alors animées d'un double mouvement giratoire et ondulatoire
rapide. M. Quet regarde ce mouvement comme une illusion d'optique, se fondant sur ce que, si l'on fait osciller lentement le marteau avec la main, les zones apparaissent très-nettes et fixes.

M. de La Rive pense que la stratification de la lumière électrique est un phénomène analogue à la production des ondes sonores ; c'est-à-dire un phénomène mécanique provenant d'une succession d'impulsions isochrones, exercées sur la colonne gazeuse raréfiée par la série des décharges successives.

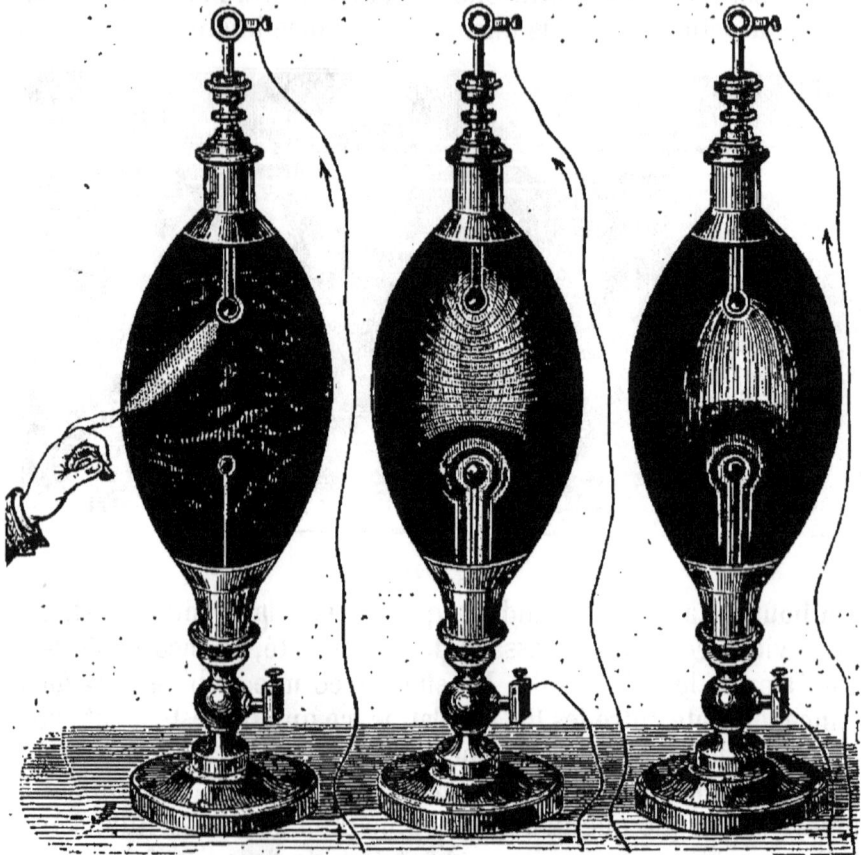

Fig. 722.　　　　Fig. 723.　　　　Fig. 724.

La lumière du pôle positif est plus souvent rouge, et celle du pôle négatif violette. Toutefois la teinte varie avec la vapeur ou le gaz qui se trouve dans le globe.

Despretz a observé que les phénomènes constatés par M. Ruhmkorff et par M. Quet avec un courant discontinu se reproduisent avec un courant continu ordinaire, mais avec cette différence importante, que le courant continu exige un nombre de couples de Bunsen assez considérable, tandis que le courant discontinu de la bobine de Ruhmkorff n'en exige qu'un petit nombre. C'est même un fait remarquable, constaté par l'expérience, que l'intensité des effets lumineux de cette bobine augmente peu quand on multiple le nombre des couples de la pile.

* **811. Tubes de Geissler.** — C'est surtout lorsqu'on fait passer la décharge de la bobine de Ruhmkorff dans des tubes de verre contenant une vapeur ou un gaz très-raréfiés, que la stratification de la lumière électrique présente un éclat et une beauté remar-

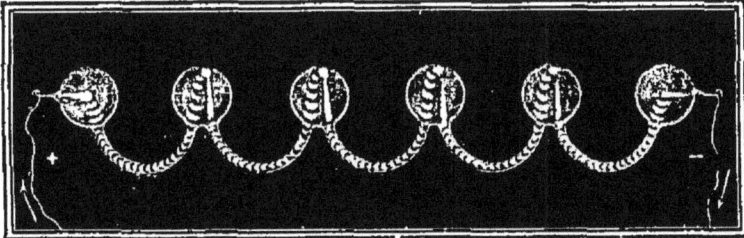

Fig. 725.

quables. Ces phénomènes, qui ont été étudiés par MM. Masson, Grove, Gassiot, Plücker, etc., se produisent dans des tubes fermés, de verre ou de cristal, construits par M. Geissler, à Bonn. Au moment de la fermeture, ces tubes ont été placés dans les conditions de la chambre barométrique, et l'on y a fait passer, avant de les

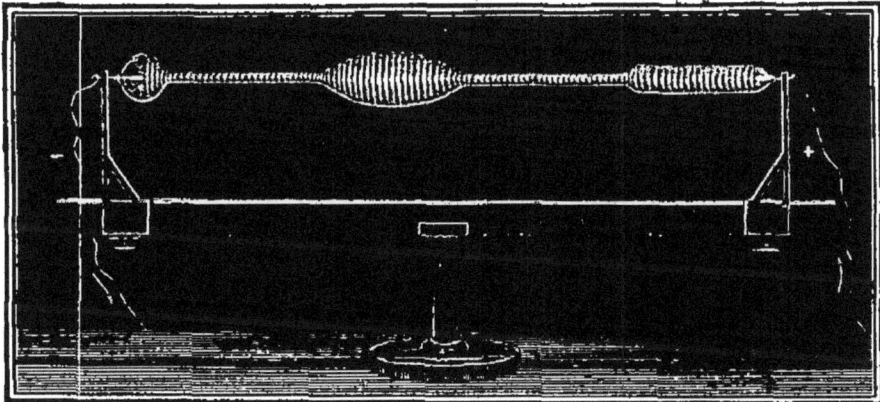

Fig. 726.

souder, une quantité assez petite d'un gaz ou d'une vapeur, pour que ce gaz ou cette vapeur ne soit, au plus, qu'à un demi-milli-mètre de pression. Enfin, aux deux extrémités des tubes sont sou-dés deux fils de platine qui y pénètrent de 1 à 2 centimètres.

Aussitôt qu'on fait communiquer ces fils avec les pôles de la bobine de Ruhmkorff, il se produit, dans toute la longueur du tube, de magnifiques stries brillantes, séparées par des bandes obscures. Ces stries varient de forme, de couleur et d'éclat avec le degré de vide, la nature du gaz ou de la vapeur, et les dimensions des tubes. Souvent le phénomène prend encore un plus bel aspect par la fluo-rescence que la décharge électrique excite dans le verre (573).

La figure 725 représente les stries données par l'hydrogène, à un demi-millimètre de pression, dans un tube alternativement renflé et étroit; dans les boules, la lumière est blanche; dans les parties capillaires, elle est rouge.

La figure 726 montre les stries dans l'acide carbonique, à un quart de millimètre de pression; la couleur est verdâtre, et les stries n'ont pas la même forme que dans l'hydrogène. Dans l'azote, la lumière est jaune rouge.

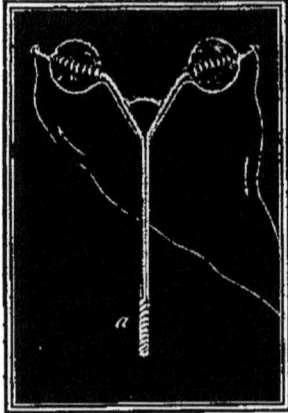

M. Plücker, qui a beaucoup étudié la lumière des tubes de Geissler, a trouvé qu'elle ne dépend nullement de la substance des électrodes, mais uniquement de la nature du gaz ou de la vapeur qui est dans le tube. Il a constaté aussi que les lumières fournies par l'hydrogène, l'azote, l'acide carbonique, etc., diffèrent beaucoup, quant au spectre qu'elles fournissent, quand on les fait passer au travers d'un prisme. D'après le même physicien, la décharge de la bobine d'induction, qui se transmet dans un gaz très-raréfié, ne se transmet pas dans le vide absolu, et la présence d'une matière pondérable est absolument nécessaire pour qu'il y ait passage de l'électricité (809).

Fig. 727.

A l'aide d'un puissant électro-aimant, M. Plücker a soumis la décharge électrique, dans les tubes de Geissler, à l'action du magnétisme, comme Davy l'avait fait pour l'arc voltaïque. Ne pouvant citer toutes les expériences curieuses de ce savant, nous mentionnerons seulement, dans le cas où la décharge est perpendiculaire à la ligne des pôles, la séparation de cette décharge en deux parties distinctes, phénomène qui peut s'expliquer par l'action opposée de l'électro-aimant sur les deux extra-courants d'ouverture et de fermeture qui se trouvent dans la décharge.

812. Application des tubes de Geissler. — On a fait des tubes de Geissler une application récente à la pathologie. Un long tube capillaire étant soudé à deux boules munies de fils de platine, on recourbe ce tube en son milieu de manière que les deux branches se touchent, et l'on enroule leur extrémité en spires serrées, comme on le voit en *a* (fig. 727).

Le tube ainsi préparé, contenant, comme ceux décrits ci-dessus, un gaz très-raréfié, aussitôt que la décharge passe, il se produit en *a* une lumière assez vive pour éclairer les fosses nasales, la gorge ou toute autre cavité du corps humain où l'on introduit le tube. Toutefois cette expérience nécessite non-seulement une bobine, mais une pile pour la faire marcher, ce qui la rend peu pratique pour les médecins.

* 843. Fusée de Stateham. — M. Stateham, ingénieur anglais, a trouvé qu'un fil de cuivre AB (fig. 728) étant recouvert de gutta-percha sulfurée, au bout de quelques mois il se forme, au contact du métal et de son enveloppe, une couche de sulfure de cuivre qui suffit pour conduire le courant. En effet, si, en une partie quel-

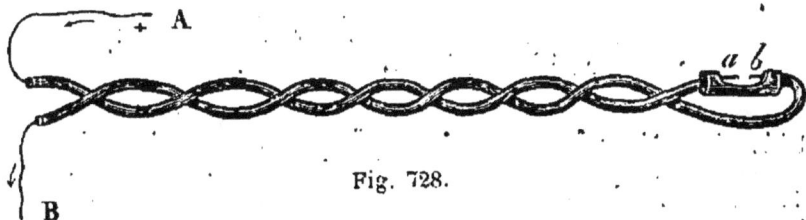

Fig. 728.

conque du circuit, on coupe la moitié supérieure de l'enveloppe, puis que, dans l'échancrure $a\,b$ ainsi formée, on enlève un morceau du fil de cuivre de 6 millimètres de longueur, un courant intense qui passe dans le fil de cuivre se trouve interrompu de a en b, mais il passe alors par le sulfure de cuivre qu'il fait entrer en ignition. D'où il résulte que, si, dans la cavité ainsi creusée, on met un corps inflammable, comme du coton-poudre, ou de la poudre à canon, ce corps prend feu : de là le nom de *fusée de Stateham* donné à ce petit appareil. M. Du Moncel a appliqué avec un succès complet cette fusée à l'explosion de mines dans le port de Cherbourg.

Si l'on veut faire marcher la fusée de Stateham avec une pile, celle-ci doit être puissante; le courant entrant en A retourne à la pile par l'extrémité B, ou va se perdre dans le sol, ce qui revient au même. Mais si, au lieu d'une pile, on fait usage de la bobine de Ruhmkorff, on obtient les mêmes effets avec deux couples de Bunsen. C'est alors le courant induit de cette bobine qui entre en A et sort en B. On constate donc ainsi les effets calorifiques des courants d'induction.

M. Faraday, qui a fait de curieuses expériences sur les fils de cuivre revêtus de gutta-percha, a trouvé que les effets physiques et physiologiques produits par un courant qui passe dans des fils très-longs sont très-faibles, et même insensibles, quand les fils sont dans l'air, et qu'au contraire les mêmes effets sont très-intenses lorsque les fils sont immergés dans l'eau ou plongés dans le sol. M. Faraday, qui expérimentait sur des fils de 160 kilomètres de longueur, explique ce phénomène en comparant le fil de cuivre recouvert de gutta-percha à un condensateur construit sur une grande échelle : le fil de cuivre, chargé d'électricité par la pile ou par la bobine, agit par influence, au travers de la gutta-percha, sur l'eau ou sur le sol, qui se trouve ainsi former l'armature extérieure du condensateur ; de là l'accumulation de l'électricité et les effets puissants qu'on obtient alors.

* CHAPITRE VIII.

CARACTÈRES, INTENSITÉ ET DIRECTION DES COURANTS INDUITS.

814. Caractères des courants d'induction. — D'après les différentes expériences indiquées jusqu'ici sur les courants d'induction, on voit que, malgré leur instantanéité, ils possèdent toutes les propriétés des courants voltaïques ordinaires. Comme eux, ils exercent des effets physiologiques violents, produisent des effets lumineux, calorifiques, chimiques, et donnent eux-mêmes naissance à de nouveaux courants induits. Enfin, ils font dévier l'aiguille des galvanomètres et aimantent les barreaux d'acier, quand on les fait passer dans un fil de cuivre enroulé autour de ces barreaux.

Le courant induit direct et le courant induit inverse ont été comparés entre eux sous trois points de vue : l'énergie de la commotion, l'amplitude de la déviation du galvanomètre, et l'action magnétisante sur les barreaux d'acier. Appréciés ainsi, ces courants présentent des résultats très-différents : ils paraissent sensiblement égaux quant à la déviation du galvanomètre, tandis que la commotion du courant direct étant très-forte, celle du courant inverse est à peu près nulle. La même différence a lieu pour la force magnétisante. Le courant direct aimante à saturation, mais le courant inverse n'aimante pas. Les effets calorifiques du courant direct sont aussi plus intenses que ceux du courant inverse.

La différence entre le courant inverse et le courant direct provient de leur inégale durée.

815. Intensité des courants d'induction. — Dans son traité spécial sur l'induction, M. Matteucci déduit de ses propres travaux et de ceux de MM. Faraday, Lenz, Dove, Abria, Weber, Marianini et Felici, les lois suivantes sur l'intensité des courants d'induction :

1° *L'intensité des courants induits est proportionnelle à celle des courants inducteurs.*

2° *Cette même intensité est proportionnelle au produit des longueurs des circuits inducteur et induit.*

3° *L'intensité d'un courant induit est en raison inverse du temps pendant lequel il se développe.*

4° *La force électromotrice développée par une quantité donnée d'électricité est la même, quelles que soient la nature, la section et la forme du circuit inducteur.*

5° *La force électromotrice développée par l'induction d'un courant sur un circuit conducteur quelconque est indépendante de la nature de ce conducteur.*

6° *Le développement de l'induction est indépendant de la nature du corps isolant interposé entre les circuits inducteur et induit.*

7° Enfin, on doit à M. Felici cette loi, que *l'action inductrice entre deux éléments du fil inducteur et du fil induit est en raison inverse de la simple distance.*

La sixième loi ci-dessus est en opposition avec les expériences de M. Faraday sur l'induction de l'électricité à l'état statique (653).

846. **Direction des courants induits sur les disques tournants.**

— M. Faraday a cherché, le premier, quelle était la direction des courants induits sur la surface des disques métalliques tournant devant les pôles contraires de deux forts aimants. Son procédé consiste à mettre l'un des bouts du fil du galvanomètre en contact avec l'axe du disque tournant, et l'autre bout avec différents points de la circonférence du même disque. Il a ainsi constaté, d'après la déviation de l'aiguille du galvanomètre, que, pendant la rotation du disque, il se produit, à sa surface, des courants induits dirigés du centre à la circonférence, ou de la circon-

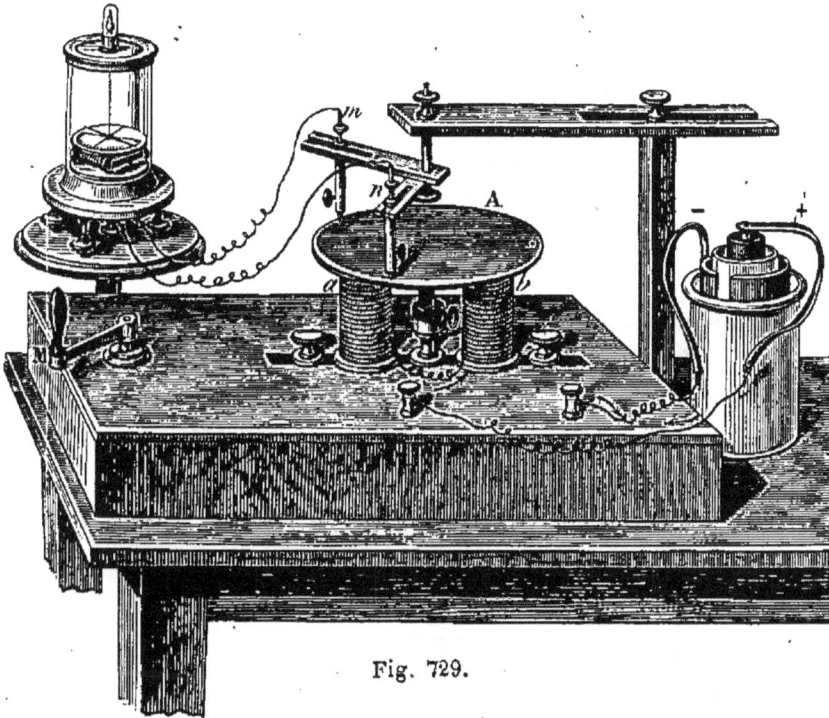

Fig. 729.

férence au centre, selon le sens de la rotation, et que ces courants sont symétriques par rapport au diamètre polaire, c'est-à-dire qui passe au-dessus des pôles des aimants.

Nobili et Antinori se sont aussi occupés de rechercher la direction des courants induits sur les disques tournants, et, pour cela, l'un des bouts du fil du galvanomètre étant en contact avec l'axe du disque, ils faisaient communiquer l'autre bout, non-seulement avec la circonférence du disque, mais encore avec les différents points de sa surface. Ils ont ainsi observé que, sur les parties du disque entrant sous l'influence magnétique, il se développe constamment un système de courants contraires à ceux de l'aimant, et que, sur les parties se dégageant de la même influence, il se produit des courants de même sens que ceux de l'aimant, et par suite contraires aux premiers.

M. Matteucci, ayant étudié les mêmes phénomènes, mais avec plus de précision, les a trouvés plus compliqués qu'on ne le pensait. La figure 729 représente l'appareil employé par ce physicien. Il se compose d'une caisse de bois dans laquelle une suite d'engrenages transmettent, à l'aide d'une manivelle M, un mouvement de rotation plus ou moins rapide à un disque de métal A, de 20 centimètres de diamètre. Au-dessous du disque, à un intervalle de 2 à 3 millimètres, est un puissant électro-aimant ab, qui se déplace dans une rainure, de manière à pouvoir présenter ses pôles successivement à tous les points du disque. Enfin, au-dessus du disque sont deux tiges de cuivre m et n, terminées chacune par une pointe émoussée et amalgamée, qui touche le disque. Ces mêmes tiges, à leur extrémité supérieure, communiquent avec les deux bouts du fil d'un galvanomètre; de plus, par la disposition des supports auxquels elles sont fixées, elles peuvent occuper toutes les positions par rapport au centre et à la circonférence du disque.

Au moyen de cet appareil, et en mettant l'un des bouts du fil du galvanomètre en contact avec le centre, et l'autre avec les différents points de la surface du disque, M. Matteucci a constaté les faits suivants, représentés sur la figure 730,

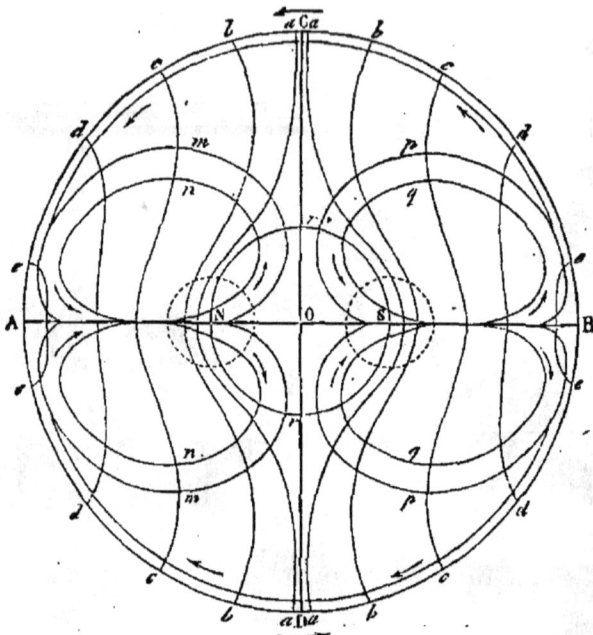

Fig. 730.

dans laquelle les points N et S sont les projections des pôles de l'électro-aimant, et AB la droite qui passe au-dessus de ces pôles :

1° M. Matteucci a trouvé des *lignes de nul courant*, a, b, c, d, e, qui sont normales à la ligne AB, et se contournent près des bords du disque, de manière à les couper toujours normalement.

2° La projection de chaque pôle de l'électro-aimant sur le disque est un *point neutre*, c'est-à-dire de nul courant; de plus, une ligne neutre rr sensiblement circulaire, qui passe par les projections des deux pôles et a pour centre l'axe de rotation de l'électro-aimant, est en même temps *ligne d'inversion*, c'est-à-dire que les courants en dedans et en dehors de cette ligne sont de directions contraires.

3° Les *lignes de courants électriques*, c'est-à-dire celles suivant lesquelles a lieu le maximum d'effet, coupent toujours normalement les lignes de nul courant et sont tangentes à la droite AB; les lignes de courant maximum sont représentées en m, n, p, q.

4° La position de la ligne neutre rSrN, qui passe par les projections des deux pôles, n'est pas sensiblement modifiée par la nature du disque, par son épaisseur et par l'intensité du courant de la pile; mais cette ligne se resserre sur elle-même à mesure que la vitesse de rotation augmente.

5° Enfin, de chaque côté des points neutres, sur le diamètre polaire, on trouve deux points *maxima* dont la distance dépend de la grosseur de l'électro-aimant et du diamètre du disque tournant.

Pour plus de détails sur ces phénomènes, nous renvoyons le lecteur au *Cours spécial sur l'induction et le magnétisme de rotation,* publié à la fin de 1854 par M. Matteucci.

847. Chaleur développée par l'induction des aimants puissants sur les corps en mouvement.

— On a vu, en parlant de l'expérience d'Arago (796), qu'un disque de cuivre rouge, tournant sur lui-même, agit à distance sur un aimant mobile pour lui communiquer son mouvement de rotation. On verra bientôt (821) que réciproquement un cube de cuivre rouge, animé d'un mouvement de rotation rapide, est arrêté brusquement par l'influence des pôles de deux forts aimants (fig. 735). Il est évident que, dans ces expériences, si l'on voulait s'oppo-

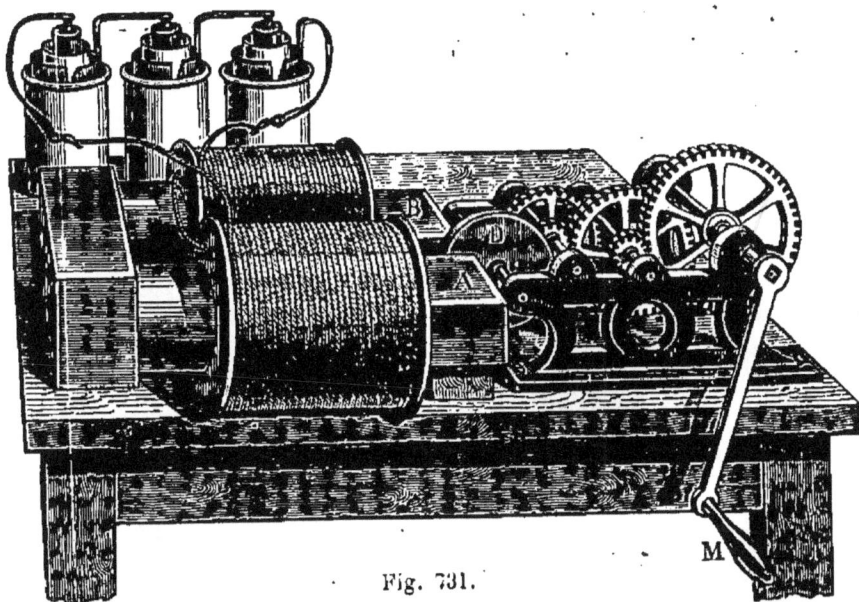

Fig. 731.

ser à la rotation de l'aiguille, ou forcer le cube à continuer de tourner, il faudrait dépenser constamment un certain travail mécanique pour vaincre la résistance qui résulte de l'action inductrice des aimants. Or, se basant sur la théorie de la transformation du travail mécanique en chaleur (376), on a cherché quelle serait ainsi la quantité de chaleur développée par les courants d'induction sous l'influence d'aimants puissants. M. Joule, dans le but de déterminer l'équivalent mécanique de la chaleur, a enroulé une bobine autour d'un cylindre de fer doux, et ayant renfermé le tout dans un tube de verre plein d'eau, il a imprimé au système un mouvement de rotation rapide entre les branches d'un fort électro-aimant. Un thermomètre placé dans le liquide servait à mesurer la quantité de chaleur dégagée par les courants d'induction dans le fer doux et dans le fil de cuivre enroulé autour.

M. Foucault a fait récemment, à ce sujet, une expérience remarquable, à l'aide de l'appareil représenté dans la figure 731. Cet appareil consiste en un puissant électro-aimant fixé horizontalement sur une table. Deux pièces de fer doux A et B sont en contact avec les pôles de l'électro-aimant, de manière que, s'aimantant elles-mêmes par influence, elles concentrent leur action magnétique inductrice sur les deux faces d'un disque métallique D. Ce disque, qui est de cuivre rouge, de 75 millimètres de diamètre et de 7 millimètres d'épaisseur, s'engage en partie entre les pièces A et B, où il reçoit, à l'aide d'une manivelle et d'une suite de roues et de pignons, une vitesse de 150 à 200 tours par seconde.

Tant que le courant de la pile ne passe pas dans le fil de l'électro-aimant, on n'éprouve qu'une très-faible résistance à tourner la manivelle, et si, une fois qu'elle a pris, avec les roues et le disque, un mouvement de rotation rapide, on l'abandonne à elle-même, la rotation continue assez longtemps en vertu de la vitesse acquise. Mais lorsqu'on fait passer le courant, le disque et les autres pièces s'arrêtent presque instantanément, et si alors on reprend la manivelle on éprouve une résistance considérable. Or si, malgré cette résistance, on continue à tourner, c'est ici que la force qu'on dépense se transforme en chaleur, le disque s'échauffant d'une manière remarquable. Dans une expérience faite devant nous par M. Foucault, la température du disque s'est élevée, en trois minutes, de 10 degrés à 61, le courant étant fourni seulement par trois éléments de Bunsen. Avec six, la résistance est telle, qu'on ne pourrait tourner longtemps.

818. Rotation des courants induits par les aimants. — M. de La Rive a imaginé récemment une expérience qui démontre d'une manière curieuse

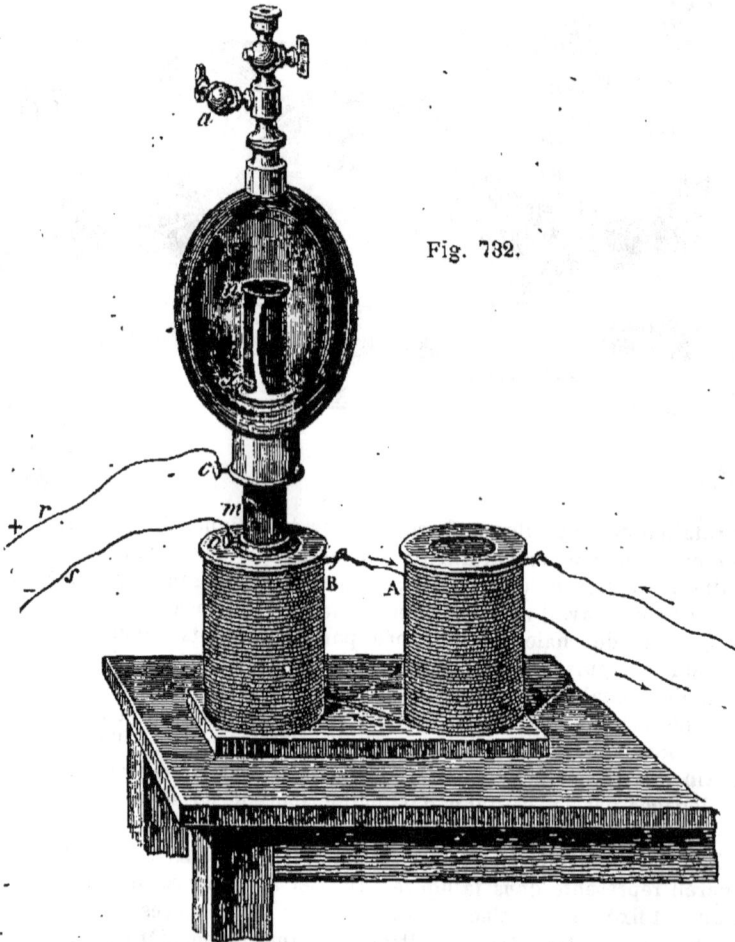

Fig. 732.

l'action rotative des aimants sur les courants. Ce savant a d'abord fait cette expérience avec une forte machine électrique; mais elle présente un éclat bien plus remarquable avec la bobine de Ruhmkorff.

L'appareil de M. de La Rive se compose d'un ballon de verre, ou œuf électrique, muni à l'une de ses extrémités de deux robinets, l'un qui se visse sur la machine pneumatique, et l'autre, qui est un robinet semblable à celui de Gay-Lussac (345), sert à introduire quelques gouttes d'un liquide volatil dans le ballon. A l'autre extrémité de celui-ci est mastiquée une tubulure dans laquelle passe une tige de fer doux *mn*, de 2 centimètres de diamètre (fig. 732), et dont l'extrémité supérieure aboutit à peu près au centre du ballon. Cette tige est recouverte dans toute son étendue, sauf à ses deux extrémités, d'une couche isolante très-épaisse, formée d'abord de gomme laque, puis d'un tube de verre recouvert lui-même de gomme laque, encore d'un second tube de verre, et enfin d'une couche de cire bien lisse. Cette couche isolante doit avoir au moins un centimètre d'épaisseur. Dans l'intérieur du ballon, la couche isolante est entourée, en *x*, d'un anneau de cuivre qui communique avec un bouton extérieur *c*.

Ayant fait le vide le plus parfait possible dans le ballon, on y introduit quelques gouttes d'éther ou d'essence de térébenthine, au moyen du robinet *a*, puis on fait le vide de nouveau, de manière qu'il ne reste dans le ballon qu'une vapeur extrêmement raréfiée. Posant alors, sur l'une des branches d'un fort électro-aimant AB, un disque épais de fer doux *o* muni d'un bouton, on applique sur ce disque l'extrémité *m* de la tige *mn*; puis on fait arriver les deux bouts du fil induit de la bobine de Ruhmkorff, l'un au bouton *c*, l'autre au bouton *o*. Or, si l'on fait alors marcher la bobine sans que l'électro-aimant fonctionne, les électricités contraires des fils *s* et *r* passant, celle du premier fil jusqu'à l'extrémité supérieure *n* de la tige de fer doux, et celle du second fil à l'anneau *x*, une gerbe lumineuse plus ou moins irrégulière apparaît à l'intérieur du ballon de *n* en *x*, tout autour de la tige, comme dans l'expérience de l'œuf électrique.

Mais si l'on fait passer un courant dans l'électro-aimant, aussitôt le phénomène change : au lieu de partir des différents points du contour supérieur *n* et de l'anneau *x*, la lumière se condense et jaillit en un seul arc lumineux de *n* en *x*. De plus, cet arc tourne assez lentement autour du cylindre aimanté *mn*, tantôt dans un sens, tantôt dans un autre, selon la direction du courant induit ou le sens de l'aimantation. Dès que l'aimantation cesse, le phénomène lumineux redevient ce qu'il était auparavant.

Cette expérience a été imaginée par M. de La Rive pour expliquer, par l'influence du magnétisme terrestre, une sorte de mouvement rotatoire de l'ouest à l'est, en passant par le sud, qu'on observe dans les aurores boréales. En effet, la rotation de l'arc lumineux, dans l'expérience ci-dessus, doit évidemment se rapporter à la rotation des courants par les aimants (756).

*CHAPITRE IX.

EFFETS DES AIMANTS PUISSANTS, DIAMAGNÉTISME.

849. Substances diamagnétiques et substances paramagnétiques. — On a déjà vu (612) que les aimants agissent réellement sur toutes les substances, par attraction sur les unes, et par répulsion sur les autres. Ces effets, qui furent d'abord attribués à la présence de quantités infiniment petites de fer dans les substances sur lesquelles on expérimentait, ne furent nettement établis que par M. Faraday, en 1847, à l'aide d'électro-aimants très-puissants.

Ce savant a appelé *diamagnétiques* les corps repoussés, et *paramagnétiques*, ou simplement *magnétiques*, ceux qui sont attirés; et comme il expérimentait avec des électro-aimants, il a donné le nom de *direction axiale* à celle qui coïncide avec la droite qui joint les deux pôles de l'électro-aimant, et celui de *direction équatoriale* à celle qui est perpendiculaire à la même ligne. Le même savant a reconnu que le nombre des substances diamagnétiques est beaucoup plus grand que celui des substances magnétiques.

Les substances diamagnétiques sont le bismuth, le plomb, l'antimoine, le zinc, le cuivre, le cristal de roche, le verre, le sel marin, le plâtre, le charbon, le soufre, et en général les substances organiques, comme les résines, le sucre, le bois, la chair des animaux. Les substances magnétiques sont le fer, le nickel, le cobalt, le chrome, et la plupart des métaux. On peut admettre aujourd'hui qu'il n'est pas une seule substance sur laquelle n'agissent, dans un sens ou dans l'autre, les aimants très-puissants.

820. Effets optiques des aimants puissants. — Le premier effet des électro-aimants puissants, découvert par M. Faraday, en 1845, est l'action qu'ils

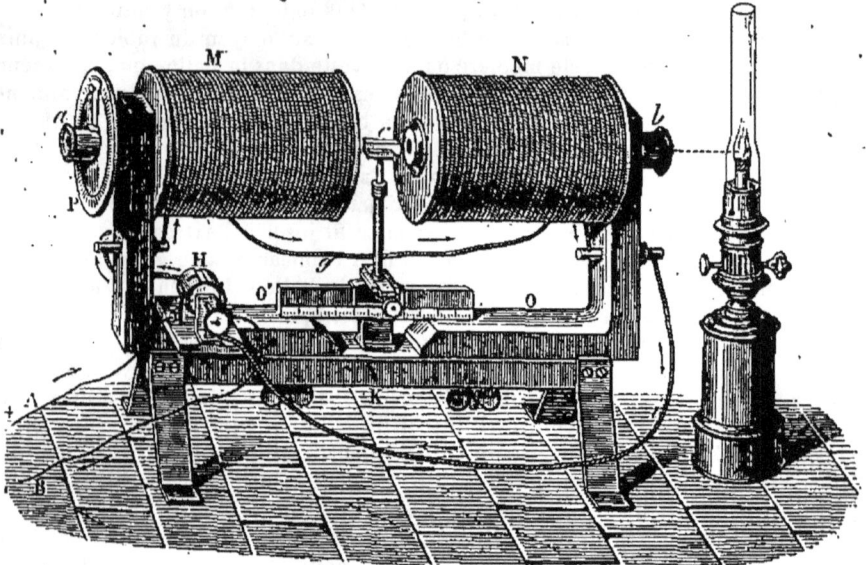

Fig. 733 (h = 48).

exercent sur plusieurs substances transparentes, action telle, que lorsqu'un rayon polarisé traverse ces substances dans la direction de la ligne des pôles magnétiques, le plan de polarisation est dévié soit à droite, soit à gauche (591), suivant le sens de l'aimantation.

La figure 733 représente l'appareil de M. Faraday ; il est formé de deux électro-aimants M et N extrêmement puissants, fixés à deux chariots de fer O, O', qui peuvent se rapprocher plus ou moins en glissant sur un support K. Le courant d'une pile de 10 à 11 couples Bunsen entre en A, gagne un commutateur H, la bobine M, puis la bobine N par le fil g, descend dans le fil i, passe de nouveau dans le commutateur, et sort en B. Les deux cylindres de fer doux qui occupent l'axe des bobines sont percés de trous cylindriques pour laisser passer les rayons lumineux. Enfin, en b et en a, sont deux prismes de Nicol (589, 4°), le premier servant de polariseur, et le second d'analyseur. A l'aide d'une alidade, ce dernier tourne au centre d'un cercle gradué P.

Ces prismes étant placés de manière que leurs sections principales soient perpendiculaires entre elles, le prisme a éteint complétement la lumière transmise au travers du prisme b. Si alors on place en c, sur l'axe des deux bobines, une plaque à faces parallèles, de flint ou de verre, la lumière est encore éteinte tant que le courant ne passe pas ; or, aussitôt que les communications sont établies, la lumière reparaît, mais colorée, et si l'on tourne l'analyseur a à droite ou à gauche, selon la direction du courant, la lumière passe par les différentes teintes du spectre, ainsi qu'il arrive avec les quartz taillés perpendiculairement à l'axe (592). M. Ed. Becquerel a fait voir qu'un grand nombre de substances solides ou liquides peuvent ainsi faire tourner le plan de polarisation, sous l'influence d'aimants puissants. M. Faraday admet que, dans ces expériences, la rotation du plan de polarisation est due à une action des aimants sur les rayons lumineux; Biot et M. Ed. Becquerel pensent que ce phénomène est dû à une action des aimants sur les corps transparents soumis à leur influence, hypothèse généralement admise.

824. Effets diamagnétiques des aimants puissants. — Les effets diamagnétiques des aimants ne se manifestent qu'autant que ceux-ci sont très-puissants, et c'est avec l'appareil de M. Faraday (fig. 733) qu'ils ont été découverts et étudiés. On rencontre des substances diamagnétiques également dans les solides, dans les liquides et dans les gaz ainsi que le démontrent les expériences suivantes

Fig. 734.   Fig. 735.   Fig. 736.

pour lesquelles on visse, sur les bobines, des armatures de fer doux S et Q de formes diverses (fig. 734 et 736).

1º *Diamagnétisme des solides.* — Un petit cube de cuivre rouge étant suspendu entre les deux aimants par un fil de soie tordu, et tournant rapidement sur lui-même par l'effet du fil qui se détord (fig. 735), à l'instant où le courant passe dans les bobines, le cube s'arrête dans la position où il se trouve. Si l'on donne à la pièce mobile la forme d'une petite barre rectangulaire, elle se met en croix avec l'axe des bobines, ou se dirige suivant cet axe, selon qu'elle est formée d'une substance diamagnétique, comme le bismuth, l'antimoine, ou bien d'une substance magnétique, comme le fer, le nickel, le cobalt. Ces phénomènes ont été observés par M. Faraday, qui les explique par les courants d'induction que les électro-aimants font naître dans les corps mobiles à l'instant où l'on fait passer le courant dans les deux bobines.

2º *Diamagnétisme des liquides.* — Les liquides présentent aussi les phénomènes de magnétisme et de diamagnétisme. Pour en faire l'observation, on en remplit de petits tubes de verre très-minces qu'on suspend à la place du cube *m* dans la figure 735. Si les liquides sont magnétiques, comme les dissolutions de fer, de nickel, de cobalt, les tubes se dirigent dans le sens de l'axe des deux électro-aimants; mais s'ils sont diamagnétiques, comme l'eau, l'alcool, l'éther, l'essence de térébenthine et la plupart des dissolutions salines, les tubes se placent dans une direction perpendiculaire à l'axe des aimants.

L'action des aimants puissants sur les liquides magnétiques ou diamagnétiques s'observe encore au moyen de l'expérience suivante, faite pour la première fois par M. Plücker. On verse une dissolution de chlorure de fer dans un verre de montre, et l'on pose celui-ci sur les deux armatures S et Q des électro-aimants de l'appareil de Faraday. Aussitôt que le courant passe dans les électro-aimants, on voit la dissolution former, selon l'intervalle des bobines, un ou deux renflements, comme on l'a représenté en A et en B (fig. 736); ces renflements persistent tant que passe le courant, et se produisent, à des degrés différents, avec tous les liquides magnétiques. Les liquides diamagnétiques présentent des effets inverses, ainsi que l'a constaté M. Plücker pour le mercure, en observant sa courbure sur une pièce d'argent fraîchement amalgamée et posée sur les armatures.

3° *Diamagnétisme des gaz.* — M. Bancalari a observé, le premier, que la flamme d'une bougie placée entre les deux bobines de l'appareil de Faraday en est fortement repoussée (fig. 734). Toutes les flammes présentent, à des degrés différents, le même phénomène. M. Quet a obtenu des effets de répulsion extrêmement intenses en soumettant à la même expérience la lumière électrique de la pile obtenue avec les deux cônes de charbon de la figure 608.

Depuis l'expérience de M. Bancalari, M. Faraday et M. Ed. Becquerel ont fait de nombreuses recherches sur le diamagnétisme des gaz, ainsi que nous l'avons déjà dit en parlant de l'action des aimants puissants sur tous les corps (612). De plus, M. Faraday a reconnu que l'oxygène, qui est magnétique à la température ordinaire, devient diamagnétique à une température très-élevée, et que souvent le magnétisme ou le diamagnétisme d'une substance dépend du milieu dans lequel elle est. Par exemple, un corps magnétique dans le vide peut devenir diamagnétique dans l'air.

4° *Détonation produite par la rupture du courant sous l'influence d'un puissant électro-aimant.* — Nous citerons encore, comme effet remarquable de l'appareil de M. Faraday, l'expérience suivante, due à M. de La Rive. Lorsqu'on place entre les deux pôles S et Q de la figure 734 les deux extrémités du gros fil dans lequel passe le courant de l'électro-aimant, c'est-à-dire en fermant le courant entre les deux pôles S et Q, cette fermeture a lieu sans étincelle et sans bruit, ou seulement avec un bruit et une étincelle faibles. Mais, au moment où l'on interrompt le courant, on entend une détonation violente, presque aussi forte que celle d'un coup de pistolet. Il semblerait donc ici que c'est l'extra-courant (798) dont l'intensité serait puissamment accrue par l'influence des deux pôles de l'électro-aimant.

822. Théorie du diamagnétisme. — Plusieurs théories ont été proposées pour donner l'explication des phénomènes diamagnétiques. On a déjà vu (612) que M. Ed. Becquerel admet que la répulsion exercée par les aimants sur certaines substances serait due à ce qu'elles sont entourées par un milieu plus magnétique qu'elles, ce qui est évidemment une application du principe d'Archimède. M. Plücker a donné une théorie qui diffère de celle de M. Ed. Becquerel, mais dans laquelle il s'appuie aussi sur le principe d'Archimède. M. Faraday a rattaché les phénomènes diamagnétiques aux phénomènes d'induction, en admettant que dans un corps diamagnétique, comme le bismuth par exemple, il se produit, à l'approche d'un fort aimant, des courants d'induction sur lesquels réagissent les courants d'Ampère.

---

* CHAPITRE X.

INTENSITÉ, CONDUCTIBILITÉ ET VITESSE DES COURANTS, COURANTS DÉRIVÉS.

823. Boussole des sinus. — On a déjà vu comment on mesure l'intensité des courants à l'aide du voltamètre et du galvanomètre (729 et 742). Cette intensité se détermine encore avec la *boussole des sinus* et avec la *boussole des tangentes*. La boussole des sinus est un galvanomètre destiné à mesurer les courants intenses, mais au moyen duquel on est dispensé d'avoir recours à une table de graduation (743). Cet appareil, dû à M. Pouillet, diffère du galvanomètre déjà décrit, en ce que le fil de cuivre dans lequel passe le courant ne fait autour de l'aiguille aimantée qu'un très-petit nombre de tours, même quelquefois un seul. Au centre d'un cercle horizontal N (fig. 737) est une aiguille aimantée *m*; une deuxième aiguille *n*, de cuivre argenté, et mobile avec la première, à laquelle elle est fixée, sert à repérer l'aiguille *m* sur le cercle gradué N. Un cercle de cuivre M est disposé perpendiculairement au cercle horizontal. C'est sur ce cercle M que s'enroule le fil de cuivre dans lequel passe le courant. Les deux bouts de ce fil, représentés

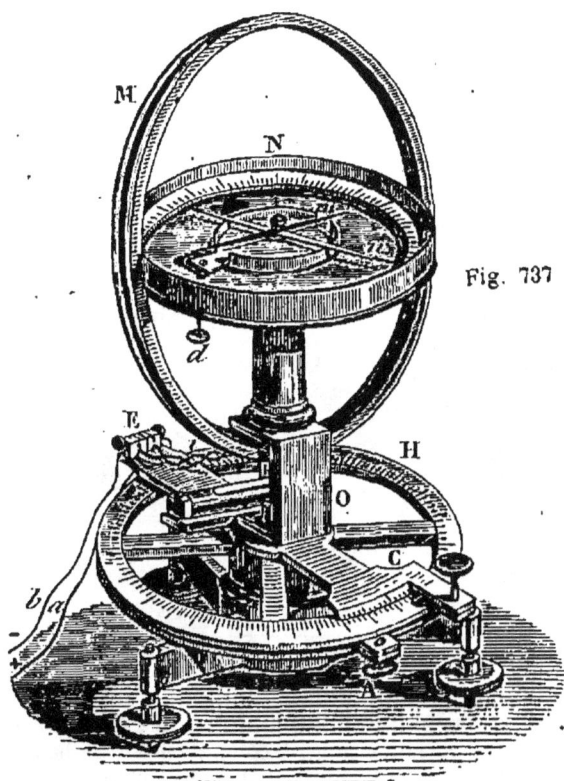

Fig. 737.

en *i*, viennent se terminer à une pièce E, à laquelle aboutissent deux fils de cuivre *a* et *b*, en communication avec la source électrique dont on veut mesurer le courant. Enfin, le cercle N et le cercle M sont portés sur un pied O, qui peut tourner autour de l'axe vertical passant par le centre d'un cercle horizontal fixe H.

Le circuit galvanométrique M étant dirigé dans le méridien magnétique, et par conséquent dans le même plan que l'aiguille, on fait passer le courant dans les fils *a* et *b*. Les aiguilles étant déviées, on tourne le circuit M jusqu'à ce qu'il coïncide avec le plan vertical passant par l'aiguille aimantée *m*. A ce moment, l'action directrice du courant s'exerçant perpendiculairement à la direction de l'aiguille aimantée, le calcul démontre que l'intensité du courant est proportionnelle au sinus de l'angle de déviation de cette aiguille, angle qui se mesure sur le cercle H, au moyen d'un vernier que porte la pièce C. C'est cette pièce qui, fixée au pied O, sert à le faire tourner, au moyen d'un bouton A auquel elle est liée. L'angle de déviation connu, et par suite son sinus, on en déduit l'intensité du courant, puisqu'on vient de dire que cette intensité est proportionnelle au sinus.

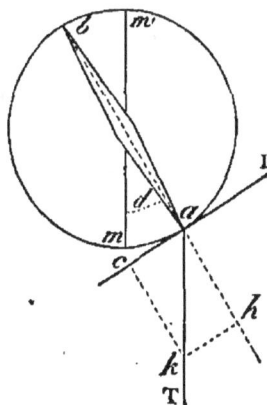

Fig. 738.

Pour démontrer que l'intensité du courant est proportionnelle au sinus de l'angle de déviation, soient *mm'* (fig. 738) la direction du méridien magnétique, *d* l'angle de déviation, I l'intensité du courant, et T la force directrice de la terre. Si l'on représente par *ak* la direction et l'intensité de cette dernière force, on peut la remplacer par les deux composantes *ah* et *ac* (29). Or, la première n'ayant aucune action directrice sur l'aiguille, c'est la composante *ac* qui fait seule équilibre à la force I; il faut donc qu'on ait I = *ac*. Mais le triangle rectangle *ack* donne *ac* = *ak* cos *cak*, ou *ac* = T sin *d*, l'angle *cak* étant le complément de l'angle *d*, et *ak* égal à T; donc enfin I = T sin *d*, ce qu'il fallait démontrer.

Dans la boussole des tangentes, due aussi à M. Pouillet, l'intensité du courant est proportionnelle à la tangente de l'angle de déviation de l'aiguille aimantée.

824. Rhéostat. — Le *rhéostat*, dû à M. Wheatstone, est un appareil à résistance variable qui, introduit dans un circuit voltaïque en même temps qu'un gal-

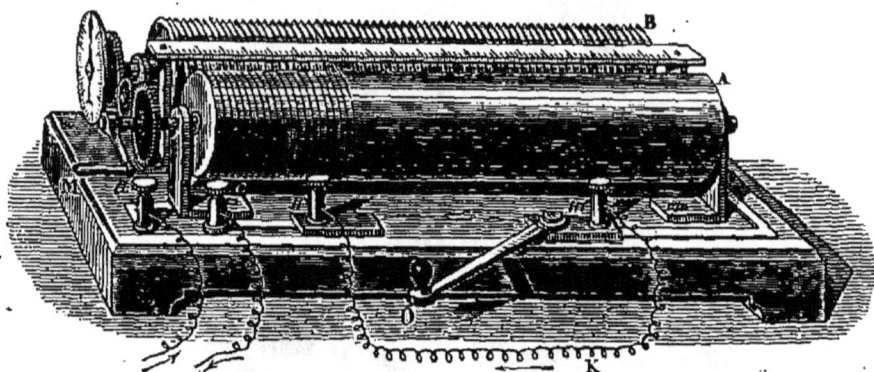

Fig. 739.

vanomètre, donne le moyen de produire sur celui-ci une déviation déterminée. Il se compose d'un cylindre de laiton A et, à côté, d'une vis de bois B, dont le pas est de 1 millimètre (fig. 739). Un fil fin de laiton, fixé d'un bout à l'extrémité du cylindre A, s'enroule plus ou moins sur celui-ci, puis passe sur la vis de bois, autour de laquelle il s'enroule jusqu'en B. Là, le bout du fil est mis en communication avec un axe métallique qui porte la vis, et enfin avec une lame de cuivre qui aboutit à la borne *m*. Sur les axes du cylindre et de la vis sont montées deux roues d'engrenage d'égal diamètre, réunies par un pignon. En faisant tourner le cylindre A dans un sens ou dans l'autre, à l'aide d'une manivelle M, la vis B tourne dans le même sens avec une vitesse égale, et le fil se déroule du cylindre sur la vis ou réciproquement. Le nombre des tours du fil sur le cylindre croissant ou décroissant à chaque révolution, une échelle horizontale, placée au-dessus et divisée en millimètres, marque les nombres de tours, tandis qu'une aiguille fixée à l'axe de la vis donne, sur un cadran, les fractions de tour; d'où l'on déduit la longueur de fil enroulée sur la vis. Enfin, une pièce mobile O sert à établir ou à interrompre la communication entre les bornes *m* et *n*.

Ces détails connus, le courant, entrant dans l'appareil par la borne *a*, gagne le cylindre A dans lequel il se propage sans résistance jusqu'au point où le fil passe sur la vis de bois. Suivant alors le fil dans les spires de cette vis jusqu'en B, c'est dans ce parcours que le courant rencontre une résistance d'autant plus grande, que le fil est plus fin et qu'il fait un nombre de tours plus considérable dans les spires de la vis. De celle-ci le courant arrive à la borne *m*, et de là, quand la pièce O est en contact avec le pied de la borne *n*, il revient par la borne *c* à la pile de laquelle il est parti.

Supposons maintenant qu'à la sortie du rhéostat le courant passe dans un galvanomètre et y produise une déviation de 60 degrés par exemple. Si l'on ouvre la pièce O, et qu'on lui substitue un conducteur K dont on veut déterminer la résistance et, par suite, la conductibilité, le circuit étant alors modifié, le galvanomètre accuse une déviation, par exemple, de 50 degrés. Mais en enroulant le fil lentement sur le cylindre A, la résistance diminue sur la vis, et bientôt le galvanomètre marque de nouveau 60. Si la longueur du fil sur la vis a été diminuée de 2 mètres, on en conclut que deux mètres du fil fin de l'appareil offrent la même résistance que le conducteur K introduit dans le circuit. Il en serait de même si l'on interposait entre m et n toute autre résistance, par exemple un voltamètre contenant un liquide quelconque. D'où l'on voit comment le rhéostat donne le moyen de mesurer les résistances relatives des divers circuits traversés par un même courant, ou, pour un même circuit, de comparer les intensités de courants différents.

825. Lois de Ohm sur l'intensité des courants. — On appelle *courants de même intensité*, ceux qui, dans les mêmes conditions, produisent la même déviation sur la même aiguille aimantée. Un grand nombre de physiciens, et particulièrement MM. Ohm, Fechner, Lenz, Jacobi, Pouillet, Faraday, de La Rive et Magnus, ont cherché à comparer, sous le point de vue de leur intensité, les courants électriques provenant de diverses sources. Ces recherches, qui ont été faites au moyen du galvanomètre, de la boussole des sinus, de celle des tangentes, du rhéostat, et même du voltamètre, ont conduit aux mêmes lois pour les courants thermo-électriques et pour les courants hydro-électriques. Seulement, pour les premiers, on néglige l'influence conductrice de la pile, parce qu'étant métallique et de petite dimension, sa résistance est négligeable; mais il n'en est plus ainsi pour les courants hydro-électriques. Dans ce cas, il faut tenir compte de la résistance de la pile, ce que M. Pouillet fait en ajoutant à la longueur du fil interpolaire la longueur du fil qui, par sa résistance, produirait sur le courant la même diminution d'intensité que produit la pile elle-même par sa faible conductibilité. Le circuit total entièrement métallique, qu'on suppose alors parcouru par le courant, est ce que M. Pouillet a nommé le *courant réduit*.

Or, voici les différentes lois que présentent les courants électriques, quelle que soit la source qui leur donne naissance :

1º *L'intensité d'un courant est directement proportionnelle à la somme des forces électromotrices qui sont en activité dans le circuit.*

2º *L'intensité est la même dans tous les points du circuit.*

3º *Elle est en raison inverse de la longueur réduite de toutes les parties du circuit.*

4º *Elle est en raison directe de la section et de la conductibilité du fil qui transmet le courant.*

Il découle des deux dernières lois, que l'intensité reste constante quand la section du fil varie comme sa longueur.

M. Pouillet a constaté par l'expérience que, dans les liquides, comme dans les solides, l'intensité du courant est en raison directe de la section de la colonne liquide que traverse le courant, et en raison inverse de sa longueur, pourvu que celle-ci égale au moins cinq ou six fois le diamètre de la section.

Les lois qui précèdent sont connues sous le nom de *lois de Ohm*, parce que c'est ce savant qui, le premier, les a fait connaître en 1827, à Berlin. Elles ont été trouvées surtout par des considérations théoriques, mais MM. Fechner, Lenz, Jacobi, et plus tard M. Pouillet, les ont vérifiées par l'expérience.

En représentant par E la somme totale des forces électromotrices en activité dans la pile, par R la somme totale des résistances que rencontre l'électricité pour se propager, et par 1 l'intensité du courant, Ohm est arrivé à l'expression

$$I = \frac{E}{R}.$$

Cette formule, qui comprend la première et la troisième loi ci-dessus, est générale, que le circuit qui réunit les deux pôles soit homogène ou non.

Si l'on représente par L la longueur du fil métallique qui réunit les pôles, par r la longueur du fil qui peut remplacer la résistance de la pile, ou la *longueur réduite* de celle-ci, la formule devient $I = \dfrac{E}{L + r}$.

Dans les piles thermo-électriques, où l'on peut négliger la résistance de la pile, toutes les pièces en étant métalliques et d'une très-faible longueur, la formule se réduit à $I = \dfrac{E}{L}$; c'est-à-dire que l'intensité du courant est simplement en raison inverse de la longueur du fil conjonctif.

Dans le cas de n couples égaux, associés en batterie, en appelant E la force électromotrice d'un seul couple, et r sa résistance, Ohm admet qu'on a $I = \dfrac{nE}{L + nr}$, formule qui peut s'écrire $I = \dfrac{E}{\dfrac{L}{n} + r}$. Si le nombre n de couples est très-grand, et L très-petit, on peut négliger la fraction $\dfrac{L}{n}$, et la formule se réduit à $I = \dfrac{E}{r}$; c'est-à-dire que l'intensité est la même que pour un seul couple.

826. Conductibilité pour les courants hydro-électriques. — Le pouvoir conducteur des corps, pour les courants hydro-électriques, varie avec l'énergie des courants et avec les divers conducteurs que ceux-ci ont déjà traversés. M. de La Rive a reconnu, en effet, que les courants traversent d'autant plus facilement les plaques métalliques et les liquides, qu'ils en ont déjà traversé un plus grand nombre; propriété analogue à celle qu'on observe dans les pouvoirs diathermanes.

A l'aide du voltamètre (729), Davy a trouvé que *la conductibilité d'un même métal est proportionnelle à la section du fil et en raison inverse de sa longueur.* M. Becquerel a vérifié l'exactitude de cette loi au moyen d'un galvanomètre à deux fils. Quant à la conductibilité électrique des métaux, M. Ed. Becquerel a trouvé qu'à zéro leurs pouvoirs conducteurs relatifs peuvent être représentés par les nombres suivants : argent recuit, 100; cuivre recuit, 91,5; or recuit, 64,9; zinc, 24; étain, 14; fer, 12,3; plomb, 8,9; platine, 7,9; mercure, 1,739.

En comparant entre eux les pouvoirs conducteurs des divers liquides, et en prenant pour unité celui de l'eau distillée, M. Pouillet est arrivé aux résultats suivants : eau contenant $\frac{1}{20000}$ d'acide azotique, 6; eau saturée de sulfate de zinc, 167; eau saturée de sulfate de cuivre, 400. Quant au rapport entre la conductibilité des métaux et celle des liquides, cette dernière est immensément plus faible; d'après le même savant, le cuivre conduirait 16 millions de fois plus que la dissolution saturée de sulfate de cuivre, ce qui revient à 6 milliards 400 millions de fois plus que l'eau distillée.

Enfin, on a observé que l'élévation de température augmente le pouvoir conducteur des liquides, tandis que c'est l'effet contraire qui a lieu pour les métaux.

La conductibilité des liquides composés a été considérée jusqu'ici, par la plupart des physiciens, comme une conductibilité purement *électrolytique*, c'est-à-dire due à la décomposition chimique (728). Cependant M. Faraday, en faisant connaître sa loi générale des décompositions électrolytiques (730), avait annoncé lui-même qu'elle comporterait quelques restrictions dans le cas où les liquides seraient capables de conduire l'électricité sans subir de décomposition.

La conductibilité purement électrolytique a surtout été soutenue par M. Buff; mais M. Foucault a démontré récemment, par des expériences délicates, que les liquides possèdent aussi une conductibilité propre, ou *conductibilité physique*, à la manière des métaux; seulement cette dernière est beaucoup plus faible que la conductibilité électrolytique, mais peut cependant avoir une influence sensible sur les effets chimiques des courants et sur la loi de M. Faraday.

827. Vitesse de l'électricité. — De nombreuses tentatives ont été faites pour déterminer la vitesse de propagation de l'électricité dans les fils métalliques. En 1834, M. Wheatstone fit usage d'un miroir tournant semblable à celui déjà décrit en parlant de la vitesse de la lumière (fig. 334, page 431). D'après le retard qu'éprouvait, dans un temps donné, l'image de l'étincelle produite par une bouteille de Leyde, lorsque l'électricité passait dans un long fil, M. Wheatstone trouva que l'électricité, dans un fil de laiton de 2 millimètres de diamètre, se propageait avec une vitesse de 460 000 kilomètres par seconde, vitesse qui correspond à une fois et demie celle de la lumière. M. Walker, en Amérique, ayant fait, en 1840, des recherches sur le même sujet, au moyen de signaux transmis par les fils de télégraphes électriques, trouva que la vitesse de l'électricité était de 30 000 kilomètres par seconde, nombre 15 fois plus petit que le précédent.

En 1850, MM. Fizeau et Gounelle, en expérimentant sur les fils télégraphiques de Paris à Amiens et à Rouen, sont arrivés aux résultats suivants :

1º Dans un fil de fer dont le diamètre est de 4 millimètres et demi, l'électricité se propage avec une vitesse de 101 700 kilomètres par seconde.

2º Dans un fil de cuivre d'un diamètre de 2 millimètres et demi, la vitesse est de 177 700 kilomètres.

3º Les deux électricités se propagent avec la même vitesse.

4º Le nombre et la nature des éléments dont la pile est formée, et, par conséquent, la tension de l'électricité et l'intensité du courant, n'ont pas d'influence sur la vitesse de propagation.

MM. Burnouf et Guillemin, en 1854, en expérimentant sur un circuit de 164 kilomètres, entre Foix et Toulouse, ont trouvé, dans des fils de cuivre, la vitesse de 180 000 kilomètres.

Dans des expériences faites entre les observatoires de Greenwich et d'Édimbourg, avec des fils de cuivre, on a trouvé 12 200 kilomètres pour la vitesse de l'électricité ; et, entre les observatoires de Greenwich et de Bruxelles, à l'aide d'un fil sous-marin, on a trouvé seulement 4 300 kilomètres ; mais, dans ce dernier cas, le fil de cuivre, recouvert de gutta-percha, était en grande partie plongé dans la mer. M. Faraday a fait voir que cette énorme différence est due à l'action par influence que le fil exerce au travers de la gutta-percha sur le liquide dans lequel il est plongé (813). Ce sont donc les nombres de MM. Fizeau et Gounelle, et de MM. Burnouf et Guillemin, qui représentent avec le plus de fidélité la vitesse de l'électricité dans les fils métalliques.

828. État permanent et état variable dans les circuits voltaïques. — Un courant est à l'*état permanent* quand, dans toutes les parties du circuit, il passe des quantités égales d'électricité. Or, à la fermeture du courant, l'état permanent ne s'établit pas instantanément ; il passe d'abord plus d'électricité dans les parties les plus rapprochées de la pile : c'est l'*état variable*. C'est Ohm qui, le premier, a signalé l'état variable dans la propagation des courants. M. Gaugain en a recherché les lois dans les corps peu conducteurs, tels que des fils de coton et des colonnes d'huile, et MM. Burnouf et Guillemin dans les fils métalliques des lignes télégraphiques.

Ces deux physiciens sont ainsi arrivés aux résultats suivants avec un circuit de 570 kilomètres, communiquant d'un bout avec une pile à charbon de 60 éléments, et de l'autre avec la terre. 1º Pendant l'état variable, l'intensité du courant est plus faible près de la pile que dans le reste du circuit. 2º Une fois l'état permanent obtenu, le courant est au contraire moins intense à l'extrémité qui communique avec le sol, ce qui s'explique par les dérivations (829) qui se produisent par les poteaux et par l'air humide. 3º La durée de l'état variable a été de $\frac{1}{50}$ de seconde avec un circuit de 570 kilomètres. 4º La durée de l'état variable est d'autant moindre, que le courant est plus intense. 5° Enfin, à l'ouverture du courant, la durée de la décharge, c'est-à-dire du retour du circuit à l'état neutre, égale à peu près quatre fois celle de l'état variable.

L'existence de l'état variable explique la discordance qu'on rencontre dans les résultats obtenus par les expérimentateurs qui ont cherché la vitesse de propagation de l'électricité ; elle fait voir en même temps que cette vitesse ne peut être déterminée qu'approximativement.

829 Courants dérivés, lois de la dérivation. — Soit le courant d'une pile, d'un élément de Bunsen par exemple, parcourant un fil de cuivre *rqpnm*

Fig. 740.

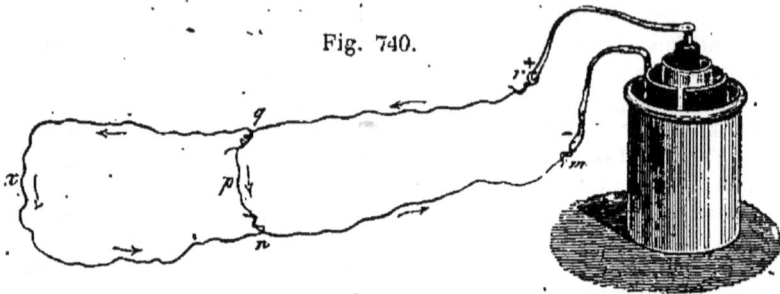

(fig. 740) ; et considérons le cas où l'on réunit deux points quelconques *n* et *q* de ce circuit par un second fil *qxn*. Le courant de la pile, se bifurquant alors au point *q*, se partage en deux autres, l'un qui continue à se propager dans le sens *qpnm*, et l'autre qui prend la direction *qxnm*.

Les deux points *q* et *n*, d'où part et où aboutit le second conducteur, ont reçu le nom de *points de dérivation*, l'intervalle *qpn* qui les sépare, celui de *distance de dérivation*, et le fil *qnx*, celui de *fil de dérivation*. Le courant qui parcourt le fil *qxn* se nomme le *courant dérivé*; le courant qui parcourait le circuit *rqpnm* avant la dérivation, est le *courant primitif*; celui qui traverse le même conducteur après la dérivation, est le *courant partiel*; et enfin on appelle *courant principal*, la totalité du nouveau courant qui parcourt tout l'ensemble du circuit quand on a ajouté le fil de dérivation.

M. Pouillet, qui a fait de nombreuses recherches sur les courants dérivés, est arrivé à ces lois, que *l'intensité du courant dérivé est directement proportionnelle à l'intensité du courant primitif et à l'intervalle de dérivation, mais en raison inverse de la section du fil dans cet intervalle, et aussi en raison inverse de la conductibilité du même fil.*

* CHAPITRE XI.

ÉLECTRICITÉ ANIMALE; APPLICATION DE L'ÉLECTRICITÉ A LA THÉRAPEUTIQUE.

830. Courant propre des animaux. — On a déjà vu que l'électricité animale a été un sujet de vive discussion entre les physiologistes et les physiciens (690 et 691). Depuis Galvani, de nombreuses recherches ont été faites sur cette matière, notamment par Aldini, Humboldt, Lehot, Nobili; Marianini et Matteucci.

Nobili, le premier, a observé avec le galvanomètre, dans des grenouilles préparées comme celle de Galvani (fig. 584, page 672), un courant qu'il a nommé *courant propre* de la grenouille. Pour cela, il plongeait les membres cruraux de la grenouille dans une capsule pleine d'eau salée, puis les nerfs lombaires dans une seconde capsule remplie d'une semblable dissolution, et il fermait le circuit en plongeant dans chacune des capsules un des bouts du fil d'un galvanomètre très-sensible. Or, il obtenait ainsi une déviation de 10 à 30 degrés, indiquant un courant dirigé des pieds à la tête de l'animal.

M. Matteucci a obtenu des effets analogues en formant des piles de cuisses de grenouilles. Pour cela, il prenait des moitiés de cuisses de grenouilles, les plus rapprochées de la jambe et dépouillées, auxquelles il avait conservé leur nerf lombaire, et il les disposait les unes à la suite des autres, de manière que le nerf de chacune s'appuyât sur la partie musculaire de la suivante. Fermant ensuite le circuit avec le fil d'un galvanomètre, M. Matteucci a obtenu, avec huit moitiés de cuisses, une déviation de 12 degrés.

Le même physicien a aussi formé des piles de cuisses de grenouilles en enlevant le nerf lombaire et en faisant toucher l'intérieur du muscle de chaque cuisse à la surface externe de la cuisse suivante. Toujours il a observé, dans les muscles de ces animaux, vivants ou récemment tués, un courant, quand le circuit est fermé, allant de l'intérieur du muscle à sa surface. M. Matteucci désigne ce courant sous le nom de *courant musculaire*, qu'il distingue du *courant propre* de la grenouille. Dans celle-ci il a toujours rencontré en même temps les deux courants, tandis que, dans les autres animaux, il n'a jamais observé que le courant musculaire.

M. du Bois-Reymond a fait connaître récemment de nouvelles recherches sur les courants musculaires dans l'homme. Dans ces expériences, il a fallu, vu la grande résistance du corps humain, faire usage d'un galvanomètre à 24 000 tours. M. du Bois-Reymond a constaté qu'en faisant communiquer les deux bouts du fil galvanométrique avec deux points symétriques du corps, par exemple avec les deux mains ou les deux pieds, le galvanomètre donne d'abord des indications très-irrégulières; mais bientôt il se produit un courant dont la direction demeure constante lorsqu'on répète plusieurs fois l'expérience, même à des intervalles éloignés. Ce courant n'a pas la même intensité chez des individus différents; il peut même changer de direction chez un même sujet, mais seulement à des époques éloignées, car il persiste quelquefois avec une direction constante pendant plusieurs mois.

834. Poissons électriques. — On nomme *poissons électriques* des poissons qui possèdent la propriété remarquable, lorsqu'on les irrite, de faire ressentir à ceux qui les touchent des commotions comparables à celles de la bouteille de Leyde. Il existe plusieurs espèces de poissons électriques, dont les plus connus sont la torpille, le gymnote et le silure. La torpille, qui est très-commune dans la Méditerranée, a été étudiée avec beaucoup de soin par MM. Becquerel et Breschet, en France, et par M. Matteucci, en Italie. Le gymnote l'a été par de Humboldt et Bonpland, dans l'Amérique du Sud, et par M. Faraday, en Angleterre, ce physicien s'en étant procuré de vivants.

La commotion que donnent les poissons électriques leur sert d'arme offensive et défensive; elle est toute volontaire de leur part, et s'affaiblit graduellement à mesure qu'elle se renouvelle et que ces animaux perdent de leur vitalité, car l'action électrique détermine promptement en eux un épuisement considérable.

Cette commotion est très-violente. D'après M. Faraday, la commotion donnée par le gymnote équivaut à celle d'une batterie électrique de 15 bocaux, dont la surface totale des armatures serait de deux mètres carrés et un quart; ce qui explique comment des chevaux succombent quelquefois sous les décharges réitérées des gymnotes.

Plusieurs expériences prouvent que les commotions ont bien pour cause l'électricité ordinaire. En effet, si, touchant d'une main le dos de l'animal, on touche le ventre avec l'autre main ou avec une tige métallique, on ressent une violente commotion dans les poignets et dans les bras, tandis que, si l'on touche avec un corps isolant, il n'y a pas de commotion. De plus, quand on fait communiquer les deux bouts du fil du galvanomètre, l'un avec le dos de l'animal, l'autre avec le ventre, à chaque décharge, l'aiguille est déviée et revient immédiatement au zéro, ce qui montre qu'il y a courant instantané ; de plus, le sens de la déviation indique que le courant va du dos au ventre du poisson. Enfin, si l'on fait passer le courant d'une torpille dans une hélice au centre de laquelle est un petit barreau d'acier, celui-ci est aimanté par le passage de la décharge.

Au moyen du galvanomètre, M. Matteucci a constaté les faits suivants :

1° Quand une torpille est vivace, elle peut donner la commotion par un point quelconque de son corps ; mais à mesure que la vitalité de l'animal s'épuise, les points d'où il peut donner la commotion se rapprochent de plus en plus de l'organe qui sert de siége au développement de l'électricité.

2° Un point quelconque du dos est toujours positif par rapport au point correspondant du ventre.

3° De deux points du dos inégalement éloignés de l'organe électrique, le plus rapproché joue toujours le rôle de pôle positif, et le plus éloigné celui de pôle négatif. C'est l'inverse qui a lieu pour les points du ventre.

Quant à l'organe où l'électricité prend naissance dans la torpille, il est double et formé de deux parties symétriques situées des deux côtés de la tête, et s'attachant aux os du crâne par leur face interne. Ces deux parties se réunissent entre elles en avant des os du nez, mais sont séparées de la peau par une forte aponévrose. D'après M. Matteucci, chacun de ces organes est formé d'un nombre assez considérable de petites masses prismatiques placées les unes à côté des autres, et allant de la face externe à la face interne, de manière que leur section perpendiculaire aux arêtes des prismes offre l'aspect des alvéoles d'un rayon de miel. Ces prismes, perpendiculairement à leurs arêtes, sont divisés par une suite de diaphragmes, formant une série de petites vésicules identiques entre elles et remplies de 9 parties d'eau pour 1 d'albumine et d'un peu de sel marin.

M. Matteucci, s'appuyant sur l'expérience suivante, regarde chacune de ces vésicules comme l'organe élémentaire de l'appareil électrique. Il enlève de l'appareil d'une torpille vivante une masse de ces vésicules de la grosseur de la tête d'une forte épingle, et la met en contact avec les nerfs d'une grenouille morte, préparée à la manière de Galvani. Or, il observe que, lorsqu'il excite cette masse en la piquant avec une pointe, des contractions se manifestent dans la grenouille.

M. Matteucci a, en outre, cherché l'influence du cerveau sur la décharge. Pour cela, il a mis à nu le cerveau d'une torpille vivante, et il a observé que les trois premiers lobes peuvent être irrités sans que la décharge se produise, et que, s'ils sont enlevés, l'animal possède encore la faculté de donner la commotion. Le quatrième lobe, au contraire, ne peut être irrité sans qu'aussitôt la décharge se manifeste; mais s'il est enlevé, tout dégagement d'électricité disparaît, même si les autres lobes restent intacts. On est donc conduit à admettre que la source première de l'électricité élaborée serait le quatrième lobe, d'où elle serait transmise, par l'intermédiaire des nerfs, aux deux organes décrits ci-dessus, lesquels agiraient comme multiplicateurs. Dans le silure, c'est aussi le cerveau qui paraît être le point de départ de l'électricité; mais dans le gymnote, ce point se trouve placé dans la queue.

C'est en se fondant sur la quantité considérable d'électricité dégagée dans l'économie de certains poissons, que les physiciens ont cherché si une semblable élaboration d'électricité n'a pas lieu dans les autres animaux, non plus en quantité suffisante pour donner des commotions comparables à celles de la bouteille de Leyde, mais assez pour produire des actions lentes, et servir à des fonctions essentielles à la vie, comme les sécrétions, la digestion, etc.

832. Application de l'électricité à la thérapeutique. — Les premières applications de l'électricité à la médecine remontent à la découverte de la bouteille de Leyde. Nollet et Boze paraissent être les premiers physiciens qui pensèrent à l'application de l'électricité, et bientôt la piqûre et les frictions électriques devinrent une panacée universelle; mais, il faut en convenir, les premiers essais ne répondirent pas aux espérances des expérimentateurs.

Aussitôt après la découverte de l'électricité dynamique, Galvani en proposa l'application à la médecine; depuis, un grand nombre de physiciens et de physiologistes se sont occupés de cette question, et cependant il règne encore aujourd'hui une grande incertitude sur les effets réels de l'électricité, sur les cas où l'on doit l'appliquer, et enfin sur le meilleur mode d'application. Toutefois les praticiens sont d'accord pour préférer l'usage des courants à celui de l'électricité statique, et, sauf un petit nombre de cas, les courants interrompus aux courants continus. Enfin, il y a encore un choix à faire entre les courants de la pile et les courants d'induction; de plus, les effets de ceux-ci ne sont pas les mêmes, suivant qu'on fait usage de courants d'induction du premier ou du deuxième ordre (800).

En effet, les courants d'induction, quoique très-intenses, ayant une action chimique très-faible, il en résulte que lorsqu'ils traversent les organes, ils n'y produisent pas les effets chimiques des courants de la pile, et, par suite, ne tendent pas à y produire la même désorganisation. De plus, pour l'électrisation des muscles de la face, les courants d'induction doivent être préférés, car le Dr Duchenne, qui a fait de nombreuses recherches sur les applications médicales de l'électricité, a constaté que ces courants n'agissent que très-faiblement sur la rétine, tandis que les courants de la pile agissent très-vivement sur cet organe et peuvent l'affecter dangereusement, comme de fâcheux accidents l'ont prouvé. Quant aux courants induits des différents ordres, d'après le docteur Duchenne, tandis que le courant induit du premier ordre détermine des contractions musculaires vives, mais a peu d'effet sur la sensibilité cutanée, le courant induit du deuxième ordre, au contraire, exalte la sensibilité cutanée, à tel point qu'on doit en proscrire l'emploi chez les personnes dont la peau est très-irritable.

De ce qui précède, il faut conclure qu'on ne doit appliquer les courants à la thérapeutique qu'avec une connaissance approfondie de leurs différentes propriétés. De plus, on ne doit s'en servir qu'avec beaucoup de prudence, car leur action trop prolongée peut amener des accidents graves. M. Matteucci, dans ses Leçons sur les phénomènes physiques des corps vivants, s'exprime ainsi : « Il faut toujours commencer par employer un courant très-faible. Cette précaution me semble aujourd'hui plus importante que je ne l'avais cru avant d'avoir vu un paralytique être pris de convulsions vraiment tétaniques sous l'action d'un courant fourni par un seul élément. Ayez soin de ne jamais trop en prolonger le passage, surtout si le courant est énergique. Appliquez le courant interrompu plutôt que le courant continu; mais après *vingt* ou *trente* secousses au plus, laissez prendre au malade quelques instants de repos. »

On a imaginé de nombreux appareils pour appliquer à la thérapeutique les courants interrompus, obtenus soit par l'induction des courants, soit par l'induction des aimants, soit par la pile même. Le premier appareil paraît avoir été construit à Paris par le docteur Rognetta, Italien. Depuis, MM. Masson, Dujardin, Glœsner, Breton, Duchenne, Ruhmkorff, etc., ont fait connaître différents appareils de ce genre. Nous décrirons ici les deux appareils du docteur Duchenne, donnant, l'un le courant induit du premier ordre, l'autre le courant induit du premier ou du deuxième ordre, à volonté.

833. Appareil électro-voltaïque du docteur Duchenne. — Cet

appareil se compose d'une bobine à deux fils, analogue à celle déjà décrite en parlant des courants d'induction (791), et enfermée dans un étui de laiton V (fig. 741). Cette bobine est fixée sur une boîte de bois dans laquelle sont deux tiroirs. Le premier contient une boussole faisant l'office de galvanomètre, et servant à mesurer l'intensité du courant inducteur par la déviation qu'il imprime à l'aiguille. Le second renferme une pile à charbon disposée de manière à présenter le plus petit volume possible. L'élément zinc Z a lui-même la forme d'un petit tiroir dans lequel se trouvent une solution de sel marin et une plaque rectangulaire de charbon de coke bien calciné, comme celui de la pile de Bunsen. Dans la partie centrale du charbon est une petite cavité O où l'on verse une faible quantité d'acide azotique qui est absorbée. Deux petites lames de cuivre L et N communiquent, la première avec le zinc, et représente le pôle négatif; la seconde avec le charbon, et représente le pôle positif. Quand les tiroirs sont fermés, les pôles L et N sont en contact avec les bouts inférieurs des boutons de cuivre E et C; de ces derniers

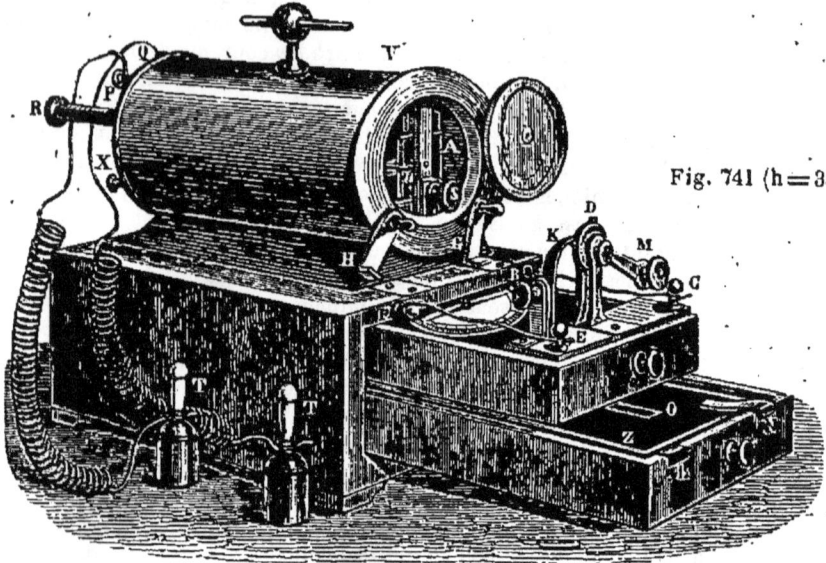

Fig. 741 (h = 35).

partent deux fils de cuivre EF et CB qui conduisent le courant aux pièces H et G, dont la première est mobile. Quand elle est abaissée, le courant passe; mais si elle est relevée, le courant est interrompu.

Le courant induit ne prenant naissance qu'au moment où le courant inducteur commence ou finit, il importe que ce dernier éprouve des intermittences continuelles. Dans l'appareil du docteur Duchenne, ces intermittences peuvent être rapides ou lentes, à volonté. Pour les intermittences rapides, le courant passe dans une pièce A de fer doux, qui oscille très-vite sous l'influence d'un faisceau de fils de fer doux placé dans l'axe de la bobine, et s'aimantant temporairement quand le courant passe. C'est cette pièce A qui, dans son mouvement de va-et-vient, interrompt et rétablit le courant inducteur, et par suite fait naître le courant induit.

Pour les intermittences lentes, on fixe la pièce oscillante au moyen d'une petite tige a; puis, au lieu de faire passer le courant par la pièce A, on le fait passer par une lame élastique K et par les dents d'une roue de bois D, qui sont de métal et en communication avec le pied I et le bouton C. En tournant la manivelle M, le courant s'interrompt toutes les fois que la lame K cesse de toucher une dent; et comme il y a quatre dents, il y a quatre intermittences par révolution, ce qui permet, en tournant plus ou moins vite, de varier à volonté le nombre des intermittences, et, par suite, des commotions, dans un temps donné.

Pour transmettre les commotions, on fait arriver les bouts du fil induit à deux boutons P et Q, sur lesquels on fixe deux longs fils de cuivre recouverts de soie et terminés par deux excitateurs à manche de verre T, T. Ce sont ces excitateurs qu'on applique sur les organes pour faire passer le courant dans telle partie du corps qu'on veut.

Enfin, l'appareil porte un *graduateur* destiné à faire varier l'intensité du courant. Ce graduateur consiste en un cylindre de cuivre rouge qui enveloppe la bobine, et qui peut se tirer plus ou moins, comme un tiroir, à l'aide d'une tige graduée R. Le maximum d'intensité a lieu quand le graduateur est tiré de manière à découvrir tout à fait la bobine, et le minimum quand il la recouvre. Cette

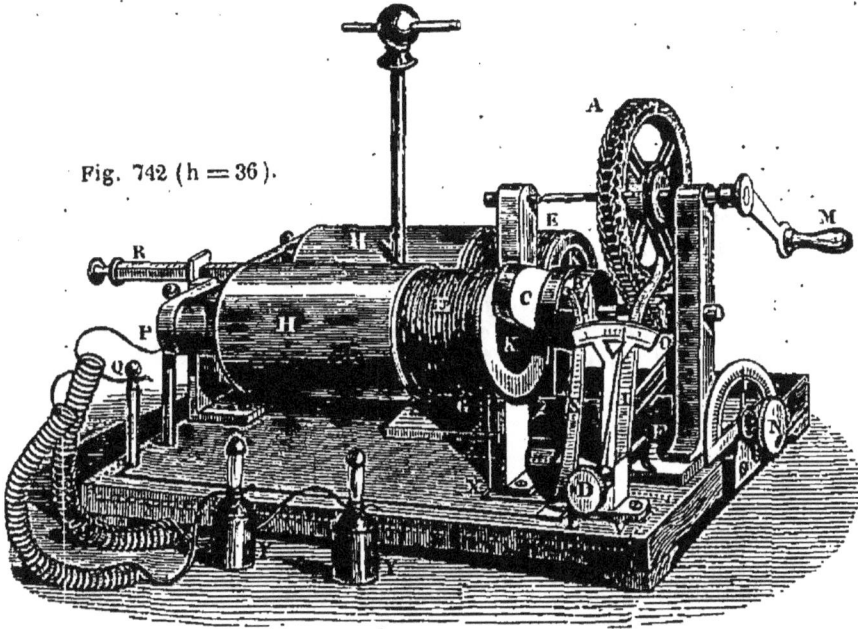

Fig. 742 (h = 36).

influence du cylindre-enveloppe, observée par M. Dore et par M. Duchenne, s'explique par des courants d'induction qui se produisent dans sa masse.

834. Appareil électro-magnétique du docteur Duchenne. —

M. Duchenne emploie aussi, dans sa pratique, un second appareil dans lequel il ne fait plus usage de la pile, mais de l'action inductrice d'un fort aimant pour développer le courant, ainsi que cela a lieu dans l'appareil de Clarke (802). L'aimant KK (fig. 742) est à deux branches, réunies à leurs extrémités postérieures par une armature de fer doux ; devant leurs extrémités antérieures est une armature C, aussi de fer doux, libre de tourner autour d'un axe horizontal auquel le mouvement est transmis à l'aide d'un pignon O, d'une grande roue A, d'une chaîne à la Vaucanson et d'une manivelle M.

Sur les deux branches des aimants s'enroule un fil de cuivre recouvert de soie, destiné à recevoir l'induction des aimants ; puis, sur le premier fil, un second EE, destiné à recevoir le courant induit du deuxième ordre.

Lorsqu'on imprime à la plaque C un mouvement de rotation plus ou moins rapide, cette pièce, s'aimantant à chaque passage devant les pôles de l'aimant KK, exerce dans ceux-ci, sur la distribution du magnétisme, une réaction qui fait naître dans le premier fil un courant d'induction du premier ordre, tandis que celui-ci développe en même temps, dans le fil EE, un courant induit du deuxième ordre. Ces courants peuvent se recueillir à part, à l'aide d'un système de pièces P ou Q, qui sont doubles chacune, mais dont, pour chaque système, une seule est visible sur le dessin. Le courant se rend ensuite, par des fils de cuivre enroulés en hélice, sur deux excitateurs Y, Y, qu'on tient à la main par deux manches de verre, et qu'on porte à volonté sur les parties malades, pour y faire passer le courant Quant aux intermittences nécessaires à la formation des courants induits, elles s'obtiennent à l'aide d'un commutateur B, analogue à celui de l'appareil de Clarke, et à l'aide d'une suite de pièces S, I, D, F, dans le détail desquelles il est inutile d'entrer.

Enfin, on règle l'intensité des commotions au moyen d'un bouton à vis N, qui sert à rapprocher ou à écarter des aimants la pièce C. Mais le principal régulateur se compose de deux cylindres de cuivre rouge H, H, qui enveloppent les bobines, et peuvent en recouvrir une partie plus ou moins grande, d'après le tirage qu'on imprime à un tiroir R, auquel ils sont fixés. Les commotions atteignent leur minimum d'intensité lorsque les cylindres recouvrent en entier les bobines, le maximum quand celles-ci sont entièrement découvertes, phénomènes qui s'expliquent par les courants d'induction qui se développent dans la masse des cylindres.

Ne pouvant décrire ici les effets thérapeutiques de ces appareils, nous nous bornerons à dire que leur efficacité a été constatée surtout dans les paralysies, et plus particulièrement dans les paralysies saturnines; pour plus de détails, nous renvoyons le lecteur au grand ouvrage qu'a publié M. le docteur Duchenne, sous le titre : *De l'électrisation localisée, et de son application à la physiologie, à la pathologie et à la thérapeutique.*

MÉTÉOROLOGIE ET CLIMATOLOGIE

835. Objet de la météorologie. — On nomme *météores*, les phénomènes qui se produisent dans l'atmosphère, et *météorologie*, la partie de la physique qui a pour objet l'étude des météores.

On distingue des météores *aériens*, qui sont les vents, les ouragans et les trombes; des météores *aqueux*, qui comprennent les nuages, les brouillards, la pluie, la rosée, le serein, la neige, la grêle; et des météores *lumineux*, comme la foudre, l'arc-en-ciel, les aurores boréales.

Après avoir fait connaître les phénomènes aériens et les phénomènes aqueux, nous décrirons des appareils enregistreurs à l'aide desquels les vents, la pluie, la température de l'air, son poids, son degré d'humidité, s'inscrivent automatiquement sur un tableau mobile (848).

Météores aériens.

836. Direction et vitesse des vents. — Les *vents* sont des courants qui se manifestent dans l'atmosphère suivant des directions et avec des vitesses très-variables. Quoiqu'ils soufflent dans toutes les directions, on en distingue huit principales, qui sont le *nord*, le *nord-est*, l'*est*, le *sud-est*, le *sud*, le *sud-ouest*, l'*ouest* et le *nord-ouest*. Les marins partagent en outre les intervalles entre ces huit directions en quatre autres, ce qui fait en tout trente-deux directions, qu'on désigne respectivement sous le nom de *rumbs*. Le tracé de ces trente-deux rumbs sur un cercle, en forme d'étoile, est connu sous le nom de *rose des vents*.

La direction du vent se détermine à l'aide de girouettes; quant à sa vitesse, elle se mesure au moyen de l'*anémomètre*. On nomme ainsi un petit moulinet à ailettes que le vent fait tourner; du nombre de tours faits en un temps donné on déduit la vitesse. Dans nos climats, la vitesse moyenne est de 5 à 6 mètres par seconde. Avec une vitesse de 2 mètres, le vent est modéré; avec 10 mètres, il est frais; avec 20 mètres, il est fort; de 25 à 30 mètres, il y a tempête; et de 30 à 40 mètres, ouragan.

837. Causes des vents. — Les vents ont pour cause une rupture d'équilibre dans quelque partie de l'atmosphère, rupture qui résulte toujours d'une différence de température entre les pays voisins. Par exemple, si la température du sol s'élève sur une certaine étendue, l'air en contact avec lui s'échauffe, se dilate et monte vers les hautes régions de l'atmosphère, où il s'écoule en produisant des vents qui soufflent des contrées chaudes vers les contrées froides. De plus, l'équilibre se trouvant rompu en même temps, au niveau du sol, par l'excès de poids qui se produit latéralement sur les couches supérieures de l'atmosphère par suite de l'air qui s'y est déversé, il en résulte, dans les couches inférieures, des courants en sens contraire des premiers.

838. **Vents réguliers, vents périodiques et vents variables.** — D'après la direction plus ou moins constante suivant laquelle soufflent les vents, on peut les classer en trois grandes divisions : les *vents réguliers,* les *vents périodiques* et les *vents variables.*

1° On nomme *vents réguliers,* des vents qui soufflent toute l'année dans une direction constante. Ces vents, connus aussi sous le nom de *vents alizés,* s'observent loin des côtes, sans interruption, dans les régions équatoriales, soufflant du nord-est au sud-ouest dans l'hémisphère boréal, et du sud-est au nord-ouest dans l'hémisphère austral. Ils règnent, des deux côtés de l'équateur, jusqu'à 30 degrés de latitude.

Les vents alizés ont pour cause l'échauffement qui se produit de l'orient vers l'occident par la rotation de la terre. Par l'effet de cet échauffement, l'air des régions équatoriales, s'élevant dans l'atmosphère, est remplacé par de l'air plus dense arrivant des pôles vers l'équateur. Par suite, il se produit constamment, dans chaque hémisphère, deux courants de sens contraires : l'un, d'air chaud, dirigé de l'équateur vers le pôle, et occupant les hautes régions de l'atmosphère ; l'autre, d'air froid, dirigé du pôle vers l'équateur, et occupant les régions inférieures, à cause de sa plus grande densité. Si la terre était immobile, ces deux courants avanceraient en chaque point du globe suivant un même méridien ; mais il n'en peut être ainsi à cause de la rotation de la terre de l'occident vers l'orient. En effet, l'atmosphère participant à ce mouvement, à mesure que le courant parti du pôle nord avance vers le sud, il pénètre dans des couches d'air animées d'une vitesse de rotation plus grande que la sienne ; il avance donc vers l'orient plus lentement que les couches qu'il traverse. Par suite, il s'infléchit vers l'ouest d'autant plus, qu'il approche davantage de l'équateur, et de là un vent soufflant du nord-est. En résumé, le courant polaire souffle d'abord du nord, puis du nord-est, et enfin de l'est ; telle est, dans les deux hémisphères, l'origine des vents alizés.

Dans les hautes régions de l'atmosphère, un phénomène semblable se produit, mais en sens contraire : le courant parti de l'équateur, en avançant vers le nord, va toujours, à cause de sa plus grande vitesse, en inclinant vers l'est, et tend à se transformer de plus en plus en vent d'ouest, de sud qu'il est d'abord.

Dans la zone torride, ces deux courants restent superposés et ne se mélangent pas ; mais dans les zones tempérées, ils se rencontrent et se mélangent, et de là les variations continuelles que subit l'atmosphère dans nos climats.

2° Les *vents périodiques* sont des vents qui soufflent régulièrement dans la même direction, aux mêmes saisons, ou aux mêmes heures de la journée ; tels sont la mousson, le simoun et la brise.

On nomme *moussons,* des vents qui soufflent six mois dans une direction et six mois dans une autre. On les observe principalement dans la mer et dans le golfe d'Arabie, dans le golfe du Bengale et dans la mer de Chine. Ces vents sont dirigés vers les continents dans l'été, et en sens contraire dans l'hiver.

Les moussons ont pour cause une déviation régulière des vents alizés produite par l'échauffement de la zone torride en Afrique : ils se trouvent formés par l'appel de l'immense colonne d'air chaud qui s'élève de ce continent aride, comme d'une immense cheminée, à l'époque des deux équinoxes.

Le *simoun* est un vent brûlant qui souffle des déserts de l'Asie et de l'Afrique, et qui est caractérisé par sa haute température et par les sables qu'il élève dans l'atmosphère et transporte avec lui. Quand ce vent souffle, l'air s'obscurcit, la peau se dessèche, la respiration s'accélère, et la soif devient ardente.

Ce vent est connu sous le nom de *sirocco* en Italie et à Alger, où il souffle du grand désert de Sahara. Il porte le nom de *khamsin* en Égypte, où il se fait sentir depuis la fin d'avril jusqu'en juin. Pour se préserver des effets d'une transpiration cutanée trop rapide occasionnée par ce vent, les indigènes de l'Afrique s'enduisent le corps de graisse.

La *brise* est un vent qui souffle sur les côtes, de la mer vers la terre, le jour, et de la terre vers la mer, la nuit ; c'est-à-dire de la région la plus froide vers la région la plus chaude. En effet, le sol s'échauffant plus que la mer pendant le jour, l'air, dilaté sur le continent plus que sur la mer, s'élève et est remplacé par un courant d'air plus dense, arrivant de la mer vers la terre. La nuit, le sol se refroidissant plus que l'eau de la mer par le rayonnement, le même phénomène se reproduit en sens contraire. La brise de mer commence après le lever du soleil, augmente jusqu'à trois heures de l'après-midi, décroît jusqu'au soir, et se changé en brise de terre après le coucher du soleil. Les brises de mer et de terre ne se font sentir qu'à de faibles distances des côtes. Les brises sont régulières entre les tropiques, le sont moins dans nos contrées, et sont à peine sensibles sur les côtes du Groënland. Le voisinage des montagnes donne aussi naissance à des brises périodiques diurnes.

3° Les *vents variables* sont des vents qui soufflent tantôt dans une direction, tantôt dans une autre, sans qu'on puisse constater aucune loi qui préside à leur direction. Dans les latitudes moyennes, la direction du vent est très-variable; en avançant vers les pôles, cette irrégularité augmente, et, sous la zone glaciale, les vents soufflent parfois de plusieurs points de l'horizon. Au contraire, en approchant de la zone torride, ils deviennent de plus en plus réguliers. C'est le vent du sud-ouest qui domine dans le nord de la France, en Angleterre et en Allemagne ; dans le midi de la France, la direction des vents incline davantage vers le nord, et en Espagne et en Italie, c'est le vent du nord qui prédomine.

839. Loi de M. Dove sur la rotation des vents. — Malgré la grande irrégularité que présente la direction des vents dans nos climats, on a pu constater que cette direction est, en général, animée d'un mouvement giratoire dans le sens du mouvement apparent du soleil; c'est-à-dire que, dans ses variations, *elle tourne avec lui, par périodes plus ou moins longues, de l'est au sud, à l'ouest et au nord dans l'hémisphère boréal, et inversement dans l'hémisphère austral, pour revenir progressivement au point de départ.*

Cette loi, connue sous le nom de *loi de la rotation des vents,* a été donnée par M. Dove, à Berlin, il y a près de 30 ans. Elle avait été soupçonnée dès les temps anciens, mais ce n'est que dans ces dernières années qu'elle a été définitivement établie par l'expérience. A Greenwich, du 1er janvier 1849 au 1er janvier 1861, on a constaté que la girouette a marqué 166 rotations dans le sens ci-dessus de plus que dans le sens opposé. De ces 12 années, deux seulement, 1853 et 1860, ont fait exception, et chacune a donné 2 rotations de plus dans le sens opposé à la marche apparente du soleil.

Pendant leur mouvement giratoire, les vents, dans le nord de la France, s'arrêtent de préférence dans la direction du nord-est et surtout du sud-ouest, comme on l'a déjà dit ci-dessus. Pendant la durée d'une rotation complète des vents, on remarque que le mercure, dans le baromètre, partant du point le plus bas, s'élève et revient exactement à son point de départ; ce qui fait voir que les variations barométriques sont liées aux courants aériens (149).

Météores aqueux.

840. Nuages. — Les *nuages* sont des amas de vapeurs condensées en gouttelettes d'une petitesse extrême, à une hauteur plus ou moins grande dans l'atmosphère. Ils résultent toujours de la condensation des vapeurs qui s'élèvent de la terre. D'après les appa-

Fig. 743.

rences qu'ils présentent, on divise les nuages en quatre espèces principales, qui sont les *cirrus*, les *cumulus*, les *stratus* et les *nimbus*. Ces quatre sortes de nuages sont représentées dans la figure 743, et désignées respectivement par 4, 3, 2 et 1 oiseau au vol.

Les *cirrus* sont de petits nuages blanchâtres, offrant l'aspect de filaments déliés, assez semblables à de la laine cardée. Ce sont les nuages les plus élevés, et, vu la basse température des régions qu'ils occupent, on les regarde comme formés de particules glacées ou de flocons de neige. Leur apparition précède souvent un changement de temps.

Les *cumulus* sont des nuages arrondis, présentant l'aspect de montagnes entassées les unes sur les autres. Ils sont plus fréquents en été qu'en hiver, et après s'être formés le matin, ils se dissipent généralement le soir. Si, au contraire, ils deviennent alors plus

48.

nombreux, et surtout s'ils sont surmontés de cirrus, on doit s'attendre à de la pluie ou à des orages.

Les *stratus* sont des couches nuageuses horizontales, très-larges et continues, qui se forment au coucher du soleil et disparaissent à son lever. Ils sont fréquents en automne et rares au printemps. Ils sont plus bas que les précédents.

Enfin, les *nimbus,* ou nuages de pluie, sont des nuages qui n'affectent aucune forme caractéristique ; ils se distinguent seulement par une teinte d'un gris uniforme et par des bords frangés.

La hauteur des nuages est très-variable; en moyenne, elle est de 1200 à 1400 mètres en hiver, et de 3000 à 4000 en été. Mais elle est souvent beaucoup plus grande : Gay-Lussac, dans son ascension aérostatique, à une hauteur de 7016 mètres au-dessus du niveau de la mer, observa au-dessus de lui des cirrus qui paraissaient être à une hauteur considérable. M. d'Abbadie a observé, en Éthiopie, des nuages orageux dont la hauteur n'était que de 212 mètres au-dessus du sol.

Pour expliquer la suspension des nuages dans l'atmosphère, Halley proposa, le premier, l'hypothèse des vapeurs vésiculaires, hypothèse qui consiste à supposer que les nuages sont formés d'une infinité de vésicules extrêmement petites, creuses comme des bulles de savon, et remplies d'un air plus chaud que l'air ambiant, par un effet d'absorption de la chaleur solaire; en sorte que ces vésicules flotteraient dans l'air comme autant de petits ballons. Cette théorie, soutenue par de Saussure, puis par Kratzenstein, par M. Bravais et par le plus grand nombre des physiciens, a été longtemps universellement enseignée; mais combattue d'abord par Désaguliers, puis par Monge, elle compte aujourd'hui de nombreux contradicteurs. Ceux-ci admettent que les nuages et les brouillards sont formés de gouttelettes d'eau extrêmement petites, pleines et flottant dans l'atmosphère, où elles sont soutenues par les courants d'air chaud ascendants, de même que les poussières légères sont élevées par les vents. Quant à l'immobilité que présentent ordinairement les nuages dans le sens de la verticale, elle ne serait qu'apparente, selon ces physiciens. Le plus souvent les nuages tombent lentement, mais alors leur partie inférieure se dissipe continuellement dans les couches plus chaudes qu'elle traverse, tandis que leur partie supérieure s'accroît sans cesse par l'addition de nouvelles vapeurs qui se condensent; ce qui explique comment les nuages nous paraissent conserver une hauteur constante.

841. Formation des nuages. — Plusieurs causes peuvent contribuer à la formation des nuages. 1° La basse température des hautes régions de l'atmosphère. En effet, il se dégage constamment de la terre et des eaux, sous l'influence de la chaleur solaire; des vapeurs qui s'élèvent dans l'air en vertu de leur force élastique et de leur moindre densité; or, ces vapeurs, rencontrant des couches atmosphériques de plus en plus froides, descendent bientôt à la température de saturation, et c'est alors que, se condensant en gouttelettes infiniment petites, elles donnent naissance aux nuages.

2° Les courants ascendants d'air chaud et humide, qui s'élèvent pendant le jour dans l'atmosphère, subissant une pression de plus en plus faible, il en résulte une dilatation qui est une source de froid intense (443) et qui amène la condensation des vapeurs. C'est par cette raison que les hautes montagnes, arrêtant les courants aériens et les forçant à s'élever, sont une cause abondante de pluie.

3° Un courant d'air chaud et humide, qui se mélange avec un air plus froid, subit un refroidissement qui entraîne encore la condensation des vapeurs. C'est ainsi que les vents chauds et humides du sud et du sud-ouest, en se mélangeant à l'air plus froid de nos latitudes, donnent de la pluie. Les vents de nord et de nord-est, qui sont froids, tendent aussi, en se mélangeant à notre atmosphère, à en condenser les vapeurs; mais comme, par l'effet même de leur basse température, ces vents sont très-secs, le mélange résultant atteint rarement la saturation, et généralement ils ne donnent pas de pluie.

842. Pluie. — La *pluie* est la chûte, à l'état de gouttelettes, de l'eau provenant de la condensation, dans les hautes régions de l'atmosphère, des vapeurs qui s'élèvent du sol. Le plus souvent, ce ne sont pas les nuages qu'on voit flotter dans l'air qui donnent de la pluie; mais celle-ci se produit au moment même de la condensation des vapeurs, et les gouttelettes atteignent une grosseur d'autant plus forte, qu'elles tombent d'une plus grande hauteur.

On mesure la quantité de pluie qui tombe annuellement dans un lieu au moyen d'un instrument qu'on nomme *pluviomètre* ou *udomètre*. C'est un vase cylindrique M (fig. 744 et 745), fermé à sa partie supérieure par un couvercle B, qui a la forme d'un entonnoir dans lequel tombe l'eau de pluie. Celle-ci pénètre ensuite dans le vase par un petit trou, de manière à être soustraite le plus possible à l'évaporation. De la partie inférieure part un tube de verre A dans lequel l'eau s'élève à la même hauteur que dans l'intérieur du pluviomètre, hauteur qui se mesure au moyen d'une échelle graduée en millimètres, placée sur le côté du tube. L'appareil étant placé dans un lieu découvert, si, au bout d'un mois par exemple, la hauteur de l'eau dans le tube est de 5 centimètres, cela indique que, dans le vase, l'eau a atteint cette hauteur, et, par conséquent, que, si l'eau tombée était étendue sur le sol, sans évaporation ni infiltration; il y en aurait une couche de 5 centimètres.

On a constaté, à l'Observatoire de Paris, que la quantité de pluie recueillie dans le pluviomètre est d'autant plus grande, que cet instrument est moins élevé au-dessus du sol. La même remarque a été faite en Angleterre et en Amérique. On a d'abord expliqué ce phénomène en disant que les gouttes de pluie, qui sont, en général, plus froides que les couches d'air qu'elles traversent, condensent la vapeur contenue dans ces couches, et vont, par suite, en aug-

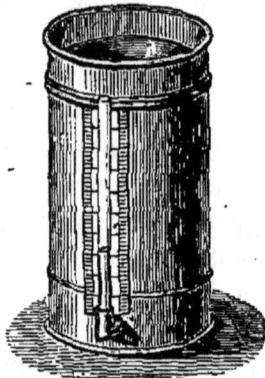 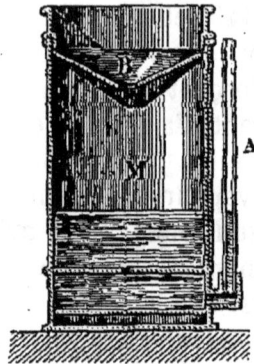

Fig. 744.　　　　　　　Fig. 745.

mentant de volume; ce qui fait qu'il tombe plus de pluie à la surface du sol qu'à une certaine hauteur. Mais on a objecté à cette théorie que l'excès de la quantité d'eau qui tombe à la surface du sol sur celle qui tombe à une certaine hauteur dépasse six à sept fois celle qui pourrait résulter de la condensation, même pendant tout le trajet des gouttes de pluie des nuages jusqu'à la terre. On a donc attribué la différence dont il s'agit à une cause purement locale, et l'on admet aujourd'hui que cette différence est occasionnée par des remous qui se produisent dans l'air autour du pluviomètre, d'une manière d'autant plus sensible, qu'il est plus élevé au-dessus du sol; ces remous ayant pour effet de disperser les gouttelettes qui tendent à tomber dans l'instrument et diminuant ainsi la quantité d'eau qu'il reçoit.

Toutefois il reste évident que si les gouttes de pluie traversent un air humide, elles peuvent, d'après leur température, condenser de la vapeur et augmenter de volume. Si, au contraire, elles traversent un air sec, les gouttelettes tendent à se vaporiser, et il tombe moins de pluie sur le sol qu'à une certaine hauteur; il peut même arriver ainsi que la pluie n'atteigne pas la terre.

Un grand nombre de circonstances locales peuvent faire varier la quantité d'eau qui tombe dans divers pays; mais, toutes choses égales d'ailleurs, c'est dans les pays chauds qu'il doit pleuvoir davantage, car la vaporisation y est plus abondante. On observe, en effet, que la quantité de pluie décroît de l'équateur aux pôles. A Paris, la hauteur d'eau qui tombe annuellement est 0^m,564; à Bordeaux, de 0^m,650; à Madère, de 0^m,767; à la Havane, de 2^m,32; à Saint-Domingue, de 2^m,73.

La quantité de pluie varie avec les saisons. A Paris, l'hiver, la hauteur d'eau qui tombe est de 0^m,107; au printemps, de 0^m,174; en été, de 0^m,161; en automne, de 0^m,122. C'est donc l'hiver qu'il tombe le moins d'eau.

843. Brouillards. — Les *brouillards* sont des masses de vapeur d'eau qui, condensées dans l'atmosphère, en occupent les basses régions et en troublent la transparence. Ce sont de vrais nuages, qui se forment à la surface du sol par le refroidissement des couches inférieures de l'atmosphère. Les *brumes* ne sont autre chose que des brouillards très-épais.

844. Rosée, serein, gelée blanche. — La *rosée* n'est autre chose que de la vapeur qui se condense et se dépose en gouttelettes sur les corps pendant la nuit. Ce phénomène est dû au refroidissement qu'éprouvent par l'effet du rayonnement nocturne (445) les corps placés à la surface du sol. Leur température s'abaissant alors de plusieurs degrés au-dessous de celle de l'air, il arrive, surtout dans les saisons chaudes, que cette température devient inférieure à celle à laquelle l'atmosphère serait saturée. C'est alors que les couches d'air en contact avec les corps, et sensiblement à la même température qu'eux, laissent déposer une partie de la vapeur qu'elles contiennent; phénomène analogue à celui qui se produit quand, dans une pièce chaude et humide, on apporte une carafe pleine d'eau fraîche : les vapeurs de l'air se condensent sur ses parois.

D'après cette théorie, due à l'Anglais Wells, toutes les causes qui favorisent le refroidissement des corps augmentent la quantité de rosée. Ces causes sont : le pouvoir émissif des corps, l'état du ciel et l'agitation de l'air. Les corps qui ont un grand pouvoir émissif, se refroidissant davantage, doivent condenser plus de vapeur. En effet, le dépôt de rosée est généralement nul sur les métaux dont le pouvoir émissif est faible, surtout s'ils sont polis; tandis que la terre, le sable, le verre, les plantes, qui ont un grand pouvoir émissif, se recouvrent abondamment de rosée.

L'état du ciel a aussi une grande influence sur la rosée. Si le ciel est sans nuages, les espaces planétaires, qui sont à une très-basse température, n'envoient vers la terre qu'une quantité de chaleur inappréciable, et le sol se refroidissant alors rapidement par le rayonnement nocturne, il y a un abondant dépôt de rosée. Mais s'il y a des nuages, ceux-ci, dont la température est beaucoup moins basse que celle des espaces planétaires, rayonnent vers le sol, et, par suite, les corps à la surface de la terre n'éprouvant plus qu'un faible refroidissement, le dépôt de rosée n'a pas lieu.

Le vent a aussi une influence sur la quantité de vapeur qui se dépose. S'il est faible, il l'augmente en renouvelant l'air; mais s'il est fort, il la diminue en échauffant les corps par son contact, et en ne laissant pas à l'air le temps de se refroidir. Enfin, le dépôt de rosée est d'autant plus abondant, que l'air est plus humide, car il est plus près de son point de saturation.

Le *serein* est une précipitation d'eau sous forme d'une pluie très-fine, sans qu'il y ait apparence de nuage. Ce phénomène se produit pendant les grandes chaleurs, dans les contrées humides, au coucher du soleil, quand les couches inférieures de l'air se refroidissent au-dessous de leur point de saturation.

La *gelée blanche* et le *givre* résultent, comme la rosée, des vapeurs contenues dans l'atmosphère, lorsque ces vapeurs se condensent sur des corps à une température au-dessous de zéro. La forme floconneuse que présentent les petits cristaux dont le givre est formé, fait voir qu'ici les vapeurs se congèlent immédiatement sans passer par l'état liquide. Le givre se dépose, de même que la rosée, sur les corps qui rayonnent davantage, tels que les tiges et les feuilles des végétaux, et le dépôt se fait principalement sur les parties tournées vers le ciel.

845. Neige, grésil, verglas. — La *neige* est de l'eau solidifiée en petits cristaux étoilés, diversement ramifiés et flottant dans l'atmosphère. Ces cristaux proviennent de la congélation des gouttelettes qui forment les nuages, lorsque la température de ces derniers descend au-dessous de zéro. Ils sont d'autant plus réguliers qu'ils se sont formés dans un air plus calme. Pour les observer, on les reçoit sur un corps noir et on les regarde avec une forte loupe. La régularité et en même temps la variété de leurs formes sont vraiment admirables. La figure 746 fait voir quelques-unes des formes que présentent les cristaux de neige, quand on les observe au microscope. Leurs variétés paraissent être de plusieurs centaines.

Il neige d'autant plus dans un lieu qu'il est plus voisin des pôles ou plus élevé au-dessus du niveau des mers. Vers les pôles, la terre est constamment couverte de neige; il en est de même sur les hautes montagnes, où règnent des neiges perpétuelles, même dans les régions équatoriales.

Le *grésil*, qui est aussi de l'eau solidifiée, est formé de petites aiguilles de glace pressées les unes contre les autres d'une manière confuse. On attribue sa formation à la congélation brusque des gouttelettes des nuages dans un air agité.

Le *verglas* est une couche de glace unie et transparente qui se dépose sur le sol, à la surface des corps. La condition nécessaire pour sa formation est que la température du sol étant au-dessous de zéro, après quelques jours d'un froid continu, il vienne à tomber

Fig. 746.

un peu de pluie : celle-ci se congèle aussitôt; mais s'il en tombe une plus grande quantité, le sol s'échauffe et le verglas ne se forme pas.

846. Grêle. — La *grêle* est un amas de globules de glace compactes, plus ou moins volumineux, qui tombent de l'atmosphère. Dans nos climats, la grêle s'observe principalement pendant le printemps et l'été, et aux heures les plus chaudes de la journée; il en tombe fort rarement la nuit. La chute de la grêle est toujours précédée d'un bruissement particulier.

La grêle est généralement le précurseur des orages; il est rare qu'elle les accompagne, plus rare qu'elle les suive. La grosseur des grêlons est très-variable : elle atteint fréquemment celle d'une noisette. On en a observé de la grosseur d'un œuf de pigeon, du poids de 200 à 300 grammes. Aucune théorie n'explique d'une manière satisfaisante la formation des grêlons, et surtout comment ils peuvent atteindre un tel poids avant de tomber. Dans la théorie de Volta (669), les grêlons sont successivement attirés par deux nuages chargés d'électricités contraires; mais si les grêlons étaient ainsi attirés, à plus forte raison les deux nuages le seraient l'un par l'autre, et se confondraient.

847. Trombes. — Les *trombes* sont des amas de vapeurs en suspension dans les couches inférieures de l'atmosphère qu'elles traversent, animées, le plus souvent, d'un mouvement giratoire assez rapide pour déraciner les arbres, renverser les maisons, briser et détruire tout ce qu'elles rencontrent.

Ces météores, qui sont généralement accompagnés de grêle et de pluie, lancent souvent des éclairs et la foudre, en faisant entendre, sur toute la zone qu'ils parcourent, le bruit d'une charrette roulant sur un chemin rocailleux. Un grand nombre de trombes ne possè-

Fig. 747.

dent pas de mouvement giratoire, et le quart environ de celles qu'on observe prennent naissance dans une atmosphère calme.

Les trombes se manifestent aussi bien sur les mers que sur les continents, et alors le phénomène présente un aspect remarquable. Les eaux s'agitent et s'élèvent en forme de cône, tandis que les nuages s'abaissant eux-mêmes sous la forme d'un cône renversé, les deux cônes se réunissent par leurs sommets et forment une colonne continue de la mer aux nues (fig. 747). Cependant, même en pleine mer, l'eau des trombes n'est jamais salée, ce qui prouve qu'elles sont surtout formées de vapeurs condensées, et non de l'eau de la mer élevée par aspiration.

L'origine des trombes n'est pas connue. M. Kæmtz admet qu'elles sont dues principalement à deux vents opposés qui passent l'un à côté de l'autre, ou bien à un vent très-vif qui règne dans les hautes régions de l'atmosphère. Peltier et beaucoup d'autres physiciens rapportent les trombes à une cause électrique.

* APPAREILS ENREGISTREURS.

848. **Météorographe du P. Secchi.** — Les phénomènes météorologiques exigeant une observation pour ainsi dire continue, de nuit comme de jour, les météorologistes ont cherché de bonne heure à construire des appareils *enregistreurs,* propres à inscrire d'une manière continue, ou à des intervalles donnés, les uns la direction et la vitesse du vent, les autres les hauteurs du thermomètre ou du baromètre, d'autres enfin les quantités de pluie tombées à différentes heures. Mais c'est surtout depuis que les électro-aimants et la photographie sont connus, qu'on a pu construire des appareils possédant assez de précision pour ce genre d'observation.

En Angleterre, M. Wheatstone, le premier, a construit un barométrographe et un psychrographe dans lesquels les hauteurs du mercure sont imprimées sur un cylindre tournant au moyen d'un électro-aimant. En France, on doit à M. du Moncel un anémographe qui, à l'aide d'une girouette, d'un moulinet de Robinson et de neuf électro-aimants, fait tracer à des crayons, sur un cylindre de papier, la direction et la vitesse du vent. M. Salleron a modifié l'anémographe de M. du Moncel, en en supprimant les neuf électro-aimants et les remplaçant par neuf contacts d'acier qui frottent sur un papier électro-chimique (773). Lorsqu'un courant passe dans un de ces contacts, il trace un trait bleu sur le papier d'un cylindre tournant. Huit contacts marquent les directions, le neuvième les vitesses.

Les différents appareils enregistreurs ont d'abord été isolés les uns des autres; c'est le P. Secchi, le savant directeur de l'observatoire du Collége Romain, qui, le premier, a construit une machine enregistrant à la fois tous les phénomènes météorologiques, sauf les phénomènes électriques, en comparaison les uns des autres sur un même tableau, de manière à mettre en évidence leurs relations réciproques. Le P. Secchi a profité, comme il le dit lui-même, de ce qui lui a paru bon dans les travaux de ses devanciers, mais il a beaucoup ajouté, beaucoup perfectionné, beaucoup inventé, et son bel appareil, qui fonctionne depuis huit ans à l'observatoire de Rome avec un plein succès, fixait l'attention de tous les météorologistes à l'Exposition universelle.

Le météorographe se compose d'un soubassement de 0m,60 de hauteur, sur lequel s'élèvent quatre montants de 2m,30 de haut. Ceux-ci portent un entablement sur lequel est placée une horloge

qui règle tous les mouvements de la machine. Sur deux facés opposées, les phénomènes sont enregistrés sur deux tableaux qui descendent d'un mouvement lent, réglé par l'horloge. L'un fait sa
course en dix jours, l'autre en deux. Sur le premier s'inscrivent la
direction et la vitesse du vent, la température de l'air, la hauteur
barométrique et l'heure de la pluie ; sur le deuxième sont répétées,
mais sur une plus grande échelle, la hauteur barométrique et
l'heure de la pluie ; il donne, en outre, le degré d'humidité de
l'air. Quant à la hauteur d'eau tombée, elle est enregistrée à part,
sur le côté de la machine.

PREMIER TABLEAU.

Direction du vent. — Les quatre rumbs principaux sont inscrits
par quatre crayons fixés à l'extrémité supérieure de tiges de laiton
mince $a, b, c, d,$ auxquelles correspondent respectivement les directions ouest, sud, est et nord, (fig. 748). Ces tiges, qui, sur leur
extrémité inférieure, peuvent recevoir un léger déplacement latéral, sont munies d'armatures de fer doux, attirées par deux électro-
aimants E, E' pour les directions ouest et nord, et par deux électro-aimants placés plus bas pour les directions sud et est. Ces
quatre électro-aimants, ainsi que tous ceux de la machine, fonctionnent par un courant unique, fourni par 24 couples à sable (748)
modifiés par le P. Secchi. Quant au passage alternatif du courant
dans l'un ou l'autre des quatre électro-aimants, il est réglé par une
girouette qui, au lieu de consister en une plaque unique, comme
les girouettes ordinaires, est formée de deux plaques faisant entre
elles un angle de 30 degrés (fig. 749). Par cette disposition, elle
présente plus de fixité dans sa direction. Sa tige repose au centre
de quatre secteurs métalliques isolés les uns des autres. Sur chacun
d'eux est une borne d'où part un fil de cuivre qui se rend à l'une
des bornes K, sur le météorographe, et de là aux électro-aimants
E, E'. Enfin, à la tige de la girouette est fixée une pièce de cuivre $o,$
tournant avec elle, et en contact successivement avec chacun des
secteurs. Or, le courant de l'appareil, arrivant par un fil a à la tige
de la girouette, gagne le curseur $o,$ puis l'un des secteurs, qui le
mène, par exemple, à l'électro-aimant du nord.

Si le courant continuait alors à passer sans interruption dans
cet électro-aimant, le crayon porté par la tige d resterait immobilé ;
mais de l'électro-aimant E' le courant va passer dans un second
électro-aimant n placé au-dessus de l'horloge, et là, comme on va
le voir ci-après en parlant de la vitesse du vent, le courant est alternativement ouvert et fermé. Par suite, l'armature de la tige $d,$ suc-

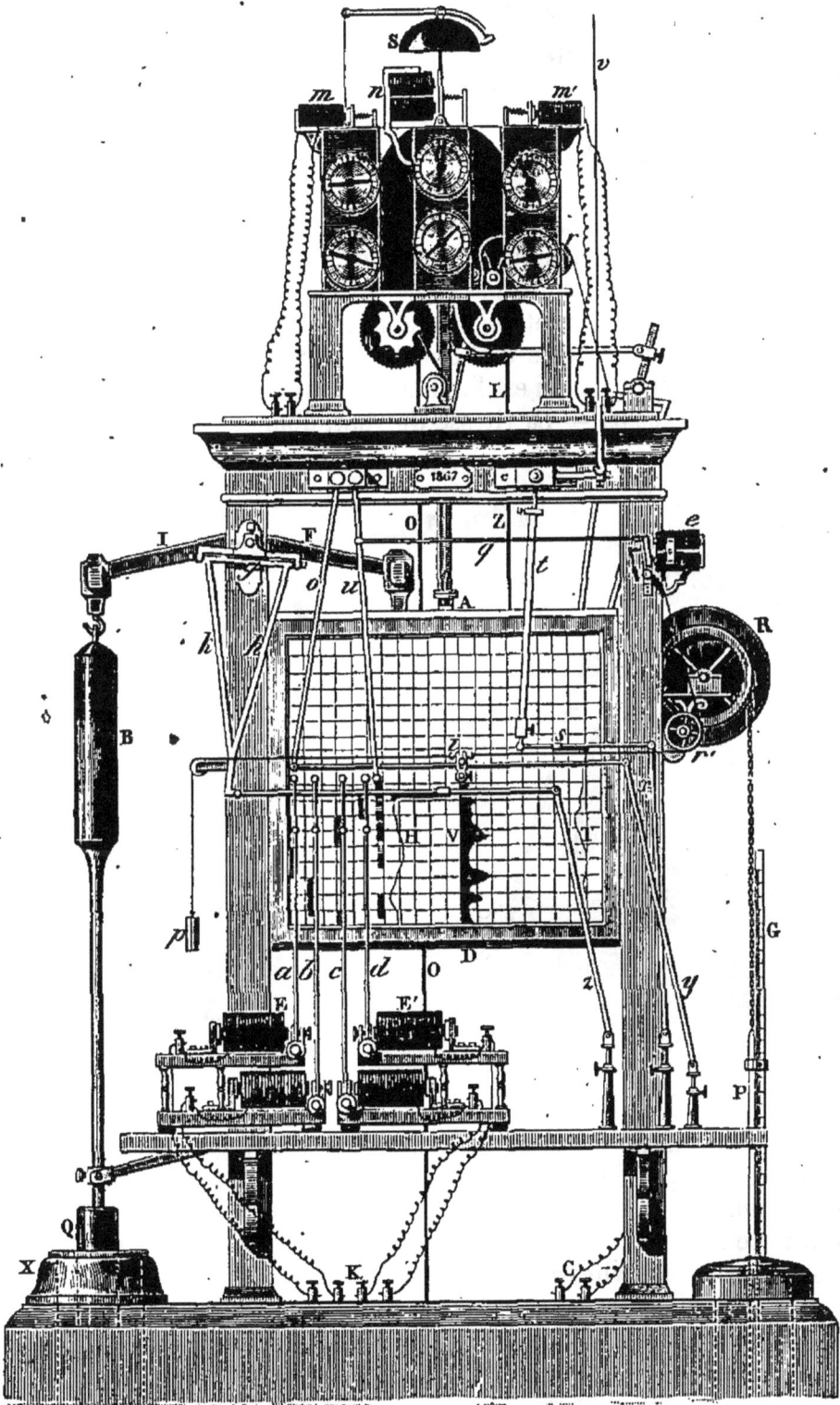

Fig. 748.

cessivement libre et attirée, oscille, et son crayon, qui est toujours pressé contre le tableau AD par l'élasticité même de la tige, trace, à mesure que le tableau descend et tant que le vent est nord, une série de traits parallèles. Si le vent devient ouest par exemple, c'est aussitôt la tige *a* qui oscille, et c'est son crayon qui trace une nouvelle série de traits. La vitesse de déplacement du tableau étant connue, on a l'indication du vent régnant à un instant quelconque.

Ce mécanisme ne donne pas seulement les quatre vents principaux, mais les quatre vents intermédiaires. En effet, le vent est-il sud-ouest, les deux tiges *a* et *b* enregistrent alternativement les vents ouest et sud, ce qui est l'indice du vent de sud-ouest.

Vitesse du vent. — La vitesse du vent, donnée par le moulinet

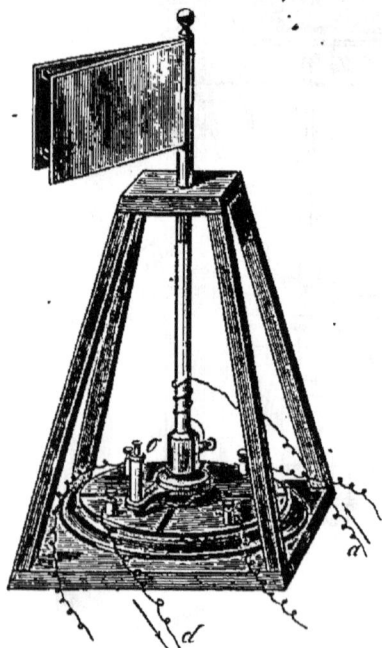 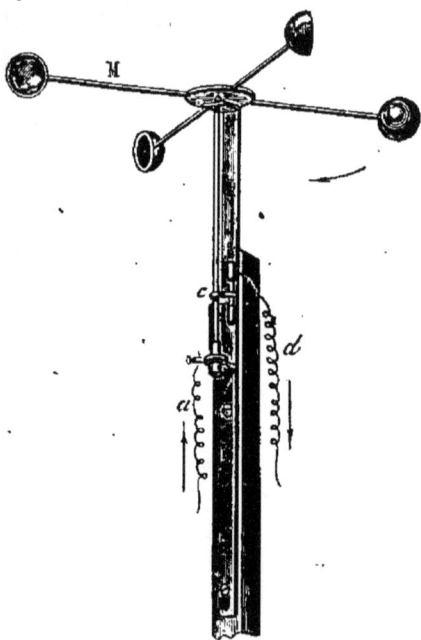

Fig. 749.   Fig. 750.

à coupes hémisphériques du Dr Robinson, est enregistrée de deux manières : 1° par deux compteurs qui marquent, en décamètres et en kilomètres, le chemin parcouru par le vent; 2° par un crayon qui trace sur le tableau une courbe dont les ordonnées sont proportionnelles à la vitesse.

Le Dr Robinson a démontré que la vitesse du moulinet M (fig. 750) est proportionnelle à celle du vent; dans le météorographe, la longueur des bras du moulinet est calculée de manière qu'à chaque révolution correspond une vitesse du vent de 10 mètres. Le moulinet, placé à une plus ou moins grande distance du météorographe

est relié avec lui par un fil de cuivre d qui se rend à l'électro-
aimant n du compteur. De plus, sa tige porte en c un excentrique
qui, à chaque tour, touche un contact métallique en communication avec le fil d. Or, le courant de la pile arrivant au moulinet par
un fil a, à chaque tour, ce courant se ferme une fois, va à l'électro-
aimant n, et fait avancer d'une division l'aiguille du compteur ;
d'où l'on voit que les divisions de celui-ci, qui sont au nombre
de 50, marquent les nombres de tours et par conséquent les décamètres. Le cadran inférieur marque les kilomètres.

Quant à la courbe des vitesses, elle est tracée sur le tableau par
un crayon i fixé à une tige horizontale. Celle-ci est reliée à ses
deux bouts à deux bras de rappel o et y qui la maintiennent parallèle à elle-même. Le crayon et la tige recoivent un mouvement
latéral d'une chaîne qui passe sur deux poulies r' et r, et va s'enrouler sur une poulie placée sur l'arbre du compteur, mais liée avec
lui seulement par une roue à rochet et un encliquetage. Entraînée
par le compteur et par la chaîne, le crayon trace sur le tableau,
pendant une heure, un trait d'une longueur proportionnelle à la
vitesse du vent. D'heure en heure, un excentrique mû par l'horloge détache de l'arbre du compteur la poulie sur laquelle s'enroule
la chaîne, et, cette poulie devenant folle, un poids p, lié au crayon i,
ramène celui-ci à son point de départ. Toutes les lignes V, tracées
successivement par le crayon, partent d'un même axe comme
ordonnées, et leurs extrémités donnent la courbe des vitesses.

Le compteur central, qui enregistre la somme totale des kilomètres parcourus par les différents vents en 24 heures, devant
remonter le poids p, est lui-même animé par un poids plus considérable. Quant aux compteurs placés à droite et à gauche, ils sont
mus par les électro-aimants m, m', et sont destinés à marquer la
vitesse de vents spéciaux, par exemple des vents de nord et de
sud, lorsqu'on fait communiquer leurs électro-aimants avec les
secteurs nord et sud de la girouette (fig. 749).

Température de l'air. — Elle est donnée par les dilatations et
contractions d'un fil de cuivre de 16 mètres de longueur, tendu, en
se repliant sur lui-même, le long d'une poutre de sapin de 8 mètres, dont la dilatation est négligeable. Le tout étant placé à l'extérieur, sur les combles par exemple, les dilatations et les contractions du cuivre se transmettent par un système de leviers à un fil v
qui descend au météorographe, où il est lié à un levier coudé t.
Celui-ci est articulé à une tige horizontale s qui porte un crayon et
qui, à son autre extrémité, s'articule à un bras de rappel x. Le
crayon, participant aux oscillations de tout le système, trace la
courbe T des températures.

En outre, ce mécanisme donne indirectement l'état du ciel. En effet, quand le temps est couvert, les inflexions de la courbe sont peu sensibles ; mais si le soleil apparaît, il y a une inflexion considérable, et le passage d'un nuage suffit pour produire une inflexion brusque en sens contraire.

Pression atmosphérique. — La pression atmosphérique est enregistrée par les oscillations d'un baromètre suspendu à un balancier IF à bras égaux, oscillant en son milieu sur un couteau. Le bras F supporte un contre-poids ; au bras I est suspendu le baromètre B, qui est de fer et à double section. Un cylindre de fer, ou flotteur Q, fixé à la partie inférieure du tube, plonge dans une cuvette X pleine de mercure, en sorte que la poussée du liquide fait équilibre à une partie du poids du baromètre. Par l'effet du grand diamètre de la chambre barométrique, une très-faible variation de niveau dans cette chambre fait osciller le tube barométrique et avec lui le balancier I F. Or, à l'axe de celui-ci est fixé un triangle *ghk* articulé à sa partie inférieure à une tringle horizontale, liée elle-même, à son autre extrémité, à un bras de rappel *z*. Cette tringle porte en son milieu un crayon qui, participant avec elle aux oscillations du triangle *ghk,* trace la courbe H des pressions. Les ordonnées de cette courbe varient de 3 millimètres pour une variation de 1 millimètre de la colonne de mercure. Un levier articulé, placé à la partie inférieure du tube barométrique et faisant parallélogramme avec le bras I du balancier, maintient le tube dans la position verticale.

Comme c'est le poids du mercure qu'on enregistre ici, et non son volume, il n'y a pas à faire de corrections de température. Quant à la dilatation du fer de la chambre barométrique, elle est compensée par celle du flotteur Q, si l'on a soin que le diamètre de celui-ci égale le diamètre intérieur de la chambre.

Heure de la pluie. — L'heure de la pluie est enregistrée, entre la direction des vents et la courbe H, par un crayon fixé à l'extrémité d'une tige *u* que fait marcher un électro-aimant *e*. Sur les combles est un entonnoir qui reçoit la pluie, et un long tube conduit l'eau à un petit balancier hydraulique à deux godets, placé près du météorographe (fig. 751). A l'axe du balancier arrive le courant de la pile ; le godet de gauche, étant plein, bascule, et un contact *a* ferme le courant qui se rend alors à une des bornes C et de là à l'électro-aimant *e*. Puis, le godet de droite, se remplissant à son tour, bascule dans le sens opposé ; et c'est le contact *b* qui conduit maintenant le courant à l'électro-aimant. En sorte qu'à chaque oscillation ce dernier attire son armature et, avec elle, la tringle *u* qui fait marquer un trait à un crayon fixé à son extrémité.

Si la pluie est abondante, les oscillations du balancier sont rapides, et les traits, très-rapprochés, donnent une teinte foncée ; mais par une petite pluie les oscillations sont len-tes, et les traits, plus espacés, donnent une teinte claire. Lorsque la pluie cesse, les oscillations s'arrêtent et le crayon ne marque plus aucun trait.

Pour compléter la description de la première face du météorographe, ajoutons que S est le timbre de la sonnerie de l'horloge ; OO une corde à laquelle est suspendu le poids qui fait marcher le mouvement des heures ; LZ une seconde corde qui porte le poids qui fait marcher la sonnerie ; enfin, la roue U, à 8 crans, placée au-dessous du mouvement d'horlogerie, sert à remonter le tableau AD quand il est arrivé au bas de sa course.

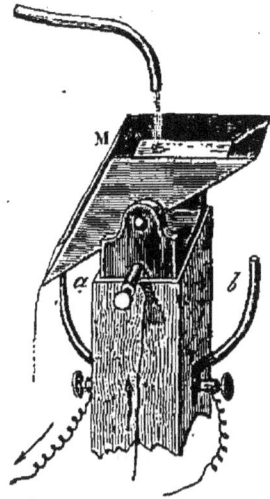

Fig. 751.

DEUXIÈME TABLEAU.

Le second tableau répète les hauteurs du baromètre et les heures de la pluie identiquement de la même manière que le premier, mais sur une plus grande échelle, puisqu'il descend cinq fois plus vite. Sa fonction principale est d'enregistrer l'humidité de l'air.

Psychromètre. — Le *psychromètre* (mesure de la fraîcheur) est un instrument destiné à faire connaître le degré d'humidité de l'air. Dû à M. August, de Berlin, il se compose de deux thermomètres : l'un, sec, donne la température de l'air ; l'autre, toujours recouvert d'une batiste mouillée, est refroidi par l'évaporation de l'eau, et marque une température d'autant plus au-dessous de celle du thermomètre sec, que l'évaporation est plus rapide, c'est-à-dire qu'il y a moins de vapeur d'eau dans l'air. Par le calcul, on en déduit ensuite la tension de la vapeur de l'air.

La figure 752 fait voir la disposition du psychromètre appliqué au météorographe. T et T' sont les thermomètres fixés sur deux planchettes. La mousseline qui recouvre le second est constamment humectée par de l'eau qui tombe goutte à goutte. A la partie inférieure des thermomètres sont soudés, dans le verre, deux fils de platine en contact avec le mercure. A leurs extrémités supérieures les tiges thermométriques sont ouvertes, et dans ces tiges plongent deux autres fils de platine suspendus à un châssis métallique A, mobile sur quatre galets supportés par une pièce fixe B.

Le châssis A, en communication avec le courant de la pile, est suspendu à un fil d'acier L qui passe sur une poulie et se rend au météorographe (fig. 753). Là est un long levier triangulaire W qui porte une petite roue sur laquelle vient se fixer le fil L. Le levier W, qui tourne autour d'un axe f, est mis en mouvement par une tringle a au moyen d'un excentrique que fait marcher l'horloge tous les quarts d'heure. A chaque oscillation, le levier W transmet son mouvement à un chariot qui porte un télégraphe de Morse x, et, en même temps, au fil d'acier L qui porte le châssis A (fig. 752). Le chariot, entraîné vers la gauche par la rotation de l'excentrique, laisse donc descendre le châssis. Au moment où le premier fil de platine atteint la colonne de mercure du thermomètre sec, qui est la plus haute, le courant est fermé et va passer dans l'électro-aimant du chariot. L'armature aussitôt attirée fait marquer à un crayon, sur le tableau, un point qui est le commencement d'une ligne représentant la marche du thermomètre sec. Or, le châssis continuant à descendre, le second fil de platine vient toucher le mercure du thermomètre mouillé ; à

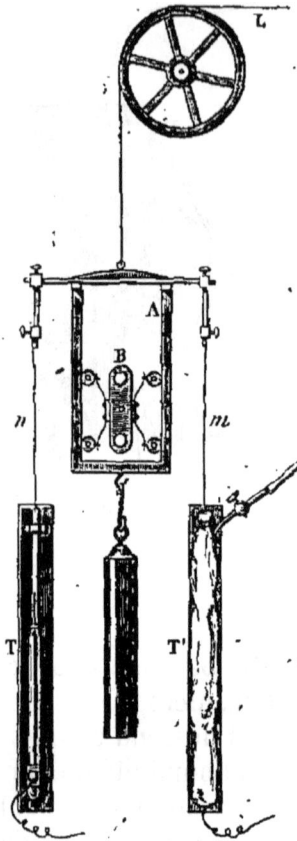

Fig. 752.

ce moment, le courant s'établit dans un relais translateur M, qui interrompt le circuit de l'électro-aimant x. Alors le crayon se détache et la ligne finit ; puis, comme en revenant sur lui-même le chariot reproduit les fermetures et ouvertures du courant en sens inverse, le crayon trace un autre point qui est la fin de la ligne. On a ainsi deux séries de points rangés sur deux courbes qui représentent, l'une la marche du thermomètre sec, l'autre celle du thermomètre mouillé. La distance horizontale de deux points de ces courbes est proportionnelle à la différence $t-t'$ des températures marquées dans le même moment par les thermomètres.

M. August a donné, pour le psychromètre, une formule qui, modifiée par M. Regnault, est $x = F - \dfrac{0,429.(t-t')H}{610-t'}$; t étant la température du thermomètre sec, t' celle du thermomètre mouillé, H la hauteur du baromètre, F la tension maximum à la température t', et x la tension de la vapeur dans l'air.

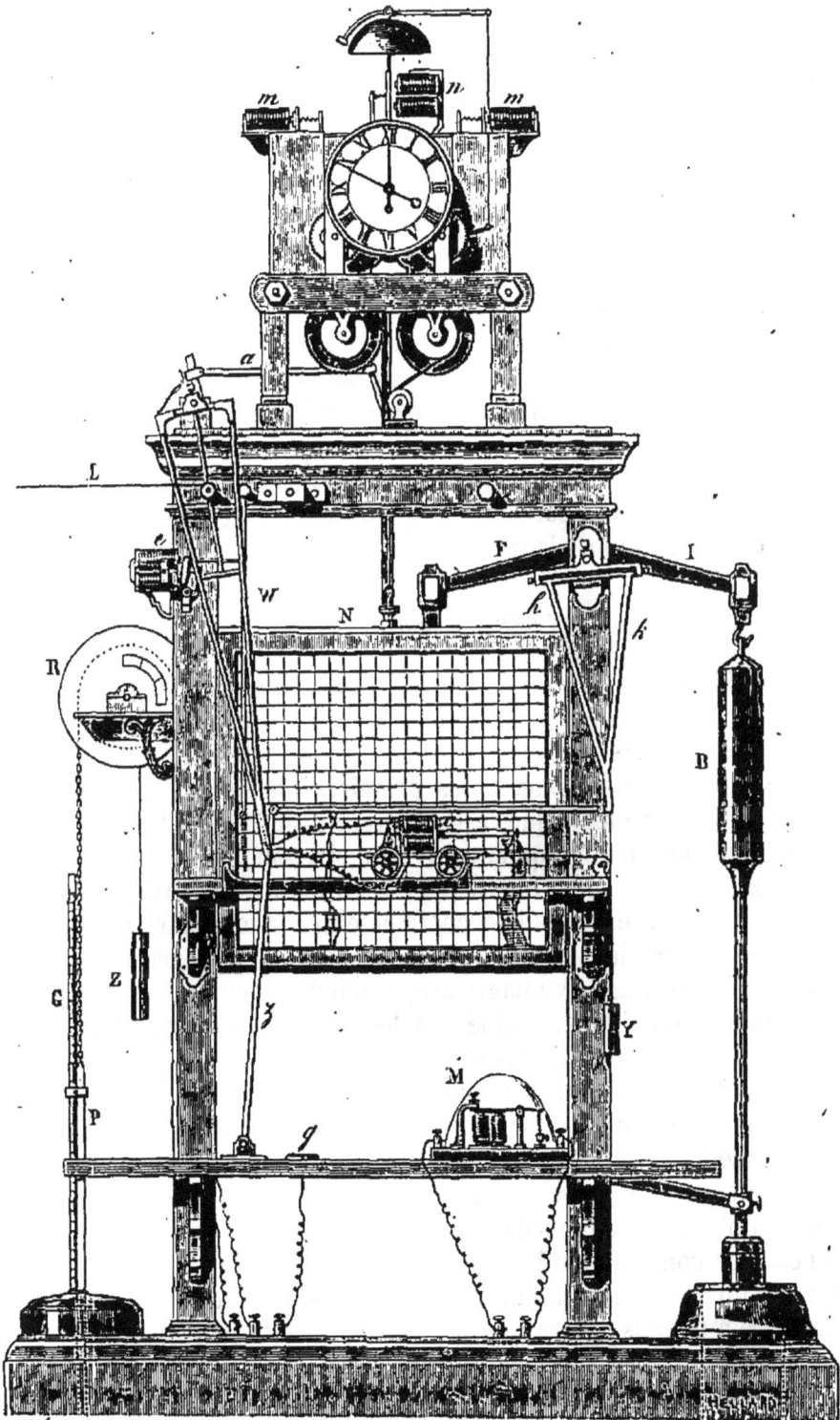

Fig. 753.

Quantité de pluie. — La quantité de pluie qui tombe dans un temps donné est enregistrée sur un disque de papier appliqué sur une poulie R. Sur la gorge de celle-ci s'enroule une chaîne à laquelle est suspendue une règle de laiton P. Cette règle est fixée, à sa partie inférieure, à un flotteur qui plonge dans un réservoir placé dans le soubassement du météorographe. A sa sortie du balancier hydraulique (fig. 754), l'eau de pluie arrive dans ce réservoir, et comme la section en est quatre fois moindre que celle de l'entonnoir qui reçoit la pluie, la hauteur d'eau tombée est quadruplée; elle se mesure sur une échelle G divisée en millimètres.

A mesure que le flotteur s'élève, un poids Z ramène la poulie en sens contraire, et sa rotation est proportionnelle à la hauteur d'eau tombée. Or, un crayon avance en même temps sur le disque de papier, du centre à la circonférence, avec une vitesse de 5 millimètres par 24 heures; par suite, la quantité de pluie tombée chaque jour est inscrite à une place différente sur le disque de papier.

Météores lumineux.

849. **Électricité atmosphérique, expérience de Franklin.** — Les phénomènes lumineux les plus fréquents et les plus remarquables par leurs effets sont ceux produits par l'électricité libre qui se rencontre dans l'atmosphère. Les premiers physiciens qui observèrent l'étincelle électrique la comparèrent aussitôt à la lueur de l'éclair, et le petillement qu'elle fait entendre, au bruit du tonnerre. Mais c'est Franklin qui, le premier, à l'aide des batteries électriques, put établir un parallèle complet entre la foudre et l'électricité, et indiquer, dans un Mémoire publié en 1749, les expériences à faire pour soutirer aux nuages orageux leur électricité au moyen de pointes métalliques. Guidé par les idées théoriques de Franklin, Dalibard, physicien français, dressa dans un jardin, à Marly, près Paris, une barre de fer isolée, de 33 mètres de hauteur, laquelle, sous l'influence d'un nuage orageux, donna, le 10 mai 1752, des étincelles assez fortes pour charger plusieurs bouteilles de Leyde. Cependant Franklin, de son côté, se disposait à faire l'expérience qu'il avait annoncée; il attendait pour cela qu'un clocher qui était en construction fût terminé, lorsqu'il eut la pensée de faire usage d'un cerf-volant muni d'une pointe métallique, qui pouvait atteindre à de plus hautes régions dans l'atmosphère. En juin 1752, par un temps d'orage, et avant de connaître l'expérience de Dalibard, il se rendit donc dans un champ, près de Philadelphie, en compagnie de son jeune fils. Là, ayant lancé le cerf-volant, il attacha une clef à la corde, et à la clef un cordon de soie destiné à iso-

ler l'appareil; puis il fixà le cordon de soie à un arbre. Ayant présenté la main à la clef, il ne recueillit d'abord aucune étincelle, et commençait à désespérer du succès, quand, une légère pluie étant survenue, la corde devint bon conducteur, et la clef donna l'étincelle désirée. L'émotion du célèbre physicien fut si vive, ainsi qu'il le raconte lui-même dans ses lettres, qu'il ne put retenir ses larmes.

Franklin, qui avait découvert le pouvoir des pointes (646), mais qui en ignorait la théorie, admettait que le cerf-volant soutirait au nuage son électricité; mais, d'après la théorie de l'électrisation par influence (650), le phénomène doit s'expliquer par l'influence que le nuage orageux exerçait sur le cerf-volant et sur la corde.

850. **Appareils pour apprécier l'électricité de l'atmosphère.** — Les appareils dont on a fait usage pour reconnaître la présence de l'électricité dans l'atmosphère sont : l'électromètre à boules de sureau, à pailles ou à feuilles d'or, l'appareil de Dalibard, des flèches lancées dans l'atmosphère, et même des cerfs-volants ou des ballons captifs.

Pour observer l'électricité pendant un temps serein, où la tension est généralement faible, on emploie de préférence l'électromètre que Saussure avait appliqué à ce genre de recherches. C'est un électromètre semblable à celui déjà décrit (656), mais dont la tige qui porte les feuilles d'or ou les pailles est surmontée d'un conducteur de 6 décimètres de hauteur, terminé en boule ou en pointe (fig. 754). Pour préserver l'appareil de la pluie, on le couvre d'un chapeau métallique d'un décimètre de diamètre. La cage de verre, qui est carrée, au lieu d'être ronde, n'a que 5 centimètres de côté, et un cadran divisé, appliqué sur sa face antérieure, indique l'angle d'écart des feuilles d'or ou des pailles. Cet électromètre ne donne des signes d'électricité atmosphérique qu'autant qu'on l'élève dans l'atmosphère, de façon qu'il se trouve dans des couches d'air dont l'état électrique soit supérieur au sien. Une élévation de 3 décimètres suffit pour obtenir une divergence de 20 degrés par suite de l'excès d'électricité.

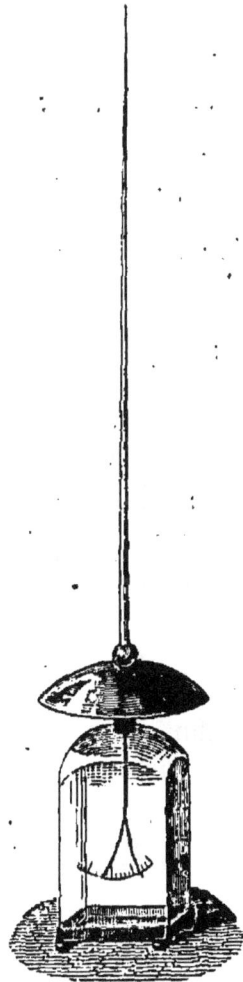

Fig. 754.

Saussure s'est aussi servi, pour reconnaître l'électricité de l'atmosphère, d'une boule de cuivre qu'il lançait verticalement avec la main. Cette boule était fixée à l'extrémité d'un fil métallique, dont l'autre bout était lié à un anneau qui pouvait glisser le long du conducteur de l'électromètre. D'après l'écart des pailles ou des feuilles d'or, on estimait l'état électrique de l'air à la hauteur où était parvenue la boule. M. Becquerel, dans des expériences faites sur le mont Saint-Bernard, a perfectionné l'appareil de Saussure, en remplaçant la boule par une flèche qu'on lançait dans l'atmosphère avec un arc fortement tendu. Un fil de soie recouvert de clinquant, de 80 mètres de longueur, était fixé d'un bout à la flèche, et communiquait de l'autre avec la tige d'un électromètre à pailles ou à feuilles d'or.

Peltier a fait usage d'un électromètre à feuilles d'or, portant à la partie supérieure un globe de cuivre un peu gros. Avec cet instrument, l'observateur se place dans un endroit qui domine les lieux environnants, et il suffit alors d'élever l'électromètre d'une faible hauteur, même de quelques décimètres, pour le voir donner des signes d'électricité.

Quand on veut observer l'électricité des nuages, comme la tension électrique est alors très-considérable, on fait usage d'une longue barre métallique terminée en pointe, comme celle qu'avait adoptée Dalibard dans l'expérience décrite ci-dessus. Cette barre, qui est isolée avec soin, est fixée au faîte d'un édifice, et sa partie inférieure est mise en communication avec un électromètre ou même avec un carillon électrique (fig. 555, page 646), qui annonce la présence des nuages orageux. Toutefois, la barre pouvant donner alors des étincelles redoutables, on doit placer auprès une boule métallique dont la communication avec le sol soit bien établie, et qui soit plus rapprochée de la barre que l'expérimentateur lui-même, afin que, si l'étincelle éclate, ce soit la boule qui soit frappée, et non l'observateur. Richmann, professeur à Saint-Pétersbourg, fut tué dans une expérience de ce genre par une étincelle qui le frappa au front.

Enfin, on a fait encore usage de cerfs-volants munis d'une pointe, comme dans l'expérience de Franklin, et communiquant, au moyen d'une corde recouverte de clinquant, avec un électromètre. On a employé aussi des ballons retenus captifs par des cordes métalliques.

851. Électricité habituelle de l'atmosphère. — Au moyen des divers appareils qui viennent d'être décrits, on a constaté que ce n'est pas seulement pendant les temps d'orage que l'atmosphère possède de l'électricité, mais qu'elle contient toujours de l'électricité libre, tantôt positive, tantôt négative. Quand le ciel est pur et sans nuages, c'est constamment de l'électricité positive qu'on observe dans l'atmosphère; mais cette électricité varie en intensité avec la hauteur des lieux et avec les heures de la journée. C'est dans les lieux les plus élevés et les plus isolés qu'on observe le maximum d'intensité. Dans les maisons, dans les rues, sous les arbres, on ne remarque aucune trace d'électricité positive. Dans les villes, l'électricité positive n'est sensible que sur les grandes places, sur les quais des rivières et sur les ponts. Dans tous les cas, on n'observe d'électricité positive qu'à une certaine hauteur au-dessus du sol. En rase campagne, elle ne devient sensible qu'à $1^m,30$ de hauteur; au delà, elle augmente suivant une loi qui n'est pas connue et qui dépend de l'état hygrométrique de l'air.

Au lever du soleil, l'excès d'électricité positive de l'atmosphère est faible. Il augmente jusque vers huit ou onze heures, suivant les saisons; et atteint alors un premier maximum. Il décroît ensuite rapidement jusqu'un peu avant le coucher du soleil, et augmente de nouveau pour atteindre un second maximum peu d'heures après son coucher; le reste de la nuit, l'électricité décroît. Ces périodes croissantes et décroissantes, qui s'observent toute l'année, sont d'autant plus sensibles, que le ciel est plus serein et le temps plus calme. Enfin, l'électricité positive des temps sereins est beaucoup plus forte en hiver qu'en été.

Quand le ciel est couvert, c'est tantôt de l'électricité positive, tantôt de l'électricité négative qu'on observe dans l'atmosphère. Il arrive même souvent que l'électricité change de signe plusieurs fois dans une journée par le passage d'un nuage électrisé. Pendant les orages, et lorsqu'il pleut ou qu'il neige, l'atmosphère est électrisée positivement un jour, négativement un autre, et les deux nombres de jours sont sensiblement égaux. La tension électrique peut devenir assez intense pour rendre la pluie étincelante, phénomène dont on a observé plusieurs exemples.

Quant à l'électricité du sol, Peltier a trouvé, à l'aide du multiplicateur, qu'elle est constamment négative, mais à des degrés différents, suivant l'état hygrométrique et la température de l'air.

852. **Causes de l'électricité de l'atmosphère.** — On a cherché à expliquer par différentes hypothèses l'origine de l'électricité atmosphérique. Les uns l'ont attribuée au frottement de l'air contre le sol, d'autres à la végétation des plantes, à l'évaporation de l'eau. Quelques-uns ont aussi comparé la terre à une vaste pile voltaïque, d'autres à un appareil thermo-électrique (784). Plusieurs de ces causes peuvent, en effet, concourir au phénomène.

Volta fit voir, le premier, que l'évaporation de l'eau produit de l'électricité. Depuis, M. Pouillet a trouvé que, si l'eau est distillée, l'évaporation ne donne jamais lieu à un dégagement d'électricité ; mais si l'eau tient en dissolution un alcali ou un sel, même en petite quantité, la vapeur est électrisée positivement et la dissolution négativement. Si l'eau est combinée avec un acide, c'est l'inverse qui a lieu. On a admis dès lors que les eaux qui se trouvent à la surface du sol et dans les mers, contenant toujours en dissolution des matières salines, les vapeurs qui s'en dégagent doivent être électrisées positivement et le sol négativement.

Pour constater le développement de l'électricité par l'évaporation, on chauffe fortement une capsule de platine, on y verse une petite quantité d'eau, puis on la pose sur le plateau supérieur de l'électromètre condensateur (fig. 572, page 664), en ayant soin de faire communiquer le plateau inférieur avec le sol. L'eau de la capsule étant évaporée, on rompt la communication avec le sol, et l'on enlève le plateau supérieur. Les feuilles d'or divergent alors, si l'eau tenait en dissolution quelques substances étrangères, mais restent en repos, si elle était distillée.

Se fondant sur cette expérience, M. Pouillet a attribué le développement de l'électricité par l'évaporation à la séparation des particules d'eau d'avec les substances dissoutes ; mais M. Reich et M. Riess, en Allemagne, ont montré que l'électricité dégagée pendant l'évaporation peut être attribuée au frottement exercé par les particules d'eau qu'entraîne la vapeur contre les parois du vase, de la même manière que dans la machine d'Armstrong (655). Par suite d'expériences récentes, M. Gaugain vient d'arriver au même résultat, et il en conclut qu'on n'est plus en droit d'attribuer l'électricité de l'atmosphère aux ségrégations chimiques qui s'opèrent pendant l'évaporation tranquille de l'eau des mers.

Quant à l'hypothèse qui consiste à considérer la terre comme une immense source d'électricité voltaïque due à des actions chimiques, M. Becquerel a fait voir par des expériences nombreuses qu'au contact des terres et des eaux, il y a toujours production d'électricité : la terre prenant un excès d'électricité positive ou négative, et l'eau un excès correspondant d'électricité contraire, selon la nature des sels ou autres composés tenus en dissolution dans les eaux. C'est là un fait général qui, d'après M. Becquerel, ne souffre pas d'exception.

Ce savant expérimentait avec un multiplicateur ordinaire dont le fil était mis en communication avec deux lames de platine plongeant dans les terrains ou dans les eaux dont il voulait avoir l'état électrique. C'est ainsi qu'il a constaté que lorsque deux terrains humides sont en contact, celui qui renferme la solution la plus concentrée prend un excès d'électricité positive. Il a trouvé de la même manière què dans le voisinage d'une rivière, même à une distance assez éloignée, la terre et les objets placés à sa surface possédaient un excès d'électricité négative, tandis que l'eau et les plantes aquatiques qui surnageaient à sa surface étaient chargées d'électricité positive. Mais, suivant la nature des substances en dissolution dans les eaux, il peut se produire des effets inverses.

D'après les expériences de M. Becquerel, les eaux étant tantôt dans un état positif, tantôt dans un état négatif, et les terres dans un état contraire, il en résulte que l'eau, en se vaporisant, doit constamment verser dans l'atmosphère un excès d'électricité positive ou négative, tandis que la terre, par les vapeurs qui se dégagent à sa surface, laisse échapper un excès d'électricité contraire. Or, ces excès d'électricité doivent nécessairement intervenir dans la distribution de l'électricité répandue dans l'atmosphère, et peuvent servir à expliquer comment les nuages sont électrisés tantôt positivement, tantôt négativement (854).

853. **Électricité des nuages.** —En général, les nuages sont tous électrisés, tantôt positivement, tantôt négativement, et ne diffèrent entre eux que par une tension électrique plus ou moins forte. On explique ordinairement la formation des nuages positifs par les vapeurs qui se dégagent du sol et vont se condenser dans les hautes régions de l'atmosphère pour former les nuages. Quant aux nuages négatifs, on admet, en général, qu'ils résultent de brouillards, qui, par leur contact avec le sol, se sont chargés de fluide négatif qu'ils conservent ensuite lorsqu'ils s'élèvent dans l'atmosphère; ou bien que, séparés du sol par des couches d'air chargées d'humidité, ils ont été électrisés négativement par l'influence de nuages positifs qui ont repoussé dans le sol l'électricité positive. Mais les expériences ci-dessus de M. Becquerel suffisent pour donner l'explication des deux états électriques que peuvent présenter les nuages.

854. **Éclair.** — L'*éclair* est une lumière éblouissante projetée par l'étincelle électrique qui éclate des nuages chargés d'électricité. La lumière des éclairs est blanche dans les basses régions de l'atmosphère; mais dans les hautes régions, où l'air est plus raréfié, elle prend une teinte violacée, comme le fait en pareil cas l'étincelle de la machine électrique (683).

Les éclairs ont quelquefois plusieurs lieues de longueur. Leur passage dans l'air s'opère le plus souvent en zigzag. On attribue ce phénomène à la résistance que présente l'air comprimé par le passage d'une forte décharge. L'étincelle dévie alors de la ligne droite pour prendre la direction suivant laquelle la résistance est moindre. Dans le vide, en effet, la transmission électrique se fait en ligne droite.

On peut distinguer quatre sortes d'éclairs : 1° Les éclairs en zigzag, qui se meuvent avec une vitesse extrême, sous la forme d'un trait de feu à contours parfaitement déterminés, et qui sont tout à fait comparables à l'étincelle des machines électriques. 2° Les éclairs qui, au lieu d'être linéaires comme les précédents, embrassent tout l'horizon, sans présenter aucun contour apparent, comme le ferait l'éclat subit d'une explosion de matières inflammables. Ces éclairs, qui sont les plus fréquents, paraissent se produire au sein même de la nue et en éclairer la masse. 3° Les éclairs dits *de chaleur*, parce qu'ils brillent dans les nuits d'été sans qu'on aperçoive aucun nuage au-dessus de l'horizon, et sans qu'on entende aucun bruit. De nombreuses hypothèses ont été proposées pour expliquer l'origine de ces éclairs. La plus probable, c'est qu'ils ne sont que des éclairs ordinaires qui éclatent dans les nues situées au-dessous de l'horizon, à des distances telles, que le roulement du tonnerre ne peut arriver jusqu'à l'oreille de l'observateur. 4° Les éclairs qui apparaissent sous la forme de globes de feu. Ces éclairs, qui sont quelquefois visibles pendant plus de dix secondes, descendent des nuages sur la terre avec assez de lenteur pour que l'œil puisse les suivre. Ces globes rebondissent souvent à la surface du sol; d'autres fois ils se divisent et éclatent avec un bruit comparable à la détonation de plusieurs pièces de canon. On a remarqué que c'est, en général, sous cette forme que se présente la foudre lorsqu'elle pénètre dans l'intérieur des édifices. L'origine de ces éclairs n'est pas connue.

La durée des éclairs des trois premières espèces n'est pas d'un millième de seconde, ce qui a été constaté par M. Wheatstone, au moyen d'une roue qu'on fait tourner assez vite pour que les rayons en soient invisibles; mais en les éclairant avec la lumière d'un éclair, la durée de celui-ci est si courte, que, quelle que soit la vitesse de rotation de la roue, elle apparaît complétement immobile, c'est-à-dire que son déplacement n'est pas sensible pendant la durée de l'éclair.

855. Bruit du tonnerre. — Le *tonnerre* est la détonation violente qui succède à l'éclair dans les nuées orageuses. L'éclair et la détonation sont toujours simultanés; mais on observe un intervalle de plusieurs secondes entre ces deux phénomènes, ce qui provient de ce que le son ne parcourt qu'environ 337 mètres par seconde (202), tandis que la lumière n'emploie qu'un intervalle inappréciable pour se propager de la nue à l'œil de l'observateur (452). Par suite, celui-ci n'entend le bruit du tonnerre que cinq ou dix secondes, par exemple, après avoir vu l'éclair, suivant qu'il est distant du nuage orageux de cinq ou dix fois 337 mètres.

Le bruit du tonnerre résulte de l'ébranlement qu'excite, dans la nue et dans l'air, la décharge électrique, ébranlement que rend sensible l'expérience du thermomètre de Kinnersley (686). Près du lieu où jaillit l'éclair, le bruit du tonnerre est sec et de courte durée. Plus loin, on entend une série de bruits qui se succèdent rapidement. A une plus grande distance encore, le bruit, faible au commencement, se change en un roulement prolongé, d'intensité très-inégale. On a proposé de nombreuses hypothèses pour expliquer le roulement du tonnerre, mais aucune ne satisfait complétement. Les uns l'ont attribué à la réflexion du son sur la terre et sur les nuages; d'autres ont considéré l'éclair, non pas comme une seule étincelle électrique, mais comme une suite d'étincelles élémentaires qui donnent lieu chacune à une détonation particulière. Or, ces détonations partielles partant de points diversement éloignés et de zones d'inégale densité, il en résulte que non-seulement elles arrivent à l'oreille de l'observateur successivement, mais qu'elles y apportent des sons d'inégale intensité, ce qui occasionne la durée et l'inégalité du roulement. Enfin, on a attribué ce phénomène aux zigzags mêmes de l'éclair, en admettant qu'il y a un maximum de compression de l'air à chaque angle saillant, ce qui produirait l'inégale intensité du son.

856. **Effets de la foudre.** — La *foudre* est la décharge électrique qui s'opère entre un nuage orageux et le sol. Celui-ci, sous l'influence de l'électricité du nuage, se charge d'électricité contraire, et lorsque l'effort que font les deux électricités pour se réunir l'emporte sur la résistance de l'air, l'étincelle éclate, ce qu'on exprime, dans le langage ordinaire, en disant que la foudre *tombe*; mais il ne faudrait pas entendre par là que la foudre se dirige de préférence de haut en bas : comme les étincelles artificielles, elle tend à frapper dans tous les sens, se dirigeant toujours vers les objets les plus voisins et les mieux en rapport avec le sol. Du reste, on observe aussi des phénomènes de *foudre ascendante,* qui se produisent probablement lorsque, les nuages étant électrisés négativement, la terre l'est positivement; car toutes les expériences montrent qu'à la pression ordinaire, le fluide positif traverse plus facilement l'atmosphère que le fluide négatif.

D'après la première loi des attractions électriques (642), la foudre doit tomber sur les objets les plus rapprochés de la nue et les meilleurs conducteurs. On observe, en effet, que ce sont les arbres, les édifices élevés, les métaux, qui sont plus particulièrement frappés par la foudre. C'est pourquoi il est imprudent de se placer sous les arbres, en temps d'orage, surtout si ces arbres sont bons conducteurs, comme les chênes, les ormes. Mais le danger n'est plus le même sous les arbres résineux, comme les pins, parce qu'ils conduisent mal l'électricité.

Les effets de la foudre sont très-variés et de même nature que ceux des batteries (682), mais avec une intensité bien plus énergique. La foudre tue les hommes et les animaux, enflamme les matières combustibles, fond les métaux, brise en éclats les corps peu conducteurs. En pénétrant dans le sol, elle fond les matières siliceuses qui se trouvent sur son passage, et il se produit ainsi, dans la direction de la décharge, des tubes vitrifiés qu'on a nommés *tubes fulminaires* ou *fulgurites*, et qui ont jusqu'à 10 mètres de long. Enfin, en tombant sur les barres de fer, elle les aimante, et renverse souvent les pôles des aiguilles des boussoles.

La foudre répand, en général, sur son passage, une odeur qu'on a comparée à celle du soufre enflammé ou d'une matière phosphoreuse. Cette odeur a d'abord été attribuée à un composé oxygéné formé sous l'influence de la décharge électrique, auquel on a donné le nom d'*ozone;* mais M. Schœnbein, en 1840, puis MM. Marignac et de La Rive, et enfin MM. Ed. Becquerel et Fremy, ont démontré que l'ozone n'est autre chose que de l'oxygène électrisé.

857. **Choc en retour.** — Le *choc en retour* est une commotion violente et même mortelle que ressentent parfois les hommes et les animaux à une assez grande distance du lieu où la foudre éclate. Ce phénomène a pour cause l'action par influence que le nuage orageux exerce sur tous les corps placés dans sa sphère d'activité. Ces corps se trouvent, ainsi que le sol, chargés d'électricité contraire à celle du nuage; mais si celui-ci se décharge par la recomposition de son électricité avec celle du sol, immédiatement l'influence cesse, et les corps revenant brusquement de l'état électrique à l'état neutre, il en résulte la secousse qui caractérise le choc en retour. On rend ce phénomène sensible en plaçant une grenouille dans le voisinage d'une forte machine électrique : à chaque étincelle qu'on tire de celle-ci, la grenouille éprouve une secousse brusque.

858. **Paratonnerre.** — Un *paratonnerre* est une tige de fer destinée à présenter un écoulement facile à l'électricité du sol, attirée par l'électricité contraire des nuages orageux. L'invention des paratonnerres est due à Franklin, en 1755.

On distingue, dans un paratonnerre, deux parties : la tige et le conducteur. La *tige* est une barre de fer rectiligne, terminée en pointe, qu'on fixe verticalement au faîte des édifices qu'il s'agit de préserver; elle a de 6 à 9 mètres de hauteur, et sa section, à la base, est un carré de 5 à 6 centimètres de côté. Le *conducteur* est une barre de fer qui descend du pied de la tige jusqu'au sol, dans lequel elle pénètre profondément. Des barres de fer ne pouvant facilement, à cause de leur rigidité, suivre les contours des édifices, il est préférable de former le conducteur de cordes de fil de fer, comme celles qu'on emploie dans les ponts suspendus. L'Académie des sciences a publié récemment un rapport sur les paratonnerres, dans lequel elle recommande d'employer plutôt des fils de cuivre rouge que des fils de fer dans la fabrication des cordes métalliques destinées à servir de conducteur, le cuivre rouge conduisant beaucoup mieux l'électricité que le fer. Ces cordes doivent avoir, dit le rapport, un centimètre carré de section métallique, et les fils de 1 millimètre à $1^{mm},5$ de diamètre; elles peuvent être cordées à trois torons, comme les cordes ordinaires. Le même rapport conseille de terminer la tige des paratonnerres par une pointe de cuivre rouge plutôt que par une pointe de platine, toujours à cause de la plus grande conductibilité.

Le conducteur se rend ordinairement dans un puits, et pour mieux établir la communication avec le sol, on le termine par deux ou trois ramifications. Si l'on n'a pas de puits à proximité, on pratique, dans le sol, un trou de 4 à 6 mètres de profondeur, et après y avoir introduit le pied du conducteur, on achève de remplir le trou avec de la braise de boulanger, qui conduit bien.

La théorie des paratonnerres repose sur l'électrisation par influence et sur le pouvoir des pointes (646 et 650). Franklin, qui, aussitôt qu'il eut constaté l'identité de la foudre et de l'électricité, songea à appliquer le pouvoir des pointes aux paratonnerres, admettait que ceux-ci soutirent aux nuages orageux leur électricité; c'est le contraire qui a lieu. Lorsqu'un nuage orageux, électrisé positivement par exemple, s'élève dans l'atmosphère, il agit par influence sur la terre, repousse au loin le fluide positif, et attire le fluide négatif, qui s'accumule sur les corps placés à la surface du sol, d'autant plus abondamment, que ces corps atteignent une plus grande hauteur. Les plus hauts sont alors ceux qui possèdent la plus forte tension, et qui, par conséquent, sont les plus exposés à la décharge électrique; mais si ces corps sont armés de pointes métalliques comme les tiges des paratonnerres, le fluide négatif, attiré du sol par l'influence du nuage, s'écoule dans l'atmosphère et va neutraliser le fluide positif de la nue. Par conséquent, non-seulement un paratonnerre s'oppose à l'accumulation de l'électricité à la surface de la terre, mais encore il tend à ramener les nuées orageuses à l'état neutre, double effet qui a pour but de prévenir la chute de la foudre. Cependant le dégagement d'électricité est quelquefois si abondant, que le paratonnerre est insuffisant pour décharger le sol, et que la foudre éclate; mais c'est alors le paratonnerre qui reçoit la décharge, en raison de sa plus grande conductibilité, et l'édifice est préservé.

L'expérience a appris qu'une tige de paratonnerre protége efficacement autour d'elle un espace circulaire d'un rayon double de sa hauteur. Par conséquent, un bâtiment de 64 mètres de longueur serait préservé par deux tiges de 8 mètres, distantes de 32 mètres.

Un paratonnerre, pour être efficace, doit satisfaire aux conditions suivantes : 1° La tige doit être assez grosse pour ne pas être fondue, si la foudre tombe dessus. 2° Elle doit se terminer en pointe pour donner plus facilement issue à l'électricité qui se dégage du sol : c'est pour satisfaire à cette condition qu'on termine ordinairement la tige par une pointe de platine ou de cuivre rouge doré, afin d'éviter l'oxydation. 3° Le conducteur ne doit présenter aucune solution de continuité depuis la tige jusqu'au sol. 4° La communication entre la tige et le sol doit être la plus intime possible. 5° Si le bâtiment qu'on arme d'un paratonnerre renferme des pièces métalliques d'une certaine étendue, comme une couverture de zinc, des gouttières de métal, des charpentes de fer, on doit les faire communiquer avec le conducteur du paratonnerre.

Si les trois dernières conditions ne sont pas remplies, on est exposé aux *décharges latérales,* c'est-à-dire que l'étincelle peut éclater entre le conducteur et l'édifice, et alors le paratonnerre ne fait qu'accroître le danger.

Pour plus de détails sur les paratonnerres, nous renvoyons le lecteur à une *Instruction sur les paratonnerres,* publiée par Gay-Lussac, en 1823, laquelle a été réimprimée et augmentée d'un supplément rédigé par une commission de l'Académie des sciences, à l'occasion des grandes quantités de fer qui entrent dans les constructions nouvelles.

* 859. **Arc-en-ciel.** — L'*arc-en-ciel* est un météore lumineux qui apparaît dans les nues opposées au soleil quand elles se résolvent en pluie ; il est formé de sept arcs concentriques présentant successivement les couleurs du spectre solaire. Quelquefois on n'observe qu'un seul arc-en-ciel ; mais le plus souvent on en voit deux : l'un, intérieur, dont les couleurs sont plus vives ; l'autre, extérieur, qui est plus pâle et dans lequel l'ordre des couleurs est renversé. Dans l'arc intérieur, c'est le rouge qui est le plus élevé ; dans l'autre arc, c'est le violet. Rarement on aperçoit trois arcs-en-ciel ; la théorie indique qu'il peut en exister un plus grand nombre, mais leurs couleurs sont si faibles, qu'elles échappent à la vue.

C'est la décomposition de la lumière blanche du soleil au moment où elle pénètre dans les gouttes de pluie, et sa réflexion sur leur face interne, qui produisent le phénomène de l'arc-en-ciel. Ce

phénomène s'observe, en effet, dans les gouttes de rosée, dans les
jets d'eau, partout, en un mot, où la lumière solaire pénètre dans
des gouttes d'eau, sous un certain angle.

L'apparition de l'arc-en-ciel et son étendue dépendent de la position de l'observateur et de la hauteur du soleil au-dessus de l'horizon ; d'où l'on doit conclure que tous les rayons réfractés par les
gouttes de pluie et réfléchis sur leur concavité vers l'œil du spec-
tateur, ne sont pas propres à produire le phénomène. Ceux qui
peuvent lui donner naissance ont reçu le nom de *rayons efficaces*.

Pour se rendre compte de cette efficacité, soit une goutte d'eau

Fig. 755.

n (fig. 755) dans laquelle pénètre un rayon solaire Sa. Au point
d'incidence a, une partie de la lumière se réfléchit sur la surface
du liquide, l'autre y pénètre en se décomposant, et traverse le globule suivant la direction ab. Arrivée en b, une portion de la lumière
émerge hors de la goutte de pluie ; l'autre portion se réfléchit sur
la surface concave et vient pour émerger en g ; mais, en ce point,
la lumière est encore réfléchie partiellement, le reste émerge dans
une direction gO, qui forme, avec le rayon incident Sa, un angle
qu'on nomme *angle de déviation*. Ce sont les rayons tels que gO,
sortis du côté de l'observateur, qui déterminent, sur la rétine, la
sensation des couleurs, à la condition, toutefois, que la lumière soit
suffisamment intense.

Or, le calcul fait voir que pour une suite de rayons parallèles,
qui tombent sur une même goutte, et qui ne subissent qu'une réflexion dans son intérieur, l'angle de déviation augmente successivement depuis le rayon central $S''n$, pour lequel il est nul, jusqu'à
une certaine limite au delà de laquelle il décroît, et que près de

cette limite les rayons entrés parallèlement à eux-mêmes dans une goutte de pluie en sortent encore parallèles entre eux. De ce parallélisme, il résulte un faisceau de lumière qui possède assez d'intensité pour impressionner la rétine; ce sont donc les rayons qui sortent parallèles entre eux qui sont efficaces.

Les diverses couleurs qui composent là lumière blanche étant inégalement réfrangibles, le maximum de l'angle de déviation n'est pas le même pour toutes. Le calcul apprend que, pour les rayons rouges, la valeur de l'angle de déviation correspondant aux rayons efficaces est de 42°.2', et pour les rayons violets de 40°17'. Il suit de là que, pour toutes les gouttes placées de manière que les rayons qui vont du soleil à la goutte fassent avec ceux qui vont de la goutte à l'œil un angle de 42°2', cet organe reçoit la sensation de la couleur rouge ; ce qui a évidemment lieu pour toutes les gouttes situées sur la circonférence de la base d'un cône dont le sommet coïncide avec l'œil de l'observateur, ce cône ayant son axe parallèle aux rayons solaires, et l'angle formé par deux génératrices opposées étant de 84°4'. Telle est la formation de la bande rouge de l'arc-en-ciel. Pour la bande violette, l'angle du cône est de 80°34'.

Les cônes correspondants à chaque bande ont le même axe, qu'on nomme *axe de vision*. Cette droite étant parallèle aux rayons du soleil, il s'ensuit que, lorsque cet astre est à l'horizon, l'axe de vision est lui-même horizontal, et l'arc-en-ciel apparaît sous la forme d'une demi-circonférence. Si le soleil s'élève, l'axe de vision s'abaisse, et avec lui l'arc-en-ciel. Enfin, lorsque le soleil est haut de 42° 2', l'arc disparaît tout à fait au-dessous de l'horizon. C'est pourquoi le phénomène de l'arc-en-ciel n'a jamais lieu que le matin et le soir.

Tout ce qui précède s'applique à l'arc intérieur. Quant à l'arc extérieur, il est formé par des rayons qui ont subi deux réflexions, comme le montre le rayon S'*idfe*O dans la goutte *p*. L'angle S'IO, formé par le rayon émergent et le rayon incident, se nomme encore l'angle de déviation. Ici cet angle n'est plus susceptible d'un maximum, mais d'un minimum, qui varie pour chaque espèce de rayons, et auquel correspondent encore les rayons efficaces. On constate par le calcul, que, pour les rayons violets, l'angle minimum est de 54°7', et pour les rayons rouges, seulement de 50°57'; ce qui explique pourquoi l'arc rouge est ici intérieur et l'arc violet extérieur. Comme, à chaque réflexion intérieure dans la goutte de pluie, il y a perte de lumière, l'arc-en-ciel extérieur offre toujours des teintes plus faibles que l'arc intérieur. L'arc extérieur cesse d'être visible lorsque le soleil est à plus de 54° au-dessus de l'horizon.

La lüne produit quelquefois des arcs-en-ciel, comme le soleil, mais ils sont très-pâles.

860. **Aurore boréale**. — On nomme *aurore boréale*, ou plutôt *aurore polaire*, un phénomène lumineux extrêmement remarquable qui apparaît fréquemment, dans l'atmosphère, aux deux pôles terrestres. Quand le phénomène se produit au pôle nord, on lui donne le nom d'*aurore boréale*, celui d'*aurore australe* lorsqu'il se manifeste au pôle sud. Les aurores boréales paraissent plus nombreuses que les aurores australes; mais c'est peut-être parce qu'on est mieux à même de les observer. Nous extrayons du *Traité de météorologie* de MM. Becquerel la description suivante d'une aurore boréale observée à Bossekop, en Laponie norvégienne, à 70 degrés de latitude, dans l'hiver de 1838 à 1839.

Le soir, entre 4 et 8 heures, la brume qui règne habituellement au nord de Bossekop se colore à la partie supérieure. Cette lueur devient plus régulière et forme un arc vague, d'un jaune pâle, tournant sa concavité vers la terre, et dont le sommet se trouve sensiblement dans le méridien magnétique.

Bientôt des stries noirâtres séparent régulièrement les parties lumineuses de l'arc. Des rayons lumineux se forment, s'allongent et se raccourcissent lentement ou instantanément, leur éclat augmentant et diminuant sensiblement. Les pieds de ces rayons offrent toujours la lumière la plus vive et forment un arc plus ou moins régulier. La longueur des rayons est très-variée, mais tous convergent vers un même point du ciel, indiqué par le prolongement de l'extrémité sud de l'aiguille d'inclinaison; parfois les rayons se prolongent jusqu'à leur point de concours, et figurent ainsi le fragment d'une coupole lumineuse.

L'arc continue à monter vers le zénith, présentant, dans sa lueur, un mouvement ondulatoire. Parfois un de ses pieds, et même tous les deux, abandonnent l'horizon. Alors les plis sont plus prononcés et plus nombreux; l'arc n'est plus qu'une longue bande de rayons qui se contourne et se sépare en plusieurs parties, en formant des courbes gracieuses qui se replient sur elles-mêmes et offrent ce qu'on appelle la *couronne boréale*. L'éclat des rayons, variant subitement d'intensité, atteint celui des étoiles de première grandeur; les rayons dardent avec rapidité, les courbes se forment et se déroulent comme les plis et replis d'un serpent (fig. 756). Puis les rayons se colorent : la base est rouge, le milieu vert, le reste conserve sa teinte jaune clair. Enfin, l'éclat diminue, les couleurs disparaissent, tout s'affaiblit peu à peu ou s'éteint subitement.

La commission scientifique du Nord a observé, en 200 jours, 150 aurores boréales; mais il paraît qu'au pôle nord les nuits sans aurore boréale sont tout à fait exceptionnelles, en sorte qu'on peut admettre qu'il y en a toutes les nuits, seulement d'une intensité très-variable. Les aurores boréales sont visibles à des distances considérables du pôle et sur une étendue immense. Quelquefois une même aurore boréale a été vue en même temps à Moscou, à Varsovie, à Rome, à Cadix.

Fig. 755.

On a fait de nombreuses hypothèses sur la cause des aurores boréales. La direction constante de leur arc par rapport au méridien magnétique, et les perturbations qu'elles exercent sur les boussoles (646), montrent qu'elles doivent être attribuées à des courants électriques qui se dégagent des pôles vers les hautes régions de l'atmosphère. Cette hypothèse est confirmée par ce fait, observé le 29 août et le 1er septembre 1859, en France et dans presque toute l'Europe, que deux brillantes aurores boréales ont agi puissamment sur les fils des télégraphes électriques : les sonnettes ont été longtemps agitées, et les dépêches fréquemment interrompues par le jeu spontané et anormal des appareils.

Selon M. de La Rive, les aurores boréales sont dues à des décharges électriques s'opérant dans les régions polaires, entre l'électricité positive de l'atmosphère et l'électricité négative du globe terrestre; électricités séparées elles-mêmes par l'action du soleil, principalement dans les régions équatoriales.

M. Newton a observé, sur 30 aurores boréales, que leur hauteur moyenne est de 214 kilomètres.

Climatologie.

861. **Températures moyennes.** — On nomme *température moyenne,* ou simplement *température* d'un jour, celle qu'on obtient en faisant la somme de vingt-quatre observations thermométriques prises successivement d'heure en heure, et en la divisant par 24. L'expérience a appris qu'on obtient très-approximativement cette température en prenant la moyenne entre les températures maxima et minima du jour et de là nuit, lesquelles se déterminent à l'aide des thermomètres à maxima et à minima (265 et 266). Ceux-ci doivent être à l'abri des rayons solaires, élevés au-dessus du sol, et éloignés de tout corps qui pourrait les influencer par son rayonnement.

La température d'un mois est la moyenne de celles des trente jours, et la température de l'année est la moyenne de celles des douze mois. Enfin, la *température d'un lieu* est la moyenne de sa température annuelle pendant un grand nombre d'années. La température moyenne de Paris est de 10°,67. Dans tous les cas, ces températures sont celles de l'air, et non celles du sol (430).

862. **Causes qui modifient la température de l'air.** — Les causes qui font varier la température de l'air sont principalement la latitude, l'altitude, la direction des vents et la proximité des mers.

1° *Influence de la latitude.* — L'influence de la latitude résulte du plus ou moins d'obliquité des rayons solaires; car la quantité de chaleur absorbée étant d'autant plus grande, que les rayons approchent davantage de l'incidence normale (401), il en résulte que la chaleur absorbée par le sol décroît de l'équateur vers les pôles, puisque les rayons sont de plus en plus obliques à l'horizon. Toutefois cette perte est compensée en partie, pendant l'été, dans les zones tempérées et dans les zones glaciales, par la longueur des jours. Sous l'équateur, où la longueur des jours est constante, la température est à peu près invariable; à la latitude de Paris, et dans les contrées plus septentrionales, où les jours sont très-inégaux, la température varie beaucoup; mais, l'été, elle s'élève quelquefois presque aussi haut que sous l'équateur. Du reste, l'abaissement de la température résultant de la latitude est lent; ainsi, en France, par exemple, il faut avancer vers le nord de 185 kilomètres pour trouver un refroidissement d'un degré dans la température moyenne de l'air.

2° *Influence de l'altitude.* — L'altitude, c'est-à-dire la hauteur au-dessus du niveau des mers, imprime à la température de l'atmosphère un décroissement beaucoup plus rapide que celui qui résulte de la latitude. En effet, dans une ascension sur le Mont-Blanc, Saussure a observé un abaissement de température de 1 degré pour une hauteur de 144 mètres, et de Humboldt, sur le Chimborazo, a trouvé 1 degré d'abaissement pour 248 mètres. En prenant la moyenne entre ces deux nombres, on a un refroidissement de 1 degré pour une hauteur de 181 mètres, ce qui donne un décroissement de température près de mille fois plus rapide pour l'altitude que pour la latitude.

La loi de l'abaissement de la température, quand on s'élève dans l'atmosphère, n'est pas connue, par suite des nombreuses causes perturbatrices qui tendent à la modifier, lesquelles sont les vents régnants, le degré d'humidité, l'heure de la journée, etc. L'expérience apprend que la différence de température de deux lieux inégalement élevés n'est point proportionnelle à la différence de niveau, mais que, pour les hauteurs peu considérables, on peut admettre approximativement cette loi. On évalue moyennement l'abaissement de la température de l'air à 1 degré pour 187 mètres d'élévation dans la zone torride, et à 1 degré pour 150 mètres dans la zone tempérée; mais ces nombres peuvent varier beaucoup selon les circonstances locales.

Le refroidissement de l'air, à mesure qu'on s'élève dans les hautes régions de l'atmosphère, se constate dans les ascensions aérostatiques; ce qui le prouve encore, ce sont les neiges perpétuelles qui recouvrent les sommets des hautes montagnes. Dans les Alpes, la limite des neiges persistantes se trouve à la hauteur de 2740 mètres. Les causes de la basse température qui règne dans les hautes régions de l'atmosphère sont : 1° la grande raréfaction de l'air, laquelle diminue son pouvoir absorbant; 2° l'éloignement du sol, qui ne peut échauffer l'air par son contact; 3° le grand pouvoir diathermane des gaz (403); 4° enfin la diminution de pression, par suite de laquelle l'air chaud qui s'élève du sol se dilate considérablement; or, on a vu que cette dilatation est une source de froid intense (443).

3° *Influence de la direction des vents.* — Les vents participant nécessairement de la température des contrées qu'ils ont traversées, leur direction, pour un même lieu, a une grande influence sur la température de l'air. A Paris, le vent le plus chaud est le vent du sud; viennent ensuite les vents du sud-est, du sud-ouest, d'ouest, d'est, du nord-ouest, du nord, et enfin le vent du nord-est, qui est le plus froid. Du reste, le caractère des vents change avec les saisons : le vent d'est par exemple, qui est froid l'hiver, est chaud l'été.

4° *Influence de la proximité des mers.* — La proximité des mers tend à élever la température de l'air et à la rendre plus uniforme. En effet, on observe que, sous les tropiques et dans les régions polaires surtout, la température des mers est toujours plus élevée que celle de l'atmosphère. Quant à l'uniformité de température des mers, l'expérience apprend que, dans les régions tempérées, c'est-à-dire de 25 à 50 degrés de latitude, la différence de température entre le maximum et le minimum d'un jour ne dépasse pas, en mer, 2 ou 3 degrés, tandis que sur les continents cette différence peut aller jusqu'à 12 ou 15 degrés. Dans les îles, l'uniformité de température est très-sensible, même pendant les plus fortes chaleurs. En pénétrant dans les continents, les hivers, à latitude égale, deviennent plus froids, et la différence entre les températures des étés et des hivers devient plus grande.

863. **Lignes isothermes.** — Lorsqu'on joint entre eux, sur une

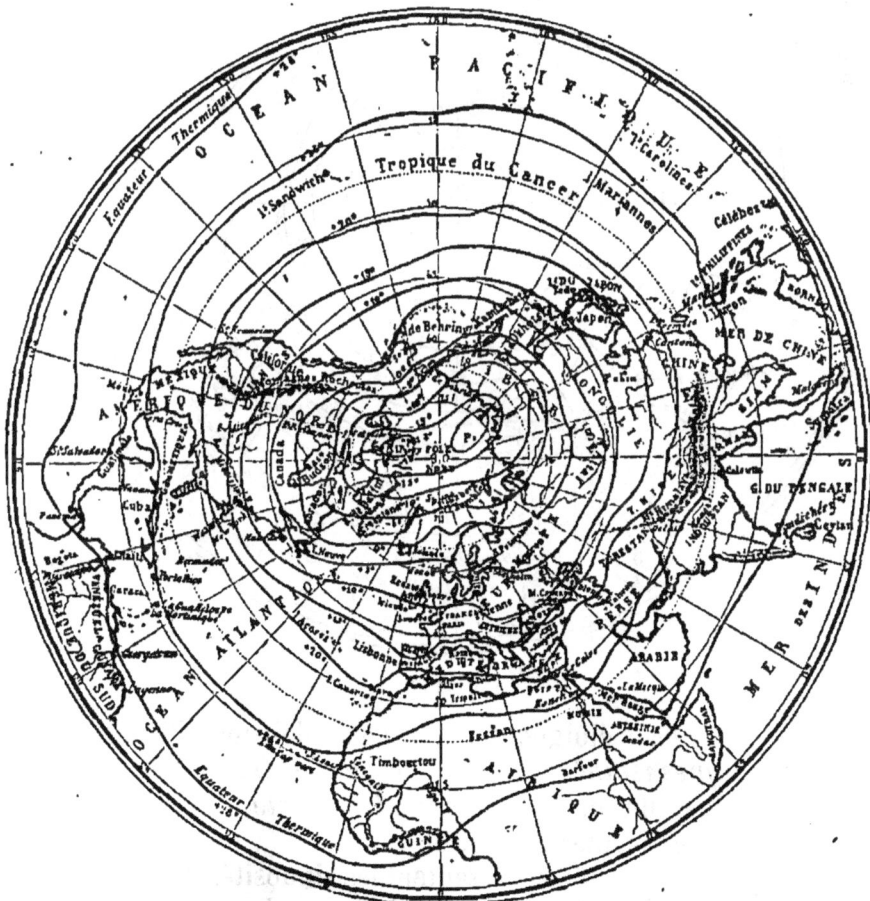

Fig. 757.

carte, tous les points dont la température moyenne est la même, on obtient des courbes que de Humboldt a fait connaître le premier, et qu'il a désignées sous le nom de *lignes isothermes*. Si la température d'un lieu ne variait qu'avec l'obliquité des rayons solaires, c'est-à-dire qu'avec la latitude, les lignes isothermes seraient toutes des parallèles à l'équateur ; mais comme cette température varie sous l'influence de plusieurs causes locales, et surtout avec la hauteur, ces lignes sont toujours plus ou moins sinueuses. Toutefois,

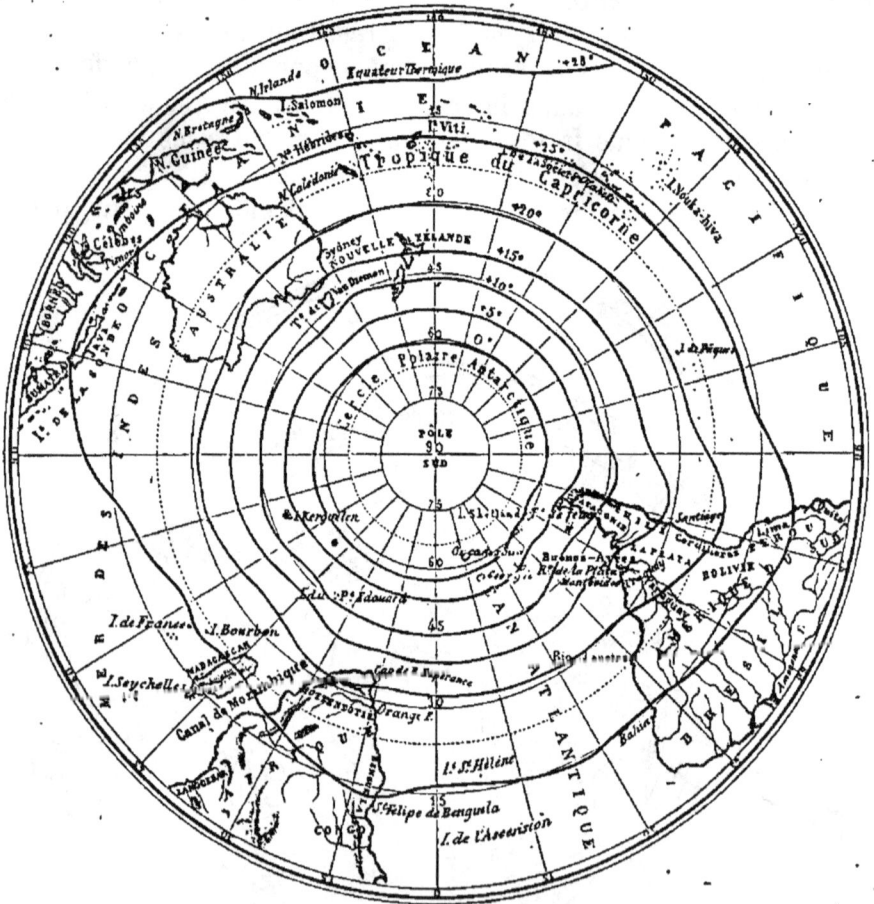

Fig. 758.

sur les mers, elles s'éloignent peu du parallélisme. On distingue encore des *lignes isothères* (d'égal été), et des *lignes isochimènes* (d'égal hiver). Enfin, on nomme *zone isotherme,* l'espace compris entre deux lignes isothermes.

Les figures 757 et 758 représentent les sinuosités des lignes isothermes dans les deux hémisphères nord et sud, ceux-ci étant tracés en projection stéréographique sur le plan de l'équateur. Ces deux cartes sont la réduction aux $\frac{2}{3}$ à peu près de celles publiées par M. Gide dans le bel atlas du *Cosmos* de Humboldt. Les lignes isothermes y correspondent aux températures moyennes de 5 en 5 degrés, depuis — 15 jusqu'à + 25 degrés. Au delà est *l'équateur thermique*, c'est-à-dire la ligne qui réunit tous les points ayant la température moyenne annuelle la plus haute. Cette ligne est marquée + 28°. On voit qu'elle n'est pas parallèle à l'équateur, mais s'en écarte dans le golfe d'Oman jusqu'à l'approche du parallèle de 15°; puis passe dans l'hémisphère sud aux îles Célèbes, s'approche des îles Salomon, et revient couper l'équateur par 157° de longitude occidentale.

A l'inspection de la figure 757, on remarque qu'en se rapprochant du pôle nord, les courbes isothermes s'allongent de plus en plus de l'est à l'ouest, et qu'au delà de la ligne — 15°. il y a dédoublement en deux courbes distinctes autour de deux points P, P', qu'on a nommés *pôles du froid,* et dont Arago a estimé par le calcul la température moyenne à — 25°. L'un de ces pôles est situé en Amérique, près des îles Parry, l'autre en Asie.

Les lignes isothermes de l'hémisphère sud sont moins bien connues que celles de l'hémisphère nord; mais la figure 758 montre qu'elles sont beaucoup plus régulières, ce qui résulte des vastes mers de l'hémisphère austral.

A l'aide des lignes isothermes, il est facile de suivre, à la surface de la terre, les zones caractérisées par la rigueur ou la douceur de leur température moyenne. Par exemple, la zone tempérée de + 10 à + 15 degrés, qui, en Europe, est comprise entre les latitudes de 50 à 42 degrés, est située, dans l'Amérique du Nord, entre les latitudes beaucoup plus méridionales de 40 à 36 degrés.

864. Climats. — On comprend sous le nom général de *climat,* l'ensemble des conditions atmosphériques qui caractérisent une contrée : la température moyenne annuelle, les températures estivale et hibernale, l'humidité de l'air et du sol, les vents, la pression barométrique, la sérénité du ciel. Classés d'après leur température annuelle moyenne, les climats se divisent en sept principaux : 1° *climat brûlant,* de 27°,5 à 25 degrés; — 2° *climat chaud,* de 25 à 20 degrés; — 3° *climat doux,* de 20 à 15 degrés; — 4° *climat tempéré,* de 15 à 10 degrés; — 5° *climat froid,* de 10 à 5 degrés; — 6° *climat très-froid,* de 5 degrés à zéro; — 7° *climat glacé,* au-dessous de zéro.

Ces climats se divisent eux-mêmes en *climats constants,* dont la différence de température entre l'hiver et l'été ne dépasse pas 6 à 8 degrés; en *climats variables,* dont la même différence s'élève de 16 à 20 degrés; et en *climats excessifs,* pour lesquels cette différence est plus grande que 30 degrés. Les climats de Paris et de Londres sont variables; ceux de Pékin et de New-York sont excessifs. Les climats des îles sont généralement peu variables, la température de la mer étant à peu près constante; de là encore la distinction en *climats marins* et en *climats continentaux*. Le caractère des climats marins est que la différence de température entre l'été et l'hiver est toujours beaucoup moindre que pour les climats continentaux. Du reste, comme on l'a vu ci-dessus, la température plus ou moins élevée n'est pas le seul caractère qui détermine les climats; ils sont encore déterminés par le plus ou moins d'humidité de l'air, par la quantité et la fréquence des pluies, par le nombre des orages, par la direction et l'intensité des vents, enfin par la nature du sol. Ces causes réunies font que l'étude des climats, ou *climatologie*, est encore une science fort peu connue.

865. Distribution de la température à la surface du globe. — La température de l'air, à la surface du globe, va en décroissant de l'équateur aux pôles; mais elle est soumise à des causes perturbatrices si nombreuses et tellement locales, que son décroissement ne paraît soumis à aucune loi générale. On ne peut jusqu'ici que constater, par des observations nombreuses, la température moyenne de chaque lieu, ou les températures maxima et minima. Le tableau suivant présente un résumé de la distribution de la chaleur dans l'hémisphère septentrional.

Températures moyennes à diverses latitudes.

Abyssinie	31°,0	Paris	10°,8
Calcutta	28°,5	Londres	10°,4
Jamaïque	26°,1	Bruxelles	10°,2
Sénégal (Saint-Louis)	24°,6	Strasbourg	9°,8
Rio-Janeiro	23°,1	Genève	9°,7
Le Caire	22°,4	Boston	9°,3
Constantine	17°,2	Stockholm	5°,6
Naples	16°,7	Moscou	3°,6
Mexico	16°,6	Saint-Pétersbourg	3°,5
Marseille	14°,1	Mont Saint-Gothard	— 1°,0
Constantinople	13°,7	Mer du Groënland	— 7°,7
Pékin	12°,7	Ile Melvil	—18°,7

Ces températures sont des moyennes; la plus haute température observée à la surface du globe a été de 47°,4 à Esné, en Égypte, et la plus basse, de — 56°,7, à Fort-Reliance, au nord de l'Amérique; ce qui donne une différence de 104°,1 entre les températures observées sur différents points du globe.

La plus haute température observée à Paris a été de 38°,4, le 8 juillet 1793, et la plus faible de — 23°,5, le 26 décembre 1798.

866. Températures des mers, courants marins. — La température de la mer, entre les tropiques, est généralement à peu près la même que celle de l'air; dans les régions polaires, la mer est toujours plus chaude que l'atmosphère.

La température de la mer, sous la zone torride, est constamment de 26 à 27 degrés à la surface ; elle diminue quand la profondeur augmente, et, dans les régions tempérées comme dans les régions tropicales, la température de la mer, à de grandes profondeurs, se maintient entre 2°,5 et 3°,5. On explique la basse température des couches inférieures par l'effet de courants sousmarins qui portent vers l'équateur l'eau froide des mers polaires, tandis que des courants chauds, se dirigeant de l'équateur vers les pôles, atténuent l'intensité du froid dans ces latitudes élevées.

Le plus important des courants marins est le *Gulf-Stream* (courant du golfe), découvert par le lieutenant américain Maury. Le parcours de ce courant est d'environ 7 000 lieues, et sa largeur atteint en certaines parties jusqu'à plusieurs centaines de lieues. Les navigateurs le reconnaissent facilement à sa température, qui s'élève jusqu'à 22° et .27°. Traversant l'Atlantique de l'est à l'ouest, il atteint le cap Saint-Roch au nord du Brésil, suit les côtes de l'Amérique du Sud jusqu'au golfe du Mexique, dont il sort pour se diriger vers le nord. Arrivé au banc de Terre-Neuve, il se bifurque en deux courants secondaires, dont l'un gagne l'Islande et la Norwége pour aller se perdre dans la mer Glaciale ; tandis que l'autre, revenant vers le sud, gagne le golfe de Gascogne, et retourne vers le tropique en longeant les côtes occidentales de l'Afrique.

Il existe aussi dans le Grand Océan Pacifique un grand courant marin se dirigeant du golfe du Bengale vers le détroit de Behring. Tous ces courants ont pour cause la différence de température et, par suite, de densité des eaux chaudes de la mer sous les tropiques et des eaux froides des mers glaciales, et aussi la direction des vents et la configuration des côtes et des bas-fonds.

867. Température des lacs et des sources. — La température des lacs présente des variations beaucoup plus grandes que celle des mers ; leur surface, qui peut se congeler pendant l'hiver, s'échauffe l'été jusqu'à 20 ou 25 degrés. Le fond, au contraire, conserve sensiblement une température de 4 degrés, qui est celle du maximum de densité de l'eau (293).

Les sources, provenant des eaux pluviales qui se sont infiltrées dans l'écorce du globe à des profondeurs plus ou moins considérables, tendent nécessairement à se mettre en équilibre de température avec les couches terrestres qu'elles traversent (430). Par conséquent, lorsqu'elles arrivent à la surface du sol, leur température dépend de la profondeur qu'elles ont atteinte ; si cette profondeur est celle de la couche invariable, la température des sources est de 11 à 12 degrés dans nos contrées, où telle est la température de cette couche, et à peu près aussi la température moyenne annuelle. Toutefois, si la source est peu abondante, sa température est élevée en été et refroidie en hiver par celle des couches qu'elle traverse pour arriver de la couche invariable jusqu'à la surface du sol. Mais si les sources arrivent d'une profondeur plus grande que celle à laquelle est située la couche invariable, leur température peut dépasser de beaucoup la température moyenne du lieu, et elles prennent alors le nom d'*eaux thermales*. Voici la température de quelques eaux thermales :

En France.	Vichy.	40°
—	Mont-Dore.	44°
—	Bourbonne.	50°
—	Dax (Landes)	60°
—	Chaudes-Aigues.	88°
En Amérique.	Trincheras, près de Puerto-Cabello.	97°
En Islande.	Le Grand-Geyser, à 20 mètres de profondeur. .	124°

Par leur haute température, les eaux thermales acquièrent la propriété de dissoudre plusieurs des substances minérales qu'elles rencontrent dans leur trajet, et elles se désignent alors sous le nom d'*eaux minérales*. Les substances qu'elles tiennent en dissolution sont, le plus souvent, les acides sulfureux, sulfhydrique, chlorhydrique, sulfurique, et des sulfures, des hyposulfites, des sulfates, des carbonates, des chlorures, des iodures.

La température des eaux thermales n'est point modifiée, en général, par l'abondance des pluies ou par la sécheresse ; mais elle l'est par les tremblements de terre, après lesquels on l'a vue quelquefois s'élever, d'autres fois s'abaisser.

868. Distribution des eaux à la surface du globe. — La distribution des eaux à la surface du globe exerce une grande influence sur les climats. Les eaux présentent une superficie beaucoup plus grande que celle des continents, et leur distribution est très-inégale dans les deux hémisphères. En effet, la surface du globe, en myriamètres carrés, étant de 5 100 000, on trouve que celle des mers et des lacs est de 3 700 000 myriamètres carrés, et celle des continents et des îles de 1 400 000 ; c'est-à-dire que la surface des eaux est à peu près trois fois plus grande que la surface des terres. Dans l'hémisphère austral, la surface des mers est plus grande que dans l'hémisphère boréal dans le rapport de 13 à 9.

La profondeur des mers est très-variable. La sonde rencontre le fond, en général, à 300 ou 400 mètres ; mais, en pleine mer, elle descend souvent à 1 200, et quelquefois elle n'atteint pas le fond à 4 000 mètres. D'après ces nombres la masse totale des eaux, à la surface du globe, ne dépasse pas une couche liquide qui aurait 1 000 mètres de hauteur et envelopperait toute la terre.

PROBLÈMES DE PHYSIQUE

AVEC SOLUTION, DONNÉS EN SUJET DE COMPOSITION A LA FACULTÉ
DES SCIENCES DE PARIS ET EN PROVINCE.

PRÉCEPTES GÉNÉRAUX SUR LA RÉSOLUTION DES PROBLÈMES DE PHYSIQUE.

Objet des problèmes de physique. — Les problèmes de physique sont de véritables problèmes de mathématiques, mais dans lesquels c'est une loi physique qui lie les quantités connues à l'inconnue.

Ces problèmes étant une application de l'algèbre aux sciences physiques, on y représente, en général, non-seulement les quantités inconnues, mais encore les quantités connues, par des lettres : par exemple, les volumes par V, les densités par D, les poids par P, les températures par t, les forces élastiques par F.

En procédant ainsi, non-seulement on généralise et on obtient des expressions algébriques, ou *formules,* qui s'appliquent à toutes les questions de même forme, mais on simplifie et on abrége les calculs; à tel point, qu'il y a avantage pour les élèves, même dans un problème dont les données sont numériques, de représenter ces données par des lettres, de résoudre ainsi la question d'une manière générale, puis de remplacer, dans la formule à laquelle ils arrivent, les lettres par les valeurs particulières qui leur correspondent.

En suivant cette marche, les élèves opéreront plus vite, éviteront les erreurs toujours faciles à commettre dans un long calcul numérique; et si, enfin, la formule générale qu'ils ont obtenue est juste, les fautes de calcul qu'ils pourraient faire ensuite en remplaçant les lettres par leurs valeurs numériques seraient fortement compensées par l'exactitude du calcul algébrique.

Résolution des problèmes de physique. — Que les données d'un problème soient représentées en lettres ou en nombres, sa résolution se compose toujours de deux parties bien distinctes : 1° *la mise en équation du problème,* c'est-à-dire la traduction en équation de la relation existant entre l'inconnue du problème et les quantités connues; 2° *la résolution de l'équation.*

La seconde partie, tout algébrique, consiste à savoir résoudre une équation du premier ou du deuxième degré, opération toujours facile et soumise à des règles invariables, avec lesquelles les élèves doivent se familiariser avant d'aborder les problèmes.

Quant à la mise en équation, on peut considérer deux cas : 1° celui où les problèmes sont compris dans l'une des formules déjà connues; 2° celui où, ne dépendant directement d'aucune formule donnée antérieurement, leur résolution exige un travail analytique spécial. De là deux genres de problèmes dont nous allons successivement nous occuper.

Problèmes qui s'appuient sur les formules données dans le cours. — Ces problèmes comprennent la presque totalité des questions élémentaires de physique, et ils offrent cet avantage, que la mise en équation se trouve toute faite par l'emploi de formules déjà connues; car celles-ci étant les équations de ces problèmes établies à priori d'une manière générale, il ne reste qu'à les résoudre, dans chaque cas particulier, par rapport à la lettre qui représente l'inconnue que l'on cherche.

Les formules qui servent ainsi à la résolution des problèmes de physique sont peu nombreuses. En effet, si l'on résume les formules données dans le cours, on a :

PESANTEUR.

Remarques sur les formules qui précèdent. — Il est à remarquer qu'en général les formules qu'on vient de rappeler comprennent chacune autant de problèmes qu'elles renferment de quantités variables. Par exemple, avec la formule [6] $P = VD$, on peut se proposer de calculer le poids d'un corps quand on connaît son volume et sa densité ; ou bien, de trouver le volume lorsqu'on connaît le poids et la densité, ce qui donne $V = \dfrac{P}{D}$; ou enfin, étant donnés le poids et le volume, déterminer la densité, $D = \dfrac{P}{V}$.

De même la formule [3] donne lieu à trois problèmes.

Quant à la formule [4], quoiqu'elle renferme quatre variables, elle ne donne réellement lieu qu'à deux problèmes ; car étant symétrique par rapport aux pressions P et p, ainsi que par rapport aux surfaces S et s, elle ne comprend que deux énoncés différents, l'un relatif aux pressions, l'autre aux surfaces. La même remarque s'applique aux égalités [5], [7] et [30].

Si l'on cherche combien chacune des formules ci-dessus comprend d'énoncés de problèmes, on en trouve en tout plus de cent, dont plusieurs sont du second degré. Toutefois cette multiplicité n'est qu'apparente quant au calcul, puisque tous les problèmes compris dans une même formule se traitent à l'aide de la même équation, qu'on résout successivement par rapport à chacune des quantités variables qu'elle renferme.

En résumant ce qui précède, on voit qu'étant posé un problème basé sur une des formules données dans le cours, sa résolution dépend d'un calcul algébrique élémentaire : la résolution d'une équation du premier ou du deuxième degré. Évidemment ce n'est pas là ce qui devrait arrêter les élèves, et cependant un grand nombre d'entre eux échouent dans la résolution des problèmes, bien plus par le manque d'habitude du calcul algébrique et même du calcul numérique, que par la difficulté réelle des problèmes considérés sous le point de vue physique. On ne peut donc trop les engager à se familiariser avec le calcul littéral, ce qui est beaucoup moins difficile et moins long qu'ils ne le croient en général.

Problèmes qui ne s'appuient pas sur les formules du cours. — Ces problèmes présentent plus de difficulté que ceux qu'on a considérés ci-dessus; car ici, l'équation n'étant pas donnée d'avance, il faut la trouver. Or, si la résolution de l'équation d'un problème est soumise à des règles précises et invariables, il n'en est pas de même de sa mise en équation. En effet, la marche à suivre changeant pour ainsi dire avec chaque problème, on ne peut tracer aux élèves des règles sûres et constantes. Ce qu'il faut ici, c'est une grande habitude, et même un esprit de recherche et d'analyse qui ne s'acquiert pas toujours. Cependant on peut, dans beaucoup de cas, s'aider avantageusement de la règle suivante, donnée pour la première fois par Lacroix, pour mettre en équation les problèmes d'algèbre :

Représenter la quantité que l'on cherche par une lettre, puis, raisonnant sur cette lettre absolument comme si la quantité qu'elle représente était connue, indiquer successivement, sur elle et sur les quantités connues du problème, la même série d'opérations qu'on aurait à effectuer pour vérifier l'inconnue si elle était trouvée.

Formules de géométrie utilisées dans la résolution des problèmes de physique. — Dans un grand nombre de problèmes de physique, on a à mesurer des volumes ou des surfaces de prismes, de pyramides, de cylindres, de cônes ou de sphères. Il est donc nécessaire de retenir les formules qui servent à calculer ces quantités. Nous les rappelons ici, en représentant par H les hauteurs, par B les bases, par R et r les rayons des cercles ou des sphères, par D les diamètres, et par C le côté du cône.

Volume de la pyramide . . . . $B \times \frac{1}{3} H$.

Surface latérale de la pyramide régulière. *Périmètre de la base* $\times \frac{1}{2}$ *apothème.*

Volume du tronc de pyramide . . . . $(B + b + \sqrt{Bb}) \times \frac{1}{3} H$.

Volume du prisme . . . . $B \times H$.

Surface latérale du même . . . . *Périmètre de la base* $\times H$.

Volume du cylindre . . . . $\pi R^2 \times H$.

Surface latérale du cylindre droit . . . . . $2\pi R \times H$.

Volume du cône . . . . $\pi R^2 \times \frac{1}{3} H$.

Surface latérale du même . . . . $\pi R \times C$.

Volume du tronc de cône . . . . $\pi (R^2 + r^2 + Rr) \times \frac{1}{3} H$.

Surface latérale du même . . . . $\pi (R + r) \times C$.

Volume de la sphère . . . . $\dfrac{4\pi R^3}{3}$, ou $\dfrac{\pi D^3}{6}$.

Surface de la même . . . . $4\pi R^2$.

Dans l'emploi de ces formules, les quantités R, H, C, D devront être comptées en décimètres ou en centimètres, suivant qu'il entrera dans les énoncés, des kilogrammes ou des grammes.

Ces préliminaires posés, nous passons à la résolution des problèmes sur les différentes branches de la physique, en choisissant de préférence ceux qui ont été donnés en sujet de composition.

PESANTEUR, GRAVITATION UNIVERSELLE.

I. — Un corps étant placé successivement dans les deux plateaux d'une balance, il faut, pour lui faire équilibre dans le premier plateau, 180 grammes, et dans le second, 181; on demande le poids du corps à 1 milligramme près.

D'après la formule connue $x = \sqrt{pp'}$ (51), on a $x = \sqrt{180 \times 181} = 180^{gr},499$.

II. — On suppose qu'un homme soulève à la fois 125 boulets de canon du poids de 2 kilogrammes; on demande quel serait le nombre de boulets pareils qu'il pourrait soulever, en déployant la même force musculaire, si la terre avait le volume de la lune, tout étant égal d'ailleurs. Le rayon de la terre étant pris pour unité, on prendra le rayon de la lune égal à 0,27234, et l'on ne tiendra pas compte de l'aplatissement de la terre et de la lune à leurs pôles.

Soient R le rayon de la terre et M sa masse; soient de même r et m le rayon et la masse de la lune; soient enfin P le poids porté à la surface de la terre, le rayon étant R, P' celui qui serait porté si, la masse de la terre restant la même, son rayon était r; et P'' le poids qui serait porté, toujours à la surface de la terre, si, avec le rayon r, elle avait la masse m de la lune.

Les deux poids P et P' étant, à masse égale, directement proportionnels aux carrés de leurs distances au centre de la terre (37 et 38), on a $\dfrac{P}{P'} = \dfrac{R^2}{r^2}$ [1]; au contraire, les poids P' et P'' étant, à distance égale, en raison inverse des masses, on a $\dfrac{P'}{P''} = \dfrac{m}{M}$, ou, ce qui revient au même, à densité égale, $\dfrac{P'}{P''} = \dfrac{r^3}{R^3}$ [2], puisqu'à densité égale, les masses sont proportionnelles aux volumes, et ceux-ci aux cubes des rayons. Multipliant membre à membre les égalités [1] et [2], il vient $\dfrac{P}{P''} = \dfrac{r}{R}$; d'où $P'' = P \times \dfrac{R}{r} = \dfrac{250^k}{0,27234} = 918^k$. Donc le nombre des boulets est $\dfrac{918}{2} = 459$.

Pour les autres problèmes sur la pesanteur, voir ceux qui ont été donnés paragraphes 54, 56, 60, 63 et 64.

HYDROSTATIQUE, CORPS FLOTTANTS.

Les différents problèmes d'hydrostatique reposent sur les principes d'égalité de pression (80), des vases communiquants (90), d'Archimède (96), et des corps flottants (98); c'est donc sur l'un de ces principes qu'on doit ici s'appuyer pour mettre les problèmes en équation.

III. — La force avec laquelle on fait marcher une presse hydraulique est de 20 kilogr.; le bras de levier sur lequel agit cette force égale 5 fois celui de la résistance; enfin, la surface du grand piston vaut 70 fois celle du petit. On demande la pression transmise sur le grand piston.

En représentant par F la puissance, et par p la pression exercée par le levier sur le petit piston, on a, d'après le principe des leviers (45), $p \times 1 = F \times 5$ [1]. Or, soit P la pression transmise au grand piston, on a, d'après le principe d'égalité de pression (80), $P \times 1 = p \times 70$ [2]. Substituant dans cette égalité la valeur de p donnée par l'égalité [1], il vient $P = 70 \times 5 \times F = 70 \times 5 \times 20^k = 7000^k$.

IV. — L'une des branches d'un siphon est remplie de mercure à une hauteur de $0^m,175$, l'autre est remplie d'un autre liquide à une hauteur de $0^m,42$; ces deux colonnes se faisant équilibre, on demande la densité du second liquide par rapport au mercure et par rapport à l'eau. La densité du mercure est 13,6.

En représentant par d la densité par rapport au mercure, et par d' la densité par rapport à l'eau, on a (90) $1 \times 0,175 = 0,42 \times d$, et $13,6 \times 0,175 = 0,42 \times d'$; d'où $d = 0,416$, et $d' = 5,666$.

V. — Quel effort exigerait, pour être soutenu dans du mercure à zéro, un décimètre cube de platine, la densité du mercure étant supposée égale à 13,6 et celle du platine à 21,5?

D'après la formule $P = VD$, le poids du décimètre cube de platine, en kilogrammes, est $1 \times 21,5 = 21^k,5$; par la même formule, le poids du mercure déplacé par le platine est $1 \times 13,6 = 13^k,6$. Or, d'après le principe d'Archimède, le platine immergé perd une partie de son poids égale à celui du mercure qu'il déplace : son poids dans ce liquide est donc $21^k,5 - 13^k,6$, ou $7^k,9$; tel est donc l'effort cherché.

VI. — Étant donné un corps A, pesant dans l'air $7^{gr},55$, dans l'eau $5^{gr},17$, et dans un autre liquide B, $6^{gr},35$, de ces données tirer la densité du corps A et du liquide B.

D'après l'énoncé, le poids du corps A perd dans l'eau $7^{gr},55 - 5^{gr},17 = 2^{gr},38$; c'est le poids de l'eau déplacée. Dans le liquide B, il perd $7^{gr},55 - 6^{gr},35 = 1^{gr},20$; c'est le poids du liquide B sous le même volume que celui du corps et de l'eau. Donc le poids spécifique de A est $\dfrac{755}{238} = 3,172$, et celui de B $\dfrac{120}{238} = 0,504$ (102).

VII. — On a un cube de plomb de 4 centimètres de côté qu'on veut soutenir dans l'eau en le suspendant à une sphère de liége. Quel diamètre doit avoir celle-ci pour que sa poussée de bas en haut fasse équilibre au poids du cube de plomb, le poids spécifique de ce corps étant 11,35, et celui du liége 0,24?

Le volume du cube de plomb est 64 centimètres cubes; par conséquent, son poids dans l'air est $64 \times 11,35$, et son poids dans l'eau $64 \times 11,35 - 64 = 662^{gr},40$.

Si l'on représente par r le rayon de la sphère de liége, en centimètres, son volume, en centimètres cubes, sera $\dfrac{4\pi r^3}{3}$; donc son poids, en grammes, sera $\dfrac{4\pi r^3 \times 0,24}{3}$. Cela posé, le poids de l'eau déplacée par la sphère de liége étant évidemment, en grammes, $\dfrac{4\pi r^3}{3}$, il en résulte une poussée de bas en haut égale à

$$\frac{4\pi r^3}{3} - \frac{4\pi r^3 \times 0,24}{3} = \frac{4\pi r^3 \times 0,76}{3}.$$

Or, cette poussée doit égaler le poids du plomb; donc $\dfrac{4\pi r^3 \times 0,76}{3} = 662^{gr},40$,

d'où $r = \sqrt[3]{\dfrac{1987,20}{3,04 \times 3,1416}} = 5^c,925$; donc le diamètre $= 11^c,85$.

VIII. — On veut construire une sphère creuse, de cuivre rouge, qui, plongée dans l'eau à 4°, s'y enfonce juste de moitié; quel doit être le rapport de l'épaisseur de la paroi de la sphère à son rayon extérieur, celui-ci étant indéterminé, et la densité du cuivre étant 8,788?

Soient, à 4°, R le rayon extérieur et r le rayon intérieur; l'épaisseur de la paroi est $R - r$, et le rapport demandé est $\dfrac{R - r}{R}$.

Or, le volume extérieur de la sphère étant $\dfrac{4\pi R^3}{3}$, et son volume intérieur $\dfrac{4\pi r^3}{3}$; le volume de la paroi est $\dfrac{4\pi R^3}{3} - \dfrac{4\pi r^3}{3} = \dfrac{4\pi}{3}(R^3 - r^3)$, et son poids égale $\dfrac{4\pi}{3}(R^3 - r^3) \times 8,788$. D'ailleurs celui de l'eau déplacée étant $\dfrac{1}{2} \cdot \dfrac{4\pi R^3}{3}$, on doit avoir, en supprimant le facteur commun $\dfrac{4\pi}{3}$,

$$(R^3 - r^3) \times 8,788 = \frac{R^3}{2}, \quad \text{d'où} \quad R^3 \times 16576 = r^3 \times 17576 ;$$

d'où l'on tire $\dfrac{R}{r} = \sqrt[3]{\dfrac{17576}{16576}} = 1,0197$, ou, en forçant, $\dfrac{R}{r} = 1,02$.

Cette dernière égalité donne successivement

$$\frac{R}{1,02} = \frac{r}{1}, \quad \frac{R - r}{0,02} = \frac{R}{1,02}, \quad \text{et} \quad \frac{R - r}{R} = \frac{2}{102} = \frac{1}{51} ;$$

c'est-à-dire que l'épaisseur de la paroi est $\dfrac{1}{51}$ du rayon extérieur.

IX. — Une sphère de platine pèse dans l'air 84gr; dans le mercure elle ne pèse que 22gr,6; quelle est la densité du platine?

Perte de poids dans le mercure = 84gr — 22gr,6 = 61gr,4; d'où la densité du platine, par rapport au mercure, égale $\dfrac{84}{61,4}$. Or, la densité de l'eau étant 13,6 fois plus petite que celle du mercure, la densité du platine par rapport à l'eau doit être 13,6 fois plus grande que par rapport au mercure; elle est donc $\dfrac{84 \times 13,6}{61,4} = 18,60.$

X. — Un parallélipipède de glace dont les dimensions sont 10m,50, 15m,75 et 20m,45, plonge dans l'eau de la mer; la densité de la glace est 0,930, et celle de l'eau de mer est 1,026. On demande quelle sera la hauteur du parallélipipède au-dessus de la surface de la mer.

Supposons le parallélipipède disposé comme le montre la figure 759, et soient ses trois arêtes AB, AC et AD respectivement égales à 20m,45, 15m,75 et 10m,50. Le volume d'un parallélipipède étant égal au produit de ses trois dimensions, si l'on représente par V le volume, en décimètres cubes, de toute la masse de glace, on a V = AB × AC × AD, et son poids P = AB × AC × AD × 0,930.

De même, en représentant par V' le volume de glace immergé, par DE sa hauteur, et par P' le poids d'eau de mer déplacé, on a

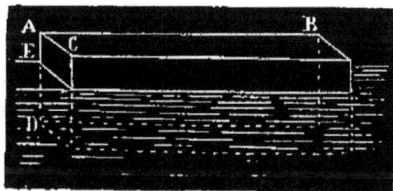

Fig. 759.

$$V' = AB \times AC \times DE, \quad \text{et} \quad P' = AB \times AC \times DE \times 1,026.$$

Or, d'après la condition d'équilibre des corps flottants (98), le poids de l'eau déplacée est égal au poids de tout le corps flottant; on a donc P = P', ou, supprimant les facteurs communs, AD × 0,930 = DE × 1,026;

d'où $$DE = \frac{AD \times 0,930}{1,026} = \frac{105^d \times 0,930}{1,026} = 95^{\text{déc.}},17.$$

Donc, la hauteur hors de l'eau est 105 — 95,17 = 9déc.,83.

XI. — Un morceau de bois, dont la densité est 0,729, a la forme d'un cône droit. On le fait flotter sur l'eau de manière que son axe soit vertical. En mettant d'abord le sommet en bas, puis le sommet en haut, on demande quelle fraction de la hauteur du cône s'enfoncera dans chaque cas.

1° Soient V le volume total du cône, et v le volume de la partie immergée; soient H et h les hauteurs des deux cônes, D la densité du bois, d celle de l'eau.

Les volumes V et v étant de même poids sont en raison inverse de leurs densités (41); on a donc $\dfrac{V}{v} = \dfrac{d}{D}$, ou $\dfrac{H^3}{h^3} = \dfrac{d}{D}$, puisque les volumes des cônes semblables sont entre eux comme les cubes des hauteurs; d'où $h^3 = \dfrac{H^3 D}{d}$. d étant égal à 1,

et faisant aussi $H = 1$, il vient $h = \sqrt[3]{D} = \sqrt[3]{0,729} = 0,9$ de H.

2° Dans la seconde position du cône, on a, en représentant par v le volume non immergé,

$$\frac{V}{V - v} = \frac{d}{D}, \quad \text{ou} \quad \frac{H^3}{H^3 - h^3} = \frac{d}{D}; \quad \text{d'où} \quad h^3 = \frac{H^3 (d - D)}{d} = 1 - D,$$

en faisant $H = 1$ et $d = 1$. Donc on a $h = \sqrt[3]{1 - 0,729} = 0,647$ de H.

XII. — On a un cylindre de platine de $0^m,02$ de hauteur; on y adapte un cylindre de fer de même diamètre. Quelle hauteur faut-il donner au cylindre de fer, pour que sa base supérieure se maintienne à la surface du mercure, lorsqu'on plonge les deux cylindres dans ce liquide; et si le diamètre des cylindres était $0^m,03$, quel serait le poids du mercure déplacé? On sait que la densité du platine est 21,59, celle du mercure 13,596, et celle du fer 7,788.

1° Soient D la densité du platine, D' celle du fer et D'' celle du mercure; soient encore h la hauteur du cylindre de platine et x celle du cylindre de fer.

Le poids du platine est. . . . . $\pi r^2 h D$;
celui du fer . . . . $\pi r^2 x D'$;
et celui du mercure déplacé . . . . . . $\pi r^2 (h + x) D''$.

On a donc, en supprimant le facteur commun πr^2,

$$hD + xD' = (h + x) D'', \quad \text{d'où} \quad x = \frac{h (D - D'')}{D'' - D'} = \frac{2 \times 7,994}{5,808} = 2^c,75.$$

2° Le diamètre des cylindres étant 3^c, on a pour le poids du mercure déplacé

$$\frac{3,1416 \times 9 (2 + 2,75) \, 13,596}{4} = 456^{gr},497.$$

XIII. — Un cylindre de bois de hêtre flottant horizontalement sur l'eau (fig. 760), on demande le rapport du volume immergé au volume surnageant, sachant que le poids spécifique du hêtre est 0,852, et que celui de l'eau est 1.

Fig. 760.

Les deux volumes dont on cherche le rapport ayant même hauteur h, soient S et S' les segments de cercle qui leur servent de bases, le segment S étant immergé, et le segment S' surnageant. Le volume immergé est Sh, le volume surnageant $S'h$, et le volume total du cylindre est $(S + S') h$. Le poids du cylindre est donc $(S + S') h \times 0,852$, et celui de l'eau déplacée Sh; donc, d'après la condition d'équilibre des corps flottants, on doit avoir

$$(S + S') h \times 0,852 = Sh; \quad \text{d'où} \quad \frac{S'}{S} = \frac{1 - 0,852}{0,852} = 0,173.$$

XIV. — Quel est le poids de fer qu'il faut suspendre à un décimètre cube de liége pour faire affleurer le cube dans l'eau de mer dont la densité est 1,026. — La densité du liége est 0,24, et celle du fer 7,7.

Soit x le poids cherché en grammes. Le volume du liége en centimètres cubes étant 1000, son poids en grammes est $1000 \times 0,24$, d'après la formule $P = VD$ (107) : donc le poids des deux corps flottants est $x + 1000 \times 0,24$.

Le volume du fer étant $\dfrac{x}{7,7}$, le poids de l'eau de mer déplacée est

$$\left(1000 + \frac{x}{7,7}\right) \times 1,026.$$

Donc on a $x + 1000 \times 0,24 = \left(1000 + \dfrac{x}{7,7}\right) \times 1,026$; d'où $x = 9066^{\mathrm{r}},8$.

XV. — Un cône de fer ASB (fig. 761) plongeant dans le mercure par son sommet, on demande le rapport de la hauteur du cône immergé OS, à la hauteur totale CS, sachant que la densité du fer est d et celle du mercure d'.

Soient h la hauteur totale SC, h' la hauteur SO, R et r les rayons CB et OK. Le volume du grand cône est $\dfrac{\pi R^2 h}{3}$, et son poids $\dfrac{\pi R^2 h d}{3}$, d'après la formule P = VD. De même, le volume du cône immergé est $\dfrac{\pi r^2 h'}{3}$, et, par suite, le poids du mercure déplacé par le cône de fer est $\dfrac{\pi r^2 h' d'}{3}$. Mais ces

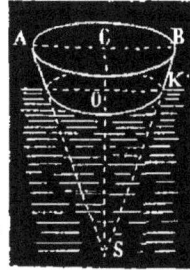

Fig. 761.

poids doivent être égaux (98); on a donc, en supprimant le facteur commun $\dfrac{\pi}{3}$, $R^2 h d = r^2 h' d'$; d'où $\dfrac{h'}{h} = \dfrac{R^2}{r^2} \times \dfrac{d}{d'}$ [1]. Mais les triangles BCS et KOS étant semblables, on a $\dfrac{R}{r} = \dfrac{h}{h'}$. Portant cette valeur de $\dfrac{R}{r}$ dans l'égalité [1], on a

$\dfrac{h'}{h} = \dfrac{h^2}{h'^2} \times \dfrac{d}{d'}$; d'où $\dfrac{h'^3}{h^3} = \dfrac{d}{d'}$. Extrayant la racine cubique, il vient $\dfrac{h'}{h} = \dfrac{\sqrt[3]{d}}{\sqrt[3]{d'}}$.

C'est-à-dire que *les hauteurs des deux cônes sont en raison inverse des racines cubiques des densités du corps immergé et du liquide, et cela quel que soit l'angle au sommet du cône.*

XVI. — Un aréomètre de Baumé (pèse-acide), à tige bien cylindrique, s'enfonce jusqu'à la 66e division dans l'acide sulfurique, dont la densité est 1,8. Cela posé, on demande : 1° quelle est la densité de l'eau salée qui sert à la graduation de l'instrument; 2° quel est le rapport du volume d'une division au volume de l'aréomètre jusqu'au zéro.

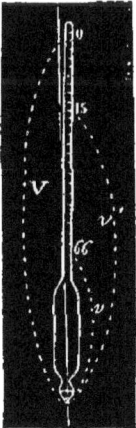

1° Soient V le volume de l'aréomètre jusqu'au zéro de l'échelle, v le volume jusqu'à 66, et v' le volume jusqu'à 15 (fig. 762); les volumes de liquide déplacés dans l'eau et dans l'acide sulfurique étant en raison inverse des densités (98), on a $\dfrac{V}{v} = \dfrac{1,8}{1}$, ou $\dfrac{v + 66}{v} = 1,8$, d'où $v = 82,5$ et $V = v + 66 = 148,5$. D'ailleurs de l'égalité $V - v' = 15$, on tire $v' = 133,5$; donc la densité d de l'eau salée est donnée par l'égalité $\dfrac{V}{v'} = \dfrac{d}{1}$,

d'où $d = \dfrac{148,5}{133,5} = 1,112$.

2° Le rapport du volume d'une division au volume de l'aréomètre jusqu'au zéro est $\dfrac{1}{148,5}$.

Fig. 762.

POIDS SPÉCIFIQUES (102 à 112).

Dans les problèmes sur les poids spécifiques des solides et des liquides, dont les densités sont prises par rapport à l'eau, on a constamment à faire usage de la formule P = VD (107). Or, dans les applications de cette formule, il ne faut pas oublier ce qui a déjà été dit, que, V étant mesuré en décimètres cubes, P doit l'être en kilogrammes; et si V est mesuré en centimètres cubes, P doit l'être en grammes. Réciproquement, P représentant des kilogrammes ou des grammes, il faut que V représente des décimètres cubes ou des centimètres cubes. Enfin, si V est mesuré en mètres cubes, chaque unité de P représente 1000 kilogrammes; car un mètre cube contenant 1000 décimètres cubes, un mètre cube d'eau pèse 1000 kilogrammes.

On a déjà vu que pour que la formule $P = VD$ s'appliquât aux gaz, il faudrait que leurs densités fussent prises par rapport à l'eau, tandis qu'en général elles le sont par rapport à l'air; mais on peut la rendre applicable aux gaz. En effet, 1 litre d'air pesant 1^{gr},293 (129), V litres d'air pèsent 1^{gr},293 $\times$ V, d'où, pour l'air, $P = 1^{gr}$,293 $\times$ V; P étant compté ici en grammes, quoique V le soit en décimètres cubes. Ceci posé, soit d la densité d'un gaz quelconque par rapport à l'air; puisque V litres d'air pèsent 1^{gr},293 $\times$ V, pour un gaz dont la densité est d fois celle de l'air, V litres pèsent d fois plus, c'est-à-dire 1^{gr},293 $\times$ V $\times d$. Donc, pour les gaz, en général, la formule $P = VD$ prend la forme $P = 1^{gr}$,293 $\times$ V $\times d$, P étant, nous le répétons, compté en grammes, V en litres, et d représentant une densité de gaz par rapport à l'air.

XVII. — On donne un cylindre de fer du poids de 21 kilogrammes; sa hauteur est de 2^m,50; la densité du fer est 7,788; on demande le diamètre du cylindre.

En représentant par R le rayon du cylindre, son volume est $\pi R^2 H$, et son poids étant P, on a

$$\pi R^2 H D = P, \text{ d'où } R = \sqrt{\frac{P}{\pi H D}};$$

remplaçant, il vient $R = \sqrt{\dfrac{21}{611,6695}} = 0^d,185$; d'où le diamètre $= 0^m,037$.

XVIII. — Deux vases de forme conique et de même poids ont intérieurement 0^m,25 de hauteur, et 0^m,12 de diamètre à leur bord supérieur; l'un est rempli d'acide sulfurique dont la densité est 1,84; l'autre est rempli d'éther dont la densité est 0,71. On demande quelle est la différence entre les poids des deux vases lorsqu'ils sont ainsi remplis.

$$\text{On a } V = \frac{\pi R^2 H}{3} = \frac{3,1416 \times 36 \times 25^c}{3} = 942^{cent.cub.},48.$$

Pour l'acide sulfurique, on a $\quad P = 942,48 \times 1,84$.
pour l'éther . . . . $P' = 942,48 \times 0,71$;
d'où la différence $P - P' = (1,84 - 0,71)\,942,48 = 1^{kil.},065^{gr.}$

XIX. — Étant donnée une sphère de cuivre de 0^m,18 de rayon, creuse et contenant une sphère de platine de 0^m,05 de rayon, de telle sorte qu'il n'y ait aucun vide entre les deux sphères, on demande de calculer le poids de la masse ainsi formée, sachant que la densité du platine est 21,50, et celle du cuivre, 8,85.

Volume du platine $= \dfrac{4\pi r^3}{3}$, volume du cuivre $= \dfrac{4\pi\,(R^3 - r^3)}{3}$; poids du platine $= \dfrac{21,50 \times 4\pi r^3}{3}$, poids du cuivre $= \dfrac{8,85 \times 4\pi\,(R^3 - r^3)}{3}$. Somme des poids

$$= \frac{4\pi}{3}\,(21,5 r^3 + 8,85\,R^3 - 8,85\,r^3) = 4,1888\,(12,65 \times 5^3 + 8,85 \times 18^3) = 222^k,820^{gr},92.$$

XX. — On fabrique avec de l'or, dont la densité est 19,362, des feuilles qui ont un dix-millième de millimètre d'épaisseur; quelle surface pourrait-on recouvrir avec 10 grammes d'or?

En appelant x la surface demandée, en centimètres carrés, $x \times 0^c$,00001 représente le volume des feuilles d'or, et $x \times 0^{c\cdot},00001 \times 19{,}362$ leur poids; donc on a $x \times 0^{c\cdot},00001 \times 19{,}362 = 10^{gr}$; d'où $x = 5^{m.c.}, 16^{d.c.}, 47^{c.c.}$.

XXI. — Un verre à vin de Champagne, de forme conique, a intérieurement $0^m,06$ de diamètre au bord; il a été complétement rempli de mercure, d'eau et d'huile, en proportion telle, que la couche formée par chacun de ces liquides a $0^m,05$ d'épaisseur. On sait que la densité du mercure est 13,596, celle de l'huile 0,915, et celle de l'eau 1. Calculer le poids du mercure, de l'eau et de l'huile, en négligeant l'influence de la température sur la densité de ces liquides.

D'après l'énoncé, on a $om = 3^c$ (fig. 763), et $ok = ki = ia = 5$. De plus, les triangles oma, kna et ipa étant semblables, il s'ensuit que $ip = \frac{1}{3} om = 1$, et $kn = \frac{2}{3} om = 2$.

Cela posé, le mercure se trouvant à la partie inférieure, puis l'eau et l'huile (89), le volume du cône abp occupé par le mercure égale $\overline{ip}^{2} \times \frac{ai}{3} = \frac{3{,}1416 \times 1 \times 5}{3} = 5^{\text{cent.cub.}},236$.

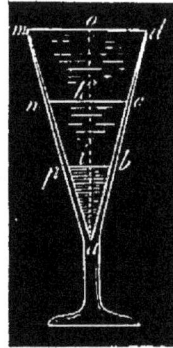

Fig. 763.

Les volumes de l'eau et de l'huile sont des troncs de cônes qui se mesurent au moyen de la formule connue $\pi (R^2 + r^2 + Rr) \times \frac{H}{3}$,

dans laquelle R et r sont les rayons des bases du tronc, et H sa hauteur. Donc le volume d'eau $benp = \frac{3{,}14159 \times 5}{3} (4 + 1 + 2) = 36^{\text{cent.cub.}},652$,

et le volume d'huile $cdmn = \frac{3{,}14159 \times 5}{3} (9 + 4 + 6) = 99^{\text{cent.cub.}},484$.

Ces volumes connus, on aura les poids demandés, d'après la formule $P = VD$, en multipliant chaque volume par la densité correspondante. On trouve ainsi que le poids du mercure est $5{,}236 \times 13{,}596 = 71^{gr},188$; celui de l'eau, $36{,}652 \times 1 = 36^{gr},652$; et celui de l'huile, $99{,}484 \times 0{,}915 = 91^{gr},027$.

XXII. — Un fil cylindrique d'argent, de $0^m,0015$ de diamètre, pèse $3^{gr},2875$; on veut le recouvrir d'une couche d'or de $0^m,0002$ d'épaisseur; on demande le poids de l'or ainsi employé, sachant que le poids spécifique de l'argent est 10,47, et celui de l'or 19,26.

Soient r le rayon du cylindre d'argent, et R le rayon du même cylindre recouvert d'or, on a

$r = 0^c,075$, $R = 0^c,095$, $r^2 = 0^{\text{cent.car.}},005625$, $R^2 = 0^{\text{cent.car.}},009025$.

Volume du cylindre d'argent $= \pi r^2 H = 0{,}0176715 \times H$.
Poids du même $= 0^{\text{c.car.}},0176715 \times 10{,}47 \times H = 3^{gr},2875$; d'où $H = 17^c,768$.

Volume de la couche d'or $= \pi H (R^2 - r^2) = 3{,}1416 \times 17{,}768 \times 0{,}0034 = 0^{\text{c.cub.}},189787$, d'où le poids de l'or $= VD = 3^{gr},655$.

XXIII. — On demande le prix d'un tuyau de conduite de fonte, ayant $0^m,245$ de diamètre intérieur, $0^m,014$ d'épaisseur, et 2134^m de longueur; la densité de la fonte est 7,207, et son prix $0^{fr},20$ le kilogramme.

$V = \pi H (R^2 - r^2) = 3{,}1416 \times 2134^m \times 0^{\text{m.car.}},003626 = 24^{\text{m.cub.}},309^{\text{déc.cub.}},$ $336^{\text{cent.cub.}}$; $P = 24^{\text{m.cub.}},309336 \times 7{,}207 \times 1000 = 175197^{kil.},385^{gr}$; prix $= 35039^{fr.},48$.

XXIV. — Un boulet de fonte pèse 12 kilogrammes; la densité de la fonte est 7,35; on demande le rayon de ce boulet et le poids de l'or nécessaire pour former autour de lui une couche de $0^m,0006$ d'épaisseur, la densité de l'or étant 19,26.

D'après la formule $P = VD$, on a $V = \frac{P}{D} = \frac{12}{7{,}35} = 1^{\text{déc.cub.}},63265$. Or, le boulet ayant la forme sphérique, son volume est représenté par la formule $\frac{4\pi R^3}{3}$;

on a donc $\frac{4\pi R^3}{3} = 1^{\text{déc.cub.}},63265$, d'où $R = \sqrt[3]{\frac{4,89795}{12,56636}} = 0^d,730$.

Pour calculer le volume de la couche d'or, soit R' le rayon extérieur, lequel égale $0^d,730 + 0^d,006 = 0^d,736$; le volume V de cette couche étant égal à la différence entre le volume total et celui du boulet, on a

$$V = \frac{4\pi}{3}(R'^3 - R^3) = \frac{4 \times 3,1416 \times 0,009671}{3} = 0^{\text{déc.cub.}},04051;$$ d'où le poids de l'or est $40^{\text{cent.cub.}},51 \times 19,26 = 780^{\text{gr}},222$.

XXV. — Déterminer les volumes de deux liquides dont la densité est, pour l'un, 1,3, et pour l'autre 0,7, sachant que, si on les mélange, le volume est égal à 3 litres et la densité à 0,9.

Soient v et v' les deux volumes demandés, on a d'abord $v + v' = 3^{\text{lit}}$ [1]; et d'après la formule $P = VD$, le poids de chaque liquide étant $v \times 1,3$ et $v' \times 0,7$, on a $1,3 v + 0,7 v' = 0,9 \times 3$ [2]. Résolvant les équations [1] et [2], on trouve $v = 1$, et $v' = 2$.

XXVI. — Une lame triangulaire de cuivre, de $0^m,005$ d'épaisseur et de $1^m,25$ de côté, a été recouverte d'une couche d'argent de $0^m,00015$ d'épaisseur. La densité du cuivre est 8,95, celle de l'argent 10,47; on demande le poids de la lame ainsi argentée.

Soient S la surface du triangle, a son côté, et V le volume de la lame; on a

$$S = \frac{a^2}{4}\sqrt{3} = \frac{(1^m,25)^2}{4} \times 1,7321 = 67^{\text{d.car.}},66^{\text{c.car.}},01.$$

$$V = 67^{\text{d.car.}},6601 \times 0,05 = 3^{\text{d.cub.}},383^{\text{c.cub.}},007.$$

Poids du cuivre $= 3^{\text{d.cub.}},383007 \times 8,95 = 30^k,277^{\text{gr}},912.$

Vol. de l'argent $= 2 \times 67^{\text{d.car.}},6601 \times 0^d,0015 = 0^{\text{d.cub.}},2029803.$

Poids de l'argent $= 0^{\text{d.cub.}},2029803 \times 10,47 = 2^k,125^{\text{gr}},203.$

Poids total $= 30^k,277^{\text{gr}},912 + 2^k,125^{\text{gr}},203 = 32^k,403^{\text{gr}},115.$

Rigoureusement on doit ajouter à ce poids celui de la couche d'argent qui entoure la lame triangulaire, poids qui égale $12^d,5 \times 3 \times 0^d,05 \times 0^d,0015 \times 10,47 = 29^{\text{gr}},447.$

XXVII. — Les décimes nouveaux pèsent 10^{gr}, et sont composés d'un alliage de 0,95 de cuivre, 0,04 d'étain, et 0,01 de zinc; la densité du cuivre est 8,85, celle de l'étain 7,29, et celle du zinc 7,12; combien faudrait-il de ces pièces pour fournir le métal nécessaire à la fabrication d'une sphère de même alliage de $0^m,25$ de diamètre à zéro.

Le volume v d'une pièce de 10 centimes est, d'après l'énoncé et d'après la formule $V = \frac{P}{D}$; $v = \frac{9,5}{8,85} + \frac{0,4}{7,29} + \frac{0,1}{7,12} = \frac{17491735}{15311916}.$

Or, le volume de la sphère étant $\frac{4\pi R^3}{3}$, le nombre des pièces est

$$\frac{4\pi R^3}{3} : v = \frac{4 \times 3,1416 \times \overline{12^c,5}^3}{3} \times \frac{15311916}{17491735} = 7161,7.$$

XXVIII. — Un verre à pied de forme conique contient un litre; il a $0^m,12$ de diamètre à son bord supérieur, et il est rempli par de l'eau et du mercure; le poids de ces deux liquides est le même et la densité du mercure est 13,598. On demande l'épaisseur de la couche formée par l'eau.

Soient V le volume total du cône, H sa hauteur, R le rayon de sa base, v le volume de l'eau, v' le volume du mercure, et d la densité de ce dernier liquide; on a

$$V = \frac{1}{3}\pi R^2 H \text{ [1]}, \quad v + v' = 1 \text{ [2]}, \quad \text{et} \quad v \times 1 = v'd \text{ [3]}.$$

De l'équation [1] on tire, en y faisant $V = 1$' et $R = 0^m,06$, $H = 0^m,2652$; et les équations [2] et [3] donnent $v' = 0^{lit.},068502$, et $v = 0^{lit.},931498$.

Or, les volumes V et v' étant semblables, sont entre eux comme les cubes de leurs hauteurs, c'est-à-dire que $\dfrac{V}{v'} = \dfrac{H^3}{h'^3}$; d'où

$$h' = H \sqrt[3]{\overline{v'}} = 26^c,52 \sqrt[3]{0,068502} = 10^c,82, \text{ et } h = H - h' = 15^c,70.$$

XXIX. — Un triangle équilatéral d'acier, de $0^m,15$ de côté, tourne sur l'un de ses côtés et s'enfonce ainsi complétement dans un bloc de marbre dont la densité est 2,72. L'axe de rotation est normal à la surface du bloc, et le triangle pénètre dans celui-ci par son sommet. On demande la perte de poids que subit le bloc dans cette opération.

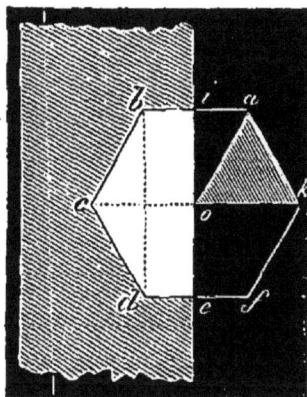

Fig. 764.

Le triangle étant entré dans le bloc comme le montre la figure 764, le volume enlevé est

$$V = \overline{\pi oi}^2 \times \frac{ab}{2} + \overline{\pi oi}^2 \times \frac{ab}{6} = \frac{4}{6} \overline{\pi oi}^2 \times ab.$$

Mais $\overline{oi}^2 = \overline{ab}^2 - \dfrac{\overline{ab}^2}{4} = \dfrac{3}{4} \overline{ab}^2$; donc $V = \dfrac{\pi \overline{ab}^3}{2}$

$$= \frac{3,1416 \times (15)^3}{2} = 5301^{c.cub.},450.$$ Donc la perte de poids est $5301^{c.cub.},450 \times 2,72 = 14^{kil.},419^{gr.},944$.

XXX. — On a un vase cylindrique dont le diamètre intérieur est $0^m,25$, on y verse 30 kilog. de mercure dont la densité est 13,6, et 2 kilog. d'alcool dont la densité est 0,79. A quelle hauteur ces deux liquides s'élèveront-ils dans le vase?

Soient R le rayon intérieur du vase cylindrique, x la hauteur de l'eau et y celle du mercure.

D'après la formule $P = VD$, on a, pour le volume de l'alcool, $\dfrac{P}{D} = \dfrac{2}{0,79}$, et pour celui du mercure, $\dfrac{P}{D} = \dfrac{30}{13,6}$; mais ces volumes sont aussi représentés respectivement par $\pi R^2 x$ et $\pi R^2 y$; on a donc $\pi R^2 x = \dfrac{2}{0,79}$, et $\pi R^2 y = \dfrac{30}{13,6}$; d'où

$$x + y = \frac{2}{\pi R^2} \left(\frac{1}{0,79} + \frac{15}{13,6} \right) = 0^m,0965.$$

XXXI. — Un vase de forme conique a $0^m,08$ de diamètre à son ouverture et $0^m,12$ de hauteur; il est placé d'aplomb, et rempli de mercure et d'eau dans des proportions telles, que le poids du mercure est le triple du poids de l'eau. La température est zéro, la densité du mercure 13,598, et celle de l'eau 1. On demande l'épaisseur de chaque couche liquide.

Volume total $= \dfrac{1}{3} \pi R^2 H$; volume du mercure $= \dfrac{1}{3} \pi r^2 y$; et volume de l'eau $= \dfrac{1}{3} \pi (R^2 H - r^2 y)$. Donc le poids du mercure est $\dfrac{1}{3} \pi r^2 y d$, et celui de l'eau $\dfrac{1}{3} \pi \times (R^2 H - r^2 y)$; ce qui donne, d'après l'énoncé, $\dfrac{1}{3} r^2 y d$

$$= R^2 H - r^2 y; \text{ d'où } y = \frac{3 R^2 H}{r^2 (d + 3)} = \frac{R^2}{r^2} \times \frac{3H}{d + 3}.$$

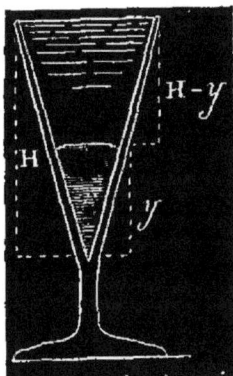

Fig. 765.

Or, $\dfrac{R^2}{r^2} = \dfrac{H^2}{y^2} = \dfrac{144}{y^2}$; donc $y = \dfrac{144}{y^2} \times \dfrac{36}{16,598}$, d'où $y = \sqrt[3]{\dfrac{144 \times 36}{16,598}} = 0^m,0678$ et $H - y = 0^m,0522$.

XXXII. — Le poids spécifique du zinc étant 7, et celui du cuivre 9, quelles quantités de zinc et de cuivre doit-on prendre pour former un alliage qui pèse 50 grammes, et dont le poids spécifique soit 8,2, en admettant que le volume de l'alliage soit exactement la somme des volumes des métaux alliés?

Soient x et y les poids de zinc et de cuivre demandés.

On a d'abord $x + y = 50$ [1]; et, d'après la formule $P = VD$, qui donne $V = \dfrac{P}{D}$, les volumes des deux métaux et de leur alliage sont respectivement $\dfrac{x}{7}$, $\dfrac{y}{9}$ et $\dfrac{50}{8,2}$; on a donc $\dfrac{x}{7} + \dfrac{y}{9} = \dfrac{50}{8,2}$ [2].

Résolvant les équations [1] et [2], on trouve $x = 17,07$, et $y = 32,93$.

XXXIII. — Quel est l'effort F nécessaire pour soutenir une cloche pleine de mercure et plongée dans le même liquide, son diamètre intérieur étant de 6 centimètres, sa hauteur ob (fig. 766) au-dessus du niveau du bain, de 18 centimètres, et sachant que la hauteur du baromètre est $0^m,77$?

A l'extérieur, cette cloche supporte, de haut en bas, une pression égale au poids d'une colonne de mercure qui aurait pour base sa section cd et pour hauteur celle du baromètre; par conséquent, cette pression égale $\pi R^2 \times 0,77 \times 13,596$.

A l'intérieur, elle supporte, de bas en haut, une pression égale à la pression atmosphérique, moins le poids d'une colonne de mercure qui aurait pour base sa section et pour hauteur ob; c'est-à-dire que la pression de bas en haut égale

$\pi R^2 \times (0,77 - 0,18) \times 13,596 = \pi R^2 \times 0,59 \times 13,596$.

Fig. 766.

L'effort nécessaire pour soutenir la cloche sera donc égal à la différence de ces deux pressions, ou à

$$\pi R^2 (0,77 - 0,59) \times 13,596 = \pi R^2 \times 0,18 \times 13,596.$$

En faisant $R = 3$ centimètres, conformément à l'énoncé, et effectuant les calculs, on trouve $F = 6^k,919^{gr},5$.

LOI DE MARIOTTE ET MÉLANGE DES GAZ (153 à 163).

Pour les problèmes sur la loi de Mariotte, voir ceux qui ont été donnés paragraphe 155. Tous se résolvent par la formule $PV = P'V'$.

XXXIV. — Dans un récipient de 3 litres on fait entrer : 1° 2 litres d'hydrogène à la pression de 5 atmosphères; 2° 4 litres d'acide carbonique à la pression de 4 atmosphères; 3° 3 litres d'azote à la pression de $\dfrac{1}{2}$ atmosphère. On demande la pression finale du mélange, la température étant supposée constante pendant l'expérience.

L'hydrogène passant du volume 2 au volume 3, sa pression diminue et devient $\dfrac{5 \times 2}{3}$; de même celle de l'acide carbonique devient $\dfrac{4 \times 4}{3}$, et celle de l'azote reste $\dfrac{1}{2}$. Mais, d'après la seconde loi des mélanges des gaz (163), la force élastique du mélange doit égaler la somme des forces élastiques des gaz mélangés ; donc la

pression cherchée $= \dfrac{5 \times 2}{3} + \dfrac{4 \times 4}{3} + \dfrac{1}{2} = 9^{\text{atm}}. + \dfrac{1}{6}.$

XXXV. — Un vase contenant 10 litres d'eau est d'abord exposé au contact de l'oxygène, à la pression 0$^\text{m}$,78, un temps suffisant pour que l'eau absorbe tout ce qu'elle peut en dissoudre ; ce même vase étant ensuite placé dans une atmosphère limitée de 100 litres d'acide carbonique, à la pression 0$^\text{m}$,72, on demande les volumes des deux gaz dissous dans l'eau lorsque l'équilibre est établi. Le coefficient d'absorption de l'oxygène est 0,042, et celui de l'acide carbonique 1 (165).

Le coefficient d'absorption de l'oxygène étant 0,042, 10 litres d'eau en dissolvent 0$^\text{lit.}$,42. Or ce gaz, se comportant comme s'il était seul dans l'espace occupé par l'acide carbonique (164), occupe un volume de 100$^\text{lit.}$,42, savoir 100 litres à l'état gazeux, et 0$^\text{lit.}$,42 en dissolution dans l'eau. La tension de l'oxygène est donc

$78 \times \dfrac{0,42}{100,42} = 0^\text{c},32623.$

De même, le coefficient de solubilité de l'acide carbonique étant 1, les 10 litres d'eau en dissolvent 10 litres, et le volume du gaz devient 110 litres, dont 100 à l'état gazeux et 10 en dissolution. La tension est donc $72 \times \dfrac{100}{110} = 65,45454$; d'où la pression totale, après que l'équilibre s'est établi, est

$$0^\text{c},32623 + 65^\text{c},45454 = 65^\text{c},78077.$$

Donc le volume d'oxygène dissous, ramené à la pression 65$^\text{c}$,78, est

$$0^\text{lit.},42 \times \dfrac{0,326}{65,780} = 0^\text{lit.},00208 ;$$

et celui de l'acide carbonique, ramené à la même pression, est

$$10^\text{lit.} \times \dfrac{65,4545}{65,780} = 9^\text{lit.},95.$$

PERTE DE POIDS DANS L'AIR ET DANS LES GAZ ; AÉROSTATS (168, 169 et 171).

XXXVI. — Pour faire équilibre au poids d'un lingot de platine placé dans le plateau d'une balance, on a placé dans l'autre plateau un poids de 27 grammes, de cuivre jaune. Combien aurait-il fallu en mettre, si la pesée avait été faite dans le vide ? — On sait que la densité du platine est 21,5, celle du cuivre jaune 8,3 ; et que l'air à 0 degré et à la pression 0$^\text{m}$,76, condition dans laquelle on opère, pèse 770 fois moins que l'eau.

Le poids du laiton, dans l'air, n'est pas 27 grammes, car ce poids a été marqué dans le vide. Le vrai poids est 27 grammes moins le poids de l'air déplacé. Or, d'après la formule $P = VD$, le volume du laiton est $\dfrac{P}{D} = \dfrac{27^\text{gr}}{8,3}$; et le poids de l'air déplacé est $\dfrac{27^\text{gr}}{8,3 \times 770}$. Donc le poids réel du laiton dans l'air est $27^\text{gr} - \dfrac{27}{8,3 \times 770}$.

De même, si l'on représente par x le poids du platine dans le vide, son poids dans l'air le sera par x moins le poids de l'air déplacé, c'est-à-dire par $x - \dfrac{x}{21,5 \times 770}$.

Ce poids devant égaler celui du laiton, on a

$$x - \dfrac{x}{21,5 \times 770} = 27 - \dfrac{27}{8,3 \times 770} ; \quad \text{d'où} \quad x = 26^\text{gr},996.$$

XXXVII. — La densité de l'air étant 1, celle de l'hydrogène 0,069, et celle de l'acide carbonique 1,524, à 0 degré et à la pression $0^m,76$, un corps dans l'acide carbonique perd $1^{gr},15$ de son poids ; on demande quelle serait sa perte de poids dans l'air et dans l'hydrogène.

On demande encore : 1° si le rapport des pertes de poids reste le même à la température de 200 degrés, la pression ne changeant pas ; 2° si ce rapport reste le même à la pression de 30 atmosphères, la température étant 0 degré.

Un litre d'air à 0° et à la pression $0^m,76$, pesant $1^{gr},3$, un litre d'acide carbonique, dont la densité est 1,524, pèse $1^{gr},3 \times 1,524 = 1^{gr},9812$. On aura donc le volume d'acide carbonique correspondant à $1^{gr},15$, en divisant $1^{gr},15$ par $1^{gr},9812$, ce qui donne pour quotient $0^{lit.},5804$. Or, ce volume étant celui du corps, celui-ci déplace $0^{lit.},5804$ d'air, et, par conséquent, sa perte de poids dans l'air (168) est $1^{gr},3 \times 0,5804 = 0^{gr},75452$. Quant à sa perte de poids dans l'hydrogène, elle est $0^{gr},75452 \times 0,069 = 0^{gr},052062$.

Le rapport des pertes de poids dans l'acide carbonique et dans l'hydrogène ne reste pas rigoureusement le même quand la température ou la pression change, parce que ces deux gaz ne sont pas également dilatables, ni également compressibles (299 et 154).

XXXVIII. — Un corps perd dans l'air 7 grammes de son poids ; combien perdrait-il dans l'acide carbonique et dans l'hydrogène, sachant que la densité de l'acide carbonique est 1,524, et celle de l'hydrogène 0,069 ?

Le corps perdant 7 grammes de son poids dans l'air, perd, dans un gaz deux, trois fois plus dense, deux, trois fois davantage ; donc, dans l'acide carbonique, il perd $7^{gr} \times 1,524 = 10^{gr},668$, et dans l'hydrogène $7^{gr} \times 0,069 = 0^{gr},483$.

XXXIX. — Deux ballons sphériques de verre sont en équilibre dans les plateaux d'une balance ; l'air est sec, à la température de zéro et à la pression $0^m,76$; le diamètre de l'un des ballons est $0^m,34$, et celui de l'autre $0^m,18$; la température s'élève à 30 degrés, et la pression devient $0^m,74$. On demande si l'équilibre persistera. Dans le cas où il serait troublé, quel poids faudra-t-il pour le rétablir, et dans quel plateau faudra-t-il le placer ? Les ballons sont fermés, en sorte qu'il ne peut survenir aucune variation dans le poids du gaz qu'ils renferment. — Le poids d'un litre d'air à zéro et sous la pression $0^m,76$ est $1^{gr},293$; le coefficient de dilatation de l'air est 0,00367, et le coefficient de dilatation cubique du verre $\dfrac{1}{38700}$.

En représentant par D et d les diamètres respectifs des deux ballons en décimètres, en posant $\alpha = 0,00367$, $\delta = \dfrac{1}{38700}$, $t = 30$, et x étant le poids cherché, le volume du premier ballon, à 0°, est $\dfrac{\pi D^3}{6}$, d'après la formule connue du volume de la sphère ; et le poids de l'air déplacé, à 0° et à la pression 76, est $\dfrac{1^{gr},293 \times \pi D^3}{6}$.

Or, le volume du même ballon à t degrés est $\dfrac{\pi D^3 (1 + \delta t)}{6}$, et le poids de l'air déplacé, à t degrés et à la pression 74, est $\dfrac{1^{gr},293 \times \pi D^3 (1 + \delta t) \, 74}{6 (1 + \alpha t) \, 76}$.

74 étant plus petit que 76, et $\delta < \alpha$, cette seconde perte de poids est moindre que la première, et le ballon pèse en plus la différence de ces deux poids, ou

$$\frac{1^{gr},293 \times \pi D^3}{6} \left[1 - \frac{(1 + \delta t) \, 74}{(1 + \alpha t) \, 76} \right] \quad [1].$$

De même, le second ballon, à t degrés et à la pression 74, pèse en plus

$$\frac{1^{gr},293 \times \pi d^3}{6} \left[1 - \frac{(1 + \delta t) \, 74}{(1 + \alpha t) \, 76} \right] \quad [2].$$

Or, à cause de $d < $ D, c'est le second ballon qui est le plus léger, et il faut lui ajouter un poids x égal à la différence des deux augmentations [1] et [2]. Donc

$$x = \frac{\pi \times 1^{gr},293}{6} \left[1 - \frac{(1 + \delta t)\, 74}{(1 + \alpha t)\, 76} \right] (D^3 - d^3).$$

Remplaçant et effectuant les calculs, on trouve $x = 2^{gr},770$.

XL. — Calculer la force ascensionnelle d'un ballon sphérique de taffetas, qui, étant vide, pèse $63^k,620$, et qui est rempli d'hydrogène impur, sachant que le taffetas verni pèse $0^k,250^{gr}$ le mètre carré, le mètre cube d'air $1^k,300^{gr}$, et le mètre cube d'hydrogène $0^k,100^{gr}$.

La surface du ballon $= \dfrac{63^k,620}{0^k,250} = 254^{m.car.},48$. Or, la surface du ballon, étant celle d'une sphère, est égale à $4\pi R^2$; on a donc $4\pi R^2 = 254^{m.car.},48$; d'où

$$R = \frac{1}{2} \sqrt{\frac{254,48}{3,1416}} = \frac{1}{2}\sqrt{81,0033} = 4^m,50.$$

Par conséquent, en appelant V le volume de la sphère, on a

$$V = \frac{4\pi R^3}{3} = \frac{4 \times 3,1416 \times (4,5)^3}{3} = 381^{m.cub.},7044.$$

Le poids de l'air déplacé est donc $1^k,3 \times 381,7044 = 496^k,216^{gr}$.
Le poids de l'hydrogène est $0^k,1 \times 381,7044 = 38^k,1704$; donc la force ascensionnelle est $496^k,216 - 38^k,170 - 63^k,620 = 394^k,426^{gr}$.

XLI. — On donne un ballon dont le rayon est de 1 mètre; ce ballon est rempli aux trois quarts de gaz hydrogène; on demande le poids qu'il pourrait enlever, sachant que la densité de l'hydrogène est 0,069 et qu'un litre d'air pèse $1^{gr},3$. L'air et l'hydrogène sont à la pression $0^m,76$ et à la température 0 degré.

Volume du ballon $= \dfrac{4\pi R^3}{3}$, dont les $\dfrac{3}{4} = \dfrac{4\pi R^3}{3} \times \dfrac{3}{4} = \pi R^3 = 3^{m.cub.},1416$. Un mètre cube d'air pesant $1^k,300^{gr}$, le poids de l'air déplacé par le ballon est $1^k,300 \times 3,1416 = 4^k,084^{gr}$. Quant au poids de l'hydrogène qui remplit le ballon, il est $4^k,084 \times 0,069 = 0^k,281$. Donc le poids que le ballon peut enlever, y compris son propre poids, est $4^k,084 - 0^k,281 = 3^k,803^{gr}$.

XLII. — On a un aérostat sphérique de 4 mètres de diamètre; on l'emplit d'hydrogène impur, qui pèse 100 grammes le mètre cube; le taffetas verni dont est formée l'enveloppe pèse 250 grammes le mètre carré. On demande combien il faut d'hydrogène pour le remplir, et à quel poids il peut faire équilibre, sachant que l'air pèse 1300 grammes le mètre cube.

On sait, en géométrie, que le volume d'une sphère dont le rayon est R est représenté par $\dfrac{4\pi R^3}{3}$, et la surface par $4\pi R^2$. Par conséquent V étant le volume du ballon plein, et S sa surface, on a

$$V = \frac{4\pi R^3}{3} = \frac{4 \times 3,1416 \times 8}{3} = 33^{m.cub.},510,$$
$$\text{et } S = 4\pi R^2 = 4 \times 3,1416 \times 4 = 50^{m.car.},2656.$$

Par conséquent, le poids de l'hydrogène contenu dans le ballon est, d'après l'énoncé, $100^{gr} \times 33,510 = 3^k,351$; et celui de l'enveloppe égale $250^{gr} \times 50,2656 = 12^k,566$. Le poids total du ballon, y compris celui de l'hydrogène et de l'enveloppe, est donc $3^k,351 + 12^k,566 = 15^k,917$.

Mais le poids de l'air déplacé par le ballon, et, par suite, la poussée de bas en haut (168), est, d'après l'énoncé, $1^k,300 \times 33,510 = 43^k,563$. Donc, enfin, le poids auquel le ballon peut faire équilibre est $43^k,563 - 15^k,917 = 27^k,646$.

MACHINES PNEUMATIQUE ET DE COMPRESSION
(178 et 181).

XLIII. — Le volume d'air, dans le manomètre d'une machine de compression, est égal à 152 parties. Par le jeu de la machine, ce volume est réduit à 37 parties, et le mercure s'est élevé, dans le tube manométrique, à 0^m,48. On demande dans quel rapport s'est accrue la quantité d'air dans le récipient.

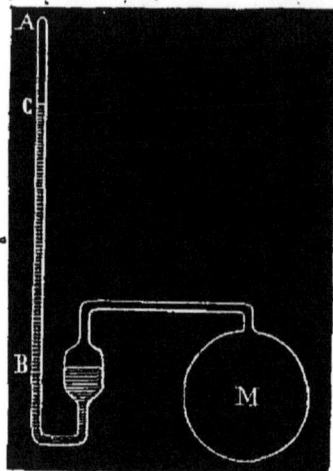

Dans la figure ci-contre, on a AB = 152 parties, AC = 37 parties, et BC = 0^m,48. Cela posé, la pression de l'air en AC est donc, d'après la loi de Mariotte, $\frac{152}{37} = 4^{at.},108 = 3^m,122$, puisqu'une atmosphère est représentée par 0^m,76. La pression dans le récipient M, où l'on comprime l'air, est donc 3^m,122 + 0^m,48 = 3^m,602. Or, la masse de l'air ayant augmenté comme la pression, elle est actuellement, dans le récipient, $\frac{3^m,602}{0,76} = 4,7$. C'est-à-dire qu'elle est devenue 4 fois $\frac{7}{10}$ plus grande.

Fig. 767.

XLIV. — Un manomètre à air comprimé est divisé en 110 parties d'égale capacité : quand la pression extérieure est de 0^m,76, le mercure, dans l'intérieur du tube et dans la cuvette, se tient au zéro de l'échelle. On porte le manomètre sous le récipient d'une machine à comprimer l'air, et on voit le mercure s'élever jusqu'à la 80e division ; mesurant alors la hauteur du mercure dans le tube, on la trouve de 0^m,45 ; on demande la pression dans la machine.

Soit P la pression, en atmosphères, de l'air en AB (fig. 768) ; la portion de l'échelle correspondante à AB étant 30, on a $\frac{P}{76} = \frac{110}{30}$, d'où P = 2^m,787. En y ajoutant la hauteur 0^m,450 du mercure dans le tube, la pression totale est 3^m,237.

Pour la réduire en atmosphère, il n'y a qu'à diviser 3^m,237 par 0^m,76, ce qui donne $4^{atm.} + \frac{1}{4}$.

Fig. 768.

XLV. — La cloche d'une machine pneumatique renferme 3^{lit.},17 d'air ; un baromètre, communiquant avec la partie supérieure de la cloche, marque zéro quand celle-ci est en communication avec l'atmosphère (fig. 769). On ferme la cloche et on fait jouer la machine ; le mercure s'élève alors dans le baromètre de 0^m,65. Un second baromètre, placé près de la machine, a marqué 0^m,76 pendant toute l'expérience. On demande le poids de l'air qu'on a retiré de la cloche et le poids de celui qui reste, la température étant zéro.

A 0° et à la pression 0^m,76, le poids de l'air contenu dans la cloche est

$$1^{gr},3 \times 3,17 = 4^{gr},121.$$

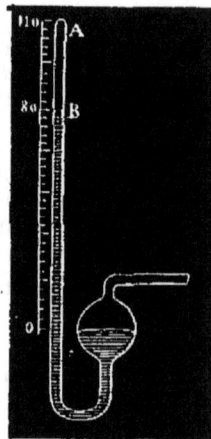

A 0° et à la pression $76 - 65 = 11$, le poids de l'air qui reste encore dans la cloche est

$$\frac{1^{gr},3 \times 3,17 \times 11}{76} = 0^{gr},596.$$

Donc le poids de l'air retiré de la cloche est $4^{gr},121 - 0^{gr},596 = 3^{gr},525$.

XLVI. — On fait jouer le piston d'une machine pneumatique ; la capacité du récipient est de $7^{lit.},53$, et il est rempli d'air à la pression $0^m,76$ et à la température 0°. On demande : 1° le poids de l'air lorsque la pression est réduite à $0^m,021$; 2° le poids de l'air extrait par le piston ; 3° le poids de l'air qui resterait dans la cloche à la température de 15 degrés.

Fig. 769.

1° A 0° et $0^m,76$ de pression, $7^{lit.},53$ d'air pèsent $1^{gr},293 \times 7,53 = 9^{gr},736$.

A 0° et $0^m,021$ de pression, le même volume pèse donc $\dfrac{9^{gr},736 \times 21}{760} = 0^{gr},269$.

2° Le poids de l'air retiré égale $9^{gr},736 - 0^{gr},269 = 9^{gr},467$.

3° Le poids de l'air qui resterait, à 15°, serait $\dfrac{0^{gr},269}{1 + 0,00367 \times 15} = 0^{gr},255$ (297, prob. VI).

XLVII. — Sachant que la capacité du corps de pompe d'une machine pneumatique est $\frac{1}{3}$ de la capacité du récipient, calculer après combien de coups de piston simples la pression intérieure sera la deux-centième partie de ce qu'elle était primitivement.

Représentons par 1 la pression atmosphérique et par 1 le volume du récipient. Après l'ascension du piston, ce volume sera $1 + \frac{1}{3}$, et par conséquent la pression de l'air sous le récipient sera $\dfrac{1}{1 + \frac{1}{3}}$, puisqu'elle est en raison inverse du volume. De même, au second coup de piston, elle est $\dfrac{1}{1 + \frac{1}{3}}$ de ce qu'elle était

après le premier, c'est-à-dire $\dfrac{1}{1 + \frac{1}{3}}$ de $\dfrac{1}{1 + \frac{1}{3}}$, ou $\dfrac{1}{\left(1 + \frac{1}{3}\right)^2}$.

On trouvera ainsi qu'après n coups de piston, la pression est $\dfrac{1}{\left(1 + \frac{1}{3}\right)^n}$ [1].

On a donc $\dfrac{1}{\left(1 + \frac{1}{3}\right)^n} = \dfrac{1}{200}$, d'où $\left(1 + \frac{1}{3}\right)^n = 200$, ou $\left(\frac{4}{3}\right)^n = 200$.

Prenant les logarithmes, il vient $n = \dfrac{\log 200}{\log 4 - \log 3} = 18,4$.

La formule [1] ci-dessus pourrait aussi se déduire de la formule $F = H \left(\dfrac{V}{V+v} \right)^n$ donnée au paragraphe 178, en y faisant $H = 1$, $V = 1$, et $v = \dfrac{1}{3}$.

Pour d'autres problèmes sur la machine pneumatique, voir le paragraphe 178.

ACOUSTIQUE (203, 227, 230, 239 et 243).

XLVIII. — Le bruit du canon a mis 15 secondes à se transmettre d'un lieu à un autre, la température étant de 22 degrés; on demande la distance entre ces deux lieux, sachant que la vitesse du son à zéro est de 333 mètres.

On a vu (203) que la vitesse du son dans l'air, à t degrés, est donnée par la formule $v' = v \sqrt{1 + \alpha t}$, α étant le coefficient de dilatation de l'air, et égal à 0,00367, et v étant la vitesse du son à zéro.

Donc la vitesse, à 22 degrés, égale $333 \sqrt{1 + 0,00367 \times 22} = 346^m$. Or, cette vitesse étant le chemin parcouru par le son en une seconde, le chemin parcouru en 15 secondes est $346^m \times 15 = 5190$ mètres; c'est la distance demandée.

XLIX. — La densité du fer étant 7,8, celle du cuivre 8,9, on demande quel doit être le rapport des diamètres de deux fils cylindriques, l'un de fer, l'autre de cuivre, de longueurs égales et également tendus, pour qu'ils rendent la même note, lorsqu'on les fait vibrer transversalement.

D'après la formule sur les vibrations transversales des cordes $n = \dfrac{1}{rl} \sqrt{\dfrac{P}{\pi d}}$ (227), les poids, les longueurs et les nombres de vibrations étant les mêmes pour les deux fils, on a

$$\frac{1}{rl} \sqrt{\frac{P}{\pi d}} = \frac{1}{r'l} \sqrt{\frac{P}{\pi d'}}, \text{ ou, simplifiant, } \frac{1}{r} \sqrt{\frac{1}{d}} = \frac{1}{r'} \sqrt{\frac{1}{d'}};$$

élevant au carré les deux membres de la dernière égalité, il vient $\dfrac{1}{r^2 d} = \dfrac{1}{r'^2 d'}$;

ou $r^2 d = r'^2 d'$, d'où $\dfrac{r^2}{r'^2} = \dfrac{d'}{d} = \dfrac{8,9}{7,8}$; donc $\dfrac{r}{r'} = \sqrt{\dfrac{8,9}{7,8}} = 1,068$.

L. — Ayant laissé tomber une pierre dans un puits, le son que produit la pierre en rencontrant l'eau ne se fait entendre que 3 secondes après qu'on l'a lâchée. On demande à quelle profondeur est l'eau, sachant que le son parcourt 337 mètres par seconde.

Représentons par v la vitesse du son, par x la profondeur du puits jusqu'à l'eau, et par T le temps qui s'écoule entre le commencement de la chute et la perception du son. De la formule $e = \dfrac{1}{2} gt^2$ (56), on tire $t = \sqrt{\dfrac{2e}{g}} = \sqrt{\dfrac{2x}{g}}$; c'est le temps que la pierre met à tomber.

Pour trouver le temps qu'il faut au son pour arriver à l'oreille de l'observateur, remarquons que l'espace qu'il parcourt par seconde étant v, il lui faudra, pour parcourir l'espace x, autant de secondes que x contient de fois v, c'est-à-dire $\dfrac{x}{v}$.

On a donc $\sqrt{\dfrac{2x}{g}} + \dfrac{x}{v} = T$, ou $\sqrt{\dfrac{2x}{g}} = T - \dfrac{x}{v}$;

d'où $\dfrac{2x}{g} = T^2 - \dfrac{2Tx}{v} + \dfrac{x^2}{v^2}$.

Chassant les dénominateurs et transposant, il vient

$$gx^2 - 2v(v + gT)x + v^2gT^2 = 0.$$

Résolvant, $x = \dfrac{v}{g}\left\{gT + v \pm \sqrt{v(2gT + v)}\right\}.$

Remplaçant v, g et T par leurs valeurs, on trouve

$$x = \frac{337}{9,81}\left\{9,81 \times 3 + 337 \pm \sqrt{337(2 \times 9,81 \times 3 + 337)}\right\};$$

d'où $x = \dfrac{337}{9,81}(366,43 \pm 365,24);$

ce qui donne les deux solutions $x = 25134^m,9$, et $x = 40^m,8$. La première est à rejeter, car elle représente un espace plus grand que celui que parcourt le son en 3 secondes. C'est une *solution étrangère*, due à l'élévation au carré du radical

$\sqrt{\dfrac{2x}{g}}$ dans l'équation du problème. La profondeur du puits est donc $40^m,8$.

LI. — Quelle doit être la tension, en kilogrammes, d'une corde de cuivre de $0^m,50$ de longueur et de $0^{mill.},25$ de rayon, pour qu'elle fasse 800 vibrations par seconde? La densité du cuivre est 8,87.

Comme il s'agit ici du nombre absolu de vibrations, on doit faire usage de la formule $n = \dfrac{1}{rl}\sqrt{\dfrac{gP}{\pi d}}$ (227). Remplaçant dans cette formule les lettres par les données du problème, et prenant pour unité le décimètre, il vient

$$800 = \frac{1}{0,0025 \times 5}\sqrt{\frac{98,088 \times P}{3,1415 \times 8,87}}.$$

Elevant au carré et résolvant, on trouve P $= 28^k,393^{gr},8.$

Pour d'autres problèmes sur les vibrations des cordes, voir le paragraphe 230, et pour les problèmes sur les tuyaux sonores, le paragraphe 243.

ÉCHELLES THERMOMÉTRIQUES (257).

LII. — Un thermomètre centigrade marque 35 degrés, que doivent marquer dans le même moment un thermomètre Réaumur et un thermomètre Fahrenheit?

D'après les rapports qui existent entre les trois échelles (257),

le thermomètre Réaumur marque. . . . . $35 \times \dfrac{4}{5} = 28^o;$

et le thermomètre Fahrenheit. . . . . $35 \times \dfrac{9}{5} + 32 = 95.$

LIII. — A quelle température le thermomètre centigrade et le thermomètre Fahrenheit marquent-ils le même nombre de degrés?

x étant ce nombre de degrés, on a $(x - 32) \times \dfrac{5}{9} = x$, d'où $x = -40^o.$

LIV. — On a deux thermomètres à mercure construits avec le même verre : l'un a une boule dont le diamètre intérieur est $0^m,0075$, et un tube dont le diamètre intérieur est $0^m,0025$; l'autre a une boule de $0^m,0062$ de diamètre, et un tube de $0^m,0015$ de diamètre intérieur. On demande quel est le rapport de longueur d'un degré du premier thermomètre à un degré du second.

Soient A et B les deux thermomètres donnés, D et D' les diamètres des boules, d et d' les diamètres des tubes (fig. 770). Si l'on conçoit un troisième thermomètre C qui ait la même boule que B et le même tube que A, et si l'on

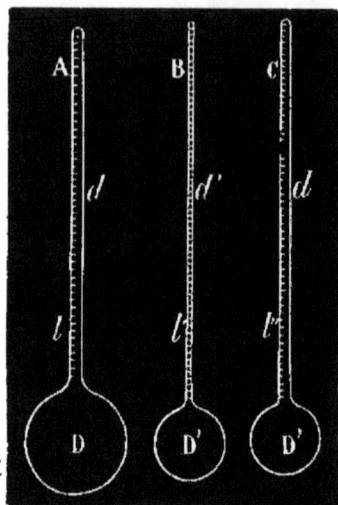

Fig. 770.

représente par l, l', l'' les longueurs respectives d'un degré dans les trois thermomètres, les thermomètres A et C ayant des tiges de mêmes-diamètres, les longueurs l et l'' sont directement proportionnelles aux volumes des boules D et D', ou, ce qui est la même chose, aux cubes de leurs diamètres; et les thermomètres B et C ayant mêmes boules, les longueurs l'' et l' sont inversement proportionnelles aux sections des tiges, ou, ce qui revient au même, aux carrés de leurs diamètres. On a donc

$$\frac{l}{l''} = \frac{D^3}{D'^3}, \text{ et } \frac{l''}{l'} = \frac{d'^2}{d^2};$$

multipliant membre à membre, il vient

$$\frac{l}{l'} = \frac{D^3 d'^2}{D'^3 d^2}.$$

Substituant aux lettres leurs valeurs,

$$\frac{l}{l'} = \frac{421875 \times 225}{238328 \times 625} = 0,638.$$

DILATATION DES SOLIDES (277, 281 et 282).

LV. — On a une barre de 3 mètres d'un métal qui a pour coefficient de dilatation $\frac{1}{754}$; une autre barre de 5 mètres, d'un autre métal, se dilate, pour un même nombre de degrés, autant que la première : en trouver le coefficient de dilatation.

Soit k le coefficient de dilatation de cette seconde barre, son allongement total, pour un degré, sera $5 \times k$, et celui de la première barre $3 \times \frac{1}{754}$; on a donc

$$5 \times k = 3 \times \frac{1}{754}, \text{ d'où } k = \frac{3}{3770}.$$

LVI. — On a un carré de tôle de 3 mètres de côté, à zéro; on en porte la température à 64 degrés. Calculer ce que deviendra sa surface, en sachant que le coefficient de dilatation du fer est 0,0000122.

En représentant par l le côté donné à zéro, par l' le même côté à t degrés, et par k le coefficient de dilatation du fer, on a la formule connue (281) $l' = l(1 + kt)$, à l'aide de laquelle on trouve le côté l' à 64 degrés, en y faisant $l = 3$, $t = 64$, et $k = 0,0000122$, ce qui donne $l' = 3(1 + 0,0000122 \times 64) = 3^m,0023424$.

Cela posé, la surface d'un carré étant égale au produit de son côté par lui-même, la surface cherchée égale $(3^m,0023424)^2 = 9^{mc},01^{dc},41^{cc}$.

LVII. — On veut faire avec de l'acier et du laiton un pendule compensateur dont la longueur constante soit de 0^m,50. On sait que le coefficient de dilatation de l'acier employé à cet usage est de 0,000010788, et celui du laiton de 0,000018782. On demande quelle disposition on devra donner à ce pendule et quelles devront être les longueurs des barres d'acier et de laiton pour que la compensation ait lieu.

Pour satisfaire aux conditions de ce problème, il faut : 1° que la tige du pendule soit formée d'un système de barres de laiton et d'acier, disposées de manière que leur dilatation se produise en sens contraires; 2º que les longueurs respectives du laiton et de l'acier soient en raison inverse de leurs coefficients de dilatation (284). On satisfait à ces conditions en disposant le pendule comme on l'a déjà vu (fig. 228).

En représentant par x la longueur totale des barres d'acier, et par y celle des barres de laiton, on aura, d'après l'équation [1] du paragraphe 284, $x - y = 50^c$ [1].

De plus, les longueurs x et y devant être en raison inverse des coefficients, on a

$$\frac{x}{y} = \frac{18782}{10788} \quad [2].$$

Résolvant les équations [1] et [2], on trouve $x = 1^m,1747$, et $y = 0^m,6747$.

LVIII. — Un vase sphérique d'un rayon intérieur égal à $\frac{2}{3}$ de mètre, à 0 degré, est formé d'une matière dont le coefficient de dilatation linéaire égale $\frac{1}{2500}$; on demande combien de kilogrammes de mercure ce vase renferme : 1º à 0 degré; 2º à 25 degrés.

Soient R le rayon du vase, V son volume à zéro, V' son volume à t^o, et K son coefficient de dilatation linéaire, on a $V = \frac{4\pi R^3}{3}$, et $V' = \frac{4\pi R^3 (1 + 3Kt)}{3}$ (281).

Remplaçant R, K et t par leurs valeurs, il vient
$$V = 1241^{lit.},11, \text{ et } V' = 1278^{lit.},343.$$

La densité du mercure à 0º étant 13,596, celle du même corps à 25º est
$$\frac{13,596}{1 + \frac{1}{5550} \times 25} = 13,535 \text{ (282, prob. V). Donc le poids du mercure à 0º est}$$
$1241^{lit.},11 \times 13,596 = 16874^k,131$, et le poids à 25º est $1278,343 \times 13,535 = 17302^k,372^{gr}$.

LIX. — Un aréomètre de Fahrenheit pèse 80^{gr}. Lorsqu'il est chargé de 45^{gr}, il affleure dans un liquide dont la température est de 20º, et dont la densité à la même température est 1,5. On demande le volume à 0º de la portion immergée de l'instrument.

Le poids du liquide déplacé est $80^{gr} + 45^{gr} = 125^{gr}$, et son volume, à 20º, est
$$\frac{P}{D} = \frac{125}{1,5}.$$

Tel est donc, à cette température, le volume de la portion immergée; d'où le volume à 0º est (281) $\frac{125}{1,5} \times \frac{1}{1 + 0,00002584 \times 20} = 83^{cc},290$,
0,00002584 étant le coefficient de dilatation cubique du verre.

LX. — La dilatation du fer pour chaque degré d'élévation de température étant de 0,0000122 de la longueur mesurée à zéro, quelle sera, à 60 degrés, la surface d'un disque circulaire de tôle, qui, à zéro, a $2^m,75$ de diamètre?
$$S = \pi R^2 (1 + kt)^2 = 3,1416 \times (1^m,375)^2 (1 + 0,0000122 \times 60)^2 = 5^{m.c.},94^{d.c.}$$

LXI. — Une règle de platine de 2 mètres de longueur est divisée, à l'une de ses extrémités, en quarts de millimètre; une règle de cuivre de $1^m,950$ étant appliquée dessus, à zéro, en diffère de $0^m,050$, c'est-à-dire de 200 divisions de la règle de platine. On demande quelle est la température commune aux deux règles lorsqu'elles diffèrent de 164 divisions de la règle de platine, le coefficient de dilatation du platine étant 0,000008842, et celui du cuivre, 0,000017182.

La longueur de la règle de platine, qui est de 8000 divisions à zéro, est, à t degrés
$$8000 (1 + 0,000008842 \times t) \quad (281).$$

La règle de cuivre, qui vaut 7800 divisions à zéro, vaut, à t degrés,

$$7800 \left(1 + 0{,}000017182 \times t\right).$$

Enfin les 164 divisions apparentes équivalent en réalité à

$$164 \left(1 + 0{,}000008842 \times t\right). \text{ On a donc}$$

$$8000 \left(1 + 0{,}000008842 \times t\right) - 7800 \left(1 + 0{,}000017182 \times t\right) = 164 \left(1 + 0{,}000008842 \times t\right),$$

d'où l'on tire $t = \dfrac{36}{0{,}0647337} = 556^{\circ}$.

LXII. — Le rapport entre le poids spécifique du cuivre à zéro et celui de l'eau à 4° est 8,88. Le coefficient de dilatation cubique du cuivre est $\dfrac{1}{58200}$, et la fraction qui représente la dilatation totale de l'eau, entre 4 et 15 degrés, est $\dfrac{1}{1360}$. Cela posé, on demande quel est, à 15 degrés, le rapport des poids spécifiques de ces deux corps.

L'eau pesant 1 à 4°, à 15° elle pèse $\dfrac{1}{1 + \dfrac{11}{1360}}$ (282, prob. V).

A zéro, le cuivre pèse 8,88 ; à 15°, il pèse $\dfrac{8{,}88}{1 + \dfrac{15}{58200}}$. Donc le poids spécifique du cuivre à 15° est $\dfrac{8{,}88}{1 + \dfrac{15}{58200}} : \dfrac{1}{1 + \dfrac{11}{1360}} = \dfrac{8{,}88 \times 58200}{58215} \times \dfrac{1371}{1360} = 8{,}94.$

DILATATION DES LIQUIDES (286, 287, 288, 289, 293 et 294).

LXIII. — Le poids spécifique du mercure étant 13,59 à zéro, on demande quel est, à 85°, le volume de 30 kilogr. de ce métal. On prendra pour coefficient de dilatation du mercure $\dfrac{1}{5550}$.

Le volume à zéro est $\dfrac{P}{D} = \dfrac{30}{13{,}59}$; d'où le volume à 85° est

$$\frac{30}{13{,}59} \left(1 + \frac{1}{5550} \times 85\right) = 2^{\text{lit}}{,}241.$$

LXIV. — Les hauteurs de deux baromètres A et B ont été observées, l'une à — 10°, l'autre à + 15° ; on demande quelle correction il faut leur faire subir pour les ramener l'une et l'autre à ce qu'elles eussent été à la température de zéro, sachant que le coefficient de dilatation cubique du mercure est $\dfrac{1}{5550}$. On supposera A haut de 737 millimètres, et B de 763.

Cette question se résout au moyen de la formule $h = \dfrac{H}{1 + Dt}$ (293), en prenant t avec le signe + pour les températures au-dessus de zéro, et avec le signe — pour les températures au-dessous. De cette formule, on tire, pour le baromètre A, $h = 737 \times \dfrac{5550}{5550 - 10} = 738^{\text{mm}}{,}3$; et pour le baromètre B,

$$h = 763 \times \frac{5550}{5550 + 15} = 760^{\text{mm}}{,}9.$$

LXV. — Dans un thermomètre à mercure, on sait que chaque division est $\dfrac{1}{6480}$ de la capacité du réservoir jusqu'au zéro de la graduation. Cela posé, si l'on vide un semblable thermomètre et qu'on y introduise jusqu'au zéro, dans la glace fondante, un liquide dont le coefficient de dilatation absolue soit $\frac{1}{2000}$, on demande jusqu'à quelle division s'élèvera ce liquide à 20°, le coefficient de dilatation cubique du verre étant $\frac{1}{38700}$.

Le coefficient de dilatation apparente du mercure dans le verre étant $\frac{1}{6480}$, celui du liquide donné est $\frac{1}{2000} - \frac{1}{38700} = \frac{367}{774000}$. Or, la hauteur h et la hauteur 20 qu'atteignent respectivement ce liquide et le mercure dans la tige du thermomètre étant évidemment proportionnelles aux dilatations apparentes, on a

$$\frac{h}{20} = \frac{367}{774000} : \frac{1}{6480}, \quad \text{d'où} \quad h = 61^\circ,45.$$

LXVI. — Une colonne d'eau de 1^m,55 de hauteur, et une colonne d'un autre liquide de 3^m,17 de hauteur, se font équilibre dans les branches d'un siphon, la température des deux liquides étant 4 degrés ; on demande quelle est la densité du second liquide par rapport à l'eau, et quelle serait la hauteur à laquelle il s'élèverait si sa température était portée à 25 degrés, celle de l'eau restant 4°, et le coefficient de dilatation absolue du liquide étant $\frac{1}{6000}$.

1° Les hauteurs des colonnes liquides qui se font équilibre étant en raison inverse des densités (90), on a 1^m,55 × 1 = 3^m,17 × d, d'où d = 0,4889, à 4°.

2° En représentant par h la hauteur du même liquide à 25 degrés, par d sa densité à 4 degrés, et par d' sa densité à 25 degrés, on a 3^m,17 × d = h × d' [1] ; or,

$$d' = \frac{d}{1 + \frac{1}{6000} \times 25} \quad \text{(282, prob. V)}.$$ Portant cette valeur dans l'égalité [1], il vient

$$3^m,17 = \frac{h}{1 + \frac{25}{6000}}, \quad \text{d'où} \quad h = 3^m,183.$$

LXVII. — Un tube de verre cylindrique, fermé à la partie inférieure et lesté avec du mercure, s'enfonce des $\frac{3}{4}$ de sa longueur dans de l'eau à 4° ; on demande de combien il plongerait dans de l'eau à 20°. On sait que de 4 à 20 degrés, l'eau se dilate de 0,00179 de son volume, et l'on néglige la dilatation du verre de 4 à 20 degrés.

La densité de l'eau à 4° étant 1, à 20° elle sera en raison inverse du volume qu'a pris l'eau, c'est-à-dire $\frac{1}{1,00179}$. Or, la portion immergée du tube étant en raison inverse de la densité, on a $\dfrac{x}{\left(\dfrac{3}{4}\right)} = \dfrac{1}{\left(\dfrac{1}{1,00179}\right)}$, d'où x = 0,7513.

LXVIII. — Un tube capillaire étant divisé en 180 parties d'égale capacité, on trouve qu'une colonne de mercure occupant 25 de ces divisions pèse 1^{gr},2 à zéro. Cela posé, voulant faire de ce tube un thermomètre, on demande le rayon intérieur du réservoir sphérique qu'on doit lui souder pour que ses 180 divisions comprennent 150 degrés centigrades.

Puisque 25 divisions du tube contiennent 1^{gr},2 de mercure, une seule division contient $\frac{1^{gr},2}{25}$, et les 180 divisions contiennent $\frac{1,2 \times 180}{25} = 8^{gr},64$. Ces 180 divisions devant comprendre 150 degrés, il s'ensuit que le poids de mercure correspondant à un seul degré est $\dfrac{8^{gr},64}{150}$. Mais la dilatation correspondante à un degré n'étant autre que la dilatation apparente du mercure dans le verre (288), le poids $\dfrac{8^{gr},64}{150}$ doit être $\dfrac{1}{6480}$ du poids du mercure contenu dans le réservoir, poids égal à $\dfrac{4\pi R^3 \times 13,596}{3}$, R étant le rayon du réservoir, et le poids spécifique du mercure étant 13,596 ; donc on a $\dfrac{4\pi R^3 \times 13,596}{3} \times \dfrac{1}{6480} = \dfrac{8,64}{150}$; d'où $R = 1^c,85$.

DILATATION DES GAZ (296 à 300).

LXIX. — On a renfermé un baromètre dans un large tube qu'on a ensuite fermé à la lampe. La température du tube, au moment de sa fermeture, est 13°, et la hauteur du baromètre, 76. On demande à 0,001 près à quelle hauteur s'élèvera le mercure dans le baromètre quand la température de l'air dans le tube sera de 30°.

En ne tenant d'abord compte que de la dilatation du mercure dans le tube barométrique en passant de 13° à 30°, on a $h = \dfrac{76\left(1 + \dfrac{30}{5550}\right)}{1 + \dfrac{13}{5550}} = \dfrac{76 \times 5580}{5563}$; mais

comme dans le tube fermé la force élastique de l'air augmente dans le rapport de $1 + 13\alpha$ à $1 + 30\alpha$, la hauteur barométrique doit augmenter dans le même rapport ; donc, enfin, on a $h = \dfrac{76 \times 5580\,(1 + 30\alpha)}{5563\,(1 + 13\alpha)} = 80^c,771$.

XX. — Un ballon de verre d'une capacité de 5 litres à 0° est rempli d'acide carbonique à 0° et à la pression 76. On chauffe à 100° après l'avoir ouvert pour permettre la sortie du gaz. La pression étant alors 75, on demande le poids de l'acide carbonique sorti du ballon.

Le coefficient de dilatation de l'acide carbonique est 0,00367 ; la dilatation cubique du verre $\dfrac{1}{38700}$; 1 litre d'air à 0° et à la pression 76 pèse $1^{gr},293$; et enfin la densité de l'acide carbonique est 1,5.

A 100° et à la pression 75, le volume de l'acide carbonique devient $\dfrac{5\,(1 + 0,00367 \times 100)\,76}{75} = 6^{lit.},926.$

A la même température, le volume du ballon est $5\left(1 + \dfrac{100}{38700}\right) = 5^{lit.},013.$

Donc le volume du gaz sorti est $6,926 - 5,013 = 1^{lit.},913$.

Pour avoir le poids de ce gaz, sachant que les 5 litres d'acide carbonique à 0° et à 76 pèsent $1^{gr},293 \times 5 \times 1,5 = 9^{gr},697$, et que, par suite, les $6^{lit.},926$ à 100° et à 75 pèsent autant, on posera la proportion $\dfrac{x}{9^{gr},697} = \dfrac{1^{lit.},913}{6,926}$, d'où $x = 2^{gr},678$.

LXXI. — Une vessie à parois flexibles contient 4 litres d'air à 30° et à la pression 76. La pression atmosphérique restant la même, on demande ce que deviendra le volume d'air si l'on descend la vessie à une profondeur de 100 mètres dans un lac dont la température est de 4°.

Une colonne d'eau de $10^m,33$, à 4°, représente une atmosphère (141) ; on convertit 100 mètres d'eau en atmosphères en divisant 100 par $10^m,33$, ce qui donne pour quotient $9^{at},68$. La vessie, au fond de l'eau, est donc soumise à une pression de $10^{at},68$. Le problème prend donc cette forme : on a 4 litres d'air à 30° et à 1^{at} de pression, quel en sera le volume à 4° et à $10^{at},68$?

$$\text{donc (297, prob. III)} \quad V = \frac{4 (1 + 0,00367 \times 4)}{1 + 0,00367 \times 30} \times \frac{1}{10,68} = 0^{lit},342.$$

LXXII. — Dans un ballon de verre dont la capacité à 0° est 250 c. cubes, on introduit une certaine quantité d'air sec capable d'occuper 25 c. cubes à 0° et à la pression 76. Ayant fermé le ballon et chauffé à 100°, on demande la pression intérieure.

Le coefficient de dilatation de l'air étant 0,00367, et la dilatation cubique du verre $\frac{1}{38700}$, à 100° la capacité du ballon est $250 \left(1 + \frac{100}{38700} \right) = \frac{250 \times 388}{387}$. A 100° et à la pression 76, le volume d'air libre serait $25 (1 + 0,00367 \times 100) = 25 \times 1,367$; tandis que son volume réel est $\frac{250 \times 388}{387}$ à une pression inconnue x. Or, au volume $25 \times 1,367$ correspond la pression 76;

au volume 1, la pression $76 \times 25 \times 1,367$;

et au volume $\frac{250 \times 388}{387}$, la pression $\frac{76 \times 25 \times 1,367 \times 387}{250 \times 388} = 10^c.36.$

LXXIII. — Un corps pesé dans l'air, à 0° et à la pression 76, perd $6^{gr},327$ de son poids. On demande : 1° le volume du corps; 2° sa perte de poids à 15° et à la pression $1^m,25$.— On sait que la densité de l'air par rapport à l'eau est $\frac{1}{770}$, que son coefficient de dilatation est 0,00367, et l'on néglige la dilatation du corps.

1° 1 décimètre cube d'eau pesant 1000^{gr}, le même volume d'air, à 0° et à 76, pèse $\frac{1000}{770} = \frac{100}{77}$. Donc le volume d'air déplacé, et par suite le volume du corps, est $6^{gr},327 : \frac{100}{77} = \frac{6,327 \times 77}{100} = 4^{déc.cub.},872.$

2° Pour avoir la perte de poids à 15° et à la pression 125^c, il faut chercher le poids de $4^{lit},872$ d'air à cette température et à cette pression. Or, ce poids est $\frac{100}{77} \times \frac{4,872 \times 125}{(1 + 0,00367 \times 15) 76} = 9^{gr},86.$ Telle est donc la perte de poids cherchée.

LXXIV. — A quelle température un litre d'air sec pèse-t-il 1 gramme, sous la pression $0^m,77$, le coefficient de dilatation de l'air étant 0,00367, et le poids d'un litre d'air sec, à 0° et à la pression $0^m,76$, étant $1^{gr},293$?

$$\text{On a} \quad \frac{1,293 \times 77}{(1 + 0,00367 \times t) 76} = 1^{gr}, \quad \text{d'où} \quad t = 84°.$$

LXXV. — Quelle est à 10°,8 la perte de poids, dans l'air, d'un corps dont le volume à cette température est 5182 m. cubes; et quelle serait, à 25°,13, la perte de poids du même corps, sachant que son coefficient de dilatation linéaire est $\frac{1}{2400}$?

A 10°,8, la perte de poids est $\frac{1^{gr},293 \times 1000 \times 5182}{1 + 0,00367 \times 10,8} = 6445^k,1.$

A 25°,13, le volume du corps est $\dfrac{5182 \left(1 + \dfrac{3 \times 25,13}{2400} \right)}{1 + \dfrac{3 \times 10,8}{2400}}$; et, par suite, sa perte

$$\text{de poids est } \frac{1^{\text{gr}},293 \times 1000 \times 5182 \left(1 + \dfrac{3 \times 25,13}{2400}\right)}{(1 + 0,00367 \times 25,13) \left(1 + \dfrac{3 \times 10,8}{2400}\right)} = 6242^{\text{k}},947.$$

DENSITÉS DES GAZ (301 à 304).

LXXVI. — Un ballon vide pèse 150^{gr},475; plein d'air il pèse 160^{gr},158; plein d'un autre gaz, 162^{gr},235. 1° La pression étant invariable, on demande la densité de ce gaz par rapport à l'air; 2° quelle correction on aurait eu à faire si la pression avait été 0^{m},75 pendant la pesée de l'air, et 0^{m},77 pendant la pesée du gaz.

1° Poids de l'air = 160^{gr},158 — 150^{gr},475 = 9^{gr},683; poids du gaz = 162^{gr},235 — 150,475 = 11^{gr},760; d'où la densité du gaz par rapport à l'air (301) est $\dfrac{11,760}{9,683}$ = 1,2145.

2° La correction à faire est de ramener le poids de l'air et celui du gaz à la pression 0^{m},76. Pour cela, le poids de l'air étant 9^{gr},683 à la pression 0^{m},75, il est $\dfrac{9^{\text{gr}},683}{75}$ à la pression 1^{c}, et $\dfrac{9^{\text{gr}},683 \times 76}{75}$ à la pression 76. On trouvera de même que le poids du gaz à la pression 76 est $\dfrac{11,760 \times 76}{77}$. Donc la densité cherchée est

$$\frac{11,760 \times 76}{77} : \frac{9,683 \times 76}{75} = \frac{11,760 \times 75}{9,683 \times 77} = 1,183.$$

LXXVII. — Un ballon vide pèse 137^{gr},435; plein d'air, il pèse 145^{gr},237; plein d'un autre gaz, 152^{gr},118. On demande : 1° la densité du gaz par rapport à l'air, lorsque la pression et la température sont restées invariables; 2° la même densité dans le cas où la pression aurait été de 75 centimètres pendant la pesée de l'air, et de 77 centimètres pendant la pesée de l'autre gaz; 3° quel genre de correction aurait-il fallu faire, si la température avait été de 8 degrés pendant la pesée de l'air, et de 11 degrés pendant celle du gaz?

1° 145,237 — 137,435 = 7^{gr},802; 152,118 — 137,435 = 14^{gr},683; densité du gaz = $\dfrac{14,683}{7,802}$ = 1,8819.

2° Le poids de l'air à 75^{c} de pression étant 7^{gr},802, à la pression 76^{c} il est $\dfrac{7,802 \times 76}{75}$; celui du gaz, à la pression 76, est $\dfrac{14,683 \times 76}{77}$; donc la densité du gaz, dans le second cas, est $\dfrac{14,683 \times 75}{7,802 \times 77}$ = 1,833.

3° Il faudrait ramener le poids des deux gaz à zéro, en multipliant le poids de l'air par 1 + 0,00367 × 8, et celui du gaz par 1 + 0,00367 × 11.

CHALEURS SPÉCIFIQUES (361 à 375).

Tous les problèmes sur les chaleurs spécifiques reposent sur les formules mtc et $m(t' - t)c$ données au paragraphe 363, et la mise en équation de ces problèmes consiste toujours à égaler la quantité de chaleur perdue par le corps chaud sur lequel on expérimente à celle qui est gagnée par l'eau et le vase dans lesquels on le plonge.

LXXVIII. — Dans 25^{k},45 d'eau à 12°,5, on met 6^{k},17 d'un corps à la température de 80 degrés; le mélange prend une température de 14°,17; on demande quelle est la chaleur spécifique de ce corps.

En représentant par c la chaleur spécifique demandée, d'après la formule $mc\,(t'-t)$ (363), la chaleur perdue par le corps chaud est représentée par $6^k,17\,(80-14,17)\,c$, et celle absorbée par l'eau l'est par $25^k,45\,(14,17-12,5)$; or, ces deux quantités de chaleur étant nécessairement égales, on a

$$6^k,17\,(80-14,17)\,c = 25^k,45\,(14,17-12,5)\,;\quad \text{d'où}\ c = 0,104.$$

LXXIX. — La capacité de l'or pour la chaleur est 0,0298, celle de l'eau étant prise pour unité; on demande combien il faudra de ce métal à 45 degrés pour élever de 12°,3 à 15°,7 la température de $1^k,000^{gr},58$ d'eau.

Soit x le poids cherché, en kilogrammes; d'après la formule $m\,(t'-t)\,c$, la chaleur cédée par l'or, en se refroidissant de 45 degrés à 15°,7, est $x\,(45-15,7)\,0,0298$, et celle absorbée par l'eau, en s'échauffant de 12°,3 à 15°,7, est $1^k,00058\,(15,7-12,3)$. Or, la quantité de chaleur cédée par l'or étant nécessairement égale à celle qui est absorbée par l'eau, on a

$$x\,(45-15;7)\,0,0298 = 1^k,00058\,(15,7-12,3),\quad \text{d'où}\ x = 3^k,896.$$

LXXX. — On a une sphère de platine de $0^m,05$ de rayon à 95 degrés, on la plonge dans 2 litres d'eau à 4 degrés; on demande la température de l'eau lorsque l'équilibre s'est établi. La capacité calorifique du platine est 0,0324; son coefficient de dilatation linéaire est 0,000008842, et sa densité 22,07.

Soient V' le volume de la sphère à 95 degrés, V le volume à zéro, et P son poids; on a $V' = V\,(1+3Kt)$, d'où $V = \dfrac{V'}{1+3Kt}$;

Or, $V' = \dfrac{4\pi R^3}{3} = \dfrac{4\times 3,141592\times 125^{c.cub.}}{3} = 523^{c.cub.},598$;

d'où $V = \dfrac{523,598}{1+0,000008842\times 3\times 95} = 522^{c.cub.},282$.

Donc $P = 552^{c.cub.},282\times 22,07 = 11^k,526$.

Par conséquent, la masse de platine, en se refroidissant de 95 à x degrés, cède, d'après la formule $m\,(t'-t)\,c$, une quantité de chaleur égale à $11^k,526\times (95-x)\times 0,0324$, et les 2 litres d'eau, en s'échauffant de 4 à x degrés, absorbent $2\times(x-4)$.

On a donc $2\,(x-4) = 11,526\times 0,0324\,(95-x)$; d'où $x = 18°,3$.

LXXXI. — Un ballon sphérique de $0^m,14$ de rayon est plein de mercure à 70 degrés; on verse le mercure dans de l'eau à 4 degrés, qui remplit, à moitié, un vase cylindrique de $0^m,40$ de hauteur et $0^m,20$ de rayon. On sait que la capacité du mercure pour la chaleur est de 0,033. On demande quelle sera la température du mélange, en négligeant la température des parois du vase.

Soient V le volume du ballon, et R son rayon; on a $V = \dfrac{4\pi R^3}{3}$; d'où, d'après les données du problème, $V = \dfrac{4\times 3,1416\times 2^{déc.cub.},744}{3} = 11^{déc.cub.},494$. Or, si l'on prend pour densité du mercure 13,6, on aura sa densité à 70 degrés par la formule $d' = \dfrac{d}{1+Dt}$ (282), qui donne $d' = \dfrac{13,6}{1+\dfrac{70}{5550}} = 13,4306$.

Par conséquent, le poids du mercure contenu dans le ballon est

$$11^{déc.cub.},494\times 13,4306 = 154^k,371^{gr}.$$

Le demi-volume du cylindre égale

$$\frac{\pi R^2 H}{2} = \frac{3,141592 \times 4 \times 4}{2} = 25^{\text{dec.cub.}},133,$$

et le poids de l'eau qu'il contient est $25^k,133^{gr}$.

Cela posé, si l'on représente par θ la température du mélange, l'eau a absorbé une quantité de chaleur représentée par $25^k,133 \, (\theta - 4)$, et celle que le mercure a cédée l'est par $154,371 \times 0,033 \, (70 - \theta)$. On a donc l'équation

$$154,371 \times 0,033 \, (70 - \theta) = 25,133 \, (\theta - 4); \quad \text{d'où} \quad \theta = 15^o,12.$$

LXXXII. — Calculer la puissance calorifique du stère de bois qui pèse 400 kilogrammes, et qui se compose d'un mélange de bois de chêne et de bois de sapin, sachant que le chêne pèse 450 kilogrammes le mètre cube, et le sapin 325 kilogrammes ; et que la quantité d'eau dont la température est élevée de 0 degré à 100 degrés par la combustion d'un mètre cube de bois, est de 12150^k pour le chêne, et de 8775^k pour le sapin.

Soient x le volume du chêne qui entre dans le stère, et y le volume du sapin, on a $x + y = 1$ [1].

Un mètre cube de chêne pesant 450^k, le volume x pèse $450 \, x$; de même le volume y de sapin pèse $325 \, y$; on a donc $450 \, x + 325 \, y = 400$ [2].

Résolvant les équations [1] et [2], on trouve $x = \dfrac{3}{5}$, et $y = \dfrac{2}{5}$.

Or, la puissance calorifique d'un mètre cube de chêne étant 12150, celle du volume x est $12150 \times \dfrac{3}{5}$, de même celle de y est $8775 \times \dfrac{2}{5}$; donc la puissance calorifique demandée est $\dfrac{12150 \times 3 + 8775 \times 2}{5} = 10800.$

CHALEURS LATENTES (306, 337, 371, 372, 373 et 374).

Nous ferons ici la même remarque que pour les chaleurs spécifiques, savoir que tous les problèmes sur les chaleurs latentes reposent encore sur les formules mtc et $m \, (t' - t) \, c$ données au paragraphe 363.

Quant à la mise en équation, elle consiste encore à égaler la quantité de chaleur perdue d'un côté à celle qui est gagnée de l'autre; mais il importe d'observer qu'il y a ici un terme de plus à considérer que dans les équations sur les chaleurs spécifiques, c'est le terme qui représente la chaleur absorbée ou cédée *pendant le changement d'état*.

LXXXIII. — Combien faudrait-il de kilogrammes de glace à zéro pour amener à 10 degrés centigrades l'eau contenue dans un bassin à bord circulaire et à fond horizontal, dont la circonférence supérieure serait de $8^m,30$, la circonférence inférieure de $6^m,15$, et la hauteur de $1^m,76$; ce bassin étant rempli d'eau à moitié de sa hauteur, et la température de l'eau du bassin étant de 30 degrés?

Soient R le rayon OB (fig. 771) de la base supérieure, r le rayon CD de la base inférieure, r' le rayon IE, et h la hauteur IC du liquide contenu dans le bassin. D'après l'énoncé on a

$$R = \frac{8,30}{2\pi} = 1^m,3210; \quad r = \frac{6,15}{2\pi} = 0^m,9788, \quad IC = 0^m,88,$$

$$\text{et } r' = \frac{R + r}{2} = 1^m,1499.$$

Cela posé, le volume V du liquide étant celui d'un tronc de cône dont la hauteur est h, et dont les rayons des bases sont r et r', on a, d'après un théorème connu de géométrie,

$$V = \frac{\pi h}{3}(r'^2 + r^2 + rr'); \text{ d'où, remplaçant les lettres par leurs valeurs, il vient}$$

$$V = \frac{3,1416 \times 0,88}{3}\left[(1,1499)^2 + (0,9788)^2 + 1,1499 \times 0,9788\right].$$

Effectuant les calculs, on trouve $V = 3^{m.cub.},138,605$, volume qui représente un poids d'eau de $3138^k,605^{gr}$.

Soit actuellement x le poids de glace nécessaire pour refroidir cette masse d'eau de 30 à 10 degrés. Comme on a vu (372) qu'en se fondant, 1 kilogramme de glace absorbe 79 unités de chaleur, x kilogrammes de glace absorbent $79x$, pour donner x kilogrammes d'eau à zéro. Or, d'après les données de la question, cette dernière masse, devant elle-même se trouver portée à 10 degrés, absorbe, en outre, une quantité de chaleur égale à $10x$ (362). D'un autre côté, la chaleur cédée par l'eau est égale à $3138^k,605 \times (30 - 10)$, ou $62772,1$. On a donc l'égalité

Fig. 771.

$$79x + 10x = 62772,1, \quad \text{d'où} \quad x = 705^k,304.$$

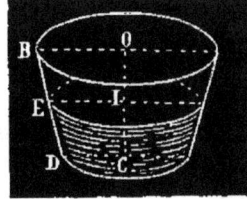

LXXXIV. — Chercher combien il faut de kilogrammes de vapeur d'eau pour porter un bain de 246 kilogrammes d'eau de 13 à 28 degrés, sachant que la chaleur latente de la vapeur d'eau est 540.

Soit x le poids de vapeur demandé; 1 kilogramme de vapeur qui se condense pour donner 1 kilogramme d'eau à 100 degrés, cédant 540 unités de chaleur, x kilogrammes de vapeur cèdent $540 \times x$; de plus, les x kilogrammes d'eau formés, se refroidissant ensuite de 100 degrés à 28, cèdent eux-mêmes un nombre d'unités représenté par $(100 - 28) x$. Or, les 246 kilogrammes d'eau qui constituent le bain dans lequel la vapeur se condense, s'échauffant alors de 13 à 28 degrés, absorbent une quantité de chaleur égale à $246 (28 - 13)$. On a donc l'équation

$$540x + (100 - 28) x = 246 (28 - 13), \quad \text{ou} \quad (540 + 72) x = 246 \times 15;$$
$$\text{d'où} \quad x = 6^{kil},029^{gr}.$$

LXXXV. — Une cuve cylindrique, à fond plat et horizontal, a $1^m,30$ de diamètre et $0^m,75$ de hauteur intérieurement; elle est à moitié pleine d'eau à 4 degrés, et l'on chauffe ce liquide en y faisant arriver de la vapeur à 100 degrés fournie par $5^k,250$ d'eau. On demande quelle sera la température du bain ainsi chauffé et quel en sera le volume. On négligera la température du vase, et on prendra pour coefficient de dilatation de l'eau $\frac{1}{2200}$.

Le volume de l'eau $= \pi R^2 \times \frac{H}{2} = 3,1416 \times (0^m,65)^2 \times \frac{0^m,75}{2} = 497^{lit.},747.$

θ étant la température finale, et 540 la chaleur de vaporisation de l'eau, on a donc (375, prob. V),

$$5^k,250 \times 540 + 5,250 (100 - \theta) = 497,747 (\theta - 4); \quad \text{d'où} \quad \theta = 10^o,6.$$

Le volume total d'eau après la condensation est, à 4 degrés,

$$497^{lit.},747 + 5^{lit.},250 = 502^{lit.},997.$$

Donc, à $10^o,6$, c'est-à-dire lorsque la température s'élève de $6^o,6$, le volume devient

$$502^{lit.},997 \left(1 + \frac{6^o,6}{2200}\right) = 504^{lit.},509.$$

LXXXVI. — La chaleur latente de la vapeur d'eau étant supposée égale à 540, on demande à quelle température on élèvera 20 litres d'eau à 4 degrés.

en y condensant 1 kilogramme de vapeur à 100 degrés et à la pression 0^m,76.

Soit θ la température finale, la chaleur cédée par un kilogramme de vapeur sera 540, et celle cédée par l'eau résultant de la condensation sera 100 — θ; on aura donc 540 + 100 — θ = 20 (θ — 4), d'où θ = 34°,28.

LXXXVII. — Combien faut-il de kilogr. de glace à zéro pour liquéfier et ramener à zéro 25 kilogr. de vapeur, dégagés d'un appareil où le thermomètre marque 100°, le baromètre marquant 0^m,76? La chaleur de fusion de la glace est 79.

On a 79 x = 25 × 540 + 25 × 100, d'où x = 202^k,532^{gr}.

LXXXVIII. — 11 kilogr. de glace à zéro ont été mélangés avec P kilogr. d'eau à 45°; le mélange a pris la température de 12°; on demande le poids P.

On a P (45 — 12) = 79 × 11 + 12 × 11, d'où P = 30^k,333^{gr}.

LXXXIX. — Dans une masse d'eau à 14°, on a fait condenser 25 kil. de vapeur d'eau bouillante à la pression ordinaire de l'atmosphère; la température de la masse d'eau s'étant élevée à 61°,4, on demande le poids de cette masse, en admettant qu'il n'y ait pas de chaleur employée à chauffer le vase, et qu'il ne s'en soit pas perdu pendant l'expérience. La chaleur latente de la vapeur d'eau est 540.

$$P = 305,168.$$

VAPEURS (345, 346 et 360.)

XC. — Dans un vase vide, d'une capacité de 2^{lit}.,02, on a introduit d'abord un litre d'air sec sous la pression 0^m,76, puis de l'eau en quantité telle, qu'il en reste définitivement 20 centimètres cubes à l'état liquide. On demande la pression intérieure, en supposant que la température soit de 30° au moment de l'expérience, et que la tension maximum de la vapeur d'eau, à cette température, soit de 0^m,031.

La capacité du ballon étant réduite des 20 centimètres d'eau qui y restent à l'état liquide, elle n'est en réalité que 2^{lit}.,02, moins 0^{lit}.,020, ou 2 litres. Le volume d'air se trouve donc doublé, et, par conséquent, sa tension, qui était 0^m,76, n'est plus que 0^m,38. Ajoutant à cette pression celle de la vapeur, qui est 0^m,031, on a pour la pression intérieure totale 0^m,411.

XCI. — Une certaine quantité d'air pèse 5^{gr},2, à la température de 0 degré et sous la pression 0^m,76. On la chauffe à 30° sous la pression 0^m,77, en lui permettant de se saturer de vapeur d'eau. On demande quel sera alors le volume qu'elle occupera. La tension maximum de la vapeur à 30 degrés est de 0^m,0315, et on prendra 1^{gr},3 pour poids du litre d'air sec à la température de 0° et sous la pression 0^m,76.

Le poids d'un litre d'air sec étant 1^{gr},3, le volume correspondant à 5^{gr},2 égale $\frac{5,2}{1,3}$ = 4 litres, à 0 degré et à la pression 0^m,76. A 30° il est 4 (1 + 0,00367 × 30); lequel, à la pression 0^m,77, devient $\frac{4 \times (1 + 0,00367 \times 30)\ 76}{77}$, l'air étant sec. Mais lorsque l'air est saturé de vapeur dont la tension est 0^m,0315, c'est cette tension, plus la force élastique de l'air, qui, d'après la deuxième loi des mélanges des gaz et des vapeurs (345), font équilibre à la pression 0^m,77; donc la pression de l'air est 0^m,77 — 0^m,0315, et, par conséquent, le volume demandé est

$$\frac{4 \times (1 + 0,00367 \times 30)\ 76}{77 - 3,15} = 4^{lit}.,56.$$

XCII. — Le poids d'un litre d'air, à zéro et à la pression 0^m,76, est 1^{gr},293, et la densité de la vapeur d'eau prise par rapport à l'air est $\frac{5}{8}$. Cela posé, on de-

· mande quel est, à 30 degrés et à la pression 0,77, le poids d'un mètre cube d'air dont l'état hygrométrique est $\frac{3}{4}$, la tension maximum de la vapeur à 30 degrés étant 0^m,0315.

Commençons par observer que la tension de la vapeur saturée étant 0^m,0315, cette tension n'est plus que les $\frac{3}{4}$ de 0^m,0315 lorsque la vapeur est à l'état hygrométrique $\frac{3}{4}$. De plus, l'air dont on demande le poids n'est pas, d'après la loi des mélanges (345), à la pression 77, mais à cette pression moins celle de la vapeur, c'est-à-dire à la pression $(0^m,77 - \frac{3}{4} . 0^m,0315)$.

Le problème revient donc à chercher d'abord le poids d'un mètre cube d'air sec à 30° et à la pression $(0^m,77 - \frac{3}{4} . 0^m,0315)$, puis celui d'un mètre cube de vapeur à 30° et à la tension $\frac{3}{4} . 0^m,0315$, puis à faire la somme des deux poids.

1° A 30° et à la pression $0^m,77 - \frac{3}{4} . 0^m,0315 = 0^m,7464$, 1 mètre cube d'air sec pèse

$$\frac{1293^{gr.} \times 74,64}{(1 + 30\,a)\,76} \quad [1];$$

2° A 30° et à la pression $\frac{3}{4} . 0^m,0315$, 1 mètre cube de vapeur pèse

$$\frac{1293^{gr.} \times 3^c,15 \times 5 \times 3}{(1 + 30\,a)\,76 \times 8 \times 4} \quad [2].$$

Faisant la somme des formules [1] et [2], on a, pour le poids demandé,

$$\frac{1293^{gr.}}{(1 + 30\,a)\,76} \left[74^c,64 + \frac{3^c,15 \times 5 \times 3}{8 \times 4} \right] = 1166^{gr},6.$$

XCIII. — On a 3 litres d'air à 30° et à la pression 76, dont l'état hygrométrique est $\frac{3}{4}$. On demande ce que deviendra ce volume d'air, à la même température et à la même pression, si on l'agite avec de l'acide sulfurique concentré, et quel sera l'accroissement de poids que prendra l'acide sulfurique.

La tension maximum de la vapeur à 30° est 0^m,0315, et la densité de la vapeu par rapport à l'air est $\frac{5}{8}$.

La tension maximum étant 3^c,15, à l'état hygrométrique $\frac{3}{4}$ elle est $\frac{3}{4}$ de 3^c,15 = 2^c,36. D'où les 3 litres d'air humide sont à la pression 76 — 2,36 = 73,64. Il s'agit donc de chercher ce que deviennent ces 3 litres en passant de la pression 73,64 à la pression 76, ce qui donne pour le volume cherché $\frac{3 \times 73,64}{76} = 2^{lit.},906$.

Quant au poids des 3 litres de vapeur à 30° et à la pression 2,36, il est

$$\frac{1^{gr},293 \times 2,36 \times 5 \times 3}{(1 + 0,00367 \times 30)\,76 \times 8} = 0^{gr},067.$$

C'est donc là l'accroissement de poids que prendra l'acide sulfurique.

XCIV. — Étant donnés 6$^{lit.}$,85 d'air saturé de vapeur d'eau à 11° et sous la pression 0^m,768, on demande quel sera le volume de cet air desséché à la température de 15 degrés et à la pression 0^m,750. — On sait qu'à 11 degrés la tension de la vapeur à l'état de saturation est 0^m,010074.

La pression primitive du gaz est 768 — 10,074 = 757,926. Donc son volume à la pression 750 et à 11° est $\dfrac{6^{\text{lit}}.,85 \times 757,926}{750}$; d'où, à zéro et à la pression 750, son volume est $\dfrac{6^{\text{lit}}.,85 \times 757,926}{(1 + 0,00367 \cdot \times 11)\ 750}$. Donc, enfin, à 15° et à la pression 750,. le volume est $\dfrac{6^{\text{lit}}.,85\ (1 + 0,00367 \times 15)\ 757,926}{(1 + 0,00367 \times 11)\ 750} = 7^{\text{lit}}.,02.$

XCV. — Dans un tube en U contenant de la ponce sulfurique, on fait passer 1 mètre cube d'air à la température de 15 degrés. Le tube en U, pesé avant et après l'expérience, accuse, après le passage de l'air, un excès de poids de 3^{gr}.,95; on demande l'état hygrométrique de l'air. — On sait que la densité de la vapeur d'eau par rapport à l'air est $\dfrac{5}{8}$, et que la tension maximum à 15 degrés est 12^{mill}.,69.

Le poids d'un mètre cube d'air, à zéro et à la pression 760^{mill}., étant 1293^{gr}, à 15° et à la pression 12^{mill}.,69, son poids est $\dfrac{1293^{\text{gr}} \times 12,69}{(1 + 15\alpha)\ 760}$; donc le poids d'un mètre cube de vapeur saturée, à 15 degrés, est $\dfrac{1293^{\text{gr}} \times 12,69 \times 5}{(1 + 15\alpha)\ 760 \times 8} = 12^{\text{gr}}.,78.$

Mais le poids de la vapeur contenue dans l'air n'est que de 3^{gr}.,95; donc, en représentant par E l'état hygrométrique cherché, on a (352) $E = \dfrac{3,95}{12,78} = 0,309.$

XCVI. — Une marmite de Papin contient 3^{k},25 d'eau à 142 degrés. En ouvrant la soupape, une portion de l'eau se vaporise, et l'autre se refroidit à 100 degrés. On demande le poids de vapeur produit, sachant que la chaleur de vaporisation est 540.

Soit x le poids de la vapeur. La chaleur passée à l'état latent sera 540x; et celle perdue par le refroidissement de 3^{k},25 d'eau de 142° à 100° sera 3^{k},25 × 42. Donc on a 540$x = 3^{\text{k}}$,25 × 42, d'où $x = 0^{\text{k}}$,253^{gr}.

XCVII. — Calculer le volume d'air qui, à l'état hygrométrique 0,70, contient 600 grammes de vapeur à 30 degrés; la tension maximum à 30 degrés étant 31^{mill}.,548, et la densité de la vapeur $\dfrac{5}{8}$.

Soit x le volume cherché, lequel est le même pour l'air et pour la vapeur. On sait que le poids d'un litre de vapeur à 30° et à l'état hygrométrique 0,7, est $\dfrac{1^{\text{gr}},293 \times 31,548 \times 0,7 \times 5}{(1 + 0,00367 \times 30)\ 760 \times 8}$ (360,. probl. II). Or, autant de fois le poids 600 grammes contiendra le poids d'un litre, autant le volume demandé contiendra de litres.

Donc $x = 600 : \dfrac{1^{\text{gr}},293 \times 31,548 \times 0,7 \times 5}{(1 + 0,00367 \times 30)\ 760 \times 8} = \dfrac{600\ (1 + 0,00367 \times 30)\ 760 \times 8}{1,293 \times 31,548 \times 0,7 \times 5}$
$= 28364$ litres.

XCVIII. — On demande, à zéro degré et sous la pression 0^{m},760, le poids d'un volume d'air sec, sachant que ce volume saturé, à 18 degrés et à la pression 0^{m},78, pèse 16^{gr},25. — La force élastique de la vapeur d'eau à 18 degrés est 0^{m},01535, et sa densité égale $\dfrac{5}{8}$ de celle de l'air.

Pour avoir le volume d'air qui, à l'état de saturation, à 18 degrés et à la pression 780, pèse 16^{gr},25, cherchons le poids d'un litre d'air saturé dans les mêmes conditions. Ce poids, qui se compose du poids d'un litre d'air sec, plus du poids d'un litre de vapeur, est

$$\frac{1^{gr},293\,(780-15,35)}{(1+0,00367\times18)\,760}+\frac{1^{gr},293\times15,35\times5}{(1+0,00367\times18)\,760\times8}\;(346,\text{ prob. III}).$$

Réduisant au même dénominateur et simplifiant, on trouve, pour poids d'un litre d'air saturé à 18° et à 780^{mill.} de pression, $\dfrac{1^{gr},293\,(780\times8-15,35\times3)}{(1+0,00367\times18)\,760\times8}$.

Divisant le poids donné 16^{gr},25 par le poids d'un litre, on a pour le volume cherché $\dfrac{16^{gr},25\,(1+0,00367\times18)\,760\times8}{1^{gr},293\,(780\times8-15,35\times3)}$.

Or, c'est ce volume dont on demande le poids à zéro et à 760, quand il ne contient que de l'air sec. On aura donc le poids demandé en multipliant ce volume par 1^{gr},293, ce qui s'obtient en supprimant ce facteur dans le dénominatehr ; donc on a pour solution $\dfrac{16^{gr},25\,(1+0,00367\times18)\,760\times8}{780\times8-15,35\times3}=17^{gr}.$

OPTIQUE.

XCIX. — Voulant comparer l'intensité d'une lampe Carcel à celle d'une bougie, au moyen du photomètre de Rumford (fig. 335, page 433), on trouve que les ombres portées sur l'écran paraissent de même intensité, lorsque, la bougie étant à 2 mètres de l'écran, la lampe en est à 4^m,74. Quelle est l'intensité de la lampe, celle de la bougie étant prise pour unité ?

Soit J l'intensité de la lampe à l'unité de distance, à la distance de 4^m,74 elle sera $\dfrac{J}{(4,74)^2}$ (456) ; de même, celle de la bougie, qui est 1 à l'unité de distance, sera $\dfrac{1}{4}$ à la distance de 2 mètres. Mais, à ces distances, les deux intensités sont égales ; on a donc $\dfrac{J}{(4,74)^2}=\dfrac{1}{4}$, d'où $J=\dfrac{(4,74)^2}{4}=5,617.$

C. — Une lampe et une bougie sont distantes l'une de l'autre de 3^m,15, et l'intensité de la lumière de la bougie étant 1, à l'unité de distance, celle de la lampe est 5,6 ; à quelle distance de la lampe, sur la ligne droite qui joint les deux lumières, doit-on placer un écran, pour qu'il soit également éclairé par l'une et par l'autre, sachant que l'intensité d'une lumière est en raison inverse du carré de la distance ?

Soit x la distance à laquelle l'écran doit être placé de la lampe ; sa distance de la bougie sera 3^m,15 — x. Cela posé, l'intensité de la lampe, qui est 5,6 à l'unité de distance, est $\dfrac{5,6}{x^2}$ à la distance x (456) ; et celle de la bougie étant 1 à l'unité de distance, est $\dfrac{1}{(3,15-x)^2}$ à la distance 3^m,15 — x. Mais alors les intensités sont égales ; donc

$$\frac{5,6}{x^2}=\frac{1}{(3,15-x)^2},\quad\text{ou}\quad\left(\frac{3,15-x}{x}\right)^2=\frac{1}{5,6}=\frac{10}{56}=\frac{5}{28},$$

et, en extrayant la racine, $\dfrac{3,15-x}{x}=\pm\sqrt{\dfrac{5}{28}}=\pm\,0,422$; d'où l'on déduit les deux valeurs $x=2^m,21$, et $x=5^m,45$. La première correspond à un point situé entre les deux lumières; la seconde donne un point situé sur le prolongement de la droite qui les joint.

CI. — Devant un miroir sphérique concave de 0ᵐ,95 de rayon, on place, à la distance de 3ᵐ,40, un objet BD (fig. 364, page 455) dont la hauteur est de 0ᵐ,12; on demande la distance de l'image au miroir et sa grandeur.

Ce problème se résout par la formule $\frac{1}{p} + \frac{1}{p'} = \frac{2}{R}$, donnée en optique (474), dans laquelle p représente la distance de l'objet au miroir, p' la distance de l'image, et R le rayon de courbure du miroir. D'après l'énoncé, on a, en centimètres, $p = 340$, et $R = 95$; substituant dans l'équation ci-dessus, il vient

$$\frac{1}{340} + \frac{1}{p'} = \frac{2}{95}; \quad \text{d'où} \quad p' = 55^c,2.$$

Pour calculer la grandeur db de l'image, il faut se rappeler ce qui a été dit au paragraphe 476, dans lequel on a vu que les triangles BDC et Cdb (fig. 364) étant semblables, on a $\frac{db}{BD} = \frac{Co}{CK}$, d'où $bd = \frac{BD \times Co}{CK}$. Or, par hypothèse,

$$BD = 12, \quad CK = p - R = 3^m,4 - 0^m,95 = 2^m,45;$$

et d'après la valeur de p', on a $Co = CA - Ao = 95^c - 55^c,2 = 39^c,8$; donc

$$bd = \frac{12 \times 39,8}{245} = 1^c,95.$$

CII. — Quelle est la hauteur *minima* que doit avoir un miroir plan, placé verticalement, pour qu'une personne se tenant debout devant ce miroir s'y voie par réflexion de la tête aux pieds? Établir la position du miroir.

Soient A le sommet de la tête, B les pieds, O l'œil, et mm' le plan du miroir (fig. 772). On sait que les images des points A et B se font aux points a et b, qui leur sont symétriques (461), et que par suite l'image ab est de même grandeur que l'objet, et la distance ma égale à mA. Or, l'œil voyant l'image ab sous l'angle aOb, il suffit que la hauteur du miroir soit égale à la portion de la droite mm' comprise dans cet angle, c'est-à-dire à MM'; mais, dans le triangle Oab, OM étant la moitié de Oa, $MM' = \frac{ab}{2} = \frac{AB}{2}$; donc la hauteur du miroir doit être au moins la moitié de celle de l'objet.

Quant à la position du miroir, elle est déterminée par les points où les droites

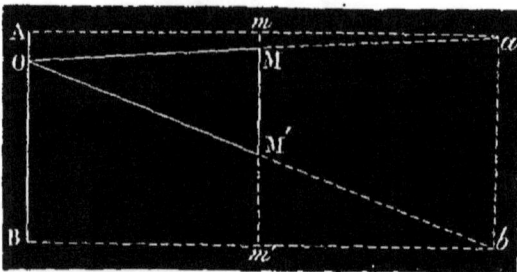

Fig. 772.

Oa et Ob rencontrent le plan mm'. Le triangle ObB fait voir que Bm' étant la moitié de Bb, m'M' est la moitié de BO; c'est-à-dire que le miroir doit être placé, au-dessus du plan horizontal sur lequel posent les pieds de l'observateur, à une distance égale à la demi-hauteur de l'œil au-dessus du même plan. Dans toute autre position, plus haute ou plus basse, les points A et B ne se trouveraient pas simultanément dans le champ du miroir.

CIII. — Sur un miroir plan, tournant autour d'un axe vertical, tombe un rayon de
lumière horizontal fixe ; lorsque le miroir tourne d'un certain angle *a*, de quel
angle tourne, dans le même temps, le rayon
réfléchi ?

Soient *mn* la première position du miroir,
m'n' la deuxième quand il a tourné d'un
angle *a*, et OD le rayon incident fixe (fig. 773).
Si du centre de rotation C, avec un rayon
arbitraire, on décrit une circonférence O*mn*,
et que du point O, où elle coupe le rayon
incident, on abaisse les cordes OO' et OO''
perpendiculaires sur *mn* et sur *m'n'*; les points
O' et O'' étant les images du point O dans les
deux positions du miroir, l'arc O'O'' mesure
la déviation angulaire de l'image, et, par
suite, du rayon réfléchi, tandis que l'arc *mm'*
mesure celle du miroir. Or, les deux angles

Fig. 773.

O'OO'' et *mCm'* sont égaux comme ayant les côtés perpendiculaires chacun à
chacun ; mais l'angle O'OO'', qui est inscrit, a pour mesure la moitié de l'arc O'O'',
et l'angle *mCm'*, qui est un angle au centre, tout l'arc *mm'*. Donc O'O'' est double
de *mm'* ; ce qui fait voir que le miroir ayant tourné d'un angle *a*, le rayon réfléchi
a tourné de 2 *a*.

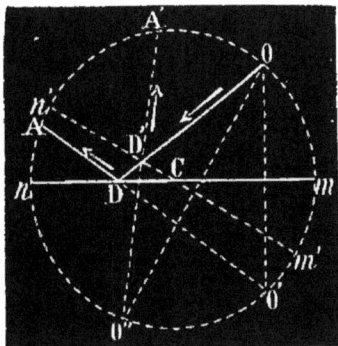

FIN DES PROBLÈMES.

TABLE DES MATIÈRES

LIVRE PREMIER.

MATIÈRE, FORCES ET MOUVEMENT.

LIVRE II.

PESANTEUR ET ATTRACTION MOLÉCULAIRE.

LIVRE III.

DES LIQUIDES.

LIVRE IV.

DES GAZ.

LIVRE V.

ACOUSTIQUE.

LIVRE VI.

CHALEUR.

LIVRE VII.

LUMIÈRE.

LIVRE VIII.

MAGNÉTISME.

LIVRE IX.

ÉLECTRICITÉ STATIQUE.

LIVRE X.

ÉLECTRICITÉ DYNAMIQUE.

MÉTÉOROLOGIE ET CLIMATOLOGIE.

RECUEIL DE PROBLÈMES.

FIN DE LA TABLE.